Electric Machinery

전기기기

한양대학교 에너지변환연구실 저

홍릉과학출판사

Electric Machinery
전기기기

대표저자 이주(HY-ECL)

공동저자

이형우(한국철도기술연구원)
고성철(HY-ECL)
배재남(현대중공업)
진창성(삼성테크윈)
김광수(삼성전자)
임종빈(HY-ECL)
김원호(HY-ECL)
강동우(HY-ECL)
함상환(HY-ECL)
장익상(HY-ECL)
조수연(HY-ECL)
김미정(HY-ECL)
오세영(HY-ECL)
이호준(HY-ECL)
유광현(HY-ECL)
이기덕(HY-ECL)
이재준(HY-ECL)
박현종(HY-ECL)
한정호(HY-ECL)
오예준(HY-ECL)
홍경표(HY-ECL)
정태철(HY-ECL)
안한웅(HY-ECL)

감수

전연도(한국전기연구원)
김윤현(한밭대학교)
이갑재(한국건설교통기술평가원)
김솔(유한대학)
최재학(한국전기연구원)
김태형(경상대학교)
장기봉(창원대학교)
임성엽(현대기아자동차)
안준선(오산대학)
권삼영(한국철도기술연구원)
김용수(삼성전자)
원성홍(동양미래대학)
김중교(중소기업 진흥공단)
임승빈(한국에너지기술평가원)
손영규(LG이노텍)
김기찬(한밭대학교)
김영관(삼성전자)
안병립(엔텍월드(주))
정대성(현대모비스)
이성구(삼성전자)
김승주(LG전자)
임형빈(현대기아자동차)
손병욱(대성전기)
박찬배(한국철도기술연구원)
한필완(한국전기연구원)
홍찬희(브이씨텍)
김재혁(원광대학교)
신명호(서울과학기술대학교)
이동명(홍익대학교)
정진우(동국대학교)

* HY-ECL: 한양대학교 에너지변환연구실(Hanyang University Energy Conversion Laboratory)

저자서문

최근, 전기기기는 녹색성장의 바람을 타고 붐이 일고 있다. 기계에너지로부터 전기에너지를 생성하는 발전기와 전기에너지로부터 기계에너지를 생성하는 전동기, 그리고 전압을 바꾸어 송전 및 배전 효율을 높이는 변압기가 대표적인 전기기기이다. 이러한 전기기기 분야는 전자장이라는 물리계를 다루어야 하며 회로이론, 재료공학, 제어공학, 전력전자와 깊은 연관성을 가지고 있다. 또한 기계공학의 동역학, 열역학, 소음·진동학의 지식도 필요하기 때문에 전기공학 전공에서도 전기기기는 어려운 분야로 평가되고 있으나 반드시 체계적으로 학습을 해야 하는 분야이기도 하다. 따라서 가능한 단시간내에 전기기기의 물리적인 현상을 이해하고 예측할 수 있는 능력을 키우기 위한 교재가 필요하다.

그동안 많은 전기기기 교재가 외국에서 출판되었고 국내에서도 많은 서적이 번역되었다. 그 중 몇몇 서적은 정말로 훌륭하다고 느낄 정도로 잘 집필된 책도 있다. 개인적으로는 일본 九州大學의 野中作太郎 교수가 집필한 「電氣器機」와 미국의 chapman 교수가 집필한 「Electric Machinery Fundamentals」는 특히 훌륭한 전기기기 저서라고 생각한다. 이러한 훌륭한 전기기기 교재가 있는데 "내가 또 한권의 책을 발간하는 것이 옳은 것인가?" 생각하여 그 동안 차일피일하다 교육자로 의욕이 앞서 이번에 전기기기 책을 발간하게 되었다.

본 교재는 구성에 있어서 몇 가지 특징을 가지고 있다.

첫째, 최근에 잘 사용되지 않는 전기기기에 대해서는 요약 정도로만 하고 기존의 전기기기 교재에서 비중 있게 언급되지는 않았지만 최근에 많이 사용되고 있는 전기기기를 자세히 소개하고자 하였다. 따라서 9장의 전력전자 기초와 10장의 영구자석형 전동기와 릴럭턴스 전동기 부분을 넣고 직류전동기의 직권, 복권전동기는 요약으로 대신하였다.

둘째, 전동기 제어를 자세히 집필하고자 하였다. 개루프 제어와 폐루프 제어의 차이점을 소개하고 벡터 제어이론의 경우 좌표변환을 알아야 하기 때문에 이해하기 어렵지만 가능한 간단하게 정리하여 부록에 수록하였다.

셋째, 전기기기의 정상상태 특성을 주로 다루지만 과도상태 특성해석과 전기기기 설계, 전기기기 제어의 분야와 연관된다는 것을 강조하고자 했다. 이와 같이 정상상태

해석법과 과도상태 해석법, 전기기기 설계·제어와의 연관성을 강조한 것은 전기기기와 관련된 공부와 업무를 할 때, 관련지식이 필요하다는 것을 강조하기 위해서였다. 따라서 과도상태 해석법과 전동기 설계·제어의 개요에 대해서 교재 중간에 몇 번 언급을 하였고 부록에 과도상태 해석과 전동기 설계·제어와 관련된 내용을 수록했다.

마지막으로 전기기기 설계와 제어에 필요한 내용을 부록에 최대한 소개하고자 했다. 따라서 부록의 구성과 내용을 결정하고 작성하는데 많은 시간과 노력이 들어갔다. 사실 처음에 생각한 부록은 지금보다 2배 많은 양이었으나 시간적인 문제와 책의 분량과 관련된 문제가 있어 부록을 12장까지만 작성했다.

또한 전기기기를 공부하면서 많은 단위계와 삼각함수, 재료정수가 필요하므로 이 교재 하나로 필요한 수학공식과 재료정수를 참조할 수 있도록 부록에 필요한 사항을 정리하여 표로 수록했다.

감사의 글

이번 전기기기 책을 발간하면서 가장 수고를 아끼지 않은 사람은 2010년 에너지변환연구실에 재학했던 우리 학생들입니다. 그림 작업과 교정 작업에 거의 매일 밤을 새우며 약속한 일정에 맞추어 출판이 되도록 노력한 학생들에게 특히 감사의 뜻을 전하고 싶습니다.

전기기기 책을 발간하는 것은 연구실의 자랑이라고 하면서 따라준 제자들이 없었다면 처음부터 엄두도 못 낼 일이었던 것 같습니다. 또한 책의 오류를 최소화시키기 위해서 에너지변환연구실 출신의 제자들과 친한 교수님들께 교정을 부탁했었는데 흔쾌히 승낙하고 성심성의껏 교정을 해주셔서 감사합니다.

또한 1년여의 긴 집필과정에서 저의 아버님, 어머님 그리고 아내와 딸에게 신경을 쓰지 못해 사과하고 글로써 표현할 수 없는 깊은 감사와 사랑을 전합니다.

2011년 2월 13일
대표저자 이 주

차례

제01장 전기기기의 종류와 특성해석법 / 1

제02장 전자장 / 15

제03장 회로이론의 기초 / 57

제04장 변압기 / 97

제05장 기계-전기에너지 변환의 기초 / 185

제06장 직류기 / 239

제07장 유도전동기 / 319

제08장 동기기 / 423

제09장 전력전자의 기초 / 491

제10장 영구자석 전동기와 릴럭턴스 전동기 / 555

Appendix 부록 / 585

제 01 장

전기기기의 종류와 특성해석법

1.1 전기에너지의 성질

전기가 발견된 이후, 전기에너지(electrical energy)의 이용이 급속도로 확대되어 왔고 환경문제와 화석연료(fossil fuels)의 고갈에 의해 전기에너지의 중요성이 더욱 높아지고 있다. 미래에 인간이 사용하는 모든 에너지는 전기에너지가 될 것이라고 감히 이야기 할 수 있을 정도로 전기에너지의 이용은 계속 확대될 것이다. 특히 풍력(wind power), 태양광 등 신재생에너지(new & renewable energy) 분야, 전기에너지를 효율 좋게 송전 및 분배하고자 하는 스마트 그리드(smart grid) 분야, 전기자동차(electric vehicle) 분야 등 신전기기기분야는 새롭게 각광을 받고 있는 전기공학의 새로운 분야이다. 전기 발생시의 오염을 생각하지 않는다면 전기에너지는 더없이 청정한 에너지이며 다음과 같은 다양한 장점을 가지고 있기 때문에 그 이용이 확대되고 있다.

(1) 모든 형태의 에너지원으로부터 높은 효율로 전기에너지를 얻을 수 있다.

보통 화석연료가 가지는 화학에너지(chemical energy), 원자핵이 가지는 원자핵에너지(nuclear energy), 풍력에너지(wind energy), 수력에너지(hydroelectric energy), 포텐셜에너지(potential energy)등 여러 형태로 존재하는 에너지원으로부터 발전기를 사용하면 높은 효율로 간편하게 전기에너지를 얻을 수 있다. 또한 태양광, 태양열(solar heat), 지열(geothermal heat)등 무궁무진한 에너지원으로부터 전기에너지를 비교적 쉽게 얻을 수 있다.

(2) 에너지의 변성이 쉽고 안전하게 사용가능하다.

전기에너지는 전압, 전류, 주파수, 파형등 전기에너지의 성질을 자유자재로 제어할 수 있어 응용분야에 맞게 전기에너지를 제어할 수 있다. 또한 절연(insulation) 및 보호회로를 안전하게 설계할 경우 에너지를 안전하게 사용할 수 있다.

(3) 에너지 수송밀도가 높고 수송이 쉽다.

전기에너지는 전선을 이용하여 에너지밀도(energy density)가 높게 수송이 가능하다. 실제로 화석연료를 수송하거나 유체를 관에 의해 수송할 때에 비해서 단위면적당 수송할 수 있는 에너지는 비교가 되지 않을 정도로 높다.

(4) 다른 에너지로의 변환이 쉽다.

전기에너지는 기계에너지, 열에너지, 빛에너지등과 같이 인간이 필요로 하는 에너지로 변환이 쉽다. 특히 전기에너지로부터 기계에너지를 얻기 위해서는 전동기가 많이 사용되며 전동기 부하는 전체 전력사용량의 50%이상을 차지할 정도로 사용량이 많다.

(5) 에너지의 종합효율이 높다.

전기에너지가 갖는 또 하나의 큰 장점은 종합효율이 높다는 것이다. 지하철에 사용되는 전동차를 예로 들면 전기에너지의 발생부터 기계에너지의 출력까지의 종합효율은 화력발전소의 효율(0.42), 송전효율(0.96), 변전효율(0.96), 수전효율(0.96), 전동차의 효율(0.82)의 곱으로 나타나며 약 30%의 효율을 가진다. 이에 비하여 가솔린기관(gasoline engine)과 디젤기관(diesel engine)의 효율은 20%대 정도이고 동력발생장치 및 기름 무게를 고려하면 전동차와 디젤기관은 효율 면에서 상당한 차이를 갖는다. 또한 증기기관의 경우는 전체에너지효율이 6%정도로 전동차의 25%수준에 불과하다.

이러한 많은 장점에도 불구하고 전기에너지는 저장이 매우 곤란하다는 단점을 가지고 있다. 전기에너지를 저장하는 기술로는 운동에너지(kinetic energy)에 의한 방법(플라이휠(flywheel), 배터리(battery)를 이용한 방법, 커패시터(capacitor)에 저장되는 전계에너지(electric field energy)를 이용한 방법, 인덕터(inductor)에 저장되는 자계에너지(magnetic field energy)를 이용한 방법, 양수발전(pumped storage power)에 의한 방법 등 여러 가지가 이용되고 있으나 단위체적당 에너지 저장밀도가 극히 낮은 수준이다.

1.2 전기기기의 종류

그림 1.1에서와 같이 전기에너지는 발전소에서 발전기(electric generator)를 사용하여 원동기의 기계에너지를 전기에너지로 변환한다. 발전된 전기는 변압기(transformer)를 사용하여 송전에 필요한 전압으로 승압하여 송전계통을 통하여 전기를 수송한다. 송전계통에서 수송된 전력은 변전소에서 다시 변압기를 사용하여 적당한 전압으로 변압되고 경우에 따라서는 주파수 변환장치, 교류-직류 변환장치 등에 의해 직류 또는 다른 주파수의

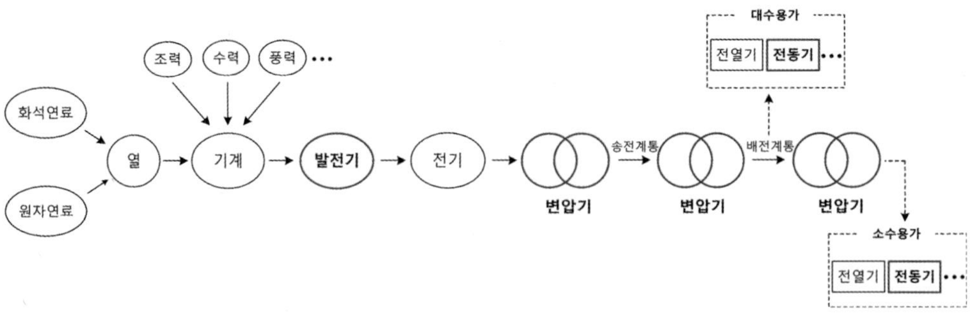

그림 1.1 전기에너지의 흐름

교류전력으로 변환된다. 이렇게 변환된 전력은 전동기(motor)나 전열기, 전해조, 전기집진기, 각종 조명기구 등에 전기를 공급한다.

이와 같이 전력의 발생으로부터 소비에 이르기까지 전 과정에서 여러 종류의 전기기기가 사용되고 있다. 그 중에서 특히 광범위하게 이용되는 전기기기는 ① 발전기, 전동기와 같이 전기–기계에너지변환 전기기기와 ② 변압기, 교류–직류변환기기, 주파수 변환기 등과 같은 전기–전기에너지변환 전기기기가 있다.

① **전기–기계 에너지변환 전기기기** : 현재 발전소에서 생산되고 있는 전기에너지는 태양광 발전 등 극히 일부분을 제외하고는 모두 발전기에 의해 얻어지고 있다. 발전용으로 사용되는 발전기의 용량은 전력수요와 비례하여 매년 대용량화되는 경향이 있다. 현재는 하나의 용량이 100만[kW] 정도의 것도 실용화되어 있다. 이와 같이 발전기는 전력발생용의 대용량기기가 주류를 이루고 있으나 전동기는 수[W]에서 수[MW]까지 다양한 전동기가 사용되고 있다. 발전기, 전동기의 대부분은 회전운동을 이용한 회전기(rotary machine)이지만 선형전동기(linear machine)와 같이 직선운동을 이용하는 전기기기도 수송용과 고정밀 제어용으로 이용되고 있다. 전동기와 발전기는 원리적으로 보면 그림 1.2와 같이 전자계를 전기에너지와 기계에너지 사이의 변환 매개로 사용한다. 전동기와 발전기 이외에 음향기기 등의 신호변환기(signal converter), 전압계(voltmeter), 전류계(ampere meter) 등의 측정기, 전자 계전기(electromagnetic relay) 등의 전기–기계에너지 변환장치도 전자계를 매개로 한 전기기기다.

② **전기–전기 에너지변환 전기기기** : 전기에너지는 기계에너지, 열에너지와 같이 다른 형태의 에너지로 변환될 수도 있고, 다른 성질(전압, 전력, 주파수, 상수, 파형의 성질)을 갖는 전기에너지로도 변환될 수 있다. 전기–전기에너지의 상호변환은 어떤

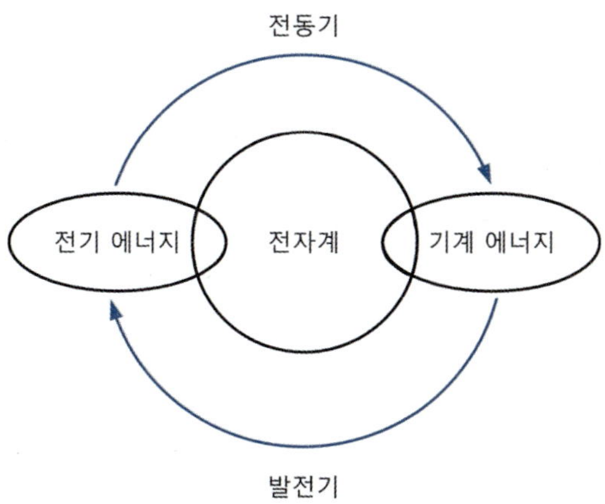

그림 1.2 전기에너지와 기계에너지 사이의 에너지변환

전기를 다른 전압, 전력, 주파수, 상수, 파형을 갖는 전기로 변환하여 공급함으로써 전기기기의 성능을 향상시키는데 목적이 있다. 가장 일반적인 전기-전기에너지 변환 전기기기로는 변압기가 있다. 종래에서는 전기-전기에너지의 변환기라고 하면 변압기만을 생각하였으나 수십 년 전부터 전기의 주파수, 상수 등을 자유자재로 바꿀 수 있는 전력변환기(power converter)가 중요한 전기-전기에너지 변환 전기기기가 되었다. 전력변환기를 교류(alternating current), 직류(direct current) 상호변환을 기준으로 분리하면 교류-직류 전력변환기(converter, rectifier), 직류-직류 전력변환기(chopper), 직류-교류 전력변환기(inverter), 교류-교류 전력 변환기(cycloconverter)로 나눌 수 있다. 이와 같은 전력변환기는 전력전자 공학을 기초로 하고 있으며 큰 틀에서는 전기기기의 한 종류라고 보면 된다. 전기기기는 분류방법에 따라 여러 가지로 분류할 수 있다. 용도에 따라 분류하면 변압기, 발전기, 전동기로 분류할 수 있고 응용분야에 따라 분류하면 가전용, 자동차 전장용, OA(Office Automation)용, FA(Factory Automation)용, 산업용 등으로 나뉠 수 있다. 이러한 많은 분류 방법 중에서 가장 일반적인 분류법은 정지기, 회전기로 분류하는 방법이다. 또한 회전기는 전원의 종류에 따라 직류기(dc machine), 동기기(synchronous machine), 유도기(induction machine)로 분류하고 직류기, 동기기, 유도기는 다시 발전기와 전동기로 분류한다. 이와 같은 일반적인 분류법을 나타내면 그림 1.3과 같다.

전동기는 속도가 빠르고 토크가 작은 특성을 가지고 있으므로 기어(gear)를 부착해서 사용하는 경우가 많다. 또한 제어용 전동기에서는 제어기, 전력변환기를 이용하여 동력을 제어한다. 제어용 전동기는 그림 1.4와 같이 기어, 제어기, 전력변환기가 필요하므로 넓은 의미에서 전동기는 기어, 전동기제어기, 전력변환기를 포함한다. 따라서 최근의 전기기기 학문분야는 전기기기뿐만 아니라 전력전자와 제어이론 및 정·동역학을 포함한다. 이러한 학문들은 각각 별도의 교과목에서 학습하고 관련 지식을 숙지하면 전기기기를 공부하는데 많은 도움이 된다. 본 교재에서는 전기기기를 변압기, 직류기, 동기기, 유도기로 분리하여 원리 및 정상특성 해석을 통해 각 전기기기의 주요특성을 공부한다.

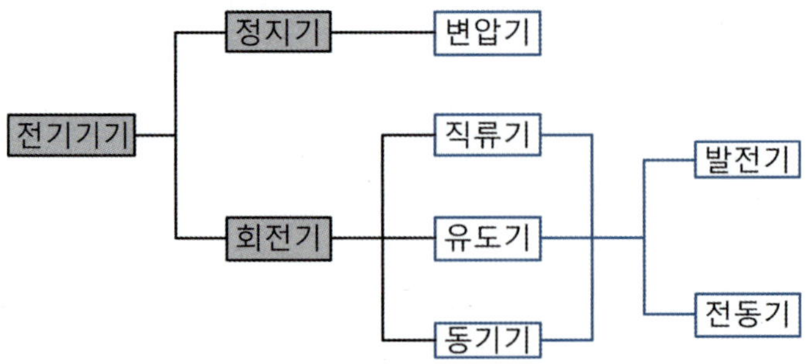

그림 1.3 일반적인 전기기기 분류법

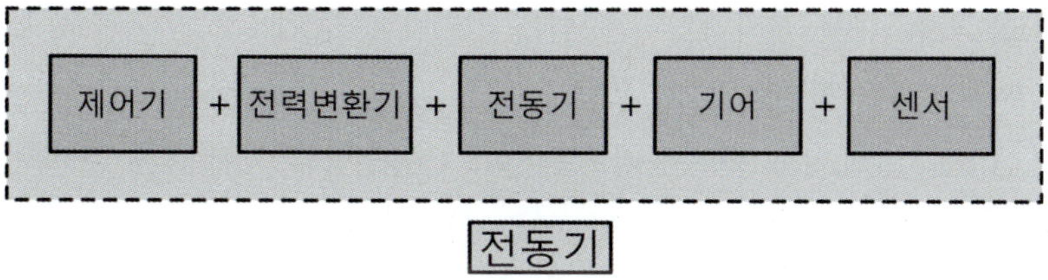

그림 1.4 일반적인 제어용 전동기의 구성

1.3 전기기기의 해석법

요구하는 성능을 만족하는 최적의 시스템을 설계(design)하여 구현하는 것이 기술자와 연구원이 해야 할 업무이다. 시스템을 설계하고 구현하기 위해서는 현상을 이해하고 현상을 예측할 수 있는 기술을 가져야 한다. 따라서 엔지니어가 가져야할 기술은 현상을 예측하는 기술과 설계기술이며 다음과 같이 정의할 수 있다.

① 물리적인 이해 : 어떤 현상을 물리적으로 이해한다.

② 지배방정식(governing equations)의 유도 : 그 현상을 지배하는 수학적인 방정식을 유도한다.

③ 수학적인 능력 : 지배방정식을 푼다.

④ 설계에 응용 : 결과를 검토하여 설계에 응용한다.

위의 4가지 기술중 ①, ②, ③ 기술을 현상예측기술이라고 하고 ④ 기술을 설계기술이라고 한다. 따라서 현상예측기술은 설계기술의 기초가 된다. 전기기기에서 현상예측기술을 가지기 위해서는 전기기기에서 일어나는 물리적 현상을 이해하고 그 현상을 지배하는 지배방정식을 유도하여 풀어내는 기술을 습득해야 한다. 이와 같은 전기기기의 현상예측기술을 전기기기의 특성해석법이라고 한다. 전기기기의 특성해석법은 크게 (1) 집중회로 정수법과 분포회로 정수법, (2) 정상상태 해석법과 과도상태 해석법, (3) 비대칭회로(불평형 회로)해석법과 대칭회로(평형회로)해석법이 있다.

(1) 집중회로 정수법과 분포회로 정수법

전기기기의 특성해석법은 전기기기를 등가적인 전기회로로 구성하여 해석하는 방법과 전기기기의 물리계를 나타내는 전자장을 해석하는 방법으로 나눌 수 있다. 전자는 전기기기에서 일어나는 현상을 인덕턴스(inductance)와 저항(resistance) 등과 같은 회로량을 이용하여 등가회로를 구성하고 푸는 해석법으로 집중회로 정수법(lumped circuit parameter method)이라고 한다. 후자는 전기기기의 에너지변환 매개인 전자장의 지배방정식(맥스웰방정식)을 직접 풀어 전기기기의 특성을 알아내는 방법으로 분포회로 정수법(distributed circuit parameter method)이라고 한다.

그림 1.5는 집중회로 정수법과 분포회로 정수법의 차이점을 나타내고 있다. 그림 1.5(a)에서와 같이 집중회로 정수법에서는 전기기기의 특성을 전기회로로 구성하여 해석하는 방법으로 전압방정식이 시간의 함수이므로 시간에 대한 특성을 알 수 있으나 전기기기 구조의 변화에 따른 특성은 알 수 없다. 따라서 집중회로 정수법에서는 전기기기의 시간에 따른 변화를 알 수 있어 전동기의 제어에 사용될 수 있다. 그러나 전기기기 설계는 공간에 대한 설계이므로 구조설계에는 사용될 수 없다.

그림 1.5(b)는 분포회로 정수법의 예를 나타내고 있다. 분포회로 정수법은 맥스웰 방정식(Maxwell's equation)이 지배방정식이고 맥스웰 방정식을 푼다는 것은 공간(space), 시간(time) 독립변수를 갖는 편미분 연립방정식(partial differential simultaneous equations)을 푸는 것이다. 이와 같이 분포회로 정수법은 공간의 변화에 따른 특성의 변화를 알 수 있으므로 전기기기 설계에 이용할 수 있고 원리적으로는 전기기기 제어에도 이용할 수 있다. 그러나 맥스웰 방정식은 편미분 방정식이기 때문에 수기계산(手記計算: analytical

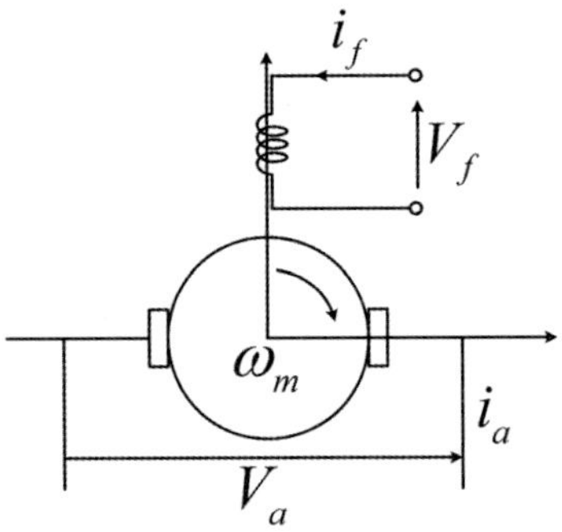

지배방정식	특징
$V_f = R_f i_f + L_f \frac{di_f}{dt}$ $V_a = R_a i_a + L_a \frac{di_a}{dt} + p\,\omega_m M i_f$ $T = pMi_f i_a = J\frac{d\omega_m}{dt} + r_m\omega_m$	독립변수 : 시간(t) 기본물리량 : 전류

(a)

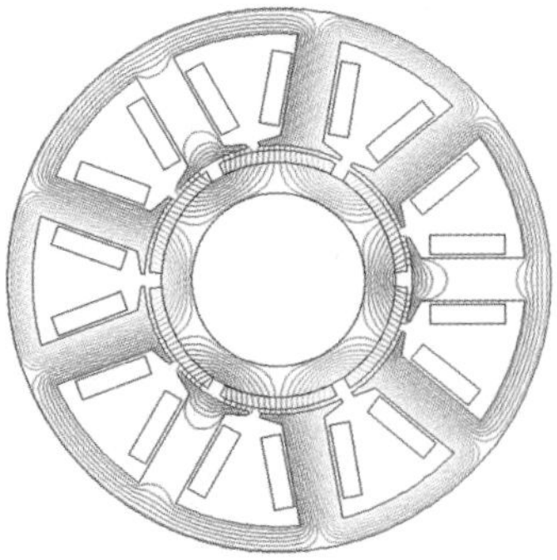

지배방정식	특징
Maxwell Equation $\nabla \times H = J$ $\nabla \times E = -\frac{\partial B}{\partial t}$ $\nabla \cdot B = 0$	독립변수 : 시간(t), 공간(x, y, z) 기본물리량 : E, H

(b)

그림 1.5 전기기기의 특성 해석법 (a) 집중회로 정수법 (b) 분포회로 정수법

calculation) 즉, 해석적 계산으로 푸는 것이 극히 곤란하므로 분포회로 정수법를 전기기기 제어에 이용하는 경우는 거의 없고, 보통 전기기기 설계에 사용한다. 분포회로 정수법에서 편미분방정식을 풀기 위해서는 유한요소법(FEM: finite element method)과 같은 수치해석 기법을 이용해야 한다. 수치해석법은 미분방정식(differential equation)을 대수방정식(algebraic equation)으로 변환하는 수학적인 기법으로 학부 수준에서는 잘 공부하지 않고 대학원에서 전공별로 선택적으로 공부한다. 따라서 본 교재에서는 집중회로 정수법을 이용한 전동기 특성해석을 다룬다.

(2) 정상상태 해석법과 과도상태 해석법

집중회로 정수법, 분포회로 정수법에 상관없이 전기기기 해석법은 다시 정상상태(steady state) 해석법, 과도상태(transient state) 해석법으로 나뉜다. 과도상태란 전기기기가 정상상태에 도달하기 전에 나타나는 현상으로 정상상태는 과도상태의 특별한 경우이다. 정상상태란 전압, 속도 등 전기기기의 파라미터가 일정할 때의 상태를 나타낸다. 따라서 직류기에서는 전압, 전류가 변하지 않으므로 인덕턴스 성분이 없고 단지 저항 성분만이 존재하게 된다. 그림 1.6은 집중회로 정수법으로 직류기를 해석하기 위한 등가회로를 나타낸다. 그림 1.6(a)는 과도상태를 나타내는 등가회로로 인덕턴스를 포함하고 있다. 반면 그림 1.6(b)는 정상상태를 나타내는 등가회로로 인덕턴스는 직류에서 단락회로가 되므로 나타나지 않게 된다. 따라서 그림 1.6(a)의 회로를 풀면 직류기의 과도상태를 알 수 있으므로 직류기의 시간에 따른 토크(torque), 전류 등 특성의 변화를 알 수 있다. 반면 그림 1.6(b)회로를 풀면 직류기의 정상상태를 알 수 있고 시간에 따른 토크, 전류 등의 특성변화는 알 수 없다.

교류기의 과도상태 해석은 아주 복잡한 연립미분방정식이 된다. 교류기의 회로방정식은 회전자의 회전에 따라 회로량이 변하므로 시간함수로써 지배방정식이 시변 미분 연립방정식이 되어 풀기가 곤란해진다. 따라서 $d-q$변환 등과 같은 좌표변환(coordinate transformation)을 이용하여 선형 미분방정식(linear differential equation)으로 치환하여 풀게

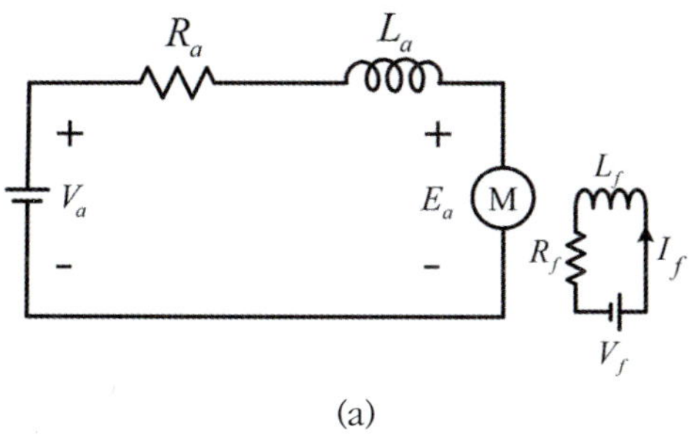

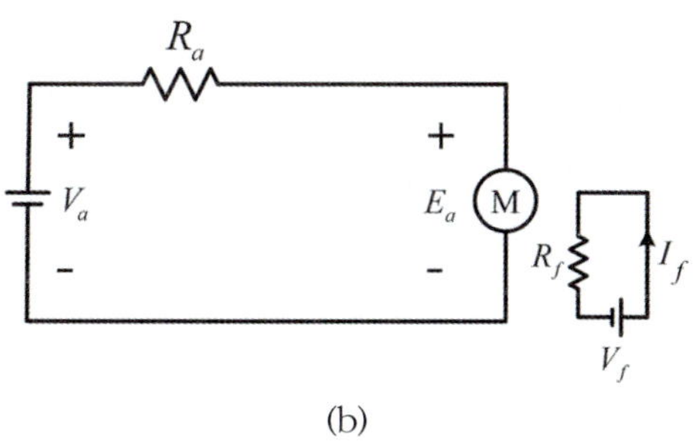

그림 1.6 집중회로 정수법 (a) 과도상태 (b) 정상상태

되는데 그 과정이 복잡하여 학부과정에서는 잘 다루지 않는 분야다. 반면 교류기에서 정상상태란 전압, 전류, 주파수가 일정한 상태이므로 인덕턴스와 커패시턴스 성분은 리액턴스(reactance)로 치환된 페이저 회로(phasor circuit)를 유도하여 페이저 해석(phasor analysis)을 할 수 있다. 교류기의 정상상태 해석에서는 페이저 해석을 하므로 시간에 따른 변화는 알 수 없고 주파수가 변할 때 특성을 알 수 있다. 따라서 본 교재에서는 집중회로를 이용한 정상상태만을 다루고 필요에 따라 과도상태에 대해서는 약간의 언급을 하도록 한다. 또한 과도해석을 위해서 필요한 좌표변환, 특히 $d-q$변환에 대해서 부록 A.6에 수록하였다.

(3) 대칭회로와 비대칭 회로

교류 전기기기는 단상(single phase) 전기기기와 다상(polyphase) 전기기기가 있으며 다상 전기기기는 3상 전기기기가 일반적인 형태이다. 3상 전기기기는 다시 3상 대칭(평형) 전기기기와 3상 비대칭(불평형) 전기기기로 나눌 수 있다. 3상 대칭 전기기기는 각상의 전압, 전류의 크기가 같고 각상의 위상이 120°만큼 차이나는 전기기기로 3상 대칭전기기기(symmetrical electrical machinery) 또는 3상 평형전기기기(balanced electrical machinery)라고 한다. 반면 전압, 전류의 크기가 다르거나 각상의 위상이 120°만큼 차이나지 않는 3상 교류 전기기기는 3상 비대칭 전기기기 또는 3상 불평형전기기기(unbalanced electrical machinery)라고 한다. 3상 평형 전기기기는 대칭회로로 해석할 수 있어 정상상태인 경우 1상의 페이저 해석만 하면 된다. 즉 다른 상의 모든 전기적인 양은 크기는 같고 위상만 차이 나므로 한 상만을 해석하면 충분하다. 불평형 정상상태의 3상 전기기기는 페이저 해석은 할 수 있으나 한 상만을 해석할 수 없고, 3상 회로 전체의 회로방정식을 구성하여 해석하여야 한다. 불평형 회로를 해석하는 방법으로 대칭좌표법(symmetrical coordinates method)이라고 하는 방법을 사용하면 정상분(positive-phase-sequence component), 역상분(negative-phase-sequence component), 영상분(zero-phase-sequence component)이라고 하는 대칭성분으로 분해가 가능하여 3개의 대칭회로를 해석하는 방법을 사용할 수 있다.

전기기기의 가장 일반적인 집중회로 해석법은 3상 불평형 전기기기의 과도상태 해석이다. 이 해석에서는 페이저 해석이 불가능하고 3상 전체를 해석하여야 한다. 따라서 비대칭 3상 전기기기의 과도상태 해석은 미분방정식으로 표현된 3상 회로의 연립 전압방정식을 풀어야한다. 또한, 대칭좌표법을 이용하여 3상 불평형 전기기기의 정상분, 역상분, 영상분을 구해 각 대칭성분에 대해 과도 전압방정식을 풀고, 결과를 합성하여 전체의 특성을 알 수 있는 방법도 있다. 이러한 비대칭 3상 전기기기의 과도상태해석의 특수한 형태가 평형(대칭) 전기기기해석과 정상상태해석이라고 할 수 있다. 이와 같은 해석법의 관계를 그림 1.7에 나타내었다. 이와 같이 집중회로 정수법에 의한 전기기기 해석법은 다양하지만 본 교재에서는 교류기해석에서 3상 평형 전기기기의 정상상태의 해석만을 다룬다.

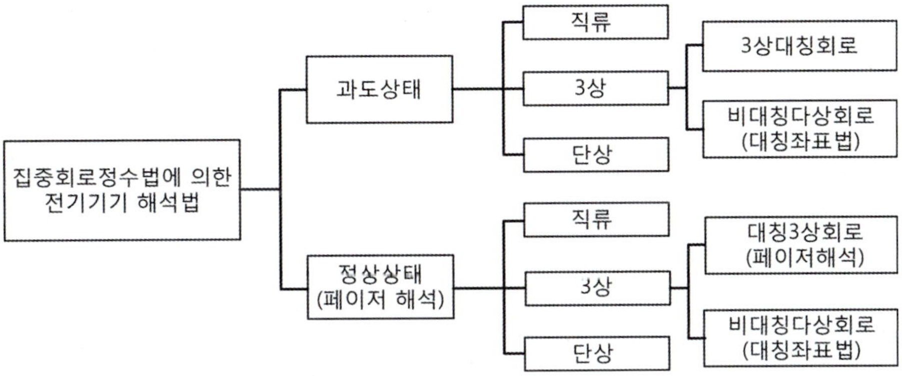

그림 1.7 집중회로 정수법의 관계도

1.4 교재의 구성과 내용

전기기기라는 학문은 명칭에서 알 수 있는 바와 같이 전기공학을 기본으로 하여 기계공학에 대한 지식이 필요한 공학이다. 전기기기는 전자계를 매개로 하여 기계에너지와 전기에너지 사이의 에너지 변환이 일어나므로 전자장, 회로이론과 같은 전기공학의 기초학문이 잘 공부되어 있어야만 전기기기를 올바르게 이해할 수 있다. 학부과정에서 전기기기를 공부한다는 것은 주로 전기기기의 정상적인 특성을 알아보는 것이다. 따라서 본 교재에서는 전기기기의 등가회로를 유도하여 풀어내고 그 결과로부터 전동기의 특성을 파악하는 집중회로 정수법을 사용한다.

본 책은 본문이 10장으로 구성되어있고 부록은 12장으로 구성되어 있다.

1장은 서론적인 내용을 담고 있다.

2장에서는 전자장에 대해서 다루었다. 전기기기는 전자장을 매개로 에너지변환을 하기 때문에 전자장, 특히 자계에 대해서 기초 지식을 가지고 있어야 전기기기에서 일어나는 물리적 현상을 이해할 수 있다. 또한 전기기기는 강자성체(ferromagnetic material)를 이용하여 자속(magnetic flux)의 경로를 만드는데 강자성체에서 포화(saturation)와 히스테리시스(hysteresis) 현상은 전기기기 특성에 영향을 크게 미치므로 자세히 다루었다.

3장에서는 회로이론에 대해서 다루었다. 본 교재에서 전기기기의 특성을 등가회로(equivalent circuit)를 이용하여 해석하는 집중회로 정수법을 이용하였으므로 회로해석에 대해서는 깊은 지식을 가지고 있으면 좋다. 특히 교류 전기기기의 정상상태 해석만을 다루므로 페이저 해석에 대해서 자세히 다루었다. 또한 평형 정상상태 3상회로 해석법과 교류전력(AC power)에 대해서 필수적으로 알아야 될 사항에 대해 언급하였다.

2장, 3장은 저학년 때 공부하는 학문으로 전기공학을 공부하기 위해서는 필수과목이다. 전자장과 회로이론에 충분한 지식이 있다면 2장과 3장은 공부하지 않아도 된다.

4장은 변압기에 대해서 설명하였다. 변압기는 회전기와 달리 정지되어 있으므로 물리적인 원리를 이해하기 쉽다. 변압기는 변압기 자체의 특성도 중요하지만 여자전류(exciting current)와 자속의 물리적 특성이 동기기, 유도기와 같은 교류기의 물리적 특성과 완전히 동일하므로 특히 자속과 여자전류의 특성에 대해서 자세히 다루었다. 또한, 3상 변압기의 결선법(connection method)에 따른 특성을 알아보았다. 특수변압기는 매우 많은 종류가 있으나 일부 중요한 특수변압기에 대해서 언급했다. 특수변압기는 다른 내용보다는 중요성이 떨어지므로 1학기 강의를 할 경우에는 다루지 않아도 될 것 같다.

5장은 회전기 일반에 대해서 설명하였다. 직류기, 유도기, 동기기로 나눈 회전기에 공통적으로 적용될 수 있는 힘과 속도기전력 이론을 자세히 다루었다. 구조, 권선법, 동작영역과 속도제어에 대해서도 언급하였다. 또한 전기기기를 여러 가지로 분류할 수 있는데 몇 가지 중요한 분류법에 대해서도 다루었다.

6장은 직류기에 대해서 설명하였다. 직류발전기는 현재 거의 사용되지 않으므로 설명을 간단하게 하여야 하지만 기사시험 등에 출제빈도가 높아 다루지 않을 수 없었다. 또한 브러시형 직류전동기도 점차 이용이 안 되는 추세이지만 타여자 직류전동기(separate excitation DC motor)와 분권 직류전동기(shunt-wound DC motor)의 특성은 브러시리스 직류전동기의 특성과 거의 동일하므로 자세히 다루었다. 교류기를 $d-q$ 변환하면 교류기의 성질을 타여자 직류기로 치환하여 생각할 수 있으므로 타여자 직류기의 특성을 정확하게 파악하는 것이 $d-q$ 변환된 교류기를 공부할 때 많은 도움이 된다. 직권 직류전동기(series DC motor), 복권 직류전동기(compound-wound DC motor)는 현재 거의 사용되지 않으므로 간단한 특성곡선만을 나타내고 요약 설명했다. 특히, 직류기 제어법은 교류기의 벡터제어법(field orientation control method)에 그대로 이용될 수 있으므로 자세히 설명하였다.

7장은 유도기에 대해서 설명했다. 교류기는 회전자계(rotating field)를 이용하는 기계이므로 회전자계에 대해서 자세히 설명하였다. 다른 부분보다도 회전자계를 올바르게 이해하는 것이 교류기를 이해하는데 가장 중요한 부분이다. 또한 유도전동기의 등가회로 유도과정을 설명하고 유도전동기의 등가회로에서 속도특성, 속도-토크특성을 구해내는 방법을 설명하였다. 유도전동기의 제어는 매우 중요한 분야이므로 다른 책에 비해서 제어법에 대해 자세히 다루고자 했다. 본 교재에서의 제어법은 개루프제어법으로(open loop control method), 폐루프제어법(closed loop control method)을 알기 위해서는 별도의 교재에서 공부해야한다.

8장은 동기기에 대해서 설명했다. 동기기는 회전자계와 동일한 속도로 회전하는 기계를 동기기라고 한다. 동기기에서는 회전자가 동기속도(synchronous speed)로 돌고 있는 것을 전제로 하여 정상상태 해석을 하여야 한다. 회전자가 동기속도로 운전하는 방법은 여러 가지가 있으나 동기운전을 하기까지는 과도상태이고 동기운전이 된 상태가 정상상태이다. 이러한 동기기의 정상상태는 등가회로를 이용하면 특성을 알 수 있다. 이때 고정자에서 발생하는 회전자계의 영향을 전기자 반작용 리액턴스(armature reaction reactance)로 고려한 등가회로에 의해 동기전동기의 출력특성을 설명하였다. 또한 제어를 하지 않는 동기전동기의 특성 중 난조현상(hunting)을 설명하여 동기전동기의 구동원리에 대해 쉽게 이해할 수 있도록 했다.

9장은 전력전자에 대해서 설명했다. 전력전자는 스위치 역할을 하는 전력용 반도체(power semiconductor)를 사용하여 전기의 성질을 바꾸는 장치다. 따라서 전력용반도체의 종류에 따라 전력변환기의 회로 구성 및 성능이 좌우되므로 전력용반도체의 종류에 대해 간략하게 소개하였다. 또한 AC-DC컨버터, DC-DC 컨버터, DC-AC 컨버터, AC-AC컨버터로 나누어 설명하였다. 전력전자분야는 전력전자 과목에서 자세히 다루지만 전기기기를 공부하기 위해서는 전력전자가 필수적이다. 전력전자가 별도의 과목으로 개설된 경우에는 9장은 공부하지 않아도 된다.

10장은 영구자석 전동기(permanent magnet motor)와 릴럭턴스 전동기(reluctance motor)에 대해서 설명했다. 영구자석 전동기와 릴럭턴스 전동기는 최근에 제어용 전동기로 광범위하게 많이 사용된다. 전기공학을 전공한 공학도는 영구자석 전동기의 구동원리와 응용에 대해서 알고 있어야 한다. 그동안 발간된 많은 전기기기 책에서는 영구자석 전동기와 릴럭턴스 전동기를 다루지 않았다. 본 책에서는 영구자석 전동기와 릴럭턴스 전동기의 분류와 구동원리를 중심으로 설명하였으며 가능한 식을 사용하지 않고 설명했다. 10장은 선택적으로 공부할 수 있으나 종류와 구동원리에 대해서는 공부하기 바란다.

전자장

제 02 장

2.1 전자장과 전기기기

전기기기는 전기에너지-전기에너지 상호변환을 하는 변압기와 전기에너지-기계에너지 상호변환을 하는 전동기 및 발전기를 지칭한다. 그림 2.1은 전기기기에서 일어나는 각 에너지 사이의 변환의 종류 및 원리를 간단하게 나타내고 있다. 그림 2.1에서와 같이 전력 P_e[J/s, W](전기에너지의 시간변화율)은 전압과 전류의 곱이고 동력 P_m[J/s, W](기계에너지의 시간변화율)은 토크와 각속도의 곱이다. 에너지변환은 전자장을 매개로 일어나므로 전자장은 매우 중요한 요소이다. 에너지변환에는 전계 또는 자계를 이용할 수 있는데 보통 자계의 에너지 밀도가 전계의 에너지 밀도에 비해 매우 크므로 아주 특수한 경우를 제외하고 보통의 전기기기에서는 에너지변환의 매개로 자계를 사용한다. 일반적인 전기기기에서 전자계는 시변계이며 지배방정식은 암페어의 주회법칙(Ampere's circuital law), 페러데이법칙(Faraday's equation), 자속의 연속식(continuity equation of magnetic flux)으로 구성되는 시변계의 맥스웰방정식(Maxwell's equation)이다. 따라서 에너지변환 매개가 되는 전자장에 대한 물리적인 이해와 전자장 현상을 예측할 수 있는 해석기술을 공부하는 것은 전기기기를 공부하는데 기초가 된다. 특히 유도기전력과 토크는 전기에너지와 기계에너지의 원천이 되는 중요한 물리량이다.

전기기기에서는 전동기, 발전기와 상관없이 유도기전력(전압)과 토크가 동시에 발생하고 이 두 현상에 의해 에너지변환 과정이 완성된다. 따라서 전기기기에서 두 가지 물리량을 정확하게 이해하고 구해내야 한다. 유도기전력과 토크를 나타내는 식은 여러 가지가 있으나 일반적으로 친숙한 법칙은 플레밍의 오른손법칙과 왼손법칙(Fleming's right and left hand rule)이다. 그림 2.2(a)는 유도기전력 법칙인 플레밍의 오른손법칙을 나타내는 것으로 "자계 내에서 도체를 운동시키면 자계의 방향과 도체의 운동방향에 수직방향으로 속도기전력이 유도된다"는 물리적 현상을 간단하게 표현한 것으로 플레밍의 오른손법칙을 식으로 나타내면 식 (2.1)과 같다.

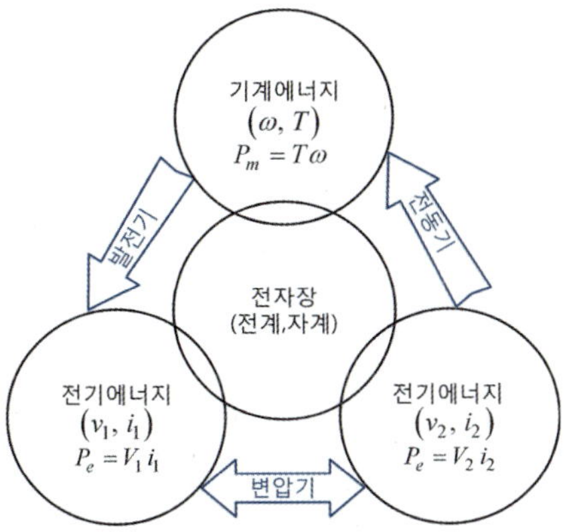

그림 2.1 전기기기의 에너지변환의 원리와 전기기기의 종류

$$e = \int (\boldsymbol{\nu} \times \mathrm{B}) \cdot dl \ \ [\mathrm{V}] \tag{2.1}$$ 주1)

여기서 $\boldsymbol{\nu}$, B는 각각 도체의 속도와 자속밀도를 나타내며 dl은 도체의 길이벡터를 나타낸다.

다음은 도체에서 발생하는 힘에 대해서 고찰해 보도록 하자. 플레밍의 왼손법칙은 그림 2.2(b)에서와 같이 "자계 내에서 도체에 전류가 흐르게 되면 자계와 전류의 수직방향으로 힘이 발생"되는 현상을 쉽게 표현한 것으로 플레밍의 왼손법칙을 식으로 표현하면 식 (2.2)와 같다.

$$\boldsymbol{F} = \int (\mathrm{J} \times \mathrm{B}) \cdot d\mathrm{V} \ \ [\mathrm{N}] \tag{2.2}$$ 주2)

여기서 J, B, dV은 각각 전류밀도벡터, 자속밀도벡터, 그리고 도체의 체적벡터를 나타낸다.

따라서 유도기전력(induced electromotive force)과 힘을 구하기 위해서는 자속(magnetic flux)을 구해야 한다. 자속을 구한다는 것은 자계세기(H) 혹은 자속밀도(B)를 구하는 것을 의미한다. 전기기기라는 공간에서 자계의 물리량을 구하기 위해서는 자계의 지배방정식인 맥스웰방정식을 풀어야 한다. 하지만 맥스웰방정식은 편미분방정식(partial differential equation)이므로 수기계산(手記計算: analytical calculation, 해석적 계산)은 거의 불가능하다. 따라서 유한요소법(FEM: finite element method)과 같은 수치해석적(numerical analysis) 기법을 이용하거나 많은 가정을 두어 간이적으로 해를 얻는 해석적 기법을 이용하는 경우가 많다.

그림 2.2 플레밍의 법칙 (a) 오른손법칙 (b) 왼손법칙

주1) 식 (2.1)은 속도기전력, 주2) 식 (2.2)는 로렌츠의 힘을 나타낸 식으로 유도기전력과 자기적인 힘의 일반식은 5장 전기기기 일반에서 자세히 다룸

2.2 맥스웰방정식과 상관관계식

2.2.1 맥스웰방정식

물리계는 일정한 질서에 의해 형성되며 이러한 질서를 방정식으로 표현한 것을 그 물리계의 지배방정식이라고 한다. 전자장의 지배방정식은 맥스웰방정식으로 맥스웰방정식의 물리적인 의미를 이해하고 풀면 전자장에서 일어나는 현상을 예측할 수 있다.

앞에서 언급한 바와 같이 전기기기는 전자장을 매개로 하여 에너지변환을 하는 기계이므로 맥스웰방정식을 이해하는 것이 전기기기를 올바르게 이해하는데 매우 중요하다. 맥스웰방정식은 미분형 혹은 적분형으로 나타낼 수 있는데, 식 (2.3)~(2.7)의 총 5개 방정식을 미분형 맥스웰방정식이라고 한다. 미분형 방정식은 수학적으로는 적분방정식에 비해 쉽지만 물리적 의미를 파악하기는 힘든 단점이 있다. 반면 물리적 의미를 파악하기 위해서는 식 (2.8)~(2.12)의 적분형이 편리하다. 맥스웰방정식 하나하나는 중요한 물리적인 의미를 가지고 있으므로 각 방정식이 의미하는 것[주1)]을 정확하게 파악하면 전기기기의 현상을 이해하는데 많은 도움이 된다.

미분형

1. 전계의 보존법칙: $$\nabla \times \mathrm{E} = 0 \tag{2.3}$$
2. 가우스법칙: $$\nabla \cdot \mathrm{D} = \rho \tag{2.4}$$
3. 암페어의 주회법칙: $$\nabla \times \mathrm{H} = \mathrm{J} \tag{2.5}$$
4. 자속의 연속식: $$\nabla \cdot \mathrm{B} = 0 \tag{2.6}$$
5. 페러데이법칙: $$\nabla \times \mathrm{E} = -\frac{\partial \mathrm{B}}{\partial t} + \nabla \times (\nu \times \mathrm{B}) \tag{2.7}$$

적분형

1. 전계의 보존법칙: $$\oint \mathrm{E} \cdot dl = 0 \tag{2.8}$$
2. 가우스법칙: $$\oint \mathrm{D} \cdot d\mathrm{S} = Q \tag{2.9}$$
3. 암페어의 주회법칙: $$\oint \mathrm{H} \cdot dl = Ni \tag{2.10}$$
4. 자속의 연속식: $$\oint \mathrm{B} \cdot d\mathrm{S} = 0 \tag{2.11}$$
5. 페러데이법칙: $$\oint \mathrm{E} \cdot dl = -\frac{d\lambda}{dt} = e \tag{2.12}$$

주1) 각 기호가 의미하는 것은 2장 뒷부분의 기호 정리를 참조하기 바람

2.2.2 상관관계식과 전기물성

전기재료는 크게 도체(conductor), 유전체(dielectric substance), 자성체(magnetic substance) 세 가지 종류가 있다. 이러한 전기재료의 특성은 각각 도전율, 유전율, 투자율로 재료의 특성을 나타낸다. 이러한 재료정수와 전계, 자계의 물리량과의 관계를 나타낸 식을 상관관계식이라 하고 상관관계식은 식 (2.13)~(2.15)와 같이 정의된다.

$$\mathrm{J} = \sigma \mathrm{E} \quad [\mathrm{A/m^2}] \tag{2.13}$$

$$\mathrm{D} = \epsilon \mathrm{E} \quad [\mathrm{C/m^2}] \tag{2.14}$$

$$\mathrm{B} = \mu \mathrm{H} \quad [\mathrm{Wb/m^2,\ T}] \tag{2.15}$$

여기서 σ, ϵ, μ는 각각 도전율, 유전율, 투자율을 나타내는 물성치이다.

도전율은 도체의 성능을 나타내는 양으로 전기회로에서는 컨덕턴스의 크기를 결정하는 물성치이다. 유전율은 유전체의 성능을 나타내는 양으로 전기회로에서는 커패시턴스와 관련된 물성치이다. 또한 투자율은 자성체의 성능을 나타내는 양으로 전기회로에서는 인덕턴스와 관련된 양이다. 도전율, 유전율, 투자율과 컨덕턴스, 커패시턴스, 인덕턴스의 관계는 표 2.1과 같다.

컨덕턴스(conductance)는 "단위전압을 걸었을 때 얼마나 전류를 흘릴수 있는가?"를 나타내는 양으로 그 크기는 도전률과 도체의 단면적에 비례하고 도체의 길이에 반비례한다. 커패시턴스(capacitance)는 "단위전압을 걸었을 때 전하를 얼마나 축적하는가?"를 나타내는 양으로 유전율 및 도체 단면적에 비례하고 도체판 사이의 거리에 반비례한다. 커패시턴스

표 2.1 수동소자의 정의 및 의미

	정의	정의식	의미	기호
컨덕턴스	$G = \frac{i}{v}$	$G = \frac{\sigma S}{l}$	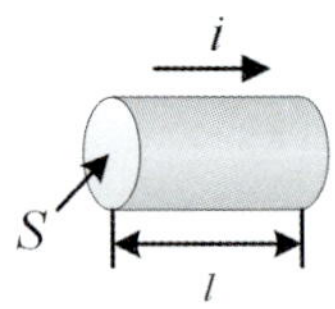	
커패시턴스	$C = \frac{Q}{v} = \frac{2W_e}{v^2}$	$C = \frac{\epsilon S}{d}$	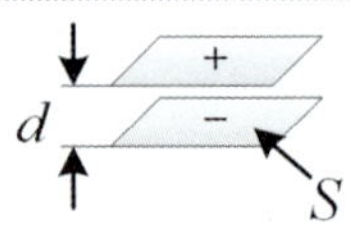	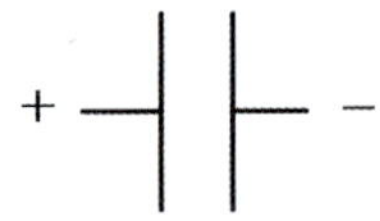
인덕턴스	$L = \frac{\lambda}{i} = \frac{2W_m}{i^2}$	$L = \frac{N^2 \mu S}{l}$	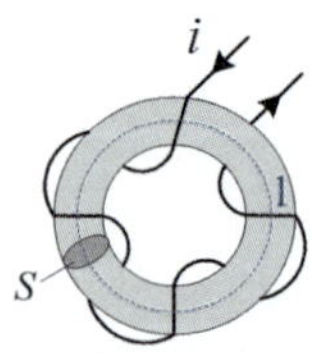	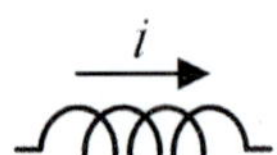

는 에너지차원으로도 정의가 되며 에너지차원에서 보면 단위전압을 가했을 때 전계로 축적되는 에너지량을 나타낸다. 또한 인덕턴스(inductance)는 “단위전류를 흘렸을 때 얼마나 자속이 쇄교하는가?”를 나타내는 양으로 턴수의 제곱 및 코일의 면적에 비례하고 코일에 삽입된 물질의 투자율에 비례한다. 커패시터와 마찬가지로 인덕터도 에너지 축적을 할 수 있고 인덕터를 에너지 차원으로 정의하면 단위 전류를 흘렸을 때 자계에너지를 축적할 수 있는 능력을 나타내는 회로정수이다.

2.3 지배방정식과 맥스웰방정식의 의미

2.3.1 지배방정식(governing equation)

전자장은 정전계(electrostatic field), 정자계(magnetostatic field), 시변계(time varying field)로 나눌 수 있다. 정전계란 정지된 전하에 의해 발생된 전계를 말하고, 정자계는 일정한 전류(직류)에 의해 발생된 자계를 말한다. 또한 시변전자계는 전류가 시간적으로 변하거나 자계가 공간에서 상대운동을 할 때 발생하는 전계와 자계가 시간적, 공간적으로 변화하는 물리적 공간(계: field)을 나타낸다. 정전계에서는 기본 물리량이 전계의 세기(electric field intensity) $\mathbf{E}$ 또는 전속밀도(electric flux density) $\mathbf{D}$이고 이 기본 물리량을 이용하여 지배방정식을 정의할 수도 있고 전기스칼라 포텐셜(electric scalar potential) Ω을 정의하여 지배방정식을 정의할 수도 있다.

정자계에서 기본 물리량은 자계세기 $\mathbf{H}$ 또는 자속밀도 $\mathbf{B}$이고 이 물리량으로 지배방정식을 정의할 수도 있고 자기벡터 포텐셜 $\mathbf{A}$를 정의하여 그로부터 지배방정식을 정의할 수도 있다. 또한 시변계에서는 기본 물리량인 $\mathbf{D}$, $\mathbf{E}$, $\mathbf{B}$, $\mathbf{H}$로 정의하거나 포텐셜 Ω, $\mathbf{A}$로 정의할 수도 있다.

표 2.2는 각 계의 지배방정식을 요약한 것이다. 정전계에서 지배방정식은 가우스법칙과 전계의 보존법칙으로 미지수는 $\mathbf{E}$와 $\mathbf{D}$이다. 정전계의 지배방정식을 포텐셜 Ω로 나타내면 2계 편미분방정식이 되며 이 식은 가우스법칙과 전계의 보존법칙을 하나의 식으로 표현한 맥스웰방정식이라는 것을 이해해야 한다. 따라서 정전계의 지배방정식은 $\mathbf{E}$와 $\mathbf{D}$로 나타낸 식이나 포텐셜로 나타낸 식은 완전히 동일한 방정식이다. 정전계와 마찬가지로 정자계 및 시변자계에서도 기본 물리량으로 나타낸 맥스웰방정식과 포텐셜로 나타낸 방정식은 완전히 동일한 방정식이다.

전자계에서 현상을 예측한다는 것은 각 기본 물리량의 공간적, 시간적 변화를 예측한다는 것으로 이 현상을 예측하기 위해서는 표 2.2에서와 같이 1계 편미분방정식을 연립하여 풀거나 포텐셜을 이용한 2계 편미분방정식(시변계는 2계 편미분 연립방정식)을 풀어야 한다. 그러나 편미분방정식을 수식적으로 푼다(해석적 방법)는 것은 매우 어렵거나

표 2.2 정전계, 정자계, 시변계의 지배방정식

종류	기본 물리량에 의한 식	포텐셜에 의한 식
정전계	$\nabla\times E=0$ $\nabla\cdot D=\rho$	$\nabla^2\Omega=-\frac{\rho}{\epsilon}$
정자계	$\nabla\times H=J$ $\nabla\cdot B=0$	$\nabla\times\nabla\times A=\mu J$
시변계	$\nabla\times H=J+\frac{\partial D}{\partial t}$ $\nabla\cdot B=0$ $\nabla\times E=-\frac{\partial B}{\partial t}+\nabla\times(\nu\times B)$	$\frac{1}{\mu}(\nabla\times\nabla\times A)=J_0+\sigma\left(-\frac{\partial A}{\partial t}+\nu\times\nabla\times A-\nabla\Omega\right)$ $\sigma\nabla\cdot\left(-\frac{\partial A}{\partial t}+\nu\times\nabla\times A-\nabla\Omega\right)=0$

불가능하다. 따라서 미분방정식을 풀기 위해서는 적절한 가정 혹은 수학적 기법을 통해 미분방정식을 대수화 하여야 한다.

이와 같이 편미분방정식을 대수화하는 방법에는 유한요소법, 유한차분법(FDM: finite difference method) 등이 있다. 이러한 수학적 기법을 사용하면 편미분방정식이 대수 연립방정식이 된다. 따라서 대수 연립방정식을 풀기 위해 수치해석기법을 이용하여 컴퓨터로 풀게 된다. 수치해석법은 해를 정확하게 풀 수 있는 장점은 있으나 전기기기 설계를 전공하는 연구자 이외에는 접근하기 힘든 방법이므로 본 교재에서는 다루지 않는다.

자계의 지배방정식인 편미분방정식을 해석적으로 푸는 방법 중의 하나는 많은 가정을 두어 등가적인 자기회로(magnetic circuit)를 구성하여 푸는 방법이다. 이 방법을 사용하면 쉽게 해를 구할 수는 있으나 복잡한 모델에서는 정확도가 떨어진다.

2.3.2 자계와 관련된 양의 물리적 의미와 적용 예

앞에서 언급한 바와 같이 전기기기는 주로 자계를 매개로 에너지변환을 하는 기계이므로 자계에 대한 물리적 이해와 적용 방법을 숙지하여야 한다. 특히 자계에서 자속의 연속식과 암페어의 주회법칙 및 페러데이법칙은 그 물리적인 의미뿐만 아니라 적용법에 대해서도 정확하게 알아야 한다.

[1] 자속의 연속식

자속의 연속식을 적분형으로 나타내면 식 (2.16)과 같다.

$$\oint B\cdot dS=0 \quad [\mathrm{Wb}] \tag{2.16}$$

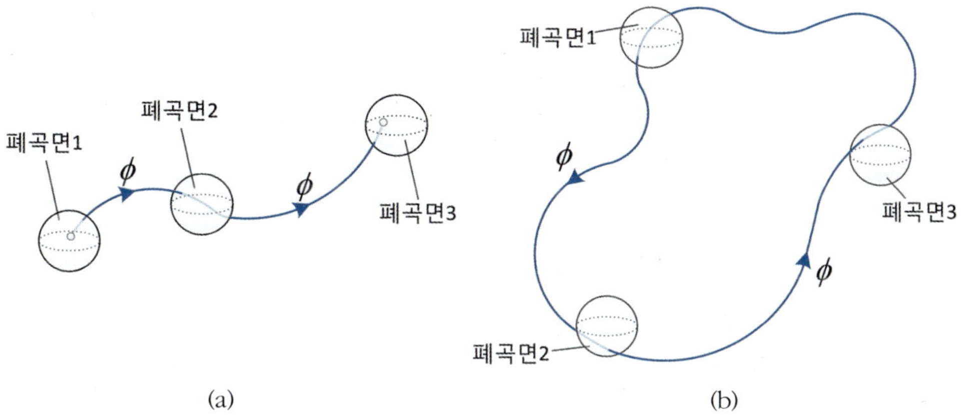

그림 2.3 자속의 연속식 설명모델
(a) 자속의 연속식을 만족시키지 못하는 예 (b) 자속의 연속식을 만족시키는 예

식 (2.16)은 어떤 임의의 체적을 구성하고 있는 폐곡면에 들어오는 자속과 나가는 자속의 총합이 0인 것을 나타낸다. 이 식의 물리적 의미를 알아보기 위해 그림 2.3을 고찰하도록 하자. 그림 2.3(a)에서 자속의 연속식을 적용하면 폐곡면 2에 대해서는 식 (2.16)을 만족하나 폐곡면 1과 폐곡면 3에 대해서는 식 (2.16)을 만족하지 못한다. 이러한 흐름(flux)은 연속식을 만족하지 못하므로 자계의 flux가 될 수 없다. 그러나 그림 2.3(b)와 같이 flux가 폐회로를 이루고 있을 때 자속의 연속식을 임의의 폐곡면에 적용하여 보자. 그림 2.3(b)에서와 같이 임의의 폐곡면 1, 2, 3에 대해서 들어오는 flux와 나가는 flux의 양이 같으므로 식 (2.16)을 만족한다. 따라서 자속의 연속식은 자속의 흐름이 폐회로를 이룬다는 것을 의미하는 식으로 폐회로를 이루지 않는 flux는 자속의 연속식을 만족하지 못한다.

[2] 암페어의 주회법칙

암페어의 주회법칙을 적분형으로 쓰면 식 (2.17)과 같이 된다.

$$\oint \mathrm{H} \cdot dl = Ni \quad [\mathrm{A}] \tag{2.17}$$

식 (2.17)에서 Ni는 폐곡선 dl이 만든 면에 포함되어 있는 전류의 총합으로 그림 2.4에서와 같이 N개의 도체가 있고 각 도체에 i가 흐를 때 폐곡선이 이루는 면에 포함되는 전체 전류를 나타낸다.

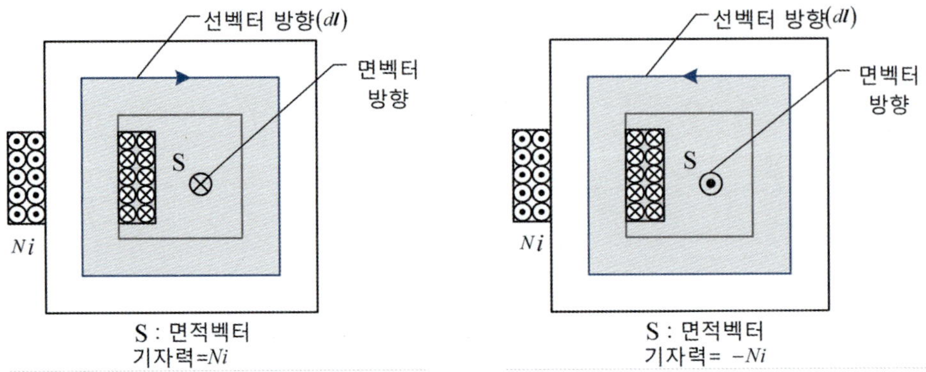

(a) (b)

그림 2.4 암페어의 주회법칙 설명 모델
(a) 면벡터와 동일한 전류벡터 모델 (b) 면벡터와 반대 방향의 전류벡터 모델

그림 2.4(a)에서와 같이 전류벡터가 지면으로 들어가는 방향일 때, 면벡터를 전류방향과 같은 방향으로 잡으면 식 (2.17)에서 기자력은 Ni가 되고, 그림 2.4(b)와 같이 면벡터를 전류방향과 반대로 잡으면 식 (2.17)에서 기자력은 $-Ni$가 된다. 이때 폐곡선의 방향은 각각 그림 2.4(a), (b)와 같이 된다. 기자력은 어원에서 알 수 있는 바와 같이 자속을 발생시키는 힘으로 전기회로에서 기전력, 즉 전압과 대응되며 단위는 [A • turn] 또는 [A]를 사용한다. 전계에서 전류를 흐르게 하는 힘은 전압인 것과 마찬가지로 자계에서는 자속을 발생시키는 원천은 기자력이다. 또한 식 (2.17)에서 알 수 있는 바와 같이 자계세기를 길이 적분하면 기자력이 되므로 자계세기 단위는 [A/m]이다.

예제 2.1 그림과 같이 공간상에서 지면에 수직방향으로 전류가 흐르고 있을 때 주위에 형성되는 자계세기와 자속밀도를 구하시오.

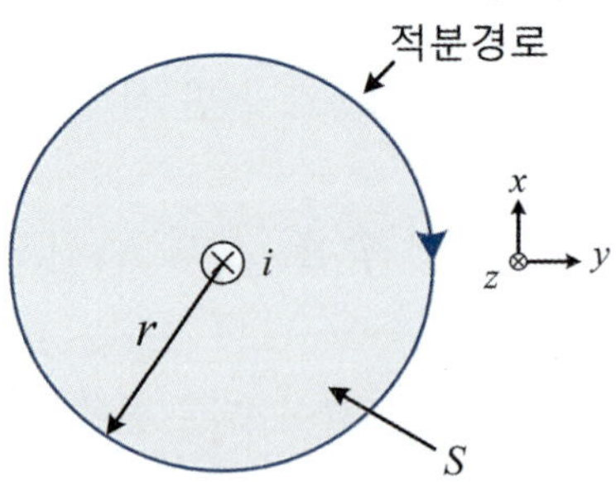

풀이 <<

그림에서와 같이 공간상에 전류가 흐르고 있으면 비오사바르법칙에서 전류 i가 흐르는 도체에서 일정한 거리에 있는 자계세기 H_ϕ의 크기는 일정하고 그 방향은 전류축에 대해 회전방향 즉, ϕ방향이므로 그림과 같이 원을 적분경로로 잡으면 다음의 식 (1)과 같이 H_ϕ를 구할 수 있다.

$$\oint \mathrm{H} \cdot dl = Ni \rightarrow 2\pi r H_\phi = Ni \ \ [\mathrm{A}]$$

$$\therefore \ H_\phi = \frac{Ni}{2\pi r} \ \ [\mathrm{A/m}] \tag{1}$$

따라서 단일 도체의 주위에 발생하는 자계세기는 ϕ방향 성분을 가지며 도체에서의 거리 r에 반비례한다. 자속밀도는 식 (2)와 같이 구해진다.

$$\therefore \ B_\phi = \mu \frac{Ni}{2\pi r} \ \ [\mathrm{T}] \tag{2}$$

예제 2.2 다음 그림과 같이 공극을 중심으로 위아래에 철심이 놓여 있으며, 아래 철심에 턴수 N의 코일이 일정한 간격을 두고 감겨 있을 때 공극에서의 자계세기를 구하여라. 단, 철심의 투자율은 무한대이며 공극의 길이는 l_g이다.

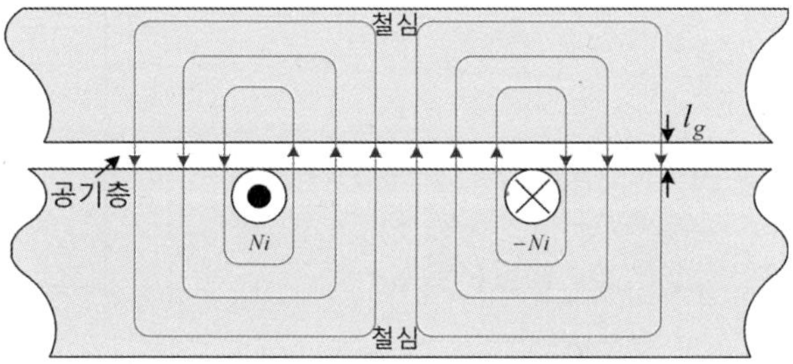

풀이 <<

코일이 일정한 간격으로 감겨 있고 공극의 길이 또한 일정하므로 공극에서의 자계세기는 그 방향만 바뀔 뿐 크기는 일정하다고 할 수 있다. 따라서 암페어의 주회법칙을 사용하여 자계세기를 구할 수 있다. 이때 철심에서의 투자율은 무한대라고 가정하면 식 (1)에 의해 철심에서 자계세기는 0이 된다.

$$H = \frac{B}{\mu} \ \ [\mathrm{A/m}] \tag{1}$$

또한 공극에서의 자계를 H_g라고 가정하고 암페어의 주회법칙을 적용하면 식 (2)가 성립된다.

$$\oint \mathrm{H} \cdot dl = 2H_g l_g = Ni \ \ [\mathrm{A}] \tag{2}$$

따라서 H는 식 (3)과 같다.

$$H_g = \frac{Ni}{2l_g} \ \ [\mathrm{A/m}] \tag{3}$$

[3] 페러데이법칙

페러데이법칙은 자속의 변화가 있으면 자속이 통과하고 있는 면의 폐곡선에 전계가 발생되는 현상을 나타내는 법칙으로 식 (2.12)로 표현된다. 식 (2.12)에서 자속 ϕ는 임의의 폐곡면을 통과하는 자속의 총량을 나타낸다.

페러데이법칙의 중요한 특성은 자계의 변화에 의해 유도된 전계방향은 외부 자속의 변화를 방해하는 방향으로 자속을 생성시킨다는 것이다. 그림 2.5(a)와 같이 자속이 시간적으로 변하면 자속의 변화분 $-d\phi/dt$은 그림 2.5(b)와 같이 된다. 자속이 z방향 성분만 존재한다고 가정하면, 시간 ①구간에서 자속은 z방향이고 또한 자속의 변화분 $-d\phi/dt$는 자속이 증가되고 있으므로 크기가 $d\phi/dt$이고 방향은 $-z$방향이며, 이 자속의 변화에 의한 전계 $\boldsymbol{E}$의 방향은 그림 2.5(c)와 같이 되어 자속방향과 반대가 된다. 시간 ②구간

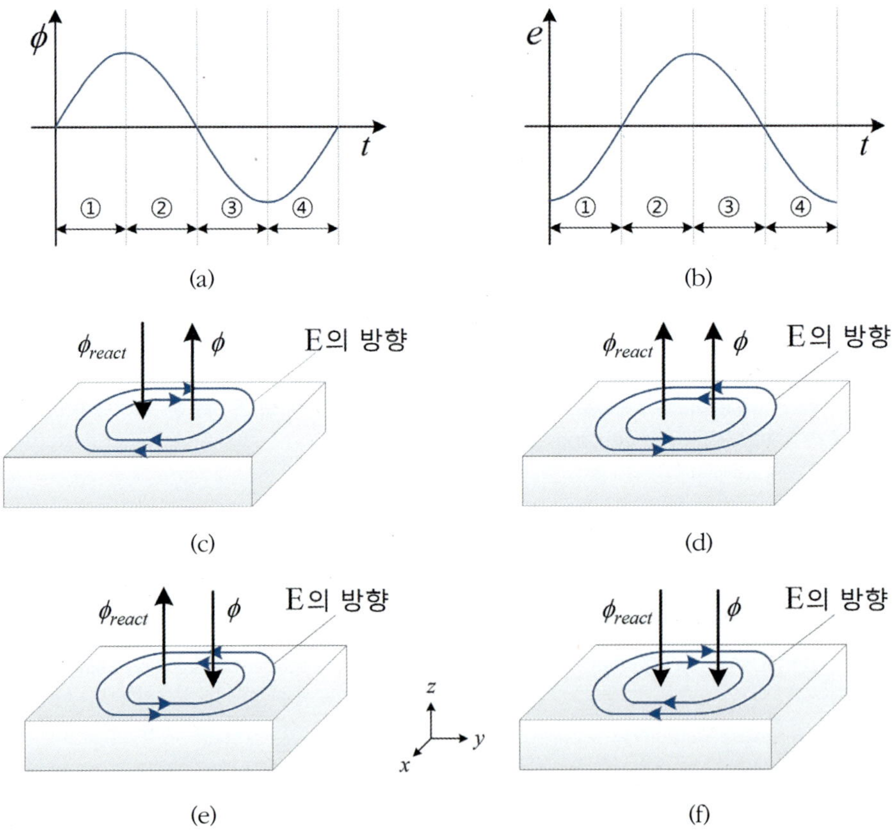

그림 2.5 패러데이 법칙 설명모델
(a) 시간에 따른 자속의 변화 예 (b) 시간에 따른 유도기전력의 발생
(c) ①번 시간 구간 (d) ②번 시간 구간
(e) ③번 시간 구간 (f) ④번 시간 구간

에서 자속은 z방향이고 자속의 변화분 $-d\phi/dt$도 z방향이고 전계 $\boldsymbol{E}$의 방향은 그림 2.5(d)의 자속방향과 같이 되어 자속이 줄어드는 것을 방해한다. 또한 ③구간에서 ϕ는 $-z$방향이고 $-d\phi/dt$는 z방향이다. ④구간에서는 ϕ는 $-z$방향이고 $-d\phi/dt$도 $-z$방향이다.

전계는 $-d\phi/dt$의 방향을 축으로 그 주위를 회전하는 방향으로 z축 방향으로 자속이 증가하는 시간 동안 전계는 그 자속을 감소시키기 위해 xy 평면상에서 시계방향으로 발생되고, 자속이 감소하는 시간에는 전계방향은 자속을 증가시키기 위해서 반시계방향으로 발생된다. 페러데이법칙의 물리적인 의미는 "자속이 변하면 기전력이 유도되고 유도되는 기전력의 방향은 자속의 변화를 방해하는 방향이다."를 나타낸다.

예제 2.3 그림에서 자속밀도가 공간적으로 일정하고 시간적으로 $B_z = B_m \sin\omega t$ 와 같다고 히지. 그림에서 발생하는 전계와 전류밀도를 구하시오.

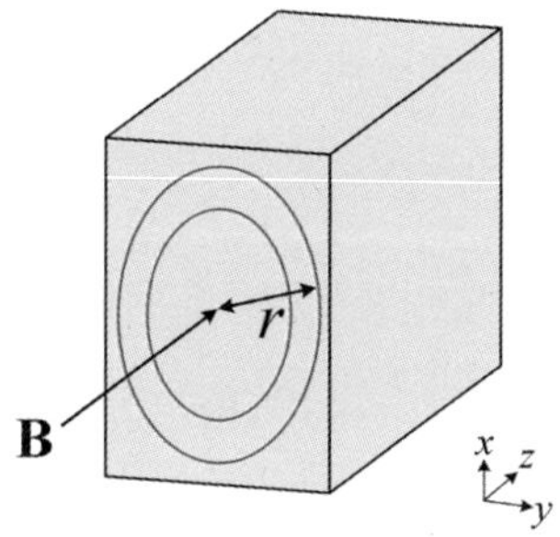

풀이 <<

자속이 통과하고 있는 반경이 r인 임의의 면을 잡으면 이 면의 면적은 식 (1)과 같다.

$$S = \pi r^2 \ [\mathrm{m}^2] \tag{1}$$

임의의 폐곡면을 잡고 이 폐곡면을 통과하고 있는 총 자속은 식 (2)와 같다.

$$\phi_z = SB_m \sin\omega t \ [\mathrm{Wb}] \tag{2}$$

이 때 페러데이법칙을 적용하면 식 (3)이 얻어진다.

$$\oint \mathrm{E} \cdot dl = 2\pi r E_\phi = -\frac{d\phi_z}{dt} = -\pi r^2 \omega B_m \cos\omega t \ [\mathrm{V}] \tag{3}$$

따라서 전계의 세기와 전류밀도는 다음의 식 (4), (5)와 같이 된다.

$$E_\phi = -\frac{r}{2}\omega B_m \cos\omega t \ [\mathrm{V/m}] \tag{4}$$

$$J_\phi = \sigma E_\phi = -\frac{r}{2}\sigma\omega B_m \cos\omega t \ [\mathrm{A/m^2}] \tag{5}$$

예제 2.4 자속밀도는 예제 2.3과 같고 자속이 통과하는 면적이 그림과 같이 $2xy$이고 $x \gg y$일 때의 전계의 세기와 전류밀도를 구하시오.

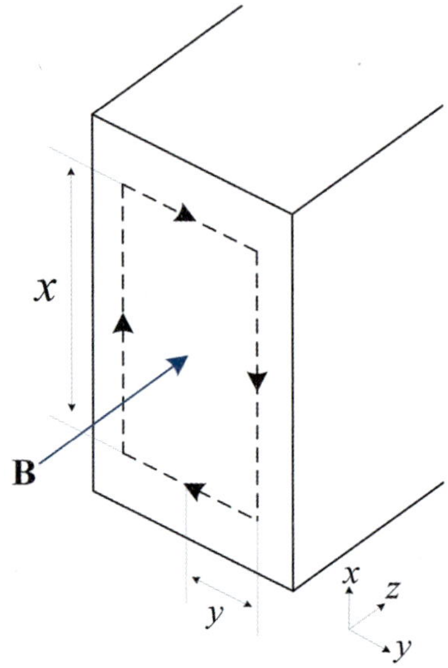

풀이 <<

그림에서 임의의 폐곡선을 통과하는 자속은 다음의 식 (1)과 같다.

$$\phi_z = 2xyB_m \sin\omega t \ [\text{Wb}] \quad (1)$$

$x \gg y$라고 가정하고 암페어의 주회법칙을 적용하면 식 (2)가 얻어진다.

$$2xE_x = -\frac{d\phi_z}{dt} = -2xy\omega B_m \cos\omega t \ [\text{V}] \quad (2)$$

따라서 전계의 세기와 전류밀도는 식 (3), (4)로 정의된다.

$$E_x = -y\omega B_m \cos\omega t \ [\text{V/m}] \quad (3)$$

$$J_x = \sigma E_x = -\sigma y \omega B_m \cos\omega t \ [\text{A/m}^2] \quad (4)$$

2.3.3 자계에서 각종 물리량들의 관계

전류가 흐르면 공간상에는 전류방향을 축으로 하는 면에 자계가 발생한다. 이때 발생하는 자계를 구하기 위해서는 자계와 관련된 맥스웰방정식을 풀어 기본 물리량 B 또는 H를 구한다. 자계와 관련된 다른 물리량들은 B, H와 대수적인 관계식 또는 단순 미분 또는 적분에 의해 쉽게 구할 수 있다.

그림 2.6은 자계에서 각종 물리량들의 관계를 나타내고 있다. 임의의 공간에 전류가 흐르게 되면 맥스웰방정식으로부터 자계세기를 구할 수 있고 자속밀도 B는 식 (2.15)의

상관관계식으로 구할 수 있다. 또한 자속은 자속밀도를 공간면에 대해 적분함으로써 구해진다. 또한 전류 i와 인덕턴스 L, 그리고 쇄교자속(magnetic flux linkage) λ의 관계는 표 2.1의 인덕턴스 정의식으로 구할 수 있다. 유도기전력의 관계는 식 (2.12)의 페러데이 법칙으로부터 구할 수 있으며 자기에너지 밀도는 식 (2.18)로 표현되며, 이를 부피 적분하면 식 (2.19)와 같이 자기에너지를 구할 수 있다.

$$w_m = \frac{1}{2}\mathrm{B} \cdot \mathrm{H} \ \ [\mathrm{J/m^3}] \tag{2.18}$$

$$W_m = \int w_m d\mathrm{V} = \frac{1}{2}Li^2 \ \ [\mathrm{J}] \tag{2.19}$$

전류와 자속의 관계는 2.4절에서 설명할 자계에서의 옴의 법칙으로부터 구할 수 있다. 시변계에서 자속의 변화는 유도기전력을 유도하므로 식 (2.20)이 성립된다.

$$e = \frac{d\lambda}{dt} \ \ [\mathrm{V}] \tag{2.20}$$

식 (2.20)에서 우변 (−)기호가 없는 것은 회로에서 렌츠의 법칙을 극성으로 고려해 주는 것을 가정한 것이다.

식 (2.20)을 인덕턴스를 이용하여 다시 쓰면 다음의 식 (2.21)과 같이 된다.

$$e = L\frac{di}{dt} + i\frac{dL}{dt} \ \ [\mathrm{V}] \tag{2.21}$$

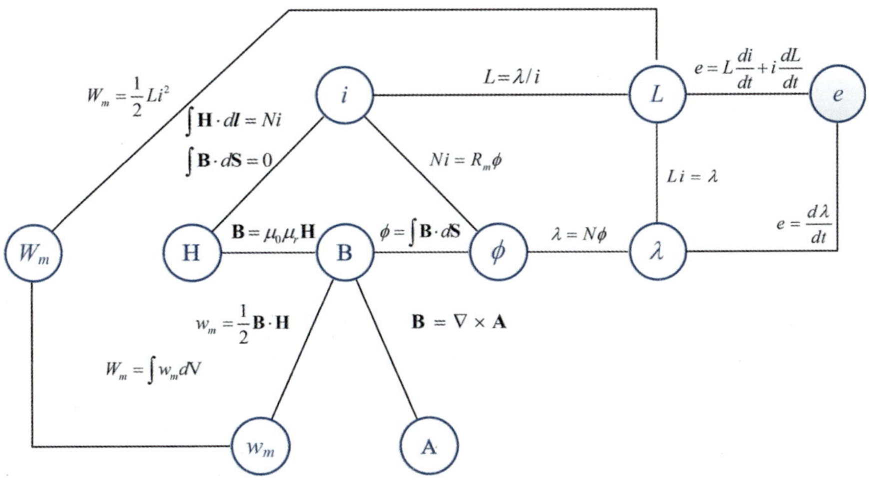

그림 2.6 자계에서 각종 물리량들의 관계

2.4 자기회로

자계를 구하기 위해서는 맥스웰방정식을 풀어야 한다. 맥스웰방정식은 연립 편미분 방정식이므로 전기기기와 같이 복잡한 형상의 모델에서 맥스웰방정식을 푸는 것은 매우 어렵거나 불가능하다. 따라서 몇 가지 가정에 의해 자계를 해석하는 방법이 이용되는데 그 중 가장 많이 이용하는 방법이 자기회로법(magnetic circuit method)이다. 그림 2.7과 같이 자성체 코어(core)에 N[turn]의 코일이 감긴 모델에서 코어 내부에 흐르는 자속을 구해 보자. 해석의 편의를 위해 자속이 코어 내부에만 흐른다고 가정하고(누설자속이 없다는 가정) 자속의 흐름을 폐회로로 가정하면(자속의 연속식을 만족) 맥스웰방정식에서 자속의 연속식은 이 가정에 의해 자동적으로 만족하게 된다. 따라서 이 폐회로에 대해서 암페어의 주회법칙을 적용하여 자속을 구하면 정자계의 맥스웰방정식을 푸는 것과 같다.

예를 간단히 하기 위해서 코어의 단면은 경로상의 어느 지점에서나 같다고 가정하고 누설자속이 없다고 하면 자속밀도의 크기 B는 어느 지점에서나 같으므로 자계세기 H는 식 (2.22)로 정의되고 상수가 된다. 또한 자속과 자속밀도의 관계는 식 (2.23)이 성립된다.

$$H = \frac{B}{\mu} = \text{일정} \quad [\mathrm{A/m}] \tag{2.22}$$

$$\phi = SB \quad [\mathrm{Wb}] \tag{2.23}$$

이제 주어진 경로 상에 암페어의 주회법칙을 적용하면 식 (2.24)를 얻을 수 있다.

$$Ni = \oint \mathrm{H} \cdot dl = Hl \quad [\mathrm{A}] \tag{2.24}$$

식 (2.22), (2.23)을 식 (2.24)에 대입하면 다음의 식 (2.25)를 얻을 수 있다.

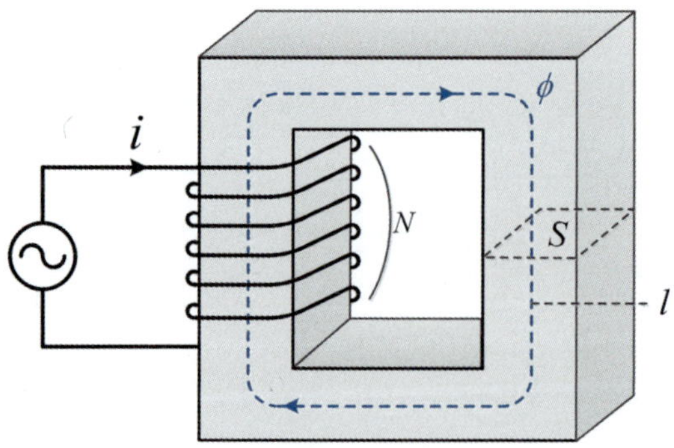

그림 2.7 N[turn] 코일이 감긴 사각 자성체 코어에서 자속의 흐름

$$Ni = \frac{l}{\mu}B = \frac{l}{\mu S}\phi \ \ [\mathrm{A}] \tag{2.25}$$

식 (2.25)에서 자기저항(magneto resistance) R_m을 식 (2.26)으로 정의하면 기자력과 자속의 관계는 식 (2.27)과 같은 간단한 대수관계가 된다.

$$R_m = \frac{l}{\mu S} \ \ [\mathrm{A/Wb}] \tag{2.26}$$

$$Ni = R_m\phi \ \ [\mathrm{A}] \tag{2.27}$$

식 (2.27)을 자계의 옴의 법칙이라 하고 자기저항은 전기회로의 저항과 같이 기자력에 대해 자속의 흐름을 방해하는 정도를 나타내는 양이다. 또한 전기회로에서 전기저항의 역수를 컨덕턴스로 정의하는 것과 마찬가지로 자기저항의 역수를 퍼미언스(permeance) P_m이라고 하고 식 (2.28)과 같이 정의한다.

$$P_m = \frac{1}{R_m} \ \ [\mathrm{Wb/A}] \tag{2.28}$$

식 (2.26)을 전기회로와 마찬가지로 그림 2.8(b)와 같은 자기회로로 나타낼 수 있다. 전기회로와 자기회로는 상사성을 가지고 있으며 이러한 상사성은 물리적으로 쉽게 이해되지 않는 자기회로를 상대적으로 친숙한 전기회로를 통해서 이해할 수 있다는 장점을 가진다. 전기회로와 자기회로의 상사성을 정리하면 표 2.3과 같다. 전기회로에서 직렬로 연결된 저항의 합은 두 저항의 산술합인 것과 마찬가지로 자기회로에서 직렬로 연결된 자기저항의 합은 두 자기저항의 합이다. 또한 전기회로에서 키르히호프의 전류법칙에 해당하는 것이 자속의 연속조건이고 키르히호프의 전압법칙에 해당하는 법칙이 암페어의 주회법칙이다. 따라서 전기회로의 전압방정식과 전류방정식을 얻기 위한 방법이 그대로 자기회로에 적용되어 자기회로의 방정식을 유도할 수 있다.

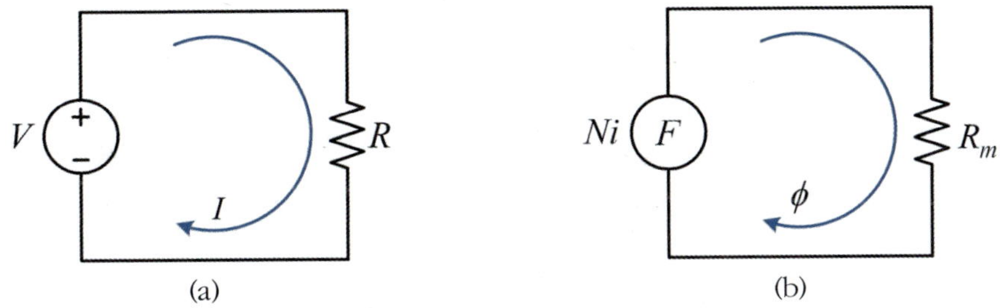

그림 2.8 전기회로와 자기회로의 상사성 (a) 전기회로 (b) 자기회로

표 2.3 전기회로와 자기회로의 상사성

전기회로	자기회로
$V = Ri$	$Ni = R_m \phi$
V : emf [V] (electromotive force; 기전력)	Ni : mmf [A] (magnetomotive force; 기자력)
i : 전류 [A]	ϕ : 자속 [Wb]
R : 저항 [Ω]	R_m : 자기저항 [A/Wb]
키르히호프의 전류법칙(KCL)	자속의 연속조건($\nabla \cdot B = 0$)
키르히호프의 전압법칙(KVL)	암페어의 주회법칙($\oint H \cdot dl = Ni$)

예제 2.5 그림은 철심 내에 공극을 가지고 있고 또한 2개의 코일에 전류가 흐르고 있는 모델을 나타내고 있다. 그림에서 모든 자속은 철심 내를 흐르고 있다고 가정하고 철심에 흐르는 자속을 구하시오.

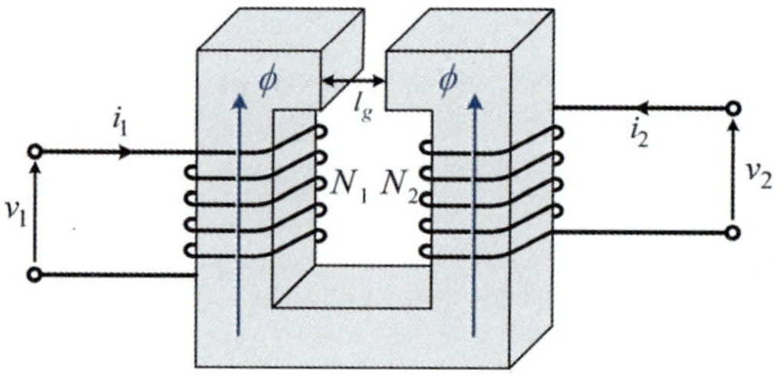

풀이 << 위 그림을 자기회로로 표현하면, 아래와 같다. 여기서 공극의 자기저항, 철심의 자기저항을 각각 R_g, R_c로 둔다.

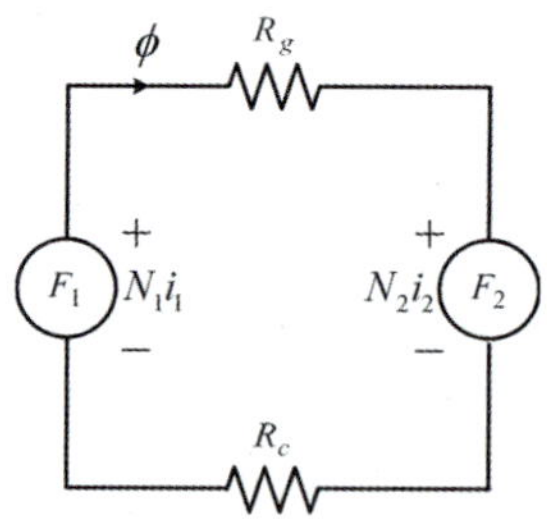

표 2.3의 자기회로의 상사성을 이용하여 이 자기회로의 방정식을 나타내면 다음의 식 (1), (2)와 같이 나타낼 수 있다.

$$N_1 i_1 - N_2 i_2 = (R_c + R_g)\phi \ \text{[A]} \tag{1}$$

$$R_c = \frac{l_c}{\mu_0 \mu_r S} \ \text{[A/Wb]}, \quad R_g = \frac{l_g}{\mu_0 S} \ \text{[A/Wb]} \tag{2}$$

따라서, 철심에 흐르는 자속은 식 (3)과 같이 된다.

$$\phi = \frac{N_1 i_1 - N_2 i_2}{R_c + R_g} \ \text{[Wb]} \tag{3}$$

2.5 강자성체

2.5.1 자성체의 종류 및 특징

자성체에 자계를 가할 때 자성체 내부에서 일어나는 현상을 정량적으로 알기 위해서는 양자론을 도입하여야 한다. 그러나 원자내에서 양전하로 된 원자핵 주위에 전자들이 돌고 있고 또한 원자핵 및 전자가 스핀운동(spin motion)을 하고 있는 모델을 전류가 흐르고 있는 모델(속박전류)로 생각하여 자성체에서 일어나는 현상을 설명할 수 있다. 자성체에서 속박전류(bound current)에 의한 자계는 외부에서 자계가 가해지지 않을 때는 불규칙한 배열을 하지만 외부 자계가 가해지면 자계의 방향과 동일방향 또는 반대방향으로 정렬하려는 성질이 있다. 외부 자계에서 속박전류에 의해 발생하는 토크는 전류모델을 사용하면 식 (2.29)와 같다.

$$\mathrm{T} = I\mathrm{S} \times \mathrm{B} \quad [\mathrm{N} \cdot \mathrm{m}] \tag{2.29}$$

여기서 I, S, B는 각각 전류의 크기, 폐회로의 면적벡터, 자속밀도벡터를 나타낸다. 식 (2.29)에서 알 수 있는 바와 같이 토크는 전류의 크기와 전류가 흐르는 폐회로의 면적에 비례하는데 전류와 폐회로의 곱을 자기쌍극자 모멘트라 하고 식 (2.30)으로 정의한다.

$$\mathrm{m} = I\mathrm{S} \quad [\mathrm{A} \cdot \mathrm{m}^2] \tag{2.30}$$

원자모델에서 전자의 궤도운동, 전자의 스핀운동, 핵의 스핀운동의 3가지 운동이 자기모멘트를 발생시킨다. 이중 전자의 궤도운동(orbital motion)은 폐루프 전류와 같다고 볼 수 있으므로 외부에서 자계가 가해지면 외부 자계 방향으로 정렬하여 자성체 내의 총 자계는 외부에서 가해진 자계보다 커진다. 또한 전자의 스핀운동은 전자의 궤도운동과는 달리 폐회로를 구성하는 전류로 볼 수 없으므로 자기모멘트(magnetic moment)를 구할 수 없다. 그러나 양자론에서 전자는 약 $\pm 9 \times 10^{-24}[\mathrm{A} \cdot \mathrm{m}^2]$의 전자스핀모멘트를 갖는다는 사실을 이용하면 전자의 스핀이 미치는 영향을 알 수 있다. 전자스핀모멘트의 부호에서 알 수 있는 바와 같이 외부 자계와 같은 방향 또는 반대방향으로 자계를 발생시킬 수 있다. 마지막으로 핵의 스핀운동에 의한 자기모멘트는 매우 작으므로 전체의 자계를 고려할 때 무시하는 경우가 많다.

따라서 원자모델에서 자계를 발생시킬 수 있는 운동 중 고려해야 하는 것은 전자의 궤도운동에 의한 자기모멘트와 전자의 스핀운동에 의한 자기모멘트이다. 외부에서 자계를 가하지 않을 때 물질 내에는 많은 원자들이 임의의 방향으로 자기모멘트를 발생하므로 자성체 내의 평균자기모멘트는 0이다. 그러나 외부에서 자계가 가해지면 전자의 궤도운동에 의한 자기모멘트는 외부 자계와 같은 방향으로 정렬되고 전자의 스핀운동에 의한 자기모멘트는 외부 자계와 동일방향 또는 반대방향으로 정렬한다. 이때 궤도운동에 의한

표 2.4 자성체의 종류

분류	자기모멘트	B값	비고
반자성	$m_{ob}+m_{sp}=0$	$B_{in} < B_{ap}$	$B_{in} \fallingdotseq B_{ap}$ 비투자율이 거의 1
상자성	$m_{ob}+m_{sp}=$ 작음	$B_{in} > B_{ap}$	$B_{in} \fallingdotseq B_{ap}$ 비투자율이 거의 1
강자성	$\lvert m_{sp}\rvert \gg \lvert m_{ob}\rvert$	$B_{in} \gg B_{ap}$	자구와 자벽론에 의한 특성
반강자성	$\lvert m_{sp}\rvert \gg \lvert m_{ob}\rvert$	$B_{in} \fallingdotseq B_{ap}$	이웃하는 자기모멘트가 상쇄됨
페리자성	$\lvert m_{sp}\rvert > \lvert m_{ob}\rvert$	$B_{in} > B_{ap}$	이웃하는 자기모멘트가 완전히 상쇄되지 않으므로 투자율이 높고 도전율이 작은 특성을 갖음.
초상자성	$\lvert m_{sp}\rvert \gg \lvert m_{ob}\rvert$	$B_{in} > B_{ap}$	비자성 매트릭스 녹음 테이프에 사용됨

자기모멘트와 전자의 스핀운동에 의한 자기모멘트의 합이 0이거나 거의 0인 재료를 반자성체, 상자성체라고 한다. 따라서 반자성체와 상자성체는 가해준 자계에 의한 자속밀도와 자성체 내부의 자속밀도가 거의 동일하다. 원자 내부 전자의 스핀모멘트가 전자의 궤도운동에 의한 모멘트보다 커 원자들이 큰 자기모멘트를 갖고 인접한 원자들의 상호작용에 의해 각 원자들의 자기모멘트가 같은 방향 또는 반대방향으로 배열하여 서로 합해지거나 상쇄되는 특성이 있는 자성체로는 강자성체, 반강자성체, 페리자성체, 초상자성체가 있다.

이와 같이 자성체는 6가지 종류로 나눌 수 있으며 각 자성체의 특성을 표 2.4에 정리하여 나타내었다.

표 2.4에서 m_{ob}, m_{sp}는 각각 전자의 궤도운동에 의한 자기모멘트(orbit magnetic moment)와 전자의 스핀운동에 의한 자기모멘트(spin magnetic moment)를 나타낸다. 또한 B_{in}, B_{ap}는 각각 자성체 내부의 자속밀도와 외부에서 가해진 자계에 의한 자속밀도를 나타낸다.

2.5.2 자벽론에 의한 강자성체의 특성 고찰

자성체 중에서 전기기기의 코어로 사용하는 자성체는 강자성체이며 전기기기에서 자성체라고 하면 특별한 언급이 없으면 강자성체를 의미한다. 따라서 전기기기에서 강자성체는 가장 중요한 전기재료 중에 하나이다. 이러한 강자성체는 "① 투자율이 매우 높음, ② 자기포화 현상이 있음, ③ 히스테리시스 현상이 있음"이라는 중요한 3가지 특성을 갖는다.

그림 2.9와 같은 자구(magnetic domain)와 자구의 방향을 이용하면 강자성체에서 일어나는 현상을 쉽게 설명할 수 있다. 각 원자가 발생시키는 불규칙하게 배열되어 있는 자계 벡터를 분해하여 그림 2.9와 같이 동일한 방향의 집단을 자구 안에 넣고 이 자계 벡터 집단을 자기모멘트라고 한다. 이때 각 영역의 경계를 구성하는 벽을 자벽(magnetic domain wall)이라고 한다.

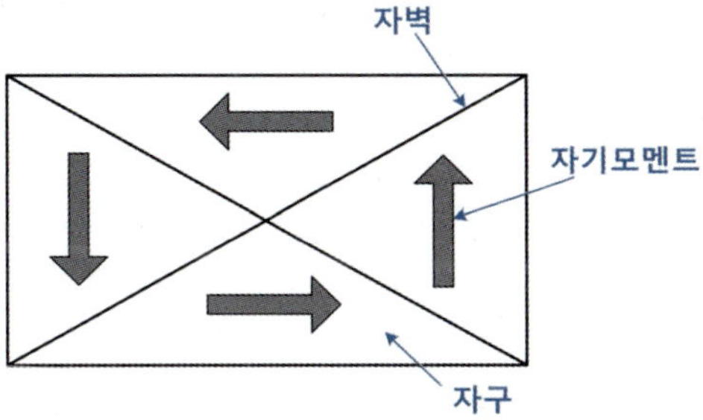

그림 2.9 강자성체의 성질을 설명하기 위한 자구, 자벽모델

강자성체의 고투자율, 포화(saturation), 히스테리시스 특성(hysteresis characteristic)은 자구를 구성하는 자벽이 외부에서 자계를 가하면 이동하여 외부 자계와 같은 방향으로 자계를 발생시킨다는 자벽론으로 설명할 수 있다. 그림 2.10(a)는 외부에서 자계를 가하지 않은 상태에서 각 원자가 발생시키는 자기모멘트가 임의방향이므로 이것을 벡터로 분해해서 자구로 나누어 각 자구에서 발생하는 자계를 합하면 0이 된다. 그러나 그림 2.10(b), (c), (d)에서와 같이 자계의 세기를 점점 증가시키면 자벽이 이동하고, 이 자벽의 이동에 의해 자성체 내부의 자기모멘트의 합은 0이 되지 않고 외부에서 가해준 자계에 비례하여 외부 자계와 같은 방향으로 큰 자계를 발생시킨다. 그림 2.10에서 자계세기는 절대크기를 나타낸 것이 아니라 상대크기를 나타낸 개념적인 값이다. 그림 2.10(d)의 자계의 세기보다 더욱 큰 자계를 가해도 그림 2.10(d)에서 자기모멘트는 완전히 한 방향으로 정렬되었기 때문에 그림 2.10(e)와 같이 자기모멘트는 그림 2.10(d)와 동일하게 되어 강자성체 내부에서 발생하는 자계의 변화는 없다. 따라서 자성체 내부에서 발생할 수 있는 자계세기는 한계가 있고 이러한 현상을 강자성체의 포화라고 한다. 강자성체의 포화 특성은 강자성체의 고유의 특성이며 모든 강자성체는 이러한 포화 특성을 갖는다.

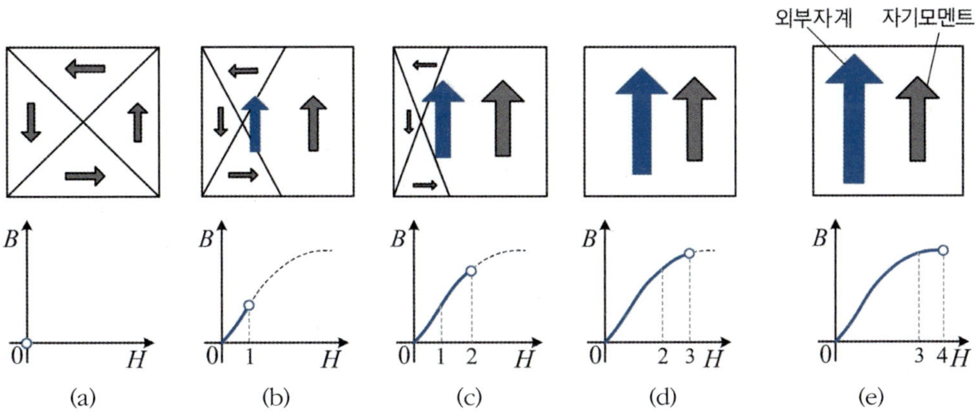

그림 2.10 자계가 커질 때 자벽의 이동 및 B-H 곡선(H를 증가시킬 경우)
(a) $H=0$ (b) $H=1$ (c) $H=2$ (d) $H=3$ (e) $H=4$

강자성체는 매우 높은 비투자율을 가지고 있으므로 쉽게 자화되고 그림 2.11과 같은 전형적인 B-H 특성을 갖는다. 이러한 강자성체의 자화 특성은 크게 3개의 영역으로 나누어 설명할 수 있다. 그림 2.11에서와 같이 자화의 크기가 작을 때 작은 자계에 의해 자벽의 이동이 약간 일어나므로 투자율이 그렇게 크지 않은 영역을 영역 I이라고 하자. 영역 I의 외부 자계세기보다 큰 외부 자계를 가하면 갑자기 자화가 크게 증가되어 투자율이 매우 큰 영역이 존재하는데 이 영역을 영역 II로 나타내었다. 자계를 더욱 증가시키면 앞에서 알아본 바와 같이 더 이상 자벽의 이동이 일어나지 않으므로 투자율이 자유공간의 투자율과 같은 영역 III이 존재하는데 이 영역을 포화영역이라고 한다. 어떤 점에서 B와 H의 비는 그 자계세기에서의 투자율이 된다. 여기서 영역 I은 초기 자화율이라 하고 영역 II는 거의 선형적인 변화를 하며 일반적인 전기기기는 이 영역의 투자율을 투자율 값으로 사용한다.

그림 2.12는 자화된 강자성체에서 자계의 세기를 감소시킬 때 B와 H의 변화를 나타낸 것이다. 충분히 자화된 자성체를 서서히 감소시키면 자벽은 자계를 가할 때와 반대방향으로 운동을 한다. 이때 자벽의 이동이 자계를 증가시켰을 때와 비례하게 일어나지 않고 자벽의 이동이 늦어진다. 따라서 그림 2.12(e)와 같이 외부 자계가 0이 되었을 때도 자성체에는 자화가 남아 있다. 이와 같이 외부 자계가 0이 되어도 강자성체(ferromagnetic material)에 남아 있는 자화를 잔류자속이라고 한다. 이와 같이 자성체에 가해지는 외부 자계의 방향이 증가하거나 감소할 때 강자성체의 자화곡선이 달라지게 되는데 이와 같은 현상을 자기이력 특성 또는 자성체의 히스테리시스 현상이라고 한다. 이러한 자성체의 히스테리시스 특성은 포화 특성과 함께 자성체의 중요한 고유의 특성이다.

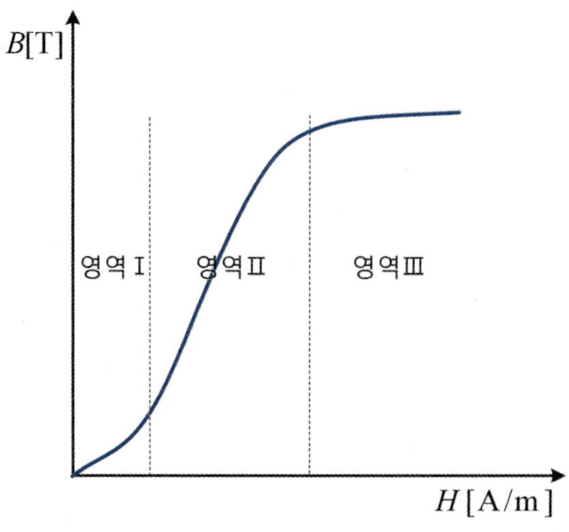

그림 2.11 전형적인 강자성체의 B-H 곡선

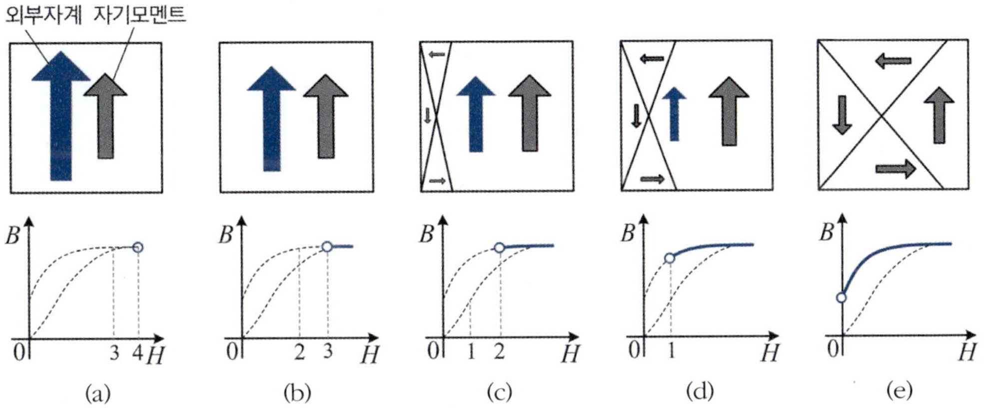

그림 2.12 자계가 작아질 때 자벽의 이동 및 B-H 곡선(H를 감소시킬 경우)
(a) $H=4$ (b) $H=3$ (c) $H=2$ (d) $H=1$ (e) $H=0$

2.5.3 히스테리시스 현상

히스테리시스 현상은 그림 2.13에서와 같이 자계를 증가시킬 때의 변화모양(자기이력)과 자계를 감소시킬 때의 자기이력이 다르게 되는 것을 나타낸다. 외부 자계에 노출된 적이 없는 자성체에 그림 2.13(a)와 같은 외부 자계를 가하면 ①번의 시간 구간에서 자성체는 그림 2.13(b)의 초기 자화곡선을 따라 ①의 자기이력 특성을 갖지만 ②의 시간 구간에서는 ②의 자기이력을 갖는다. 이때 자계가 0이 되었을 때 자성체가 가지고 있는 자속밀도 B_r를 잔류자속밀도(residual flux density)라 하고, 잔류 자속밀도가 다시 0이 되도록 하는 자계세기 H_c를 보자력(coercive force)이라고 한다. 그림 2.13에서 다시 전류를 증가시키는 ③의 시간 구간에서는 ③의 자기이력을 갖는다. 강자성체에서 초기에 전류를 인가 한 후 전류가 0이 되면 ②의 자기이력(magnetic hysteresis)을 갖게 되므로 이 자성체는 잔류자계를 갖게 되어 자성을 띠게(영구자석화 됨)되고 이러한 B-H의 관계곡선을 히스테리시스 루프라고 한다. 따라서 자계를 받은 적이 있는 강자성체는 일정한 자력을 띠고 있다.

히스테리시스 현상의 다른 중요한 특성 중 하나는 손실을 유발한다는 것이다. 손실의 크기는 히스테리시스 루프가 만드는 면적에 비례하므로 손실을 작게 하기 위해서는 히스테리시스 루프가 작아야 한다.[주1] 반면 영구자석 재료는 잔류자속이 가능한 커야 강한 자석이 되므로 히스테리시스 루프(hysteresis loop)가 가능한 커야 한다. 이와 같이 영구자석이 되는 자성체와 자속의 통로 역할을 하는 자성체는 요구하는 특성이 다르므로 이러한 특성에 의해 자성체를 경자성체(hard magnet)와 연자성체(soft magnet)로 나누기도 한다. 그림 2.14(a)는 경자성체를 나타내고, 그림 2.14(b)는 연자성체를 나타낸다. 경자성체는 영구자석 재료로 사용되는 페라이트, 알리코, 사마륨코발트 및 네오디움 등의 재료를 나타

주1) 히스테리시스 손실이라고 하며 4장에서 자세히 다룸

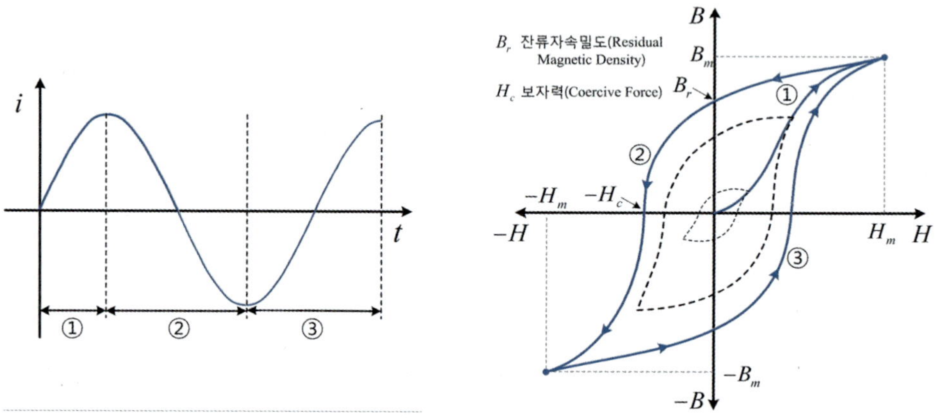

(a) (b)

그림 2.13 (a) 외부 자계의 시간 변화 (b) (a)의 시간 변화에 따른 자성체의 히스테리시스 곡선

내는 것으로 그림 2.14(a)와 같이 잔류자속이 큰 특성을 가지고 있다. 경자성체는 잔류자속이 크고 보자력이 클수록 자속을 많이 발생시키므로 좋은 영구자석 재료라고 할 수 있다.주1) 이에 비해서 연자성체는 순철, 전기강판 등의 강자성체로 포화자속 밀도는 높으나 가능한 히스테리시스 루프를 작게 만든 재료이다.

따라서 좋은 연자성체는 교류의 자계가 가해질 때 히스테리시스 손실이 작고 자속의 통로 역할을 충실히 할 수 있도록 투자율이 커야 된다. 최근에 많이 사용되고 있는 아몰퍼스 합금은 강자성체(Fe, Co, Ni 및 희토류)를 재료로 하고 자기적으로 연자성 성질을 갖고 있다. 최근의 재료기술의 발전에 의해 매우 얇으며 전기저항이 높고 손실이 적은 아몰퍼스 합금이 많이 만들어졌다. 아몰퍼스 합금의 응용품으로 SMPS(Switch Mode Power Supply), 고주파 변압기, 센서, 배전 변압기 등이 있다.

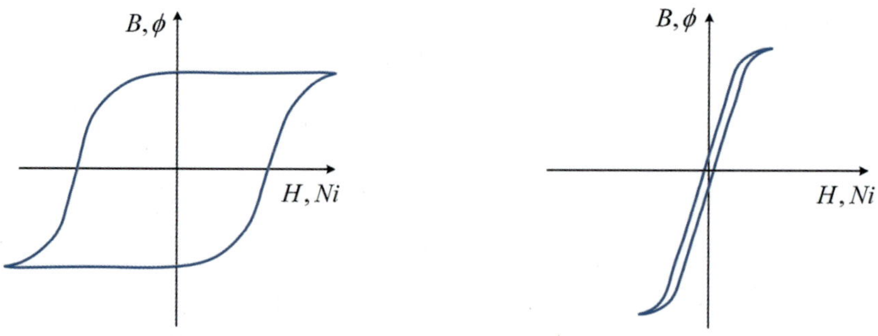

(a) (b)

그림 2.14 전형적인 히스테리시스 루프 (a) 경자성체, (b) 연자성체

주1) 영구자석 재료의 특성은 부록 A1에 자세히 설명하였음

2.6 비투자율

강자성체에는 궤도운동에 의한 자기모멘트와 전자와 핵의 스핀운동에 의한 자기모멘트가 존재하며 외부 자계가 가해지면 외부 자계와 동일 방향으로 정렬하는 성질을 가지고 있다. 이러한 속박전류에 의한 자계는 외부에서 가해준 자계에 비해 상당히 크므로 자성체에는 큰 자속이 나오게 된다. 이와 같이 증가되는 자계세기를 정량적으로 나타내기 위하여 도입된 물질정수를 비투자율이라고 한다.

강자성체의 원자모델에서 알아본 바와 같이 강자성체 자계의 원천은 식 (2.30)에서 정의된 자기 쌍극자모멘트 m이다. 단위체적당 n개의 자기쌍극자가 있다고 하면 체적 ΔV 내 전체 자기쌍극자 모멘트는 $n\Delta V$개가 존재하고, 각각의 자기쌍극자 모멘트 값이 다르므로 이 체적 내 전체 자기쌍극자 모멘트의 벡터합은 식 (2.31)로 주어진다.

$$\mathrm{m}_{\mathrm{total}} = \sum_{i=1}^{n\Delta V} \mathrm{m}_{\mathrm{i}} \ [\mathrm{A} \cdot \mathrm{m}^2] \tag{2.31}$$

자화 M은 단위체적당 자기쌍극자 모멘트를 나타내는 새로운 양으로 식 (2.32)로 표현되고 단위는 H와 같은 [A/m]이다.

$$\mathrm{M} = \lim_{\Delta V \to 0} \frac{1}{\Delta V} \sum_{i=1}^{n\Delta V} \mathrm{m}_{\mathrm{i}} \ [\mathrm{A/m}] \tag{2.32}$$

자화 M은 속박전류(bound current)에 의해 발생되고 자계의 세기와 동일한 물리량이므로 암페어의 주회법칙을 적용할 수 있다. 적분 경로 dl에 포함되어 있는 속박전류의 성분은 $nI_b d\mathrm{S} \cdot dl$로 나타낼 수 있다. 따라서 임의의 폐곡면에 대한 전류의 증가량은 식 (2.33)으로 나타난다.

$$\begin{aligned} dI_b &= nI_b d\mathrm{S} \cdot dl = \mathrm{M} \cdot dl \\ I_b &= \oint \mathrm{M} \cdot dl \ [\mathrm{A}] \end{aligned} \tag{2.33}$$

따라서 자유공간에서 암페어의 주회법칙은 도체전류와 속박전류의 합으로 식 (2.34)로 주어진다.

$$\oint \frac{\mathrm{B}}{\mu_0} \cdot dl = I_T \ [\mathrm{A}] \tag{2.34}$$

여기서 $I_T = I + I_b$이고 I는 외부에서 가해준 도체의 자유전자에 의한 전류를 나타낸다.

식 (2.34)로부터 도체전류 I에 대한 식을 유도하면 식 (2.35)로 표현된다.

$$I = I_T - I_b = \oint \left(\frac{\mathrm{B}}{\mu_0} - \mathrm{M} \right) \cdot dl \ \ [\mathrm{A}] \tag{2.35}$$

B와 M을 이용하여 도체전류에 의한 자계세기 H를 정의하면 식 (2.36)으로 된다.

$$\mathrm{H} = \frac{\mathrm{B}}{\mu_0} - \mathrm{M} \ \ [\mathrm{A/m}] \tag{2.36}$$

이때 자화가 0인 자유공간 내에서는 $\mathrm{B} = \mu_0 \mathrm{H}$가 되며 자화가 존재하는 재료 내에서 자속밀도 B는 식 (2.37)로 주어진다.

$$\mathrm{B} = \mu_0 (\mathrm{H} + \mathrm{M}) \ \ [\mathrm{T}] \tag{2.37}$$

앞에서 살펴본 바와 같이 자화 M은 자벽의 이동으로 강자성체 내에서 발생하는 자계세기로 충분히 큰 외부 자계가 가해지면 포화하는 특성이 있다. 따라서 포화되기 전까지의 작은 외부 자계가 가해지면 자화 M은 근사적으로 외부 자계의 크기에 비례한다. 이와 같은 비례정수를 자화율(magnetic susceptibility) χ_m으로 정의한다. 따라서 자화 M과 외부 자계 사이에는 식 (2.38)이 성립한다.

$$\mathrm{M} = \chi_m \mathrm{H} \ \ [\mathrm{A/m}] \tag{2.38}$$

식 (2.38)을 식 (2.37)에 대입하면 식 (2.39)와 같이 나타낼 수 있다.

$$\mathrm{B} = \mu_0 (1 + \chi_m) \mathrm{H} = \mu_0 \mu_r \mathrm{H} \ \ [\mathrm{T}] \tag{2.39}$$

여기서 μ_r은 비투자율이라고 정의되는 새로운 정수이다.

비투자율은 물질에 따라 다르며 그 값은 전기기기의 특성에 크게 영향을 미친다. 강자성체에서 순철은 비투자율이 거의 10000에 가깝기 때문에 순철에 공기와 같은 자계세기를 가하면 공기에서 발생하는 자속량에 비해 약 10000배의 자속이 발생된다. 전기기기에 사용되는 중요한 재료인 전기강판의 비투자율은 약 3000 정도이고 포화자속밀도는 약 1.5−1.8[T]이다. 또한 공기, 영구자석, 도체, 절연체의 비투자율은 1로 보면 된다. 이외의 여러 재료의 비투자율의 값은 부록 A.12에 수록하였다.

투자율에 대해 조금 더 자세히 알아보도록 하자. 그림 2.15는 강자성체가 1.5[T]에서 포화한다고 가정한 이상적인 경우의 $B-H$ 특성을 예로 나타내고 있다. 그림 2.15에서와 같이 자계가 어떤 일정한 값 이하에서는 투자율은 일정한 값을 가지며 그림 2.15와 같은 $B-H$ 특성에서 자계의 세기가 약 100[A/m]까지는 투자율이 일정하다. 그러나

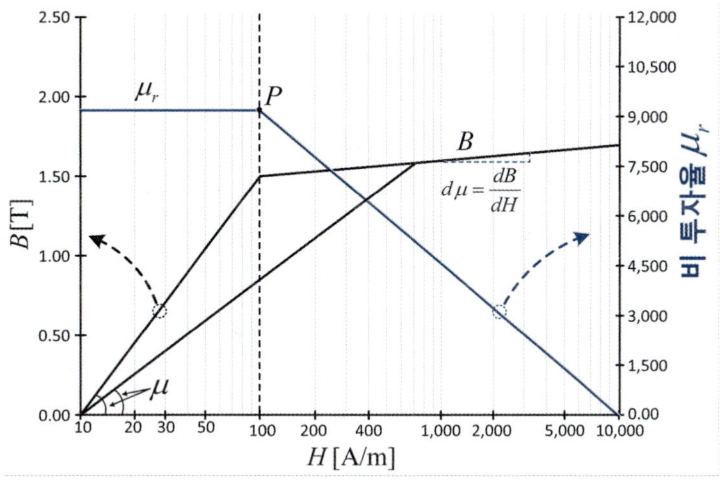

그림 2.15 규소강판의 자기적인 특성 및 투자율, 미소투자율 설명 그림

자계세기가 100[A/m] 이상에서는 자계세기와 자속밀도와의 관계 기울기가 감소하는 현상을 나타나게 되며 그 기울기는 거의 공기의 투자율인 $4\pi \times 10^{-7}$ 정도가 된다. 이와 같이 자계세기와 자속밀도의 기울기가 갑자기 작아지게 되는 지점 P를 포화점이라고 한다. 여기서 투자율의 몇 가지 정의에 대해 알아보도록 하자. 일반적으로 투자율은 식 (2.40)으로 정의된다.

$$\mu = \frac{B}{H} \ [\mathrm{H/m}] \tag{2.40}$$

또한 미소 자계의 변화에 대한 미소 자속밀도의 변화를 미소 투자율이라 하고 다음의 식 (2.41)과 같이 정의한다.

$$d\mu = \frac{dB}{dH} \ [\mathrm{H/m}] \tag{2.41}$$

따라서 자계세기가 100[A/m] 이상에서 포화되는 자성체를 예로 들면 미소 투자율은 공기의 투자율과 같은 $4\pi \times 10^{-7}$이 되고 미소 비투자율은 1이다.

그림 2.15에서와 같이 자성체는 포화점을 지나면 투자율이 작아지고 포화점을 훨씬 초과하는 자계를 가하면 투자율은 포화이전에서의 투자율과 비교하면 매우 작은 값으로 된다. 자성체가 포화점 이상에서 동작하게 되면 단위 전류당 자속량이 떨어질 뿐만 아니라 교류시스템에서는 여자전류가 크게 흘러서 기기에 온도 상승을 유발하여 기기의 절연이 파괴되는 등의 안전사고로 이어질 가능성도 있기 때문에 설계 단계에서 이에 대한 고려가 필요하다.

2.7 자속과 인덕턴스

2.7.1 쇄교자속, 자기자속, 상호자속, 누설자속

자계에서 자속과 관련된 정의로는 쇄교자속(magnetic flux linkage), 자기자속(self magnetic flux), 상호자속(mutual magnetic flux), 누설자속(leakage magnetic flux)이 있다. 그 중 가장 일반적으로 사용하는 정의는 쇄교자속이다. 쇄교자속이란 코일을 관통하는 자속과 코일 턴수의 곱을 나타낸다. 그림 2.16(a)에서와 같이 $N[\mathrm{turn}]$ 의 코일에서 자속의 형태를 확인할 수 있으며 각 턴을 관통하는 쇄교자속은 식 (2.42)로 구할 수 있다.

$$(N\phi)_{total} = \lambda_1 + \lambda_2 + \cdots + \lambda_i + \cdots + \lambda_N \ \ [\mathrm{Wb}] \tag{2.42}$$

여기서 λ_i는 i 번째 권선에 쇄교하는 자속이다.

그러나 식 (2.42)와 같이 각각의 자속을 구하는 것은 매우 어렵거나 불가능하므로 일반적으로 쇄교자속을 정의할 때 모든 자속은 그림 2.16(b)과 같이 코일을 관통하여 흐른다고 가정하고 다음의 식 (2.43)으로 정의한다.

$$\lambda = N\phi \ \ [\mathrm{Wb}] \tag{2.43}$$

여기서 N, ϕ는 각각 코일의 턴수와 코일을 관통하는 자속을 나타낸다.

다음은 누설자속, 상호자속, 자기자속의 정의에 대해서 알아보자. 그림 2.17에서 턴수가 N_1 인 코일과 턴수가 N_2 인 코일이 같은 코어에 감겨져 있다고 하자. 이때 각 코일에 발생하는 자속을 살펴보도록 하자. 코일 1에 쇄교하는 자속은 코일 1이 발생시키는 자속과 코일 2가 발생시키는 자속으로 구성된다. 이 자속 중 코일 1이 발생시켜 코일 1에 쇄교하는 자속은 코일 1과 코일 2, 두 코일에 동시에 통과하는 자속 ϕ_{21}과 단지 코일 1에만 통과하는 자속 ϕ_{l1}로 나눌 수 있다. 여기서 ϕ_{21}은 상호자속이라 하고 ϕ_{l1}은 누설자속이라고

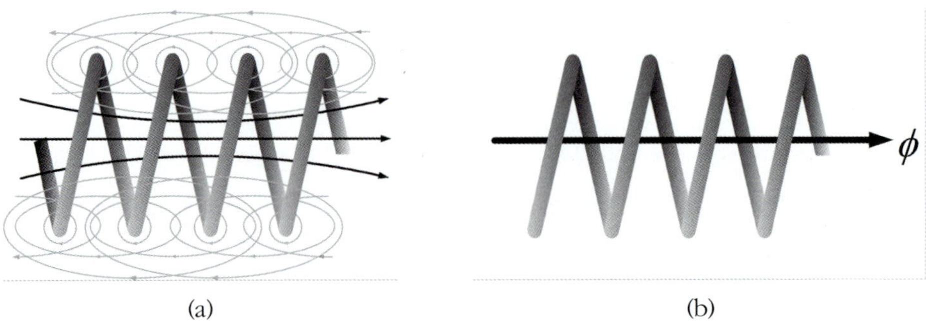

그림 2.16 (a) 부분적으로 쇄교하는 자속을 고려한 모델 (b) 일반적인 쇄교자속모델

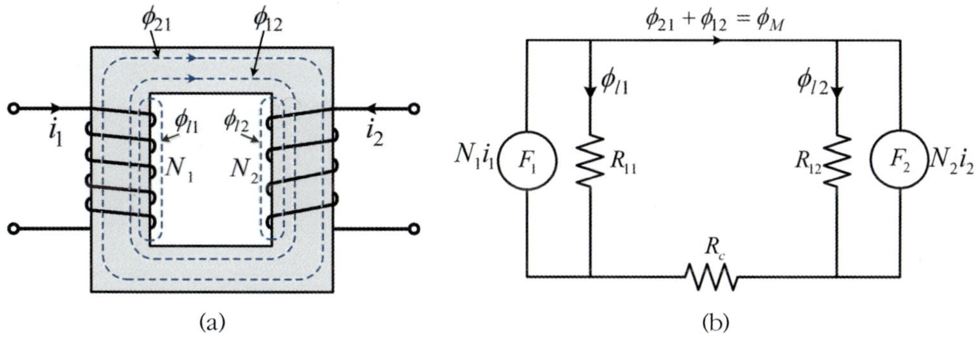

그림 2.17 상호자속, 누설자속 설명 모델
(a) 자성체 코어에서의 자속흐름 (b) 누설을 고려한 자기등가 회로

한다. 누설자속은 복잡한 양상을 띠나 일반적으로 그림 2.17(a)에서와 같이 1차측 코일 전체를 관통하여 돌아 나오는 형태로 간단하게 정의한다. 또한 1차측 코일에서 발생되어 2차측에 코일을 통과하는 자속 ϕ_{21}과 2차측 코일에서 발생되어 1차측에 코일을 통과하는 자속 ϕ_{12}의 합 ϕ_M은 총 상호자속이라고 한다. 이와 같은 자속 모델을 자기회로로 구성하면 그림 2.17(b)와 같다.

이러한 자기회로를 이용하여 상호자속과 누설자속을 구해보면 식 (2.44), (2.45)와 같다.

$$\phi_{21} = \frac{N_1 i_1}{R_c} \quad [\mathrm{Wb}] \tag{2.44}$$

$$\phi_{l1} = \frac{N_1 i_1}{R_{l1}} \quad [\mathrm{Wb}] \tag{2.45}$$

여기서 R_c, R_{l1}는 각각 코어의 자기저항과 누설자기저항이다.

코일 1에서 발생한 자속이 권선 2에 쇄교한 자속을 상호쇄교자속 λ_{21}이라 하고 코일 2에서 발생한 자속이 코일 1에 쇄교한 자속을 상호쇄교자속 λ_{12}라고 하면 각각 식 (2.46), (2.47)로 나타낼 수 있다.

$$\lambda_{21} = N_2\phi_{21} = \frac{N_1 N_2}{R_c} i_1 \quad [\mathrm{Wb}] \tag{2.46}$$

$$\lambda_{12} = N_1\phi_{12} = \frac{N_1 N_2}{R_c} i_2 \quad [\mathrm{Wb}] \tag{2.47}$$

누설자속이 존재하면 권선 1을 통과하는 자속 ϕ_{11}은 상호자속과 누설자속의 합으로 식 (2.48)로 표현된다. 따라서 권선 1에 쇄교하는 자속 λ_{11}은 식 (2.49)와 같이 된다.

$$\phi_{11} = \phi_{21} + \phi_{l1} = \frac{N_1 i_1}{R_c} + \frac{N_1 i_1}{R_{l1}} \quad [\mathrm{Wb}] \tag{2.48}$$

$$\lambda_{11} = N_1(\phi_{21} + \phi_{l1}) = \left(\frac{N_1^2}{R_c} + \frac{N_1^2}{R_{l1}}\right) i_1 \quad [\mathrm{Wb}] \tag{2.49}$$

따라서 누설자속이 없다고 가정하면 자기쇄교자속은 식 (2.50)과 같이 된다.

$$\lambda_{11} = N_1 \phi_{21} = \frac{N_1^2 i_1}{R_c} \quad [\mathrm{Wb}] \tag{2.50}$$

2.7.2 누설자속의 성질

일반적인 전기기기는 자계를 매개로 하므로 가능한 작은 전류를 흘려 많은 자속을 발생시켜 유도기전력과 토크를 크게 해야 좋은 전기기기라고 할 수 있다. 이때 단위 전류당 자속을 많이 발생시키기 위해서는 식 (2.27)에서와 같이 자기저항이 작아야 하고 자기저항이 작기 위해서는 투자율이 커야 한다. 따라서 전기기기에서는 강자성체를 사용하여 자속의 통로를 만든다. 도체가 도전율이 높기 때문에 전류의 통로가 될 수 있는 것과 같이 강자성체는 투자율이 높으므로 자속의 통로가 된다.

그림 2.18에서 N[turn]의 권선에 직류 전류 $I[A]$가 흐르고 있다고 하자. 그림 2.19는 코어의 투자율이 10일 때와 1000일 때의 자속의 흐름을 보이고 있다. 그림 2.19에서 알 수 있는 바와 같이 크기가 동일한 전류가 흐르더라도 코어의 투자율이 높을수록 자속이 많이 흐르는 것을 알 수 있다. 이것은 도전율이 큰 도체일수록 전류가 많이 흐르는 것과 등가이다. 또한 투자율이 작으면 자속은 자성체 내로 흐르는 자속 이외에 코어 이외의 부분으로 자속이 흐른다. 도체를 통해 흐르지 않는 전류를 누설전류라고 하듯이 자성체 내부를 흐르지 못하는 자속을 누설자속이라고 한다. 이러한 누설자속은 자성체의 투자율이 낮으면 낮을수록 커지게 된다.

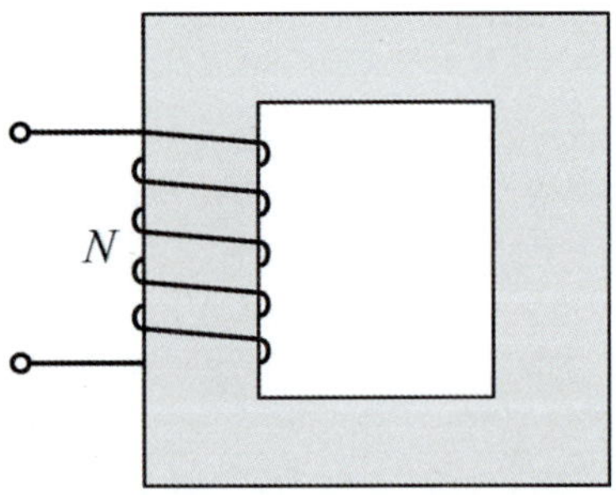

그림 2.18 투자율과 누설자속의 연관성을 알아보기 위한 계산 모델

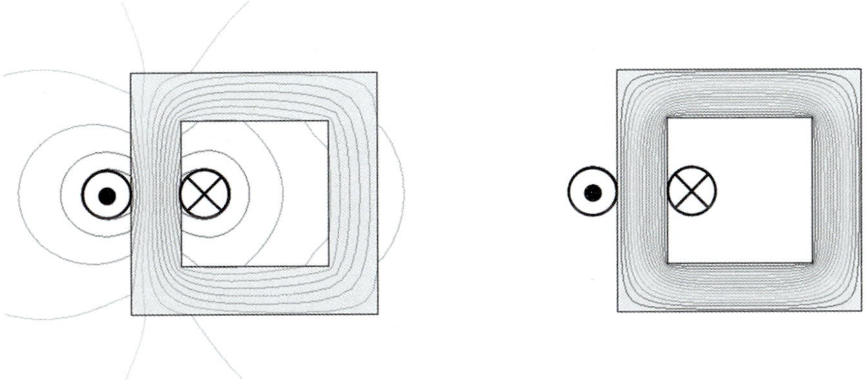

그림 2.19 코어 비투자율에 따른 자속의 변화
(a) $\mu_r = 10$ (b) $\mu_r = 1{,}000$ (유한요소법으로 해석한 결과)

일반적으로 좋은 도체와 좋은 절연체의 도전율 차는 10^{20} 이상이므로 누설전류는 거의 없다. 그러나 가장 좋은 자성체인 순철과 가장 좋은 자기적 절연체인 공기의 투자율 차는 10^4 정도 밖에 차이가 나지 않으므로 자성체에서는 누설자속이 크다. 이러한 누설자속은 특히 교류시스템에서 역률을 나쁘게 하고 효율 저하를 초래할 수도 있다.

2.7.3 인덕턴스

인덕턴스는 단위 전류당 발생하는 쇄교자속을 나타내는 양으로 자계의 특성을 회로적인 정수로 나타내는 중요한 전기적인 파라미터이다. 앞에서 설명한 바와 같이 자속은 자기자속, 누설자속 및 상호자속이 있으므로 인덕턴스 역시 이에 대응하여 자기인덕턴스, 상호인덕턴스, 누설인덕턴스가 있다.

자기인덕턴스란 단위 전류당 발생하는 자속이 자기코일에 얼마나 쇄교하는가를 나타내는 양으로써 식 (2.51)로 정의된다.

$$L_{11} = \frac{\lambda_{11}}{i_1} = \frac{N_1 \phi_{11}}{i_1} \quad [\mathrm{H}] \tag{2.51}$$

식 (2.51)에서 쇄교자속의 의미는 코일이 자기자속에 쇄교하는 양을 나타내므로 결국 자기인덕턴스란 "코일이 얼마나 자속을 발생시킬 수 있는가?"라는 능력을 나타내는 회로적인 양이라고 할 수 있다.

누설자속이 존재하면 코일 1에 쇄교하는 자속은 식 (2.49)와 같이 되므로 자기인덕턴스는 식 (2.52)가 된다. 또한 누설자속이 없다고 가정하면 자기인덕턴스는 식 (2.53)과 같다.

$$L_{11} = \left(\frac{N_1^2}{R_c} + \frac{N_1^2}{R_{l1}} \right) \text{ [H] : 누설자속이 있는 경우} \tag{2.52}$$

$$L_{11} = \frac{N_1^2}{R_c} \text{ [H] : 누설자속이 없는 경우} \tag{2.53}$$

코일 1이 발생시킨 자속 중 코일 2에 쇄교하는 자속과 코일 2에서 발생시킨 자속 중 코일 1에 쇄교하는 자속은 각각 식 (2.46), (2.47)로 나타나므로 상호인덕턴스 L_{21}, L_{12}는 각각 식 (2.54), (2.55)가 된다.

$$L_{21} = \frac{N_2 N_1}{R_c} \text{ [H]} \tag{2.54}$$

$$L_{12} = \frac{N_1 N_2}{R_c} \text{ [H]} \tag{2.55}$$

위의 결과로부터 코일 1과 코일 2의 상호인덕턴스는 같은 값이 되는 것을 알 수 있다.

2.7.4 회전기에서의 자속과 인덕턴스

정지되어 있는 전기기기와 달리 회전기는 코일이 회전하므로 발생되는 자속과 쇄교자속이 전기기기의 형상에 의해 크게 변하고 자기인덕턴스, 상호인덕턴스, 누설인덕턴스 등이 복잡한 양상을 띤다. 그림 2.20과 같이 고정자와 회전자가 돌극형 구조인 이중돌극형 전기기기에서 회전자가 회전함에 따라 자기인덕턴스와 상호인덕턴스가 어떻게 변하는지 살펴보자. 그림 2.20에서와 같이 회전자가 ω의 속도로 회전하면 고정자와 회전자의 기자력은 일정해도 자기저항이 변하기 때문에 자기인덕턴스와 누설인덕턴스가 달라진다. 또한 코일 1과 코일 2의 상대각이 변하므로 상호인덕턴스가 달라진다. 그림 2.20에서 회전자가 0°의 위치에 있을 때와 회전자가 90°의 위치에 있을 때 코일 1과 코일 2가 발생하는 자속에 대해서 고찰해 보자. 그림 2.20에서 알 수 있는 바와 같이 회전자가 0°의 위치에 있을 때 공극이 가장 작으므로 자기저항이 작고, 90° 위치에서는 공극이 증가하여 자기저항이 커진다. 따라서 0°에서 자기인덕턴스가 가장 크고, 90°에서 자기인덕턴스가 가장 작다. 이와 같이 회전기에서는 고정자와 회전자의 형상에 따라 자기인덕턴스가 위치의 함수가 될 수 있다. 자기인덕턴스가 가장 큰 값일 때의 인덕턴스를 L_d, 가장 작은 값일 때의 인덕턴스를 L_q이라고 하면 자기인덕턴스는 그림 2.21과 같이 된다.

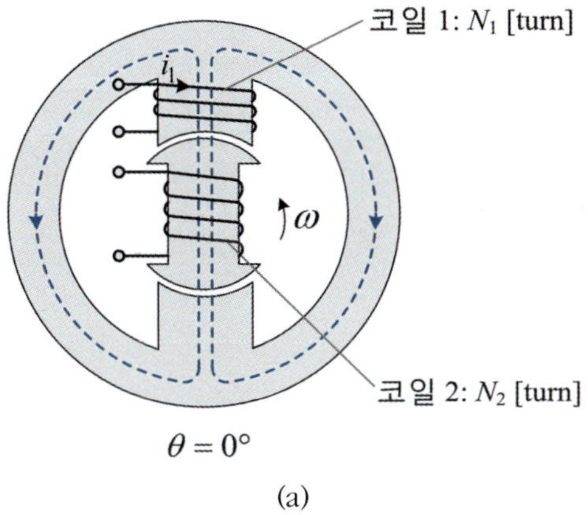

그림 2.20 상대운동에 따른 상호인덕턴스의 변화 (a) 자기저항 최소 위치 (b) 자기저항 최대 위치

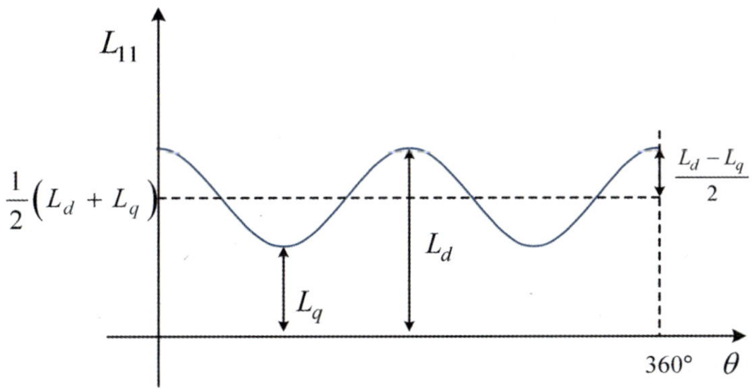

그림 2.21 위치에 따른 자기인덕턴스 변화

그림 2.21과 같은 자기인덕턴스를 식으로 나타내면 식 (2.56)과 같이 여현 함수가 된다.

$$L_{11} = \frac{L_d + L_q}{2} + \frac{L_d - L_q}{2} \cos 2\theta \quad [\mathrm{H}] \tag{2.56}$$

누설인덕턴스는 누설자속의 회로를 가정하여야 하나 회전기에서 누설자속 회로를 구해내는 것은 매우 어렵다. 일반적으로 주자속 회로의 자기저항이 크면 누설자속이 커지므로 그림 2.20에서는 90°의 위치에서 누설자속이 커질 것이라는 것을 직관적으로 알 수 있다.

다음은 상호자속과 상호인덕턴스에 대해서 알아보자. 그림 2.20에서는 코일 1에서 발생한 자속이 코일 2에 쇄교하는 자속(ϕ_{21}), 코일 2에서 발생한 자속이 코일 1에 쇄교하는 자속(ϕ_{12})은 회전자의 위치에 따라 달라진다. 그림 2.20(a)에서와 같이 코일 1과 코일 2가 마주보고($\theta = 0°$) 있을 때, 누설을 무시하면 코일 2에서 발생한 모든 자속이 코일 1에 쇄교한다. 또한 그림 2.20(b)에서와 같이 코일 1과 코일 2가 직각($\theta = 90°$)으로 되어 있을 때의 코일 1에서 발생한 자속이 코일 2로 들어가지 못하므로 쇄교자속은 0이 된다. 따라서 임의의 위치에서 상호인덕턴스는 그림 2.22와 같이 된다. 이와 같이 상호자속과 상호인덕턴스는 근사적으로 각각 식 (2.57) 및 식 (2.58)과 같이 된다.

$$\lambda_{12} = N_1 \phi_{12} \cos\theta \ \ [\text{Wb}] \tag{2.57}$$

$$L_{12} = M\cos\theta \ \ [\text{H}] \tag{2.58}$$

여기서 M은 $0°$의 위치에서 상호인덕턴스를 나타낸다.

또한 코일 2가 ω의 속도로 회전하고 있으면 상대위치는 식 (2.59)와 같이 되므로 자기인덕턴스와 상호인덕턴스는 식 (2.60), (2.61)과 같이 시간의 함수가 된다.

$$\theta = \omega t \ \ [\text{rad}] \tag{2.59}$$

$$L_{11} = \frac{L_d + L_q}{2} + \frac{L_d - L_q}{2}\cos 2\omega t \ \ [\text{H}] \tag{2.60}$$

$$L_{12} = M\cos\omega t \ \ [\text{H}] \tag{2.61}$$

이와 같이 일반적인 형태의 회전기에서는 자기인덕턴스, 상호인덕턴스, 누설인덕턴스는 회전자와 고정자의 상대위치에 따른 함수가 된다.

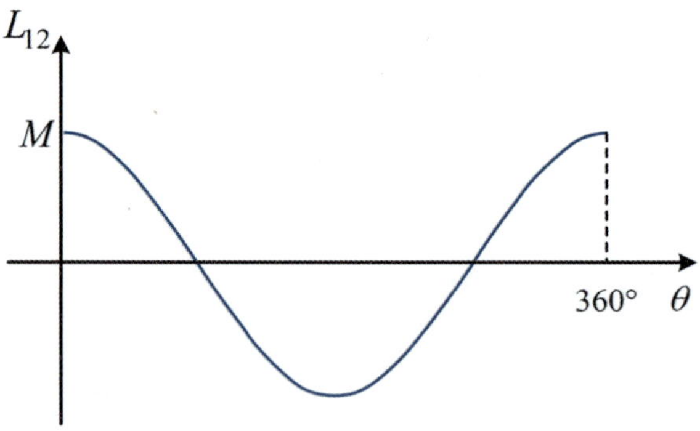

그림 2.22 위치에 따른 상호인덕턴스 변화

▸▸ 기호정리 ◂◂

기호	의미	기호	의미
A	자기벡터 포텐셜	ν	속도
B	자속밀도	ω	각속도
B_m	자속밀도 최대값	w_m	자기에너지 밀도
C	커패시턴스	Ω	전기 스칼라포텐셜
D	전속밀도	P_e	전력
E	전계의 세기	P_m	동력
emf	기전력	P_m	퍼미언스
e	유도기전력	λ	쇄교자속
ϵ	유전율	λ_{11}, λ_{22}	자기 쇄교자속
F	힘 또는 기자력	λ_{12}, λ_{21}	상호 쇄교자속
G	컨덕턴스	ϕ	자속
H	자계의세기	ϕ_{11}, ϕ_{22}	권선을 통과하는 자속 (상호자속+누설자속)
i	전류	ϕ_{12}, ϕ_{21}	상호자속
J	전류밀도	ϕ_{l1}	누설자속
χ_m	자화율	ϕ_M	총 상호자속
L	인덕턴스	Q	전하량
L_d	d축 인덕턴스	R_c	코어의 자기저항
L_q	q축 인덕턴스	R_{l1}	누설 자기저항
l	길이	R_m	자기저항
M	자화	ρ	전하밀도
M	상호 인덕턴스	S	면적
mmf	기자력	σ	도전율
m	자기쌍극자모멘트	T	토크
μ	투자율	θ	회전자위치
μ_0	진공에서의 투자율	v	전압
μ_r	비투자율	W_e	전계에너지
N	턴수	W_m	자기에너지

연/습/문/제

2.1 자기회로의 퍼미언스(permeance)에 대응하는 전기회로의 요소는?

① 도전율(conductivity) ② 컨덕턴스(conductance)
③ 정전용량(capacitance) ④ 인덕턴스(inductance)

2.2 히스테리시스 곡선에서 횡축과 만나는 것은 다음 중 어느 것인가?

① 투자율 ② 잔류 자속
③ 자력선 ④ 보자력

2.3 자기인덕턴스 $0.5[\mathrm{H}]$의 코일에 $1/200[\mathrm{s}]$ 동안에 전류가 $25[\mathrm{A}]$에서 $20[\mathrm{A}]$로 줄었다. 이 코일에 유도된 기전력의 크기$[\mathrm{V}]$ 및 방향은?

① 50, 전류와 같은 방향 ② 50, 전류와 반대 방향
③ 500, 전류와 같은 방향 ④ 500, 전류와 반대 방향

2.4 $\phi = \phi_m \sin\omega t[\mathrm{Wb}]$인 정현적으로 변화하는 자속이 권수 $N[\mathrm{turn}]$인 코일과 쇄교할 때의 유도 기전력의 위상은 자속에 비해 어떠한가?

① $\frac{\pi}{2}$만큼 빠르다. ② $\frac{\pi}{2}$만큼 늦다.
③ π만큼 빠르다. ④ 동위상이다.

2.5 자기회로의 자기저항이 일정할 때 코일의 권수를 $1/2$로 줄이면 자기인덕턴스는 원래의 몇 배가 되는가?

① $\frac{1}{\sqrt{2}}$ ② $\frac{1}{2}$
③ $\frac{1}{4}$ ④ $\frac{1}{8}$

2.6 다음 중 자기인덕턴스의 성질을 옳게 표현한 것은?

① 항상 부이다.
② 항상 정이다.
③ 항상 0이다.
④ 유도되는 기전력에 따라 정도 되고 부도 된다.

2.7 다음 중 전자계에 대한 맥스웰방정식의 기본 이론이 아닌 것은?

① 자계의 시간적 변화에 따라 전계의 회전이 생긴다.
② 전도 전류와 변위 전류는 자계를 발생시킨다.
③ 고립된 자극이 존재한다.
④ 전하에서 전속선이 발산된다.

2.8 단면적 S, 평균 반지름 r, 권선수 N인 토로이드 코일에 누설자속이 없는 경우 자기인덕턴스의 크기는?

① 권선수의 제곱에 비례하고 단면적에 반비례한다.
② 권선수 및 단면적에 비례한다.
③ 권선수의 제곱 및 단면적에 비례한다.
④ 권선수의 제곱 및 평균 반지름에 비례한다.

2.9 자유 공간에서 변위전류는 무엇에 의해서 발생하는가?

① 전압에 의해서
② 자계에 의해서
③ 전속밀도에 의해서
④ 자속밀도에 의해서

2.10 다음 중 자기회로의 자기저항에 대한 설명으로 옳은 것은?

① 자기회로의 단면적에 비례한다.
② 투자율에 반비례한다.
③ 자기회로의 길이에 반비례한다.
④ 단면적에 반비례하고, 길이의 제곱에 비례한다.

2.11 다음 중 자기인덕턴스를 구하는 방법이 아닌 것은?

① 자기 에너지법
② 자속쇄교법
③ 벡터 포텐셜법(vector potential method)
④ 스칼라 포텐셜법(scalar potential method)

2.12 다음 중 정상 자계(시불변 자계)의 원천이 아닌 것은?

① 도선을 흐르는 직류 전류
② 영구자석
③ 가속도를 가지고 이동하는 전하
④ 일정한 속도로 회전하는 대전원반

2.13 자기회로와 전기회로의 대응 관계가 잘못된 것은?

① 투자율 – 도전율
② 자속밀도 – 전속밀도
③ 퍼미언스 – 컨덕턴스
④ 기자력 – 기전력

2.14 강자성체의 세 가지 특성이 아닌 것은?

① 와전류 특성
② 히스테리시스 특성
③ 고투자율 특성
④ 포화 특성

2.15 다음 중 미분방정식 형태로 나타낸 맥스웰 전자계 기초방정식은?

① $\nabla \times E = -\frac{\partial B}{\partial t}$, $\nabla \times H = i + \frac{\partial D}{\partial t}$, $\nabla \cdot D = 0$, $\nabla \cdot B = 0$

② $\nabla \times E = -\frac{\partial B}{\partial t}$, $\nabla \times H = i + \frac{\partial D}{\partial t}$, $\nabla \cdot D = \rho$, $\nabla \cdot B = H$

③ $\nabla \times E = -\frac{\partial B}{\partial t}$, $\nabla \times H = i + \frac{\partial D}{\partial t}$, $\nabla \cdot D = \rho$, $\nabla \cdot B = 0$

④ $\nabla \times E = -\frac{\partial B}{\partial t}$, $\nabla \times H = i$, $\nabla \cdot D = 0$, $\nabla \cdot B = 0$

2.16 그림의 자기회로에서 권선수 $N = 400[\text{turn}]$, 평균 철심길이 $l_c = 50[\text{cm}]$, 공극길이 $l_g = 1.0[\text{mm}]$, 단면적 $S_c = S_g = 15[\text{cm}^2]$, 철심의 비투자율 $\mu_r = 3000$, $i = 1.0[\text{A}]$일 때 다음을 구하시오.

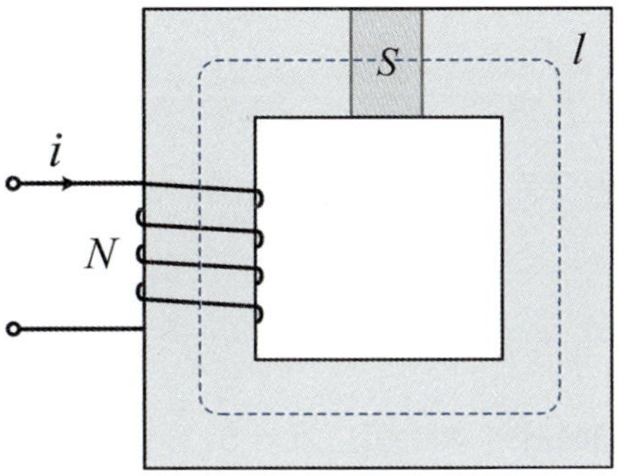

(a) 공극에서의 자속$[\text{Wb}]$과 자속밀도$[\text{Wb/m}^2]$를 구하여라.
(b) 코일의 인덕턴스$[\text{H}]$를 구하여라.

2.17 강자성체 철심이 다음 그림과 같다. 철심 3변의 넓이는 같고 4번째 변은 다소 좁다. 철심의 깊이는 $10[\text{cm}]$이다. 그리고 다른 치수들이 그림에 표시되어 있다. 철심 왼쪽 편에 코일이 $200[\text{turn}]$ 감겨 있다. 비투자율 μ_r은 2500이라 가정한다면, $1[\text{A}]$ 전류에 의해 자속$[\text{Wb}]$은 얼마나 생성되는가?

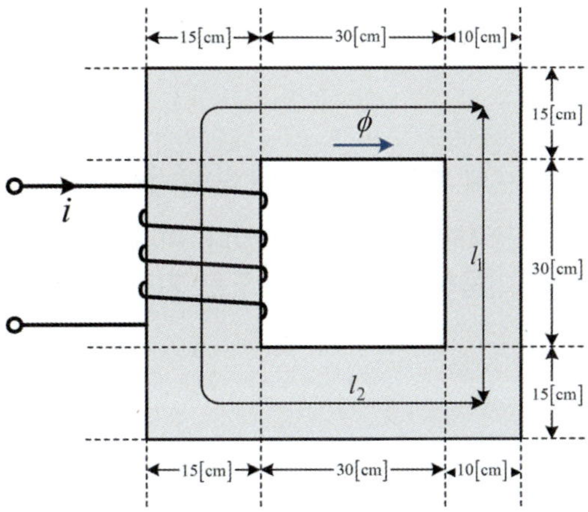

2.18 시변계에서 맥스웰방정식의 미분형과 적분형을 쓰고, 각각의 물리적 의미에 대해 간략히 논하시오.

2.19 자성체는 다른 물질과 다르게 히스테리시스 현상을 띤다. 이러한 히스테리시스 현상의 발생 원인을 설명하고, 히스테리시스 루프 안의 면적이 손실되는 이유에 대해 설명하시오. (*hint 자구와 자벽을 이용해 설명)

2.20 Faraday's Law의 미분형으로부터 유도기전력 식 $e=-\dfrac{d\lambda}{dt}$를 유도하시오.

2.21 아래 자기회로에서 공극에서의 자속밀도가 1.5$[\mathrm{Wb/m^2}]$이 되기 위해 필요한 전류$[\mathrm{A}]$를 구하시오. $\mu=50\mu_0$로 하고, 코어의 모든 부분에서 단면적은 똑같이 $10[\mathrm{cm^2}]$로 하라. (단, 공극에서의 fringing effect는 무시한다)

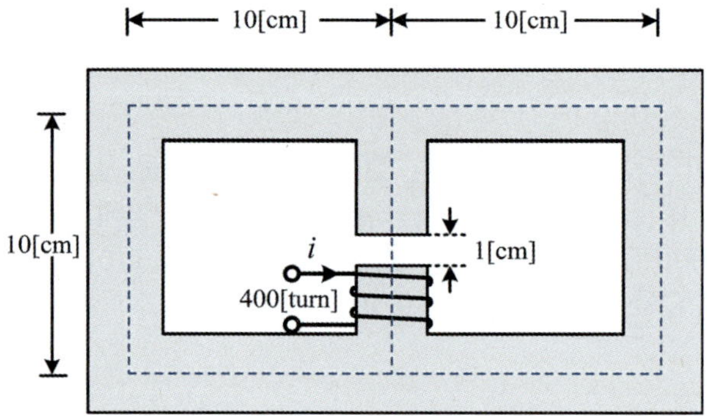

2.22 턴수가 $N[\mathrm{turn}]$인 원형 도체 루프가 xy 평면 위에 놓여 있으며, 그 중심은 $B=a_z B_0 \cos(\pi r/2b)\sin\omega t[\mathrm{Wb/m^2}]$인 자계 원점에 놓여 있다. 여기서 b는 루프의 반경이고 ω는 각주파수이다. 페러데이법칙을 이용하여 루프에 유도된 기전력을 구하시오.

2.23 투자율 $\mu = 1000\mu_0$인 자성체로 만들어진 원형 철심의 단면적은 $S = 2[\text{cm}^2]$이며, 철심의 중앙을 통과하는 자속 통로의 평균 반경은 $r = 20[\text{cm}]$이다. 코일에 감겨 있는 각각의 턴수는 1차 코일(좌측)이 $N_1 = 100[\text{turn}]$이고 2차 코일(우측)은 $N_2 = 200[\text{turn}]$이다. 1차 코일에 $i_1(t) = 3\sin(2t^2 - 50t)[\text{A}]$의 전류가 인가되면 $t = 0$에서 2차 코일에 유도되는 유도기전력을 구하시오.

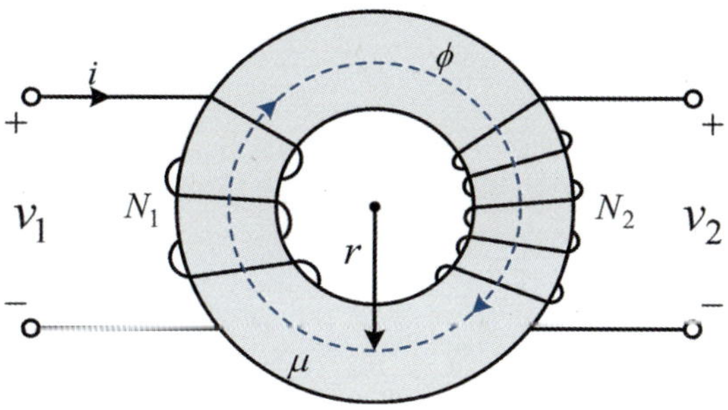

2.24 아래 그림과 같이 비투자율 값 $\mu_r = 860$인 자기재료를 이용하여 만들어진 사각형 모양의 철심이 있다. 이 철심의 단면적 $S = 2[\text{cm}^2]$이고, 평균 자속통로의 길이 $l = 43[\text{cm}]$, 공극의 길이 $g = 1[\text{cm}]$라고 한다. 공극에서의 균일한 자속밀도가 $|B| = (\pi/500)[\text{Wb/m}^2]$이 통과하고 있을 경우 $420[\text{turn}]$ 감은 코일에 인가시켜야 할 전류량$[\text{A}]$을 구하여라. 주어진 자기등가회로를 이용하여 답을 구하시오.

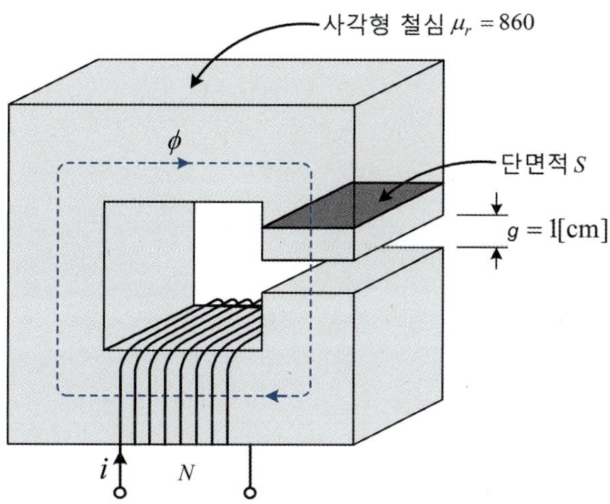

제 03 장

회로이론의 기초

3.1 회로해석 일반
3.2 교류에서 역률과 전력
3.3 3상 회로

3.1 회로해석 일반

전기기기 특성해석법은 크게 분포회로정수법과 집중회로정수법으로 나눌 수 있다. 분포회로정수법은 맥스웰방정식을 풀어 특성을 알아내는 방법으로 가장 정확하고 많은 정보를 얻을 수 있으나 전문가 이외에는 접근하기 어려운 방법이다. 반면 집중회로정수법은 전기기기를 등가적인 전기회로로 구성하고 이 등가회로를 풀어 전기기기의 특성을 알아내는 방법으로 전기기기의 정상상태(steady state)와 과도상태(transient state) 특성을 손쉽게 알아낼 수 있다. 전기기기 교과목에서는 보통 집중회로정수법을 이용하여 전기기기의 특성을 공부하므로 전기회로 해석에 대한 기초지식은 전기기기를 공부하는데 매우 중요하다.

회로해석이란 "회로에 키르히호프의 전압법칙(KVL : Kirchhoff's Voltage Law) 또는 키르히호프의 전류법칙(KCL : Kirchhoff's Current Law)을 적용하여 회로의 지배방정식(전압방정식 또는 전류방정식)을 유도하여 풀고 그 결과를 검토하는 것"이라고 정의할 수 있다. 특히 전기회로는 저항, 인덕터, 커패시터, 변압기 등의 선형수동소자로 구성되며 각각의 회로 기호는 그림 3.1과 같다. 저항, 인덕터, 커패시터의 전압, 전류의 관계식은 식 (3.1), (3.2), (3.3)과 같으며 각각 옴의 법칙(Ohm's law), 패러데이법칙(Faraday's law), 변위 전류(displacement current)식이라고 한다.

$$\text{옴의 법칙} : v_R = Ri \ [\mathrm{V}] \tag{3.1}$$

$$\text{패러데이법칙} : e_L = L\frac{di}{dt} \ [\mathrm{V}] \tag{3.2}$$

$$\text{변위 전류식} : i_C = C\frac{dv}{dt} \ [\mathrm{A}] \tag{3.3}$$

또한 변압기와 관련된 원리는 변압의 원리로, 1차측과 2차측의 전압관계는 1차 권선과 2차 권선의 권선비에 비례하며 식 (3.4)로 나타낼 수 있다.

$$\text{변압기의 변압비} : \frac{V_2}{V_1} = \frac{N_2}{N_1} \tag{3.4}$$

변압기와 같은 정지형 전기기기는 전원과 RLC 회로로 구성되지만 회전기의 등가회로에는 RLC 이외에 능동소자(active element)로써 전압과 속도기전력을 포함한다. 속도기전력은 입력전원과의 관계에 따라 부하 또는 전원으로 동작할 수 있으며 전기기기에서 에너지변환과 매우 밀접한 관계를 갖는다. 따라서 회전기의 특성해석에서는 전원과 속도기전력, RLC 소자로 구성된 회전기의 등가회로를 유도하고 해석하여 기기의 특성을 파악하게 된다.

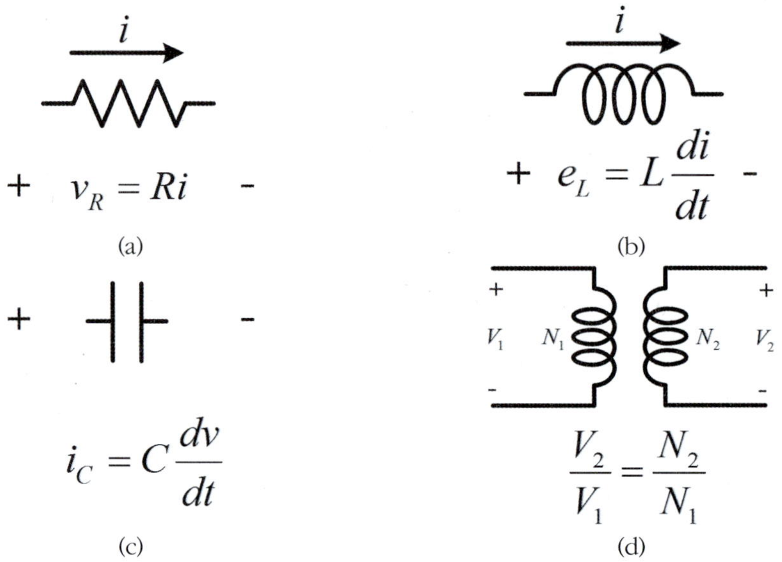

그림 3.1 회로기호 및 전압, 전류 관계식 (a) 저항 (b) 인덕터 (c) 커패시터 (d) 변압기

이러한 전기기기의 특성해석의 종류에는 직류정상해석, 직류과도해석, 교류정상해석, 교류과도해석이 있다. 직류정상해석은 전류, 전압이 시간에 따라 변하지 않는 상태에서의 해석으로 수동소자는 저항만 존재한다. 반면 직류과도해석과 교류 정상/과도해석은 전압, 전류가 시간에 따라 변하기 때문에 전기회로에는 수동소자로써 R, L, C가 포함된다. 그러나 전기기기에서는 자계가 에너지변환의 매개이고 주파수가 낮기 때문에 커패시턴스의 영향이 거의 나타나지 않으므로(변위전류는 거의 0, 개방회로), 전기기기의 등가회로는 RL 회로만으로 구성되는 경우가 많다. 따라서 본 절에서는 RL 회로를 직류정상, 직류과도, 교류정상으로 나누어 지배방정식과 풀이방법을 알아보도록 한다.

3.1.1 직류정상해석(direct current steady state analysis)

직류정상해석은 직류가 투입되어 과도상태가 지나고 정상적인 상태에 도달했을 때 회로를 해석하는 것이다. 그림 3.2(a)와 같이 간단한 RL 회로에서 회로방정식을 유도하도록 하자. 직류 정상상태에서는 전류가 직류이므로 식 (3.2)의 시간에 대한 전류의 변화분이 0이므로 인덕터에 걸리는 전압 e_L은 0이 되어 단락회로가 된다. 따라서 직류정상상태에서 그림 3.2(a)의 인덕터는 단락회로가 되어 저항만을 포함한 간단한 회로가 된다. 이때 흐르는 전류는 식 (3.5)와 같이 옴의 법칙으로 구할 수 있다.

$$I = \frac{V_R}{R} = \frac{V}{R} \ [\mathrm{A}] \tag{3.5}$$

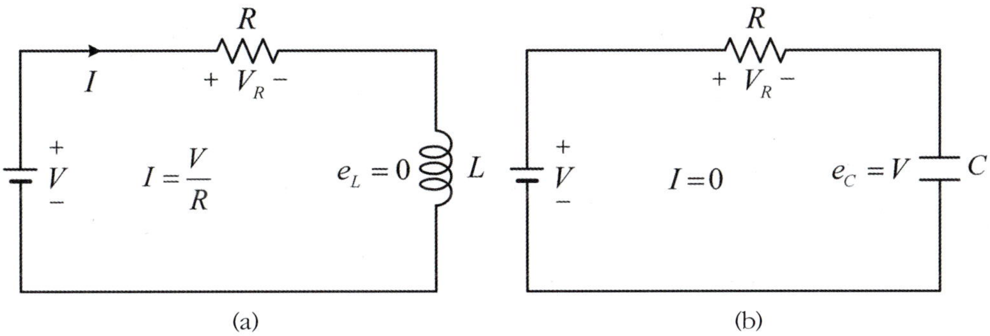

그림 3.2 간단한 직류 정상상태 회로 (a) RL 회로 (b) RC 회로

그림 3.2(b)는 간단한 RC 회로를 보여주고 있다. 이 회로는 정상상태에서 커패시터에 걸리는 전압이 직류이므로 식 (3.3)의 시간에 대한 전압의 변화분이 0이므로 전류가 0이고 따라서 개방회로가 된다. 따라서 그림 3.2(b)는 개방되어 전류는 흐르지 않고 인가된 전압 V가 커패시터에 모두 걸린다.

3.1.2 직류과도해석(direct current transient state analysis)

[1] 전원 투입시 과도현상

직류과도해석은 직류가 투입되거나 제거될 때 전류가 정상상태에 도달하기 전까지의 현상을 해석하는 것이다. 그림 3.3(a)와 같이 간단한 RL 회로에서 스위치를 투입했을 때 일어나는 현상을 알아보도록 하자. 이 회로에 KVL을 적용하여 전압방정식을 유도하면 식 (3.6)과 같이 된다.

$$L\frac{di}{dt}+Ri=V \ [\mathrm{V}] \tag{3.6}$$

인덕터에서 전류는 연속적으로 변하므로 전류의 초기조건은 0이다.[주1)] 따라서 식 (3.6)을 풀면 식 (3.7)과 같은 전류의 응답을 구할 수 있다.

$$i(t)=\frac{V}{R}(1-e^{-\frac{R}{L}t}) \ [\mathrm{A}] \tag{3.7}$$

여기서 $\frac{L}{R}$은 전류의 상승속도를 결정하는 중요한 양으로 RL 회로의 시정수라고 한다. 식 (3.2)로부터 인덕터에 걸리는 전압을 구하면 식 (3.8)과 같다.

주1) 인덕터에 흐르는 전류가 불연속이면 인덕터에 걸리는 전압은 무한대가 되어 인덕터가 저장 또는 방출하는 전력은 무한대가 되어 전원에서 무한대의 전력을 공급한다는 오류가 발생한다.

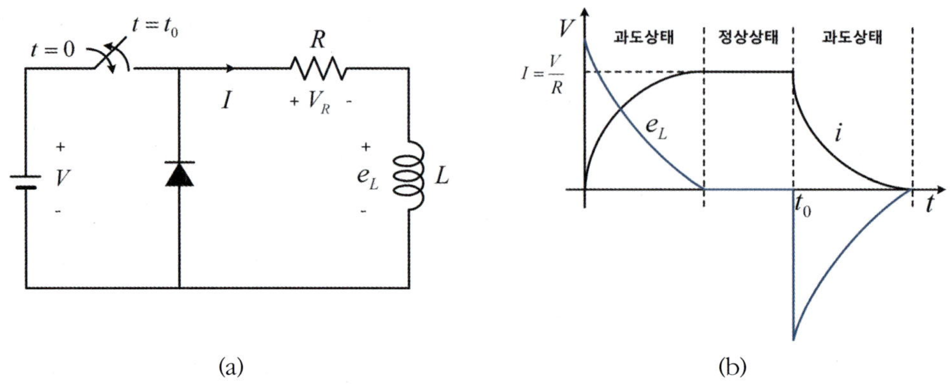

그림 3.3 스위치를 포함한 간단한 직류 RL 회로 (a) 회로도 (b) 전압, 전류 관계

$$e_L(t) = L\frac{di}{dt} = V \cdot e^{-\frac{R}{L}t} \;\; [\mathrm{V}] \tag{3.8}$$

인덕터에서 저장되는 전력을 알아보기 위해서 인덕터에 흐르는 전류와 인덕터에 걸리는 전압을 시간축 상에 나타내면 그림 3.3(b)와 같다. 그림 3.3(b)에서 알 수 있는 바와 같이 전원을 투입하면 인덕터의 전압과 전류가 모두 양이므로 인덕터에서는 에너지가 저장(충전)됨을 알 수 있다. 그러나 정상상태에 도달하면 인덕터에 유도되는 기전력이 0이므로 전력을 저장되거나 방출하지 않는다. 여기서 중요한 점은 직류를 투입하여 인덕터에 에너지가 충전되는 것은 과도상태에서만 이루어지며 정상상태에서는 에너지의 입출입이 없다는 것이다.

[2] 전원 제거시 과도현상

그림 3.3(a)에서 스위치를 투입하고 충분한 시간$(t = t_0)$이 지난 후 스위치를 열어주게 되면 인덕터에 흐르던 전류는 계속해서 다이오드를 통해 흐른다. 이때 전압방정식을 세워 보면 식 (3.9)와 같다.

$$L\frac{di}{dt} + Ri = 0 \;\; [\mathrm{V}] \tag{3.9}$$

인덕터의 전류는 연속적으로 변해야 하므로 전원을 제거하였을 때 초기전류는 정상상태의 전류 V/R이 된다. 따라서 이 초기조건을 사용하여 식 (3.9)를 풀면 전류는 식 (3.10)과 같이 된다.

$$i(t) = \frac{V}{R}e^{-\frac{R}{L}t} \;\; [\mathrm{A}] \tag{3.10}$$

이러한 전류의 변화모양을 그림 3.3(b)에 나타내었다. 식 (3.10)과 같이 전류가 흐를 때 인덕터에 걸리는 전압을 구해보면 식 (3.2)에 식 (3.10)을 대입하면 인덕터에 걸리는 전압은 식 (3.11)과 같다.

$$e_L(t) = L\frac{di}{dt} = -V \cdot e^{-\frac{R}{L}t} \ [\mathrm{V}] \tag{3.11}$$

그림 3.3(b)에서 알 수 있는 바와 같이 RL 회로에서 전원을 제거하면 전압은 음이고 전류가 양이므로 인덕터는 에너지를 방출(방전)하고 이 에너지는 저항에서 소비된다.

예제 3.1 그림 3.2의 회로에서 $t=0$[s]인 순간에 전압 V를 인가한 경우, 인덕턴스 L에 흐르는 전류 $i(t)$를 미분방정식을 이용하여 구하여라. ($V=10$[V], $R=1[\Omega]$, $L=2$[H], $t=0$일 때 $i=0$[A])

풀이 <<

식 (3.6)을 이용하여 전압방정식을 만들어 $10 = i(t) + 2\frac{di(t)}{dt}$으로 정리하면 $\frac{di(t)}{dt} + \frac{1}{2}i(t) = 5$가 된다. 자연응답은 전원이 연결되지 않은 때의 응답으로 $\frac{di(t)}{dt} + \frac{1}{2}i(t) = 0$을 구한다. 강제응답은 시간을 무한대로 놓고 과도상태가 완전히 사라진 후의 응답으로 $i_f(t) = 2 \cdot 5 = 10$이다. 전체 응답은 $i(t) = i_f(t) + i_n(t) = 10 - Ae^{-\frac{1}{2}t}$로 표현된다. 변수 A는 초기값을 이용해 다음과 같이 구할 수 있다. $i(0) = A + 10 = 0,\ A = -10$

$\therefore\ i(t) = 10 - 10e^{-\frac{1}{2}t}$ [A]

3.1.3 교류정상해석(alternating current steady state analysis)

교류 정상상태 해석이란 교류 전원투입 후 과도상태를 지난 후 회로상의 전압과 전류의 주파수 및 크기가 일정한 교류가 되었을 때 회로를 해석하는 것이다. 그림 3.4(a)와 같은 간단한 RL 교류회로의 정상상태 해석에 대해서 알아보자. 이 회로의 전압방정식은 식 (3.12)과 같다.

$$L\frac{di}{dt} + Ri = V_m \cos\omega t \ [\mathrm{V}] \tag{3.12}$$

이 방정식을 풀기 위해서 전류를 식 (3.13)과 같이 가정하도록 하자.

$$i(t) = I_m \cos(\omega t - \theta) \ [\mathrm{A}] \tag{3.13}$$

식 (3.13)의 전류에서 미지수는 I_m과 θ로 두 변수를 구하면 전류의 응답을 알 수 있다. 식 (3.13)을 식 (3.12)에 대입하여 풀면 식 (3.14)와 같은 전류를 얻을 수 있다.

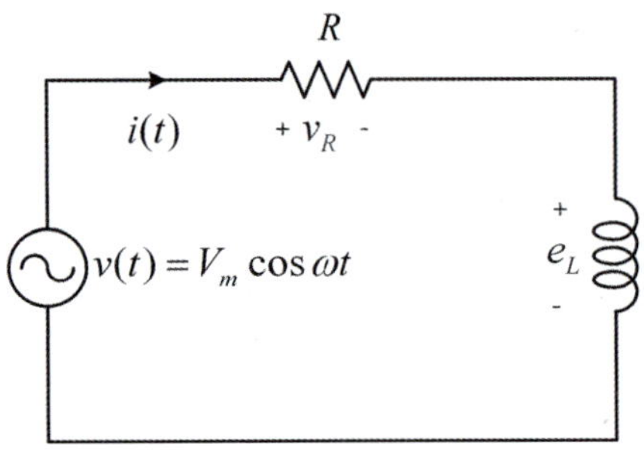

(a)

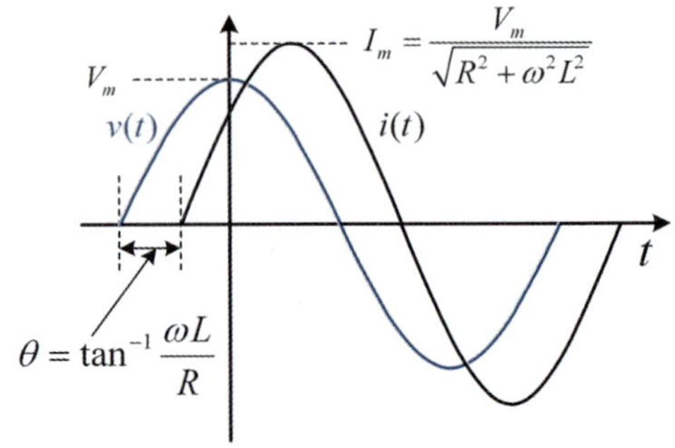

(b)

그림 3.4 간단한 교류 RL 회로 (a) 회로도 (b) 전압, 전류 관계

$$i(t) = \frac{V_m}{\sqrt{R^2 + \omega^2 L^2}} \cos(\omega t - \tan^{-1}\frac{\omega L}{R}) \ [\mathrm{A}] \tag{3.14}$$

식 (3.14)에서 알 수 있는 바와 같이 주파수와 인덕턴스가 커지면 커질수록 인덕터에 흐르는 전류의 크기는 작아진다. 또한 주파수와 인덕턴스가 커지면 커질수록 전압과 전류의 위상차가 많이 나며 저항에 비해 인덕턴스가 매우 크면 거의 90°가 된다. 이와 같은 전류의 특성을 그림 3.4(b)에 나타내었다. 그림 3.4(b)에서 전압에 대한 전류의 위상각 차이인 θ는 역률각이라 정의하고 교류시스템에서 평균 전력의 크기에 관여하는 중요한 양이다.

다음은 그림 3.5와 같이 망이 두 개이고 전압이 교류인 회로의 정상상태를 해석해 보자. 이 회로는 두 개의 망을 가지고 있으므로 식 (3.15), (3.16)과 같이 두 개의 전압방정식이 유도된다.

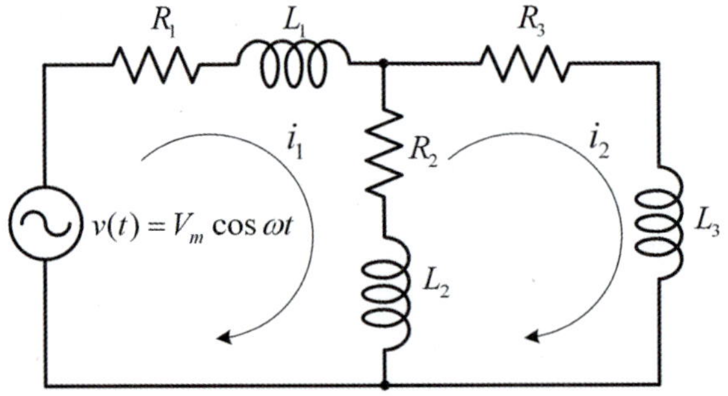

그림 3.5 망이 2개인 교류 RL 회로

$$V_m \cos\omega t = L_1 \frac{di_1}{dt} + R_1 i_1 + R_2(i_1 - i_2) + L_2 \frac{d}{dt}(i_1 - i_2) \ \ [\mathrm{V}] \tag{3.15}$$

$$0 = R_2(i_2 - i_1) + L_2 \frac{d}{dt}(i_2 - i_1) + R_3 i_2 + L_3 \frac{di_2}{dt} \ \ [\mathrm{V}] \tag{3.16}$$

이 회로의 지배방정식은 식 (3.15), 식 (3.16)과 같이 상미분 연립방정식이 되어 풀기 어려워진다. 또한 망이 3개 이상으로 증가되면 계산은 더욱 복잡하고 계산량이 많아져 손으로 풀 수 없는 경우도 생긴다.

3.1.4 페이저해석(phasor analysis)

앞에서 알아본 바와 같이 교류 정상상태 해석에서 전압방정식을 유도하면 망수와 같은 개수의 상미분 연립방정식이 유도되므로 풀기 어려운 방정식이 된다. 따라서 회로해석을 간편하게 하기 위해 구동함수를 복소수로 가정하여 해석하는 페이저해석법이 도입되었다.

페이저해석법의 중요한 특성은 입력전압을 복소수로 가정하여 복소수의 해를 구한다는 것이다. 이와 같이 입력전력을 복소수로 가정한다는 것은 지수함수로 가정할 수 있다는 것으로 선형방정식에서는 응답이 지수함수가 된다. 지수함수가 수학적으로 중요한 의미를 갖는 것은 지수함수는 미적분을 하여도 지수함수가 되어 미분방정식이 대수화 될 수 있기 때문이다. 이와 같이 구동함수를 복소수로 가정하여 해석할 수 있는 것은 전기회로의 지배방정식이 선형방정식이기 때문에 중첩의 원리가 적용되므로 실수의 전압은 실수의 전류응답을 허수의 전압은 허수의 전류응답을 발생시키므로 복소수로 가정하여 나온 결과 중 실수부만을 택하면 원래 구동함수에 대한 응답이기 때문이다.

따라서 전원전압 $V_m \cos\omega t$를 식 (3.17)과 같이 복소수로 가정하고 전류응답은 식 (3.18)과 같은 복소수라고 가정하자.

$$V_m \cos\omega t + j V_m \sin\omega t = V_m e^{j\omega t} \ \ [\mathrm{V}] \tag{3.17}$$

$$I_m \cos(\omega t + \theta) + j I_m \sin(\omega t + \theta) = I_m e^{j(\omega t + \theta)} \ \ [\mathrm{A}] \tag{3.18}$$

그림 3.4(a)의 회로를 풀기 위해 식 (3.17)과 식 (3.18)을 전압방정식 (3.12)에 대입하면 식 (3.19)를 얻을 수 있다.

$$R I_m e^{j(\omega t + \theta)} + L \frac{d}{dt}(I_m e^{j(\omega t + \theta)}) = V_m e^{j\omega t} \ \ [\mathrm{V}] \tag{3.19}$$

식 (3.19)에서 공통 항인 $e^{j\omega t}$을 제거하면 식 (3.20)과 같이 된다.

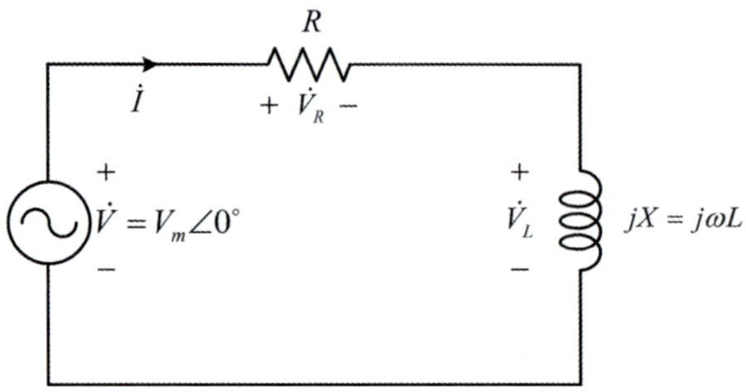

그림 3.6 페이저로 표현한 RL 회로

$$RI_m e^{j\theta} + j\omega L I_m e^{j\theta} = V_m \ [\text{V}] \tag{3.20}$$

이 식에서 $I_m e^{j\theta}$은 복소수이고 V_m은 허수항이 0인 복소수로 볼 수 있으므로 전류와 전압을 복소수 $\dot{I}, \dot{V}$로 나타내어 식 (3.20)을 다시 쓰면 식 (3.21)과 같이 대수방정식이 된다.

$$R\dot{I} + j\omega L\dot{I} = \dot{V} \ [\text{V}] \tag{3.21}$$

여기서 $\dot{I}, \dot{V}$는 복소수로 페이저라고 한다. 페이저는 크기와 위상만을 갖는 양으로 시간의 함수가 아니다. 이와 같이 페이저를 사용하는 교류정상상태 해석방법을 페이저해석법이라고 한다. 식 (3.21)의 회로를 그리면 그림 3.6과 같이 된다. 회로에서 알 수 있는 바와 같이 인덕턴스가 리액턴스 $j\omega L$로 바뀌게 된다.

따라서 페이저해석에서 지배방정식인 식 (3.21)을 풀면 전류페이저는 식 (3.22)과 같이 된다.

$$\dot{I} = \frac{\dot{V}}{R + j\omega L} \ [\text{A}] \tag{3.22}$$

따라서 식 (3.22)에서 전류의 크기 I_m과 전압과의 위상차 θ는 다음 식 (3.23), (3.24)와 같이 된다.

$$I_m = \frac{V_m}{\sqrt{R^2 + \omega^2 L^2}} \ [\text{A}] \tag{3.23}$$

$$\theta = -\tan^{-1}\frac{\omega L}{R} \ [\text{rad}] \tag{3.24}$$

이와 같이 전류의 크기와 위상차를 구하면 우리가 알고자 하는 모든 양을 알게 된 것이다. 즉 식 (3.19)에서 전류를 $I_m e^{j(\omega t + \theta)}$로 가정하여 나온 결과이므로 이 전류의 각속도는 ω이며 복소전류는 식 (3.25)와 같이 된다.

$$i = \frac{V_m}{\sqrt{R^2 + \omega^2 L^2}} e^{j(\omega t - \tan^{-1}\frac{\omega L}{R})} \text{ [A]} \tag{3.25}$$

식 (3.25)에서 실수성분만 구하게 되면 식 (3.26)과 같은 전류응답을 얻을 수 있다.

$$i(t) = \frac{V_m}{\sqrt{R^2 + \omega^2 L^2}} \cos\left(\omega t - \tan^{-1}\frac{\omega L}{R}\right) \text{ [A]} \tag{3.26}$$

식 (3.26)은 식 (3.14)와 완전히 일치하므로 페이저해석법을 이용하여 정상상태 교류해석을 하면 매우 쉽고 정확하게 전류의 응답을 얻을 수 있음을 알 수 있다.

페이저해석의 지배방정식에서는 시간항이 없어지는데 이것은 미분방정식의 풀이에서 알 수 있는 바와 같이 $e^{j\omega t}$가 공통 항이 되기 때문이다. 그 결과 얻어진 해는 특성주파수 ω에서의 응답을 나타내게 된다. 따라서 페이저해석법을 식 (3.13), 식 (3.14)의 시간영역 응답과 구별하여 주파수영역해석이라고도 한다. 이와 같이 페이저해석법을 사용하면 미분방정식이 복소수 대수방정식이 되어 쉽게 해를 구할 수 있다.

페이저해석법에서 저항, 인덕턴스, 커패시턴스에 적용되는 옴의 법칙, 패러데이법칙, 변위전류식이 표 3.1과 같이 간단한 복소수 대수방정식이 된다. 또한 시간영역에서 인덕턴스, 커패시턴스는 주파수영역에서 리액턴스 X_L, X_C로 변환된다.

표 3.1 시간영역과 주파수영역에서의 선형소자의 특성 비교

시간영역 (time domain)		주파수영역 (frequency domain)		전압-전류의 페이저도
소자값	전압-전류 관계식	소자값	전압-전류 관계식	
저항 $R[\Omega]$	$v = Ri$	저항 $R[\Omega]$	$\dot{V} = R\dot{I}$	
커패시턴스 $C[\text{F}]$	$i = C\frac{dv}{dt}$	리액턴스 $X_C = \frac{-1}{\omega C}[\Omega]$	$\dot{I} = j\omega C\dot{V}$	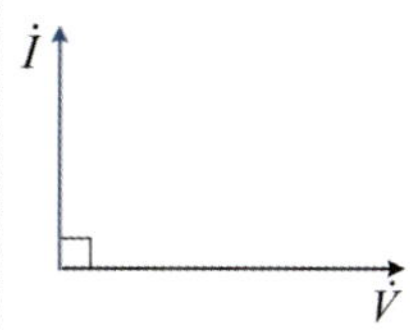
인덕턴스 $L[\text{H}]$	$v = L\frac{di}{dt}$	리액턴스 $X_L = \omega L[\Omega]$	$\dot{V} = j\omega L\dot{I}$	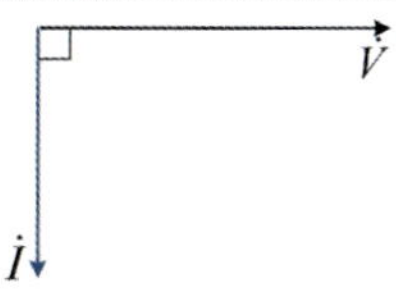
RL회로의 전압방정식	$L\frac{di}{dt} + Ri = V_m\cos\omega t$	임피던스 $\dot{Z} = R + j\omega L[\Omega]$	$\dot{V} = (R + j\omega L)\dot{I}$	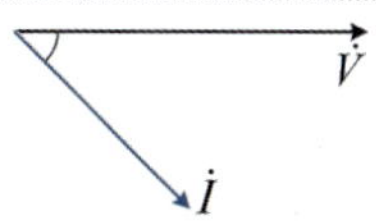

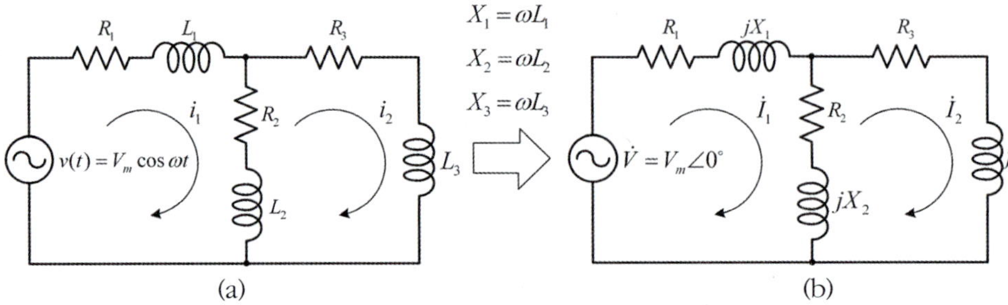

그림 3.7 *RL* 회로 변환 (a) 시간영역 (b) 주파수영역

그림 3.7과 같은 2개의 망을 갖는 회로를 이용하여 시간영역(time domain)과 주파수영역(frequency domain)에서 해석의 차이점을 살펴보자. 앞에서 알아본 바와 같이 그림 3.7(a)에 KVL을 적용하여 전압방정식을 유도하면 식 (3.15), (3.16)와 같이 상미분 연립방정식이 된다. 그러나 주파수영역에서 페이저 회로를 그리면 그림 3.7(b)와 같은 간단한 회로가 되고 이 페이저 회로의 전압방정식을 유도하면 식 (3.27), (3.28)과 같이 된다. 이 방정식은 복소수 연립방정식으로 시간영역에서의 상미분 연립방정식에 비해 풀기 쉬운 방정식이 된다.

$$\dot{V} = R_1\dot{I}_1 + j\omega L_1\dot{I}_1 + R_2(\dot{I}_1 - \dot{I}_2) + j\omega L_2(\dot{I}_1 - \dot{I}_2) \ \ [\mathrm{V}] \tag{3.27}$$

$$0 = R_2(\dot{I}_2 - \dot{I}_1) + j\omega L_2(\dot{I}_2 - \dot{I}_1) + R_3\dot{I}_2 + j\omega L_3\dot{I}_2 \ \ [\mathrm{V}] \tag{3.28}$$

식 (3.15)에서 알 수 있는 바와 같이 시간영역에서의 전압방정식은 연립 상미분방정식이지만 페이저해석에서 전압방정식은 복소수 대수 연립방정식이 되고 이 식을 풀면 쉽게 식 (3.29), (3.30)과 같은 전류값을 구할 수 있다.

$$\dot{I}_2 = \frac{R_2 + jX_2}{(R_2 + R_3) + j(X_2 + X_3)} \ \dot{I}_1 = (R_4 + jX_4)\dot{I}_1 \ \ [\mathrm{A}] \tag{3.29}$$

$$\begin{aligned} \dot{I}_1 &= \frac{\dot{V}}{(R_1 + R_2(1 - R_4) + X_2X_4) + j(X_1 + X_2(1 - R_4) - R_2X_4)} \\ &= \frac{\dot{V}}{(R_5 + jX_5)} \ \ [\mathrm{A}] \end{aligned} \tag{3.30}$$

여기서 얻어진 전류 $\dot{I}_1$, $\dot{I}_2$를 전압 $\dot{V}$를 기준으로 복소평면에 그리면 그림 3.8과 같고 이 그림을 페이저도(phasor diagram)라고 한다. 교류정상상태에서 전압, 전류는 일정한 주파수로 구동되고 있으므로 우리가 알아야 할 정보는 크기와 전압과의 위상차이며 이러한 모든 정보는 페이저도에 포함되어 있다. 페이저도는 정상상태에서 전압과 전류의 특성을 시간적으로 간단하고 명확하게 알 수 있는 매우 유용한 수단으로 교류를 사용하는 전기기기에서 페이저도는 전기기기의 특성을 나타내는데 많이 이용된다.

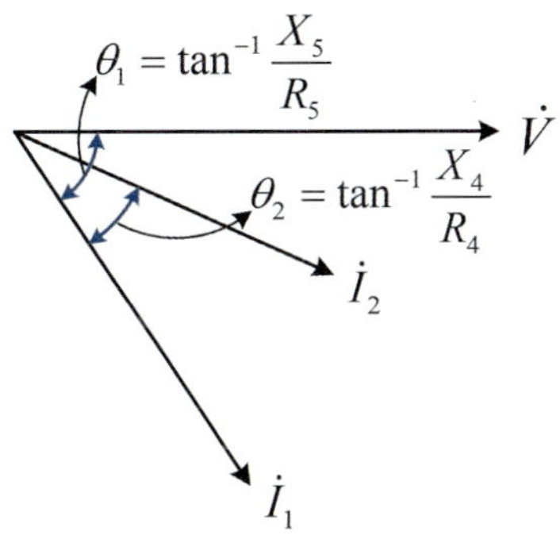

그림 3.8 복소 평면에서의 페이저도

위와 같이 페이저해석은 회로해석에서 매우 유용한 수단이지만 주의할 것은 페이저해석은 단지 정상상태만을 해석할 수 있다는 것이다. 즉 구동함수의 크기와 주파수, 위상이 시간에 따라 변하면 페이저해석을 할 수 없다.

이와 같은 페이저해석법을 요약해서 나타내면 그림 3.9와 같다. 일정한 주파수를 갖는 정상상태의 회로방정식을 구하는 기본적인 방법은 망로를 구성하여 연립 미분방정식을 세우고 이를 미분방정식의 해법을 이용해 풀이하여 시간에 따른 응답을 구하는 것이다. 하지만 미분연립방정식을 푸는 것은 매우 어렵고 경우에 따라서는 불가능할 수도 있다. 따라서 구동함수를 페이저로 정의하고 각 회로소자를 페이저 값으로 바꾸어 페이저방정식을 유도하면 복소수 연립 대수방정식이 된다. 이 방정식은 쉽게 풀 수 있으므로 이 방정식을 풀게 되면 페이저 형태의 해가 얻어진다. 이때 주파수는 일정하므로 페이저 해에서 얻어진 크기와 위상을 이용하여 시간함수로 변환해주면 시간영역에서 얻은 해와 완전히 동일한 해를 얻을 수 있다.

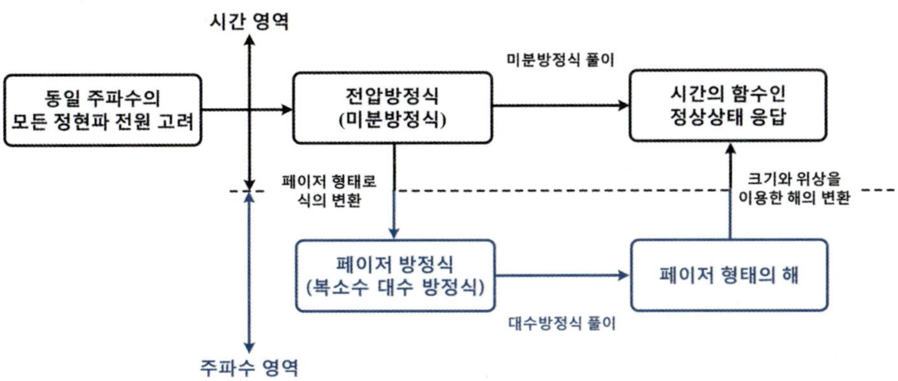

그림 3.9 시간영역과 주파수영역의 회로 해석법

예제 3.2 그림 3.4와 같은 RL 직렬 교류회로에서 저항 15[Ω]과 인덕턴스 53.5[mH]인 코일이 직렬로 연결되어 있다.

(a) 60[Hz]에 대한 임피던스의 크기와 위상각을 구하고 페이저도로 나타내어라.

(b) 이 코일에 100[V], 60[Hz]의 교류전압을 인가할 때, 흐르는 전류의 크기와 위상을 나타내어라.

풀이 <<

(a) 인덕턴스 성분을 리액턴스 성분 $X=\omega L$로 계산하면 임피던스는 $Z=15+j2\pi \cdot 60 \cdot 53.5 \cdot 10^{-3}=15+j20$이 된다. 임피던스의 크기값과 위상 성분을 계산하면 $|Z|=\sqrt{15^2+20^2}=25$, $\theta=\tan^{-1}\left(\frac{4}{3}\right)=53.1°$이 된다.

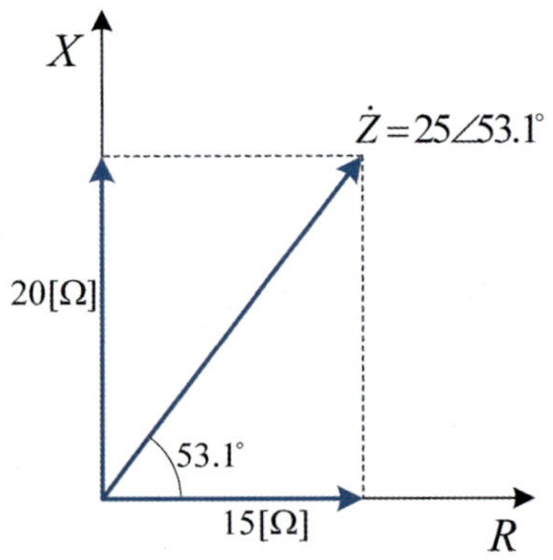

(b) 인가전압을 크기와 위상으로 나타내면 $V_m=100[\mathrm{V}]$, $\theta=0°$로 나타낼 수 있다. 전압과 전류의 관계인 $\dot{I}=\frac{\dot{V}}{\dot{Z}}$에 따라 계산을 하면 $\dot{I}=4\angle -53.1°[\mathrm{A}]$이 된다.

3.2 교류에서 역률과 전력

3.2.1 역률, 평균전력, 순시전력

직류에서 전력은 식 (3.31)과 같이 전압과 전류의 곱으로 직류정상상태에서는 전압과 전류가 일정하므로 전력도 일정하다.

$$P=VI \ [\mathrm{W}] \tag{3.31}$$

교류에서도 전류와 전압의 곱인 식 (3.32)는 전력을 나타낸다. 단 교류에서는 전압과 전류는 시간의 함수이므로 전력도 시간에 따라 변하는데 이와 같은 전력을 순시전력(instantaneous power)이라고 한다.

$$p(t)=v(t)i(t) \ [\mathrm{W}] \tag{3.32}$$

교류 정상상태 회로에서 전류가 전압에 대해 위상이 θ만큼 뒤진다고 하면 전원에서 전달하는 순시전력의 일반식은 식 (3.33)과 같이 나타낼 수 있다.

$$p(t) = v(t)i(t) = V_m I_m \cos(\omega t)\cos(\omega t - \theta) \ [\mathrm{W}] \tag{3.33}$$

여기서 V_m, I_m은 각각 전압, 전류의 최대치를 나타낸다.

교류에서 전압, 전류, 전력의 관계를 알아보기 위해 시간축 상에서 각각의 회로량을 그리면 그림 3.10과 같다. 그림 3.10에서 알 수 있는 바와 같이 전원전압이 전달하는 전력은 (+)와 (−)를 반복한다. 이때 전력이 (+)인 구간에서는 전원이 에너지를 전달(발전)하고 (−)구간에서는 전원이 에너지를 충전한다. 순시전력은 시간에 따라 계속 변하기 때문에 중요한 정보를 가지지 못한다. 보다 의미있는 전력은 이 교류시스템이 전달하는 평균전력이다. 즉, 교류시스템의 전원이 평균적으로 얼마의 전력을 전달하고 있는가를 알아보는 것이다.

평균전력을 구하기 위해서 식 (3.33)에 삼각함수 공식을 적용하면 식 (3.34)를 얻을 수 있다.

$$\begin{aligned} p(t) &= \frac{V_m I_m}{2}[\cos(2\omega t - \theta) + \cos\theta] \\ &= \frac{V_m I_m}{2}\cos\theta + \frac{V_m I_m}{2}\cos(2\omega t - \theta) \ [\mathrm{W}] \end{aligned} \tag{3.34}$$

식 (3.34)의 우변 첫번째 항은 시간과 관계없는 일정한 값이고 우변 두번째 항은 삼각함수이므로 시간에 대한 평균은 0이다. 따라서 이 순시전력의 평균전력(average power)은 식 (3.35)와 같다.

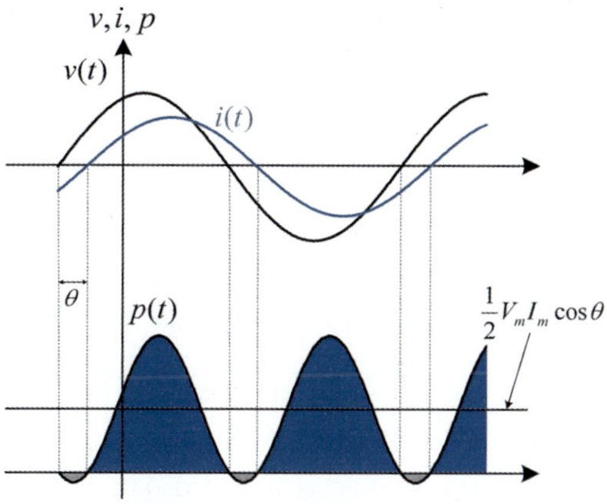

그림 3.10 교류 RL 회로에서의 역률과 전력 사이의 관계

$$P = \frac{V_m I_m}{2}\cos\theta \ \ [\mathrm{W}] \tag{3.35}$$

전압, 전류의 최대치(V_m, I_m)와 실효치(V, I)사이에는 식 (3.36)의 관계가 있으므로 평균전력을 실효치(effective value)로 나타내면 식 (3.37)과 같다.

$$\begin{aligned} V &= \sqrt{\frac{1}{2\pi}\int_0^{2\pi} V_m^2 \sin^2\omega t \; d\omega t} = \frac{1}{\sqrt{2}} V_m \\ I &= \sqrt{\frac{1}{2\pi}\int_0^{2\pi} I_m^2 \sin^2\omega t \; d\omega t} = \frac{1}{\sqrt{2}} I_m \end{aligned} \tag{3.36}$$

$$P = VI\cos\theta \ \ [\mathrm{W}] \tag{3.37}$$

여기서 θ는 전압과 전류의 위상각 차이로 역률각(power factor angle)이라 하고, $\cos\theta$는 역률(power factor)이라고 정의한다. 식 (3.37)에서 알 수 있는 바와 같이 교류정상상태에서 평균전력은 전압, 전류의 실효치에 비례하고 역률에 비례한다. 평균전력은 교류가 실제로 부하에 전달하는 전력을 나타내는 중요한 양이다. 또한 역률은 일정한 크기의 교류 전압이 가해져 일정한 전류가 흐를 때 평균전력의 대소를 결정하는 매우 중요한 양이다. 즉 같은 크기의 전압에 같은 크기의 전류가 흐르더라도 역률이 나쁘면 전력전달이 잘 안 된다.

일반 RLC 회로에서는 역률각이 $-90° \le \theta \le 90°$이기 때문에 평균전력은 $(+)$값을 갖지만 전기기기를 포함하는 회로에서는 속도기전력이라고 하는 능동소자가 포함되기 때문에 역률은 $0° \le \theta \le 360°$가 될 수 있다. 따라서 전기기기를 포함하는 회로에서는 전원에서의 평균전력이 $(+)$, $(-)$ 값을 가질 수 있으므로 전기기기 회로에서는 전원은 전력을 생성 또는 소비할 수 있다.

3.2.2 유효전력과 무효전력

역률각이 $-90° \le \theta \le 90°$사이의 임의 각일 때 전력은 전원이 발전과 소비를 반복하게 되고 그 평균은 0보다 크다. 따라서 순시전력을 시간에 따라 순수하게 소비만 하는 전력과 평균 소비전력이 0인 전력으로 나누어 생각하면 전력의 수급관계가 명확해진다. 식 (3.38)과 같은 전압을 가했을 때 전류가 식 (3.39)과 같다면 순시전력은 식 (3.40)과 같이 된다. 식 (3.40)에서와 같이 순시전력 식에 삼각함수 공식을 적절하게 적용하면 순수하게 전력을 소비하는 항과 평균 전력소비가 0인 항으로 분리할 수 있다. 식 (3.40)의 앞의 두 항과 3번째 항을 분리해서 그리면 그림 3.11의 (b), (c)와 같다. 식 (3.40)의 마지막 표현식에서 알 수 있는 바와 같이 앞의 두 항의 합은 항상 $(+)$로 부하에 전력을 전달하며 유효전력주1)이라고 한다. 또한 3번째 항은 평균전력이 0으로 그 크기는 무효전력을 나타낸다.

주1) 유효전력은 평균전력과 동일한 개념으로 사용되지만 본 교재에서는 유효전력을 항상 (+)의 전력을 전달하는 순시전력의 정의로도 사용함.

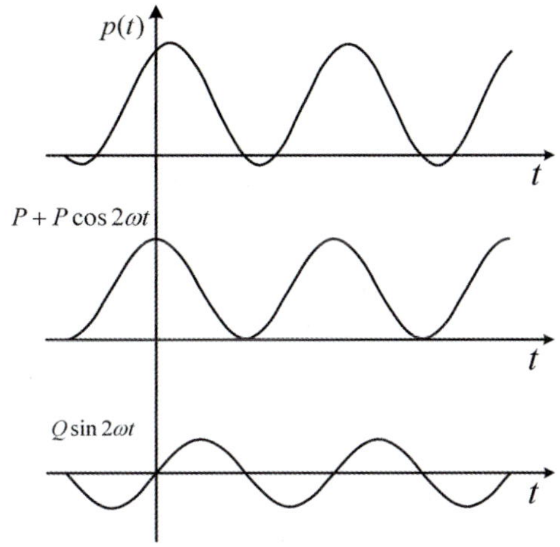

그림 3.11 (a) 순시전력 (b) 유효전력 (c) 무효전력

$$v(t) = V_m \cos(\omega t) \ [\mathrm{V}] \tag{3.38}$$

$$i(t) = I_m \cos(\omega t + \theta_i - \theta_v) \ [\mathrm{A}] \tag{3.39}$$

$$\begin{aligned} p(t) &= V_m I_m \cos(\omega t)\cos(\omega t + \theta_i - \theta_v) \\ &= \frac{1}{2} V_m I_m \cos(\theta_v - \theta_i) + \frac{1}{2} V_m I_m \cos(2\omega t - (\theta_v - \theta_i)) \\ &= \frac{1}{2} V_m I_m \cos(\theta_v - \theta_i) + \frac{1}{2} V_m I_m \cos(\theta_v - \theta_i)\cos 2\omega t \\ &\quad + \frac{1}{2} V_m I_m \sin(\theta_v - \theta_i)\sin 2\omega t \\ &= P + P\cos 2\omega t + Q\sin 2\omega t \ [\mathrm{W}] \end{aligned} \tag{3.40}$$

여기서 새로운 전력량인 Q는 평균적으로 전력이 0인 전력항의 크기를 나타내며 무효전력(reactive power)이라고 한다. 무효전력은 식 (3.41)로 정의하고 단위는 리액턴스에서 소비되는 전력이라는 의미로 [VAR]을 사용한다. 그 의미는 VA in Reactive의 의미이다.

$$Q = \frac{1}{2} V_m I_m \sin(\theta_v - \theta_i) = VI\sin(\theta_v - \theta_i) = VI\sin\theta \ [\mathrm{VAR}] \tag{3.41}$$

무효전력의 의미는 전원과 리액턴스 사이의 전력흐름의 최대치를 나타낸다.

3.2.3 복소전력, 피상전력

페이저해석을 하여 나온 결과는 복소전압과 복소전류이므로 복소전압과 복소전류의 곱으로 평균전력과 무효전력을 표현하는 방법에 대해서 알아보도록 하자. 식 (3.37)에서와 같이 평균전력은 전압과 전류의 실효치와 역률의 곱이다. 따라서 복소전압과 복소전류의 공액을 곱하면 위상이 전압과 전류의 위상차를 나타내게 되므로 매우 유용한 정보를 가지게 된다. 식 (3.42)와 같이 전압 페이저와 전류 페이저의 공액을 곱하게 되면 평균전력과 무효전력의 복소벡터(complex vector)로 표현되게 된다.

$$\begin{aligned} \boldsymbol{S} = \boldsymbol{V} \cdot \boldsymbol{I}^* &= VIe^{j(\theta_v - \theta_i)} \\ &= VI\cos(\theta_v - \theta_i) + j\,VI\sin(\theta_v - \theta_i) \\ &= P + jQ \ [\mathrm{VA}] \end{aligned} \tag{3.42}$$

여기서 S는 평균전력과 무효전력의 벡터합으로 복소전력이라 하고 단위는 [VA]이다. 식 (3.42)의 우변 첫째 항은 평균전력을 나타내며 둘째 항은 시간평균이 0인 무효전력을 나타낸다.

또한 복소전력 S의 크기 $|S|$는 식 (3.43)과 같이 되고 피상전력으로 정의하며, 단위는 [VA]이다.

$$|S| = VI \ [\mathrm{VA}] \tag{3.43}$$

이와 같은 여러 가지 전력표현법을 정리하면 표 3.2와 같다.

표 3.2 전력 용어와 특성

항목	기호	단위	설명
순시전력	$p(t)$	[W]	$p(t)=v(t)i(t)$ 시간에 대하여 순간의 전력값을 의미하며 전압과 전류 페이저의 곱은 아니다.
평균전력	P	[W]	$P=\frac{1}{2}V_mI_m\cos(\theta_v-\theta_i)$. 여기서 θ_v는 전압의 위상각을 의미하며 θ_i는 전류의 위상각을 의미한다.
실효값	$V,\ I$	[V], [A]	$v(t)$와 $i(t)$가 정현적이라면 $V=\frac{V_m}{\sqrt{2}}$와 $I=\frac{I_m}{\sqrt{2}}$의 관계가 성립한다.
피상전력	$\lvert S\rvert$	[VA]	$\lvert S\rvert= VI$ 이고 평균전력의 최대값을 의미한다. 순수한 저항부하에서만 $P=\lvert S\rvert$ 의 관계가 성립한다.
역률	PF		평균전력과 피상전력의 비율을 의미하며 순수한 저항부하에서 1, 순수한 리액턴스 부하에서 0이다.
무효전력	Q	[VAR]	시간평균전력이 0인 리액티브의 전력이다.
복소전력	S	[VA]	복소량으로서 평균전력을 P, 무효전력을 Q라 할 때, 복소전력은 $S=P+jQ$로 나타낼 수 있다.

예제 3.3 어떤 회로에 $\dot{V}=200\angle 30°$인 전압이 인가되어 $\dot{I}=10\angle 60°$의 전류가 흐를 때 다음을 구하여라. (복소전력, 유효전력, 무효전력, 피상전력, 회로역률)

풀이 << 식 (3.42) 복소전력 식 $S=VI^*$로 문제에 주어진 전압과 전류를 대입하여 계산하면 $\boldsymbol{S}=2000\angle-30°=1732.050808-j1000$가 된다.

유효전력과 무효전력은 복소전력의 복소수 형태인 $S=P+jQ$로부터 알 수 있다.

$P=1732[\text{W}]$, $Q=-1000[\text{VAR}]$

피상전력은 평균전력의 최대값을 의미하기에 복소전력의 페이저 형태의 크기값으로 2000[VA]임을 알 수 있다.

역률은 피상전력과 유효전력의 관계 $PF=\dfrac{\text{평균전력}}{\text{피상전력}}=\dfrac{1732}{2000}$로부터 계산하면 $PF=0.866$

3.2.4 역률각에 따른 전력의 특성

역률각에 따른 전력관계를 고찰하기 위해서 그림 3.12와 같이 전원과 부하 임피던스로 된 간단한 회로에서 역률각에 따라 전력의 수급관계가 어떻게 되는지 알아보자. 그림 3.12의 부하 임피던스 $\dot{Z}_L$은 RLC와 같은 수동소자 또는 전기기기와 같은 능동소자(active element) 모두를 나타낸다. 이때 회로에 흐르는 전류는 부하의 특성에 따라 결정되는 종속적인 양이다. 교류시스템에서 전력은 역률각에 의해 결정되며 부하 임피던스가 수동소자로 구성되면 역률각이 $-90° \le \theta \le 90°$이지만 전기기기가 부하에 포함되면 역률각이 $0° \le \theta \le 360°$이다.

따라서 그림 3.12와 같이 전기기기를 포함하는 회로에서 역률각에 따라 전원의 전력은 다음과 같은 3가지 경우가 존재한다.

① $-90° \le \theta \le 90°$에서 $P>0$ (전력발생)

② $\theta=-90°$ or $90°$에서 $P=0$ (전력=0)

③ $90° \le \theta \le 270°$에서 $P<0$ (전력소비)

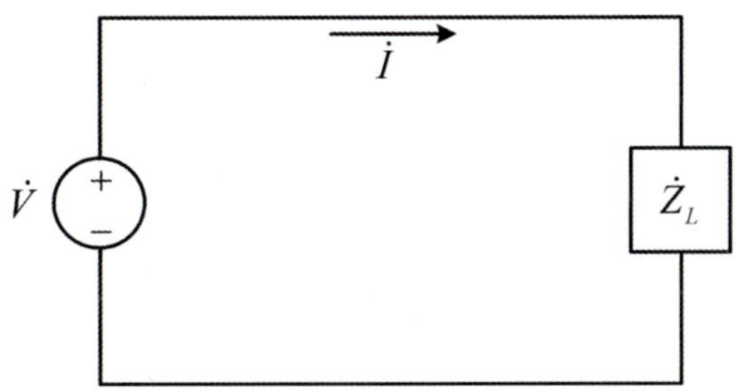

그림 3.12 부하 임피던스를 포함한 간단한 회로

위의 관계는 시간영역에서 그래프를 그리고 페이저도를 살펴보면 명확하게 알 수 있다. 그림 3.13(a)는 역률이 $-90° \leq \theta \leq 90°$의 순시전력을 나타내고 있다. 그림에서와 같이 전원측에서는 전력의 출력(+), 입력(−)을 반복하지만 평균적으로 전원은 전력을 전달하고 부하에서는 전력을 소비한다. 교류회로에서 부하가 평균적으로 전력을 소비한다는

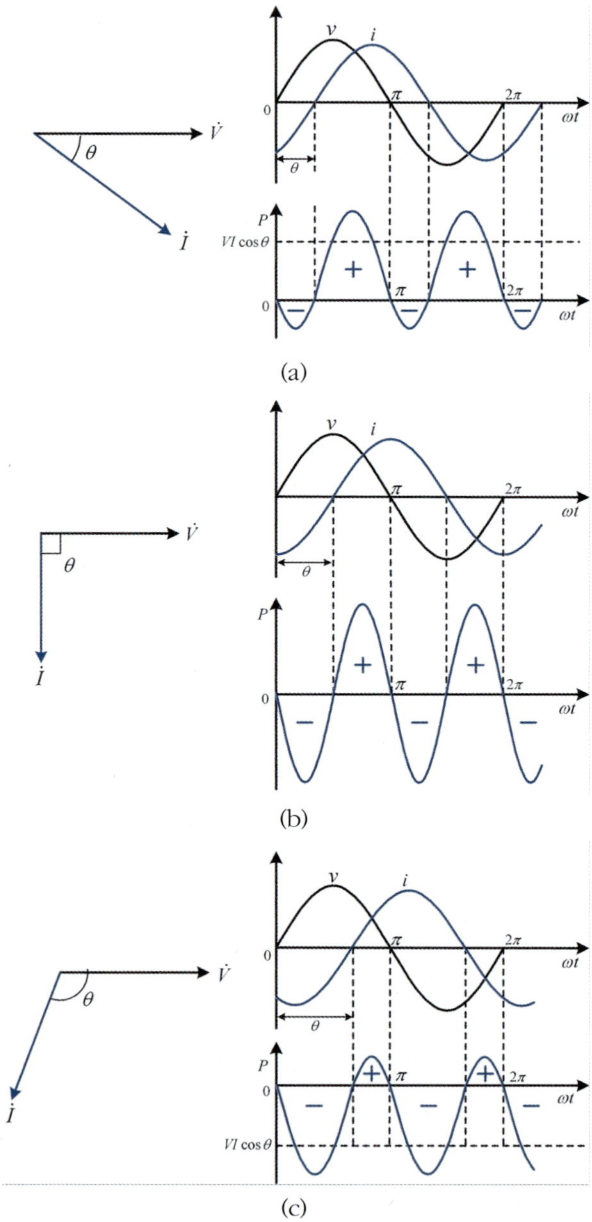

(a) (b) (c)

그림 3.13 역률각에 따른 전압, 전류, 전력 관계 (a) $-90° < \theta < 90°$ $(P > 0)$ (b) $\theta = 90°$, or $-90°$ $(P = 0)$ (c) $90° < \theta < 270°$ $(P < 0)$

것은 전압과 전류의 극성이 동일할 때의 면적(+ 영역)이 반대극성인 경우의 면적(− 영역)에 비해 큰 경우에 평균적인 면적의 크기가 $P = VI\cos\theta$ 인 것을 나타낸다.

그림 3.13(b)는 전압과 전류의 위상각이 $\pm 90°$ 일 때 전력관계를 나타내고 있다. 그림에서와 같이 전압과 전류가 동일한 극성을 갖는 면적과 반대극성을 갖는 면적이 일치하고 있으며 이때 평균은 0이 되어 전력의 수급이 없는 상태이다.

그림 3.13(c)는 역률이 $90° \le \theta \le 270°$ 일 때 순시전력을 나타내고 있다. 그림에서 알 수 있는 바와 같이 전압과 전류의 극성이 동일할 때 면적(+ 영역)이 전압과 전류의 극성이 반대일 때의 면적(− 영역)보다 작은 경우를 나타내고 있다. 그림에서와 같이 전원에서는 발생하는 전력에 비해 소비하는 전력(회생된 전력)이 많음을 나타낸다. 이와 같이 역률이 $90° \le \theta \le 270°$ 로 될 수 있는 것은 일반적인 RLC 회로가 아닌 전기기기와 같은 능동소자가 부하에 연결되었을 때 일어날 수 있다.

그림 3.14(a)와 같이 인덕턴스 부하와 전기기기가 부하로 구성된 전기회로에 대해서 역률이 $90° \le \theta \le 270°$ 이 되는 조건을 구해보자. 여기서 전기기기는 능동소자로 속도기전력 $\dot{E}$ 로 나타낼 수 있다. 이 회로의 지배방정식을 구해보면 다음 식과 같다.

$$\dot{V} = jX\dot{I} + \dot{E} \ [V] \tag{3.44}$$

그림 3.14(b)는 위의 회로방정식 페이저도의 한 예로 전원전압에 비해서 속도기전력이 앞서 있다. 이와 같이 되는 경우 역률은 그림과 같이 $90° \le \theta \le 270°$ 사이에 있게 된다. 따라서 전원으로 전력이 전달되고 전기기기는 전력을 발생한다. 이와 같은 예에서 알 수 있는 바와 같이 교류시스템에서 전원과 부하의 전력 수급관계는 전원전압의 크기와 전기기기의 속도기전력의 크기에 의해 결정되는 것이 아니라 전원전압과 전기기기의 속도기전력 사이의 위상각에 의해서 결정된다. 이와 같이 교류시스템에서의 전력수급 관계는 전원전압과 속도기전력의 크기에 의해 결정되는 직류 시스템의 현상과는 다르다.

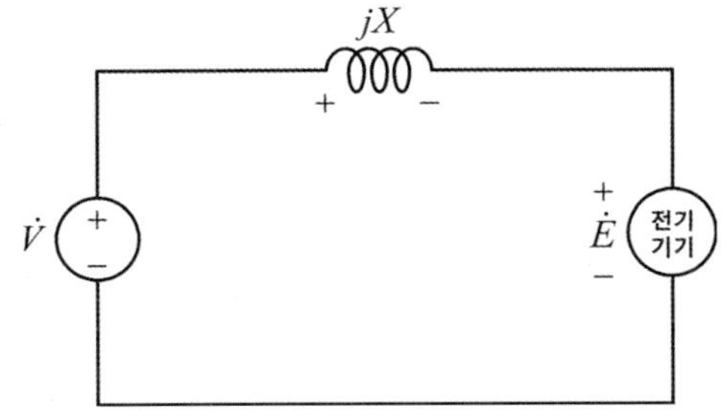

(a)

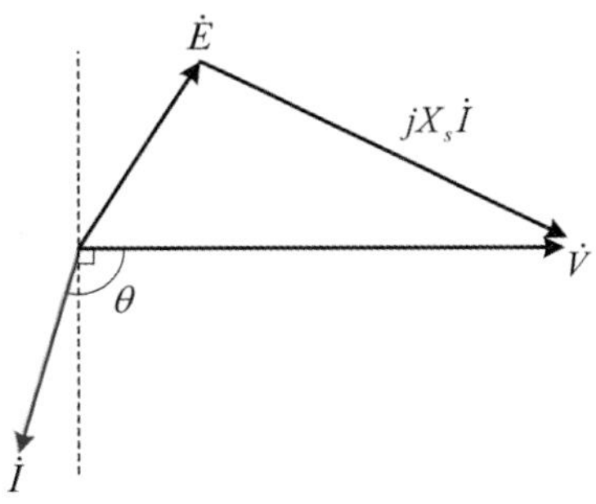

(b)

그림 3.14 인덕턴스 부하와 전기기기 부하로 구성된 전기회로 (a) 회로도 (b) 회로방정식의 페이저도

3.3 3상 회로

3.3.1 3상 전압의 발생

전력시스템에서는 송전은 보통 3상 교류(3 phase alternating current)로 한다. 3상을 전력송전에 사용하는 것은 3상 시스템이 단상에 비하여 다음과 같은 몇 가지 장점이 있기 때문이다.

- 단상과는 달리 전력량이 시간적으로 일정하다.
- 같은 양의 전선을 사용했을 때 송전용량이 단상 송전보다 크다.
- 전기기기에 사용하면 회전자계를 발생시킨다.

발전기에서 3상으로 발전하기 위해서는 그림 3.15(a)와 같이 $a-a'$, $b-b'$, $c-c'$로 구성된 3개의 코일을 120°씩 공간적으로 위상차가 나도록 배치하고 직류로 여자된 자극을 돌려 주면 a상, b상, c상 코일에는 그림 3.15(b)와 같이 각상이 시간적으로 120°씩 위상차가 나고 크기가 동일한 평형한 3상 전압이 유도된다. 이러한 평형 3상 전압을 식으로 표현하면 식 (3.45)와 같다.

$$
\begin{aligned}
v_a &= V_m \sin\omega t \ \ [\mathrm{V}] \\
v_b &= V_m \sin(\omega t - 120°) \ \ [\mathrm{V}] \\
v_c &= V_m \sin(\omega t - 240°) \ \ [\mathrm{V}]
\end{aligned}
\tag{3.45}
$$

3상 전원에는 평형한 상태와 불평형한 상태가 있다. 3상이 평형(balanced 3 phase)하다고 하는 것은 3상의 전압, 전류의 크기가 같고 위상이 120°씩 차이나는 것을 의미한다. 따라서 그림 3.16(a)와 같이 각 상의 전압 크기가 같지 않거나 그림 3.16(b)와 같이 크기

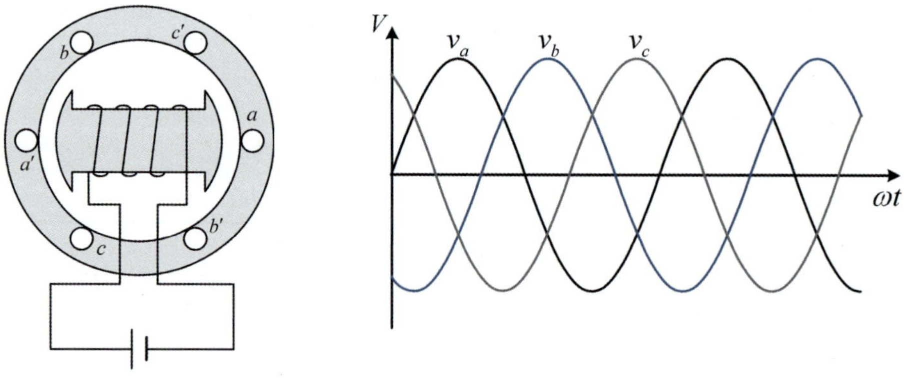

(a) (b)

그림 3.15 (a) 3상 발전기 (b) 유도기전력

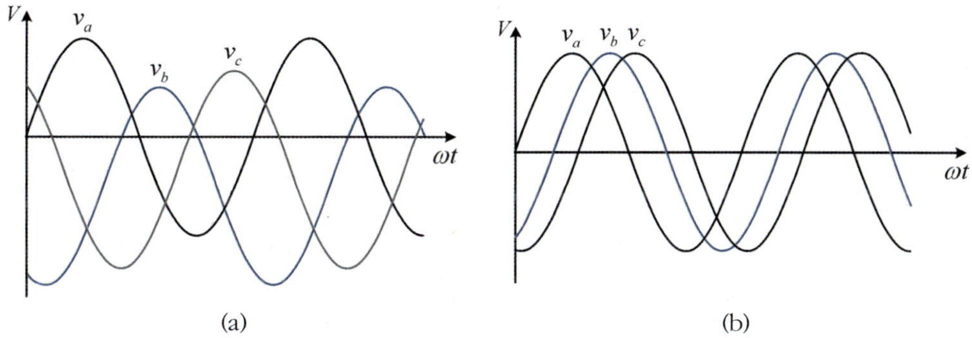

그림 3.16 불평형 3상 전압의 예 (a) 크기가 다른 경우 (b) 위상이 다른 경우

는 같지만 위상이 120°씩 차이나지 않으면 이 3상은 불평형한 3상(unbalanced 3 phase)이라고 한다.

3상에서 교류에서 과도상태와 정상상태의 차이점을 알아보자. 그림 3.17에서와 같이 3상의 전압이 시간에 따라 변하고 있으면 이 3상은 평형하지만 정상상태는 아니다.

이와 같이 3상 회로는 3상 평형 정상상태, 3상 평형 과도상태, 3상 불평형 정상상태, 3상 불평형 과도상태와 같이 4가지 상태가 존재한다. 이러한 4가지 상태의 해석법은 각기 다르다. 평형, 불평형과 관계없이 정상상태 해석은 페이저해석을 할 수 있고 과도상태는 페이저해석을 할 수 없다. 또한 정상, 과도상태와 관계없이 평형상태는 1상의 회로만 해석하여 3상의 특성을 알 수 있으나 불평형상태는 3상 회로 전체를 해석하거나 대칭좌표법과 같은 특수한 방법을 도입하여 각 상을 해석해야 한다.

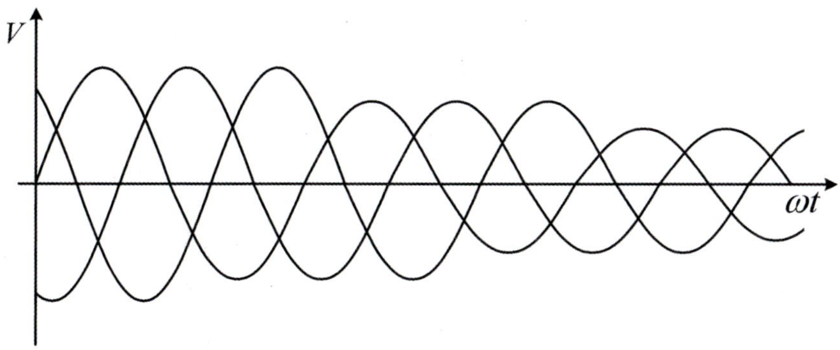

그림 3.17 평형 과도상태 3상

3.3.2 3상 결선

3상 발전기의 각 코일에서 평형 3상의 기전력이 유도되었다고 하면 각 코일에서 유도되는 전압은 그림 3.15(b)와 같고 각 코일에 독립적으로 부하 Z_L을 연결하면 그림 3.18과 같은 회로가 된다. 이와 같이 각 코일에 독립적으로 부하를 걸게 되면 이 회로는 3상 회로가 되지 않고 단지 3개의 단상이 된다. 따라서 이와 같은 접속법은 3개의 단상전원을 사용하는 것과 같다. 따라서 3상 회로를 완성하기 위해서는 각 상의 단자를 적절하게 연결해 주어야 하는데 이러한 3상 단자의 연결방법을 3상 결선(3 phase connection)이라고 한다.

3상 결선은 각 단상의 단자를 어떻게 연결하느냐에 따라 Y결선(Y connection)과 Δ 결선(Δ connection)으로 나눌 수 있다. Y결선은 그림 3.19에서 단자 a', b', c'를 함께 접속하고 각 권선의 다른 단자 a, b, c에서 하나씩 도선을 빼내는 방식으로 그림 3.20(a)와 같이 결선된다. 여기서 공통 접속점 n을 중성점(neutral point)이라고 한다(중성점에서 또 하나의 도선을 빼내는 경우도 있으며 이 선을 중성선이라고 한다). 그림 3.20(b)는 Δ 결선의 3상 전원을 표시한 것이다. Δ 결선은 그림 3.19에서 단자 $a'-b$, $b'-c$, $c'-a$를 각각 접속하고 이 각 접속점에서 하나씩 도선을 빼내는 방식이다. 이것을 Δ 결선(delta connection)이라고 한다.

3상 전원이 ① 각 상전압의 크기가 같고, ② 상전압의 위상차가 서로 120°씩이고, ③ 각 상전원의 내부 임피던스가 동일한 경우 이것을 평형 3상 전원(balanced 3 phase source) 또는 대칭 3상 전원(symmetrical 3 phase source)이라고 한다. 3상 전원은 각 상이 120° 위상차가 나는 것을 표기하기 위해서 그림 3.20과 같이 표기한다.

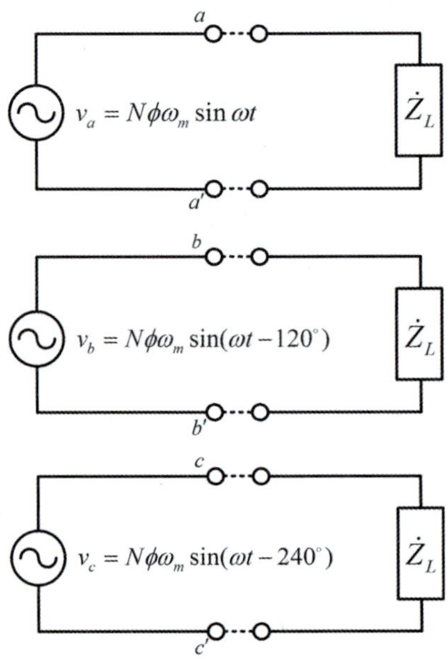

그림 3.18 독립된 3개의 단상 회로

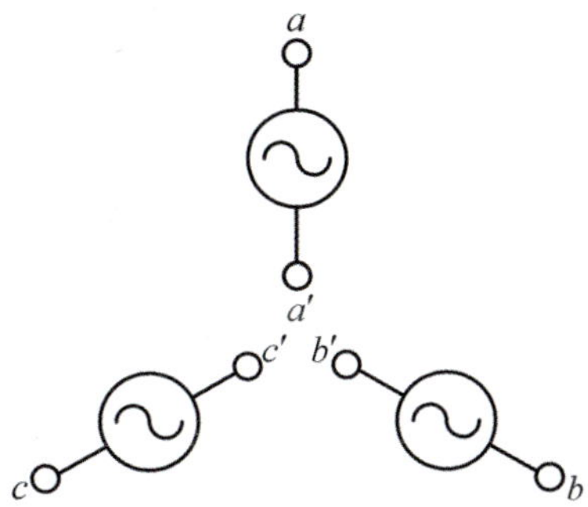

그림 3.19 3상 회로의 결선 방법

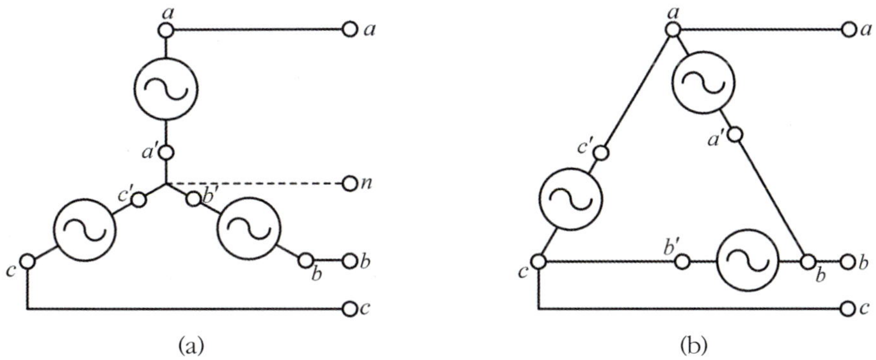

그림 3.20 3상 (a) Y-결선 (b) Δ결선

3.3.3 $Y-\Delta$ 등가 변환

평형 3상 Y결선과 Δ결선은 상호변환이 가능하다. 그림 3.21과 같이 3상 Δ결선된 전원은 Y결선 평형 3상 전원으로 상호변환할 수 있으며 페이저로 표현하면 식 (3.46)과 같다.

$$\begin{aligned} \dot{V}_a &= \frac{1}{\sqrt{3}} V_{ab} \angle -30° \ \ [\mathrm{V}], \\ \dot{V}_b &= \frac{1}{\sqrt{3}} V_{bc} \angle -30° \ \ [\mathrm{V}], \\ \dot{V}_c &= \frac{1}{\sqrt{3}} V_{ca} \angle -30° \ \ [\mathrm{V}] \end{aligned} \tag{3.46}$$

Δ결선 전원이 평형하면 등가적인 Y결선 전원도 평형이며, 동일한 단자 전압 출력을 가질 때 Y결선 전원전압의 크기는 Δ결선 전원전압의 크기보다 $1/\sqrt{3}$배 작다. 그림 3.22와 같이 전원전압뿐만 아니라 모든 Δ회로의 부하는 Y회로의 부하로 등가변환할 수 있으며 $Y-\Delta$ 등가변환은 식 (3.47)과 같다.

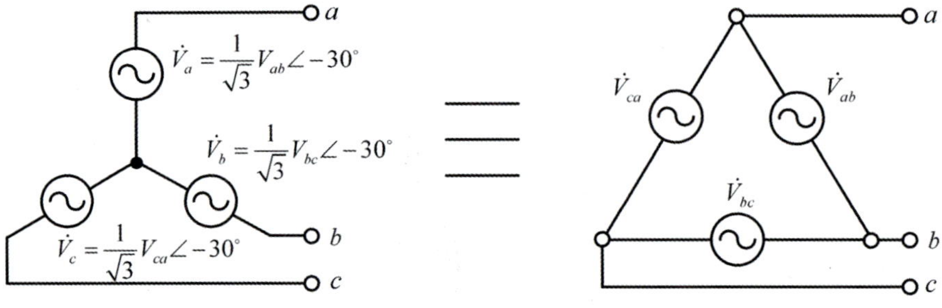

그림 3.21 전원의 등가변환($Y-\Delta$)

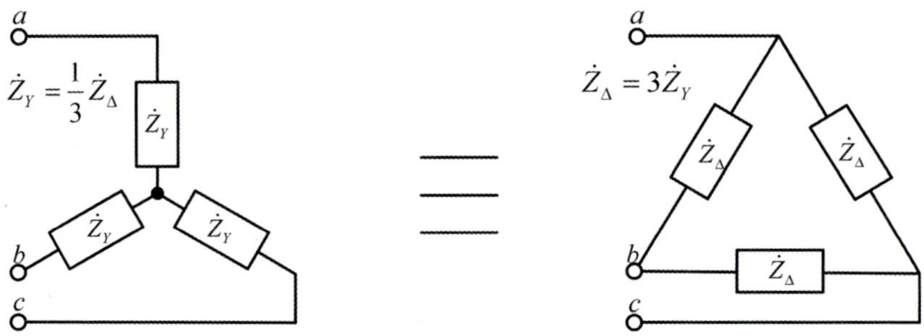

그림 3.22 부하의 등가변환($Y-\Delta$)

$$\dot{Z}_Y = \frac{1}{3}\dot{Z}_\Delta \quad [\Omega] \tag{3.47}$$

따라서 전원과 부하가 어떠한 결선조합으로 되어 있는 것과 상관없이 $Y-Y$결선에 대한 해석만 할 수 있으면 모든 결선에 대한 해석을 할 수 있다.

3.3.4 평형 3상 회로에서 3상 회로의 해석법

3상 전원 결선법과 3상 부하의 결선법에 따라 3상 전원과 3상 부하의 연결방법은 크게 $Y-Y$, $Y-\Delta$, $\Delta-Y$, $\Delta-\Delta$로 나눌수 있다. 이러한 3상 회로의 해석을 하는데 앞에서 언급한 바와 같이 3상 전원 및 3상 부하는 모두 Δ와 Y사이의 등가변환이 가능하므로 $Y-Y$결선 3상 회로만 해석할 수 있으면 모든 3상 평형회로를 해석할 수 있다.

그림 3.23과 같이 평형한 3상 전원에 평형한 부하를 연결하게 되면 평형 3상 전류가 흘러 평형 3상 회로가 된다. 이러한 평형 3상 회로를 해석하기 위해서는 그림 3.23과 같이 망 전류를 정의하고 회로방정식을 세워 해석하면 전류를 구할 수 있다. 그러나 평형 3상 회로에서는 각 회로망의 전압방정식을 세워 풀지 않고 1상만을 해석하면 쉽게 3상을 해석 할 수 있다.

이와 같이 평형 3상 회로를 1상만을 간단히 해석하여 3상 회로를 해석하는 방법에 대해 알아보자. 먼저 그림 3.24에서 중성점 n과 n' 사이의 전압 $V_{nn'}$을 각상의 전압과 임피던스로 나타내면 식 (3.48)이 성립한다.

$$\begin{aligned} \dot{V}_{nn'} &= \dot{V}_a - \dot{Z}_Y \dot{I}_a = \dot{V}_b - \dot{Z}_Y \dot{I}_b = \dot{V}_c - \dot{Z}_Y \dot{I}_c \ [\text{V}] \\ \therefore\ 3\dot{V}_{nn'} &= (\dot{V}_a + \dot{V}_b + \dot{V}_c) - \dot{Z}_Y(\dot{I}_a + \dot{I}_b + \dot{I}_c) \ [\text{V}] \end{aligned} \tag{3.48}$$

우변에서 첫 번째항$(\dot{V}_a + \dot{V}_b + \dot{V}_c)$는 3상 전원의 평형조건으로부터 0이 되고 두 번째항 $(\dot{I}_a + \dot{I}_b + \dot{I}_c)$는 KCL에 의하여 0이 된다. 따라서 식 (3.49)와 같이 중성점간의 전압은 0이 된다.

$$\dot{V}_{nn'} = 0 \ [\text{V}] \tag{3.49}$$

따라서 중성점과 중성점 사이에 어떤 임피던스가 걸려 있어도 전류는 흐르지 않으므로 중성점 사이를 단락시켜 생각하면 그림 3.24와 같은 회로를 얻을 수 있다.

그림 3.24에서 중성점 사이에는 전류가 흐르지 않으므로 각 망의 전류는 독립적으로 되어 식 (3.50)과 같은 전류를 얻을 수 있다.

$$\dot{I}_a = \frac{\dot{V}_a}{\dot{Z}_Y} \ [\text{A}], \quad \dot{I}_b = \frac{\dot{V}_b}{\dot{Z}_Y} \ [\text{A}], \quad \dot{I}_c = \frac{\dot{V}_c}{\dot{Z}_Y} \ [\text{A}] \tag{3.50}$$

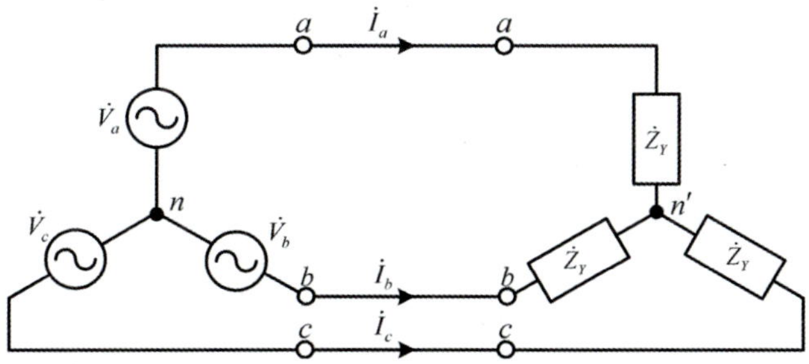

그림 3.23 전원과 부하 연결 회로($Y-Y$)

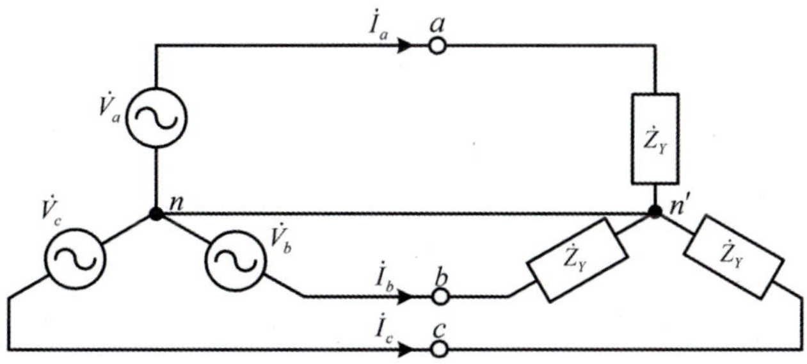

그림 3.24 중성선을 연결한 회로 결선($Y-Y$)

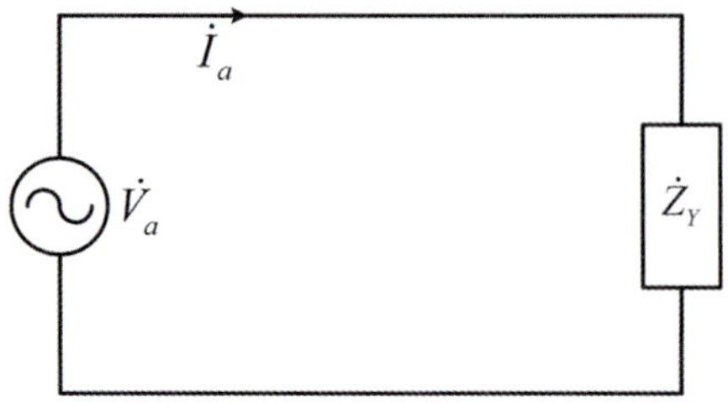

그림 3.25 3상 $Y-Y$ 결선회로에서의 단상회로

위의 식에서 알 수 있는 바와 같이 각 상의 전류는 다른 상의 전압이나 임피던스와 상관없이 동일한 상의 전압하고만 관계되는 것을 알 수 있다. 또한 각 상의 전압은 120°씩 차이가 나고 임피던스는 동일하므로 전류는 크기가 같고 위상만 120°씩 차이나는 3상 평형전류가 흐르게 된다. 따라서 평형한 3상 회로는 그림 3.25와 같이 단상회로만을 해석하고 나머지 상에 대해서는 단지 위상 120°만을 고려해주면 된다. 또한 a상, b상, c상 각각은 전압과 전류의 역률각이 동일하게 θ이므로 평균전력은 모두 같다. 따라서 3상 전력은 계산된 상전력을 3배 해주면 된다.

3.3.5 3상 회로에서 선간전압, 선전류와 상전압, 상전류의 관계

Y 또는 Δ로 결선된 3상 부하에서 각 상 부하 임피던스에 흐르는 전류를 상전류(pase current), 부하임피던스 양단의 전압을 상전압(phase voltage)이라고 한다. 이에 대해서 인출 단자에 흐르는 전류를 선전류(line current), 인출단자 사이의 전압을 선간전압(line voltage)이라고 한다. 그림 3.26은 Y결선에서의 선간전압, 선전류, 상전압, 상전류을 나타내고 있다. 그림에서 $\dot{E}_a, \dot{E}_b, \dot{E}_c$는 상전압을 나타내고 $\dot{E}_{ab}, \dot{E}_{bc}, \dot{E}_{ca}$는 선간전압을 나타낸다. 또한 $\dot{I}_a, \dot{I}_b, \dot{I}_c$는 선전류를 $\dot{I}_{an}, \dot{I}_{bn}, \dot{I}_{cn}$는 상전류를 나타낸다.

그림 3.26(a)에서 알 수 있는 바와 같이 평형 Y부하에서의 선전류와 상전류는 같다. 또한 상전압은 각 상에 흐르는 전류의 크기가 같고 단지 위상만 120° 차이가 나며 부하 임피던스가 같으므로 상전압의 크기는 같고 위상만 120° 차이가 난다. a상과 b상 사이의 선간전압($\dot{E}_{ab}$)은 그림 3.26(b)의 페이저도를 이용하여 구해보면 식 (3.51)을 얻을 수 있다.

$$\dot{E}_{ab} = \dot{E}_a - \dot{E}_b = \sqrt{3}\,E_a \angle 30° \quad [\mathrm{V}] \tag{3.51}$$

$b-c$ 선간전압($\dot{E}_{bc}$), $c-a$ 선간전압($\dot{E}_{ca}$)은 E_{ab}와 크기는 같고 단자 위상만 120° 차이가 나므로 Y결선에서 상전압과 선간전압의 관계는 그림 3.26(b)와 같다. 따라서 Y결선 부하의 선간전압(E_L)과 상전압(E_p)의 크기는 식 (3.52)와 같고 선전류(I_L)와 상전류(I_p)의 크기는 식 (3.53)의 관계가 성립한다.

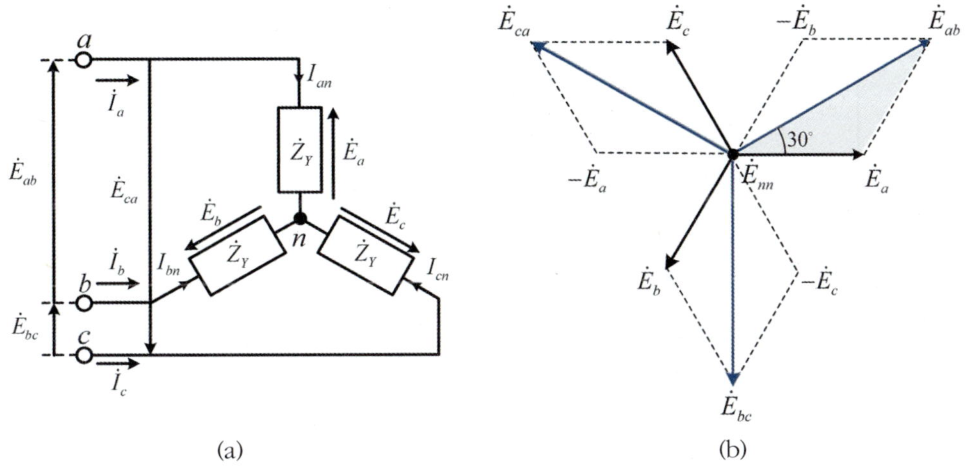

그림 3.26 Y부하 결선 (a) 회로도 (b) 전압 페이저도

$$E_L = \sqrt{3}\,E_p \;\; [\mathrm{V}] \tag{3.52}$$

$$I_L = I_P \;\; [\mathrm{A}] \tag{3.53}$$

여기서 E_L, E_P, I_L, I_P는 각각 선간전압, 상전압, 선전류, 상전류의 크기를 나타낸다.

그림 3.27(a)에서 알 수 있는 바와 같이 평형 Δ부하에서의 선간전압과 상전압은 크기와 위상이 같다. 또한 상전류는 각 상전압이 평형하고 부하 임피던스가 동일하므로 평형한 3상 전류가 흐르게 된다. 이 때 흐르는 전류의 크기와 위상은 부하에 따라 결정되는 양이다. 선전류는 그림 3.27(b)에서와 같이 각 상전류의 차로 나타난다. a 단자에 흐르는 선전류를 예로 들면 다음의 식 (3.54)가 성립된다.

$$\dot{I}_a = \dot{I}_{ab} - \dot{I}_{ca} = \sqrt{3}\,\dot{I}_{ab} \angle -30° \;\; [\mathrm{A}] \tag{3.54}$$

b 단자, c 단자의 전류는 a 단자의 전류와 크기는 같고 120° 차이가 나므로 Δ결선에서 선전류와 상전류의 관계는 그림 3.27(b)와 같다.

따라서 Δ결선된 부하의 선간전압, 상전압, 선전류와 상전류의 관계는 각각 식 (3.55), (3.56)과 같다.

$$E_L = E_p \;\; [\mathrm{V}] \tag{3.55}$$

$$I_L = \sqrt{3}\,I_p \;\; [\mathrm{A}] \tag{3.56}$$

여기서 E_L, E_p, I_L, I_p는 각각 선간전압, 상전압, 선전류, 상전류의 크기를 나타낸다.

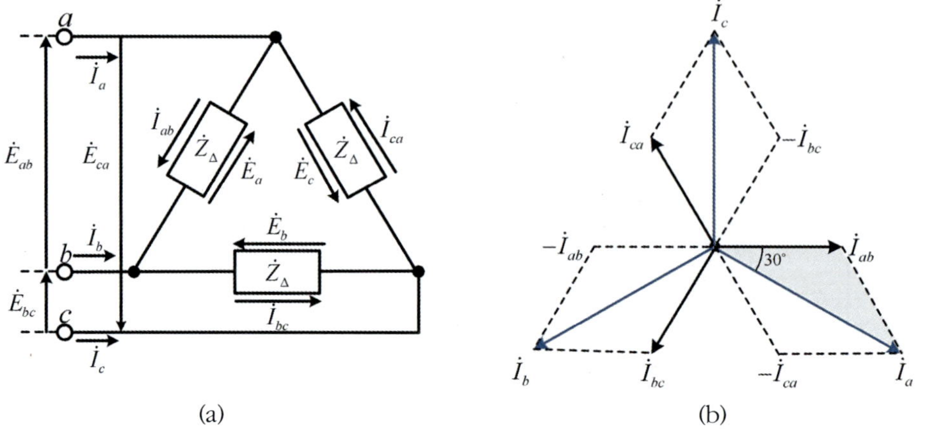

그림 3.27 Δ부하 결선 (a) 회로도 (b) 전류 페이저도

위와 같이 Y 또는 Δ로 결선된 3상 부하에서의 전류와 전압관계를 요약하면 Y결선의 경우 선간전압은 상전압의 $\sqrt{3}$ 배가 되며 선전류와 상전류는 동일하다. 하지만 Δ 결선에서는 선전류가 상전류의 $\sqrt{3}$ 배가 되며 선간전압과 상전압은 동일하다.

3.3.6 3상 회로의 전력

평형한 3상 회로는 3개의 단상회로로 해석할 수 있으므로 한 상의 평균전력 및 무효전력의 3배가 3상 전체의 평균전력 P 및 무효전력 Q가 된다. 한 상의 평균전력을 P_p, 무효전력을 Q_p라고 하면 3상 회로의 전력은 식 (3.57), (3.58)이 된다.

$$P = 3P_p = 3V_pI_p\cos\theta \ \ [\mathrm{W}] \tag{3.57}$$

$$Q = 3Q_p = 3V_pI_p\sin\theta \ \ [\mathrm{Var}] \tag{3.58}$$

식 (3.57), (3.58)에서 θ는 역률각을 나타내며 식 (3.59)와 같이 된다.

$$\theta = \tan^{-1}\frac{X_p}{R_p} = \cos^{-1}\frac{R_p}{Z_p} = \sin^{-1}\frac{X_p}{Z_p} \ \ [\mathrm{rad}] \tag{3.59}$$

식 (3.57) ~ 식 (3.59)에서 V_p, I_p는 각각 상전압, 상전류의 실효치이고 Z_p, R_p, X_p는 상임피던스, 상저항, 상리액턴스의 크기이다. 식 (3.57), 식 (3.58) 표기법은 상전류와 상전압으로 전력을 표기한 것이고 선전류와 선간전압으로 전력을 나타내면 Y결선과 Δ 결선에서 전압과 전류 중 하나가 $\sqrt{3}$ 의 차이가 나므로 평균전력, 무효전력, 복소전력, 피상전력을 선간전압, 선전류의 실효치로 나타내면 식 (3.60) ~ 식 (3.63)과 같이 된다.

$$P = 3V_pI_p\cos\theta = \sqrt{3}\,V_LI_L\cos\theta \quad [\mathrm{W}] \tag{3.60}$$

$$Q = 3V_pI_p\sin\theta = \sqrt{3}\,V_LI_L\sin\theta \quad [\mathrm{Var}] \tag{3.61}$$

$$S = 3P_p + j3Q_p = \sqrt{3}\,V_LI_L(\cos\theta + j\sin\theta) \quad [\mathrm{VA}] \tag{3.62}$$

$$|S| = 3\sqrt{P_p^2 + Q_p^2} = 3V_pI_p = \sqrt{3}\,V_LI_L \quad [\mathrm{VA}] \tag{3.63}$$

식 (3.57), (3.58), (3.60), (3.61)은 상전압, 상전류와 선간전압, 선전류의 크기만을 고려하여 유도된 식으로 θ는 선간전압과 선전류와의 역률각이 아닌 상전압과 상전류의 역률각이다. 따라서 역률 $\cos\theta$도 상에 대한 역률을 나타낸다.

예제 3.4 다음 그림과 같은 평형 Y 부하에 선간전압 $V_L = 100\sqrt{3}$ [V]의 평형 3상 전원이 인가되고 있다. 3상 부하에서의 전체 피상전력, 유효전력, 무효전력 및 역률을 구하여라.

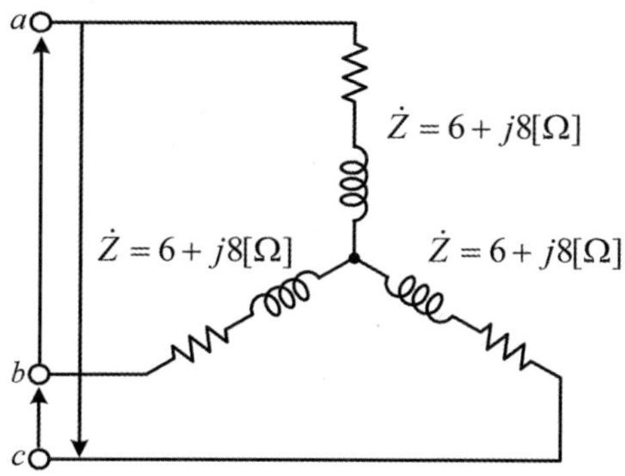

풀이 <<

Y결선에서 상전압과 선간전압의 관계로부터 상전압을 계산하면

$V_P = \dfrac{V_L}{\sqrt{3}} = \dfrac{100\sqrt{3}}{\sqrt{3}} = 100$ [V]이 된다.

상전압의 위상을 기준 (0°)으로 하여 주어진 임피던스로부터 상전류(=선간전류)를 계산하면

$\dot{I}_p = \dot{I}_L = \dfrac{\dot{V}_p}{\dot{Z}} = \dfrac{100}{6+j8} = 10\angle -53.13°$ [A]

따라서 복소전력을 구하면

$S = 3\dot{V}_p\dot{I}_p^* = 3\cdot 100\cdot(10\angle 53.13°) = 3000\angle 53.13°$

계산된 복소전력 으로부터 피상전력, 유효전력, 무효전력, 역률은 다음과 같이된다.

$|S| = 3000$ [VA]

$P = 3000\cos 53.13° = 1800$ [W]

$Q = 3000\sin 53.13° = 2400$ [VAR]

$PF = \cos 53.13° = 0.6$

예제 3.5 다음 그림과 같은 평형 Δ부하에서 선간전압이 200[V]가 인가될 때, 3상 부하에서의 전체 피상전력, 유효전력, 무효전력 및 역률을 구하여라.

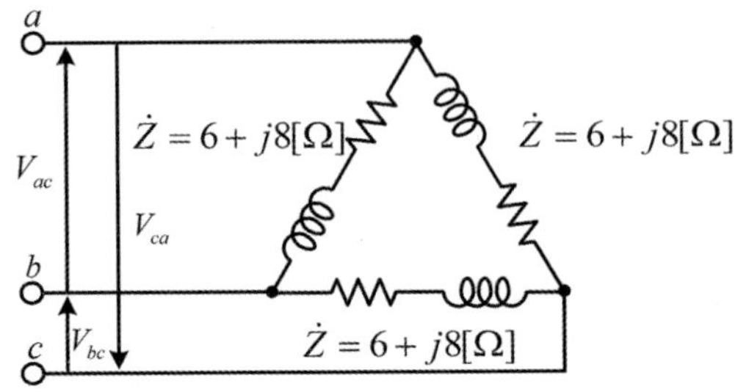

풀이 <<

Δ결선에서의 상전과 선간전압은 같기 때문에 주어진 선간전압으로 상전류를 계산하면

$\dot{I}_P=\dfrac{\dot{V}_P}{\dot{Z}}=\dfrac{200}{6+j8}=20\angle-53.13°$ [A]이 된다.

복소전력 수식에 각 상전압과 상전류를 대입하면

$S=3\dot{V}_P\cdot\dot{I}_P^*=3\cdot200\cdot(20\angle 53.13°)=12000\angle 53.13°$ [VA]이 된다.

계산된 복소전력의 크기와 위상각을 통해 피상전력, 유효전력, 무효전력, 역률을 알 수 있다.

$|S|=12000$ [VA]

$P=12000\cos 53.13°=7200$ [W]

$Q=12000\sin 53.13°=9600$ [VAR]

$PF=\cos 53.13°=0.6$

▸▸ 기호정리 ◂◂

기호	의미	기호	의미
C	커패시턴스	θ_i	전류위상각
$\cos\theta$	역률	Q	무효전력
E	속도기전력	R	저항
E_L	선간전압	S	복소전력
E_P	상전압	$\|S\|$	피상전력
e	유도기전력	V	직류전압 또는 실효치전압
e_C	커패시턴스에서의 인가전압	$\dot{V}$	전압페이저
e_L	인덕턴스의 유도기전력	V_1	1차측 전압
I	직류전류 또는 실효치전류	V_2	2차측 전압
$\dot{I}$	전류페이저	$\dot{V}_a, \dot{V}_b, \dot{V}_c$	a, b, c상의 전압페이저
I_L	선전류	V_m	전압의 최대치
I_P	상전류	$V_{nn'}$	중성점 n과 n' 사이의 전압
$\dot{I}_a, \dot{I}_b, \dot{I}_c$	a, b, c상의 전류페이저	v	교류전압
I_m	전류의 최대치	v_a, v_b, v_c	a, b, c상의 교류전압
i	교류전류	$v(t)$	순시전압
$i(t)$	순시전류	X	리액턴스
i_a, i_b, i_c	a, b, c상의 교류전류	X_C	용량성 리액턴스
L	인덕턴스	X_L	유도성 리액턴스
N_1	1차측 권선턴수	X_p	상리액턴스
N_2	2차측 권선턴수	$\dot{Z}$	임피던스
P	평균전력	$\dot{Z}_L$	부하의 임피던스
PF	역률	Z_Δ	Δ결선에서의 임피던스
$p(t)$	순시전력	Z_p	상임피던스
θ	위상각, 역률각	Z_Y	Y결선에서의 임피던스
θ_v	전압위상각		

연/습/문/제

3.1 어떤 코일에 흐르는 전류가 $0.01[s]$ 사이에 일정하게 $50[A]$에서 $10[A]$로 변할 때 $20[V]$의 기전력이 발생한다고 하면 자기인덕턴스[mH]는?

① 200 ② 33
③ 40 ④ 5

3.2 $Ri(t)+L\dfrac{di(t)}{dt}=E$의 전압방정식에서 정상상태 전류크기는?

① 0 ② $\dfrac{E}{RL}$
③ $\dfrac{E}{R}$ ④ E

3.3 $i_1=5\sqrt{2}\sin(\omega t+\theta)$와 $i_2=3\sqrt{2}\sin(\omega t+\theta-\pi)$와의 차에 상당하는 전류의 실효값 $[A]$는?

① $9\sqrt{2}$ ② 8
③ 3 ④ $3\sqrt{2}$

3.4 어떤 회로에 전압 v와 전류 i가 각각 $v=100\sqrt{2}\sin(377t+\frac{\pi}{3})[V]$, $i=\sqrt{8}\sin(377t+\frac{\pi}{6})[A]$일 때 소비전력$[W]$은?

① 100 ② $200\sqrt{3}$
③ 300 ④ $100\sqrt{3}$

3.5 어떤 회로에 $\dot{V}=100\angle\frac{\pi}{3}[V]$의 전압을 가하니 $\dot{I}=10\sqrt{3}+j10[A]$의 전류가 흘렀다. 이 회로의 무효전력$[VAR]$은?

① 0 ② 1000
③ 1732 ④ 2000

3.6 어떤 회로의 유효전력은 300[W], 무효전력은 400[VAR]이다. 이 회로의 피상전력은 몇 [VA]인가?

① 500 ② 600
③ 700 ④ 800

3.7 코일에 단상 100[V]의 전압을 가하면 30[A]의 전류가 흐르고 1.8[kW]의 전력을 소비한다고 한다. 이 코일과 병렬로 커패시터를 접속하여 회로의 합성 역률을 100[%]로 하기 위한 용량 리액턴스는 대략 몇 [Ω]이어야 하는가?

① 1 ② 2
③ 3 ④ 4

3.8 그림과 같이 전류계 A_1, A_2, A_3, 25[Ω]의 저항 R을 접속하였더니, 전류계의 지시는 $A_1 = 10$[A], $A_2 = 4$[A], $A_3 = 7$[A]이다. 부하의 전력[W]과 역률을 구하면?

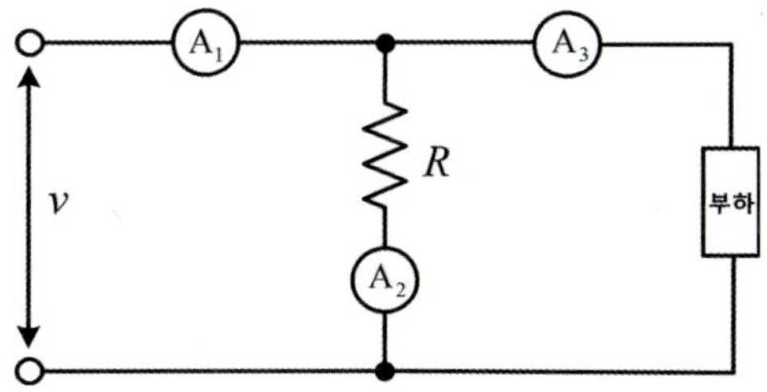

① $P = 437.5$, $\cos\theta = 0.625$ ② $P = 437.5$, $\cos\theta = 0.547$
③ $P = 487.5$, $\cos\theta = 0.647$ ④ $P = 507.5$, $\cos\theta = 0.747$

3.9 어떤 회로의 유효전력이 80[W], 무효전력이 60[VAR]이면 역률은 몇[%]인가?

① 50 ② 70
③ 80 ④ 90

3.10 그림과 같은 회로의 단자 a, b, c에 대칭(평형) 3상 전압을 가하여 각 선전류를 같게 하려면 $R[\Omega]$의 값은 얼마로 하면 되는가?

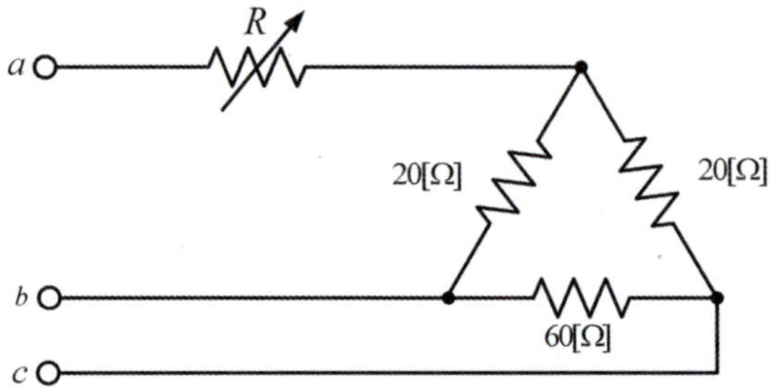

① 2　② 8
③ 16　④ 24

3.11 전원과 부하가 다같이 Δ결선된 평형 3상 회로가 있다. 전원전압이 $200[\mathrm{V}]$, 부하 임피던스가 $6+j8[\Omega]$인 경우 선전류$[\mathrm{A}]$는?

① 20　② $\dfrac{20}{\sqrt{3}}$
③ $20\sqrt{3}$　④ $10\sqrt{3}$

3.12 대칭 3상 Y결선 부하에서 각 상의 임피던스가 $Z=16+j12[\Omega]$이고 부하전류가 $10[\mathrm{A}]$일 때, 이 부하의 선간전압$[\mathrm{V}]$는?

① 235.4　② 346.4
③ 456.7　④ 524.4

3.13 그림과 같은 회로에서 $t=0$인 순간에 전압 V를 인가한 경우, 전류 $i(t)$를 구하여라. 또한 R에서 소모되는 에너지도 구하시오.

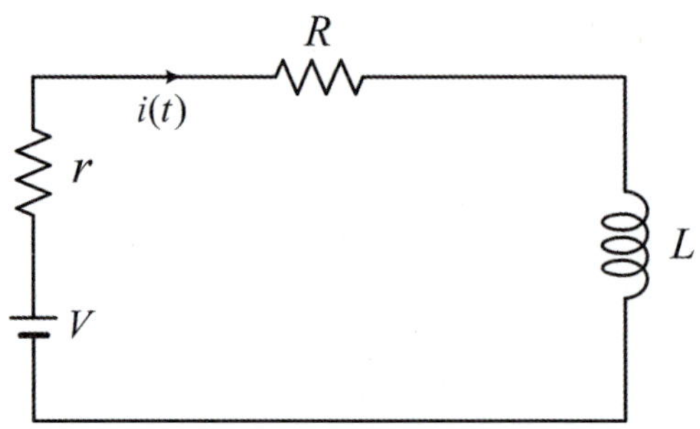

3.14 RL 직렬회로에 직류전압 V를 인가하면 전류는 $i(t)=\frac{V}{R}e^{-\frac{t}{L/R}}$가 되며 여기서 $\frac{L}{R}$을 시정수라고 한다. 시정수의 단위가 초[sec]가 됨을 증명하여라.

3.15 어떤 회로의 전압 및 전류의 순시값이 $v=200\sin 314t[\mathrm{V}]$, $i=10\sin\left(314t-\frac{\pi}{6}\right)[\mathrm{A}]$로 주어질 때 이 회로 임피던스의 저항 R과 리액턴스 성분 X를 각각 구하시오.

3.16 다음과 같은 회로에서 전압 V와 전류 I가 동상이라면 X_c의 값은 얼마인가?

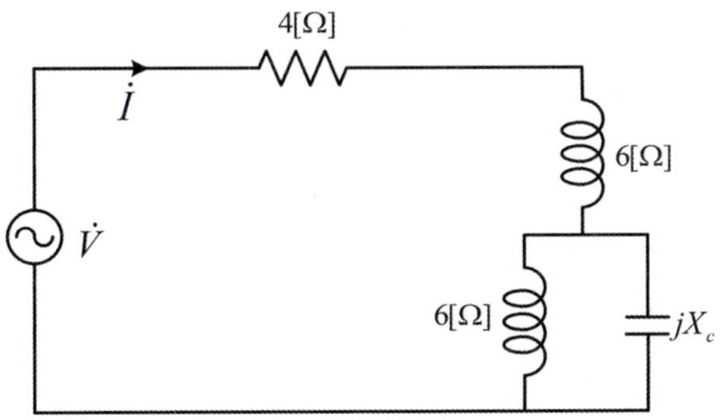

3.17 교류회로에서의 순시전력, 평균전력, 무효전력, 복소전력, 피상전력에 대해서 설명하시오.

3.18 저항 $R[\Omega]$과 유도리액턴스 $X_L[\Omega]$이 직렬로 된 회로의 역률이 $\frac{1}{2}$이다. 이 회로에 용량 리액턴스 X_c를 직렬로 연결하였더니 역률이 $\frac{\sqrt{3}}{2}$으로 개선되었다. 리액턴스 X_c를 구하시오.

3.19 단상회로를 사용했을 때보다 3상 회로를 사용했을 때 얻을 수 있는 이점에 대해 서술하시오.

3.20 Y결선과 Δ결선을 도식적으로 표현하고, 페이저도를 이용하여 전압, 전류의 크기 및 위상을 작도하시오.

3.21 Y-Δ결선의 평형 3상 전압은 아래의 관계식에 의해 상호변환이 가능하다. 이 관계식이 성립함을 증명하여라.

$$\dot{V}_a = \frac{1}{\sqrt{3}} V_{ab} \angle -30°, \quad \dot{V}_b = \frac{1}{\sqrt{3}} V_{bc} \angle -30°, \quad \dot{V}_c = \frac{1}{\sqrt{3}} V_{ca} \angle -30°$$

3.22 그림 3.4와 같은 회로에서 정상상태에서의 전압전류 파형을 MATLAB을 이용하여 그래프로 나타내고 입력전압 v와 전류 i의 위상차를 구하시오.
($f = 60[\mathrm{Hz}]$, $\mathrm{V_m} = 5[\mathrm{V}]$, $\mathrm{R} = 5[\Omega]$, $\mathrm{L} = 5[\mathrm{mH}]$)

3.23 그림 3.6과 같은 회로에서 MATLAB을 이용하여 정상상태에서의 전압 및 전류 i, i_1, i_2를 그래프로 나타내고 입력전압 v와 전류 i의 위상차를 구하시오.
($f = 60[\mathrm{Hz}]$, $\mathrm{V_m} = 5[\mathrm{V}]$, $\mathrm{R_1} = 5[\Omega]$, $\mathrm{R_2} = 10[\Omega]$, $\mathrm{R_3} = 15[\Omega]$
$L_1 = 5[\mathrm{mH}]$, $\mathrm{L_2} = 10[\mathrm{mH}]$, $\mathrm{L_3} = 15[\mathrm{mH}]$)

3.24 그림 3.6과 같은 회로에서의 순시전력 및 평균전력, 역률각을 구하고 그래프로 나타내시오.

3.25 그림 3.22와 같은 평형 3상 Y결선 회로에서 다음과 같은 R, L값이 주어졌을 때 전압전류의 파형 및 순시전력의 값을 시간축 상에 나타내시오.
($f = 60[\mathrm{Hz}]$, $\mathrm{V_m} = 5[\mathrm{V}]$, $\mathrm{R} = 5[\Omega]$, $\mathrm{L_1} = 5[\mathrm{mH}]$)

변압기

제 04 장

변압기(transformer)는 두 개 이상의 전기회로를 자기적으로 연결하여 전기의 성질(전압, 전류)을 변환하는 정지기(static device)로써 전력 계통(power system)뿐만 아니라 전압, 전류의 측정을 위한 계기용, 임피던스 매칭용(impedence matching), 필터(filter) 등에 널리 사용된다. 변압기는 전압레벨이 수[μV]에서부터 전력 계통의 765[kV]까지 널리 사용되고 주파수 범위도 DC 레벨에서 수백[MHz]까지 광범위하게 이용된다. 일반적으로 통신용으로 사용되는 변압기는 용량이 작고 주파수가 높은 특성을 가지고 있으며 전력용으로 사용되는 변압기(power transformer)는 용량이 크고 절연 레벨이 높다. 그림 4.1은 전력 계통에 사용되는 변압기의 종류를 나타내고 있다. 전력 계통에 사용되는 전력용 변압기는 발전소에서 발전되는 전기(10 ~ 20[kV])를 송전하기 위해 특고압(765[kV], 345[kV], 154[kV])으로 변환하는 특고압 변압기(high voltage transformer), 소비지 주변에서 전압을 내려 배전선(22.9[kV])에 보내는 배전용 변압기(distribution transformer)가 있다. 배전전압은 공장, 병원 등과 같은 대규모 소비자에게 직접 보낼 수도 있고 주상 변압기(pole transformer)를 거쳐 380[V]로 떨어뜨려 소규모 소비자에게 전달될 수도 있다. 변압기는 단상 변압기와 다상 변압기로도 나눌 수 있다. 다상 변압기는 보통 3상 변압기를 말하며 3상 변압기는 Y 또는 Δ 결선을 하여 사용한다.

변압기에서 전원에 연결된 권선을 1차측이라 하고 부하에 연결된 권선은 2차측이라 한다. 2차측 전압이 1차측 전압보다 높을 때는 승압(step-up) 변압기, 2차측 전압이 낮을 때는 강압(step-down) 변압기라고 한다. 이와 같이 변압기의 종류는 사용 용도, 상수 등에 따라서 여러 가지 종류가 있으며 표 4.1에 분류법을 나타내었다.

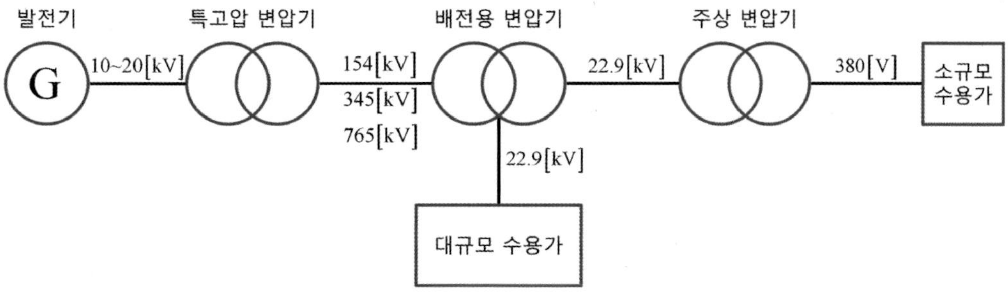

그림 4.1 전력 계통에 사용되는 변압기 종류

표 4.1 변압기의 분류

분류	종류	내용
사용용도	전력용 변압기	전력계통에 사용되는 변압기
	통신용 변압기	통신용으로 주파수가 높음
	계측용 변압기	전압이나 전류 측정용으로 사용
상수	단상 변압기	단상 변압
	3상 변압기	3상 변압($Y-Y$, $Y-\triangle$, $\triangle-Y$, $\Delta-\Delta$ 등)
강·승압	승압 변압기	전압을 높여줌
	강압 변압기	전압을 내려줌
전력용 변압기	송전용 변압기	발전전압(10~20[kV]을 송전전압(154[kV], 345[kV], 765[kV])으로 변환
	배전용 변압기	송전전압(154[kV], 345[kV], 765[kV])을 배전전압(22.9[kV])으로 변환
	주상 변압기	22.9[kV]의 전압을 380[V]로 변환
절연방법	유입 변압기	철심에 감은 코일을 절연유로 절연한 것으로, A종 절연(허용 최고 온도 105℃) 변압기
	건식 변압기	공기에 의해 냉각하는 공랭식 변압기
	가스절연 변압기	SF_6 가스 등으로 절연한 변압기
	몰드 변압기	종래의 유입식 및 건식 변압기의 문제점을 해결하기 위해 코일을 에폭시수지로 몰딩한 고체절연방식의 변압기

4.1 변압기의 원리

4.1.1 유도기전력과 이상 변압기

[1] 변압기의 원리 및 이상 변압기

변압기는 식 (4.1)의 페러데이법칙을 이용하여 전압의 크기를 변화시키는 기기이다. 식 (4.1)에서 (−) 기호의 의미는 2장에서 알아본 바와 같이 자속의 변화를 방해하는 방향으로 전압이 유도되는 것을 나타낸다.

$$e = -N\frac{d\phi}{dt} = -L\frac{di}{dt} \quad [\mathrm{V}] \tag{4.1}$$

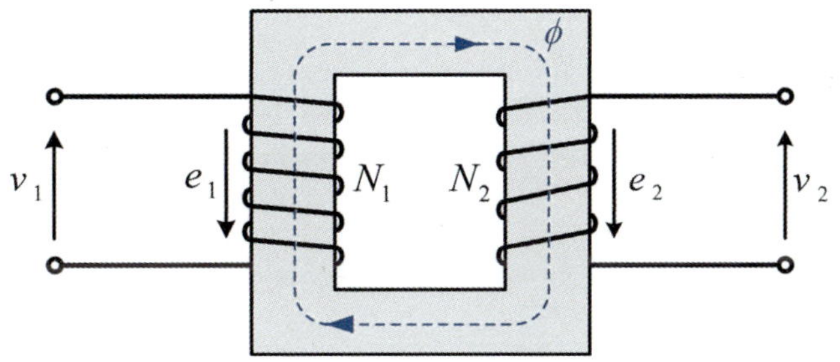

그림 4.2 이상적인 변압기에서 전압, 유도기전력, 자속

그림 4.2에서 전원전압이 연결된 단자를 1차측이라고 하고 부하가 걸리는 단자를 2차측이라고 한다. 그림 4.2에서 상호쇄교자속(ϕ)에 의해 유도되는 1차측 유도전압 e_1과 2차측에 유도전압 e_2는 권선수 N_1과 N_2에 비례한다. 이와 같이 변압기는 전원전압을 부하에 적절한 전압으로 변환하여 주는 전압변환 장치라고 할 수 있다.

변압기가 이상적이라고 가정을 하고 변압기의 특성을 파악하면 변압기가 가지고 있는 중요한 특성을 알 수 있다. 변압기가 이상적이라고 하는 것은 다음의 조건을 만족할 때이다.

- 철심의 투자율이 무한대이다.
- 철손이 없다.
- 자속은 전부 철심을 통하여 흐르고 양 권선과 모두 쇄교한다. (누설자속이 없다.)
- 권선의 저항은 없다. (동손이 없다.)

위의 가정은 실제 변압기에서는 만족할 수 없으나 거시적으로 볼 때는 큰 오차를 수반하지 않는 가정이다. 이와 같은 조건을 만족하는 이상 변압기의 기호는 그림 4.3(a)를 주로 사용한다. 이 때 주의해야 할 것은 변압기와 인덕턴스는 다르다는 것이다. 즉 이상 변압기는 단지 전압 크기의 변화만을 나타내고 인덕턴스의 특성과는 동일하지 않다. 따라서 책에 따라서는 인덕턴스와 이상 변압기를 구별하기 위해서 그림 4.3(b)를 변압기 기호로 사용하는 경우도 있다.

[2] 공급전압, 자속 및 여자전류의 관계

변압기가 이상적이라고 가정한 이상 변압기에서는 단자전압과 유도기전력 사이에 전압강하가 없다. 따라서 그림 4.2에서 전원전압 v_1과 유도기전력 e_1은 같으므로 식 (4.2)가 성립한다.

그림 4.3 (a) 일반적인 이상 변압기 기호 (b) 인덕턴스와 구별하기 위한 이상 변압기 기호

$$v_1 + e_1 = 0 \tag{4.2}$$

여기서 유도기전력 e_1은 식 (4.3)과 같다.

$$e_1 = -N_1 \frac{d\phi}{dt} \ [\mathrm{V}] \tag{4.3}$$

여기서 N_1은 1차측 권선의 턴수이다.

식 (4.3)에서 유도기전력 e_1의 부호에 주의해야 한다. 만약 e_1의 방향을 그림 4.2의 방향과 반대로 잡으면 기전력 방향으로 렌츠의 법칙을 고려하였기 때문에 식 (4.3)에서 (−) 부호가 없어지게 된다. 식 (4.3)을 식 (4.2)에 대입하면 식 (4.4)가 얻어진다.

$$v_1 = -e_1 = N_1 \frac{d\phi}{dt} \ [\mathrm{V}] \tag{4.4}$$

식 (4.4)에서 입력전압 v_1을 식 (4.5)와 같이 정현적이라고 가정하자.

$$v_1 = \sqrt{2}\, V_1 \cos\omega t \ [\mathrm{V}] \tag{4.5}$$

식 (4.5)를 식 (4.4)에 대입하고 자속 ϕ를 구하기 위해서 v_1을 시간 적분하면 식 (4.6)과 같이 자속을 얻을 수 있다.

$$\phi = \frac{\sqrt{2}\, V_1}{N_1} \int \cos\omega t dt = \frac{\sqrt{2}\, V_1}{\omega N_1} \sin\omega t = \phi_m \cos\left(\omega t - \frac{\pi}{2}\right) \ [\mathrm{Wb}] \tag{4.6}$$

여기에서 자속의 최대치는 식 (4.7)과 같다.

$$\phi_m = \frac{\sqrt{2}\, V_1}{\omega N_1} = \frac{\sqrt{2}\, V_1}{2\pi f N_1} = \frac{V_1}{4.44 f N_1} \ [\mathrm{Wb}] \tag{4.7}$$

식 (4.7)에서 알 수 있는 바와 같이 교류를 가한 변압기에서 자속의 크기는 주파수와 턴수에 반비례하고 전압에 비례하며 자속의 통로가 되는 자성체의 투자율과 무관한 양이다. 예를 들면 그림 4.2의 이상적인 변압기에서는 코어의 투자율이 100인 경우와 1000인 경우 코어에 흐르는 자속량은 같다. 이것은 교류 전자석의 특징으로 직류 전자석에서 포화를 무시하면 자속의 크기는 투자율과 턴수에 비례한 특성과 완전히 다른 특성이다. 또한 주파수가 높을수록 자속량이 작아진다. 따라서 통신용과 같이 고주파의 변압기에서는 자속이 작으므로 코어를 매우 작게 설계할 수 있다.

변압기에 흐르는 전류를 구하기 위해서 페러데이법칙(Faraday's law)을 인덕턴스와 전류로 나타내면 식 (4.8)과 같다.

$$\sqrt{2}\,V_1 \cos\omega t = L\frac{di_0}{dt} \ \ [\mathrm{V}] \tag{4.8}$$

여기서 i_0는 여사선류(excitation current)라고 한다.

식 (4.8)로부터 여자전류를 구하면 다음의 식 (4.9)가 된다.

$$i_0 = \frac{\sqrt{2}\,V_1}{L}\int \cos\omega t dt = \frac{\sqrt{2}\,V_1}{L\omega}\sin\omega t \ \ [\mathrm{A}] \tag{4.9}$$

식 (4.9)의 인덕턴스는 자기저항(reluctance)과 반비례관계를 갖고 식 (4.10)으로 정의된다.

$$L = \frac{N_1^2}{R_m} = \frac{N_1^2 \mu S}{l} \ \ [\mathrm{H}] \tag{4.10}$$

여기서 S, l은 각각 자속의 통로가 되는 철심의 단면적과 자로의 길이를 나타낸다.

식 (4.10)을 식 (4.9)에 대입하면 여자전류(excitation current)는 식 (4.11)과 같다.

$$i_0 = \frac{l\sqrt{2}\,V_1}{\mu S N_1^2 \omega}\cos\left(\omega t - \frac{\pi}{2}\right) = I_0 \cos(\omega t - \frac{\pi}{2}) \ \ [\mathrm{A}] \tag{4.11}$$

식 (4.11)에서 알 수 있는 바와 같이 변압기에서 여자전류의 최대치 I_0는 전압에 비례하고 턴수의 제곱과 철심의 투자율에 반비례하며, 또한 주파수가 높을수록 여자전류는 적게 흐르게 된다. 따라서 변압기 코어를 투자율이 낮은 재료로 사용하면 코어에 흐르는 자속은 변하지 않으나 권선에 흐르는 전류는 커진다. 예를 들면 이상적인 변압기에서 투자율이 100인 코어와 1000인 코어를 사용할 경우 두 변압기의 자속의 크기는 같으나 투자율이 100인 변압기의 여자전류가 투자율이 1000인 변압기에 비해 10배 크다. 이와 같은 여자전류는 부하에 전력을 전달하는 전류가 아니라 단지 자속 ϕ를 발생시키기 위한 전류다. 뒤에서 언급하겠으나 철심에서 손실이 발생되지 않으면 여자전류와 전원전압은 90°의 위상차를 가지므로 여자전류는 무효전력(reactive power)만 소비한다.

이와 같이 교류 전자석(리액터, 변압기)은 직류 전자석과 다른 특성을 가지고 있으며 직류 전자석과 교류 전자석의 차이점은 유도기전력의 유무로써 구분할 수 있다. 즉 직류 전자석에는 유도기전력이 없는 단락회로이고 교류 전자석은 유도기전력이 존재한다. 따라서 직류 전자석에서 코일에 흐르는 전류 I는 단지 단자전압 V와 권선저항 R에 의해서만 결정되고 교류 전자석에서 코일에 흐르는 전류는 코어의 투자율, 턴수 등에 의해서 결정된다. 이와 같은 특성을 요약하면 표 4.2와 같다.

표 4.2 직류 전자석 및 교류 전자석의 비교

종류	회로	자속	전류
직류 전자석	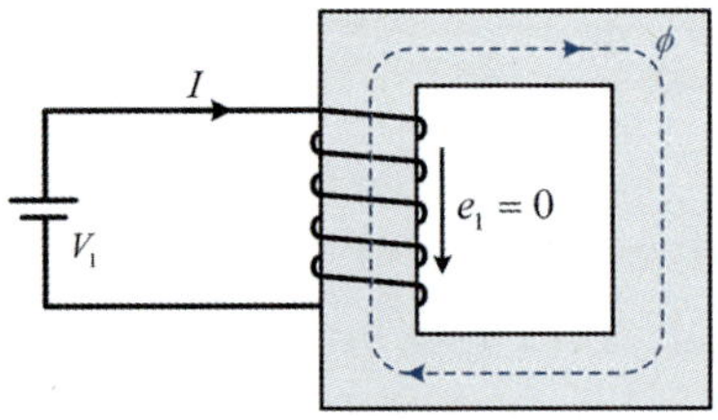	$\phi = \dfrac{NI}{R_m}$	$I = \dfrac{V_1}{R}$
교류 전자석	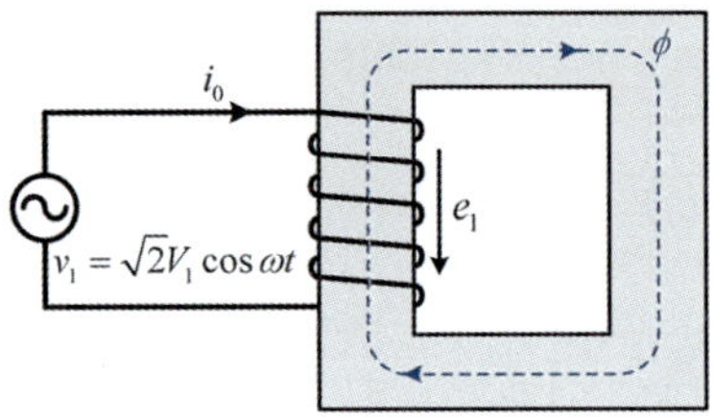	$\phi = \dfrac{\sqrt{2}\,V_1}{\omega N}\sin\omega t$	$i_0 = \dfrac{l\sqrt{2}\,V_1}{\mu S N^2 \omega}\sin\omega t$

[3] 1차, 2차 유도기전력의 크기

식 (4.3)에서 유도기전력을 구해보면

$$e_1 = -\omega N_1 \phi_m \cos\omega t = \sqrt{2}\,E_1 \cos(\omega t - \pi) \ \ [\mathrm{V}] \tag{4.12}$$

$$e_2 = -\omega N_2 \phi_m \cos\omega t = \sqrt{2}\,E_2 \cos(\omega t - \pi) \ \ [\mathrm{V}] \tag{4.13}$$

로 된다. 여기에서 E_1, E_2는 유도기전력의 실효치(effective value)로 식 (4.14), 식 (4.15)와 같다.

$$E_1 = \frac{\omega N_1 \phi_m}{\sqrt{2}} = 4.44 f N_1 \phi_m \ \ [\mathrm{V}] \tag{4.14}$$

$$E_2 = \frac{\omega N_2 \phi_m}{\sqrt{2}} = 4.44 f N_2 \phi_m \ \ [\mathrm{V}] \tag{4.15}$$

이 때, E_1, E_2의 비는 식 (4.16)과 같다.

$$\frac{E_1}{E_2}=\frac{N_1}{N_2}=a \tag{4.16}$$

여기에서 $a=\dfrac{N_1}{N_2}$을 권수비라고 하고 권수비에 따라 유도기전력의 크기가 결정된다. 또한 E_1과 V_1은 다음의 관계가 성립한다.

$$E_1=\frac{\omega N_1 \phi_m}{\sqrt{2}}=\frac{\omega N_1}{\sqrt{2}}\frac{\sqrt{2}}{\omega N_1}V_1=V_1 \ [\mathrm{V}] \tag{4.17}$$

따라서 이상적인 변압기의 경우 e_1과 v_1은 크기는 같고 위상이 180° 차이가 있음을 알 수 있다.

예제 4.1 이상적인 단상 변압기가 있다. 2차 단자를 개방하고 1차 단자에 60[Hz], 300[V]의 전압을 가하였을 때에 2차 단자전압은 200[V]였다. 다음 각각의 경우에 무부하 2차 단자전압은 얼마로 되는가? 또 그 때에 철심의 자속은 60[Hz], 300[V]일 때의 몇 배로 되는가?

(1) 1차 단자전압이 2500[V], 60[Hz]로 되었을 때
(2) 1차 단자에 50[Hz], 2500[V]의 전압을 가하였을 때
(3) 1차 단자에 120[Hz], 300[V]의 전압을 가하였을 때

풀이 <<

(1) $E_2=\dfrac{V_1}{a}=\dfrac{200}{300}\times 2500=1.67[\mathrm{kV}]$

ϕ_m는 V_1에 비례하고 f에 반비례한다. 그러므로 $\dfrac{\phi'_m}{\phi_m}=\dfrac{2500}{300}=8.3$배

(2) E_2/E_1은 f와 상관없으므로 $E_2=1.67[\mathrm{kV}]$

$\dfrac{\phi'_m}{\phi_m}=\dfrac{2500}{300}\times\dfrac{60}{50}=10$배

(3) $E_2=200[\mathrm{V}]$

$\dfrac{\phi'_m}{\phi_m}=\dfrac{60}{120}=\dfrac{1}{2}$배

[4] 페이저 표시

앞에서 구한 전원전압, 자속, 여자전류, 유도기전력을 시간축 상에 그래프로 나타내면 그림 4.4와 같이 복잡한 그래프가 된다. 그래프에서 알 수 있는 바와 같이 전원전압과 자속, 여자전류는 90°의 위상차를 가지고 있으며 전원전압과 유도기전력의 크기는 같고 위상차가 180°이므로 두 값의 합은 0이 된다. 이 양들은 모두 같은 주파수를 가지고 있고 전원전압에 대하여 일정한 위상차를 가지고 있으므로 전원전압을 기준으로 페이저 표기를

이용하면 각 물리량이 가지고 있는 정보를 쉽고 명확하게 알 수 있다. 페이저 표기에서 주의해야 할 것은 기준전압과 유도기전력의 방향에 따라 페이저도가 달라진다는 것이다. 예를 들어 그림 4.5(a)와 같이 유도기전력의 방향을 전원전압과 같은 방향으로 잡으면 유도기전력 식은 식 (4.3)과 같고 이것을 페이저로 나타내면 그림 4.5(b)와 같다.

만약 그림 4.6(a)와 같이 $\dot{E}_1$과 $\dot{E}_2$의 방향을 전원전압과 반대로 잡으면 페이저도는 그림 4.6(b)와 같다. 그림 4.5, 그림 4.6에서 알 수 있는 바와 같이 유도기전력의 극성에 따라 유도기전력과 전압의 페이저의 방향이 동일한 방향 또는 반대 방향으로 된다. 일반적으로 그림 4.5(a)와 같이 전원전압 방향과 유도기전력의 방향이 같게 되면 페이저를 이해하기 쉬우므로 유도기전력 방향을 그림 4.5(a)와 같이 나타낸다.

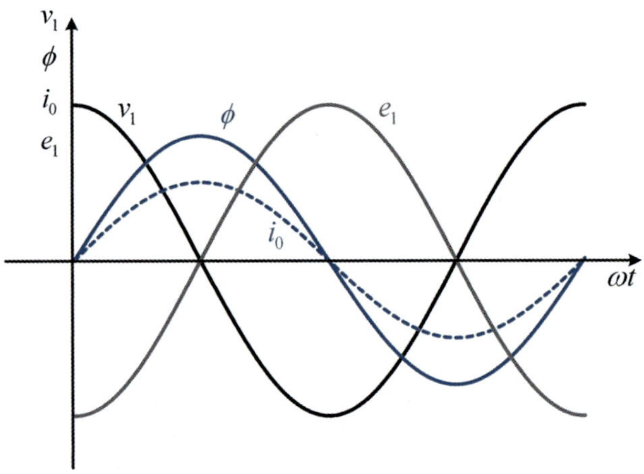

그림 4.4 시간축에서 전원전압, 자속, 여자전류, 유도기전력의 변화

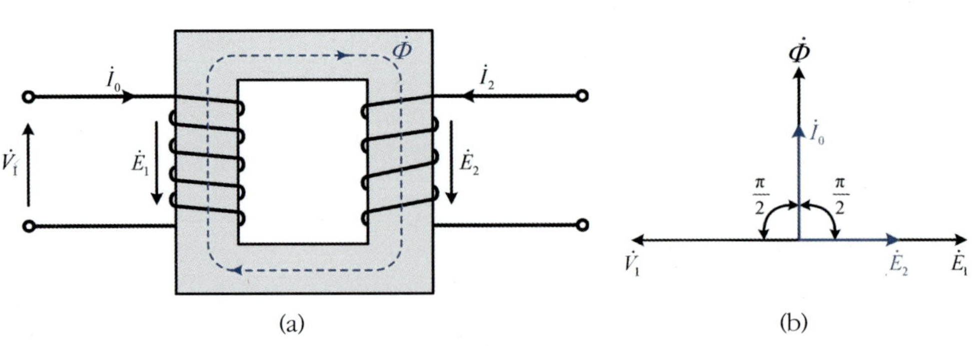

그림 4.5 전압과 기전력을 동일방향으로 했을 때 페이저로 표시한 전원전압과 기전력
(a) 페이저 회로 (b) 페이저도

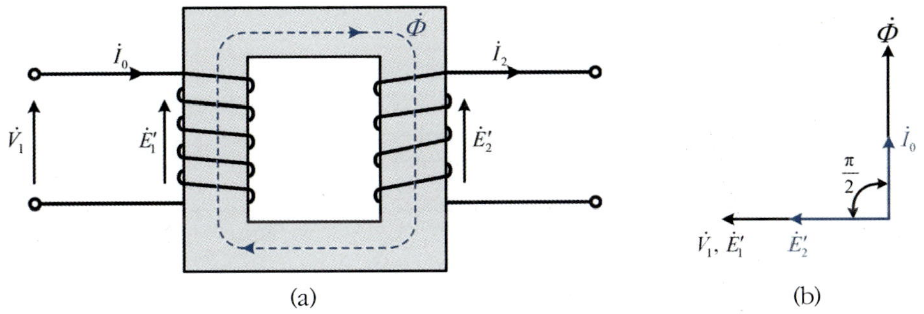

그림 4.6 전원전압과 기전력을 반대방향으로 했을 때 페이저로 표시한 전원전압과 기전력
(a) 페이저 회로 (b) 페이저도

4.1.2 자성체의 성질에 따른 여자전류의 성질

앞에서 알아본 바와 같이 투자율에 따라 여자전류의 크기는 달라진다. 그러나 코어로 사용되는 강자성체는 투자율이 일정하지 않고 자속밀도에 따라 포화되는 비선형 특성이 있다. 또한 자성체는 히스테리시스 현상을 가지고 있으므로 식 (4.11)과 같이 여자전류가 일정한 크기가 되지 않는다. 따라서 자성체의 특성이 여자전류에 미치는 영향을 알아보도록 하자.

[1] 자성체의 투자율이 무한대인 경우

자성체의 투자율이 무한대인 경우는 식 (4.11)에서 알 수 있는 바와 같이 여자전류는 0이 된다. 따라서 투자율이 무한대이면 전류가 흐르지 않아도 자속이 만들어지는 이상적인 현상이 나타나게 된다. 이상적인 변압기에서는 투자율이 무한대라고 가정하기 때문에 여자전류는 0이 된다.

[2] 자성체의 투자율이 선형인 경우

자성체의 투자율이 일정하고 손실이 없으면 여자전류는 앞에서 구한 바와 같이 전압과 90°의 위상차를 갖고 투자율의 크기에 반비례하게 된다. 그림 4.7은 투자율의 변화에 따른 여자전류의 크기를 나타내고 있다. 그림 4.7(a)에서 ① < ② < ③순으로 투자율이 높은 재료의 특성을 나타낸다. 그림 4.7(b)에서 알 수 있는 바와 같이 투자율의 크기에 따라 전류가 반비례해서 흐르게 된다. 그리고 이것을 페이저도로 나타내면 그림 4.8과 같다. 그림 4.8(b)에서 알 수 있는 바와 같이 여자전류는 전압과 90°의 위상차를 가지고 있으며 투자율이 작으면 작을수록 여자전류는 더욱 커진다. 따라서 고투자율의 철심을 사용하지 않으면 여자전류가 과도하게 흐르게 되고 권선저항을 고려할 경우 저항에 의한 손실이 과도하게 발생하게 되어 변압기가 소손될 수도 있다. 따라서 변압기의 코어재료는 가능한 고투자율의 재료를 사용하여 여자전류가 작아지도록 해야 한다.

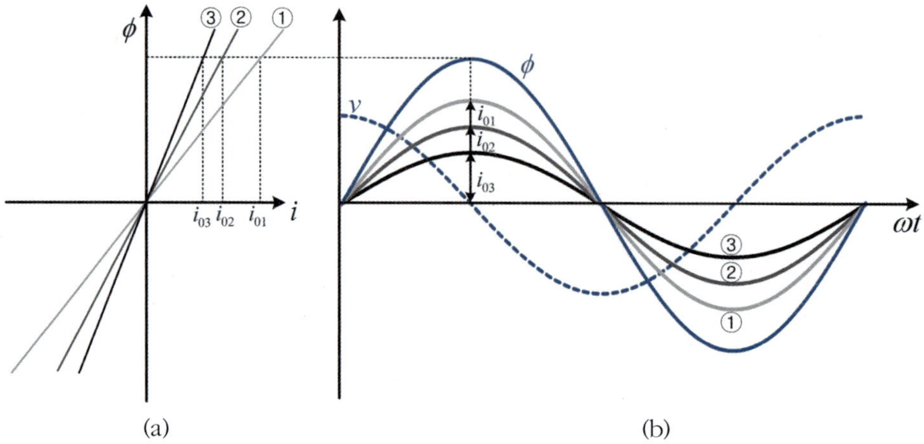

그림 4.7 자성체의 투자율이 선형인 경우
(a) 여자전류와 자속의 관계 (b) 시간 축에서 여자전류와 자속의 관계

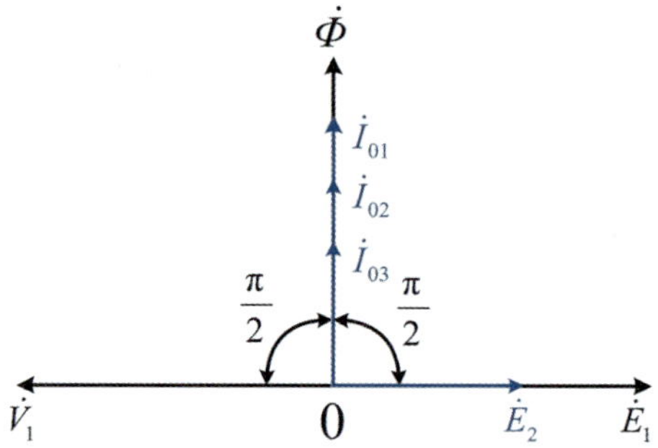

그림 4.8 투자율이 선형인 경우의 페이저도

[3] 자성체의 투자율이 비선형인 경우

그림 4.9에서와 같이 자성체의 투자율이 비선형인 경우를 살펴보자. 포화가 일어나지 않는 영역에서 자속을 사용하면 작은 여자전류가 흐르게 되나 포화가 일어나는 영역까지 자속이 발생된다면 포화가 일어나는 위상 근처에서 과도한 여자전류가 흐르게 되어 변압기에 효율 및 열문제를 일으킬 수 있다. 따라서 변압기를 설계할 때 포화가 일어나지 않도록 설계를 해야 한다. 이 경우에 여자전류의 기본파에 대해서 페이저도를 그리면 그림 4.10과 같다. 그림 4.10에서 알 수 있는 바와 같이 여자전류의 기본파는 단자전압과 90°의 위상차를 가지고 있으므로 전원에 발생하는 평균전력은 0이 된다. 또한 고조파는 전원전압과 주파수가 다르므로 평균전력이 0이다.

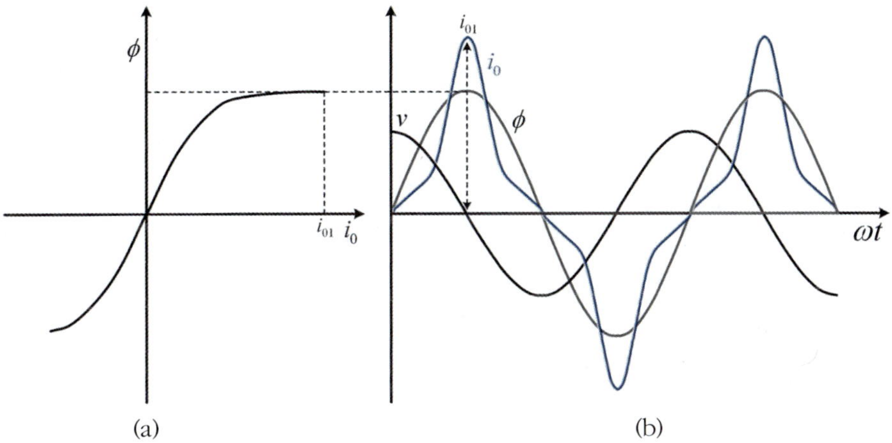

그림 4.9 자성체의 투자율이 비선형인 경우
(a) 여자전류와 자속의 관계 (b) 시간 축에서 여자전류와 자속의 관계

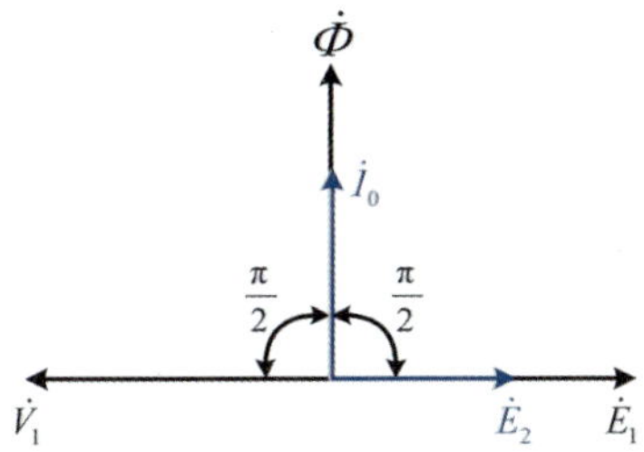

그림 4.10 투자율이 비선형일 때 기본파의 페이저도

[4] 자성체가 히스테리시스 현상을 가지고 있는 경우

그림 4.11(a)는 자성체가 히스테리시스 현상을 가질 때 여자전류-자속의 파형을 나타내고 있다. 그림 4.11(a)에서 자속이 0인 시간을 $\omega t = 0$으로 하면 이때 전류의 크기는 i_{01}이다. 또한 자속이 ϕ_2인 시간에 전류의 크기는 i_{02}, 자속이 ϕ_3인 시간에 전류의 크기는 i_{03}, 자속이 ϕ_4인 시간에서 전류는 $(-)$전류인 i_{04}가 흐르게 된다. 이와 같은 전류를 자속과 함께 그리면 그림 4.11(b)와 같이 된다. 그림 4.11(b)에서 알 수 있는 바와 같이 전류는 정현파가 아닌 고조파(harmonics)를 포함하는 왜곡된 파형이 된다. 또한 자속과 전류가 동위상이 되지 않고 위상차를 가지게 되므로 전압과의 위상차가 $90°$가 되지 않고 임의의 위상차를 가지게 된다. 전압과 전류의 관계를 좀 더 자세히 알아보기 위해 전류와 전압의 곡선을 나타내면 그림 4.12(a)와 같이 된다. 전류를 푸리에급수로 전개하여 기본파와 고조파로 나타내면 그림 4.12(b)와 같다. 그림 4.12(b)에서 알 수 있는 바와 같이 전압과 전류의 기본파 성분의 위상차는 $90°$가 아니라 θ_0가 된다.

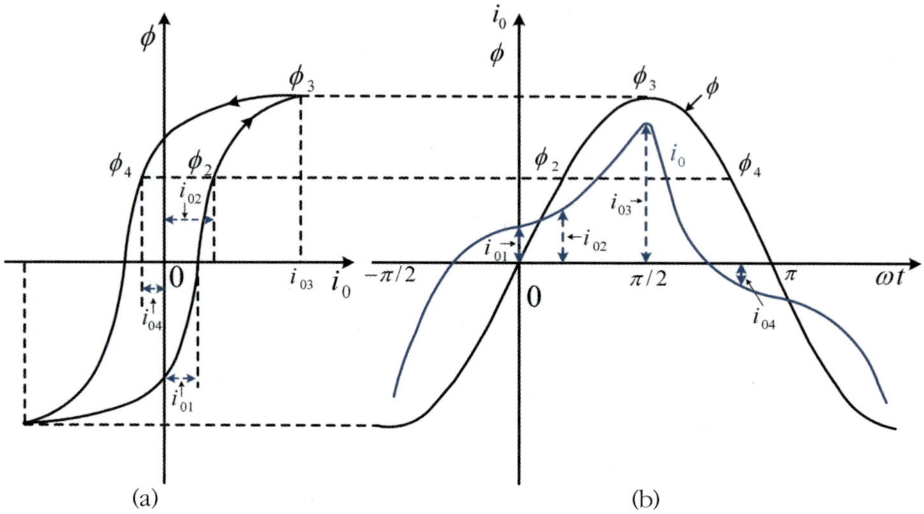

그림 4.11 히스테리시스 현상이 있는 경우
(a) 여자전류와 자속의 관계 (b) 시간 축에서 여자전류와 자속의 관계

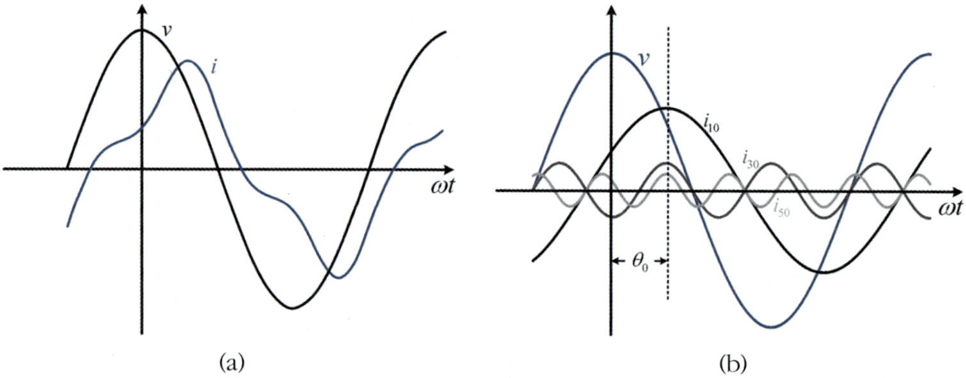

그림 4.12 히스테리시스 현상이 있는 경우
(a) 전압-전류 곡선 (b) 전류를 기본파와 고조파로 나타낸 곡선

이와 같은 전압과 여자전류 기본파의 관계를 페이저도로 나타내면 그림 4.13과 같다. 이 때 여자전류를 평균 전력을 공급하는 전류와 무효한 전력을 공급하는 전류로 나누면 각각 식 (4.18), (4.19)와 같이 두 성분으로 나타낼 수 있다.

$$I_\omega = I_0 \cos\theta_0 \ \ [\mathrm{A}] \tag{4.18}$$

$$I_\mu = I_0 \sin\theta_0 \ \ [\mathrm{A}] \tag{4.19}$$

여기서 I_ω는 철손분 전류, I_μ는 자화분 전류라고 한다.

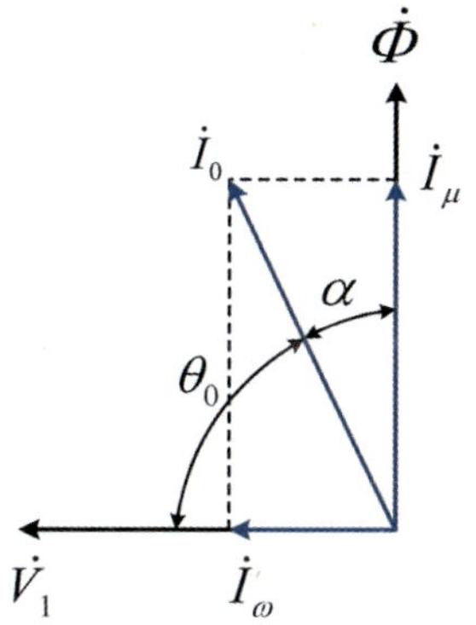

그림 4.13 히스테리시스 현상이 있는 경우의 페이저도

그림 4.13에서 알 수 있는 바와 같이 히스테리시스 현상이 있으면 전원으로부터 유효한 전력(effective power)이 공급되고 이 전력은 부하에서 전달되는 전력이 아니고 변압기 내부에서 소비하는 손실이 된다. 고조파 성분은 기본파 전압에 대해서 평균 전력이 0이므로 고조파에 의한 전력의 수급이 없다. 그러나 권선에 저항이 존재하므로 고조파에 의한 무효한 전류성분의 입출력시 권선저항에서 전력이 소비된다. 이와 같이 철심의 히스테리시스 현상에 의해 발생되는 손실을 히스테리시스손이라고 한다.

4.2 부하전류에 따른 변압기 특성

그림 4.14(a)와 같이 변압기의 2차측에 부하 임피던스 $\dot{Z}_L$을 걸면 부하 임피던스의 성질에 따라 부하전류 $\dot{I}_2$가 흐른다. 2차측에 부하전류가 흐르면 2차측 권선에는 기자력 $N_2\dot{I}_2$가 발생되고 이 기자력에 의한 자속은 주자속을 변화시키므로 1차측 유도기전력이 변하게 된다. 그러나 전원전압과 유도기전력은 평형이 되어야 하기 때문에 1차측에는 여자전류 이외에 2차측에서 발생되는 자속을 상쇄시키는 전류가 흘러 결국 자속은 무부하시의 자속 ϕ를 유지하게 된다. 이 때 1차측에 여자전류 $\dot{I}_0$ 이외에 2차측의 기자력을 상쇄시키는 전류를 1차측 부하전류 $\dot{I}'_1$라고 한다. 1차측 부하전류에 의한 기자력과 2차측 부하전류에 의한 기자력 합은 0이 되어야 하므로 식 (4.20)이 성립한다. 따라서 1차측 부하전류는 식 (4.21)과 같이 된다.

$$N_1\dot{I}'_1 + N_2\dot{I}_2 = 0 \tag{4.20}$$

$$\dot{I}'_1 = -\frac{N_2}{N_1}\dot{I}_2 = -\frac{1}{a}\dot{I}_2 \ \ [\mathrm{A}] \tag{4.21}$$

식 (4.21)에서 알 수 있는 바와 같이 $\dot{I}'_1$은 $\dot{I}_2$와 반대방향이고 크기는 권선비에 반비례한다. 이러한 관계를 페이저로 나타내면 그림 4.14(b)와 같다. 그림 4.14(b)는 권선계수 a가 1보다 큰 경우$(E_1 > E_2)$이므로 1차측 부하전류는 2차측 부하전류에 비해 작게 흐른다. 이때 2차측의 전압방정식은 식 (4.22)와 같고 2차측 역률은 식 (4.23)과 같다.

$$\dot{V}_2 = (R + jX)\dot{I}_2 \ [\mathrm{V}] \tag{4.22}$$

$$\theta_2 = \tan^{-1}\frac{X}{R} \tag{4.23}$$

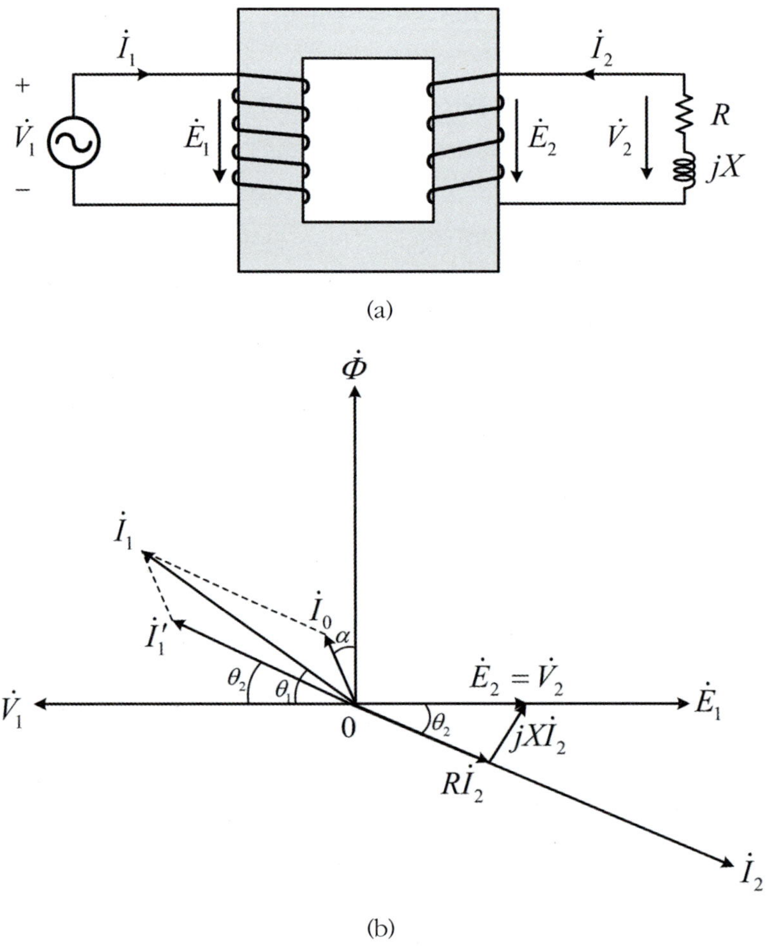

그림 4.14 (a) 변압기에 부하를 걸었을 때 회로 (b) 2차측 부하 전류가 흐를 때 페이저도

4.3 실제 변압기의 등가회로

4.3.1 투자율이 유한하고 철손이 존재하는 경우의 등가회로

이상적인 변압기에서는 투자율이 무한대이고 철손이 존재하지 않으므로 여자전류가 흐르지 않는다. 그러나 실제 변압기에서는 투자율이 유한하고 철손(core loss or iron loss)이 존재하므로 상호 자속을 발생시키는 자화분 전류(magnetization current)와 철손(히스테리시스손+와전류손)을 일으키는 전류성분인 철손분 전류(core loss current)가 흐른다. 철손분 전류는 유효전력을 소비하므로 전원전압과 동상의 전류이고 자화분 전류는 자속만을 발생시키는 무효한 성분의 전류이므로 전원전압과 90°의 위상차가 난다. 철손은 전원전압의 제곱에 비례하고 자화전류는 전원전압에 비례하므로 철손분 전류가 흐르는 마디의 수동소자는 저항 성분 또는 컨덕턴스(conductance) 성분으로 대표할 수 있고 자화분 전류가 흐르는 마디의 수동소자는 리액턴스(reactance) 또는 서셉턴스(susceptance)로 대표할 수 있다. 따라서 투자율이 유한하고 철손이 존재하는 변압기의 등가회로는 그림 4.15와 같이 나타낼 수 있다.

그림 4.15에서 $\dot{Y}_0$는 여자 어드미턴스(admittance)라 하고 식 (4.24)로 표현된다.

$$\dot{Y}_0 = g_0 - jb_0 \ [\mho] \tag{4.24}$$

여기서 g_0, b_0는 각각 철손 컨덕턴스, 자화 서셉턴스라고 한다.

4.3.2 권선저항과 누설자속이 존재하는 경우의 등가회로

이상적인 변압기에서는 권선저항을 무시하였으나 실제 변압기에서는 권선저항이 있으므로 입력 전압과 유도기전력은 권선저항에 의한 전압강하만큼 차이가 난다. 또한 도체와 절연체의 도전율 차이는 10^{20}배 이상 차이가 나지만 자성체는 공기에 비하여 투자율이 $10^2 \sim 10^4$배 정도 크므로 자속이 모두 철심을 통해서 흐르지 못하고 공기 중으로 흐

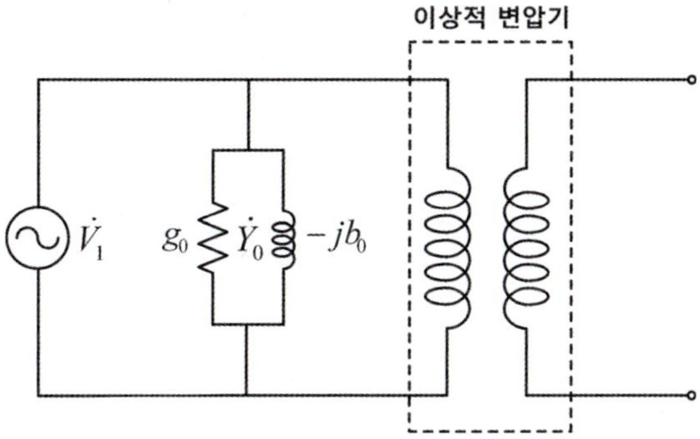

그림 4.15 철손과 유한한 투자율을 고려한 변압기 등가 모델

르는 누설자속(leakage flux)이 존재한다. 누설자속은 다시 1차측 누설자속 ϕ_{l1}과 2차측 누설자속 ϕ_{l2}가 있다. 그림 4.16에서와 같이 누설자속은 자기권선에만 쇄교하므로 1차측 누설자속은 1차측 권선에만 유도기전력을 발생시키고 2차측 누설자속은 2차측 권선에만 전압을 유도시킨다. 누설자속이 정현적이라고 가정하여 페이저로 나타내고 이 누설자속에 의해 유도되는 전압은 누설자속의 시간 변화분에 비례하므로 식 (4.25), (4.26)과 같이 누설자속의 영향을 리액턴스(reactance)로 고려할 수 있다.

$$\dot{E}_{l1} = j\omega L_{l1}\dot{I}_1 = jx_1\dot{I}_1 \ [\mathrm{V}] \tag{4.25}$$

$$\dot{E}_{l2} = j\omega L_{l2}\dot{I}_2 = jx_2\dot{I}_2 \ [\mathrm{V}] \tag{4.26}$$

여기서 누설자속을 고려한 리액턴스 성분 x_1, x_2을 누설리액턴스라고 하고 권선저항과 누설리액턴스를 고려한 변압기 등가회로를 그림 4.17에 나타내었다. 그림 4.16, 4.17에서 상호자속 ϕ_M은 이상적인 변압기에서 $\dot{V}_1$과 $\dot{E}_1$이 같다는 가정에서 얻어진 자속 ϕ보다는 약간 작은 양이다.

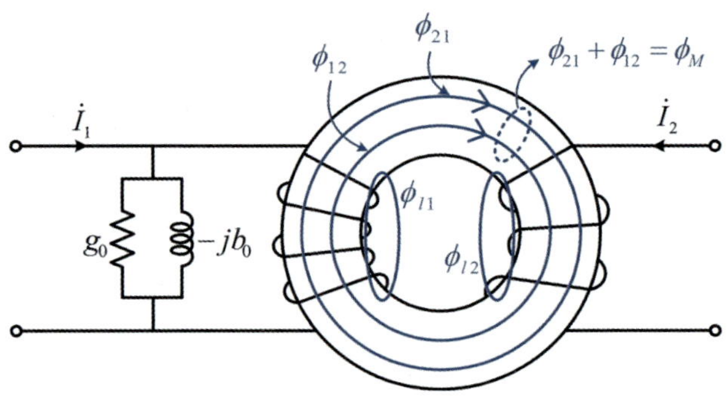

그림 4.16 누설자속을 고려한 변압기의 자속흐름

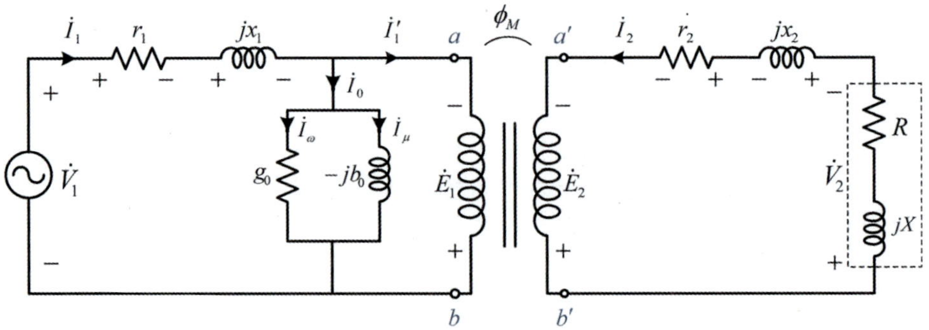

그림 4.17 권선저항과 누설자속을 고려한 실제 변압기회로

권선저항과 누설을 고려한 실제 변압기의 1차측과 2차측 전압방정식은 식 (4.27), (4.28)과 같이 된다.

$$\dot{V}_1 = r_1\dot{I}_1 + jx_1\dot{I}_1 - \dot{E}_1 \text{ [V]} \tag{4.27}$$

$$\dot{E}_2 = r_2\dot{I}_2 + jx_2\dot{I}_2 + \dot{V}_2 \text{ [V]} \tag{4.28}$$

식 (4.27), (4.28)에서 알 수 있는 바와 같이 1차측에는 전원전압에서 권선저항에 의한 전압강하와 누설리액턴스에 의한 전압강하를 빼 준만큼 기전력이 유도된다. 또한 2차측 부하에서의 단자 전압은 2차측 유도기전력으로부터 2차측 저항에 의한 전압강하와 2차측 누설리액턴스에 의한 전압강하를 빼 준만큼 걸리게 된다.

실제 변압기에서 각 전압과 전류의 페이저도를 유도기전력을 기준으로 그리면 그림 4.18과 같이 된다. 그림 4.18에서 알 수 있는 바와 같이 1차측 전압이 가해지면 저항 및 누설에 의해 전압강하가 일어나고 전원전압에서 저항 및 누설리액턴스 전압강하 성분을 뺀 전압을 발생시키기 위한 자속 ϕ가 만들어진다. 이 자속에 의해 1차측의 유도기전력 $\dot{E}_1$이 유도되고 2차측에는 기전력 $\dot{E}_2$가 유도된다. 2차측의 유도기전력 $\dot{E}_2$에 $\dot{Z}_L$의 임피던스 부하를 걸어주면 부하에는 전류 $\dot{I}_2$가 흐르다. 이 전류는 2차측에 $N_2\dot{I}_2$의 기자력을 발생시켜 코어의 자속을 왜곡시키므로 1차측의 전압방정식이 성립되지 못한다. 따라서 1차측에는 2차측 권선이 만드는 기자력을 상쇄시킬 1차측 부하전류 $\dot{I}'_1$이 흐르므로 1차측에는 1차측 부하전류와 여자전류를 합한 1차측 전류 $\dot{I}_1$이 흐른다. 그림 4.18에서와 같이 2차측에 유도된 기전력으로부터 2차측 권선저항에 의한 전압강하 성분과 2차측 누설리액턴스에 의한 전압강하를 빼주면 부하에 걸리는 전압 $\dot{V}_2$가 된다.

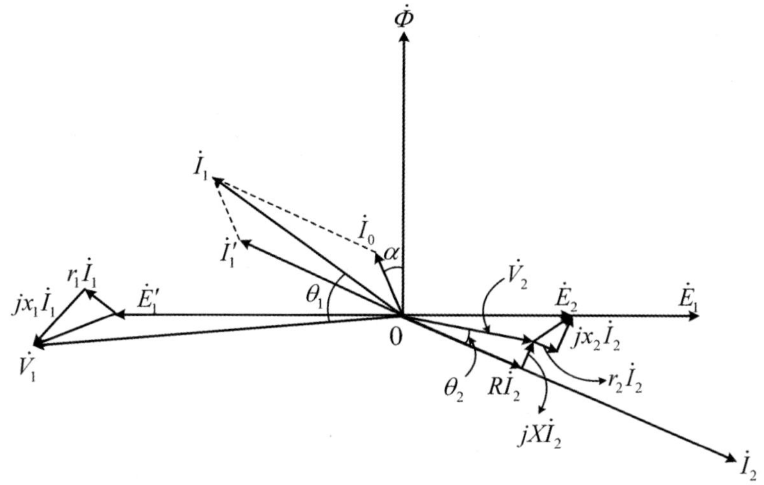

그림 4.18 권선저항과 누설을 고려한 변압기의 페이저도

4.4 2차측을 1차측으로 환산한 변압기의 등가회로

앞에서 구한 변압기의 등가회로는 1차측과 2차측이 전기적으로 분리되고 자기적으로 연결되어 있는 회로이므로 2차측의 전기적인 회로정수를 1차측 전원전압으로 쉽게 나타내기 위해 1차측과 2차측을 전기적으로 접속하는 방법을 알아보자. 그림 4.17과 같은 1차측과 2차측이 분리된 변압기회로를 1차측과 2차측이 전기적으로 접속된 회로로 만들기 위해서는 a, a' 단자와 b, b' 단자의 전압과 전류가 동일한 1:1 변압기로 환산해야 한다. 1:1 변압기는 1차측과 2차측이 전기적으로 동일한 단자가 되어 두 회로를 전기적으로 연결시킬 수 있다.

4.4.1 2차측 회로정수의 1차측 환산

그림 4.17의 등가회로에서는 1차측과 2차측의 유도기전력이 같지 않으므로 유도기전력을 같게 하기위해 식 (4.29)와 같이 2차 유도기전력이 크기를 a배 하자.

$$a\dot{E}_2 = \dot{E}_1 \ \ [\mathrm{V}] \tag{4.29}$$

식 (4.29)와 같이 2차측 유도기전력의 크기를 a배 하면 1차측 유도기전력과 2차측 유도기전력의 크기가 같아진다. 다음은 그림 4.17의 등가회로에서 1차측 부하전류의 방향과 2차측 부하전류의 방향이 같지 않으므로 1차측 유도기전력의 방향과 2차측 유도기전력의 방향을 반대로하여 식 (4.30)으로 정의하자.

$$\dot{E}'_1 = -\dot{E}_1 = -a\dot{E}_2 = a\dot{E}'_2 \ \ [\mathrm{V}] \tag{4.30}$$

식 (4.30)과 같이 기전력의 방향을 바꾸어 주면 1차측 부하전류의 방향과 2차측 부하전류의 방향이 같아진다. 식 (4.29), 식 (4.30)에 의해 그림 4.17의 등가회로에서 $\dot{E}_1$, $\dot{E}_2$는 그림 4.19의 등가회로에서 $\dot{E}'_1$로 바뀌게 된다. 앞에서 설명한 바와 같이 기전력의 방향은 단지 기준전압을 바꾸는 것으로 변압기의 성질에는 아무런 영향을 주지 않는다.

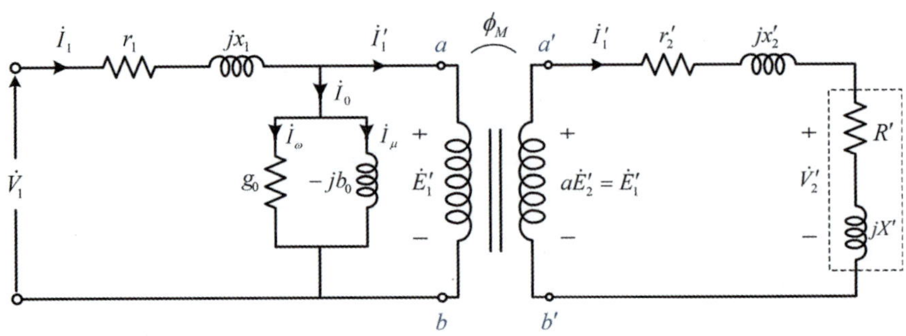

그림 4.19 2차측 회로의 1차측 환산

이와 같이 전압을 임의로 바꾸어주면 2차측에서 전달하는 전력량이 달라지므로 식 (4.31)과 같이 전류를 권선비의 역수로 곱해주면 2차측은 원래 회로와 같은 전력을 전달하게 된다.

$$\dot{I}'_2 = -\frac{\dot{I}_2}{a} = \dot{I}'_1 \ [\mathrm{A}] \tag{4.31}$$

식 (4.31)과 같이 2차측 전류를 1차측으로 환산하면 2차측 수동소자에서 소비되는 전력이 달라진다. 따라서 수동소자에서 원래의 회로와 같은 전력을 소비하기 위해서 2차측 수동소자의 크기를 바꾸어 주어야 한다. 우선 2차측 권선저항과 누설리액턴스에 대해서 살펴보도록 하자. 권선저항 및 누설리액턴스에서 소비되는 평균전력과 무효전력이 같다는 조건으로부터 식 (4.32), (4.33)이 성립된다.

$$r'_2\left(\frac{\dot{I}_2}{a}\right)^2 = r_2\dot{I}_2^2 \ [\mathrm{W}] \tag{4.32}$$

$$x'_2\left(\frac{\dot{I}_2}{a}\right)^2 = x_2\dot{I}_2^2 \ [\mathrm{W}] \tag{4.33}$$

따라서 1차측으로 환산된 새로운 권선저항 r'_2와 새로운 누설리액턴스 x'_2는 식 (4.34), (4.35)와 같이 된다.

$$r'_2 = a^2 r_2 \ [\Omega] \tag{4.34}$$

$$x'_2 = a^2 x_2 \ [\Omega] \tag{4.35}$$

부하 임피던스의 저항과 리액턴스에 대해서도 같은 방법으로 계산하면 식 (4.36), (4.37)이 얻어진다.

$$R' = a^2 R \ [\Omega] \tag{4.36}$$

$$X' = a^2 X \ [\Omega] \tag{4.37}$$

이와 같이 등가변환을 하면 부하 임피던스에 걸리는 전압은 식 (4.38)과 같이 등가변환 전 전압의 a배가 된다.

$$(R' + jX')\dot{I}'_1 = (a^2R + ja^2X)\left(-\frac{\dot{I}_2}{a}\right) = -a(R + jX)\dot{I}_2 = -a\dot{V}_2 = \dot{V}'_2 \ [\mathrm{V}] \tag{4.38}$$

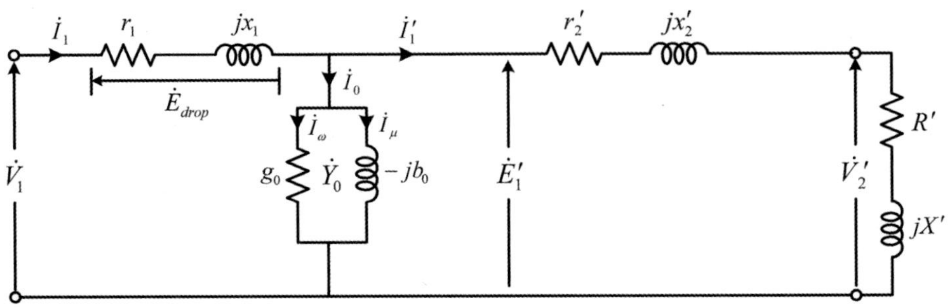

그림 4.20 2차측을 1차측으로 환산한 변압기 등가회로

따라서 부하에서 소비하는 전력은 식 (4.39)와 같이 변환 전과 변환 후가 동일하게 되어 2차측을 1차측으로 환산한 등가회로는 전력의 수급관계에서 실제 변압기회로와 동일한 회로가 된다.

$$P_L = \dot{V}'_2 \dot{I}'^*_1 = (-a\dot{V}_2)\left(-\frac{\dot{I}_2^*}{a}\right) = \dot{V}_2 \dot{I}_2^* \ [\mathrm{W}] \tag{4.39}$$

이와 같이 2차측의 전압, 전류 및 수동소자를 1차측으로 환산한 그림 4.19의 변압기 등가회로는 1:1 변압기회로가 되고 a, a' 단자와 b, b' 단자는 동일한 단자가 되므로 두 단자를 연결할 수 있어 그림 4.20과 같은 변압기 등가회로를 얻을 수 있다. 이 등가회로는 1차측과 2차측이 전기적으로 연결된 회로로 2차측 회로정수와 전원전압 $\dot{V}_1$의 관계를 쉽게 구할 수 있다.

4.4.2 간이 등가회로

변압기 등가회로는 내부에 병렬회로를 가지고 있으므로 1차측으로 환산된 2차측 유도기전력 $\dot{E}_1'$과 1차측 전원전압 $\dot{V}_1$과는 식 (4.40)과 같이 1차측의 권선저항에 의한 전압강하와 누설리액턴스에 의한 전압강하 만큼의 차이가 난다.

$$\dot{E}'_1 = \dot{V}_1 - (r_1 + jx_1)\dot{I}_1 \ [\mathrm{V}] \tag{4.40}$$

따라서 1차측 부하전류는 식 (4.41)과 같이 된다.

$$\dot{I}'_1 = \frac{\dot{V}_1 - (r_1 + jx_1)\dot{I}_1}{(r'_2 + R') + j(x'_2 + X')} \ [\mathrm{A}] \tag{4.41}$$

식 (4.40)에서 1차측 전류에 의한 전압강하는 1차측 부하전류와 여자전류에 의한 전압강하이므로 전압강하는 식 (4.42)로 나타낼 수 있다.

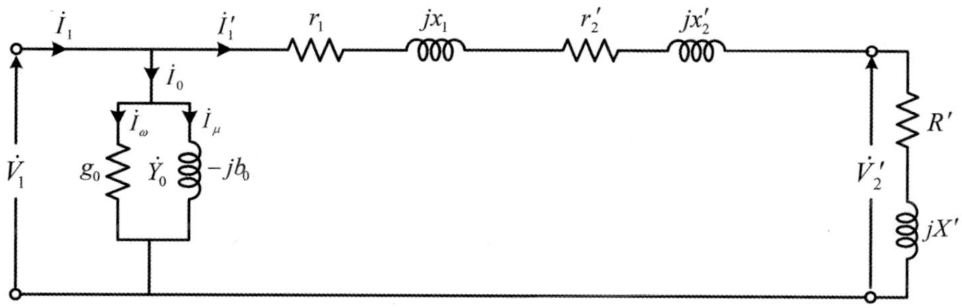

그림 4.21 간이 등가회로

$$\dot{E}_{drop} = (r_1 + jx_1)(\dot{I}_0 + \dot{I}'_1) \ \ [\mathrm{V}] \tag{4.42}$$

일반적으로 변압기의 경우, 공극이 없는 철심으로 구성되므로 여자전류가 부하전류에 비해 매우 작다. 따라서 식 (4.42)에서 여자전류에 의한 전압강하를 무시하면 그림 4.21과 같이 여자 어드미턴스 회로를 1차측 임피던스 앞에 배치할 수 있어 회로가 간단해진다. 이와 같은 회로를 변압기 간이 등가회로(approximate equivalent circuit)라 한다. 이와 같은 간이 등가회로를 이용하면 변압기의 특성식이 간단하게 되어 직관적으로 변압기의 특성을 파악할 수 있는 장점이 있다.

간이 등가회로를 사용하여 1차 부하전류를 구해보면 식 (4.43)과 같다.

$$\dot{I}_1' = \frac{\dot{V}_1}{\dot{Z}_1 + \dot{Z}'_2 + \dot{Z}'_L} \ \ [\mathrm{A}] \tag{4.43}$$

여기에서 $\dot{Z}_1$, $\dot{Z}'_2$, $\dot{Z}'_L$은 각각 1차측 임피던스, 1차측으로 환산한 2차측 임피던스, 1차측으로 환산한 부하 임피던스를 나타내고 식 (4.44)와 같이 정의된다.

$$\begin{aligned} \dot{Z}_1 &= r_1 + jx_1 \ \ [\Omega] \\ \dot{Z}'_2 &= r'_2 + jx'_2 = a^2(r_2 + jx_2) \ \ [\Omega] \\ \dot{Z}'_L &= R' + jX' = a^2(R + jX) \ \ [\Omega] \end{aligned} \tag{4.44}$$

또한 여자전류는 전원전압과 어드미턴스의 곱으로 식 (4.45)와 같다.

$$\dot{I}_0 = \dot{V}_1 \dot{Y}_0 \ \ [\mathrm{A}] \tag{4.45}$$

1차 전류는 여자전류와 1차측 부하전류의 합으로 식 (4.46)과 같다.

$$\dot{I}_1 = \dot{I}_0 + \dot{I}'_1 = \dot{V}_1\left(\dot{Y}_0 + \frac{1}{\dot{Z}_1 + \dot{Z}'_2 + \dot{Z}'_L}\right) \text{ [A]} \tag{4.46}$$

그림 4.17과 같은 실제 변압기에 흐르는 2차측 전류는 식 (4.31)과 같이 1차 부하전류에 권선비를 곱한 것이므로 식 (4.47)이 된다.

$$\dot{I}_2 = -a\dot{I}'_1 = -\frac{a\dot{V}_1}{\dot{Z}_1 + \dot{Z}'_2 + \dot{Z}'_L} \text{ [A]} \tag{4.47}$$

또한 실제 변압기의 2차 단자전압은 식 (4.38)과 (4.43)으로부터 식 (4.48)의 관계를 얻을 수 있다.

$$\dot{V}_2 = -\frac{\dot{V}'_2}{a} = -\frac{\dot{Z}'_L\dot{I}'_1}{a} = -\frac{1}{a}\frac{\dot{V}_1\dot{Z}'_L}{\dot{Z}_1 + \dot{Z}'_2 + \dot{Z}'_L} \text{ [V]} \tag{4.48}$$

4.5 변압기 회로정수 측정법

4.5.1 무부하 시험(no-load test)

전력계, 전압계, 전류계를 그림 4.22(a)와 같이 접속하고 2차측(고전압측)을 개방한 상태로 1차측 단자에 정격주파수의 정격전압 V_{1n}을 가하여 전류 및 전력을 측정한다. 이때 2차측에는 전류가 흐르지 않으므로 무부하 시험시 변압기의 등가회로는 그림 4.22(b)와 같다. 따라서 무부하 시험에서 1차측 권선에는 여자전류만 흐르고 여자전류는 매우 작은 전류이므로 권선저항에 의한 전력손실은 무시할 수 있을 정도로 적다. 앞에서 살펴본 바와 같이 전원전압이 정격전압이면 자속은 부하시와 같은 자속이 흐르게 되고 철손은 거의 자속의 제곱에 비례하므로 무부하시에도 철손은 부하시와 거의 같다. 따라서 전력계에서 측정된 전력 P_0는 철손 P_i와 거의 동일한 값이라고 할 수 있다. 또 전류계에서 측정한 전류는 여자전류 I_0이다. 여자전류는 매우 작은 값이므로 권선저항 및 누설리액턴스에 의한 전압강하를 무시하면 여자어드미턴스 Y_0와 컨덕턴스 g_0는 식 (4.49)로부터 구할 수 있다.

$$Y_0 = \frac{I_0}{E_{1n}} \approx \frac{I_0}{V_{1n}} \text{ [℧]}, \qquad g_0 = \frac{P_0}{E_{1n}^2} \approx \frac{P_0}{V_{1n}^2} \text{ [℧]} \tag{4.49}$$

또한 여자어드미턴스와 컨덕턴스로부터 식 (4.24)를 이용하여 식 (4.50)과 같이 여자서셉턴스를 구할 수 있다.

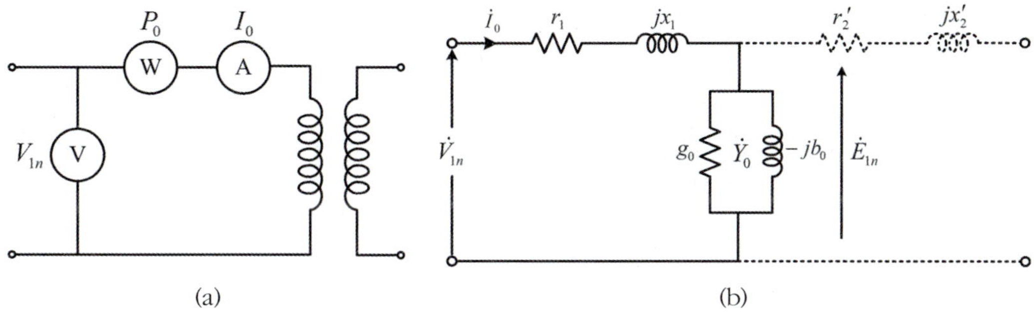

그림 4.22 무부하 시험 (a) 전력계, 전압계, 전류계 접속도 (b) 무부하 시험시 변압기의 등가회로

$$b_0 = \sqrt{\left(\frac{I_0}{V_{1n}}\right)^2 - \left(\frac{P_0}{V_{1n}^2}\right)^2} \quad [\mho] \tag{4.50}$$

또한 2차 단자에 전압계를 연결하여 무부하 2차 단자전압 V_{20}를 측정하면 이것은 유도기전력 E_{1n}을 권선비로 나눈 값과 같고, 무부하시험에서는 여자전류에 의한 1차측 저항 전압 강하와 누설 리액턴스 강하가 매우 작아 V_{1n}과 E_{1n}이 거의 같으므로 권선비 a는 식 (4.51)과 같이 정의할 수 있다.

$$a \approx \frac{V_{1n}}{V_{20}} \tag{4.51}$$

4.5.2 단락 시험(short-circuit test)

전력계, 전류계, 전압계를 그림 4.23(a)와 같이 접속하여 2차측을 단락하고, 1차측에 정격주파수의 전압을 천천히 상승시키면서 1차 전류와 입력을 측정한다. 1차 전류가 정격전류 I_{1n}에 도달할 때까지 전압을 상승시킨다. 단락 시험에서 주의해야 할 것은 2차측을 단락시킨 상태에서 정격전압을 걸어주면 단락전류가 흘러 변압기가 소손될 수 있으므로 반드시 전압을 0부터 서서히 증가시켜야 한다는 것이다. 단락 시험에서 정격전류가 흐를 때 전압은 매우 낮은 전압이므로 여자전류는 거의 흐르지 않고(여자전류는 전압에 비례) 철손은 거의 자속의 제곱에 비례하고 자속은 전압에 비례하므로 철손도 거의 발생하지 않는다. 따라서 입력 P_s가 거의 동손이라고 할 수 있으며 P_s를 임피던스 와트라고 하고 이때의 전압 V_s는 임피던스 전압이라고 한다. 이러한 시험을 단락 시험이라 하며 여자전류가 거의 흐르지 않으므로 여자어드미턴스는 없다고 봐도 무방하므로 등가회로는 그림 4.23(b)와 같다. 따라서 그림 4.23(b)에서 권선저항, 임피던스, 누설리액턴스 등은 식 (4.52), (4.53), (4.54)와 같이 된다.

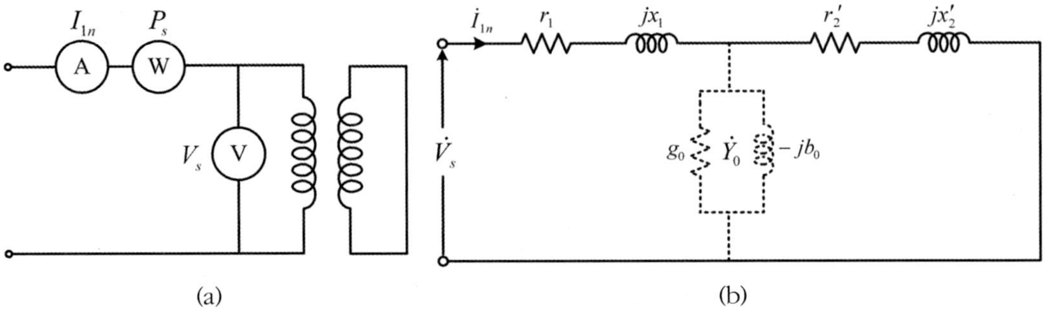

그림 4.23 단락 시험 (a) 전력계, 전압계, 전류계 접속도 (b) 단락 시험시 변압기의 등가회로

$$r_{21} = r_1 + r'_2 = \frac{P_s}{I_{1n}^2} \quad [\Omega] \tag{4.52}$$

$$Z_{21} = Z_1 + Z'_2 = \frac{V_s}{I_{1n}} \quad [\Omega] \tag{4.53}$$

$$x_{21} = x_1 + x'_2 = \sqrt{\left(\frac{V_s}{I_{1n}}\right)^2 - \left(\frac{P_s}{I_{1n}^2}\right)^2} \quad [\Omega] \tag{4.54}$$

단락 시험에서 구한 저항과 리액턴스는 1차측과 2차측의 합성 저항과 합성 리액턴스이나 간이적인 특성해석에 간이 등가회로를 사용하면 1차측과 2차측의 회로정수를 분리하지 않아도 된다.

4.6 변압기의 정격과 전압변동률

4.6.1 정격(rating)

변압기의 정격이란 제조자에 따라 보장된 사용한도로써 변압기가 지정된 온도 범위 안에서 안전하게 운전할 수 있는 용량을 나타낸다. 변압기의 온도 상승은 손실에 의해 결정된다. 손실에서 동손은 전류의 제곱에 비례하고 철손은 전압의 제곱에 거의 비례하므로 변압기에서 온도 상승은 평균전력으로 결정되지 않고 피상전력으로 결정된다. 따라서 정격은 피상전력으로 표시하고 이것을 정격용량이라고 한다. 정격용량에 대한 전압과 전류 및 주파수와 역률을 각각 정격전압, 정격전류, 정격주파수 및 정격역률이라고 한다.

① 정격용량의 표시 : 변압기의 정격용량은 정격 2차 전압, 정격 2차 전류, 정격주파수에서 2차 단자에서의 피상전력을 나타내고 [VA], [kVA] 또는 [MVA]로 표시한다.

② 정격전압(rated voltage) : 변압기의 정격 2차 전압이란 정격출력을 발생하는 2차측 단자전압의 실효치를 나타낸다. 3상 변압기에서 정격전압은 선간전압으로 표시한다.

③ 탭전압(tap voltage) : 1차나 2차 또는 쌍방의 권선에 두 개 이상의 전압이 있는 경우에는 각 권선에 지정된 전압만을 정격전압이라 하고 그 밖의 전압을 탭전압이라고 한다.

④ 정격전류(rated current) : 변압기의 정격 1차 전류란 정격 1차 전압을 걸었을 때 정격용량과 같은 피상전력이 나오도록 하는 전류를 말한다. 정격 2차 전류란 2차에 정격전압이 걸려 정격용량이 되는 전류를 나타낸다.

⑤ 전부하, 정격부하(rated load) : 2차측에 정격전압이 걸렸을 때 정격전류가 흐르게 되는 부하를 전부하 또는 정격부하라고 한다.

4.6.2 전압변동률(voltage regulation)

전압변동률은 전부하일 때와 무부하일 때 2차 단자전압이 어느 정도 달라지는가를 나타내는 것으로, 전압변동률이 큰 변압기에서는 부하의 증감에 따른 2차 전압의 변동이 크다. 전압변동률은 전등의 광도, 수명, 전동기의 출력 등 부하의 성능에 영향을 미치게 되므로 가능한 전압변동률이 작게 변압기를 설계하는 것이 좋다.

이상적인 변압기의 경우 권선저항과 누설리액턴스(leakage reactance)가 없으므로 전압의 변동이 없다. 하지만 실제 변압기는 누설자속에 의한 누설리액턴스와 권선저항이 있으므로 2차측 단자전압에 부하가 걸릴 경우 1차측 전원전압이 일정하다고 해도 부하전류의 크기 및 역률이 다르므로(부하의 성질에 따라 결정됨) 2차측의 단자전압의 크기가 변한다.

변압기의 2차 단자에 정격부하를 접속하고 정격 2차전압 V_{2n}이 되도록 1차 단자전압 V_1을 조정한다. 그 후 V_1을 일정하게 유지한 상태로 부하를 감소시켜 무부하로 하였을 때의 2차 단자전압을 V_{20}이라 하면, 전압변동률 ϵ은 식 (4.55)와 같이 표시한다.

$$\epsilon = \frac{V_{20} - V_{2n}}{V_{2n}} \times 100\,[\%] \tag{4.55}$$

실제로 변압기의 여자전류는 부하전류에 비하여 무시할 수 있기 때문에 간이 등가회로에 의한 전압변동률은 실제와 비교해서 크게 다르지 않다. 전부하 전압변동률은 그림 4.24와 같이 1차측을 2차측으로 환산한 간이 등가회로를 사용하여 계산한다. 여기서 합성저항과 합성리액턴스는 각각 식 (4.56), (4.57)과 같이 정의된다.

$$R_{eq} = \frac{r_1}{a^2} + r_2\ [\Omega] \tag{4.56}$$

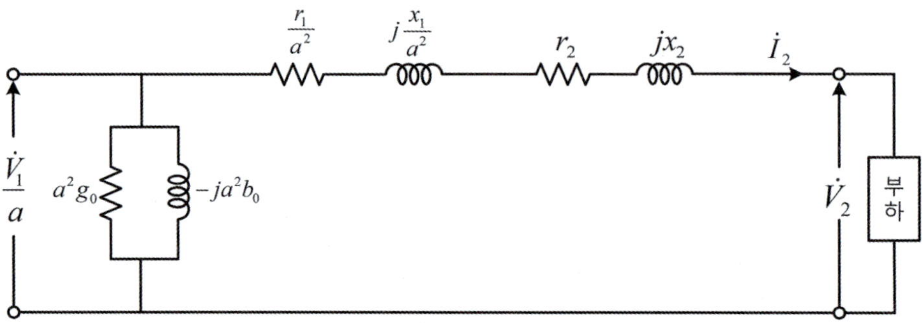

그림 4.24 1차측을 2차측으로 환산한 간이 등가회로

$$X_{eq} = \frac{x_1}{a^2} + x_2 \ \ [\Omega] \tag{4.57}$$

그림 4.24의 간이 등가회로에서 알 수 있는 바와 같이 전압변동률은 식 (4.58)과 같이 된다.

$$\epsilon = \frac{\frac{V_1}{a} - V_{2n}}{V_{2n}} \times 100 [\%] \tag{4.58}$$

또한 단위계를 사용하여 전압변동률을 나타내면 식 (4.59)와 같다.

$$\epsilon = \frac{V_{1,pu} - V_{2n,pu}}{V_{2n,pu}} \times 100 [\%] \tag{4.59}$$

간이 등가회로를 사용할 경우 페이저 해석을 하여 전압방정식을 세워보면 식 (4.60)과 같다.

$$\frac{\dot{V}_1}{a} = \dot{V}_2 + R_{eq}\dot{I}_2 + jX_{eq}\dot{I}_2 \ \ [\mathrm{V}] \tag{4.60}$$

식 (4.60)에서 변압기의 출력 전압 $\dot{V}_2$가 일정할 때 입력전압 $\frac{\dot{V}_1}{a}$는 변압기의 합성 임피던스와 전류의 크기 및 위상에 따라 변하게 된다. 그림 4.25는 지상, 단위, 그리고 진상 역률에 따른 페이저도를 나타내고 있다. 그림 4.25(a)에서와 같이 지상역률인 경우 2차측 단자전압이 입력전압에 비하여 작아지므로 전압변동률은 (+)값을 가지게 된다. 또한 같은 크기의 전류라도 역률이 나쁘면 나쁠수록 전압변동률이 크다는 것을 알 수 있다.

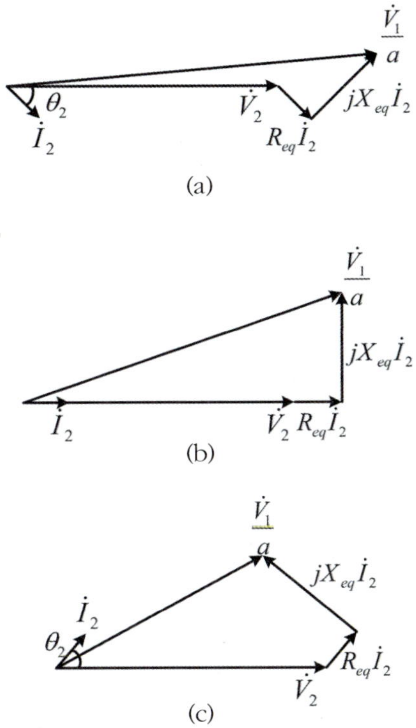

그림 4.25 역률에 따른 전압변동률 (a) 지상역률 (b) 단위역률 (c) 진상역률

또한 그림 4.25(b)와 같은 역률 1인 경우는 전압변동률이 (+)값을 가지나 저항에 의한 전압강하 성분이 작으면 전압변동률이 그렇게 크진 않다. 진상역률 부하에 대해서는 그림 4.25(c)에서와 같이 저항 전압강하 성분에 비해 리액턴스 전압강하 성분이 충분히 크면 2차측 단자전압이 입력전압보다 커지므로 지상역률과는 달리 전압변동률이 (−)값이 되므로 무부하전압에 비해 단자전압이 상승된다.

4.7 손실과 효율

4.7.1 손실의 종류

그림 4.26은 변압기의 전력 흐름 및 손실을 나타낸 것이다. 그림 4.26에서 알 수 있는 바와 같이 1차측에 입력된 전력은 변압기 내부에서 손실로 소비되고 그 나머지 전력만이 부하에 전달된다. 변압기의 손실은 에너지 효율차원에서도 중요하나 손실에 의해 열이 발생하므로 손실이 발생하는 원인과 대책에 대해서 정확하게 이해해야 한다. 좋은 변압

기란 손실이 적은 변압기로 효율이 좋고 온도 상승이 억제된다. 변압기의 손실은 크게 철손과 동손으로 나뉘고 철손은 다시 와전류손과 히스테리시스손으로 나뉜다. 동손은 주로 부하의 크기(부하전류의 크기)에 따라 결정되는 손실로 전류의 제곱에 비례한다. 철손은 부하전류와 관계없이 일정하고(부하전류가 없어도 발생됨) 1차권선에 걸리는 전압의 제곱에 거의 비례한다. 따라서 동손을 부하손, 철손을 무부하손이라고도 한다. 그 밖에 나머지 표류부하손이 존재한다. 변압기에서 표류부하손이란 전체 손실 중 동손과 철손을 뺀 손실로 정확하게 손실의 발생원을 알 수 없으나 변압기 외함, 변압기유 등에서 발생하는 손실들의 총합을 나타낸다.

동손은 식 (4.61)과 같이 나타낼 수 있다.

$$P_c = r_1 I_1^2 + r_2 I_2^2 \ [\mathrm{W}] \tag{4.61}$$

여기서 r_1, r_2는 각각 1차측, 2차측 교류저항치를 나타내며 일반적으로 직류저항치에 비해서 10~25% 큰 값이다. 또한 I_1, I_2는 각각 1차측, 2차측 전류의 실효치를 나타낸다.

일반적으로 철손은 전기강판 제조업체에서 철손자료를 제공하고 전기강판 모델명에 그 정보를 가지고 있다. 철손은 보통 체적당 또는 부피당 일정한 값을 가지고 있으며 히스테리시스손과 와전류손의 체적당 근사식은 식 (4.62), (4.63)과 같으며, 이 때 k_h, k_e는 각각 히스테리시스손 계수, 와전류손 계수이며 식 (4.62)에서 n은 1.5~2 사이의 값이다.

$$P_h = k_h f B_m^n \ \ [\mathrm{W/m^3}] \tag{4.62}$$

$$P_e = k_e f^2 B_m^2 \ \ [\mathrm{W/m^3}] \tag{4.63}$$

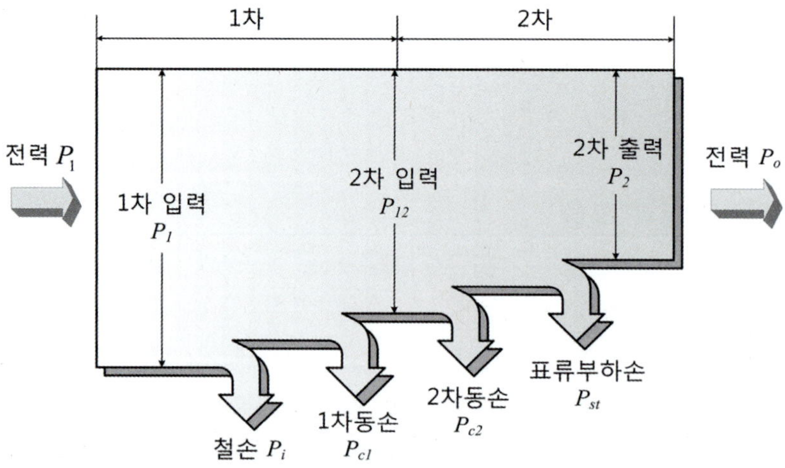

그림 4.26 변압기 전력 흐름도

4.7.2 와전류손(eddy current loss)

변압기에서 발생하는 와전류손에 대해서 알아보자. 그림 4.27(a)의 변압기 코어에서 xy 단면으로 시간에 대해 정현적으로 변하는 자속이 발생하고 이 자속에 의해 1, 2차 권선에 기전력이 유도되어 변압이 이루어진다. 그러나 권선에만 기전력이 유도하는 것이 아니라 철심에도 기전력이 유도된다. 순철의 도전율(약 1.03×10^7)은 동의 1/6 수준으로 매우 높기 때문에 철심에는 그림 4.27(b)와 같이 유도전류가 흐르며 이 전류를 특히 와전류라고 한다. 와전류는 철심 내에서 흐르는 전류로 철심의 저항에 의해 열로 소비되고 이 손실을 와전류손이라고 한다. 철심의 와전류는 변압기의 2차측 부하전류와 마찬가지로 기자력을 발생하므로 철심의 와전류를 상쇄하기 위해 1차측에는 여분의 부하전류가 흐르고 이 전류는 손실 전류가 된다.

와전류손의 성질을 알아보기 위해 그림 4.27(b)와 같이 임의의 폐곡면을 잡으면 이 폐곡면을 통과하는 자속은 식 (4.64)와 같이 정의할 수 있다.

$$\phi_z = 2xyB \ \ [\mathrm{Wb}] \tag{4.64}$$

여기서 B는 자속밀도를 나타낸다.

이 때, $y \gg x$라고 가정하고 x방향의 기전력을 무시하면 y방향의 전계의 세기는 식 (4.65)와 같이 된다.

$$\begin{aligned} E_y \cdot 2y &= \frac{d\phi_z}{dt} \ \ [\mathrm{V}] \\ E_y &= x \cdot \frac{dB}{dt} \ \ [\mathrm{V/m}] \end{aligned} \tag{4.65}$$

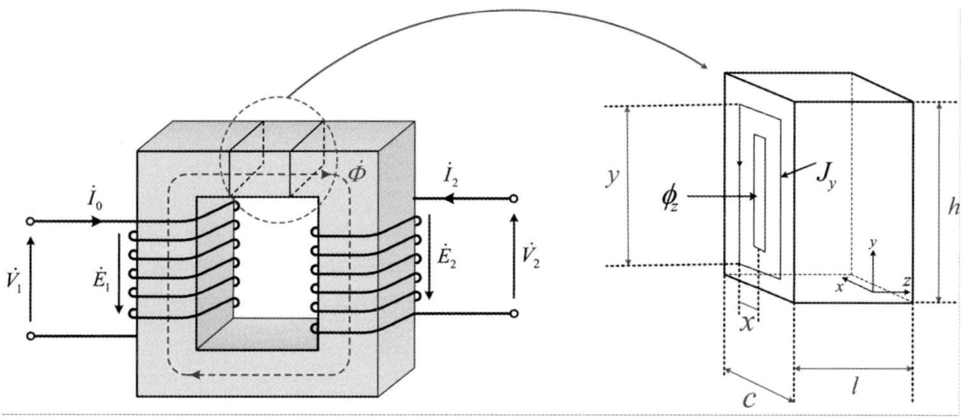

(a) (b)

그림 4.27 (a) 변압기 코어 단면으로 변하는 자속 (b) 변하는 자속에 의한 유도전류

따라서 xy 단면의 중심으로부터 거리가 x인 곳의 전류밀도는 식 (4.66)과 같이 된다.

$$J_y = \frac{E_y}{\rho} = \frac{x}{\rho} \cdot \frac{dB}{dt} \ \ [\mathrm{A/m^2}] \tag{4.66}$$

여기서 ρ는 저항률을 나타낸다.

그림 4.27(b)와 같이 두께가 c, 높이가 h, 길이가 l인 판에서 소비하는 전력(손실)은 식 (4.67)로 정의된다.

$$P = \int \rho J^2 dV = \int_{-\frac{c}{2}}^{\frac{c}{2}} \rho \left(\frac{x}{\rho} \cdot \frac{dB}{dt} \right)^2 hl dx = \frac{c^3 hl}{12\rho} \left(\frac{dB}{dt} \right)^2 \ \ [\mathrm{W}] \tag{4.67}$$

식 (4.67)에서 단위체적당 손실을 구하기 위해 식 (4.67)을 체적 $V = chl$로 나누어 주면 식 (4.68)과 같은 단위체적당 와전류손을 구할 수 있다.

$$p = \frac{c^2}{12\rho} \left(\frac{dB}{dt} \right)^2 \ \ [\mathrm{W/m^3}] \tag{4.68}$$

만약 자속밀도 B가 각속도 ω로 교번한다면 자속밀도는 식 (4.69)로 나타낼 수 있다.

$$B = B_m \sin\omega t \ \ [\mathrm{T}] \tag{4.69}$$

단위체적당 시간 평균 와전류손을 구하기 위해서 식 (4.69)의 자속밀도식을 식 (4.68)에 대입하여 시간 평균을 구하면 식 (4.70)이 성립된다.

$$\hat{P} = \frac{1}{2\pi} \int_0^{2\pi} \left(\frac{c^2 \omega^2 B_m{}^2}{12\rho} \cos^2\omega t \right) d\omega t = \frac{c^2 \omega^2 B_m{}^2}{24\rho} \ \ [\mathrm{W/m^3}] \tag{4.70}$$

식 (4.70)은 와전류손의 특성식으로 와전류손의 특성을 파악하고 저감대책을 세울 때 매우 중요하다.

식 (4.70)에서 알 수 있는 바와 같이 와전류손을 줄이기 위해서는 다음의 4가지 대책을 생각해 볼 수 있다.

① 철심의 저항률을 높게 한다 : 순철에 규소를 3~4% 정도 넣으면 전기저항이 몇 배 증가되어 와전류손을 줄일 수 있다. 이와 같이 규소가 함유된 강판을 규소강판 또는 전기강판이라고 한다. 규소 함량이 증가하면 전기저항은 증가하지만, 가공성이 나빠지므로 실제 규소강판에는 규소 함량이 약 5% 이하가 대부분이다. 또한 규소 함량이 많아지면 투자율이 감소하므로 높은 투자율이 요구되는 전동기나 발전기에서는 약 3%의 규소가 함유된 전기강판을 사용한다. 일반적으로 변압기에 사용되는 규소강판의 규소 함량은 약 4~5%사이이다.

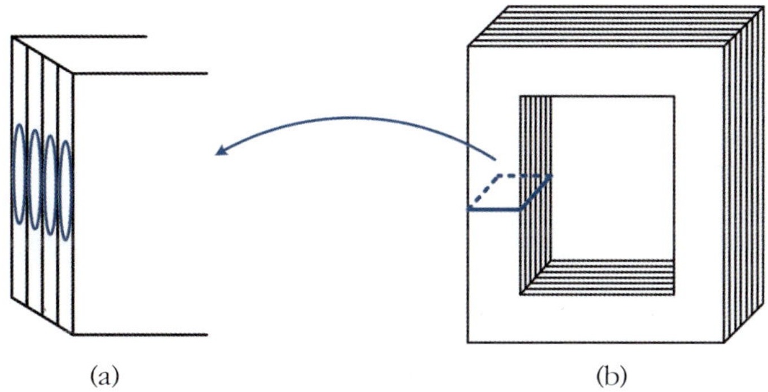

그림 4.28 (a) 적층된 강판에 별도로 형성된 와전류 (b) 적층된 철심

② 철심의 적층길이 c를 작게 한다 : 그림 4.27(b)에서 철심의 x방향 길이 c를 가능한 얇게 하면 와전류손이 적어진다. 그러나 c가 얇아지면 철심의 단면적이 작아지므로 자속밀도가 높아져 포화되어 여자전류가 매우 커지므로 사용할 수 없다. 따라서 그림 4.28(b)와 같이 절연 코팅된 얇은 강판을 겹쳐서 철심을 만들면 와전류가 그림 4.28(a)와 같이 강판 1개씩 별도로 형성되어 와전류손이 대폭적으로 감소된다. 예를 들면 100장의 얇은 강판을 적층하여 철심을 만들면 1장으로 만든 변압기에 비해 손실이 1/10,000으로 줄어든다. 따라서 0.35mm, 0.5mm, 0.65mm(무방향성 강판 규격 두께) 등 다양한 두께의 전기강판이 생산되고 있다.

③ 주파수를 작게 한다 : 상용전원의 변압기는 주파수가 일정하므로 대책을 세울 수 있는 방법이 없다. 그러나 상용전원이 아닌 전력변환회로에 사용되는 변압기는 주파수가 수[kHz]가 되는 경우가 많아 코어에서 발생되는 와전류손은 일반 상용전원에 비해 10^6 정도되므로 와전류 손실 저감을 위한 특별한 대책이 필요하다. 따라서 페라이트를 사용하면 투자율은 약 1,000으로 전기강판에 비해 1/3배 수준이지만 도전율은 100 정도로 전기강판의 도전율의 10^{-4}배가 되어 와전류손을 줄일 수 있다. 또한 와전류를 더욱 줄이기 위해서는 분말 코어나 아몰퍼스 코어를 사용하는 경우도 있다.

④ 자속밀도를 낮게 한다 : 자속밀도를 낮게 하면 제곱에 비례하여 와전류손이 줄어든다. 변압기에서 자속의 양은 전압과 주파수가 정해지면 일정하므로 자속밀도를 낮추기 위해서는 철심을 많이 사용해야 한다. 예를 들면 그림 4.29(a)와 같은 크기의 철심을 그림 4.29(b)와 같이 x, y, z방향의 길이를 2배로 했다고 하자. 그림 4.29(a)에 비해 그림 4.29(b)의 자속이 지나가는 단면적이 4배 증가하기 때문에 자속밀도는 1/4배가 된다. 따라서 부피당 와전류손은 1/16배가 된다. 그러나 부피가 8배가 증가되었으므로 와전류손은 1/2배가 되어 손실이 적어짐을 알 수 있다. 따라서 변압기를 크게 만들면 손실을 줄일 수 있으나 부피가 커지고 제조 단가가 높아지므로 부피를 크게 하여 손실을 적게하는 설계는 거의 이용하지 않는다.

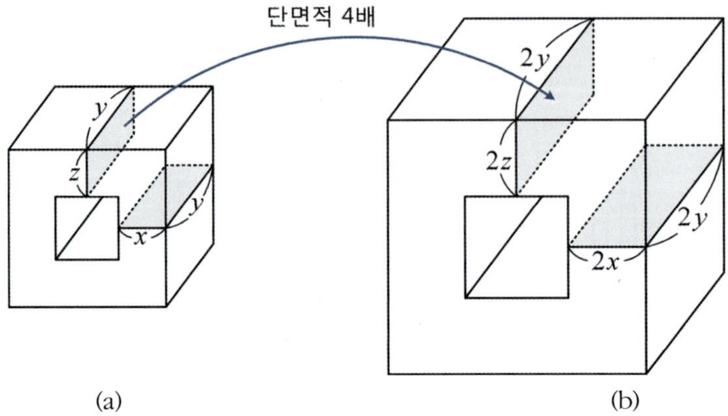

그림 4.29 변압기 크기와 와전류손 크기 관계의 설명 모델
(a) 기본 크기 철심 (b) 각 방향으로 2배 길이 철심

4.7.3 히스테리시스 손실(hysteresis loss)

4.1.2에서 언급한 바와 같이 히스테리시스 현상이 없으면 여자전류는 입력전압에 90° 뒤지므로 역률이 0이 되지만 히스테리시스 현상이 있으면 여자전류에 유효전류 성분을 포함하고 있어 평균전력이 0이 되지 않는다. 이와 같이 히스테리시스 현상 때문에 유효전류가 흐르므로 전력을 소비하게 되고 이때 소비하는 유효전력을 히스테리시스손이라고 한다. 그림 4.30(a)에서와 같이 한 주기 동안 전류가 변할 때 철심에서 전력관계를 알아보도록 하자.

철심에서 유도되는 기전력은 식 (4.71)과 같이 된다.

$$e = N\frac{d\phi}{dt} \ [\mathrm{V}] \tag{4.71}$$

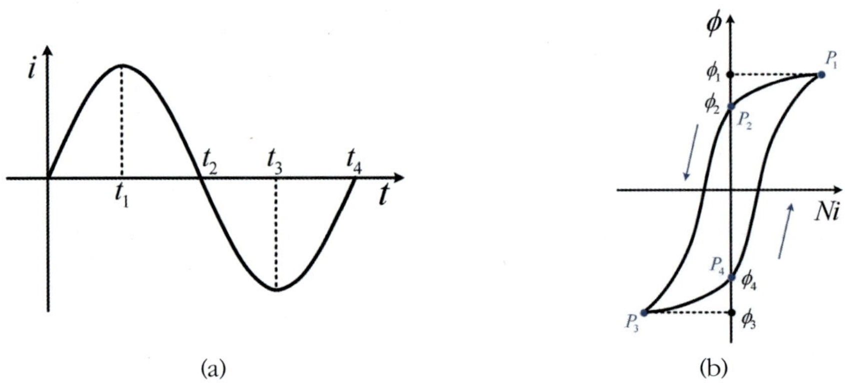

그림 4.30 (a) 한 주기 전류 파형 (b) 히스테리시스 현상이 있을 때 전류-자속의 관계

따라서 그림 4.30(a)의 $0 \sim t_1$ 사이에 소비되는 에너지를 구해보면 식 (4.72)와 같다.

$$W = \int_0^{t_1} p dt = \int_0^{t_1} e i dt \ [\mathrm{J}, \mathrm{W \cdot s}] \tag{4.72}$$

식 (4.72)에 식 (4.71)를 대입하면 전력은 식 (4.73)과 같이 된다.

$$W = \int_0^{t_1} N \frac{d\phi}{dt} i dt = \int_{\phi_4}^{\phi_1} N i d\phi \ [\mathrm{W \cdot s}] \tag{4.73}$$

이 때, 그림 4.30(b)의 ϕ는 $P_4 \to P_1$으로 이동한다.

그림 4.30(a)에서와 같이 전류가 한주기 변할 때, 그림 4.30(b)의 ϕ는 $P_4 \to P_1$, $P_1 \to P_2$, $P_2 \to P_3$, $P_3 \to P_4$로 이동하며 식 (4.74)와 같이 쓸 수 있다.

$$W = \oint N i d\phi = \int_{\phi_4}^{\phi_1} N i d\phi - \int_{\phi_2}^{\phi_1} N i d\phi + \int_{\phi_2}^{\phi_3} N i d\phi - \int_{\phi_4}^{\phi_3} N i d\phi \tag{4.74}$$

자성체에 히스테리시스 현상이 없을 때 전류-자속의 관계는 그림 4.31과 같다. 따라서 소비되는 전력이 0이 되어 손실이 발생하지 않는다.

반면 자성체에 히스테리시스 현상이 있을 때 식 (4.74)의 각 항이 나타내는 것은 그림 4.32와 같다. 이것을 합성하면 그림 4.32(e)와 같이 되어 전류가 한주기 움직일 때 자성체에서 소비되는 에너지는 히스테리시스 루프가 만드는 면적이 된다.

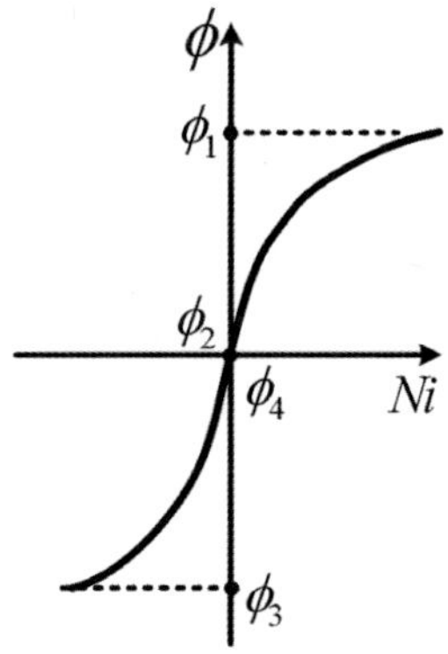

그림 4.31 히스테리시스 현상이 없을 때 전류-자속의 관계

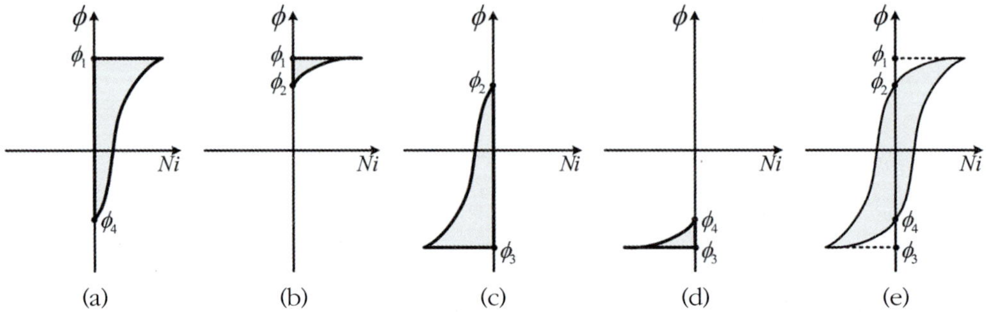

그림 4.32 히스테리시스 루프에서 시간별 소비에너지
(a) $0 \sim t_1$ (b) $t_1 \sim t_2$ (c) $t_2 \sim t_3$ (d) $t_3 \sim t_4$ (e) 전류의 한주기 변화에 따른 소비에너지

히스테리시스 손실과 $B-H$ 곡선사이의 관계를 구해보도록 하자. 자속과 자속밀도, 전류와 자계의 세기의 관계는 각각 식 (4.75), (4.76)과 같다.

$$\phi = BS \ [\text{Wb}] \tag{4.75}$$

$$i = \frac{Hl}{N} \ [\text{A}] \tag{4.76}$$

여기서 B, H, S, l은 각각 자속밀도, 자계의 세기, 철심단면적, 자로의 길이를 나타낸다. 식 (4.75), (4.76)을 식 (4.73)에 대입하면 식 (4.77)을 얻을 수 있다.

$$W = \oint N \frac{Hl}{N} S dB = lS \oint H dB = V_{vol} \oint H dB \ [\text{W} \cdot \text{s}] \tag{4.77}$$

식 (4.77)에서 알 수 있는 바와 같이 $B-H$ 곡선의 히스테리시스 면적은 부피당 히스테리시스손을 나타내며 $Ni-\phi$ 곡선에서 히스테리시스 면적은 히스테리시스손을 나타내는 것을 알 수 있다.

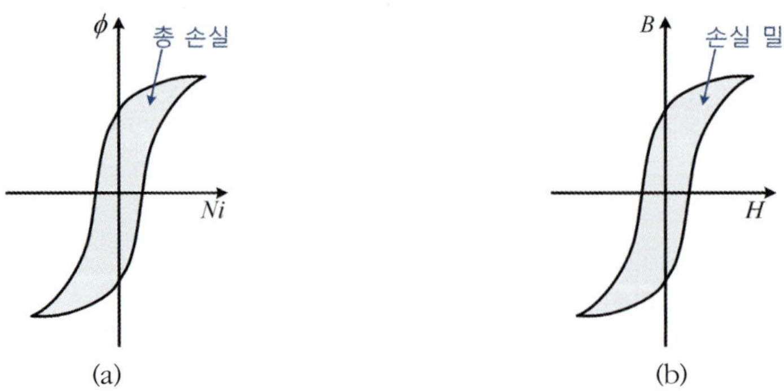

그림 4.33 (a) 히스테리시스손 (b) 부피당 히스테리시스손

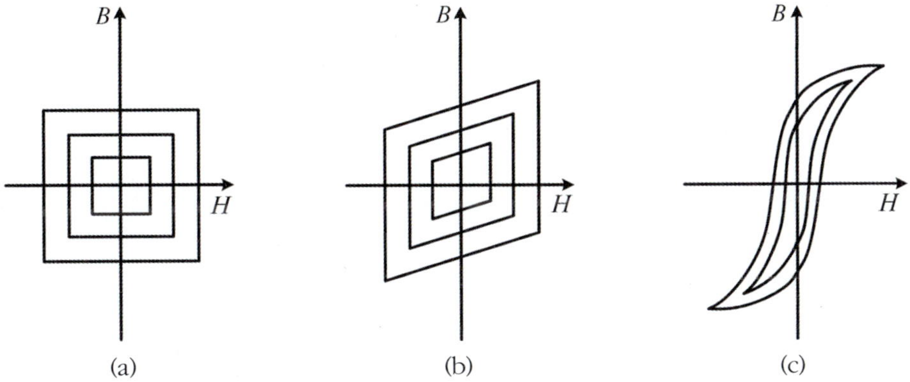

그림 4.34 히스테리시스 루프 형상 (a) 사각형으로 가정 (b) 사변형으로 가정 (c) 실제 형상

철심 중량당 히스테리시스손은 식 (4.62)와 같다. 식 (4.62)에서 k_h, f, B_m, n은 각각 비례상수, 주파수, 자속밀도의 최대치 및 스타인메츠(steinmetz) 지수라고 한다. 여기서 상수와 스타인메츠 지수는 재료의 성질에 따라 결정되는 것으로 실험에 의해 얻을 수 있으며 전기강판에서는 보통 1.5~2 정도가 된다.

자속밀도와 히스테리시스손의 관계를 살펴보도록 하자. 그림 4.34(a), (b)에서와 같이 히스테리시스 루프(hysteresis loop)를 사각형 또는 사변형이라고 가정하면 자속밀도의 제곱에 비례하여 히스테리시스 루프가 작아지므로 히스테리시스손은 B_m^2 에 비례한다. 그러나 히스테리시스 루프는 그림 4.34(c)와 같은 형상을 가지므로 이 형상에 따라 식 (4.62)에서 자속밀도의 최대치와 지수가 결정된다.

와전류손은 적층을 하여 최소화 할 수 있으나 히스테리시스손은 재료에 완전히 종속적인 손실이며 일반 변압기에서 철손 중 80[%]는 히스테리시스손이다. 이를 줄이기 위해서는 히스테리시스 면적이 적은 전기강판을 사용해야 한다.

4.8 효율(efficiency)

전기기기에서 효율은 식 (4.78)과 같이 입력에 대한 출력의 비로 정의된다.

$$\eta = \frac{출력}{입력} \times 100\,[\%] \tag{4.78}$$

식 (4.78)에서 출력과 입력을 직접 측정하여 효율을 계산하는 것을 실측 효율이라고 하고 입력이나 출력 중 하나를 측정하고 손실은 계산에 의해서 얻어 효율을 계산하는 것을 규약 효율이라고 한다. 일반적으로 기계적인 동력은 측정하기 어려우므로 회전기에서는 규약 효율이 많이 사용된다.

4.8.1 규약 효율(conventional efficiency)

변압기의 효율은 정격 2차 전압 및 정격주파수에 대한 출력 또는 입력과 전체 손실을 기본으로 하여 식 (4.79)와 같이 표시된다.

$$\eta = \frac{\text{출력}}{\text{출력} + \text{손실}} \times 100\,[\%] = \frac{\text{입력} - \text{손실}}{\text{입력}} \times 100\,[\%] \tag{4.79}$$

식 (4.79)에서 손실은 표류부하손을 무시하면 동손과 철손으로 나뉜다. 4.5절의 변압기 회로정수 측정법에서 언급한 바와 같이 무부하 시험을 하면 철손을 측정해낼 수 있고, 동손은 저항측정에 의해 알아낼 수 있으므로 총 손실은 쉽게 구해낼 수 있다. 정격 2차 전압을 V_{2n}, 정격 2차 전류를 I_{2n}, 부하의 역률을 $\cos\theta_2$, 철손을 P_i, 2차측으로 환산한 전체 저항을 r_{12}이라 하면 효율 η는 식 (4.80)으로 표현된다.

$$\begin{aligned}\eta &= \frac{V_{2n}I_{2n}\cos\theta_2}{V_{2n}I_{2n}\cos\theta_2 + \left(P_i + r_{12}I_{2n}^2\right)} \times 100\,[\%] \\ &= \frac{V_{2n}\cos\theta_2}{V_{2n}\cos\theta_2 + \left(P_i/I_{2n} + r_{12}I_{2n}\right)} \times 100\,[\%]\end{aligned} \tag{4.80}$$

4.8.2 최대 효율(maximum efficiency)

변압기 설계에서 중요한 것은 일정한 전압과 역률에서 최대 효율이 되기 위한 전류값을 구하는 것이다. 식 (4.80)에서 효율이 최대가 되는 전류를 구해내는 것은 손실이 최소가 되는 전류를 찾아내는 것과 등가이므로 식 (4.81)을 이용하여 최대 효율이 되는 전류를 구해낸다.

$$\frac{d\left(P_i/I_{2n} + r_{12}I_{2n}\right)}{dI_{2n}} = 0 \tag{4.81}$$

식 (4.81)을 풀면 식 (4.82)이 얻어진다.

$$P_i = r_{12}I_{2n}^2 \quad [\text{W}] \tag{4.82}$$

식 (4.82)에서 알 수 있는 바와 같이 부하전류가 식 (4.83)과 같을 때, 즉 동손과 철손이 같아질 때 효율이 최대가 된다.

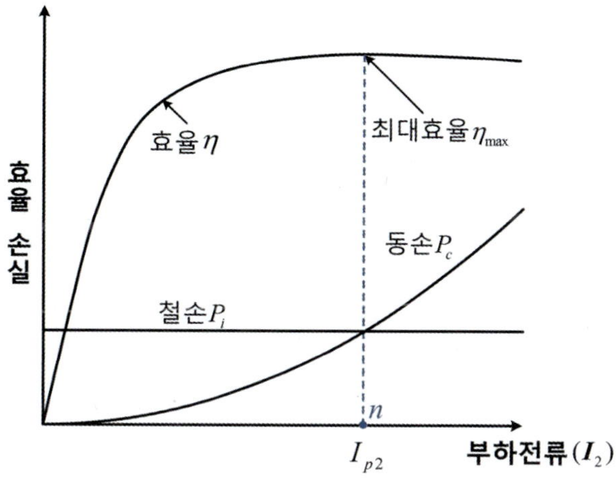

그림 4.35 부하전류와 효율 및 손실의 관계

$$I_{p2} = \sqrt{\frac{P_i}{r_{12}}} \ \ [\mathrm{A}] \tag{4.83}$$

그림 4.35는 전압이 일정할 때 부하전류에 대한 손실 및 효율 특성을 나타낸 그래프이다. 전압이 일정하므로 철손은 일정하고 동손은 전류의 제곱에 비례한다. 그림 4.35의 n 점에서 동손과 철손의 크기가 같아지며 이때의 전류 I_{p2}에서 최대 효율이 된다.

4.8.3 전일 효율(all-day efficiency)

변압기의 부하는 1일 동안에 일정하지 않고 변동하는 것이 보통이다. 전등용 배전 변압기는 밤에만 부하전류가 흐르고 낮에는 흐르지 않아 특히 부하의 변동이 심하다. 그림 4.36은 부하 변동의 예를 나타낸 것이다. 동손은 부하에 의하여 변하고 무부하 시 동손은 무시할 수 있을 정도로 작다. 그러나 철손은 부하에 관계없이 일정하기 때문에 1일 동안의 총합 효율을 생각할 필요가 있다.

총합 효율을 전일 효율이라고도 한다. 1일 중 T시간 동안에 $V_{2n}I_{2n}\cos\theta_2$의 부하로 사용되고, 그 외의 시간은 무부하인 경우 무부하손인 철손은 24시간 동일하고 동손은 부하가 걸리는 시간에만 발생하므로 전일 효율 η_d는 식 (4.84)와 같이 된다.

$$\eta_d = \frac{V_{2n}I_{2n}\cos\theta_2 \times T}{V_{2n}I_{2n}\cos\theta_2 \times T + 24P_i + I_{2n}^2 r_{12} \times T} \times 100\,[\%] \tag{4.84}$$

여기서 $T = T_1 + T_2 + T_3$이다.

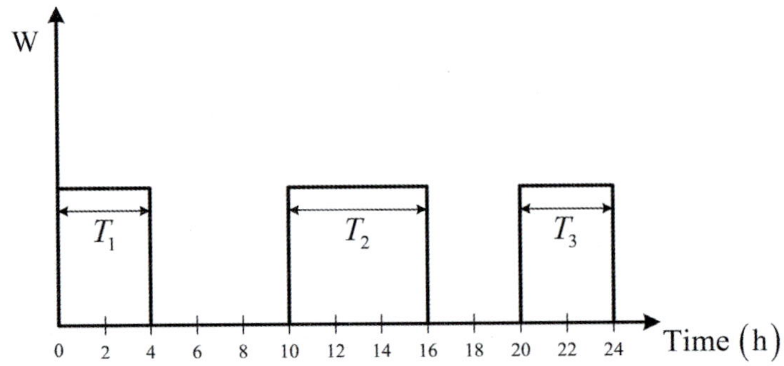

그림 4.36 부하변동 예

전일 효율을 최대로 하기 위해서는 전일 동안의 손실을 전류에 대해 미분하여 0인 점을 구하면 식 (4.85)과 같이 24시간 동안의 철손과 부하시간 T 동안의 동손과 같은 전류일 때 최대 효율이 나오며 그 때의 전류는 식 (4.86)과 같다.

$$24P_i = I_{24}^2 r_{12} \times T \ [\mathrm{W}] \tag{4.85}$$

$$I_{24} = \sqrt{\frac{24P_i}{r_{12}T}} \ [\mathrm{A}] \tag{4.86}$$

따라서 전부하 시간이 짧을수록 철손을 동손보다 적게 해야 한다. 즉 철손은 부하전류가 흐르지 않아도 일정하게 발생되므로 부하가 걸리는 시간이 적을수록 철손을 최대한 적게 설계해야 한다.

4.9 3상 변압기 결선법

4.9.1 변압기의 극성과 극성 시험법

변압기는 1차측과 2차측의 같은 위치의 전압과 극성이 동일한가 반대인가에 따라 극성을 정의한다. 변압기의 극성은 단상 변압기 한 대를 사용할 때는 신경을 쓰지 않아도 되지만 3상결선과 병렬운전을 할 때는 극성을 다르게 접속하면 문제를 일으킬 수 있다. 그림 4.37과 같이 고압권선의 단자를 A, B라고 하고 저압 권선의 단자를 a, b라고 할 때 A와 a, B와 b가 같은 극성이면 감극성(subtractive polarity)이라고 하고 A와 b, B와 a가 같은 극성이면 가극성(additive polarity)이라고 한다. 감극성과 가극성을 • 기호로 사용하여 나타낸다. 그림 4.37(a)와 같이 1차측과 2차측의 같은 위치에 표시가 되어 있으면 감극성이고 그림 4.37(b)와 같이 반대 위치에 • 표시가 되어 있으면 가극성임을 나타낸다.

변압기의 극성이 표시되어 있지 않을 때는 시험을 통하여 극성을 확인하여야 하는데 이러한 극성시험에는 직류전압계에 의한 방법과 교류전압계에 의한 방법이 있다. 우선 직류전압계에 의한 방법은 그림 4.38(a)와 같이 1차측에 전원을 연결하고 2차측에 직류전압계를 연결한다. 이때 스위치를 연결하는 순간 전압계가 정방향으로 움직이면 감극성이고 역방향으로 움직이면 가극성이다.

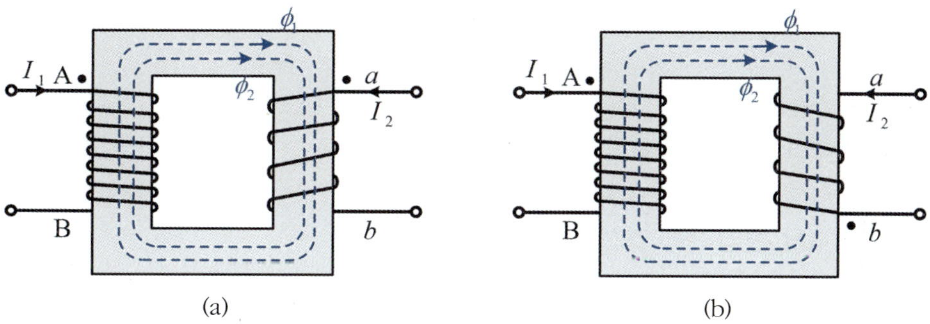

그림 4.37 변압기 극성 (a) 감극성 (b) 가극성

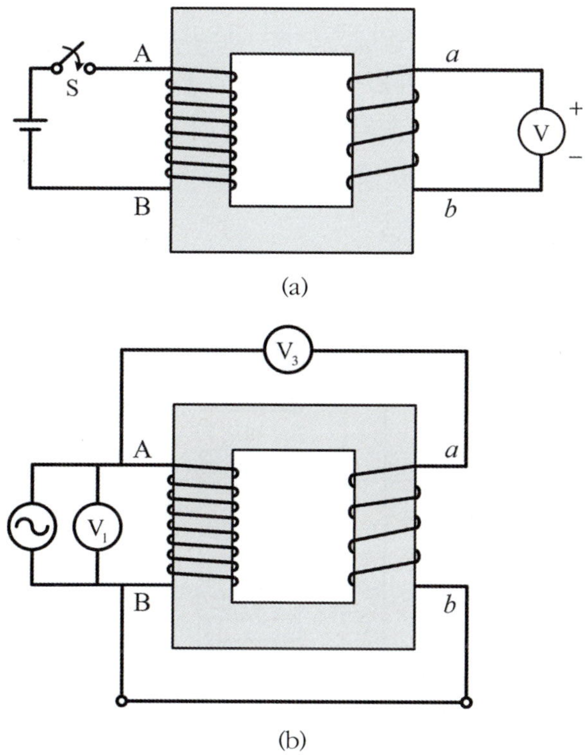

그림 4.38 변압기의 극성 판별법 (a) 직류 전압계에 의한 방법 (b) 교류 전압계에 의한 방법

교류전압계에 의한 방법은 그림 4.38(b)와 같이 1차측과 2차측 사이의 한쪽 단자를 단락하고 고압측과 저압측 사이의 다른 한쪽 단자를 그림과 같이 교류전압계 V_3을 접속한다. 이때 고압측 단자 AB사이에 낮은 교류전압을 가하고 이때 교류전압을 전압계 V_1에 접속하여 전압을 측정한다.

이때 다음 식 (4.87)에 의해 극성을 결정한다.

$$\begin{aligned} \text{감극성} &: \ V_3 = V_1 - V_2 < V_1 \ [\mathrm{V}] \\ \text{가극성} &: \ V_3 = V_1 + V_2 > V_1 \ [\mathrm{V}] \end{aligned} \tag{4.87}$$

따라서 V_3가 V_1에 비해 작으면 감극성이고 V_3가 V_1에 비해 크면 가극성이다.

4.9.2 3상 변압기의 결선과 고조파

[1] 3상의 변압기 결선

같은 양의 전선을 사용하여 전력을 전송할 때 3상은 단상에 비해 많은 전력을 전송할 수 있으므로 3상 송전이 일반적인 송전방식이다. 이 때 발전기 전압을 송전전압으로 승압하거나 송전전압을 배전전압으로 강압하기 위해서는 3상의 변압기를 사용한다. 3상 변압기에서 3상 전원전압과 1차측이 연결되어 있으므로 1차측을 3상 결선을 해야하고 2차측은 3상의 전원으로 작용하기 때문에 2차측 역시 3상 결선을 해야한다. 따라서 3상의 변압기는 1차측과 2차측을 적절하게 3상 결선하여 사용하는데 1차측과 2차측은 각각 Y결선 또는 Δ결선을 할 수 있으므로 다음 4가지의 조합이 나올 수 있다.

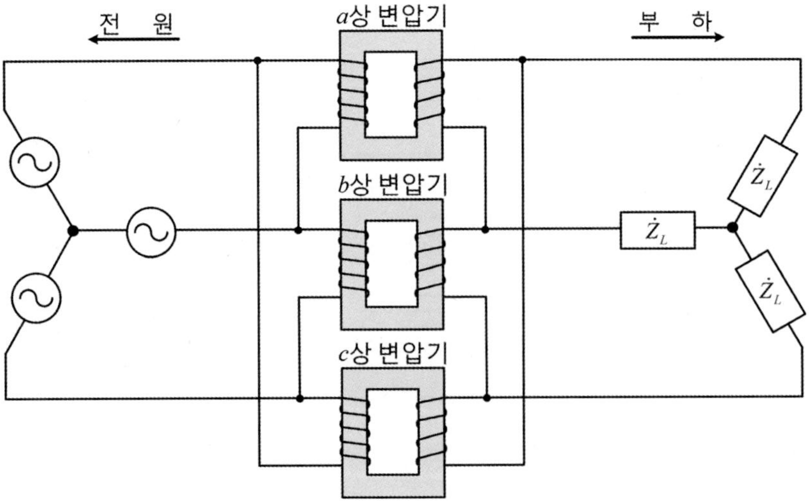

그림 4.39 3상 변압기의 $\Delta-\Delta$결선

$$\Delta - \Delta \text{결선}$$
$$Y - Y \text{결선}$$
$$\Delta - Y \text{결선}$$
$$Y - \Delta \text{결선}$$

또한 후술하는 바와 같이 두 대의 변압기를 사용하여 3상 변압기로 사용할 수 있는데 이 때 결선법을 V결선이라고 한다.

따라서 3상 변압기의 결선법은 총 5가지가 있고 각각의 결선법에 따라 특성이 다르다. 이러한 3상 변압은 단상 변압기 3개를 사용한 변압기 뱅크를 이용하여 할 수도 있으나 3상 변압기라고 하는 특수한 형태의 변압기 한대를 이용할 수도 있다. 그림 4.39는 3개의 단상 변압기 뱅크를 사용했을 때 $\Delta - \Delta$ 결선의 예를 나타낸 것이다.

[2] 3상 변압기(three-phase transformer)

그림 4.40은 3상 변압기를 나타내고 있다. 그림 4.40에서와 같이 단상 변압기 3대의 1개의 다리(leg)를 공통으로 할 경우 공통된 다리에서는 a, b, c상 자속의 합이 흐르게 된다. 이 때 각상의 자속은 120°씩 위상차를 가지고 있으므로 공통된 다리 OO'에서의 총 자속은 0이 된다. 따라서 공동 다리를 없애도 변압기의 특성에는 아무런 영향을 미치지 않으며 그 구조를 그림 4.40(b)에 나타내었다. 이 때 각 상을 평면상에 배치해도 문제가 없으므로 3상 변압기는 그림 4.40(c)의 구조를 가지게 되어 재료가 절약되나 제 3고조파 자속 및 영상 자속(zero sequence flux)에 대하여 자기회로가 없으므로 이에 대한 자기저항이 대단히 높다.

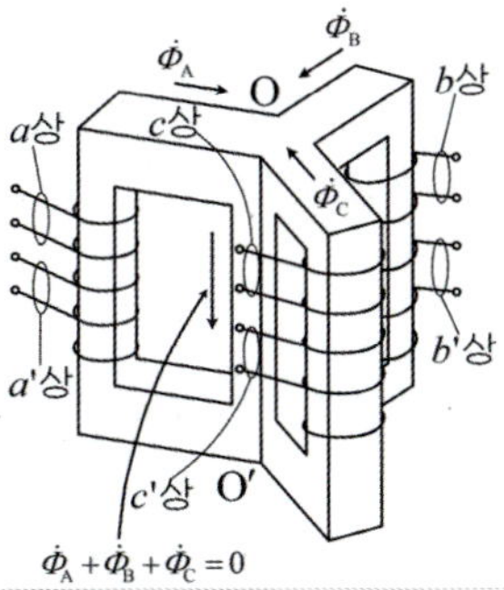

(a)

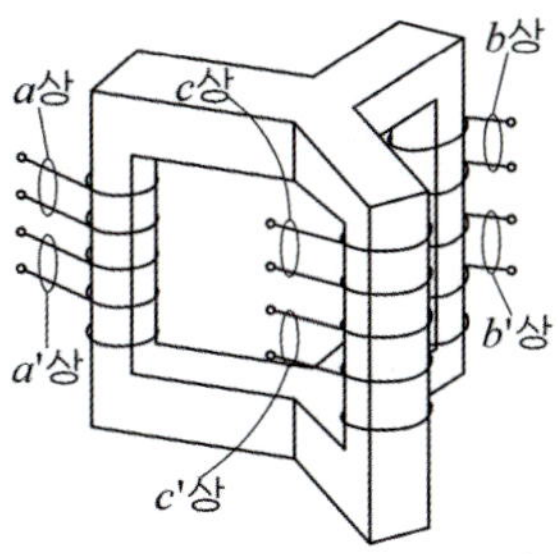

(b)

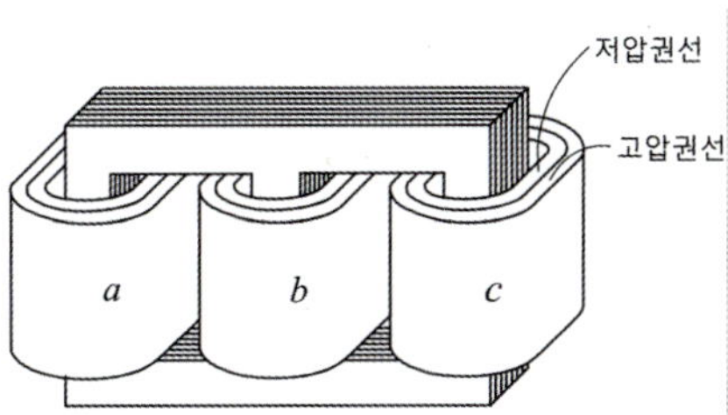

(c)

그림 4.40 3상 변압기 (a) 단상 변압기 3대의 조합 (b) OO'의 철심을 제거한 구조 (c) 직선형 구조

[3] 고조파

3상의 평형전원에 변압기를 연결하면 무부하 상태에서는 여자전류가 변압기 1차측에 흐른다. 앞에서 언급한 바와 같이 단상 변압기에서 철심이 포화하거나 히스테리시스 현상을 가지고 있으면 여자전류는 정현적으로 되지 않고 고조파를 포함한 비정현적인 여자전류가 흐른다. 이 때 단상에 흐르는 고조파 성분은 3, 5, 7, …… 의 기수파를 포함하나 3고조파 이외에는 값이 매우 작으므로 가장 큰 영향을 미치는 고조파는 3고조파이다.

단상 변압기와는 달리 3상 결선된 3상 변압기에서는 결선법에 따라 여자전류가 정현적이고 유도기전력이 비정현파가 될 수도 있다. 그림 4.41에서와 같이 중성점을 접지시킨 3상 $Y-Y$결선된 변압기에서 여자전류가 3고조파가 포함하고 있는 경우에 여자전류가 어떻게 흐르는지 살펴보도록 하자. 각 상의 여자전류가 3고조파를 포함하고 있다고 하면 식 (4.88)로 나타낼 수 있다. 그림 4.41에 키르히호프의 전류법칙을 적용하면 중성선에 흐르는 전류는 식 (4.89)와 같다.

$$\begin{aligned} i_a &= I_{\mu 1}\sin\omega t + I_{\mu 3}\sin 3\omega t \text{ [A]} \\ i_b &= I_{\mu 1}\sin(\omega t - 120°) + I_{\mu 3}\sin 3(\omega t - 120°) \text{ [A]} \\ i_c &= I_{\mu 1}\sin(\omega t - 240°) + I_{\mu 3}\sin 3(\omega t - 240°) \text{ [A]} \end{aligned} \tag{4.88}$$

$$i_{n'n} = i_a + i_b + i_c = 3I_{\mu 3}\sin 3\omega t \text{ [A]} \tag{4.89}$$

이때 각 상전압은 정현파가 되고 상전류는 3고조파를 포함한 왜형파(distortion waveform)가 되어 식 (4.89)와 같이 중성점에는 3고조파 전류가 흐른다. 예로써 a상 전압, a상 여자전류, 중성점 전류는 그림 4.42와 같다고 하자. 이때 a상에는 식 (4.89)와 같은 여자전류의 3고조파가 흐른다.

그림 4.43과 같이 중성점을 접지시키지 않았을 때를 살펴보자. 3상전류의 합이 중성점에서 0이 되어야 하나 a, b, c상에 3고조파의 전류가 존재하면 식 (4.89)와 같이 0이 아닌

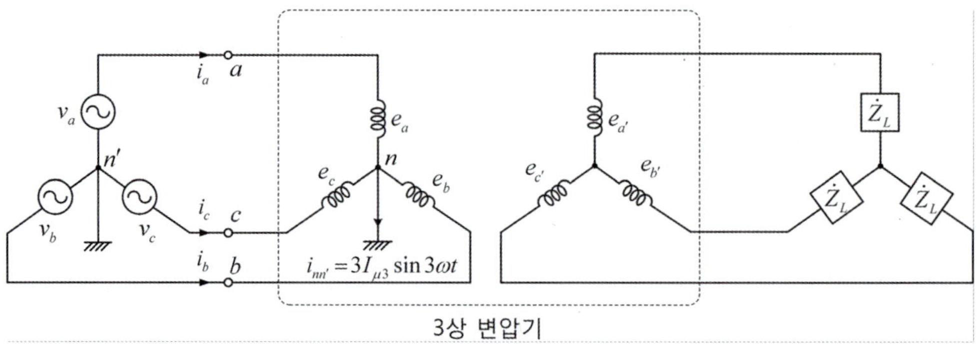

그림 4.41 중성점을 접지시킨 3상 $Y-Y$결선된 변압기

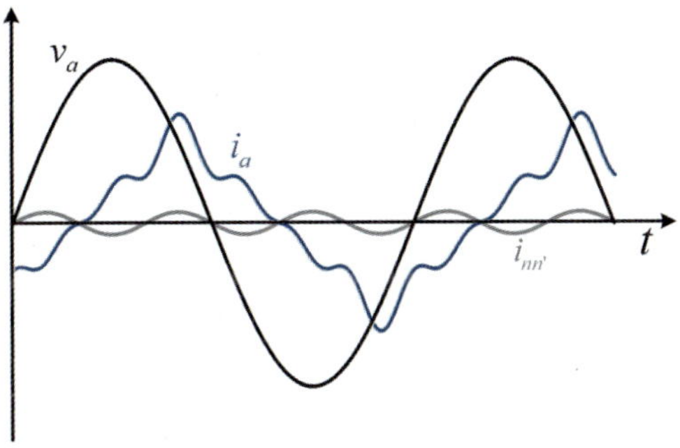

그림 4.42 a상 전압(v_a), a상 전류(i_a), 중성점 전류($i_{nn'}$)의 시간변화

일정한 값을 가지므로 3고조파 전류가 흐르지 못하게 된다. 따라서 자속은 정현파가 되지 않고 고조파를 포함하게 되어 자속의 파형이 그림 4.44(b)와 같이 왜곡된다. 따라서 왜곡된 자속파형에 의해 유도되는 상전압은 식 (4.90)과 같이 고조파를 포함하는 전압이 된다. 따라서 2차측에 유도되는 전압 역시 고조파를 포함한 전압이 유도되어 2차측에 부하를 연결하면 고조파 전압에 의한 문제가 발생한다.

$$\begin{aligned} e_a &= E_1 \sin\omega t + E_3 \sin 3\omega t = e_{a1} + e_{a3} \ [\mathrm{V}] \\ e_b &= E_1 \sin(\omega t - 120°) + E_3 \sin 3(\omega t - 120°) = e_{b1} + e_{b3} = e_{b1} + e_{a3} \ [\mathrm{V}] \\ e_c &= E_1 \sin(\omega t - 240°) + E_3 \sin 3(\omega t - 240°) = e_{c1} + e_{c3} = e_{c1} + e_{a3} \ [\mathrm{V}] \end{aligned} \tag{4.90}$$

$$e_a + e_b + e_c = 3e_{a3} \ [\mathrm{V}] \tag{4.91}$$

이 때, 전원전압과 유도기전력 사이의 전압관계를 살펴보도록 하자. 그림 4.43에서 a단자와 b단자 사이의 선간전압을 구해보면 3고조파가 모두 동상이기 때문에 단자전압과 유기기전력 사이에는 식 (4.92)와 같은 등식이 성립한다.

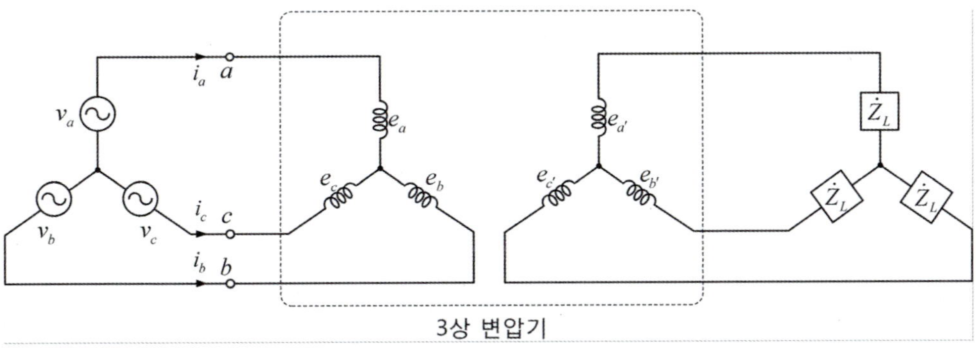

그림 4.43 중성점을 연결하지 않은 3상 $Y-Y$ 결선된 변압기

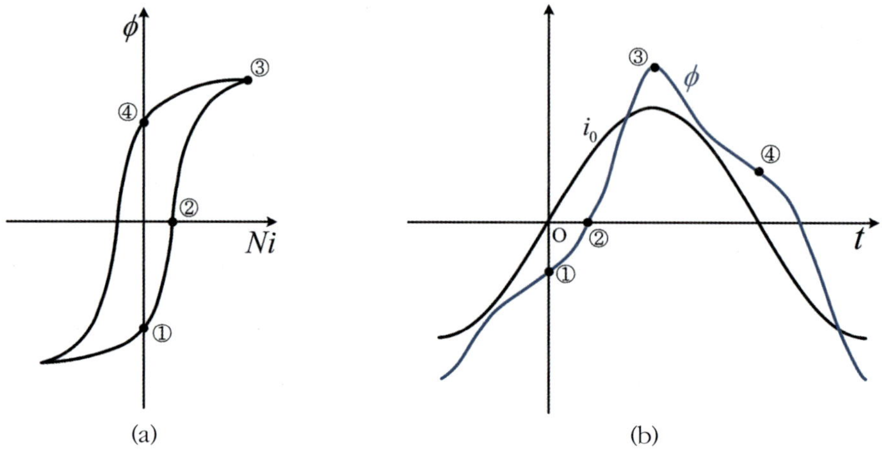

그림 4.44 3고조파가 흐르지 못할 때 자속왜곡 설명 모델
(a) 여자전류와 자속의 관계 (b) 고조파에 의해 왜곡되는 자속의 파형

$$v_{ab} = v_a - v_b = e_a - e_b = e_{a1} - e_{b1} \ [\text{V}] \tag{4.92}$$

따라서 3고조파 전압이 포함되더라도 전원전압과 유도기전력 사이에는 3고조파항이 나타나지 않으므로 전압방정식이 성립한다.

$Y-\Delta$ 결선에서 각 상전압을 알아보자. 앞에서와 같이 Y결선된 1차측에는 고조파전류가 흐르지 못하나 Δ 결선된 2차측에는 식 (4.93)과 같이 3고조파의 합성전압이 생기고 따라서 Δ 결선 내에 순환전류(circulating current) $i_{\Delta 3}$가 흐르게 된다.

$$e_{\Delta 3} = e_{a3} + e_{a3} + e_{a3} = 3e_{a3} \ [\text{V}] \tag{4.93}$$

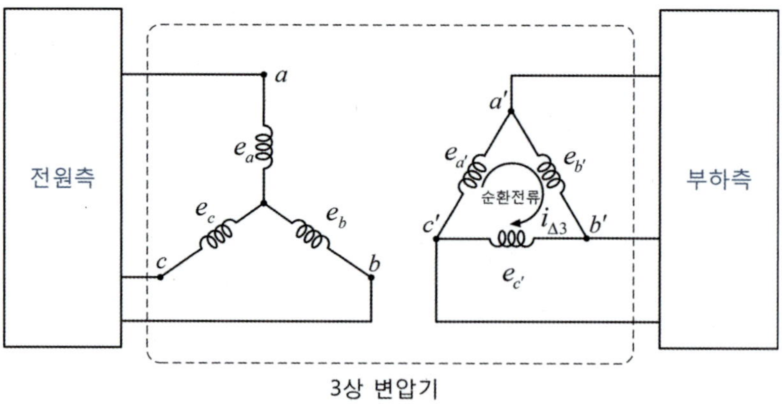

그림 4.45 $Y-\Delta$ 결선에서의 3고조파 순환 전류

이 순환전류는 자화전류로 작용하여 코어 내의 자속을 정현적으로 만들어주어 2차측 유도기전력은 정현파로 된다. 따라서 그림 4.45와 같이 $Y-\Delta$ 결선은 고조파 전류가 흐를 수 있는 통로를 마련함으로 유도전압을 정현적으로 만들 수 있는 장점을 가진다.

4.9.3 3상 결선방식에 따른 특성

[1] $Y-Y$ 결선

그림 4.46은 1차와 2차가 모두 Y결선된 $Y-Y$결선의 예를 보이고 있다. 1차측의 a, b, c상과 2차측의 a', b', c'상이 각각 별도의 변압기로 변압되고 3상이 서로 120°씩 위상차가 난다는 것을 강조하기 위해서 3상 변압기의 결선도는 그림 4.46을 사용하지 않고 그림 4.47과 같이 나타내는 것이 일반적이다. 여기서 각 상이 변압기 1개를 이루고 있다는

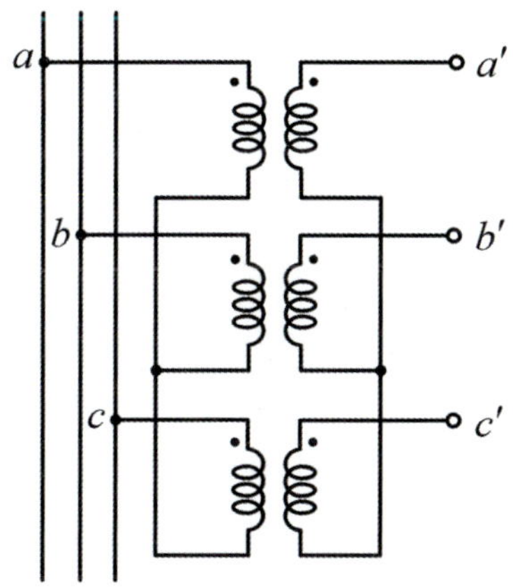

그림 4.46 3상 $Y-Y$결선된 3상 변압기

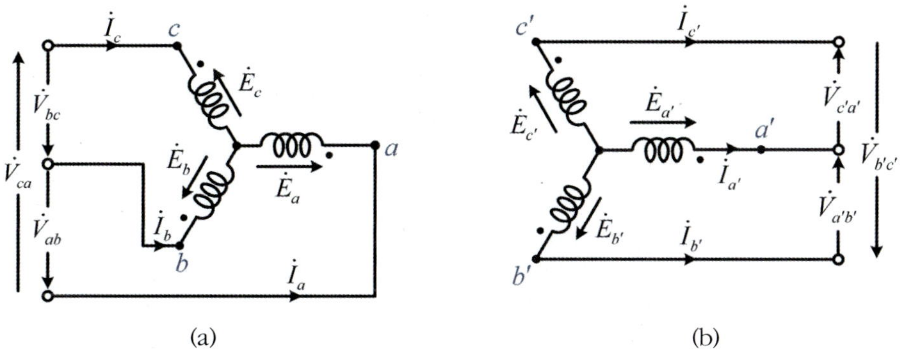

그림 4.47 3상 $Y-Y$결선된 3상 변압기 (a) 1차측 (b) 2차측

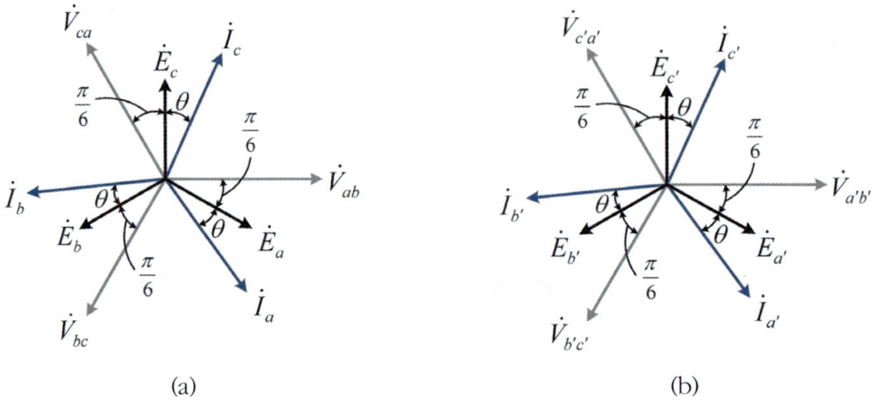

그림 4.48 $Y-Y$결선의 벡터도 (a) 1차측 (b) 2차측

것을 염두에 두어야 한다. 그림 4.47과 같은 $Y-Y$결선에서 각 상전압은 권선비에 의해 변압되고 1차측과 2차측의 각 상전압의 위상은 같다. 또한 이 때 흐르는 전류는 평형부하가 걸려있을 때 일정한 역률각을 갖는 평형 3상 전류가 흐른다. $Y-Y$결선에서 변압기에 걸리는 전압은 상전압이므로 선간전압의 $\frac{1}{\sqrt{3}}$배 전압만이 걸린다. 따라서 $Y-Y$ 결선된 3상 변압기는 절연면에서 유리하다. 그러나 앞에서 언급한 바와 같이 중성점을 접지하지 않으면 고조파의 자화전류가 흐르지 못하므로 유도기전력에 고조파를 포함하게 되어 2차측 전압에 고조파가 포함되어 부하에 손실을 증가시키는 등 여러 가지 문제점을 유발할 수 있다. 또한 중성점을 접지시키면 대지를 통하여 3고조파가 흐르므로 인접한 통신선에 통신장애 등을 일으킬 수 있으므로 $Y-Y$결선은 거의 사용하지 않는다.

그림 4.48에 1차측과 2차측의 선간전압, 상전압 및 전류를 나타내고 있다. 그림 4.48에서와 같이 1차측 선간전압과 2차측 선간전압, 1차측 상전압과 2차측 상전압이 동상인 것을 알 수 있다. 또한 1차측 및 2차측 모두 상전압과 선간전압은 위상이 $\frac{\pi}{6}$ 차이나고 상전압에 비해 선간전압이 $\sqrt{3}$배 크다는 것을 알 수 있다. 또한 1차측과 2차측에 흐르는 전류는 Y결선되어 있으므로 상전류와 선전류는 크기와 위상이 같고 이때 흐르는 전류의 크기와 역률각은 부하의 성질에 따라 결정되는 종속적인 양이다. a, b, c상에 흐르는 전류는 1차측, 2차측 모두 $120°$ 차이가 나는 평형전류가 흐른다.

$Y-Y$결선은 상전압이 선간전압에 비해 낮아 절연면에서 유리하나, 3고조파의 통로를 마련하기 위해 중성점을 접지하면 2차측 유기기전력의 파형은 좋아지나 통신장애의 문제가 있다. 따라서 $Y-Y$결선의 장점을 살리고 단점을 보완하기 위해 그림 4.49와 같이 Δ결선을 3권선으로 한 $Y-\Delta-Y$결선된 3상 변압결선을 사용하여 3고조파 전류가 흐를 수 있도록 하는 경우도 있다.

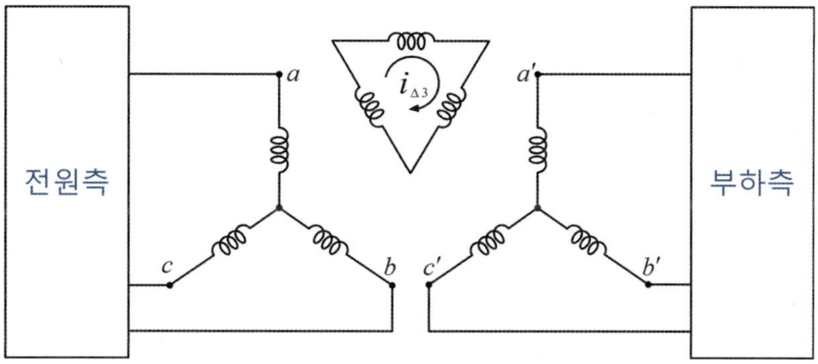

그림 4.49 3상 $Y-\Delta-Y$ 결선된 3상 변압기

[2] $\Delta-\Delta$ 결선

그림 4.50은 1차와 2차 모두 Δ결선된 $\Delta-\Delta$결선의 예를 보이고 있다. 일반적으로 결선도는 앞에서 설명한 바와 같이 그림 4.51을 주로 사용한다. $\Delta-\Delta$결선은 선간전압과 상전압이 같아 절연면에서 불리하므로 60[kV]이하의 송전선 및 고압 배전선로에 주로 사용되는 결선법이다. 이 결선법을 사용하면 3고조파 전류가 Δ결선 내를 순환하고, 외부에는 3고조파 전압이 나타나지 않는다. 따라서 정현파의 전압을 얻을 수 있고 유도장애 및 통신장애가 없다. 또한 1상분이 고장나면 나머지 2대로 V결선할 수 있다. 그러나 $\Delta-\Delta$결선은 중성점을 접지할 수 없으므로 지락 사고의 검출이 곤란하며 각 상의 권선 임피던스가 다르면 3상 부하가 평형이 되었어도 변압기의 부하전류는 불평형이 되는 단점을 갖는다.

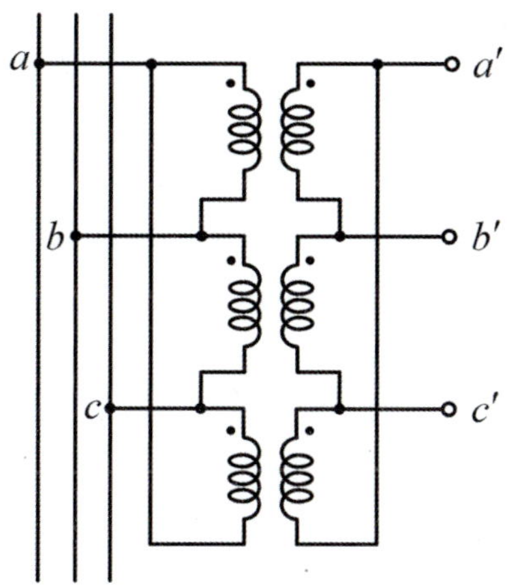

그림 4.50 $\Delta-\Delta$ 결선된 3상 변압기

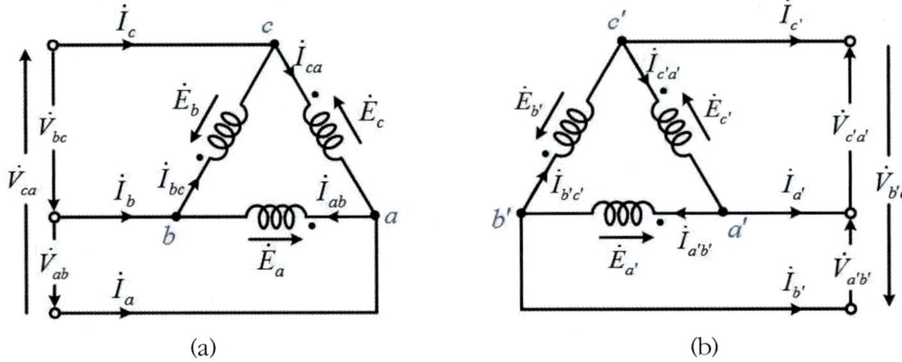

그림 4.51 $\Delta-\Delta$결선된 3상 변압기 (a) 1차측 (b) 2차측

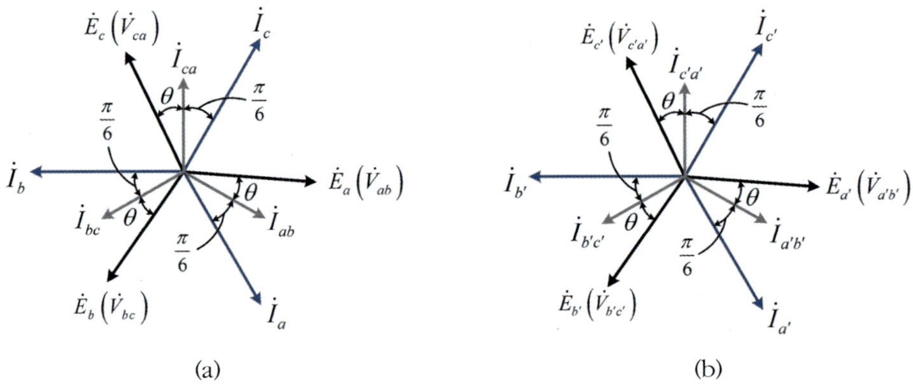

그림 4.52 $\Delta-\Delta$결선의 벡터도 (a) 1차측 (b) 2차측

그림 4.52는 $\Delta-\Delta$ 결선의 1차측과 2차측 전압, 전류에 대한 페이저도를 나타내고 있다. 그림 4.52에서 알 수 있는 바와 같이 Δ 결선이므로 상전압과 선전압은 동일하며 각 상의 전압은 크기가 같고 위상이 120°씩 차이나는 것을 알 수 있다. 또한 3상 평형부하를 걸으면 3상 평형전류가 흐르게 되며 부하의 성질에 따라 크기와 위상이 결정된다. 그림 4.52에서 알 수 있는 바와 같이 선전류 $\dot{I}_a$, $\dot{I}_b$, $\dot{I}_c$는 각각 a, b, c점에 흐르는 선전류를 나타내고 있다. 이때 선전류와 상전류 $\dot{I}_{ab}$, $\dot{I}_{bc}$, $\dot{I}_{ca}$는 크기가 $1/\sqrt{3}$ 배 차이가 나고 위상도 $\frac{\pi}{6}$ 차이가 난다.

[3] $\Delta-Y$ 결선

$\Delta-Y$ 결선은 그림 4.53과 같이 1차측을 Δ, 2차측을 Y로 결선한 변압기 결선법이다. $\Delta-Y$결선법을 사용하면 1차측이 Δ 결선이므로 여자전류의 3고조파가 순환전류로 흐를 수 있으므로 기전력이 정현파이고 유도장애가 없다. 그리고 2차측의 중성점은 접지할

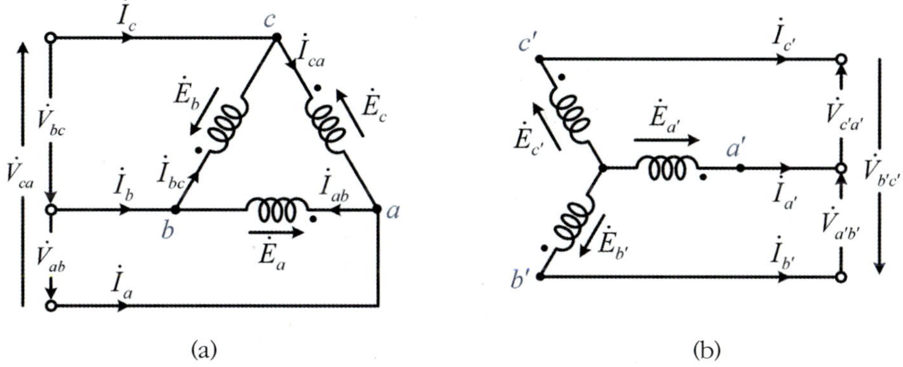

그림 4.53 $\Delta - Y$ 결선된 3상 변압기 (a) 1차측 (b) 2차측

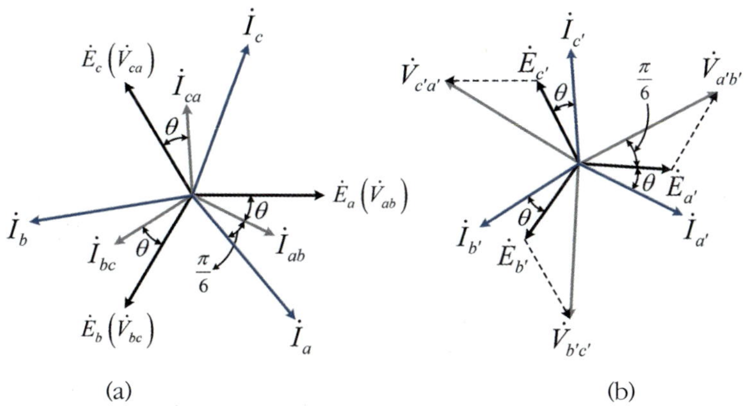

그림 4.54 $\Delta - Y$ 결선의 벡터도 (a) 1차측 (b) 2차측

수 있으며 중성점과 선간에 부하를 접속하면 저전압을 이용할 수 있다. 그러나 1차측 선간전압과 2차측 선간전압 사이에 $\frac{\pi}{6}$의 위상차를 갖는 단점이 있다.

이 결선은 발전소 저전압을 송전전압으로 승압할 때 Y결선의 상전압이 선간전압보다 $\frac{1}{\sqrt{3}}$배 낮으므로 절연성에 장점이 있어 많이 사용된다.

그림 4.54는 $\Delta - Y$결선에서 1차 및 2차의 전압과 전류 관계의 벡터도를 나타내고 있다. 그림 4.54에서와 같이 1차측 상전압과 2차측 상전압은 동상이지만, 2차측 선간전압 $\dot{V}_{a'b'}$는 1차측 선간전압 $\dot{E}_a\left(\dot{V}_{ab}\right)$보다 $\frac{\pi}{6}$ 앞서고 크기가 $\frac{\sqrt{3}}{a}$배 크다. 또한 1차측 전류와 2차측 전류의 크기는 권선비 a의 역수에 비례하고 3상전류가 1, 2차측 모두 평형하다. 또한 1차측의 선전류는 1차측 상전류에 비해 위상은 $\frac{\pi}{6}$ 뒤지고 크기가 $\sqrt{3}$배 크다.

[4] $Y-\Delta$ 결선

그림 4.55는 1차측을 Y, 2차측을 Δ로 접속한 $Y-\Delta$ 결선을 나타내고 있다. $Y-\Delta$ 결선법을 사용하면 2측이 Δ 결선이므로 여자전류의 3고조파가 순환전류로 흐를 수 있으므로 기전력이 정현파이고 유도장애가 없는 장점이 있다. 그리고 $Y-\Delta$ 결선에서 높은 송전 전압을 Y결선으로 하면 상전압이 선간전압보다 $\frac{1}{\sqrt{3}}$배 낮으므로 절연성에 장점이 있다. 또한 저전압인 2차측은 Δ 결선으로 하면 고조파에 대한 대책이 되므로 배전용 변압 결선으로 많이 사용된다.

1차측과 2차측의 전류와 전압의 관계를 벡터도로 그리면 그림 4.56과 같다. 그림 4.56에서와 같이 2차측 선간전압 $\dot{E}_{a'}\left(\dot{V}_{a'b'}\right)$는 1차측 선간전압 $\dot{V}_{ab}$보다 $\frac{\pi}{6}$만큼 늦는 것을 알 수 있다. 또한 1차측은 선전류와 상전류가 같으나 2차측은 선전류가 상전류에 비해 $\sqrt{3}$배 크다.

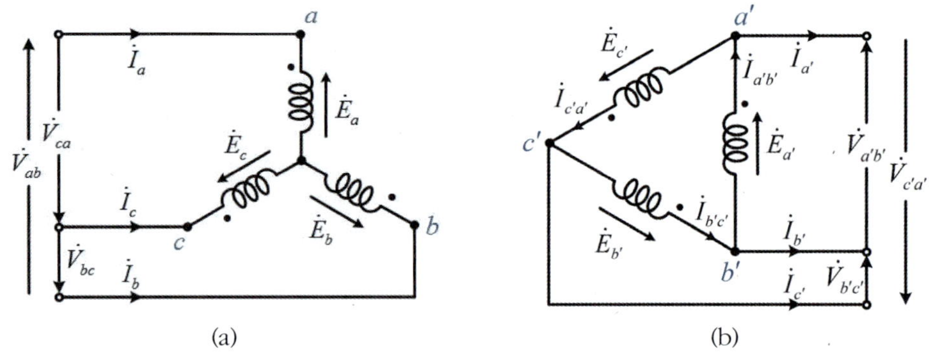

그림 4.55 $Y-\Delta$ 결선된 3상 변압기 (a) 1차측 (b) 2차측

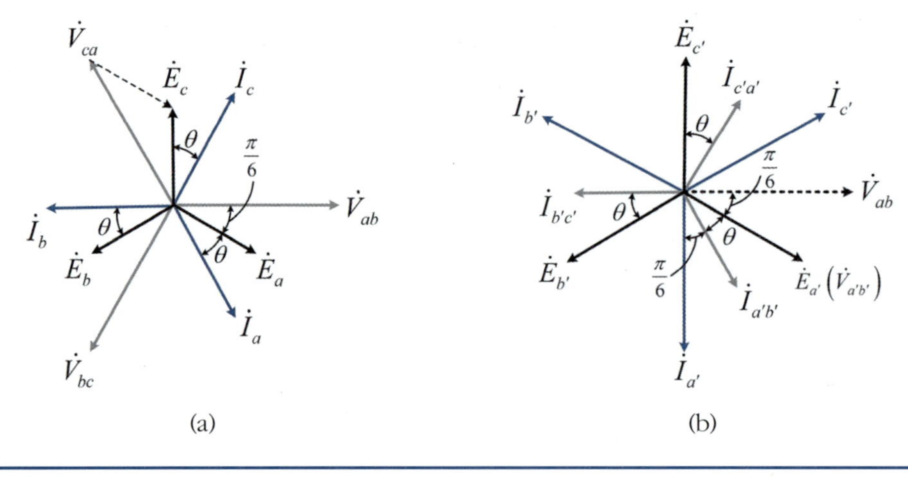

그림 4.56 $Y-\Delta$ 결선의 권선도 (a) 1차측 (b) 2차측

[5] V 결선

V결선은 그림 4.57(a)와 같이 Δ 결선으로 한 단상 변압기 3개 중 한 개를 제거한 결선법이다. 따라서 V결선은 3상 변압기로는 구현될 수 없고 3개의 단상 변압기 뱅크에서 1개가 고장나거나 현재는 용량이 적으나 조만간 용량을 올릴 것이라고 예상될 때 임시로 사용하는 특수한 결선법이다. 3개의 단상 변압기에서 1차측과 2차측이 모두 $\Delta-\Delta$ 결선을 구성한 경우 그 중 한 개를 제거해도 나머지 2개의 변압기로 3상 변압을 할 수 있다. 즉, 그림 4.57(b)에서 2차측의 각 단자전압 $V_{a'b'}, V_{b'c'}, V_{c'a'}$는 선간전압을 나타내고 이것을 벡터도로 그리면 그림 4.58과 같이 선간전압이 평형하게 되고 $\dot{V}_{a'b'}, \dot{V}_{b'c'}, \dot{V}_{c'a'}$는 식 (4.94)와 같이 되어 3상 부하 Z에 대해서 대칭 3상 전압이 된다는 것을 알 수 있다.

$$\dot{V}_{a'b'} = \dot{E}_{a'}\ ,\ \dot{V}_{b'c'} = \dot{E}_{b'}\ ,\ \dot{V}_{c'a'} = -\dot{E}_{a'} - \dot{E}_{b'}\ \ [\mathrm{V}] \tag{4.94}$$

그림 4.57(b)와 같이 3상 평형부하를 걸어주면 $I_{a'}$, $I_{b'}$, $I_{c'}$의 선전류가 흐르게 된다. 이때 변압기의 2차 권선에 흐르는 상전류를 각각 $I_{a'b'}$, $I_{b'c'}$라고 하면 변압기의 상전류와 선전류는 식 (4.95)의 관계가 성립된다.

$$\dot{I}_{a'} = \dot{I}_{a'b'}\ ,\ \dot{I}_{b'} = \dot{I}_{b'c'} - \dot{I}_{a'b'}\ ,\quad \dot{I}_{c'} = -\dot{I}_{b'c'}\ \ [\mathrm{A}] \tag{4.95}$$

식 (4.95)에서 알 수 있는 바와 같이 2차측 a상, c상의 상전류와 선전류의 크기가 일치함을 알 수 있다. 따라서 V결선은 $\Delta-\Delta$ 결선에서 한 상이 고장났을 때 계통을 중단하지 않고 전력을 공급할 수 있다.

$\Delta-\Delta$ 결선에서 선전류는 상전류의 $\sqrt{3}$ 배 큰 전류가 흐르지만 V결선에서는 선전류와 상전류가 같다. 따라서 $\Delta-\Delta$ 결선 변압기를 V결선으로 사용하면 원래 변압기가 가지고 있는 용량의 0.866배만을 이용하게 된다. 또한 V결선 변압기에서는 $\Delta-\Delta$ 결선

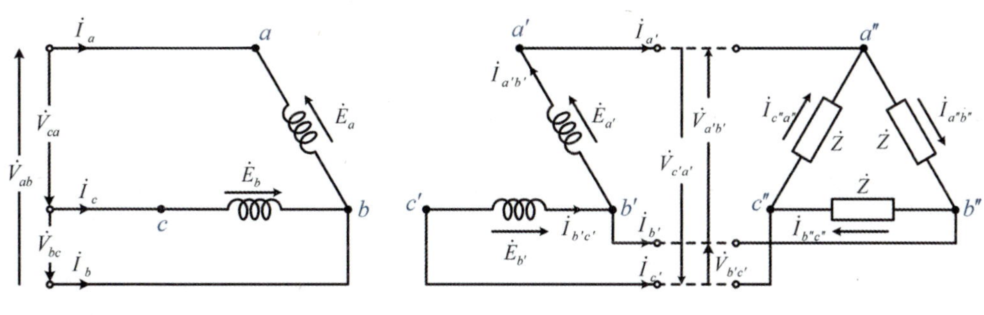

그림 4.57 V 결선된 3상 변압기

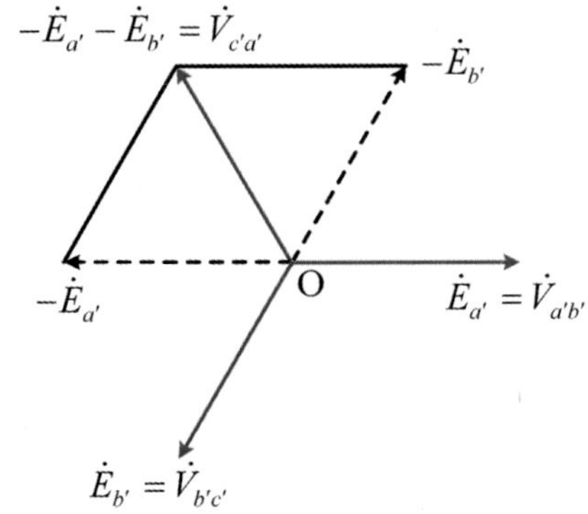

그림 4.58 V 결선의 2차측 전압, 전류의 페이저도

변압기에 비하여 출력이 1.732/3=0.577배가 된다. 따라서 V결선 3상 변압기는 2개의 변압기가 가지고 있는 변압기 용량의 0.866배만 이용하고 3상 변압기에 비해서 출력이 0.577배로 되지만 $\Delta-\Delta$ 결선한 변압기 중 1상이 고장나거나 또는 앞으로 부하 증가가 예상되어 우선 2대만을 설치하고 전력이 커질 때 1대를 더 설치하고자 할 때 사용된다.

예제 4.2

(1) V결선된 변압기가 $\Delta-\Delta$결선 변압기에 비하여 변압기 이용률이 0.866배가 되는 것을 증명하시오.
(2) V결선된 변압기가 $\Delta-\Delta$결선 변압기에 비하여 출력이 0.577배가 되는 것을 증명하시오.

풀이 <<

(1) 각 변압기의 2차 전압의 크기를 V_2, 2차 전류의 크기를 I_2, a상과 b상의 2차 전압과 전류의 위상차를 각각 θ_a, θ_b 라고 하자. 그림 4.57과 같이 부하 Z에는 평형 3상 전압 V_2가 걸리고 평형한 3상전류가 흐른다. 부하에 걸리는 전압과 전류의 역률각을 θ라고 하여 페이저도를 그리면 〈그림 1〉과 같다. 페이저도에서 알 수 있는 바와 같이 2차측 a상 변압기에 흐르는 전류 $I_{a'}$와 a상의 전압 $E_{a'}$ 와의 역률각은 $\frac{\pi}{6}+\theta$ 가 되지만 b상의 전압 $E_{b'}$와 b상에 흐르는 전류($I_{b'c'}=-I_c$)의 위상차는 $\frac{\pi}{6}-\theta$가 된다. 따라서 V 결선한 변압기 뱅크의 2차출력 P_2는 다음과 같다.

$$\begin{aligned} P_2 &= E_{a'}I_{a'b'}\cos\theta_a + E_{b'}I_{b'c'}\cos\theta_b \\ &= V_2I_2\cos\left(\theta+\frac{\pi}{6}\right)+V_2I_2\cos\left(\theta-\frac{\pi}{6}\right) \\ &= \sqrt{3}\,V_2I_2\cos\theta \ \ [\mathrm{W}] \end{aligned}$$

따라서 2개의 변압기의 용량은 $2V_2I_2$이므로 변압기 이용률은 다음과 같이 된다.

$$\frac{\sqrt{3}\,V_2I_2}{2V_2I_2}=0.866$$

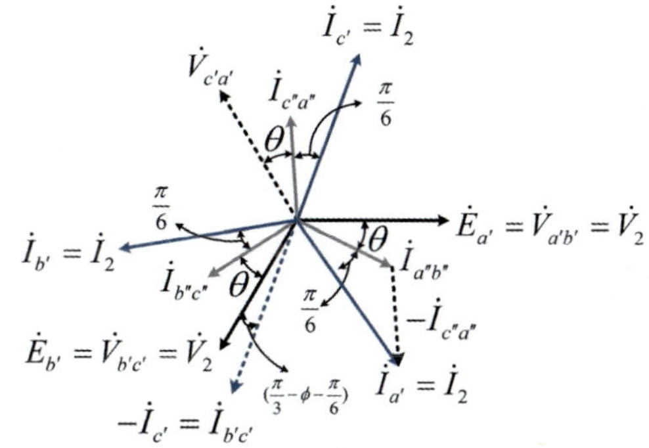

〈그림 1〉

(2) $\Delta-\Delta$결선을 할 경우에 변압기 뱅크의 용량은 $3V_{2n}I_{2n}$이 되므로 V결선을 하여 부하에 공급할 수 있는 전력은 다음과 같다.

$$\frac{V\text{결선출력}}{\Delta-\Delta\text{결선출력}} = \frac{\sqrt{3}\,V_{2n}I_{2n}}{3\,V_{2n}I_{2n}} = \frac{1}{\sqrt{3}} = 0.577$$

$\Delta-\Delta$결선에 비하여 출력을 0.577배만을 이용할 수 있다.

[6] 요약 $Y-Y$, $\Delta-\Delta$, $\Delta-Y$, $Y-\Delta$, V 결선

3상 변압기의 결선 방식에 따른 특성을 요약하면 표 4.3과 같다.

표 4.3 3상 변압기의 결선 방식에 따른 특징

결선 방식	결선도	특징
$Y-Y$결선	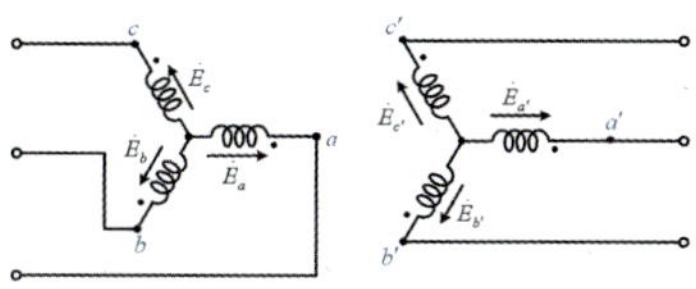	절연면에서 우수하고 순환전류가 흐르지 않는다.
		중성점이 비접지인 경우 유도기전력에 고조파가 포함되어 전압의 파형이 흐트러질 수 있다.
		중성점이 접지시키면 3고조파에 의해 통신장애를 일으킬 수 있다.
$\Delta-\Delta$ 결선	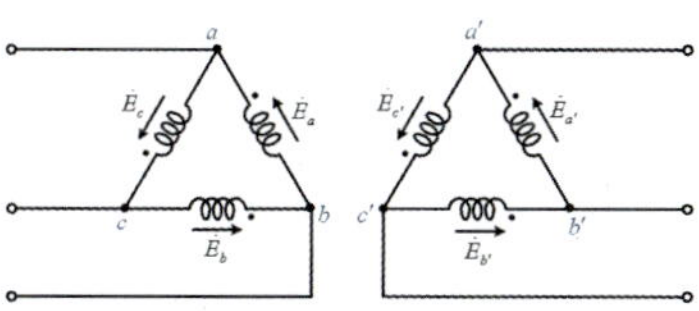	3고조파 전류가 Δ결선 내를 순환하기 때문에 유도장애 및 통신장애가 없다.
		1상분이 고장났을 경우 나머지 2상분으로 V결선 할 수 있다.
		중성점 접지가 없으므로 지락 사고의 검출이 곤란하며, 각 상의 임피던스가 다를 경우 부하전류가 불평형이 된다.

결선	결선도	특징
$\Delta - Y$ 결선	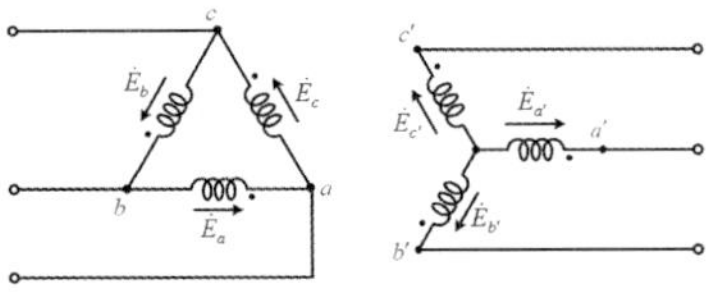	1차측이 Δ결선이므로 여자전류의 3고조파가 순환하기 때문에 기전력이 정현적이고 유도장애가 없다.
		중성점과 선간에 부하를 접속하면 저전압을 이용할 수 있으므로 접지의 이점이 있다.
		1차측 선간전압과 2차측 선간전압 사이에 30°의 위상차를 갖고, 1대에 고장이 생기면 전원 공급이 불가능하다.
$Y - \Delta$ 결선	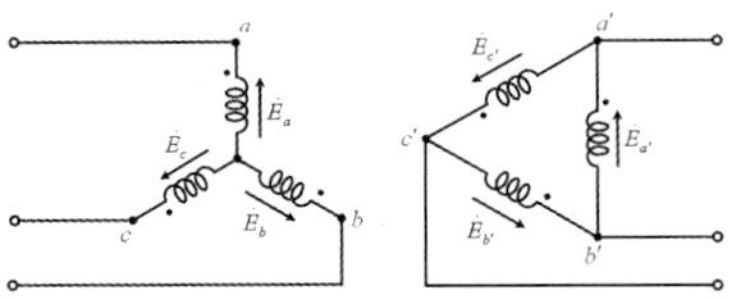	2차측이 Δ결선이므로 여자전류의 3고조파가 순환하기 때문에 기전력이 정현적이고 유도장애가 없다.
		높은 송전전압을 Y결선으로 하면 상전압이 선간전압보다 $1/\sqrt{3}$ 낮으므로 절연성에 장점이 있고 고전압의 결선에 적합하다.
		1차측 선간전압과 2차측 선간전압 사이에 30°의 위상차를 갖고, 1대에 고장이 생기면 전원 공급이 불가능하다.
V결선	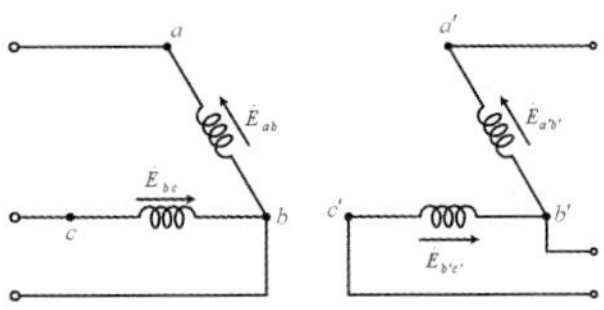	2대의 변압기로 3상 전력을 얻을 수 있다.
		부하증설 및 고장시 대처에 유리하다.
		이용효율이 낮고 2차측 전압이 불평형이 된다.

4.10 병렬운전(parallel operation)

4.10.1 단상 변압기의 병렬운전

변압기의 부하가 증가하여 새로 변압기를 증설하였을 때 또는 경제적 운전의 관점 등으로 2대 이상의 변압기의 1차측과 2차측을 각각 병렬로 연결하여 운전할 필요가 있게 되는데 이것을 병렬운전이라 한다. 병렬운전이 이상적으로 이루어지면 다음과 같게 된다.

- 각 변압기가 그 용량에 비례하여 전류를 분담한다.
- 각 변압기의 전류의 대수합이 언제나 전체의 부하전류와 같다.
- 병렬로 연결된 각 변압기의 폐회로에 순환전류가 흐르지 않는다.

이 상태를 만족하기 위하여 각 변압기는 다음 조건이 필요하다.

① 각 변압기의 극성이 일치

병렬운전을 할 때 가장 주의해야 할 것이 각 변압기의 극성을 맞추는 것이다. 즉, 그림 4.59(a)와 같이 1차측에서는 a_1과 a_2, a'_1, a'_2를 접속하고, 2차측에서는 b_1과 b_2, b'_1와 b'_2를 접속한다. 만약 극성이 잘못하여 반대로 되었을 때, 가령 b_1과 b'_2, b'_1와 b_2를 연결하면 양쪽의 2차 전압이 동상으로 되어 합해진다. 따라서 2차 권선으로 이루어진 폐회로가 형성되고 권선의 임피던스가 작으므로 대단히 큰 순환전류가 흘러서 권선이 소손(damage)된다.

② 각 변압기의 권수비가 같고 1차와 2차의 정격전압의 일치

권수비가 다를 때는 2차 전압의 차에 의하여 2차 권선 간에 순환전류가 흐르고 따라서 1차 권선에도 순환전류가 흘러서 손실이 증가하고 권선이 과열되는 원인이 된다.

③ 각 변압기의 백분율 임피던스 강하의 일치

부하의 분담(load sharing)이 변압기 용량에 비례하기 위해서 필요한 조건이다.

④ 각 변압기 r/x 비의 일치

각 변압기 r/x의 비가 같다는 것은 변압기 T_a에 흐르는 전류 $\dot{I}_a$와 변압기 T_b에 흐르는 전류 $\dot{I}_b$가 동상이라는 조건이다. $\dot{I}_a$와 $\dot{I}_b$가 동상이며 그림 4.59(b) 등가회로에서 1차측 부하전류는 $I_1 = I_a + I_b$와 같이 두 변압기에 흐르는 부하전류의 산술합이 된다. 그러나 $\dot{I}_a$와 $\dot{I}_b$가 동상이 아니면 $\dot{I}_1 = \dot{I}_a + \dot{I}_b$와 같이 두 변압기에 흐르는 부하전류의 벡터합이 된다. 따라서 일정한 부하전류에 대해서 동손을 최소로 하려면 각 변압기의 전류가 동상이 되어야 한다.

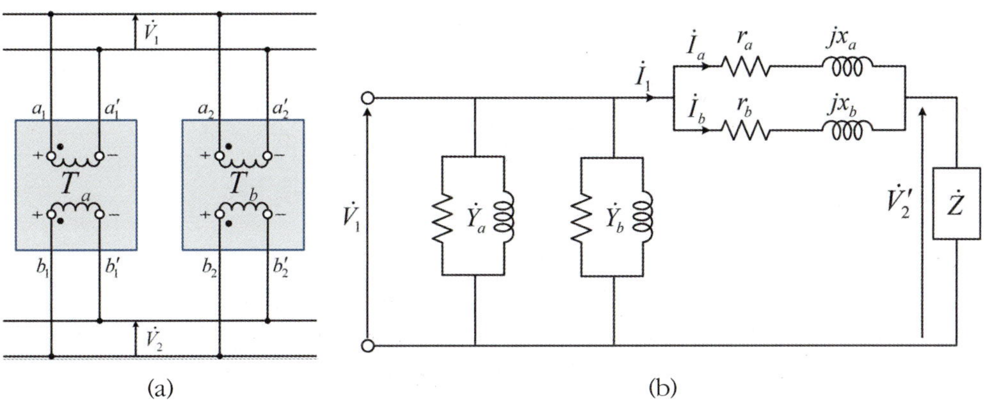

그림 4.59 단상 변압기의 병렬운전 (a) 결선도 (b) 등가회로

예제 4.3 2대의 단상 변압기를 병렬운전할 때 앞에서의 조건 ①, ②, ③을 만족시킬 때 부하 분담이 같게 되는 것을 증명하시오.

풀이 << 그림 4.59(a)에서와 같이 T_a, T_b의 2대의 변압기가 병렬운전을 하고 있으며 각 변압기의 여자어드미턴스를 각각 $\dot{Y}_a$[S], $\dot{Y}_b$[S]라 하고, 1차측으로 환산한 임피던스를 각각 $\dot{Z}_a = r_a + jx_a$[Ω], $\dot{Z}_b = r_b + jx_b$[Ω]라 할 때, 1차로 환산한 간이 등가회로를 만들면 그림 4.59(b)와 같다. 1차측과 2차측이 각각 동일한 선로 또는 모선에 연결되어 있으므로 1차와 2차의 단자전압은 같고 각각 동일한 $\dot{V}_1$[V], $\dot{V}'_2$[V]가 된다. 그리고 각 변압기의 부하전류를 각각 $\dot{I}_a$, $\dot{I}_b$라고 하면 식 (1)이 성립한다.

$$\begin{aligned} \dot{V}_1 &= \dot{Z}_a \dot{I}_a + \dot{V}'_2 \ [\mathrm{V}] \\ \dot{V}_1 &= \dot{Z}_b \dot{I}_b + \dot{V}'_2 \ [\mathrm{V}] \end{aligned} \tag{1}$$

여기서 여자전류를 무시하면 1차 전류 I_1은 다음과 같다.

$$\dot{I}_1 = \dot{I}_a + \dot{I}_b \ [\mathrm{A}] \tag{2}$$

한편 식 (1)과 식 (2)로 부터 식 (3)이 얻어진다.

$$\dot{Z}_a \dot{I}_a = \dot{Z}_b \dot{I}_b = \dot{Z}_1 \dot{I}_1 \ [\mathrm{V}] \tag{3}$$

여기서 $\dot{Z}_1 = \dfrac{\dot{Z}_a \dot{Z}_b}{\dot{Z}_a + \dot{Z}_b}$이다. 다시 식 (3)을 정리하면 식 (4)가 성립된다.

$$\frac{\dot{I}_a}{\dot{I}_b} = \frac{\dot{Z}_b}{\dot{Z}_a}, \quad \dot{I}_a = \dot{I}_1 \frac{\dot{Z}_1}{\dot{Z}_a}, \quad \dot{I}_b = \dot{I}_1 \frac{\dot{Z}_1}{\dot{Z}_b} \tag{4}$$

T_a, T_b 2대 변압기의 1차 정격전류를 I_{an}[A], I_{bn}[A]이라 하고, 1차 정격전압을 V_n[V]이라고 하면, 백분율 임피던스 강하 z_a, z_b는 식 (5), (6)과 같다.

$$z_a = \frac{Z_a I_{an}}{V_n} \times 100 \ [\%] \tag{5}$$

$$z_b = \frac{Z_b I_{bn}}{V_n} \times 100 \ [\%] \tag{6}$$

따라서 백분율 임피던스로 표현한 전류비는 식 (7)과 같다.

$$\frac{I_a}{I_b} = \frac{z_b V_n I_{an}}{z_a V_n I_{bn}} = \frac{z_b}{z_a} \cdot \frac{V_n I_{an}}{V_n I_{bn}} = \frac{z_b}{z_a} \cdot \frac{P_{an}}{P_{bn}} \tag{7}$$

여기서 P_{an}[VA], P_{bn}[VA]는 각 변압기의 정격용량을 나타낸다. 만약 a 변압기의 용량이 m배 크다고 하면($P_{an} = mP_{bn}$) 식 (7)은 식 (8)과 같이 된다.

$$\frac{I_a}{I_b} = m\frac{z_b}{z_a} \tag{8}$$

따라서 각 변압기의 분담전류가 정격용량에 비례하여 $I_a/I_b = m$으로 되기 위해서는 식 (8)에서 백분율 임피던스 강하 z_a와 z_b가 같아야 함을 알 수 있다.

4.10.2 3상 뱅크의 병렬운전

단상 변압기 3대로 3상 결선된 것을 병렬운전할 경우에는 단상 변압기의 병렬운전에서의 조건 이외에 상회전(phase rotation) 방향 및 1차와 2차 선간전압의 위상 변위(phase deviation)가 같아야 한다. 각 변위와 상회전방향이 일치하지 않으면 2차가 단락된다. 따라서 $\Delta-\Delta$와 $\Delta-\Delta$, $Y-Y$와 $Y-Y$, $Y-\Delta$와 $Y-\Delta$, $\Delta-Y$와 $\Delta-Y$는 병렬 운전이 가능하다. $\Delta-\Delta$와 $Y-Y$, $\Delta-Y$와 $Y-\Delta$도 2차의 위상이 일치하도록 접속하면 병렬운전이 가능하다. 정격 1차, 2차 전압이 같으면 같은 위상변위의 쌍에서는 동일 단자를 접속하여 병렬운전을 행할 수 있다. 병렬회로가 가능한 결선과 불가능한 결선의 쌍을 나타내면 표 4.4와 같다.

표 4.4 3상 변압기의 병렬운전의 결선도

구분	결선
가능	$\Delta-\Delta$와 $\Delta-\Delta$, $Y-Y$와 $Y-Y$ $Y-\Delta$와 $Y-\Delta$, $\Delta-Y$와 $\Delta-Y$ $\Delta-\Delta$와 $Y-Y$, $\Delta-Y$와 $Y-\Delta$
불가능	$\Delta-\Delta$와 $Y-\Delta$, $\Delta-Y$와 $Y-Y$

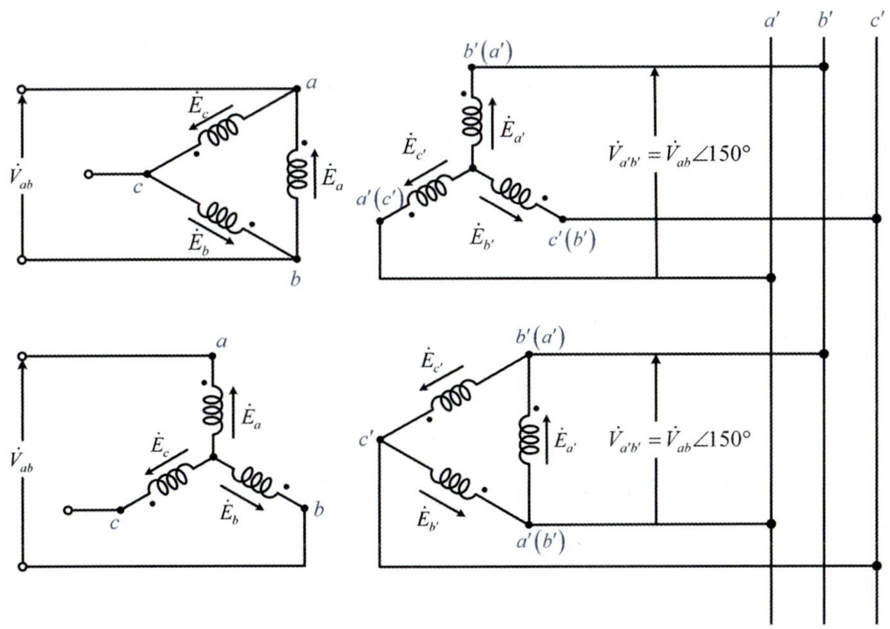

그림 4.60 $\Delta-Y$와 $Y-\Delta$로 결선된 3상 뱅크의 변압기 병렬운전

우선 $\Delta-\Delta$와 $Y-Y$의 병렬운전을 살펴보자. $\Delta-\Delta$ 결선의 2차측 선간전압은 1차측 선간전압과 위상차가 없고 $Y-Y$ 결선의 2차측 선간전압은 1차측 선간전압과 위상차가 없으므로 두 변압기간의 선간전압의 위상차가 발생하지 않으므로 병렬운전이 가능하다.

다음은 3상 변압기의 병렬회로가 가능한 결선중에서 $\Delta-Y$와 $Y-\Delta$의 병렬운전에 대해서 살펴보자. $\Delta-Y$ 결선은 그림 4.54와 같이 1차측의 선간전압 V_{ab}에 대해서 2차측의 $V_{a'b'}$는 위상이 30° 앞서 있으나 그림 4.60과 같이 a'상을 b'상으로, b'상을 c'상으로 c'상을 a'상으로 연결하면 1차측 V_{ab}, V_{bc}, V_{ca}에 비하여 2차측 $V_{a'b'}$, $V_{b'c'}$, $V_{c'a'}$는 $30°+120°=150°$ 위상이 빨라진다. 또한 $Y-\Delta$ 결선에서는 2차측 전압 $V_{a'b'}$는 1차측 전압 V_{ab}에 비해서 위상이 30° 뒤지는데 그림 4.60에서와 같이 a'와 b'만을 상을 바꾸어 접속하면 $V_{a'b'}$는 $180°-30°=150°$가 되어 $\Delta-Y$ 결선과 위상이 같아져서 전압의 크기가 같다는 전제하에 병렬운전이 가능하다. 그러나 $\Delta-\Delta$와 $Y-\Delta$, $\Delta-Y$와 $Y-Y$는 선간전압의 위상에 30° 차이가 있으므로 병렬운전이 불가능하다.

4.11 변압기의 구조

변압기는 용량에 따라 만드는 방법과 구조가 다르나 모든 변압기는 철심과 권선을 가지고 있다. 고압변압기일수록 구조가 복잡하며 그림 4.61과 같은 고압변압기의 구조에 대해서 각각의 역할 및 특성에 대해서 알아보도록 하자. 철심에 권선을 감을때 누설자속을 줄이기 위해서 같은 다리(leg)에 저압권선(low-voltage winding)과 고압권선(high-voltage winding)을 모두 감게 되는데 절연을 생각하여 저압권선을 내측에 감고 고압권선을 외측에 감는다. 또한 외부로부터 변압기를 보호하고 인체의 접촉을 막아주기 위해서 외함이 필요하다. 변압기의 절연은 소용량인 경우는 공기로 절연을 하나 대용량 전력용 변압기는 절연 내력(dielectric strength)이 높은 절연유를 사용하는 것이 일반적이다. 전기기기는 용량이 커질수록 온도상승에 대한 대책이 필요하므로 대용량 변압기는 별도의 냉각구조를 가진다. 냉각은 크게 냉각매체(cooling medium)를 사용하는지 또는 공기로 냉각하는지에 따라 유입식(oil-filled)과 건식(dry-type)으로 나뉘고, 강제적인지 자연적인지에 따라 분리될 수도 있다. 또한 변압기 권선으로부터 외함과 절연시켜 단자를 인출하기 위한 부싱구조를 갖는다. 변압기의 외함은 전기적으로 0[V]이므로 부싱(bushing)은 외함과 충분히 절연될 수 있는 이격거리(clearance)를 가져야 한다. 따라서 그림 4.61에서 높게 나와 있는 부싱은 고압권선의 부싱이고 낮게 되어있는 부싱은 저압 부싱이다.

그림 4.61 변압기의 구조

4.11.1 기본구조

[1] 내철형과 외철형(내철형 : core-type, 외철형 : shell type)

변압기는 자기회로를 구성하는 철심과 전기회로를 구성하는 권선이 기본구조로써 철심과 권선의 상대적 위치에 따라서 다음과 같이 내철형과 외철형으로 구분할 수 있다.

① 내철형 : 내철형은 그림 4.62(a)와 같이 철심이 권선의 안쪽에 위치한 것으로 권선이 철심의 다리에 감겨있는 형태이다. 철심은 권선이 감기는 철심다리와 두개의 철심다리를 연결하는 요크로 구성된다. 내철형 변압기는 그림 4.62(a)에서와 같이 1차측 권선과 2차측 권선이 다른 철심다리에 연결되는 것이 일반적이다.

② 외철형 : 외철형은 그림 4.62(b)와 같이 권선이 철심의 안쪽 다리에 위치한 것으로 철심이 그 주위를 감싸고 있는 모양이다. 권선은 1차 권선과 2차 권선이 같은 철심다리에 감기고 각 권선사이는 절연을 하여 그 주위를 철심으로 적층하여 조립한다. 절연상 이점을 얻기 위해 권선 중 안쪽의 권선은 저압권선으로하고 외부권선은 고압권선으로 한다. 이 구조는 내철형에 비해 철심의 사용량은 조금 많을 수 있으나 누설리액턴스가 작은 장점이 있다.

[2] 철심(core)

전력용 변압기의 철심 재료로는 투자율이 크고 히스테리시스손과 와전류손이 적은 규소강판을 사용한다. 규소강판의 규소 함량은 약 4% 정도이며, 두께는 0.35[mm] 정도의 것을 가장 많이 사용한다. 규소강판은 압연방식에 따라 냉간압연과 열간압연의 두 가지 방식으로 구분할 수 있으며, 냉간압연을 한 규소강판은 압연방향으로 자속을 통과시키면 열간압연을 한 규소강판에 비하여 철손과 여자전류가 감소하는 특징이 있다. 또한 와전류손

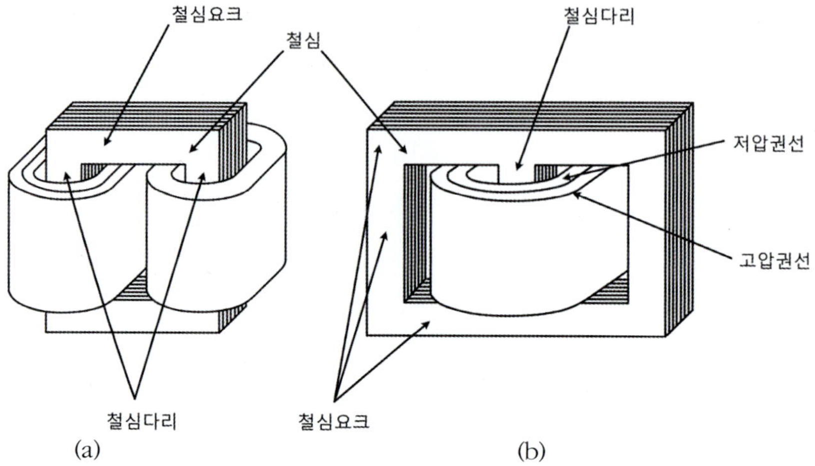

그림 4.62 (a) 내철형 (b) 외철형

을 줄이기 위하여 강판의 표면에 절연피막을 입히는데 절연 바니시 또는 물유리혼합물을 입힌다. 또는 강판의 한쪽 면에 얇은 종이를 붙이거나 강판을 제조할 때 인산염과 같은 무기질 피막을 입히기도 한다.

이와 같이 얇은 강판들을 적층하여 만든 성층철심의 강판 사이에는 절연물이 포함된다. 따라서 자속이 흐르는 방향에 수직한 방향으로 철심의 단면적중 순수한 철이 차지하는 비율을 점적률이라고 하며 변압기의 철심에서는 그 값이 약 0.91~0.94 정도이다.

[3] 권선(winding)

권선은 둥근동선이나 평각동선 등을 사용하며, 전류가 적은 경우에는 주로 둥근동선을 사용한다. 용량이 아주 작은 변압기의 경우 직접 도체를 철심에 감는다. 이와 같은 방식은 철심을 절연하고 그 위에 직접 저압권선을 감은 후 다시 절연을 한 후 고압권선을 감는 방식이다. 용량이 큰 변압기의 경우 권선 틀 또는 절연 통 위에 권선을 미리 감고 절연처리를 한 후 철심에 조립하는 형권방식(form-wound)(미리 만들어진 권선형태의 방식)을 적용한다.

[4] 외함(casing)

변압기 본체와 절연유를 넣게 되는 외함은 주철제나 강판을 용접해서 만든다. 소용량의 변압기에서는 표면을 편평하게 하여도 냉각이 충분하지만 용량이 커지게 되면 방열면적을 늘리기 위하여 파형 철판을 붙이거나 방열관, 방열기 등을 설치한다.

[5] 부싱(bushing)

변압기권선의 단자는 외함을 통하여 외부로 나오게 되는데, 외함은 철심과 마찬가지로 전위가 0이므로 단자선과 외함은 변압기의 사용 전압에 견딜 수 있도록 충분히 절연되어야 한다. 이러한 절연에 사용하는 것을 부싱이라 한다. 부싱은 단자선과 외함 사이에 누설전류가 생기지 않도록 충분한 이격거리를 갖고 이상 전압 상승, 또는 낙뢰 등에 의해 발생하는 임펄스전압에 대하여 안전하도록 적당한 플래시 오버 전압치를 갖는 형상이 된다. 부싱은 여러 가지 형태가 있으며 중요한 부싱을 정리하면 다음과 같다.

① 단일형 부싱(plain bushing) : 33[kV] 이하의 저전압 변압기에서는 간단한 형상의 자기제 애자관을 부싱으로 사용하고 이격거리를 증가시키기 위하여 표면을 주름모양으로 한다.

② 컴파운드 부싱(compound-filled bushing) : 원통형의 자기제 애자관과 중심도체 사이에 절연 컴파운드(dielectric compound)를 채워서 공기가 남지 않도록 하여 절연 내력(dielectric strength)을 크게 한 방식으로 77[kV]까지 사용된다.

③ 유입 부싱(oil immersed bushing) : 66[kV] 이상이 되면 일반적으로 유입 부싱과 콘덴서 부싱이 사용된다. 유입 부싱은 자기제 애자관과 중심도체 사이에 절연유를 채우고 그 속에 상당수의 성층 절연물의 원통을 동축으로 배치하여 유전변형을 균일하게 한 것이다.

④ 콘덴서 부싱(condenser bushing) : 유입 부싱과 마찬가지로 66[kV] 이상의 고전압에 사용되며 중심도체의 주위에 절연지와 금속박을 교대로 동축으로 감아서 가장 바깥쪽의 금속박은 접지하여 각 층을 각각 같은 정전용량으로 된 여러 개의 원통형 콘덴서로 형성시켜서 절연지에 걸리는 전압을 각 층마다 균등하게 한 구조이다. 이것을 유입 부싱과 같이 자기제 애자관을 넣고 주위에 절연유를 채워서 사용한다.

4.11.2 변압기유와 변압기유의 열화방지

[1] 변압기유

변압기에 사용하는 광유(mineral oil)는 공기에 비하여 수배의 절연 내력을 갖고 있으며 비열(specific heat)이 공기보다 커서 냉각매체로 유효하기 때문에 변압기에서 절연과 냉각의 목적으로 사용된다. 따라서 변압기에 사용되는 절연유는 다음과 같은 특성이 요구된다.

- 절연 내력이 커야 한다.
- 절연 재료 및 금속과 접하여도 화학작용을 일으키지 않아야 한다.
- 인화점(flashing point)이 높아야 한다.
- 유동성이 풍부하고 비열이 커서 냉각 효과가 커야 한다.
- 높은 온도에서 석출물(precipitation)이 생기거나 산화(oxidation)되지 않아야 한다.

[2] 절연유의 열화방지

변압기의 외함은 밀폐되어 있으나 외부 공기의 온도변화 또는 부하의 변동에 따른 외함 내 절연유의 온도가 변하면 부피가 변화하게 되고 외함 내의 기압과 대기압 간에 차이가 발생하여 공기가 출입하게 된다. 이것을 변압기의 호흡작용이라 하며 이 때문에 변압기 내에 습기가 들어와서 절연유의 절연 내력이 저하되고 열을 받은 기름이 공기와 접촉하므로 산화작용(oxidation)에 의하여 절연유(insulating oil)의 절연성능을 떨어뜨리고 용해되지 않는 침전물이 발생한다. 이러한 작용을 방지하기 위하여 콘서베이터(conservator)를 설치한다.

외함에는 절연유가 가득 차 있고 접속관에 의하여 콘서베이터와 접속하고 있기 때문에 공기는 외함 안으로 출입하지 않는다. 또한 콘서베이터 안의 절연유와 공기의 접촉면이 적으므로 습기와 산소에 의한 절연유의 열화(성능이 떨어지는 것)는 대단히 적다. 그리고 침전물이나 수분은 콘서베이터의 하부에 고이게 되므로 종종 배수 밸브(drain valve)를 열어서 배출한다. 화학적 방법을 사용하여 콘서베이터 안으로 들어오는 공기에서의 수분과 산소를 제거하면 절연유의 열화는 더욱 방지할 수 있다.

이와 같은 방법을 이용하더라도 장기간에 걸친 산화에 의한 절연유의 열화를 피할 수는 없다. 이를 방지하기 위하여 대용량 변압기에서는 질소봉입기 등을 사용하는데 질소봉입방식은 콘서베이터의 유면 위에 건조된 질소가스를 봉입하여 공기가 절연유에 접촉되지 않게 하는 방식이며, 격막식은 절연유와 공기의 접촉면에 내유성(grease-proof)의 막을 받들어 공기와 절연유의 접촉을 방지하는 방식이다.

변압기 본체의 고장으로 급격한 가스의 발생 또는 절연유의 팽창 등이 있으면 외함에 위험을 줄 염려가 있으므로 이를 방지하기 위하여 콘서베이터를 사용하는 것에는 외함의 뚜껑 위에 방압 안전장치를 설치하여 변압기 내의 압력을 일정하게 유지하게 한다. 광유인 절연유의 가열성을 피하고자 할 때는 절연유 대신 염화디페닐(diphenyl chloride)을 주체로 한 합성 액체절연물이 사용된다.

4.11.3 냉각방식

변압기에는 회전하는 부분이 없기 때문에 효율은 좋으나 강제적인 공기의 흐름이 없어 냉각 효과가 부족하다. 그리고 대용량의 변압기일수록 전력손실에 의해 발생하는 열에 비하여 대류(convection) 등을 이용한 열 발산(heat radiation)의 효과가 적어 온도 상승이 크게 되기 때문에 이를 해결하기 위한 여러 가지 냉각방식이 적용되고 있다. 냉각방식으로는 변압기의 본체를 공기 중에 노출하여 대류를 이용하여 냉각시키는 건식과 절연유 안에 넣어 냉각하는 유입식으로 구분할 수 있으며 이를 세분화시키면 다음과 같다.

[1] 건식자냉식(air cooled type)

소용량의 변압기에서는 전력손실에 의해 발생하는 열량에 비하여 냉각되는 면적이 넓기 때문에 특별한 냉각방식이 필요없고 공기의 대류작용만으로도 충분한 냉각 효과가 있다. 이 방식은 약 22[kV] 이하의 계기용 변압기나 저압 변압기에 사용된다.

[2] 건식풍냉식(air blast type)

절연유를 쓰지 않고 공기 중에서 냉각시키는 건식방식(dry-type)에 송풍기를 사용하여 강제대류(forced convection)현상을 이용하여 냉각 효과를 크게하는 방식이다. 절연유를 이용하지 않기 때문에 22[kV] 정도 이상의 고압에서는 사용되지 않으며 절연유에 의한 화재를 조심해야 할 장소에 주로 사용된다.

[3] 유입자냉식(oil immersed self cooled type)

유입자냉식은 절연유를 채운 외함에 변압기 본체를 넣어 절연유에 의한 대류를 이용하여 변압기의 철심과 권선에서 발생하는 손실에 의한 열을 외함으로 전달하고 외함에서는 이를 대기 중으로 발산하는 방식이다. 소용량 변압기의 경우 외함의 표면이 편평하여도 열을 발산하는데 큰 무리가 없으나 용량이 커질수록 방열면적을 크게 확보해야 한다. 따라서 외함의 표면에 방열관을 붙이거나 파형강판을 사용하여 냉각 효과를 늘리고 더욱 큰 냉각 효과를 기대하기 위해서는 외함 외부에 방열기를 설치한다. 유입자냉식은 설비가 비교적 간단하고 취급 및 보수가 용이하므로 소형의 배전변압기에서부터 대형의 전력변압기까지 널리 사용된다.

[4] 유입풍냉식(oil immersed air blast type)

유입풍냉식은 유입자냉식의 방열부분에 송풍기를 설치하여 강제대류에 의하여 냉각효과를 높인 방식으로 대용량에 널리 사용된다.

[5] 유입수냉식(oil immersed water cooled type)

외함 상부의 절연유 속에 냉각관을 설치하고 이 관을 통하여 냉각수를 순환시킴으로써 절연유에서 발생하는 열을 빠르게 발산하여 냉각 효과를 높인 방법이다. 변압기의 철심 및 권선에서의 손실에 의해 발생한 열은 절연유의 대류를 통하여 상부로 이동하게 되며 이 열을 상부의 냉각관에 전달하여 냉각시키는 방식이다. 이러한 유입수냉식은 냉각관에 냉각수를 공급할 급수설비와 외함의 상부를 거쳐 나온 냉각수를 다시 재냉각시킬 냉각설비가 필요하다. 또한 냉각관 내부에 침전물 등이 생겨도 청소가 용이하지 않고 절연유 내의 냉각관이 균열이 발생하면 물이 절연유 속으로 혼입하게 될 수 있기 때문에 양질의 물이 풍부하게 있을 경우에만 사용할 수 있다.

[6] 유입송유식(oil immersed oil circulating type)

앞에서 설명한 유입자냉식과 유입풍냉식은 절연유의 자연대류를 이용한 냉각방식으로 대용량의 변압기에는 부적당하다. 유입송유식은 절연유를 펌프에 의해 외부의 냉각기로 보내고 냉각된 절연유를 다시 외함의 바닥으로 공급하는 방식이다. 이 때 절연유의 냉각에는 자냉식, 풍냉식 그리고 수냉식이 있다. 유입송유식은 펌프와 냉각부 등의 외부 부속장치가 필요하지만 냉각효과가 크고 유량이 적게 들기 때문에 대용량 변압기에서 가장 널리 사용된다.

4.11.4 절연

변압기에서 절연(insulation)은 철심과 권선 사이의 절연, 권선 간의 절연, 권선 층간의 절연으로 나눌 수 있다. 일반적으로 변압기는 절연유 안에서 있으므로 절연물은 절연유에 반응하지 않아야 한다. 절연물로는 면사(cotton yarn), 면포(cotton stuff), 종이, 프레스보드(press board) 등의 섬유재료를 사용하고 권선이 완성되면 충분히 건조시킨 후 다시 절연 바니시(insulating varnish)로 함침(impregnation)한 후 건조한다. 이러한 과정을 2, 3회 거치고 나면 바니시 층이 생겨서 방습성(damp proof property)이 증가하고 전기적인 강도를 증대시킨다. 고전압, 대용량의 변압기에서는 단락 시 매우 큰 기계적인 힘이 발생하므로 이를 견디기 위하여 절연 내력이 크고 기계적 강도가 큰 성층 절연물(laminated insulator)을 사용한다. 성층 절연물이란 튼튼한 종이를 여러장 층을 쌓고 천연 또는 수지(resin)를 함침시킨 후 고온 고압으로 성형한 절연물을 말한다.

[1] 절연방식에 따른 분류

① 유입 변압기(oil immersed transformer)

유입 변압기는 절연과 냉각의 목적으로 절연유를 사용하는 방식으로 주상 변압기와 같은 소용량에서부터 발전소, 변전소 등의 대용량에 이르기까지 광범위하게 사용되고 있다.

② 건식 변압기(dry type transformer)

H종 절연방식을 적용하는 변압기로 H종 절연 건식 변압기라 부르기도 한다. 건식 변압기는 절연유를 사용하지 않아 불에 잘 타지 않으며, 비 폭발성의 특징을 갖는다. 절연매체로 공기를 이용하므로 추가적인 방열기가 필요없으며 유지 보수에도 유리하다.

③ 가스절연 변압기(gas insulated transformer)

권선과 철심을 밀폐된 탱크 안에 넣고 불활성 가스인 SF6 가스를 대기압 이상의 상태로 절연시킨 변압기이며 방폭성, 뛰어난 절연성능, 내습, 내진, 저소음, 소형화 및 경량화 특성을 갖고 오일을 사용하지 않아도 절연이 가능하다.

④ 몰드 변압기(mold transformer)

변압기의 권선을 에폭시수지(epoxy resin)를 이용하여 몰딩(molding)함으로써 기계적, 전기적 특성이 우수하며 내열성, 내습성, 내진성 및 내약품성이 뛰어나고 에폭시수지로 인한 차폐 효과로 소음을 줄일 수 있다. 소형 경량화에 유리하다.

[2] 절연의 종류

전기기기의 권선이나 그 밖에 도전 부분에 시행되는 절연은 내열 특성에 따라 Y, A, E, B, F, H종 및 C종으로 구별되며, 표 4.5에 절연의 종류와 허용 최고 온도 및 처리의 예를 나타내었다.

표 4.5 절연의 종류, 허용 최고 온도 및 처리의 예

절연 종류	허용 최고 온도(℃)	처리 방식	구성 재료
Y	90	목면, 천, 종이 등으로 구성되며 바니시를 함침시키지 않고 기름 속에 담그지 않은 것	면, 종이, 프레스보드 , 목재, 요소수지, 폴리에틸렌, 폴리스틸렌, 천연고무 등
A	105	천연수지에 함침하거나 절연유, 합성유에 담근 것	바니스 클로스, 셀룰로스, 아세테이프 필름, 에나멜용 유성 바니시, 폴리아피드 바니시
E	120	면 또는 종이를 적층시킨 것을 합성수지, 바니시 등으로 담근 것	셀룰로스 충전 성형품, 종이 적층품, 바니시 처리된 폴리에틸렌
B	130	구성재료를 에폭시수지, 폴링우레탄수지 등으로 절연 처리한 것	바니스 아스베이트, 마이카 제품, 유리 적층품, 석면 적층품, 에나멜선용 실리콘수지
F	155	구성재료를 내열성이 좋은 알키드수지, 실리콘 알키드수지, 실리콘 페놀수지 등으로 절연 처리한 것	유리섬유, 석면, 바니시 유리 클로스, 바니시 아스베이트, 마이카 제품
H	180	구성재료를 실리콘수지로 절연 처리한 것	유리섬유, 석면, 바니시 유리 클로스, 고무유리 클로스, 실리콘 고무
C	180 초과	유리 또는 시멘트와 같은 무기 접착재료로 절연 처리한 것	바니스 유리 클로스, 내열성이 좋은 실리콘 수지 바니시, 폴리사불화에틸렌 수지

4.12 특수 변압기

4.12.1 3권선 변압기(three winding transformer)

3권선 변압기는 그림 4.62와 같이 하나의 변압기에 1차 권선, 2차 권선, 3차 권선이 같이 있는 것이다. 3권선 변압기에서 3차 권선의 주목적은 3대의 변압기를 뱅크로 사용한 $Y-Y$결선에서 소용량의 3차 권선을 별도로 두어 이것을 Δ 결선으로 하여 전압의 왜곡(distortion)을 방지하는 것이다. 또한 3차 권선에 조상기(phase modifier)를 접속하여 송전선의 전압 조정, 역률 개선에 사용하고 3차 권선에서 발전소 내부의 전력을 다른 계통으로 공급하도록 할 수 있다. 또한 반대로 3권선 중 2권선을 1차로 하고 나머지 권선을 2차로 하여 서로 다른 계통에서 전력을 받을 수도 있다.

1, 2, 3차 권선의 기전력을 각각 $\dot{E}_1$, $\dot{E}_2$, $\dot{E}_3$, 턴 수를 각각 N_1, N_2, N_3라 하면 식 (4.96)이 성립한다.

$$\dot{E}_2 = \frac{N_2}{N_1}\dot{E}_1 \ [\mathrm{V}], \quad \dot{E}_3 = \frac{N_3}{N_1}\dot{E}_1 \ [\mathrm{V}] \tag{4.96}$$

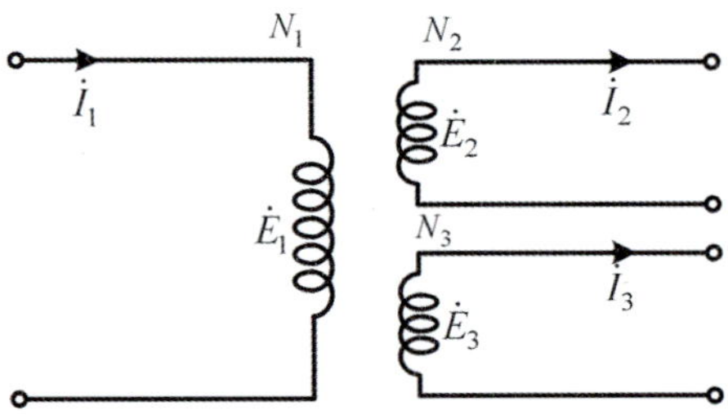

그림 4.63 3권선 변압기

2차 권선과 3차 권선에 부하를 걸면 2차 권선과 3차 권선에 부하전류 $\dot{I}_2$, $\dot{I}_3$가 흐르고 1차 권선에는 두 권선에서 발생하는 기자력을 상쇄시키기 위한 부하전류와 여자전류 $\dot{I}_0$가 흐르므로 1차 권선에는 식 (4.97)과 같이 여자전류와 부하전류의 합성전류가 흐른다.

$$\dot{I}_1 = \frac{N_2}{N_1}\dot{I}_2 + \frac{N_3}{N_1}\dot{I}_3 + \dot{I}_0 \ \ [\mathrm{A}] \tag{4.97}$$

따라서 2차 권선에 유도성 부하가 걸려 지상의 2차 전류가 흐른다면 3차 권선에는 용량성 부하를 걸어주어 진상의 3차 부하전류가 흘러 1차 전류의 역률을 개선시킬 수 있다.

3권선 변압기를 1차로 환산한 간이 등가회로는 그림 4.64와 같다. 3차 권선을 개방하여 1차, 2차만을 변압기로 사용했을 때 1차로 환산한 등가 임피던스 값을 $\dot{Z}_{12}$, 2차 권선을 개방하여 1차, 3차만으로 구성되었을 때 1차로 환산한 등가 임피던스를 $\dot{Z}_{13}$이라고 하면 각각 식 (4.98), (4.99)와 같다. 여기서 $\dot{Z}_2$는 2차측을 1차측으로 환산한 임피던스를 의미한다.

$$\dot{Z}_{12} = \dot{Z}_1 + \dot{Z}_2 \ \ [\Omega] \tag{4.98}$$

$$\dot{Z}_{13} = \dot{Z}_1 + \dot{Z}_3 \ \ [\Omega] \tag{4.99}$$

$\dot{Z}_{12}$와 $\dot{Z}_{13}$은 실험에 의해서 결정되며 1차 권선을 개방하고 2차, 3차만으로 된 변압기로 사용할 때 1차로 환산된 등가임피던스 $\dot{Z}_{23}$은 식 (4.100)과 같다.

$$\dot{Z}_{23} = \dot{Z}_2 + \dot{Z}_3 \ \ [\Omega] \tag{4.100}$$

2차측에 전압을 가하여 2차로 환산한 등가임피던스를 구하고 이것을 $\left(\frac{N_1}{N_2}\right)^2$배 하여 1차로 환산하면 $\dot{Z}_{23}$이 얻어진다. 따라서 각 권선의 임피던스는 식 (4.101), (4.102), (4.103)으로 계산된다.

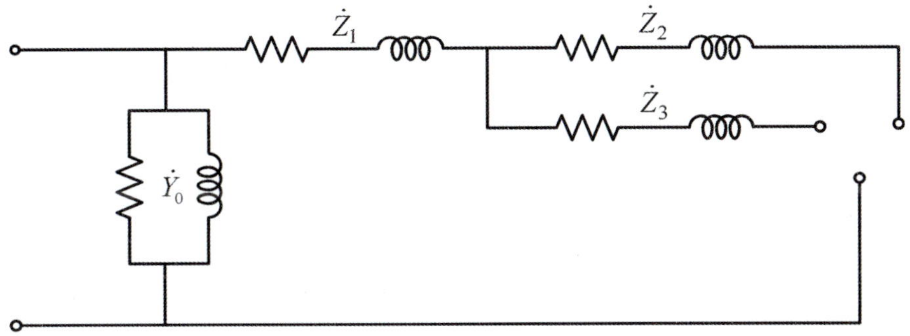

그림 4.64 3권선 변압기의 등가회로

$$\dot{Z}_1 = \frac{\dot{Z}_{12} + \dot{Z}_{13} - \dot{Z}_{23}}{2} \quad [\Omega] \tag{4.101}$$

$$\dot{Z}_2 = \frac{\dot{Z}_{12} + \dot{Z}_{23} - \dot{Z}_{13}}{2} \quad [\Omega] \tag{4.102}$$

$$\dot{Z}_3 = \frac{\dot{Z}_{13} + \dot{Z}_{23} - \dot{Z}_{12}}{2} \quad [\Omega] \tag{4.103}$$

4.12.2 단권 변압기(autotransformer)

[1] 단권 변압기 이론

전력계통에서 발전기로부터 발생한 전력을 장거리 송전을 할 때 발생하는 전압강하를 보상하기 위하여 미세하게 전압을 조절할 필요가 있다. 이와 같이 1차 전압과 2차 전압 사이에 큰 차이가 없는 변압기의 경우 같은 2권선 변압기를 사용하는 것보다 1차측과 2차측을 공용으로하는 변압기를 사용하면 소형이 될 뿐 아니라 경제적이다. 이러한 목적으로 사용되는 변압기가 그림 4.65에 나타낸 것과 같은 단권 변압기이다.

권선에서 공통이 아닌 ab부분을 직렬권선, 1차, 2차의 공통부분 bc는 분로권선이라고 한다. ac간의 턴수를 N_1, bc간의 턴수를 N_2라고 하면 일반적인 변압기와 같이 1차측에 전압 $\dot{V}_1$을 가했을 때 ab, bc에 유도되는 기전력을 각각 $\dot{E}_1$, $\dot{E}_2$라 하고, 2차 단자전압을 $\dot{V}_2$라 하며, 권선의 저항 및 누설리액턴스, 여자전류를 무시하면 식 (4.104)와 같은 변압비 a가 성립한다.

$$\frac{\dot{V}_1}{\dot{V}_2} = \frac{\dot{E}_1 + \dot{E}_2}{\dot{E}_2} = \frac{N_1}{N_2} = a \tag{4.104}$$

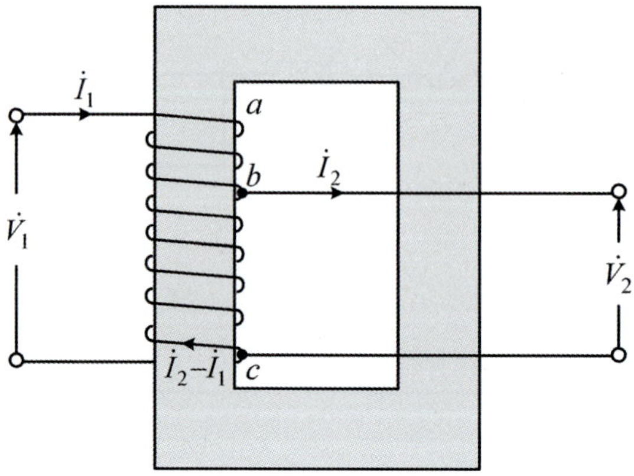

그림 4.65 단권 변압기

여자전류(excitation current)를 무시하면 부하전류 $\dot{I}_2$에 대하여 ab부분의 전류 $\dot{I}_1$에 의한 기자력과 bc부분의 전류에 의한 기자력은 같고 방향은 반대가 되므로 식 (4.105)가 성립한다.

$$N_2(\dot{I}_2 - \dot{I}_1) = (N_1 - N_2)\dot{I}_1 \ \ [\text{A} \cdot \text{T}] \tag{4.105}$$

식 (4.105)로부터 1차측 전류 $\dot{I}_1$과 2차측 전류 $\dot{I}_2$의 관계를 유도하면 식 (4.106)과 같이 된다.

$$\dot{I}_1 N_1 = \dot{I}_2 N_2 \ \ [\text{A} \cdot \text{T}], \ \ \dot{I}_1 = \frac{N_2}{N_1}\dot{I}_2 = \frac{1}{a}\dot{I}_2 \ \ [\text{A}] \tag{4.106}$$

식 (4.106)과 식 (4.104)로부터 변압기에서의 손실을 무시할 때 식 (4.107)과 같은 전력 관계가 성립한다.

$$(V_1 - V_2)I_1 = V_2(I_2 - I_1) = S \ \ [\text{VA}] \tag{4.107}$$

식 (4.107)에서 알 수 있는 바와 같이, 직렬권선 ab를 1차 권선, 분로권선 bc를 2차 권선으로 한 일반적인 변압기와 같은 결과를 나타냄을 알 수 있다. 변압기 자체의 용량은 직렬권선에서의 전력 $(V_1 - V_2)I_1$과 같고 이를 단권 변압기의 자기용량 또는 등가용량이라 한다. 이는 단권 변압기를 통하여 부하에 공급되는 부하용량 $V_2 I_2$와는 일반적으로 차이가 발생한다. 이를 나타내면 식 (4.108)과 같다.

$$\frac{\text{자기용량}}{\text{부하용량}} = \frac{V_2(I_2 - I_1)}{V_2 I_2} = \frac{I_1(V_1 - V_2)}{I_1 \dot{V}_1} = 1 - \frac{V_2}{V_1} \tag{4.108}$$

이와 같은 경우는 강압용(step-down) 단권 변압기에 대한 결과를 나타내는 것이며 승압용 단권 변압기의 경우는 식 (4.109)의 관계가 성립한다.

$$V_1(I_2 - I_1) = I_2(V_2 - V_1) \ [\mathrm{VA}] \tag{4.109}$$

따라서 자기용량과 부하용량의 비는 식 (4.110)이 된다.

$$\frac{\text{자기용량(self capacity)}}{\text{부하용량(load capacity)}} = \frac{I_2(V_2 - V_1)}{I_2 V_2} = 1 - \frac{V_1}{V_2} \tag{4.110}$$

그러므로 승·강압에 상관없이 자기용량에 대한 부하용량은 식 (4.111)과 같다.

$$\frac{\text{자기용량}}{\text{부하용량}} = 1 - \frac{V_L}{V_H} \tag{4.111}$$

여기에서 V_L, V_H는 각각 저전압과 고전압을 의미한다.

[2] 단권 변압기의 장단점

단권 변압기에서 분로권선(shunt winding)에서의 전류는 $\dot{I}_1$과 $\dot{I}_2$의 차가 흐르므로 이 부분에 가는 권선을 사용하여도 된다. 특히 권선비 a가 1에 가까울수록 분로권선에 흐르는 전류는 작게 되어 동손이 작게 된다. 또한 분로권선이 공동으로 쓰이므로 누설자속이 없다. 하지만 1차와 2차 권선이 공통으로 되어 있고 그 사이에 절연이 되어있지 않으므로 저압측과 고압측 모두 같은 절연이 시행되어야 한다. 즉 직렬권선에 대한 절연은 분로권선의 절연만큼 강하게 해야 한다. 전력 시스템에서 전압의 차이가 크지 않으면 단권 변압기를 사용하는 것이 전력 이득이 더욱 커지므로 일반적으로 많이 사용된다. 하지만 단권 변압기의 유효 임피던스는 일반적인 변압기와 비교해서 줄어들기 때문에 단락회로 시 전류의 흐름을 제한할 필요가 있는 곳에서 사용하면 큰 문제가 될 수 있다. 따라서 임피던스의 영향을 충분히 고려해야 한다.

4.12.3 부하시 탭전환 변압기(on load tap-changing transformer)

전원전압에 변동이 있거나 부하가 변하면 선로의 전압이 변동한다. 일반적인 부하는 정전압으로 구동되도록 설계되므로 이러한 전압변동이 부하의 출력특성을 변화시켜 좋지 않은 영향을 준다. 따라서 일정 전압을 유지하기 위해서 변압기의 권선비를 바꾸는 방식이나 유도전압 조정기, 조상기 등을 사용한다. 변압기의 탭전환은 무부하로 한 상태에서 하는 것이 보통이나 무정전 송전을 하기 위해서는 부하상태에서 탭을 전환하여 전압을 조정해야 할 필요가 있다. 이와 같은 목적을 위하여 사용되는 변압기를 부하시 탭전환 변압기 또는 부하시 전압조정 변압기라고 한다. 그림 4.66는 병렬회로방식의 탭전환 변압기를 나타

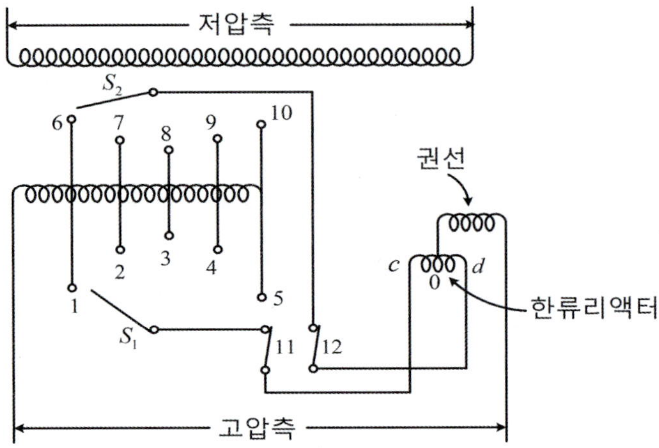

그림 4.66 병렬회로방식의 부하시 탭전환 변압기

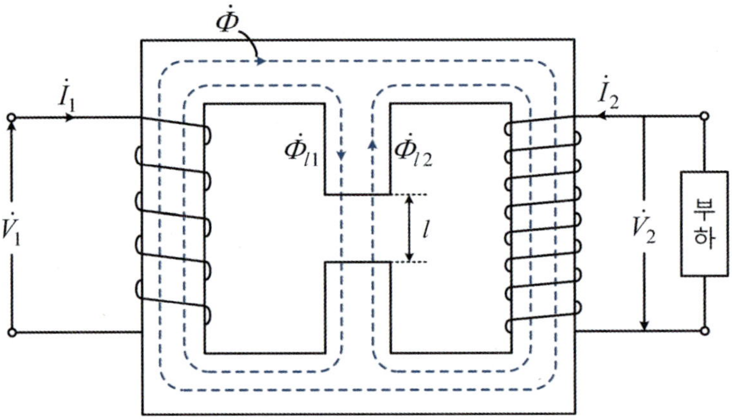

그림 4.67 정전류 변압기

내고 있다. 그림 4.66에서 고압측의 한쪽 권선의 각 탭에서 입출선을 2개(1과 6, 2와 7)씩 내고 탭전환장치(on load tap changer) S_1, S_2를 통하여 개폐기 11, 12에 접속하여 한류 리액터(current limiting reactor) cd에 연결한다. 11, 12가 닫히고 탭 1, 6으로 운전되고 있을 때 탭 2, 7로 전환하기 위해서는 먼저 11을 열고 S_1을 탭 2로 옮기고 그 다음에 11을 닫는다. 이 때 전환장치가 다음 탭 2, 6에 있는 상태에서 11, 12가 닫히므로 탭 1, 2 사이의 권선에서 국부적으로 순환전류가 흐르지만 이것은 한류리액터(전류의 크기를 제한하는 리액터) cd에 의해 적당한 값으로 제한된다. 다음에 12를 열고, S_2를 탭 7로 옮기고 난 후 12를 닫는다.

4.12.4 정전류 변압기(constant current transformer)

아크등(arc lamp)이나 방전등(discharge lamp) 또는 아크 용접기(arc welding)와 같이 기동 시에는 고압을 요구하나 사용 시에는 저압을 필요로 하며, 전압과 전류 특성이 음으로 된 부하를 정전압원에서 안정되게 동작시키기 위해서는 1차측에 일정한 전압을 가하고 2차측 부하의 변화에 상관없이 2차측 전류를 일정하게 해야 한다.

이러한 목적으로 사용되는 변압기를 정전류 변압기 또는 누설 변압기라고 한다. 이와 같은 목적에 의해 정전류 변압기는 부하 임피던스에 비하여 변압기의 누설리액턴스가 현저하게 크게 되는 구조로 설계된다. 그림 4.67에서와 같이 길이 l 만큼의 공극을 설치하여 누설자속을 증대시킨다. 정전류 변압기에서 2차 전류 $\dot{I}_2$가 증가하면 누설자속이 증가해서 주자속을 감소시키므로 2차 유도기전력이 감소하게 되어 전류의 변화를 방지하여 일정한 전류값의 범위에서 일정 전류를 유지시킨다. 정전류 변압기는 리액턴스가 크기 때문에 전압변동률이 대단히 크고 역률도 낮다.

4.12.5 계기용 변성기(instrument transformer)

고전압이나 대전류를 측정하고자 할 때에 계기의 측정범위 안으로 전압 및 전류를 변압, 변류시키기 위한 변압기로 전압을 측정하기 위한 계기용 변압기(PT: potential transformer)와 전류를 측정하기 위한 변류기(CT: current transformer)가 있다. 이 둘을 통칭하여 계기용 변성기라고 한다. 계기용 변성기의 2차측에는 전압계, 전류계, 전력계, 계전기 등이 접속되고 이들 부하는 선로의 부하와 구별하기 위하여 부담(burden)이라고 한다. 그림 4.68에 계기용 변압기와 변류기의 접속법을 제시하였다. 계기용 변성기를 사용하면 계기를 고전압으로부터 절연할 수 있으므로 안전성이 높아지며 원격 측정을 하는데도 편리하다. 계기용 변압기와 변류기는 보통의 전력용 변압기와 비교할 때 원리나 구조에 있어서 큰 차이는 없지만 변압비와 변류비를 정확하게 하기 위하여 철심재료의 투자율이 크고 철손이 적은 규소강

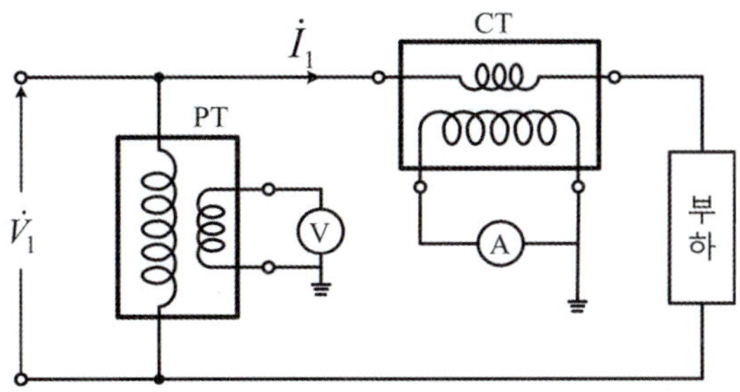

그림 4.68 계기용 변압기와 변류기

판을 사용하여 여자전류를 작게 함과 동시에 1차 권선과 2차 권선에서의 임피던스 강하를 최대한 줄이도록 하고 있다. 계기용 변압기는 1차 정격전압에 대하여 2차 전압이 110[V]가 되도록 설계하고, 변류기는 1차 정격전류에 대하여 2차 전류가 5[A]가 되도록 하는 것이 표준이다.

변류기의 경우 사용 중에 2차 회로를 개방해서는 안 된다. 전류계의 접속 시 전류계의 내부 저항이 매우 작기 때문에 단락상태나 다름이 없으나 만약 2차 회로를 열면 2차 전류는 흐르지 못하고 있는 상태가 되지만 1차측 전류는 계속 흐르고 있는 상태에서 1차측 전류가 모두 여자전류가 되어서 이에 의해 발생한 자속에 의해 2차측에 대단히 높은 전압을 유도하게 되어 권선의 절연이 파괴되거나 소손될 위험이 있으며 자속밀도의 증가에 의하여 철손이 증가할 수 있다.

4.13 돌입전류

돌입전류란 변압기에 전원을 투입하는 순간 몇 또는 몇십배에 해당하는 전류가 흐른 후, 서서히 감소하여 정상상태에 도달하는 특성을 나타낸다. 이상적인 변압기에 전압이 투입되었을 때 식 (4.112)가 성립한다.

$$\sqrt{2}\, V_1 \sin(\omega t + \theta) = N_1 \frac{d\phi}{dt} \tag{4.112}$$

양 변을 라플라스 변환하여 자속 ϕ를 구하면 식 (4.113)과 같이 된다.

$$\begin{aligned}
&\sqrt{2}\, V_1 \frac{s\sin\theta + \omega\cos\theta}{s^2+\omega^2} = N_1[s\phi(s) - \phi(0)] \\
&\phi(s) = \frac{\sqrt{2}\, V_1}{N_1}\left[\frac{s\sin\theta + \omega\cos\theta}{s(s^2+\omega^2)}\right] + \frac{\phi(0)}{s} \\
&\phi(s) = \frac{\sqrt{2}\, V_1}{N_1}\left[\frac{\sin\theta}{s^2+\omega^2} + \frac{\cos\theta}{\omega}\left(\frac{1}{s} - \frac{s}{s^2+\omega^2}\right)\right] + \frac{\phi(0)}{s} \\
&\phi(t) = \frac{\sqrt{2}\, V_1}{\omega N_1}[\sin\theta\sin\omega t + \cos\theta(1-\cos\omega t)] + \phi(0)
\end{aligned} \tag{4.113}$$

위의 자속 식에서 $\theta = 90°$인 경우는 자속은 식 (4.114)와 같이 된다.

$$\phi(t) = \frac{\sqrt{2}\, V_1}{\omega N_1} sin\omega t + \phi(0) \tag{4.114}$$

식 (4.114)에서 알 수 있는 바와 같이 잔류자속 $\phi(0)=0$이면 변압기 내의 자속이 정상자속이 되기 때문에 철심이 포화되지 않아 여자전류는 정상적으로 흐르게 된다.

반면 $\theta=0°$인 경우 자속은 식 (4.115)와 같이 된다.

$$\phi(t)=\frac{\sqrt{2}\,V_1}{\omega N_1}(1-\cos\omega t)+\phi(0) \tag{4.115}$$

식 (4.115)에서 알 수 있는 바와 같이 $\phi(0)=0$인 경우에도 자속의 최대치는 식 (4.116)과 같이 된다.

$$\phi_m=2\cdot\frac{\sqrt{2}}{\omega N_1} \tag{4.116}$$

식 (4.116)에서 알 수 있는 바와 같이 최대자속이 정상자속의 2배가 되기 때문에 4.1절에서 알아본 바와 같이 철심의 비선형성 때문에 여자전류는 정상적인 여자전류에 비해 수십배까지 흐를 수 있다. 따라서 몇 사이클까지는 변압기가 단락회로 같이 동작하게 된다.

실제로는 투입각 θ를 제어할 수 없기 때문에 이러한 돌입전류는 제어할 수 없고 따라서 변압기와 전력계통은 이러한 돌입전류를 감당할 수 있도록 설계되어야 한다.

▸▸ 기호정리 ◂◂

기호	의미	기호	의미
a	권수비	P_i	철손
B_m	자속밀도의 최대값	P_s	단락시험시 전력
b_0	자화 서셉턴스	ϕ	자속
$\cos\theta$	역률	ϕ_{l1}, ϕ_{l2}	1, 2차측 누설자속
E'_1	1차측으로 환산된 2차측 유도기전력	ϕ_M	상호 쇄교자속
E_1, E_2	1차 유도기전력 실효치, 2차 유도기전력 실효치	ϕ_m	상권선을 통과하는 자속의 최대치
E_{l1}, E_{l2}	누설 자속에 의한 유도기전력	R	2차측 부하저항
E_a, E_b, E_c	1차측 상전압	R'	1차측으로 환산된 부하저항
$E_{a'}$, $E_{b'}$, $E_{c'}$	2차측 상전압	R_{eq}	합성저항
E_{drop}	1차측 부하전류와 여자전류에 의한 전압강하	R_m	자기저항
e_1, e_2	1차유도기전력, 2차 유도기전력 (순시치)	r_1, r_2	1, 2차측 권선저항
ϵ	전압변동률	r_{12}	2차측으로 환산한 전체저항
η	효율	r'_2	1차측으로 환산된 권선저항
η_d	전일효율	r_{21}	단락시험시 1, 2차측 합성 저항
g_0	철손 컨덕턴스	S	면적
L	인덕턴스	θ_0	전압과 전류의 기본파 성분의 역률각
L_{l1}, L_{l2}	누설 인덕턴스	V_1	입력전압, 전원전압의 실효치
μ	투자율	P_0	무부하시험 전력계에서 측정된 전력
N_1, N_2	1차측 권선수, 2차측 권선수	V_{20}	무부하 2차 단자전압
P_e	와전류손	V_{2n}	정격 2차 전압
P_h	히스테리시스손	$V_{a'b'}$, $V_{b'c'}$, $V_{c'a'}$	2차측 선간전압

기호	의미	기호	의미
V_s	단락시험시 전압	x_1, x_2	누설 리액턴스
$\dot{V}_H$	고전압	x'_2	1차측으로 환산된 리액턴스
$\dot{V}_L$	저전압	x_{21}	단락시험시 1, 2차측 리액턴스
v_1	입력전압, 전원전압의 순시치	Y_0	여자 어드미턴스
$v_{3\Delta}$	Δ결선된 2차측 3고조파 합성전압	Z_1	1차측 임피던스
X	부하 리액턴스	Z_2	2차측 임피던스
X'	1차측으로 환산된 부하 리액턴스	Z_{21}	단락시험시 1, 2차측 임피던스
V_{1n}	1차측 정격주파수에서 정격전압	Z_L	2차측 부하 임피던스
X_{eq}	합성리액턴스	Z'_L	1차측으로 환산한 부하 임피던스

연/습/문/제

4.1 변압기에서는 누설리액턴스가 발생하는데 이는 변압기의 효율을 떨어뜨리게 된다. 이러한 누설리액턴스를 줄이는 가장 효과적인 방법에 대한 설명이 무엇인지 고르시오.

① 철심의 단면적을 늘린다. ② 권선을 동심 배치한다.
③ 코일의 단면적을 늘린다. ④ 권선을 분할하여 조립한다.

4.2 변압기에서 콘서베이터(conservator)를 설치하는 목적에 대하여 바르게 설명한 것을 고르시오.

① 열화방지 ② 통풍장치
③ 파열방지 ④ 강제순환

4.3 단면적이 10[cm^2]인 철심에 100[turn]의 권선을 감고, 이때 권선에 60[Hz], 60[V]인 교류전압을 인가하였을 때 철심의 자속밀도[Wb/m^2]를 구하시오. 이때 저항은 거의 0이라고 가정하고 100[turn] 모두 유효 턴수로 가정한다.

① 1.126×10^{-3} ② 1.126
③ 2.252×10^{-3} ④ 2.252

4.4 1차 전압이 6900[V]이고 1차 권선이 3000[turn], 권선비가 20인 변압기가 60[Hz]에서 사용할 때 2차 권선수[turn]와 철심의 최대 자속의 크기[Wb]를 구하시오.

① 100, 8.63×10^{-5} ② 150, 8.63×10^{-3}
③ 100, 8.63×10^{-2} ④ 150, 8.63×10^{-1}

4.5 1차 전압이 3000[V]이고 권선비가 30인 단상 변압기가 전등 부하에 20[A]를 공급할 때의 입력 전력[W]을 구하시오. 전등 부하의 역률은 1이라고 가정한다.

① 6000 ② 4500
③ 3000 ④ 2000

4.6 전압 $2000[\mathrm{V}]$와 무부하 전류 $0.1[\mathrm{A}]$, 철손은 $100[\mathrm{W}]$라고 할 때, 변압기의 자화전류$[\mathrm{A}]$를 대략적으로 구하시오.

① 0.061 ② 0.071

③ 0.087 ④ 0.098

4.7 $2[\mathrm{kVA}]$, $2000/100[\mathrm{V}]$인 단상 변압기의 철손이 $100[\mathrm{W}]$라고 하면 1차측에 환산된 철손 컨덕턴스$[℧]$를 구하시오.

① 45×10^{-6} ② 25×10^{-6}

③ 45×10^{-5} ④ 25×10^{-5}

4.8 변압비 $3000/100[\mathrm{V}]$인 단상 변압기 2대의 고압측을 그림과 같이 직렬로 $3000[\mathrm{V}]$ 전원에 연결하고 저압측에서 각각 $5[\Omega]$과 $7[\Omega]$의 저항을 접속하였다. 고압측 단자 전압 $E_1[\mathrm{V}]$을 대략적으로 구하시오.

① 581 ② 685

③ 1250 ④ 2500

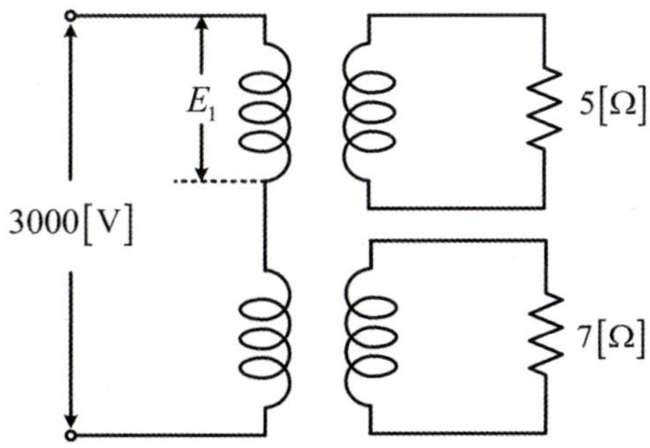

4.9 전압이 변압되는 비율이 30 : 1인 단상 변압기 3대를 1차 Δ, 2차 Y로 결선하고 1차측에 선간전압 $3000[\mathrm{V}]$를 가했을 때의 무부하 2차측의 선간전압$[\mathrm{V}]$을 구하시오.

① 300 ② 210

③ 183.2 ④ 173.2

4.10 1차측은 Y, 2차측은 Δ로 결선한 권선비 25 : 1로 구성된 서로 같은 단상 변압기가 3대가 있다. 이 변압기들에 2차 단자전압 200[V], 30[kVA]의 평형부하를 접속하였을 때. 각 변압기의 1차 전류[A]를 구하시오.

① 20　② 10
③ 5　④ 2

4.11 동일한 2대의 변압기가 정격이 20[kVA]이고 변압비가 3300/200[V]라고 한다. 또한 그림에 나타나 있듯이 V결선으로 구성되어 있으며, 전부하 전류를 통하는 저항 R은 Y결선으로 연결되어 있을 때, 이 저항의 값[Ω]을 구하시오.

① 0.77　② 0.87
③ 0.95　④ 1.15

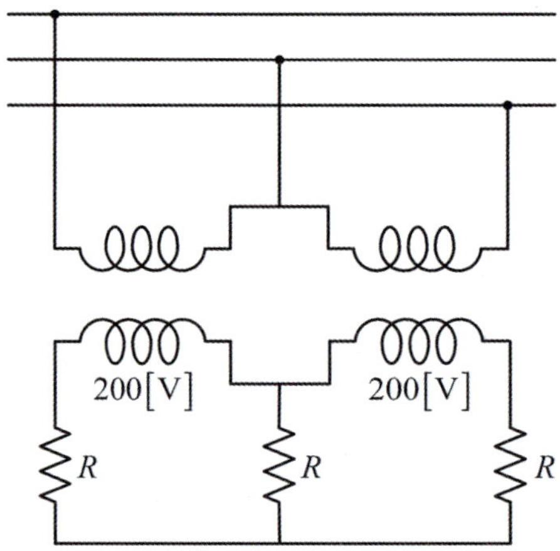

4.12 변압기의 병렬운전이 불가능한 결선을 고르시오.

① $\Delta-\Delta$와 $\Delta-\Delta$　② $\Delta-Y$와 $\Delta-Y$
③ $\Delta-\Delta$와 $Y-Y$　④ $\Delta-\Delta$와 $\Delta-Y$

4.13 단상 변압기를 병렬운전한다고 할 때, 부하전류는 무엇에 어떻게 관계하는 것인지 고르시오.

① 누설임피던스에 반비례한다.　② 누설임피던스에 비례한다.
③ 누설리액턴스에 비례한다.　④ 누설리액턴스의 반비례한다.

4.14 2개의 변압기를 병렬운전하고 있다. 다른 정격은 모두 같다고 하고 1차측 누설임피던스만이 $2+j3[\Omega]$과 $3+j2[\Omega]$라고 한다. 이 경우에 변압기에 흐르는 부하전류를 $50[\mathrm{A}]$라고 하면 순환전류$[\mathrm{A}]$는 얼마가 흐르는지 구하시오.

① 3 ② 5
③ 7 ④ 9

4.15 3상 변압기 $4000[\mathrm{kVA}]$, $70/20[\mathrm{kV}]$에서 저전압측에 전원을 공급하여 단락 시험을 수행한 결과 임피던스 전력이 $50[\mathrm{kW}]$이었다. 저전압측에서 바라본 한 상의 저항값$[\Omega]$을 구하시오.

① 0.95 ② 1.05
③ 1.15 ④ 1.25

4.16 1차 전압이 $3000[\mathrm{V}]$, 2차 전압이 $100[\mathrm{V}]$인 변압기에서 권선비와 1차측에 $3500[\mathrm{V}]$의 전압을 가하였을 때 2차측의 전압$[\mathrm{V}]$을 구하시오. 단 권선의 임피던스는 무시한다.

① 30, 106.1 ② 33, 206
③ 30, 310 ④ 33, 310.8

4.17 역률 75%, 지상으로 전부하 운전을 하고 있는 3상의 $100[\mathrm{kVA}]$, $3000/200[\mathrm{V}]$인 변압기의 저전압측 선전류$[\mathrm{A}]$의 무효분을 대략적으로 구하시오.

① 212 ② 191
③ 173 ④ 163

4.18 아래 그림과 같은 변압기가 있다고 하였을 때, 변압기 회로에서 부하 R_2에 공급되는 전력이 최대가 되는 변압기의 권선비 a를 구하시오.

① 5 ② 10
③ $\sqrt{5}$ ④ $\sqrt{10}$

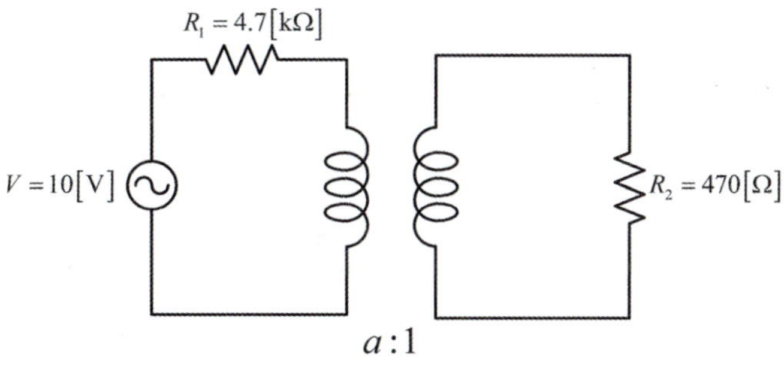

4.19 단상 주상 변압기의 2차측 전압이 100[V]인 단자에 1[Ω]의 저항을 접속하고 1차측에 1[A]의 전류가 흘렀을 때 1차측 단자의 전압이 400[V]였다. 1차측 탭 전압[V]과 2차 전류[A]가 얼마인지 구하시오. 단, 변압기는 이상 변압기, V_T는 1차 탭 전압이고 I_2는 2차 전류라 하자.

① $V_T = 3000$, $I_2 = 30$
② $V_T = 3000$, $I_2 = 20$
③ $V_T = 2000$, $I_2 = 30$
④ $V_T = 2000$, $I_2 = 20$

4.20 3000[V], 60[Hz]용 변압기의 와전류손이 750[W]이다. 이 변압기를 2500[V], 50[Hz]의 주파수에 사용한다고 할 때, 와전류손[W]을 구하시오.

① 520.8
② 630.5
③ 700
④ 810.8

4.21 전압과 파형이 일정한 상태에서 주파수가 상승하면 변압기 철손이 어떻게 변하는지 바르게 설명하시오.

① 증가한다.
② 감소한다.
③ 변하지 않는다.
④ 특정 기간 동안만 증가한다.

4.22 출력 20[kVA]이고, 정격 전압에서의 철손이 85[W], 뒤지는 역률 0.8, 부하전류가 2차측 정격전류의 4/5일 때 효율이 가장 큰 단상 변압기가 있다고 하자. 역률이 1일 때의 최대 효율[%]을 구하시오.

① 96.8
② 97.8
③ 98.9
④ 99.9

4.23 정격출력이 100[kVA]이며, 철손이 1[kW]로 주어져 있다. 전부하 동손이 4[kW]인 단상 변압기의 최대 효율[%]을 구하고 또한 최대 효율시의 부하[kVA]를 구하시오.

① 96.2, 50
② 97.4, 75
③ 98.8, 100
④ 99.8, 125

4.24 단상 변압기가 주어져 있고, 무부하 상태에서 $v_1 = 200\sin(\omega t + 30°)[\mathrm{V}]$의 전압이 인가되었을 때, $i_0 = 3\sin(\omega t + 60°) + 2\sin(3\omega t + 180°)[\mathrm{A}]$의 전류가 흘렀다고 하자. 이 때의 무부하손[W]을 구하시오.

① 200.8 ② 250.8
③ 259.8 ④ 280.8

4.25 변압기의 무부하 시험(개방회로 시험)을 통하여 구할 수 없는 것을 고르시오.

① 무부하 전류 ② 철손
③ 동손 ④ 여자 임피던스

4.26 변압기에 있어서 부하와는 상관없이 자속만을 발생시키는 전류를 지칭하는 말을 고르시오.

① 자화전류 ② 1차 전류
③ 여자전류 ④ 철손전류

4.27 변압기가 10 : 1의 단상 변압기가 3개가 있다. 이 변압기군을 $Y-\Delta$로 접속하여 2차측에 200[V], 93[kVA]의 3상 평형부하를 걸었을 때 1차측에 흐르는 전류[A]를 구하시오.

① 11.5 ② 12.5
③ 14.5 ④ 15.5

4.28 단상 변압기가 있을 때, 전부하에서 2차 전압은 105[V]이고, 전압변동률은 3%라고 한다. 1차 단자 전압을 구하시오. 단, 1차와 2차측의 권선비는 30:1이다.

① 2346.5 ② 2885.5
③ 3244.5 ④ 3500.5

4.29 1차측 전압 7000[V], 1차 권선 2000[turn], 권선비가 20인 변압기를 60[Hz]에서 사용한다고 할 때, 철심의 최대 자속[Wb]을 구하시오.

① 0.13×10^{-2} ② 1.3×10^{-2}
③ 0.26×10^{-2} ④ 2.6×10^{-2}

4.30 변압기의 1차측 권선에 인가되는 전압이 $v_1 = \sqrt{2} \cdot 220\cos(\omega t)[\mathrm{V}]$라고 할 때, 철심에 흐르는 자속은 $\phi = 8 \times 10^{-3}\sin\omega t[\mathrm{Wb}]$이고, 여자전류의 순시치는 $i_0 = \sqrt{2}(7\sin\omega t - 2\sin 3\omega t + 3\cos\omega t - 0.25\cos 3\omega t)[\mathrm{A}]$라고 한다. 이러한 조건에서 철손$[\mathrm{W}]$을 구하시오.

① 114　　② 428.5
③ 555.4　　④ 658.7

4.31 1차 전압 $5500[\mathrm{V}]$, 1차 권수 2500회, 권수비 25의 변압기를 주파수가 $60[\mathrm{Hz}]$에 연결할 때 2차 권선의 권수, 2차 전압, 철심의 최대 자속$[\mathrm{Wb}]$을 구하시오.

4.32 철심의 최대 자속밀도가 약 $1.7[\mathrm{Wb/m^2}]$이고 단면적이 $30[\mathrm{cm^2}]$인 변압기가 있다. $50[\mathrm{Hz}]$의 정현파로서 1차에 $5500[\mathrm{V}]$, 2차에 $200[\mathrm{V}]$을 유도시키려면 각 권선의 권수를 얼마로 하면 좋은가? (단, 철심의 점적률은 $85[\%]$라 한다)

4.33 변압기의 1차 전압을 일정하게 유지하고 1차 코일의 권수만 2배로 증가시키면 여자전류와 최대 자속은 어떻게 변화하겠는가? (단, 자기 포화는 무시한다)

4.34 용량 $15[\mathrm{kVA}]$인 단권 변압기를 그림과 같이 접속하면 역률 $85[\%]$의 부하에 몇 $[\mathrm{kW}]$의 전력을 공급할 수 있는가?

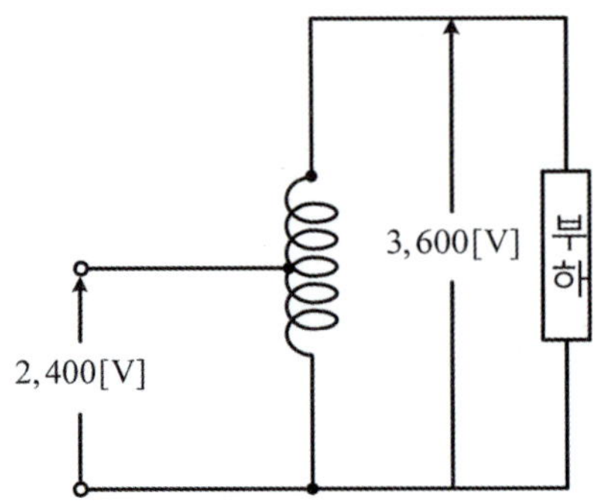

4.35 용량 $5[\mathrm{kVA}]$, 주파수 $60[\mathrm{Hz}]$, 1차 전압 $3600[\mathrm{V}]$, 여자전류 $0.2[\mathrm{A}]$, 철손이 $27[\mathrm{W}]$인 변압기가 있다. 이 때, 철손컨덕턴스$[\mho]$, 자화서셉턴스$[\mho]$, 여자어드미턴스$[\mho]$를 구하시오. (단, 누설리액턴스와 저항은 무시한다)

4.36 $3600[\mathrm{V}]$, $60[\mathrm{Hz}]$용 변압기의 와류손이 $450[\mathrm{W}]$이다. 이 변압기를 $3000[\mathrm{V}]$, $50[\mathrm{Hz}]$에서 사용할 때 와류손$[\mathrm{W}]$을 구하시오.

4.37 $12[\mathrm{kVA}]$, $2400/120[\mathrm{V}]$, $60[\mathrm{Hz}]$ 단상 변압기의 임피던스의 실측값은 다음과 같다.

- 여자 어드미턴스 : $(2.1-j6.9)\times 10\ -6[\mho]$
- 1차 누설 임피던스 : $5+j6.7[\Omega]$
- 2차 누설 임피던스 : $0.02+j0.013[\Omega]$

이 변압기의 2차측을 단락하였을 때의 단락전류 및 단락전류와 정격전류의 비를 구하시오.

4.38 $120[\mathrm{kVA}]$의 단상 변압기가 있다. 철손이 $1.2[\mathrm{kW}]$이고 전부하 동손이 $1.8[\mathrm{kW}]$이다. 이 변압기의 역률이 0.85일 때 전부하시의 효율[%]을 구하시오.

4.39 용량 $3[\mathrm{kVA}]$, 권수비 25, 1차 누설 임피던스 $72+j34[\Omega]$, 2차의 누설 임피던스 $0.3+j0.15[\Omega]$, 여자 어드미턴스 $(4.2-j2.9)\times 10^{-6}[\mho]$인 변압기에 역률 $100[\%]$의 부하를 접속하니 단자전압이 $200[\mathrm{V}]$이었다.

(1) 여자전류를 구하시오.
(2) 1차 전류와 1차 전압을 구하시오.
(3) MATLAB을 이용하여 (1), (2)번을 확인하시오.

4.40 3[kVA], 3000/150[V], 60[Hz]의 단상 주상 변압기가 있다. 고압측 임피던스는 80+j50[Ω], 저압측 임피던스는 0.16+j0.42[Ω]이다. 고압측을 1차로 할 때의 여자 전류는 0.12[A], 철손은 250[W]이다. 이 변압기의 2차측에 5[Ω]의 부하저항을 접속하였다.

> (1) 2차측을 1차측으로 환산한 간이 등가회로를 그리시오.
> (2) 1차 전류를 구하시오.
> (3) MATLAB을 사용하여 확인하시오.

4.41 8[kVA], 2750/200[V] 60[Hz]의 단상 변압기가 있다. 2차로 환산한 저항이 0.06[Ω], 누설 리액턴스가 0.13[Ω]일 때, 지상 역률 0.8에서의 전압변동률을 구하시오.

4.42 200[kVA], 단상 변압기의 철손이 2.4[kW], 전부하손이 3.6[kW]라고 한다. 역률 0.85에서의 효율 및 최대 효율을 구하시오.

4.43 변압기의 1차전압을 정격치로 일정하게 하고, 정격주파수를 50[Hz]에서 60[Hz]로 바꾸어 사용할 때 어떤 변화가 일어나는가?

4.44 5[kVA]인 단상 변압기 3대를 Δ결선으로 해서 전기를 공급하고 있던 중에 고장이 생겨 이 중 한 대를 제거하였다. 이 경우, 부하가 12[kVA]라면 나머지 2대는 몇 [%]의 과부하가 걸리겠는가?

4.45 $50[\text{kVA}]$, $2500/250[\text{V}]$, $60[\text{Hz}]$용 **단상 변압기 3대가** $3600/330[\text{V}]$**용 3상 변압기 뱅크를 형성하기 위해 다음 그림과 같이 결선되었다. 저전압측에 대한 각 변압기의 등가 임피던스는** $0.013+j0.017[\Omega]$**이다. 이때 3상 변압기에는** $140[\text{kVA}]$, $330[\text{V}]$, **0.85의 지상 역률 3상 부하가 연결되었다.**

(1) 변압기의 선전류를 구하시오.
(2) 1차 전압 (선간 전압)을 구하시오.
(3) 전압 변동률을 구하시오.
(4) 부하가 무부하에서 전부하까지 변할 때, 역률이 지상 0.8, 단위역률, 진상 0.8인 경우의 전압변동률을 MATLAB을 사용하여 구하시오.

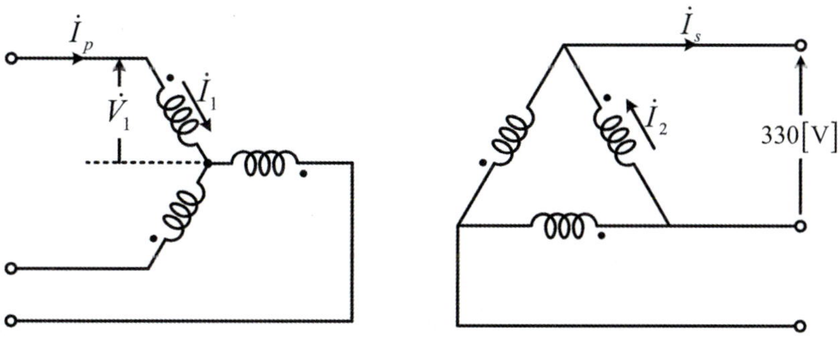

4.46 **다음은 변압기의 2차측을 1차측으로 환산한 등가회로도이다.**
(단, a**는 권선비,** g_0**는 철손컨덕턴스,** b_0**는 자화서셉턴스이다)**

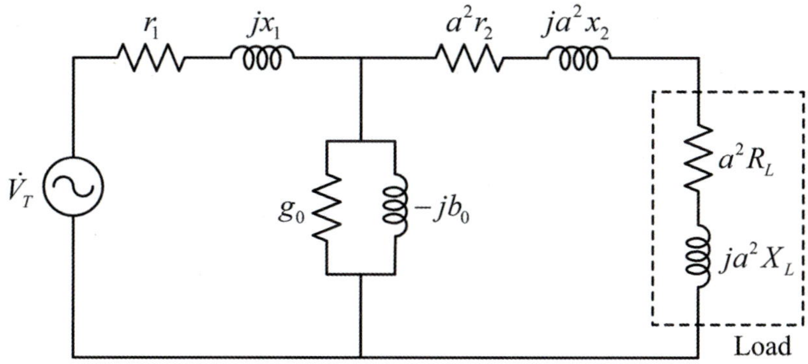

(1) 1차측을 2차측으로 환산한 등가회로를 그리시오.
(2) 이상적인 변압기의 등가회로를 그리시오
(3) 변압기의 성질을 벡터도로 그리고 설명하시오
(4) 10[kVA], 5000/210[V], 60[Hz]의 단상 변압기를 시험하여 다음과 같은 측정 결과를 얻었다. 이 때, 2차측을 1차측으로 환산한 간이 등가회로에서 각 회로정수의 값을 구하시오.
  - 무부하 시험 : $V_{1n} = 5000\,[\mathrm{V}], I_0 = 0.025\,[\mathrm{A}], P_0 = 50\,[\mathrm{W}]$
  - 단락 시험 : $V_s = 210\,[\mathrm{V}], I_{1n} = 1.5\,[\mathrm{A}], P_s = 225\,[\mathrm{W}]$

4.47 8[kVA], 2000/200[V] 60[Hz]의 단상 변압기가 있다. 이 변압기의 철심은 세로 8[cm], 가로 8[cm]의 면적을 갖는다. 여기에 50[Ω]의 부하가 걸렸을 때 효율이 최대가 되는 권선수를 구하려고 한다. 1차측 권선수가 200에서 500까지 변한다고 할 때 MATLAB을 이용해서 철손과 동손을 나타내고, 효율이 최대가 되는 1차측의 권선수를 구하시오. 이 때 사용한 도선의 반지름은 0.3[mm], 도선의 도전율은 $3\times10^8\,[\mho/\mathrm{m}]$이다. (단, $k_h = 2.4$, $k_e = 0.6$이고, 도선을 감을 때 도선의 두께는 무시한다)

제 05 장

기계-전기에너지 변환의 기초

전기기기에서 회전기는 자속 내에서 회전운동을 하는 에너지변환 기계로 발전기, 전동기에 상관없이 유도기전력과 토크가 동시에 발생한다. 발전기에서 유도기전력은 부하에 전기에너지를 전달하는 전기적인 힘으로 단자에 부하를 연결하면 폐회로가 구성되므로 전류가 흐른다. 발전기에서는 부하 전류에 의해 회전방향과 반대방향으로 토크가 발생하므로 외부에서 힘을 계속 가해주지 않으면 멈추게 된다. 전동기의 경우 권선에 전압을 가하여 전류가 흐르면 이 전류와 자속의 상호작용으로 토크가 발생되어 전동기가 회전한다. 이때 도체가 자속 내에서 회전하므로 도체에는 기전력이 유도된다. 전원전압과 유도기전력의 시간벡터의 관계에 의해 전동기에 흐르는 전류의 벡터가 결정된다. 이와 같이 발전기, 전동기 모두 유도기전력과 토크가 동시에 발생하게 되며 이 두 가지 양의 물리적 의미를 정확하게 파악하고 양적으로 예측하는 것은 전기기기를 공부하는데 중요한 포인트가 된다.

5.1 유도기전력[induced emf(electromotive force)]

우리에게 익숙한 유도기전력의 법칙은 식 (5.1)로 표현되는 플레밍의 오른손법칙이다.

$$e = Bl\nu \ \ [\mathrm{V}] \tag{5.1}$$

식 (5.1)은 자속에 대해 도체가 수직방향으로 움직이고 도체의 길이방향으로 자속이 일정하다고 하는 특수한 경우에 성립하는 속도기전력 식이다.

유도기전력은 속도기전력 이외에 변압기기전력을 포함하는 개념이다. 변압기기전력이란 자속과 유도기전력이 발생되는 물체 사이에 상대적인 운동이 없을 때 자속이 시간적으로 변하여 유도되는 기전력을 나타낸다. 변압기기전력은 일반 전기회로나 변압기에서 나타나는 현상이다. 반면, 속도기전력은 자속과 유도기전력이 발생되는 물체 사이에 상대적인 운동이 있을 때 유도되는 기전력을 나타낸다. 속도기전력과 변압기기전력은 여러 가지 형태로 표현되나 일반식은 식 (5.2)와 같이 표현되는 페러데이법칙이다.

$$\nabla \times \mathrm{E} = -\frac{\partial \mathrm{B}}{\partial t} + \nabla \times (\nu \times \mathrm{B}) \tag{5.2}$$ [주1)]

여기서 E, B, ν는 각각 전계의 세기, 자속밀도(magnetic flux density), 유도기전력이 발생되는 물체의 속도를 나타낸다.

식 (5.2)는 수학적으로 적용하기 어려우므로 벡터의 적분공식을 적용한 식 (5.3)을 주로 사용한다.[주2)]

주1) 식 (2.17)과 동일한 식으로 2장을 참조

주2) 식 (5.2)로부터 식 (5.3)의 유도는 부록 A.3에 수록하였음.

$$e = \oint \mathrm{E} \cdot dl = -\frac{d\lambda}{dt} \ [\mathrm{V}] \tag{5.3}$$ 주1)

여기서 e, dl, λ는 각각 유도기전력, 도체의 길이, 쇄교자속(linkage flux)을 나타낸다.

식 (5.3)은 변압기기전력과 속도기전력을 모두 포함하는 유도기전력의 일반식으로 식 (5.2)와 완전히 동일한 식이다. 식 (5.3)에서 알 수 있는 바와 같이 유도기전력의 크기는 쇄교자속의 시간적 변화와 같고 쇄교자속의 변화를 방해하는 방향으로 유도된다.

5.1.1 변압기기전력(transformer emf)

변압기기전력이란 그림 5.1에서와 같이 정지되어 있는 물체에 쇄교자속 λ가 시간적으로 변하면 그 물체에는 자속의 변화를 방해하는 방향으로 발생하는 기전력이다. 이때 유도기전력의 크기는 물체의 도전율과 상관없이 동일하나 유도기전력에 의해 흐르는 전류의 크기는 물체의 도전율에 비례한다. 즉 나무, 철, 알루미늄 등 도전율이 다른 물체에 쇄교하는 자속의 변화율이 같으면 유도기전력의 크기는 동일하다. 그러나 알루미늄과 철은 도전율이 크기 때문에 큰 전류가 흐르고 나무는 도전율이 작기 때문에 매우 작은 전류가 흐를수도 있다.

변압기기전력을 코일에 적용하여 보자. 그림 5.2에서와 같이 N[turn]번 감긴 코일을 관통하는 자속(magnetic flax)을 ϕ라고 하면 이 자속에 턴수를 곱한 식 (5.4)(식 (2.43)과 동일)가 코일의 쇄교자속이다.

$$\lambda = N\phi \ [\mathrm{Wb}] \tag{5.4}$$

코일이 정지되어 있고 코일을 관통하는 자속이 시간에 따라 변하면 코일 내에는 변압기기전력이 유도된다.

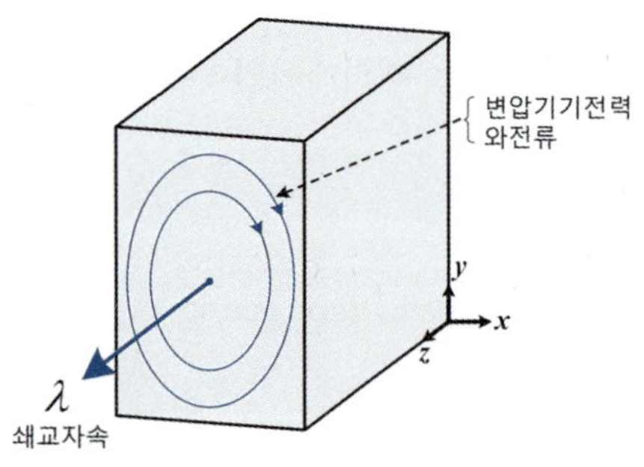

그림 5.1 쇄교자속에 의한 유도기전력

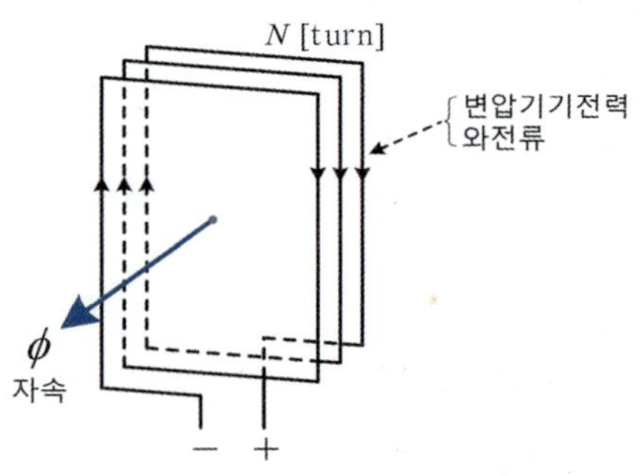

그림 5.2 코일에 쇄교하는 자속에 의한 유도기전력

주1) 식 (2.12)와 동일한 식으로 2장을 참조

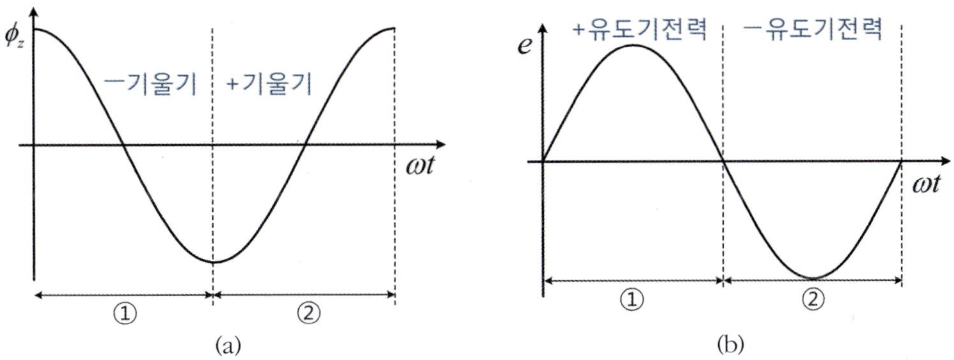

그림 5.3 (a) 시간에 따른 자속파형 (b) 자속 증감에 따른 유도기전력

이 때 코일에 유도되는 기전력(electromotive force)의 방향에 대해 자세히 알아보자. 그림 5.3(a)와 같이 코일에 쇄교하는 자속이 z방향이고 시간적으로 식 (5.5)과 같이 정현적으로 변하면 코일에 유도되는 기전력은 식 (5.6)과 같이 되어 그림 5.3(b)와 같은 기전력이 유도된다.

$$\phi = \phi_m \cos\omega t \quad [\mathrm{Wb}] \tag{5.5}$$

$$e = N\omega\phi_m \sin\omega t \quad [\mathrm{V}] \tag{5.6}$$

그림 5.3(a)와 같이 자속이 감소하는 시간과 자속이 증가하는 시간구간을 나누어 이 때 유도기전력의 크기와 이 유도기전력에 의해 발생되는 자속방향을 알아보자. 그림 5.3(a)에서 ①의 시간구간에는 자속이 감소하므로 유도기전력 $e = -\dfrac{\partial\lambda}{\partial t}$은 그림 5.3(b)의 ①과 같은 양의 값을 갖는다. 반면 그림 5.3(a)의 ②와 같은 시간구간에서는 자속이 상승하므로 유도기전력은 그림 5.3(b)의 ②와 같은 음의 값을 갖는다. 여기서 자속이 시간적으로 감소하면 유도기전력은 양의 값을 갖고 자속이 시간적으로 증가하면 유도기전력은 음의 값을 갖는다는 것을 알 수 있다.

5.1.2 속도기전력(motional emf)

속도기전력은 자계 안에서 도체가 운동하면 발생되는 기전력을 나타낸다. 속도기전력의 방향은 플레밍의 오른손법칙을 적용하면 알 수 있다. 그림 5.4(a)에서와 같이 y축 방향으로 자속이 발생될 때 도체가 x축 방향으로 움직이면 지면으로 들어가는 방향으로 기전력이 유도된다. 이와는 반대로 그림 5.4(b)와 같이 자속이 x축 방향으로 움직이면 도체는 음의 x축 방향으로 움직이는 것과 같으므로 지면으로 나오는 방향으로 기전력이 유도된다. 따라서 플레밍의 오른손법칙을 적용할 때 속도는 도체의 속도이므로 자속이 움직일 때는 도체의 상대속도로 환산해야 한다. 속도기전력의 크기는 식 (5.7)과 같은 페러데이법칙의 속도기전력 식을 이용하면 얻을 수 있다.

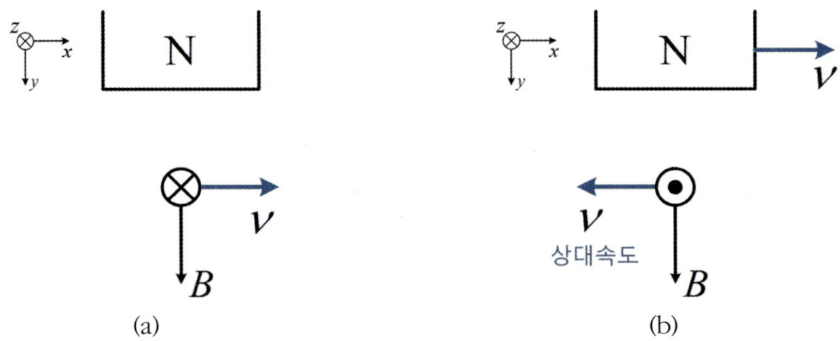

그림 5.4 도체 운동상황에 따른 속도기전력의 방향
(a) 도체가 x방향으로 이동할 때 (b) 자속이 x방향으로 이동할 때

$$e = \int (\nu \times \mathrm{B}) \cdot dl \ [\mathrm{V}] \tag{5.7}$$ 주1)

여기서 ν는 자속의 속도가 아니라 도체의 속도라는 것에 주의해야 한다.

그림 5.4는 도체 1개에서 발생되는 속도기전력을 나타내었으나 전류가 흐르기 위해서는 폐회로를 이루어야 한다. 따라서 몇 가지 폐회로의 구성에 대해 코일에 유도되는 기전력을 살펴보도록 하자. 그림 5.5(a)와 같이 N극 또는 S극의 단일극 내에서 코일이 운동하면 각 도체에 유도되는 기전력은 동일한 방향이므로 단자 a, a'에서 전압은 0이 된다. 반면 그림 5.5(b)에서와 같이 코일 간격(코일의 도체사이의 간격)을 극 간격(N극과 S극의 간격)과 같이하면 각 도체에 유도되는 기전력의 방향은 서로 반대가 되므로 단자 a, a'에는 $2e$의 유도기전력이 발생한다. 또한 그림 5.5(c)와 같이 N턴 감긴 코일일 경우 코일의 a, a' 단자에서 유도기전력은 $2Ne$가 된다. 따라서 전기기기에서 코일변 사이의 거리[코일피치(coil pitch)]는 거의 극 간격(pole pitch)과 같이 한다.

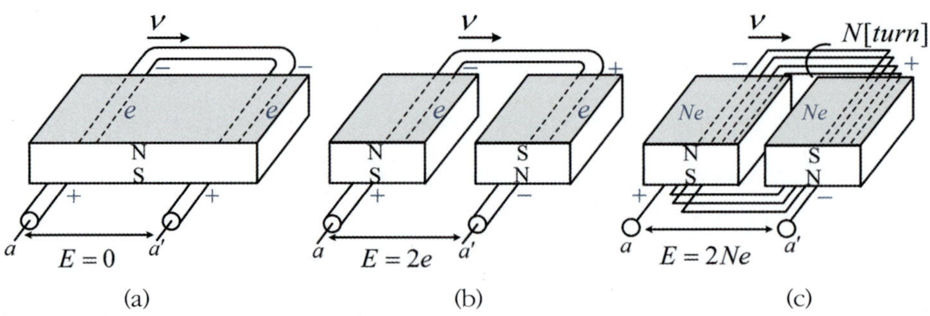

그림 5.5 폐회로로 연결된 코일 구조에서의 속도기전력

주1) 식 (2.1)과 동일한 식으로 2장 참조

5.1.3 회전기에서 유도기전력

[1] 1권선 전기기기에서 유도기전력

전기기기에서 가장 간단한 형태인 1권선기기에서 유도기전력을 구해보자. 1권선기기는 10장에서 학습 할 릴럭턴스형(reluctance type) 전기기기에 이용된다. 그림 5.6과 같이 고정자에 1권선만을 갖고 있고 회전자는 돌극형 구조를 가지고 있는 전기기기 모델에서 유도기전력을 구하도록 하자.

그림 5.6에서 회전자가 일정한 속도 ω_m로 회전하고 이때 고정자와 회전자가 이루는 각을 θ로 정의하자. 따라서 임의의 시간에 고정자와 회전자가 이루는 각은 식 (5.8)으로 정의된다.

$$\theta = \omega_m t + \theta_0 \ \ [\mathrm{rad}] \tag{5.8}$$

여기서 θ_0는 회전자의 초기위치를 나타낸다.

이 기계에서 유도기전력은 일반식인 식 (5.3)을 적용하면 구할 수 있다. 그러나 식 (5.3)을 적용하려면 쇄교자속을 구해야 하는데 이것은 맥스웰방정식을 푸는 분포회로정수법에서 다룰 수 있다. 따라서 회전기기의 유도기전력을 전기회로량으로 나타내기 위해서 전류와 쇄교자속의 관계인 식 (5.9)를 도입하면 유도기전력을 집중회로적으로 구할 수 있다.

$$\lambda = Li \ \ [\mathrm{Wb}] \qquad (5.9)^{주1)}$$

따라서 식 (5.9)를 식 (5.3)에 대입하면 식 (5.10)이 얻어진다.

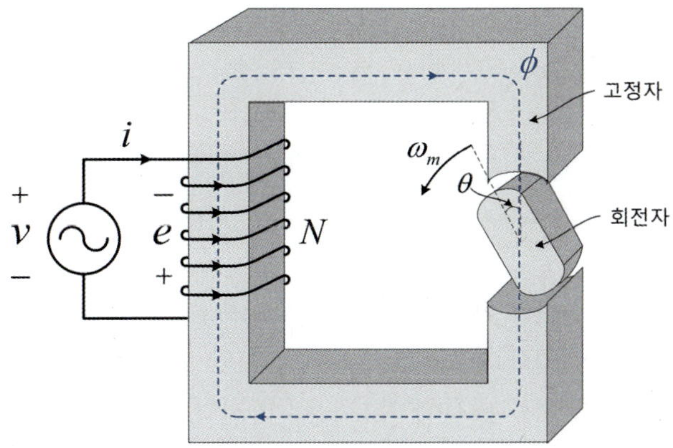

그림 5.6 1권선기기에서의 유도기전력 설명모델

주1) 표 2.1의 인덕턴스 정의식과 동일

$$
\begin{aligned}
e &= -\frac{\partial \lambda}{\partial t} = -L\frac{di}{dt} - i\frac{dL}{dt} \\
&= -L\frac{di}{dt} - i\frac{dL}{d\theta}\frac{d\theta}{dt} \quad [\mathrm{V}]
\end{aligned}
\tag{5.10}
$$

식 (5.10)에서 각도의 시간변화율은 각속도를 나타내므로 각속도로 유도기전력을 나타내면 식 (5.11)과 같이 된다.

$$
e = -L\frac{di}{dt} - i\,\omega_m\frac{dL}{d\theta} \quad [\mathrm{V}] \tag{5.11}
$$

식 (5.11)에서 우변 첫 번째 항은 변압기기전력을 나타내는 항으로 권선의 전류가 시간에 따라 변하면 유도기전력이 발생됨을 나타낸다. 따라서 전류가 직류이면 변압기기전력은 0이 된다. 또한 우변 두 번째 항은 속도기전력을 나타내는 항으로 회전자가 일정한 속도로 회전하고 있고 자기인덕턴스가 회전자의 위치에 따라 변하면 속도기전력이 발생한다. 그림 5.6에서와 같이 회전자가 돌극형 구조를 가지고 있으면 회전자의 위치에 따라 자기인덕턴스가 변하므로 속도기전력이 발생한다. 자기인덕턴스가 위치의 함수가 아니거나 회전자의 각속도가 0인 경우에는 속도기전력이 발생하지 않는다.

[2] 2권선 전기기기에서 유도기전력

그림 5.7과 같이 고정자에 한 개의 권선을 가지고 있고 회전자에도 한 개의 권선을 가지고 있는 2권선기기에서 유도기전력을 구해보도록 하자. 2권선기기는 직류기 뿐만 아니라 평형 3상 교류기기에서도 한상에 대해서 해석하므로 일반성이 있는 모델이다. 2권선기기에서도 유도기전력을 구하기 위해서는 식 (5.3)을 적용해야 하므로 각 권선에 쇄교하는 자속을 구해야 한다. 유도기전력을 회로량으로 표현하기 위해 각 권선에 쇄교하는 자속을 자기인덕턴스와 상호인덕턴스를 도입하자. 그림 5.7에서 1번 권선에 쇄교하는 자속 λ_1과 2번 권선에 쇄교하는 자속 λ_2는 식 (5.12), (5.13)과 같이 쓸 수 있다.

$$
\lambda_1 = L_{11}(\theta)i_1(\theta) + L_{12}(\theta)i_2(\theta) \quad [\mathrm{Wb}] \tag{5.12}
$$

$$
\lambda_2 = L_{21}(\theta)i_1(\theta) + L_{22}(\theta)i_2(\theta) \quad [\mathrm{Wb}] \tag{5.13}
$$

여기서 L_{11}, L_{22}, $L_{12} = L_{21}$은 각각 1번 권선의 자기인덕턴스, 2번 권선의 자기인덕턴스 및 상호인덕턴스를 나타낸다. 식 (5.12)와 (5.13)의 쇄교자속을 식 (5.3)의 페러데이법칙에 대입하면 1번 권선과 2번 권선에 유도되는 기전력은 각각 식 (5.14), (5.15)로 된다.

$$
e_1 = -\frac{d\lambda_1}{dt} = -\left(L_{11}\frac{di_1}{dt} + L_{12}\frac{di_2}{dt} + i_1\frac{dL_{11}}{d\theta}\frac{d\theta}{dt} + i_2\frac{dL_{12}}{d\theta}\frac{d\theta}{dt}\right) \quad [\mathrm{V}] \tag{5.14}
$$

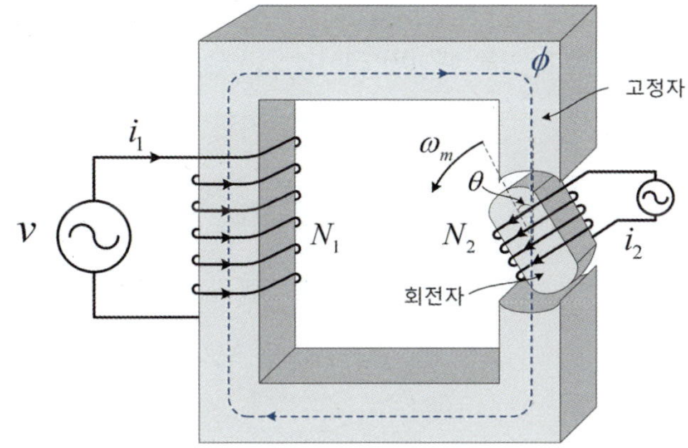

그림 5.7 2권선기기에서의 유도기전력 설명 모델

$$e_2 = -\frac{d\lambda_2}{dt} = -\left(L_{21}\frac{di_1}{dt} + L_{22}\frac{di_2}{dt} + i_2\frac{dL_{22}}{d\theta}\frac{d\theta}{dt} + i_1\frac{dL_{21}}{d\theta}\frac{d\theta}{dt}\right)\ [\mathrm{V}] \tag{5.15}$$

이 식은 2권선기기에서 유도기전력의 일반식으로 권선전류가 직류일 경우 식 (5.14), (5.15)의 우변 첫 번째, 두 번째 항은 0이 된다. 또한 속도가 0이거나 자기인덕턴스가 회전자의 위치에 따라 변하지 않으면 세 번째 항은 0이다. 그림 5.7의 회전자는 돌극형이기 때문에 자기인덕턴스가 회전에 따라 변하므로 세 번째 항은 존재한다. 우변 네 번째 항은 상호인덕턴스가 위치에 따라 변하면 발생하는 속도기전력 항이다. 예를 들면 그림 5.8(a)와 같이 회전자가 0°의 위치에 있을 때는 상호인덕턴스가 가장 크고, 그림 5.8(b)와 같이 90° 위치에서는 쇄교자속이 0이 되므로 상호인덕턴스는 위치에 따라 변한다. 따라서 거의 모든 2권선의 회전기기에서는 회전자 코일과 고정자 코일 사이의 상호인덕턴스가 회전자 위치에 따라 변하므로 네 번째 항의 속도기전력은 존재한다.

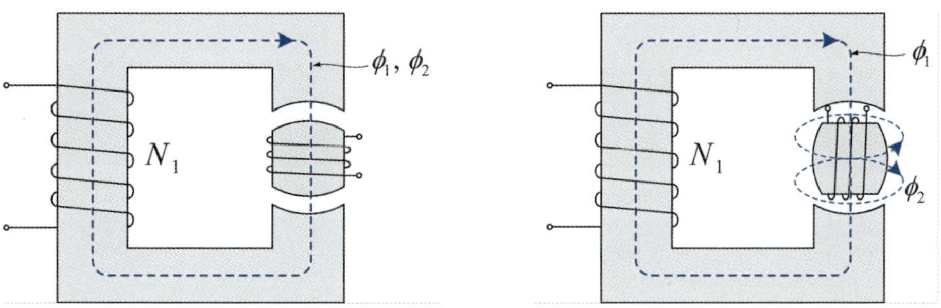

그림 5.8 2중 돌극형 2권선기기에서의 상호인덕턴스 설명 모델
(a) $\theta = 0°$(쇄교 자속 최대) (b) $\theta = 90°$(쇄교 자속 0)

예제 5.1 그림과 같이 고정자와 회전자가 원통형으로 된 전기기기에서 회전자가 ω_m의 속도로 회전하고 있을 때 1번 권선과 2번 권선에 유도되는 유도기전력을 구하시오.

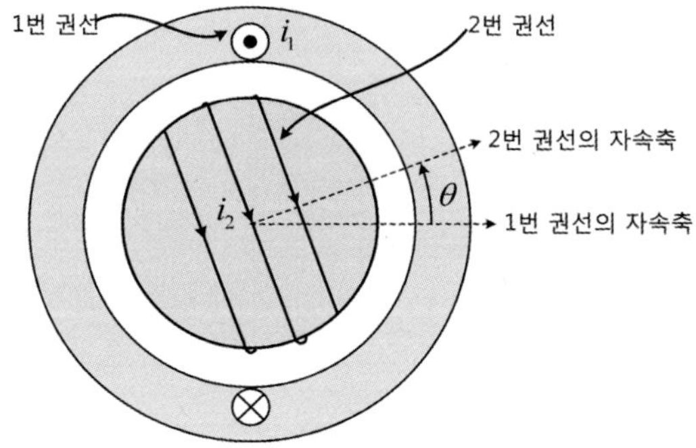

풀이 <<

예제 그림에서와 같이 원통형 기기에서는 권선의 자기인덕턴스가 위치 θ에 따라 변하지 않으므로 각 권선의 유도기전력은 다음 식과 같다.

$$e_1 = -\frac{d\lambda_1}{dt} = -\left(L_{11}\frac{di_1}{dt} + L_{12}\frac{di_2}{dt} + i_2\frac{dL_{12}}{d\theta}\frac{d\theta}{dt}\right) \text{ [V]} \tag{1}$$

$$e_2 = -\frac{d\lambda_2}{dt} = -\left(L_{21}\frac{di_1}{dt} + L_{22}\frac{di_2}{dt} + i_1\frac{dL_{21}}{d\theta}\frac{d\theta}{dt}\right) \text{ [V]} \tag{2}$$

만약 전류가 직류이면 식 (1), (2)의 우변 첫 번째, 두 번째 항은 0이 된다. 또한 회전자가 각속도 ω_m로 회전하고 있다고 하면 상호인덕턴스는 식 (3)으로 나타낼 수 있다.

$$L_{12}(\theta) = L_{21}(\theta) = M\cos(\omega_m t + \theta_0) \text{ [H]} \tag{3}$$

그림에서 초기위치 θ_0는 0이다.

권선 전류가 직류이고 상호인덕턴스가 식 (3)일 때 식 (1), (2)를 이용하여 1번 권선과 2번 권선에 유도되는 기전력을 구하면 식 (4), (5)와 같이 된다.

$$e_1 = i_2 M\sin(\omega_m t + \theta_0)\frac{d\theta}{dt} = i_2 M\omega_m \sin(\omega_m t + \theta_0) \text{ [V]} \tag{4}$$

$$e_2 = i_1 M\sin(\omega_m t + \theta_0)\frac{d\theta}{dt} = i_1 M\omega_m \sin(\omega_m t + \theta_0) \text{ [V]} \tag{5}$$

5.2 힘(토크)

5.2.1 힘(토크)의 일반식

자계에서 발생되는 힘을 구할 때 가장 먼저 생각나는 법칙은 플레밍의 왼손법칙이고 플레밍의 왼손법칙을 힘밀도[N/m^3]로 나타낸 것이 식 (5.16)과 같은 자계의 로렌츠의 힘이다.

$$\boldsymbol{f} = \mathrm{J} \times \mathrm{B} \quad [\mathrm{N/m^3}] \tag{5.16}$$

여기서 J, B는 각각 전류밀도[A/m^2]와 자속밀도[T]를 나타낸다.

자계의 로렌츠의 힘은 마그네틱 힘이라고도 하고 회전기에서는 자계의 로렌츠 토크 또는 마그네틱 토크라고 한다. 본 교재에서는 자계의 로렌츠의 힘 또는 로렌츠 토크를 마그네틱 힘 또는 마그네틱 토크의 용어로 혼용해서 사용한다.

자계에서 발생되는 자기적인 힘은 마그네틱 힘 이외에 릴럭턴스 힘과 자기왜곡이 있다. 이러한 자기적인 3가지 힘을 요약하면 다음과 같다.주1)

① 마그네틱 힘(magnetic force) : 자계 내에서 전류가 흐르는 도체에는 자속의 방향과 전류의 방향에 수직방향으로 힘이 발생된다.

② 릴럭턴스 힘(reluctance force) : 자계 내에서 자성체가 받는 힘은 자성체가 가지고 있는 포텐셜 에너지를 최소화하는 방향으로 힘이 발생된다.

③ 자기왜곡(magnetostriction) : 물질의 성질에 의해 발생되는 힘으로 어떤 물질에 자계를 가하면 자계의 방향에 따라 물체가 팽창, 수축하는 힘이 발생된다.

위의 3가지 힘 중에서 자기왜곡은 작은 변위만을 일으키므로 센서에 응용하는 경우는 있으나 전기기기에는 거의 이용하지 않는다. 따라서 전기기기는 마그네틱 힘과 릴럭턴스 힘을 이용하며 특히 회전기는 마그네틱 토크와 릴럭턴스 토크를 이용하여 회전운동을 하는 전기기기라고 할 수 있다. 회전기에서 발생하는 토크는 식 (5.17)과 (5.18)과 같으며 이 식들은 마그네틱 토크와 릴럭턴스 토크를 모두 포함하는 일반식이다.주2)

$$T = -\frac{\partial W_{fm}}{\partial \theta} \quad [\mathrm{N \cdot m}] \tag{5.17}$$

$$T = \frac{\partial W'_{fm}}{\partial \theta} \quad [\mathrm{N \cdot m}] \tag{5.18}$$

여기서 W_{fm}, W'_{fm}은 각각 자기에너지와 자기수반에너지로 자성체의 성질이 선형이라고 하면 식 (5.19)와 (5.20)으로 정의된다.주3)

주1) 전기에너지와 기계에너지의 에너지변환 방법과 힘의 종류는 부록 A.1에 수록함.
주2) 토크의 일반식 유도는 부록 A.4에 수록함.
주3) 자기에너지, 자기수반에너지의 정의와 일반식은 부록 A.4에 수록함.

$$W_{fm} = \frac{1}{2} R_m \phi^2 \quad [\mathrm{J}] \tag{5.19}$$

$$W'_{fm} = \frac{1}{2} L i^2 \quad [\mathrm{J}] \tag{5.20}$$

여기서 R_m, ϕ, L, i는 각각 자기저항, 자속, 인덕턴스, 전류를 나타낸다.

자성체의 성질이 선형이면 식 (5.19)와 식 (5.20)으로 유도한 힘은 같다.

이와 같이 전기기기에서 자기에너지 또는 자기수반에너지를 구하여 식 (5.17) 또는 (5.18)에 대입하면 마그네틱 토크와 릴럭턴스 토크를 구할 수 있다.

5.2.2 마그네틱 힘(토크)

자속 내에 있는 도체에 전류가 흐르면 도체에는 식 (5.16)의 마그네틱 힘이 발생한다. 이 식의 물리적 의미는 전류의 벡터방향과 자속의 벡터방향에 수직방향으로 힘이 발생되고 힘의 크기는 전류밀도와 자속밀도의 벡터적에 비례한다. 이러한 마그네틱 힘의 방향을 나타내는 것이 플레밍의 왼손법칙이다. 마그네틱 힘을 적용할 때 주의해야 할 것은 도체가 받는 힘과 자계를 발생시키는 물체가 받는 힘이 서로 반대방향인 상대적 힘이라는 것이다. 그림 5.9에서와 같은 자속과 전류의 방향 성분에 대해서는 도체에 왼쪽으로 힘(f_a)이 발생되지만 자계를 발생시키는 물체는 오른쪽으로 힘(f_f)이 발생된다. 마그네틱 힘은 자계를 발생시키는 물체와 전류가 흐르는 도체 사이의 상대적인 힘이므로 두 개 중 하나를 고정시키면 다른 하나는 힘을 받아 움직이게 된다.

일반적으로 회전기에서 큰 자속을 발생시키는 구조를 계자(field), 계자에 비해서 자속은 작으나 전류를 흘려 전기에너지를 수급하는 역할을 하는 구조를 전기자(armature)라고 한다. 이때 전기자와 계자는 상대적인 힘이 발생되므로 전기자를 고정시키면 계자가 회전하고 계자를 고정시키면 전기자가 회전한다. 전기자가 회전하면 전기자 회전형이라 하고 반대로 계자가 회전하면 계자 회전형이라고 한다.

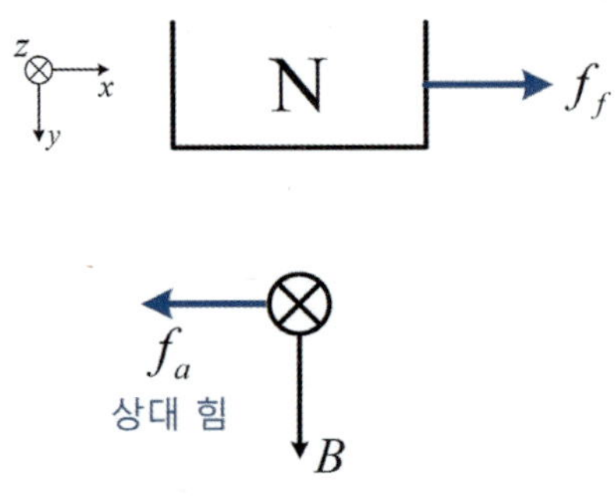

그림 5.9 마그네틱 힘

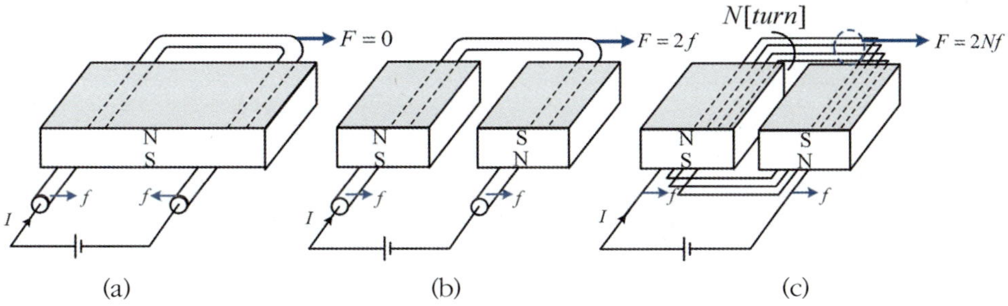

그림 5.10 폐회로로 연결된 코일 구조에서의 마그네틱 힘

지금까지는 도체 1개에 미치는 힘에 대해서 알아보았으나 전류를 흘려주기 위해서는 폐회로를 형성해야 하므로 코일구조를 갖게 된다. 그림 5.10(a)와 같이 N극, 또는 S극 내에 코일변을 위치시키고 전류를 흘려주면 각 코일변에서 발생하는 힘은 서로 반대방향이 되므로 합성 힘은 0이 되어 힘이 발생하지 않는다.

그러나 그림 5.10(b)와 같이 코일 간격(코일의 도체사이의 간격)을 극 간격(N극과 S극의 간격)과 거의 같게 하면 각 도체에는 같은 방향으로 f의 힘이 발생되므로 코일에서 발생하는 합성 힘은 $2f$가 된다. 또한 그림 5.10(c)와 같이 일반적으로 N턴의 코일에 발생되는 힘은 $2Nf$가 된다. 따라서 코일변 사이의 거리인 코일피치(coil pitch, coil span)는 거의 극 간격(pole pitch)과 같아야 단위 전류당 발생하는 힘이 커진다.

예제 5.2 식 (5.16)으로부터 힘의 식 $F = BlI$를 유도하시오.

풀이 <<

도체에 작용하는 힘은 식 (1)과 같이 나타낼 수 있다.

$$\boldsymbol{F} = \int (\mathrm{J} \times \mathrm{B})\, d\mathrm{V} \ \ [\mathrm{N}] \tag{1}$$

위 식에서 체적적분은 그림과 같이 전류가 흐르는 도체의 체적에 대한 적분이므로 식 (2)와 같이 간단히 나타낼 수 있다.

$$\boldsymbol{F} = \iint J\, dS dl\, B \sin\theta = \int I dl\, B \sin\theta \tag{2}$$

식 (2)에서 전류가 도체방향 l에 대해서 일정하므로 식 (3)이 성립한다.

$$F = IBl\sin\theta \ \ [\mathrm{N}] \tag{3}$$

만약 B와 I가 수직이라면 우리가 잘 아는 식 (4)가 성립된다.

$$F = BlI \ \ [\mathrm{N}] \tag{4}$$

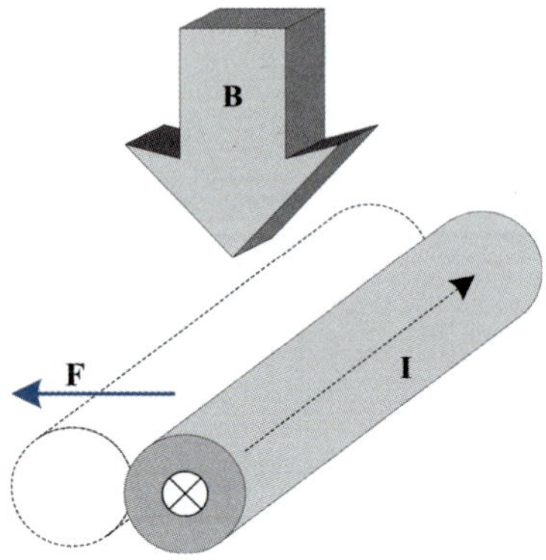

5.2.3 릴럭턴스 힘(토크)

릴럭턴스 힘의 물리적인 의미는 자계 내에서 자성체는 자기포텐셜에너지가 최소가 되는 방향으로 움직이려는 힘이다. 이와 같이 물체가 가지고 있는 포텐셜에너지를 최소화시키는 방향으로 힘이 발생되는 현상은 다른 물리계에도 적용되는 일반적인 현상이다. 예를 들면 중력계에서 어떤 물체에 작용하는 힘은 그 물체가 갖는 위치에너지가 최소인 방향으로 움직이는 현상과 등가로 생각할 수 있다.

그림 5.11(a)와 같이 철심이 전자석 또는 영구자석으로 자화되어 있으면 자화된 철심 가까이에 있는 강자성 재료는 힘을 받는다. 상부에 위치한 철심이 x방향만으로 움직일 수 있다고 하면 상부철심은 x방향으로 힘이 작용하여 움직이고 궁극적으로 그림 5.11(b)의 위치에서 멈추게 된다. 이와 같이 자계 내에 위치한 강자성체에 작용하는 힘을 릴럭턴스 힘이라 하고 회전기에서는 릴럭턴스 토크(reluctance torque)라고 한다. 릴럭턴스 힘(reluctance force)은 앞에서 언급한 마그네틱 힘과 물리적 현상이 다르다. 마그네틱 힘은 자계 내에서

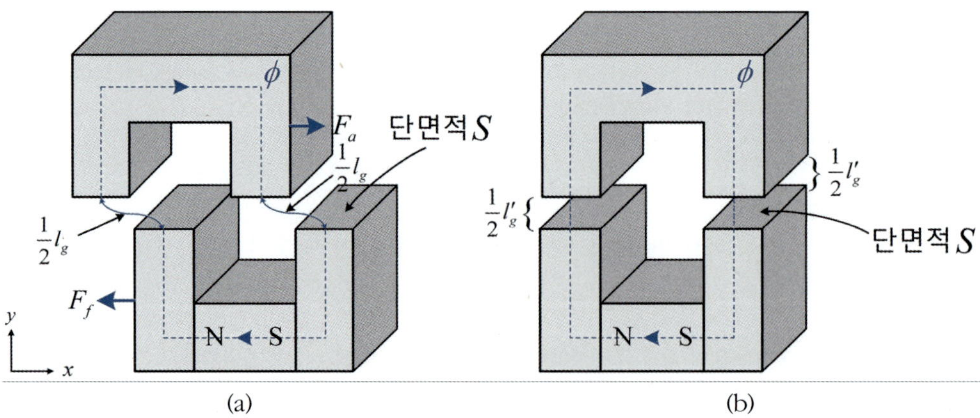

그림 5.11 릴럭턴스 토크의 발생 원리

전류가 흐를 때 발생되는 힘을 나타내지만 릴럭턴스 힘은 자계 내에서 자성체가 받는 힘을 나타낸다.

그림 5.11에서 발생하는 릴럭턴스 힘을 구해보도록 하자. 자계에서 발생되는 힘은 식 (5.17)로 구할 수 있으므로 우선 그림 5.11(a)에서의 자기축적에너지(magnetic energy)를 구해야 한다. 자계의 세기와 자속밀도의 관계가 선형이라고 가정하면 자기축적에너지는 자속밀도를 사용하여 식 (5.21)과 같이 나타낼 수 있다.

$$W_{fm} = \frac{1}{2}\int_{vol} \frac{B^2}{\mu} dV \quad [\mathrm{J}] \tag{5.21}$$

식 (5.21)에서 알 수 있듯이 자기에너지는 투자율이 작은 부분에 더욱 많이 축적되며 철심의 비투자율은 $10^3 \sim 10^4$으로 공극에 비하여 매우 크므로 대부분의 자기에너지는 공극에 저장된다. 따라서 철심에 저장되는 자기에너지는 무시하고 공극에서 자속밀도가 일정하다고 하면 공극에 축적된 자계에너지는 식 (5.22)로 표현된다.

$$\begin{aligned} W_{fm} &= \frac{1}{2}\frac{B^2}{\mu_0}V = \frac{1}{2}\frac{B^2}{\mu_0}\frac{S^2 l_g}{S} \\ &= \frac{1}{2}\phi^2\frac{l_g}{\mu_0 S} = \frac{1}{2}R_g\phi^2 \quad [\mathrm{J}] \end{aligned} \tag{5.22}$$

여기서 l_g는 공극의 길이, S는 자속이 통과하는 공극단면적, R_g는 공기의 자기저항을 나타낸다. 또한 B와 V는 공극에서의 자속밀도와 공극의 체적을 나타낸다.

식 (5.22)에서 구한 자기에너지를 힘의 일반식 (5.17)에 대입하면 식 (5.23)을 얻을 수 있다.

$$F = -\frac{\partial W_{fm}(\phi,\, x)}{\partial x} = -\frac{1}{2}\phi^2\frac{\partial R_g}{\partial x} \quad [\mathrm{N}] \tag{5.23}$$ 주1)

식 (5.23)에서 알 수 있는 바와 같이 릴럭턴스 힘은 자기저항이 작아지는 방향으로 발생된다. 그림 5.11에서 자기저항이 최소가 되는 위치는 그림 5.11(b)와 같으므로 위의 철심과 아래 철심에는 각각 x축과 $-x$축 방향으로 F_a, F_f의 힘이 발생된다. 전기기기에서는 두 개의 철심 중에서 하나를 고정시키므로 어떤 한 철심을 고정시키면 나머지 한 철심이 움직인다.

회전기에서 릴럭턴스 토크는 슬롯과 치구조 또는 자극구조를 갖는 전동기에서 슬롯과 자극의 상대위치에 따라 자기에너지가 달라지면 그 차이에 의해서도 릴럭턴스 토크가 발생된다. 특히 회전자나 고정자 중의 하나가 영구자석(일반적으로 회전자를 영구자석으로

주1) 5.2.4에서는 릴럭턴스 토크를 회로정수인 인덕턴스 항으로 표현함

함)이면 전류를 흘리지 않더라도 힘이 발생하여 안정점에서 멈추게 된다. 이러한 힘은 전기기기에서 이용하는 마그네틱 토크와 독립적으로 마그네틱 토크에 중첩되어 나타난다. 이와 같이 슬롯구조에 의해 발생하는 릴럭턴스 토크는 전기기기에서 토크리플로 작용하고 소음과 진동의 원인이 되기도 한다. 특히 영구자석기기에서 슬롯의 영향으로 나타나는 토크를 코깅 토크(cogging torque)라고 한다.

그림 5.12(a)에서와 같이 2극의 영구자석과 6개의 슬롯을 갖는 회전형 전기기기에서 발생하는 토크를 구해보도록 하자. 그림 5.12(a)와 같은 회전기에서 회전각 θ에 대한 자기에너지를 구해보면 그림 5.12(b)와 같이 $6f$의 주기를 갖고 위치에 따라 거의 정현적으로 변하는 것을 알 수 있다. 이 자기에너지를 식 (5.17)에 대입하면 그림 5.12(c)와 같이 위치, 시간에 따라 진동하는 힘이 됨을 알 수 있으며 이 힘을 코깅 토크라고 한다. 식 (5.23)에서 알 수 있는 바와 같이 코깅 토크의 크기는 공극자속 크기의 제곱에 비례하고 회전자 위치에 따른 릴럭턴스의 변화분에 비례한다. 또한 코깅 토크의 주기는 슬롯 수와 자극 수의 최소 공배수가 된다. 이러한 코깅 토크는 전동기에서 소음 진동의 원인이 되고 위치 제어시에는 위치 정밀도를 떨어뜨리기 때문에 전동기 설계시 반드시 최소화 시킬 수 있도록 해야 한다.

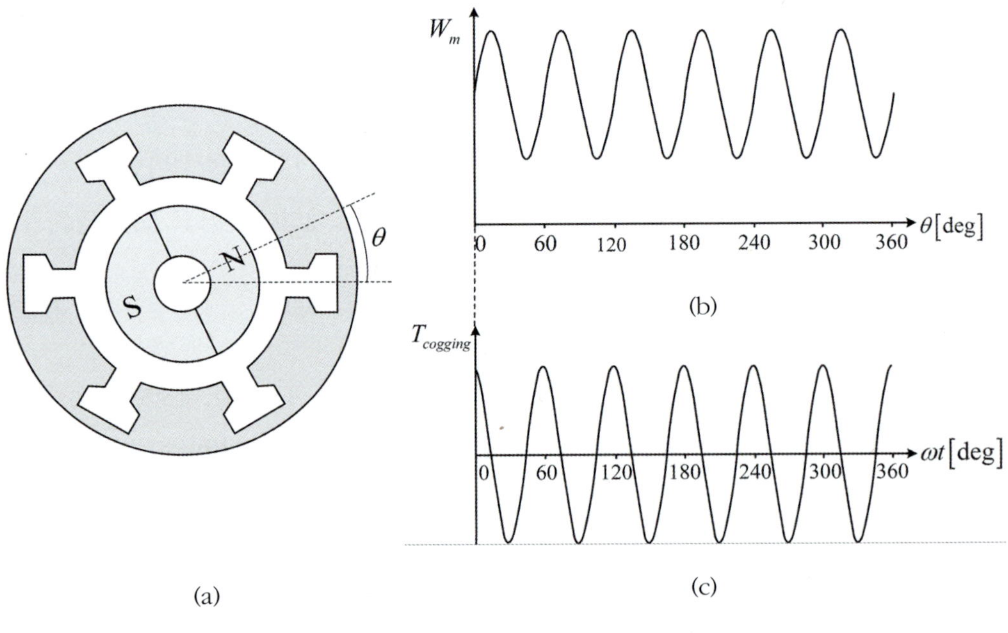

그림 5.12 회전기에서의 발생 토크 (a) 2극 6슬롯 전동기 (b) 자기에너지 (c) 코깅 토크

5.2.4 일반 회전기에서 발생되는 토크

[1] 1권선 회전기에서의 토크

그림 5.13(그림 5.6과 동일)과 같이 1권선만을 가지고 있는 회전기에서 발생되는 토크를 구해 보도록 하자. 이 회전기에서 발생되는 토크를 구하기 위해 식 (5.18)을 적용하려면 자기수반에너지를 먼저 구해야 한다. 자기수반에너지는 자속 또는 자속밀도를 구하여 얻을 수 있으나 회전기를 전기적인 집중회로정수법으로 특성해석을 하기 위해서 자계와 관계되는 회로정수인 인덕턴스를 도입한 식 (5.20)을 사용하면, 1권선기기에서 발생되는 토크는 식 (5.24)와 같다.

$$T = \frac{\partial W'_{fm}(i,\theta)}{\partial \theta} = \frac{1}{2} i^2 \frac{dL(\theta)}{d\theta} \quad [\mathrm{N \cdot m}] \tag{5.24}$$

1권선기기에서는 자속을 발생시키는 성분과 전류성분이 나누어져 있지 않으므로 마그네틱 토크는 발생되지 않고 단지 릴럭턴스 토크만 발생된다. 따라서 식 (5.24)는 릴럭턴스 토크를 나타내는 특성식이다. 식 (5.24)에서 알 수 있는 바와 같이 릴럭턴스 토크는 전류의 제곱에 비례하고 자기인덕턴스의 위치에 대한 변화분에 비례한다. 따라서 회전자의 위치에 따라 자기인덕턴스가 변하지 않으면 릴럭턴스 토크는 발생되지 않는다. 그림 5.13에서와 같이 회전자가 돌극형이면 회전자의 위치에 따라 자기인덕턴스가 변하여 릴럭턴스 토크가 발생하지만 만약 회전자의 형상이 원통형이면 회전자의 위치에 따라서 자기인덕턴스가 변하지 않으므로 릴럭턴스 토크는 발생되지 않는다.

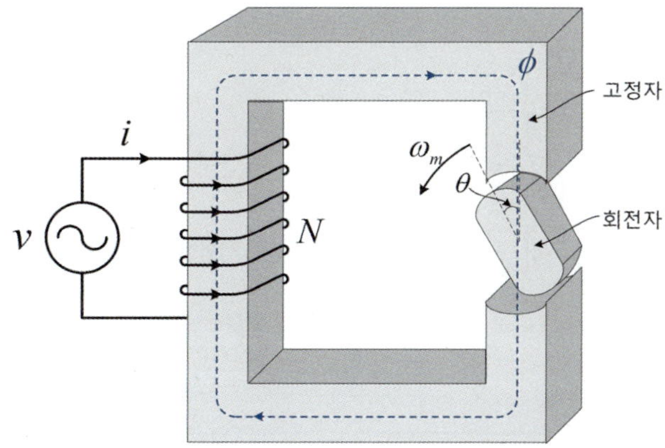

그림 5.13 1권선기기에서 발생하는 힘[주1)]

주1) 그림 5.6의 1권선기기 유도 기전력 설명 모델과 동일 모델로 발생되는 토크를 알아봄

[2] 2권선 회전기에서의 토크

1권선기기와 마찬가지로 2권선기기에서 토크를 구하기 위해서는 자기에너지 또는 자기수반에너지를 구해야 한다. 자성체가 선형이라고 가정하고 그림 5.14와 같은 2권선기기에서 자기수반에너지를 회로정수인 인덕턴스와 전류를 도입하여 구하면 식 (5.25)와 같다.

$$W'_{fm} = \frac{1}{2}L_{11}i_1^2 + \frac{1}{2}L_{22}i_2^2 + i_1 i_2 L_{12} \ \ [\mathrm{J}] \tag{5.25}$$

식 (5.25)를 식 (5.18)에 대입하면 2권선기기에서 발생되는 토크는 식 (5.26)과 같이 된다.

$$T = \frac{\partial W'_{fm}(i_1, i_2, \theta)}{\partial \theta} = \frac{1}{2}i_1^2\frac{\partial L_{11}}{\partial \theta} + \frac{1}{2}i_2^2\frac{\partial L_{22}}{\partial \theta} + i_1 i_2\frac{\partial L_{12}}{\partial \theta} \ \ [\mathrm{N \cdot m}] \tag{5.26}$$

그림 5.14와 같은 2권선기기에서 발생하는 힘은 권선 1개에만 전류가 흘렀을 때 발생되는 릴럭턴스 토크와 2개 권선 모두에 전류가 흘렀을 때 발생되는 마그네틱 토크가 있다.

식 (5.26)의 우변 첫 번째 항과 두 번째 항은 릴럭턴스 토크를 나타낸다. 자성체가 선형인 경우 식 (5.26)의 우변 첫 번째 항은 인던턴스와 쇄교자속과의 관계를 이용하여 릴럭턴스 토크를 자속과 자기저항으로 표현해보면 식 (5.27)로 표현된다.

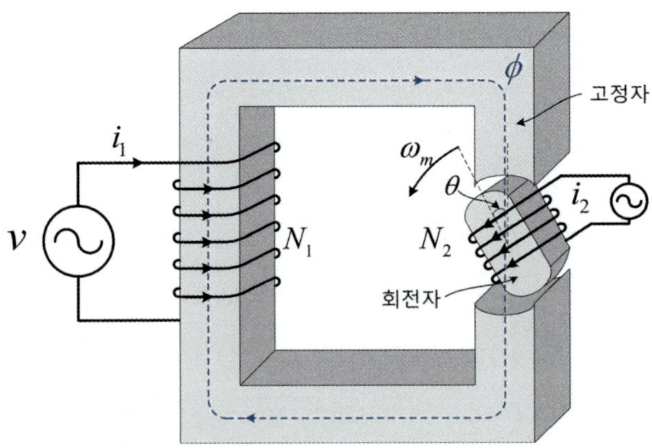

그림 5.14 2권선기기에서 발생하는 힘[주1)]

주1) 그림 5.7 2권선기기에서 유도기전력 설명 모델과 동일한 모델로 발생되는 토크를 알아봄

$$T_{r1} = \frac{1}{2}i_1^2\frac{\partial L_{11}}{\partial \theta} = \frac{1}{2}i_1^2\frac{\partial}{\partial \theta}\left(\frac{N_1^2}{R_m}\right) = -\frac{1}{2}\frac{(N_1 i_1)^2}{R_m^2}\frac{\partial R_m}{\partial \theta} = -\frac{1}{2}\phi_1^2\frac{\partial R_m}{\partial \theta}\ [\mathrm{N \cdot m}] \quad (5.27)$$

식 (5.27)에서 알 수 있는 바와 같이 릴럭턴스 토크는 자기저항이 최소인 방향으로 토크가 발생하고 크기는 공극자속의 제곱에 비례하고 자기저항의 공간적인 변화가 크면 클수록 커짐을 알 수 있다.

식 (5.26)에서 세 번째 항은 마그네틱 토크라 하고 식 (5.28)과 같이 정의된다.

$$T_m = i_1 i_2 \frac{\partial L_{12}}{\partial \theta}\ [\mathrm{N \cdot m}] \quad (5.28)$$

식 (5.28)에서 알 수 있는 바와 같이 마그네틱 토크는 두 개의 코일에 모두 전류가 흘러야 발생되고 회전자의 위치에 따라 상호인덕턴스가 변해야 토크가 발생된다. 그림 5.15에서와 같이 두 개의 코일이 있을 때 한 코일이 다른 코일에 대해서 임의의 위치 θ에 있다고 하면 상호인덕턴스는 1번 코일과 2번 코일의 상호각 θ에 따라 변한다. 그림 5.15에서 1번 코일과 2번 코일이 서로 마주보고 있을 때($\theta = 0°$) 상호인덕턴스가 가장 크고, 서로 수직일 때($\theta = 90°$) 0이다. 회전자가 임의의 각도 θ일 때 상호인덕턴스는 식 (5.29)와 같이 거의 정현적으로 변한다고 가정할 수 있다.

$$L_{12} = M\cos\theta = \frac{N_1 N_2}{R_m}\cos\theta\ [\mathrm{H}] \quad (5.29)$$

여기서 M은 두 코일이 마주보고 있을 때 상호인덕턴스로 상호인덕턴스의 최대치를 나타낸다.

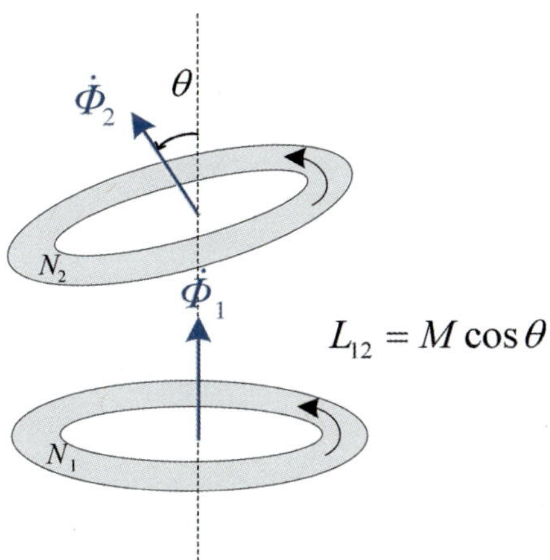

그림 5.15 2권선의 상호인덕턴스 설명 모델

상호인덕턴스 식 (5.29)를 식 (5.28)에 대입하면 마그네틱 토크는 식 (5.30)과 같이 된다.

$$T_m = -i_1 i_2 M \sin\theta \quad [\mathrm{N \cdot m}] \tag{5.30}$$

식 (5.30)에서 누설자속(leakage flux)이 없다고 가정하고 상호인덕턴스를 2차측 코일의 기자력과 자기저항으로 나타내면 식 (5.31)과 같이 상호자속과 전류의 곱이 됨을 알 수 있다. 누설자속을 고려하고 1차 권선의 자속과 기자력의 관계를 나타내는 임의의 계수 k_T를 사용하면 마그네틱 토크는 식 (5.32)로 나타낼 수 있다.

$$T_m = -i_1 i_2 M \sin\theta = -i_1 N_1 \frac{N_2 i_2}{R_m} \sin\theta = -i_1 N_1 \phi_2 \sin\theta \quad [\mathrm{N \cdot m}] \tag{5.31}$$

$$T_m = -k_T \phi_1 \phi_2 \sin\theta \quad [\mathrm{N \cdot m}] \tag{5.32}$$

식 (5.32)는 마그네틱 토크의 물리적 의미를 쉽게 이해할 수 있게 하는 특성식이다. 식 (5.32)에서 알 수 있는 바와 같이 마그네틱 토크는 두 코일에서 발생하는 자속의 크기에 비례하며 두 자극의 상대적인 위치의 $\sin$값에 비례한다. 또한 그림 5.15에서 힘은 두 코일이 마주보는 방향으로 발생되므로 $\theta = 0°$인 위치가 안정점이 된다. 이와 같이 두 코일이 발생하는 자속이 서로 마주보는 방향으로 힘이 작용하는데 이러한 마그네틱 토크를 자기배열 토크(magnetic alignment torque)라고도 한다. 마지막으로 그림 5.15에서 두 코일의 상호인덕턴스와 그 때 발생되는 마그네틱 토크를 그래프로 그려보면 식 (5.28)에서 알 수 있듯이 그림 5.16과 같이 된다.

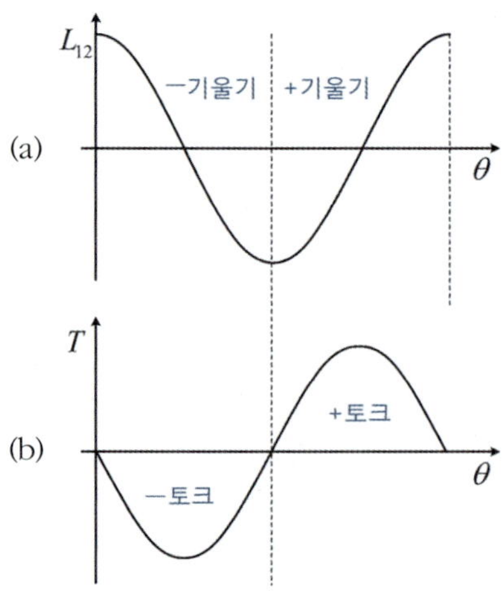

그림 5.16 2권선전기기기에서 상호인덕턴스와 마그네틱 토크 (a) 상호인덕턴스 (b) 마그네틱토크

예제 5.3 2권선기기에서 자기수반에너지를 구하시오.

풀이 <<

그림 5.14에서 자기수반에너지는 쇄교자속을 전류에 대해서 적분한 값이다. 두 개의 코일이 존재하므로 식 (1)이 성립된다.

$$dW'_{fm} = N_1\phi_1 di_1 + N_2\phi_2 di_2 = L_{11}i_1 di_1 + L_{22}i_2 di_2 + L_{12}i_2 di_1 + L_{21}i_1 di_2 \quad (1)$$

식 (1)에서 상호인덕턴스 L_{12}와 L_{21}은 서로 같고 또한 식 (2)의 완전미분식을 사용하면 식 (3)과 같은 자기수반에너지를 구할 수 있다.

$$L_{12}i_2 di_1 + L_{12}i_1 di_2 = d(L_{12}i_1 i_2) \quad (2)$$

$$W'_{fm} = \frac{1}{2}L_{11}i_1^2 + L_{12}i_1 i_2 + \frac{1}{2}L_{22}i_2^2 \quad [\mathrm{J}] \quad (3)$$

예제 5.4 다음 그림은 여러 가지 형태의 전기기기를 나타내고 있다. 그림 (a)는 돌극형 동기전동기의 일반적인 형상이고, (b)는 직류전동기의 형태이고, (c)는 이중 돌극형 동기기의 형태이며, 또한 (d)는 원통형 유도전동기, 동기전동기의 전형적인 형태를 나타내고 있다. 이과 같은 형태의 전동기에서는 고정자와 회전자의 상호인던턴스가 변하므로 모두 마그네틱 토크는 발생하는데 릴럭턴스 토크는 발생되는지 알아보시오.

풀이 <<

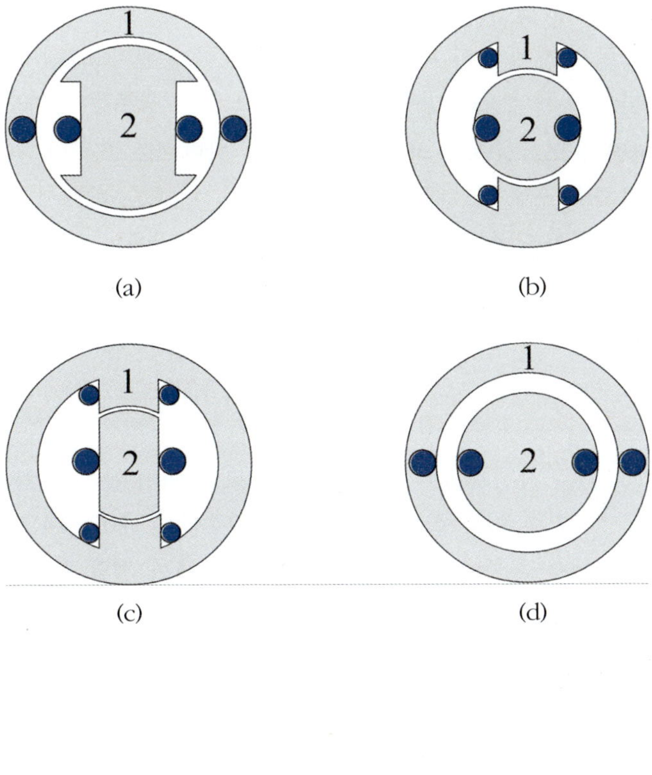

(a) (b)

(c) (d)

식 (5.26)의 1항과 2항을 이용하여 릴럭턴스 토크를 계산해 보면,

(a)의 경우 회전자만 돌극 구조이므로 $\frac{dL_{11}}{d\theta} \neq 0$, $\frac{dL_{22}}{d\theta} = 0$가 되어 1번 권선에 전류 인가시 자기인덕턴스 차이에 의한 릴럭턴스 토크가 발생한다.

(b)의 경우 고정자만 돌극 구조이므로 $\frac{dL_{11}}{d\theta} = 0$, $\frac{dL_{22}}{d\theta} \neq 0$가 되어 2번 권선에 전류 인가시 자기인덕턴스 차이에 의한 릴럭턴스 토크만이 발생한다.

(c)의 경우 이중 돌극 구조이므로 $\frac{dL_{11}}{d\theta} \neq 0$, $\frac{dL_{22}}{d\theta} \neq 0$가 되어 1, 2번 권선 전류에 의해 모두 릴럭턴스 토크가 발생한다.

(d)의 경우 $\frac{dL_{11}}{d\theta} = 0$, $\frac{dL_{22}}{d\theta} = 0$가 되어 릴럭턴스 토크가 발생하지 않는다.

5.3 유도기전력과 힘의 동시성

5.3.1 발전기에서 유도기전력과 힘

발전기는 외부에서 힘을 가하여 자계 내에서 도체가 상대운동을 하므로 도체에는 유도기전력이 발생하고 이 도체에 부하를 연결하여 전류가 흐르면 부하에 전력이 전달되는 전기기기이다. 발전기에서는 유도기전력을 발생시키는 것이 주된 역할이지만 도체에 전류가 흐르게 됨에 따라 마그네틱 힘이 발생하게 된다. 그림 5.17에서와 같이 외부에서 힘을 가하여 도체가 x축 방향으로 운동하고 있는 경우를 살펴보자. 도체에 부하저항 R_L을 접속하면 유도기전력에 의한 전류가 y축 방향으로 흐른다. 이때 전류는 자속 내의 도체에 흐르게 되므로 마그네틱 힘이 작용한다. 이 힘은 반드시 속도방향과 반대방향으로 발생하여 도체는 감속하고 결국 정지한다. 자계 내에서 도체가 자계에 수직방향으로 운동할 때 발생하는 속도기전력은 식 (5.1)과 같고 이 도체에 흐르는 직류전류는 자계와 수직하므로 마그네틱 힘은 식 (5.33)이 된다.

$$F = 2BlI \ [\mathrm{N}] \tag{5.33}$$

식 (5.33)은 발전기에서 발생되는 힘으로 도체의 운동방향과 반대방향으로 작용하므로 이 힘을 이길 수 있는 힘을 외부에서 가해주어야 계속해서 도체가 운동할 수 있다. 따라서 발전기에서 손실이 없다고 가정하면 외부에서 전달해야 할 동력은 속도와 힘의 곱이므로 식 (5.34)가 성립된다.

$$P_m = F\nu = 2BlI\nu = ei = P_e \ \ [\mathrm{W}] \tag{5.34}$$

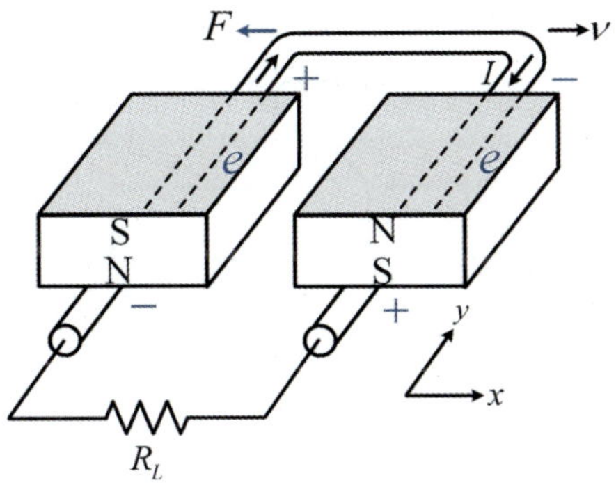

그림 5.17 발전기에서의 유도기전력과 힘의 동시성

식 (5.34)에서 알 수 있는 바와 같이 손실을 무시하고 발전기를 일정속도 ν로 운전하기 위해서는 전기적 출력과 동일한 기계적 입력을 주어야 한다. 그러나 실제로는 기계적인 손실이 존재하므로 전기적 출력(전기적 손실 포함)과 기계적 손실을 합한 기계적 동력을 가해야 발전기가 계속적으로 출력 $P_e = ei$를 낼 수 있다.

5.3.2 전동기에서의 힘과 유도기전력(역기전력)

전동기는 전기에너지를 받아 힘을 발생시켜 외부에 동력을 전달하는 전기에너지와 기계에너지 사이의 에너지변환 기기이다. 전동기에 전압을 가해서 자계 내에 있는 도체에 전류가 흐르면 도체에는 자계방향과 도체 전류방향의 수직방향으로 힘이 발생되어 물체가 운동을 한다. 전동기에서 도체가 운동을 하면 기계적인 동력이 발생될 뿐 아니라 도체가 자속에 대해서 상호운동을 하므로 유도기전력이 발생되고 이 유도기전력은 전동기의 운동에 따른 반작용으로 발생되는 전압이라고 하여 역기전력(back electromotive force)이라는 용어를 사용한다.

그림 5.18에서와 같이 외부에서 전압을 가해주면 오른쪽 도체의 y축 방향으로 전류가 흐르게 되고, 이때 도체는 x축 방향으로 힘 F를 받아 속도 ν로 움직인다. 도체의 운동에 의해 도체에는 속도기전력이 발생되고 발생되는 속도기전력의 방향은 그림 5.18에서와 같이 전원전압과 반대방향이 된다. 속도기전력의 크기는 속도에 비례하므로 속도가 증가하면 속도기전력의 크기가 점점 커지게 되어 도체에 흐르는 전류가 점점 감소하게 된다. 이때 전원전압이 직류일 때 입력된 전력과 출력된 동력과의 관계를 알아보도록 하자. 도체의 저항을 R_a라고 하면 식 (5.35)와 같은 전압방정식을 얻을 수 있다.

$$V = R_a I + 2e \quad [\mathrm{V}] \tag{5.35}$$

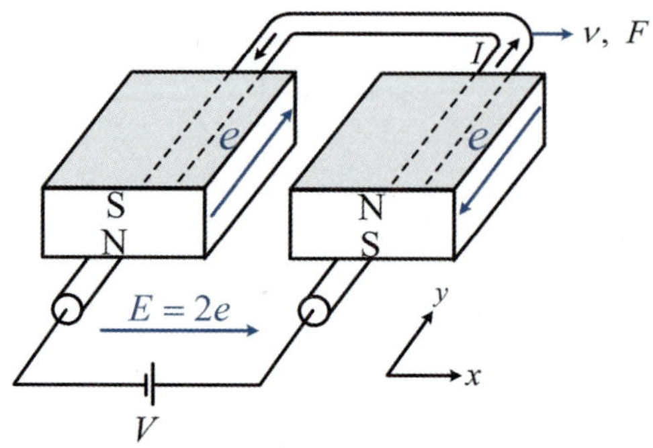

그림 5.18 전동기에서의 유도기전력과 힘의 동시성

전기적인 입력은 전원전압과 전류의 곱이므로 식 (5.36)이 성립한다.

$$VI = R_a I^2 + EI = R_a I^2 + 2Bl\nu I \ [\mathrm{W}] \tag{5.36}$$

따라서 역기전력과 힘의 관계는 식 (5.37)이 성립한다.

$$EI = 2Bl\nu I = F\nu \ [\mathrm{W}] \tag{5.37}$$

식 (5.36), (5.37)에서 알 수 있는 바와 같이 입력전력은 전기저항에서 손실로 나가고 나머지는 기계적인 출력이 됨을 알 수 있다. 따라서 직류전동기에서 기계적인 동력은 역기전력과 전류의 곱이 됨을 알 수 있다.

직류전동기의 경우 무부하 상태(동력이 필요없는 상태)에서 전기적 손실이 없고 기계적 손실이 없다면 전원에서 전달하는 전력은 0이므로 전원전압과 역기전력이 같다. 이때 도체는 ν의 속도로 운동하지만 전류가 0이고 따라서 힘이 0이 되므로 기계적인 출력은 0이 된다. 그러나 기계적 손실이 존재하고 부하가 걸려 있다면 속도는 무부하 속도 이하에서 결정되고 결국 유도기전력의 크기는 단자전압의 크기보다 작게 되어 기계적 손실과 같은 토크가 발생되는 전류가 흐른다.

교류전동기에서 전류는 전원전압과 역기전력의 벡터관계에 의해 결정되는 종속적인 양으로 역기전력은 자속의 크기와 속도 및 권선법에 의해 결정되므로 전동기의 설계와 부하의 종류에 따라 속도 및 역기전력이 달라진다.

5.4 마그네틱 토크와 자기배열 토크

일반적인 회전기는 마그네틱 토크(magnetic torque)를 이용하고 이러한 마그네틱 토크는 자기배열 토크(magnetic alignment torque)로 설명할 수 있다는 것을 5.2절에서 알아보았다. 복잡한 형상을 갖는 전기기기에서 발생되는 힘을 자기배열 힘으로 고찰하면 직관적으로 쉽게 알 수 있다. 자기배열 힘은 N극과 S극 사이에는 흡인력이 발생하고 같은 극끼리는 반발력이 발생하는 것을 나타내는 힘이다. 그림 5.19에서와 같이 고정된 N극과 S극이 극간격 τ_p만큼 떨어져 있고 그 밑에 S극을 발생시키는 코일이 있다고 하자. 이때 이 코일에 발생되는 힘을 로렌츠의 힘(식 (5.16))을 이용하여 구하면 복잡하게 된다. 그러나 발생되는 힘을 자기배열 힘으로 설명하면 물리적 의미를 쉽게 알 수 있다. 그림 5.19에서 $x=0$의 위치에서는 x축 방향으로 힘이 발생되지 않고 $x=\tau_p/2$의 위치에서 x축 방향 힘이 가장 크고 $x=\tau_p$에서 x축 방향 힘이 0이 된다는 것을 직관적으로 알 수 있다.

그림 5.20(a)에서와 같이 회전기에서 계자자속에 대해 코일이 임의 각도 θ의 위치에 있을 때 발생하는 토크를 구해보자. 그림 5.20(a)와 같이 자속이 x축 방향으로 일정하게 B_f로 발생되고 있다면 도체 a와 a'에는 각각 식 (5.38)과 같은 힘이 발생된다.

$$F = B_f l I \text{ [N]} \tag{5.38}$$

이때 각 도체에서 발생하는 토크의 크기 T_m은 식 (5.39)와 같다.

$$T_m = |\mathrm{r} \times \mathrm{F}| = rF\sin\theta \text{ [N·m]} \tag{5.39}$$

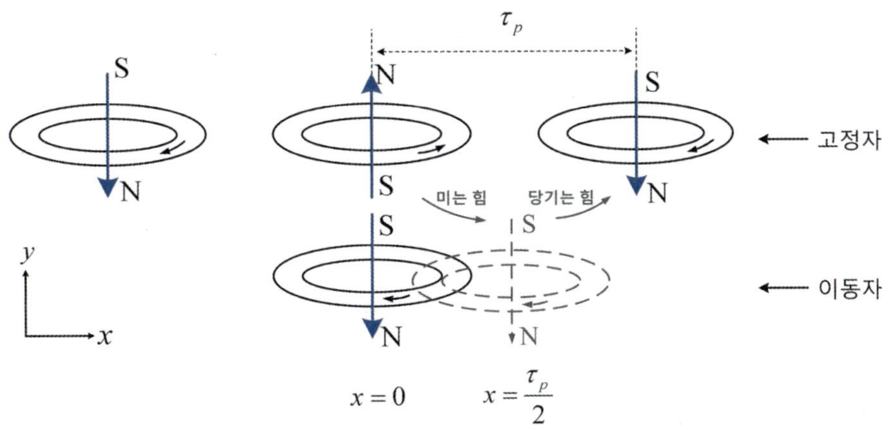

그림 5.19 자기배열 토크 설명 모델

따라서 N턴 감긴 코일에 발생되는 토크는 식 (5.40)과 같이 된다.

$$T = 2NB_f l I r \sin\theta \quad [\mathrm{N \cdot m}] \tag{5.40}$$

여기서 l은 그림 5.20(b)에서와 같이 코일을 구성하는 도체의 길이를 나타내며, $2r$은 도체간 거리를 나타낸다. 그림 5.20(a)에서 코일에 발생되는 자속밀도의 크기는 식 (5.41)과 같이 된다.

$$B_a = N\frac{\mu I}{l_m} \quad [\mathrm{Wb/m^2}] \tag{5.41}$$

식 (5.41)에서 l_m은 코일에서 발생되는 자속흐름의 길이를 나타내는 값으로 자속의 모양에 따라 달라지는 값이다. 또한 자속을 발생시키는 코일의 단면이 그림 5.20(b)와 같다고 하면 단면적은 $S=2rl$이고 식 (5.41)을 식 (5.40)에 대입하면 식 (5.42)가 성립된다.

$$T = \frac{Sl_m}{\mu} B_a B_f \sin\theta = KB_a B_f \sin\theta \quad [\mathrm{N \cdot m}] \tag{5.42}$$

식 (5.42)에서 알 수 있는 바와 같이 토크는 회전자에서 발생하는 자속밀도의 크기와 계자가 발생하는 자속밀도의 크기에 비례하고 두 자속의 위치각 θ의 sin 값에 비례한다.

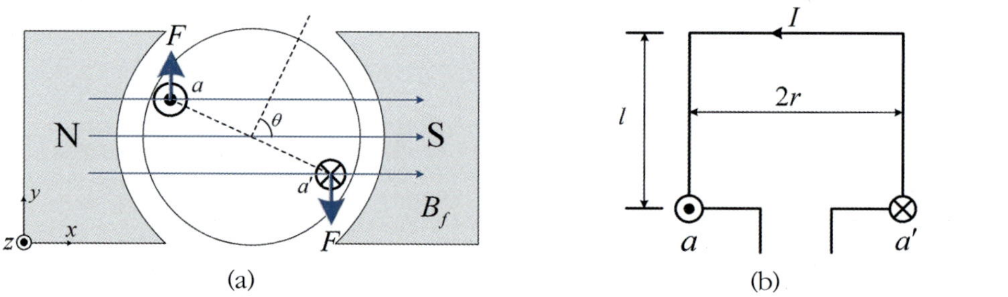

그림 5.20 코일에 발생하는 힘의 원리

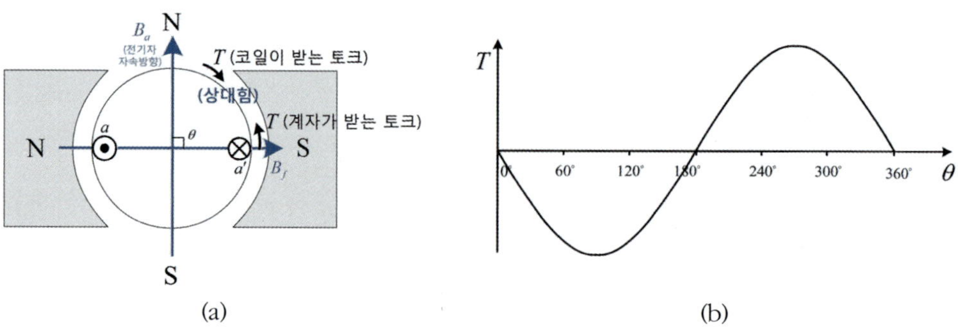

그림 5.21 회전자와 계자에서 발생하는 자속에 의한 토크
(a) 코일과 계자가 받는 상대힘 (b) 코일이 받는 토크

그림 5.21(a)는 식 (5.42)의 의미를 나타내고 있다. 계자는 자속밀도 B_f를 발생시키고 코일은 B_a의 자속을 발생시킨다고 하면 계자에서 발생되는 토크의 크기는 식 (5.42)와 같고 그림 5.21(b)와 같이 $\sin\theta$로 변한다. 이때 계자에는 반시계방향의 토크가 발생하고 코일에는 시계방향의 토크가 발생된다. 이와 같이 마그네틱 토크를 자기배열 토크로 설명하게 되면 힘 발생 원리가 매우 간단해지고 힘의 방향과 크기 등을 명확하게 할 수 있는 장점이 있다.

자기배열 토크를 좀 더 상세하게 알아보도록 하자. 자기배열 토크는 자극 사이각의 $\sin$ 값으로 토크가 발생되고 그 힘은 N극과 S극이 서로 배열하려고 하는 토크로 그림 5.22와 같은 성질을 가지고 있다. 그림 5.22(b)에서 $\theta = 180°$ 위치 근처에서는 (+) 방향의

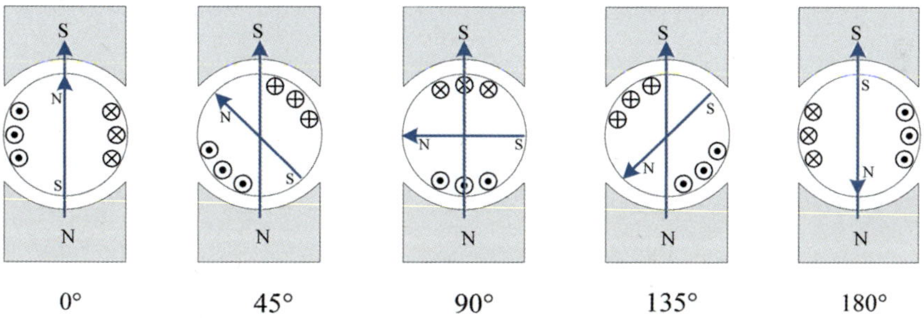

(a)

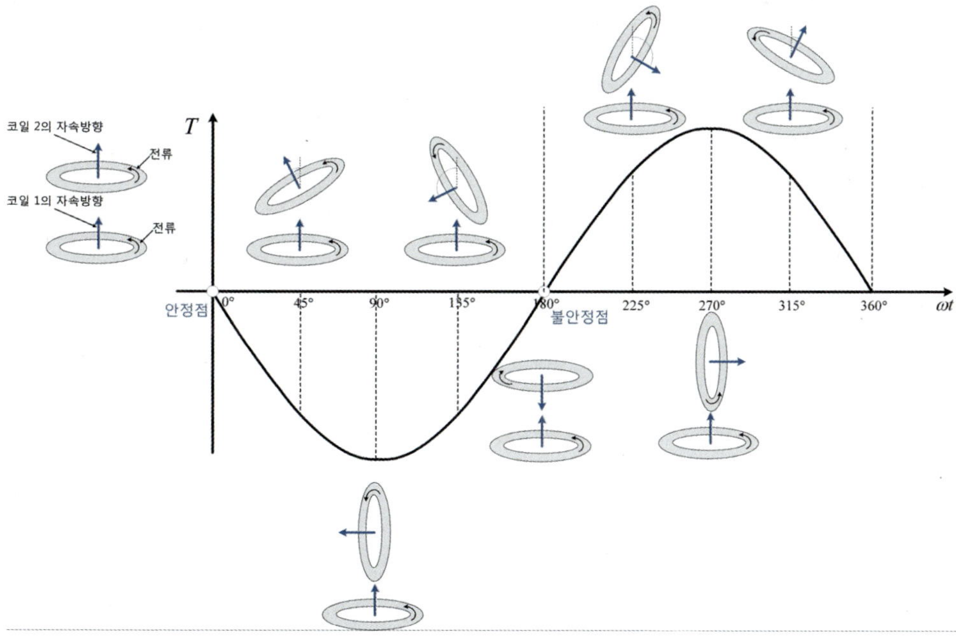

(b)

그림 5.22 2권선기기의 위치에 따른 발생 토크

변위에 대해서 (+) 토크, (−) 변위에 대해서는 (−) 토크가 발생하므로 불안정점이 되고, $\theta = 0°$ 근처에서는 (+) 변위에 대해서 (−) 토크가 발생하고 (−) 변위에 대해서는 (+) 토크가 발생하므로 0°가 안정점이 된다. 따라서 직류로 여자된 기기에서는 0°에서 멈추게 되어 전동기로써 역할을 할 수 없다.

이와 같이 직류로 여자된 두 코일은 안정점을 가지고 있어 정지하게 되므로 이 기기를 계속 회전시키기 위해서는 다음과 같은 방법을 생각할 수 있다.

① 회전자가 전기적으로 180° 회전하면 전류의 방향을 바꾸어 주어 안정점을 없애는 방법
② 회전자가 회전함과 동시에 고정자의 자극도 회전시키는 방법

이 두 경우가 전동기의 일반적인 원리를 나타내는 것으로 ①번의 원리를 사용한 것이 직류전동기이고 ②번의 원리를 사용한 것이 회전자계를 이용한 교류전동기(유도기, 동기기)이다.

전기기기에서는 그림 5.23에서와 같이 전기자 자속(ϕ_a), 계자자속(ϕ_f), 공극자속(ϕ_{total})이 있다. 자기배열토크는 각 자속이 상대자속에 배열하려고 하는 토크이므로 다음 세 가지의 토크로 설명할 수 있다.

① 전기자 자속과 계자자속 사이의 자기배열 토크
② 전기자 자속과 공극자속 사이의 자기배열 토크
③ 계자자속과 공극자속 사이의 자기배열 토크

이 세 가지 토크는 전기기기에서 발생하는 토크를 나타낸 것으로 모두 마그네틱 토크와 동일하다. 식 (5.42)의 계자자속밀도와 전기자자속밀도 사이에 발생하는 힘을 자속으로 나타내면 식 (5.43)와 같이 된다.

$$T = K_1 \phi_a \phi_f \sin\delta_s \quad [\mathrm{N \cdot m}] \tag{5.43}$$

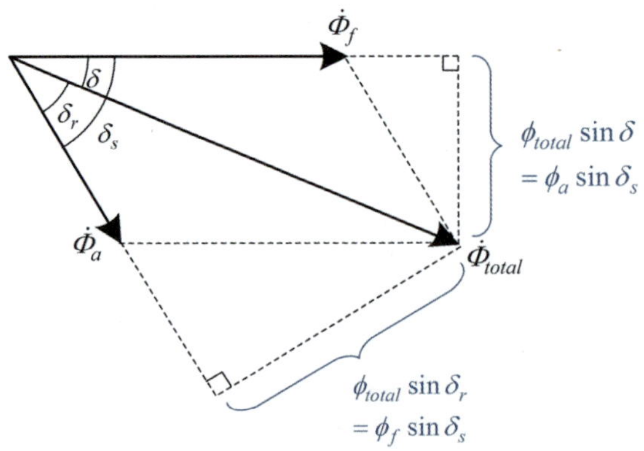

그림 5.23 자기배열토크 페이저도

식 (5.43)에서 δ_s는 그림 5.23에서 계자자속과 전기자 자속 사이의 각을 나타낸다. 그림 5.23에서 각 자속의 사이각과 크기 사이에는 식 (5.44)와 식 (5.45)가 성립한다.

$$\phi_a \sin\delta_s = \phi_{total} \sin\delta \quad (5.44)$$

$$\phi_f \sin\delta_s = \phi_{total} \sin\delta_r \quad (5.45)$$

따라서 식 (5.44)와 식 (5.45)를 식 (5.43)에 대입하면 식 (5.46)을 얻을 수 있다.

$$T = K_1\phi_a\phi_{total}\sin\delta_r = K_1\phi_f\phi_{total}\sin\delta = K_1\phi_a\phi_f\sin\delta_s \ [\mathrm{N\cdot m}] \quad (5.46)$$

식 (5.46)에서 알 수 있는 바와 같이 전기기기에 작용하는 자기배열 토크는 계자자속과 전기자 자속, 전기자 자속과 공극자속, 계자자속과 공극자속 중 하나로 표현할 수 있다. 이때 각 자속사이의 각도 중 공극자속과 계자자속 사이의 각 δ를 토크각(torque angle) 또는 부하각(load angle)이라 한다.

예제 5.5 계자의 자속이 x방향이 아니라 다음 그림과 같이 회전축을 향하는 반경방향인 경우 발생되는 토크를 구하시오.

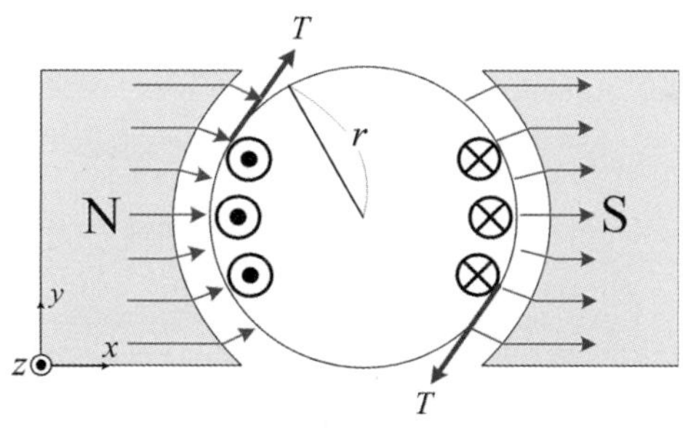

〈다권선에 발생되는 회전하는 힘〉

풀이 << 자속이 그림에서와 같이 회전축으로 향하는 반경방향으로 발생되면 도체에서 발생하는 힘의 방향은 그림과 같이 되고 이때 발생되는 토크는 도체의 공간적 위치와는 상관없이 식 (1)과 같이 일정한 값이 된다.

$$T = 2NBlIr \ [\mathrm{N\cdot m}] \quad (1)$$

이와 같이 자속이 회전축을 향하는 반경방향으로 발생될 때, 계자에서 발생하는 자속 벡터와 코일에서 발생하는 자속의 벡터는 90°가 됨으로 식 (5.42)에서 δ_s가 90°이므로 식 (2)가 성립된다.

$$T = KB_aB_f \ [\mathrm{N\cdot m}] \quad (2)$$

따라서 발생되는 토크는 코일의 위치와 상관없이 일정한 토크가 발생됨을 알 수 있다.

5.5 전기기기의 구조

5.5.1 기본구조

발전기에서는 자계와 도체가 상대운동하여 권선에 기전력이 유도되고 이 권선에 부하를 연결하면 부하의 성질에 따라 전류가 흘러 부하에 전기에너지를 전달한다. 또한 전동기에서는 자계 내에 있는 도체에 외부에서 전원을 인가하여 전류를 흐르게 하고 이 전류와 자계의 상호작용에 의해 힘을 받아 회전한다. 이와 같이 전기기기는 자속을 발생시키는 구조, 전기를 흘려주는 구조, 회전하는 구조, 고정되어 있는 구조 등 다양한 구조의 조합으로 되어 있으며 구조의 명칭은 기계적인 분류와 전자기적 분류에 따라 용어가 다르다. 표 5.1은 전기기기의 용어를 전기적인 것과 기계적인 것으로 나누어 간략히 정의한 것이다.

표 5.1 전기기기의 구조

<table>
<tr><th>분류</th><th>레벨 1</th><th>레벨 2</th><th>내용</th></tr>
<tr><td rowspan="9">전자기적 차원의 구조</td><td rowspan="2">계자 (field)</td><td>계자권선 (field winding)</td><td>계자를 여자(excitation)시켜주기 위한 권선</td></tr>
<tr><td>계자극 (field pole)</td><td>계자속을 만들기 위한 N, S극</td></tr>
<tr><td rowspan="2">전기자 (armature)</td><td>전기자권선 (armature winding)</td><td>전기자에 전기를 흘려주기 위한 구조</td></tr>
<tr><td>전기자철심 (armature core)</td><td>전기자의 자속 통로</td></tr>
<tr><td rowspan="4">철심 (core)</td><td>백아이언 (back iron)</td><td>자속의 통로를 만들기 위한 구조</td></tr>
<tr><td>슈 (shoe)</td><td>슬롯의 입구를 최소화하기 위한 구조</td></tr>
<tr><td>치 (teeth)</td><td>고정자로 들어가는 주 자속의 통로</td></tr>
<tr><td>슬롯 (slot)</td><td>전기자 권선을 감기 위한 구조</td></tr>
<tr><td>브러시 (brush)</td><td></td><td>접촉에 의해 전기를 전달하는 구조</td></tr>
</table>

표 5.1 전기기기의 구조〈계속〉

분류	레벨 1	레벨 2	내용
	슬립링 (slip ring)		전기자 또는 계자에 접속되어 브러시와 접촉에 의해 전기를 전달하는 구조
	정류자 (commutator)		슬립링(slip ring)의 구조에 정류의 기능을 갖는 직류기만의 구조
기계적 차원의 구조	회전자(rotor)		회전하는 구조
	고정자 (stator)	하우징 (housing)	전동기를 보호하고 냉각을 하는 구조
		브라켓 (braket)	샤프트(shaft)를 고정하는 구조
		베어링 (bearing)	샤프트를 지지하며 샤프트의 회전저항을 저감한 구소
	공극(air gap)		고정자와 회전자 사이의 공기층
그 외의 장치	여자기 (exciter)		계자에 직류를 공급하기 위한 장치
	기어(gear)		샤프트의 기계적 토크 및 속도를 가변하는 구조

5.5.2 전기적인 구조

① **계자와 전기자** : 전기기기는 일반적으로 자속을 발생시키는 부분과 전기에너지를 소비 또는 발생하는 부분으로 나눌 수 있다. 이때 주 자속을 발생시키는 구조를 계자라고 하며, 전기에너지를 소비 또는 발생하는 부분을 전기자라고 한다. 자속을 발생시키기 위해서도 전기에너지를 사용하여야 하나 자속을 만들어 주는 전력은 매우 작다. 일반 전기기기에서는 전기자와 계자를 분류할 수 있으나 유도전동기와 릴럭턴스전동기의 경우는 전기자와 계자를 구별하기 어렵다.

② **백아이언** : 전기기기에서는 작은 전류로 큰 자속을 발생시키기 위해 투자율이 높은 재료를 사용하여 자속의 통로를 만들어 준다. 그림 5.24에서와 같이 계자에서 발생된 자속은 공극을 통하여 전기자와 쇄교하는데 자속은 연속계이므로 폐회로를 형성해야 하며 이 폐회로를 투자율이 높은 재료로 만들어 주는 구조를 백아이언이라고 한다.

③ **슬롯과 치(teeth)** : 직류전동기의 전기자에 권선을 감기 위해서는 도체를 삽입하기 위한 구조를 가져야 한다. 이 도체를 삽입하는 구조를 슬롯이라고 한다. 슬롯구조를 가지면 절편이 돌극되는 부분이 있는데 이 부분을 치라고 한다.

④ **브러시와 슬립링** : 외부에서 회전자에 전력을 공급하거나, 회전자로부터 외부로 전력을 인출할 때 권선을 직접 연결하여 회전시키면 권선이 꼬이다가 끊어지게 될 것

이다. 그래서 회전자와 외부 회로 사이에 브러시와 슬립링이라는 구조를 사용하여 전기에너지를 인출 또는 공급한다. 슬립링은 브러시와 미끄러지면서 접촉하므로 접촉에 의해 회전자에 전력을 공급할 수 있는 구조이다. 브러시는 외부에서 회전자에 전력을 공급하거나 인출하는 역할을 한다. 그림 5.25(a)는 브러시와 슬립링의 구조를 나타내고 있으며 슬립링과 브러시는 기계적으로 접촉하므로 마모 등의 문제가 있어 유지 보수가 필요하다. 브러시와 슬립링이 적용된 대표적인 전기기기가 동기기이다.

⑤ 브러시와 정류자 : 슬립링의 기능에 정류의 기능을 첨가한 직류기만의 구조가 정류자이다. 직류발전기에서 브러시와 정류자는 회전자 단자전압의 극성을 일정하게 만드는 기계적인 정류기 역할을 하며 브러시와 접촉을 통하여 전력이 공급되고 인출된다. 그림 5.25(b)는 브러시와 정류자를 나타낸 것이다. 그림 5.25에서와 같이 정류자가 슬립링과 다른 점은 브러시와 접촉하는 부분이 나누어져 있어 유도기전력을 외부의 부하와 연결할 때는 각 단자에 일정한 극성의 전압이 걸린다.

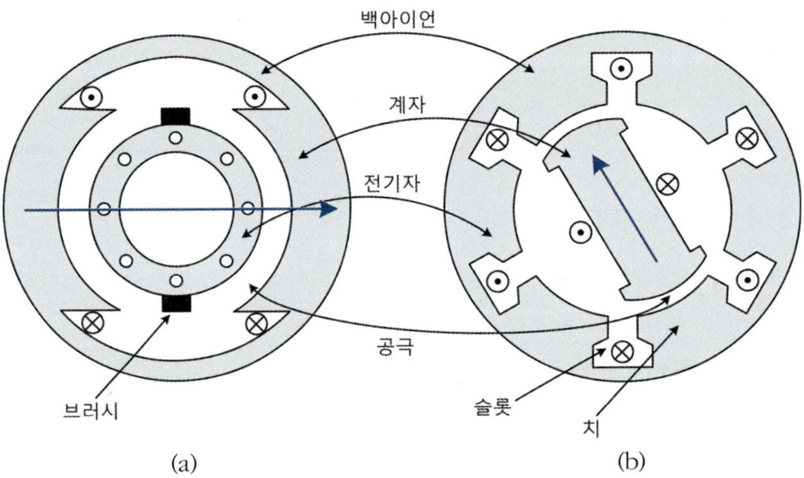

그림 5.24 전기적 구조 (a) 직류기 (b) 교류기

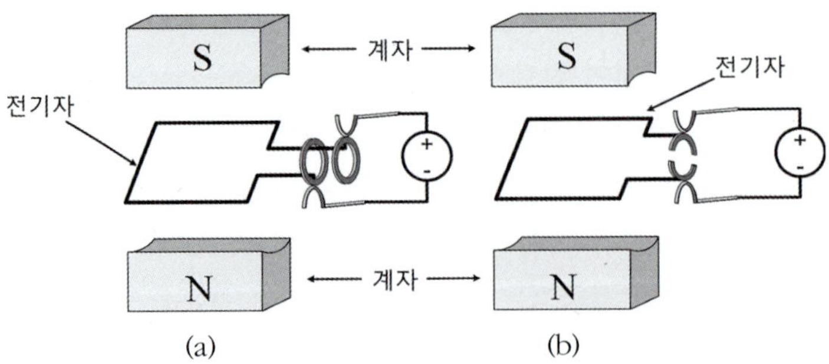

그림 5.25 (a) 브러시–슬립링의 구조 (b) 브러시–정류자의 구조

5.5.3 기계적인 구조

전기기기는 고정되어 있는 부분과 회전되는 부분으로 나눌 수 있으며 회전하는 부분을 회전자(rotor), 고정된 부분을 고정자(stator)라고 한다. 계자가 회전할 경우는 회전계자형 전기기기, 전기자가 회전할 경우는 회전전기자형 전기기기라고 한다. 직류기는 전기자에 흐르는 전류를 자극의 위치에 따라 자동적으로 바꾸어 주어야 하므로 회전전기자형이 아니면 구현될 수 없다. 반면 동기전동기는 전기자를 회전시키는 것 보다는 계자를 회전시키는 것이 슬립링 숫자 면에서 유리하므로 일반적으로 회전계자형을 사용한다. 유도전동기는 계자와 전기자를 구별하지 않으므로 특별히 회전전기자형, 회전계자형으로 분리하지 않는다.

그림 5.26은 유도전동기 구조의 예를 나타내고 있다. 그림 5.26에서와 같이 전기기기는 고정자와 회전자 사이에 공극을 가지고 있어야 회전을 한다. 또한 기계적인 에너지를 입력 또는 출력시키기 위해서는 샤프트(shaft)라는 구조가 있어야 하고 이 샤프트는 브라켓(braket)에 장착된 베어링을 통하여 외부장치와 연결된다. 베어링(bearing)은 샤프트를 고정시키고 기계적 마찰이 아주 작게 회전할 수 있도록 하는 장치다. 전기기기의 수명이 베어링의 수명에 의해 결정되는 경우가 많으므로 용도에 맞는 베어링 선정은 전기기기 제작에서 중요한 사항이다. 일반적으로 회전기는 회전이 빠르고 토크가 작은 특성이 있기 때문에 샤프트에는 기어를 부착하여 속도를 낮추고 토크를 크게 하는 경우가 많다. 하우징(housing)은 전기기기에서 발생되는 열을 방출하는 역할과 외부에서의 이물질 또는 충격으로부터 전기기기를 보호하는 기능을 한다. 전동기를 이물질로부터 보호할 수 있는 정도를 표시하는 것이 규격상 정해져 있어 등급을 매기는데 이 등급을 IP 등급(ingress protection(IP) classification)이라고 한다. 전기기기 사용자는 사용 환경에 맞는 IP 등급의 기기를 선택하여 사용해야 한다.

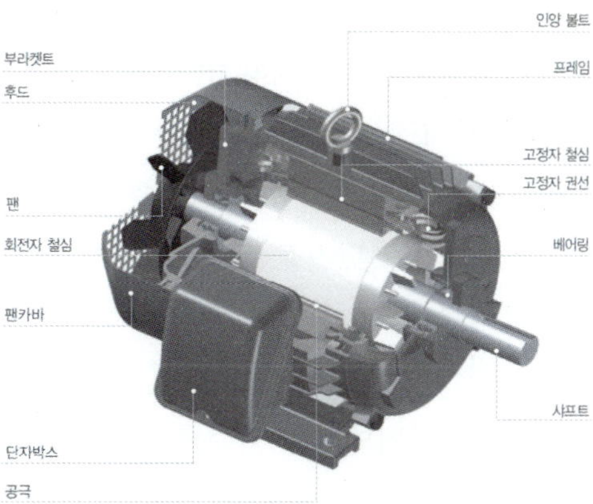

그림 5.26 농형 유도전동기 기계적인 구조 예(제공: 효성중공업)

5.6 권선법(winding method)

5.6.1 권선법의 기초

전기기기는 전기에너지와 기계에너지 사이의 에너지변환을 하는 기계이므로 전기에너지가 입출력되는 구조를 갖는다. 이 때 전기에너지의 입출력 특성은 코일을 어떻게 구성하느냐에 따라 달라진다. 권선은 코일들의 조합으로 코일들을 슬롯에 삽입하는 방법, 코일들의 접속방법 등을 총칭하여 권선법이라고 한다. 권선법은 여러 가지가 있고 다양한 용어를 사용하는데 권선법과 관련된 용어를 정리하면 다음과 같다.

① 도체(conductor), 도체수, 턴수(number of turns), 코일, 코일변(coil side), 권선(winding), 권선법 : 코일은 도체를 감은 것으로 감은 횟수를 나타내기 위해 턴수라는 용어를 사용한다. 그림 5.27(b)의 코일에서 실제로 유도기전력을 발생시키는 부분은 코일변이고 코일변을 이루고 있는 하나하나의 전선을 도체라고 한다. 따라서 그림 5.27(b)과 같이 N턴을 한 코일의 도체수는 $2N$이 된다. 이때 도체와 도체를 연결시켜주는 부분을 엔드코일이라고 한다. "이러한 코일들을 어떻게 배치할 것인가?"에 따라서 전기기기의 특성이 달라진다. 이와 같이 연결되어 있는 코일들의 집합을 권선이라 하고 배치방법을 권선법이라고 한다.

② 극피치(pole pitch) : 피치라는 용어는 주로 나사에서 나사산 거리를 나타내는 것으로 전동기에서도 거리의 개념으로 많이 사용한다. 극피치는 극간 간격이라고도 하며 N극의 중심에서 S극의 중심까지의 거리를 나타낸다. 그림 5.28에 회전기와 선형기에서 극피치의 개념을 나타내고 있으며 회전기에서도 극피치는 각도가 아닌 거리를 사용한다. 이때 거리는 전기자와 회전자 사이의 공기층(공극)의 중간점에서 측정한 거리를 사용한다.

③ 권선피치(winding pitch) : 권선피치는 코일변과 코일변 사이의 거리로 앞피치, 뒷피지, 합성피치라고 하는 용어를 사용한다. 직류기에서 권선피치는 주로 정류자편의 수로 나타내고 교류기에서 권선피치는 코일변 사이의 슬롯수로 나타낸다.

④ 병렬회로수 : 병렬회로수는 코일이 병렬연결로 이루어진 회로수를 뜻한다. 그림 5.27에서 코일의 S단자와 F단자를 모두 직렬로 연결하면 병렬회로수는 1이 된다. 하지만 S단은 S단끼리 묶고, F단은 F단끼리 모두 묶으면 n개의 병렬연결이 되어 병렬회로수는 n개가 된다.

⑤ 직렬회로수 : 하나의 병렬회로에서 직렬로 연결된 코일의 수를 뜻한다.

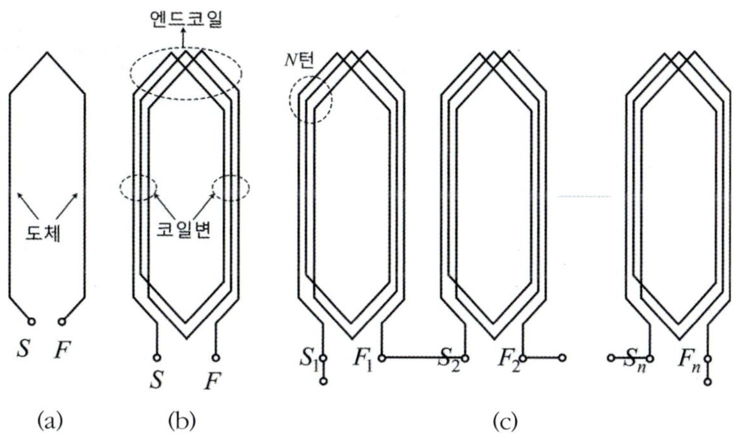

그림 5.27 권선의 기본개념 (a) 1턴 코일 (b) N턴 코일 (c) 권선

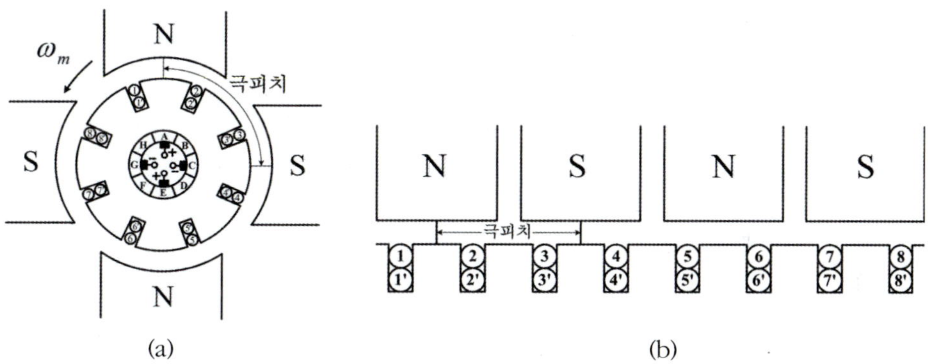

그림 5.28 극피치의 개념 (a) 회전기 (b) 선형기

5.6.2 권선법의 종류

① 환상권(ring winding)과 고상권(drum winding) : 환상권은 그림 5.29(a)와 같이 환상 철심에 코일을 등간격으로 안과 밖을 오가면서 감는다. 이러한 권선은 철심 안쪽 또는 바깥쪽에 위치한 도체만이 자속과 쇄교하므로 유효도체가 작아 재료의 사용 효율이 낮다. 고상권은 그림 5.29(b)에서와 같이 철심의 표면에 모든 도체를 등간격으로 배치하여 감는 방법으로 엔드코일 이외에는 모든 도체가 유도기전력과 토크를 발생하므로 재료의 이용률이 높아 출력밀도가 높은 권선법이다. 따라서 특수한 경우를 제외하고 모든 전기기기는 고상권으로 되어 있다.

② 개로권(open circuit winding)과 폐로권(close circuit winding) : 개로권은 몇 개의 독립된 권선이 철심에 감겨 있고 외부회로에 접속되어야만 폐회로를 구성하게 되므로

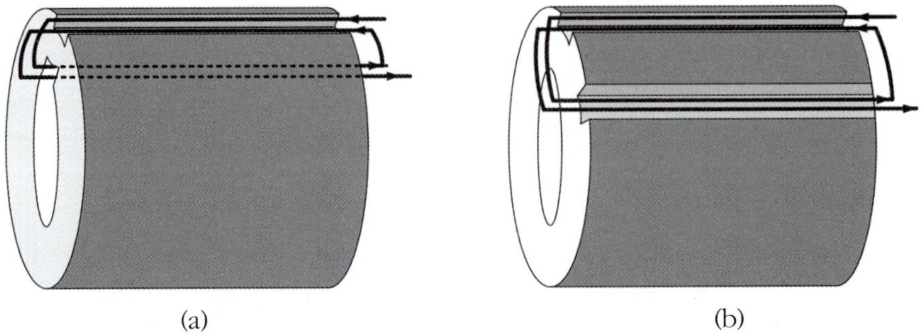

그림 5.29 (a) 환상권 (b) 고상권

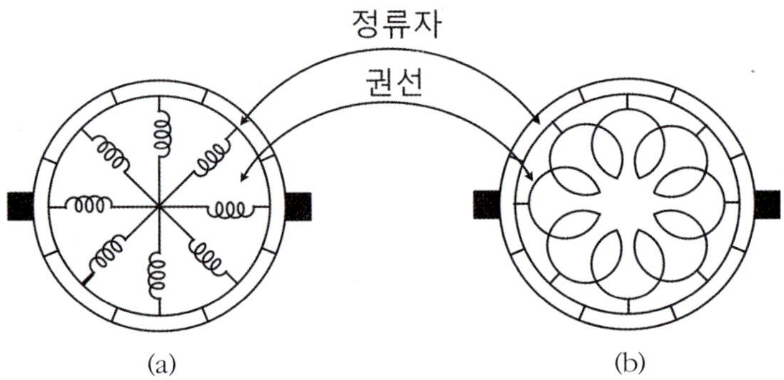

그림 5.30 (a) 개로권 (b) 폐로권

외부회로와 접속된 도체에 유도되는 기전력만 이용하는 권선법이다. 폐로권은 권선의 특정 위치에서 출발하여 코일을 따라가면 출발점으로 되돌아가 하나의 폐회로를 구성한다. 따라서 도체에 유도되는 기전력 전체를 외부회로에 인가하는 특수한 경우를 제외하고 대부분의 전기기기는 폐로권으로 되어 있다.

③ 전절권(full pitch winding)과 단절권(short pitch winding) : 코일피치의 크기에 따라 전절권과 단절권으로 나눌 수 있다. 하나의 코일에서 코일피치가 극피치와 같으면 전절권이라 하고, 짧으면 단절권이라고 한다. 그림 5.31은 전절권과 단절권의 권선법과 그때의 유도기전력을 나타내고 있다. 교류기에서 단절권을 사용하면 코일의 엔드코일이 줄어들어 구리의 사용량이 절약되고 권선에 유도되는 전압 뿐만 아니라 기자력 분포에서의 고조파 크기도 줄어든다. 직류기에서는 일반적으로 중권은 전절권으로 하고 파권은 단절권으로 한다.

④ 단층권(single layer winding)과 2층권(double layer winding) : 전기자 권선을 감는 방법은 여러 가지가 있으나 그림 5.32(a)와 같이 한 슬롯 안에 코일변 1개를 삽입한

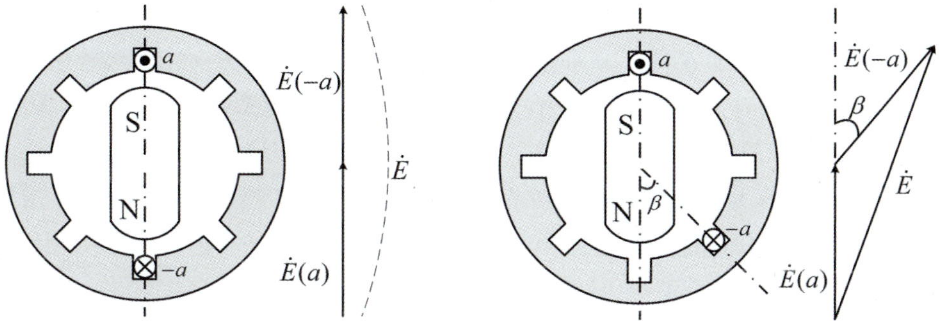

(a) (b)

그림 5.31 (a) 전절권 (b) 단절권

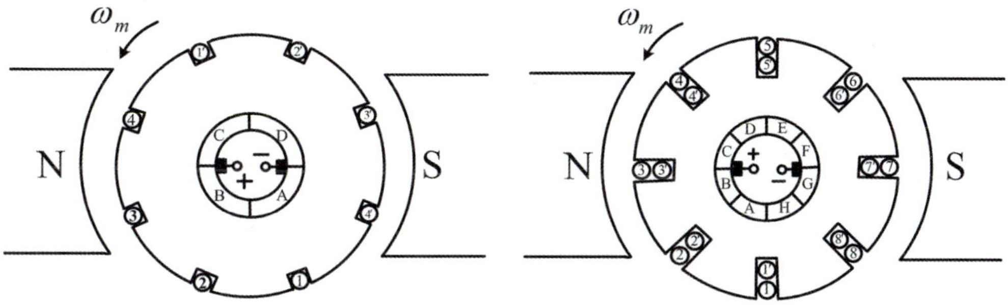

(a) (b)

그림 5.32 (a) 단층권 (b) 2층권

것을 단층권이라 하고 그림 5.32(b)와 같이 한 슬롯 안에 코일변 2개를 삽입한 것을 2층권이라고 한다. 2층권에서는 코일의 한 변을 상층에 다른 변을 하층에 삽입한다. 2층권으로 하면 코일을 만들고 권선작업을 하기가 용이하기 때문에 제작비가 절감되므로 대부분의 전기기기에서는 2층권을 사용하고 있다.

⑤ 집중권(concentrated winding)과 분포권(distributed winding), 치 집중권(teeth concentrated winding) : 필요한 기자력의 턴수를 1개의 슬롯에 집중해서 넣을 수도 있고 몇 개의 슬롯에 분포시켜서 넣을 수도 있다. 예를 들면 직류기에서 모든 턴수를 슬롯 2개에 배치하면 슬롯이 매우 커지게 되고 또한 토크의 리플도 많아진다. 또한 교류기에서도 1개의 슬롯에 모든 도체를 넣게 되면 슬롯 면적이 넓어져 비효율적일 뿐만 아니라 고조파가 많아지므로 전기기기의 성능에 악영향을 미친다. 따라서 필요한 턴수를 몇 개의 슬롯에 분포시키게 되면 고조파를 줄일 수 있어 전기기기의 성능이 향상된다. 그림 5.33(a), (b)는 3상 2극 교류기에서 집중권과 분포

권의 예를 보이고 있다. 그림 5.33(a)에서와 같이 a상 권선에는 슬롯 2개가 있어 1개의 슬롯에 N개의 도체가 들어가 있다. 또한 b, c상도 a상과 마찬가지로 각 슬롯에 N개의 도체가 삽입되어 있다. 그림 5.33(b)는 분포권의 예를 보이고 있다. 만약 그림 5.33(a)와 같은 턴수를 사용한다면 분포권에서는 각 상에 6개의 슬롯이 있으므로 한 슬롯에는 $N/3$개의 도체가 삽입된다. 이와 같이 분포권은 각 상의 도체를 분포시켜서 권선을 감는다고 하여 분포권이라는 용어를 사용한다. 분포권에서는 "분포를 몇 개로 하였는가"의 지표로 극당, 상당 슬롯수의 개념을 사용한다. 즉 그림 5.33(b)에서 극수는 2, 상수는 3, 슬롯수는 18이므로 극당, 상당 슬롯수는 3이며 이것은 각 상의 권선을 3개로 분포시켰다는 의미와 같다.

일반적인 집중권 이외에 그림 5.33(c)와 같이 치에 권선을 집중해서 감는 권선법을 치 집중권이라고 한다. 이 권선법은 10장에서 학습할 브러시리스 직류전동기(BLDC motor : brushless motor) 또는 영구자석기기(permanent magnet motor)에 많이 사용되는 권선법이다. 이 권선법은 점적률(fill factor)[주1)]이 높아 많은 턴수를 감을 수 있으나 고조파가 많이 생길 수 있으므로 유도기에서는 사용되지 않는다.

⑥ 중권(lap winding)과 파권(wave winding) : 권선법의 분류 중 하나는 중권과 파권이다. 중권이란 그림 5.34(a)와 같이 코일이 이전의 위치로 되돌아와서 하나의 코일과 그 다음의 코일이 부분적으로 겹쳐 중첩하는 모양으로 감는 권선법으로 중권에서는 코일엔드(end coil)단이 항상 동일한 극에 위치하게 된다. 파권은 그림 5.34(b)와 같이 코일이 중첩되지 않고 파도와 같이 전진하는 형태를 취하는 것이다. 파권에서의 코일엔드단은 앞과 뒤가 서로 다른 극에 위치하게 된다.

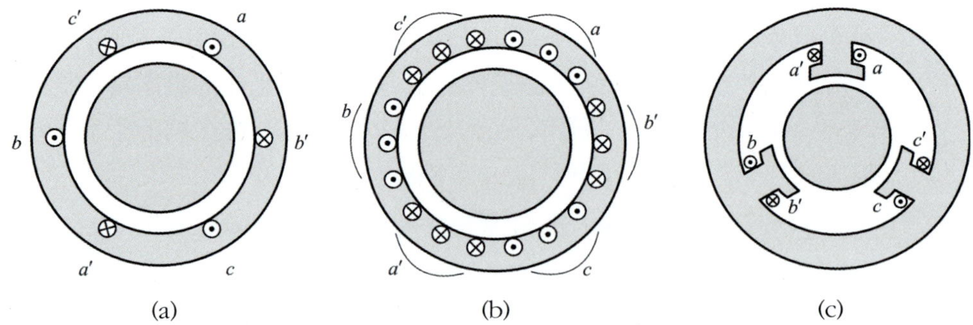

그림 5.33 (a) 집중권 (b) 분포권 (c) 치 집중권

주1) 슬롯면적대비 도체면적을 나타내는 상수

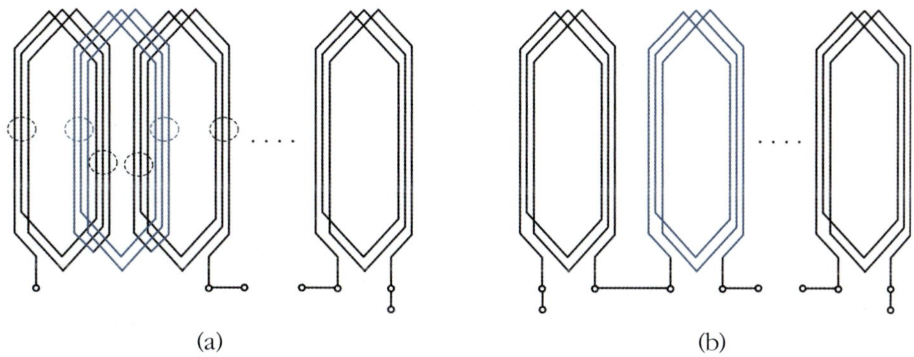

그림 5.34 (a) 중권 (b) 파권

5.6.3 직류기와 교류기의 권선법

5.6.2절에서 다룬 바와 같이 코일의 구성모양에 따라 여러 가지의 권선법이 있으며 전기기기에서는 이와 같은 구성법을 조합하여 권선을 완성한다. 따라서 직류기의 단중중권(simplex lap winding)의 권선법은 코일구성에 의한 분류법으로 보면 일반적으로 고상권+ 폐로권+ 전절권+ 분포권+ 이층권으로 구성한다. 또한 교류기의 단절분포권은 일반적으로 고상권+ 폐로권+ 중권+ 단절권+ 분포권+ 이층권으로 구성한다. 이와 같이 전기기기에서 권선법은 여러 코일 구성방법을 조합하여 최적의 조합을 만드는 것이라고 할 수 있다.

전기기기의 권선법을 전기기기의 종류에 따라 분류하면 그림 5.35와 같다. 그림 5.35에서와 같이 권선법은 크게 직류기 권선법과 교류기 권선법으로 나눌 수 있다. 직류기 권선법은 다시 중권, 파권으로 나누고 각 권선법은 다시 다중권(multiplex winding)과 단중권(simplex winding)으로 나눈다. 교류기의 권선법은 집중권, 분포권, 치 집중권으로 나누고 분포권은 다시 전절권과 단절권으로 나눈다.

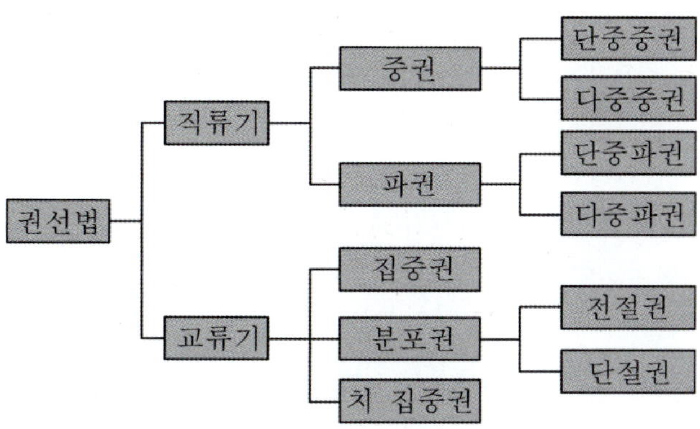

그림 5.35 권선법의 분류

직류기와 교류기의 권선법의 가장 큰 차이점은 직류기는 전기자 권선이 회전한다는 것과 정류자와 브러시 구조가 필요하다는 것이다. 따라서 직류기에서는 권선이 정류자와 브러시를 통하여 연결된다.

교류기의 권선은 정류(commutation)를 필요로 하지 않고 보통 교류기의 전기자는 고정자로 사용하기 때문에 전기자 권선은 슬립링과 연결하지 않는다. 교류기의 권선법에서 중요한 것은 공극 자속밀도를 가능한 정현적으로 만들고 또한 손실을 작게 만드는 것이다. 교류발전기 측면에서 발생하는 유도기전력은 정현파인 것이 바람직하며, 전동기의 측면에서 발생 토크가 일정해야 하므로 공극 자속밀도의 분포가 정현적인 파형이어야 한다. 교류기의 권선법에는 크게 집중권, 분포권, 치 집중권으로 나눌 수 있다. 집중권은 반드시 전절권이지만 분포권은 전절권과 단절권으로 감을 수 있다. 또한 집중권과 분포권은 코일 구성방법에 따라 중권, 파권 모두 가능하며 슬롯 내 권선 배치에 의해 단층권, 이층권 모두 가능하다. 교류기에서는 단절권, 분포권, 이층권, 중권, 폐로권, 고상권으로 감는 것이 일반적이다.

이와 같이 직류기와 교류기의 구체적인 권선법은 각 장에서 자세히 다루고 본장에서는 단지 권선법의 분류 방법과 의미만을 알면 충분하다.

5.7 부하 특성 및 운전속도 결정의 원리

5.7.1 회전기의 운동방정식과 부하 특성

회전하는 물체의 일반적인 운동방정식은 식 (5.47)로 표현된다.

$$T_m(t) = J_m \frac{d\omega_m(t)}{dt} + D\omega_m(t) + K\int_0^t \omega_m(\tau)d\tau + T_L(t) \quad [\mathrm{N \cdot m}] \tag{5.47}$$

여기서 T_m, J_m, ω_m, D, K, T_L은 각각 전동기의 토크, 관성모멘트, 각속도, 마찰계수, 비틀림계수, 부하 토크를 나타낸다. 계수들 중에서 마찰계수 D는 물체가 움직일 때 작용하는 마찰의 크기를 나타내는 계수로 마찰계수가 크면 클수록 손실이 커진다. 마찰계수는 정지마찰력, 운동마찰력, 미끄럼 운동마찰력 등을 포함하고 있으며 일반적으로 속도에 대해 비선형적으로 변한다. 전동기 제어에서 마찰은 독립적으로 고려하지 않고 부하 토크에 포함시키는 경우가 일반적이다. 비틀림계수 K는 물체의 변형 또는 상태변화에 대한 탄성 정도를 나타내는 값이다. 일반적으로 비틀림계수는 전동기의 위치제어를 제외하고는 고려하지 않는다.

부하 토크는 전동기의 속도를 결정짓는 중요한 값으로써 부하의 성질에 따라 결정되는 양이다. 부하 토크는 속도에 따라 일정할 수도 있고 속도에 비례 또는 속도의 제곱에 비례할 수도 있다. 이와 같이 부하 토크의 속도에 대한 변화를 부하의 속도-토크 특성이라고 한다. 전동기가 사용되는 부하는 여러 가지가 있으나 크게 다음과 같은 부하로 정의할 수 있다.

① 증가토크부하(variable torque load)

증가토크부하는 속도가 상승함에 따라 필요한 토크가 상승하는 부하를 나타낸다. 대표적인 증가토크부하로는 터보기기가 있다. 터보기기란 유체에 에너지를 부가하거나(펌프) 유체로부터 에너지를 추출하는(터빈) 기기를 말한다. 이는 고속으로 날개와 같은 특수한 장치를 움직여서 유체를 이동시킨다. 펌프, 팬, 송풍기 등이 터보기기에 속한다. 그림 5.36에 증가토크부하의 속도-토크 특성의 예를 나타내었다. 그림 5.36과 같이 이 부하의 토크 특성은 보통 속도의 제곱에 비례하고 따라서 출력은 속도의 3승에 비례한다.

증가토크부하의 또 다른 예로 견인부하를 들 수 있다. 견인 부하는 전동기를 사용하여 주로 직선운동으로 변환하는데 이때 걸리는 부하를 나타낸다. 엘리베이터의 권상기, 전동차나 전기자동차의 구동전동기 및 컨베이어에 사용되는 전동기가 담당하는 부하가 견인부하의 예이다. 견인부하의 속도의존성에는 여러 가지가 작용되는데 대표적으로는 공기유체부하, 구름부하, 경사부하 등이 있고 각각은 속도의 3승에 비례하거나 속도에 비례한다.

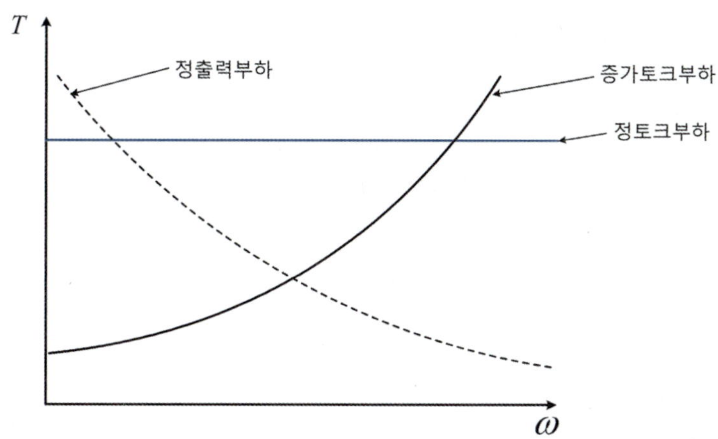

그림 5.36 여러 가지 부하의 속도-토크 특성 곡선

② 정토크부하(constant torque load)

정토크부하는 속도에 관계없이 일정한 토크를 필요로 하는 부하를 나타낸다. 대표적인 정토크부하는 컴프레서가 있다. 특히 컴프레서는 팬부하와 같이 블레이드를 돌려주는 부하이지만 압축기나 팬과 달리 1기압 이상의 압력이 작용하고 일정한 압력으로 돌려주어야 하는 부하를 나타낸다. 일정한 압축력을 갖는 컴프레서부하에서는 속도의 여하에 상관없이 거의 일정한 토크를 필요로 한다. 컴프레서부하의 예로는 냉장고, 에어콘용 컴프레서, 공기컴프레서, 고압펌프 등이 있다. 이외에도 컨베이어, 인쇄기 등이 정토크부하에 속한다. 정토크부하의 특징은 그림 5.36에서와 같이 기동 시에 매우 큰 토크가 필요하다는 것이다.

③ 정출력부하(constant power load)

정출력부하는 속도가 증가되면서 요구되는 토크가 비례하여 작아지는 부하를 나타낸다. 정출력부하의 예로는 공작기계에 쓰이는 스핀들 부하, 하드디스크나 CD롬 전동기와 같은 고속회전 스핀들부하(spindle load), 제지기(paper machine), 철강압연기(steel rolling mill), 권사기(winder) 등이 있다. 이 부하의 경우 물체의 이송속도가 일정할 경우 롤(roll)의 지름이 커짐에 따라 전동기의 속도는 줄어들고 토크는 늘어나는 반비례 관계에 있기 때문에 출력이 일정하게 유지된다.

5.7.2 전동기의 속도-토크 특성

전동기를 회전시킬 때 회전속도에 따라 전동기가 발생하는 토크의 특성을 전동기의 속도-토크 특성이라고 한다. 전동기의 속도-토크 특성은 전동기의 종류에 따라 다르고 같은 종류의 전동기라도 설계방법에 따라 전동기의 속도-토크 특성이 다르다. 그림 5.37은 타여자 직류기, 유도기, 동기기의 전형적인 속도-토크 특성을 나타내고 있다. 그림 5.37(a)는 타여자 직류기의 속도-토크 특성으로써 속도가 증가함에 따라 발생 토크가 작아지는 특성을 가지고 있다. 그림 5.37(b)는 유도기의 속도-토크 특성으로서 최대 토크까지는 속도가 증가함에 따라 토크가 증가하고 최대토크 이상의 속도에서는 속도가 증가함에 따라 토크가 감소하는 특성을 가지고 있다. 그림 5.37(c)는 동기전동기의 속도-토크 특성으로 동기전동기는 동기속도 이외에는 정상상태가 아니므로 동기속도에서의 토크 특성만이 갖게 되어 속도-토크 특성을 나타낼 수 없으나 일정속도에서 토크의 특성을 그려보면 그림 5.37(c)와 같다. 그림 5.37(c)에서 동기속도일 때의 토크는 앞에서 학습한 부하각(load angle)에 의해 변하는 값으로 부하각이 90°일 때 가장 큰 토크를 갖는다.

직류기, 유도기, 동기기의 속도-토크 특성은 전동기에서 매우 중요한 특성으로 각각의 특성식 유도와 검토는 관련된 각 장에서 자세히 다룬다.

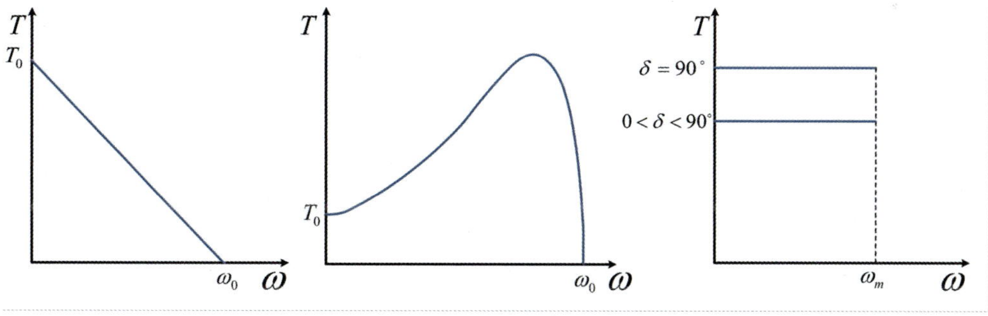

(a) (b) (c)

그림 5.37 속도-토크 특성 곡선
(a) 타여자 직류기 (b) 유도기 (c) 동기기(T_0: 기동토크, ω_0: 무부하 속도)

5.7.3 속도 결정의 원리

전동기는 전동기의 속도-토크 특성과 부하의 속도-토크 특성이 만나는 점에서 운전을 한다. 그림 5.38에서와 같이 전동기는 속도가 증가됨에 따라 토크가 줄어드는 전형적인 타여자 직류기의 속도-토크 특성을 가지고 있다고 하자. 또한 부하는 속도가 증가함에 따라 요구 토크가 증가하는 증가토크부하(부하 ①)의 속도-토크 특성을 가지고 있다고 하자. 전동기가 처음 기동될 때 부하는 0에 가까운 토크를 요구하나 전동기는 T_0의 토크를 발생시키므로 가속을 한다. 이때 발생되는 가속력은 앞의 식 (5.47)에서 알 수 있는 바와 같이 기계적인 손실이 없다고 가정하면 전동기가 발생하는 토크와 부하가 요구하는 토크의 차에 의해 결정되며 식 (5.48)과 같이 된다.

$$\frac{T_m - T_L}{J_m} = \frac{d\omega_m}{dt} \quad [\mathrm{rad/s^2}] \tag{5.48}$$

그림 5.38에서와 같이 기동초기에는 전동기에서 발생되는 토크가 부하가 요구하는 토크보다 크므로 가속력이 발생하여 가속을 한다. 그러나 속도가 ω_{m1} 이상이면 부하가 요구하는 토크가 전동기가 요구하는 토크보다 커지므로 감속을 한다. 따라서 전동기는 ω_{m1}보다 낮은 속도에서는 가속을, ω_{m1}보다 큰 속도에서는 감속을 하므로 ω_{m1}에서 운전을 한다. 만약 부하가 증가되어 어떤 속도에서 필요로 하는 토크가 증가된다면 부하의 속도-토크 특성은 그림 5.38에서와 같이 부하 ②의 속도-토크 특성을 가지게 되어 전동기는 ω_{m2}에서 구동된다.

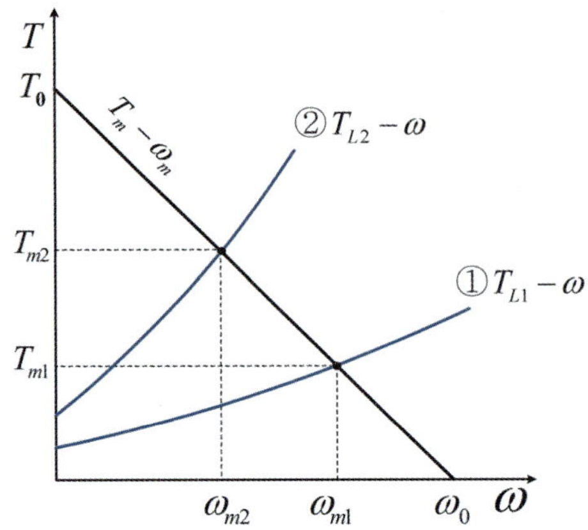

그림 5.38 속도 결정의 원리

5.8 전기기기의 운전영역 및 속도제어

5.8.1 전기기기의 4상한 운전

전기기기는 발전기와 전동기로 동작할 수 있다. 그림 5.39와 같이 1사분면에서의 토크와 속도 방향을 (+)로 정의할 때 전기기기의 운전영역은 4상한으로 정의한다. 제 1상한 운전은 정회전을 하는 전동기 운전영역으로써 그림 5.39에서와 같이 (+)토크에 의해 (+)속도로 운전하는 영역을 나타낸다. 3상한은 역회전하는 전동기영역으로 (−)방향의 토크가 발생되고 (−)방향으로 회전하는 운전영역을 나타낸다. 또한 2상한과 4상한은 발생된 토크와 회전방향이 반대인 운전영역을 나타낸다.

이때 기계적인 동력은 식 (5.49)로 나타난다.

$$P_m = T_m \omega_m \ [\mathrm{W}] \tag{5.49}$$

여기서 T_m, ω_m은 각각 토크, 각속도를 나타낸다.

토크와 각속도가 같은 부호(방향)이면 동력은 (+)이므로 동력을 발생하는 전동기영역을 나타내고 토크와 각속도가 다른 부호(방향)이면 동력은 (−)이므로 동력이 공급되는 발전기영역을 나타낸다. 전기기기는 기본적으로 4상한 운전이 가능하며 특히 전동기로 사용하다가 발전영역이 되는 경우는 발전브레이크영역(generative brake region) 또는 회생영역(regenerative region)이라고 한다. 특히 회생영역이라고 할 때는 브레이크 시에 발생되는 전력을 전원측으로 돌려보낼 수 있을 때 회생브레이크영역 또는 회생영역이라 하고

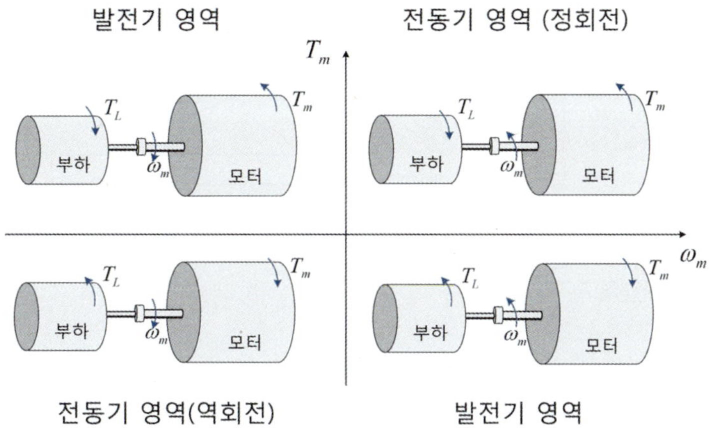

그림 5.39 전기기기의 4상한 운전

만약 발전된 전력을 전원 측으로 보내지 못하고 저항기 등으로 소비하는 경우는 발전브레이크영역이라고 한다. 또한 3상한은 전동기의 역회전영역이라고도 한다.

5.8.2 속도제어

플랜트제어(plant control)와 마찬가지로 전동기제어도 개루프제어(시컨스 제어(sequence control))와 폐루프제어(closed loop control)로 나눌 수 있다. 개루프제어(open loop control)는 정밀한 속도제어가 필요없는 분야에 쓰인다. 한 예로는 간단한 조작에 의해 속도가 증가 또는 감소되는 제어를 들 수 있다. 이때 외부환경에 의해 속도가 변하게 되어도 원하는 속도로 가지 못하고 그 상태에서 운전을 하게 된다. 이와 반대로 폐루프제어는 플랜트에서 제어량을 센싱하여 명령치와의 오차가 0이 되도록 정밀하게 제어의 명령을 추종하는 제어를 나타낸다. 전동기에서 제어량은 위치, 속도, 토크 등이 될 수 있다. 위치제어를 하는 전동기는 위치제어 전동기 또는 서보전동기(servo motor)라고 하고 속도제어를 하는 전동기는 가변속 전동기라는 용어가 주로 사용된다.

위치제어(position control)와 속도제어(speed control)를 하는 제어용 전동기의 제어블록도를 나타내면 그림 5.40과 같다. 그림 5.40에서와 같이 위치를 제어하기 위해서는 속도를 제어해야 하므로 위치제어기의 출력은 속도가 된다. 또한 속도를 제어하기 위해서는 토크(또는 전류)를 제어해야 하므로 속도제어기의 출력은 전류가 된다. 전류를 제어하기 위해서는 전압을 제어해야 하므로 전류제어기의 출력은 전압이 된다. 따라서 위치제어기를 포함한 제어블록도는 그림 5.40과 같이 구성된다.

이때 각 제어기에 사용되는 제어법은 PID제어와 같은 고전제어법과 퍼지(fuzzy), 신경회로망과 같은 현대제어법을 채용할 수 있으나 일반적으로 전동기 제어는 PID제어만으로도 충분히 정밀한 제어가 가능하다. 전동기의 폐루프제어는 제어이론, 전력변환회로, 좌표변환

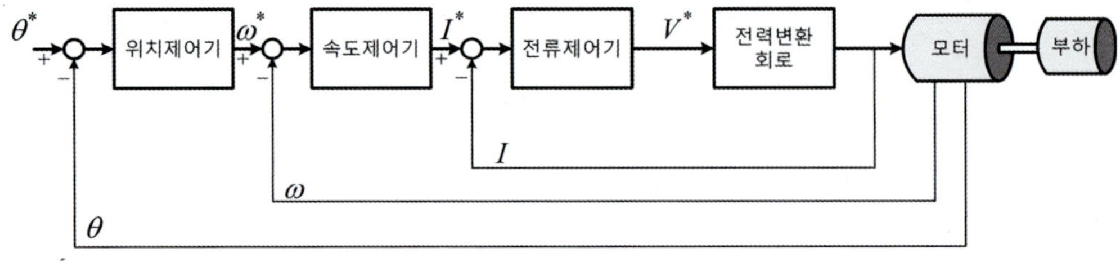

그림 5.40 제어블록도

등을 공부해야 하는 분야로 전기기기 교과목에서 다루지 않고 별도의 교과목에서 다루는 것이 일반적이다. 따라서 본 교재에서는 전동기의 개루프제어의 원리만을 언급하고 폐루프제어에 대해서는 간단한 소개 정도만 한다.[주1)]

정속제어의 기본적인 원리에 대해서 알아보도록 하자. 앞에서 언급한 바와 같이 전동기 속도는 부하의 속도-토크 특성과 전동기의 속도-토크 특성의 교점에서 결정된다. 그림 5.41에서와 같이 부하가 $T_{L1}-\omega$의 특성을 가지고 있고 전동기가 $T_{m1}-\omega$의 특성을 가지고 있으면 ω_1의 속도로 운전한다. 그러나 외란 등의 여러 가지 이유에 의해 부하의 속도-토크 특성이 $T_{L2}-\omega$로 변한다면 속도는 ω_1에서 ω_2로 변하게 된다. 따라서 원래의 속도 ω_1이 되기 위해서는 전동기의 속도-토크 특성을 그림 5.41에서와 같이 $T_{m2}-\omega$로 변경해 주어야 한다.

가변속제어(adjustable speed control)에 대해서 알아보도록 하자. 그림 5.42에서와 같이 ω_1으로 운전하고 있을 때 ω_2로 속도를 높이기 위해서는 전동기의 속도-토크 특성을

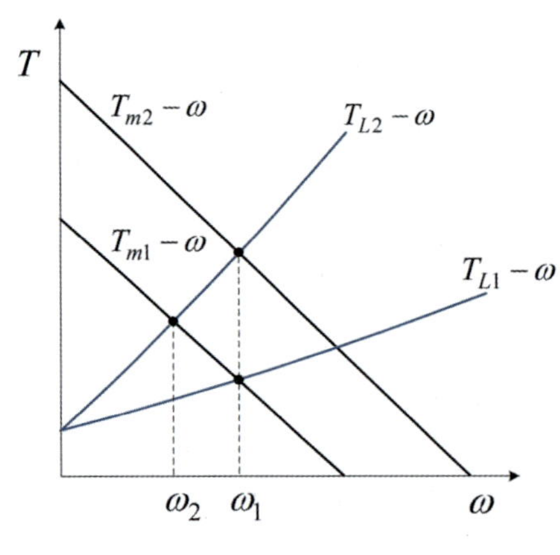

그림 5.41 일정 속도제어

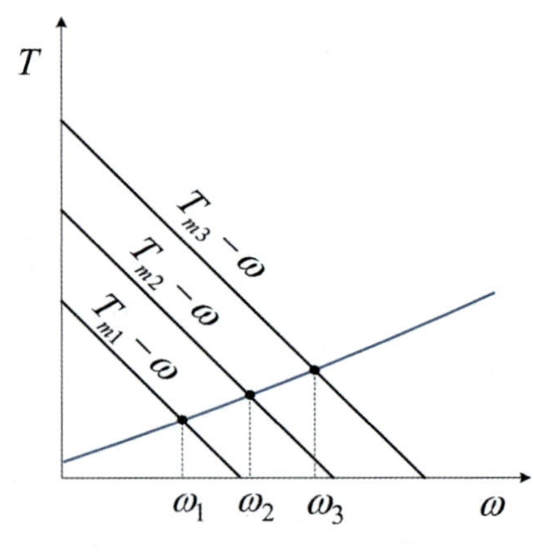

그림 5.42 가변속제어

주1) 교류 전동기 폐루프 제어법 중의 하나인 벡터제어법에 대해서는 부록 A.9에 수록함

$T_{m2}-\omega$로 바꾸어 주어야 한다. 그림 5.42에서와 같이 전동기의 속도-토크 특성을 가변시킴에 따라 가변속제어 및 정속제어가 가능하다. 따라서 속도제어를 위해서 전동기의 속도-토크 특성식을 유도하고 제어할 수 있는 제어파라미터를 얻어내면 제어법이 결정된다. 이와 관련된 내용은 각 전동기별로 관련 장에서 자세히 다루도록 한다.

5.8.3 다극기에서 전기기기의 속도와 위치

전기기기는 특수한 경우를 제외하고 자극을 2극 이상의 짝수의 극으로 만들 수 있다. 이때 4극 이상의 전기기기는 다극기라고 하며 다극기에서는 전기기기의 속도는 전기적인 속도와 기계적인 속도가 일치하지 않고, 극수와 관련된 양이 된다. 그림 5.43, 5.44에 각각 2극기와 4극기의 구성을 나타내고 있다. 그림 5.43, 5.44에서 자극이란 직류기에서는 직류전자석을 나타내고 교류기(유도기, 동기기)에서는 고정자에서 만든 회전자계[주1)] 라고 할 수 있다.

그림 5.43(a)와 같이 2극기에서 공극의 자속밀도가 정현적이라고 할 때, 그림 5.43(b)에서 알 수 있는 바와 같이 공극에서 0°~360°의 위치에서 자극은 N, S가 1회 반복되어 자기적 또는 전기적으로 360°가 된다. 또한 회전자를 ω_m의 속도로 기계적으로 360° 회전시키면 그림 5.43(c)와 같은 기전력 파형이 얻어지므로 전기적으로 360°의 변화를 보인다.

다음은 4극기에 대해서 살펴보자. 그림 5.44(a) 같이 전기기기에서 4개의 자극이 있는 경우 이 전기기기를 4극기라고 한다. 이때 공극의 자속밀도가 정현적이라고 할 때, 공극에서 0°~360°의 위치에서 자극을 그려보면 그림 5.44(b)와 같이 N, S가 2회 반복되어

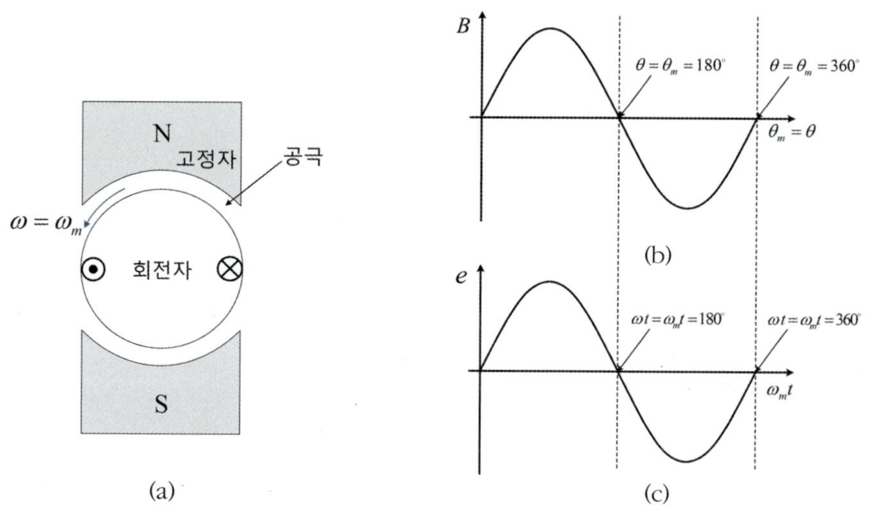

그림 5.43 2극기의 (a) 구성 (b) 자속밀도 (c) 기전력

주1) 회전자계의 원리는 7장 유도전동기에서 설명.

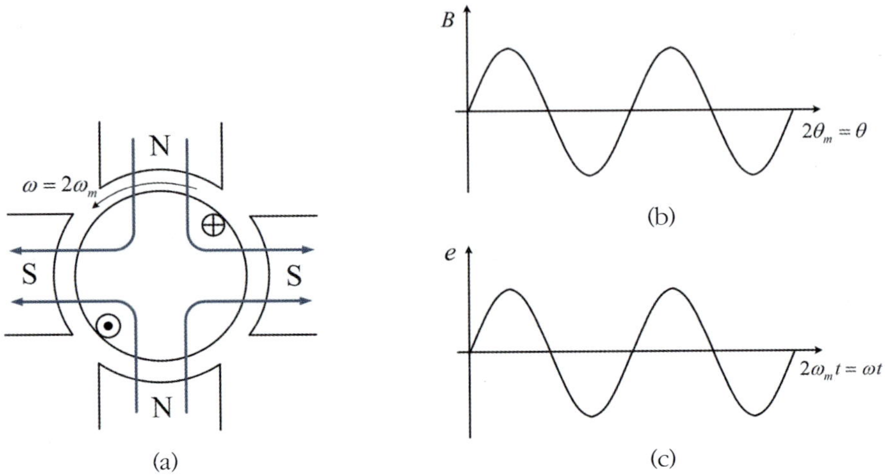

그림 5.44 4극기의 (a) 구성 (b) 자속밀도 (c) 기전력

자기적, 전기적으로는 360° × 2 = 720°가 된다. 또한 회전자를 ω_m의 속도로 기계적으로 360° 회전시키면 그림 5.44(c)와 같은 기전력 파형이 얻어지므로 전기적으로는 360° × 2 = 720°의 변화를 보인다.

이와 같이 전기기기에서는 극수에 따라 전기적인 위치와 기계적인 위치, 기계적인 속도와 전기적인 속도가 다르다. 따라서 전기기기에서는 기계적인 위치(θ_m), 기계적인 속도(ω_m)와 전기적인 위치(θ), 전기적인 속도(ω)사이에는 식 (5.50)의 관계가 성립한다.

$$\begin{aligned} \theta &= p\theta_m \ \ [\text{rad}] \\ \omega &= p\omega_m \ \ [\text{rad/s}] \end{aligned} \tag{5.50}$$

여기서 p는 극쌍수로 극수(P)와 식 (5.51)의 관계가 있다.

$$P = 2p \tag{5.51}$$

전기기기의 속도는 각속도로 정의하는 것 이외에 분당회전수 n [rpm: revolution per minute]와 초당회전수 n_{se} [rps : revolution per second] 로도 정의 할 수 있으며 보통은 기계적 회전수를 나타낸다. 따라서 각 회전수 사이의 관계로 다음의 관계를 갖는다.

$$\begin{aligned} n_{se} &= \frac{n}{60} \ \ [\text{rps}] \\ f &= pn_{se} = \frac{pn}{60} = \frac{Pn}{120} \ \ [\text{Hz}] \end{aligned} \tag{5.52}$$

여기서 f는 주파수로 전기적 회전수를 나타낸다.

5.9 전동기의 분류

전동기의 분류법은 너무나 많으나 일반적인 분류법은 전원의 종류에 따른 분류로 직류기, 동기기, 유도기로 나눈다. 직류기는 직류를 사용하고, 유도기와 동기기는 교류를 사용하여 교류기라고도 한다. 동기속도로 운전하는 동기전동기는 전원주파수와 동기속도로 운전하고 유도전동기는 회전자에 유도전류가 흘러 구동되며 동기속도보다 낮은 속도에서 운전을 한다. 이와 같은 일반적인 분류법 이외에 부하의 종류에 따른 분류, 제어의 유무에 따른 분류, 브러시의 사용여부에 따른 분류 등 많은 분류법이 있으며 모든 분류법에 대해서 언급하는 것은 매우 어려운 일이므로 몇 가지 분류법에 의한 종류를 표 5.2에 나타내었다.

표 5.2 전동기의 분류

분류 기준	종류	세부 종류
전원 종류	직류기(DC machine : direct current machine)	
	교류기(AC machine : alternating current machine)	동기기(synchronous machine)
		유도기(비 동기기)(induction machine : asynchronous machine)
부하 종류	팬전동기(fan motor)	
	견인전동기(traction motor)	
	스핀들전동기(spindle motor)	
	컴프레서전동기(compressor motor)	
제어 유무	동력전동기(power motor)	
	제어전동기(control motor)	가변속전동기(adjustable speed motor)
		서보전동기(servo motor)
브러시 유무	브러시전동기(brushed motor)	
	브러시리스전동기(brushless motor)	
하우징 종류	전폐형(totally enclosed machine)	
	반폐형(semienclosed machine)	
	개방형(open machine)	
기어사용 유무	기어드전동기(geared motor)	
	직구동전동기(DD motor : direct drive motor)	
운동형태	선형전동기(linear motor)	
	회전형전동기(rotary motor)	
방폭구조	방폭형(explotion proof machine)	
	비방폭형(non-explotion proof machine)	
특수전동기	스태핑전동기, SRM, SynRM, PMA SynRM, 유니버셜전동기, FRM, TFM, 히스테리시스전동기	
응용분야	OA기기용 전동기, 가전용 전동기, 자동차 전장품 전동기	

▸▸ 기호정리 ◂◂

기호	의미	기호	의미
B	자속밀도	N	턴수
B_{coil}, B_a	코일 자속밀도	ν	속도
B_s, B_f	계자 자속밀도	P_e	전력
D	마찰계수	P_m	동력
δ	부하각, 토크각	λ	쇄교자속
E	전계의 세기	ϕ	자속
e	역기전력	ϕ_a	전기자반작용 자속
e	유도기전력	ϕ_f	계자자속
F	힘	ϕ_{total}	공극자속
f	마그네틱 힘	R_a	도체저항
f	힘밀도	R_g	공기의 자기저항
i	전류	R_L	부하저항
J	전류밀도	S	단면적
J_m	관성모멘트	T	토크
K	비틀림계수	T_L	부하토크
k_T	보정계수	T_m	마그네틱 토크
L	인덕턴스	τ_p	극간격
L_{11}, L_{22}	자기인덕턴스	W_{fm}	자기에너지
L_{12}, L_{21}	상호인덕턴스	W_{fm}'	자기수반에너지
l	도체의 길이	ω_m	회전자 기계적 각속도
N	권선수		

연/습/문/제

5.1 **유도기전력에 대한 설명으로 맞는 것은?**

① 유도기전력은 속도기전력이다.
② 유도기전력은 변압기기전력이다.
③ 유도기전력은 속도기전력 이외에 변압기기전력을 포함하는 개념이다.
④ 유도기전력은 속도기전력과 변압기기전력과는 무관하다.

5.2 **마그네틱 힘에 대한 설명으로 맞는 것은?**

① 자속 내에 전류가 흐르는 도체에는 자속의 방향과 전류의 방향에 수직방향으로 힘이 발생된다.
② 자계 내에서 자성체가 받는 힘은 자성체가 가지고 있는 포텐셜에너지를 최소화하는 방향으로 힘이 발생된다.
③ 물질의 성질에 의해 발생되는 힘으로 어떤 물질에 자계를 가하면 자계의 방향에 따라 물체가 팽창, 수축하는 힘이 발생된다.
④ 로렌츠 힘과는 무관하다.

5.3 **릴럭턴스 힘에 대한 설명으로 맞는 것은?**

① 물질의 성질에 의해 발생되는 힘으로 어떤 물질에 자계를 가하면 자계의 방향에 따라 물체가 팽창, 수축하는 힘이 발생된다.
② 자속 내에 전류가 흐르는 도체에는 자속의 방향과 전류의 방향에 수직방향으로 힘이 발생된다.
③ 자계 내에서 자성체가 받는 힘은 자성체가 가지고 있는 포텐셜에너지를 최소화하는 방향으로 힘이 발생된다.
④ 로렌츠 힘이 릴럭턴스 힘이다.

5.4 **전기기기의 구조를 틀리게 설명한 것은?**

① 계자와 전기자는 전자기적 차원의 구조이다.
② 회전자, 고정자, 공극은 기계적 차원의 구조이다.
③ 여자기는 계자에 교류를 공급해주는 장치이다.
④ 기어는 샤프트의 기계적 토크 및 속도를 가변하는 장치이다.

5.5 전기적 차원의 구조에 해당하는 것은?

① 계자권선 ② 하우징
③ 브라켓 ④ 베어링

5.6 다음 설명 중 틀린 것은?

① 극피치는 극간격이라고도 한다.
② 권선피치는 코일변과 코일변 사이의 거리이다.
③ 병렬회로수는 코일이 병렬연결로 이루어진 회로수를 뜻한다.
④ 직렬회로수는 두 개의 병렬회로에서 직렬로 연결된 코일(coil)의 수를 뜻한다.

5.7 예제 5.2 그림에서 자속밀도를 $0.6[Wb/m^2]$, 도체의 길이를 $0.3[m]$, 속도를 $10[m/s]$라 할 때, 도체 양단에 유도되는 기전력은?

① $0.9[V]$ ② $1.8[V]$
③ $18[V]$ ④ $9[V]$

5.8 다음 권선법 중에서 직류기에 주로 사용되는 것은?

① 폐로권, 환상권, 이층권 ② 개로권, 환상권, 단층권
③ 폐로권, 고상권, 이층권 ④ 개로권, 고상권, 이층권

5.9 전원의 종류로 전동기를 분류한 것은?

① 직류기, 교류기 ② 팬전동기, 견인전동기, 스핀들전동기
③ 기어드전동기, DD전동기 ④ SRM, SynRm

5.10 교류기에서 그림 5.33(a)의 집중권은 극당, 상당의 슬롯 수가 몇 개인 것을 말하는가?

① 1개 ② 2개
③ 3개 ④ 5개

5.11 그림과 같은 전기-기계에너지 변환시스템이 있다. 단면적이 $S = 100 \times 10^{-4}[\mathrm{m}^2]$이고 턴수는 $250[\mathrm{turns}]$, 저항은 $5[\Omega]$이다. 공극 $g = 5[\mathrm{mm}]$에서 $110[\mathrm{V}]$의 직류전원이 코일에 연결되어 있을 때 자계의 저장에너지와 힘을 구하시오. (단, 공극에서의 프린징 자속은 무시한다)

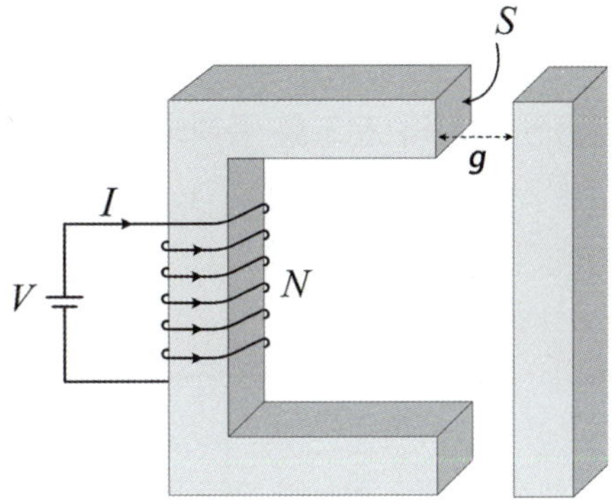

5.12 연습문제 5.11의 그림에서 직류전원 대신 $v_{\mathrm{rms}} = 110[\mathrm{V}]$, $f = 60[\mathrm{Hz}]$의 교류 전원을 코일에 연결하였을 때, 힘의 평균값을 구하시오.

5.13 다음 그림에서 전동기의 고정자 인덕턴스는 회전자의 위치 θ의 함수로서 $L_{11} = (2 + \cos 2\theta)[\mathrm{mH}]$, $L_{22} = (40 + 5\cos 2\theta)[\mathrm{mH}]$, $L_{12} = 0.4\cos\theta[\mathrm{mH}]$의 값을 갖는다. 또한, 고정자 전류 $I_1 = 3[\mathrm{A}]$, 회전자 전류 $I_2 = 0[\mathrm{A}]$인 단일여자기라고 할 때의 토크를 구하시오.

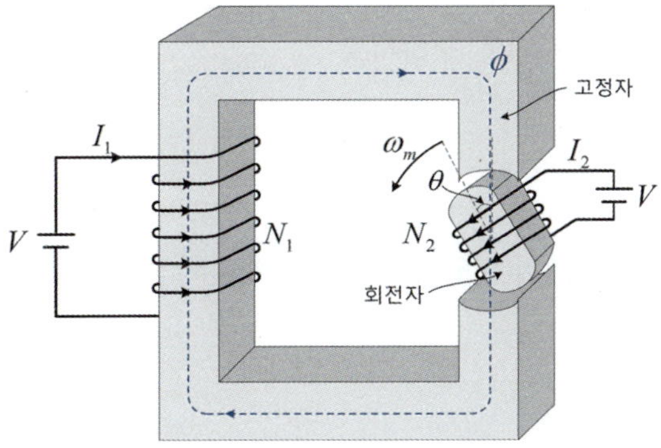

5.14 연습문제 5.13의 그림과 같은 시스템에서 $L_{11}=(3+\cos 2\theta)[\mathrm{mH}]$, $L_{22}=(5+\cos 2\theta)[\mathrm{mH}]$, $L_{12}=0.4\cos\theta[\mathrm{mH}]$의 값을 갖는다. 또한, $I_1=3[\mathrm{A}]$, $I_2=5[\mathrm{A}]$일 때 토크를 구하시오.(MATLAB을 이용하여 풀고, θ와 토크에 대한 그래프를 그리시오)

5.15 다음 그림과 같은 집중권 기자력 분포를 퓨리에 전개하시오.

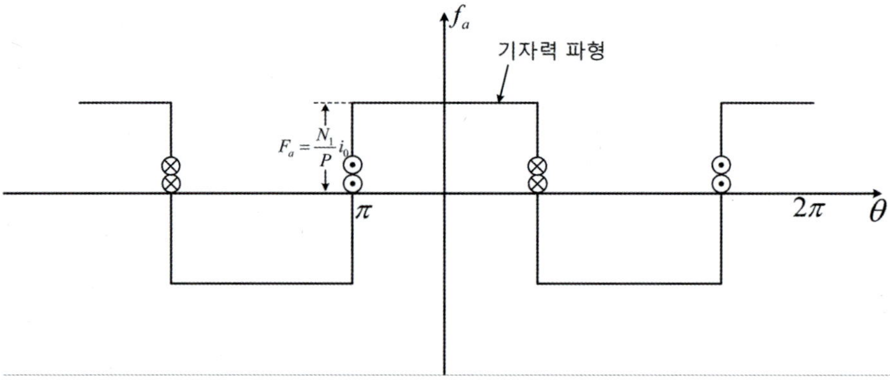

* F_a : 기자력의 최대치, P : 극수

5.16 다상을 공간적 시간적으로 평형하게 배치하면 회전자계가 만들어진다. 2상, 3상, 5상에서의 회전자계를 MATLAB을 이용하여 표현하시오.

5.17 기본파의 기자력 성분이 $f_{a1}=F_m\cos\omega t\sin\theta$일 때, 문제 5.15에서 구한 3, 5, 7 고조파 성분을 이용하여 회전자계를 구하시오.

5.18 이중여자기, 원통형 기계가 평균 토크를 발생하면서 연속적으로 회전하기 위한 조건을 구하시오.

직류기

제 06 장

직류기(direct current electric machine; DC machine)는 직류전동기와 직류발전기로 나눌 수 있다. 직류발전기란 직류의 전압을 발생시키는 발전기이며 직류전동기란 직류를 이용하여 회전자를 회전시켜 동력을 얻는 전동기이다. 고전적인 직류전동기는 브러시(brush)와 정류자(commutator)라고 하는 특수한 형태의 정류장치를 갖는 브러시형 직류기를 말한다. 그러나 최근에는 브러시를 없앤 브러시리스 직류기도 일반화 되어 있다. 브러시리스 직류기(brushless DC electric machine)는 수 킬로와트[kW] 이하의 소형에 사용하는 것이 일반적이고 특히 수 와트[W]~수십 와트[W]의 기기가 주류를 이루고 있다. 본 장에서는 브러시형 직류기만을 다룬다.주1)

직류를 얻는 방법은 교류를 정류하여 얻는 방법과 직류발전기를 이용하는 방법이 있다. 교류를 정류하여 직류를 얻기 위하여 예전에는 수은정류기와 같은 고가의 장치를 사용해야 했기 때문에 경제성이 없었다. 따라서 직류발전기는 대용량의 직류 발생장치로 많이 사용하였다. 그러나 1990년대에 들어서면서 전력 반도체소자의 가격이 낮아지고 또한 전력을 제어하는 여러 가지 방법이 개발되어 최근에는 교류를 전력용 반도체로 구성한 전력변환 장치에 의해 직류로 변환하여 사용하는 것이 일반적이다.

직류전동기(direct current electric motor; DC motor)는 직류를 전원으로 하는 전동기를 나타낸다. 직류전동기는 속도와 토크 특성이 거의 선형적이고 전압에 대한 속도 특성도 거의 선형적이어서 제어성이 매우 우수한 전동기이다. 특히 가변저항에 의해 제어가 가능하기 때문에 1970년대까지는 거의 모든 제어용 전동기는 직류전동기였다고 해도 과언이 아니다. 1980년대에 초반부터 직류 전압을 가변할 수 있는 장치가 일반화 되면서 전압제어형 직류전동기가 제어용 전동기의 주류를 이루었다. 그러나 1980년대 중반부터는 교류의 주파수와 전압을 동시에 제어하는 전력변환 장치(power conversion device)가 비교적 적당한 가격으로 생산되기 시작하면서 교류기(alternating current electric machine)가 제어용 전동기로 많이 사용되었다. 따라서 제어용 전동기로써 직류전동기의 중요성은 많이 떨어졌다. 특히 교류전동기를 벡터제어하면 직류전동기와 동일한 성능으로 제어할 수 있기 때문에 최근에는 교류전동기가 제어용 전동기로 많이 이용되고 있다. 따라서 브러시형 직류전동기는 수십 와트[W] 미만의 저가의 응용분야에 한정되어 사용되고 있다. 이와 같이 브러시형 직류기의 사용이 많이 줄어든 것은 브러시와 정류자에 의한 정류현상이 전동기의 특성에 나쁜 영향을 미치기 때문이다. 또한 중대형기기에서 정류를 원활하게 하기 위해서 사용되는 보극(commutating pole) 또는 보상권선(compensating winding) 등은 직류기의 무게당 출력밀도를 떨어뜨리는 요인이 된다.

브러시형 직류기의 특성은 현재 많이 사용되는 브러시리스 직류전동기와 영구자석을 계자로 사용하는 PMDC(permanent magnet direct current) 전동기 원리에 기초가 되고 직류기의 제어법은 교류기의 벡터 제어 시 교류기 제어의 기초가 되므로 직류기의 원리 및 특성을 이해하는 것은 브러시리스 전동기와 교류기의 특성을 이해하는데 기초가 된다.

주1) 브러시리스 직류기에 대해서는 10장에서 다룸.

6.1 직류기의 기본 원리

6.1.1 기본 구조

거의 모든 전기기기와 마찬가지로 직류기의 구조는 전기적 관점에서 보면 계자와 전기자로 구성된다. N극과 S극으로 이루어진 자계 내에서 코일이 회전하면 단자전압은 교류가 되므로 직류를 얻기 위해서는 회전하면서 정류를 하는 구조가 필요하다. 직류전동기를 직류로 구동하기 위해서는 회전에 따라 코일에 흐르는 전류의 방향을 바꾸어 주기 위한 구조가 필요하다. 이와 같이 발전기에서는 정류의 기능을 하고 전동기에서는 전류의 방향을 바꾸어 주는 기능을 하는 기계적인 구조를 정류자와 브러시라고 한다. 정류자는 전기자 코일에 연결되어 있으며 회전에 따라 정류를 하여야 하므로 직류기는 반드시 회전전기자형이다.

그림 6.1은 직류기 구조를 나타내고 있다. 계자(field system)는 권선을 감아 전자석 형태로 만들 수도 있고 영구자석을 사용할 수도 있다. 전기자는 회전하면서 전기에너지의 입출력을 담당하는 부분으로 전기자 슬롯(armature slot)에는 권선이 감겨져 있다. 전기자 권선(armature winding)에 감겨진 권선의 코일변은 정류자편(commutator segment)으로 연결되어 있다. 따라서 전기자와 정류자는 같이 회전하고 브러시를 통해 발전기에서는 외부의 부하에 연결되고 전동기에서는 전원과 연결된다. 또한 브러시는 하우징에 부착된 브러시홀더(brush holder)에 의해 고정되어 회전하는 정류자와 접촉하며 외부의 부하 또는 전원과 연결되어 전기에너지의 입출력이 이루어지도록 한다.

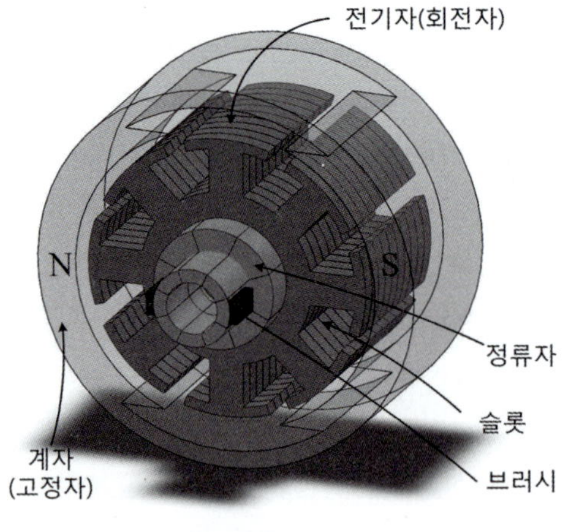

그림 6.1 직류기 구조 - 계자와 전기자 형상

6.1.2 정류자와 브러시

직류기는 명칭에서 알 수 있는 바와 같이 발전기에서는 직류의 출력을 내고 전동기에서는 입력이 직류인 전기기기를 말한다. 직류발전기에서는 자속 내에서 코일이 회전하여 코일에 교류의 속도기전력이 발생되고 이것을 기계적으로 정류(rectification)하여 부하를 연결하면 부하에 직류전류가 흐른다.

직류전동기에서는 자속 내에 있는 코일에 직류전류가 흘러 힘을 받는다. 코일에 흐르는 전류방향이 일정하면 코일이 회전함에 따라 힘의 방향이 반대가 되므로 정류자와 브러시를 사용하여 회전위치에 따라 전류방향을 바꾸어 주어야 한다. 이와 같이 직류발전기와 직류전동기에서는 회전하는 부분과 고정된 부분으로 나뉘고 회전하는 부분에 정류된 전기를 공급하기 위해서는 정류자주1)와 브러시의 구조가 필요하다.

직류기에서 전기자에 전기를 전달하는 기능에 전기의 극성을 바꾸어 주는 기능까지 갖는 구조가 정류자와 브러시의 구조이다. 반면 전기의 극성을 바꾸어 주지는 못하고 접촉에 의해 전기자에 전기를 전달하는 기능만 갖는 구조로 대표적인 것이 브러시와 슬립링(slip ring)구조이다. 그림 6.2(a)는 전동기에서 브러시와 슬립링의 기본 구조를 나타내고 있다. 그림 6.2(a)에서와 같이 코일이 회전하더라도 도체에 흐르는 전류방향은 일정하므로 180° 회전마다 코일이 받는 힘의 방향은 반대가 되어 지속적으로 회전하지 못한다. 그림 6.2(b)는 전동기에서 브러시와 정류자의 기본 구조를 나타내고 있다. 그림 6.2(b)에서와 같이 코일이 회전함에 따라 도체에 흐르는 전류방향을 바꾸어 한쪽방향으로 토크가 발생되도록 한다. 이와 같이 브러시와 정류자의 구조는 직류기에서 가장 핵심적인 역할을 한다.

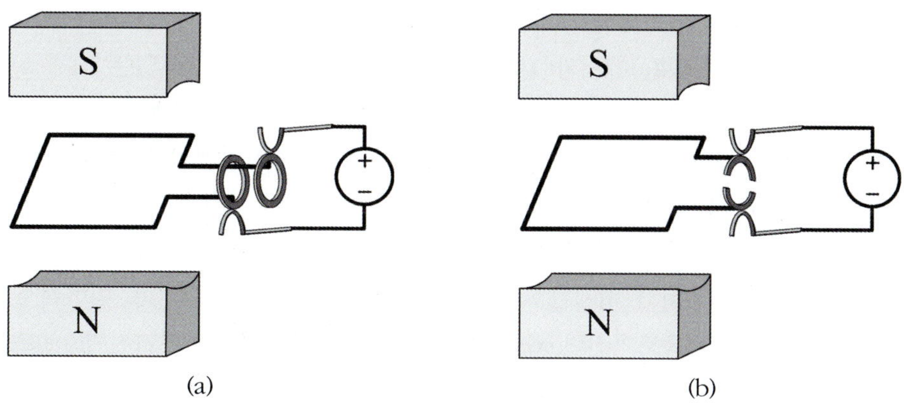

그림 6.2 주2) 회전체에 전력 전달구조 (a) 브러시–슬립링 구조 (b) 브러시–정류자 구조

주1) 정류자는 일본식 용어로 발전기에서는 정류의 역할을 하나 전동기에서는 인버팅(직류→교류)의 역할을 하므로 전류자(轉流子 : commutator)가 정확한 용어임.

주2) 그림 5.25와 동일한 그림으로 회전하는 물체에 전력을 수급하는 구조를 나타냄

6.2 직류기의 원리

직류발전기에서는 외부에서 힘을 가하여 자속 내에서 도체가 회전하면 도체에 유도기전력(induced electromotive force)이 발생된다. 유도기전력이 발생된 발전기 단자에 부하를 연결하면 부하전류가 흐르고 발전기에는 이 부하전류에 의한 회전방향과 반대방향의 전자력이 발생된다. 직류전동기에서는 외부에서 전류를 공급하면 도체가 힘을 받아 회전하고 이 회전에 의해 도체에는 인가전압과 반대방향으로 기전력이 유도된다. 이와 같이 직류기에서는 발전기, 전동기와 상관없이 유도기전력과 힘이 동시에 발생되고 이 두 가지 양이 에너지변환에 매우 중요한 역할을 한다. 따라서 직류기의 원리를 이해하기 위해서 속도기전력과 토크의 발생 원리에 대해 자세히 알아야 한다.

6.2.1 속도기전력

그림 6.3과 같은 슬립링과 브러시 구조에서 코일을 회전시킬 때 단자 n, n'에 유도되는 전압에 대해 알아보자. 그림 6.3에서 슬립링 S_1에 도체 a가 연결되어 있고 슬립링 S_2에 도체 b가 연결되어 있다고 하자. 그림 6.3에서 $0°$의 위치에서는 전기자 도체 a가 S극 계자의 표면에서 회전하므로 a도체에 유도되는 전압은 지면에서 들어가는 방향이고 코일이 회전하여 도체가 $180°$ 회전하면 전기자의 도체 a는 N극 계자의 표면에서 회전하므로 a도체에 유도되는 기전력은 지면에서 나오는 방향이 된다. 따라서 단자 n, n'사이의 전압인 $e_{nn'}$은 그림 6.3(c)와 같이 $180°$마다 극성이 반전하는 교류전압이 된다. 그림 6.4와 같이 정류자와 브러시 구조에서 단자 n, n'에 유도되는 전압에 대해 살펴보도록 하자. 그림에서 도체 a는 정류자편 C_1에 연결되어 있고 도체 b는 정류자편 C_2에 연결되어 있다. 그림 6.4(a)에서와 같이 $0°$에서 단자 n에 연결되어 있는 도체 a에는 지면으로 들어가는 방향으로 전압이 유도된다. 코일이 회전하여 $180°$ 위치에 있을 때는 단자 n에 접속되는 도체는 b로 바뀌고 유도되는 전압방향은 지면에서 들어가는 방향이다. 따라서 단자 n은 항상 $(+)$단자가 되고 단자 n'은 항상 $(-)$단자가 된다. 따라서 코일이 $360°$ 회전할 때 유도되는 기전력은 그림 6.4(c)와 같다.

이와 같이 정류자와 브러시를 사용하면 유도기전력은 직류가 된다. 일반적으로 코일에 유도되는 기전력은 속도기전력(speed electromotive force)과 변압기기전력(transformer electromotive force)이 있으나 직류기의 정상상태에서는 직류전류가 흐르므로 변압기기전력은 발생되지 않고 속도기전력만 발생된다. 속도기전력은 여러 가지 식으로 나타낼 수 있으나 도체 한 개의 단위길이 당 속도기전력을 나타내는 일반식은 2장의 식 (2.1)이다. 길이방향에 대해서 자속 및 속도가 일정하고 자속 및 속도의 방향이 수직이고 자극 피치 $\tau_p[\mathrm{m}]$와 동일한 간격으로 코일을 N턴으로 감은 경우(전절권) 이 코일에 유도되는 기전력의 순시치는 식 (6.1)과 같다.

$$e_{nn'} = 2NBl\nu \ \ [\mathrm{V}] \tag{6.1}$$
주1)

여기서 코일의 권선수는 N[turn], 자속밀도는 $B\,[\mathrm{Wb/m^2}]$, 코일변 도체의 유효길이는 $l\,[\mathrm{m}]$, 속도는 $\nu\,[\mathrm{m/s}]$이다.

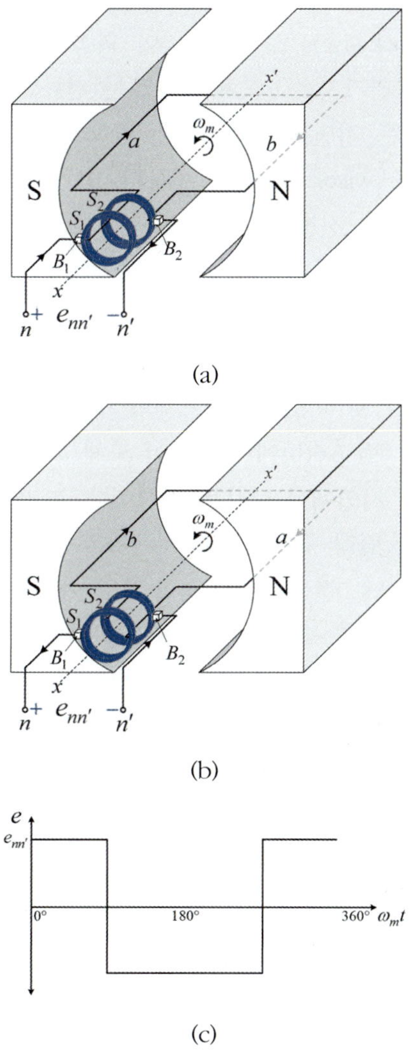

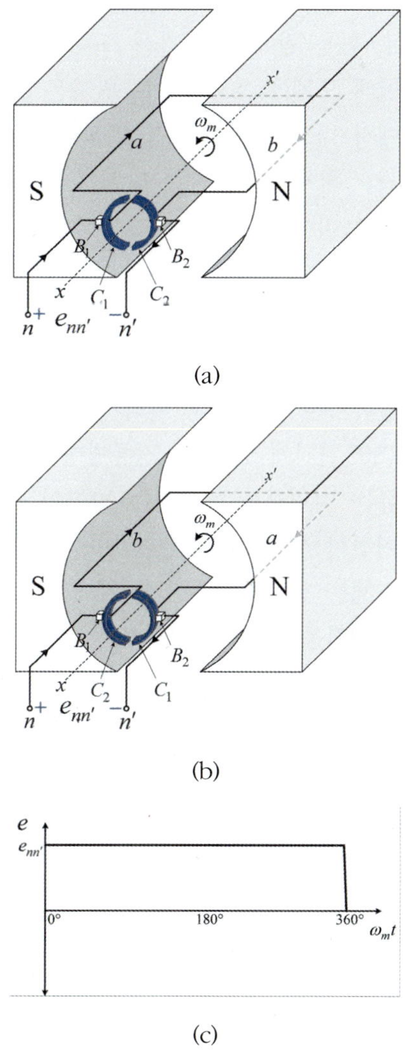

그림 6.3 발전기에서 슬립링과 브러시의 역할
(a) 0° (b) 180° (c) 유도기전력

그림 6.4 발전기에서 브러시와 정류자의 역할
(a) 0° (b) 180° (c) 유도기전력

주1) 식 (5.1)과 동일한 수식으로 5장을 참조

6.2.2 마그네틱 토크

직류전동기에서 정류자와 브러시의 역할을 알아보자. 그림 6.5에서와 같이 슬립링과 브러시 구조에서 슬립링 S_1에 도체 a가 연결되어 있고 슬립링 S_2에 도체 b가 연결되어 있다고 하자. 0° 위치에서 a도체에 흐르는 전류방향은 지면에서 나오는 방향이 되고 b도체의 전류방향은 지면으로 들어가는 방향이 된다. 따라서 0° 위치에서 도체는 시계방향으로 힘을 받는다. 따라서 도체가 시계방향(clockwise)으로 힘을 받아 회전되었다고 하자. 이때 도체에 흐르는 전류방향은 0°에서와 마찬가지로 a도체에 흐르는 전류방향은 지면에서 나오는 방향이 되고 b도체의 전류방향은 지면으로 들어가는 방향이 된다. 따라서 180° 위치에서 도체는 반시계방향(counter clockwise)으로 힘을 받는다. 이와 같이 슬립링과 브러시 구조에서는 그림 6.5(c)와 같이 토크가 진동하게 되므로 전동기로써 동작할 수 없다. 슬립링과 브러시의 구조를 정류자와 브러시의 구조로 바꾸었을 때 일어나는 현상에 대해서 알아보자. 그림 6.6에서와 같이 브러시와 정류자의 구조에서 0°의 위치에서 도체 a에 흐르는 전류는 지면에서 나오는 방향이고 도체 b에서 전류의 방향은 지면으로 들어가는 방향이다. 따라서 도체가 받는 힘은 시계방향이다. 도체와 정류자가 회전하여 180° 위치에 있을 때 전류방향을 살펴보자. 그림 6.6(b)에서와 같이 도체 a에 흐르는 전류는 지면으로 들어가는 방향이고 도체 b는 지면에서 나오는 방향이다. 따라서 도체는 여전히 시계방향의 힘을 받는다. 이와 같이 슬립링 구조를 정류자 구조로 변경함에 따라 도체는 시계방향의 힘을 계속적으로 받게 되므로 전동기로 동작할 수 있게 된다. 따라서 직류전동기에서는 반드시 정류자와 브러시 구조가 필요하다. 직류전동기에 작용하는 힘의 일반식은 2장의 식 (2.2)로 길이방향에 대해서 자속 및 전류가 일정하고 서로 수직이면서 자극 피치(pole pitch) $\tau_p\,[\mathrm{m}]$와 동일한 간격으로 코일을 N턴으로 감은 경우(전절권) 이 코일에 발생되는 힘은 식 (6.2)와 같다.

$$F = 2NB\,l\,i_a \ \ [\mathrm{N}] \qquad (6.2)^{주1)}$$

토크는 힘과 반경방향의 곱으로 반경방향과 힘이 직각이면 N턴의 코일에 작용하는 토크 $T[\mathrm{N\,m}]$는 식 (6.3)과 같이 정의된다.

$$T = 2NB\,l\,i_a r \ \ [\mathrm{Nm}] \qquad (6.3)$$

식 (6.3)은 $N[\mathrm{turn}]$으로 구성된 1개의 코일에 작용하는 토크로 직류기는 N_c개의 코일로 구성되어 있으면 전체 토크는 N_c를 곱해 주어야 한다.

주1) 식 (5.33)과 동일한 식으로 5장을 참조

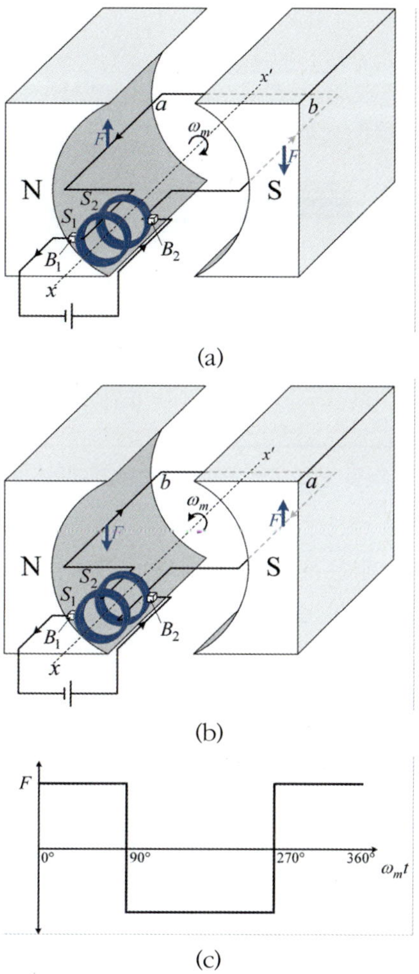

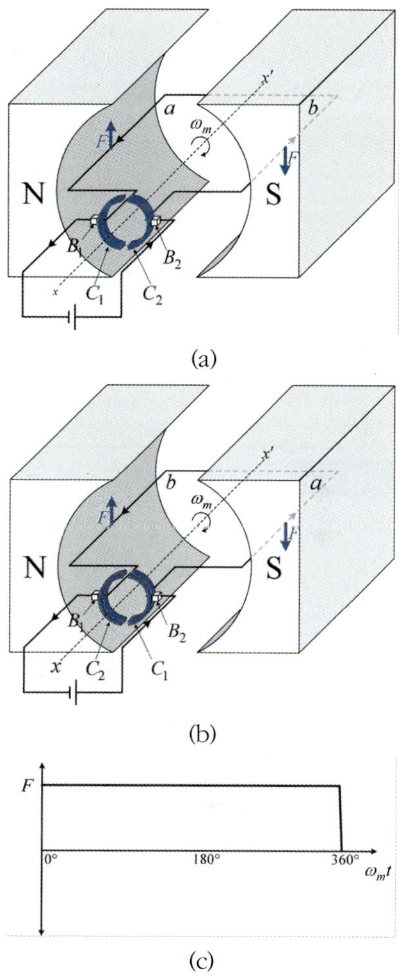

그림 6.5 전동기에서 슬립링과 브러시의 역할 (a) 0° (b) 180° (c) 힘의 크기

그림 6.6 전동기에서 정류자와 브러시의 역할 (a) 0° (b) 180° (c) 힘의 크기

6.3 권선법

6.3.1 전동기의 권선법 일반

5장의 권선법(winding method) 종류에서 알아본 바와 같이 권선법은 관점에 따라 여러 가지로 분류될 수 있다. 직류기에서는 일반적으로 고상권, 이층권, 폐로권이 주로 사용되며 중권 또는 파권으로 권선을 감는다. 따라서 직류기에서 권선법 종류의 의미는 고상권, 이층권, 폐로권이면서 중권 또는 파권으로 구성된다는 것을 나타낸다. 중권과 파권은 다시 단중권과 다중권 또는 단중 파권, 다중 파권으로 나눌 수 있으나 직류기에서는 단중권과 단중 파권이 일반적이다.

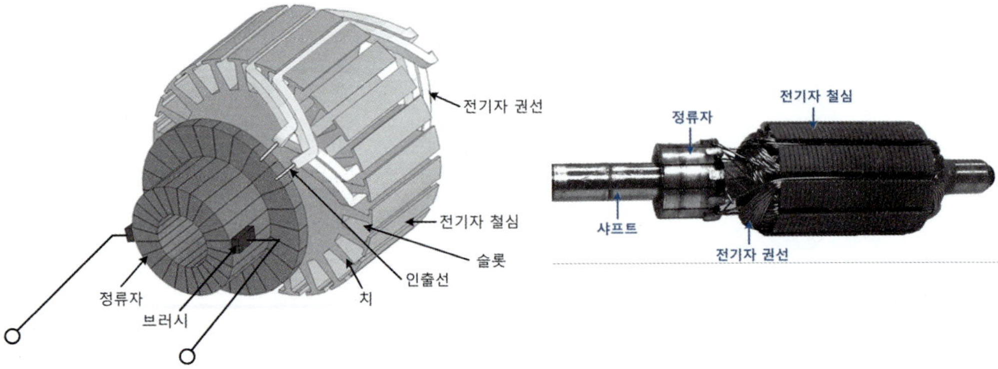

(a) (b)

그림 6.7 (a) 전기자와 정류자의 형상 (b) 자동차 파워 윈도우용 PMDC 전동기(대동모벨제공)

직류기의 권선법이 교류기의 권선법과 다른 점은 권선을 구성하는 코일들이 정류자편을 통해 결선된다는 것이다. 그림 6.7에서 전기자의 슬롯에 코일을 삽입하고 각 코일 단자는 정류자편에 접속되어 있다. 따라서 직류기에서는 전기자 권선과 정류자편이 회전하면서 고정된 브러시를 통하여 외부회로와 접속된다. 이와 같이 정류자와 브러시의 구조는 직류기에서 가장 핵심적인 구조로써 브러시형 직류기는 정류자와 브러시의 구조를 갖지 않으면 동작할 수 없다. 직류기의 권선법은 크게 중권(lap winding)과 파권(wave winding)으로 나눌 수 있다. 단중 중권은 각 코일이 중첩되어 360° 회전하게 되면서 폐회로를 형성하나 파권은 각 코일이 중첩되지 않고 거의 2자극 피치만큼 앞서서 코일이 형성된다. 직류기에서는 중권과 파권의 특성이 다르기 때문에 원하는 성능이 무엇인가에 따라 선택하여야 한다. 직류기에서 브러시는 정류자에 접촉하여 외부회로와 연결되므로 정류자가 회전하더라도 브러시를 통하여 전기자 권선의 외부회로가 접속된다.

6.3.2 중권

[1] 중권일반

그림 6.8은 2극기의 중권의 권선 예를 보이고 있다. 그림에서와 같이 코일 1의 코일변 ①은 정류자편 A에 접속되어 있고 코일변 ⑤′는 정류자편 B에 연결되어 있다. 코일 2의 코일변 ②는 정류자편 B에 연결되어 코일변 ⑤′과 직렬로 접속된다. 또한 코일변 ⑥′는 정류자편 C에 접속된다. 코일 3의 코일변 ③은 정류자편 C에 접속되어 코일변 ⑥′와 직렬 접속된다. 이와 같이 순차적으로 각 코일들이 정류자편을 통해서 연결된다.

이와 같이 직류기의 권선법은 정류자와 코일 간의 접속을 나타내어야 하므로 권선도가 복잡하게 된다. 따라서 권선을 따라가며 권선법을 이해하기 어려운 경우 권선법을 보다

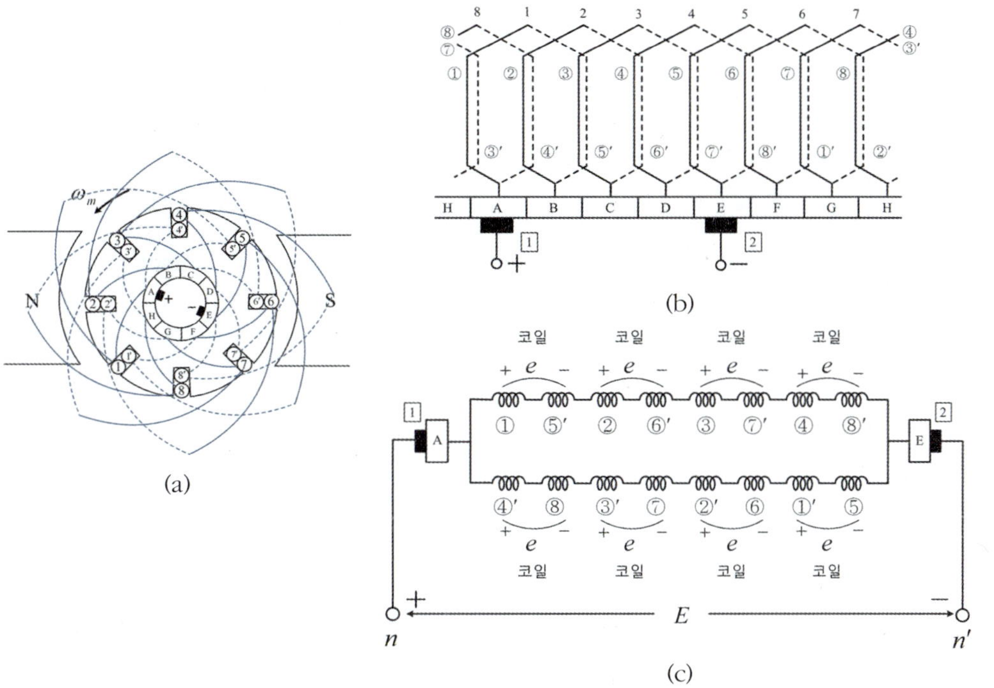

그림 6.8 (a) 2극, 2층권의 중권 권선도 (b) 선형으로 펼친 2극, 2층권의 중권 권선도 (c) 2극, 2층권의 회로도

명확히 하기 위해 그림 6.8(a)와 같은 2극, 2층권의 중권 권선의 권선도를 그림 6.8(b)와 같이 선형적으로 펼쳐 나타내면 각 코일의 유기전압의 관계를 명확하게 나타낼 수 있다.

그림 6.8의 2극기 권선에서 회로적인 특성을 검토하여 보자. 그림 6.8(c)와 같이 2극기의 중권에서 코일변 ①은 브러시와 접속된 정류자편 A에 의해 외부회로와 연결되어 있고 ①−⑤′−②−⑥′−③−⑦′−④−⑧′순으로 접속되어 정류자편 E에 접속된 브러시를 통하여 외부회로와 연결된다. 또한 정류자편 E에 접속되어 있는 코일변 ⑤에서 시작한 또 하나의 회로가 ⑤−①′−⑥−②′−⑦−③′−⑧−④′순으로 연결되어 정류자편 A에 접속되어 브러시를 통하여 외부회로와 연결된다. 이때 각 코일에 유도되는 전압은 식 (6.1)과 같이 된다. 따라서 그림 6.8에서 유기기전력은 식 (6.4)와 같이 된다.

$$E = 4e = 4(2NBl\nu) \ [\mathrm{V}] \tag{6.4}$$

직류발전기에서는 단자 nn'에 부하를 연결하면 부하방향으로 전류가 흘러 부하에 에너지를 전달하게 된다. 반면 전동기에서는 단자 nn'에 직류전원을 인가하여 전류가 전동기방향으로 흐르고 회전방향으로 힘이 발생한다.

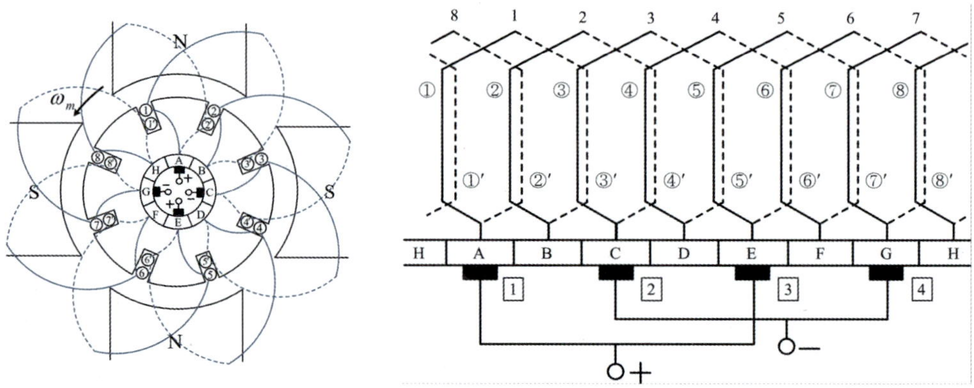

(a) (b)

그림 6.9 (a) 4극, 2층권의 중권 권선도 (b) 선형으로 펼친 4극, 2층권의 중권 권선도

[2] 다극기의 특성

직류기는 응용에 따라 다극기로 구성하는 경우가 많다. 이때 다극기 중권의 권선법과 브러시의 위치에 대해서 알아보자. 그림 6.9는 4극기의 2층권으로 구성한 단중 중권을 나타내고 있다. 코일 1번의 코일변 ①은 정류자편 A에 접속되어 있고 코일 1의 코일변 ③′는 정류자편 B에 접속되어 있다. 또한 코일 2의 코일변 ②는 정류자편 B에 연결되어 있으므로 코일 1과 직렬로 연결된다. 이와 같이 순차적으로 권선을 하는 것은 2극기와 동일하다. 그러나 4극기에서는 그림과 같이 브러시 4개를 설치하여 외부회로와 연결한다.

4극기의 중권 권선의 전기적인 성질에 대해서 알아보자. 그림 6.10에서와 같이 브러시에 접속된 정류자편 A에 코일변 ①이 접속되어 ①−③′−②−④′를 거쳐 정류자편 C에 접속된 브러시에 의해 그림 6.10과 같이 외부회로에 연결된다. 또한 정류자편 C에 접속된 코일변 ③은 ③−⑤′−④−⑥′순으로 직렬 접속되어 정류자편 E에 접속된 브러시에 의해 다시 외부회로와 연결된다. 이와 같이 각 코일변과 정류자편의 접속구조를 순차적으로 그려나가면 그림 6.10과 같은 4극기의 회로도를 얻을 수 있다. 이 회로도에서 알 수 있는 바와 같이 중권에서는 극수와 같은 숫자의 병렬회로가 생긴다.

여기서 주의해야 할 것은 중권에서 P극기를 구성할 때 P개의 브러시를 가져야 한다는 것이다. 예를 들면 그림 6.10에서 2번, 4번 브러시를 없애고 1번, 3번 브러시를 외부와 연결하는 단자로 사용한다고 하면 ①−③′−②−④′−③−⑤′−④−⑥′가 직렬로 연결되어 유도기전력이 0이 된다. 또한 3, 4번 브러시를 없애고 1, 2번 브러시를 단자로 사용하면 2개의 병렬회로가 생기고 하나의 병렬회로는 4개의 코일변이 직렬로 접속되고 하나의 병렬회로는 12개의 코일변이 직렬로 접속된다. 따라서 불균형한 전압이 되어

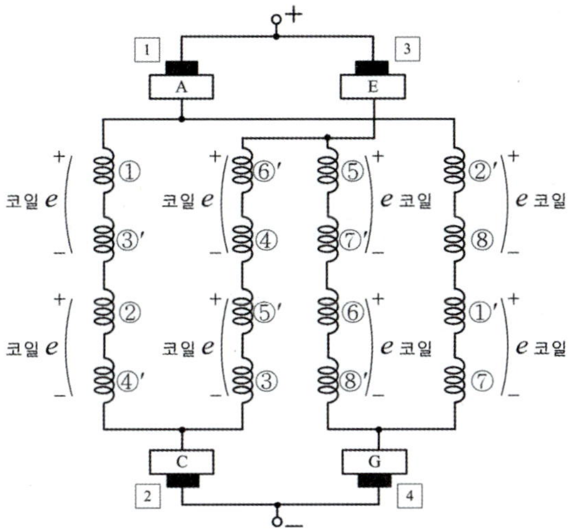

그림 6.10 4극, 중권의 회로도

내부에 큰 순환전류(circulating current)가 흘러 문제가 될 수 있다. 다극 중권의 특성은 극수와 같은 숫자의 병렬회로수가 만들어지므로 중권을 다극기로 구성하면 병렬회로수가 많고 직렬회로수가 적어 저전압, 대전류의 특성을 갖는다.

[3] 균압권선

다극기를 중권으로 하였을 때 공작상의 오차나 베어링의 마모 등으로 공극이 균일하지 못하거나, 자극의 자기저항이 균일하지 못하면 각 병렬회로에서 유도되는 기전력의 크기는 일정하지 않고 불평형하게 될 수 있다. 이와 같이 각 병렬회로의 전압이 평형하지 않으면 그림 6.11(a)와 같이 무부하 상태(단자전압이 개방된 상태)에서도 동일 극성의 브러시를 통하여 기전력이 높은 쪽에서 낮은 쪽으로 순환전류 I_c가 흐르게 된다. 전기자 권선의 저항은 매우 작기 때문에 병렬회로 사이의 기자력이 불평형하여 기전력 차이가 약간만 있어도 비교적 큰 순환전류가 브러시를 통하여 흐른다. 이러한 순환전류는 정류 불량이나 불꽃이 발생하는 원인이 된다. 그러므로 다극기에서는 이런 현상을 방지하기 위하여 그림 6.11(b)와 같이 권선에서 등전위가 되어야 할 점을 도선으로 접속하여 순환전류가 브러시를 통하지 않고 이 접속선을 통해 흐르도록 하여 불꽃이 발생하지 못하게 하고 있다. 이와 같은 접속을 균압결선(equalizing connection) 또는 균압환(equalizing ring)이라고 한다.

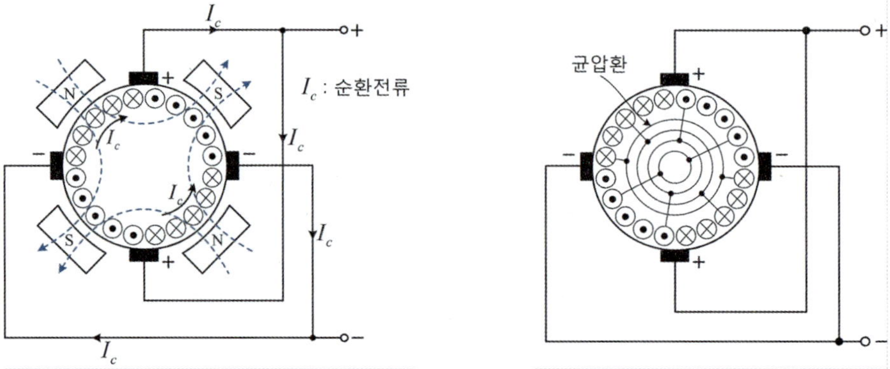

(a) (b)

그림 6.11 유도기전력의 불균형에 의한 순환전류와 균압환의 역할 (a) 4극기의 순환전류 (b) 균압환

6.3.3 파권

그림 6.12는 이층권을 사용한 4극기의 단중 파권의 예를 나타내고 있다. 그림에서와 같이 브러시를 통하여 외부와 연결된 정류자편 A에 코일변 ①이 연결되고 이 코일변은 전기적으로 180°보다 짧은 위치에 있는 코일변 ③′을 거쳐 정류자편 F에 접속되어 코일변 ⑥과 접속된다. 코일변 ⑥은 다시 전기적으로 180°보다 짧은 위치에 있는 ⑧′로 나와 정류자편 B에 접속된다. 다시 B−②−④′−G−⑦−⑨′−C−[2]에 의해 외부회로와 연결된다. 이와 같이 중권과는 달리 파권에서는 코일이 중첩되지 않고 순차적으로 파도와 같이 진행하듯이 권선을 완성한다고 하여 파권이라고 한다. 파권에서는 도중에 유도기전력이 바뀌는 지점이 두 군데이므로 병렬회로는 2개이다.

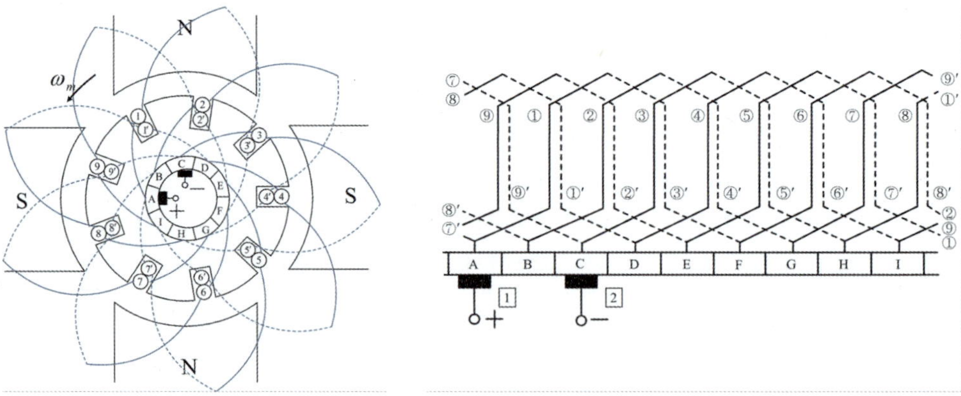

(a) (b)

그림 6.12 (a) 4극, 2층권의 파권 권선도 (b) 선형으로 펼친 4극, 2층권의 파권 권선도

그림 6.13의 파권의 회로적인 특성을 검토하여 보자. 그림 6.13과 같이 [1]번 브러시에 접속된 정류자편 A에서 시작하여 [2]번 브러시에 접속된 C번의 정류자까지의 코일이 1개의 회로를 구성한다. 그 접속은 ①-③′-⑥-⑧′-②-④′-⑦-⑨′가 하나의 회로이고 ③-⑤′-⑧-①′-④-⑥′-⑨-②′-⑤-⑦′가 하나의 병렬회로를 구성한다.

이와 같이 파권은 코일이 폐회로를 구성할 때까지 각 코일변은 N극과 S극을 교대로 통과하므로 브러시를 2개만 설치해도 된다. 그러나 중권과 같이 중성축에 극수와 동일한 수의 브러시를 배치하면 극성이 같은 브러시 사이에 전위차가 거의 없으므로 이를 병렬 접속하여 각 브러시의 전류부담을 경감하는 경우도 있다. 따라서 중권과는 달리 파권에서는 병렬회로가 2개가 생긴다. 또한 파권은 중권과는 달리 다극기에서 각 극에서 자속의 불균형이 있더라고 각 코일이 극 전체를 지나가며 병렬회로를 구성하므로 각 병렬회로간의 전압 불균일이 발생되지 않으므로 순환전류가 없고 따라서 균압환을 필요로 하지 않는다. 이와 같이 파권은 직렬회로가 많아 전압이 높으므로 같은 전력을 전달할 때 다극의 중권에 비해 전류가 작아도 된다. 따라서 파권은 고전압 저전류용으로 많이 사용한다.

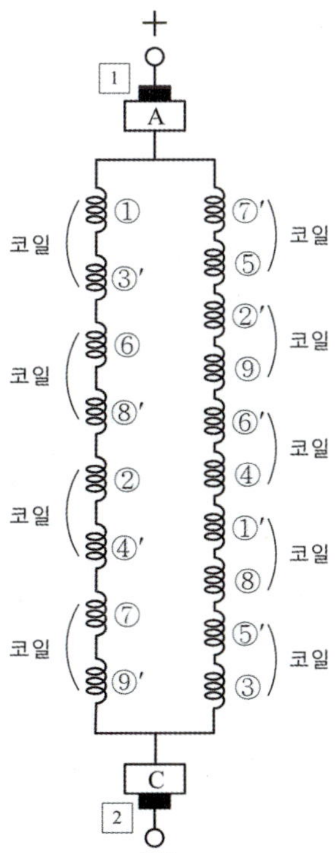

그림 6.13 4극, 파권의 회로도

6.3.4 중권과 파권의 특성

[1] 권선피치(winding pitch)

권선피치란 권선에서 코일변 사이의 간격을 나타내는 용어로써 권선의 구성을 나타내는 구조적인 용어이다. 권선피치는 슬롯수로 나타낼 수도 있고 정류자편수로 나타낼 수도 있다. 권선피치를 슬롯피치로 나타내면 슬롯피치 N_s라고 하고 정류자편수로 나타내면 정류자피치 k라고 한다. 2층권에서 한 슬롯안에 코일변수가 $2u(u=1, 2, 3, \cdots)$개이면 $k=uN_s$가 성립한다. 중권과 파권의 권선피치에 대해서 알아보자. 중권은 그림 6.14(a)와 같이 코일을 중첩하여 권선을 형성하는 권선법이므로 코일변 사이의 간격은 그림과 같이 몇 가지로 정의할 수 있다. 그림 6.14(a)에서 y_b는 한 개의 코일에서 코일과 코일 사이의 간격으로써 뒤피치(back pitch) y_b 또는 코일스팬(coil span)이라 하고 일반적으로 권선피치라고 하면 뒤피치를 나타낸다. 뒤피치가 극 간격과 동일하면 전절권이라 하고 뒤피치가 극 간격보다 작으면 단절권이라고 한다. 한 개의 코일과 다음 코일 사이의 간격을 나타내는 용어로 그림 6.14(a)의 y_f를 앞피치로 정의한다. 또한 뒤피치와 앞피치의 간격을 합성피치라고 하며 중권에서는 식 (6.5)와 같이 정의한다.

$$y = y_b - y_f \tag{6.5}$$

따라서 y가 $(+)$값이면 권선방향이 앞으로 진행하는 진권이라 하고 y가 $(-)$값이면 권선방향이 뒤로 진행하는 역진권이라고 한다. 중권은 단중 중권(simplex winding)과 다중 중권(multiplex winding)으로 나눌 수 있다. 단중 중권은 그림 6.8과 같이 권선이 1회전하여 권선이 완성되는 중권을 나타내고 다중 중권은 m회전하여 권선이 완성되는 중권을 나타낸다. m 다중 중권에서 극수 P와 m의 곱인 $a=mP$의 병렬회로수가 생긴다. 일반적으로 직류기는 단중 중권을 사용한다.

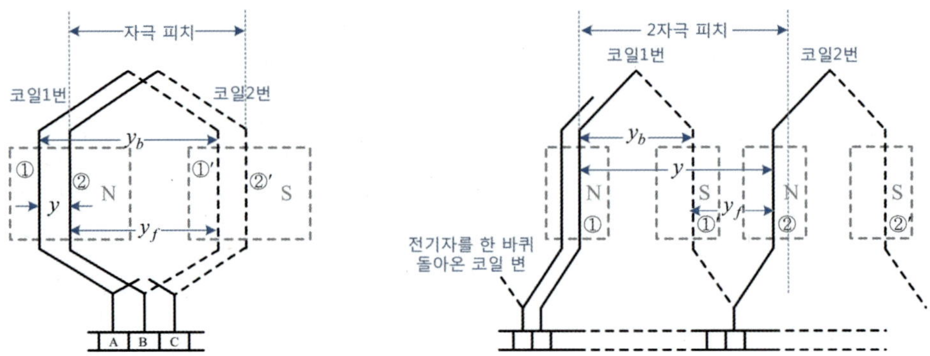

(a) (b)

그림 6.14 (a) 중권의 권선피치 (b) 파권의 권선피치

파권의 권선피치에 대해서 알아보도록 하자. 그림 6.14(b)는 파권의 권선피치를 나타낸 것이다. 그림 6.14(b)에서와 같이 파권에서 합성피치는 뒤피치와 앞피치의 합으로 식 (6.6)이 성립한다.

$$y = y_b + y_f \tag{6.6}$$

파권의 합성피치가 2자극 피치와 같으면 코일이 전기자를 한바퀴 돌아 출발점 정류자편으로 돌아와 전진하지 못하므로, 파권의 합성피치는 2자극 피치보다 약간 크거나 작아야 한다. 파권도 단중 파권과 다중 파권으로 나눌 수 있고 m 다중 파권에서는 $a = 2m$의 병렬회로수가 생긴다. 일반적으로 단중 파권을 사용한다.

[2] 권선조건

전기자의 총 도체수, 코일 1개의 턴수, 자극수, 코일수를 각각 Z, N, P, N_c라고 정의하자. 코일당 도체수는 Z/N_c이고 코일수 $N_c = Z/2N$이다. 단중 중권에서는 병렬회로수가 P와 동일하게 생기므로 이층권에서 코일수를 극수로 나누어 주면 직렬을 구성하는 코일수가 된다. 따라서 $u = 1$인 2층권의 단중 중권의 경우 식 (6.7)이 성립해야 각 병렬이 이루는 직렬회로수가 같아지므로 평형하게 된다.

$$\frac{\text{코일 변수}}{P} = 2N_c/P = \text{정수} \tag{6.7}$$

2층권의 단중 파권에서는 y가 2자극 피치와 같으면 전기자를 한바퀴 돌아서 출발점 정류자편에 되돌아가게 되어 권선이 계속 진행되지 못한다. 따라서 합성피치는 2자극 피치보다 약간 크거나 작아야 하므로 $u = 1$인 2층권의 단중 파권에서는 다음 식 (6.8)이 성립해야 한다.

$$\frac{(N_c \pm 1)}{P/2} = \text{정수} \tag{6.8}$$

예제 6.1 그림 6.8, 그림 6.9, 그림 6.12의 단중 권선에서 y_b, y_f, y를 슬롯피치로 나타내고 중권 또는 파권의 조건을 만족하는지를 알아보시오.

풀이 <<

(1) 그림 6.8은 2극기의 단중 중권의 권선법으로

$y_b = 5 - 1 = 4$ $\quad$ $y_f = 5 - 2 = 3$

$y = y_b - y_f = 4 - 3 = 1$

또한 $\frac{2 \cdot N_c}{P} = \frac{16}{2} = 8$이므로 중권의 조건을 만족하고 직렬회로 수는 코일변을 기준으로 8, 코일을 기준으로 4이다.

(2) 그림 6.9는 $u = 1$인 4극기의 단중 중권의 권선법으로

$y_b = 3 - 1 = 2$ $\quad$ $y_f = 3 - 2 = 1$

$y = 1$

또한 $\frac{2 \cdot N_c}{P} = \frac{16}{4} = 4$이므로 중권의 조건을 만족하고 직렬회로 수는 코일변을 기준으로 4, 코일을 기준으로 2이다.

(3) 그림 6.12는 4극기의 $u=1$인 단중 파권의 권선법으로

$y_b=3-1=2$

$y_f=6-3=3$

$y=2+3=5$

또한 $\dfrac{N_c \pm 1}{P/2}=\dfrac{9 \pm 1}{2}=4 \text{ or } 5$이므로 파권의 조건을 만족한다.

[3] 중권과 파권의 특성요약

직류기의 전기자 권선법인 단중 중권과 단중 파권에 따라서 직류전동기의 특성이 달라진다. 단중 중권인 경우는 전기자 병렬회로수가 극수와 같고 단중 파권은 항상 2이므로 같은 코일수를 갖고 있는 기계의 경우 단중 중권은 저전압, 대전류용 전기기기에 많이 사용되고 단중 파권은 비교적 전압이 높은 기기에 많이 사용된다. 표 6.1은 단중 중권과 단중 파권의 일반적인 특성을 요약한 것이다.

표 6.1 단중 중권과 단중 파권의 비교

비교 항목	단중 중권	단중 파권
병렬회로수	극수 P와 같다	항상 2이다
브러시수	극수 P와 같다	2이다. 그러나 극수 P와 같게 해도 된다
전압, 전류 (극수, 출력, 권수, 코일수가 같을 때)	저전압, 대전류	고전압, 저전류
유도기전력 불균일	병렬회로 사이에 기전력의 불균일이 생기기 쉬우며 브러시를 통하여 순환전류가 흐를 염려가 있어 균압결선이 필요하다	유도기전력의 불균일이 생기는 일이 적다. 따라서 균압결선을 할 필요가 없다
용도	일반의 중・대형기 소형의 2극기	비교적 전압이 높은 중・소형

6.4 직류기에서 유도기전력과 토크

6.4.1 발전기에서의 유도기전력

식 (6.1)에서 알 수 있는 바와 같이 코일에 유도되는 기전력의 파형은 공극자속밀도의 파형과 동일하다. 코일에서 유도되는 기전력의 파형을 알아보기 위해 그림 6.15와 같이 4개의 코일로 구성된 직류발전기에서 유도되는 기전력에 대해서 살펴보자.

그림 6.15(a)에서 회전자를 반시계 방향으로 회전시키면 각 코일 ($a-a'$, $b-b'$, $c-c'$, $d-d'$)에는 유도기전력이 발생한다. 이 때 코일변 a, a'로 구성된 코일에서 유도되는 기전력을 구하기 위해 그림 6.15(b)와 같은 등가적인 직선모델을 이용해보자. 코일변 a, a'로 구성된 코일이 그림 6.15(c)와 같은 자속분포를 하고 있는 자극 내에서 운동하고 있다고 하자. 그림 6.15(b)같이 코일 a, a'가 1자극 피치(τ_p) 이동하면서 유도되는 기전력은 그림 6.15(d)와 같다. 즉 한 코일에 유도되는 기전력 파형은 공극자속밀도 파형과 동일함을 알 수 있다. 그림 6.15의 직류발전기는 코일 4개로 구성되고 각 코일 간에는 45°씩의 위상차를 가지고 있다. 따라서 각 코일에 유도되는 기전력은 그림 6.16(a)와 같이 45°씩 위상차를 갖는다. 따라서 4개의 코일이 직렬로 연결되어 있다고 하면 단자전압 e는 그림 6.16(b)와 같이 된다.

이와 같이 코일이 이동할 때 유도되는 기전력 파형은 일정하지 않고 진동을 한다. 유도되는 기전력의 평균치 e_a는 식 (6.9)와 같이 구할 수 있다.

$$e_a = \frac{1}{\tau_p}\int_0^{\tau_p} e\,dx = 2Nl\nu\frac{1}{\tau_p}\int_0^{\tau_p} B\,dx = 2NB_a l\nu \;\; [\mathrm{V}] \tag{6.9}$$

여기서 B_a는 자속밀도의 평균치를 나타낸다.

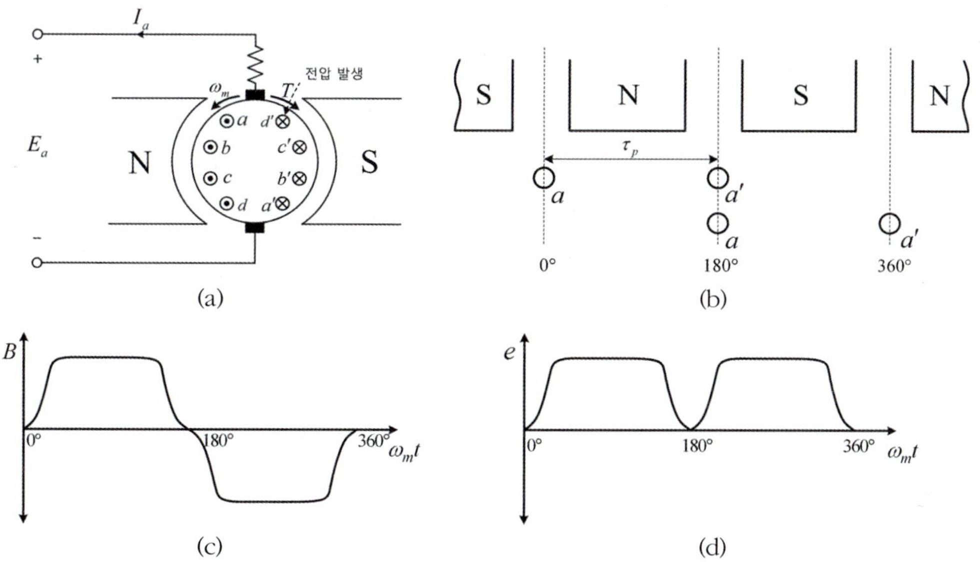

그림 6.15 (a) 직류발전기에서 유도기전력
(b) 자극 내에 있는 1개의 코일
(c) 공극에서의 자속분포
(d) 1개의 코일에 유도되는 유도기전력

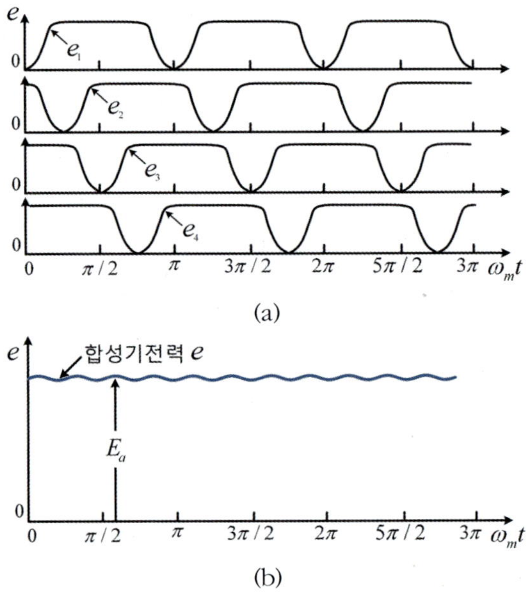

그림 6.16 (a) 각 코일에서 유도되는 유도기전력
(b) 각 코일에서 유도되는 합성기전력

회전기에서 발생되는 유도기전력의 크기를 알기 위해서는 속도 ν와 각속도 ω_m 사이의 관계식을 구해야 한다. 전기자의 반경을 r[m], 코일의 각속도 ω_m[rad/s]라고 하면 코일의 주변속도(peripheral speed) ν와 다음의 관계식(6.10)이 성립된다.

$$\nu = r\omega_m = \frac{P\tau_p}{2\pi}\omega_m \ \ [\mathrm{m/s}] \tag{6.10}$$

여기서 τ_p는 극 간격을 나타낸다. 한 극의 자속을 ϕ라고 하면 평균자속밀도(B_a)와 자속사이에는 다음의 관계식이 성립된다.

$$\phi = \tau_p l B_a \ \ [\mathrm{Wb}] \tag{6.11}$$

따라서 식 (6.10), (6.11)를 식 (6.9)에 대입하면 다음 식을 얻을 수 있다.

$$e_a = \frac{P}{\pi}N\phi\omega_m \ \ [\mathrm{V}] \tag{6.12}$$

직류기는 여러 개의 코일을 이용하여 권선을 구성하기 때문에 직류기가 N_c개의 코일로 구성되었을 때 단자전압을 구해보자. 코일당 턴수를 N이라고 할 때 전기자 도체수를 Z라 하면 코일수(N_c)는 다음 식과 같다.

$$N_c = Z/(2N) \tag{6.13}$$

또한 권선의 직렬코일수는 전체 코일수에서 병렬회로수를 나누어주면 되므로 식 (6.14)가 성립한다.

$$\text{직렬코일수} = \frac{N_c}{a} = Z/(2Na) \tag{6.14}$$

브러시 사이의 평균 단자전압 E_a는 코일당 기전력에 직렬코일수를 곱하면 얻을 수 있으므로 식 (6.15)가 성립한다.

$$E_a = e_a \frac{N_c}{a} = e_a \frac{Z}{2N} \frac{1}{a} = \frac{PZ}{2\pi a} \phi \omega_m \ [\mathrm{V}] \tag{6.15}$$

식 (6.15)에서 극수 P, 병렬회로수 a, 도체수 Z는 일정한 상수 값이므로 상수를 K_a로 나타내면 식 (6.16)과 같이 쓸 수 있다.

$$E_a = K_a \phi \omega_m \ [\mathrm{V}] \tag{6.16}$$

여기서 상수 K_a는 기전력 상수(electromotive force constant)라고 하여 직류기의 특성을 나타내는 중요한 상수이다.

이때 발전기에 발생되는 힘에 대해서 알아보자. 그림 6.15(a)와 같이 부하전류가 흐르면 부하전류와 자속의 법선방향으로 힘이 발생하고, 발생되는 힘의 방향은 회전방향과 반대가 되어 외부에서 동력을 주지 않으면 회전하지 못한다. 따라서 외부에서는 전기자에서 발생되는 힘을 이기고 코일을 지속적으로 회전시킬 수 있는 힘을 가해야 한다.

6.4.2 전동기에서의 토크

그림 6.17과 같은 직류전동기 코일에 전류 i_a가 흐르면 식 (6.17)과 같은 힘(F_a)이 발생된다. 식 (6.17)에서 알 수 있는 바와 같이 전류가 일정할 때 코일이 회전하면서 받는 힘은 공극의 자속밀도 파형과 동일하다. 예를 들면 그림 6.18(a)와 같은 자속밀도 파형을 가지고 있는 공극 내에 전류가 흐를 때 1개의 코일이 받는 힘은 그림 6.18(b)와 같다. 따라서 4개의 코일이 받는 힘은 각각 그림 6.18(c)와 같고 합성토크는 그림 6.18(d)와 같이 된다.

이와 같이 코일에 작용하는 힘이 위치의 함수이므로 코일에 작용하는 힘의 평균치를 구해보면 식 (6.17)과 같다.

$$F_a = \frac{1}{\tau_p} \int_0^{\tau_p} F dx = 2Nl i_a \frac{1}{\tau_p} \int_0^{\tau_p} B dx = 2NB_a l i_a \ [\mathrm{N}] \tag{6.17}$$

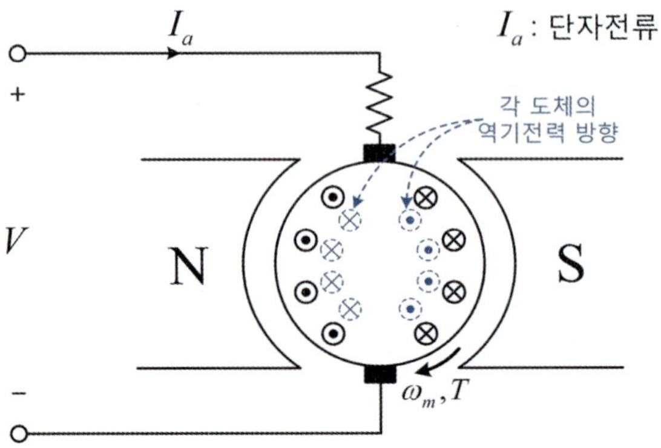

그림 6.17 직류전동기에서 유도기전력의 원리

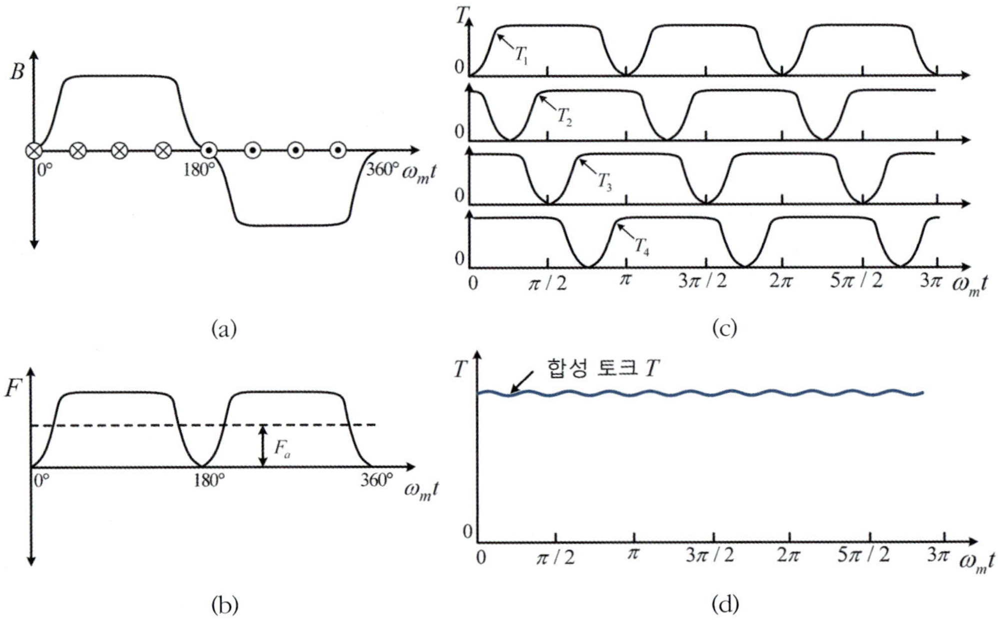

그림 6.18 (a) 공극에서의 자속분포 (b) 1개의 코일이 받는 힘 (c) 각 코일이 받는 토크 (d) 합성토크

여기서 브러시를 통해 전기자에 흐르는 총 전류를 I_a[A], 병렬회로수를 a라 하면 코일에 흐르는 전류 i_a와 전기자 단자에 흐르는 전류 I_a사이에는 식 (6.18)이 성립한다.

$$i_a = \frac{I_a}{a} \ [\mathrm{A}] \tag{6.18}$$

따라서 코일 1개당 발생하는 평균 토크 τ_a는 다음 식과 같이 된다.

$$\tau_a = rF_a = 2rNB_a li_a = \frac{2rNB_a lI_a}{a} \ [\mathrm{Nm}] \tag{6.19}$$

여기서 자속과 자속밀도와의 관계식 (6.11)과 코일수와 도체수의 관계($N_c = Z/2N$), 극간격과 반지름의 관계($2\pi r = P\tau_p$)를 식 (6.19)에 대입하면 N_c개의 코일로 구성된 직류기에서 발생하는 총 토크 T는 식 (6.20)과 같이 된다.

$$T = N_c \times \tau_a = \frac{Z}{2N} \times \frac{P\tau_p}{2\pi} \times \frac{\phi}{\tau_p l} \times \frac{2NlI_a}{a} = \frac{PZ}{2\pi a}\phi I_a \ [\mathrm{Nm}] \tag{6.20}$$

위 식에서 알 수 있는 바와 같이 $\frac{PZ}{2\pi a}$는 직류기의 구조와 관련된 양으로 일정한 값이므로 비례상수 K_a로 나타내면 다음 식이 성립한다.

$$T = K_a \phi I_a \ [\mathrm{Nm}] \tag{6.21}$$

식 (6.21)은 직류전동기의 토크 특성식을 나타내는 식으로 매우 중요하다. 또한 식 (6.21)에 포함되어 있는 정수 K_a는 직류전동기의 토크상수(torque constant)라고 하며 기전력상수와 동일하다.

직류전동기에서 유도되는 기전력에 대해서 알아보자. 그림 6.17과 같이 코일에 전류가 흐르면 회전자는 자계 내에서 회전하게 되므로 회전자에 유도기전력이 유도된다. 이때 도체에 유도되는 기전력은 그림 6.17에서와 같이 입력전압과 반대방향이 되기 때문에 역기전력이라고 한다. 이때 코일당 역기전력의 크기는 식 (6.9)와 동일하다.

6.4.3 직류기의 등가회로와 에너지의 흐름

직류발전기의 등가회로는 그림 6.19와 같다. 직류발전기의 회전자를 원동기로 회전시키면 유도기전력이 발생되고 외부에 부하 R_L(정상상태는 직류가 흐르므로 인덕턴스와 커패시터 성분은 고려하지 않아도 됨)을 연결하면 부하측으로 그림 6.19와 같이 I_a의 전류가 흐르게 된다. 이때 부하에 걸리는 전압을 V라고 하면 직류발전기에는 식 (6.22)와 같은 전압방정식이 성립한다.

$$E_a = V + R_a I_a \ [\mathrm{V}] \tag{6.22}$$

여기서 E_a는 뒤에서 설명할 전기자 반작용을 고려한 발전기의 유도전압을 나타낸다. 또한 발전기에 흐르는 전류의 크기는 식 (6.23)과 같다.

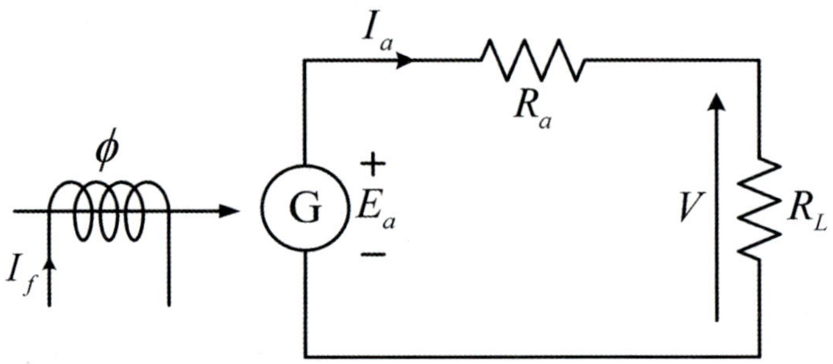

그림 6.19 직류발전기의 등가회로

$$I_a = \frac{E_a - V}{R_a} \ [\mathrm{A}] \tag{6.23}$$

이때 발전기의 출력과 부하의 소비전력 사이에는 식 (6.24)의 관계가 성립한다.

$$E_a I_a = V I_a + R_a I_a^2 \ [\mathrm{W}] \tag{6.24}$$

따라서 발전기의 출력 중 일부는 권선에 의한 손실 $(R_a I_a^2)$로 소비되고 나머지는 부하에 전달되는 것을 알 수 있다. 또한 발전기에 전류가 흐르면 식 (6.21)과 같은 토크가 발생되므로 발전기에 기계적 손실이 없다고 가정하면 원동기에서 발전기에 주어야 할 기계적 입력은 식 (6.25)와 같다.

$$P_1 = T\omega_m = K_a \phi I_a \omega_m = E_a I_a \ [\mathrm{W}] \tag{6.25}$$

식 (6.25)에서 알 수 있는 바와 같이 기계적인 손실이 없다고 가정하면 발전기의 기계적 입력은 발전기에서 출력 $(E_a I_a)$을 발생시키고 이 발전기의 출력 중 권선저항에 의한 손실을 뺀 나머지가 부하에 전달된다.

다음은 직류전동기에서의 특성을 알아보도록 하자. 직류전동기는 외부회로에서 전압 V를 가하여 전동기에 전류 I_a가 흐르면 전동기가 회전하여 권선에는 역기전력이 발생되어 전동기에 흐르는 전류를 제한한다. 따라서 직류전동기의 등가회로는 그림 6.20과 같이 직류발전기의 회로에서 부하 R_L이 전원 V로 바뀌고 전류의 방향이 발전기 회로와 반대가 된다.

이 등가회로로부터 전동기에서의 전압방정식을 유도하면 식 (6.26)과 같다.

$$V = E_a + R_a I_a \ [\mathrm{V}] \tag{6.26}$$

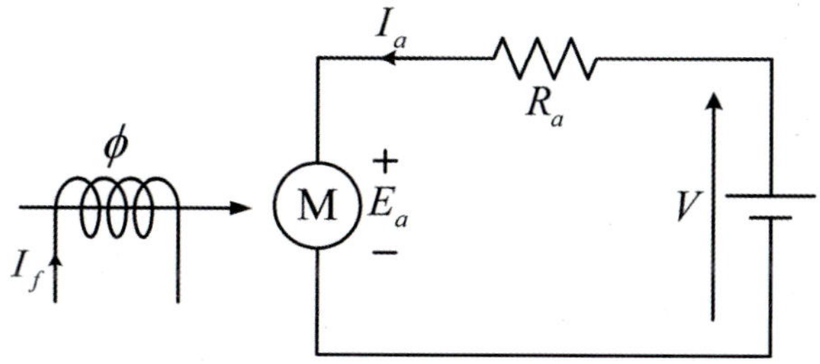

그림 6.20 직류전동기의 등가회로

따라서 전동기에 흐르는 전류의 크기는 식 (6.27)과 같다.

$$I_a = \frac{V - E_a}{R_a} \ [\mathrm{A}] \tag{6.27}$$

여기서 E_a는 전동기에서 발생하는 역기전력이다.

이때 전동기에서의 전력식을 유도하면 식 (6.28)과 같다.

$$VI_a = E_a I_a + R_a I_a^2 \ [\mathrm{W}] \tag{6.28}$$

식 (6.28)에서 기계적인 동력과 전력과의 관계는 식 (6.25)와 관계가 있으므로 식 (6.28)을 식 (6.25)에 대입하면 기계적 동력 P_{2m}은 식 (6.29)와 같이 된다.

$$P_{2m} = VI_a - R_a I_a^2 = E_a I_a = T\omega_m \ [\mathrm{W}] \tag{6.29}$$

식 (6.29)에서 알 수 있는 바와 같이 전동기에서는 VI_a의 전력이 입력되어 권선손실 $R_a I_a^2$ 을 일으키고 나머지가 기계적인 출력이 된다. 실제 기계에서는 기계적 손실이 발생하므로 P_{2m}에서 기계적 손실 P_{mloss}를 빼주면 실제부하에 전달되는 기계적 출력이 되며 식 (6.30)으로 정의되는 양 P_{mout}을 축출력이라고 한다.

$$P_{mout} = P_{2m} - P_{mloss} \ [\mathrm{W}] \tag{6.30}$$

6.5 전기자 반작용과 정류

6.5.1 전기자 반작용

직류기에서 전기자에 전류가 흐르면 전기자 전류에 의한 자속이 발생된다. 전기자에서 발생된 자속은 계자에 의해 발생된 자속과 합해져 공극자속을 형성하여 계자자속을 왜곡시킨다. 이와 같이 전기자 전류에 의한 자속이 공극자속에 미치는 영향을 전기자 반작용(armature reaction)이라고 한다.

그림 6.21(a)에서 회전자를 반시계방향으로 돌려주면 유도되는 전압과 전류의 방향은 그림과 같이 된다. 이때 발전기에서 발생하는 힘은 시계방향으로 회전방향과 반대로 작용한다. 다음은 그림 6.21(b)의 직류기에 전압을 가하여 전류가 흐르는 전동기 모델에 대해 알아보자. 외부 직류전원에서 그림 6.21(b)와 같은 방향으로 전류를 흘려주면 시계방향으로 힘이 발생하여 회전자는 시계방향으로 회전한다. 전동기에서는 회전자의 회전에 의해 전기자 권선에 인가전압과 반대방향의 기전력이 유도되는데 이 전압을 역기전력이라고 한다. 따라서 전동기에서는 회전방향의 힘이 발생하고 전원전압과 반대방향의 기전력이 유도된다. 이와 같이 발전기에서는 회전방향과 반대방향의 힘이 작용하고 전동기에서는 전원전압과 반대의 전압이 유도됨을 알 수 있다.

전기자에 전류가 흐르면 전기자 전류에 의한 자속이 발생되는데 이러한 전기자 자속이 계자자속에 어떠한 영향을 미치는지 자세히 살펴보자. 그림 6.22(a)는 계자에서 발생되는 자속의 방향을 나타내고 있으며 그림 6.22(b)는 전기자에서 발생되는 자속의 방향을 나타내고 있다. 그림 6.22에서 알 수 있는 바와 같이 계자에서 발생된 자속의 방향과 전기자에서 발생되는 자속의 방향이 같은 방향과 반대방향인 부분이 있으므로 계자극의 모서리 부근에서 자속이 왜곡(distortion)된다. 공극에서 자속의 왜곡을 살펴보기 위해 공

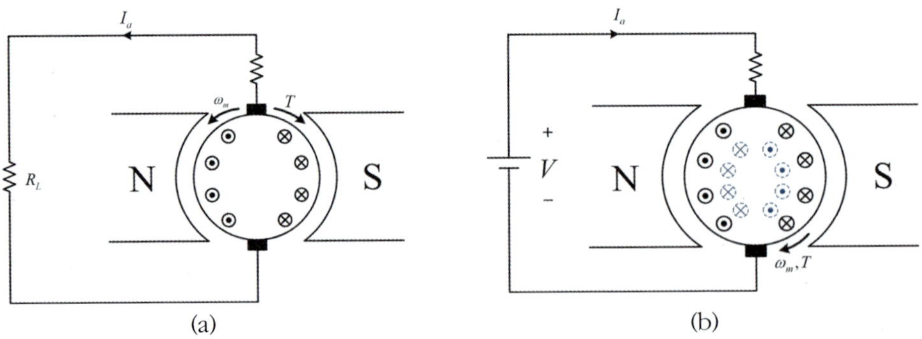

그림 6.21 주1) 전기자 반작용 설명 모델 (a) 직류발전기 (b) 직류전동기

주1) 그림 6.15, 그림 6.17의 유도기전력과 토크 설명모델과 동일한 모델로 설명함

극자속의 모양을 살펴보자. 그림 6.22(a)에서 공극의 자속분포를 나타내기 위해 전기자를 기준으로 들어오는 자속을 －로 표시하고, 나가는 자속은 ＋방향으로 표시하여 계자에 의한 공극의 자속이 그림 6.22(c)와 같이 거의 구형파의 자속 모양을 가진다고 가정하자. 그림 6.22(b)와 (d)는 전기자 권선에 의한 자속의 형태와 공극자속을 나타내고 있다. 계자에 의한 자속과 마찬가지로 전기자를 기준으로 전기자로 들어오는 자속을 －로, 나가는 자속을 ＋로 그리면 전기자권선에 의한 공극의 자속은 그림 6.22(d)와 같이 된다. 그림 6.22(d)에서와 같이 기자력과 자속의 모양이 일치하지 않는 것은 공극 퍼미언스가 자극면에서는 크지만 자극 사이에서는 작으므로 자극 사이에서의 자속이 작게 발생되기 때문이다. 합성자속은 계자에 의한 공극자속과 전기자에 의한 공극자속의 합이므로 그림 6.23(b)와 같이 왜곡된 파형이 된다. 그림 6.23(b)에서 알 수 있는 바와 같이 공극자속이 전기자 자속의 영향으로 왜곡되는데 이러한 현상을 전기자 반작용이라고 한다. 전기자 반작용에 의해 자속의 중성점(N_e, N'_e)은 기계적 중성점인 N극과 S극의 중간점(N_m, N'_m)이 아니라 다른 점에서 형성되고 철심의 단부에서 자속이 포화되는 것을 고려하면 총 자속이 약간 감소되는 현상이 발생한다.

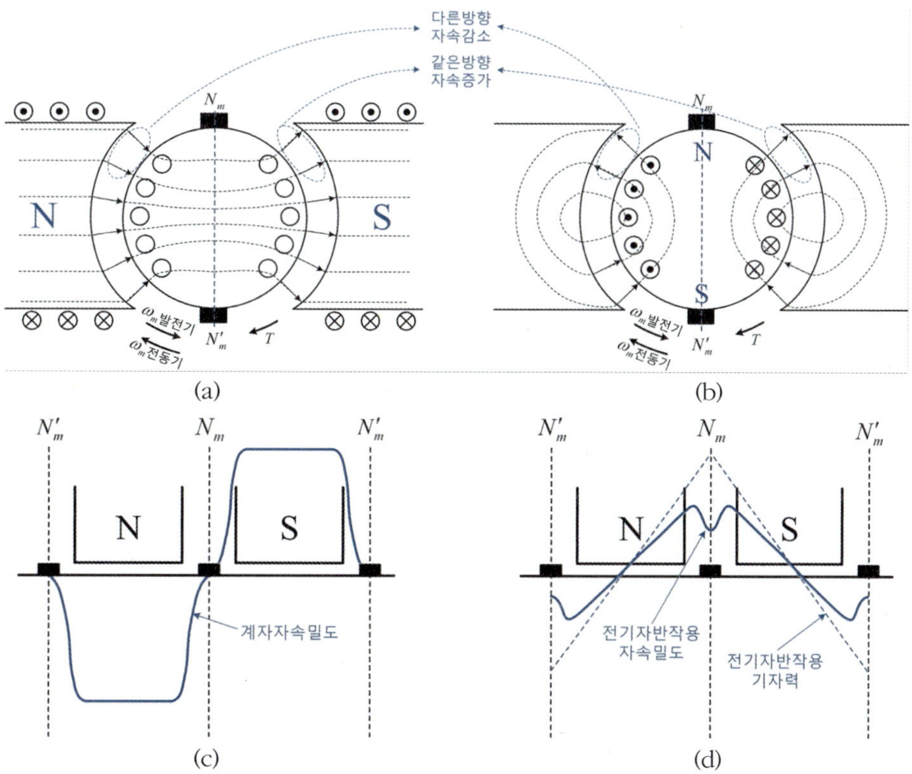

그림 6.22 (a) 계자 기자력에 의한 자속 (b) 전기자 기자력에 의한 자속
(c) 계자 기자력에 의한 자속밀도분포 (d) 전기자 기자력에 의한 자속밀도분포

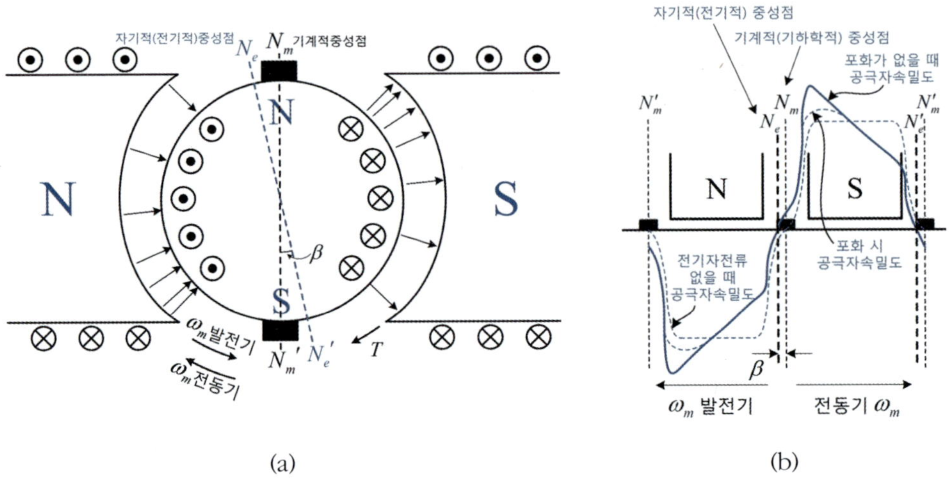

그림 6.23 (a) 합성 기자력에 의한 자속분포 (b) 합성 기자력에 의한 자속밀도 파형

그림 6.23(a)와 같은 전류의 방향은 전동기에서는 시계방향으로 회전하고, 발전기에서는 반시계방향으로 회전시킬 때 전류의 방향이다. 따라서 전동기를 기준으로 보면 전기자 반작용에 의해 자기적(전기적) 중성점(magnetic(electrical) neutral point)은 회전방향과 반대방향으로 β만큼 이동한 것임을 알 수 있다. 이것을 발전기로 보면 회전방향으로 중성점이 β만큼 이동한 것이 된다. 따라서 직류발전기에서 전기자 반작용 자속은 자기적 중성점을 회전방향으로 이동시키고, 직류전동기에서 전기자 반작용은 회전 반대방향으로 자기적 중성점을 이동시킨다. 따라서 정류를 원활하게 하기 위해서는 브러시의 위치를 기하학적 중성점에 두지 말고 자기적 중성점에 두어야 한다. 여기서 주의해야 할 점은 발전기의 경우는 한 방향으로만 회전시키지만 전동기의 경우 시계방향과 반시계방향 양방향으로 회전시키는 경우가 일반적이므로 정역회전을 하는 전동기에서는 중성점을 옮기게 되면 역방향으로 운전할 때 심각하게 정류를 나쁘게 만들 수 있으므로 중성점을 이동시키면 안 된다.

다음은 전기자 반작용이 총 자속에 어떠한 영향을 미치는지 살펴보자. 철심의 포화를 무시하면 공극에서 발생되는 자속은 전기자 반작용 자속과 계자자속을 합한 자속이 되어 그림 6.23(b)와 같은 실선이 된다. 보통 전기기기를 설계할 때 계자자속에 의한 철심의 자속밀도를 거의 포화 근처로 설계하기 때문에 자속이 커진 모서리 부분에서는 자기적인 포화현상이 발생되어 계자자속과 전기자자속의 합성된 자속보다 약간 작게 형성된다. 따라서 자기포화현상을 고려한 공극자속의 모양은 그림 6.23(b)에서 점선과 같이 된다. 따라서 전기자 반작용에 의해 공극자속은 약간 감소하는 특성을 갖는다.

이와 같이 직류기에서 전기자 반작용은 정류에 문제를 발생시킬 수 있고 유도기전력의 저하와 토크의 감소를 발생시킬 수 있어 직류기의 성능이 나빠지기 때문에 적절한 대책이 필요하다.

6.5.2 정류

정류라는 명칭은 영문 commutation을 일본어로 변역한 용어다. 정확한 명칭은 전류(轉流 : commutation)이지만 전류(電流 : current)와 음이 같기 때문에 본 교재에서는 정류라는 명칭을 사용한다. 그러나 정류(rectification)와 정류(commutation)는 문맥에 따라 독자가 분별할 수 있어야 한다. 직류발전기에서 정류(commutation)는 정류(rectification)를 나타내고 직류전동기에서 정류(commutation)는 인버팅(inverting)을 나타낸다.

[1] 정류현상

직류기에서는 전기자인 회전자가 회전함에 따라 전기자의 전압방향을 바꾸어주어야 한다. 발전기에서는 교류를 직류로 정류하는 것이고 전동기에서는 직류를 교류로 바꾸어주는(인버팅 : inverting) 것이다. 이와 같이 직류기에서 브러시를 통과하는 코일은 브러시를 통과하기 전과 후의 전류방향이 반대가 되는데 이러한 현상을 정류라고 한다. 직류기의 정류현상에 의해 코일 전류의 방향이 변하면 코일의 인덕턴스에 의해 코일에 전류의 변화를 방해하는 방향으로 리액턴스 전압이 유도된다. 특히 짧은 시간에 정류가 이루어지면 코일은 인덕턴스가 매우 높기 때문에 코일에 매우 큰 유도기전력이 발생될 수 있으며 이러한 리액턴스 전압은 정류에 심각한 문제를 발생시킬 수 있다.

그림 6.24는 정류할 때 코일에 흐르는 전류의 방향이 바뀌는 현상을 나타낸 것이다. 그림 6.24(a)에서와 같이 코일과 정류자가 왼쪽으로 운동(직류기에서 코일과 정류자는 반드시 함께 움직임)하고 있을 때 2번 코일의 코일변 ②는 자기적 중성점에서 N극에 가깝게 있으므로 지면에서 나오는 방향(아랫방향으로 표시)으로 전류가 흐른다. 또한 코일변 ②′는 지면으로 들어가는 방향(윗방향으로 표시)으로 전류가 흐른다. 코일의 이동에 따라 브러시에 의해 2번 코일이 단락되어 2번 코일에는 순환전류가 흐른다. 그림 6.24(b)와 같이 코일이 정확하게 자기적 중성점을 통과할 때는 각 코일변의 유도기전력이 0이 되므로 2번 코일에는 전류가 흐르지 않는다. 코일이 자기적 중성점에서 왼쪽으로 이동하면 코일변 ②는 S극에 가깝게 되므로 그림 6.24(c)와 같이 지면으로 들어가는 방향으로 전류가 흐르게 되고 코일변 ②′은 지면으로 나오는 방향으로 전류가 흐르게 되어 그림 6.24(a)와 반대방향의 전류가 된다. 따라서 그림 6.24(c)의 위치가 되면 코일 2의 전류 크기와 방향은 그림 6.24(a)의 코일 2의 전류와 크기는 같고 방향이 반대인 전류가 된다.

이와 같이 코일이 브러시에 의해 단락되기 시작해서 다시 개방될 때까지 전류의 역전현상을 정류라고 한다. 또한 코일이 브러시에 의해 단락되기 시작하여 다시 개방될 때까지의 시간을 정류시간이라고 한다. 정류시간은 회전속도에 의해 결정되며 속도가 빠르면 정류시간은 수[msec] 이하가 된다. 정류시간 동안 전류는 반전되는데 정류시간에 일어나는 전류의 반전현상은 정류 특성에 크게 영향을 미치므로 가능한 정류가 원활하게 이루어지도록 설계해야 한다. 정류시간에 전류의 변화를 시간축 상으로 나타낸 것을 정류곡선이라고 한다. 정류곡선은 직류기의 특성 중 매우 중요한 특성이므로 이에 대해 상세히 살펴보자.

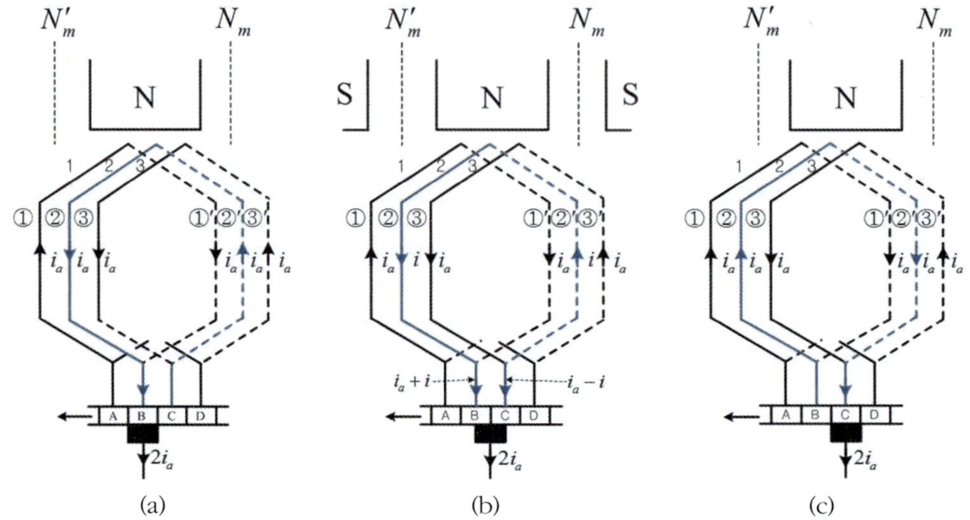

그림 6.24 정류작용 (a) 정류전 (b) 정류중 (c) 정류후

[2] 정류곡선

정류란 코일의 위치에 따라 전류방향을 강제적으로 바꾸어 주는 것을 의미하므로 발전기의 경우 부하를 연결하지 않는다면 유도기전력만 정류에 의해 반전되는 현상이 일어나고 전류의 반전은 나타나지 않는다. 그러나 부하가 연결된 발전기와 부하시 전동기는 전류가 흐르므로 이때 정류시간 T_c 사이에 전류방향이 바뀌는 현상이 나타난다. 정류시간 동안에 전류의 변화는 브러시의 위치, 계자자속의 모양, 권선의 인덕턴스, 저항 등에 따라 크게 달라진다.

전기자 반작용이 없다고 가정하고 브러시를 기계적인 중성점(mechanical neutral point)에 위치시키면 정류작용이 어떻게 일어나는지 알아보자. 그림 6.24에서와 같이 정류가 일어나기 전에 코일에는 i_a의 전류가 흐르고 브러시가 접촉되어 약간 이동할 때부터 코일변(coil side)에 쇄교하는 자속이 작아지도록 계자를 설계하면 전류의 변화에 따른 리액턴스 전압 $L\dfrac{di_a}{dt}$이 없다고 가정한 이상적인 경우는 그림 6.25의 ①번과 같이 전류가 감소할 것이다.

그러나 실제의 경우는 전기자 반작용에 의해 자계의 중성점이 기계적 중성점에서 전기적 중성점으로 이동하기 때문에 발전기에서는 회전방향으로 β 만큼 이동된 지점에 자계의 중성점이 생긴다. 따라서 발전기에서는 정류가 시작될 때 정류 초기의 전류방향과 같은 방향으로 기전력이 유도되고 기계적 중성점에서도 정류 초기의 전류방향으로 기전력이 유도되므로 정류가 시작될 때 정류 초기의 방향으로 순환전류가 흐르게 된다. 따라서 리액턴스 전압을 무시해도 정류곡선은 그림 6.25의 ②번과 같이 된다. 기하학적 중성

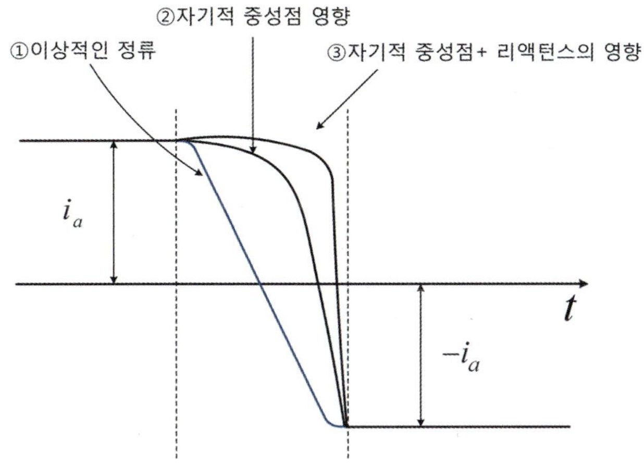

그림 6.25 정류곡선

점에서 자속의 모양과 상관없이 전기자 권선은 턴수가 N인 코일이므로 인덕턴스가 매우 크다. 따라서 전류의 변화를 방해하는 방향으로 전압이 유도되는데 이 전압을 리액턴스 전압이라고 한다. 리액턴스 전압에 의해 전류의 감소는 더욱 완만하게 일어나게 되어 그림 6.25의 ③번과 같은 정류 특성곡선을 가지게 된다.

직류전동기에서 정류현상을 살펴보자. 직류전동기에서 전기자에 유도되는 속도기전력은 전원전압과 반대방향으로 전류의 변화를 방해하는 방향으로 발생한다. 따라서 브러시를 기계적 중성점에 위치시키면 직류전동기에서는 회전방향과 반대방향으로 중성점이 이동하므로 그림 6.25의 ②번과 같이 기계적 중성점 근처에서 전동기에 유도되는 기전력이 전원전압과 같은 방향이 되므로 브러시에 의해 단락된 순간에 전류는 감소하지 않고 원래 흐르던 방향으로 큰 순환전류가 흐른다. 전기자가 더 회전하면 유도기전력의 방향이 반대방향으로 바뀌어 전류방향도 바뀌게 되나 코일에는 발전기에서와 마찬가지로 전류의 변화를 방해하는 리액턴스 전압이 발생되므로 전류의 변화는 그림 6.25의 ③번과 같이 더욱 늦어진다. 따라서 직류전동기에서 자기적 중성점의 이동과 리액턴스 전압에 의해 정류가 늦어지므로 정류가 끝나는 시점에서 전류가 급격하게 바뀌는 것을 알 수 있다.

직류기에서 그림 6.25와 같은 전류의 변화는 브러시가 개방될 때 단락되어 있는 코일에 굉장히 큰 리액턴스 전압을 유도하고 이 리액턴스 전압에 의해 브러시와 정류자 편 사이의 절연이 파괴되어 불꽃이 발생되는 현상이 일어난다.

이와 같이 정류할 때 일어나는 현상을 그림 6.26에서와 같은 코일을 모델로 설명할 수 있다. 그림 6.26(a)에서 코일이 브러시에 의해 단락되었을 때 접촉저항을 무시하면 정류자편 사이에 걸리는 전압은 0[V]이지만 브러시가 정류자편에서 이탈할 때는 속도기전력과 반대방향으로 식 (6.31)과 같은 리액턴스 전압(reactance voltage)이 발생하게 된다.

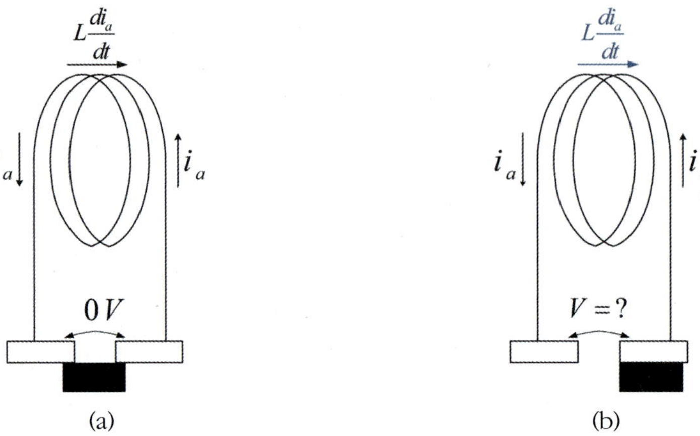

그림 6.26 정류시 코일모델 (a) 브러시에 의해 단락되었을 때 (b) 브러시가 이탈할 때

$$e_r = -L\frac{di_a}{dt} \quad [\mathrm{V}] \tag{6.31}$$

리액턴스 전압은 전류의 변화가 작거나 정류시간이 길면 작은 값이 되나 전류가 매우 크거나 정류시간이 매우 짧으면 전류의 변화가 급격하게 일어기 때문에 정류자편 사이의 리액턴스 전압은 매우 크다. 따라서 큰 리액턴스 전압에 의해 정류자편 사이의 절연이 파괴되어 불꽃이 발생될 수 있다. 이러한 불꽃에 의해 정류자편이 손상될 수 있으므로 대책이 필요하다. 정류 불량에 의한 섬락현상은 중대형 기기에서 큰 문제를 일으킬 수 있으나 자동차용 전장품이나 OA 기기와 같이 저전압응용 기기에서는 크게 문제되지 않는다.

[3] 정류시 이상현상에 대한 대책

① 브러시의 위치 이동

브러시를 기계적 중성점에서 자기적 중성점으로 이동시키면 정류 초기의 전류방향으로의 속도기전력을 상쇄시킬 수 있다. 따라서 발전기는 회전방향으로 약간 이동시키고 전동기는 회전방향과 반대방향으로 약간 이동시키면 정류 특성은 그림 6.25에 ③번 곡선보다는 정류 특성이 좋아진다. 발전기는 한 방향으로 회전하기 때문에 중성점을 이동시켜 정류를 좋게 할 수 있으나 전동기는 정방향과 역방향 모두 회전하는 경우가 일반적이므로 브러시의 위치를 이동할 수 없다. 이와 같이 브러시의 위치를 자기적 중성점으로 이동시킨다고 해도 리액턴스 전압에 의한 전류의 변화는 막을 수 없으므로 완전히 정류 특성을 개선하는 것은 불가능하다.

② 보극에 의한 정류전압의 발생

전기자 반작용에 의한 정류 불량과 리액턴스 전압에 의한 정류 불량을 대폭적으로 개선하는 방법 중 하나가 보극(commutating pole)을 설치하는 것이다. 그림 6.27(a)와 같이 발전기에서 반 시계방향으로 회전하고 전동기에서는 시계방향으로 회전할 때 N극과 S극 사이의 기계적 중성점에 작은 N극을 설치하면 그림 6.27(b)와 같은 자속모양을 얻을 수 있게 된다. 발전기에서 보극에 의한 속도기전력은 정류가 시작됨에 따라 원래의 속도기전력과 반대방향의 전압을 유도하므로 전류의 변화에 따른 리액턴스 전압을 상쇄시켜 전류를 빨리 떨어뜨릴 수 있다. 이와 같이 보극에 의해 전압이 더 생성되는데 이 전압을 정류전압(commutating electromotive force)이라고 한다. 정류전압은 리액턴스 전압과 반대방향으로 형성되며 이 경우 리액턴스 전압과 같은 크기의 정류전압을 발생시키면 아주 좋은 정류가 될 수 있다. 그러나 정류전압이 너무 크면 브러시가 진입할 때 유도되는 전압이 매우 높아져 브러시 진입 시 브러시 앞 단에서 불꽃이 발생될 수도 있으므로 보극에 의한 자속의 크기는 적절해야 한다. 전동기의 경우 보극에 의한 전압은 원래의 전류방향과 반대방향의 전압을 일으키므로 전류의 방향을 빠르게 바꿀 수 있다.

보극에 입력되는 전원은 별도로 하기보다 브러시에서 나오는 전압을 이용하여 브러시의 리드선으로 보극을 여자하고 단자전압을 빼내면 쉽게 보극에 의한 정류자속을 만들어 낼 수 있다. 이때 충분한 정류자속을 만들어 주기 위해서는 권수를 크게 해야 한다.

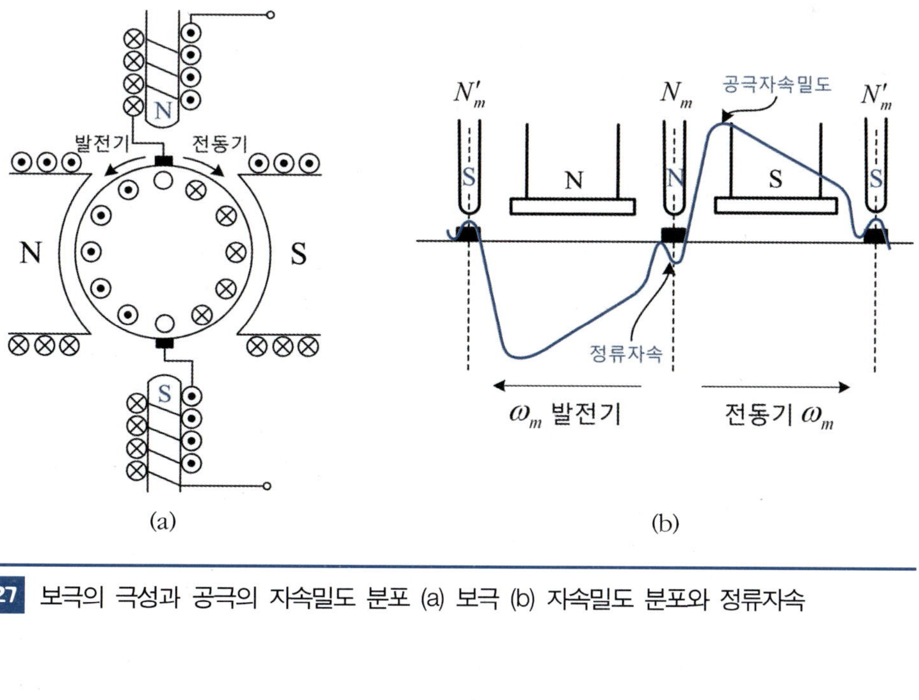

그림 6.27 보극의 극성과 공극의 자속밀도 분포 (a) 보극 (b) 자속밀도 분포와 정류자속

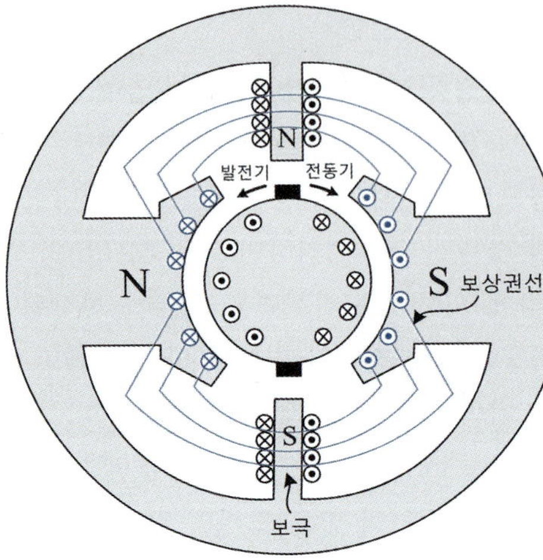

그림 6.28 보상권선의 설치 및 역할

③ 보상권선

보극을 설치하면 정류를 원활하게 할 수 있으나 전기자 반작용에 의한 정류자편 사이의 전압 불균형을 막을 수 없다. 따라서 전기자 반작용 현상을 완전히 없애기 위해서는 전기자 권선에 의해 만들어지는 자속을 상쇄시킬 수 있는 자속을 만들어 주어야 한다. 이러한 것은 보상권선(compensating winding)이라고 하는 특수한 구조를 사용하여 만들어 줄 수 있다. 그림 6.28은 보상권선의 원리도를 나타내고 있다. 전기자 반작용에 의한 기자력과 같은 크기로 전기적으로 180°위상이 되도록 보상권선의 기자력을 만들면 전기자 반작용 현상이 상쇄되어 나타나지 않게 된다. 보상권선은 대형 직류발전기와 대형 전동기에 많이 사용된다.

6.6 직류기의 종류

직류기는 분류법에 따라 여러 가지로 분류할 수 있다. 브러시의 유무에 따른 분류법으로 브러시형 직류전동기와 브러시리스 직류전동기(BLDC전동기)로 나눌 수 있다. 브러시리스 직류전동기는 영구자석과 스위칭 소자를 조합하여 전자적으로 정류하는 전동기로 여러 가지 장점이 있으나 가격이 비싸다. 반면 브러시형 직류전동기는 정류자와 브러시를 이용하여 기계적으로 코일의 전류방향을 바꾸는 직류기로 고전적인 분류법에서 직류기라고 하면 브러시형 직류기를 말한다.

브러시형 직류기는 계자를 여자하는 방법에 따라 그림 6.29와 같이 나눌 수 있다. 타여자 직류기는 계자권선의 전원을 전기자 전원과 별도로 사용하는 전동기로 계자전류를 제어할 수 있는 장점이 있으나 별도의 전원을 이용해야 하는 부담이 있다. 자여자 직류기에서 분권형 직류전동기는 전기자와 병렬로 계자를 연결하여 전기자의 단자전압과 계자전압이 동일하다. 직권형 직류기는 계자권선을 전기자와 직렬로 연결하므로 계자전압과 전기자 전압의 합이 단자전압이 된다. 복권형 직류기는 계자권선으로 직권권선과 분권권선 두 개를 가지고 있다. 복권에서 직권과 분권권선의 자속방향이 같은 것은 화동복권[주1], 자속방향이 다른 것은 차동복권[주2]이라고 한다. 또한 분권과 직권의 접속법에 따라서는 내분권과 외분권으로 나뉜다. 이러한 여러 가지 직류기의 결선도를 그림 6.30에 나타내었다.

- 직류기
  - 타여자 (Seperately excited)
  - 자여자 (Self excited)
    - 분권 (Shunt)
    - 직권 (Series)
    - 복권 (Compound)
      - 내분권 (Short shunt)
        - 차동 (Differential)
        - 화동 (Cumulative)
      - 외분권 (Long shunt)
        - 차동 (Differential)
        - 화동 (Cumulative)

그림 6.29 직류기 종류

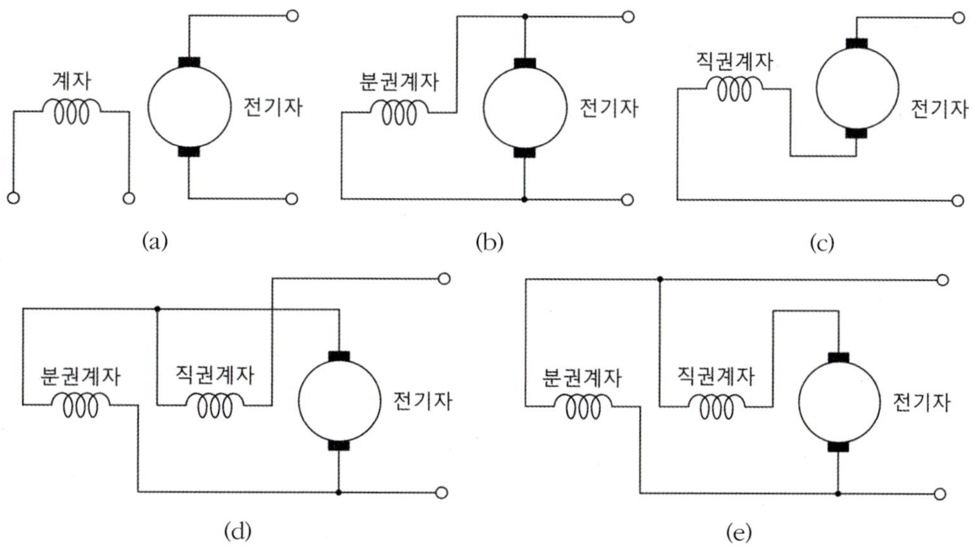

그림 6.30 여자방법에 따른 직류기의 종류
(a) 타여자 (b) 분권 (c) 직권 (d) 내분권(화동, 차동) (e) 외분권(화동, 차동)

주1) 화동(和同)이란 더해준다는 의미임.
주2) 차동(差同)이란 빼준다는 의미임.

6.7 직류발전기

전기가 처음 발견된 초기에는 직류송전(DC electric power transmission)을 하였기 때문에 직류발전기가 이용되었다. 그러나 1890년부터 모든 전력계통이 거의 교류로 바뀌기 시작하면서 전력시스템에서 대용량의 직류발전기는 거의 사용되지 않는다. 또한 소용량의 제어용 전동기로 영구자석형 직류전동기가 많이 사용되고 있으나 여기에 사용되는 직류전원은 교류전원을 정류기로 정류하여 만들기 때문에 소용량의 직류발전기도 거의 사용되지 않는다.

직류발전기는 기계적으로 정류를 하여야 하고 이때 정류를 잘하기 위해 여러 가지 구조적인 설계를 하지만 정류에 의한 여러 가지 문제를 완전히 해결할 수 없다. 따라서 정류기와 교류발전기를 조합하여 직류를 만들어 내는 것이 직류발전기를 사용하는 것 보다 많은 장점을 갖는다. 직류발전기는 타여자 발전기와 자여자 발전기로 나눌 수 있고 자여자 발전기는 다시 분권형, 직권형, 복권형으로 나눌 수 있다. 각각의 발전기는 종류에 따라 특성이 많이 다른데 타여자 발전기와 분권형 발전기는 브러시리스 직류기의 원리에 기초가 되므로 두 발전기에 대해서 자세히 다루고 다른 발전기에 대해서는 중요 특성만을 요약하도록 한다.

6.7.1 직류발전기의 일반

직류발전기는 그림 6.31(a)와 같이 외부의 원동기로부터 기계적인 힘을 가하여 전기자를 회전시키면 전기자 권선에는 기전력이 유도된다. 이때 유도기전력은 앞 절에서 살펴본 바와 같이 식 (6.16)이 된다.

$$E_a = K_a \phi \omega_m \quad [\mathrm{V}] \tag{6.16}$$

식 (6.16)에서 ϕ는 한 극의 자속[Wb]이다. 그림 6.31(b)는 병렬회로가 2개일 때의 직류발전기의 등가회로를 나타내고 있다. 직류발전기에서 회전자의 속도를 일정하게 유지시켜 준다면 발전기의 전압은 자속의 크기에 비례한다. 이 자속은 계자권선에 흐르는 전류 I_f에 의해 주로 발생되지만 전기자 전류 I_a에 의해 전기자 반작용 자속이 발생되므로 전기자 전류에 의해서도 자속 ϕ가 변한다. 따라서 자속은 식 (6.32)와 같이 I_f와 I_a의 함수가 된다.

$$\phi = \phi(I_f, I_a) \quad [\mathrm{Wb}] \tag{6.32}$$

직류발전기에 부하 R_L을 연결하면 전기자에는 부하전류가 흐른다. 전기자에 부하전류가 흐르면 부하에 걸리는 단자전압은 유도기전력에서 권선저항에 의한 전압강하를 뺀 식 (6.33)이 된다.

$$V = E_a - R_a I_a \ [\mathrm{V}] \tag{6.33}$$ 주1)

식 (6.16)에서 유도기전력을 E_0가 아니라 E_a로 나타낸 것은 부하전류가 흐르면 전기자 반작용 자속에 의해 자속이 변하게 되어 무부하일 때의 전압 E_0와 다른 전압이 발생되기 때문이다.

발전기에 부하전류가 흐르면 이 부하전류에 의해 마그네틱 토크가 발생하는데 그림 6.31에서와 같이 마그네틱 토크는 회전방향과 반대방향이므로 직류발전기에서 계속 회전시키기 위해서는 발전기에서 발생되는 마그네틱 토크를 상쇄시킬 수 있는 토크를 외부 원동기에서 공급해야 한다. 따라서 직류발전기는 원동기의 기계에너지를 전기에너지로 변환시켜주는 에너지변환기기이다.

발전기에 부하를 연결하지 않고 발전기를 일정한 속도로 회전시키면서 계자전류를 변화시킬 때 기전력의 변화를 발전기의 무부하 특성이라고 한다. 무부하 시 무부하유도기전력과 단자 전압은 동일한 값이다. 또한 발전기 단자에 부하를 연결하여 부하전류가 흐를 때는 전기자 반작용과 권선저항 때문에 무부하 속도기전력과 단자전압은 일치하지 않는다. 회전속도를 일정하게 하고 일정한 부하전류(발전기 출력이 일정)가 흐를 때 계자전류의 변화에 따른 단자전압의 변화를 나타내는 것을 직류발전기의 부하 특성곡선이라 하고 식 (6.33)으로부터 구해야 한다.

발전기의 또 다른 중요한 특성은 부하전류의 변화에 따른 단자전압의 변화이다. 부하전류에 따라 발전기의 단자전압이 변하는 것은 부하전류가 커지면 전기자 반작용이 커지고 또한 저항에 의한 전압강하가 커지기 때문이다. 이러한 특성을 외부 특성곡선(external characteristic curve)이라 하고 역시 식 (6.33)을 이용하여 구해야 한다. 식 (6.33)에서 유도

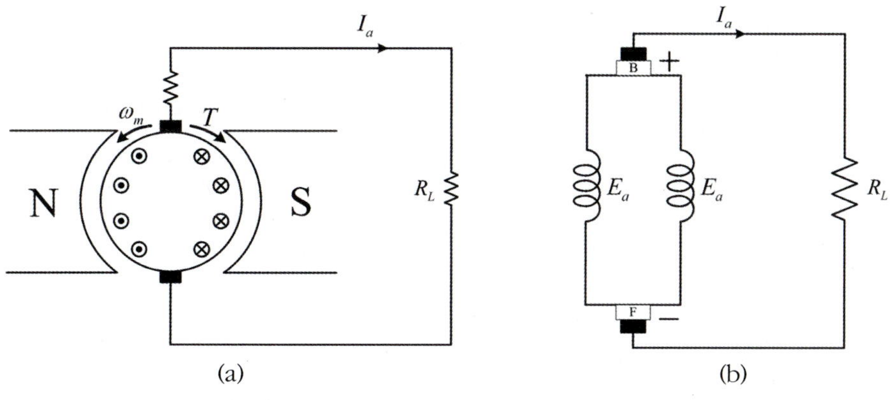

그림 6.31 (a) 직류발전기에서의 회전방향과 토크 (b) 직류발전기의 등가회로

주1) 식 (6.22)와 동일한 식임

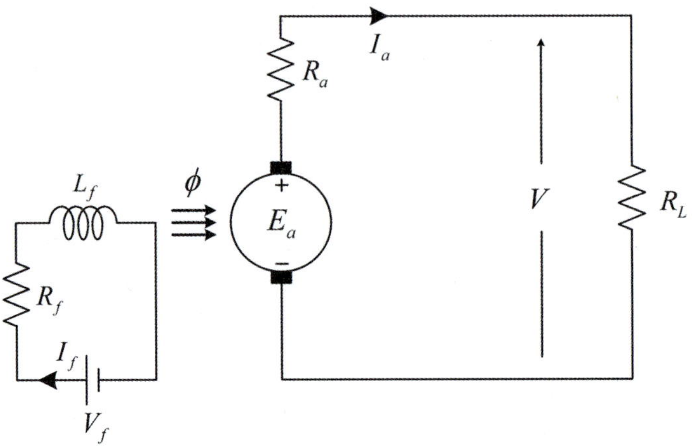

그림 6.32 타여자발전기의 등가회로

기전력 E_a는 전기자 전류와 계자전류의 함수이고 또한 저항강하 성분도 전기자 전류의 함수가 된다. 따라서 직류발전기의 특성을 이해하기 위해서는 발전기의 종류별로 무부하 특성곡선, 부하 특성곡선, 외부 특성곡선이 어떻게 변하는지를 고찰하여야 한다.

6.7.2 타여자 발전기

타여자 발전기는 계자의 전원을 전기자와 별도의 전원으로 여자시키는 직류발전기로 부하전류에 의한 전압변동이 다른 직류발전기에 비해 대단히 적고 계자전류를 제어함으로써 단자전압을 제어할 수 있기 때문에 대용량의 직류기나 대용량 동기기의 여자기로써 많이 사용되었다.

타여자 발전기를 등가회로로 나타내면 그림 6.32와 같다. 그림 6.32에서 전기자 권선저항을 나타내는 R_a는 권선저항뿐만 아니라 브러시의 접촉저항을 포함한 등가저항이며 R_L은 부하저항을 나타내고 있다. 직류전동기의 전기자 권선은 인덕턴스로 나타낼 수 있으나 과도상태를 무시하면 전기자에 흐르는 전류는 직류이므로 인덕턴스는 단락회로가 된다. 따라서 그림 6.32는 정상상태의 특성만을 나타내는 직류발전기의 정상상태 등가회로이다.

계자의 등가저항 R_f는 매우 작은 저항으로 작은 전압을 가해주어도 계자에는 충분히 큰 전류가 흐를 수 있다. 또한 계자전류 I_f는 계자전원 V_f 또는 계자저항 R_f를 조절하여 제어할 수 있다.

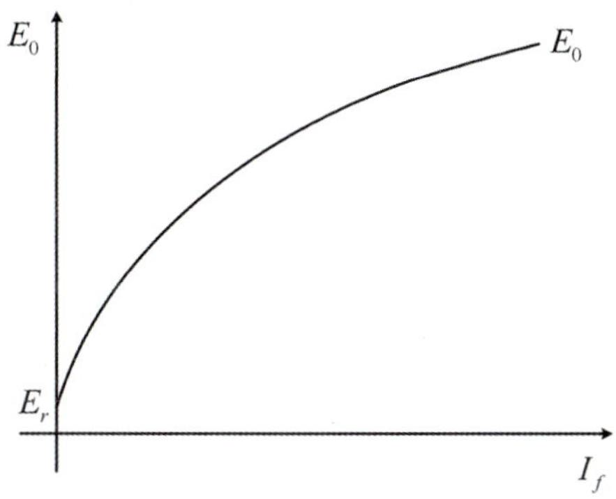

그림 6.33 타여자발전기의 무부하 특성곡선

[1] 무부하 특성곡선(no-load characteristic curve)

무부하 특성곡선은 부하를 연결하지 않은 상태(부하전류 $I_a = 0$)에서 일정한 속도로 발전기를 돌려줄 경우 계자전류 I_f와 유도기전력과의 관계를 나타내는 곡선이다. 무부하 특성은 식 (6.16)을 이용하여 구할 수 있다. 식 (6.16)에서 무부하 기전력은 계자자속에 비례하고 계자자속은 식 (6.34)에 의해서 구할 수 있다.

$$\phi = P_m N_f I_f \ \ [\mathrm{Wb}] \tag{6.34}$$

여기서 P_m, N_f, I_f는 각각 퍼미언스, 계자권선의 턴수 및 계자전류를 나타낸다.

식 (6.34)에서 퍼미언스 P_m이 포화 특성을 갖기 때문에 계자 전류와 자속은 선형 관계가 아니다. 따라서 타여자 발전기의 무부하 포화곡선은 계자전류 I_f에 대한 자속의 곡선과 같은 모양이 되므로 그림 6.33과 같은 곡선이 된다.

그림 6.33에서 알 수 있는 바와 같이 계자전류가 0인 상태에서도 작은 전압 E_r이 유도되는데 강자성체는 계자전류가 0인 상태에서도 자속(잔류자속)이 존재하기 때문에 나타나는 성질이다. 또한 계자전류를 증가시키면 작은 계자전류의 영역에서는 무부하 유도기전력과 계자전류가 거의 비례하지만 계자전류가 커지면 자속이 포화하기 때문에 유도기전력은 포화하는 특성을 갖는다. 이러한 특성 때문에 무부하 특성곡선은 무부하 포화특성곡선이라고도 한다.

[2] 부하 특성곡선(load characteristic curve)

발전기가 일정한 속도로 회전하고 부하전류가 일정한 상태에서 계자전류에 의한 단자전압의 변화를 나타낸 곡선이 부하 특성곡선이다. 부하전류가 흐르면 전기자 반작용에 의해 자속이 감소하고 권선저항과 브러시 접촉저항의 합으로 나타나는 등가저항 R_a에

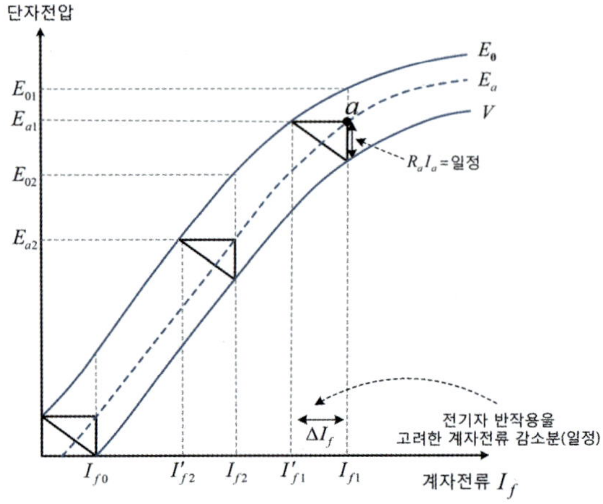

그림 6.34 타여자 발전기의 부하 특성곡선

의해 전압강하가 생기므로 계자전류에 따른 단자전압은 그림 6.34와 같이 무부하 유도기전력보다 작아진다.

부하 특성곡선에서 일정한 부하전류가 흐르면 전기자 반작용 자속은 거의 일정하므로 전기자 반작용에 의한 전압강하 성분을 등가적인 계자전류의 감소로 생각하면 편리하다.

즉 그림 6.34에서 a점에서 계자전류는 I_{f1}이고 등가적인 계자전류의 감소분을 ΔI_f이라고 하면 전기자 반작용을 고려한 등가적인 계자전류는 I'_{f1}가 된다. 계자전류 감소분 전류는 계자전류의 크기와 상관없이 전기자 전류와 관계가 있으므로 부하전류가 일정하면 일정한 값이다. 따라서 포화영역보다는 불포화영역에서 전압 감소분이 커진다는 것을 알 수 있다. 또한 부하 특성곡선은 일정한 부하전류에서의 특성이므로 저항 전압강하 R_aI_a는 일정하며, 그림 6.34에서와 같이 포화영역이건 불포화영역이건 상관없이 일정하게 전압이 떨어진다.

부하 특성곡선을 이해할 때 무부하 유도기전력 크기와 상관없이 부하전류가 일정한 조건에서 나온 곡선임을 알아야 한다. 따라서 무부하 유도기전력이 단자전압보다 클 때부터 부하전류가 흐르기 시작하므로 전기자 반작용 전압강하와 저항 전압강하의 합이 무부하 유도기전력(no-load induced electromotive force)과 같은 계자전류 I_{f0}가 흐르는 점부터 부하곡선이 시작된다.

[3] 외부 특성곡선(external characteristic curve)

발전기를 정격속도로 운전하고 전기자에 정격전류 I_n이 흐르도록 계자전류를 조정을 하여 이때의 단자전압을 V_n이라고 하자. 정격전류를 기준으로 하여 부하전류를 변경시킬 경우 단자전압의 변화를 그린 것을 외부 특성곡선이라고 한다.

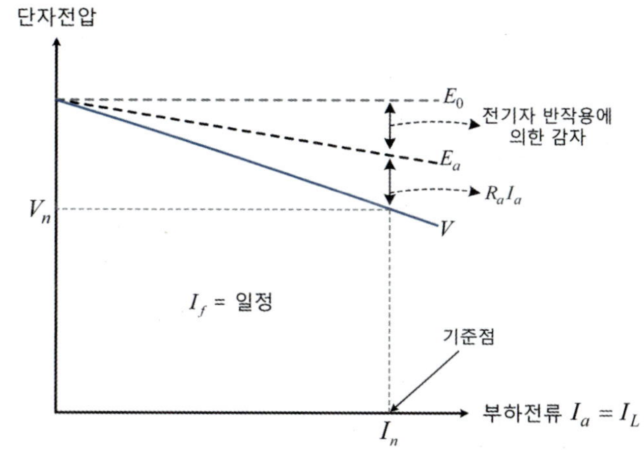

그림 6.35 타여자발전기의 외부 특성곡선

외부 특성곡선은 식 (6.33)에서 전기자 전류 I_a를 독립변수로 그리면 된다. 이때 부하 전류가 커지면 전기자 반작용 자속이 커지고 공극자속이 감소하여 유도기전력 E_a가 작아진다. 따라서 전기자 반작용을 고려한 전압 E_a의 곡선은 그림 6.35와 같다. 전기자전류가 커짐에 따라 비례적으로 전기자 저항에 의한 전압강하도 커지므로 그림 6.35에서와 같이 단자전압은 부하전류가 커짐에 따라 작아진다.

6.7.3 분권발전기

분권 자여자 발전기는 계자권선과 전기자 권선이 병렬로 연결되어 자기가 발전한 전압을 이용하여 계자를 여자시켜준다. 전기자 권선과 계자권선을 병렬로 연결한 직류발전

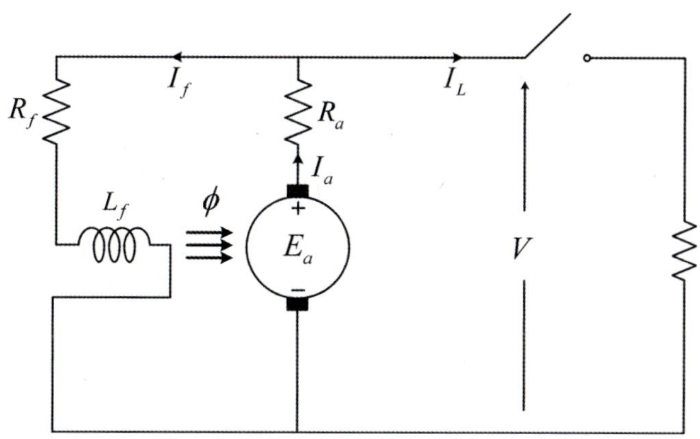

그림 6.36 분권발전기의 등가회로

기를 분권발전기라 하고, 분권발전기의 등가회로는 그림 6.36과 같다. 분권발전기는 별도의 여자전원이 없어도 되고 계자저항에 의해 어느 정도 전압조정이 가능하며 전압변동률이 다른 자여자 발전기에 비해 작으므로 동기발전기의 부여자기 등으로 쓰이고 있다.

[1] 무부하 특성곡선

타여자 발전기에서는 전기자에 전류가 흐르지 않은 상태에서 계자전류의 변화에 따라 무부하 유도전압이 변하였으나 분권발전기에서는 전기자 전류가 흐르지 않으면 계자전류가 흐르지 않는다. 따라서 타여자 발전기와 다른 점은 그림 6.36에서와 같이 전기자에는 전류(I_a)가 흐르고 부하에는 전류가 안 흐르는 상태이므로 전기자에 흐르는 전류는 계자전류와 같다. 분권발전기에서 잔류자속이 존재하지 않으면 초기에 자속 ϕ가 발생되지 않으며 전기자를 정격속도로 돌려주어도 기전력이 유도되지 않으므로 계자전류는 흐르지 않고 발전도 되지 않는다. 그러나 강자성체는 잔류자속 ϕ_r을 가지고 있으므로 분권발전기를 회전시키면 초기에 아주 작은 전압이 유도되어 작은 계자전류가 흐르게 된다. 따라서 발전이 가능하다.

그림 6.36에서와 같이 외부에 부하를 연결하지 않은 상태($I_L = 0$)에서 전기자를 일정한 속도로 회전시켜주면 잔류자속에 의해 작은 기전력(E_r)이 유도되고 E_r에 의한 최초의 계자전류는 식 (6.35)와 같다.

$$I_{f1} = \frac{E_r}{R_f + R_a} \ [\mathrm{A}] \tag{6.35}$$

초기에 식 (6.35)의 계자전류가 흐르면 계자자속은 초기 잔류자속보다 커지므로 유도기전력도 커지게 된다.

그림 6.37에서 기동초기에 잔류전압 E_r이 발생되면 계자전류 I_{f1}이 흐르고 이 계자전류가 흐를 때 무부하 유도기전력곡선 상에서 E_1의 전압이 유도된다. E_1의 전압이 유도되면 계자전류는 다시 I_{f2}가 흐르게 되고 이 전류에 의해 무부하 유도기전력의 크기는 E_2가 된다. 이와 같이 전압이 점차 커져 결국 P점의 무부하 전압을 발생한다. 이와 같이 분권발전기의 전압이 P점의 전압으로 안정화 되는 현상을 전압확립(voltage build-up)이라고 한다.

따라서 분권 직류발전기에서 무부하 특성곡선은 타여자 발전기와는 달리 계자전류가 자동적으로 상승하여 안정점 P로 전압이 확립되는 동적(dynamic) 특성을 나타낸다. 분권 직류발전기에서 무부하 전압은 타여자 발전기의 무부하 전압으로부터 계자전류에 의한 전기자 저항 전압강하($R_a I_f$)를 빼준 것으로 계자전류는 매우 작은 값이므로 분권발전기와 타여자 발전기의 무부하 유도전압이 거의 같은 값이 됨을 알 수 있다.

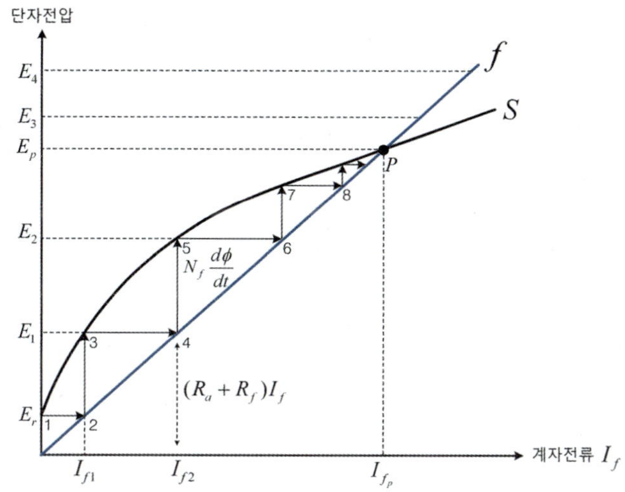

그림 6.37 분권발전기의 무부하 특성곡선

그림 6.37에서 직선 f는 계자저항선으로 무부하 유도전압과 계자전류의 관계를 나타내는 것이다. R_a가 매우 작은 값이므로 전기자 권선에 의한 전압강하를 무시하면 식 (6.36)과 같이 되고 이 무부하 유도기전력은 계자저항에 의한 전압강하로 나타낼 수도 있다.

$$E_0 = (R_f + R_a)I_f \approx R_f I_f = V \ [\text{V}] \tag{6.36}$$

그림 6.37에서 전압이 확립되는 과정에서 무부하 유도기전력 E_0은 $(R_f + R_a)I_f$보다 크다. 이 두 값의 차이는 전압이 확립되어 나가는 사이에 자속의 변화에 의한 유도기전력 차이를 나타내는 것으로 식 (6.37)이 성립한다.

$$E_0 = (R_f + R_a)I_f + N_f \frac{d\phi}{dt} \ [\text{V}] \tag{6.37}$$

식 (6.37)에서 알 수 있는 바와 같이 계자전류가 변하면서 자속의 변화가 많아지면 저항선과 무부하 유도기전력 특성의 차이가 많이 발생된다. 반면 자기포화되는 영역에서는 계자전류의 변화에 따라 자속의 변화가 작으므로 무부하 특성곡선과 저항선의 차이가 작아짐을 알 수 있다.

[2] 부하 특성곡선

분권형 발전기에서 부하전류가 일정하면 전기자 반작용에 의한 전압강하와 저항에 의한 전압강하가 일정하다. 따라서 부하시 전기자 반작용에 의한 전압강하를 계자전류의 감소로 나타낼 수 있고 저항 전압강하가 일정하므로 분권형 발전기의 부하특성은 그림 6.34와 같이 타여자 발전기와 동일한 부하 특성곡선이 된다.

[3] 외부 특성곡선

타여자 발전기에서는 독립전원으로 계자전류를 공급하므로 전기자에 흐르는 전류와 관계없이 계자전류는 일정하다. 그러나 분권발전기에서는 등가회로에서 알 수 있는 바와 같이, 계자에 걸리는 전압은 단자전압 V와 동일하고, 전기자 전류가 많이 흐르면 전기자 반작용과 전기자 저항에 의한 전압강하가 커져 전압 V가 작아진다. 따라서 타여자 발전기와 달리 부하전류가 증가하면 계자전류가 작아진다. 그림 6.38에서 E_0를 타여자 발전기에서 무부하 전압이라고 하면 분권발전기에서는 전기자 전류가 흐름에 따라 계자전류가 작아지므로 무부하 전압은 E_0'와 같이 부하전류가 커짐에 따라 작아진다. 또한 타여자 발전기와 마찬가지로 분권발전기에서도 전기자 전류가 흐르면 전기자 반작용에 의한 전압강하와 저항에 의한 전압강하가 나타나므로 단자전압 V는 그림 6.38과 같이 된다.

그림 6.38은 정격 부하전류 I_n이 흐를 때에 정격전압 V_n이 되도록 계자저항을 조정해 놓고 부하전류의 변화에 대한 단자전압의 변화인 전압변동률을 그린 것이다. 그림 6.38에서와 같이 타여자 발전기에 비해 분권발전기는 $E_0 - E'_0$만큼 차이가 나므로 전압변동률이 타여자 발전기에 비해서 크다. 그러나 $E_0 - E'_0$가 크지 않기 때문에 타여자 발전기에 비해서는 약간 크거나 비슷한 정도의 전압변동률(voltage regulation)을 갖는다. 따라서 분권발전기는 정전압 특성을 가지고 있는 발전기로 볼 수 있다.

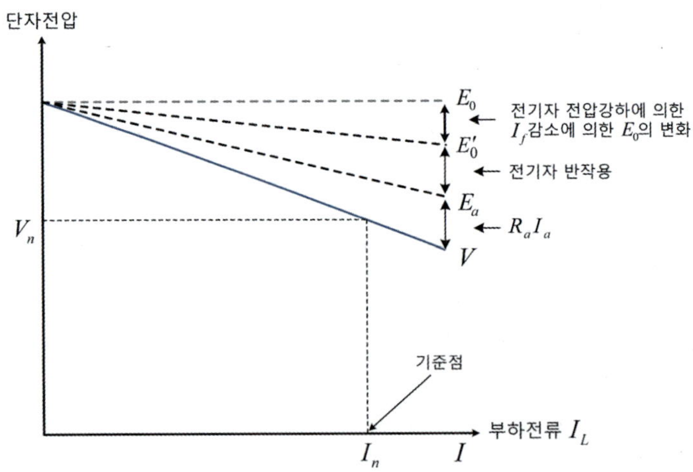

그림 6.38 분권발전기의 외부 특성곡선

6.7.4 그 외 직류발전기

[1] 직권발전기

직권 직류발전기는 계자권선이 전기자와 직렬로 연결된 발전기이다. 직권발전기는 정격 부하 전류가 직권계자에 흐르기 때문에 계자는 가능한 한 저항을 작게 설계해야 한다. 등가회로에서 전기자 전류, 계자전류, 부하전류는 모두 같은 값이며 전압방정식은 식 (6.38)과 같다.

$$V = E_a - I_a(R_a + R_f) \ [\mathrm{V}] \tag{6.38}$$

직권발전기는 무부하일 때 계자전류가 흐르지 않으므로 전압이 확립되지 못한다. 따라서 그림 6.40의 무부하 포화곡선은 계자권선을 다른 전원으로 여자하였을 때의 특성이다. 부하 R_L을 접속하면 전기자 회로는 $E_a = (R_a + R_f + R_L)I_a$ 라는 직선으로 표시된다. 전기자 반작용에 의한 전압강하를 무시할 수 있는 경우에는 $E_a \simeq E_0$이고, 이 때의 단자 전압 V는 저항에 의한 전압강하 $(R_a + R_f)I_a$를 뺀 점 P에서 안정된다.

무부하 포화곡선 E_0에서 $(R_a + R_f)I_a$ 라는 전압강하를 빼주어 $V-I$ 특성곡선을 그리면 외부 특성곡선을 얻을 수 있다. 이 곡선은 그림 6.40에서 알 수 있는 것과 같이 I_a가 어떤 값으로 되었을 때에 V가 최고로 되는 점 P_m이 있고 그 이상으로 I_a가 증가하면 오히려 V가 낮아진다. 그렇게 되는 이유는 부하전류가 작은 경우 부하전류가 증가함에 따라 E_0는 증가하고 저항에 의한 저항 전압강하 $I_a(R_a + R_f)$도 따라서 증가하나 E_0의 증가가 저항 전압강하에 비해 크기 때문에 V는 상승한다. 그러나 부하전류(=계자전류)가 어느정도 이상 증가하면 자기포화가 되므로 E_0는 거의 일정하지만 저항 전압강하는 전류에 비례해서 커지기 때문에 단자전압 V가 감소하기 시작한다.

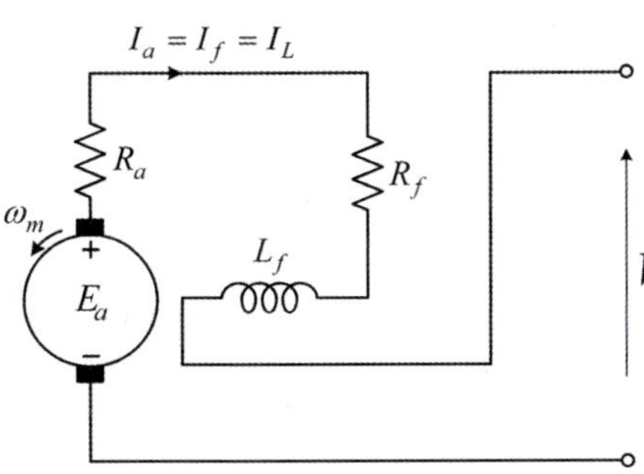

그림 6.39 직권 발전기 등가회로

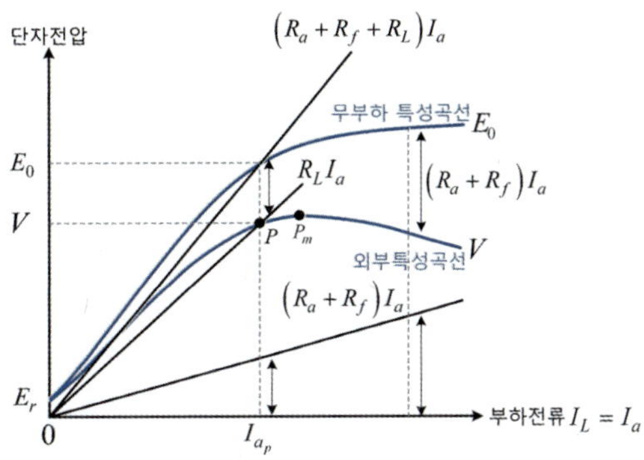

그림 6.40 직권발전기의 외부특성 곡선

[2] 복권발전기

복권발전기는 직권계자와 분권계자를 가지고 있다. 직권계자와 분권계자의 기자력이 더해지는 경우를 화동복권 직류발전기, 상쇄되는 경우를 차동복권 직류발전기라고 한다. 또한 분권의 위치에 따라 그림 6.41과 같이 외분권과 내분권으로 나눈다. 복권발전기는 주로 화동복권방식으로 외분권이 표준이다.

그림 6.41(a)의 외분권의 직류복권발전기의 등가회로에서 정상상태에서 전압방정식은 다음과 같다.

$$I_a = I_f + I_L \text{ [A]} \tag{6.39}$$

$$V = E_a - I_a(R_a + R_s) \text{ [V]} \tag{6.40}$$

$$I_f = \frac{V}{R_f} \text{ [A]} \tag{6.41}$$

여기서 R_a, R_s, R_f는 각각 전기자 권선의 저항, 직권계자 권선의 저항, 분권계자 권선의 저항을 나타낸다.

(1) 무부하 특성

복권발전기에서 내분권은 무부하일 때에 분권발전기와 같고, 외분권은 분권 계자전류가 직권 계자권선에도 흐르지만 그 영향이 아주 작기 때문에 무부하 특성은 분권발전기와 거의 같다.

(2) 외부 특성곡선

화동복권발전기의 경우 부하가 증가함에 따라 부하전류 I_L도 증가한다. $I_a = I_f + I_L$ 이기 때문에 전기자 전류 또한 증가한다. 이런 이유로 두 가지 효과가 발전기에서 발생한다.

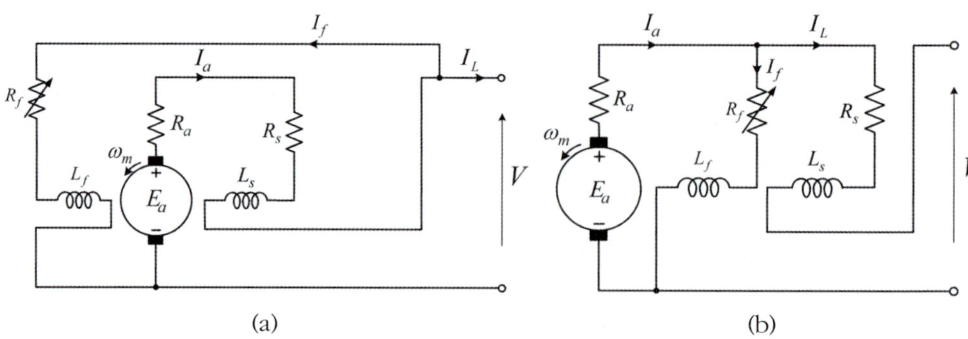

그림 6.41 (a) 외분권 복권발전기의 등가회로 (b) 내분권 복권발전기의 등가회로

첫째, I_a가 증가함에 따라 $I_a(R_a+R_s)$의 전압강하도 증가하여 단자전압을 감소시킨다. 둘째, I_a가 증가함에 따라 직권계자의 기자력도 증가하게 된다. 이것이 총 기자력을 증가시키므로 발전기 내의 자속이 증가하게 된다. 발전기 내의 증가된 자속은 E_a를 증가시키고 단자전압도 증가한다.

이 두 가지 효과는 서로 상반되는 결과를 야기한다. 하나는 단자전압을 증가시키게 되고 다른 하나는 단자전압을 감소시킨다. 어떤 효과가 주어진 발전기에서 더 뚜렷하게 나타나는지는 발전기의 계자에 얼마나 많이 직권계자 권선을 감느냐에 따라 결정된다.

- 직권계자의 권선수가 적은 부족복권에서 직권계자의 단자전압은 분권발전기에서와 같이 감소하나 분권발전기에 비하여 감소율이 작다.
- 직권계자의 직권 권선수가 많은 평복권에서는 단자전압은 처음에는 증가하다가 부하가 증가됨에 따라 감소하게 되며 무부하시 단자전압이 전부하시 단자전압과 같도록 민들 수 있다.
- 직권계자의 직권 권선수가 대단히 큰 과복권에서는 전부하시 단자전압이 실제로 무부하시 단자전압보다 크게 된다.

반면에 차동복권 직류발전기에서도 다음과 같은 현상이 발생한다.

- I_a가 증가함에 따라 $I_a(R_a+R_s)$의 전압강하도 증가한다.
- I_a가 증가함에 따라 직권계자의 기자력도 증가하게 된다. 차동복권 직류발전기에서 직권계자의 기자력의 증가는 발전기의 총 기자력을 감소시키므로 전기자 반작용을 고려한 무부하 유기기기력 E_a가 감소한다.

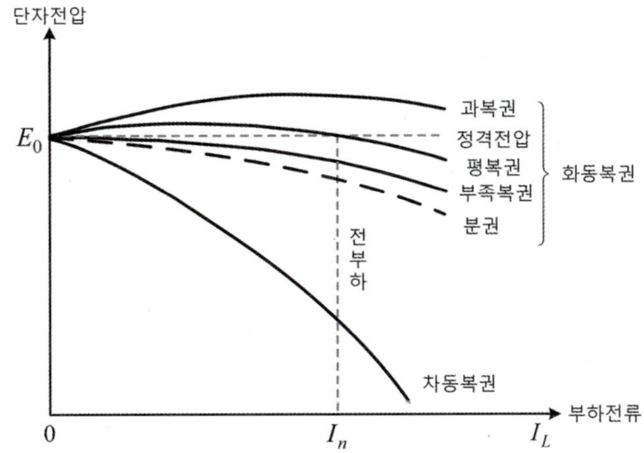

그림 6.42 복권발전기의 외부 특성곡선

이 두가지 효과는 단자전압의 감소를 야기하기 때문에 발전기에서 부하의 증가는 급격한 전압강하를 발생한다. 이와 같은 복권 직류발전기의 다양한 특성을 그림 6.42에 나타내었다.

(3) 복권발전기의 용도

평복권 발전기는 정전압 특성이 있으므로 일반 직류전원이나 여자기로 사용한다. 과복권 발전기는 장거리의 전압강하를 보상할 목적으로 광산이나 전차 등의 전원으로 사용할 수 있다.

6.8 직류전동기

6.8.1 일반

교류전동기는 여러 가지 장점을 가지고 있어서 1980년대부터는 제어용 전동기로 유도전동기와 동기전동기가 많이 사용되고 있다. 그러나 유도전동기와 동기전동기와 같은 교류전동기를 제어하기 위해서는 주파수와 전압을 동시에 제어해 주어야 하며 위치를 정확하게 추정할 수 있는 위치센서가 필요하다. 또한 벡터제어로 제어할 경우 고성능의 프로세서가 필요하다는 단점도 있다. 따라서 예전에는 거의 모든 제어용 전동기는 직류전동기를 사용했다고 해도 과언이 아니다. 직류전동기는 저항에 의해서도 광범위한 속도제어가 가능하고 전압제어를 하면 효율을 좋게 제어할 수가 있다. 그러나 최근에는 전동기 자체의 성능 및 효율이 교류기가 우수하므로 신규로 채용되는 제어용 전동기는 거의 교류전동기이다. 그러나 아직도 자동차용 전장품(ESA: electric sub assesmbly)에는 브러시형 직류전동기가 가격적인 면에서 유리하므로 많이 사용되고 있다.

직류전동기는 직류발전기와 구조가 동일하고 단지 입력이 전기에너지(전력)이고 출력이 기계에너지(동력)인 것만 다르다. 따라서 직류전동기도 타여자, 자여자 방식으로 나눌 수 있다. 특히 타여자 직류전동기의 특수한 형태로 계자를 전자석이 아닌 영구자석으로 한 전동기가 소용량의 응용에 많이 사용되는데 이러한 직류전동기를 영구자석형 직류전동기 또는 PMDC전동기라고 한다.

직류전동기의 또다른 형태로는 정류자와 브러시의 기능을 전자회로로 대체하여 코일이 회전함에 따라 전류의 방향을 전자적으로 바꾸어 주는 브러시리스 직류전동기(BLDC Motor ; Brushless DC Motor)가 있다. 브러시리스 직류전동기는 반드시 계자를 영구자석으로 해야 하고 회전자가 영구자석인 회전계자형이다. 따라서 브러시리스 직류전동기의 특성은 타여자 직류전동기와 거의 유사하므로 타여자 직류전동기의 특성을 아는 것은 브러시리스 직류전동기의 특성을 이해하는데 기초가 된다.

6.8.2 타여자 전동기와 분권전동기

타여자 전동기와 분권전동기의 등가회로를 그림 6.43에 나타내었다. 그림 6.43에서와 같이 타여자 전동기는 전기자 전압과 별도의 전압을 이용하여 계자자속을 만들고 분권전동기는 전기자회로와 병렬로 계자회로를 구성하여 전기자와 동일한 전압 V가 가해지는 구조로 되어 있다. 분권형 직류전동기는 계자전압을 전기자 전압과 동일하게 한 타여자 직류전동기로 볼 수 있으므로 분권전동기와 타여자 전동기는 거의 동일한 특성을 갖는다.

직류전동기의 특성은 유도기전력, 토크에 의해 결정되며 그 특성방정식은 6.4절에서 언급한 바와 같이 각각 식 (6.16), 식 (6.21)과 같다.

$$E_a = K_a \phi \omega_m \quad [\mathrm{V}] \tag{6.16}$$

$$T = K_a \phi I_a \quad [\mathrm{Nm}] \tag{6.21}$$

여기서 모든 기호의 의미는 직류발전기에서 사용한 기호의 의미와 같다.

또한 전동기에 흐르는 전류는 6.4절에서 언급한 바와 같이 인가전압과 역기전력에 의해 식 (6.26)이 된다.

$$V = E_a + R_a I_a \quad [\mathrm{V}] \tag{6.26}$$

위의 3개의 식은 직류전동기의 특성을 결정짓는 특성방정식으로 직류전동기의 모든 특성은 위의 3개의 식에 의해 결정된다.

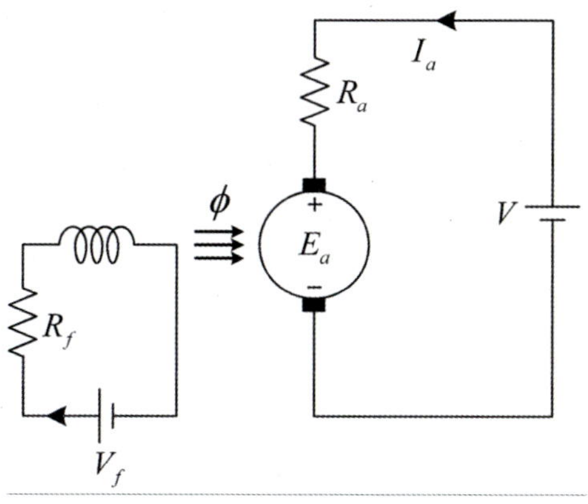

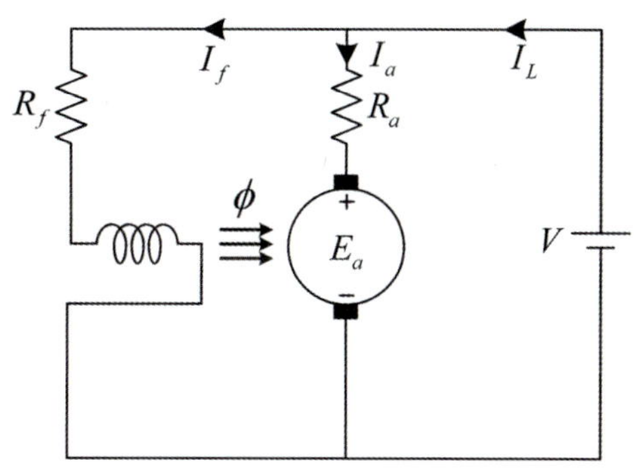

그림 6.43 (a) 타여자 전동기의 등가회로 (b) 분권전동기의 등가회로

[1] 속도 특성곡선(speed characteristic curve)

단자전압과 계자저항을 일정하게 유지하고 속도를 바꾸었을 때 부하전류의 변화를 직류전동기의 속도 특성곡선이라고 한다. 식 (6.27), (6.16)으로부터 전기자에 흐르는 전류를 구해보면 식 (6.42)와 같다. 전동기의 속도가 빠르면 역기전력이 증가하여 단자전압과 역기전력의 차가 작아지므로 부하전류가 작아져 그림 6.44와 같은 그래프로 나타난다.

$$I_a = \frac{V - K_a \phi \omega_m}{R_a} \ \ [\mathrm{A}] \tag{6.42}$$

그림 6.44에서 속도가 0일 때 흐르는 전류 I_0를 기동전류(starting current)라 하고 전류가 0이 되는 속도를 무부하 속도(no-load speed)라고 한다. 기계적 손실이 없을 때 무부하 속도 ω_0는 전압과 역기전력이 같은 때 전동기의 속도이므로 식 (6.43)과 같다.

$$\omega_0 = \frac{V}{K_a \phi} \ \ [\mathrm{rad/sec}] \tag{6.43}$$

기동전류 I_0는 역기전력이 0일 때 흐르는 전류이므로 식 (6.44)와 같다.

$$I_0 = \frac{V}{R_a} \ \ [\mathrm{A}] \tag{6.44}$$

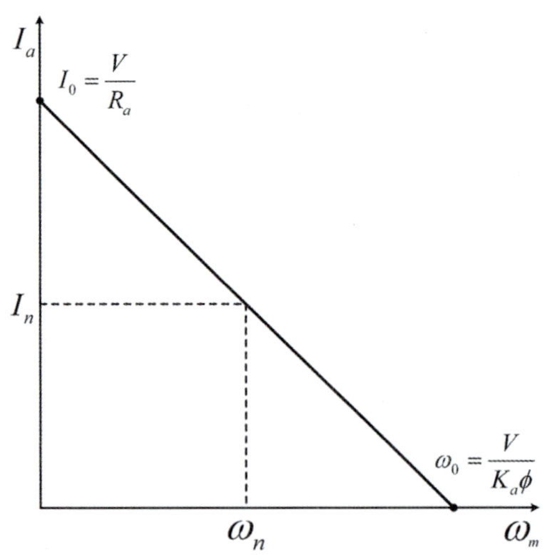

그림 6.44 타여자 직류전동기와 분권 직류전동기의 속도 특성곡선

식 (6.44)에서 권선저항 R_a가 매우 작기 때문에 기동전류는 매우 커 보통 정격전류의 3~5배 이상이 된다. 따라서 대용량의 전동기는 관성모멘트가 크기 때문에 기동하여 정상적인 속도에 도달할 때까지 오랜 시간이 걸릴 수 있으므로 기동할 때 전류를 제한할 수 있는 특별한 방법이 필요하며, 이와 같이 기동전류를 제한하며 기동하는 것을 기동법이라고 한다.

[2] 토크 특성곡선(torque characteristic curve)

토크 특성곡선은 계자전류를 일정하게 하고 부하전류가 변할 때 토크가 어떻게 변하는가를 나타내는 특성곡선이다. 직류전동기에서 토크는 식 (6.21)로 주어진다. 따라서 ϕ가 일정하면 토크 T는 I_a에 비례하고 토크 특성곡선은 그림 6.45와 같이 전기자 전류에 비례하는 선형적인 특성을 가진다.

[3] 속도-토크 특성(speed-torque characteristic curve)

전동기의 속도-토크 특성은 자속을 일정하게 유지할 때 회전속도와 토크의 관계를 나타내는 곡선이다. 5장에서 알아본 바와 같이 전동기의 운전속도는 부하의 속도-토크 특성곡선과 전동기의 속도-토크 곡선의 교점에서의 속도가 된다. 따라서 전동기의 속도-토크 특성은 전동기의 운전점을 결정하는 매우 중요한 특성이다.

분권전동기와 타여자 전동기에서 전류를 토크로 나타내면 식 (6.45)와 같다.

$$I_a = \frac{T}{K_a\phi} \ \ [\mathrm{A}] \tag{6.45}$$

식 (6.45)와 식 (6.16)을 식 (6.27)에 대입하면 식 (6.46)이 성립한다.

$$K_a\phi\,\omega_m + R_a\frac{T}{K_a\phi} = V \ \ [\mathrm{V}] \tag{6.46}$$

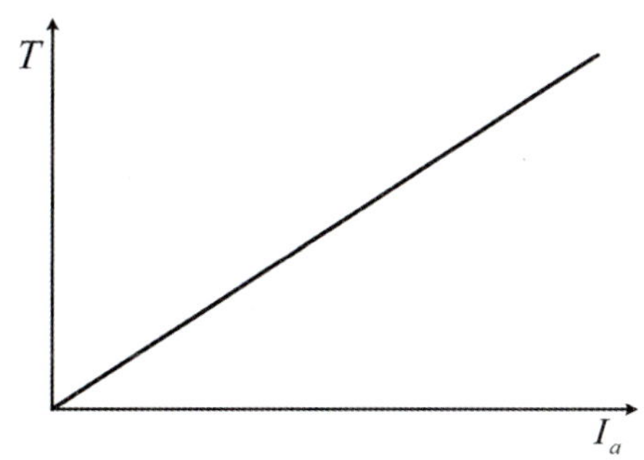

그림 6.45 타여자 직류전동기와 분권전동기의 토크 특성곡선

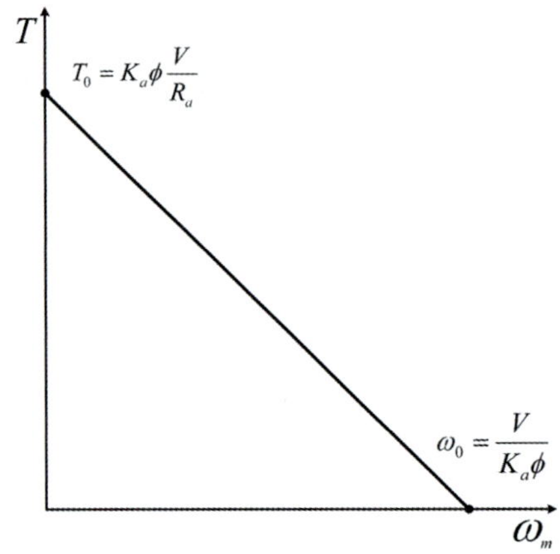

그림 6.46 타여자 직류전동기와 분권 직류전동기의 속도-토크 특성곡선

이 식을 토크에 대해서 정리하면 식 (6.47)이 된다.

$$T = \frac{K_a\phi\, V}{R_a} - \frac{(K_a\phi)^2\omega_m}{R_a} \quad [\mathrm{Nm}] \tag{6.47}$$

식 (6.47)에서 알 수 있는 바와 같이 토크와 속도는 선형적인 특성이 있어 그림 6.46과 같이 된다. 그림에서 ω_0는 무부하 속도이고 T_0는 기동토크를 나타낸다. 이때 ω_0와 T_0는 식 (6.43)과 식 (6.48)이 된다.

$$\omega_0 = \frac{V}{K_a\phi} \quad [\mathrm{rad/sec}] \tag{6.43}$$

$$T_0 = K_a\phi\frac{V}{R_a} \quad [\mathrm{Nm}] \tag{6.48}$$

6.8.3 그 외 직류전동기

[1] 직권전동기

직권전동기의 등가회로는 그림 6.47에 나타내었다. 직권전동기에서는 전기자 전류, 계자전류, 부하전류가 모두 같으므로 전압방정식은 식 (6.49)와 같다.

$$V = E_a + I_a(R_a + R_f) \quad [\mathrm{V}] \tag{6.49}$$

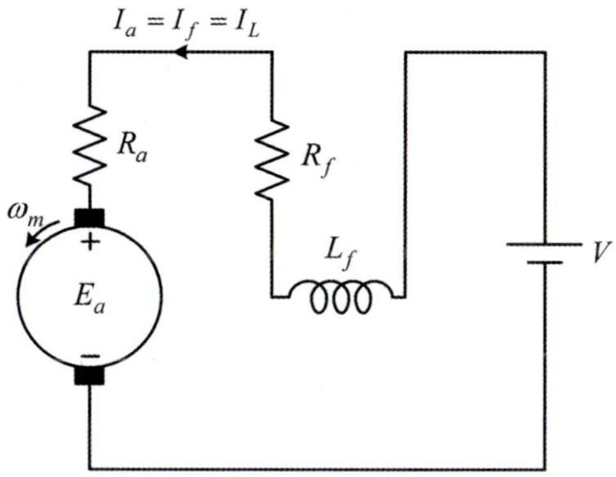

그림 6.47 직권전동기의 등가회로

직권전동기의 계자자속 특성은 분권전동기와 달리 전동기의 부하전류가 증가되면 자속도 함께 증가된다. 따라서 직류전동기의 토크는 식 (6.21)에서 자속이 전류에 비례하므로 자속을 식 (6.50)과 같이 전류의 함수로 나타낼 수 있다.

$$\phi = cI_a \ \text{[Wb]} \tag{6.50}$$

이 식을 토크 식 (6.21)에 대입하면 식 (6.51)이 얻어진다.

$$T = K_a \phi I_a = K_a c I_a^2 \ \text{[Nm]} \tag{6.51}$$

식 (6.51)로부터 알 수 있는 바와 같이 토크는 전기자 전류의 제곱에 비례하기 때문에 다른 직류전동기보다 전류당 토크가 크다. 따라서 직권전동기는 매우 높은 기동 토크가 필요한 곳에 사용된다. 적용사례로서는 자동차의 시동 전동기, 승강기용 전동기, 기관차의 견인 전동기가 있다.

[2] 복권전동기

복권전동기는 분권계자와 직권계자를 모두 가지고 있는 전동기이다. 직권 계자권선은 그림 6.48에 나타낸 것처럼 전기자 권선과 직렬로 연결되어 있어서 전기자 전류에 비례하는 기자력이 발생되며, 분권계자에서는 단자전압에 비례하여 기자력이 발생된다.

이 두 기자력 방향이 같아서 합성기자력이 증가하는 경우를 화동복권이라 하며, 기자력의 방향이 서로 달라서 합성기자력이 감소하는 경우를 차동복권이라 하고, 화동복권이 표준형이다.

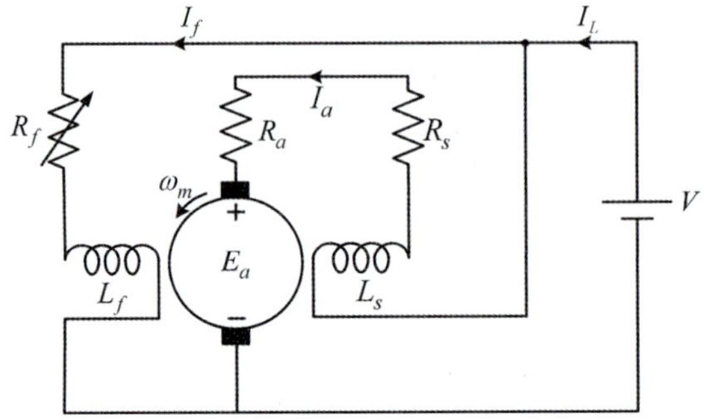

그림 6.48 외분권형 복권전동기의 등가회로

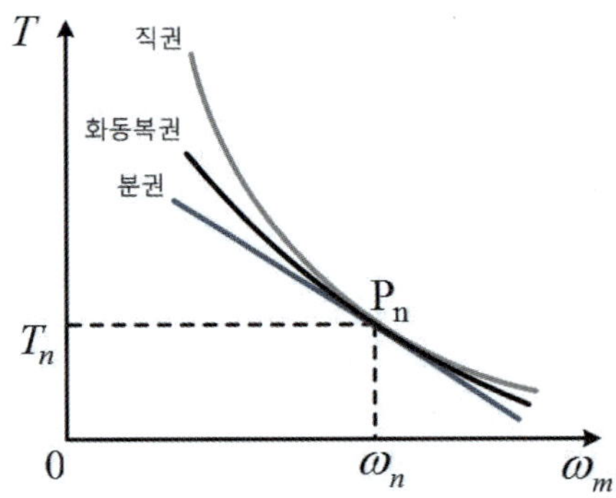

그림 6.49 각종 직류전동기의 속도-토크 특성의 비교

복권전동기의 전압방정식은 식 (6.52)와 같다.

$$V = E_a + I_a(R_a + R_s) \ \ [\mathrm{V}] \tag{6.52}$$

복권전동기에서 부하전류 I_L, 분권계자전류 I_f, 전기자전류 I_a의 관계는 식 (6.53)과 같다.

$$I_L = I_a + I_f \ \ [\mathrm{A}] \tag{6.53}$$

화동복권전동기는 분권계자에서 발생하는 일정한 자속성분과 직권계자에서 발생하는 자속성분이 있다. 직권계자에서 발생하는 자속은 전기자전류 I_a에 따라 변한다. 따라서 화동복권전동기의 기동토크는 자속이 항상 일정한 분권전동기보다는 크지만 자속 전체가 전기자 전류에 비례하는 직권전동기보다는 작다.

화동 복권전동기의 경우 분권과 직권전동기의 가장 좋은 점만을 조합한 형태라고 할 수 있다. 이 전동기는 직권전동기와 같이 기동을 위한 여분의 토크를 가지고 있을 뿐 아니라 분권전동기와 같이 무부하에서도 정격속도를 넘지 않는다.

부하가 적은 경우에 직권계자는 매우 적은 영향을 주어서 전동기가 마치 분권전동기처럼 동작하게 된다. 부하가 매우 커지면 직렬계자 자속의 영향력이 커지면서 속도-토크 특성이 직권전동기와 비슷해진다.

차동 복권전동기에서는 분권기자력과 직권기자력이 서로 반대방향이다. 차동복권전동기는 여러 가지 단점이 있고 안정성 문제 때문에 거의 사용하지 않는다. 그림 6.49는 직권전동기, 화동복권전동기, 분권전동기의 속도-토크 특성을 나태내고 있다.

6.9 기동법(starting method)

전동기가 대용량이고 부하가 큰 경우에는 관성모멘트(moment of inertia)가 매우 크기 때문에 가속력이 작아 기동 시 정상 속도까지 도달하는 시간이 오래 걸린다. 일반적으로 직류기에서 기동전류는 정격전류에 비해 3~5배 정도 이상의 큰 전류가 흐른다. 따라서 정상속도에 도달하기까지 시간이 오래 걸리면 큰 전류가 오랜 시간동안 흘러 전동기가 과열될 수 있다. 전동기의 온도가 높아져 전동기의 온도가 안정온도 이상으로 상승하면 극단적으로는 전동기가 소손될 수 있다. 따라서 중대형 기기에서는 기동 시 전류를 제한할 수 있는 방법을 사용하여 기동한다. 이와 같이 전류를 안전한 범위 내로 제한하여 기동하면 낮은 전류가 흐르기 때문에 기동시간이 오래 걸리나 전동기가 과열되어 소손되는 위험은 없다.

속도에 따라서 직류전동기에 흐르는 전류와 토크는 각각 식 (6.42), 식 (6.21)과 같다. 식에서 알 수 있는 바와 같이 전류와 토크는 속도의 함수이며 속도가 상승함에 따라 역기전력이 상승하여 전류가 작아지고 따라서 토크가 작아진다.

그림 6.50에서 기동 시에 전류 I_0가 흐르고 이때 토크는 기동토크 T_0가 발생하고 기동 초기에는 전동기의 토크가 매우 크므로 가속력이 커 속도가 급격하게 상승한다. 기동 후 일정속도 ω_n에 도달할 때까지의 시간 축에 대해서 속도와 전류를 그리면 그림 6.51과 같다. 그림에서와 같이 속도 ω_n에 도달할 때까지의 시간을 기동시간(t_0)이라 하고 이 시간이 오래 걸리면 전동기가 과열될 수 있다. 그림 6.51에서와 같이 정상상태가 되면 전동기는 ω_n의 속도로 운전되고 따라서 전동기에는 I_n의 정격전류가 흐른다. 그림 6.50에서와 같이 전류는 속도가 증가함에 따라 급격히 떨어짐을 알 수 있다.

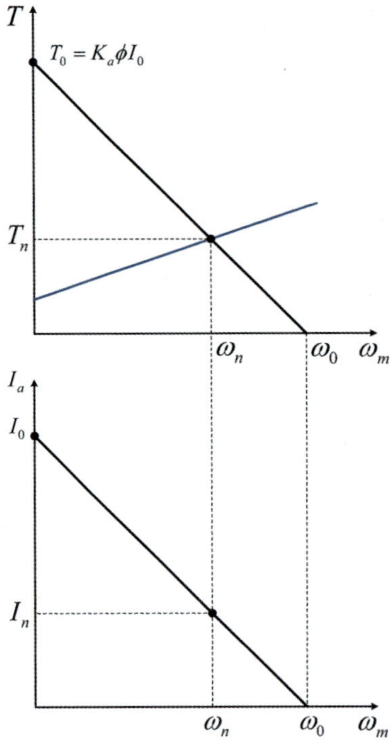

그림 6.50 타여자 직류전동기 속도-토크 특성과 속도-전류 특성

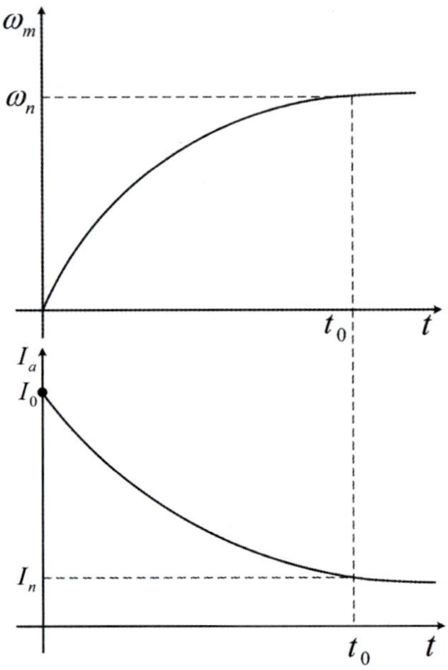

그림 6.51 기동시 속도와 전류의 동특성

6.9.1 저항 기동법

식 (6.42)에서 알 수 있는 바와 같이 전류를 제한하는 방법은 전압을 제어하는 방법과 저항을 제어하는 방법이 있다. 따라서 기동법(starting method)에는 전압 기동법, 저항 기동법이 있다. 저항 기동법은 속도에 따라 저항을 바꿔주어 전동기에 흐르는 전류를 제어하는 것으로 기동 초기에는 큰 저항을 사용하여 전류를 제한하고 속도가 증가함에 따라 저항을 감소시켜 전류를 일정한 크기 범위에서 제어하도록 한다. 그림 6.52는 저항 제어의 한 예를 나타내고 있다. 그림 6.52에서와 같이 부하의 속도-토크 특성은 ①′과 같고 전동기의 초기 저항이 $5R_1$이었을 때 전동기의 속도-토크 특성은 곡선 ①과 같다고 하자. 이때 전류는 초기 전류 $I_{a,\max}$로 흐르고 속도가 증가함에 따라 감소하는 특성을 갖는다. 전류가 전류의 하한치 $I_{a,\min}$이 되면 전동기의 저항을 낮추어 $4R_1$로 했다고 하자. 그때 그림에서 전동기의 속도-토크 특성은 ②의 곡선이 되고, 토크와 전류는 각각 $T_{a,\max}$와 $I_{a,\max}$로 증가된다. 속도가 증가되면 다시 토크와 전류가 낮아지므로 다시 저항을 낮추는 과정을 반복한다.

이와 같이 속도가 증가함에 따라 저항을 단계적으로 낮추어 주면 그림 6.52에서와 같이 전류는 최대치와 최소치 사이에서 제한되고 토크도 최대치와 최소치 사이에서 제한되어

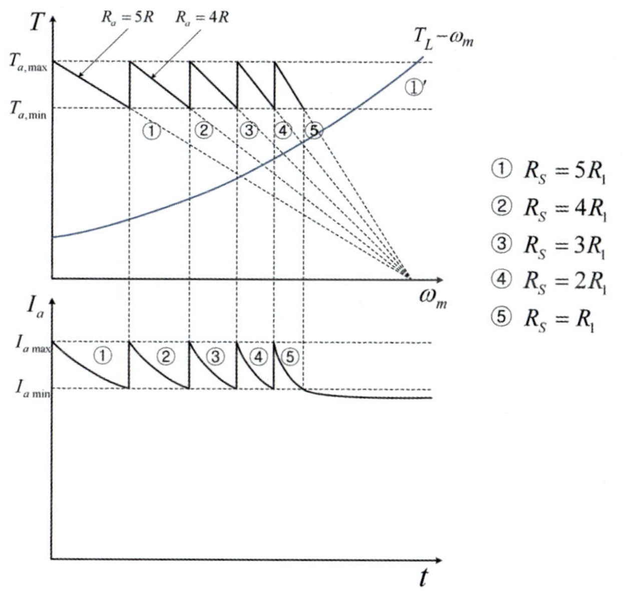

그림 6.52 저항 기동시 토크와 전류의 동특성

기동이 된다. 이와 같은 기동법은 기동토크(starting torque)가 제한되기 때문에 정상속도에 도달하는 시간은 길어지나 전동기가 열적으로 안정된다. 그러나 저항을 이용하여 전류를 제한하기 때문에 전원에서 전달하는 전력 중 많은 부분은 저항에서 열로 소비되므로 효율이 나쁘다.

6.9.2 전압기동법

[1] 전전압 기동법(full voltage starting method)

1[kW] 이하의 소형 직류전동기에서는 전기자 저항이 크고, 관성모멘트가 작아 가속력이 크므로 정상속도에 도달하는 시간이 매우 빠르다. 따라서 온도가 허용온도에 도달하기 전에 부하전류는 정격전류가 되어 전동기가 열적으로 안정된다. 이와 같이 작은 용량의 전동기는 전전압을 가하여 기동해도 열적으로 안정되므로 별도의 기동장치가 필요 없다.

[2] 직병렬 기동법(series-parallel starting method)

2대 이상의 전동기를 구동할 때 전력변환 장치를 이용하지 않고 전압기동을 하는 방법은 직병렬 절환장치를 이용하는 방법이다. 그림 6.53과 같이 기동 초기에는 전동기를 직렬로 연결하여 전원전압의 1/2만으로 기동을 하고 어느 속도 이상에서는 병렬로 연결하여 전원전압을 2개의 전동기에 인가하는 방법이다. 이와 같은 직병렬 기동법은 전압을 단지 2단계로만 제어할 수 있으므로 전류를 제한하는 것에는 한계가 있어 수 [kW]급 용량의 직류전동기에 사용한다.

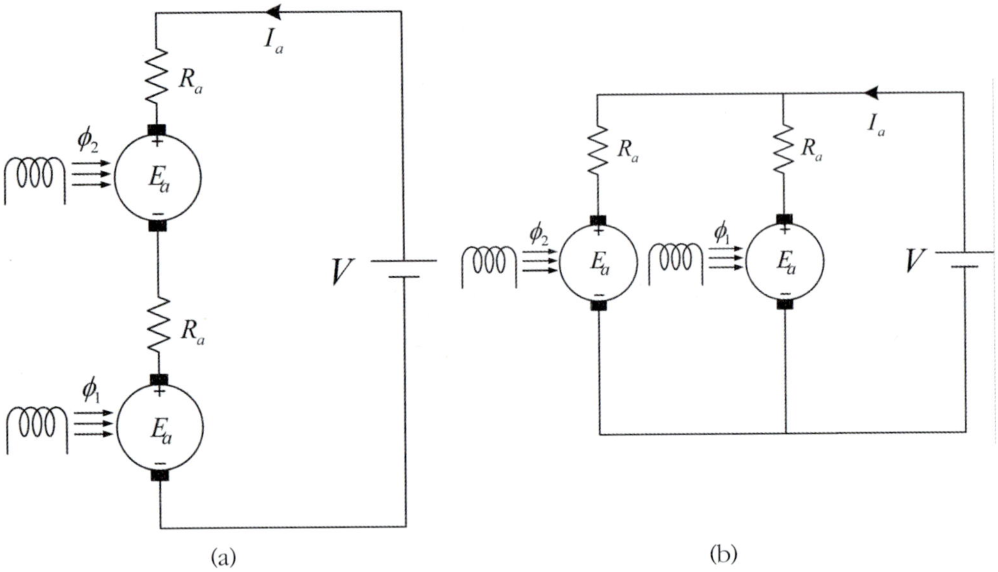

그림 6.53 2개의 직류전동기의 직-병렬 기동법 (a) 직렬운전 (b) 병렬운전

[3] 전압제어 기동법(voltage control starting method)

큰 용량의 전동기는 기동시간이 오래 걸리므로 전전압 기동이나 직병렬 기동법을 사용하면 온도가 허용온도 이상으로 상승할 수 있다. 따라서 저전압으로 기동을 시작하여 속도가 상승함에 따라 전압을 비례적으로 상승시켜 전류를 일정하게 제어하여 기동하는 방법이 이용된다. 그림 6.54에 전전압 기동과 전압제어 기동법의 차이를 나타내고 있다. 그림 6.54(a)에서와 같이 전전압 기동을 하면 전류는 기동 시 큰 기동전류가 흐른다. 그러나 전압제어 기동법을 사용하면 전류는 그림에서와 같이 초기에 작은 전압을 인가하고 이 전압에 의해 정격전류 I_a가 흐르게 된다. 속도가 증가함에 역기전력이 증가하므로 속도에 비례하여 전압을 증가시키면 기동 시 그림 6.54(b)와 같이 일정한 전류가 흐른다. 전압제어 기동법을 사용하기 위해서는 속도가 상승함에 따라 실시간으로 전압을 바꾸어 줄 수 있는 직류의 변압기 역할을 하는 전력변환기가 필요하다.

우선 직류전원으로부터 가변 직류를 얻는 방법은 DC-DC 컨버터라고 하는 전력변환기로써 전력용 스위치의 ON 시간을 조절하여 직류전압을 조절하는 방법이다. 또 하나의 방법은 교류를 정류하는 것으로 교류를 정류할 때 다이오드를 사용하지 않고 Turn-ON 시간을 제어할 수 있는 소자를 사용하여 실효 직류전압의 크기를 제어하는 것이다. 어떠한 방법을 사용하든 입력전압을 제어하면 직류전동기에 입력되는 전압을 제어할 수 있으므로 기동전류를 제어하여 효율 좋은 기동이 가능하다.

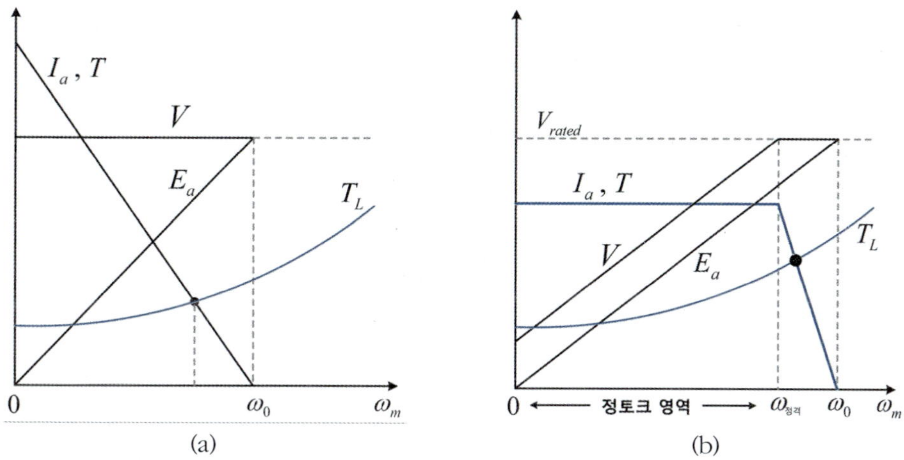

그림 6.54 전압기동법 (a) 전전압 기동법 (b) 전압제어 기동법

6.10 타여자, 분권전동기의 속도제어

전동기의 속도제어(speed control)는 전압과 전류의 한계치를 고려하여 PID 제어 등 고전적인 제어이론을 사용하거나 퍼지이론 등의 현대제어이론을 이용하여 피드백 제어를 한다. 이러한 제어법에 대해서는 전문적인 서적을 참고하고 본 교재에서는 직류전동기의 개루프 속도제어(open–loop speed control)의 원리에 대해서 알아보도록 하자. 전동기의 속도제어란 제어 가능한 변수를 제어하여 전동기의 속도–토크 특성곡선을 바꾸는 것을 의미한다. 따라서 사용할 수 있는 속도 제어법을 얻기 위해 직류전동기의 속도와 토크의 관계식인 식 (6.54)를 고찰해 보도록 하자.

$$\omega_m = \frac{V - R_a I_a}{K_a \phi} = \frac{V}{K_a \phi} - \frac{R_a}{(K_a \phi)^2} T \ \text{[rad/sec]} \tag{6.54}$$

식 (6.54)에서 속도–토크 특성을 바꾸어 줄 수 있는 제어 가능한 변수로는 자속, 전압, 저항이 있다. 따라서 속도제어법으로는 다음과 같은 3가지를 생각할 수 있다.

① 저항제어법 : 저항 R_a를 가변시키는 제어로 R_a를 증가시키면 속도는 감소

② 전압제어법 : 단자전압 V를 가변하는 방법으로 효율이 좋고 광범위한 속도제어가 가능

③ 계자제어법 : 자속 ϕ를 바꾸는 방법으로 ϕ를 감소시키면 속도가 상승

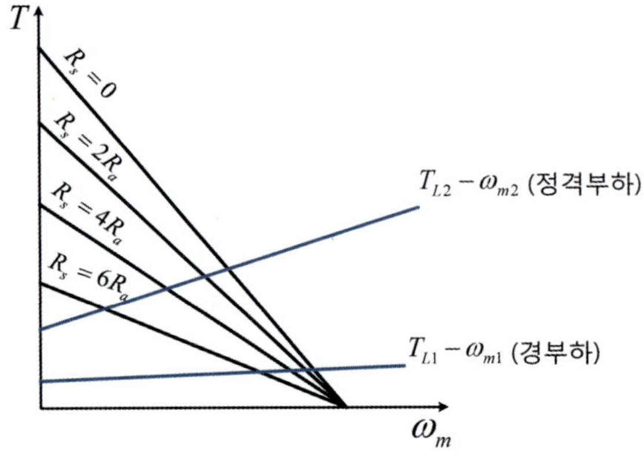

그림 6.55 저항제어에 의한 속도-토크 특성곡선

6.10.1 저항제어법

저항제어법은 앞서 설명한 저항 기동법과 같은 원리이다. 전기자 회로에 직렬저항 R_s를 삽입하면 전기자 권선의 저항은 $R=R_a+R_s$가 되고 식 (6.43)에서 알아본 바와 같이 무부하 속도는 저항에 관계없으므로 일정하고 기동토크는 저항에 반비례하므로 저항이 크면 기동토크가 작아진다. 따라서 속도 토크특성 곡선은 식 (6.47)에 의해 R_s가 커질수록 그 기울기가 작아지므로 그림 6.55와 같은 특성을 갖는다. 저항제어법은 I_aR_s라는 전압강하를 이용하는 것이므로 효율이 나쁘고 그림 6.55에서 알 수 있는 바와 같이 경부하(부하의 요구토크가 작은 것)에서는 속도를 조절하기 어렵다. 그림 6.55에서 부하의 속도토크 특성이 $T_{L1}-\omega_{m1}$일 경우 저항 R_s의 변화에 따른 속도의 변화가 정격토크의 속도특성인 $T_{L2}-\omega_{m2}$에서 만큼 크지 않음을 알 수 있다. 또한 R_s가 커지면 속도변동률이 커지고 삽입하는 저항에 의해 전력손실이 추가로 발생한다는 점 등이 단점이다. 하지만 저속영역에서 저항을 가변시키면 간단하고 싸게 속도를 조절할 수 있다는 장점도 있다. 저항 제어법은 전력반도체가 일반화되기 전까지는 전동차 등의 속도 제어법으로 널리 사용되었으나 최근에는 전력변환기가 저가격화되고 성능이 향상되어 잘 사용되지 않는다.

6.10.2 전압제어법

전압제어법은 보통 타여자 직류전동기에 사용되는 방법이다. 즉 자여자 방식에서 전압을 제어하면 계자의 전압이 동시에 변하여 계자자속이 변하므로 전기자 전류를 독립적으로 제어할 수 없기 때문에 자여자 방식의 전동기에는 사용되지 않는다. 전압제어법은 직류전동기의 계자전류를 일정하게 유지하고 전기자의 단자전압 V를 바꾸는 방법이다. 식 (6.54)의 관계에서 전압을 바꾸어 주면 타여자 직류전동기의 속도-토크 특성은 그림 6.56과 같이 변한다.

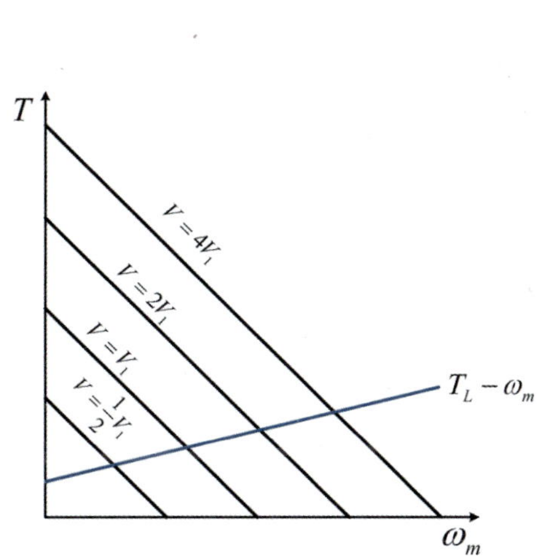

그림 6.56 전압제어에 의한 속도-토크 특성곡선

단자전압 V가 변해도 곡선의 기울기는 일정하므로 그림 6.56에서와 같이 광범위하게 속도를 제어할 수 있고 전력손실도 작다. 또한 자속 ϕ도 일정하게 유지되므로 정류작용도 양호하다. 전압 제어법을 이용하기 위해서는 전력변환 장치를 이용해야 하므로 저항제어에 비하여 가격이 비싸나 최근에는 전력변환 장치의 가격이 저렴하고 일반화되어 있으므로 싸고 쉽게 구현이 가능하다. 전압제어 시 전압을 정격전압 이상으로 상승시키면 원리적으로는 정격속도 이상으로 제어가 가능하나, 전압을 정격전압 이상으로 올리면 절연이 파괴될 수 있고 전동기가 열적으로 불안정해지므로 전압제어는 정격속도 이하로 속도제어 하는데 이용된다.

6.10.3 계자제어법

자속 ϕ를 제어하여 속도를 제어하는 방식으로 보통 계자제어는 계자저항기를 이용하여 계자전류 I_f를 제어한다. 그림 6.57은 전기자 반작용을 무시하고 계자제어에 의한 속도 토크특성을 나타낸 것이다. 식 (6.43)에서와 같이 무부하 속도는 자속에 반비례하고 식 (6.48)에서 기동토크는 자속에 비례하므로 계자자속의 변화에 따른 속도-토크 특성은 그림 6.57과 같다. 자속 ϕ_1에서 정격토크 T_{n1}, 정격속도 ω_{n1}으로 회전하고 있는 전동기에서 그림과 같이 계자자속을 $\phi_1/2$로 감소시키면 무부하 속도가 ϕ에 반비례하므로 그림의 ②곡선과 같은 특성을 나타내어 결국 속도가 ω_{n2}로 빨라지게 된다. 이와 같이 계자 제어법은 계자전류를 조절하면 간단하게 제어할 수 있고 계자전류가 작기 때문에 손실 또한 적다. 또한 부하에 따라 속도가 크게 변하지 않으면서 연속적인 속도제어가 가능하므로 정출력의 가변속제어법으로 적합하다. 그러나 계자전류가 0에 가까워지면 경부하에서는 고속이 되어 전기자나 정류자가 원심력에 의해 파괴될 염려가 있다.

계자자속을 증가시켜 정격속도 이하로 속도제어를 할 경우 일반적으로 전기기기는 정격에서 철심이 거의 포화되게 설계하므로 계자전류를 2배로 하면 그림 6.57의 ③과 같은 특성곡선이 나오지 않고 정격자속에서의 속도-토크 특성과 거의 같은 ③′의 특성이 되어

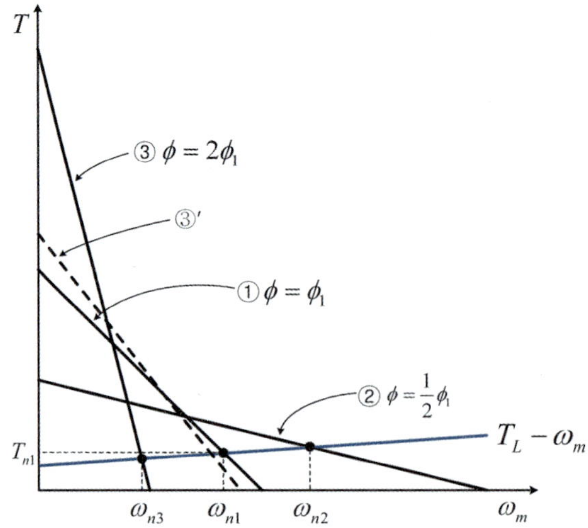

그림 6.57 계자제어법에 의한 속도-토크 특성곡선

속도제어가 거의 되지 않는다. 또한 자속을 증가시키면 포화에 의해 철손이 많아지므로 전동기 손실이 커진다. 따라서 자속제어는 정격속도 이상의 속도를 얻기 위한 속도제어법으로 주로 사용한다.

6.10.4 전압제어와 계자제어의 혼합제어

전압제어는 정격속도 이상에서 제어할 수 없고 계자제어는 정격속도 이하에서 제어하지 않는다. 따라서 광범위한 속도로 제어하기 위해 정격속도 이하에서는 전압제어를 하고 정격속도 이상에서는 계자제어를 할 경우 속도제어의 성능이 어떻게 되는지 알아보자.

그림 6.58에서와 같이 정격전압에 도달하기 전까지 속도에 비례해서 전압을 상승시키면 전기자에 흐르는 전류는 정격전류가 된다. 속도가 증가되어 기저속도 ω_n에 도달하게 되면 전압이 정격전압이 되므로 전압을 더 이상 상승시킬 수 없게 되는데 이것을 전압이 포화되었다고 한다. 이와 같이 기저속도 ω_n에 도달할 때까지의 속도영역에서는 전기자 전류가 일정하고 계자도 일정하므로 일정한 토크가 발생된다. 따라서 이 영역을 정토크 영역이라고 한다.

그림 6.58에서 기저속도에 도달한 후 자속을 속도에 비례해서 감소시키면 토크는 자속에 비례하므로 그림 6.58과 같은 자속 및 토크 특성을 갖게 된다. 이와 같이 자속을 감소시키는 구간에서는 속도 증가에 따라 자속이 감소하므로 역기전력이 일정하게 되어 전기자에 흐르는 전류가 일정하다. 따라서 이 속도구간에서는 전류가 일정하고 전압이 일정하므로 정출력영역 또는 약계자영역이라고 한다. 이와 같이 정토크운전과 정출력운전을 동시에 수행하면 전동기의 속도제어 범위가 많이 늘어나고 안정된 속도제어가 가능하다.

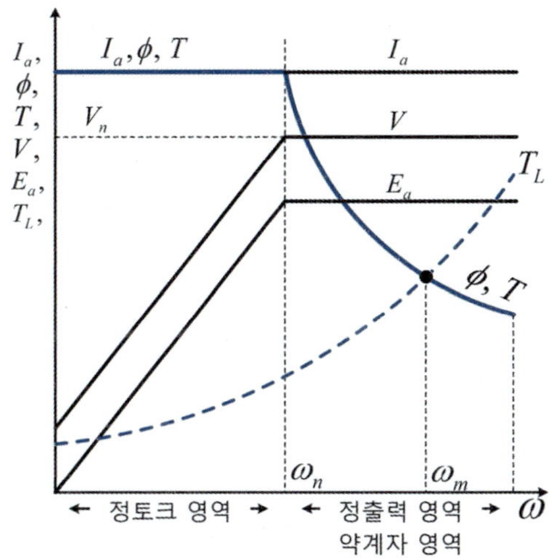

그림 6.58 전압제어와 계자제어가 혼용된 경우의 속도-토크 특성곡선

6.11 손실과 효율

6.11.1 손실

전기기기가 안정되게 사용될 수 있는 용량은 온도에 의해서 정해진다. 전기기기의 온도 상승은 전동기에서 발생하는 발열과 내부의 열을 외부로 빼내는 방열에 의해서 결정된다. 발열은 손실에 의해서 일어나며 전기기기에서 손실은 크게 철손(히스테리시스손, 와전류손), 동손, 기계손, 표류부하손이 있다. 직류전동기에서 철손은 회전속도, 계자자속의 세기에 의해 결정되고 동손은 전류의 크기에 의해 결정된다. 또한 기계손은 베어링 마찰손, 풍손 등에 관계되는 양이다.

동손은 권선에 흐르는 전류의 제곱에 비례하는 양으로 전동기가 기동하여 정격속도에 도달할 때까지 과도한 전류가 흐르므로 동손이 매우 크지만 속도가 상승함에 따라 전류가 작아져서 정격속도에 도달하면 기동 초기에 비해 동손이 매우 작다.

철손은 자성체 내에서 자속의 변화에 의한 것으로 직류전동기에서는 그림 6.59와 같이 계자자속과 전기자 자속은 크기와 방향이 일정하므로 고정자에서 자속변화는 거의 없다. 그에 비해서 회전자는 회전하므로 회전자 철심에 쇄교하는 자속은 N, S극이 교번하여 변한다. 따라서 회전자에는 와전류손(eddy current loss)과 히스테리시스손(hysteresis loss)이 발생하므로 회전자의 와전류손을 막아주기 위해서 얇은 철심(core)을 적층(lamination)하여 사용하지만 고정자는 자속의 변화가 거의 없으므로 소용량이면서 단시간 사용하는 직류전동기에서는 적층하지 않는 경우가 많다.

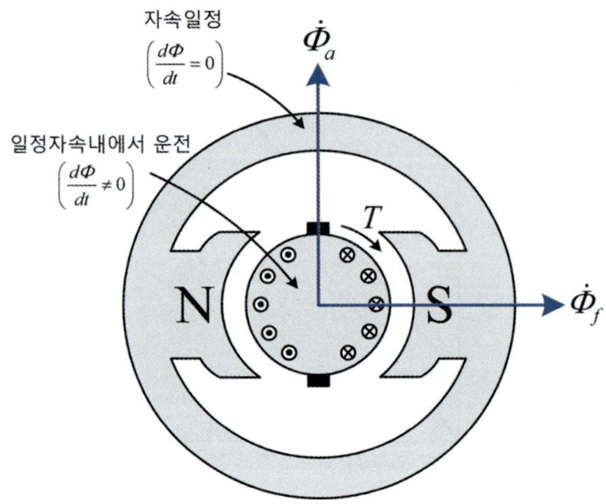

그림 6.59 직류전동기에서의 자속변화

표류부하손(stray load loss)은 철손(iron loss)과 동손(copper loss)을 제외한 전기적인 손실을 나타내는 양으로써 베어링, 외함 등에 자속이 쇄교하여 발생하는 철손과 철심의 아주 작은 공차에 의한 손실 등 정확하게 손실의 원천을 알 수 없는 손실들의 합이다. 이 손실은 보통 정격출력의 몇 [%]로 정의한다. 기계손은 베어링 마찰손, 풍손 등 기계적인 양에 관련된 것이다. 손실 중에서 기계손, 철손, 계자에서의 동손은 무부하일 때도 발생하는 손실로 무부하손이라 하고 전동기의 출력이 변해도 일정하므로 부하전류와 거의 상관없는 양이다. 그에 비해 동손과 표류부하손은 출력이 증가되면 함께 늘어나는 손실로써 부하손이라고도 한다.

모든 손실들은 열로 변환되어 열원으로 작용하므로 손실은 전기기기의 크기 및 효율에 직접적으로 영향을 미친다. 또한 전동기의 온도상승은 발열과 방열이 같아지는 점까지 상승하므로 방열구조에 대해서도 전기기기 설계 시 고려한다.

6.11.2 효율

[1] 실측 효율(actual efficiency)

전동기에서 효율은 입력에너지에 대한 출력에너지의 비를 나타낸다. 발전기에서 입력은 동력(P_m), 출력은 전력(P_e)이고 전동기에서 입력은 전력(P_e), 출력은 동력(P_m)이므로 발전기의 효율 η_G와 전동기의 효율 η_M은 다음 식으로 정의된다.

$$\eta_G = \frac{P_e}{P_m} \tag{6.55}$$

$$\eta_M = \frac{P_m}{P_e} \tag{6.56}$$

직류기의 효율을 측정하기 위해서는 기계적인 동력과 전력을 동시에 측정해야 한다. 일반적으로 전력은 전류계, 전압계 및 전력계를 이용하여 쉽게 측정할 수 있으나 기계적인 동력은 회전하는 회전자에서 발생되는 토크와 속도를 동시에 측정해야 한다. 이와 같이 회전하는 전동기에서 발생하는 토크를 측정하기 위해서는 특수한 시험기가 필요하다. 이러한 시험기를 다이나모미터(dynamo-meter)라고 하며 다이나모미터의 한 가지 타입을 그림 6.60에 나타내었다.

다이나모미터 시험기 세트는 부하전동기와 토크센서, 테스트전동기, 지그 등으로 이루어진다. 부하전동기는 서보전동기(servo motor)를 사용하며, 테스트전동기를 시험할 때 부하를 걸어주는 전동기를 말한다. 부하전동기는 정밀한 제어를 통해 정확한 속도제어 및 토크제어가 가능해야 한다. 부하전동기를 속도제어한 후, 테스트전동기를 구동하여 특정 속도에서의 토크를 측정하며, 토크센서에 의해 측정된 토크값은 오실로스코프같은 측정장비를 통해서 데이터를 기록한다. 그리고 부하전동기를 토크제어한 후, 테스트 전동기를 구동하여 특정 발생 토크에서의 속도를 측정할 수도 있다. 부하전동기의 속도 정보는 부하전동기의 엔코더(encoder) 또는 타코미터(tacho-meter) 등을 통해 기록할 수 있다. 부하전동기와 토크센서 사이, 테스트전동기와 토크센서 사이에는 커플링이란 장치를 통해서 결합된다. 이 때 용량과 전동기 샤프트 직경에 따른 적절한 커플링을 선택해야 하며 그렇지 못할 경우 정확한 측정값을 얻을 수 없다. 또한 부하전동기를 제어하는 대신에 동적브레이크(dynamic braking) 저항을 두어서 부하력을 발생시키기도 한다. 이럴 경우 저항값에 의해서 부하력에 의한 감속률이 달라지게 된다.

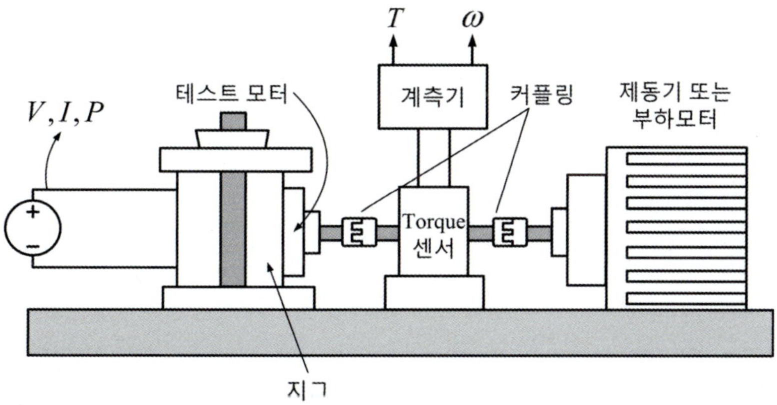

그림 6.60 다이나모미터 시험기의 원리도

[2] 규약 효율(conventional efficiency)

전기기기의 용량이 크면 다이나모미터를 구성하는 것이 매우 어렵고 측정하는데 많은 시간이 소요된다. 따라서 용량이 큰 발전기에서 기계적인 동력은 전력과 계산에 의해 얻어진 손실의 합으로 구할 수 있으므로 발전기의 효율을 식 (6.57)과 같이 나타낼 수 있다.

전동기에서의 기계적 출력은 전력에서 계산된 손실을 빼주어 얻어낼 수 있으므로 효율은 식 (6.58)과 같이 정의된다. 이와 같이 기계적인 동력을 전력과 손실로부터 구하여 효율을 정의하는 것을 규약 효율이라고 한다.

$$\eta_G = \frac{P_e}{P_e + P_l} \tag{6.57}$$

$$\eta_M = \frac{P_e - P_l}{P_e} \tag{6.58}$$

여기서 P_e, P_l 은 각각 전력, 손실을 나타낸다.

[3] 최대 효율(maximum efficiency)

규약 효율에서 손실 P_l은 무부하손(no-load loss) P_{l0}와 부하손(load loss) $R_a I^2$으로 구성할 수 있다. 따라서 효율은 식 (6.59)와 (6.60)와 같이 정의된다.

$$\eta_G = \frac{VI}{VI + (R_a I^2 + P_{l0})} = \frac{V}{V + (R_a I + P_{l0}/I)} \tag{6.59}$$

$$\eta_M = \frac{VI - (R_a I^2 + P_{l0})}{VI} = \frac{V - (R_a I + P_{l0}/I)}{V} \tag{6.60}$$

이 식에서 $(R_a I + P_l/I)$가 최소일 때 최대 효율이 된다. 따라서

$$\frac{d}{dI}(R_a I + P_{l0}/I) = 0 \tag{6.61}$$

이라는 조건을 만족하는 것은 식 (6.62)이다.

$$R_a I^2 = P_{l0} \ \ [\mathrm{W}] \tag{6.62}$$

따라서 부하손과 무부하손이 같을 때 최대 효율이 된다. 일반적으로 회전기는 전부하(정격부하)시에 효율이 최대가 되도록 설계하는 것이 일반적이므로 경부하나 과부하(overload)로 전동기를 사용하면 효율이 떨어진다.

6.11.3 온도 상승과 절연 등급

전기기기는 필연적으로 손실이 존재하고 이러한 손실은 전기기기의 열원이 되어 전기기기의 내부 온도를 상승시킨다. 이 때 내부 온도의 상승은 발열량과 방출되는 열량이 같아질 때까지 진행된다. 전기기기에서 열에 가장 취약한 것은 절연재료로써 전기기기의 사용온도 한계는 사용되는 절연재료의 등급에 의해 결정된다. 각각의 절연재료가 허용온도보다 높아지면 권선의 절연이 열적 파괴되어 단선되거나 소손되기도 한다. 절연재료가 상승된 온도에 지속적으로 견딜 수 있는 정도에 따라 A, E, B, F, H 등 여러 등급으로 구분되며 이러한 절연재료의 최대 허용온도(allowable temperature)를 표 6.2에 나타내었다.

표 6.2 절연 등급에 따른 최대 허용온도 (K-SC-4004)

분류	최대 허용온도(℃)
Y종	90 이하
A종	105 이하
E종	120 이하
B종	130 이하
F종	155 이하
H종	180 이하
C종	180 이상

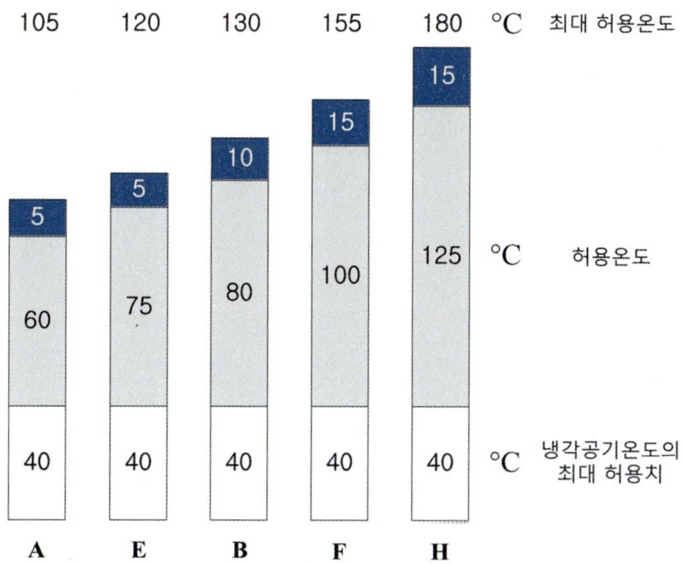

그림 6.61 절연 등급에 따른 최대 허용온도 (IEEE Standards)

일반적으로 모터는 절연 등급 B가 사용되며 이때 주변 온도는 항상 40℃ 이하여야 하며 온도 상승은 허용온도 80℃ 이하여야 한다. 보통 허용온도의 최대치와 온도 상승 허용치 사이에는 5 ~ 15℃ 사이의 여유를 둔다. 절연의 질은 모터의 수명에 많은 영향을 미치며 절연 및 모터의 수명은 온도 상승에 따라 좌우된다. 그림 6.61에는 절연등급별 허용온도, 최대 허용온도를 나타내고 있다. B등급의 경우는 최대 허용온도가 120℃ 이고, F등급의 경우는 140℃ 이며, 허용온도 이상으로 10℃ 증가할 때마다 수명은 반으로 줄어든다.

▸▸ 기호정리 ◂◂

기호	의미	기호	의미
a	병렬회로수	P	자극수
B	자속밀도	P_{mout}	축 출력
B_a	자속밀도 평균치	P_{2m}	기계적 출력
C_1, C_2	1번, 2번 정류자편	P_e	전력
E	유도기전력	P_l	손실
E_0	무부하 유도기전력	P_{l0}	무부하손
E_r	잔류자속에 의한 무부하 유도기전력	P_m	퍼미언스
e	기전력	P_m	동력
e_a	기전력 평균치	P_{mloss}	기계적 손실
e_r	리액턴스 전압	ϕ	공극자속
η_G	발전기 효율	ϕ_f	계자자속
η_M	전동기 효율	ϕ_r	잔류자속
F	힘	R	합성저항
I	부하전류	R_L	부하저항
I_0	기동전류	R_a	전기자 권선저항
I_a	전기자 전류	R_f	계자저항
I_c	순환전류	R_s	전기자 권선에 삽입한 가변저항
I_f	계자전류	r	전기자 반경
I_n	정격전류	S_1, S_2	1번, 2번 슬립링
i_a	한 코일의 전기자 전류	T	토크
K_a	기전력 상수, 토크 상수	T_0	기동토크
l	도체의 유효길이	T_c	정류시간
w_m	각속도	T_n	정격토크
w_n	정격각속도	τ_p	자극피치, 극간격

기호	의미	기호	의미
V	단자전압	V_f	계자전압
N	권선수	V_n	정격전압
N_c	코일수	y	합성피치
N_f	계자권선의 턴수	y_f	앞피치
ν	속도	y_b	뒤피치
w_0	무부하속도	Z	총 도체수

연/습/문/제

6.1 단중 중권으로 된 8극 분권 직류발전기의 총 전류가 1[A]일 때 각 권선에 흐르는 전류 [A]는 얼마인가?

① 4 ② 8
③ 1/4 ④ 1/8

6.2 직류기에 주로 사용되는 권선법을 고르시오.

① 폐로권, 환상권, 이층권 ② 개로권, 환상권, 이층권
③ 폐로권, 고상권, 이층권 ④ 개로권, 고상권, 이층권

6.3 분권 직류발전기를 서서히 단락시키면 어떠한 상태로 되는가?

① 과전류로 소손된다. ② 저전류가 흐른다.
③ 과전압이 걸린다. ④ 운전이 정지된다.

6.4 직류기에서 전기자 반작용이란 전기자 권선에 흐르는 전류로 인하여 생긴 자속이 어디에 영향을 주는 현상을 말하는가?

① 전기자 자속에 영향을 주는 현상
② 공극자속에 영향을 주는 현상
③ 감자작용만을 하는 현상
④ 편자작용만을 하는 현상

6.5 직류기의 전기자 반작용에 관한 사항으로 틀린 것을 고르시오.

① 보상권선은 계자극면의 자속분포를 보상할 수 있다.
② 전기자 반작용을 보상하는 효과는 보상권선보다 보극이 더 유리하다.
③ 고속기나 부하 변화가 큰 직류기에는 보상권선이 적당하다.
④ 보극은 바로 밑의 전기자 권선에 의한 기자력을 상쇄하기 위한 것이다.

6.6 **보극이 없는 직류발전기는 부하의 증가에 따라 브러시의 위치를 어떻게 변화시켜 주어야 하는가?**

① 회전방향과 반대로 이동시킨다. ② 그대로 둔다.
③ 극의 중간에 놓는다. ④ 회전방향으로 이동시킨다.

6.7 **직류발전기의 보극에 관한 설명으로 틀린 것을 고르시오.**

① 보극의 자속이 전기자 권선의 정류에 의한 리액턴스 전압을 유효하게 해소하면 브러시를 이동시킬 필요가 없다.
② 보극의 수는 주자극과 동일한 수이지만 어떤 경우에는 주자극의 수보다 적은 것도 있다.
③ 보극의 극성은 주자극의 극성을 회전방향으로 옮겨 놓은 것과 동일한 극성이다.
④ 보극의 계자권선은 전기자 권선과 직렬로 접속한다.

6.8 **직류기의 정류작용에 관한 설명으로 틀린 것을 고르시오.**

① 리액턴스 전압을 상쇄시키기 위해 보극을 둔다.
② 정류작용은 직선 정류가 되도록 한다.
③ 보상권선은 정류작용에 큰 도움이 된다.
④ 보상권선이 있으면 보극은 필요없다.

6.9 **직류발전기에서 회전속도가 빨라지면 정류가 어려운 이유는 무엇인가?**

① 정류 주기가 길어진다. ② 브러시 접촉저항이 커진다.
③ 정류자속이 감소한다. ④ 리액턴스 전압이 커진다.

6.10 **직류기에서 정류가 잘 되는 조건이 아닌것은?**

① 정류 주기를 길게 한다. ② 전절권으로 한다.
③ 리액턴스 전압을 감소시킨다. ④ 회전속도를 느리게 한다.

6.11 **직류발전기에서 양호한 직류를 얻기 위한 방법으로 틀린 것을 고르시오.**

① 정류를 받는 코일의 자기인덕턴스를 작게 한다.
② 브러시의 접촉저항을 작게 한다.
③ 보극을 설치한다.
④ 보상권선을 설치한다.

6.12 직류기에서 정류불량의 원인이 되는 것을 고르시오.

① 균압환을 설치한다. ② 보상권선을 설치한다.
③ 전기자 권선을 단절권으로 한다. ④ 리액턴스 전압이 매우 높다.

6.13 직류발전기의 전기자 반작용의 영향을 없애는데 가장 효과적인 방법을 고르시오.

① 보극 ② 보상권선
③ 탄소브러시 ④ 균압환

6.14 직류기에서 보상권선의 전류방향은 어떻게 되는가?

① 계자전류의 방향과 같다. ② 전기자 전류의 방향과 같다.
③ 계자전류 방향과 반대이다. ④ 전기자 전류방향과 반대이다.

6.15 전기자 반작용이 직류발전기에 주는 영향 중 틀린 것을 고르시오.

① 전류의 파형은 왜곡되나 출력에는 변화가 없다.
② 정류자 편간 전압이 불균일하게 되어 섬락의 원인이 된다.
③ 자속을 감소시켜 부하시 전압강하의 원인이 된다.
④ 자기적(전기적) 중성축을 이동시킨다.

6.16 직류발전기의 전기자 반작용을 줄이고 정류를 잘 되게 하기 위한 방법은 무엇인가?

① 리액턴스 전압을 크게 한다.
② 브러시를 이동시키고 주기를 크게 한다.
③ 보상권선을 설치하여 리액턴스 전압을 크게 한다.
④ 보극과 보상권선을 설치한다.

6.17 직류발전기의 단자전압을 조정하려면 무엇을 조절해야 하는가?

① 전기자저항 ② 회전자저항
③ 기동저항 ④ 계자저항

6.18 분권 직류발전기에 대하여 맞는 것을 고르시오.

① 단자전압을 낮추면 계자전류가 증가한다.
② 타여자 발전기의 경우보다 외부특성 곡선이 상향으로 된다.
③ 부하에 의한 전압 변동이 타여자 발전기에 비하여 크다.
④ 분권권선의 접속방법에 관계없이 자기여자로 전압을 올릴 수 있다.

6.19 전기자 반작용을 보상하는 방법이 아닌 것을 고르시오.

① 보상권선 설치 ② 보극 설치
③ 전기자 전류 감소 ④ 계자 기자력 증대

6.20 전동기의 부하가 증가할 때 다음 설명 중 틀린 것을 고르시오.

① 전동기의 단자전압이 증가한다. ② 역기전력이 감소한다.
③ 전동기의 전류가 증가한다. ④ 전동기의 속도가 떨어진다.

6.21 분권 직류전동기의 계자전류를 감소시키면 회전수는 어떻게 되는가?

① 정지한다. ② 증가한다.
③ 감소한다. ④ 변화없다.

6.22 분권 직류전동기에서 운전 중 계자권선 저항을 증가시키면 회전속도는 어떻게 되는가?

① 관계없다. ② 일정하다.
③ 증가한다. ④ 감소한다.

6.23 직권 직류전동기에서 토크 T와 회전수 ω_n의 관계를 고르시오.

① $T \propto \omega_n$ ② $T \propto \omega_n^2$
③ $T \propto \frac{1}{\omega_n}$ ④ $T \propto \frac{1}{\omega_n^2}$

6.24 직권 직류전동기에서 전기자 전류를 변화시키면 토크는 어떻게 변하는가?

① 전류에 비례한다. ② 전류에 제곱에 비례한다.
③ 전류의 제곱에 반비례한다. ④ 전류에 반비례한다.

6.25 직류전동기의 속도제어법이 아닌 것을 고르시오.

① 저항제어법 ② 전압제어법
③ 계자제어법 ④ 2차여자법

6.26 직류전동기의 속도제어법 중 광범위한 속도제어가 가능하고 원전 효율이 좋은 제어법은 무엇인가?

① 계자제어법 ② 전압제어법
③ 직렬저항제어법 ④ 병렬저항제어법

6.27 직류전동기의 속도제어법 중에서 정출력 제어를 하는 것은 무엇인가?

① 계자제어법 ② 워어드레오너드제어법
③ 전기자 저항제어법 ④ 전압제어법

6.28 직류기의 손실 중에서 기계손에 속하는 것을 고르시오.

① 풍손 ② 와류손
③ 브러시의 전기손 ④ 표류 부하손

6.29 직류 발전기의 규약 효율[%]을 바르게 표시한 식은 무엇인가?

① $\dfrac{P_e}{P_e + P_l} \times 100$ ② $\dfrac{P_e}{P_e - P_l} \times 100$
③ $\dfrac{P_e - P_l}{P_e} \times 100$ ④ $\dfrac{P_e + P_l}{P_e} \times 100$

6.30 직권 직류전동기의 전원 극성을 반대로 하면 전동기는 어떻게 변하는가?

① 회전방향이 변한다. ② 회전방향이 변하지 않는다.
③ 속도가 증가한다. ④ 발전기로 된다.

6.31 4극 직류기의 유효 길이가 $20\,[\mathrm{cm}]$이고, 전기자 반경이 $12\,[\mathrm{cm}]$이다. 전기자 권선은 24개의 슬롯에 감겨져 있으며, 각 코일은 8턴으로 되어 있고 각 극에서의 평균 자속밀도는 $0.8\,[\mathrm{T}]$이다. 전기자의 도체는 중권으로 접속되어 있다.

(a) 전기자 상수 K_a를 구하시오.
(b) 전기자가 $800\,[\mathrm{rpm}]$으로 회전할 때 전기자에 유도되는 전압 $[\mathrm{V}]$을 구하시오.
(c) 전기자 전류가 $200\,[\mathrm{A}]$일 때 코일에 흐르는 전류$[\mathrm{A}]$와 토크$[\mathrm{Nm}]$를 구하시오.

6.32 전기자 저항이 $0.1\,[\Omega]$인 직류 분권전동기에 $100\,[\mathrm{V}]$의 전원을 연결하면, 무부하시 $1200\,[\mathrm{rpm}]$으로 운전하고 전기자에 $5\,[\mathrm{A}]$가 흐른다. 이 직류 분권전동기에 부하를 연결하면 전기자 전류가 $30\,[\mathrm{A}]$, 계자전류가 $1\,[\mathrm{A}]$ 흐른다고 한다. 이 때 발생하는 토크 $[\mathrm{Nm}]$, 속도[rpm] 및 효율[%]을 구하시오. (단, 모든 손실은 회전 손실로 발생한다고 가정하고, 전기자 반작용은 무시한다)

6.33 단자전압이 $V=150\,[\mathrm{V}]$로 일정하며 정격 회전속도 $2500\,[\mathrm{rpm}]$으로 동작하는 분권 직류전동기가 있다. 전동기가 전부하 동작할 때 단자전류 $I_L=15\,[\mathrm{A}]$이다. 만약, 전기자 회로 저항 조정기 $R_s=3.5\,[\Omega]$이 삽입된다면 전동기 회전속도[rpm]는 얼마인가? (토크는 일정하며 전기자 저항 $R_a=0.5\,[\Omega]$, 계자 저항 $R_f=150\,[\Omega]$이다)

6.34 $80\,[\mathrm{hp}]$, $240\,[\mathrm{V}]$, $150\,[\mathrm{rad/s}]$의 분권전동기가 정격에서 운전하고 있을 때 $20\,[\mathrm{A}]$의 전류가 흐른다. 전동기 정수는 다음과 같다. 이때 $R_a=2\,[\Omega]$, $R_f=80\,[\Omega]$이다. 정격속도로 운전하고 있는 전동기를 플러깅을 이용하여 정지시키려고 한다. 이때에 전기자에 과도한 전류가 흐르는 것을 막기 위해 전기자에 $15\,[\Omega]$의 전기자 저항을 삽입하였다.

a) 정격속도로 운전 중인 전동기의 제동 토크$[\mathrm{Nm}]$를 구하시오.
b) 전동기의 속도가 0에 수렴할 때의 제동 토크$[\mathrm{Nm}]$를 구하시오.

6.35 $50[\mathrm{hp}]$, $1000[\mathrm{rpm}]$, $250[\mathrm{V}]$**의 분권전동기가 정격조건에서 운전하고 있을 때** $45[\mathrm{A}]$**의 전류가 흐른다. 이때** $R_a = 0.2[\Omega], R_c = 0.05[\Omega], R_f = 185[\Omega]$ **이다.**

> a) 전기에너지가 기계에너지로 변환되어 발생하는 출력[HP]을 구하시오.
> b) 이 때 발생하는 토크[Nm]를 구하시오.

6.36 $20[\mathrm{HP}]$, $220[\mathrm{V}]$, $1800[\mathrm{rpm}]$**의 분권전동기가 있다. 이때** $R_a = 0.25[\Omega]$, $R_f = 120[\Omega]$**이다.**

> a) 회전자 구속시 전기자 전류와 기동시 전기자에 $2[\Omega]$의 기동저항을 연결할 때 전기자 전류[A]를 구하시오.
> b) 분권전동기 기동 이후 기동 저항을 제거하고 정격조건에서 운전하게 되었다. 정상상태에 역기전력이 $202[\mathrm{V}]$일 때 흐르는 전기자 전류[A]를 구하시오.

6.37 $10[\mathrm{hp}]$, $240[\mathrm{V}]$, $1500[\mathrm{rpm}]$**의 직권전동기가 정격조건에서 운전하고 있을 때의 전기자 전류와 전부하시의 전동기의 효율**$[\%]$**을 구하시오. 이때** $R_a = 0.6[\Omega]$, $R_s = 0.4[\Omega]$, **회전손실** $= 640[\mathrm{W}]$**이다.**

6.38 직류 분권전동기의 출력이 $2[\mathrm{kW}]$**일 때, 단자전압은** $110[\mathrm{V}]$, **입력전류는** $26[\mathrm{A}]$, **계자전류는** $1[\mathrm{A}]$, **회전속도는** $1500[\mathrm{rpm}]$**이다. 이 경우에 발생 토크와 효율**$[\%]$**은 얼마인가? (단, 전기자회로의 저항을** $0.1[\Omega]$**이라 한다)**

6.39 전기자 권선의 저항 $R_a = 0.1[\Omega]$, **직권 계자권선의 저항** $R_s = 0.04[\Omega]$, **분권 계자회로의 저항** $R_f = 180[\Omega]$**인 외분권 화동복권발전기가 있다. 부하전류** $I_L = 45[\mathrm{A}]$, **단자전압** $V = 315[\mathrm{V}]$**일 때 유도기전력과 전기자 전류** $I_a[A]$**를 구하시오.**

6.40 극수 $P=4$, 전기자 직경 $r=0.3[\mathrm{m}]$, 축방향의 길이 $l=0.5[\mathrm{m}]$, 각 코일이 6[turn]인 40개의 코일이 있다. 중권인 직류전동기가 전기자 전류 $30[\mathrm{A}]$, 회전수 $1200[\mathrm{rpm}]$으로 운전하고 있다. 이때의 토크[Nm] 및 기계적 출력[W]을 구하라. (단, 공극의 평균 자속밀도는 $0.35[\mathrm{Wb/m^2}]$로 한다)

6.41 $25[\mathrm{kW}]$, $125[\mathrm{V}]$인 타여자 직류전동기가 일정한 계자전류와 개방전기자 전압 $125[\mathrm{V}]$에서 일정속도 $2400[\mathrm{rpm}]$으로 운전되고 있다. 전기자 저항은 0.06[Ω]이다. 단자전압이 $130[\mathrm{V}]$와 $122[\mathrm{V}]$일 때, 전기자 전류[A], 입력전력[W], 공극전력[W], 토크[Nm]를 구하라.

6.42 $300[\mathrm{kW}]$, $250[\mathrm{V}]$, $1000[\mathrm{rpm}]$인 보상권선이 없는 타여자 분권발전기가 있다. $R_a=0.002[\Omega]$, $R_f=15.5[\Omega]$이고 타여자 계자의 권수는 극당 $1000[\mathrm{turn}]$이며, 분권계자는 가감저항기 R_{adj}를 통하여 외부 전원 $105[\mathrm{V}]$에 의하여 여자되고 있다. 이 발전기에 대한 회로도 및 자화곡선은 아래 그림에 나타나 있다. 정격부하, 정격전압, 정격온도로 운전하고 있을 때의 전기자 반작용에 의한 등가감 자기자력은 분권계 자기자력의 $23.81[\%]$로 가정한다. 이때의 무부하 전압과 정격조건에서 정격전압을 얻기 위한 타여자 계자의 가감저항기의 저항값[Ω]을 구하시오.

6.43 $40[\mathrm{kW}]$, $260[\mathrm{V}]$, $1200[\mathrm{rpm}]$인 분권 직류전동기가 있고 보극 등을 포함한 전기자 저항이 $0.08[\Omega]$이다. 이 전동기의 분권계자 저항은 $50[\Omega]$이며 무부하 속도는 $1200[\mathrm{rpm}]$이다. 분권 계자권선의 각 극당 권선수는 $1300[\mathrm{turn}]$이고 전기자 반작용에 의해 $200[\mathrm{A}]$의 부하전류에서 $1000[\mathrm{A \cdot turns}]$의 기자력을 감자시킨다. 이 전동기의 자화곡선은 아래와 같다.

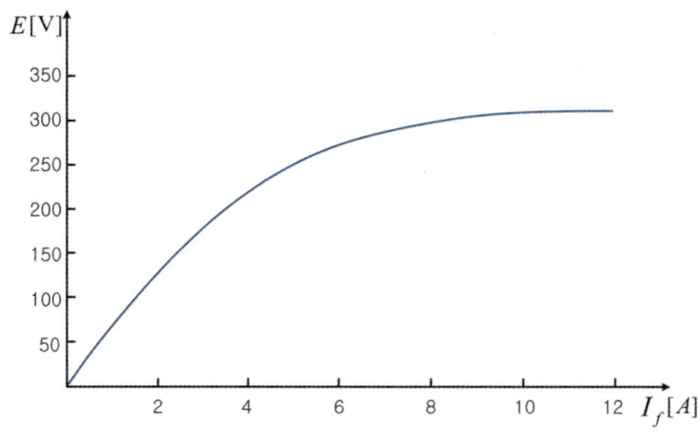

1) 보상권선이 존재하지 않고 입력전류가 $200[\mathrm{A}]$일 때 이 전동기의 속도[rpm]를 구하시오.
2) 보상권선이 존재하고 입력전류가 $200[\mathrm{A}]$일 때 이 전동기의 속도[rpm]를 구하시오.

6.44 자화곡선을 spline() 함수로 그리고 6.43의 보상권선이 없는 경우에 대해 속도-토크 특성을 MATLAB을 이용하여 그리시오.

6.45 타여자 전동기의 $\phi = 0.4$, $K_a = 0.65, V = 150[\mathrm{V}]$, $R_a = 0.5[\Omega]$의 전동기 상수를 가질 때, 전류가 $0[\mathrm{A}]$에서 $80[\mathrm{A}]$까지 증가한다. 단자 전압이 $125[\mathrm{V}]$에서 $100[\mathrm{V}]$로 감소함에 따른 속도-토크 곡선을 MATLAB을 이용하여 그리시오.

6.46 타여자 전동기가 $V = 150[\mathrm{V}]$, $R = 0.5[\Omega]$의 전동기 상수를 가지고, 계자전류가 $5[\mathrm{A}]$에서 $1[\mathrm{A}]$로 감소할 때 속도-토크 특성을 MATLAB을 이용하여 그리시오. 단 자기회로 특성이 선형이기 때문에 자속은 ϕ는 계자전류 I_f에 비례한다. ($K_a\phi = K_f I_f$이고 $K_f = 1.05$)

제 07 장

유도전동기

7.1 유도전동기의 원리와 구조

7.1.1 유도전동기의 원리

그림 7.1은 아라고 원판이라고 하는 회전체로써 그림과 같이 도체로 된 원판이 회전할 수 있게 한 구조이다. 아라고 원판 위에서 자석을 회전시키면 도체에서는 자계가 변하기 때문에 기전력이 유도된다. 이때 유도되는 기전력의 방향은 도체의 상대속도가 자석의 속도 성분과 반대방향이므로 플레밍의 오른손법칙을 적용하면 그림 7.1(a)와 같은 기전력이 발생되고 이 기전력에 의해 전류가 흐른다. 또한 이 전류방향과 자속방향의 법선방향으로 힘이 발생하므로 플레밍의 왼손법칙을 적용하면 도체는 자석의 회전방향과 같은 방향으로 힘을 받아 회전한다. 아라고 원판에 작용하는 힘을 자기배열 토크로 설명하기 위해 아라고 원판에 흐르는 전류가 만드는 자속의 극성을 표시하면 그림 7.1(b)와 같다. 그림 7.1(b)와 같은 방향의 N극과 S극이 발생되므로 아라고 원판에는 반발력과 흡입력이 자석의 회전방향과 같은 방향으로 발생한다.

이러한 원리를 선형기기(linear electric machine)에 적용하여 보자. 그림 7.2와 같이 도체판 위에 자석 N극과 S극이 오른쪽으로 이동하면 도체는 상대적으로 왼쪽으로 운동하는 것과 같으므로 그림 7.2(a)와 같은 방향으로 기전력이 유도되어 전류가 흐르게 된다. 이 전류와 영구자석의 상호작용(플래밍의 왼손법칙)에 의해 도체는 오른쪽으로 힘을 받아 이동하게 된다. 이러한 현상을 자기배열 토크로 설명하기 위해 자속관계로 나타내면 그림 7.2(b)와 같다. 도체에 흐르는 전류는 그림 7.2(b)와 같은 자극을 만들어 내고 이 자극은 영구자속의 자극과 반발력과 흡인력이 작용하여 자석의 이동방향과 같은 방향으로 힘이 발생하여 움직인다.

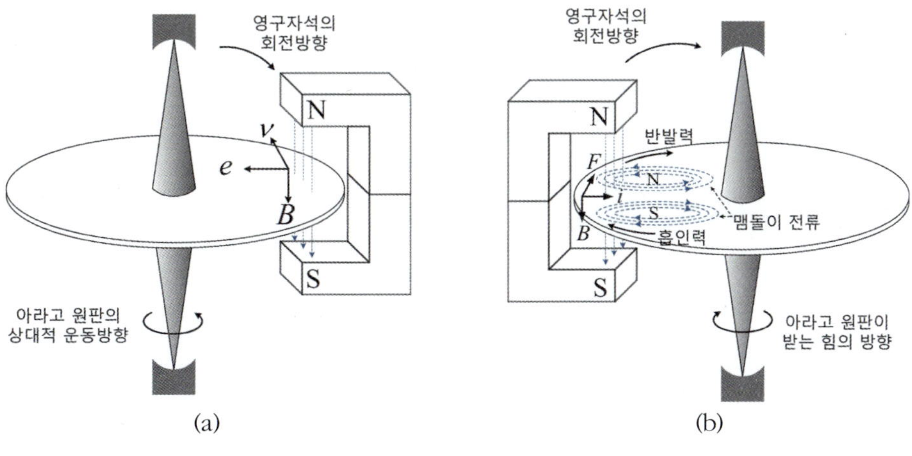

그림 7.1 아라고 원판에서 유도기전력과 힘의 방향 (a) 유도기전력의 방향 (b) 힘의 방향

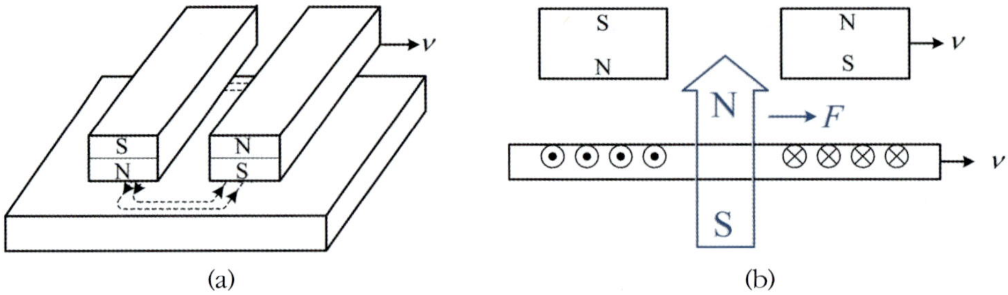

그림 7.2 선형기기에서 동작 원리 (a) 유도기전력 발생 원리 (b) 힘의 발생 원리

그림 7.2의 직선형으로 되어 있는 도체를 그림 7.3과 같이 원으로 말아주고 자석을 반시계방향으로 회전시키면 선형기기에서 발생되었던 힘과 같은 힘이 원형기기에서 발생되고 이 힘에 의해서 도체가 자석의 회전방향과 동일한 방향으로 회전한다.

이와 같이 자석의 회전에 의해 도체에 유도전류가 흐르고 이 유도전류와 자속의 상호작용에 의해 회전하는 현상을 이용한 기계를 유도전동기라고 한다. 그러나 이제까지 설명한 힘 발생 원리는 자석을 외부의 힘에 의해 돌려주어 회전자에서 기계적 동력이 발생되었으므로 기계에너지가 기계에너지로 변환된 것에 불과하므로 전동기라고 할 수 없다. 전동기란 전기에너지가 기계적인 에너지로 변환되는 장치이므로 외부에서 기계적인 힘으로 돌려주는 자석을 전기적으로 돌려줄 수 있다면 전동기로써 동작할 수 있다. 따라서 유도전동기에서 가장 중요한 것은 "어떻게 전기적으로 자계를 연속적으로 회전시킬 수 있는가?"이다. 이와 같이 전기적으로 자계를 회전시킬 때 이 자계를 회전자계라 하고 교류전동기에서 가장 중요한 개념이다.

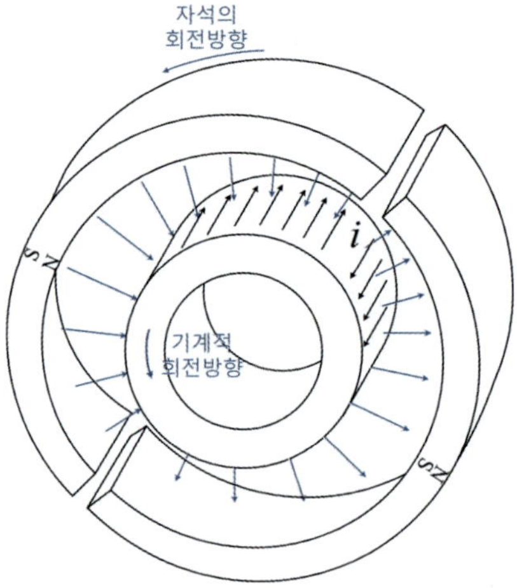

그림 7.3 유도기 동작 원리

7.1.2 유도전동기의 구조

유도전동기는 그림 7.3과 같이 회전자계를 발생시키는 부분과 유도전류가 흐르는 부분으로 나뉜다. 일반적으로 유도전동기에서는 회전자계를 발생시키는 부분을 고정자로 하고 유도전류가 흐르는 부분을 회전자로 한다. 고정자에는 권선을 감아 공간적으로 가능한 정현적인 자속분포를 갖는 회전자계(rotating magnetic field)를 발생시키도록 하여 고조파에 의한 토크리플이 없도록 한다. 유도전동기는 회전자 구조에 따라 권선형 유도전동기와 농형 유도전동기로 나눈다. 권선형 유도전동기는 그림 7.4(a)에서와 같이 회전자의 철심에 권선을 감은 구조로 권선은 슬립링을 거쳐 단락하거나 외부의 저항기와 접속한다. 권선형 유도전동기에서 외부의 저항기를 삽입하는 이유는 7.7절, 7.8절에서 알 수 있는 바와 같이 기동과 속도제어와 관련이 있다. 즉 외부 저항기는 회전자에 흐르는 전류를 제어하여 기동 전류 및 속도를 제어하는 역할을 한다.

농형 유도전동기는 그림 7.4(b)에서와 같이 철심에 도체를 박은 형태로 각 도체는 단락환으로 단락시킨다. 그림에서와 같이 도체의 모양이 다람쥐장 같은 모양을 하였다고 하여 영어로는 squirrel cage type 유도전동기 또는 cage type 유도전동기라 하고 일본과 한국에서는 회전자의 도체가 장롱같은 모양이라는 의미에서 농형 유도전동기라고 한다.

일반적으로 권선형 유도전동기는 수백 [kW] 이상의 전동기에 사용되고 그 이하의 전동기는 일반적으로 농형 유도전동기가 사용된다. 농형 유도전동기에서 회전자의 농형 바는 알루미늄을 다이캐스팅(die-casting)하거나 또는 알루미늄 바를 삽입하여 만든다. 최근에는

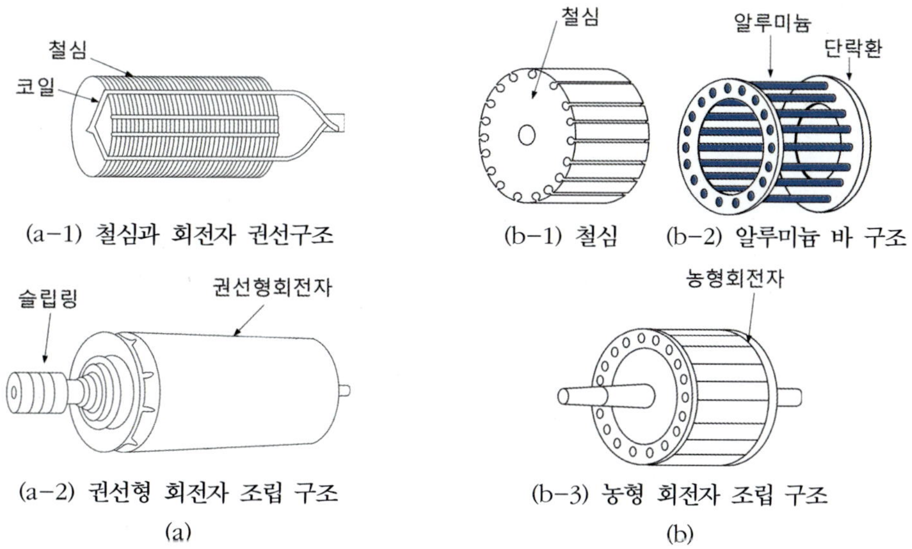

그림 7.4 권선형 타입과 농형 타입의 유도전동기 (a) 권선형 회전자 (b) 농형 회전자

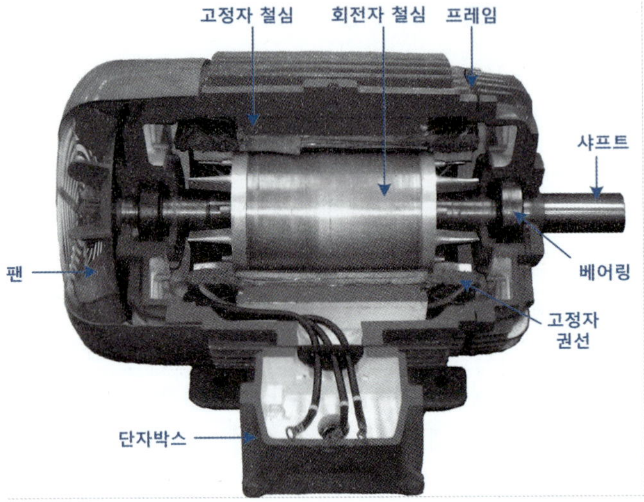

그림 7.5 농형 유도전동기의 구조(한국기계전기전자시험연구원 제공)

농형도체의 전기적 저항을 작게 하기 위해서 동을 다이캐스팅하거나 또는 동 바(copper bar)를 삽입하는 경우도 있다.

그림 7.5는 농형 유도전동기를 나타내고 있다. 그림 7.5에서와 같이 유도전동기는 회전자, 고정자, 베어링, 외부 연결박스, 팬, 축으로 구성되어 있다. 유도전동기는 고정자와 하우징 구조를 갖는데 하우징은 고정자가 움직이지 않게 고정시키는 역할뿐 아니라 내부 보호 및 냉각의 역할을 한다. 유도전동기의 회전자는 와전류손을 줄이기 위해 적층되어 있는 철심과 농형바로 구성되며 기계적 입출력을 위해 샤프트 구조를 갖는다.

7.2 회전자계

5.4절에서 알아 본 바와 같이 자기배열 토크(magnetic allignment torque)는 반대극끼리 배열하려고 하는 토크로 N극과 S극이 마주보는 위치가 안정점이다. 따라서 회전기에서 고정자가 일정한 방향으로 자속을 발생시키고 있다면 회전자는 고정자 자속에 배열하는 토크가 발생하고 회전자 자속과 고정자 자속이 배열하면 토크는 더 이상 발생되지 않고 정지한다. 따라서 회전자를 계속해서 회전시키기 위해서는 회전자가 회전함에 따라 고정자에서 발생하는 자속의 자극도 회전자의 속도와 같은 속도(동기속도라고 함)로 회전시켜야 한다. 이와 같이 고정자 자속을 회전자에 동기시켜 회전시키면 고정자의 자극과 회전자의 자극은 어떤 일정한 각도 관계를 가지고 일정한 토크를 발생하며 회전한다. 이와

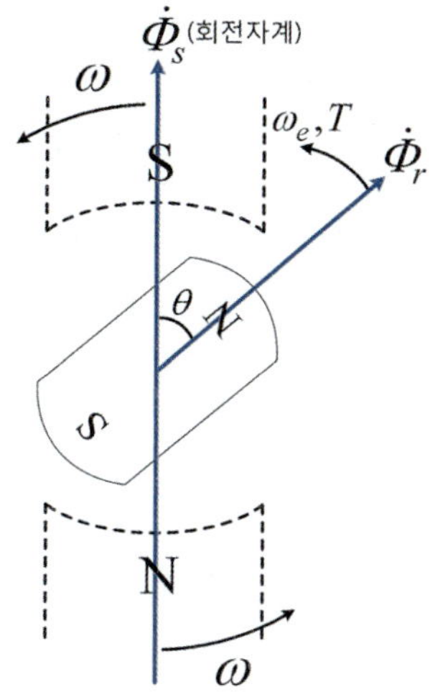

그림 7.6 회전자계의 원리

같이 고정자에서 발생되는 자계를 전기적으로 회전시키는 것을 회전자계라고 하며 거의 모든 교류기기는 회전자계를 이용한다. 그림 7.6은 회전자계의 원리를 나타낸 것이다. 그림 7.6에서 고정자에서 발생되는 자속 $\dot{\Phi}_s$가 회전자의 속도 ω_e와 같은 속도로 회전하면 어떠한 순간에도 그림과 같은 위치관계를 유지하게 되어 일정한 토크가 발생된다.

회전자계는 다상의 전동기(multi-phase motor)를 사용하면 발생시킬 수 있다. 즉 2상 이상의 코일을 공간적으로 평형하게 배치시키고 평형한 전원을 공급하면 회전자계가 발생한다.[주1] 그림 7.7에 나타나 있는 3상 전동기를 기준으로 회전자계의 발생 원리를 알아보도록 하자. 그림 7.7(a)에서와 같이 a, b, c상 코일을 공간적으로 전기각 $120°$가 차이 나도록 감는다. 이때 각 상 코일의 기준 전류방향은 그림 7.7(a)와 같다. 그림 7.7과 같이 감긴 권선에 평형 3상의 전류가 흐르는 경우를 살펴보도록 하자. 그림에서 시간 $\omega t = 0°$인 위치에서는 a상 전류는 최대치가 되고 b상 전류는 $-$방향으로 최대치의 $1/2$ 크기가 되며, c상 전류는 $-$방향으로 최대치의 $1/2$ 크기를 갖는다. 따라서 $0°$에서 발생하는 자속의 방향은 그림 7.7(b−1)와 같은 자속벡터를 갖는다. $\omega t = 30°$인 위치에서는 a상에 흐르는 전류는 $+$방향으로 최대치의 $\sqrt{3}/2$ 크기이고, b상 전류는 0, c상 전류는 $-$방향으로 최대치의 $\sqrt{3}/2$ 크기가 되어 자속벡터를 그림으로 나타내면 그림 7.7(b−2)와 같이 된다. 이와 같이 고정자에서 발생하는 자속을 시간별로 그려보면 자속방향은 그림 7.7(b)와 같이 되어 1주기의 시간동안에 자속은 전기각으로 $360°$ 회전한다. 입력전류는 연속적으로 변하므로 발생되는 자속은 연속적으로 회전하는 회전자계임을 알 수 있다.

주1) 2상이면 각 상 코일을 공간적으로 전기각 90°로 배치하고 시간적으로 90° 차이나는 2상 전류를 공급한다. 또한 3상인 경우는 코일을 공간적으로 전기각 120°로 배치하고 시간적으로 120° 차이나는 평형 3상 전류를 공급한다.

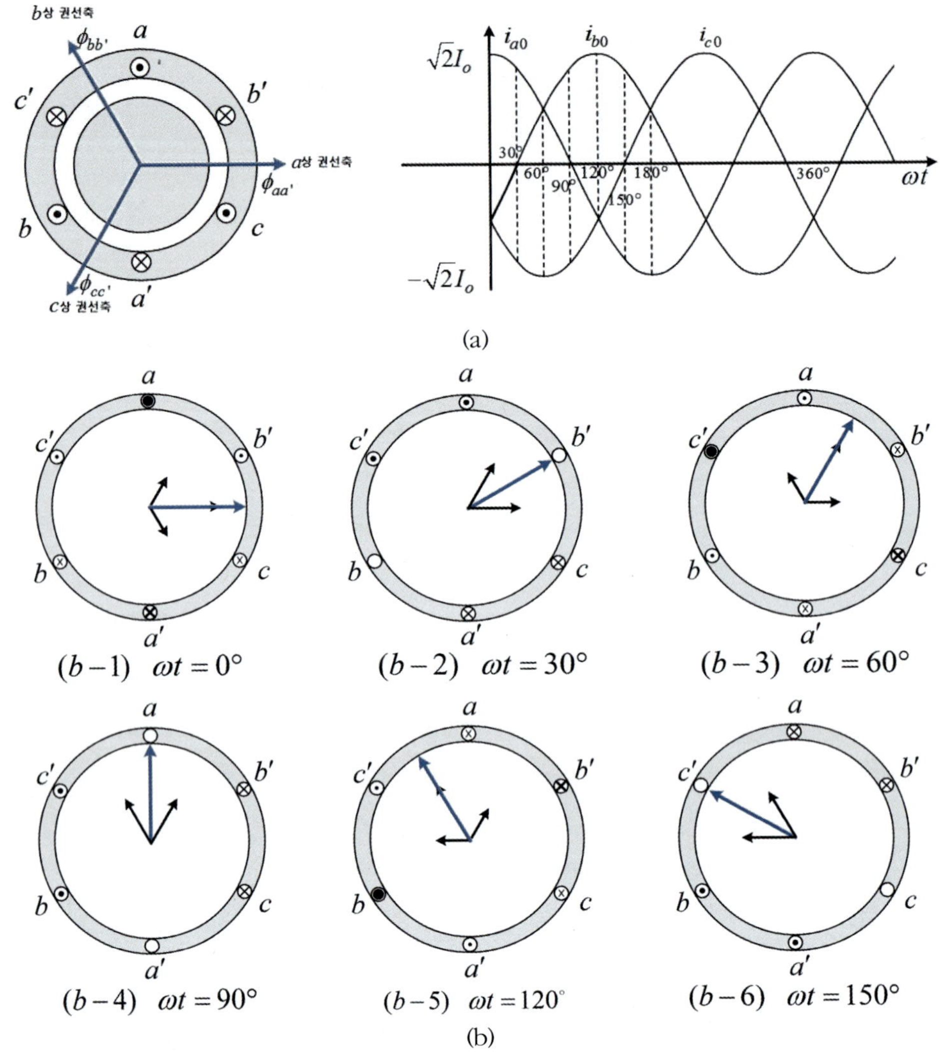

그림 7.7 3상 유도전동기에서 회전자계 발생 원리
(a) 시간에 따른 각 상전류 (b) 시간에 따른 기자력벡터

지금까지 다룬 회전자계의 원리를 자속을 기반으로 하여 수식적으로 전개해 보도록 하자. 각 상 코일에서 발생하는 자속은 전류벡터와 같은 크기이므로 시간적, 공간적으로 $120°$씩 차이가 나고 a, b, c상에서 발생하는 자속은 식 (7.1)과 같이 나타낼 수 있다.

$$\begin{aligned} \phi_{aa'}(t) &= \phi_m \cos\omega t \angle 0° \quad [\mathrm{Wb}] \\ \phi_{bb'}(t) &= \phi_m \cos(\omega t - 120°) \angle 120° \quad [\mathrm{Wb}] \\ \phi_{cc'}(t) &= \phi_m \cos(\omega t - 240°) \angle 240° \quad [\mathrm{Wb}] \end{aligned} \tag{7.1}$$

여기서 ϕ_m은 자속밀도의 최대치를 나타낸다.

식 (7.1)에서 알 수 있는 바와 같이 각 상이 발생시키는 자속은 시간적으로 120°씩 차이나고 공간적으로도 120°씩 차이난다. 공극자속은 각 코일이 발생시키는 자속의 합이므로 각 코일의 자속을 x, y성분으로 분해하여 합하면 식 (7.2)가 얻어진다.

$$\begin{aligned}\phi(t) &= \phi_m \cos\omega t \angle 0^\circ + \phi_m \cos(\omega t - 120^\circ) \angle 120^\circ + \phi_m \cos(\omega t - 240^\circ) \angle 240^\circ \\ &= \phi_m \cos\omega t \hat{\mathbf{x}} \\ &\quad - [0.5\phi_m \cos(\omega t - 120^\circ)]\hat{\mathbf{x}} + [\frac{\sqrt{3}}{2}\phi_m \cos(\omega t - 120^\circ)]\hat{\mathbf{y}} \\ &\quad - [0.5\phi_m \cos(\omega t - 240^\circ)]\hat{\mathbf{x}} - [\frac{\sqrt{3}}{2}\phi_m \cos(\omega t - 240^\circ)]\hat{\mathbf{y}} \\ &= (1.5\phi_m \cos\omega t)\hat{\mathbf{x}} + (1.5\phi_m \sin\omega t)\hat{\mathbf{y}} \ \ [\mathrm{Wb}]\end{aligned} \tag{7.2}$$

식 (7.2)에서 알 수 있는 바와 같이 a상이 발생시키는 자속은 x축 성분만 가지고 있으며 b상, c상이 발생시키는 자속을 x축과 y축으로 분해하여 더하게 되면 x축과 y축의 자속은 시간에 따라 변한다.

식 (7.2)에서 발생되는 자속의 크기와 방향은 그림 7.8과 같이 일정한 크기를 갖고 반시계방향으로 회전하는 회전자계를 나타내는 식 임을 알 수 있다.

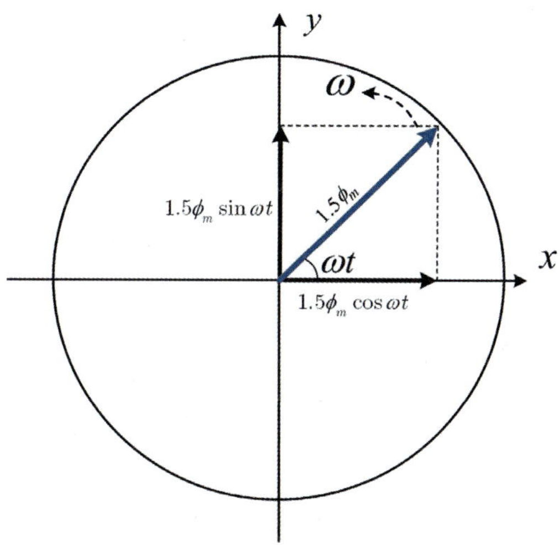

그림 7.8 3상 회전자계 크기와 회전방향

예제 7.1 그림과 같이 a, b, c 상 권선을 시계방향으로 평형하게 배치시키고 그림 7.7(a)와 같은 전류가 흐를 때 자속의 회전방향을 그림으로 나타내시오.

풀이 << 그림 7.7과 같이 a, b, c 상을 반시계방향으로 배치하면 반시계방향으로 회전하는 회전자계가 발생하지만 다음 그림에서 알 수 있는 바와 같이 a, b, c 상을 시계방향으로 배치하면 시계방향으로 회전하는 회전자계가 발생됨을 알 수 있다.

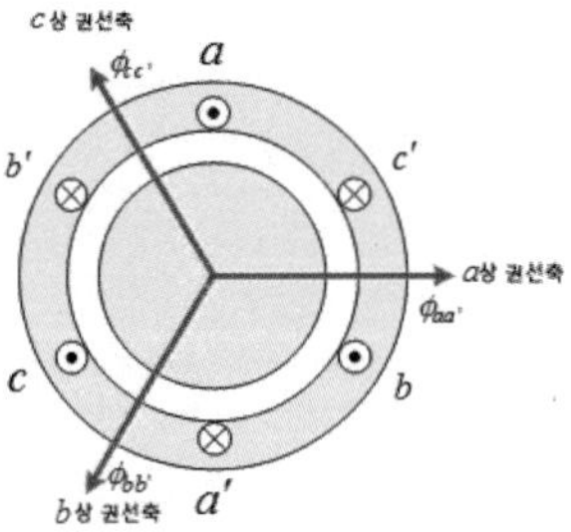

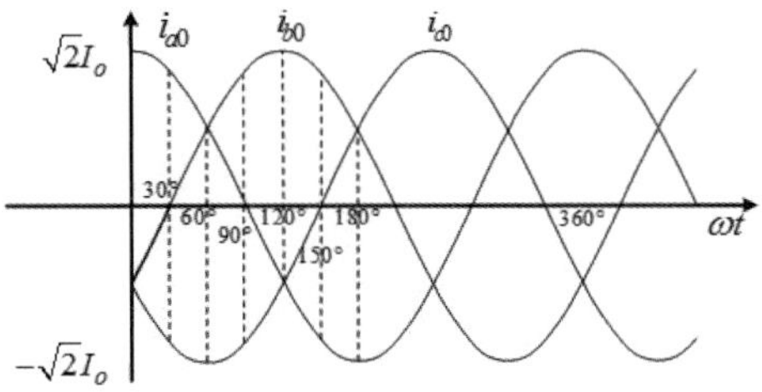

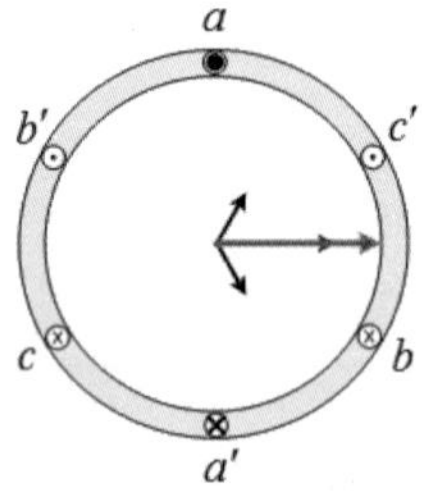

(b−1) $\omega t = 0°$

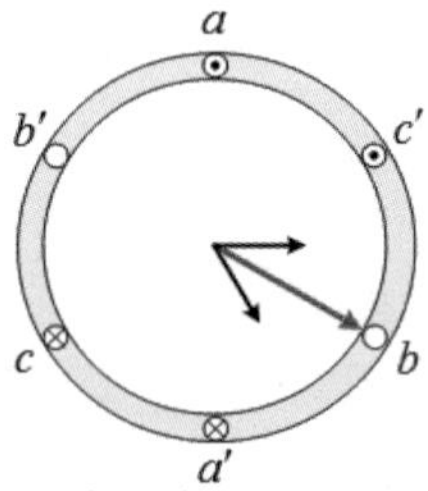

(b−2) $\omega t = 30°$

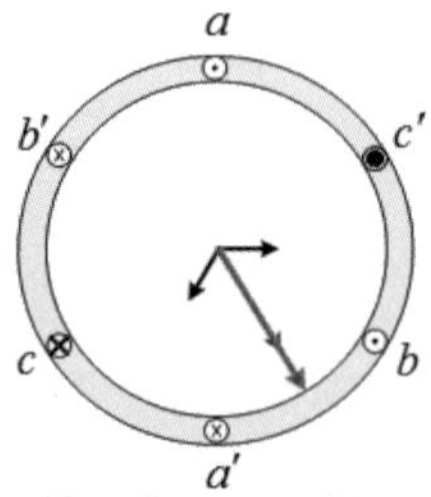

(b−3) $\omega t = 60°$

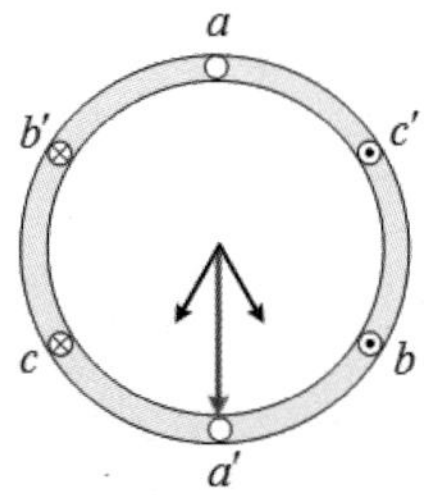

(b−4) $\omega t = 90°$

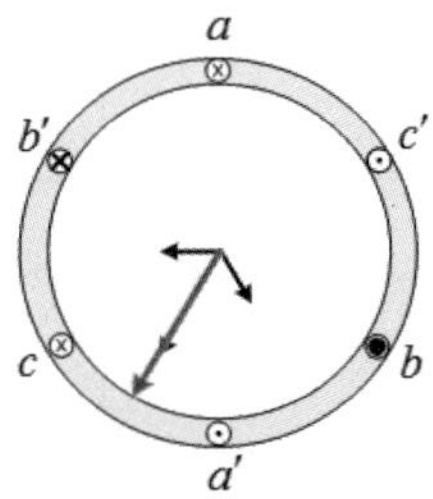

(b−5) $\omega t = 120°$

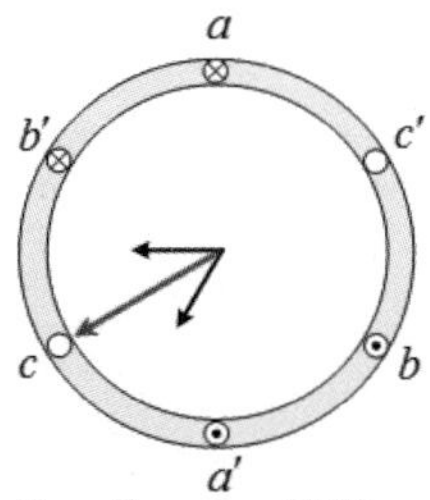

(b−6) $\omega t = 150°$

예제 7.2 4극 3상 유도전동기에서 회전자계 발생 원리를 시간에 따른 각 상전류와 시간에 따른 기자력 벡터를 그림으로 나타내시오.

풀이 << 4극 권선은 그림 (a)와 같이 기계각 180°내에 2극기의 권선을 그대로 감고 나머지 180°는 앞의 권선과 동일하게 감는 것이 기본이다. 이와 같이 하면 그림 (b)에서와 같이 4극의 회전자속이 발생된다. 여기서 주의해야 할 것은 전원의 1주기당 회전자계는 기계적으로 180° 회전한다는 것이다. 즉, 4극기로 하면 전원의 1주기당 회전자계는 전기적으로 360°, 기계적으로 180° 회전한다.

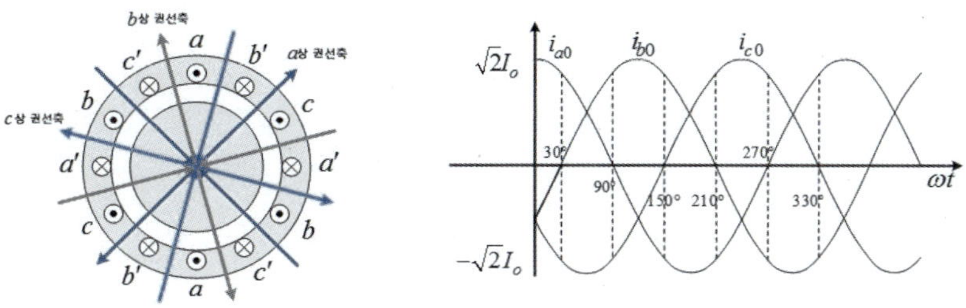

(a) 시간에 따른 각 상전류

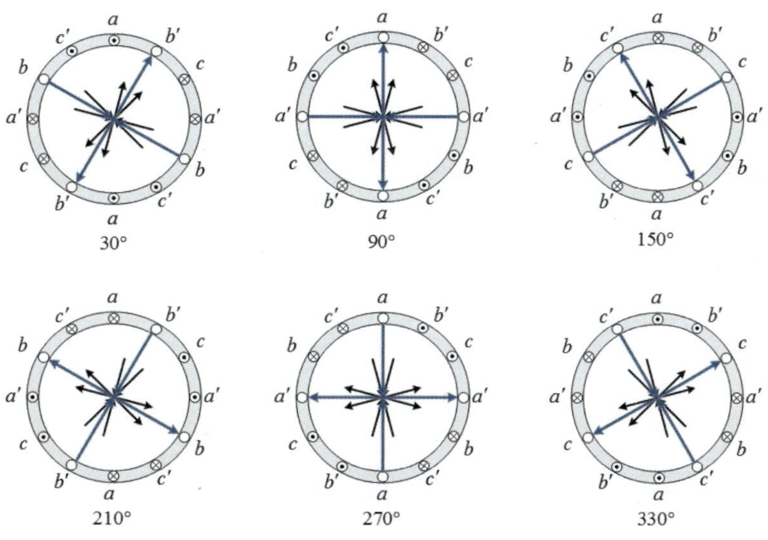

(b) 시간에 따른 기자력벡터

<예제 7.2>에서 알 수 있는 바와 같이 4극기에서 전기적으로 360°의 시간동안에 회전자계는 기계적으로 180°회전하게 된다. 이 때 전기적인 각속도는 N극과 S극이 1회 바뀌는 것을 360°로 정의한다. 따라서 전기적인 동기각속도 ω와 기계적인 동기각속도 ω_s, 회전자의 전기적인 각속도 ω_e와 기계적인 각속도 ω_m, 전기적인 위치 θ와 기계적인 위치 θ_m는 식 (7.3)의 관계가 성립한다.

$$\omega = \frac{P}{2}\omega_s \ \ [\mathrm{rad/sec}], \quad \omega_e = \frac{P}{2}\omega_m \ \ [\mathrm{rad/sec}], \quad \theta = \frac{P}{2}\theta_m \ \ [\mathrm{rad}] \tag{7.3}$$

여기서 P는 극수를 나타낸다.

따라서 2극기에서는 $\omega = \omega_s$, 4극기에서는 $\omega = 2\omega_s$이다.

7.3 고정자 권선법 및 기자력

7.3.1 권선법의 종류

유도전동기에서 고정자의 권선법이란 공극에 양질의 자속을 만들어 시간적으로 회전하는 회전자계를 만드는 코일의 구성방법이라고 정의할 수 있다. 여기서 양질의 자속을 만든다는 것은 "공극자속을 어떻게 정현적이며 효율적으로 분포시킬 수 있는가?"라는 것이다. 그림 7.9와 같이 고정자와 회전자 사이의 공극의 지점에서 측정한 반경방향의 자속밀도가 정현적인 것이 이상적인 자속의 분포이다.

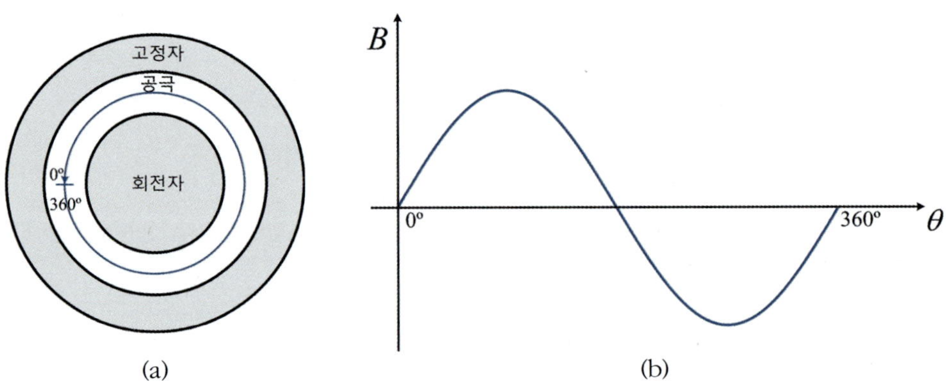

그림 7.9 2극기에서 자속밀도의 분포
(a) 공극자속의 측정위치 (b) 자속밀도의 공간분포

표 7.1 권선법의 종류

집중권	분포권		치 집중권
	전절권	단절권	
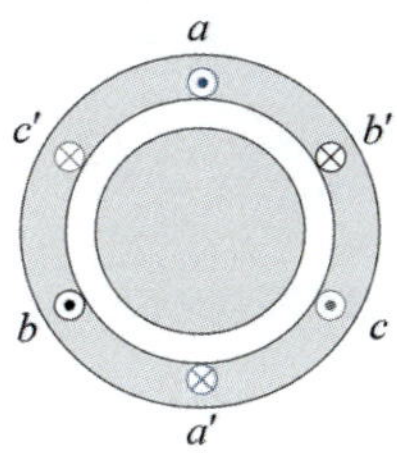	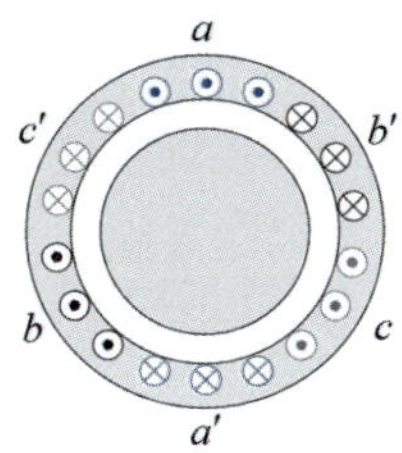	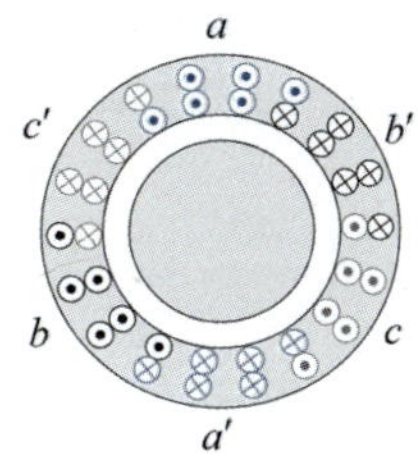	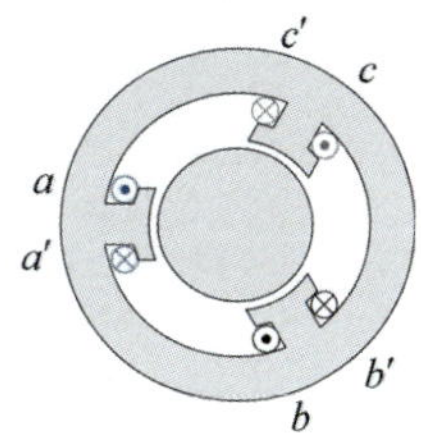
기자력이 큼 고조파가 큼 점적률 높음	기자력이 다소작음 고조파 중간 점적률 중간	기자력 다소작음 고조파 작음 점적률 낮음	기자력 큼 고조파 매우 큼 점적률 매우 높음

유도전동기의 권선법은 여러 가지 방법이 있으며 대표적인 권선법은 표 7.1과 같이 집중권, 분포권, 치 집중권으로 나눌 수 있다. 분포권(distributed winding)은 다시 전절권(full pitch winding)과 단절권(short pitch winding)으로 나눌 수 있다. 각각의 권선법은 장단점을 가지고 있으나 일반적으로 공극의 자속밀도를 가장 정현적으로 만들 수 있는 권선법은 분포단절권이다. 특히 치 집중권(teeth concentrated winding)은 기자력이 크고 점적율주1) 도 높게 할 수 있으나 고조파가 매우 크기 때문에 유도전동기의 권선법으로는 거의 사용하지 않는다. 각 권선법이 가지고 있는 특징에 대해서는 7.3.2~7.3.4에서 자세히 다루도록 한다.

7.3.2 집중권의 기자력

집중권은 한 상에 1개의 코일만이 존재하며 극당 상당 슬롯수 q로 나타내면 $q=1$인 권선이다. 예를 들면, 그림 7.10의 전동기는 2극이면서 슬롯이 6개인 3상 전동기로 극당 상당 슬롯수는 1이다.

2극기에서 기자력 분포는 암페어의 주회법칙을 이용하면 쉽게 구할 수 있다. 그림 7.10(b)에서와 같이 a상 권선이 만드는 자계방향으로 폐회로를 잡아 암페어 주회법칙을 적용하고 철심의 투자율이 무한대라고 하면 철심에서 자계세기($H=B/\mu$)는 0이 된다. 공극에서의 자계를 H_g라 하고 공극길이를 l_g라고 하면 식 (7.4.1)이 성립되므로 공극의 기자력(mmf : magnetomotive force)은 식 (7.4.2)와 같이 된다.

주1) 점적율 $=\dfrac{\text{권선도체면적}}{\text{슬롯면적}}$ 으로 정의된다.

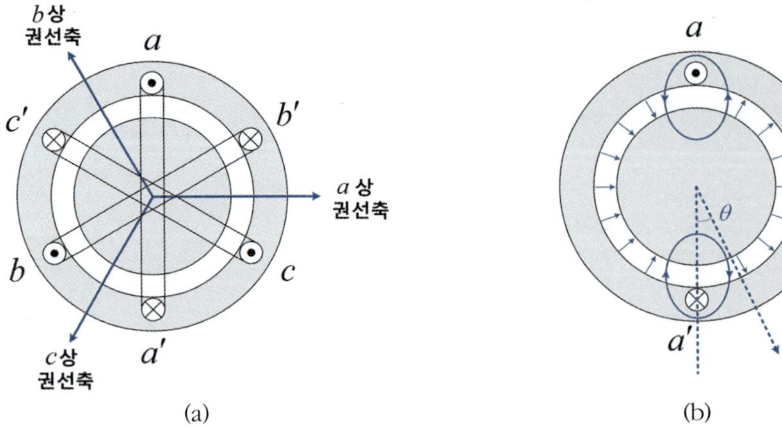

그림 7.10 집중권에서의 기자력 분포 계산모델 (a) 집중권 구조 (b) 암페어의 주회법칙의 적용

$$2l_g H_g = N_1 i_{a0} \ \ [\mathrm{AT}] \tag{7.4.1}$$

$$F_a = H_g l_g = \frac{N_1 i_{a0}}{2} \ \ [\mathrm{AT}] \tag{7.4.2}$$

여기서 N_1은 코일의 턴수, i_{a0}는 a상 권선에 흐르는 여자전류이다.

P극기에서 a상 권선의 총 턴수를 N_1이라고 하면 극쌍수 p당 기자력은 $N_1 i_{a0}/2p$이므로 P극기에서 기자력 분포의 일반식은 식 (7.5)와 같다.

$$F_a = \frac{N_1}{2p} i_{a0} = \frac{N_1}{P} \sqrt{2}\, I_0 \cos\omega t \ \ [\mathrm{AT}] \tag{7.5}$$

여기서 i_{a0}, I_0는 1차측 여자전류의 순시치와 실효치를 나타낸다.

그림 7.10(b)에서 폐회로를 어떻게 잡아도 공극기자력은 동일하므로 집중권에서 공극기자력의 공간 분포는 이상적일 경우 그림 7.11과 같이 구형파가 된다. 구형파는 푸리에 급수로 전개하면 식 (7.6)과 같이 된다.

$$f_a = \frac{4}{\pi} F_a \left(\sin\theta + \frac{1}{3}\sin 3\theta + \frac{1}{5}\sin 5\theta + \cdots + \frac{1}{\nu}\sin \nu\theta + \cdots \right) \ \ [\mathrm{AT}] \tag{7.6}$$

여기서 ν는 고조파 차수를 나타내고 있다.

식 (7.6)에서 알 수 있는 바와 같이 집중권으로 된 기자력 분포에는 기본파뿐만 아니라 고조파 차수에 역비례하는 크기를 갖는 고조파(harmonics)가 포함된다.

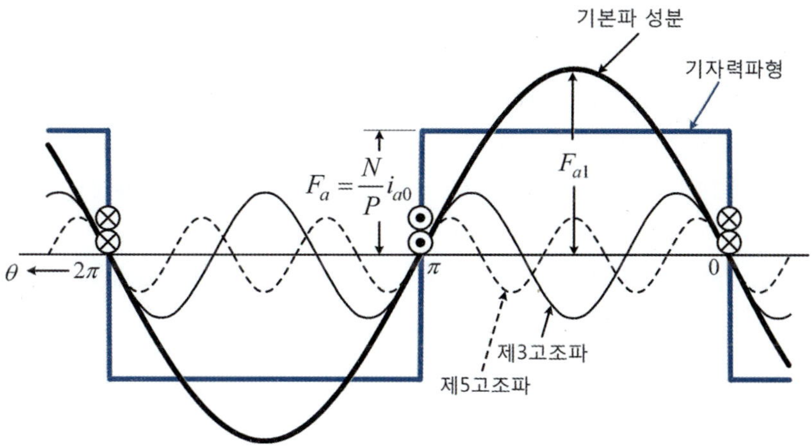

그림 7.11 집중권 1상의 기자력 분포

[1] 기본파의 기자력 분포

기자력 중 기본파 기자력 분포에 대해서 상세히 알아보도록 하자. 기자력 중에서 기본파 성분을 나타내면 식 (7.7)과 같다.

$$f_{a1} = \frac{4}{\pi} F_a \sin\theta = F_{a1} \sin\theta \ \ [\mathrm{AT}] \tag{7.7}$$

여기서 F_{a1}은 기자력의 기본파 성분의 최대값으로 식 (7.8)과 같이 시간적으로 정현적으로 변하는 양이다.

$$F_{a1} = \frac{4}{\pi} \frac{N_1}{P} \sqrt{2} I_0 \cos\omega t = F_m \cos\omega t \ \ [\mathrm{AT}] \tag{7.8}$$

따라서 식 (7.8)을 식 (7.7)에 대입하면 식 (7.9)와 같이 공간적으로 정현적인 분포를 하고 시간적으로 정현적인 변화를 하는 기자력 분포를 얻을 수 있다.

$$f_{a1} = F_m \cos\omega t \sin\theta \ \ [\mathrm{AT}] \tag{7.9}$$

식 (7.9)에 삼각함수 공식을 적용하면 식 (7.10)와 같은 기자력 식을 얻을 수 있다.

$$f_{a1} = F_m \cos\omega t \sin\theta = \frac{F_m}{2} \sin(\theta - \omega t) + \frac{F_m}{2} \sin(\theta + \omega t) \ \ [\mathrm{AT}] \tag{7.10}$$

식 (7.10)은 한 상의 권선에 교류를 가했을 때 기자력 분포를 나타내는 것이다. 식

(7.10)의 첫 번째 항은 그림 7.12(a)와 같이 정현파가 시간적으로 반시계방향으로 이동하는 파를 나타낸다. 또한 두 번째 항은 그림 7.12(b)와 같이 정현파가 시간에 따라 시계방향으로 이동하는 파를 나타낸다. 두 파의 공간적인 특성을 명확히 하기 위해 자속의 최대치 방향을 벡터방향으로 하여 두 벡터를 시간에 따라 나타내면 그림 7.13과 같다. 그림 7.13의 기자력 벡터에서 알 수 있는 바와 같이 한 코일에서 발생하는 자속은 N극과 S극이 시간에 따라 번갈아 나타나는 교번자계이다. 이러한 교번자계(pulsating magnetic field)는 반시계방향으로 회전하는 기자력(정상분)과 시계방향으로 회전하는 기자력(역상분)의 벡터합이라는 것을 알 수 있다.

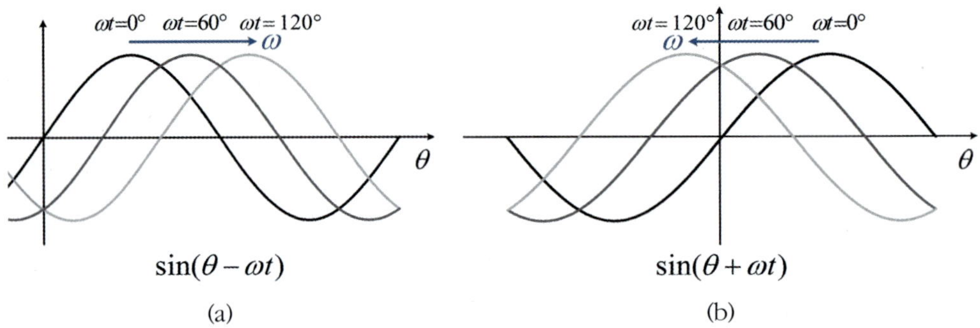

그림 7.12 한 상에서의 기본파 기자력 성분 (a) 정상분 (b) 역상분

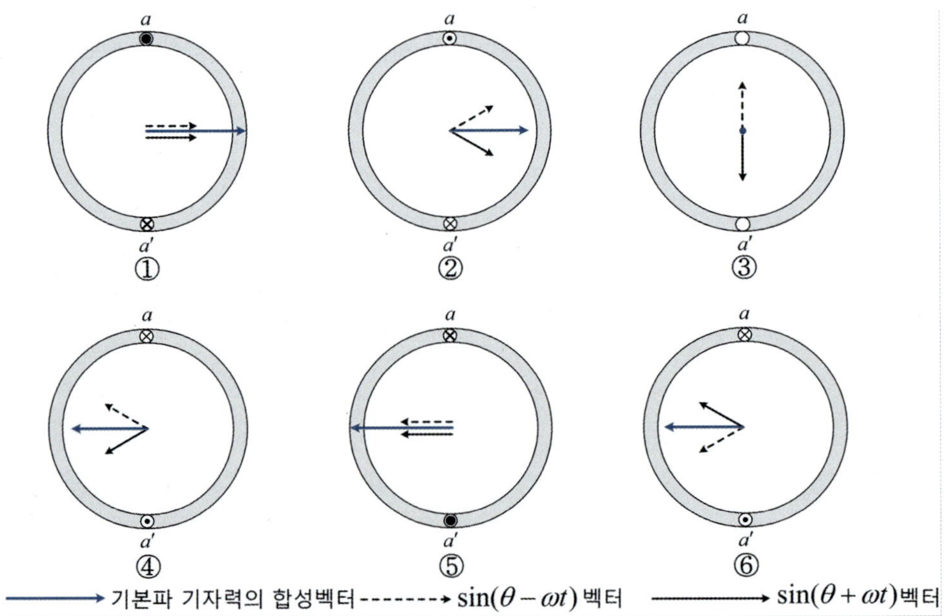

그림 7.13 한 상에서의 기자력 기본파의 벡터의 회전

a상과 마찬가지로 b상, c상 권선의 기자력 분포를 구해보자. b상의 기자력은 식 (7.10)에서 전류가 시간적으로 120° 차이가 나고 또한 공간적으로도 120° 차이난다. 따라서 b상 권선의 기자력 식은 식 (7.11)과 같다.

$$\begin{aligned} f_{b1} &= F_m \cos(\omega t - 120°)\sin(\theta - 120°) \\ &= \frac{F_m}{2}\sin(\theta - \omega t) + \frac{F_m}{2}\sin(\theta + \omega t - 240°) \ \ [\mathrm{AT}] \end{aligned} \tag{7.11}$$

또한 c상 권선의 기자력 분포는 a상과 비교하여 시간적으로 240°, 공간적으로 240° 차이가 나므로 c상의 기자력 분포는 식 (7.12)으로 정의된다.

$$\begin{aligned} f_{c1} &= F_m \cos(\omega t - 240°)\sin(\theta - 240°) \\ &= \frac{F_m}{2}\sin(\theta - \omega t) + \frac{F_m}{2}\sin(\theta + \omega t - 120°) \ \ [\mathrm{AT}] \end{aligned} \tag{7.12}$$

공극의 기자력 분포는 a, b, c상 기자력의 합이다. 식 (7.10), (7.11), (7.12)에서 알 수 있는 바와 같이 각 상의 기자력 분포의 첫 번째 항은 동일하고 두 번째 항은 120°씩 차이가 나므로 합성기자력은 식 (7.13)과 같다.

$$f_1 = f_{a1} + f_{b1} + f_{c1} = \frac{3}{2}F_m \sin(\theta - \omega t) \ \ [\mathrm{AT}] \tag{7.13}$$

이와 같이 평형 3상의 기자력은 진폭이 $\frac{3}{2}F_m$ 이고 공간적으로 정현파인 기자력이 반시계방향으로 회전함을 알 수 있다. 식 (7.13)과 같은 기자력을 회전기자력이라고 한다.

이제까지는 3상의 경우를 다루었으나 m상의 대칭권선에 평형 m상을 인가할 경우 식 (7.14)와 같은 회전기자력이 얻어진다.주1)

$$f_1 = \frac{m}{2}F_m \sin(\theta - \omega t) \ \ [\mathrm{AT}] \tag{7.14}$$

이와 같은 기본파의 기자력이 만들어내는 공극의 자속밀도 분포를 구해보자. 기자력과 자속밀도는 식 (7.15)의 관계가 있다. 식 (7.15)에서 알 수 있는 바와 같이 자속 ϕ는 퍼미언스 P_m과 기자력 f_m의 곱이고 공극의 자속밀도 B와 기자력의 관계는 식 (7.16)과 같다.

$$\phi = BS = P_m f_m \ \ [\mathrm{Wb}] \tag{7.15}$$

$$B = \frac{1}{S}\frac{\mu_0 S}{l_g}f_m = \frac{\mu_0}{l_g}f_m = P_r f_m \ \ [\mathrm{Wb/m^2}] \tag{7.16}$$

주1) 예제 7.3 참조

여기서 S, P_m, P_r은 각각 자속이 지나는 면적, 퍼미언스(permeance), 비퍼미언스(relative permeance)를 나타내며 특히 비퍼미언스 P_r은 다음과 같다.

$$P_r = \frac{\mu}{l_g} \ [\mathrm{Wb/AT \cdot m^2}] \tag{7.17}$$

따라서 공극이 균일한 경우 비퍼미언스가 일정하므로 공극 자속밀도의 분포는 기자력 분포와 동일한 모양이 된다.

예제 7.3 m상에서 기본파 공극기자력을 구하세요.

풀이 <<

1) m이 3상 이상인 경우

기준상의 기자력 분포는 식 (1)과 같다. m상 이므로 각 상의 기자력 분포는 시간적으로도 $\frac{360°}{m}$ 차이가 나고 공간적으로도 3상 이상인 경우 $\frac{360°}{m}$ 차이가 나게 된다. 각 상에 대하여 나열해보면 식 (2)~(4)와 같다.

$$f_1 = F_m \cos\omega t \sin\theta = \frac{F_m}{2}\sin(\theta - \omega t) + \frac{F_m}{2}\sin(\theta + \omega t) \ [\mathrm{AT}] \tag{1}$$

$$\begin{aligned} f_2 &= F_m \cos\left(\omega t - \frac{360°}{m}\right)\sin\left(\theta - \frac{360°}{m}\right) \\ &= \frac{F_m}{2}\sin(\theta - \omega t) + \frac{F_m}{2}\sin\left(\theta + \omega t - 2\frac{360°}{m}\right) \ [\mathrm{AT}] \end{aligned} \tag{2}$$

$$\begin{aligned} f_3 &= F_m \cos\left(\omega t - 2\frac{360°}{m}\right)\sin\left(\theta - 2\frac{360°}{m}\right) \\ &= \frac{F_m}{2}\sin(\theta - \omega t) + \frac{F_m}{2}\sin\left(\theta + \omega t - 4\frac{360°}{m}\right) \ [\mathrm{AT}] \end{aligned} \tag{3}$$

$$\vdots$$

$$\begin{aligned} f_m &= F_m \cos\left(\omega t - (m-1)\frac{360°}{m}\right)\sin\left(\theta - (m-1)\frac{360°}{m}\right) \\ &= \frac{F_m}{2}\sin(\theta - \omega t) + \frac{F_m}{2}\sin\left(\theta + \omega t - 2(m-1)\frac{360°}{m}\right) \ [\mathrm{AT}] \end{aligned} \tag{4}$$

식 (4)에서 두번째 sin항의 크기는 같고 각각 $2(m-1)\frac{360°}{m}$의 위상 차이를 갖는다. 따라서 전부 합하면 서로 상쇄되어 0이 된다. 따라서 합성기자력은 식 (5)와 같다.

$$\begin{aligned} f &= f_1 + f_2 + f_3 + \cdots + f_m \\ &= \frac{F_m}{2}\sin(\theta - \omega t) + \frac{F_m}{2}\sin(\theta - \omega t) + \frac{F_m}{2}\sin(\theta - \omega t) + \cdots \\ &\quad + \frac{F_m}{2}\sin(\theta - \omega t) = \frac{m}{2}F_m \sin(\theta - \omega t) \ [\mathrm{AT}] \end{aligned} \tag{5}$$

2) 2상인 경우

2상은 각 상이 전기적으로 90°, 공간적으로 90° 위상차가 나므로 f_1은 식(1)과 같고 f_2는 식(6)과 같다.

$$f_2 = F_m \cos(\omega t - 90°)\sin(\theta - 90°) = \frac{F_m}{2}\sin(\theta - \omega t) + \frac{F_m}{2}\sin(\theta + \omega t - 180°) \quad (6)$$

따라서 2상의 합성기자력은 식(7)과 같다.

$$f = F_m \sin(\theta - \omega t) \quad (7)$$

따라서 m상의 기자력의 일반식은 식(5)가 됨을 알 수 있다.

[2] 고조파의 기자력 분포

공간고조파의 기자력 분포에 대해서 알아보도록 하자. a, b, c상 권선에 시간고조파가 없는 평형한 3상 전류가 흐르고 공간에 3고조파가 있을 때 공간에서 a상이 만드는 3고조파의 기자력 분포는 식 (7.18)로 나타낼 수 있다.

$$f_{a3} = F_{m3}\cos\omega t \sin 3\theta = \frac{F_{m3}}{2}\sin(3\theta - \omega t) + \frac{F_{m3}}{2}\sin(3\theta + \omega t) \ \text{[AT]} \quad (7.18)$$

여기서 F_{m3}는 3고조파의 크기를 나타내고 기자력이 구형파이면 기본파 기자력의 $\frac{1}{3}$ 크기이다. b상 권선이 만드는 3고조파의 기자력 분포는 식 (7.19)와 같다.

$$f_{b3} = F_{m3}\cos(\omega t - 120°)\sin(3\theta - 360°) = \frac{F_{m3}}{2}\sin(3\theta - \omega t + 120°) + \frac{F_{m3}}{2}\sin(3\theta + \omega t - 120°) \ \text{[AT]} \quad (7.19)$$

또한 c상이 만드는 3고조파의 기자력 분포는 식 (7.20)과 같다.

$$f_{c3} = F_{m3}\cos(\omega t - 240°)\sin(3\theta - 720°) = \frac{F_{m3}}{2}\sin(3\theta - \omega t + 240°) + \frac{F_{m3}}{2}\sin(3\theta + \omega t - 240°) \ \text{[AT]} \quad (7.20)$$

3고조파의 공간고조파는 각 상의 3고조파 성분을 더한 것이므로 식 (7.21)과 같이 0이 된다.

$$f_{a3} + f_{b3} + f_{c3} = 0 \quad (7.21)$$

따라서 각 상에서 발생된 3고조파는 서로 상쇄되어 공간에는 나타나지 않는다. 따라서 전동기 설계 시에 3고조파에 대한 대책은 필요하지 않다. 다음은 5고조파 성분에 대해서 알아보자. a상의 공간 5고조파는 식 (7.22)와 같이 나타낼 수 있다.

$$f_{a5} = F_{m5}\cos\omega t\sin5\theta = \frac{F_{m5}}{2}\sin(5\theta - \omega t) + \frac{F_{m5}}{2}\sin(5\theta + \omega t)\ \ [\mathrm{AT}] \tag{7.22}$$

또한 b, c상의 5고조파 성분은 식 (7.23), 식 (7.24)과 같이 된다.

$$\begin{aligned} f_{b5} &= F_{m5}\cos(\omega t - 120°)\sin(5\theta - 600°) \\ &= \frac{F_{m5}}{2}\sin(5\theta - \omega t - 120°) + \frac{F_{m5}}{2}\sin(5\theta + \omega t)\ \ [\mathrm{AT}] \end{aligned} \tag{7.23}$$

$$\begin{aligned} f_{c5} &= F_{m5}\cos(\omega t - 240°)\sin(5\theta - 1200°) \\ &= \frac{F_{m5}}{2}\sin(5\theta - \omega t + 120°) + \frac{F_{m5}}{2}\sin(5\theta + \omega t)\ \ [\mathrm{AT}] \end{aligned} \tag{7.24}$$

각 상이 만드는 5고조파 성분의 합은 식 (7.25)과 같이 된다.

$$\therefore\ f_{a5} + f_{b5} + f_{c5} = \frac{3}{2}F_{m5}\sin(5\theta + \omega t)\ \ [\mathrm{AT}] \tag{7.25}$$

식 (7.25)가 갖는 의미에 대해서 알아보도록 하자. 5고조파의 공간에서 기자력은 그림 7.14와 같은 분포를 하고 시간에 따라 $\frac{\omega}{5}$의 속도로 시계방향으로 회전하고 있는 것을 알 수 있다. 이와 같이 5고조파는 10극의 자속이 $\frac{\omega}{5}$의 속도로 기본파와 반대방향으로 돌고 있다고 생각할 수 있다.

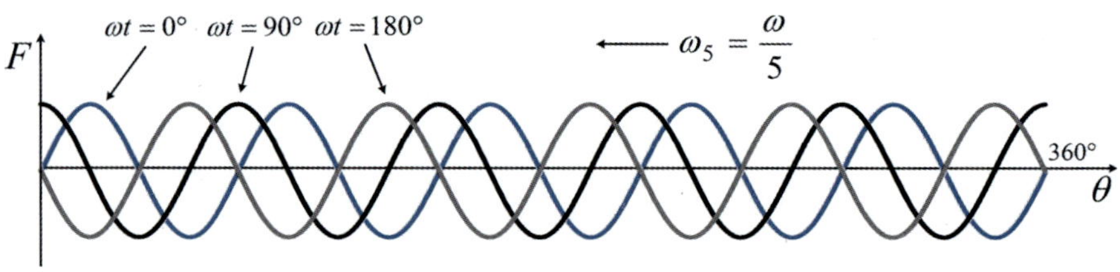

(a)

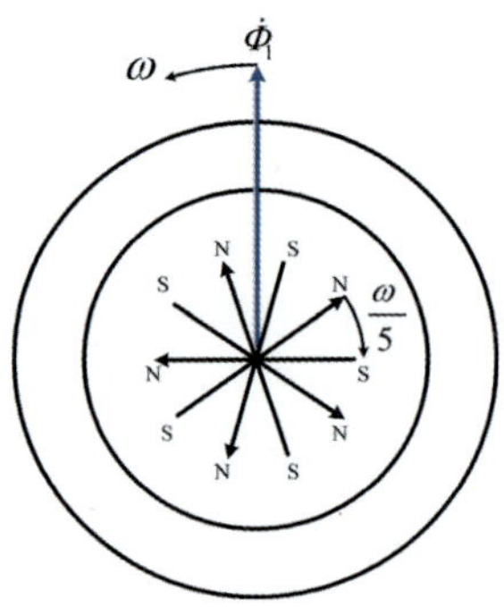

(b)

그림 7.14 5고조파의 공간적인 이동 (a) 5고조파 기자력의 공간분포 (b) 5고조파에 의한 회전자계

각 공간고조파의 특성을 요약하면 다음과 같다.

① $\nu = 3k\ (k = 1, 3, 5, \cdots)$의 고조파는 0으로 공간에 나타나지 않는다.

② $\nu = 6k-1\ (k = 1, 2, 3, \cdots)$의 고조파는 기본파의 $\frac{1}{\nu}$의 크기를 갖고 기본파와 반대방향으로 $\frac{\omega}{\nu}$의 속도로 회전한다.

③ $\nu = 6k+1\ (k = 1, 2, 3, \cdots)$의 고조파는 기본파의 $\frac{1}{\nu}$의 크기를 갖고 기본파와 같은 방향으로 $\frac{\omega}{\nu}$의 속도로 회전한다.

이와 같은 공간고조파의 성질 중, 기본파, 5고조파, 7고조파를 벡터로 표시하면 그림 7.15와 같다.

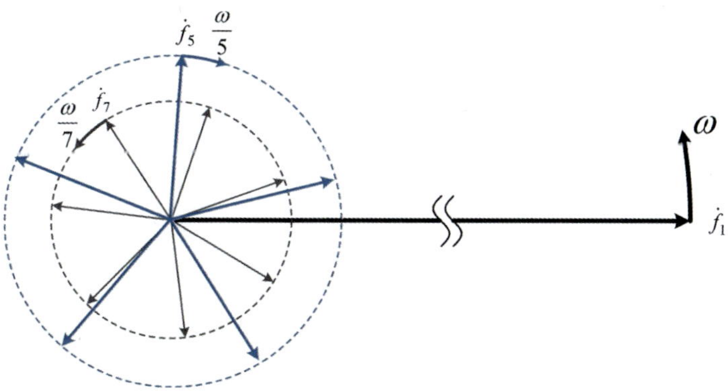

그림 7.15 공간고조파 벡터의 회전

7.3.3 분포권의 기자력

a, b, c상에 N_1턴으로 감긴 코일을 q개의 슬롯(slot)에 나누어 감는 방법을 분포권이라 한다. 그림 7.16에서와 같이 a상의 권선을 3개의 코일로 나누어 감으면 극당 상당 슬롯수가 3개인 분포권이라고 한다. 그림 7.16에서 분포권과 집중권을 같은 턴수로 하기 위해서는 분포권의 각 슬롯에 삽입되는 도체수는 집중권의 각 슬롯에 삽입되는 도체수의 $\frac{1}{3}$로 해야 한다. 따라서 분포권에서 슬롯 당 도체수는 집중권에 비해 $\frac{1}{3}$이지만 a상 전체의 도체수는 집중권과 같다.

a상 권선의 기자력 분포에 대해서 알아보자. 그림 7.16(a)에서와 같이 a상의 각 코일사이의 기자력의 방향은 공간적으로 $\alpha = \frac{\pi}{9}$만큼씩 위상차를 갖는다. 따라서 a상 권선이 만드는 자속의 기자력 분포는 그림 7.16(b)와 같이 된다.

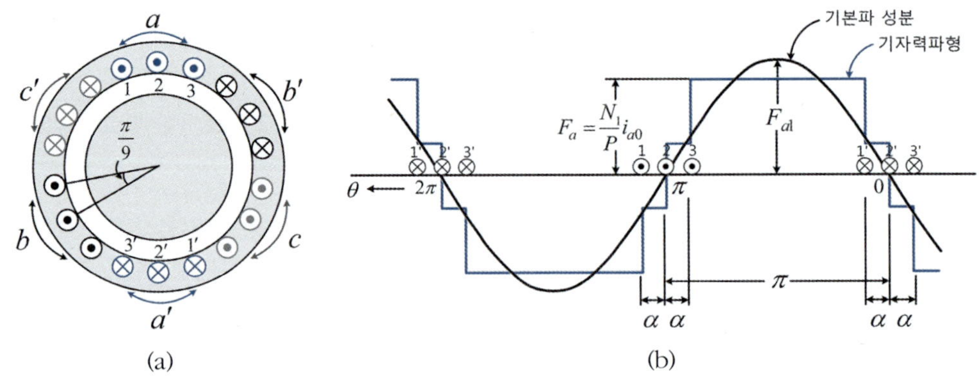

그림 7.16 분포권의 구조와 기자력 분포
(a) 분포권의 구조 (b) 분포권 1상의 기자력 분포와 기본파 성분

그림 7.16에서와 같이 분포권의 기자력 분포가 집중권의 기자력 분포에 비해서 보다 정현적이다. 집중권에 비해서 분포권이 어느 정도 정현파에 가깝게 되었는지는 분포권의 공간고조파가 집중권에 비해 얼마나 작아졌는지를 알면 된다. 이와 같이 집중권의 기본파와 고조파의 크기에 비해서 분포권의 기본파와 고조파가 얼마나 감소되었는가를 나타내는 계수를 분포계수(distribution factor)라고 한다.

분포권으로 했을 때 분포된 각 코일이 발생하는 기자력의 벡터를 구해보도록 하자. 그림 7.16에서와 같이 3개로 분포시켰을 때 각 코일이 발생시키는 기자력의 방향은 그림 7.17(a)와 같이 $\alpha = \frac{\pi}{9}$ 만큼씩 위상차를 갖는다. 따라서 공간 기자력은 각 기자력 벡터의 합이므로 그림에서와 같이 $\dot{F}$가 된다. 집중권에서는 분포권에서 1개의 코일이 발생하는 기자력의 3배의 기자력이 발생되므로 집중권의 기자력은 그림 7.17(b)와 같이 $3\dot{f}_2$가 된다. 따라서 집중권에서 기자력은 산술합이 되고 분포권의 기자력은 각 코일이 발생시키는 기자력의 벡터 합이 된다. 산술합은 벡터합보다 항상 크므로 집중권에 비해 분포권 기자력이 작음을 알 수 있다. 집중권의 기자력에 대한 분포권 기자력의 크기를 분포계수라 하고 식 (7.26)으로 정의된다.

$$\text{분포계수} = \frac{\text{분포권선의 기자력 크기}}{\text{집중권선의 기자력 크기}} = k_d \tag{7.26}$$

따라서 권선을 3개로 분포시켰을 때 분포계수는 식 (7.27)과 같다.

$$k_d = \frac{F}{3f_2} = \frac{2r\sin\left(\frac{\pi}{6}\right)}{3 \cdot 2r\sin\left(\frac{\pi}{18}\right)} = 0.9598 \tag{7.27}$$

q개로 분포시킨 분포권의 권선계수를 구해보도록 하자. q개로 분포시켰을 때 각 코일 기자력의 위상차는 식 (7.28)과 같다.

$$\alpha = \frac{\pi}{mq} \ \text{[rad]} \tag{7.28}$$

따라서 그림 7.17에서 분포권의 기자력 크기(F)와 집중권의 기자력 크기(qf)와의 비인 분포계수 k_d의 일반식은 식 (7.29)와 같다.

$$k_d = \frac{F}{f_1 + f_2 + f_3 + \cdots} = \frac{F}{q \cdot f} = \frac{2r\sin(q\alpha/2)}{q \cdot 2r\sin(\alpha/2)} = \frac{\sin(\pi/2m)}{q\sin(\pi/2mq)} \tag{7.29}$$

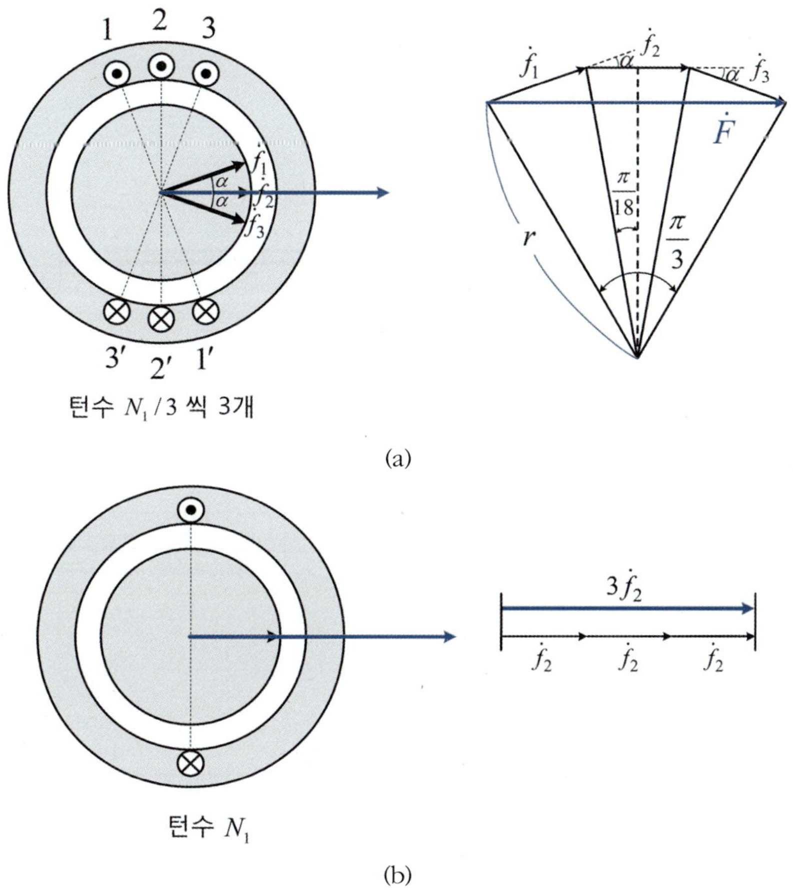

그림 7.17 분포권과 집중권의 합성기자력 (a) 분포권의 합성기자력 (b) 집중권의 합성기자력

그림 7.18에서와 같이 기본파의 위상차가 α이면 고조파는 $\nu\alpha$만큼의 위상차를 갖는다. 따라서 고조파의 분포계수는 식 (7.30)과 같이 정의되게 된다.

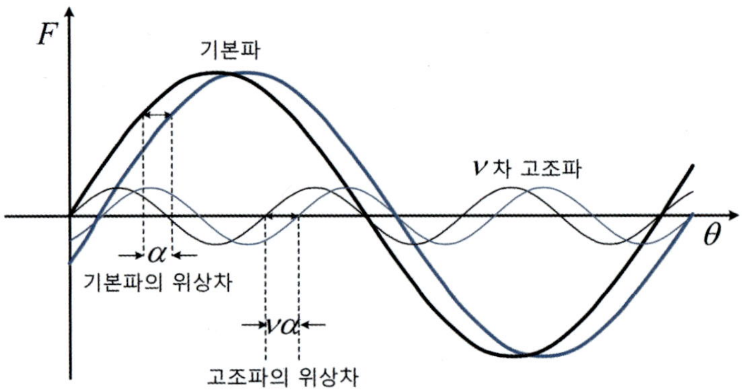

그림 7.18 기자력 분포와 고조파의 회전속도

$$k_{d\nu} = \frac{\sin(\nu\pi/2m)}{q\sin(\nu\pi/2mq)} \tag{7.30}$$

여기서 ν는 고조파 차수이다.

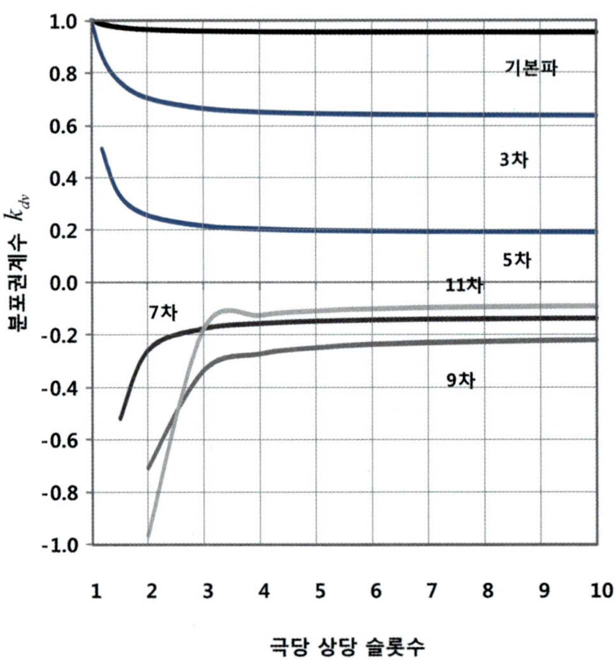

그림 7.19 극당 상당 슬롯수 q에 따른 3상 권선의 분포계수

그림 7.19는 극당 상당 슬롯수 q에 따른 기본파와 각 고조파의 분포계수 값을 그래프로 나타낸 것이다. 그림에서와 같이 q를 크게 할수록 각 고조파의 크기가 줄어들고 있음

을 알 수 있다. 앞에서 알아본 바와 같이 각 상의 3차 고조파는 존재하나 3상의 3차 고조파의 합이 0이므로 공극에서의 3차 고조파는 나타나지 않는다. 따라서 가장 큰 고조파는 5차와 7차 고조파이다. 그림과 같이 q가 3이상 이면 5차, 7차 고조파는 크기가 각각 약 22%와 18%로 줄어든다. 11차 이상의 고조파는 매우 작은 고조파이고 이 고조파도 거의 사라짐을 알 수 있다. q를 3 이상으로 하면 각 고조파의 감소율은 거의 같게 되나 분포를 많이 시킬수록 작업성이 떨어지게 되므로 분포수는 거의 3 이하로 한다.

이와 같이 분포권은 공간고조파의 감소에 매우 효과적이므로 대부분의 유도전동기에서는 분포권을 사용한다.

7.3.4 단절권의 기자력

그림 7.20은 단절권의 권선도를 보여주고 있다. 이 권선도를 펼쳐 보이면 그림 7.21이 된다. 단절권은 코일피치를 극 간격보다 작게 한 것이다. 예를 들면 2번 코일변이 $1'$번 코일변과 한 코일을 이루면 전절권이다. 단절권은 $1-1'$가 한 코일을 이루므로 코일 간격이 극 간격보다 작다. 이와 같이 코일 간격이 극간격보다 작게 감는 권선법을 단절권이라고 한다. 그림 7.22에서와 같이 전절권으로 감으면 $1-1'$ 코일과 $4-4'$ 코일이 만드는 기자력의 위상과 크기가 같기 때문에 두 코일의 합성기자력은 한 코일이 만드는 기자력의 2배가 된다. 그러나 그림 7.21과 같이 단절권으로 감으면 $1-1'$ 코일이 만든 기자력과 $4-4'$ 코일이 만든 기자력은 그림과 같이 $(1-\beta)\pi$만큼 차이를 가지므로 합성기자력은 그림 7.23과 같이 전절권에 비해 기자력이 작아진다.

전절권과 단절권의 기본파와 고조파 크기의 비를 알아보자. 그림 7.21의 단절권과 그림 7.22의 전절권의 크기를 1이라고 하고 푸리에 급수로 전개할 때 이 함수를 우함수로 하여 푸리에 급수로 전개하면 $a_0=0$, $a_\nu=0$이고 전절권과 단절권의 푸리에 계수를 구해보면 각각 식 (7.31-1), 식 (7.31-2)와 같이 된다.

$$b_{f\nu}=\frac{1}{\pi}\int_{-\pi}^{\pi}f_{(x)}\cos\nu\theta d\theta=\frac{1}{\pi}\left[\int_{-\pi}^{\frac{\pi}{2}}-\cos\nu\theta d\theta+\int_{-\frac{\pi}{2}}^{\frac{\pi}{2}}\cos\nu\theta d\theta+\int_{\frac{\pi}{2}}^{\pi}-\cos\nu\theta d\theta\right]=\frac{4}{\nu\pi} \quad (7.31\text{-}1)$$

$$\begin{aligned} b_{p\nu}&=\frac{1}{\pi}\int_{-\pi}^{\pi}f_{(x)}\cos\nu\theta d\theta \\ &=\frac{1}{\pi}\left[\int_{-\pi}^{-\pi+\frac{\beta\pi}{2}}-\cos\nu\theta d\theta+\int_{-\frac{\beta\pi}{2}}^{\frac{\beta\pi}{2}}\cos\nu\theta d\theta+\int_{\pi+\frac{\beta\pi}{2}}^{\pi}-\cos\nu\theta d\theta\right]=\frac{4}{\nu\pi}sin\frac{\nu\beta\pi}{2} \end{aligned} \quad (7.31\text{-}2)$$

식 (7.31-1)과 식 (7.31-2)에서 알 수 있는 바와 같이 전절권에 비하여 단절권의 기자력이 작아지는 데 이와같이 전절권 기자력에 대한 단절권 기자력의 감소분을 단절 계수(Short pitch factor)라고 하고 식 (7.31-3)과 같이 된다.

$$k_{p\nu} = \frac{\text{단절권의 기자력}}{\text{전절권의 기자력}} = \sin\frac{\nu\beta\pi}{2} \tag{7.31-3}$$

단절권과 전절권의 차이는 유도기전력을 살펴보면 더욱 명확해진다. 단절된 코일을 자극 내에서 운동시키면 코일을 구성하는 두 도체에 유기되는 기전력은 그림 7.23과 같이 $(1-\beta)\pi$만큼 위상차가 난다.

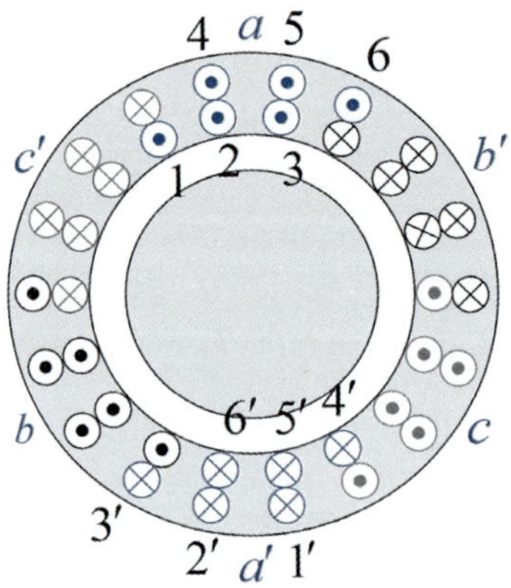

그림 7.20 단절권의 구조

따라서 그림 7.23에서 알 수 있듯이 전절권에서 기자력(또는 기전력)은 각 코일이 발생하는 자속의 산술합인 $2f_1$이 되지만 단절권에서 기자력(또는 기전력)은 각 코일이 발생하는 기자력 $\dot{f}_1$과 $\dot{f}_2$의 벡터합이 되어 전절권에 비해서 단절권의 기자력(또는 기전력)이 작아진다. 따라서 기본파의 단절계수는 식 (7.32)와 같이 된다.

$$k_p = \frac{\text{단절권의 기자력}}{\text{전절권의 기자력}} = \frac{f_{a1}}{2f_1} = \sin\frac{\beta\pi}{2} \tag{7.32}$$

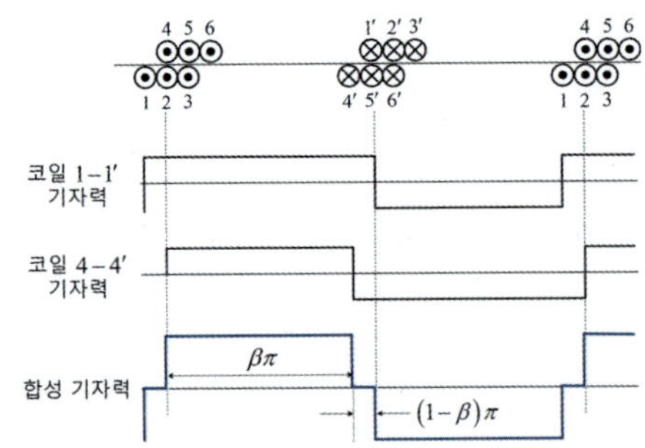

그림 7.21 단절권의 기자력 분포

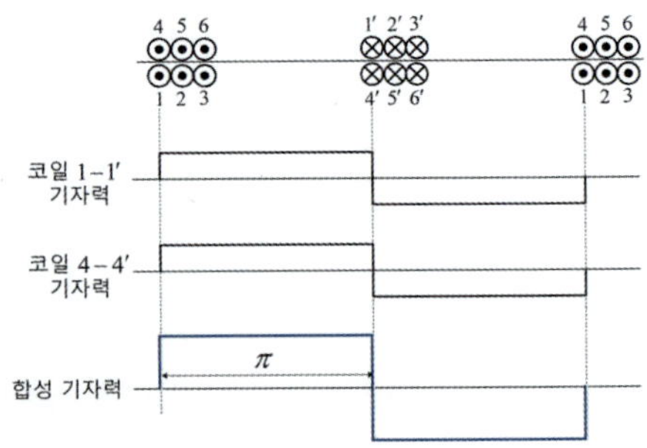

그림 7.22 전절권의 기자력 분포

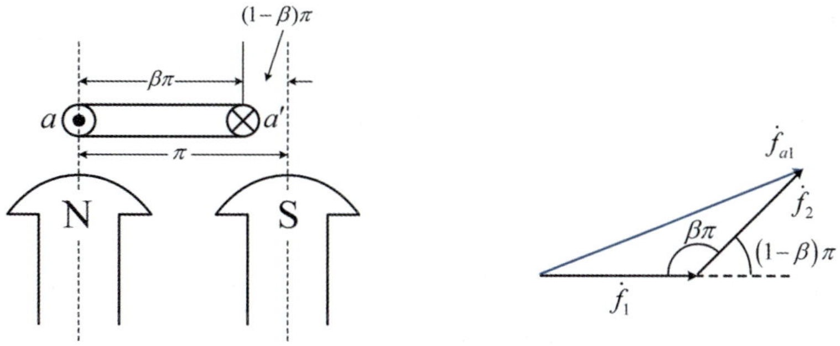

그림 7.23 단절권 기본파 합성기자력

그림 7.24는 단절각 β에 따른 기본파와 각 고조파의 단절계수를 나타내고 있다. 그림 7.24에서 알 수 있는 바와 같이 단절을 해도 기본파의 크기는 많이 변하지 않으나 5차 고조파, 7차 고조파의 단절계수는 매우 작아 5차, 7차 고조파가 많이 감소됨을 알 수 있다. 그림 7.24에서 8/9 단절이 나타내는 것은 q를 3으로 했을 때 코일 간격을 9로 해야 전절권이지만 코일 간격을 8로 했다는 의미로써 이것을 8/9로 단절했다고 한다. 그림 7.24에서와 같이 8/9단절을 하면 5차 고조파의 단절계수는 0.64, 7차 고조파의 단절계수는 0.34가 된다. 또한 5/6 단절은 q가 2일 때 코일 간격이 6이어야 전절권이나 코일간격을 5로 했다는 의미로 이때 5차와 7차의 단절계수는 각각 0.26과 −0.26이다.

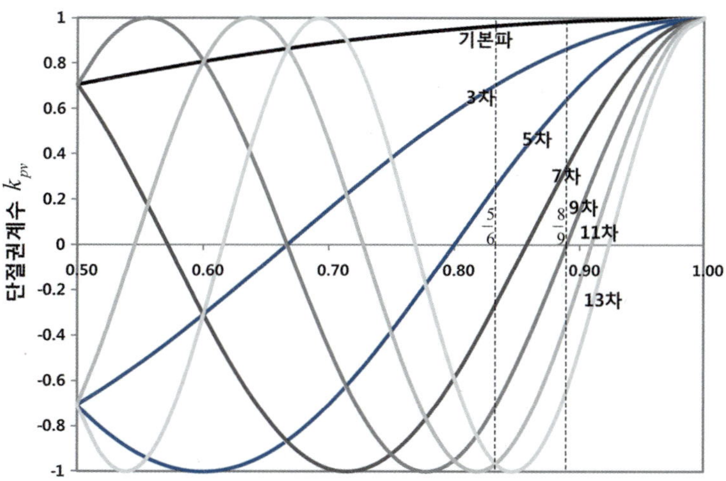

그림 7.24 단절각에 따른 각 고조파의 단절계수

분포단절권을 사용하면 분포계수와 단절계수의 곱만큼 고조파의 크기가 감소하므로 고조파의 감소율이 매우 큼을 알 수 있다. 분포단절했을 때 기자력의 감소분을 나타내기 위해서 권선계수(winding factor)를 식 (7.33)과 같이 정의한다.

$$k_{w\nu} = k_{p\nu} \cdot k_{d\nu} \tag{7.33}$$

식 (7.33)에서 알 수 있는 바와 같이 권선계수는 분포와 단절에 의해 기본파와 고조파의 기자력 또는 유도기전력이 얼마나 작아지는가를 나타내는 계수이다.

7.3.5 공극의 합성기자력

분포단절권을 사용하면 a, b, c상이 만드는 공극기자력 분포가 정현파에 가까워짐을 알 수 있었다. 분포단절권이 공간고조파 감소 대책으로 매우 유용한 것은 3상의 합성기자력 파형을 검토하면 더욱 확실해진다. 그림 7.25는 그림 7.7(a)에서 $\omega t = 0°$일 때 집중권의 3상 합성기자력 분포와 분포단절권의 3상 합성기자력 분포를 나타내고 있다. 그림 7.25에서와 같이 집중권에 비해서 분포단절권의 기자력 분포가 매우 정현적인 것을 확인할 수 있다.

7.3.6 쇄교자속, 자화인덕턴스, 여자전류

[1] 쇄교자속

식 (7.34)와 같이 기본파 기자력과 비퍼미언스의 곱은 공극자속밀도의 기본파를 나타낸다.

$$B_{g1} = P_r f_1 = B_m \sin(\theta - \omega t) \ \ [\mathrm{Wb/m^2}] \tag{7.34}$$

식 (7.34)에서 알 수 있는 바와 같이 공극 자속밀도는 공간적으로 정현적인 분포를 하고 ω의 속도로 반시계방향으로 회전하는 회전자계임을 알 수 있다.

여기서 B_m은 자속밀도의 최대치로서 기자력 분포 식 (7.13), (7.17)을 식 (7.34)에 대입하면 식 (7.35)와 같은 3상 권선의 자속밀도의 최대치를 얻을 수 있다.

$$B_m = \frac{3}{2}\frac{\mu_o}{l_g}F_m = \frac{6\sqrt{2}}{\pi}\frac{\mu_o}{l_g}\frac{k_{\omega 1}N_1}{P}I_0 \ \ [\mathrm{Wb/m^2}] \tag{7.35}$$

회전자계는 임의의 위치 $\theta = \theta_o$에서 자속을 정현적으로 변화시키므로 회전자계에 의해 기전력이 유기된다. 회전자계가 a, b, c상 권선에 유기하는 기전력을 구하기 위해서 각 상 권선을 통과하는 자속의 순시치를 구하면 식 (7.36)~(7.38)과 같다.

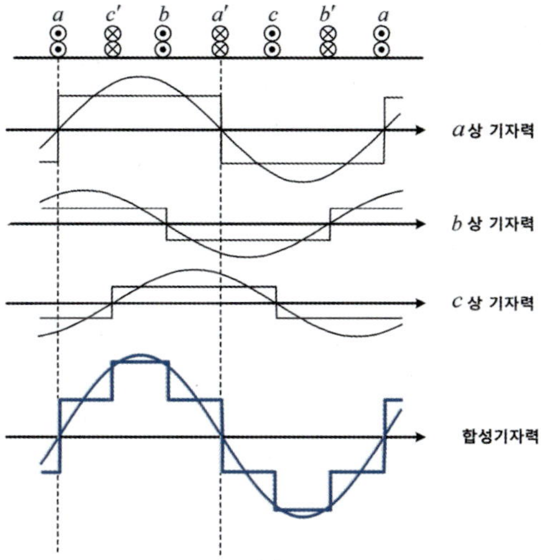

(a)

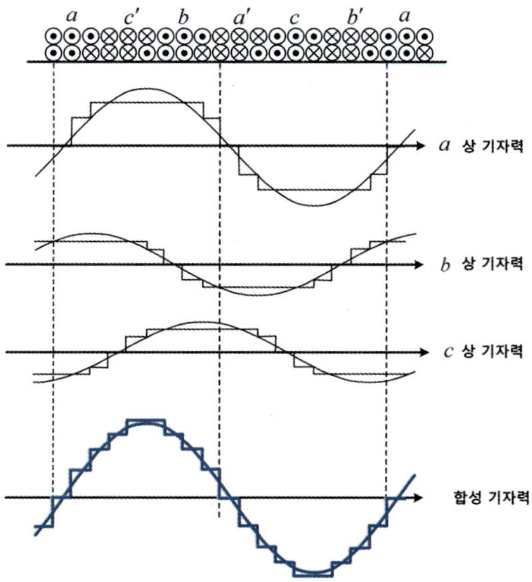

(b)

그림 7.25 집중권과 분포단절권의 기자력 분포 (a) 집중권 기자력 (b) 분포단절권 기자력

$$\phi_a = S \times B_{avg} = \tau_p l \times \left[\frac{1}{\pi} \int_0^{\pi} B_{g1} d\theta \right] = \frac{2}{\pi} \tau_p l B_m \cos\omega t = \phi_m \cos\omega t \quad [\text{Wb}] \tag{7.36}$$

$$\phi_b = \frac{\tau_p l}{\pi} \int_{\frac{2\pi}{3}}^{\frac{2\pi}{3}+\pi} B_{g1} d\theta = \phi_m \cos(\omega t - 120°) \quad [\text{Wb}] \tag{7.37}$$

$$\phi_c = \frac{\tau_p l}{\pi} \int_{\frac{4\pi}{3}}^{\frac{4\pi}{3}+\pi} B_{g1} d\theta = \phi_m \cos(\omega t - 240°) \quad [\text{Wb}] \tag{7.38}$$

여기서 B_{avg}, B_{g1}, τ_p, l은 각각 자속밀도 기본파의 공간적인 평균, 공극 자속밀도의 기본파 성분, 극간격, 적층방향길이를 나타낸다.

또한 자속의 크기 ϕ_m은 다음 식과 같다.

$$\phi_m = \frac{12\sqrt{2}}{\pi^2}\frac{\mu_0}{l_g}\frac{k_{\omega 1}\tau_p l N_1}{P} I_0 \ [\mathrm{Wb}] \tag{7.39}$$

이제까지 살펴본 바와 같이 3상 유도전동기에 3상 전압을 가하면 3상 전류가 흘러 회전자계를 만들어 내고 이 회전자계가 유도기전력을 발생한다. 그림 7.26은 유도전동기에서 발생하는 회전자계를 나타낸 것으로 식 (7.34)와 같이 공간적으로 정현적 분포를 하고 ω의 속도로 회전한다. 따라서 이 회전자계에 의해 각 상 권선에 쇄교하는 자속은 식 (7.36)~(7.38)과 같이 정현적으로 변하게 된다. 이와 같이 유도전동기에서 일어나는 현상은 변압기와 거의 유사하나 다음과 같은 약간의 차이를 갖는다.

- 변압기에서는 한 상의 여자전류가 만들어 내는 자속에 자기 상이 쇄교하나 유도전동기에서는 자기가 만든 자속과 다른 상이 만든 자속의 합성인 회전자계에 쇄교한다. 따라서 3상 유도전동기에서는 한 상 기자력의 3/2배가 되는 회전자계가 발생하여 상권선에 쇄교한다.
- 변압기에서 자속 및 유도기전력을 만들어 내는 한상의 기자력은 $N_1 i$이지만 유도기에서 한상의 기본파 기자력은 $k_{w1} N_1 i_0$이다.
- 변압기에서 자속은 철심에만 흐르므로 여자전류가 작으나 유도전동기에서는 공극을 지나므로 여자전류가 크다.

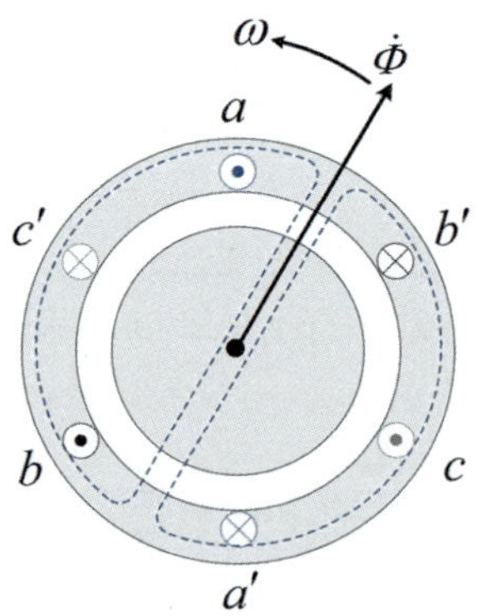

그림 7.26 유도전동기에서 쇄교자속의 의미

[2] 자화인덕턴스, 여자전류

다음은 유도전동기의 여자전류에 대해서 알아보자. 지금까지 각 상의 여자전류는 식 (7.40)과 같이 일정한 전류가 흐른다고 가정하여 여러 가지 특성 식을 유도하였다.

$$\begin{aligned} i_{a0} &= \sqrt{2}\, I_0 \cos \omega t \ \ [\mathrm{A}] \\ i_{b0} &= \sqrt{2}\, I_0 \cos(\omega t - 120°) \ \ [\mathrm{A}] \\ i_{c0} &= \sqrt{2}\, I_0 \cos(\omega t - 240°) \ \ [\mathrm{A}] \end{aligned} \tag{7.40}$$

그러나 여자전류는 입력전압과 주파수, 형상치수(주로 공극길이) 및 투자율에 의해 결정되기 때문에 전류의 실효치 I_0을 구해야 한다. 권선저항과 누설자속을 무시하면 a 상에는 식 (7.41)을 만족하는 여자전류가 흐른다.

$$v_a = L_m \frac{di_{a0}}{dt} \ \ [\mathrm{V}] \tag{7.41}$$

여기서 v_a, L_m은 각각 상전압, 자화인덕턴스(magnetizing inductance)를 나타낸다. 유도전동기에 흐르는 여자전류의 크기를 구하기 위해서는 자화인덕턴스를 먼저 구해야 한다. 자화인덕턴스는 전류에 대한 쇄교자속의 비이므로 a상 최대 쇄교자속을 먼저 구해보면 식 (7.42)와 같다.

$$\lambda_m = k_{w1} N_1 \phi_m = k_{w1} N_1 \frac{2}{\pi} \tau_p l B_m = \frac{12\sqrt{2}}{\pi^2} \frac{\mu_0}{l_g} \frac{k_{w1}^2 \tau_p l N_1^2}{P} I_0 \ \ [\mathrm{Wb}] \tag{7.42}$$

따라서 자화인덕턴스는 식 (7.43)과 같다.

$$L_m = \frac{\lambda_m}{\sqrt{2}\, I_0} = \frac{12}{\pi^2} \frac{\mu_o}{l_g} \frac{k_{w1}^2 \tau_p l N_1^2}{P} \ \ [\mathrm{H}] \tag{7.43}$$

식 (7.43)으로부터 자화인덕턴스는 턴수와 권선계수의 제곱에 비례하고 공극길이에 반비례함을 알 수 있다. 다음은 여자전류에 대해서 알아보자. a상의 상전압이 $v_a = \sqrt{2}\, V_1 \sin(\omega t - 180°) [\mathrm{V}]$이라고 하고 Y결선된 3상 유도전동기에서 평형한 전압이 걸리고 권선저항을 무시하면 여자전류는 식 (7.44)의 전압방정식이 얻어진다.

$$\sqrt{2}\, V_1 \sin(\omega t - 180°) = L_m \frac{di_{a0}}{dt} \tag{7.44}$$

따라서 a상의 여자전류 i_{a0}는 식 (7.45)와 같이 된다.

$$i_{a0} = \frac{\sqrt{2}\,V_1}{L_m \omega}\cos\omega t = \sqrt{2}\,I_0 \cos\omega t = I_{0m}\cos\omega t \ \ [\text{A}] \tag{7.45}$$

여기서 i_{a0}, I_0, I_{0m}은 각각 여자전류의 순시치, 실효치, 최대치를 나타낸다. 식 (7.43)의 자화인덕턴스 식을 식 (7.45)에 대입하면 여자전류의 실효치 I_0은 식 (7.46)과 같이 된다.

$$I_0 = \frac{\pi^2 l_g P V_1}{12\mu_o k_{w1}^2 \tau_p l N_1^2 \omega} \ \ [\text{A}] \tag{7.46}$$

이 식에서 알 수 있는 바와 같이 여자전류는 공극이 크면 클수록 여자전류가 커짐을 알 수 있다. 또한 주파수가 높아지면 여자전류가 감소된다.

유도전동기에서 권선에 쇄교하는 자속이 어떻게 형성되는지 알아보기 위해 여자전류 식 (7.46)을 상권선을 통과하는 자속의 최대치 식 (7.39)에 대입하면 식 (7.47)을 얻을 수 있다.

$$\phi_m = \frac{\sqrt{2}\,V_1}{k_{w1} N_1 \omega} \ \ [\text{Wb}] \tag{7.47}$$

이 식으로부터 알 수 있는 바와 같이 회전자계의 크기는 전류의 크기와 투자율과 무관한 양으로 변압기에서 자속의 성질과 동일하게 전압과 주파수의 비에 의해 결정된다.

여기서 변압기와 3상 유도기의 차이에 대해서 좀 더 명확히 하여보자. 표 7.2는 변압기와 3상 유도기의 차이를 정리한 것이다. 표 7.2에서 알 수 있는 바와 같이 변압기에는 단상의 전압이 가해져 여자전류가 흐르고 이 여자전류에 의해 자속이 전압과 90° 위상차를 가지고 만들어진다. 이에 비해서 3상 유도전동기에서는 3상의 전압을 가해주면 각 상에는 식 (7.46)의 크기를 갖는 여자전류가 흐르고 이 3상의 여자전류에 의해 공극에 식 (7.35)와 같은 자속밀도 크기를 갖는 회전자계가 만들어진다. 이 회전자계에 의해 각 권선에는 식 (7.47)과 같이 자속이 쇄교한다.

7.3.7 1차 유도기전력과 2차 유도기전력

[1] 1차 유도기전력

유도전동기에서 만들어진 회전자계에 의해 고정자의 각 상에는 식 (7.48)~(7.50)과 같은 유도기전력이 발생된다.

$$e_a = -\frac{d\lambda_a}{dt} = -k_{w1}N_1\frac{d\phi_a}{dt} = \sqrt{2}\,E_1 \sin\omega t \ \ [\text{V}] \tag{7.48}$$

$$e_b = -\frac{d\lambda_b}{dt} = -k_{w1}N_1\frac{d\phi_b}{dt} = \sqrt{2}\,E_1 \sin(\omega t - 120°) \ \ [\text{V}] \tag{7.49}$$

표 7.2 변압기와 3상 유도전동기의 특성 요약

	변압기	유도기
전압	$v=\sqrt{2}\,V_1\sin(\omega t-180°)$	$v_a=\sqrt{2}\,V_1\sin(\omega t-180°)$ $v_b=\sqrt{2}\,V_1\sin(\omega t-180°-120°)$ $v_c=\sqrt{2}\,V_1\sin(\omega t-180°-240°)$
자속	$\phi=\dfrac{\sqrt{2}\,V_1}{\omega N}\cos\omega t$	공극 자속밀도의 기본파: $B_{g1}=B_m\sin(\theta-\omega t)$ 상권선을 통과하는 자속: $\phi=\phi_m\cos\omega t$ $\left(\phi_m=\dfrac{\sqrt{2}\,V_1}{k_{w1}N_1\omega}\right)$
전류	$i_0=\dfrac{\sqrt{2}\,V_1}{L\omega}\cos\omega t=\sqrt{2}\,I_0\cos\omega t$ $I_0=\dfrac{l\,V_1}{\mu N^2 S\omega}$	$i_{a0}=\dfrac{\sqrt{2}\,V_1}{L_m\omega}\cos\omega t=\sqrt{2}\,I_0\cos\omega t$ $I_0=\dfrac{\pi^2 l_g P V_1}{12\mu_o k_{w1}^2\tau_p l N_1^2\omega}$
역기전력	$e=\sqrt{2}\,V_1\sin\omega t$	$e=\sqrt{2}\,V_1\sin\omega t$
등가회로	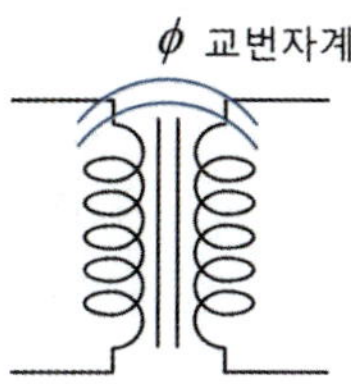	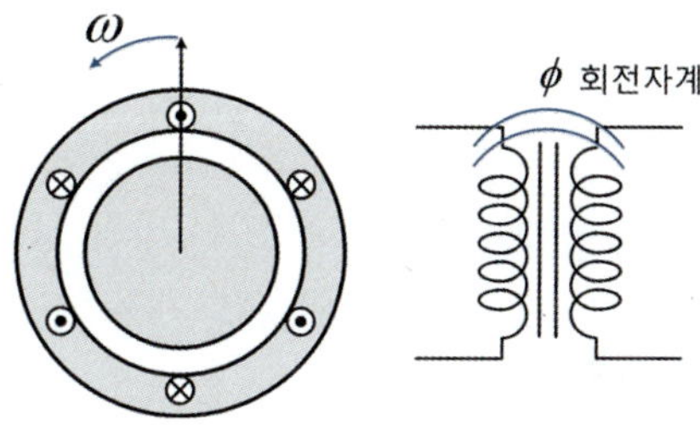

$$e_c=-\frac{d\lambda_c}{dt}=-k_{w1}N_1\frac{d\phi_c}{dt}=\sqrt{2}\,E_1\sin(\omega t-240°)\ \ [\mathrm{V}] \tag{7.50}$$

e_a, e_b, e_c는 평형 3상이므로 a상 기전력만을 구하기 위해 식 (7.36)을 식 (7.48)에 대입하면 a상의 역기전력의 실효치 E_1은 식 (7.51)과 같이 된다.

$$E_1=\frac{\omega k_{w1}N_1\phi_m}{\sqrt{2}}=4.44fk_{w1}N_1\phi_m=V_1\ \ [\mathrm{V}] \tag{7.51}$$

식 (7.48)~(7.50)으로부터 알 수 있는 바와 같이 각 상의 유도기전력은 전원전압에 반대방향으로 유도되는 역기전력으로 크기는 전원전압과 동일하다.

[2] 2차 유도기전력

회전자계에 의해 회전자 도체에 유기되는 기전력을 구해 보자. 그림 7.27에서와 같이 N, S로 표시된 고정자에서 발생한 회전자계는 2차측 회전자에 기전력을 유도한다. 그림 7.27에서 회전자는 회전을 하고 있으므로 회전자에 유도되는 기전력의 크기와 주파수는 회전자의 속도에 따라 달라진다. 우선 회전자가 정지된 상태에서 각 상에 유도되는 기전력을 구해보면 식 (7.52)와 같다.

$$E_2 = 4.44 f k_{w2} N_2 \phi_m \quad [\mathrm{V}] \tag{7.52}$$

여기서 N_2와 k_{w2}는 각각 2차측(회전자) 각 상 권선의 턴수 및 권선계수를 나타낸다.

따라서 1차측(고정자) 한 상의 역기전력과 2차측(회전자) 한 상의 유도기전력의 크기는 식 (7.53)과 같이 권선비에 비례한다.

$$\frac{E_1}{E_2} = \frac{k_{w1} N_1}{k_{w2} N_2} = a \tag{7.53}$$

권선비 a는 1, 2차 권선비와 권선계수로 결정되는 상수로 식 (7.54)로 정의된다.

$$a = \frac{k_{w1} N_1}{k_{w2} N_2} \tag{7.54}$$

식 (7.54)에서 알 수 있는 바와 같이 고정자와 회전자 사이의 기전력의 비는 변압기에서는 권선비에 비례하지만 유도기전력은 유효한 권선비인 권선계수와 턴수 곱의 비에 비례한다.

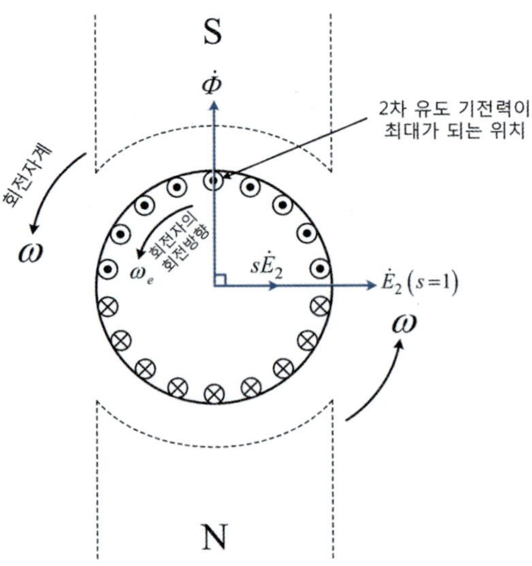

그림 7.27 회전자계에 의한 2차측 유도기전력

식 (7.52)의 유도기전력 E_2는 정지시의 2차측 유도기전력으로 2차측이 회전하면 2차측 유도기전력 E_{2s}는 식 (7.52)와 같이 되지 않는다. 즉 회전자가 회전하면 회전자계와 회전자의 상대속도가 작아지므로 유도기전력의 크기 및 주파수가 달라진다. 기전력의 크기와 주파수는 회전자계와 회전자의 상대속도에 의해 달라지므로 상대속도를 단위화하면 편리하게 사용할 수 있다. 이와 같이 회전자계와 회전자 속도의 단위화된 상대속도를 슬립(slip) s라 하고 식 (7.55)로 정의한다.

$$s = \frac{\omega_s - \omega_m}{\omega_s} = \frac{\omega - \omega_e}{\omega} = \frac{n_s - n_m}{n_s} = \frac{n - n_e}{n} \tag{7.55}$$

여기서 ω_s, ω_m, ω, ω_e는 각각 회전자의 기계적 동기각속도, 회전자의 기계적 각속도, 회전자계의 전기적 동기각속도(전원의 전기적 각속도), 회전자의 전기적 각속도를 나타낸다. 또한 n_s, n_m, n, n_e는 각각 회전자의 기계적 동기 회전수, 회전자의 기계적 회전수, 회전자계의 전기적 회전수(전원의 전기적 회전수), 회전자의 전기적 회전수를 나타낸다. 5.8.4에서 설명한 바와 같이 기계적인 양과 전기적인 양은 식 (7.56)의 관계를 갖는다.

$$\begin{aligned} \omega &= p\omega_s, \qquad & n &= pn_s, \\ \omega_e &= p\omega_m, \qquad & n_e &= pn_m \end{aligned} \tag{7.56}$$

여기서 p는 극쌍수를 나타낸다. 따라서 2극기에서는 $\omega = \omega_{\mathrm{s}}$, $\omega_e = \omega_{\mathrm{m}}$, $n = n_s$, $n_e = n_m$이 성립한다. 본 교재에서는 별도의 언급이 없으면 2극기를 대상으로 하므로 전기적 속도와 기계적 속도를 동일하게 취급한다. 식 (7.55)으로부터 전기적 상대속도는 식 (7.57)로 정의할 수 있고, 이 속도를 슬립 각속도(slip angular speed)라고 정의한다.

$$\omega_{sl} = s\omega = \omega - \omega_e = p(\omega_s - \omega_m) \ \ [\mathrm{rad/sec}] \tag{7.57}$$

또한 회전자의 기계적 각속도를 슬립으로 나타내면 식 (7.58)과 같다.

$$\omega_m = (1 - s)\omega_s \ \ [\mathrm{rad/sec}] \tag{7.58}$$

회전자의 전기적 각속도는 식 (7.59)와 같다.

$$\omega_e = (1 - s)\omega \tag{7.59}$$

슬립의 정의에서 알 수 있는 바와 같이 회전자가 정지되었을 때 슬립은 1이고 회전자가 동기속도일 때 슬립은 0이다. 회전자가 동기속도면 회전자와 회전자계의 속도가 동일하게 되어 회전자에 자속의 변화가 없게 된다. 그러므로 회전자에 유기되는 기전력은 0이고 유도기전력의 주파수도 0이 된다. 따라서 임의의 슬립 s에서 2차측의 유도기전력의 크기

(E_{2s})와 각속도(ω_2)는 그림 7.28과 같이 슬립 s에 비례하여 $E_{2s} = sE_2$, $\omega_2 = s\omega = \omega_{sl}$의 관계가 있다. 그림 7.28은 슬립에 따른 회전자 유도기전력의 크기와 주파수를 나타내고 있다. 그림에서 알 수 있는 바와 같이 회전자속도가 빨라질수록(슬립 s가 작아질수록) 2차측의 유도기전력의 크기는 작아지고 주파수가 낮아짐을 알 수 있다.

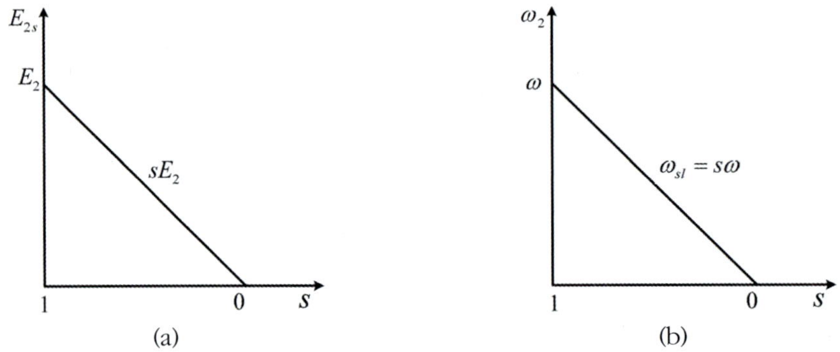

그림 7.28 속도(슬립)에 따른 2차 유도기전력 및 각속도 (a) 유도기전력 (b) 각속도

7.3.8 누설자속과 1, 2차 전류

[1] 누설자속과 등가회로

유도전동기의 회전자는 단락되어 있으므로 2차측 유도기전력에 의해 회전자에는 유도전류가 흐른다. 회전자에 리액턴스 성분이 없으면 회전자에 흐르는 전류는 2차측 유도기전력과 동상이 되나 실제로는 회전자의 누설자속에 의한 누설리액턴스 때문에 뒤진 전류가 흐른다. 여기서 유도전동기에서의 누설자속에 대해서 알아보자. 그림 7.29는 고정자와 회전자가 각각 3상인 유도전동기를 나타내고 있다. 그림에서와 같이 이 유도전동기에는 회전자계가 회전하고 이 회전자계에 의해 1차측과 2차측에는 기전력이 발생되는 것은 이미 설명하였다. 그러나 실제의 유도전동기에는 각 권선마다 그림 7.29와 같은 누설자속(leakage magnetic flux)이 존재하므로 각 상권선에 유도되는 기전력은 회전자계에 의한 자속 이외에 1차측 누설자속 ϕ_{l1}과 2차측 누설자속 ϕ_{l2}에 의해서도 발생한다. 누설자속은 자기 권선에만 쇄교하므로 고정자의 각 상 누설자속은 고정자 각 상에만 유도전압을 발생시키고 2차측 누설자속은 2차측 각 상 권선에만 전압을 유기시킨다.

누설자속에 의해 유기되는 누설유도전압은 누설쇄교자속의 시간 변화분$\left(N\dfrac{d\phi_l}{dt}\right)$에 비례하므로 정상상태에서 누설리액턴스 전압강하 $\dot{E}_{l1}$은 식 (7.60)과 같이 누설리액턴스 x_1으로 고려할 수 있다.

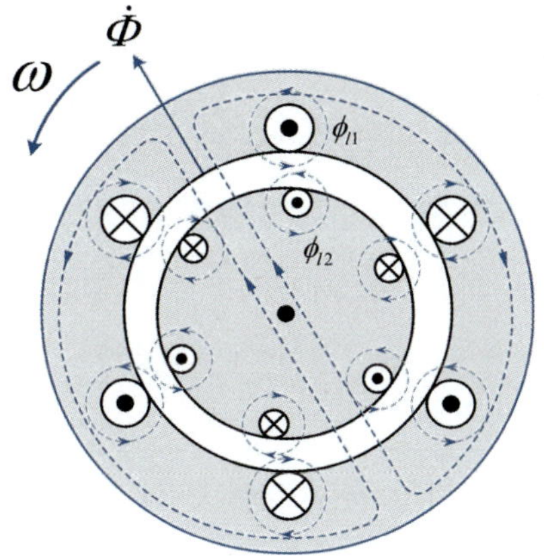

그림 7.29 고정자와 회전자의 주자속과 누설자속

$$\dot{E}_{l1} = j\omega L_{l1}\dot{I}_1 = jx_1\dot{I}_1 \ \ [\mathrm{V}] \tag{7.60}$$

여기서 $\dot{I}_1$은 1차측 전류로 여자전류 $\dot{I}_0$(i_{a0}의 페이저)와 뒤에서 설명할 식 (7.73)의 1차측 부하전류 $\dot{I}'_1$의 벡터합이다.

2차측에 유기되는 기전력은 슬립 s일 때, 각속도가 $s\omega$이므로 2차측에서 누설자속에 의한 누설리액턴스 전압강하 $\dot{E}_{l2}$는 식 (7.61)과 같다.

$$\dot{E}_{l2} = js\omega L_{l2}\dot{I}_2 = jsx_2\dot{I}_2 \ \ [\mathrm{V}] \tag{7.61}$$

여기서 $\dot{I}_2$는 2차측 전류를 나타낸다.

따라서 1차측 누설리액턴스와 2차측 누설리액턴스는 식 (7.62)로 표현된다.

$$x_1 = 2\pi f L_{l1} \ \ [\Omega], \quad sx_2 = 2\pi s f L_{l2} \ \ [\Omega] \tag{7.62}$$

식 (7.61), (7.62)에서 알 수 있는 바와 같이 고정자의 누설리액턴스는 일정하고 회전자의 누설리액턴스는 슬립에 따라 변하는 양이다. 또한 일반적으로 변압기에는 공극이 없기 때문에 누설자속이 작아 누설리액턴스가 작으나 유도전동기에서는 공극이 있으므로 누설자속이 크고 누설리액턴스가 크다.

2차측 주파수는 기동 시($s = 1$)에 가장 크므로 2차측 누설리액턴스는 기동 시 가장 크다. 또한 저슬립영역(고속영역)에서는 2차측 누설자속의 크기는 동일해도 주파수가 낮기 때문에 누설리액턴스는 무시할 수 있을 정도로 작은 값이 된다.

앞에서 설명한 바와 같이 유도전동기에서는 변압기와 유사하게 여자전류가 흐르고 이러한 여자전류의 크기는 자화인덕턴스에 의해 결정된다. 따라서 유도전동기의 등가회로는 그림 7.30과 같이 여자전류의 통로가 되는 자화분 서셉턴스 $-jb_0\left(=\dfrac{1}{j\omega L_m}=\dfrac{1}{jX}\right)$를 포함한다. 또한 유도전동기에서 철심에 흐르는 자속은 시간에 따라 정현적으로 변하므로 철심에는 히스테리시스현상에 의한 히스테리시스손과 철심에 유도되는 기전력에 의한 와전류손이 존재한다. 따라서 유도전동기에서는 변압기와 마찬가지로 철손이 발생되고 이 철손은 자속의 제곱에 거의 비례하므로 유도전동기의 등가회로는 그림 7.30과 같이 철손분 컨덕턴스 $g_0\left(=\dfrac{1}{r_{fe}}\right)$를 포함한다. 따라서 1, 2차 권선의 누설리액턴스와 권선저항을 고려하여 유도전동기의 등가회로를 그리면 그림 7.30과 같다.

유도전동기의 등가회로와 변압기 등가회로의 차이점을 알아보자. 그림 7.30의 유도전동기 등가회로는 그림 4.17의 변압기 등가회로와 달리 1차측의 상수가 m_1, 2차측의 상수가 m_2이고 2차측 누설리액턴스는 슬립 s의 함수가 된다. 또한 유도전동기 등가회로에서는 $P_m = T\cdot(1-s)\omega_s$의 동력을 포함한다.

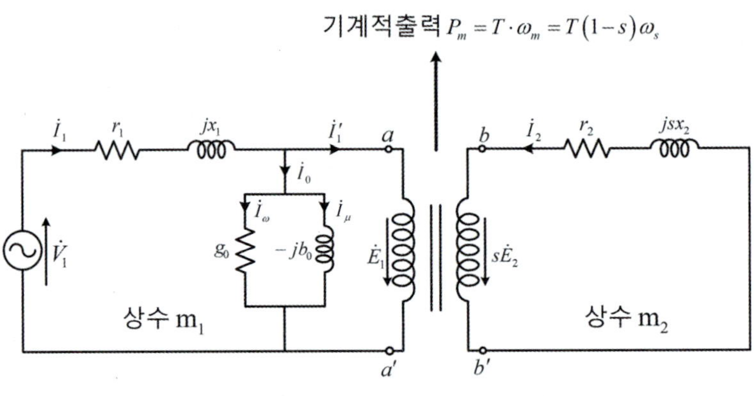

그림 7.30 자기적으로 결합된 3상 유도전동기의 등가회로

[2] 2차측 전류

등가회로에서 2차측에 흐르는 전류는 식 (7.63)과 같다.

$$\dot{I}_2=\frac{s\dot{E}_2}{\dot{Z}_2}=\frac{s\dot{E}_2}{r_2+jsx_2}=\frac{s\dot{E}_2}{\sqrt{r_2^2+(sx_2)^2}}e^{-j\theta_2}\ [\mathrm{A}] \tag{7.63}$$

여기서 역률각(θ_2)과 역률은 식 (7.64), (7.65)로 정의된다.

$$\theta_2 = \tan^{-1}\frac{sx_2}{r_2}[\mathrm{rad}] \tag{7.64}$$

$$\cos\theta_2 = \frac{r_2}{\sqrt{r_2^2+(sx_2)^2}} \tag{7.65}$$

식 (7.65)에서 알 수 있는 바와 같이 저속영역(고슬립영역)에서는 저항에 비해서 누설리액턴스가 크므로 역률이 나쁘다. 따라서 저항을 무시하면 식 (7.66)과 같이 전류는 거의 슬립에 관계없이 일정하다.

$$I_2 \approx \frac{E_2}{x_2}\ [\mathrm{A}] \tag{7.66}$$

또한 고속영역(저슬립영역)에서는 누설리액턴스(leakage reactance)가 작아 무시할 수 있으므로 식 (7.67)과 같이 전류는 슬립에 비례한다.

$$I_2 \approx \frac{sE_2'}{r_2}\ [\mathrm{A}] \tag{7.67}$$

이와 같이 2차측에 흐르는 전류의 크기와 역률은 일정하지 않고 속도에 따라 변하는 양이다. 전압이 $265.2[\mathrm{V}]$이고 권선저항이 $1.27[\Omega]$이며 정지 시 누설리액턴스가 $7.06[\Omega]$일 때 슬립에 따른 2차 전류의 크기와 역률를 구해보면 그림 7.31과 같다. 그림 7.31에서 저속영역에서는 2차측 전류가 많이 흐르나 역률이 매우 나쁘므로 평균전력이 작음을 알 수 있다.

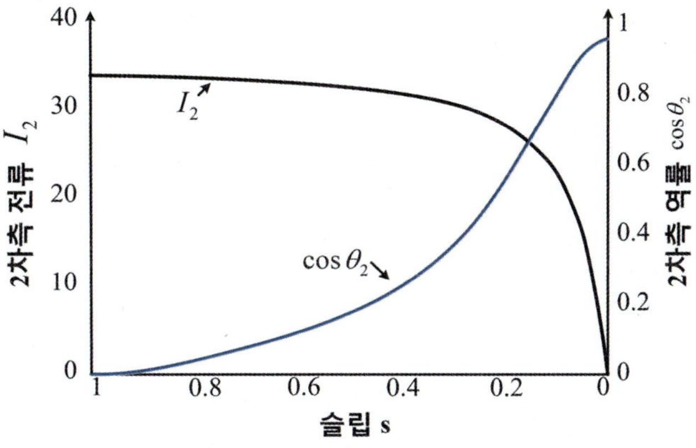

그림 7.31 슬립과 2차측 전류, 역률 관계

[3] 2차측 기자력에 의한 회전자계

2차측의 m_2상에는 평형한 전압이 유도되고 각 상의 임피던스가 같으므로 각 상에는 식 (7.68)과 같은 평형한 전류가 흐르게 된다.

$$i_{2n} = \sqrt{2}\, I_2 \cos\left(s\omega t - (n-1)\frac{2\pi}{m_2}\right)(n = 1,\ 2,\ \cdots\cdots\ m_2)\ \ [\mathrm{A}] \qquad (7.68)$$

식 (7.68)에서 알 수 있는 바와 같이 2차 전류의 각속도는 $s\omega$로 슬립각속도라고 한다. 2차측에 흐르는 전류는 평형한 다상전류이고 권선이 공간적으로 평형한 다상이므로 고정자와 마찬가지로 회전자에도 2차측 전류에 의해 2차측 회전자계가 만들어진다. 따라서 2차측 회전자계는 식 (7.69)로 표현되고 식 (7.69)로부터 2차측 회전자계는 공간적으로 정현적이고 $s\omega$의 속도로 회전하는 회전자계임을 알 수 있다.

$$f_{21} = \frac{m_2}{2} f_{2m} \sin(\theta - s\omega t)\ \ [\mathrm{AT}] \qquad (7.69)$$

여기서 m_2는 2차측 상수(相數, number of phase)이고 f_{2m}은 식 (7.70)으로 주어진다.

$$f_{2m} = \frac{4\sqrt{2}}{\pi}\frac{k_{w2}N_2}{P} I_2 = 2\times 0.9 k_{w2}\frac{N_2}{P} I_2\ \ [\mathrm{AT}] \qquad (7.70)$$

그림 7.32에서와 같이 고정자에서 발생하는 회전자계의 속도는 ω이고 회전자에서 발생하는 회전자계의 속도는 $s\omega$이므로 유도전동기에서 발생하는 토크를 자기배열 토크로 설명하기 어렵다. 그러나 회전자는 $(1-s)\omega$의 속도로 회전하고 회전자가 만든 자속은 $s\omega$로 회전하므로 기계적 속도를 고려한 2차측 회전자계의 속도는 식 (7.71)에서와 같이 ω가 된다.

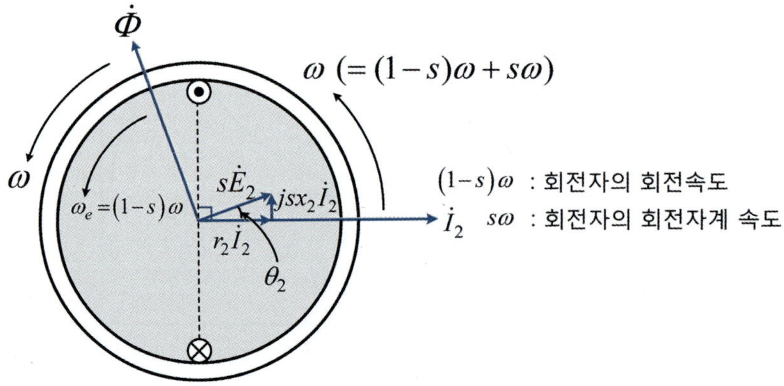

그림 7.32 회전자의 속도를 고려한 2차측 회전자계 속도

$$(1-s)\omega + s\omega = \omega \quad [\text{rad/sec}] \tag{7.71}$$

따라서 고정자에서 발생된 회전자계와 회전자에서 발생된 회전자계는 동일한 속도로 회전하므로 유도전동기에서 발생하는 힘을 자기배열 토크로 설명할 수 있다.

[4] 1차측 전류와 벡터도

회전자에서 만들어진 자속은 공극자속을 변화시키게 되므로 1차측의 역기전력이 달라진다. 따라서 고정자에는 여자전류 이외에 회전자에서 만든 자속을 상쇄시키기 위한 전류가 더 흐른다. 이 전류는 변압기에서와 마찬가지로 1차측 부하전류라고 한다. 유도전동기에서 회전자가 만든 기자력과 1차측 부하전류에 의한 기자력의 합은 같아야 하므로 식 (7.72)가 성립한다. 따라서 1차측 부하전류는 식 (7.73)과 같이 된다.

$$\frac{m_1}{2}\frac{4\sqrt{2}}{\pi}\frac{k_{w1}N_1}{P}\dot{I}'_1 = -\frac{m_2}{2}\frac{4\sqrt{2}}{\pi}\frac{k_{w2}N_2}{P}\dot{I}_2 \tag{7.72}$$

$$\therefore\ \dot{I}'_1 = -\frac{m_2 k_{w2}N_2}{m_1 k_{w1}N_1}\dot{I}_2 = -\frac{m_2}{m_1}\frac{\dot{I}_2}{a} \quad [\text{A}] \tag{7.73}$$

식 (7.73)에서 알 수 있는 바와 같이 1차측 부하전류는 상수비 $\frac{m_1}{m_2}$와 유효권선비 a에 반비례한다. 이와 같이 되는 것은 유도기에서 기자력은 상수에 비례하고 턴수 및 권선상수에 비례하기 때문이다. 따라서 1차측에 흐르는 전류 $\dot{I}_1 = \dot{I}_0 + \dot{I}'_1$가 된다.

이와 같은 관계를 페이저도로 나타내면 그림 7.33과 같다. 1차측에서 누설리액턴스와 권선저항에 의한 전압강하와 1차측 역기전력의 합은 전원전압과 같다. 1차측 역률각 θ_1은 2차측 전류의 역률각 θ_2에 의해 영향을 받고 또한 여자전류 $\dot{I}_0$가 크면 클수록 역률이 나빠진다. 1차측, 2차측의 누설리액턴스가 작으면 역률이 좋아진다.

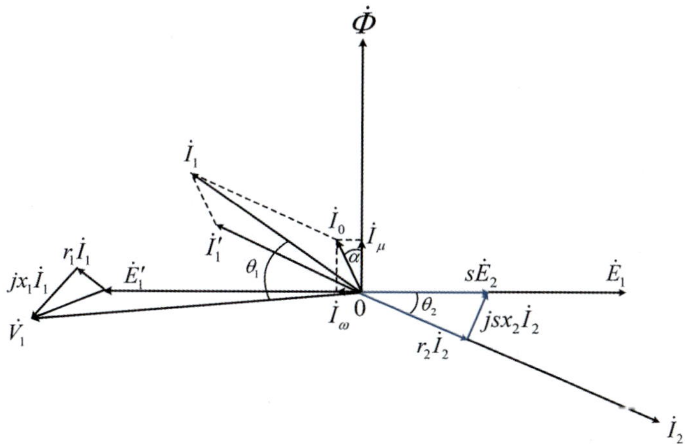

그림 7.33 2차측 부하전류를 고려한 3상 유도전동기 벡터도

7.4 유도전동기의 등가회로

7.4.1 2차측 등가변압기회로

2차측의 전류 식 (7.63)의 분모, 분자를 슬립 s로 나누어 주면 식 (7.74)가 된다.

$$\dot{I}_2 = \frac{\dot{E}_2}{\sqrt{\left(\frac{r_2}{s}\right)^2 + x_2^2}} e^{-j\theta_2} \text{ [A]}, \quad \theta_2 = \tan^{-1}\frac{sx_2}{r_2} = \tan^{-1}\frac{x_2}{r_2/s} \tag{7.74}$$

식 (7.74)에서 알 수 있는 바와같이 슬립 s로 회전하고 있는 유도전동기의 2차 전류의 크기와 위상은 회전자가 정지하여 E_2의 유도기전력이 발생할 때 누설리액턴스 x_2, 저항이 r_2/s로 변경하였을 때와 동일하게 된다.

식 (7.74)을 등가회로로 나타내면 그림 7.34와 같다. 그림 7.34에서 알 수 있는 바와 이 등가회로는 회전하고 있는 유도전동기와 같은 크기의 전류가 흐르는 정지된 상태에서 유도전동기의 등가회로를 나타낸다. 그림 7.34의 유도전동기 등가회로에서 누설리액턴스는 슬립에 의해 변하지만 정지된 상태로 등가변환한 회로에서는 2차측 주파수가 전원주파수와 같으므로 누설리액턴스는 일정하고 저항이 슬립에 따라 변한다. 회전하고 있는 유도전동기의 2차측 등가회로와 정지된 상태로 등가변환한 유도전동기 등가회로의 전력을 비교하여 보자. 그림 7.30의 유도전동기 등가회로에서 2차측 한 상당 평균전력 P_2와 정지 시 등가변환된 그림 7.34 회로의 한 상당 2차측 평균전력 P'_2은 식 (7.75)와 같다.

$$\begin{aligned} P_2 &= r_2 I_2^2 + \text{기계적 출력}(P_m) \text{ [W]} \\ P'_2 &= \frac{r_2}{s} I_2^2 \text{ [W]} \end{aligned} \tag{7.75}$$

그림 7.30의 등가회로에서 1차측에서 공급되는 전력과 그림 7.34의 1차측에서 공급되는 전력은 동일하므로 $P_2 = P'_2$이다. 따라서 그림 7.34의 등가회로는 기계적 출력을 포함하고 있음을 알 수 있다. 정지 시 전력은 기계적인 출력을 포함한 2차측의 전력이 됨을 알 수 있다. 그림 7.34는 기계적 출력과 전기적 출력을 모두 포함하는 등가회로도이고 회전하는 유도전동기를 정지 시 등가변환한 회로이므로 유도전동기의 등가변압기회로라고 한다.

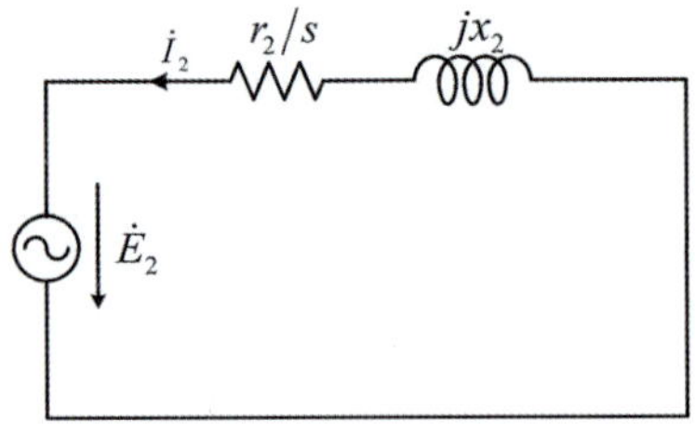

그림 7.34 정지 상태로 변환한 2차측 등가회로

2차측 등가변압기회로에서 2차측의 상수가 m_2인 경우 출력은 식 (7.76)이 된다.

$$P_2 = m_2 \frac{r_2}{s} I_2^2 \ [\mathrm{W}] \tag{7.76}$$

회전자에서 발생되는 전기적 손실은 식 (7.77)과 같다.

$$P_{c2} = m_2 r_2 I_2^2 \ [\mathrm{W}] \tag{7.77}$$

따라서 출력 식 (7.76)에서 전기적 손실 식 (7.77)을 빼면 순수한 기계적 출력인 식 (7.78)이 유도된다.

$$P_o = P_2 - P_{c2} = m_2 \frac{1-s}{s} r_2 I_2^2 = m_2 R I_2^2 \ [\mathrm{W}] \tag{7.78}$$

식 (7.78)에서 R은 기계적 출력을 나타내는 대표 저항값으로 식 (7.79)와 같이 정의된다.

$$R = \frac{r_2}{s} - r_2 = \frac{1-s}{s} r_2 \ [\Omega] \tag{7.79}$$

따라서 1차측과 2차측의 등가변압기회로를 같이 나타내면 그림 7.35와 같은 유도전동기 등가회로를 얻을 수 있다.

그림 7.35의 등가회로는 고정자와 회전자가 자속으로 연결되고 전기적으로 분리된 등가회로이다. 따라서 변압기의 등가회로와 같이 2차측을 1차측으로 환산하여 전기적으로 결합된 회로를 구해보도록 하자. 그림 7.35에서 1차측 역기전력과 2차측 유도기전력은 권선계수를 고려한 권선비만큼 차이가 있으므로 1차측 유도기전력과 같은 크기의 2차측 유도기전력이 되기 위해서는 2차측에 식 (7.54)로 정의된 권선비를 곱해야 한다. 또한 1차측 부하전류와 2차측 부하전류의 방향이 같아지도록 하기 위해서는 부호를 반대로 해야 하므로 2차측의 새로운 전압 $\dot{E}'_2$를 식 (7.80)으로 정의하자.

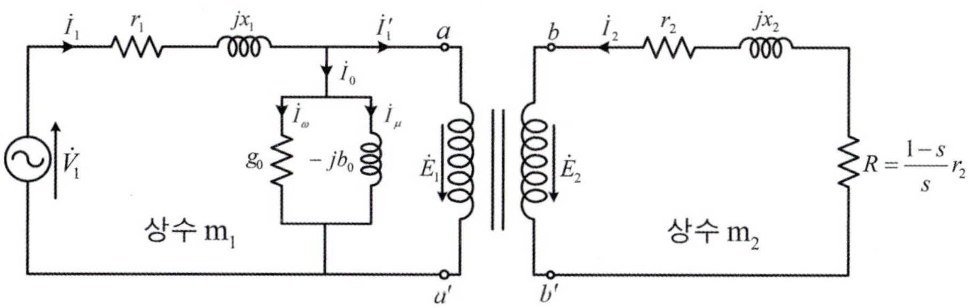

그림 7.35 기계적 출력이 포함된 3상 유도전동기의 등가회로

$$\dot{E}'_2 = -a\dot{E}_2 = -\dot{E}_1 = E'_1 \ [\text{V}] \tag{7.80}$$ 주1)

이와 같이 임의로 2차측 전압을 수정하면 2차측 전력이 달라지므로 상수 m_1, m_2를 고려하여 변환 전과 변환 후의 전력이 동일하기 위한 조건으로 2차측 전류를 유도하면 식 (7.81)과 같이 된다.

$$\begin{aligned} m_2 E_2 \dot{I}_2^* &= -m_1 a E_2 \dot{I}_2^{*\prime} \\ \dot{I}_2^{*\prime} &= -\frac{m_2}{m_1}\frac{1}{a}\dot{I}_2^* \\ \therefore \dot{I}'_1 = \dot{I}'_2 &= -\frac{m_2}{m_1}\frac{\dot{I}_2}{a} \ [\text{A}] \end{aligned} \tag{7.81}$$

변환된 2차측 전류에 의해 각 수동소자에 전달되는 전력이 달라진다. 따라서 1차측 상수 m_1과 2차측의 상수 m_2를 고려하여 각 수동소자에서의 소비전력이 같아지는 조건인 식 (7.82), (7.83)을 만족하는 새로운 회로의 수동소자 값을 구하면 식 (7.84), (7.85)와 같이 된다.

$$m_1 x'_2 I'^2_2 = m_2 x_2 I_2^2 \tag{7.82}$$

$$m_1 r'_2 I'^2_2 = m_2 r_2 I_2^2 \tag{7.83}$$

$$\frac{x'_2}{x_2} = \frac{m_1}{m_2}a^2 \tag{7.84}$$

$$\frac{r'_2}{r_2} = \frac{m_1}{m_2}a^2 \tag{7.85}$$

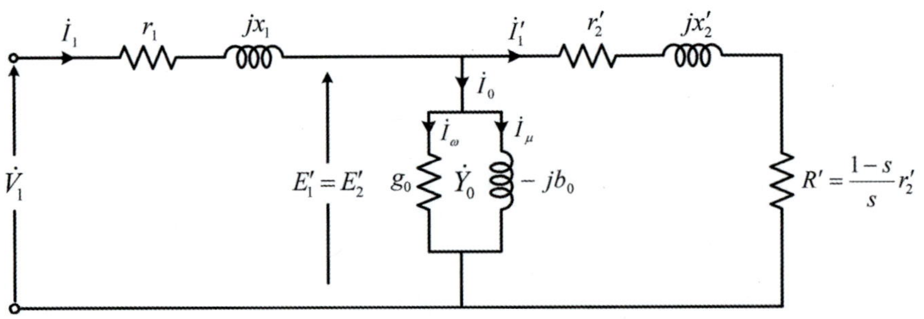

그림 7.36 전기적으로 1차측과 2차측이 결합된 유도전동기 등가회로

주1) 식 (4.30)과 동일식으로 4.4.1 참조

이와 같이 2차측 전압과 전류, 2차측의 수동소자의 값을 등가적으로 변환하면 1차와 2차가 동일한 상수 m_1인 1 : 1 변압기와 같다. 따라서 1차측 $a-a'$ 단자와 2차측 $b-b'$ 단자의 전압과 전류가 같고 상수가 같아지므로 공통단자가 되어 전기적으로 연결시킬 수 있고 결과적으로 그림 7.36과 같은 등가회로가 얻어진다.

7.5 유도전동기의 시험

유도전동기의 등가회로로부터 유도전동기의 특성을 알 수 있으나 유도전동기의 등가회로에 포함된 수동소자의 값을 계산에 의해 정확하게 구해내는 것은 매우 힘들기 때문에 유도전동기의 정수를 시험에 의해 측정해야 한다. 유도전동기의 회로정수값을 구해내기 위한 시험법에는 무부하 시험과 회전자구속 시험이 있다. 또한 유도기의 효율을 정확하게 측정하기 위해서는 동손, 철손, 기계손, 표류부하손을 정확하게 측정해야 한다. 이와 같이 각 손실을 측정하는 시험법을 손실분리 시험이라고 하며 손실분리 시험에서는 부하 시험과 무부하 시험이 필요하다. 이와 같은 시험법 중 손실시험에 대한 자세한 사항은 부록 A.11에서 다루도록 한다. 유도전동기의 등가회로에 포함되어 있는 권선저항, 1, 2차 누설리액턴스, 철손저항, 자화리액턴스는 무부하 시험(no load test), 구속 시험(locked-rotor test)을 이용하여 그 값을 간단히 얻을 수 있다.

[1] 구속 시험

구속 시험은 권선 임피던스를 구하기 위한 시험법으로 회전자를 구속시켜 시험을 하기 때문에 변압기의 단락 시험과 비슷한 특성을 갖는다. 회전자를 구속하고 전동기에 낮은 전원전압을 인가해 선간전압 및 선전류 그리고 고정자로 입력되는 전력을 측정한다. 이때 가해지는 전원전압은 정격전압보다 아주 낮은 전압으로부터 서서히 전압을 상승시켜 고정자에 정격전류가 흐를 때까지 전압을 조정한다. 구속시험에서 정격전류가 흐르는 전압은 매우 낮은 전압이므로 공극 자속밀도가 매우 낮다(자속은 전압에 비례). 따라서 정격전압으로 구동될 때 자기포화와 표피효과를 고려하기 위해서 IEEE Standard에서는 구속 시험을 25%의 정격주파수로 한다. 자속은 주파수에 반비례하므로 이와 같이 저주파수로 하면 저전압과 고전압 사이 자속의 차이를 보상해 줄 수 있다.

회전자 구속상태에서는 회전자가 움직이지 않기 때문에 슬립 $s=1$이 된다. 따라서 2차측의 등가저항은 $r'_2/s=r'_2$가 되고, 일반적으로 r'_2와 x'_2가 x_m보다 매우 작기 때문에 여자전류(I_0)는 1차측 부하전류(I'_1)보다 매우 작은 값을 갖게 된다. 따라서 여자전류를 무시하면 유도전동기는 그림 7.37과 같이 등가회로로 볼 수 있다. 구속시험에서 측정한 전력은 P_{LR}이고 전류를 I_{LR}이라고 하면 회전자 구속시 저항 R_{LR}을 식 (7.86)으로 구할 수 있다.

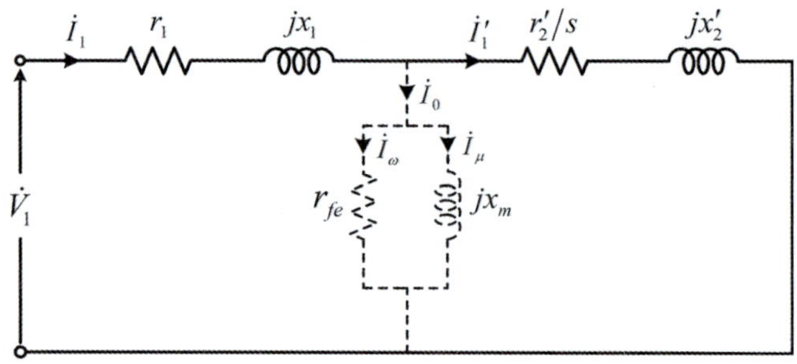

그림 7.37 구속 시험시 등가회로

$$R_{LR} = \frac{P_{LR}}{3I_{LR}^2} \ [\Omega] \tag{7.86}$$

식 (7.86)에서 알 수 있는 바와 같이 회전자 구속 저항 R_{LR}은 1차측 저항과 2차측을 1차측으로 환산한 등가적인 저항의 합이다.

$$R_{LR} = r_1 + r'_2 \ [\Omega] \tag{7.87}$$

또한, 측정된 전압과 전류를 이용하면 식 (7.88)에 의해 상당 임피던스를 구할 수 있다.

$$Z_{LR} = \frac{V_{1L}}{I_{1L}} \ [\Omega] \tag{7.88}$$

여기서, V_{1L}은 구속 시 상전압, I_{1L}은 구속 시 상전류이다. 식 (7.88)에서 구한 상당 임피던스를 이용하면 회전자 구속리액턴스 $X_{LR}^{'}$는 식 (7.89)로 나타난다.

$$X_{LR}^{'} = \sqrt{Z_{LR}^2 - R_{LR}^2} \ [\Omega] \tag{7.89}$$

여기서 회전자 구속 $X_{LR}^{'}$는 식 (7.90)에서와 같이 1차측 누설리액턴스와 2차측 누설리액턴스를 1차측으로 환산한 값의 합이다.

$$X_{LR}^{'} = x_1 + x'_2 \ [\Omega] \tag{7.90}$$

누설리액턴스의 값은 주파수에 비례하기 때문에 정상적인 동작 주파수에서의 등가리액턴스는 식 (7.91)과 같은 환산식으로 얻을 수 있다.

$$X_{LR} = \frac{f_{rated}}{f_{test}} X_{LR}^{'} = x_1 + x'_2 \ [\Omega] \tag{7.91}$$

여기서 f_{rated}, f_{test}는 각각 정격주파수와 시험주파수를 나타낸다.

위에서 구한 권선저항 R_{LR}은 1차측 저항을 직접 측정할 수 있으므로 1차측 저항과 2차측 저항은 분리할 수 있다. 그러나 측정된 누설리액턴스는 고정자 누설리액턴스와 회전자 누설리액턴스의 합으로 두 개의 값을 분리할 수 있는 간단한 방법은 없다. 그러나 수년간에 걸친 경험에 의해서 권선형 유도전동기와 NEMA Class A, B, C, D 유도전동기주1)는 회전자 누설리액턴스와 고정자 누설리액턴스 사이에 어떤 비를 갖는지 경험적으로 알 수 있다. 따라서 유도전동기의 형태에 따라 1차측 누설리액턴스와 2차측 리액턴스는 표 7.3과 같은 비로 분리한다.

표 7.3 전동기 유형에 따른 회전자 구속 리액턴스의 분리

	권선형	A형	B형	C형	D형
x_1	$0.5X_{LR}$	$0.5X_{LR}$	$0.4X_{LR}$	$0.3X_{LR}$	$0.5X_{LR}$
x'_2	$0.5X_{LR}$	$0.5X_{LR}$	$0.6X_{LR}$	$0.7X_{LR}$	$0.5X_{LR}$

[2] 무부하 시험

무부하 시험은 부하를 걸지 않은 전동기에 정격전압(V_{10})을 가하여 전동기를 회전시켜 그때의 전력(P_{10})과 전류(I_{10})를 측정하여 여자임피던스를 구하는 시험이다. 무부하에서 기계손이 매우 작다면 전동기에서 필요한 토크가 거의 0이므로 전동기 속도는 동기속도에 가까워 슬립이 거의 0이 된다. 따라서 회전자에는 유도기전력이 거의 발생되지 않으므로 2차측 전류도 무시할 수 있을 정도로 매우 작은 값이 된다. 따라서 등가회로에서 2차측 회로가 개방되어 있다고 가정할 수 있다. 또한 자화전류가 철손분 전류보다 매우 커 $I_\mu \gg I_w$이므로 $I_0 \approx I_\mu$라고 가정할 수 있다. 따라서 무부하 시 유도전동기의 등가회로는 그림 7.38과 같이 된다. 무부하 시험에서 측정된 무효 전력은 피상전력으로부터 평균 전력을 벡터적으로 빼주면 되므로 식 (7.92)와 같은 무효 전력을 얻을 수 있다.

$$Q_{10} = \sqrt{(3V_{10}I_{10})^2 - (P_{10})^2} \quad [\mathrm{VAR}] \tag{7.92}$$

여기서, V_{10}은 무부하 시 상전압, I_{10}는 무부하 시 상전류이다.

식 (7.92)에서 구한 무효 전력을 이용하여 식 (7.93)으로 정의되는 리액턴스를 구할 수 있다.

$$X_{10} = \frac{Q_{10}}{3I_{10}^2} \quad [\Omega] \tag{7.93}$$

주1) NEMA class A, B, C, D 유도전동기의 분리법과 특성을 부록 A.10에 수록함.

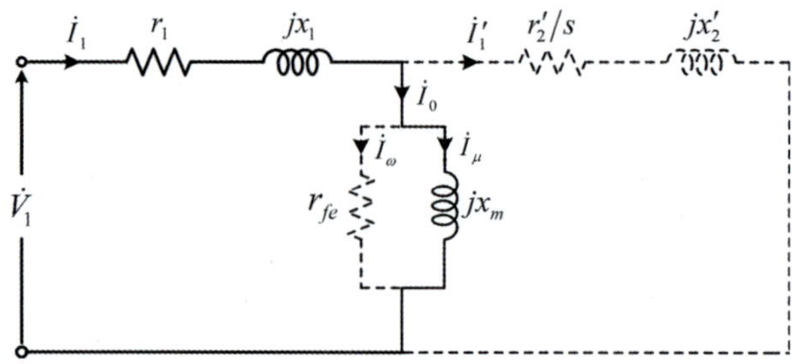

그림 7.38 무부하 시험 시 등가회로

여기서 무부하에서의 등가리액턴스 X_{10}은 식 (7.94)와 같이 1차측 누설리액턴스와 자화리액턴스의 합을 나타낸다.

$$X_{10} = x_1 + x_m \ [\Omega] \tag{7.94}$$

회전자 구속 시험을 통해 x_1을 구할 수 있었으므로 자화리액턴스 x_m을 손쉽게 구할 수 있다.

여자전류는 매우 작아 권선저항 r_1에 걸리는 전압은 매우 작으므로 누설리액턴스와 자화리액턴스로부터 여자임피던스에 걸리는 전압은 두 리액턴스의 비로부터 구할 수 있고 부록 A.11의 손실분리 시험를 통하여 구한 철손 P_i로부터 철손 컨덕턴스는 식 (7.95)로 구할 수 있다.

$$g_0 = \frac{P_i}{3\left(V_{10} \times \dfrac{x_m}{x_1 + x_m}\right)^2} \ [\mho] \tag{7.95}$$

따라서 철손분 저항은 식 (7.96)과 같다.

$$r_{fe} = \frac{1}{g_0} \ [\Omega] \tag{7.96}$$

7.6 유도전동기의 특성

유도기의 특성은 유도기의 등가회로를 이용하여 구할 수 있다. 유도전동기의 특성 중에서 유도전동기의 속도(슬립)에 따라 토크, 전류, 역률, 출력, 효율 등이 어떻게 변화하는가를 나타내는 것을 유도전동기의 속도 특성이라고 한다.

7.6.1 간이 등가회로를 이용한 전동기 특성해석

[1] 간이 등가회로

변압기에서는 여자전류가 작아 여자전류에 의한 1차측의 전압강하를 무시하면 간이 등가회로를 이용할 수 있었으나 유도전동기는 공극을 가지고 있으므로 변압기에 비해서 여자전류가 크기 때문에 여자전류를 무시할 수 없다. 그러나 유도전동기의 특성을 간단하게 표현하기 위해서 여자전류에 의한 1차측 전압강하는 무시하고 여자어드미턴스를 1차측 회로정수 앞에 위치시킨 그림 7.39와 같은 간이 등가회로를 많이 사용한다. 그림 7.39의 간이 등가회로를 이용하여 유도전동기의 여러 가지 속도특성을 유도하면 간단한 특성식을 얻을 수 있어 편리하다.

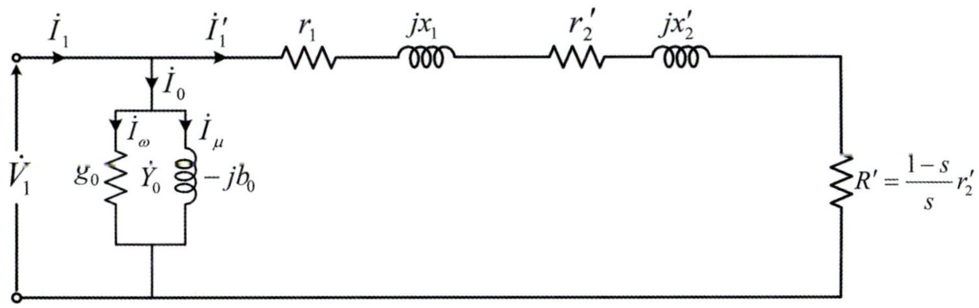

그림 7.39 3상 유도전동기 간이 등가회로

[2] 1차측 전류와 역률

여자전류와 1차측 부하전류(load current)의 크기는 간이 등가회로를 이용하여 식 (7.97), (7.98)에 의해 구할 수 있다.

$$I_0 = V_1\sqrt{g_0^2 + b_0^2} \ \ [\mathrm{A}] \tag{7.97}$$

$$I_1' = \frac{V_1}{Z} \ \ [\mathrm{A}] \tag{7.98}$$

여기서 임피던스 Z는 1차측 임피던스와 2차측 임피던스의 합으로 식 (7.99)과 같다.

$$Z = \sqrt{(r_1 + r'_2/s)^2 + (x_1 + x'_2)^2} \ \ [\Omega] \tag{7.99}$$

따라서 1차측 전류는 식 (7.100)과 같이 된다.

$$I_1 = V_1\sqrt{\left(g_0 + \frac{r_1 + r'_2/s}{|Z|^2}\right)^2 + \left(b_0 + \frac{x_1 + x'_2}{|Z|^2}\right)^2} \ \ [\mathrm{A}] \tag{7.100}$$

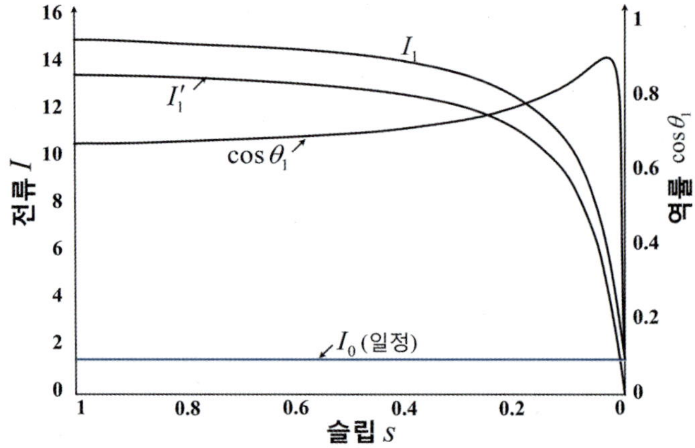

$V_1 = 265.2[\mathrm{V}],\ r_1 = 12.1[\Omega],\ r'_2 = 1.27[\Omega],\ x_1 = 7.06[\Omega],\ x'_2 = 7.06[\Omega]$
$g_0 = 0.00049[\mho],\ b_0 = 0.005617[\mho]$

그림 7.40 슬립과 1차 전류, 역률의 관계

또한 역률을 구해보면 식 (7.101)이 된다.

$$\cos\theta_1 = \frac{g_0 + \dfrac{r_1 + r'_2/s}{|Z|^2}}{\sqrt{\left(g_0 + \dfrac{r_1 + r'_2/s}{|Z|^2}\right)^2 + \left(b_0 + \dfrac{x_1 + x'_2}{|Z|^2}\right)^2}} \tag{7.101}$$

따라서 속도에 따른 여자전류, 1차 부하전류, 1차 전류, 역률 특성 곡선을 그림 7.40 아래에 표시된 전동기 회로정수를 이용하여 그려 보면 그림 7.40과 같은 그래프를 얻을 수 있다.

그림 7.40에서와 같이 여자전류 I_0는 작은 값으로 일정하고 1차 부하전류 I'_1와 여자전류 I_0의 합이 1차측 전류 I_1이 된다. 저속에서 역률이 작고 고속이 되면 역률이 커짐을 알 수 있다.

[3] 출력, 토크 및 효율 특성

유도전동기에서의 에너지 흐름은 그림 7.41과 같다. 즉 전원으로부터 P_1의 전력을 입력시키면 철손 P_i와 1차 동손 P_{c1}으로 전력이 소비되고 나머지 전력이 공극을 통해 2차측 회전자에 전달된다. 이 전력을 공극출력 P_2라고 한다. 공극출력 P_2로부터 2차측 동손 P_{c2}가 소비되고 나머지 전력은 기계적 출력 P_o가 된다. 기계적 출력에는 기계손 P_m과 축출력 P를 포함하고 있으며 축출력은 전동기에서 실제로 부하에 전달되는 유효한 출력이다. 따라서 기계적 출력에서 기계손을 빼주면 축출력 P가 된다.

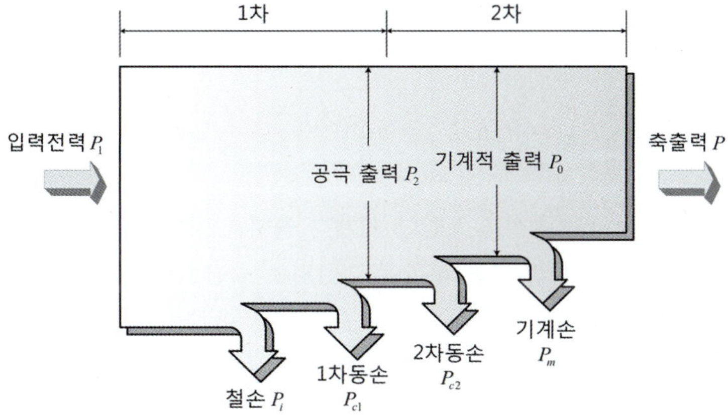

그림 7.41 유도전동기의 에너지 흐름

간이 등가회로를 이용하여 m_1상 유도전동기의 1차측 입력을 구해보면 식 (7.102)와 같다.

$$P_1 = m_1 V_1 I_1 \cos\theta_1 = m_1 V_1^2 \left(g_0 + \frac{r_1 + r'_2/s}{|Z|^2} \right) \text{ [W]} \tag{7.102}$$

간이 등가회로를 이용하여 고정자에서의 철손과 동손을 구해보면 식 (7.103), (7.104)와 같다.

$$P_i = m_1 V_1 I_w = m_1 V_1^2 g_0 \text{ [W]} \tag{7.103}$$

$$P_{c1} = m_1 r_1 I'^2_1 = m_1 V_1^2 \frac{r_1}{|Z|^2} \text{ [W]} \tag{7.104}$$

1차 입력에서 1차측 손실을 빼주면 공극출력이 되므로 공극출력은 식 (7.105)가 된다.

$$\begin{aligned} P_2 &= P_1 - P_i - P_{c1} \\ &= m_1 \frac{r'_2}{s} I'^2_1 = m_1 V_1^2 \frac{r'_2/s}{|Z|^2} \text{ [W]} \end{aligned} \tag{7.105}$$

공극출력은 1차측의 전력으로부터 1차측의 손실을 빼준 전력이며 순수하게 회전자가 소비하는 전력으로 회전자의 손실과 회전자의 기계적 출력을 포함한다.

2차측 동손을 구하면 식 (7.106)과 같다.

$$P_{c2} = m_1 r'_2 I'^2_1 = m_1 V_1^2 \frac{r'_2}{|Z|^2} = s P_2 \text{ [W]} \tag{7.106}$$

기계적 출력은 공극출력에서 2차측 동손을 빼주면 되므로 다음 식 (7.107)과 같이 된다.

$$P_o = P_2 - P_{c2} = m_1 R' I'^2_1 = m_1 V_1^2 \frac{1-s}{s}\frac{r'_2}{|Z|^2} = (1-s)P_2 \ \ [\mathrm{W}] \tag{7.107}$$

식 (7.107)은 기계적 손실을 포함한 기계적 출력을 나타낸다. 식 (7.107)에서 구한 기계적 출력은 실제로 축에 연결된 부하에 전달되는 축출력과 베어링 마찰, 풍손 등과 같은 기계적 손실을 포함하는 출력으로 실제 부하에 전달되는 출력은 기계적 출력으로부터 기계적 손실 P_m을 빼주어야 하므로 축출력 P는 식 (7.108)과 같이 구할 수 있다.

$$P = P_o - P_m \ \ [\mathrm{W}] \tag{7.108}$$

유도전동기에서 발생되는 토크를 구하기 위해서는 기계적 출력식을 기계적 속도로 나누어주면 되므로 토크는 식 (7.109)와 같다.

$$T = \frac{P_o}{\omega_m} = \frac{(1-s)P_2}{(1-s)\omega_s} = \frac{P_2}{\omega_s} \ \ [\mathrm{Nm}] \tag{7.109}$$

식 (7.109)에서 알 수 있는 바와 같이 공극출력은 유도전동기가 동기속도로 회전하고 있다고 가정했을 때 토크에 비례한다. 따라서 공극출력으로부터 토크를 구해도 크게 문제가 없으며 이 값을 동기와트(synchronous watt)라고 한다.

속도에 대한 토크특성을 검토하여 보자. 이제까지 식 (7.109)에서 공극출력 P_2는 식 (7.105)와 같이 1차측 양으로 나타내었으나 P_2를 2차측 양으로 나타내면 다음 식 (7.110)과 같다.

$$T = \frac{P_2}{\omega_s} = \frac{m_2}{\omega_s}\frac{r_2}{s} I_2^2 \ \ [\mathrm{Nm}] \tag{7.110}$$

여기서 전류 I_2는 식 (7.63)과 같이 2차측 유도 기전력과 2차측 임피던스와의 관계식으로 나타낼 수 있으므로 식 (7.111)을 얻을 수 있다.

$$T = \frac{P_2}{\omega_s} = \frac{m_2}{\omega_s}\frac{r_2}{s} I_2^2 = \frac{m_2}{\omega_s}\frac{r_2}{s}\left(\frac{s^2 E_2^2}{r_2^2 + (sx_2)^2}\right) = \frac{m_2}{\omega_s} E_2^2 \frac{s r_2}{r_2^2 + (sx_2)^2} \ \ [\mathrm{Nm}] \tag{7.111}$$

식 (7.111)에서 2차측 유도기전력이 일정하다고 가정하고 속도-토크의 특성곡선을 그리면 그림 7.42와 같이 된다.

여기서 2차측 유도기전력이 일정하다고 가정하였으나 실제로는 슬립에 따라 전류의 크기가 바뀌므로 전압이 일정하더라고 1차측 권선저항과 1차측 누설리액턴스 전압 강하 때문에 유도기전력 E_2는 변한다(공극 자속이 변함). 따라서 E_2가 일정하다는 가정은 실제와 조금 다르나 개략적인 특성을 파악하는 데는 유용하다. 전기적 입력에 대한 축출력의 비가 효율이므로 효율은 식 (7.112)와 같다.

$$\eta = \frac{P}{P_1} \tag{7.112}$$

공극 출력을 기준으로 한 2차측 효율은 공극출력과 기계적 출력의 비로 편의상 기계손을 무시하면 식 (7.113)과 같이 정의된다.

$$\eta_2 = \frac{P_o}{P_2} = (1-s) \tag{7.113}$$

식 (7.113)의 2차측 효율 식으로부터 알 수 있는 바와 같이 효율은 슬립이 작을수록 좋아진다. 따라서 그림 7.42의 아래에 기입한 전동기회로 파라미터를 이용하여 효율을 그려보면 그림 7.42와 같다. 그림 7.42에서 알 수 있는 바와 같이 유도전동기는 저슬립영역(고속영역)에서 효율이 매우 좋으므로 유도전동기는 가능한 최대토크가 발생하는 슬립 이하에서 정격이 정해지도록 해야 한다. 최대토크를 발생하는 속도 이하에서는 효율이 나쁘고 전류가 많이 흘러 최대토크를 발생하는 속도 이하에서 운전하면 전동기가 소손될 위험도 있다.

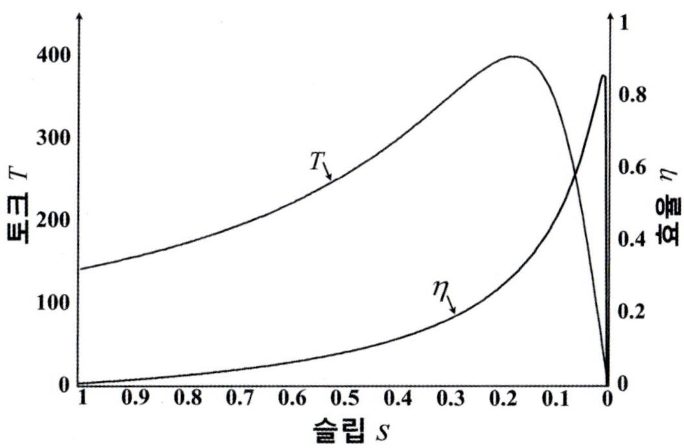

$V_1 = 265.2[V],\ r_1 = 12.1[\Omega],\ r'_2 = 1.27[\Omega],\ x_1 = 7.06[\Omega],\ x'_2 = 7.06[\Omega]$
$g_0 = 0.00049[\mho],\ b_0 = 0.005617[\mho]$

그림 7.42 슬립과 토크, 효율의 관계

7.7 유도전동기의 기동

유도전동기의 속도특성에서 알 수 있는 바와 같이 유도전동기는 기동 시 과도한 전류가 흐른다. 직류전동기는 속도에 비례해서 전류가 작아지지만 유도전동기는 저속영역에서 전류가 속도에 비례해서 작아지지 못하고 어떤 속도까지는 거의 일정한 기동전류가 흐른다. 또한 직류전동기와 달리 유도전동기는 기동토크가 작기 때문에 가속력이 작아 정상속도에 도달하기까지 오랜 시간이 걸린다. 따라서 대형 유도전동기에서는 전류를 제한하고 기동토크를 크게 하기 위한 기동법이 필요하다. 유도전동기에 흐르는 전류의 크기는 식 (7.100)으로 결정되므로 전원전압과 임피던스를 조절하면 전류를 조정할 수 있다. 이와 같은 유도전동기의 기동법에 대해서 자세히 알아보도록 하자.

7.7.1 저항기동

임피던스 중에서 저항은 1차 저항과 2차 저항이 있다. 1차 저항을 제어하게 되면 1차 저항 강하에 의해 2차측 유도기전력이 비례해서 낮아지게 되고 2차측의 전압강하에 의해 어느 정도 전류는 제한되지만 토크는 2차측 전압 크기의 제곱에 비례하므로 토크가 상당히 작아진다. 또한 토크가 줄어들고 1차측 동손도 증가하기 때문에 과도한 열이 발생할 수 있으므로 1차 저항을 제어하는 것은 토크와 손실의 관점에서 보면 의미가 없다.

다음은 2차 저항제어에 대해서 생각하여 보자. 2차 저항제어에 의한 기동법은 농형구조의 유도전동기에서는 사용될 수 없고 단지 권선형 유도전동기에서 외부의 단락환을 사용하여 그림 7.43과 같이 속도에 따라 외부 가변저항을 가변함으로써 제어가 가능한 방법이다.

유도전동기에서 2차 저항의 영향을 살펴보자. 식 (7.111)의 토크식의 분자, 분모를 s^2로 나누면 식 (7.114)의 형태가 된다. 식에서 알 수 있듯이 2차 저항이 변하게 되면 각 슬립에서의 토크가 변한다.

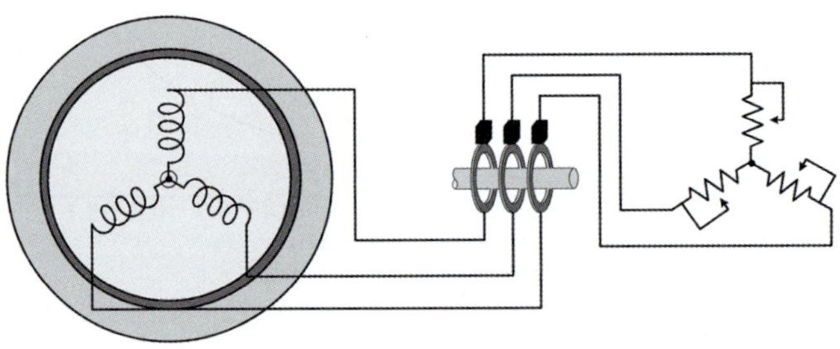

그림 7.43 슬립링을 통해 외부의 가변저항이 접속된 권선형 유도전동기

$$T = \frac{m_2}{\omega_s} E_2^2 \frac{r_2/s}{(r_2/s)^2 + x_2^2} = \frac{m_2}{\omega_s} E_2^2 \frac{r''_2}{(r''_2)^2 + x_2^2} \quad [\mathrm{Nm}] \tag{7.114}$$

예를 들면, 2차 저항을 n배 증가시키고 s가 n배 증가되면 식 (7.114)에서 r''_2가 같으므로 같은 토크가 발생된다. 즉 어떤 권선형 유도전동기에서 2차측 저항을 n배시키면 원래 유도전동기에서와 같은 토크를 발생하는 슬립은 ns가 됨을 알 수 있다. 예를 들면 2차측 저항을 2배하면 2배인 슬립에서 같은 크기의 토크가 발생된다. 따라서 저항을 2배로 증가시킨 경우의 속도-토크 특성곡선은 원래의 속도-토크 특성곡선의 0.5~0 슬립구간을 1~0으로 확장한 형태가 된다. 이와 같은 유도전동기의 특성을 비례추이(proportional shifting) 특성이라 하고 비례추이를 이용한 기동법이 2차 저항기동법이다.

2차 저항이 2, 4, 8, 16배로 변할 때, 토크특성은 그림 7.44(a)와 같고 이때 전류특성은 그림 7.44(b)와 같다. 그림 7.44에서 알 수 있는 바와 같이 기동 시에는 2차측 저항을 외부저항을 이용하여 크게 하고 속도가 증가함에 따라 2차측 외부저항을 단계적으로 감소시킨 경우 기동할 때 토크가 크고 전류가 작은 좋은 특성을 얻을 수 있다.

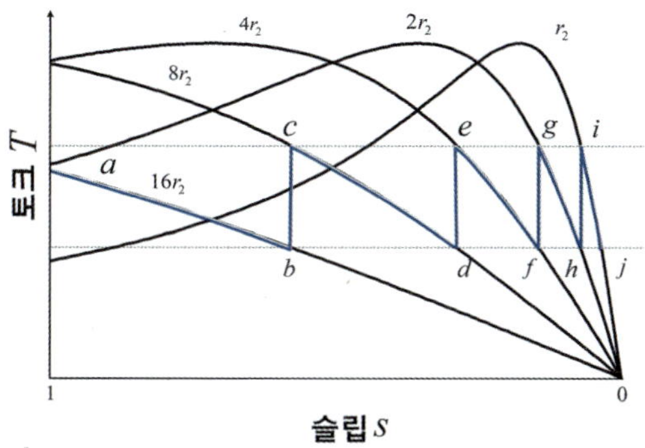

(a)

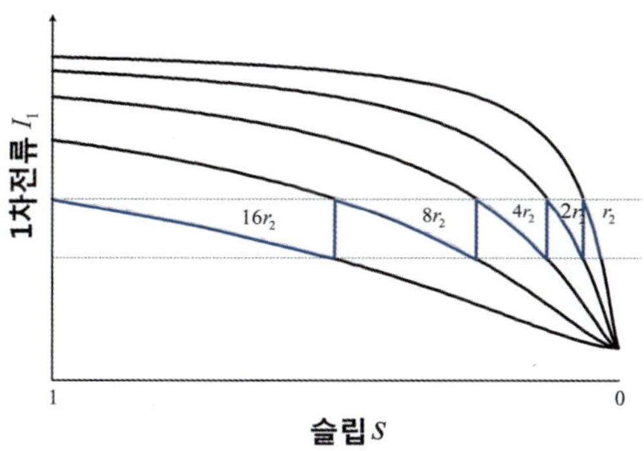

(b)

그림 7.44 2차 저항을 단계적으로 감소시켰을 때의 특성 변화 (a) 토크 변화 (b) 1차 전류 변화

또한 이 방법은 부하에 따라서 속도-토크 특성이 변하므로 속도제어법으로도 사용할 수 있다. 그러나 권선형 유도전동기의 속도제어를 위해 2차 저항을 크게 하면 그림 7.45와 같이 슬립이 높은 점에서 운전하게 되므로 효율이 좋지 않다.

2차 저항의 변화에 따른 효율 특성을 알아보도록 하자. 기동 후 2차 저항을 크게 한 상태로 두게 되면 그림 7.45에서 알 수 있는 바와 같이 운전영역에서의 속도가 떨어지게 되고(높은 슬립에서 운전), 이 때의 효율은 다음 식 (7.115)에 의해 정해지므로 효율이 나빠지게 된다.

$$\eta = \frac{P_0}{P_1} = \frac{(1-s)m_1 V_1^2 \dfrac{r'_2/s}{|Z|^2}}{m_1 V_1^2 \left(g_0 + \dfrac{r_1 + r'_2/s}{|Z|^2}\right)} = (1-s)\frac{\dfrac{r'_2/s}{|Z|^2}}{\left(g_0 + \dfrac{r_1 + r'_2/s}{|Z|^2}\right)} \tag{7.115}$$

이러한 효율특성은 그림 7.46에서 확실하게 알 수 있다.

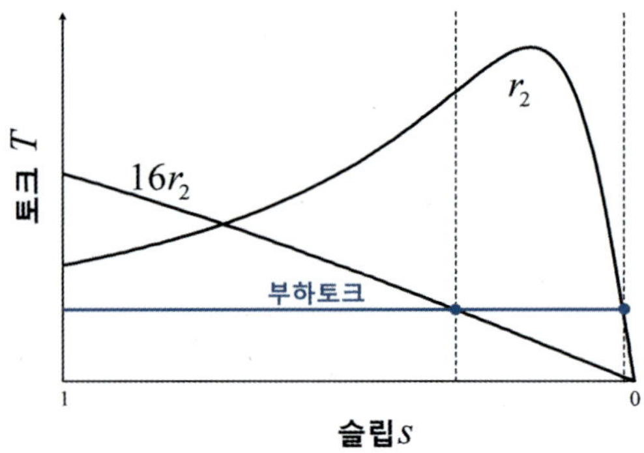

그림 7.45 2차 저항에 따른 토크-속도 특성

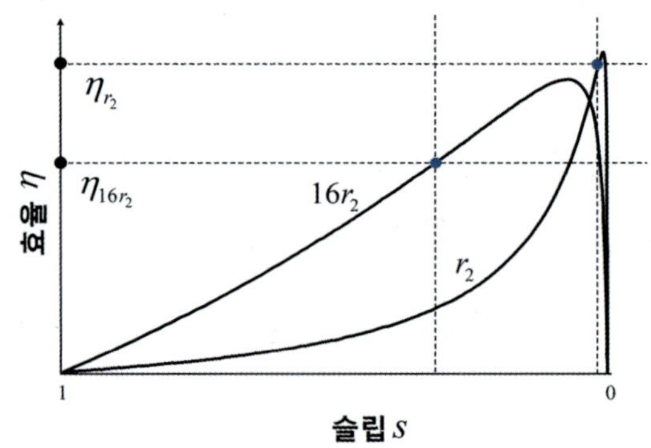

그림 7.46 2차 저항에 따른 속도-효율 특성

따라서 속도가 증가되면 저항을 점차적으로 감소시켜 최종적으로 2차측 외부저항이 0인 상태에서 운전해야 한다. 그림 7.46은 2차 저항의 값에 따른 효율특성을 나타내고 있다. 그림에서와 같이 2차 저항을 크게 한 상태에서 운전하게 되면 높은 슬립에서 운전하게 되므로 부하전류가 크고 역률이 낮고 효율이 나빠진다.

7.7.2 농형 유도전동기에서 비례추이를 이용한 기동법

농형 유도전동기에서는 외부에서 저항을 첨가할 수 없기 때문에 기본적으로는 비례추이에 의한 기동(starting)을 할 수 없으나 특수한 구조의 농형 슬롯을 이용하면 비례추이 특성을 이용한 기동이 가능하다.

[1] 2중 농형회전자(double cage rotor)

2중 농형 구조의 농형 바는 그림 7.47과 같이 외부 도체와 내부 도체로 농형 바를 나누어 구성한 것이다. 외부 도체는 내부 도체에 비해 저항률이 높은 도체를 이용한다. 그림 7.47(a)의 누설자속분포에서 알 수 있는 바와 같이 내부 도체의 누설자속이 많다. 이와 같이 내부 도체의 누설자속이 많은 것은 내부 도체에서 만들어진 자속이 공극을 통과하려면 철심을 통과하여야 하지만 그 거리가 멀어 슬롯쪽으로 흐르는 누설자속이 많기 때문이다. 이에 비해서 외부 도체는 공극에 인접해 있으므로 누설자속이 작으므로 외부 도체의 누설인덕턴스는 내부 도체의 누설인덕턴스보다 작다. 기동 시에는 슬립이 커서 2차 주파수가 매우 높으므로 2차측 임피던스 중에서 누설리액턴스가 저항보다 매우 크다. 따라서 기동 시에는 2차측 전류가 누설리액턴스에 의해 제한되어 내부 도체에는 전류가 거의 흐르지 않고 저항이 큰 외부 도체에 집중된다. 따라서 기동 시에는 2차 저항이 커진다. 기동이

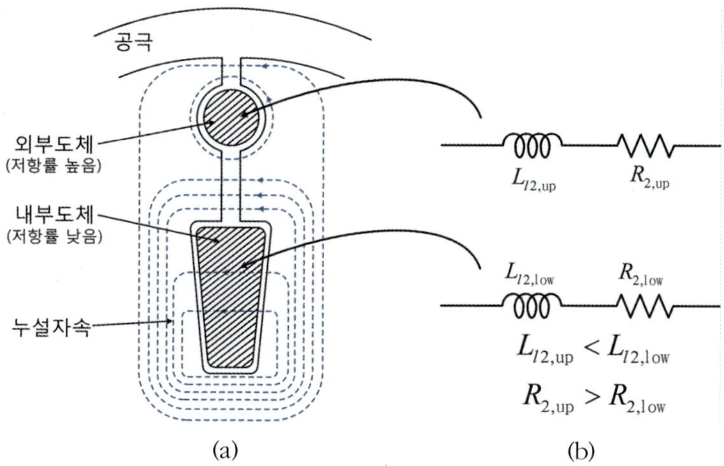

그림 7.47 2중 도체 구조의 농형 바
(a) 누설자속분포 (b) 외부 도체, 내부 도체의 누설인덕턴스와 저항의 크기

완료된 후 운전영역으로 들어가게 되면 슬립이 작아 2차 주파수가 낮아지므로 누설리액턴스는 작은 값이 된다. 따라서 2차측의 임피던스에서 저항이 차지하는 비중이 커지게 된다. 외부 도체는 저항이 크고 내부 도체는 저항이 작으므로 대부분의 전류는 내부 도체에 흐르게 되어 운전 시의 속도-토크 특성은 2차 저항이 작을 때와 같아진다. 이와 같이 2중 농형구조를 하게 되면 2차 저항이 연속적으로 작아지는 특성을 갖게 되어 권선형 전동기의 비례추이 특성을 이용한 기동특성을 농형 유도전동기에서도 구현할 수 있다.

[2] 심구바 회전자(deep bar rotor)

심구 농형 유도전동기의 농형 바는 그림 7.48과 같이 회전자 슬롯을 깊게 파서 도체 바를 표면부터 내부 가까이까지 길게 박아놓은 형태이다. 회전자 표면 근처의 도체부분과 슬롯 안쪽의 도체부분에서의 누설자속분포는 그림 7.48(a)과 같이 된다. 따라서 누설리액턴스는 슬롯 안쪽의 도체로 갈수록 커지는 것을 알 수 있다. 기동 시 슬립이 크므로 2차 주파수가 증가하게 되어 누설리액턴스가 작은 회전자 표면 근처의 도체부분에 전류가 집중된다. 따라서 전류가 흐르는 도체의 단면적이 줄어든 효과가 나타내게 되어 2차 저항이 커진 것과 동일한 특성을 보인다. 운전영역에서는 슬립이 작으므로 2차 주파수가 감소하게 되어 누설리액턴스가 작아진다. 따라서 전체 임피던스에서 누설리액턴스가 차지하는 비중이 작으므로 전류는 내부까지 흐르게 된다. 전류가 내부까지 흐르게 되면 도체 면적이 증가하는 것과 같으므로 2차 저항이 작아지게 되어 권선형 유도전동기의 비례추이 특성과 비슷한 특성이 나타나게 된다.

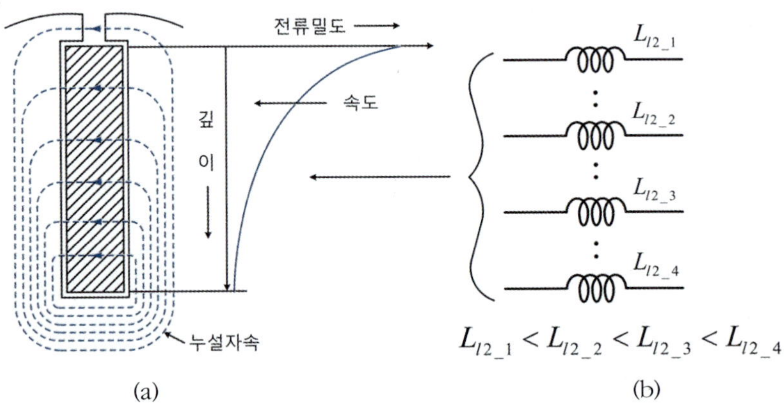

그림 7.48 심구형 구조의 농형 바 (a) 누설자속분포와 전류밀도분포 (b) 등가 누설인덕턴스의 크기

7.7.3 전압기동

전동기는 기동 초기의 토크가 클수록 부하의 관성모멘트가 작을수록 빠르게 정상운전 속도에 도달한다. 따라서 대형기에서와 같이 부하의 관성모멘트가 크면 기동시간이 오래

걸려 전동기가 비정상적으로 온도가 높아질 수 있으므로 적절한 기동법이 필요하다. 그러나 5[kW] 이하의 전동기의 부하는 관성이 작기 때문에 빠르게 가속되므로 기동시간이 짧다. 따라서 5[kW] 이하의 전동기에서는 전압을 제어하지 않고 전전압으로 기동하여도 기동 초기에는 정격전류의 5~8배가 되는 기동전류가 흐르게 되나 온도가 비정상적으로 상승하기 전에 정상속도에 도달하므로 별도의 기동장치를 사용하지 않는다.

보통 5[kW] 이상의 농형 유도전동기는 가속시간이 오래 걸려 기동 시 전압을 제어하여 전류를 제한하는 기동방법을 이용한다. 유도전동기의 전압과 공극 출력식인 식 (7.105)를 이용하여 입력전압 V_1에 대한 속도-토크특성을 그리면 그림 7.49와 같다. 그림 7.49에서 알 수 있는 바와 같이 전류는 전압에 거의 비례하여 작아지지만 토크는 전압의 제곱에 비례하여 작아지므로 기동시간이 오래 걸린다. 전압기동을 위해서는 전력변환기를 사용하여 전압을 실시간으로 바꾸어 주는 것이 가장 좋으나 전력변환기의 가격이 고가이고 또한 일정속도로 운전하는 부하인 경우에는 기동 시만 전압을 제어하므로 비경제적이다. 따라서 간단한 전압기동법으로 고정자의 권선을 $Y-\Delta$ 변환하여 전압을 2단계로 바꾸는 전압기동법이나 단권변압기(기동보상기)를 이용한 전압기동법을 사용한다.

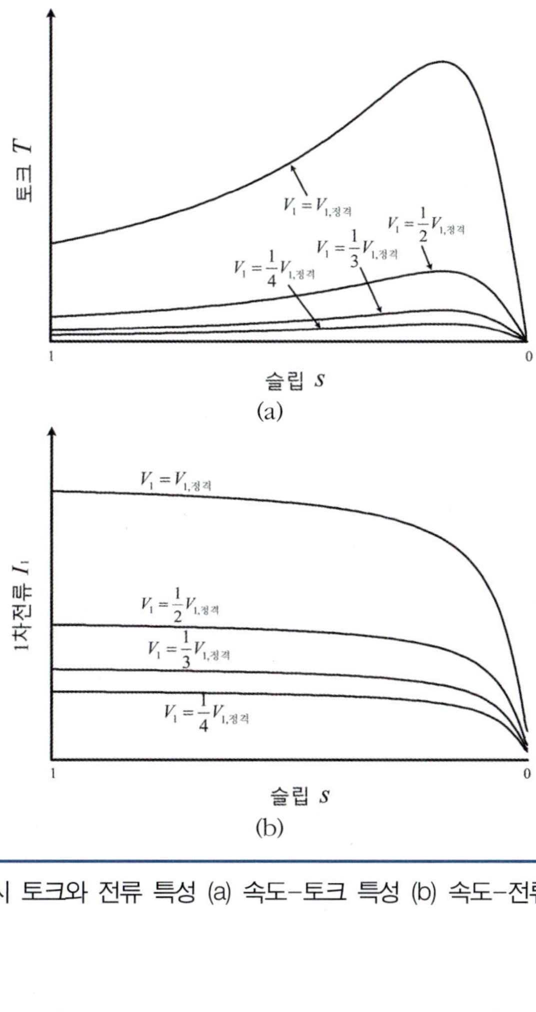

그림 7.49 전압가변 시 토크와 전류 특성 (a) 속도-토크 특성 (b) 속도-전류 특성

[1] $Y-\Delta$기동

5 ~ 15[kW] 용량의 농형 유도전동기는 그림 7.50과 같은 $Y-\Delta$결선 변환기를 이용하여 전압을 가변시켜 준다. 기동 시에는 스위치를 이용하여 1차 권선을 Y결선으로 하고, 기동 후 운전영역 근처에서는 스위치를 절환하여 Δ결선으로 바꾸어 준다. 기동 시 Δ결선으로 기동하는 대신에 Y결선으로 접속하여 기동하면 권선의 상에는 선간전압의 $1/\sqrt{3}$ 배만 걸린다.

Y결선한 유도전동기의 상전압이 Δ결선한 유도전동기에 비해 $1/\sqrt{3}$ 배이고 상임피던스는 Δ결선된 상임피던스와 동일하므로 식 (7.116)과 같이 Y결선된 상전류 I_{ph-Y}와 Y결선된 선전류 I_{L-Y}는 Δ결선된 유도전동기의 상전류에 비해 $1/\sqrt{3}$ 배만 흐른다.

$$I_{L-Y}=I_{ph-Y}=\frac{1}{\sqrt{3}}I_{ph-\Delta}\ [\mathrm{A}] \tag{7.116}$$

여기서 I_{L-Y}, I_{ph-Y}, $I_{ph-\Delta}$는 각각 Y결선 선전류, Y결선 상전류, Δ결선 상전류를 나타낸다.

Δ결선된 유도전동기의 상전류 $I_{ph-\Delta}$는 선전류 $I_{L-\Delta}$의 $1/\sqrt{3}$ 배이므로 Y결선으로 기동하면, 식 (7.117)과 같이 Δ결선으로 결선하는 것보다 선전류가 1/3배만큼 감소한다. 또한 유도전동기의 토크는 상전압의 제곱에 비례하므로 토크 역시 1/3배만큼 감소한다.

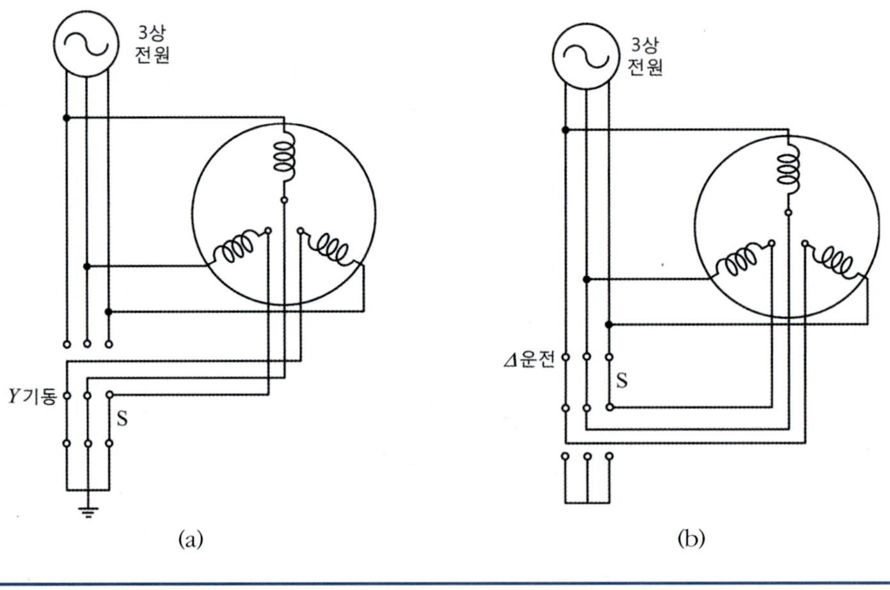

그림 7.50 전압가변을 위한 $Y-\Delta$결선 변환기 (a) Y결선 기동 결선법 (b) Δ결선 구동 결선법

$$I_{L-Y} = \frac{I_{ph-\Delta}}{\sqrt{3}} = \frac{I_{L-\Delta}}{3} \ \ [\mathrm{A}] \tag{7.117}$$

따라서 $Y-\Delta$ 기동법은 기동 시 선전류가 $1/3$배로 줄어드므로 전전압 인가 시 Δ결선으로 기동하면 정격전압의 5~8배의 전류가 흐르는 것에 비해 Y결선으로 기동하면 정격전류의 2~2.5배만 흐른다. 따라서 전전압 기동할 때와 비교해서 기동 시 손실의 대부분을 차지하는 동손이 대폭 감소하므로 열적으로 유리하다.

[2] 기동 보상기

15[kW] 이상의 대용량급 유도전동기를 $Y-\Delta$ 기동법을 써서 기동하면 기동시간이 오래 걸리므로 유도전동기가 소손될 염려가 있다. 이런 경우, 그림 7.51과 같은 단권 변압기를 이용하여 인가전압을 조절하는 전압기동을 이용한다. 단권 변압기를 이용하여 낮은 전압으로 기동 후, 운전영역에서는 단권 변압기를 개방하여 전전압을 인가한다. 유도전동기의 전압기동을 위해 이용되는 변압기를 기동 보상기(starting compensator)라 부른다.

7.7.4 기동 시 이상현상

[1] 유도전동기의 운전점

그림 7.52에는 3상 유도전동기에서 발생되는 토크와 전류의 특성 예를 나타내고 있다.

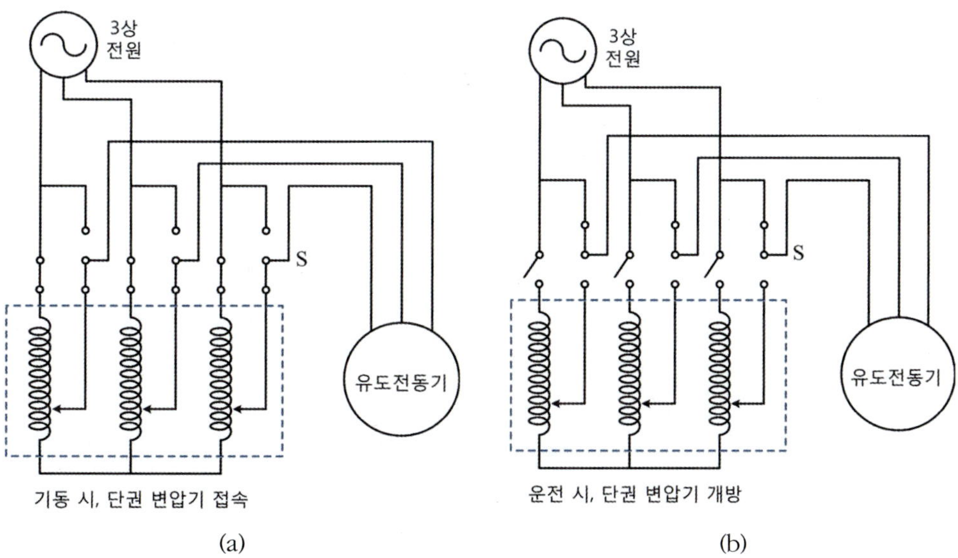

그림 7.51 단권 변압기를 이용한 대용량 유도전동기의 기동
(a) 기동 시 단권 변압기 접속 (b) 운전 시 단권 변압기 개방

그림 7.52(a)에서와 같이 유도전동기는 기동토크가 작고 고속에서 최대토크를 갖는 토크 특성을 가지고 있다. 또한 전류는 최대토크를 발생하는 지점까지는 거의 일정한 전류가 흐르고 최대토크를 발생하는 속도 이상에서는 슬립에 비례(속도가 증가하면 전류가 감소)하는 특성을 가진다. 이때 부하 특성이 그림 7.52(a)의 T_L의 특성과 같다면 동작속도는 최대토크를 발생하는 슬립보다 작은 영역(고속영역)에서 운전되고 이때 전류는 기동전류에 비해 매우 작은 전류가 흐른다. 그러나 부하 특성이 T'_L와 같다고 한다면 동작속도는 p'점으로 최대토크를 발생시키는 지점보다 큰 슬립(저속영역)에서 운전하게 된다. 직류기의 경우 속도에 따라 전류가 비례하여 작아지지만 유도전동기는 그림 7.52(b)에서 알 수 있는 바와 같이 기동부터 최대토크를 발생하는 속도까지는 전류가 거의 일정하다. 따라서 p'점과 같이 저속에서 운전을 하면 유도전동기에 과전류가 흘러 소손될 수 있기 때문에 일반적인 유도전동기에서 운전점은 최대토크를 내는 슬립보다 작은 영역에 있다.

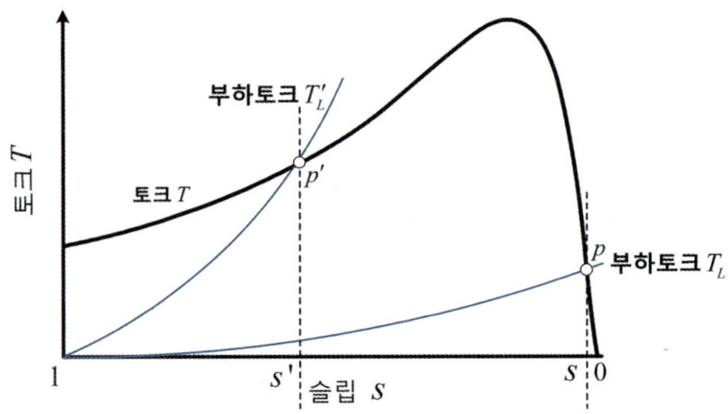

(a)

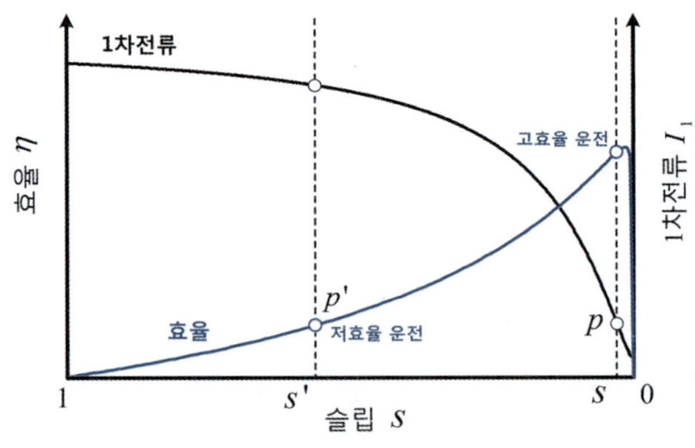

(b)

그림 7.52 전동기의 속도 특성 (a) 속도-토크 특성 (b) 속도-전류, 효율 특성

[2] 농형 유도전동기에서 이상현상

고정자 권선에 의한 기자력은 고정자와 회전자 슬롯에 의해 고조파 성분을 포함하고 공극의 자속분포에 영향을 준다. 특히 3상 유도전동기에서 7차 공간 고조파 자속은 기본파와 같은 방향으로 1/7배의 속도로 회전을 하고, 5차 공간 고조파 자속은 기본파와 반대방향으로 1/5배의 속도로 회전한다. 이러한 고조파 자속에 대해서도 회전자의 슬립에 대응하여 농형 바에 전류가 흐르므로 고조파에 의한 토크가 발생한다. 이것을 고조파 비동기 토크라고 한다. 기본파에 의한 토크와 5차, 7차 고조파에 의한 토크 성분을 그림 7.53에 나타내었다. 합성토크는 슬립이 큰 영역에서 왜곡된 형태가 되고, 이 지점에서 부하곡선과 만나게 되는 경우(그림 7.53의 점 P) 속도가 계속적으로 가속되지 못하는 문제가 발생된다. 이 현상을 크롤링(crawling) 현상이라 하며 가속하지 못하고 슬립이 큰 영역에서 운전되기 때문에 큰 1차 전류가 흐르게 되어 운전이 지속될 경우 전동기를 소손시킬 수 있다. 크롤링 현상은 슬롯수가 적고 용량이 낮은 농형 유도전동기에서 발생하기 쉬우며 고정자 슬롯 수 대 회전자 농형 바 수 조합(slot combination), 스큐(skew), 분포단절 권선법 등을 이용하여 고조파 성분을 줄임으로써 방지할 수 있다.

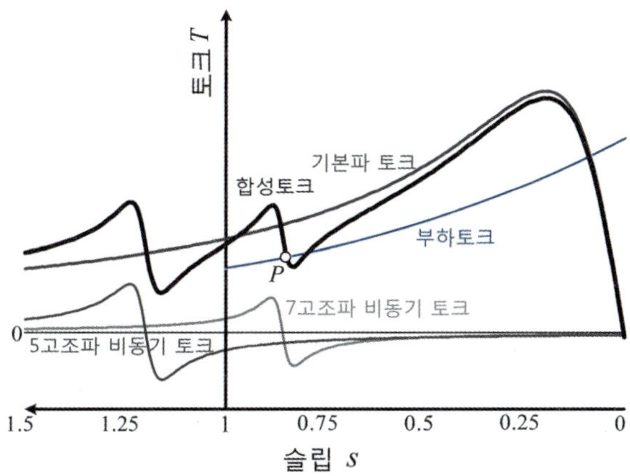

그림 7.53 고조파 성분에 의한 크롤링 현상

참고 **유도기 스큐**

기자력의 고조파 성분은 출력 토크에 악영향을 미치며 특히 기동 시에 크롤링 현상을 동반하게 되어 기동 실패가 발생할 수 있다. 또한 정격 운전 시에도 출력 토크를 저하시킬 수 있고 진동, 소음을 유발하기도 한다. 유도전동기의 고조파 자속의 영향을 억제하기 위해 많은 방법이 있지만 가장 효과적인 방법은 권선을 분포단절권으로 하는 방법과 회전자 바의 적절한 스큐각 설계이다. 그림 1은 고정자 고조파 자속에 의한 회전자 바의 유도전압에서 고조파 영향을 억제하기 위한 스큐의 원리를 설명하였다.

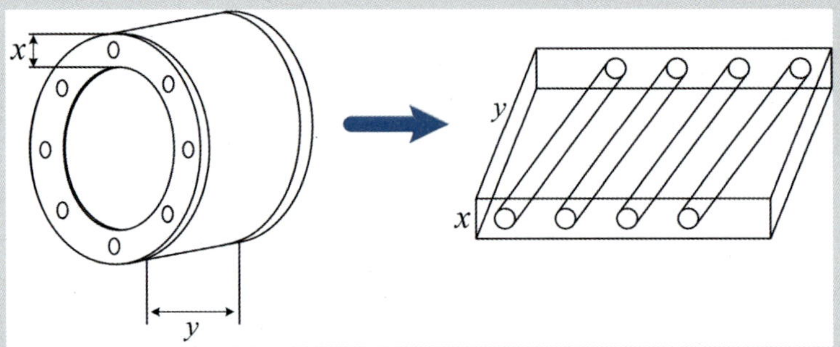

〈그림 1 (a)〉 스큐를 준 농형회전자를 펼친 그림

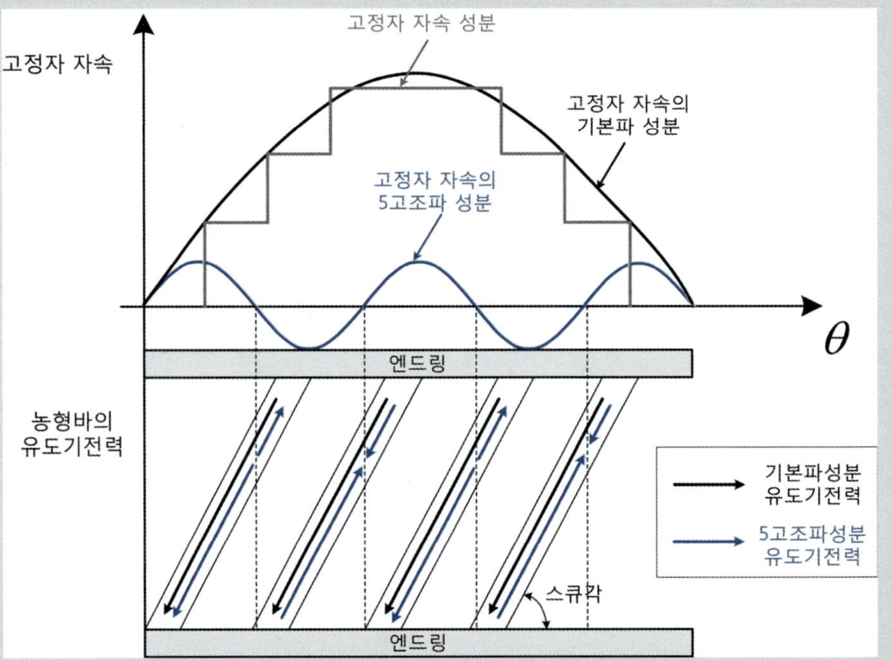

〈그림 1 (b)〉 고정자 자속과 회전자 바 스큐의 영향

그림 1(b)와 같이 회전자 바에 스큐가 있는 경우 한 개의 바이지만 양단 끝부분은 고정자 자속에 대해 위상차를 가진다. 즉 한 개의 바이지만 각 부분마다 영향을 주는 고정자 자속은 위상이 달라진다. 이 때 스큐각이 크다면 고조파 자속의 경우 주기가 짧기 때문에 그림 1과 같이 고조파 자속에 의한 유도전압이 동일한 바 내에서 서로 상쇄시킬 수 있음을 알 수 있다. 이로 인해 고조파에 의한 역토크 발생을 억제 시킬 수 있다.

7.8 다상 유도전동기의 속도제어법

유도전동기의 속도제어법은 개루프제어와 폐루프제어가 있으며 또한 제어파라메타의 크기만을 제어하는 스칼라제어법과 크기와 위상을 제어하는 벡터제어법주1)이 있다. 폐루프제어에 대해서 공부하기 위해서는 제어 이론에 대한 공부가 필요하므로 여기서는 개루프제어의 원리에 대해서 알아보도록 하자. 5.8절에서 알아본 바와 같이 전동기의 속도를 제어한다는 것은 전동기의 속도-토크 특성곡선을 어떻게 효율적으로 바꾸어주어 운전점을 변경하는가와 같은 의미이다. 따라서 유도전동기의 속도와 토크에 관한 특성식에서 제어 가능한 파라미터가 무엇인가를 파악하면 가능한 속도제어법을 알 수 있다. 유도전동기에서 발생하는 토크를 간이 등가회로로부터 유도하면 식 (7.105)로부터 식 (7.118)을 얻을 수 있다.

$$T \approx \frac{P_2}{\omega_s} = \frac{P}{4\pi f} m_1 V_1^2 \frac{r'_2/s}{\left(r_1 + \frac{r'_2}{s}\right)^2 + (x_1 + x'_2)^2} \quad [\mathrm{Nm}] \tag{7.118}$$

여기서 ω_s, P는 각각 기계적 동기속도, 극수를 나타낸다.

식 (7.118)에서 알 수 있는 바와 같이 속도-토크 특성을 바꾸어 주기 위해서 제어가 가능한 파라미터는 극수 P, 전압 V_1, 주파수 f, 1차측 저항 r_1, 2차측 저항 r_2이다. 한편 파라미터 중 1차 누설리액턴스 x_1과 2차 누설리액턴스 x_2는 권선의 구조와 유도전동기 형상에 의해 결정되는 파라미터로서 제어 불가능한 인자이다. 1차 저항을 가변하면 7.7.1절의 저항기동에서 알아본 바와 같이 효율과 성능 면에서 나쁘고 열적인 문제를 일으킬 수 있으므로 속도제어에 이용하지 않는다. 따라서 유도전동기의 속도제어법으로는 전압제어법, 주파수제어법, 극수절환법, 2차 저항제어법이 있다.

유도전동기에서 사용 가능한 속도제어법에 대해 요약하면 표 7.4와 같다.

표 7.4 3상 유도전동기 가능제어법 요약

가변 파라미터	제어법	특징
전원전압	전압제어법	토크 변화가 큼, 속도제어 범위가 작음
전원주파수	주파수제어법	토크 변화가 큼, 속도제어 범위가 큼
전원전압, 전원주파수	V/f 일정제어법	토크 변화가 작음, 속도제어 범위가 큼
극수	극수절환법	극수 변경을 위한 특수한 권선법 필요
2차 저항 (권선형 유도전동기만 가능)	2차 저항제어법	속도제어 범위가 작음
1차 저항	사용안 함	속도제어 범위가 작음, 효율, 성능이 나쁨

주1) 벡터제어의 원리는 부록 A.9에 간단하게 소개하였음.

일반적으로 가장 효율이 좋은 속도제어법은 전압과 주파수를 동시에 제어하는 V/f 일정 제어이고 가장 싸고 간단한 방법은 2차 저항제어법이지만 2차측에 가변저항을 삽입하여야 하므로 권선형 유도전동기에서만 사용할 수 있다. 주파수제어법은 자속을 작게 하여 고속운전을 하는 약계자제어로 사용되고 극수절환법은 특수한 용도에 사용되는 방법이다.

7.8.1 전압제어법(voltage control)

식 (7.118)의 토크식에서 알 수 있듯이 토크는 전원전압 V_1의 제곱에 비례한다. 따라서 전원전압을 바꾸면 그림 7.54와 같은 속도-토크 특성곡선이 얻어지므로 좁은 범위에서 속도제어가 가능하다. 이 방법은 전원전압을 정격전압 이상으로 올려줄 수 없기 때문에 정격속도 이하의 속도를 제어하는 방법으로 이용할 수는 있으나 교류기의 속도는 회전자계의 속도 즉 전원주파수에 의해 결정되므로 전압만을 제어하면 속도제어 범위가 너무 작아 거의 사용되지 않는다. 그러나 기동 시에는 전류를 제한할 수 있으므로 대용량 유도전동기의 기동법으로는 사용할 수 있다.

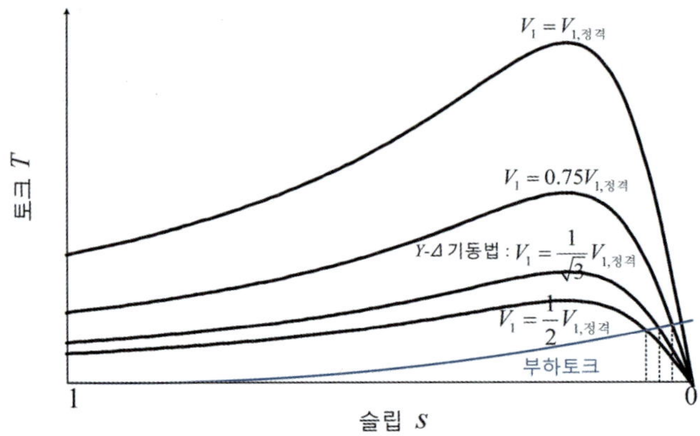

그림 7.54 전압제어를 통한 속도 제어 시 속도-토크 특성

7.8.2 주파수제어법(frequency control)

전압을 일정하게 하고 전원주파수를 크게 하면 식 (7.119)에서 알 수 있는 바와 같이 여자전류가 감소한다. 또한 식 (7.47)에서 알 수 있는 바와 같이 자속 ϕ_m은 전원의 각속도(또는 주파수)에 반비례하므로 전원주파수를 크게 하면 ϕ_m은 비례해서 작아진다.

$$I_0 = \frac{\sqrt{2}\, V_1}{\omega L_m} \quad [\mathrm{A}] \tag{7.119}$$

다음 식 (7.120)에서 알 수 있는 바와 같이 주파수를 크게하면 자속이 비례해서 작아지므로 역기전력 E_1은 일정한 값이 된다.

$$E_1 = \frac{\omega k_{w1} N_1 \phi_m}{\sqrt{2}} = 4.44 f k_{w1} N_1 \phi_m \ \ [\mathrm{V}] \tag{7.120}$$

또한 식 (7.118)의 토크식을 보면, 유도전동기의 토크는 전원전압이 일정하면 주파수가 증가함에 따라 감소한다. 주파수를 증가시켰을 때의 속도-토크 특성을 확인하기 위해 최대토크를 발생하는 슬립을 구해보자. 유도전동기에서 발생되는 토크는 공극출력 P_2와 비례하므로 최대토크가 발생하는 슬립 s_m은 $dP_2/ds=0$의 조건으로부터 구하면 식 (7.121)과 같다.

$$s_m = \pm \frac{r'_2}{\sqrt{r_1^2 + (x_1 + x'_2)^2}} \tag{7.121}$$

식 (7.121)을 토크식인 식 (7.118)에 대입하여 최대토크를 구하고 $r_1^2 \ll (x_1 + x'_2)^2$이라고 가정하면 최대토크식은 다음 식 (7.122)과 같이 간단하게 표현된다.

$$T_m \approx \frac{P}{4\pi f} \frac{m_1 V_1^2}{2(x_1 + x'_2)} = \frac{P}{(4\pi)^2} \frac{m_1}{(L_{\ell 1} + L'_{\ell 2})} \left(\frac{V_1}{f} \right)^2 \ \ [\mathrm{Nm}] \tag{7.122}$$

식 (7.122)에서 알 수 있듯이 최대토크가 발생되는 슬립은 전원주파수와는 관계없이 일정하고 최대토크는 전원주파수의 제곱에 반비례함을 알 수 있다. 따라서 전원전압을 일정하게 유지한 채로 전원주파수를 제어하면 속도-토크 특성은 그림 7.55와 같다. 식 (7.119)와 식 (7.47)에서 알 수 있는 바와 같이 주파수를 작게 하면 여자전류가 상승하고 자속이 커지지만 철심이 포화하기 때문에 (정격전압, 정격주파수에서 철심 자속을 포화점

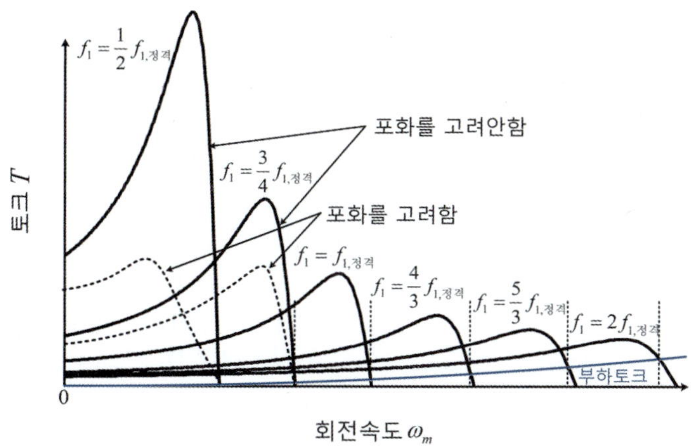

그림 7.55 전원주파수 제어를 통한 속도 제어 시 속도-토크 특성

근처로 설계함)자속은 거의 상승하지 않는다. 따라서 2차 전압이 거의 상승되지 않고 2차 누설자속이 많아지므로 효율, 역률, 토크 특성이 나빠지고 그림 7.55에서 점선과 같은 속도-토크 특성을 갖는다. 따라서 주파수제어는 정격속도보다 큰 속도로 제어하는 방법으로는 많이 이용되지만 정격속도 이하의 제어법으로는 이용하지 않는다. 주파수제어법에서는 주파수제어가 가능한 전력변환 장치가 필요하며 주파수와 전압을 동시에 제어하면 후술하는 바와 같이 정격속도 이하에서 V/f 제어법으로 이용할 수 있다.

7.8.3 V/f 일정제어법(일정자속제어법)

주파수제어법에서 알아본 바와 같이 유도전동기의 속도를 정격속도 이하로 제어하기 위해 주파수만을 제어하면 자속이 증가하여 철심이 포화되므로 효율이 나빠진다. 그러나 식 (7.47), 식 (7.122)에서 알 수 있는 바와 같이 주파수와 전압의 비를 일정하게 제어하면 자속은 일정하게 유지되어 2차측 유도기전력과 최대토크는 거의 일정하게 유지된다. 따라서 자속의 포화가 없고 여자전류가 일정하게 흐르게 되어 그림 7.56과 같은 특성을 갖게 된다.

V/f 일정제어법에서는 전압을 정격전압 이상으로 올려줄 수 없으므로(전압이 포화되었다고 함) 속도는 정격전압의 제한치에 의해 최고속도가 제한되게 된다. 따라서 V/f 일정제어법(V/f constant control)은 정격속도 이하의 속도제어법으로 많이 이용된다. V/f 일정제어를 하면 공극자속이 거의 일정하므로 V/f 일정제어법을 자속 일정제어법이라고도 한다. V/f 일정제어법을 사용하기 위해서는 반드시 전력변환기를 사용하여야 하고 전압과 주파수를 동시에 제어할 수 있는 전력변환기를 VVVF(Variable Voltage and Variable Frequency) 인버터라고 한다.

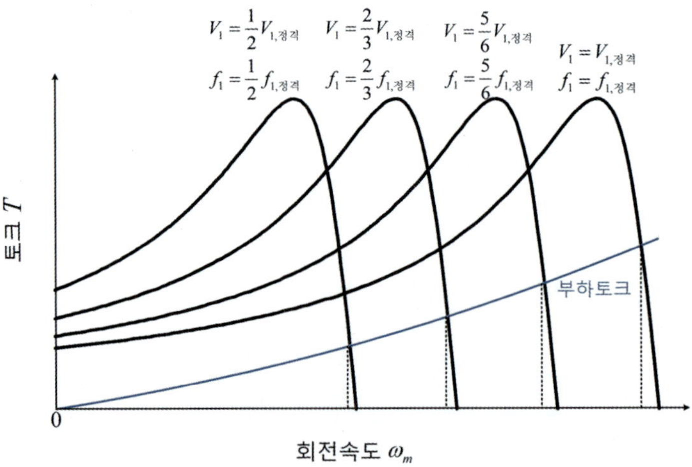

그림 7.56 V/f 일정제어를 통한 속도 제어 시 속도-토크 특성(자속 일정제어)

7.8.4 V/f 일정제어법(일정자속제어법)과 주파수제어법(약자속제어법)의 혼합 적용

V/f 일정제어는 전원전압이 포화하기 때문에 정격속도 이상으로 전동기를 제어할 수 없고 전원주파수 제어법은 정격주파수 이하에서는 자기포화 등의 영향으로 사용이 제한된다. 따라서 주파수제어법은 정격속도 이상으로 유도전동기를 제어할 때 유용하게 사용한다. V/f 일정제어와 주파수제어를 함께 사용하여 전압제한 범위까지는 V/f 제어법을 사용하고 그보다 더 높은 속도를 얻기 위해서는 주파수제어법(약자속제어법)이 사용된다. 그림 7.57에서와 같이 정격속도 이상에서 주파수제어법을 사용하면 속도를 더 증가시킬 수 있으나 최대토크가 주파수의 제곱에 반비례하므로 부하의 크기에 따라 최대속도가 역시 제한되게 된다.

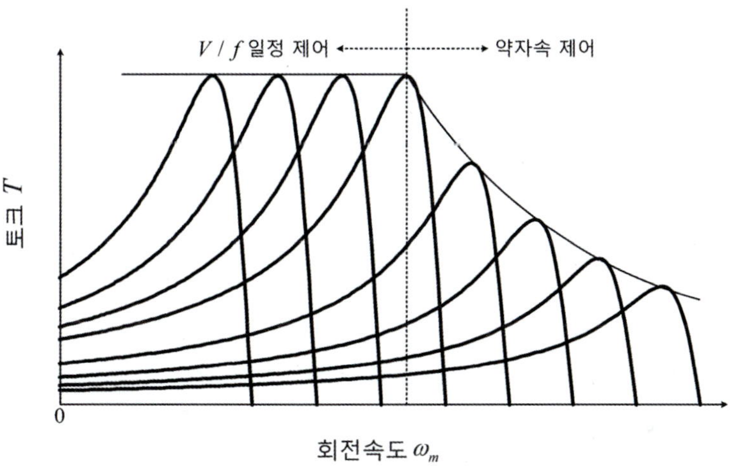

그림 7.57 V/f 일정제어 및 약자속제어를 이용한 속도제어 시 속도-토크 특성

7.8.5 2차 저항제어법

권선형 유도전동기에서 회전자 권선을 슬립링을 통하여 외부 저항기와 접속하고 저항기의 저항을 제어하면 유도전동기의 비례추이 특성을 이용한 2차 저항제어를 할 수 있다. 그림 7.58에서 알 수 있듯이 속도를 가변시키기 위하여 2차 저항을 단계적으로 감소 또는 증가시키면 유도전동기의 속도-토크 특성이 변하고 따라서 속도제어가 가능해진다. 2차 저항제어법은 권선형 유도전동기의 속도제어법으로 간단하게 이용할 수 있으나 2차 저항이 커지면 효율이 나빠지게 되므로 효율적인 속도제어법은 아니다. 또한 그림 7.58에서 알 수 있는 바와 같이 2차 저항의 크기에 따라 부하 변동폭이 같더라도 외부 저항의 크기에 따라 속도 변화폭이 달라지는 단점이 있다. 이러한 단점에도 불구하고 간단하게 속도제어를 할 수 있고 중부하에서는 속도제어 범위도 크게 할 수 있으므로 전력변

환기를 사용하기에는 경제적으로 부담이 되는 권선형 유도전동기의 제어법으로 이용되고 있다.

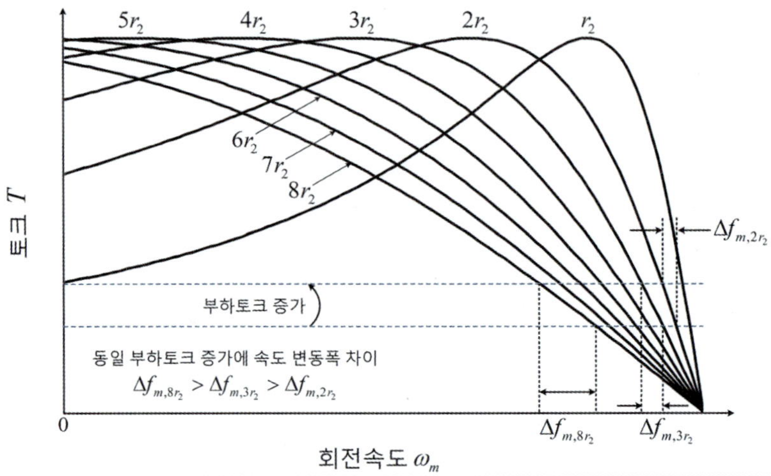

그림 7.58 2차 저항제어법을 이용한 속도제어 시 속도-토크 특성

7.8.6 극수절환법

전기적인 주파수에 대해 기계적인 주파수는 극수에 반비례하기 때문에 극수를 변경시켜주면 전원주파수가 같더라고 기계적인 속도제어가 가능하다. 예를 들면 2극기에서는 전기적인 주파수와 기계적인 주파수가 동일하지만 4극기에서는 전기적인 주파수가 동일해도 기계적인 주파수는 $1/2$이 된다. 따라서 극수를 바꾸어 줄 수 있으면 속도제어가 가능하다. 유도전동기가 운전하고 있을 때 극수를 바꾸어 주기 위해서는 미리 고정자의 슬롯 내에 극수가 다른 2가지 형태의 권선을 마련해두는 방법과 기존에 감겨있는 권선의 접속방법을 달리하여 극수를 바꾸는 방법이 있다. 그림 7.59는 외부에서 스위치를 사용하여 기존에 감겨 있는 권선에 대해 접속방법을 달리하여 극수를 바꾸어 주는 방법을 나타내고 있다. 그림에서와 같이 저속에서는 8극 Y결선으로 운전을 하다가 스위치를 이용하여 4극 권선으로 바꾸어 주면 고속운전도 할 수 있다. 권선형 유도전동기에서 극수절환법을 사용하기 위해서는 회전자의 권선도 고정자의 극수 변화에 맞추어 바꾸어 줄 수 있도록 해야 하지만, 농형 유도전동기에서 회전자의 극수는 1차측의 극수에 의해 자동적으로 변한다. 따라서 극수절환법(pole changing control)은 소형의 농형 유도전동기에 주로 이용되는 방법이다.

극수절환법은 유도전동기의 속도제어에서 반도체 소자를 이용한 제어용 드라이브를 필요로 하지 않기 때문에 가격적인 면에서 장점을 가진다. 특히 최근 들어 가전기기에서의 전동기 가격저감에 대한 요구치가 높아지면서 극수절환법을 통한 속도제어를 가전제품에 사용하는 경우도 있다.

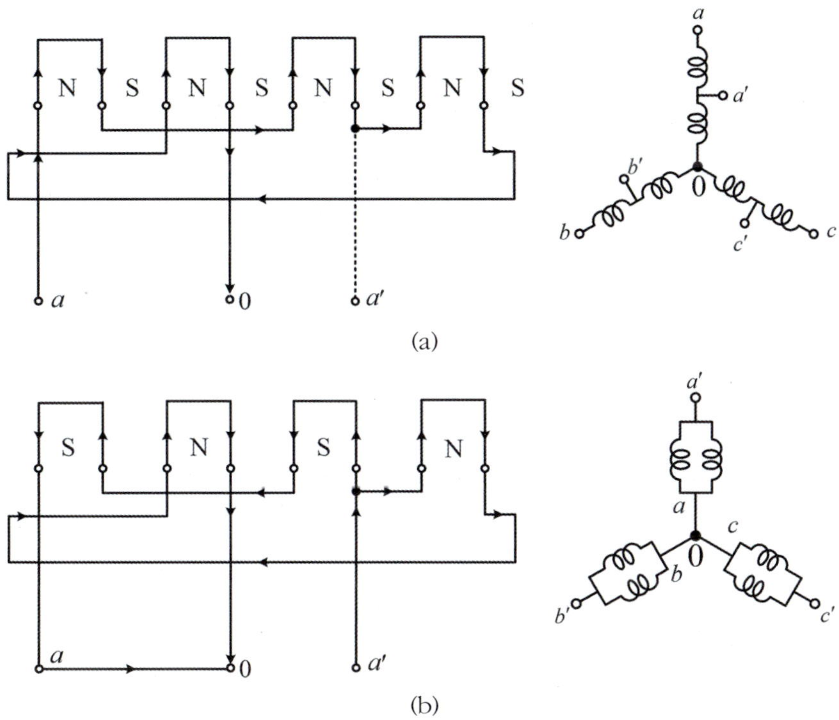

그림 7.59 속도제어를 위한 고정자 권선의 극수절환
(a) 8극 직렬 Y 결선(저속) (b) 4극 직렬 Y 결선(고속)

7.9 유도전동기의 4상한 운전

7.9.1 유도전동기의 운전영역

유도전동기 운전영역은 일반 전동기와 마찬가지로 그림 7.60과 같이 4개의 영역으로 나눌 수 있다. 그림에서 1상한 영역(first quadrant region)은 정토크에 대해서 정회전 운전을 하는 영역으로 정상적인 전동기 동작영역이다. 3상한 영역은 역토크를 발생시켜 역회전시키는 영역으로 역회전 운전영역(reversing−rotation operation region)이라고 한다. 1상한과 3상한의 운전영역은 정회전 방향의 선택에 따라 결정되는 영역으로 예를 들면 3상한을 정회전방향이라고 하면, 1상한은 역회전방향이라고 할 수 있다. 2상한 운전영역은

정토크가 발생되고 있는데 역회전운동을 하는 영역으로 역상제동영역이라고 한다. 유도전동기에서 1상한 운전을 하다가 3상 중 2상의 상을 바꾸어 주면 회전자계의 회전방향이 반대로 되어 제동력이 발생되는데 이 운전영역을 나타낸다. 4상한 운전영역은 유도전동기가 정회전 운전을 하고 있을 때 토크가 회전방향과 반대로 되는 영역으로 회전자가 회전자계보다 더 빨리 회전할 때 나타나는 현상이다. 4상한 운전영역에서는 전동기가 발전기로 동작하는데 발전된 전력을 전원으로 돌려보낼 때는 회생제동이라 한다.

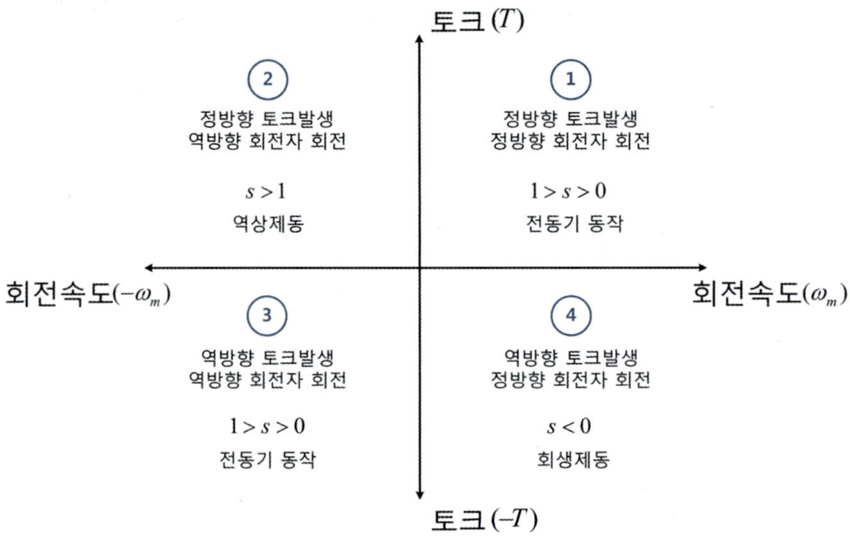

그림 7.60 유도전동기의 4상한 운전의 특징

그림 7.61은 유도전동기의 1, 2상한 운전영역과 4상한 운전영역에 대해서 속도에 따른 토크, 기계적인 출력, 전기적인 입력을 나타낸 그림이다. 유도전동기의 속도-토크 특성에서는 항상 회전자계의 속도를 기준 속도로 한다. 슬립이 0보다 작은 영역은 회전자계의 속도에 비해서 회전자의 속도가 빠른 속도영역으로 회생제동영역이 된다. 그림에서와 같이 회생제동영역에서는 전기적 입력, 기계적 출력이 모두 음(−)이므로 이 영역에서 유도전동기는 전기적인 출력을 내보내고 기계적으로는 입력을 받아들이는 영역이다.

슬립이 1보다 큰 영역은 회전자계의 회전방향과 회전자의 회전방향이 반대방향인 운전영역으로 역상제동영역이 된다. 그림 7.61에서와 같이 역상제동영역에서는 전기적 입력은 양(+)이고 기계적 출력은 음(−)이다. 따라서 유도전동기의 전기적인 에너지가 입력되고 기계적인 에너지도 입력되는 영역이다. 역상제동에서 토크가 양(+)인 의미는 회전자계의 방향으로 토크가 발생된다는 의미로 회전방향에 대해서는 음(−) 토크, 즉 제동토크가 된다.

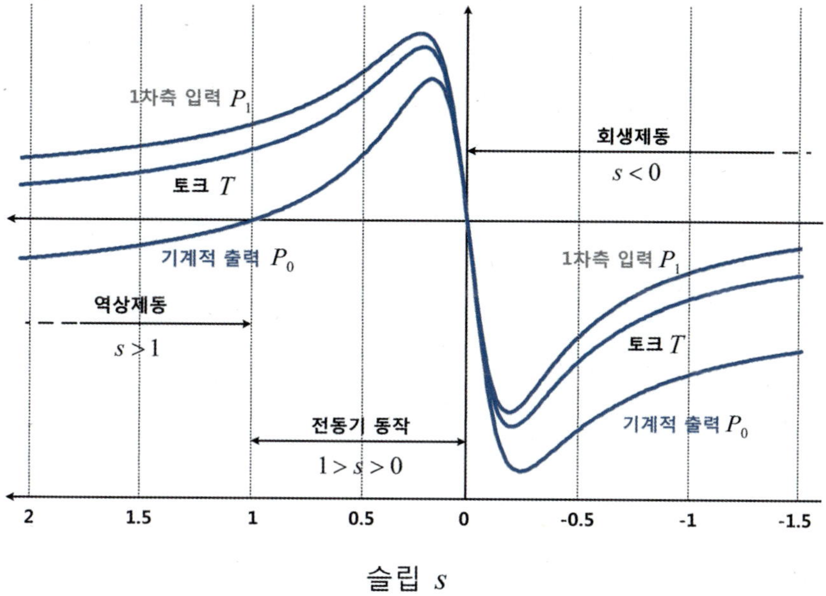

그림 7.61 $2 < s < -1.5$사이의 슬립에서 속도 특성

7.9.2 2상한영역(역상제동)과 3상한영역(역회전)

유도전동기의 역상제동영역(reversing-phase braking region)과 역회전 운전영역인 2상한, 3상한 운전에 대해서 알아보도록 하자. 유도전동기를 역회전시키는 방법은 고정자에서 만드는 회전자계의 방향을 반대로 하는 것이다. a, b, c상 권선을 그림 7.62(a)와 같이 시계방향 순서로 감으면 회전자계의 회전방향은 시계방향이 되고 반시계방향 순서로 감으면 회전자계의 방향은 반시계방향이 된다. 따라서 유도전동기의 회전방향을 바꾸기 위해서는 그림 7.62(a)와 같이 a, b, c상 권선 중 두 상 권선의 순서를 바꾸어 주면 회전방향이 반대가 되어 역회전을 할 수 있다. 예를 들면 반시계방향으로 a, b, c순으로 권선된 유도전동기에서 b상 권선과 c상 권선을 바꾸어 주면 반시계방향으로 a, c, b, 즉 시계방향으로 a, b, c순으로 권선이 된다.

역회전을 하기 위해서 a, b, c상 중 두 상을 바꾸는 결선변환 방법 대신 전력변환기를 이용하여 a, b, c상의 위상차를 바꿔도 역회전이 가능하다. 즉 그림 7.62(b)에서와 같이 a, b, c순으로 $120°$씩 뒤진 전압을 전력변환기를 사용하여 a, c, b순으로 인가하게 되면 원래 회전자계와 반대방향의 역회전 회전자계를 만들 수 있다.

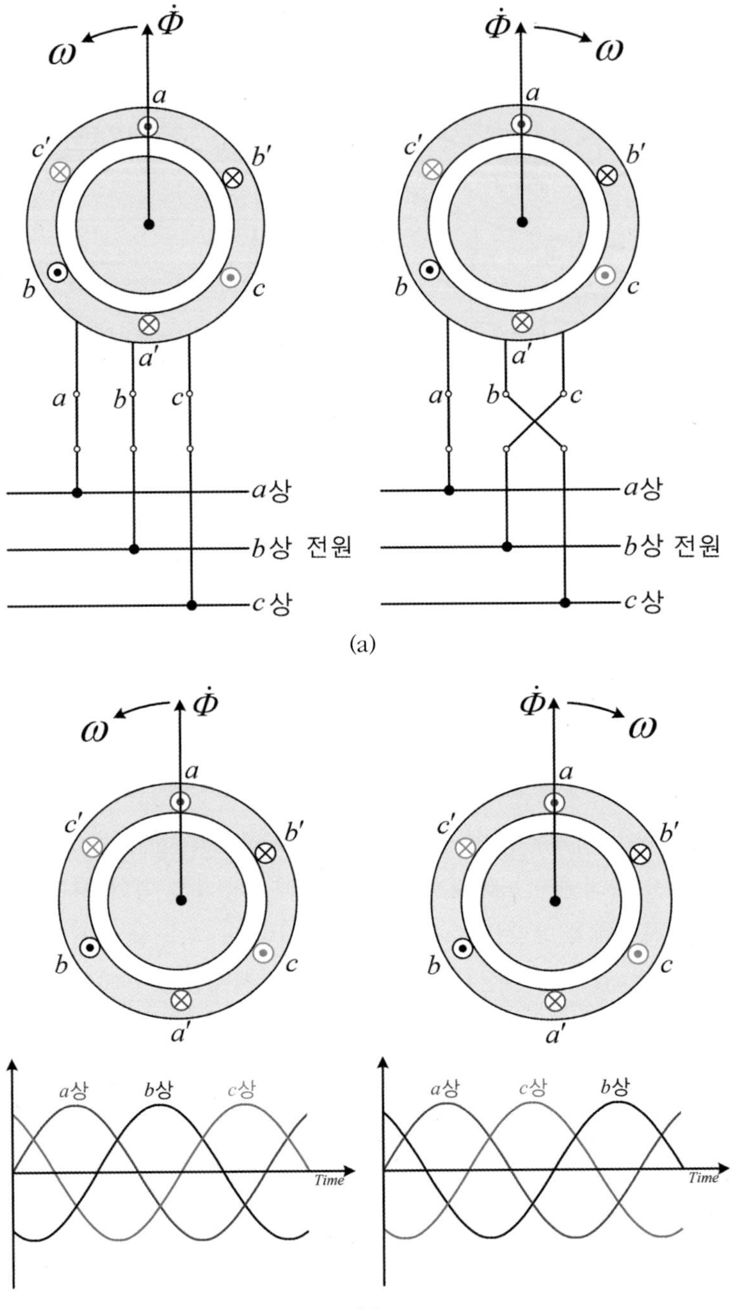

그림 7.62 유도전동기의 3상한(역회전) 운전방법
(a) 유도전동기 결선 변환을 통한 역회전 (b) 전력변환기의 상 변환을 통한 역회전

정회전을 하고 있는 유도전동기에 회전자계의 방향을 바꾸면 바로 역회전을 할 수 없다. 즉 정방향으로 회전하고 있는 유도전동기에 역토크가 작용하면 유도전동기의 속도가 떨어져 결국 0이 된 후 역방향 회전운동을 하게 된다. 이와 같은 운전을 시간축 상으로 나타내면 그림 7.63과 같다. 그림에서 정회전하고 있는 유도전동기를 t_0인 순간에 역상으로 바꾸어주면 감속하여 t_1시간에 속도가 0이 된다. 이때 $t_0 \sim t_1$의 시간을 제동시간이라 하고 이때 운전영역은 2상한 운전영역으로 역상제동 운전이 된다. 이후 유도전동기에서는 역토크가 계속 발생되어 시간 t_1 이후에는 역회전을 하고 t_2시간 이후에는 역회전의 정상속도 운전을 한다. 따라서 역상제동영역과 역회전 운전영역의 회전자계방향은 동일 방향이고 단지 제동이 끝나고 역회전을 시작했느냐의 여부에 따라 2상한 운전영역과 3상한 운전영역으로 나누어진다.

역상제동영역에서는 회전자계의 방향이 회전자의 회전방향과 반대방향이므로 슬립은 1보다 커진다. 이때 발생되는 힘은 회전방향에 대해서는 역방향이고 회전자계를 기준으로 하면 정방향이다. 따라서 회전방향과 반대방향의 토크가 발생하므로 제동력으로 작용한다. 또한 발생되는 유도기전력은 전원전압과 같은 방향이므로 큰 전류가 흐르게 되고 제동력도 크다. 역상제동 동작의 경우, 입력된 에너지가 출력되는 경로가 없으므로 고정자로부터 받은 전기적인 입력과 회전자를 통해 받은 기계적인 입력은 대부분 저항에서 열에너지로 소모된다. 역상제동은 무거운 중량의 물체를 천천히 끌어내리거나, 회전하고 있는 전동기를 급정지시키는 경우에 이용된다.

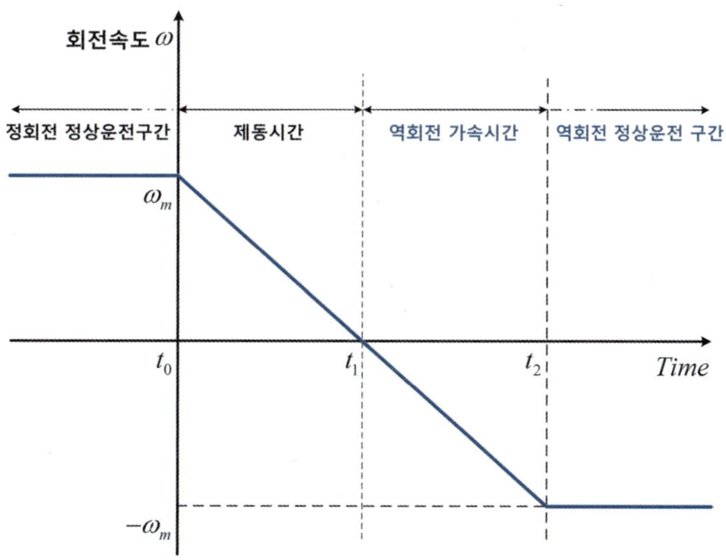

그림 7.63 유도전동기를 정방향운전에서 역방향운전으로 전환할 때 속도의 동특성

7.9.3 4상한 운전(회생제동)영역

그림 7.61의 속도-토크 특성곡선에서 회전자계의 속도에 비해 회전자 속도가 빠르고 토크가 회전자계의 역방향으로 발생되는 슬립이 음(−)인 구간은 4상한 운전영역이라고 한다. 이와 같이 회전자계의 속도에 비해서 회전자의 속도가 빠른 경우는 유도전동기를 외부에서 회전자계의 속도에 비해 빠른 속도로 돌려주었을 때 나타날 수 있다. 또한 V/f 일정제어 시 갑자기 주파수를 낮추어 주면 회전자계의 속도가 갑자기 낮아지므로 회전자계의 속도에 비해 회전속도가 일시적으로 빠르게 된다. 4상한 운전영역에서 철손 및 1차 권선저항, 누설성분을 무시하고 전압과 자속, 기전력에 대해서 페이저도로 나타내면 그림 7.64와 같다. 그림 7.64에서 알 수 있는 바와 같이 회전자계의 속도에 비해 회전자의 속도가 빠르므로 2차측 유도기전력의 방향은 전원전압과 같은 방향으로 되기 때문에 1차측 전류 $\dot{I}_1$의 위상은 그림 7.64와 같이 1차측 인가전압 $\dot{V}_1$을 기준으로 $90° < \theta_1 < 270°$ 범위에 있게 된다. 따라서 전기적 입력이 음(−)이 되어 유도전동기가 발전기로 동작한다.

4상한 운전구간에서 발생되는 토크는 음(−)이므로 회전자 회전방향 및 회전자계방향과 반대방향으로 토크가 발생하여 제동력으로 작용한다. 이때 발생되는 기계적인 출력은 토크가 음(−)이고 속도가 양(+)이므로 기계적인 출력은 음(−)이다. 따라서 유도전동기 내에 기계적으로 에너지가 입력되고 있는 발전기의 특성을 나타낸다. 발생된 전기에너지는 전력변환기에서 회생제어를 하여 전원으로 에너지를 회생시킬 수도 있고 회생제어를 하지 않는 경우에는 저항에 의해 소비시킬 수도 있다. 이와 같이 V/f 운전 시 회생제동(regenerative braking)이 발생될 때 토크 및 에너지의 변화를 속도-토크 특성곡선을 이용하여 살펴보면 그림 7.65와 같다. 그림 7.65에서와 같이 유도전동기가 주파수 f_1과 전압

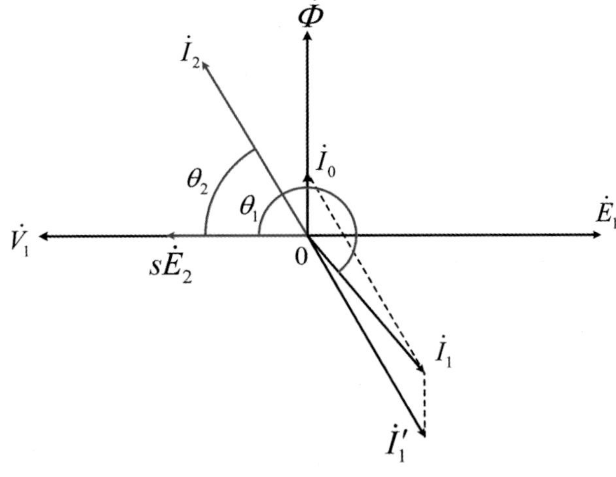

그림 7.64 4상한 운전영역에서 2차측 유도기전력 특성

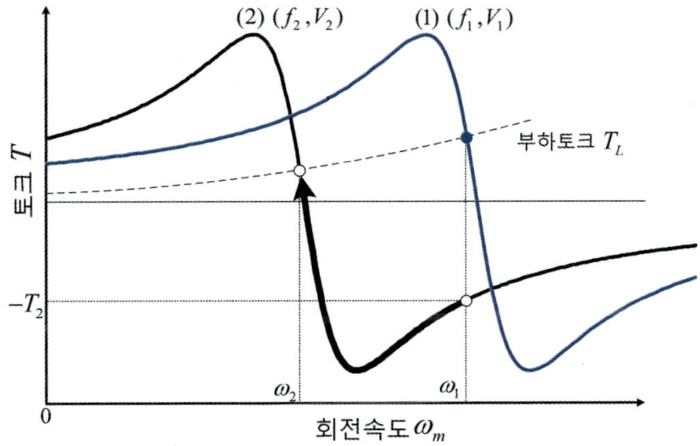

그림 7.65 V/f 일정제어에서 회생제동의 원리

V_1에 의해 (1)번 곡선의 속도-토크 특성을 가지고 있고 부하의 속도-토크 곡선이 그림과 같으면 ω_1이 속도로 운전된다. 이렇게 운전되고 있는 유도전동기를 감속시키기 위해 V/f 일정제어기법에 의해 저주파수 f_2, 저전압 V_2로 바꾸어 주면 유도전동기 속도-토크 특성은 그림의 (2)번 곡선이 된다. (2)번의 속도-토크 특성과 부하의 속도-토크 특성을 보면 현재 운전점 ω_1에서 유도전동기는 $-T_2$ 토크를 발생시키고 있으므로 감속을 하고 결국 속도 ω_2가 새로운 운전점이 된다. 이때 전기에너지의 흐름을 살펴보면 (2)의 속도-토크 특성에서 슬립이 0이 될 때까지는 발전이 되고 그 이후에는 전동기로 작용한다. 이와 같이 회생제동구간에서 에너지를 전원으로 돌려보내면 감속 또는 정지 시 운동에너지를 전기에너지로 변환하여 회생시킬 수 있으므로 전동기의 효율적인 운전이 가능하도록 한다. 이와 같은 회생제동은 철도차량이나 엘리베이터와 같은 견인부하에 많이 사용되는 제동법이다. 일반적으로 운전하고 있는 전동기를 기계적으로 제동하면 제동 시 발생되는 에너지를 열로 소비하나 회생제동을 이용하면 전기에너지를 회수할 수 있으므로 매우 중요한 제동법이다.

7.10 단상 유도전동기

일반 수용가에 공급되는 전원은 단상 교류전력이므로 가정용 전기제품에 사용되는 대부분의 전동기는 단상 교류를 전원으로 하는 전동기이다. 따라서 전력변환기를 거치지 않고 단상 교류를 직접 전원으로 사용하는 모든 가정용 전동기는 유니버셜전동기(universal motor)[주1)] 또는 단상 유도전동기(single-phase induction motor)라고 해도 과언이

주1) 유니버셜전동기는 직류 직권전동기와 동일한 구조이고 단지 전압만 교류를 가함.

아니다. 특히 단상 유도전동기는 유니버설전동기에 비해 효율이 좋으므로 단상 유도전동기가 단상 전동기의 대부분을 차지하고 있다. 하지만 단상 유도전동기는 동일한 정격의 3상 유도전동기와 비교하면 역률, 효율 등 특성이 나쁘고 기계의 부피도 크다. 또한 기동토크를 발생하기 위하여 특수한 구조를 가져야 하는 단점을 가지고 있어 보통 1[kW] 미만의 분수 마력 전동기(fractional horsepower motor)로 이용된다. 일반용 단상 유도전동기의 표준 출력은 0.1, 0.2, 0.4[kW]이다.

7.10.1 단상 유도전동기의 원리와 특성

3상 유도전동기는 회전자계에 의해 고정자의 자속이 회전하여 회전자에 유도전류가 흐르고, 이 유도전류와 자속의 상호관계로 토크가 발생하는 구동원리로 동작한다. 그러나 단상 유도전동기에서는 회전자계가 발생되지 않고 교번자계(pulsating magnetic field)가 발생된다. 교번자계는 식 (7.10)과 같이 크기가 같고 방향이 반대인 정상분 회전자계와 역상분 회전자계로 나누어 생각할 수 있다.

[1] 구동 원리

단상 유도전동기는 한 상의 권선만을 고정자에 감음으로 그림 7.66(a)와 같은 구조나 그림 7.66(b)와 같은 구조가 가능하다.

그림 7.66과 같이 고정자에 단상권선을 감고 단상 교류전원을 투입하면 고정자 기자력은 회전자계가 아닌 교번자계가 된다. 교번자계의 기본파 성분은 그림 7.66(b)와 같이 정방향으로 회전하는 회전자계의 기본파 ϕ_p와 역방향으로 회전하는 회전자계의 기본파 성분 ϕ_n으로 나누어 생각할 수 있다. 이러한 교번자계의 기자력을 식으로 나타내면 식 (7.123)과 같다.

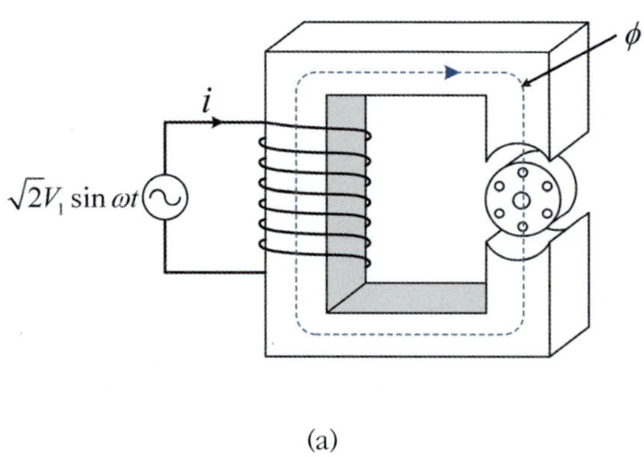

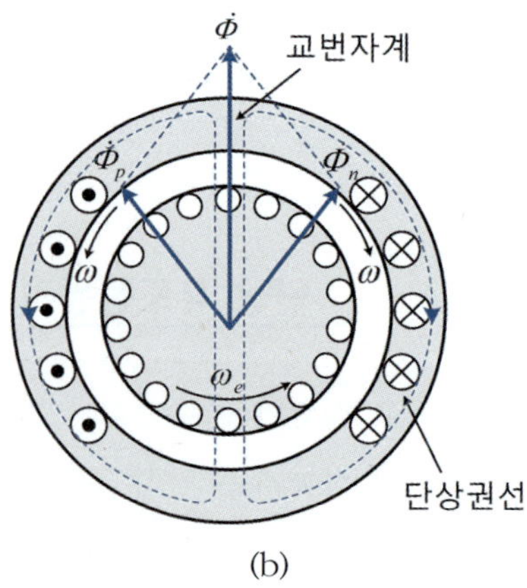

그림 7.66 단상 유도전동기 (a) 구조 (b) 교번자계와 정상분, 역상분 회전자속

$$F_{a1} = \frac{F_m}{2}\sin(\theta - \omega t) + \frac{F_m}{2}\sin(\theta + \omega t)\,[\mathrm{AT}] \tag{7.123}$$

이 때 회전자의 회전방향과 같은 방향의 기자력을 정상분이라 하고, 반대방향의 기자력을 역상분이라고 한다. 회전기자력에 공극의 퍼미언스를 곱하면 공극자속이 되므로 역상분 자속과 정상분 자속의 최대치는 식 (7.39)의 3상의 자속최대치의 $\frac{1}{3}$ 이므로 식 (7.124)과 같은 값을 갖는다.

$$\phi_p = \phi_n = \frac{2}{\pi}\tau_p l \frac{\mu_0}{g}\frac{F_m}{2} = \frac{4\sqrt{2}}{\pi^2}\tau_p l \frac{\mu_0}{g}\frac{k_{w1}N_1}{P} I_0 \ [\mathrm{Wb}] \tag{7.124}$$

정상분 자속 ϕ_p과 역상분 자속 ϕ_n은 각각 회전자계이므로 단상 유도전동기를 정상분 회전자계를 갖는 유도전동기와 역상분 회전자계를 갖는 유도전동기 2개로 나누어 생각하면 전동기의 원리가 간단해진다.

단상유도전동기를 그림 7.67과 같이 정상분 회전자계를 만드는 전동기와 역상분 회전자계를 만드는 전동기 2대가 회전자의 축을 공통으로 공유하며 동일한 방향으로 회전하고 있는 모델을 생각하여 보자. 이와 같이 단상 유도전동기를 회전자계가 반대방향인 2개의 전동기로 나누어 생각하는 방법을 2전동기설(two motor theory)이라고 한다.

그림 7.67에서와 같이 정상분 회전자속과 같은 방향으로 회전자가 회전하고 있다고 하면 정상분 유도전동기에서 슬립은 식 (7.125)와 같다.

$$s = (\omega - \omega_e)/\omega \tag{7.125}$$

그러나 역상분 유도전동기에서는 회전자계의 방향과 회전자의 회전방향이 반대방향이므로 슬립이 1보다 크고 역상분 유도전동기의 슬립 s'는 식 (7.126)과 같다.

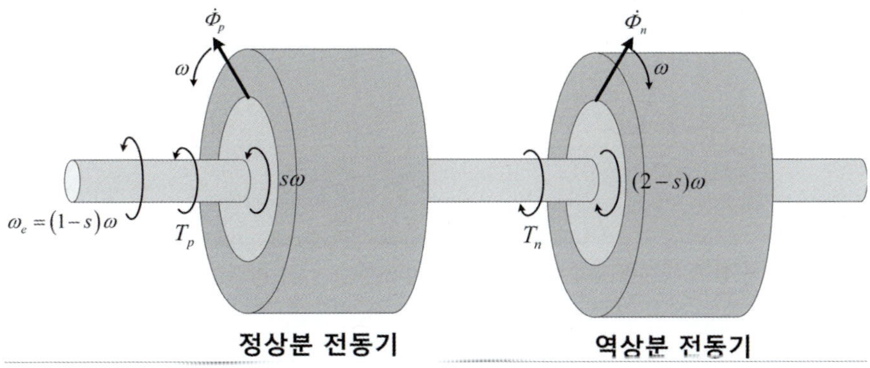

그림 7.67 단상 유도전동기의 2전동기설 모델

$$s' = (\omega + \omega_e)/\omega = (2\omega + \omega_e - \omega)/\omega = 2 - s \tag{7.126}$$

따라서 단상 유도전동기는 슬립이 s인 정상분 유도전동기와 슬립이 $(2-s)$인 역상분 유도전동기가 축을 공유하고 같은 방향으로 돌아가고 있는 것과 같은 현상임을 알 수 있다.

[2] 속도-토크 특성

단상 유도전동기에서 정상분 유도전동기가 만드는 토크 특성곡선과 역상분 유도전동기가 만드는 토크 특성은 원점을 중심으로 대칭이다. 그림 7.67에서와 같이 정상분 회전자속과 역상분 회전자속의 크기가 슬립에 관계없이 일정하다고 가정하면(실제로는 슬립에 따라 차이가 있으나 원리를 설명할 때는 같다고 해도 문제없음) 정상분 회전자속에 의한 토크성분과 역상분 회전자속에 의한 토크 성분, 그리고 두 성분의 합성토크는 그림 7.68과 같다.

그림 7.68의 토크 특성곡선을 보면 단상 유도전동기는 기동토크가 발생하지 않으므로 기동을 할 수 없어 전동기로 동작할 수 없다. 그러나 외부에서 일정속도 이상으로 올려주거나 또는 기동토크가 발생할 수 있는 특수한 구조를 사용하면 전동기로 동작한다. 단상 유도전동기가 기동되어 어느 속도 이상이 되면 단상 유도전동기는 저슬립영역에서 다상 유도전동기와 거의 같은 속도-토크 특성을 가지고 있으므로 다상 유도전동기와 비슷한 특성을 갖는다.

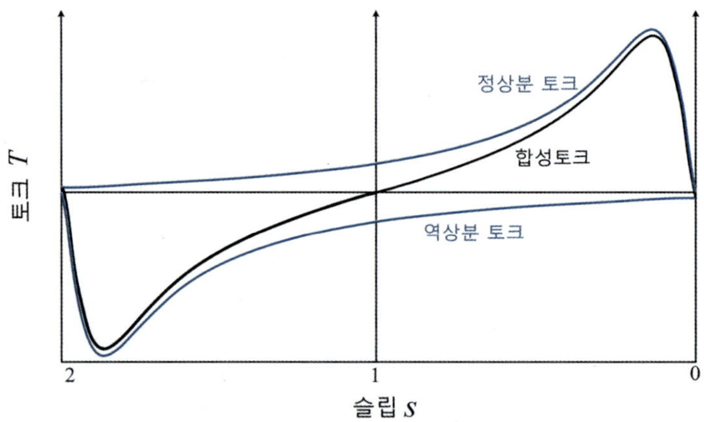

그림 7.68 단상 유도전동기의 속도-토크 특성곡선

[3] 단상 유도전동기의 정상분 자속과 역상분 자속의 특성

단상 유도전동기의 고정자에 두 개의 권선을 공간적으로 90° 위상차가 나도록 감고 2상의 전원을 인가하면 단상 유도전동기를 2상 유도전동기로 생각할 수 있다. 따라서 그림 7.69와 같이 주권선과 공간적으로 90° 차이 나는 위치에 보조권선이라고 하는 권선을 배치한다. 보조권선을 감으면 단상 유도전동기는 공간적으로는 2상이라고 볼 수 있으나 권선에 입력되는 전원이 단상이므로 2상 유도전동기로는 동작할 수 없다. 따라서 전원을 2상으로 하기 위해서 병렬로 접속된 보조권선에 흐르는 전류가 주권선에 흐르는 전류와 전기적으로 90° 위상차가 되도록 하면 된다. 가능한 평형한 2상 전류가 주권선과 보조권선에 흐르도록 하는 방법에 대해서 고찰하면 다음의 방법을 고려할 수 있다.

① 보조권선의 저항을 크게 하는 방법
② 보조권선에 커패시터를 삽입하여 가능한 주권선과의 위상차가 90° 근처가 되도록 하는 방법

①번의 방법은 기동 시 주권선은 리액턴스가 크므로 보조권선의 저항을 크게 하여 주권선과 전류의 위상차가 나도록 하는 방법이다. 이 방법을 사용하면 위상차가 작아 불평형 2상이 되지만 정상분 성분에 비해 역상분 성분이 작아져 작은 기동토크가 발생한다. 따라서 보조권선을 가는 권선으로 하여 저항을 높인 구조가 되며 이러한 단상 유도전동기를 분상 기동형 단상 유도전동기라고 한다.

②번의 방법은 보조권선에 커패시터를 연결하여 주권선과 보조권선의 위상차를 가능한 90°로 유지하는 것이다. 그러나 유도전동기의 역률은 일정하지 않고 속도에 따라 달라지므로 특정속도에서는 두 권선에 흐르는 전류의 위상차를 90°로 할 수 있으나 모든 속도영역에서 90°를 유지하는 것은 불가능하다. 따라서 기동토크를 크게 하기 위한 커패시터 용량과 동작점에서 효율을 좋게 하기 위한 커패시터 용량이 다르다. 따라서 커패시터형 단상 유도전동기는 커패시터 기동형, 커패시터 구동형(영구 컨덴서형), 커패시터 기동-구동형의 3개의 단상 유도전동기로 나눌 수 있다.

이와 같은 방법을 단상 유도전동기의 기동법으로 사용할 수 있는 이유는 불평형 2상의 회전자계가 가해지면 정상분과 역상분의 크기가 달라지기 때문이다. 평형한 2상 전류가 흐르면 유도전동기는 정상분 성분만 존재한다. 또한 완전히 불평형한 2상 전류가 흐른다고 생각할 수 있는 단상에서는 정상분 성분과 역상분 성분의 크기가 같다. 따라서 그림 7.69에서 알 수 있는 바와 같이 단상 유도전동기에서 주권선과 보조권선의 전류가 가능한 2상의 평형한 전류가 되도록 하면 정상분 성분이 역상분 성분에 비해서 커지므로 기동토크가 발생되어 단상전동기로 운전될 수 있다.

주권선과 보조권선에 흐르는 전류가 평형에 가까울수록 기동토크가 커지고 토크 리플(토크의 변동)도 작아진다. 그림 7.70(b)를 보면, 위상이 불평형한 2상 전류를 주권선과 보조권선에 흐르면 2상 합성자계의 크기는 시간에 따라 변화하여 타원에 가까운 궤적이 된다.

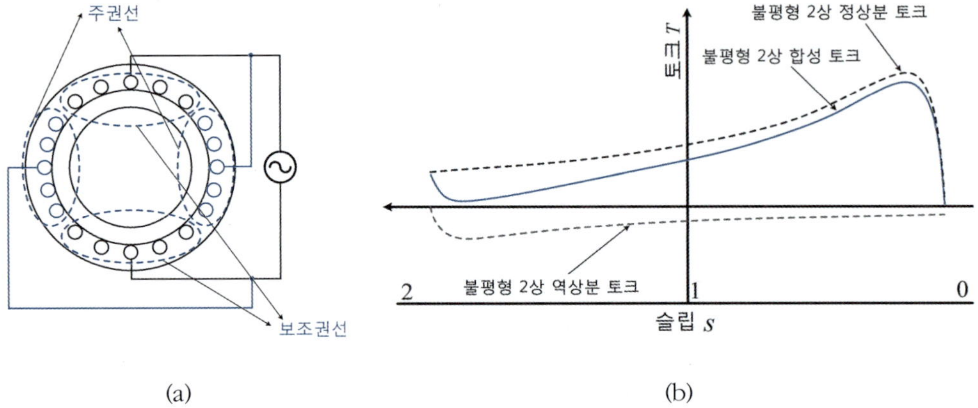

그림 7.69 2상 전동기로 나타낸 단상 유도전동기의 구조와 속도-토크 특성
(a) 구조 (b) 속도-토크 특성곡선

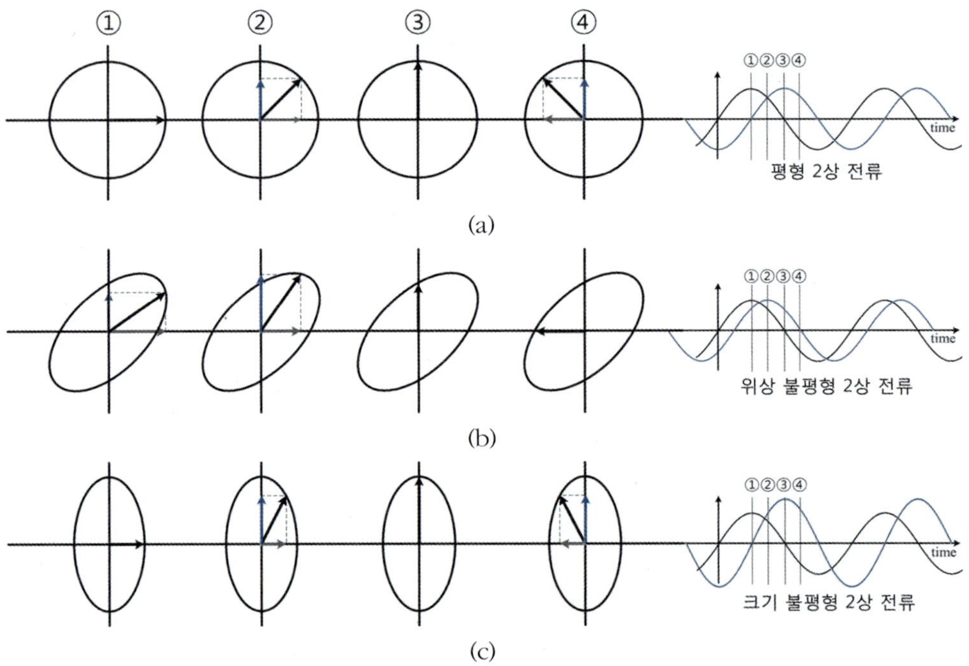

그림 7.70 평형 2상 전류와 불평형 2상 전류에서의 특성
(a) 평형 2상 전류 (b) 불평형 2상 전류에 의한 합성자계 궤적 (c) 크기 불평형 2상 전류

이러한 합성자계의 크기 변화는 정상분 자속과 역상분 자속이 교차하는 지점에서 특히 커지면 토크 리플을 발생시킨다. 합성자계의 한 주기 동안 정상분 자속과 역상분 자속이 2번 교차하므로 토크 리플은 전원주파수의 2배로 진동한다. 또한 그림 7.70(c)에서와 같이 크기가 불평형한 2상 전류가 흐를 경우 7.70(b)와 비슷한 타원의 회전자계가 발생하여 토크 리플이 발생된다. 이와같이 불평형 2상 전류에 의한 토크 리플은 평균 토크에 영향을 주지 않으나 소음과 진동을 발생시키므로 토크 리플 저감을 위해서라도 주권선과 보조권선에 평형에 가까운 2상 전류를 흘려주어야 한다.

7.10.2 단상 유도전동기의 종류와 특성

[1] 분상 기동형(split-phase start) 단상 유도전동기

그림 7.71과 같이 주권선과 90°의 위치에 보조권선을 감아 공간적으로 2상 평형 권선을 감는다. 보조권선에 입력되는 전류의 위상과 주권선에 흐르는 전류의 위상을 가능한 90°로 하기 위하여 보조권선은 주권선에 비해 가는 동선을 사용하여 저항을 크게 하고, 권수를 적게 하여 리액턴스를 작게 한다. 그림 7.71(b)에서와 같이 기동 시에 보조권선에 흐르는 전류 $\dot{I}_A$는 보조권선이 주권선에 비해 저항이 크므로 주권선의 역률각 θ_M에 비해 보조권선의 역률각 θ_A가 작아 주권선과 보조권선은 어느 정도의 작은 위상차를 갖게 된다. 따라서 두 권선에 흐르는 전류는 불평형 2상이라고 할 수 있다. 이 전류에 의한 자

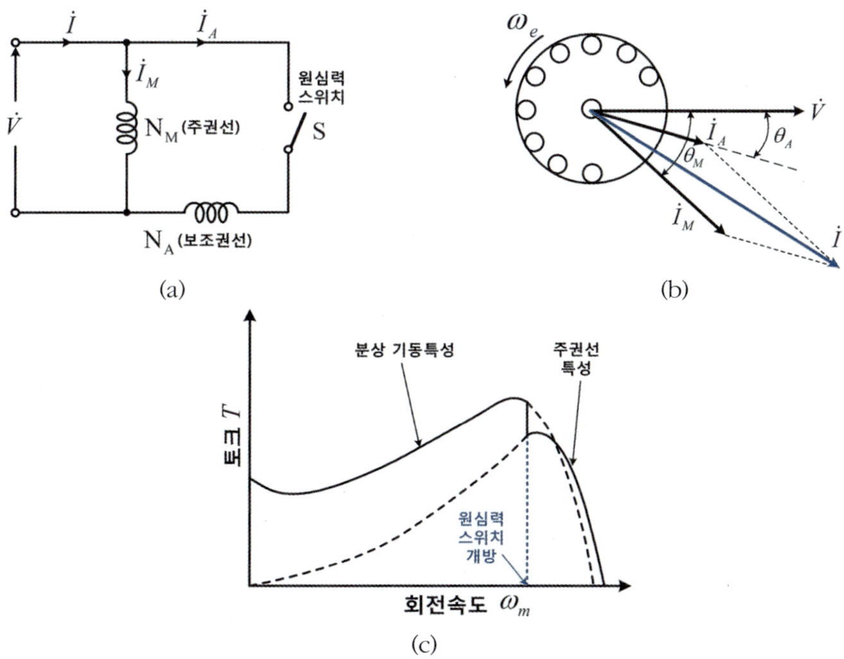

그림 7.71 분상 기동형 단상 유도전동기 (a) 회로도 (b) 기동 시 벡터도 (c) 속도-토크 특성곡선

속을 정상분과 역상분으로 나누어 고찰하게 되면 정상분 토크에 비해 역상분 토크가 작으므로 기동토크가 발생한다. 기동 후 보조권선에 계속해서 전류를 흘리면서 불평형 2상 전동기로 운전하면 보조권선의 저항이 크므로 효율이 낮아진다. 따라서 분상 기동형 단상 유도전동기는 기동할 때 보조권선에 전류가 흐르나 어떤 속도 이상에서는 원심력 스위치를 사용하여 보조권선의 회로를 개방한다. 원심력 스위치를 사용한 분상 기동형 단상 유도전동기의 속도-토크 특성은 그림 7.71(c)와 같다.

보조권선이 분리된 운전영역에서의 특성은 그림 7.71(c)의 특성곡선에 나타나 있듯이 주권선만의 토크특성을 가지게 된다.

이러한 분상 기동방식의 단상 유도전동기는 주권선 전류와 보조권선 전류의 위상차가 크지 않으므로 기동토크가 상대적으로 크지 않으나 가격이 저렴하기 때문에 저가의 응용 범위에 많이 사용된다.

[2] 커패시터형 단상 유도전동기

① 커패시터 기동형(capacitor start) 단상 유도전동기

커패시터 기동형 단상 유도전동기는 그림 7.72와 같이 보조권선에 커패시터를 삽입하

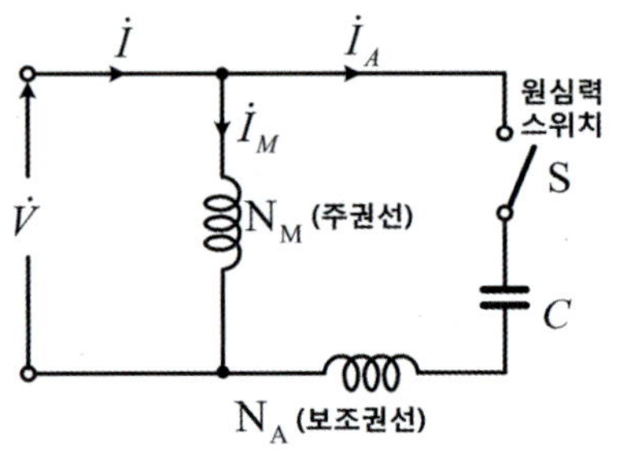

(a)

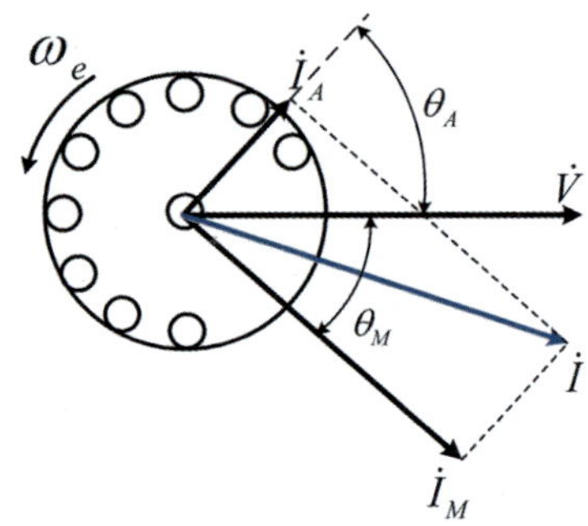

(b)

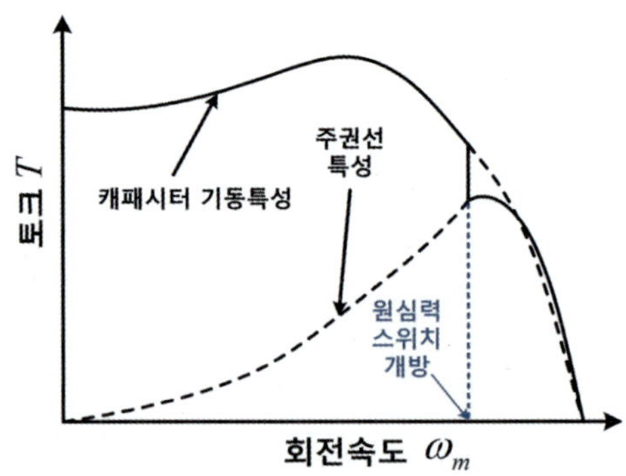

(c)

그림 7.72 커패시터 기동형 단상 유도전동기 (a) 회로도 (b) 기동 시 벡터도 (c) 속도-토크 특성곡선

여 기동 시 주권선에 흐르는 전류와 보조권선에 흐르는 전류의 위상차를 가능한 90°가 되도록 하여 기동토크를 크게 한 단상 유도전동기이다. 따라서 커패시터의 용량은 기동 시 주권선에 흐르는 전류의 위상각 θ_M과 보조권선의 전류위상각 θ_A가 거의 90° 차가 날 수 있는 용량을 선택한다.

이와 같은 기동 커패시터를 사용하면 기동 시에는 주권선과 보조권선 전류의 위상차가 거의 90°가 되지만 유도전동기의 회전자 속도가 빨라지면 역률각이 작아지므로 위상차를 90°로 유지할 수 없다. 따라서 운전 시 보조권선을 사용하면 효율이 나빠지므로 분상 기동형 단상 유도전동기와 마찬가지로 일정속도 이상이 되면 원심력 스위치를 이용하여 보조권선을 전원으로부터 분리한다.

일반적으로 분상형 단상 유도전동기와 반대로 보조권선의 권수를 주권선보다 1~1.5배 많이 감고 커패시터가 소형이며 값이 싼 전해 커패시터를 이용한다. 커패시터 기동방식은 기동전류에 비해서 기동토크가 큰 장점이 있으나 커패시터를 설치해야 되는 비용적인 문제를 가진다.

② 커패시터 구동형 단상 유도전동기(영구 커패시터용 단상 유도전동기)

커패시터 기동형 단상 유도전동기는 기동을 크게 하기 위한 커패시터 용량을 선정하지만 커패시터 구동형(capacitor run) 단상 유도전동기는 구동시 주권선과 보조권선의 전류 위상이 90° 근처가 될 수 있는 커패시터 용량을 선정한다. 따라서 커패시터 구동형 단상 유도전동기는 커패시터 기동형에 비해 기동토크가 작으나 원심력 스위치를 사용하지 않고 정격속도에서 구동 시 효율이 좋은 유도전동기로 구동할 수 있다. 따라서 기동토크가 작고 장시간 운전하는 응용분야에 많이 사용된다. 특히 선풍기와 공조용 팬모터에는 커패시터 구동형 단상 유도전동기가 많이 사용된다. 커패시터 구동형 단상 유도전동기는 원심력 스위치를 사용하지 않으므로 영구 커패시터용 단상 유도전동기라고도 한다.

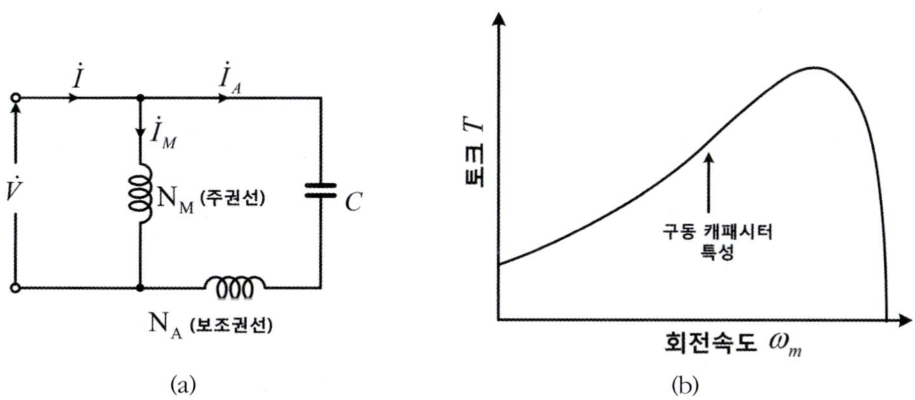

그림 7.73 커패시터 구동형 단상 유도전동기 (a) 회로도 (b) 속도-토크 특성 곡선

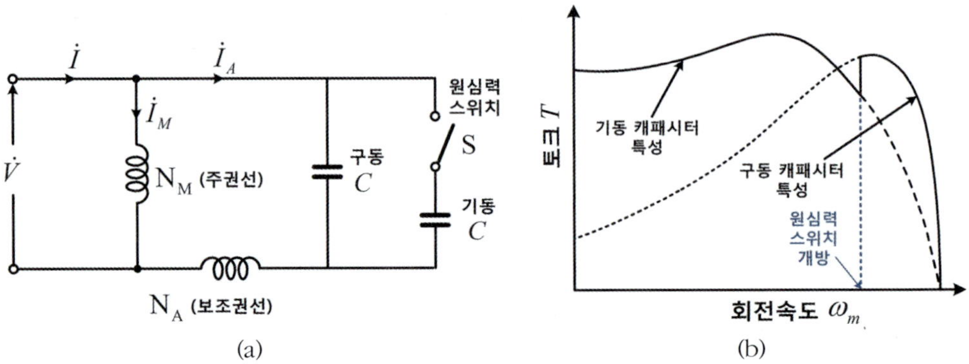

그림 7.74 커패시터 기동-구동형 단상 유도전동기 (a) 회로도 (b) 속도-토크 특성 곡선

③ 커패시터 기동-구동형 단상 유도전동기

단상 유도전동기의 역률은 속도에 따라 변하므로 기동토크도 우수하고 구동 효율도 우수한 최적의 커패시터 용량을 산정하는 것은 불가능하므로 그림 7.74와 같이 2개의 커패시터를 구비하여 기동 시에는 기동형 커패시터를 접속되고 구동 시에는 기동형 커패시터를 분리하여 구동형 커패시터만으로 접속되도록 하여 기동 시에는 큰 기동토크를 얻고 구동 시에는 효율 좋은 운전이 가능하도록 한 단상 유도전동기를 커패시터 기동-구동(capacitor start-and-run)형 단상 유도전동기라고 한다. 이때 기동 시에 사용되는 커패시터 용량이 구동 커패시터에 비해 5~6배 정도 크다. 커패시터 기동-구동형 단상 유도전동기는 기동토크가 크고 구동 효율도 좋으나 가격이 비싸므로 고가의 응용기기에 사용되는 전동기이다.

④ 쉐이딩 코일형(shading coil type) 단상 유도전동기

쉐이딩 코일형 단상 유도전동기는 그림 7.75에서와 같이 돌극 구조를 가지는 고정자의 자극부분에 홈을 파고 여기에 굵은 1턴의 도체를 감아놓은 형태의 전동기로 이러한 코일 구조를 쉐이딩 코일(shading coil)이라고 한다. 그림 7.75에서와 같이 고정자에는 자속 Φ_T가 발생하고 이 자속은 쉐이딩 코일을 관통하는 자속 Φ_s와 쉐이딩 코일을 관통하지 않는 자속 Φ로 나눌 수 있다. 고정자에서 발생한 자속은 교번자속이므로 쉐이딩 코일을 관통하는 자속은 쉐이딩 코일에 유도기전력 $\dot{E}_s$을 발생시킨다. 쉐이딩 코일은 저항이 매우 적은 도체로 이루어져 있으므로 쉐이딩 코일에는 그림 7.75와 같이 유도기전력 $\dot{E}_s$에 비해 약간 뒤진 전류 $\dot{I}_s$가 흐르고 이 전류에 의해 반작용 자속 Φ_r이 만들어지므로 합성 자속은 Φ'가 된다. 이와 같이 공극에 흐르는 자속은 주자속 Φ와 보조자속 Φ'가 있다. 그림 7.75(c)와 같이 각 자속의 페이저도를 살펴보면 $\dot{\Phi}'$와 $\dot{\Phi}$는 공간적, 시간적으로 불평형 2상 자속이다. 따라서 쉐이딩 코일형 단상 유도전동기는 불평형 2상 유도전동기라고 할 수 있다. 쉐이딩 코일형 단상 유도전동기는 기동토크도 작고, 쉐이딩 코일에서의 동손에 의해 효율도 매우 낮다. 그러나 구조가 간단하고 매우 저렴하다는 장점 때문에 수십 [W] 이하의 많은 응용분야에 널리 이용되고 있다.

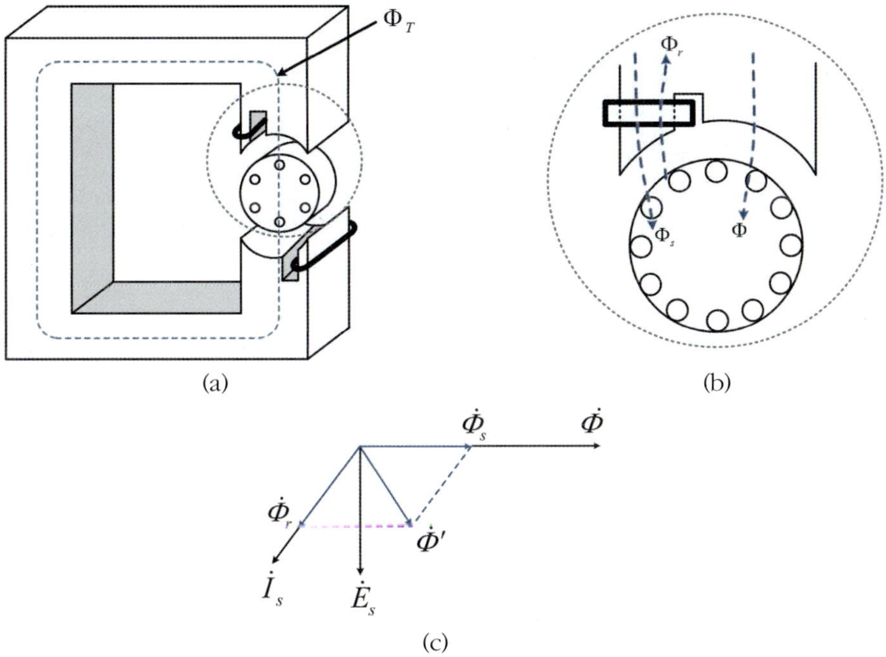

그림 7.75 쉐이딩 코일형 단상유도기의 (a) 구조 (b) 자속의 흐름 (c) 벡터도

⑤ 단상 유도전동기의 특성 비교

단상 유도전동기는 종류에 따라 가격과 성능 차이가 많이 나는 전동기이다. 단상 유도전동기는 특히 가격이 중요하며 재료비 중에서 큰 부분을 차지하는 동의 사용량과 커패시터 용량에 따라 단상 유도전동기의 가격이 결정된다. 가격적으로는 보조권선을 사용하지 않고 커패시터도 사용하지 않는 쉐이딩 코일형이 가장 싼 전동기이나 성능적인 면에서는 가장 나쁘다. 다음으로 가격이 싼 것으로 보조권선은 있으나 커패시터를 사용하지 않는 분상형 단상 유도전동기이다. 커패시터형 단상 유도전동기도 커패시터 용량 및 커패시터 사용 개수에 의해 가격과 성능이 다르다.

표 7.5에 각 단상 유도전동기의 기동 특성, 토크 특성, 역률, 효율 및 가격에 대해서 정리하였다. 표에서 알 수 있는 바와 같이 분상 기동형 전동기는 기동토크가 작고 역률 및 효율이 나쁜 편이나 가격적으로 유리하다. 커패시터 기동형 전동기는 역률과 효율이 다른 커패시터 전동기에 비해 나쁘지만 기동토크 및 최대토크가 크고 가격적으로 유리하다. 또한 커패시터 구동형 전동기는 기동토크는 작으나 역률 및 효율이 높은 편이다. 커패시터 기동–구동형 전동기는 기동토크가 크고 역률, 효율도 좋으나 가격이 가장 비싸다. 쉐이딩 코일형 전동기는 기동토크, 역률, 효율이 가장 나쁜 전동기이나 가격이 매우 저렴한 장점이 있다.

표 7.5 단상 유도전동기의 종류에 따른 특성 및 가격, 적용분야(예)

전동기 종류	정격 토크에 대한 퍼센트 토크		정격 부하를 가할 때		출력(Hp) 범위	가격 (%)	적용분야
	기동 시	최대토크	역률	효율			
분상 기동형	100~250	300	50~65	55~65	1/20~1/3	100	팬, 펌프, 세탁기 등 기동 토크가 작은 분야
커패시터 기동형	250~400	350	50~65	55~65	1/10~3	125	컴프레서, 펌프, 컨베이어, 냉장고, 에어컨, 세탁기 등 부하를 기동하기 힘든 장비
커패시터 구동형	100~200	250	75~90	60~70	1/10~1	140	팬, 펌프, 송풍기 등 저소음이 요구되는 장비
커패시터 기동-구동형	200~300	250	75~90	60~70	1/2~3	180	컴프레서, 펌프, 컨베이어, 냉장고 등 저소음이 요구되고 기동하기 힘든 장비
쉐이딩 코일형	40~60	140	25~40	25~40	1/30~1/3	60	팬, 헤어 드라이어, 장난감 등 기동토크가 작은 분야

이와 같이 단상 유도전동기는 종류에 따라 장단점이 있으므로 사용시간, 효율, 가격 등 여러 가지 요인을 종합해서 가장 알맞는 형태의 전동기를 선택해야 한다. 즉 컴프레서, 펌프와 같이 기동토크가 크게 요구되는 응용분야에서는 콘덴서 기동형 또는 콘덴서 기동-구동형을 주로 사용하며 기동토크는 작아도 되나 장시간 운전을 하고 효율이 중요한 경우에는 분상 기동형이나 커패시터 구동형을 주로 사용한다. 또한 가격적인 면이 가장 중요하고 사용시간이 짧은 주방용 팬이나 헤어드라이어 등의 응용분야에서는 쉐이딩 코일형이 많이 사용된다.

7.10.3 단상 유도전동기 등가회로

단상 유도전동기의 등가회로를 직관적으로 구해내는 것은 매우 어렵다. 단상 유도전동기 등가회로를 유도하기 위해서는 2상 대칭좌표법에 의해 정상분과 역상분으로 분리하고 정상분의 등가회로와 역상분의 등가회로를 구해내야 한다.[주1] 2상 대칭좌표법은 불평형 교류에 대해서 정상분과 역상분을 나누어서 해석하고 중첩시키는 방법으로 2상 대칭좌표법을 이용하여 정상분과 역상분의 회로를 동시에 나타내면 그림 7.76과 같다.[주2]

주1) 대칭좌표법은 부록 A.5에 수록하였음.

주2) 불평형 2상 유도전동기와 단상 유도전동기 등가회로의 자세한 유도는 부록 A.8에 수록하였음.

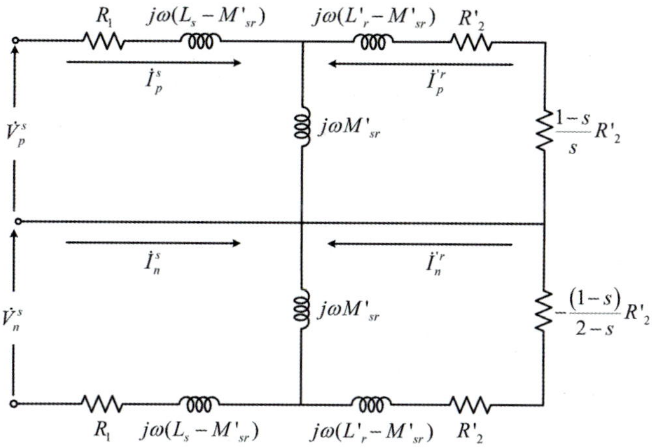

그림 7.76 대칭좌표법을 이용한 단상 유도전동기 등가회로

단상 유도전동기는 불평형 2상 유도전동기의 특수한 형태로 정상분 전류와 역상분 전류의 관계식 $I_p^s = I_n^s$ 과 정상분 전압과 역상분 전압의 관계식 $\dot{V}_p^s + \dot{V}_n^s = \sqrt{2}\,\dot{V}_1$의 조건을 사용하면 단상 유도전동기의 등가회로는 그림 7.77과 같이 된다. 그림 7.77의 등가회로를 좀 더 간단히 하기 위해서 전압과 전류가 각각 $\dot{V} = \sqrt{2}\,\dot{V}_1$, $\dot{I} = \dot{I}_1 / \sqrt{2}$ 이므로 권선비 $a = 1/\sqrt{2}$ 를 사용하여 등가변환하면 그림 7.78과 같은 일반적인 단상 유도전동기의 등가회로를 얻을 수 있다.

단상 유도전동기의 등가회로인 그림 7.78을 이용하여 정상분 토크와 역상분 토크를 구해보면 각각 식 (7.127), (7.128)과 같다. 합성토크는 정상분 토크와 역상분 토크의 합이므로 식 (7.129)과 같다. 또한 단상 유도전동기의 1차측 전류를 구해보면 식 (7.130)과 같다.

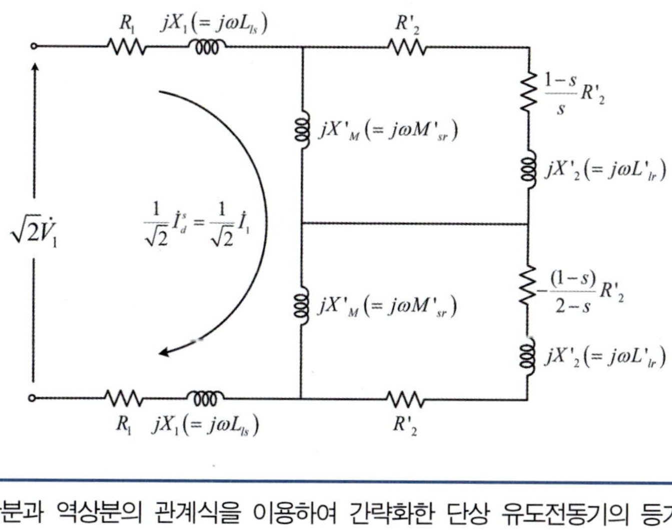

그림 7.77 정상분과 역상분의 관계식을 이용하여 간략화한 단상 유도전동기의 등가회로

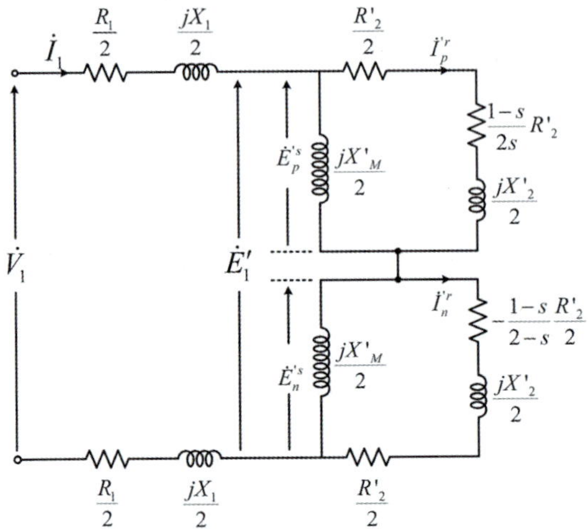

그림 7.78 일반적인 단상 유도전동기의 등가회로

$$T_p = \frac{1}{\omega_m}\frac{(1-s)}{2s}R'_2(I'^r_p)^2$$
$$= \frac{1}{\omega_m}\frac{(X'_M)^2}{\left(\frac{R'_2}{s}\right)^2+(X'_M+X_2)^2}\cdot\frac{(1-s)R'_2}{2s}I_1^2 \ [\mathrm{N\cdot m}] \tag{7.127}$$

$$T_n = -\frac{1}{\omega_m}\left(\frac{1-s}{2-s}\right)\cdot\frac{R'_2}{2}(I'^r_n)^2$$
$$= -\frac{1}{\omega_m}\frac{(X'_M)^2}{\left(\frac{R'_2}{2-s}\right)^2+(X'_M+X_2)^2}\cdot\left(\frac{1-s}{2-s}\right)\cdot\frac{R'_2}{2}I_1^2 \ [\mathrm{N\cdot m}] \tag{7.128}$$

$$T = T_p + T_n \tag{7.129}$$

$$\dot{I}_1 = \dot{V}_1 \Bigg/ \left\{\frac{R_1}{2}+j\frac{X_1}{2}+\frac{1}{\frac{1}{j\frac{X'_M}{2}}+\frac{1}{\frac{R'_2}{2s}+j\frac{X'_2}{2}}}\right.$$
$$\left.+\frac{R_1}{2}+j\frac{X_1}{2}+\frac{1}{\frac{1}{j\frac{X'_M}{2}}+\frac{1}{\frac{R'_2}{2(2-s)}+j\frac{X_2}{2}}}\right\} \ [\mathrm{A}] \tag{7.130}$$

7.10.4 단상 유도전동기의 속도-토크 특성

단상 유도전동기의 특성은 단상 유도전동기의 회로정수값에 따라 달라진다. 회로정수 중 전원전압과 2차측 저항에 따른 특성을 살펴보자.

전원전압의 변화에 따른 속도-토크특성을 그림 7.79에 나타내었다. 1차측 전류는 식 (7.130)에서 알 수 있는 바와 같이 전압에 비례한다. 또한 정상분 토크와 역상분 토크는 전류의 제곱에 비례하므로 토크는 전압의 제곱에 비례함을 알 수 있다. 따라서 전압과 토크의 특성을 몇가지 전압에 대해 그리면 그림 7.79와 같다. 그림 7.79와 같이 전압이 변하면 토크의 크기만 변화할 뿐 슬립에 따른 속도-토크특성의 형태에는 영향이 없다. 또한 최대토크가 발생되는 슬립 s_m도 동일하다.

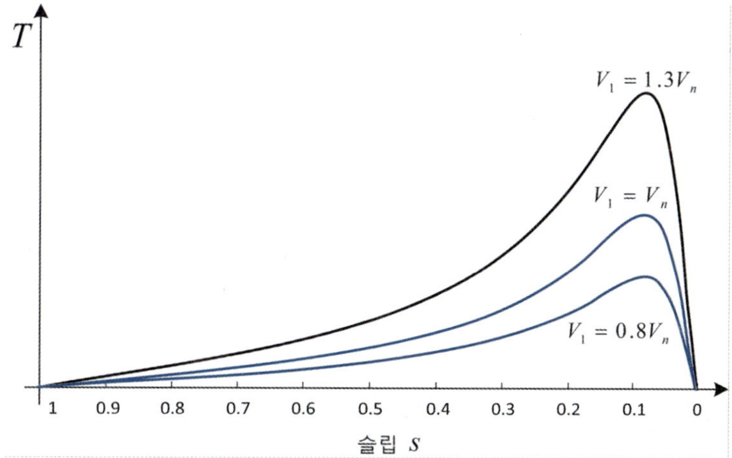

그림 7.79 전원전압의 변화에 따른 단상 유도전동기 속도-토크 특성

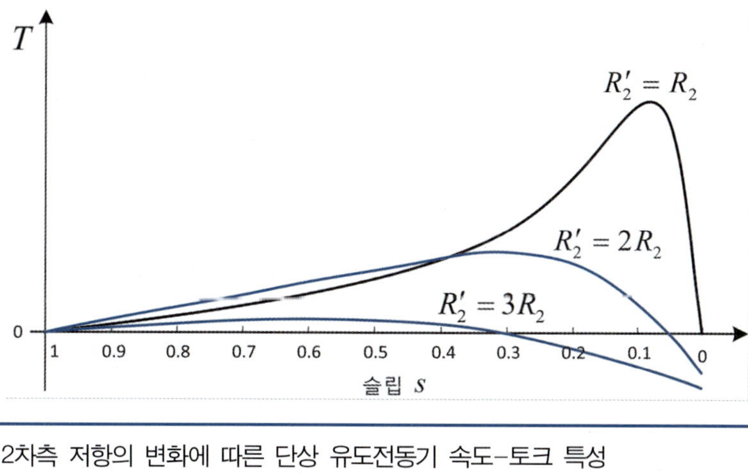

그림 7.80 2차측 저항의 변화에 따른 단상 유도전동기 속도-토크 특성

다음은 2차측 저항의 변화에 따른 단상 유도전동기의 특성을 살펴보자. 그림 7.80과 같이 3상 유도전동기와 마찬가지로 단상 유도전동기도 2차측 저항에 비례하여 최대토크가 발생되는 슬립 s_m이 변한다. 반면 3상 유도전동기와 달리 단상 유도전동기의 경우 2차저항이 증가하면 최대토크는 줄어든다. 이 때 2차측 저항이 어떤 저항값이 이상이 되면 그림 7.80과 같이 저슬립에서 제동토크가 발생된다.

그림 7.81은 2차측 저항에 따른 전체 역기전력 E'_1에 대하여 정상분 역기전력 E'^s_p와 역상분 역기전력 E'^s_n의 비를 슬립에 따라 그린 것이다. 그림 7.81과 같이 슬립이 작을수록(속도가 빠를수록) 정상분 역기전력 E'^s_p이 역상분 역기전력 E'^s_n에 비해 커지는 것을 알 수 있다. 2차측 저항이 작은 경우 최대토크를 발생하는 슬립 s_m보다 슬립이 작은 영역에서는 정상분 역기전력 E'^s_p가 역상분 역기전력 E'^s_n보다 매우 크고 역상분 성분의 영향이 매우 작다. 그러나 2차측 저항이 크면 저슬립 영역에서 역상분 역기전력 E'^s_n이 커지므로 역상분의 영향이 크게 작용하여 단상 유도전동기의 성능과 효율에 나쁜 영향을 미친다. 따라서 단상유도전동기에서는 2차측 저항이 가능하면 작아야 한다.

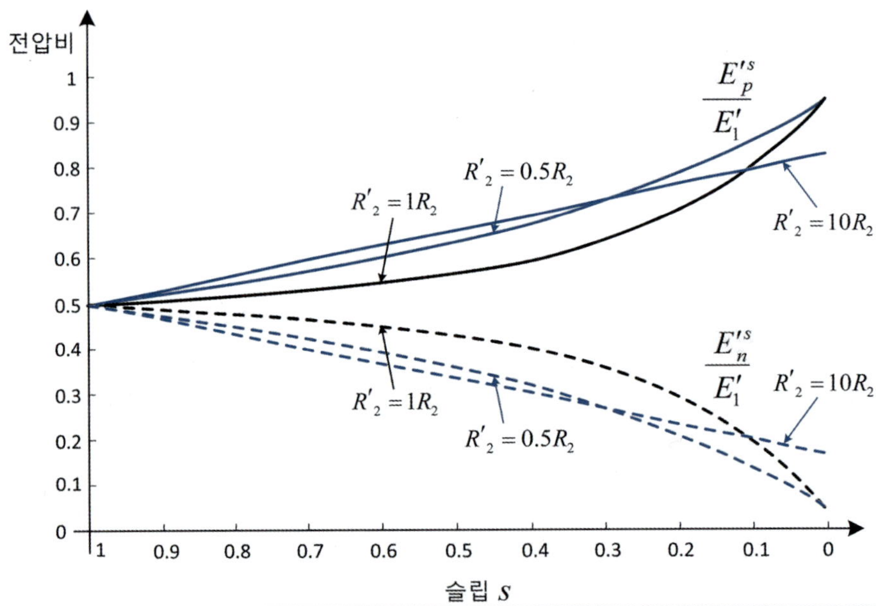

그림 7.81 2차측 저항의 변화에 따른 정상분 역기전력과 역상분 역기전력의 비

▸▸ 기호정리 ◂◂

기호	의미	기호	의미
a	권선비	I_{L-Y}	Y결선 선전류
α	기자력의 공간적인 위상차	I_{ph-Y}	Y결선 상전류
B_m	자속밀도의 최대값	$I_{ph-\Delta}$	Δ결선 상전류
$\phi_{aa'}$	a상 권선이 만들어 내는 자속	I_{LR}	회전자 구속시험에서 측정한 전류
ϕ	a, b, c상의 자속의 합	I_m	전류의 최대값
b_0	자화 서셉턴스	I_μ	자화전류
B_{g1}	공극에서 기본파 자속밀도	I_w	철손분 전류
$\cos\theta$	역률	I_M	주권선에 흐르는 전류
E_1	1차측 역기전력	I_n	역상분 전류
E_2	정지시 2차측 유도기전력	I_p	정상분 전류
E_{l1}	1차측 누설자속에 의해 유기되는 전압	i	전류
E_{l2}	2차측 누설자속에 의해 유기되는 전압	i_{a0}	a상 여자전류
$e_a e_b e_c$	a, b, c상의 유도기전력	$i_a i_b i_c$	a상, b상, c상 전류
η	효율	k_d	분포계수
F_a	a상의 기자력	$k_{d\nu}$	고조파의 분포계수
F_m	한 상의 기본파 기자력의 최대값	k_p	단절계수
f_a	푸리에 급수로 전개한 a상 기자력	$k_{p\nu}$	고조파의 단절계수
f_{a1}	a상 기자력의 기본파 성분	$k_{w\nu}$	권선계수(고조파 포함)
f_{a3}	a상 기자력의 3고조파 성분	L_m	자화 인덕턴스
f_m	기자력	l_g	공극의 길이
G_{fe}, g_0	철손 컨덕턴스	m	상수
H_g	공극에서의 자계의 세기	μ	투자율
I_A	보조권선에 흐르는 전류	N	턴수
I_0	한 상의 여자전류의 실효치	N, S	N극, S극
I_{10}	부부하 시 상전류	N_A	보조권선
I'_1	1차측 부하전류	N_M	주권선
I_2	2차측 전류	ν	속도, 고조파
I_{1L}	구속 시 상전류	ν_f	계자의 속도

기호	의미	기호	의미
P	축출력, 극수	r_1	1차측 권선 저항
P_2	유도전동기 등가회로의 2차측 평균 전력	S	면적
P'_2	정지시로 등가변환된 회로의 2차측 평균 전력	s	단위화된 상대속도(슬립)
P_{10}	입력전력	s_m	최대 토크가 발생하는 슬립
P_{LR}	회전자 구속시험에서 측정한 전력	$s\omega$	슬립 각속도
R_{LR}	회전자 구속 시 저항	θ_M	주권선 회로의 역률
P_{c1}	고정자 동손	θ_A	보조권선 회로의 역률
P_{c2}	회전자 동손	T_L	부하토크
P_{c10}	무부하 고정자 동손	T_b	역상분 토크성분
P_i	고정자 철손	T_f	정상분 토크성분
P_m	기계손	τ_p	극간격
P_m	퍼미언스	X_{10}	무부하에서의 등가 리액턴스
P_o	기계적 출력	X'_{LR}	회전자 구속 리액턴스
P_r	비퍼미언스	x_0	자화 리액턴스
P_{stray}	표류부하손	x_1	1차측 누설 리액턴스
p	극쌍수	x_2	2차측 누설 리액턴스
$\dot{\Phi}_n$	역방향으로 회전하는 회전자계	x_m	자화리액턴스
$\dot{\Phi}_p$	정방향으로 회전하는 회전자계	V_0	무부하 인가 전압
Φ_s	고정자에서 발생하는 쇄교자속	V_{10}	무부하 시 상전압
ϕ	자속	V_{1L}	구속 시 상전압
ϕ_s	고정자에서 발생되는 자속	V_n	역상분 전압
ϕ_{l1}	1차측 누설 자속	V_p	정상분 전압
ϕ_{l2}	2차측 누설 자속	v_p	입력전압
ϕ_m	자속의 최대치	ω	회전자계 각속도
ϕ_r	회전자에서 발생되는 자속	ω_m	회전자의 기계적 각속도
q	극당 상당 슬롯수	Y_0	여자 어드미턴스
r_2	2차측 권선 저항	Z_{LR}	회전자 구속 임피던스
r_{fe}	철손분 저항		

연/습/문/제

7.1 3상 유도전동기는 고정자에서 회전자계가 발생하여 회전을 하는 전기기기이다. 그렇다면 고정자계에서 발생하는 회전자계와 실제 전동기의 회전방향은 어떠한 관계가 있는지 설명하시오.(단, 부하는 정격토크를 넘어서지 않는다)

① 부하조건에 따라서 동일한 방향, 또는 반대방향으로 회전한다.

② 회전자계와 회전자는 반대방향으로 회전한다.

③ 회전자계와 회전자는 동일한 방향으로 회전한다.

④ 아무 관계가 없다.

7.2 유도전동기를 60[Hz], 1800[rpm]인 동기전동기에 직접 연결하여 동기전동기를 기동하는 경우 유도전동기의 적당한 극수를 구하시오.

① 2극 ② 4극

③ 8극 ④ 12극

7.3 회전자가 슬립 s로 회전하고 있을 때, 고정자와 회전자의 실효 권선비를 a라고 하면, 고정자기전력 E_1과 회전자 기전력 E_2와의 비는 어떻게 되는가?

① $\dfrac{a}{2-s}$ ② sa

③ $(1-s)a$ ④ $\dfrac{a}{s}$

7.4 그림에서 고정자가 60[rps: revolution per second]로 회전자계를 만들고, 회전자가 45[rps]로 회전한다고 할 때, 회전자의 도체에 유기되는 기전력의 주파수[Hz]를 구하시오.

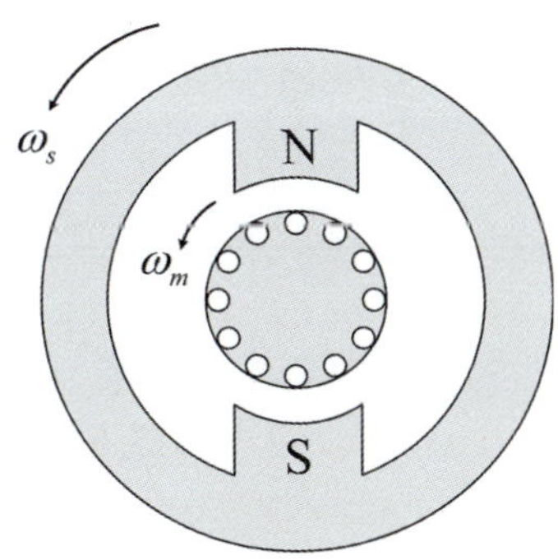

① $f = 15$ ② $f = 25$
③ $f = 35$ ④ $f = 45$

7.5 권선형 유도전동기의 슬립 s에 대해서 2차측 전류를 구하시오. 단, E_2와 X_2는 회전자 정지시의 2차 유기전압과 2차 리액턴스이며 R_2는 2차 저항이다.

① $\dfrac{sE_2}{\sqrt{R_2^2 + \dfrac{X_2^2}{s}}}$ ② $\dfrac{E_2}{\sqrt{\left(\dfrac{R_2}{s}\right)^2 + X_2^2}}$

③ $\dfrac{E_2}{\left(\dfrac{R_2}{1-s}\right)^2} + X_2$ ④ $\dfrac{E_2}{\sqrt{(sR_2)^2 + X_2^2}}$

7.6 극쌍수가 p인 3상 유도전동기가 주파수 $f[\mathrm{Hz}]$, 슬립 s, 토크 $T[\mathrm{N \cdot m}]$인 특성을 가질 때, 기계적인 출력 W_{m}을 구하시오.

① $T \cdot \dfrac{2\pi f}{p} s$ ② $T \cdot \dfrac{2pf}{\pi}(1-s)$

③ $T \cdot \dfrac{2\pi f}{p}(1-s)$ ④ $T \cdot \dfrac{\pi f}{2p}(1-s)$

7.7 그림은 3상 유도전동기에서 2차측인 회전자측을 1차측으로 환산한 것을 한 상에 대한 등가회로로 표현한 것이다. 2차 저항은 $r_2 = 0.03[\Omega]$, 2차 리액턴스 $x_2 = 0.09[\Omega]$이다. 슬립 $s = 0.04$일 때, 등가부하저항 $R_L{}'$의 값 $[\Omega]$은? 단, 권선비는 $a = 4$, 상수비 $\beta = 1$이다.

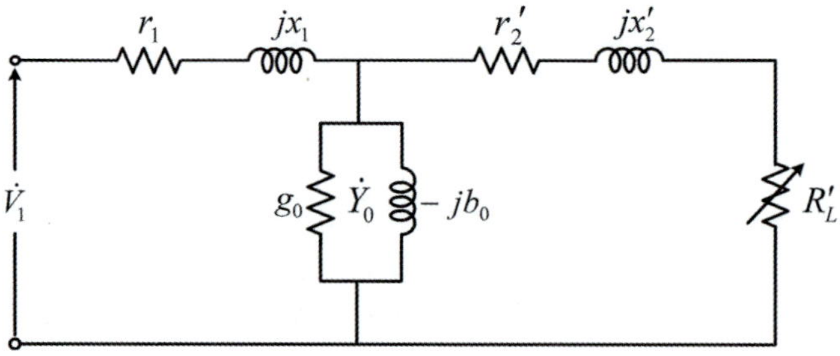

① 8.5 ② 9.2
③ 11.5 ④ 15.5

7.8 유도전동기의 특성을 구한 식 중에서 2차측의 동손인 P_{c2}와 2차측의 입력인 P_{in}, 그리고 슬립을 s라고 할 때, 이 세 가지 값의 관계를 식으로 나타내어라.

① $P_{c2} \cdot P_{in} = s$ ② $s = \frac{P_{in}}{P_{c2}}$

③ $P_{c2} = sP_{in}$ ④ 관계를 찾을 수 없다.

7.9 3000[V], 주파수 $f = 60$[Hz], 4극, 100[kW]인 3상 유도전동기가 있다고 하자. 전부하에서 2차측 동손이 6[kW]이고, 기계손이 2[kW]라고 한다. 전부하의 경우 회전속도 [rpm]을 구하라.

① 1650 ② 1700

③ 1750 ④ 1800

7.10 다음 조건과 같은 3상 유도전동기가 있다고 하자. 정격출력 = 80[kW], 정격전압 = 220[V], 주파수 = 60[Hz], 극수 = 4극의 조건을 가지고 있으며, 슬립 $s = 0.05$이고, 효율은 90[%]로 운전을 하고 있다. 이 때 다음 보기의 값들 중 잘못된 것을 고르시오.

① 1차 입력은 88.9[kW]이다.
② 2차 효율은 95[%]이다.
③ 회전자 입력전력은 82.2[kW]이다.
④ 회전자 동손은 4.2[kW]이다.

7.11 슬립이 0.04인 유도전동기의 2차측 효율[%]을 구하시오.

① 89[%] ② 94[%]

③ 96[%] ④ 98[%]

7.12 3상 유도전동기에서 2차측의 저항값이 2배가 될 때, 최대토크 값은 어떻게 변화하는지 구하시오.

① 1.5배 ② 2배

③ 4배 ④ 최대토크 값은 변화 없다.

7.13 6극, 10[HP], 200[V], 60[Hz]의 3상 유도전동기가 35[kg · m]의 부하를 접속하고 슬립 0.04를 가지고 회전하고 있다. 여기에 같은 부하 토크로 1.2[Ω]의 저항 3개를 Y결선으로 하여 2차측에 삽입하였더니 속도가 1050[rpm]이 되었다. 2차 권선의 저항 [Ω]을 구하시오. (단, 1[HP]은 735[W]라고 하자)

① 0.42 ② 0.56
③ 0.62 ④ 0.8

7.14 유도전동기에서 슬립이 0.04라고 할 때, 등가부하저항 값은 2차 저항의 몇 배의 값을 가지는지 구하시오.

① 10 ② 18
③ 24 ④ 30

7.15 20[kW], 60[Hz], 4극 3상 유도전동기가 있다. 이 때, 전부하가 걸렸을 때의 슬립이 0.05라고 한다. 이 때의 2차측 동손 및 2차측 입력을 구하시오.

① 2.25[kW], 135[kW] ② 1.05[kW], 50.25[kW]
③ 0.52[kW], 20.05[kW] ④ 1.05[kW], 21.05[kW]

7.16 다음 보기 중에서 유도전동기의 기동방식 중 권선형 유도전동기에만 사용이 가능한 방식을 고르시오.

① 2차 회로에 저항 삽입 ② 기동 보상기
③ 리액터 기동 ④ $Y-\Delta$ 기동

7.17 소형 유도전동기의 슬롯에 스큐(skew) 또는 사구를 주는 이유를 설명하시오.

① 크롤링 현상의 방지 ② 단가 절감
③ 기동 토크의 증가 ④ 운전 토크의 증가

7.18 3상 유도전동기를 불평형의 전압으로 운전을 하면 토크와 전류에 어떤 영향이 있는지 설명하시오.

① 전류 증가, 토크 증가 ② 전류 감소, 토크 증가
③ 전류 증가, 토크 감소 ④ 전류 감소, 토크 감소

7.19 유도전동기를 기동하기 위한 결선법을 Δ법을 Y로 바꾸게 되면 토크의 크기는 어떻게 변화하는지 설명하시오.

① $\sqrt{3}$ 배 ② 3배

③ $\frac{1}{\sqrt{3}}$ 배 ④ $\frac{1}{3}$ 배

7.20 유도전동기의 제동방법 중에서 슬립의 범위를 1~2사이로 맞추고 3선 중에서 2선의 접속을 바꾸어 제동하는 방법을 고르시오.

① 직류 제동 ② 단상 제동

③ 회생 제동 ④ 역상 제동

7.21 60[Hz], 6극 권선형 유도전동기가 있다. 이 때 전부하로 운전하고 있고 전부하 속도 1050[rpm]에 2차측 1상의 저항은 0.04[Ω]이다. 2차측 회로의 저항을 3배로 바꿀 때 회전수[rpm]를 구하시오.

① 750 ② 850

③ 950 ④ 1050

7.22 3상 유도전동기의 전원주파수를 변화시켜서 속도를 제어하는 경우에 전동기의 출력 P_m와 주파수 f와의 관계를 바르게 표현한 것을 고르시오.

① $P_m \propto \frac{1}{f}$ ② $P_m \propto f$

③ $P_m \propto f^2$ ④ P_m와 f는 무관하다.

7.23 일반 농형 전동기와 비교하여 2중 농형 유도전동기의 특징을 설명하시오.

① 기동전류는 작고, 기동토크도 작다. ② 기동전류는 작고, 기동토크는 크다.

③ 기동전류는 크고, 기동토크는 작다. ④ 기동전류는 크고, 기동토크도 크다.

7.24 유도전동기의 소음 중 전기적인 소음이 아닌 것을 고르시오.

① 팬음 ② 고조파 자속에 의한 진동음

③ 기본파 자속에 의한 진동음 ④ 슬립 비트음

7.25 유도전동기의 슬립이 커질 때 동시에 커지는 것을 고르시오.

① 2차 효율 ② 권선비
③ 2차측 주파수 ④ 회전속도

7.26 6극, 60[Hz], 3상 직권 유도전동기에서 전부하 회전수가 1050[rpm]이다. 이 때 동일한 토크로 1000[rpm]으로 회전시키려면 2차측에 몇 [Ω]의 외부 저항을 삽입하면 되는지 구하시오. 단, 2차측은 Y결선이고 각 상의 저항은 r_2이다.

① $2r_2$ ② $0.664r_2$
③ $1.52r_2$ ④ r_2

7.27 50[Hz], 슬립 0.2이고, 회전자의 속도가 800[rpm]일 때 이 3상 유도전동기의 극수를 구하시오.

① 2극 ② 4극
③ 6극 ④ 8극

7.28 3상 유도전동기의 출력 변환식 중에서 맞는 것을 고르시오.

① $(1-s)P_2 = \dfrac{N}{N_s}P_2 = P_o - P_{c2} = P_o - sP_2$

② $P_o = P_2 + P_{c2} = P_2 + sP_2 = \dfrac{N_s}{N}P_2 = (1+s)P_2$

③ $P_o = P_2 + P_{c2} = \dfrac{N}{N_s}P_2 = (1-s)P_2$

④ $P_o = P_2 - P_{c2} = P_2 - sP_2 = \dfrac{N}{N_s}P_2 = (1-s)P_2$

7.29 50[Hz], 4극, 30[HP]인 3상 유도전동기가 있다고 하자. 이 때 전부하가 결합되어 있다고 하고, 회전속도가 1500[rpm]이라고 할 때, 회전력[kg·m]은 얼마인지 구하시오. 단, 1[HP]은 736[W]라고 하자.

① 10.25 ② 14.35
③ 16.00 ④ 20.25

7.30 유도전동기의 회전자 속도가 ω_m으로 회전한다고 할 때, 회전자 전류에 의해 생기는 회전자에서 발생하는 회전자계는 고정자의 회전자계의 속도 ω_s와 어떤 관계인지 설명하시오.

① ω_s와 같다. ② $\omega_m = s\omega_s$이다.

③ ω_s보다 크다 ④ $\omega_s = \omega_m$이다.

7.31 단상 유도전동기에 대한 설명으로 적당하지 않은 것을 고르시오.

① 단상 유도전동기는 기동토크가 없다.

② 단상 유도전동기는 한쪽 방향으로만 발생하는 회전자계에 따라서 회전하게 된다.

③ 단상 유도전동기는 기동토크를 발생하기 위하여 보조권선을 사용한다.

④ 단상 유도전동기는 정방향으로 회전하는 자속과 역방향으로 회전하는 자속이 동시에 존재한다.

7.32 4극, 36슬롯의 3상 권선형 유도전동기가 있다. 이 권선을 분포, 단절시켜서 슬롯을 배치할 때 권선계수는 얼마인가? (단, 극당, 상당 슬롯수는 동일하고, 코일 간격 $8/9$의 단절권으로 한다)

7.33 4극, $60[\mathrm{Hz}]$의 3상 유도전동기가 있다. 이 전동기의 극당, 상당 슬롯수에 따른 1차, 3차, 5차, 7차, 9차, 11차, 13차 고조파의 권선계수를 MATLAB을 이용해서 나타내어라. (단, $\beta = 14/15$로 한다)

7.34 10극, $50[\mathrm{Hz}]$의 3상 농형 유도전동기가 전부하로 운전할 때 2차측 회로의 주파수가 $2[\mathrm{Hz}]$이고, 2차측 손실이 $450[\mathrm{W}]$이었다. 이때의 기계적 출력과 토크는 얼마인가?

7.35 $220[\mathrm{V}]$, 4극, $60[\mathrm{Hz}]$의 3상 권선형 유도 전동기가 있다. 슬립링에 있는 브러시를 열고 회전자를 정지시킨 상태에서 슬립링 사이의 전압을 측정하면 $220[\mathrm{V}]$이었다. 이 전동기의 전부하 운전시 슬립 $5[\%]$로 운전한다면, 회전자 기전력과 회전자의 속도는 얼마인가?

7.36 8극, $60[\mathrm{Hz}]$의 3상 권선형 유도전동기가 $855[\mathrm{rpm}]$으로 운전하고 있다. 동일 토크에서 회전수만 $630[\mathrm{rpm}]$으로 하기 위해 2차측 저항을 얼마로 가져가야 하는가? (단, 2차측 회로의 권선 저항은 $0.4[\Omega]$이다)

7.37 $10[\mathrm{kW}]$, 6극, $60[\mathrm{Hz}]$의 3상 농형 유도전동기가 $1128[\mathrm{rpm}]$으로 회전할 때, 회전자 동손과 회전자 효율은 얼마인가? (단, 기계손은 무시한다)

7.38 $60[\mathrm{kW}]$, 역률 $80[\%]$ 전동기의 역률을 $90[\%]$로 개선하는 데에 필요한 커패시터의 용량 $[\mathrm{kVA}]$은 얼마인가?

7.39 $12[\mathrm{kW}]$, 6극, $60[\mathrm{Hz}]$의 3상 농형 유도전동기가 토크 $4.2[\mathrm{kg \cdot m}]$를 발생하고 회전 속도가 $1140[\mathrm{rpm}]$으로 운전하고 있다. 이때 기계적 출력, 2차측 입력, 2차측 동손을 구하여라. (단, 기계손은 무시한다)

7.40 12극, $220[\mathrm{V}]$, $60[\mathrm{Hz}]$의 3상 유도전동기가 있다. 2차측 저항과 2차측 리액턴스는 각각 $r_2 = 0.1\,[\Omega]$, $x_2 = 0.5\,[\Omega]$이다. 이 전동기의 2차측 저항을 2배에서 5배까지 늘릴 때, 비례추이 특성을 MATLAB을 이용해서 확인하여라.

7.41 $24[\mathrm{kW}]$, 6극, $60[\mathrm{Hz}]$의 3상 유도전동기가 있다. 이 전동기를 1차측 전압 $220[\mathrm{V}]$, 1차측 전류 $90[\mathrm{A}]$, 역률 $80[\%]$, 슬립 0.03에서 운전하고 있다. 이때 전동기의 회전수, 2차측 입력, 토크, 효율을 구하여라. (단, 기계손은 무시한다)

7.42 4극, $60[\mathrm{Hz}]$의 권선형 유도전동기가 전부하로 운전하고 있다. 전부하 속도가 $1692[\mathrm{rpm}]$일 때, 2차측 회로의 저항을 2배로 하면 회전수는 어떻게 변하는가?

7.43 $110[\mathrm{V}]$, $60[\mathrm{Hz}]$용 3상 농형 유도전동기가 있다. 2차측 저항이 $0.02[\Omega]$이고 슬립 1에서의 2차측 리액턴스가 $0.4[\Omega]$라 한다. 슬립 0.03에서의 2차측 유도기전력, 2차측 주파수, 2차측 전류, 2차 역률을 구하여라.

7.44 6극, $330[\mathrm{V}]$, $60[\mathrm{Hz}]$의 3상 유도전동기에서 다음과 같은 회로 정수를 갖는다.
$r_1 = 0.4\,[\Omega]$, $r_2{}' = 0.2\,[\Omega]$, $g_0 = 0.005\,[\mho]$, $b_0 = 0.1\,[\mho]$, $x_1 + x_2{}' = 0.8\,[\Omega]$
이 전동기의 슬립이 0에서 1로 변할 때, 1차측 전류, 토크, 역률, 출력, 효율을 MATLAB을 이용해서 그래프로 나타내시오.

7.45 $220[\mathrm{V}]$, $60[\mathrm{Hz}]$, 4극의 3상 권선형 유도전동기를 시험하여 아래와 같은 결과를 얻었다. 이 때 이 전동기에 대한 상당 등가회로를 그리고, 속도-토크 특성을 MATLAB을 이용하여 나타내어라. (단, 철손분 컨덕턴스 $g_0 = 0.003\,[\mho]$ 이다)

- 1차측 저항 측정 : $r_1 = 0.25\,[\Omega]$
- 회전자구속 시험 : $f = 15\,[\mathrm{Hz}]$, $V_s = 30\,[\mathrm{V}]$, $I_A = 33\,[\mathrm{A}]$, $P_s = 1200\,[\mathrm{W}]$
- 무부하 시험 : $f = 60\,[\mathrm{Hz}]$, $V_s = 220\,[\mathrm{V}]$, $I_A = 8.2\,[\mathrm{A}]$ $P_s = 500\,[\mathrm{W}]$

7.46 정격주파수 $60[\mathrm{Hz}]$로 설계된 3상 유도전동기를 동일 전압에서 $50[\mathrm{Hz}]$으로 사용할 때 이 전동기의 속도, 역률, 최대토크, 기동전류가 어떻게 변하는지 논하여라.

7.47 4극, $110[\mathrm{V}]$, $50[\mathrm{Hz}]$ 단상 유도전동기의 속도에 따른 정상분 토크, 역상분 토크, 합성 토크를 MATLAB을 이용하여 그려라. (단, 회로정수 $r_1 = 3\,[\Omega]$, $r_2 = 2.5\,[\Omega]$, $x_0 = 60\,[\Omega]$, $x_2 = 5\,[\Omega]$, $x_2 = 5\,[\Omega]$으로 한다)

제 08 장

동기기

8.1 동기기의 구조와 종류

8.1.1 동기기의 기본구조

동기기는 동기발전기(synchronous generator)와 동기전동기(synchronous motor)로 나뉘며 발전기와 전동기는 동일한 구조를 가지고 있다. 따라서 다른 전기기기와 마찬가지로 동기기도 발전기와 전동기 겸용으로 사용할 수 있다. 동기기는 단상, 3상, 다상으로 구성할 수 있으며, 대부분은 3상 동기기이다. 동기기는 직류전동기와 마찬가지로 계자와 전기자로 구성되며 일반적인 원통형 동기기의 구조를 그림 8.1에 나타내었다.

계자(magnetic field)는 주자속을 발생시키는 구조로 그림 8.1과 같이 계자권선으로 여자(exciting)하거나 영구자석구조로 되어 있다. 계자권선으로 여자된 동기기는 권선형 동기기(WFSM : wound field synchronous machine)라 하고 영구자석으로 된 동기기는 영구자석형 동기기(PMSM : permanent magnet synchronous machine)라고 한다. 권선형 동기기는 거의 모두가 회전계자형이기 때문에 회전하는 계자에 직류전원을 공급하여야 하므로 그림 8.3과 같이 슬립링과 브러시의 구조를 가지고 있다.

또한 계자표면에는 제동권선(damping winding or amortisseur winding)이라 불리는 농형권선이 설치되어 있는 경우가 많다. 동기기에서 제동권선은 회전자를 가속시켜 동기속도 근방까지 회전시키는데 사용된다. 또한 속도의 변화가 있을 때 감속하면 가속력을 발생시키고 가속하면 제동력을 발생시켜 동기기가 동기속도로 운전하는 것을 도와준다. 계자에서 발생되는 공극자속 밀도를 가능한 정현파로 하기 위해서 원통형 동기기는 권선을 분포시켜 감고 돌극형 동기기는 돌극의 양단의 공극이 약간 큰 구조로 만든다.

동기기의 전기자는 보통 고정자이고 유도기의 전기자와 동일한 권선을 시행한다. 동기기의 전기자 권선은 유도기의 전기자 권선과 마찬가지로 가능한 공극자속을 정현적으로

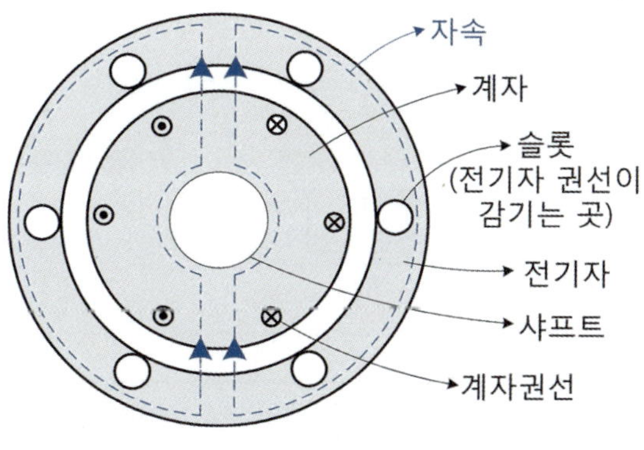

그림 8.1 일반적인 원통형 동기기의 구조

만들어 주기 위해서 분포 단절권을 많이 사용한다. 그러나 권선의 점적률주1)을 높이기 위해서 유도기와 달리 치 집중권을 사용하는 경우도 있다.

권선형 동기기의 계자에는 직류가 가해져야 하므로 직류전원이 필요한데 이것을 여자기(exciter)라고 한다. 대형의 동기기에서 여자기는 직류발전기나 교류발전기와 정류기의 조합으로 구성할 수 있다. 동기기의 회전자에 전력을 전달하기 위해 슬립링과 브러시 구조를 갖는다. 브러시 구조는 전기기기의 성능에 나쁜 영향을 미치므로 권선형 동기기에서 브러시를 없앤 브러시리스 권선형 동기기도 있다.

8.1.2 동기기의 종류

[1] 동기발전기와 동기전동기

동기기의 가장 일반적인 분류법은 발전기와 전동기로 분류하는 것이다. 동기발전기와 동기전동기는 입력을 기계에너지로 할 것인가 또는 전기에너지로 할 것인가에 따라 구분된다. 따라서 동기발전기와 동기전동기의 구분은 단지 사용 용도에 의한 분류이고 구조상으로 다른 점은 없다. 동기발전기는 그림 8.2(a)에서와 같이 외부에서 원동기를 사용하여 회전자를 회전시켜 전기자 코일에 유도기전력을 발생시키고 이 코일에 부하를 연결하면 전류가 흐르게 된다. 반면 동기전동기는 그림 8.2(b)에서와 같이 전원을 연결하여 전기에너지를 공급하면 회전자가 동기속도로 회전하여 부하를 회전시킨다.

[2] 회전계자형과 회전전기자형

동기기의 또 다른 분류법은 회전하는 부분이 전기자인가 또는 계자인가에 의한 분류법이다. 권선형 동기기는 회전하면서 전기에너지의 수급이 이루어져야 하므로 슬립링과 브러시 구조가 필요하다. 이때 회전하는 부분이 전기자인 경우를 회전전기자형이라 하고 회전하는 부분이 계자이면 회전계자형이라 한다. 3상 동기기에서는 전기자에 3상 교류

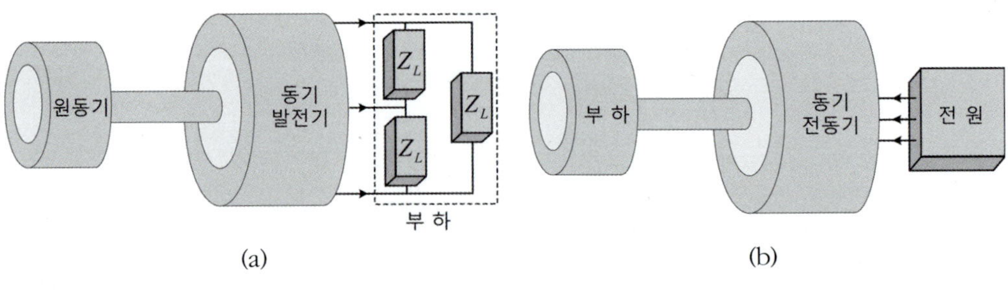

그림 8.2 동기기에서 에너지 흐름 (a) 동기발전기 (b) 동기전동기

주1) 슬롯 안에서 도체가 차지하는 비율을 나타냄

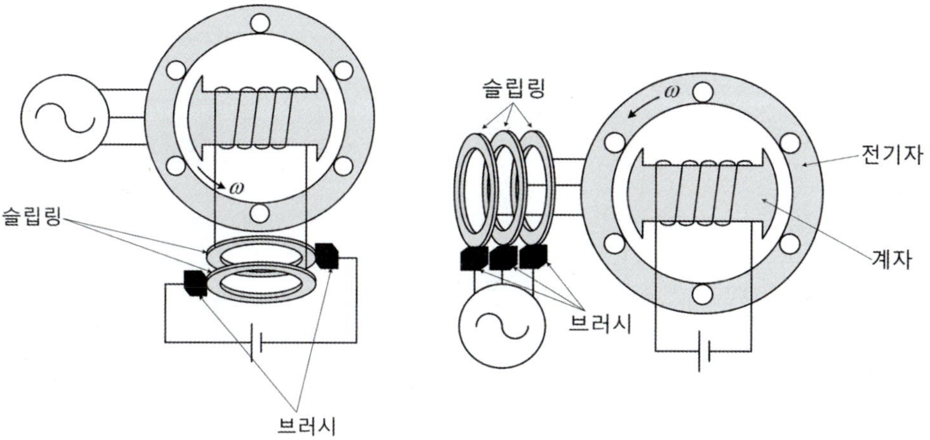

그림 8.3 (a) 회전계자형 동기기 (b) 회전전기자형 동기기

전류가 흐르고 계자에는 직류전류가 입력된다. 회전전기자형에서는 그림 8.3(b)와 같이 3개의 슬립링(slip ring)과 브러시(brush) 구조가 필요하고, 계자를 회전시키면 그림 8.3(a)와 같이 2개의 슬립링과 브러시 구조가 필요하다. 일반적으로 교류를 브러시를 통해서 공급하면 접촉저항과 리액턴스 성분에 의해 직류를 브러시를 통해서 전달하는 것보다 효율과 성능이 떨어지기 때문에 거의 모든 동기기는 회전계자형이다.

[3] 원통형 동기기와 돌극형 동기기

동기기의 또 다른 분류법은 계자의 구조에 따른 분류법이다. 그림 8.4에서와 같이 계자가 원형으로 되어 있으면 원통형 동기기(cylindrical rotor synchronous machine)라 하고 돌극형으로 되어 있으면 돌극형 동기기(salient pole synchronous machine)라고 한다. 원통형 동기기는 그림 8.4(a)와 같은 구조로 되어 있으며 원심력에 대해 강인하므로 주로 2극 또는 4극기로 구성한다. 원통형 동기기는 고속기이면서 수백 [MW]급의 화력발전용 발전기로 많이 사용된다. 돌극형 동기기는 그림 8.4(b)와 같은 구조로 되어 있으며 계자권선을 많이 감을 수 있으나 돌극 구조로 인해 릴럭턴스 토크와 릴럭턴스 차에 의한 전압이 발생한다. 돌극형 동기기는 원심력에 대해서 구조적으로 취약하므로 극수를 많이 하고 저속운전을 하는 응용분야에 주로 사용되며 50[kW]−5[MW] 사이의 작은 용량의 발전기에 사용된다. 본 교재에서는 특별한 언급이 없으면 원통형 기기를 설명하는 것으로 한다.

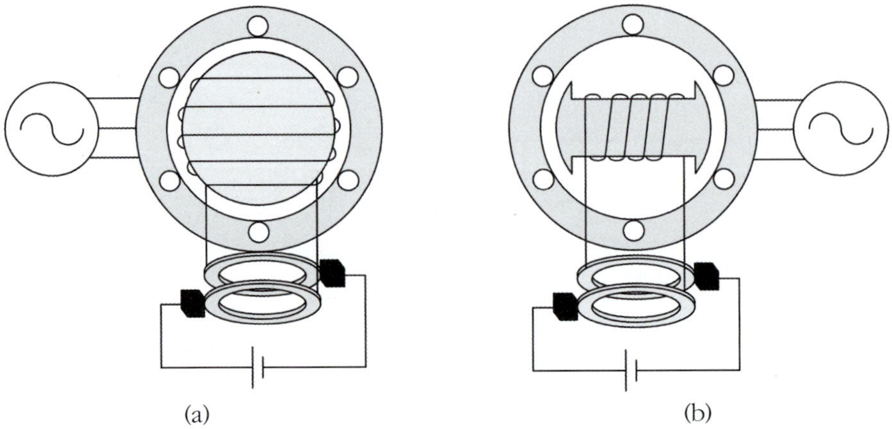

그림 8.4 (a) 원통형 동기기 (b) 돌극형 동기기

[4] 권선형 동기기와 영구자석형 동기기

대형의 동기기에서는 그림 8.5(a)와 같이 계자에 권선을 감아 전류를 흘려보내주는 권선형 동기기가 사용된다. 그러나 권선형 동기기는 회전하는 계자에 전기를 공급해야 하므로 일반적으로 슬립링과 브러시 구조를 가져야 하며 계자전류에 의한 동손이 발생한다. 따라서 동기기에서 브러시를 없애기 위해 계자를 영구자석으로 만든 동기기를 영구자석형 동기기라고 한다. 영구자석형 동기기(permanentmagnet synchronous machine)는 그림 8.5(b)와 같은 구조로 브러시가 없으므로 브러시리스 동기기라는 명칭으로도 사용된다. 영구자석형 브러시리스 동기기에서는 영구자석으로 자속을 만들어야 하므로 공극자속을 크게 하는데 한계가 있어 저용량의 동기기에만 사용되었다.

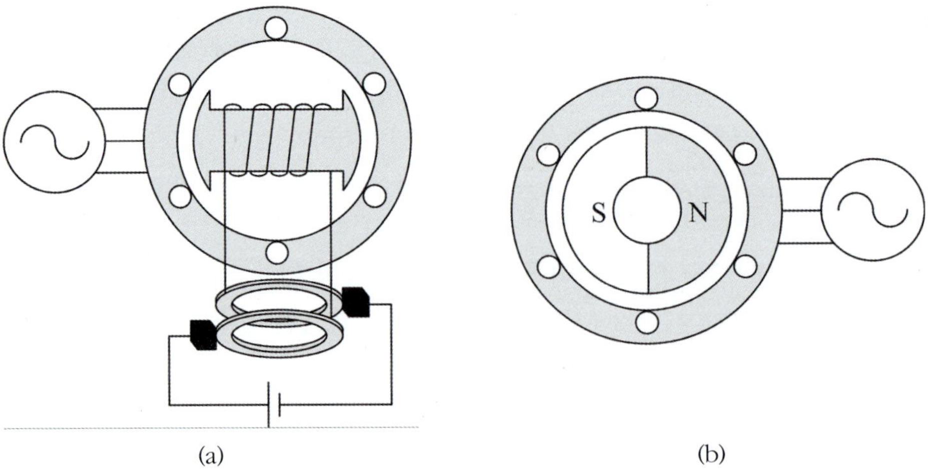

그림 8.5 (a) 권선형 동기기 (b) 영구자석형 동기기

그러나 최근에 네오디뮴, 사마륨코발트 같은 새로운 영구자석재료의 자속발생 능력이 높아짐에 따라 수 [MW]급의 영구자석형 동기기도 만들어지고 있다.

8.2 동기발전기의 원리 및 등가회로

8.2.1 동기발전기의 원리

동기발전기는 자속 내에서 도체가 상대운동을 할 때 유도되는 교류기전력을 이용하는 전기기기이다. 직류발전기는 코일에 유도되는 교류기전력을 정류자와 브러시를 사용하여 정류하여 직류를 얻어내지만 동기발전기는 유도된 교류기전력을 정류하지 않고 그대로 사용한다.

자속 내에서 운동하는 코일에 유도되는 기전력에 대해서 살펴보도록 하자. 그림 8.6(a)에서 도체 ab의 유도기전력과 도체 $a'b'$의 유도기전력을 각각 e_{ab}, $e_{a'b'}$라고 하면 a와 a'의 단자전압 $e_{aa'}$은 식 (8.1)과 같다.

$$e_{aa'} = e_{ab} + e_{b'a'} = e_{ab} - e_{a'b'} \ [\mathrm{V}] \tag{8.1}$$

각 도체에 발생되는 유도기전력은 식 (8.2)와 같이 플레밍의 오른손법칙으로부터 얻어낼 수 있다.

$$e_{ab} = (\boldsymbol{\nu} \times \mathrm{B}) \cdot \boldsymbol{l} \ [\mathrm{V}] \tag{8.2}$$

여기서 ν, B, l은 각각 도체의 상대속도 벡터, 자속밀도 벡터, 도체의 길이 벡터를 나타낸다.

그림 8.6(b)와 같이 자속방향이 반경방향이라면 속도방향(힘의 방향)과 자속방향이 90°이므로 식 (8.3)과 같이 간단히 표현된다.

$$e_{ab} = Bl\nu \ [\mathrm{V}] \tag{8.3}$$

여기서 도체의 l은 축방향 길이로 그림 8.6(a)에서 도체 ab와 $a'b'$의 길이를 나타낸다.

식 (8.3)에서 알 수 있는 바와 같이 속도 ν가 일정하면 자속의 공간적 분포 모양에 의해 유도기전력의 크기와 모양이 결정된다.

자속의 공간적인 분포가 정현적이라 하고 코일을 반시계방향으로 회전시키면 상대적으로 코일을 고정시키고 자계(N극, S극)를 ω의 속도로 시계방향으로 회전하는 것과 같다. 따라서 코일변에 쇄교하는 자속의 시간적인 변화는 식 (8.4)와 같이 나타낼 수 있다.

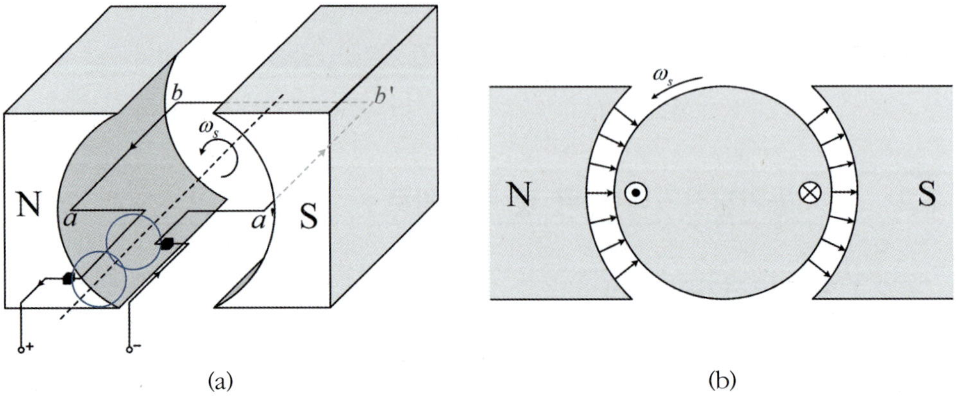

그림 8.6 동기발전기의 원리 (a) 자속 내에서 운동하는 코일 (b) 속도와 자속의 방향

$$B = B_m \cos(\omega t - \alpha) \ [\mathrm{T}] \tag{8.4}$$

여기서 $\omega = p\omega_s$로 전기적 각속도를 나타내고 α는 전기적 위치로 $0° \sim 360°$ 사이의 값이다. 식 (8.4)에서 알 수 있는 바와 같이 공간적으로 정현파인 자속이 시간에 따라 시계방향으로 움직이는 것을 나타낸다. 따라서 임의의 α 위치에서 자속은 정현적으로 변한다. 그림 8.6(a)에서 코일변 ab의 위치를 $0°$라고 한다면 코일변 $a'b'$의 위치는 $180°$이므로 코일변 ab와 코일변 $a'b'$에 유도되는 전압은 식 (8.5)와 같다.

$$\begin{aligned} e_{ab} &= \nu Bl \\ &= \nu B_m l \cos(\omega t - 0°) = \nu B_m l \cos\omega t \ [\mathrm{V}] \\ e_{a'b'} &= \nu B_m l \cos(\omega t - 180°) = -\nu B_m l \cos\omega t \ [\mathrm{V}] \end{aligned} \tag{8.5}$$

따라서 aa'에서의 단자전압은 식 (8.6)으로 나타난다.

$$e_{aa'} = e_{ab} - e_{a'b'} = 2\nu B_m l \cos\omega t \ [\mathrm{V}] \tag{8.6}$$

식 (8.6)에서 각속도와 선속도의 관계식 $\nu = r\omega_s = \dfrac{r}{p}\omega$, 자속밀도와 극당 자속의 관계식 $\phi = \dfrac{2rl}{p}B_m$을 사용하면 식 (8.6)은 식 (8.7)이 된다.(예제 8.1 참조)

$$e_{aa'} = \phi\omega \cos\omega t \ [\mathrm{V}] \tag{8.7}$$

따라서 턴수가 N인 코일에 유도되는 유도기전력은 식 (8.8)과 같다.

$$e_{aa'} = N\phi\omega \cos\omega t \ [\mathrm{V}] \tag{8.8}$$

식 (8.8)에서 알 수 있는 바와 같이 계자가 만드는 자속이 공간적으로 정현적으로 분포되어 있으면 코일에 유도되는 기전력도 정현적이고 크기는 코일에 쇄교하는 자속량과 턴수 및 속도에 비례한다.

그림 8.7(a)는 3상 동기발전기의 원리도를 나타내고 있다. 그림 8.7(a)에서 a, b, c상 코일은 턴수가 같고 각각 $120°$의 위상차가 있으면 계자의 회전에 의해 각 상 코일에는 평형한 3상 기전력이 유도된다. 그림 8.7(a)와 같이 자속은 반경방향으로 발생되고 공간적으로 정현분포를 한다고 가정하면 각 상에 유도되는 3상 기전력은 식 (8.9)와 같고 이것을 시간축에 대한 그래프로 나타내면 그림 8.7(b)와 같다.

$$\begin{aligned} e_a &= e_{aa'} = N\phi\omega \cos\omega t \ \ [\mathrm{V}] \\ e_b &= e_{bb'} = N\phi\omega \cos(\omega t - 120°) \ \ [\mathrm{V}] \\ e_c &= e_{cc'} = N\phi\omega \cos(\omega t - 240°) \ \ [\mathrm{V}] \end{aligned} \tag{8.9}$$

식 (8.9)에서 유도기전력의 최대치와 실효치는 식 (8.10)과 같다.

$$\begin{aligned} &\text{최대치} : E_m = N\phi\omega \ \ [\mathrm{V}] \\ &\text{실효치} : E = \frac{N\phi\omega}{\sqrt{2}} = \sqrt{2}\,\pi N\phi f \cong 4.44 N\phi f \ \ [\mathrm{V}] \end{aligned} \tag{8.10}$$

여기서 f는 주파수를 나타낸다.

식 (8.10)에서 알 수 있는 바와 같이 유도기전력은 회전속도에 비례하고 계자자속의 크기에 비례한다. 이때 계자자속은 계자전류에 비례하는 양으로 근사할 수 있으나 실제로는 자기포화의 영향으로 계자전류에 비례하지 않는다.

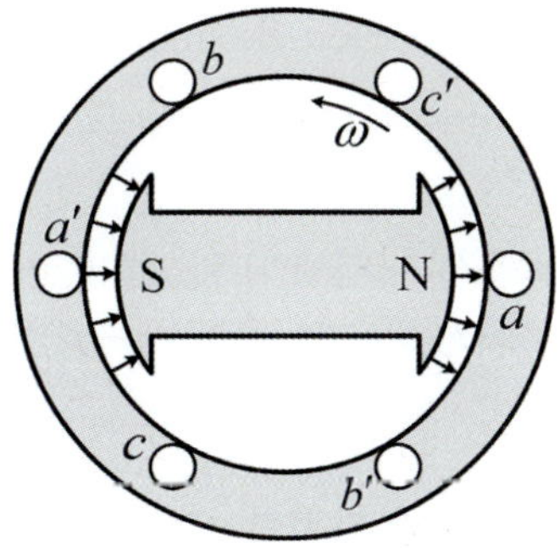

(a)

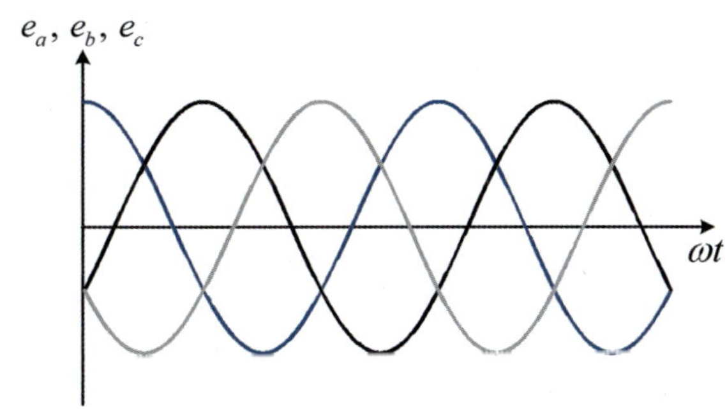

(b)

그림 8.7 (a) 3상 동기발전기의 원리도 (b) 3상 유도기전력

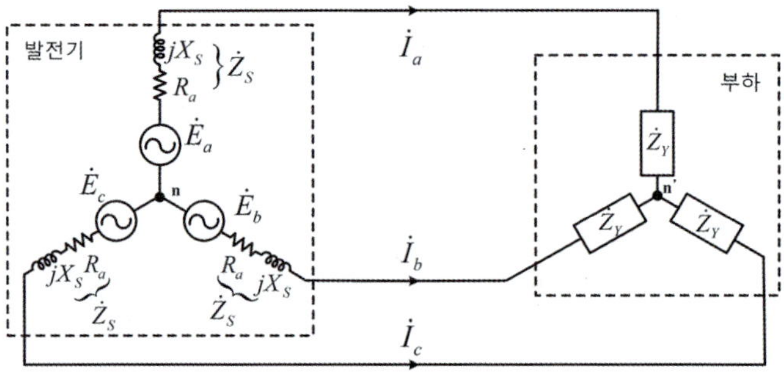

그림 8.8 평형 3상 회로($Y-Y$ 결선)

식 (8.9)에서와 같이 각 상에 유도된 기전력은 평형 3상이므로 3개의 권선을 Δ 또는 Y로 3상 결선하면 평형 3상 전원이 된다. 그림 8.8에서와 같이 Y결선된 전원 회로에 평형 부하 $\dot{Z}_Y$를 Y결선으로 연결하면 식 (8.11)과 같은 평형 3상 전류가 흐른다.

$$\dot{I}_a = \frac{\dot{E}_a}{\dot{Z}_Y + \dot{Z}_S}\ [\text{A}],\qquad \dot{I}_b = \frac{\dot{E}_b}{\dot{Z}_Y + \dot{Z}_S}\ [\text{A}],\qquad \dot{I}_c = \frac{\dot{E}_c}{\dot{Z}_Y + \dot{Z}_S}\ [\text{A}] \tag{8.11}$$

발전기에 평형 3상 부하전류가 흐르면 발전기에는 유도전동기에서와 마찬가지로 회전자계의 원리주1)에 의해 그림 8.9(c)와 같은 회전자속 $\dot{\Phi}_a$가 발생하며 이 자속을 전기자 반작용 자속(armature reaction flux)이라고 한다. 따라서 3상 동기발전기에는 기계적으로 회전하는 계자자속 $\dot{\Phi}_f$와 부하전류 $\dot{I}_a$에 의해 전기적으로 회전하는 전기자 반작용 자속 $\dot{\Phi}_a$가 동시에 발생된다. 계자자속 $\dot{\Phi}_f$는 계자전류 $\dot{I}_f$의 크기에 비례하고 전기각속도 ω로 회전하며, a, b, c 상에 무부하 기전력(no load electromotive force) $\dot{E}_0$을 유도한다. 또한 부하전류 $\dot{I}_a$에 의한 회전자속(전기자 반작용 자속) $\dot{\Phi}_a$는 $\dot{I}_a$의 크기에 비례하고 회전자와 동일한 전기각속도 ω로 회전하며, a, b, c상에 전기자 반작용 기전력(armature reaction electromotive force) $\dot{E}_a'$을 유도한다. 따라서 그림 8.9(c)에서와 같이 $\dot{\Phi}_f$와 $\dot{\Phi}_a$사이의 위상각은 $\dot{E}_0$와 $\dot{E}_a'$사이의 위상각과 같다.

여기서 E_a'는 그림 8.10의 동기 발전기의 등가회로에서 나타낸 바와 같이 능동표기법(active sign convention)으로 정의된 전기자 반작용 기전력으로 유도기전력 E_0와 동일한 극성이다.

$\dot{I}_a$가 흐를 때는 $\dot{\Phi}_f$와 $\dot{\Phi}_a$를 합한 공극자속 $\dot{\Phi}'_{total}$에 의해 기전력 $\dot{E}_{in}$이 유도되고, 이 유도기전력을 내부 유도기전력이라고 한다. 내부 유도기전력 $\dot{E}_{in}$은 무부하 유도기전력 $\dot{E}_0$와 전기자 반작용 기전력 $\dot{E}_a'$의 벡터합과 같다. 무부하시($\dot{I}_a = 0$)에 발전기의 단자전압

주1) 회전자계의 원리는 교류기의 가장 중요한 특성이므로 숙지하고 있어야 함

$\dot{V}$는 무부하 유도기전력 $\dot{E}_0$와 같고 부하시($\dot{I}_a \neq 0$)에는 전기자 반작용 기전력 $\dot{E}_a'$가 유도되고 누설자속과 권선저항에 의한 전압강하가 발생되므로 발전기 단자전압 $\dot{V}$는 무부하 유도기전력 $\dot{E}_0$와 같지 않다.

자속과 유도기전력의 관계를 명확하게 하기 위해 최대치 벡터를 그림 8.9(a)와 같이 일반 벡터에 90° 앞선 벡터로 정의하면 자속과 유도기전력의 관계를 물리적으로 이해하기 쉽다. 일반 벡터 $\dot{E}_0$, $\dot{E}_a'$, $\dot{E}_{in}$의 최대치 벡터를 $\dot{E}_{0,\max}$, $\dot{E}_{a,\max}'$, $\dot{E}_{in,\max}$라고 정의하면 그림 8.9(b)와 같이 일반 벡터에 90° 앞선 벡터로 나타낼 수 있다. 이때, $\dot{E}_{0,\max}$, $\dot{E}_{a,\max}'$, $\dot{E}_{in,\max}$의 벡터 방향은 그림 8.9(c)와 같이 $\dot{\Phi}_f$, $\dot{\Phi}_a$, $\dot{\Phi}'_{total}$의 벡터 방향과 동일하다.

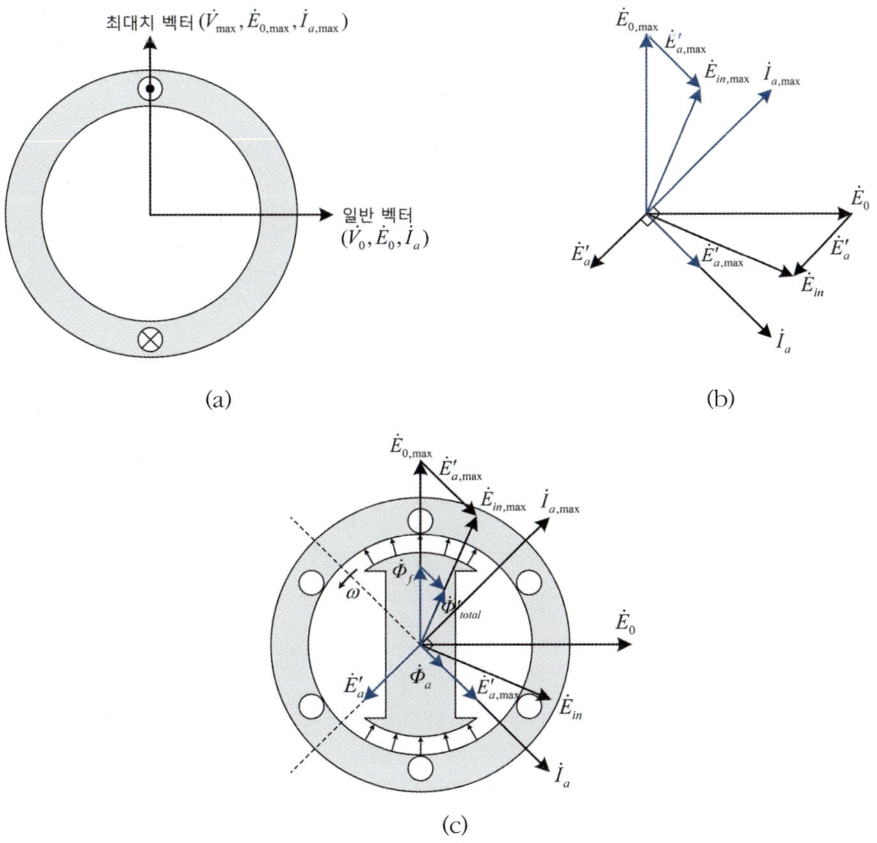

그림 8.9 전기자 반작용이 유도기전력에 미치는 영향
(a) 최대치 벡터의 정의
(b) 동기발전기에서 일반 벡터와 최대치 벡터의 관계
(c) 자속을 포함한 동기발전기의 벡터도

여기서, $\dot{\Phi}_a$는 전기자반작용자속으로 그림 8.9(c)에서 알 수 있는 바와 같이 부하전류 벡터 $\dot{I}_a$와 동일한 방향인 것에 주의 하자. 따라서 부하전류의 최대치 벡터 $\dot{I}_{a,\max}$는 전기자 전류 벡터 $\dot{I}_a$에 90° 앞선벡터로 정의할 수 있다.

예제 8.1 자속의 공간적인 분포가 정현적일 때 두 개의 역기전력 식 $e = 2\nu B_m l\cos\omega t = \frac{2rl\omega}{p}B_m\cos\omega t = \phi\omega\cos\omega t$가 같음을 증명하라.

풀이 <<

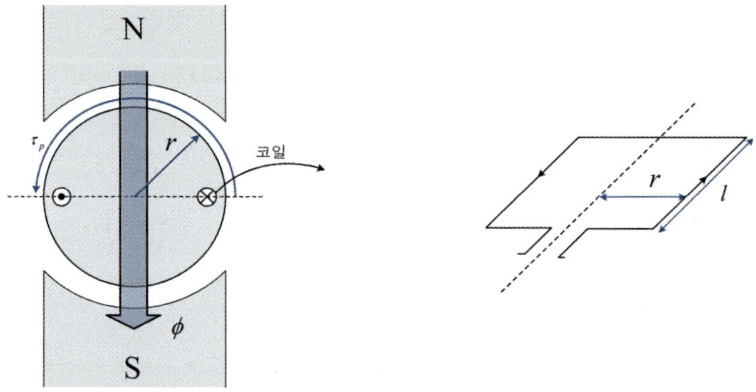

(a) (b)

평균 자속밀도를 구하면 식 (1)과 같다.

$$B_{avg} = \frac{1}{\pi}\int_0^{\pi} B_m \sin\theta d\theta = \frac{2}{\pi}B_m \ \ [\mathrm{T}] \tag{1}$$

따라서 코일에 쇄교하는 자속은 식 (2)와 같다.

$$\phi = \tau_p l B_{avg} = \tau_p l \frac{2}{\pi} B_m \ \ [\mathrm{Wb}] \tag{2}$$

여기서 τ_p는 극간격으로 그림 (a)에서 식 (3)과 같이 정의할 수 있다.

$$\tau_p = \frac{\pi r}{p} \tag{3}$$

식 (3)을 식 (2)에 대입하면 극당 자속 ϕ는 식 (4)가 된다.

$$\phi = \frac{2rl}{p}B_m \ \ [\mathrm{Wb}] \tag{4}$$

식 (4)를 $e = 2\nu B_m l\cos\omega t$에 대입하면 식 (5)가 된다.

$$e = \frac{p\phi}{2rl} \cdot 2\nu l\cos\omega t = \frac{\phi\nu p}{r}\cos\omega t \ \ [\mathrm{V}] \tag{5}$$

선속도 ν와 전기각속도 ω는 식 (6)과 같다.

$$\omega = \frac{\nu}{r}p \ \ [\mathrm{rad/s}] \tag{6}$$

따라서 식 (5)는 다음 식 (7)과 같다.

$$e = 2\nu B_m l\cos\omega t = \frac{2rl\omega}{p}B_m\cos\omega t = \phi\omega\cos\omega t \ \ [\mathrm{V}] \tag{7}$$

8.2.2 동기발전기의 등가회로

정상상태에서 평형 3상 동기발전기의 등가회로는 1상의 등가 페이저 회로만을 구하면 된다. 따라서 3상 동기발전기의 정상상태에서의 등가회로를 구하면 그림 8.10과 같이 된다. 동기발전기의 등가회로에 포함되어 있는 각 회로 파라메터와 회로량의 의미에 대해서 상세히 알아보자.

8.2.1에서 알아본 바와 같이 동기발전기에서는 $\dot{\Phi}_f$에 의한 무부하 유도기전력 $\dot{E}_0$와 ϕ_a에 의한 전기자 반작용 기전력 e'_a가 유도되는데 e'_a는 식 (8.12)와 같이 권선에 쇄교하는 자속 λ_a의 시간적 변화로부터 구할 수 있다.

$$e'_a = -\frac{d\lambda_a}{dt} = -N\frac{d\phi_a}{dt} = -L_a\frac{di_a}{dt} \text{ [V]} \tag{8.12}$$

여기서 λ_a는 전기자 반작용 쇄교자속으로 전기자 반작용 자속 ϕ_a와 턴수의 곱이다. λ_a는 $\dot{\Phi}_a$, $\dot{\Phi}_f$, $\dot{\Phi}'_{total}$로 표시된 자속벡터와 달리 스칼라량이다.

전류의 크기와 주파수가 일정한 정상상태에서는 페이저해석이 가능하므로 식 (8.12)는 주파수영역에서 식 (8.13)과 같이 $\dot{E}'_a$와 리액턴스 X_a로 나타낼 수 있고 X_a를 전기자 반작용 리액턴스 (armature reaction reactance)라고 한다.

$$\dot{E}'_a = -jX_a\dot{I}_a \text{ [V]} \tag{8.13}$$

$\dot{E}'_a$는 그림 8.9(c)와 같이 능동표기법(active sign convention)으로 나타낸 전기자 반작용 기전력페이저이다.

동기발전기에서는 $\dot{\Phi}_a$와 $\dot{\Phi}_f$이외에 누설자속 $\dot{\Phi}_l$이 존재하면, $\dot{\Phi}_l$에 의해 기전력 $\dot{E}_l$이 유도된다. $\dot{\Phi}_l$이 유도하는 기전력 $\dot{E}_l$을 수동표기법(passive sign convention)으로 나타내면 식 (8.14)와 같이 된다.

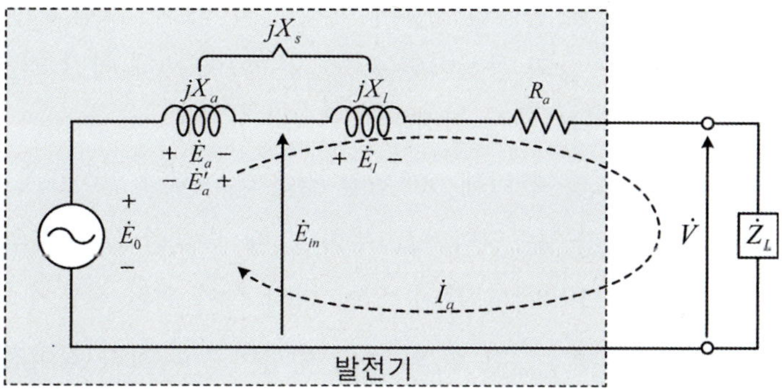

그림 8.10 동기발전기의 등가회로

$$\dot{E}_l = jX_l\dot{I}_a \ \ [\mathrm{V}] \tag{8.14}$$

여기서 X_l를 누설리액턴스(leakage reactance)라고 한다.

식 (8.15)와 같이 X_a와 X_l의 합을 동기리액턴스 X_s라고 하고, X_s와 R_a의 합을 동기임피던스 Z_s라고 한다.

$$\begin{aligned} X_s &= X_a + X_l \ \ [\Omega] \\ Z_s &= jX_s + R_a \ \ [\Omega] \end{aligned} \tag{8.15}$$

발전기의 무부하 유도기전력 $\dot{E}_0$에서 동기리액턴스 X_s에 의한 전압강하, 권선저항 R_a에 의한 전압강하를 빼주면 단자전압 $\dot{V}$가 되므로 식(8.16)의 전압방정식이 유도된다.

$$\dot{V} = \dot{E}_0 - jX_s\dot{I}_a - R_a\dot{I}_a \ \ [\mathrm{V}] \tag{8.16}$$

그림 8.10에서 $\dot{E}_0$, $\dot{E}_a$, $\dot{E}_l$, $\dot{E}_{in}$은 각각 무부하 유도기전력, 전기자 반작용 기전력, 누설리액턴스 전압강하, 내부 유도기전력 벡터를 나타낸다. 특히 E'_a는 E_0와 극성을 동일하게 했을 경우(능동표기법)의 전기자 반작용 기전력을 나타내고 $E'_a = -E_a$가 성립한다.

8.2.3 전기자 반작용 자속과 공극자속

동기발전기에서는 $\dot{\Phi}_f$와 $\dot{\Phi}_a$를 합한 공극자속(airgap flux) $\dot{\Phi}'_{total}$에 의해 내부 유도기전력이 유도되므로 $\dot{\Phi}_a$는 발전기의 단자전압을 결정하는 중요한 양이다. 이때 $\dot{\Phi}_f$, $\dot{\Phi}_a$, $\dot{\Phi}'_{total}$과 함께 무부하 유도기전력, 전기자 반작용 전압강하, 내부 유도기전력의 벡터를 최대치 벡터($\dot{E}_{0,\max}$, $\dot{E}'_{a,\max}$, $\dot{E}_{in,\max}$)로 나타내면 그림 8.11과 같다.

그림 8.11과 같이 동기발전기에서 $\dot{\Phi}_a$의 크기와 방향은 전기자 권선에 흐르는 $\dot{I}_{a,\max}$의 크기와 위상에 의해 결정된다. 또한 $\dot{I}_{a,\max}$는 발전기에 걸어준 부하의 종류에 의해 결정되는 종속적인 양이다.

우선 $\dot{I}_{a,\max}$가 $\dot{E}_{0,\max}$와 동상인 경우에 대해서 알아보자. 그림 8.11(a)에서 알 수 있는 바와 같이 $\dot{I}_{a,\max}$가 $\dot{E}_{0,\max}$와 동상이면 $\dot{\Phi}'_{total}$은 $\dot{\Phi}_f$에 비해 약간 커지고 따라서 $\dot{E}_{0,\max}$에 비해 $\dot{E}_{in,\max}$의 크기는 약간 커지는 것을 알 수 있다.

다음은 $\dot{I}_{a,\max}$가 $\dot{E}_{0,\max}$에 비해 90° 뒤진 경우에 대해서 알아보자. 이 경우는 권선저항이 거의 0이고 부하가 순 인덕턴스 부하일 때 발생한다. 이때의 페이저도는 그림 8.11(b)와 같다. 그림 8.11(b)에서 알 수 있는 바와 같이 뒤진 전류에 의해 $\dot{\Phi}_a$는 $\dot{\Phi}_f$와 반대방향으로 형성되므로 $\dot{\Phi}'_{total}$은 $\dot{\Phi}_f$와 동일 방향이고 $\dot{\Phi}_f$보다 작아진다. 따라서 $\dot{E}_{0,\max}$에 비해 $\dot{E}_{in,\max}$가 작아짐을 알 수 있다.

$\dot{I}_{a,\max}$가 $\dot{E}_{0,\max}$에 비해 90° 앞선 경우는 부하가 매우 큰 커패시턴스 부하여서 등가회로의 동기리액턴스와 저항을 무시할 수 있을 때 발생한다. 이 경우 페이저는 그림 8.11(c)와 같다. 그림 8.11(c)에서 알 수 있는 바와 같이 $\dot{\Phi}_a$의 방향이 $\dot{\Phi}_f$의 방향과 동일하므로 $\dot{\Phi}'_{total}$은 $\dot{\Phi}_f$와 동일 방향이고 $\dot{\Phi}_f$에 비해 $\dot{\Phi}'_{total}$의 크기가 커진다. 따라서 $\dot{E}_{0,\max}$에 비해 $\dot{E}_{in,\max}$가 커지는 것을 알 수 있다.

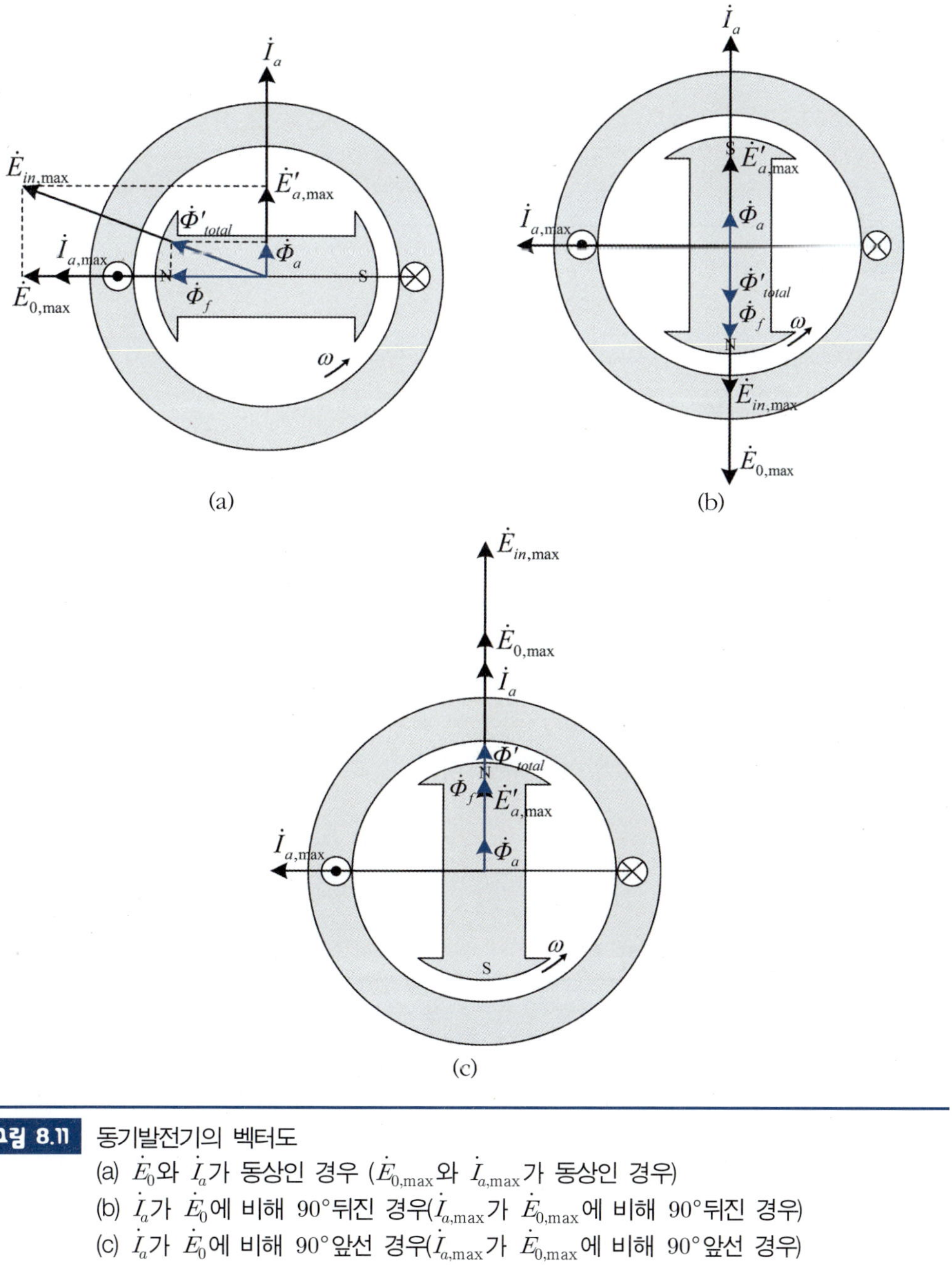

그림 8.11 동기발전기의 벡터도

(a) $\dot{E}_0$와 $\dot{I}_a$가 동상인 경우 ($\dot{E}_{0,\max}$와 $\dot{I}_{a,\max}$가 동상인 경우)

(b) $\dot{I}_a$가 $\dot{E}_0$에 비해 90°뒤진 경우($\dot{I}_{a,\max}$가 $\dot{E}_{0,\max}$에 비해 90°뒤진 경우)

(c) $\dot{I}_a$가 $\dot{E}_0$에 비해 90°앞선 경우($\dot{I}_{a,\max}$가 $\dot{E}_{0,\max}$에 비해 90°앞선 경우)

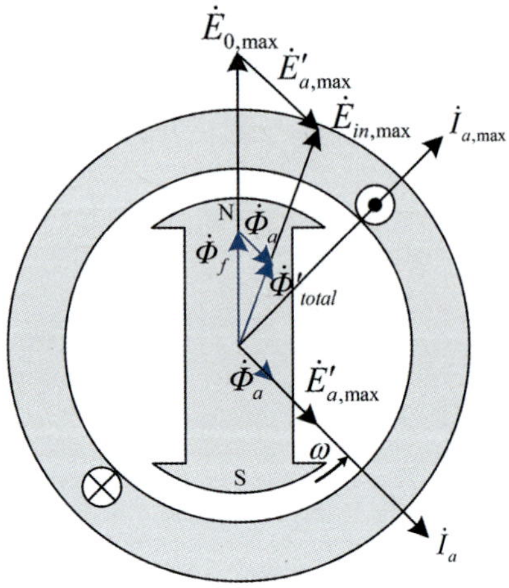

그림 8.12 뒤진전류일 때 벡터도

지금까지는 $\dot{E}_{0,\max}$와 $\dot{I}_{a,\max}$의 위상이 0°, 90°, −90° 일 때 벡터 관계를 다루었다. 그러나 일반적인 RLC 부하를 걸어주면 $\dot{I}_{a,\max}$는 $\dot{E}_{0,\max}$와 $-90° < \theta < 90°$의 위상차를 갖는다. 일반적인 유도성 부하(inductive load)의 경우, $\dot{E}_{0,\max}$, $\dot{E}'_{a,\max}$, $\dot{E}_{in,\max}$의 페이저도는 그림 8.12와 같다.

그림 8.12에서와 같이 동기발전기에 뒤진 전류가 흐르면 공극자속이 감소하여 $\dot{E}_{0,\max}$에 비해 $\dot{E}_{in,\max}$가 작아진다. 무부하 유도기전력에 비해 내부 유도기전력이 작아지는 현상은 90° 뒤진 전류일 때 가장 크게 일어나고 이때 동일 크기의 전류당 내부 유도기전력이 가장 작다. 또한 앞선 전류에 의한 $\dot{\Phi}_a$는 $\dot{\Phi}_f$를 증가시키는 방향으로 발생하므로 $\dot{\Phi}'_{total}$은 $\dot{\Phi}_f$보다 커져 $\dot{E}_{0,\max}$에 비해 $\dot{E}_{in,\max}$가 커진다. 무부하 유도기전력에 비해 내부 유도기전력이 커지는 현상은 90° 앞선 전류일 때 가장 크게 일어나고 이때 동일 크기의 전류당 내부 전압이 가장 크다.

8.3 동기발전기의 특성

8.3.1 동기발전기의 출력 및 토크 특성

동기발전기에서 권선저항은 누설리액턴스 성분에 비해 매우 작으므로 권선저항을 무시하고 단자전압의 최대치 벡터 $\dot{V}_{\max}$를 기준으로 벡터도를 그리면 그림 8.13과 같다. 그림 8.13에서 $\dot{\Phi}_s$는 전기자 반작용 자속 벡터 $\dot{\Phi}_a$와 누설자속 벡터 $\dot{\Phi}_l$의 합을 나타내며,

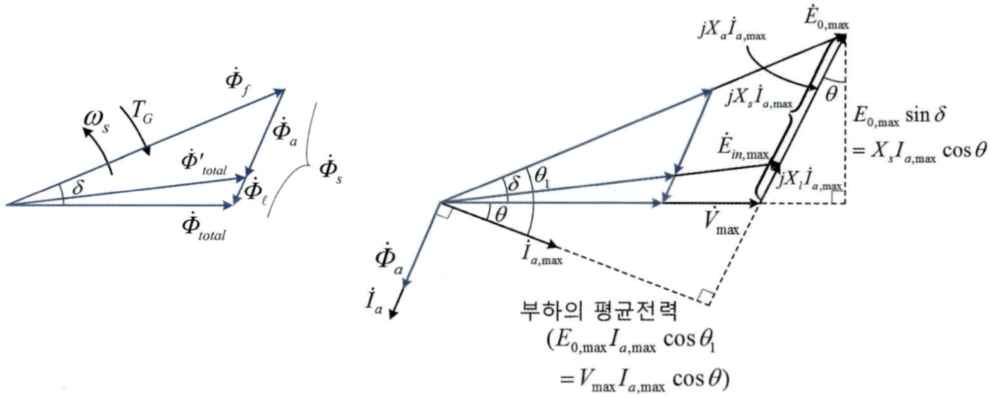

그림 8.13 동기발전기의 벡터도 (a) 자속의 벡터도 (b) 최대치 벡터도

$\dot{\Phi}_f$, $\dot{\Phi}'_{total}$, $\dot{\Phi}_{total}$은 각각 계자자속 벡터, 공극자속 벡터, 누설자속을 포함한 공극자속 벡터를 나타낸다. 내부 유도기전력 $\dot{E}_{in,\max}$는 공극자속벡터 $\dot{\Phi}'_{total}(=\dot{\Phi}_f+\dot{\Phi}_a)$에 비례하고 단자전압 $\dot{V}$는 권선저항을 무시할 경우 누설자속을 포함한 공극자속벡터 $\dot{\Phi}_{total}(=\dot{\Phi}_f+\dot{\Phi}_a+\dot{\Phi}_l)$에 비례한다.

또한 $\dot{\Phi}'_{total}$과 $\dot{E}_{in,\max}$의 벡터는 같은 방향이고 $\dot{\Phi}_{total}$과 $\dot{V}_{\max}$의 벡터 방향이 같은 방향이다. $\dot{E}_{0,\max}$는 $\dot{\Phi}_f$의 방향과 일치하고 그 크기는 $\dot{\Phi}_f$의 크기에 비례한다. 그림 8.13에서 $\dot{\Phi}_a$와 $\dot{I}_a$는 $\dot{I}_{a,\max}$에 대해서 90° 뒤진 벡터인 것에 주의하자.

그림 8.13에서와 같이 계자에는 회전방향과 반대방향의 자기배열 토크가 작용하므로 계자를 일정한 속도로 돌려주기 위해서는 회전방향과 반대방향으로 발생하는 자기배열 토크를 이겨내고 동기속도로 돌려줄 수 있는 토크를 원동기를 이용하여 가해야 한다. 따라서 원동기에서 입력되는 상당 동력은 전기적 손실(동손, 철손, 표류부하손)과 기계적 손실(마찰손, 풍손 등)이 없다고 가정하면 식 (8.17)과 같이 된다.

$$\begin{aligned} P &= E_{0,\max}I_{a,\max}\cos\theta_1 = E_0I_a\cos\theta_1 \\ &= VI_a\cos\theta = V_{\max}I_{a,\max}\cos\theta = T_G\omega_s \ \ [\mathrm{W}] \end{aligned} \tag{8.17}$$

여기서 무부하 유도기전력을 기준으로 한 평균전력과 단자전압을 기준으로 한 평균전력이 같은 것은 권선저항에 의한 전력손실을 무시했기 때문에 당연한 결과이다.

이때 동기발전기에서 발생하는 토크의 크기는 식 (8.18)과 같다.

$$T_G = \frac{E_0I_a\cos\theta_1}{\omega_s} = \frac{VI_a\cos\theta}{\omega_s} \ \ [\mathrm{Nm}] \tag{8.18}$$

기계적 손실과 전기적 손실을 고려하면 원동기에서 발전기로 입력된 동력 중 손실을 뺀 나머지가 전기적 출력이 된다. 따라서 전기적 손실과 기계적 손실의 합을 P_{loss}로 정의하면 전기적 출력식은 식 (8.19)와 같다.

$$P_e = T_G\omega_s - P_{loss} = VI_a\cos\theta \quad [\mathrm{W}] \tag{8.19}$$

식 (8.19)에서 알 수 있는 바와 같이 발전기에 입력된 기계적 동력과 부하에서 소비되는 평균전력은 P_{loss}만큼 차이난다. P_e는 발전기에서 부하에 전달되는 순수한 전기적 출력이다. 또한 식 (8.19)에서 알 수 있는 바와 같이 기계적 입력은 손실과 전기적 출력을 모두 포함해야 하므로 이 때 원동기에서 가해주는 상당 토크는 식 (8.20)과 같다.

$$T = \frac{VI_a\cos\theta + P_{loss}}{\omega_s} \quad [\mathrm{Nm}] \tag{8.20}$$

발전기의 출력식에서 $I_a\cos\theta$는 부하에 따라 변하는 양이므로 출력식 (8.18)을 E_0와 V를 사용하여 나타내도록 하자. 먼저 그림 8.13에서 유효전류와 무부하 유도기전력은 식 (8.21)과 관계가 있다.

$$I_{a,\max}\cos\theta = I_a\cos\theta = \frac{E_0\sin\delta}{X_s} = \frac{E_{0,\max}\sin\delta}{X_s} \quad [\mathrm{A}] \tag{8.21}$$

여기서 δ는 권선저항을 무시할 때 단자전압과 무부하 유도기전력 사이의 각으로 부하각이라 정의한다. 그림 8.13에서 알 수 있는 바와 같이 부하각은 $\dot{\Phi}_f$와 $\dot{\Phi}_{total}$ 사이의 각이기도 하다.

따라서 3상의 출력을 구하기 위해서 식 (8.21)을 식 (8.17)에 대입하고 3상 동기기이므로 3을 곱하면 출력은 식 (8.22)와 같다.

$$P = \frac{3VE_0\sin\delta}{X_s} \quad [\mathrm{W}] \tag{8.22}$$

식 (8.22)에서 알 수 있는 바와 같이 부하에 전달되는 전력은 단자전압과 무부하 유도기전력과 $\sin\delta$ 값의 곱에 비례한다는 것을 알 수 있다.

여기서 발전기에서 발생되는 출력을 자속의 관계로 검토하여 보자. 그림 8.13에서 알 수 있는 바와 같이 $\dot{E}_{0,\max}$ 벡터의 방향은 $\dot{\Phi}_f$ 방향과 동일하고 크기는 $|\dot{\Phi}_f|$에 비례한다. 또한 $\dot{V}_{\max}$ 벡터의 방향은 $\dot{\Phi}_{total}$의 방향과 동일하고 크기도 $|\dot{\Phi}_{total}|$에 비례한다. 따라서 출력식을 비례상수를 사용하여 나타내면 식 (8.23)이 된다.

$$P = K_1 \Phi_{total}\, \Phi_f \sin\delta \ \ [\mathrm{W}] \tag{8.23}$$

따라서 발전기에서 발생되는 출력은 우리가 예상할 수 있는 바와 같이 계자자속과 공극자속의 크기에 비례하고 $\sin\delta$값에 비례한 값으로 발전기에서 발생하는 역토크에 비례한 것을 알 수 있다. 즉 원동기에서 이 역토크를 이기고 ω의 속도로 돌려 회전시키므로 기계적 입력에 비례한 값이 된다.

또한 무부하 유도기전력이 전달하는 무효전력과 단자전압이 전달하는 무효전력은 각각 식 (8.24), (8.25)가 된다.

$$Q_G = E_0 I_a \sin\theta_1 \ \ [\mathrm{Var}] \tag{8.24}$$

$$Q_L = V I_a \sin\theta \ \ [\mathrm{Var}] \tag{8.25}$$

그림 8.13에서 알 수 있는 바와 같이 무부하 유도기전력이 전달하는 무효전력과 단자전압이 전달하는 무효전력은 동기리액턴스($X_a + X_l$)에서 소비하는 무효전력만큼 차이가 난다는 당연한 결과를 얻을 수 있다.

예제 8.2 450[kVA], 역률 0.85, 효율 0.9가 되는 동기발전기 운전용 원동기의 입력[kW]은? 단, 원동기의 효율은 0.85이다.

풀이 <<

발전기의 입력

$$P_G = \frac{P_r \cos\theta}{\eta} = \frac{450 \times 0.85}{0.9} = 425\,[\mathrm{kW}]$$

이것은 원동기의 출력이므로 원동기의 효율을 0.85로 하면 원동기의 입력 P는

$$\therefore\ P = \frac{P_G}{\eta_m} = \frac{P_G}{0.85} = \frac{425}{0.85} = 500\,[\mathrm{kW}]$$

8.3.2 원동기 출력의 변동에 따른 발전기 출력 특성

그림 8.13에서 알 수 있는 바와 같이 동기발전기에서는 회전방향과 반대방향으로 토크가 발생하므로 원동기에서 이 토크를 이길 수 있는 충분한 토크를 가하지 못하면 부하각이 줄어들고 역토크도 줄어든다. 따라서 원동기의 토크와 동기발전기의 역방향 토크가 같아지는 새로운 부하각(δ)에서 운전하게 되어 $\sin\delta$가 작아지므로 발전기 출력이 작아진다. 이와 같이 동기발전기에서는 무부하 유도기전력의 크기가 동일하게 유지하더라도 원동기의 입력이 작으면 부하각이 작아지므로 출력이 떨어진다. 또한 계자전류를 일정하게 유지한 상태에서 원동기 출력이 커지면 부하각이 커지게 되어 전기적 출력이 커진다.

8.3.3 무부하 유도기전력과 전류의 위상차에 따른 특성

동기발전기가 정상상태로 운전하고 있을 때(속도 일정, 자속 일정) 유도되는 무부하 유도기전력 $\dot{E}_0$는 일정하다. 그러나 부하에 걸리는 단자전압 $\dot{V}$ 는 부하전류 $\dot{I}_a$의 크기와 위상각에 의해 달라진다. 부하가 수동소자인 RLC 부하이면 전류의 위상각은 $-90°$~$90°$이고 부하전류의 크기는 부하 임피던스의 크기에 의해 결정된다.

그림 8.14는 $\dot{I}_a$의 크기가 일정하고 권선저항을 무시할 때 $\dot{E}_0$와 $\dot{I}_a$의 위상차에 따른 $\dot{V}$ 의 변화를 보여주고 있다. 그림 8.14(a)에서와 같이 $\dot{E}_0$에 대해서 $\dot{I}_a$가 $90°$앞서 있는 경우 권선저항을 무시하면 $\dot{E}_0$와 $\dot{V}$ 는 동상이고 $\dot{V}$ 가 $\dot{E}_0$에 비해 커진다. 그림 8.14(b)는 $\dot{E}_0$에 대해서 $\dot{I}_a$가 $90°$뒤져 있는 경우로 $\dot{E}_0$와 $\dot{V}$ 는 동상이고 $\dot{V}$ 가 $\dot{E}_0$에 비해 작아짐을 알 수 있다. 그림 8.14(c)는 $\dot{E}_0$와 $\dot{I}_a$의 위상각이 $-90° < \theta < 90°$사이일 때 단자전압 $\dot{V}$ 와 무부하 유도기전력 $\dot{E}_0$ 사이의 관계를 나타내고 있다. 그림에서 알 수 있는 바와 같이 $\dot{I}_a$가 앞선 경우($\dot{I}_{a3}$), $\dot{V}$ 가 $\dot{E}_0$보다 크고, 뒤진 경우($\dot{I}_{a5}$) $\dot{V}$ 가 $\dot{E}_0$보다 작다. 또한 단위 역률인 경우($\dot{I}_{a4}$) 단자전압과 유도기전력 차가 크지 않다. 이와 같이 $\dot{E}_0$가 일정하고 $\dot{I}_a$의 크기가 일정하더라도 $\dot{E}_0$와 $\dot{I}_a$의 위상차에 따라 $\dot{V}$ 가 달라진다. $\dot{E}_0$와 $\dot{I}_a$ 사이의 역률각(power factor angle)에 따른 단자전압의 변화는 전기자 반작용 자속을 고찰하면 쉽게 알 수 있다. 8.2.3절에서 다룬 바와 같이 앞선 역률의 전류가 흐르면 전기자 반작용 자속 $\dot{\Phi}_a$는 계자자속 $\dot{\Phi}_f$를 증가시키는 방향으로 작용하므로 단자전압이 커지게 된다. 또한 뒤진 역률의 전류가 흐르면 전기자 반작용 자속 $\dot{\Phi}_a$는 $\dot{\Phi}_f$를 감소시키는 방향으로 발생하여 공극자속 $\dot{\Phi}_{total}$이 계자자속 $\dot{\Phi}_f$ 보다 작아지므로 단자전압 $\dot{V}$ 가 무부하 유도기전력 $\dot{E}_0$보다 작아진다.

이와 같이 발전기에서 전류의 역률의 변화에 따른 $\dot{V}$ 및 $\dot{\Phi}_{total}$의 특성을 요약하면 다음과 같다.

① 무부하기전력이 일정하더라도 단자전압과 공극자속은 부하전류의 크기 및 위상에 의해서 결정된다.

② 뒤진 역률인 경우 공극자속은 작아지고 따라서 무부하 유도기전력에 비해 단자전압은 작아진다.

③ 단위 역률인 경우 공극자속의 변화는 크지 않고 따라서 무부하 유도기전력과 단자전압의 크기가 거의 같다.

④ 앞선 역률인 경우 공극자속은 커지고 따라서 무부하 유도기전력에 비해 단자전압이 크다.

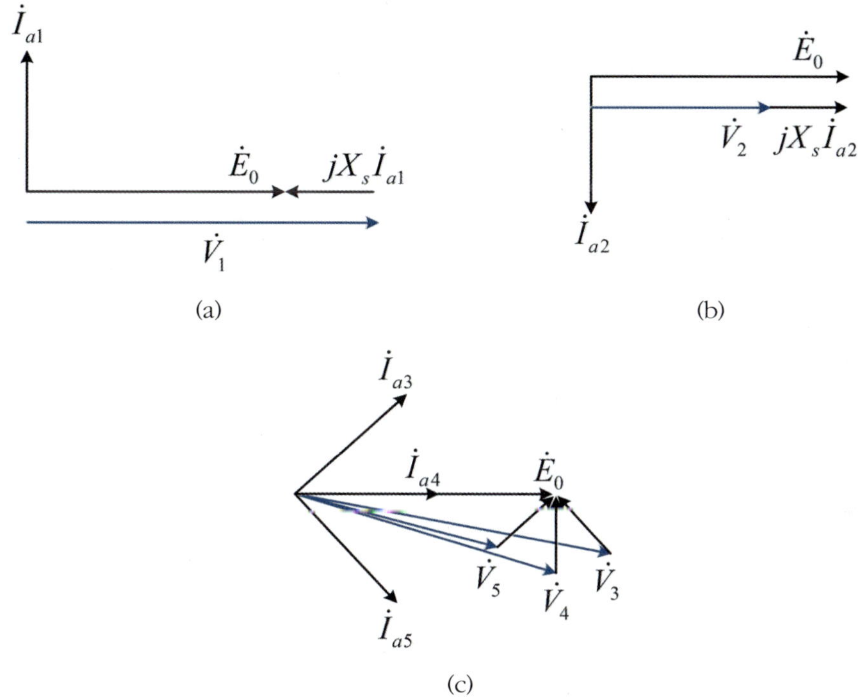

그림 8.14 무부하 유도기전력과 전류의 위상관계에 따른 페이저도. 무부하 유도기전력에 대해서 (a) 전류가 90°앞선 경우 (b) 전류가 90°뒤진 경우 (c) 전류가 $-90° < \theta < 90°$인 경우

8.3.4 일정 역률의 부하전류 크기에 따른 발전기의 운전 특성

무부하 유도기전력과 부하의 역률이 일정하고 부하전류의 크기가 변할 때 단자전압의 변화에 대해서 알아보자. 그림 8.15(a)는 뒤진 역률로 운전하고 있는 경우에 부하전류의 변동에 따른 단자전압의 변화를 나타내고 있다. 그림 8.15(a)에서와 같이 무부하 유도기전력 $\dot{E}_0$의 크기가 일정할 때 뒤진 역률의 부하전류 $\dot{I}_a$가 커지면 단자전압 $\dot{V}$ 의 크기가 작아진다. 이와 같이 뒤진 전류의 크기가 커짐에 따라 단자전압이 작아지는 것은 자속의 관점에서 보면 전류가 커짐에 따라 전기자 반작용 자속이 커져 공극자속이 작아지므로 단자전압이 작아지는 것이다. 그림 8.15(b)는 역률이 1인 경우 부하전류의 변화에 대한 단자전압의 변화를 나타내고 있다. 그림 8.15(b)에서와 같이 단위 역률의 부하전류에 의한 전기자 반작용 자속이 공극자속에 미치는 영향이 작으므로 전기자 전류가 커져도 단자전압은 많이 변하지 않는다. 그림 8.15(c)는 앞선 역률의 부하전류 변화에 따른 단자전압의 변화를 나타내고 있다. 앞선 역률의 전류가 흐르면 전기자 반작용 자속은 계자자속을 증가시키는 방향으로 작용하므로 그림 8.15(c)에서와 같이 부하전류가 커지면 단자전압이 커진다.

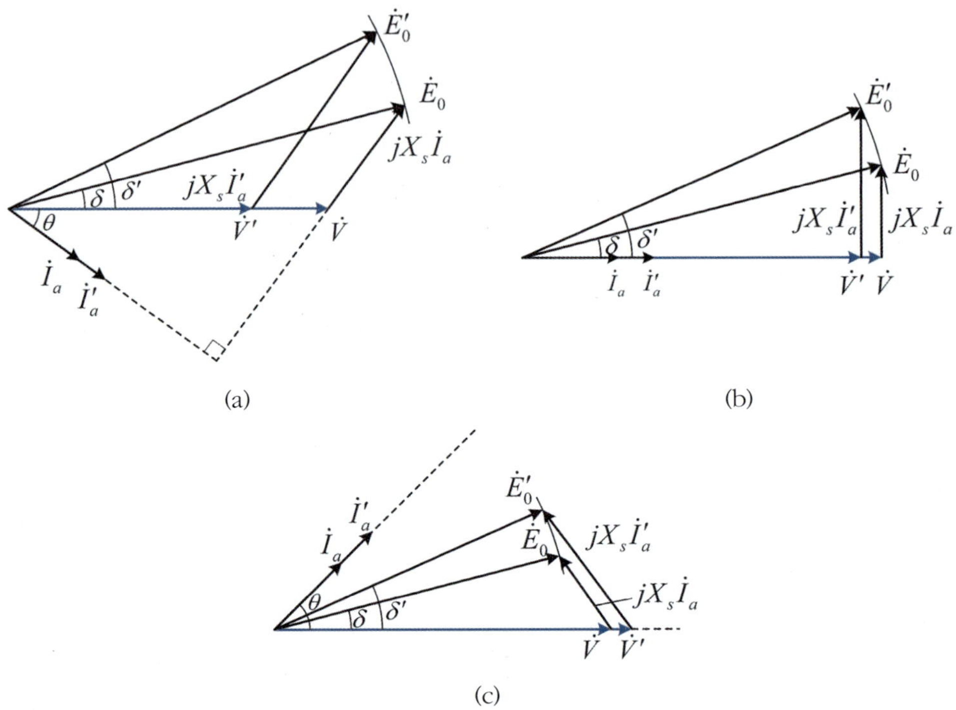

그림 8.15 부하전류 크기에 따른 특성 (a) 뒤진 역률 (b) 단위 역률 (c) 앞선 역률

이와 같이 부하의 종류에 따라 결정되는 부하전류의 특성에 따른 단자전압의 변화를 요약하면 다음과 같다.

① 뒤진 역률의 전류가 흐르면 전기자 반작용 자속은 감자작용을 하므로 부하전류의 크기가 클수록 단자전압은 무부하 유도기전력에 비해 작아진다.

② 역률이 1인 전류가 흐르면 전기자 반작용 자속의 영향이 적으므로 단자전압은 부하전류가 변해도 단자전압의 크기는 많이 변하지 않는다.

③ 앞선 역률의 전류가 흐르면 전기자 반작용 자속은 자속을 증가시키므로 부하전류의 크기가 클수록 단자전압은 무부하 유도기전력에 비해 커진다.

8.4 동기발전기의 특성곡선과 파라미터 측정

동기발전기의 등가회로를 구성하는 회로 파라미터에서 전기자 반작용 리액턴스와 누설리액턴스는 계산에 의해 쉽게 얻을 수 없는 파라미터로써 동기발전기의 특성에 중요한 영향을 미친다. 특히 전기자 반작용 리액턴스는 전기자에서 만들어 내는 전기자 반작용 자속의 크기를 결정하는 회로정수로써 자기포화 현상이 있기 때문에 비선형적인 특성을 갖는다. 누설리액턴스는 자속의 크기와 동기기의 구조 및 구성재료에 의해 결정된다. 이러한 전기자 반작용 리액턴스와 누설리액턴스는 무부하 시험과 단락 시험이라고 하는 시험을 통하여 구해낼 수 있다.

8.4.1 무부하 시험에 의한 무부하 유도기전력의 측정

그림 8.16은 계자권선에 가변저항(R_f)을 연결한 동기발전기의 등가회로를 나타내고 있다. 그림 8.16에서와 같이 무부하 상태에서 계자전류를 증가시키면서 계자전류에 대한 무부하 유도기전력을 측정한다. 무부하 상태에서는 전기자에 전류가 흐르지 않으므로 단자전압 $\dot{V}$ 는 무부하 유도기전력 $\dot{E}_0$ 와 같다. 이와 같이 동기기에서 계자전류에 대한 무부하 유도기전력 곡선을 무부하 특성곡선이라고 한다.

발전기에 부하를 연결하지 않은 상태에서 계자전류를 증가시키면 앞장에서 언급한 바와 같이 유도기전력의 최대 크기는 식 (8.26)과 같다.

$$E_m = N\phi\omega \quad [\mathrm{V}] \tag{8.26}$$

여기서 N, ϕ, ω는 각각 상의 권선 턴수, 계자자속의 크기, 발전기의 전기각속도를 나타낸다.

식 (8.26)에서 속도 ω를 일정하게 유지시키면서 계자전류를 증가시키면 계자자속 ϕ는 포화특성이 있으므로 무부하 유도기전력도 그림 8.17과 같이 계자전류의 증가에 따라 곡선 $\overline{OS}$와 같은 포화특성을 갖는다. 이와 같이 계자전류와 무부하 유도기전력의 관계를 나타낸 특성곡선을 무부하 포화곡선이라고도 한다.

무부하 유도기전력이 포화하기 전까지 발전기에 필요한 기자력의 대부분은 공극기자력이다. 따라서 철심의 투자율이 무한대고 철심에 포화현상이 없다고 가정할 때 계자전류에 대한 단자전압의 곡선은 $\overline{OG}$가 된다.

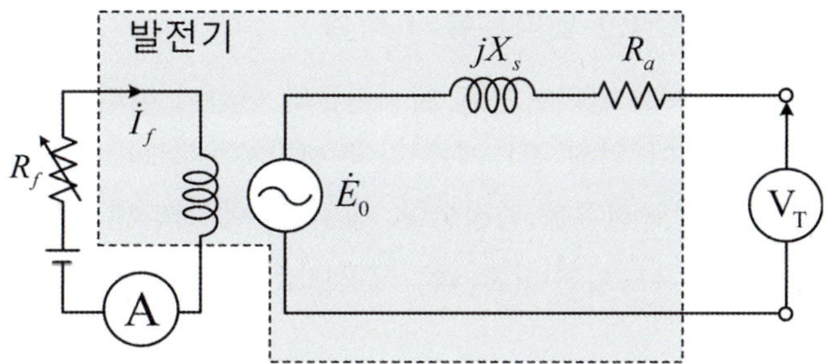

그림 8.16 무부하 시험

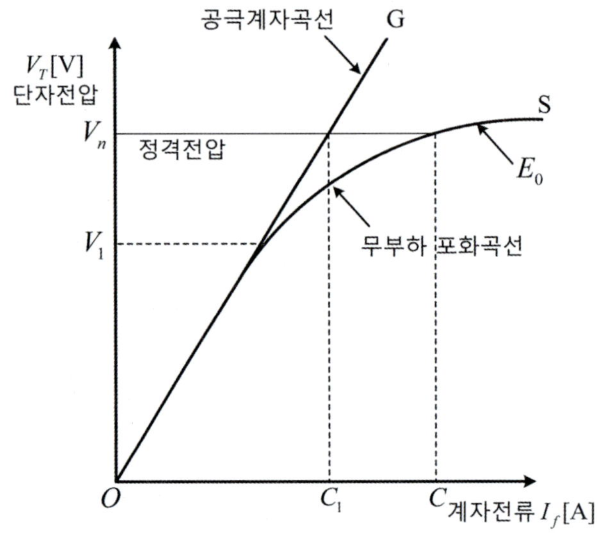

그림 8.17 무부하 포화특성

이 곡선은 공극에 걸리는 기자력이므로 공극계자곡선(airgap field curve)이라고 한다. 그러나 철심의 투자율은 자속이 작을 때에는 무한대라고 가정할 수 있으나 기자력이 커지면 철심이 포화되어 철심에 걸리는 기자력은 무시할 수 없다. 따라서 그림 8.17에서 V_1이상의 전압을 얻기 위해서는 공극계자 곡선 상의 계자전류 값보다 큰 계자전류가 필요하다.

예를 들면 그림 8.17에서 V_n의 무부하 유도기전력을 얻기 위해서는 철심의 투자율이 무한대라고 가정하면 공극계자 곡선상에서 $\overline{OC_1}$의 계자전류만 필요하나 실제로는 $\overline{OC}$의 계자전류가 필요하다. 이 곡선 상에서 공극을 자화시키기 위해 필요한 계자전류의 크기는 $\overline{OC_1}$이고 철심을 자화시킬 때 필요한 기자력은 $\overline{C_1C}$ 이다.

8.4.2 단락 시험에 의한 단락전류의 측정

단락 시험은 부하측을 단락시키고 계자전류의 변화에 따라 단락전류를 측정하는 시험이다. 단락 시험을 하기 위해 전류계를 각각 전기자 권선과 계자권선에 연결하고 계자전류를 증가시키면서 단락전류를 측정한다. 식 (8.27)에 나타낸 것과 같이 계자전류가 커지면 발전기의 무부하 유도기전력($\dot{E}_0$)이 커지므로 단락전류가 증가한다.

$$\dot{I}_s = \frac{\dot{E}_0}{R_a + jX_s} \quad [\mathrm{A}] \tag{8.27}$$

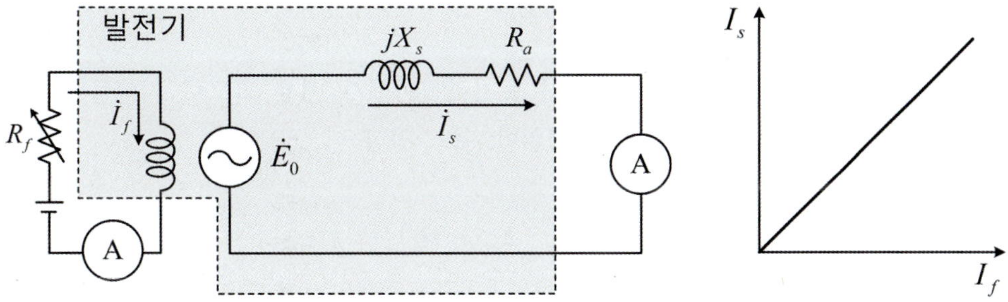

(a) (b)

그림 8.18 (a) 단락 시험 (b) 단락곡선

단락 시험에서 흐르는 전류의 위상에 대해서 살펴보도록 하자. 동기발전기에서는 권선 저항에 비해 동기리액턴스(synchronous reactance) 성분이 매우 크므로 단락 시험에서 흐르는 단락전류는 무부하 유도기전력에 비해 거의 90° 뒤진다. 따라서 전기자 반작용 자속은 감자작용을 하므로 계자전류를 증가시키면 단락전류도 커지고 전기자 반작용 자속도 커지므로 철심은 포화되지 않는다.

따라서 계자전류를 증가시켜주면 거의 선형적으로 단락전류가 증가하는 특성을 가진다. 이와 같이 계자전류를 증가시키면서 단락전류의 특성을 그린 곡선을 단락곡선이라고 하며 그림 8.18(b)와 같다. 여기서 주의해야 할 것은 그림 8.18(a)의 점선 내 회로는 발전기 내부에서 일어나는 현상을 등가회로로 표현한 것으로 전류계나 전압계는 발전기에서 인출된 단자선에만 연결할 수 있으므로 단락 시험에서는 단락전류는 측정할 수 있으나 무부하 유도기전력 $\dot{E}_0$ 는 측정할 수 없다.

8.4.3 무부하 특성곡선과 단락곡선을 이용한 발전기 임피던스의 계산

그림 8.19에 무부하 특성곡선과 단락곡선을 같이 나타내었다. 무부하 시험에서는 계자전류의 변화에 따른 무부하 유도기전력 $\dot{E}_0$ 을 얻을 수 있고 단락 시험에서는 계자전류에 따른 단락전류 $\dot{I}_s$를 얻을 수 있으므로 식 (8.28)의 임피던스(impedance)는 각 시험에서 구한 양을 대입하면 쉽게 구할 수 있다.

$$Z_s = \frac{\dot{E}_0}{\dot{I}_s} \ [\Omega] \tag{8.28}$$

식 (8.28)에서 얻은 임피던스로부터 저항을 알게 되면 동기리액턴스는 식 (8.29)와 같이 얻을 수 있다.

$$X_s = \sqrt{Z_s^2 - R_a^2} \ [\Omega] \tag{8.29}$$

그러나 근사적으로 저항에 비하여 동기리액턴스가 매우 크므로 저항을 무시할 경우 동기리액턴스를 식 (8.30)과 같이 정의할 수도 있다.

$$X_s = \frac{E_0}{I_s} \quad (X_s \gg R_a) \ [\Omega] \tag{8.30}$$

여기서 E_0, I_s는 무부하 유도기전력, 단락전류의 크기를 나타낸다.

식 (8.28)에서 알 수 있는 바와 같이 단락전류 I_s와 무부하 유도기전력 E_0를 알게 되면 동기임피던스를 구할 수 있다. 동기임피던스는 계자전류 I_f에 따라 변하므로 그림 8.19에서 무부하 유도기전력이 정격전압 V_n과 같아지는 계자전류 I_{f1}에 해당하는 단락전류로 정격전압을 나누어주어 동기임피던스는 식 (8.31)과 같이 정의한다.

$$Z_s = \frac{V_n}{I_{sn}} \ [\Omega] \tag{8.31}$$

정격전류에서 임피던스 강하를 정격전압에 대해서 정규화시켜 단위계로 표시하면 식 (8.32)와 같다.

$$Z_s[\text{pu}] = \frac{Z_s I_n}{V_n} = \frac{I_n}{I_{sn}} = \frac{\overline{ef}}{\overline{dg}} \ [\Omega \cdot \text{pu}] \tag{8.32}$$

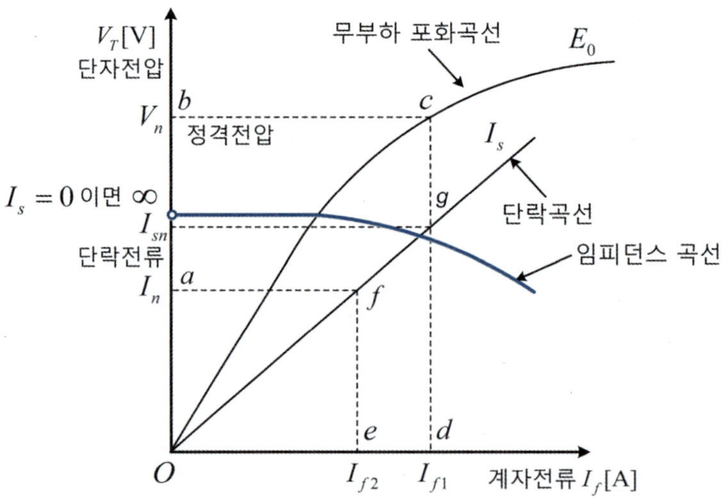

그림 8.19 단락곡선과 동기임피던스

예제 8.3 3상 원통형 동기발전기가 있다. 정격출력 10,000[kVA], 정격전압 6,600[V], 정격역률 $\cos\theta = 0.8$이다. 발전기의 동기리액턴스의 크기[Ω]를 구하여라. 단, 1상의 동기리액턴스는 0.9[pu]이며 저항은 무시한다.

풀이 << 이 발전기의 출력식으로부터 정격전류를 구하면

$P = 3V_n I_n \cos\theta \Rightarrow I_n = \dfrac{10000000}{3 \times 6600 \times 0.8} = 631.31[\mathrm{A}]$이다.

저항을 무시하였기 때문에 동기리액턴스를 동기임피던스라 할 수 있다. 정격전압, 정격전류, pu법의 동기리액턴스를 알고 있기에 식 $Z_s[\mathrm{pu}] = \dfrac{Z_s I_n}{V_n}$을 이용해(pu 단위) 동기임피던스 크기를 알 수 있다.

$Z_s = \dfrac{Z_s[\mathrm{pu}] \cdot V_n}{I_n} = \dfrac{0.9 \cdot 6600}{631.31} = 9.409[\Omega]$

8.4.4 단락비

동기발전기의 특성을 나타내는 또 다른 성능지표로는 단락비가 있다. 단락비란 정격속도에서 무부하 정격전압 V_n을 발생시키는데 필요한 계자전류 I_{f1}과 정격전류 I_n을 흘리기 위해 필요한 계자전류 I_{f2}의 비를 나타내며, 이것은 그림 8.19에서와 같이 단위법으로 표시한 임피던스의 역수로 나타나게 된다.

$$k_s = \frac{I_{f1}}{I_{f2}} = \frac{\overline{Od}}{\overline{Oe}} = \frac{\overline{dg}}{\overline{ef}} = \frac{1}{Z_s[\mathrm{pu}]} \tag{8.33}$$

식 (8.33)에 나타낸 것과 같이 단락비는 발전기의 특성에 관련되는 양으로써 단락비가 크다는 것은 동기임피던스가 작다는 것을 의미하므로 부하전류에 대한 전압의 변동률이 작아지고 과부하내량이 커서 안정도가 향상된다는 것을 의미한다. 그러나 동기임피던스를 작게 한다는 것은 동기리액턴스를 작게 한다는 것과 같으며 이렇게 하기 위해서는 공극을 크게 하거나 전기자 권선의 권수를 적게 해야 한다. 그러나 같은 전압을 발생시키기 위해서는 계자자속의 크기가 커야 하므로 효율이 나빠지고 가격이 상승될 수 있다는 단점을 갖는다.

예제 8.4 정격전압 6,600[V], 정격전류 480[A]의 3상 동기발전기에서 계자전류 200[A]일 때 무부하 단자전압이 6,600[V]이고 3상 단락전류는 600[A]이면 이 발전기의 단락비는 얼마인가?

풀이 << 단락전류는 계자전류에 비례하므로 정격전류와 같은 단락전류를 흘리는데 필요한 계자전류 $I_{f2} = 200 \times \dfrac{480}{600} = 160[\mathrm{A}]$으로 단락비 k_s는 다음과 같이 된다.

$k_s = I_{f1}/I_{f2} = 200/160 = 1.25$

8.5 동기발전기의 병렬운전

그림 8.20과 같이 발전기를 돌려주는 에너지원에 따라 발전방식은 원자력발전, 화력발전, 수력발전 등 다양한 발전이 있고 여기에 사용되는 발전기는 대부분 동기발전기이다. 전력 계통에서 동기발전기는 개별 부하에 전력을 공급하는 데는 거의 사용되지 않고 전력계통이라고 하는 무한대의 모선에 연결하여 전력을 공급한다. 이러한 동기발전기는 필요에 따라 무한모선에 연결되기도 하고 분리되기도 한다. 예를 들면 그림 8.21은 하루 중 전력소비의 변화를 나타내고 있다. 그림 8.21에서와 같이 기저발전은 원자력, 석탄화력과 같은 발전으로 하고, 변동하는 전력은 LNG 화력 또는 수력발전 등이 담당한다. 따라서 부하의 변동에 따라 동기발전기를 무한대 모선에 투입 또는 철수시킨다. 무한대 모선에 동기발전기를 연결하는 것을 무한대 모선과의 병렬운전이라고 한다. 동기발전기를 무한대 모선에 연결할 때는 "전압, 주파수, 상회전방향, 위상이 같음"등의 병렬운전 조건을 확인하고 무한모선에 연결해야 한다.

전력계통에서는 동기검정기(synchroscope)라고 하는 장치로 병렬운전 조건이 만족하는가를 검증한다. 동기검정기에서는 무한대 모선과 발전기 전압의 위상차와 주파수 차를 검정할 수 있고 발전기가 동기검정기에 의해 병렬운전이 가능한 상태가 되었음이 확인되면 동기발전기를 무한모선에 연결하여 병렬운전을 시작한다.

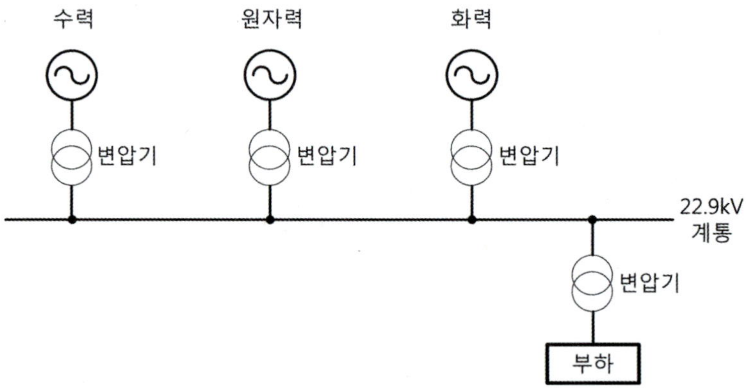

그림 8.20 무한대 모선 시스템

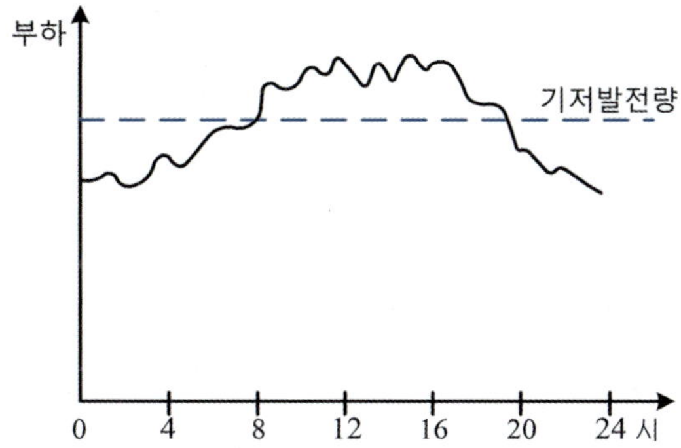

그림 8.21 일일 부하 변동량(예)

8.6 동기전동기의 원리와 등가회로

회전자계의 속도와 전동기의 속도가 동일한 전동기를 동기전동기라고 한다. 동기전동기가 동기속도로 운전하기 위해서는 동기전동기를 특별한 방법으로 기동시켜 동기속도 근처까지 회전시키거나 또는 제어기를 이용하여 주파수를 제어함으로써 기계적인 속도를 제어해야 한다. 따라서 동기전동기가 동기속도로 운전하기까지는 과도적인 현상을 거치게 되나 본 교재에서는 동기속도로 운전하고 있는 정상상태에서의 특성만을 다룬다.

8.6.1 동기전동기의 원리

동기전동기는 유도전동기와 마찬가지로 회전자계를 이용하는 전동기이다. 유도전동기에서는 회전자계에 의해 회전자에 전압이 유도되어 전류가 흐르게 되면 회전자에 자극이 형성되어 회전자계 방향으로 힘을 받아 회전을 하지만 동기전동기는 계자를 전자석으로 만들거나 영구자석으로 만들어 회전자계와 동일한 속도로 회전하게 하는 전동기이다. 그림 8.22에서와 같이 유도전동기의 전기자 권선과 동일한 권선을 가지고 있는 전기자에 평형 3상 전류가 흐르면 회전자계가 발생된다. 회전자속 벡터 또는 전기자 반작용 자속 벡터로 정의되는 자속벡터 $\dot{\Phi}_a$와 계자자속 벡터 $\dot{\Phi}_f$가 그림 8.22와 같은 위치관계를 가지고 있으면 두 자속간에는 자기배열 토크가 발생한다. 그림 8.22에서와 같이 전기자를 고정시키고 회전자속(전기자 반작용 자속)이 계자자속에 비해 앞서 있으면 계자는 회전자속의 회전방향으로 힘을 받아 회전한다.

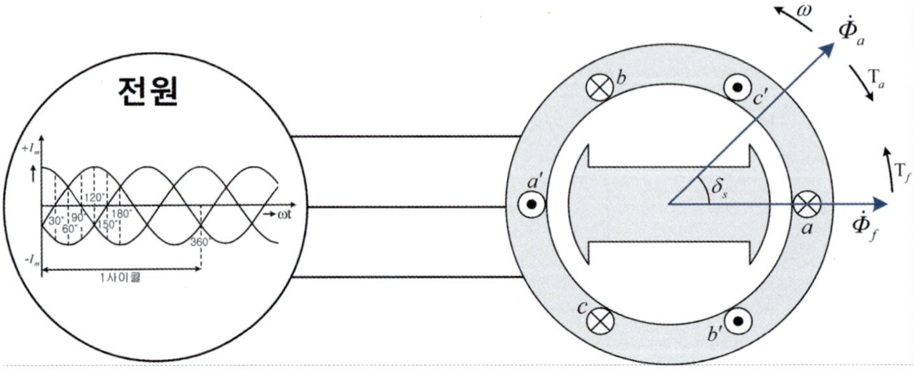

그림 8.22 동기전동기의 원리

동기전동기에서 발생되는 힘을 자기배열 토크(flux alignment torque or magnetic torque)를 이용하여 설명하면 힘의 발생 원리가 확실해진다. 동기전동기의 전기자에 감긴 3상 권선에 전류가 흐르면 전원의 각속도에 비례하는 속도로 회전자속 ϕ_a가 회전하고 계자도 회전자속과 같은 속도로 회전하므로 항상 그림 8.23과 같은 위치관계를 갖는다. 이 때 회전자(계자)에서 발생하는 토크는 식 (8.34)와 같이 전기자 반작용 자속 벡터와 계자자속 벡터의 벡터적이 된다.

$$T = \left|K_1 \dot{\Phi}_f \times \dot{\Phi}_a\right| = K_1 \phi_f \phi_a \sin\delta_s = K_1 \phi_f \phi'_{total} \sin\delta \ [\mathrm{Nm}] \quad (8.34)^{주1)}$$

여기서 ϕ_f, ϕ_a, ϕ'_{total} 는 각각 계자자속, 전기자 반작용 자속, 공극자속을 나타낸다.

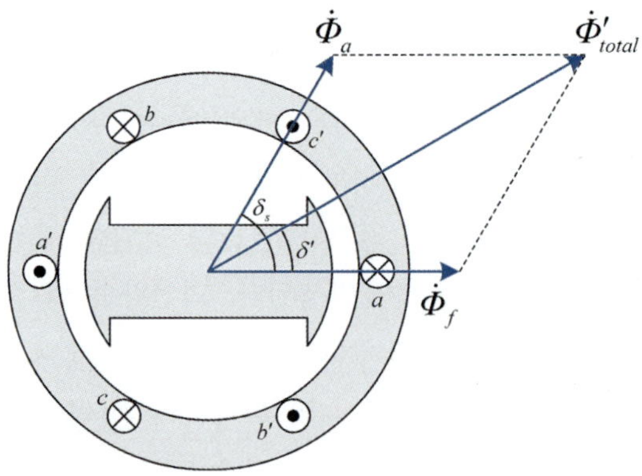

그림 8.23 임의 부하각 상태에서 회전자계와 회전자 위치

주1) 식 (5.46)과 동일한 식으로 5장 내용 참조

이때 $\dot{\Phi}'_{total}$과 $\dot{\Phi}_f$의 사이각 δ'는 누설자속을 무시하면 동기발전기에서 정의한 부하각 δ와 동일하다. 식 (8.34)에서 알 수 있는 바와 같이 전동기에서 발생하는 토크의 크기는 누설자속을 제외한 공극자속 $\dot{\Phi}'_{total}$의 크기, 계자자속 $\dot{\Phi}_f$의 크기와 $\sin\delta'$값에 곱에 비례하므로, $\dot{\Phi}'_{total}$과 $\dot{\Phi}_f$의 크기가 일정하다고 할 때 δ'는 부하가 요구하는 토크에 의해 결정된다. 그러나 제어기를 이용하여 원통형 동기전동기를 제어하는 경우는 부하각을 $90°$로 하여 단위전류당 최대 토크가 발생하도록 하면서 전기자 전류의 크기를 제어하여 필요한 토크를 발생시킬 수 있다.

동기전동기를 동기속도로 운전하기 위해서 특수한 형태의 동기전동기를 사용하거나 동기속도 근처까지 강제적으로 돌리는 고전적인 방법이 있으나 최근에는 전력전자기술과 제어기술의 발달로 전기적인 주파수에 기계적인 속도가 동기화되는 벡터제어가 이용되고 있다.

동기전동기에서 전기자와 계자에 발생하는 힘을 자기배열 토크와 로렌츠 힘(Lorentz force)으로 고찰하여 보자. 그림 8.24에서와 같이 회전자계가 반시계방향으로 회전하고 있을 때 계자는 회전방향으로 자기배열 토크가 작용하고 전기자에는 계자의 회전방향과 반대방향의 토크가 작용한다. 이와 같이 전기자와 계자에 발생되는 토크는 반드시 반대방향의 상대 힘이 작용한다. 또한 전기자의 도체에 작용하는 힘은 로렌츠 힘으로도 구할 수 있다. 그림 8.24에서 전류가 흐르는 도체에 플레밍의 왼손법칙을 적용하면 이 도체에는 자기배열 토크와 같은 방향의 힘이 발생됨을 알 수 있다.

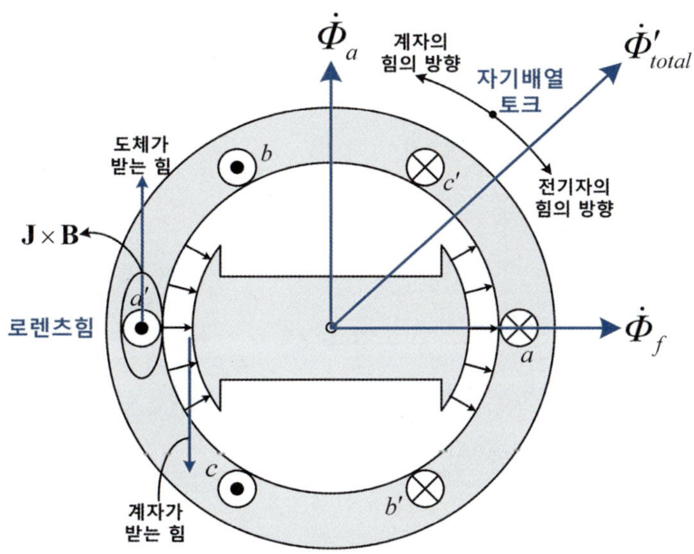

그림 8.24 동기전동기에서 발생되는 힘

동기발전기는 원동기로 계자를 회전시켜 전기자 코일에 무부하 유도 기전력 $\dot{E}_0$을 발생시키고 이 코일에 부하를 접속하면 부하전류 $\dot{I}_a$가 흘러 부하에 전압 $\dot{V}$ 가 걸려 부하에 전력이 공급된다. 반면 동기전동기에서는 $\dot{V}$ 의 전압을 걸어 부하전류 $\dot{I}_a$가 흘러 회전자속 $\dot{\Phi}_a$가 발생하여 회전자인 계자가 동기속도로 회전하므로 계자자속 $\dot{\Phi}_f$의 회전에 의해 전기자 코일에 유도기전력(역기전력) $\dot{E}_0$가 유도되는 전기기기다. 이때 동기전동기에서 전기자에 흐르는 부하전류 $\dot{I}_a$의 크기와 위상은 입력전압 $\dot{V}$ 와 역기전력 $\dot{E}_0$의 벡터 관계에 의해 결정된다. 동기전동기에서 전기적인 양($\dot{V}$, $\dot{I}_a$, $\dot{E}_0$ 등)과 자기적인 양($\dot{\Phi}_f$, $\dot{\Phi}_a$, $\dot{\Phi}_{total}$ 등)의 관계는 전기적인 양의 최대치 벡터($\dot{V}_{\max}$, $\dot{E}_{0,\max}$, $\dot{I}_{a,\max}$)를 이용하면 자속과 전기적인 양의 관계가 명확해져 물리적으로 이해하기 쉽다.

동기발전기와 동기전동기는 에너지의 입출력이 반대이므로 동기전동기에서는 동기발전기의 최대치 벡터와 반대로 지면에 들어가는 방향을 최대치 벡터로 잡으면 동기전동기에서 입력전압, 역기전력, 부하전류의 최대치 벡터와 일반 벡터의 관계는 그림 8.25(a)와 같다. 여기서 $\dot{E}'_0$, $\dot{E}'_{\mathrm{a}}$ 는 유기기전력을 나타내고 $\dot{E}_0$, $\dot{E}_a$는 부호가 반대인 역기전력의 벡터를 나타내고 있다. 따라서 다음식이 성립한다.

$$V = E_o + E_a = V - E'_o - E'_o = 0$$

그림에서 알 수 있는 바와 같이 $\dot{V}_{\max}$, $\dot{E}_{0,\max}$, $\dot{I}_{a,\max}$는 동기발전기와 달리 일반 벡터에 90° 뒤진 벡터로 정의된다. 동기전동기에서는 그림 8.25(b)와 같이 $\dot{\Phi}_f$, $\dot{\Phi}_a$, $\dot{\Phi}_{total}$(= $\dot{\Phi}_f + \dot{\Phi}_a + \dot{\Phi}_l$)의 벡터 방향은 각각 $\dot{E}_{0,\max}$,$\dot{E}_{a,\max}$,$\dot{V}_{\max}$의 방향과 일치한다. 또한 회전자속 $\dot{\Phi}_a$를 만드는 3상 합성 전류의 최대치 벡터를 $\dot{I}_{a,\max}$라고 하면 이 전류에 의해 발생하는 $\dot{\Phi}_a$는 $\dot{I}_{a,\max}$에 90° 앞서있는 $\dot{I}_a$의 방향과 동일하다.

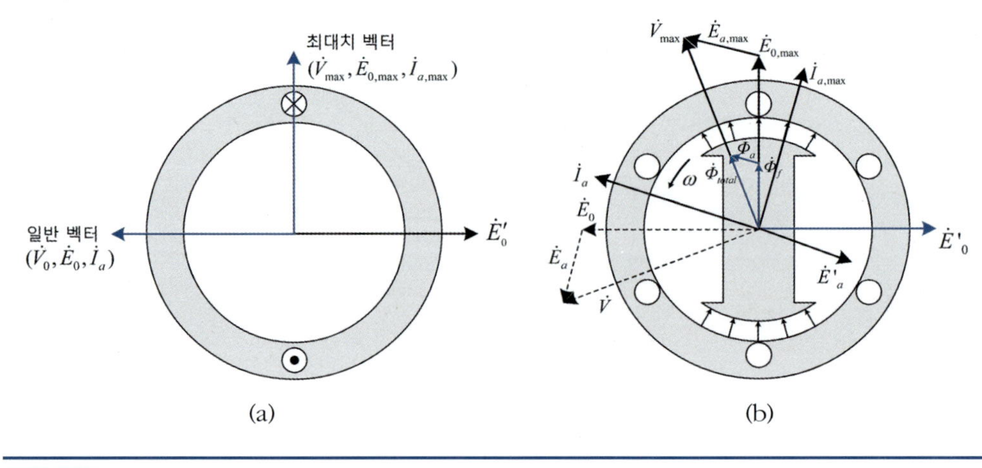

그림 8.25 동기전동기의 벡터관계
(a) 동기전동기의 일반 벡터와 최대치 벡터의 관계 (b) 자속벡터와 최대치 벡터의 관계

8.6.2 동기전동기의 등가회로

동기전동기에서 회전자속이 발생되어 동기전동기가 동기속도로 회전하면 동기전동기에는 동기발전기와 마찬가지로 전기자 권선의 a, b, c상에는 계자자속 벡터 $\dot{\Phi}_f$와 회전 자속벡터(전기자 반작용 자속 벡터) $\dot{\Phi}_a$에 의한 기전력이 유도된다. 특히 회전자속에 의한 기전력은 전기자 반작용 기전력 $\dot{E}_a$라고 하고 이 기전력의 각속도는 계자자속에 의한 유도기전력의 각속도와 동일한 ω이다.

a, b, c 각 상에 가해지는 전압은 평형 3상 전압이고 각 상에 유도되는 기전력도 평형 3상이다. 따라서 3상 동기전동기는 평형한 3상 회로로 볼 수 있으므로 한 상에 대한 특성만을 알면 3상의 현상을 알 수 있다.

고정자 권선에 유도되는 기전력은 계자의 회전에 의한 기전력과 전기자 반작용 자속에 의한 기전력, 두 성분이 존재하고 유도기전력 크기는 각각 식 (8.35), (8.36)과 같다.

$$e_0 = \frac{d\lambda_f}{dt} \quad [\mathrm{V}] \tag{8.35}$$

$$e_a = \frac{d\lambda_a}{dt} \quad [\mathrm{V}] \tag{8.36}$$

여기서 λ_f, λ_a는 각각 계자자속에 의한 쇄교자속과 회전자속에 의한 쇄교자속을 나타낸다.

동기발전기에서 정상상태의 전기자 반작용을 전기자 반작용 리액턴스로 나타낼 수 있었던 것과 마찬가지로 동기전동기에서 정상상태의 회전자속에 의한 현상을 전기자 반작용 리액턴스로 나타낼 수 있다. 만약 과도적인 현상을 포함할 경우 전기자 반작용 리액턴스는 전기자 반작용 인덕턴스로 치환하여 생각하면 된다.

식 (8.35)에서 일정한 계자자속이 일정한 각속도 ω로 회전하면 유도기전력과 계자자속의 관계는 식 (8.37)의 페이저 식이 성립된다.

$$\dot{E}_0 = j\omega N\dot{\Phi}_f \quad [\mathrm{V}] \tag{8.37}$$

식 (8.36)에서 회전자속은 ω의 속도로 회전하고 크기는 전류에 비례하므로 식 (8.38)이 성립된다.

$$\dot{E}_a = j\omega N\dot{\Phi}_a = j\omega L_a\dot{I}_a = jX_a\dot{I}_a \quad [\mathrm{V}] \tag{8.38}$$

여기서 X_a는 전기자 반작용 리액턴스로 발전기에서의 전기자 반작용 리액턴스와 동일한 의미를 갖는다.

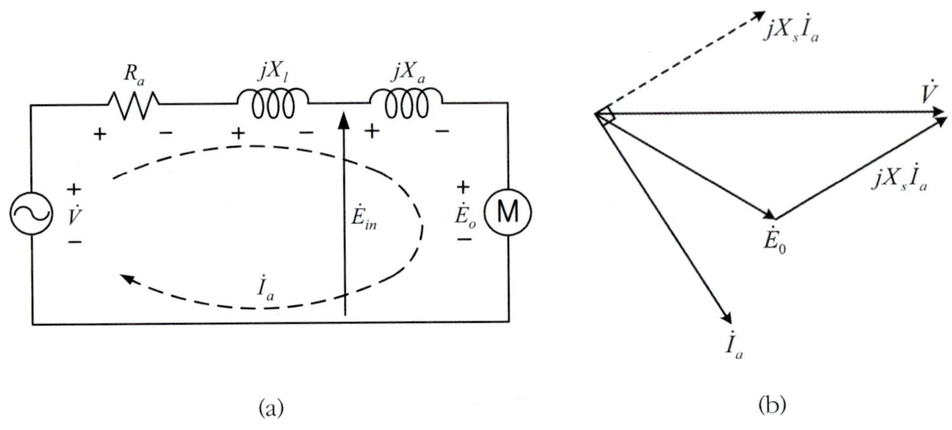

그림 8.26 (a) 동기전동기의 등가회로 (b) 동기전동기의 페이저도

따라서 권선저항과 누설을 고려한 동기전동기의 한 상에 대한 등가회로는 그림 8.26(a)와 같고 등가회로에서 전압방정식을 유도하면 식 (8.39)와 같다.

$$\dot{V} = \dot{E}_0 + jX_a\dot{I}_a + jX_l\dot{I}_a + R_a\dot{I}_a \quad [\mathrm{V}] \tag{8.39}$$

식 (8.39)에서 X_s는 동기리액터스로 동기발전기에서와 같이 전기자 반작용 리액턴스와 누설리액턴스를 더한 값으로 식 (8.40)으로 정의된다.

$$jX_s = jX_a + jX_l \quad [\Omega] \tag{8.40}$$

일반적으로 권선저항은 매우 작은 값이므로 권선저항을 무시하고 $\dot{V}$를 기준으로 페이저도를 그리면 그림 8.26(b)와 같다.

그림 8.26(b)에서 단자전압 $\dot{V}$가 일정하고 속도가 일정한 정상상태일 때 유도기전력 $\dot{E}_0$는 계자전속의 크기와 부하의 크기에 의해 결정되고 $\dot{I}_a$는 식 (8.41)과 같이 $\dot{V}$, $\dot{E}_0$, X_s에 의해 결정된다.

$$\dot{I}_a = \frac{\dot{V} - \dot{E}_0}{R_a + jX_s} \cong \frac{\dot{V} - \dot{E}_0}{jX_s} \quad [\mathrm{A}] \tag{8.41}$$

8.7 원통형 동기전동기의 특성

8.7.1 출력 및 토크 특성

권선저항을 무시하고 입력전압, 무부하 유도기전력, 부하전류의 최대치 벡터($\dot{V}_{\max}$, $\dot{E}_{0,\max}$, $\dot{I}_{a,\max}$)와 공극자속, 계자자속, 전기자 반작용 자속($\dot{\Phi}_{total}$, $\dot{\Phi}_f$, $\dot{\Phi}_a$)의 벡터를 함께 그리면 그림 8.27과 같다.

그림 8.27의 벡터도로부터 식 (8.42)와 같은 동기전동기의 입력전력을 얻을 수 있다.

$$P_1 = VI_a\cos\theta \ \ [\mathrm{W}] \tag{8.42}$$

동기전동기에서 철손을 무시하고 동손만을 고려하면 입력전력에서 동손을 뺀 전력이 전동기가 사용한 유효전력이다. 동기전동기에서 유효전력은 모두 기계적으로 출력(기계손을 포함)되므로 동기전동기의 기계적 출력(P_2)은 식 (8.43)과 같으며, 동손 $R_aI_a^2$이 무시된다고 가정하면 식 (8.43)과 같이 전기적 입력과 기계적 출력이 같다.

$$P_2 = VI_a\cos\theta - R_aI_a^2 \cong VI_a\cos\theta = P_1 \ \ [\mathrm{W}] \tag{8.43}$$

또한 그림 8.27의 페이저도를 이용하여 전동기의 출력식을 구하면 식 (8.44)와 같다.

$$VI_a\cos\theta = V_{\max}I_{a,\max}\cos\theta = E_{0,\max}I_{a,\max}\cos\theta_1 = E_0I_a\cos\theta_1 \ \ [\mathrm{W}] \tag{8.44}$$

그림 8.27의 페이저도에서 식 (8.45)를 유도할 수 있으며, 이를 정리하면 $I_a\cos\theta_1$을 식 (8.46)으로 나타낼 수 있다.

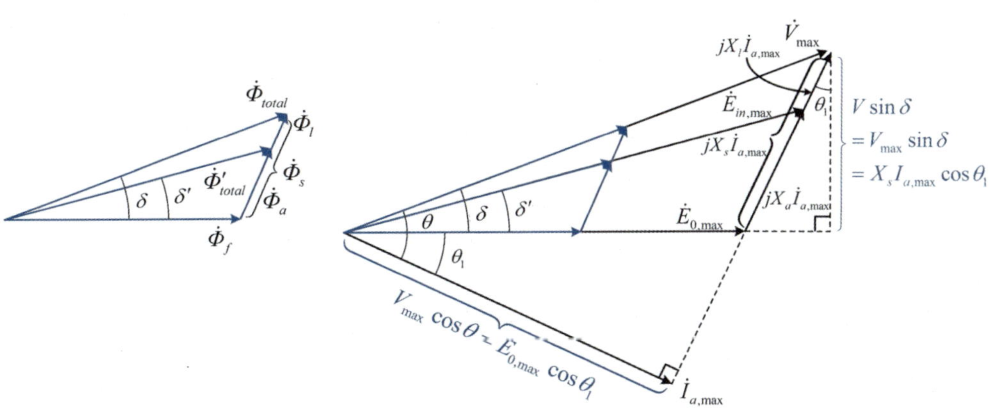

그림 8.27 동기전동기의 벡터도

$$V\sin\delta = V_{\max}\sin\delta = X_s I_{a,\max}\cos\theta_1 = X_s I_a \cos\theta_1 \ [\mathrm{V}] \tag{8.45}$$

$$I_a\cos\theta_1 = \frac{V\sin\delta}{X_s} \ [\mathrm{A}] \tag{8.46}$$

여기서 δ는 부하각을 나타낸다.

식 (8.46)을 식 (8.44)에 대입하면 한 상의 출력은 식 (8.47)과 같다.

$$P_2 = \frac{VE_0}{X_s}\sin\delta \ [\mathrm{W}] \tag{8.47}$$

따라서, m상의 전동기 출력은 식 (8.48)이며, 이 때의 토크는 식 (8.49)와 같다.

$$P_2 = m\frac{VE_0}{X_s}\sin\delta \ [\mathrm{W}] \tag{8.48}$$

$$T = \frac{m}{\omega_m}\frac{VE_0}{X_s}\sin\delta \ [\mathrm{Nm}] \tag{8.49}$$

여기서 회전자 속도는 동기 속도와 같으므로 $\omega_m = \omega_s$가 성립한다.

식 (8.49)에서 알 수 있는 바와 같이 동기전동기에서 전압을 일정하게 하고 역기전력이 일정하면 토크는 전압의 크기와 역기전력의 크기에 비례하고 $\sin\delta$에 비례함을 알 수 있다. 식 (8.49)를 부하각 δ를 변수로 그리면 그림 8.28과 같다. 식 (8.49)에서는 토크를 전압과 역기전력으로 나타내었으나 토크를 자속의 식으로 표현하는 것이 물리적인 의미를 명확하게 한다. 그림 8.27에서와 같이 역기전력 $\dot{E}_{0,\max}$의 벡터방향은 계자자속 벡터 $\dot{\Phi}_f$ 방향과 동일하고 단자전압 $\dot{V}$의 벡터 방향은 $\dot{\Phi}_{total}$ 방향과 동일하므로 식 (8.49)는 식 (8.34)와 같이 자속의 관계로 나타낼 수 있다.

$$T = K_1 \phi_f \phi_{total} \sin\delta \ [\mathrm{Nm}] \tag{8.34}$$

식 (8.34)에서 알 수 있는 바와 같이 토크는 ϕ_f와 ϕ_{total}의 크기에 비례하고 $\sin\delta$에 비례함을 알 수 있다.

이 때 전동기에서 발생시킬 수 있는 최대토크를 탈출토크(pullout torque) 또는 최대토크(maximum torque)라고 하며 δ가 $90°$일 때 발생한다. 만약 운전 중에 부하토크가 최대토크 이상으로 변하면 동기이탈(동기속도로 회전하지 못함)하여 토크는 맥동을 하고 평균토크는 0이 되어 전동기로써 동작을 할 수 없게 된다.

식 (8.49)에서 알 수 있는 바와 같이 전압을 일정하게 하면 최대토크는 $\dot{E}_0$에 의해 결정된다. 따라서 계자자속 ϕ_f를 크게 하여 $\dot{E}_0$를 크게 할수록 최대토크가 증가되고 또한 동기기의 안정도가 높아지게 된다. 그러나 ϕ_f의 크기는 계자전류와 비례적으로 증가하지

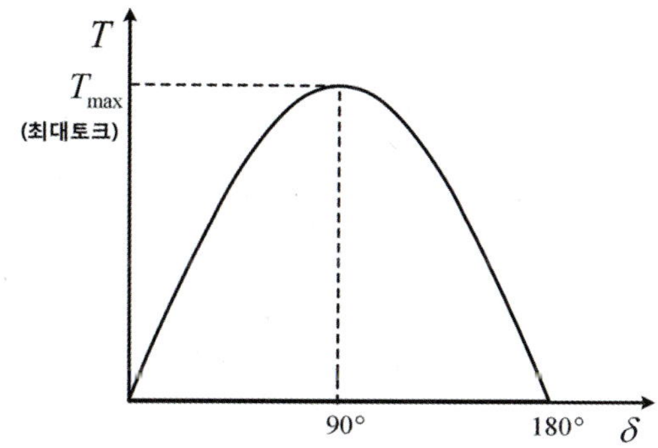

그림 8.28 부하각에 따른 토크 특성

못한다. 즉, 철심은 약 1.5[T]~1.8[T] 근처에서 포화하므로 계자전류를 계속 증가시켜도 이 이상의 자속에서는 자속이 증가하지 못하는 포화현상을 가지며 공극자속밀도를 기준으로 보면 0.8T 정도가 거의 최대 자속밀도값이 된다. 계자전류를 일정 값 이상으로 흘려주면 철손이 증가하고 또한 계자전류에 의한 동손도 증가하여 동기전동기의 효율이 떨어지게 된다. 따라서 단자전압과 전류의 크기에 제한이 없다고 하여도 $\dot{E}_0$값은 어느 정도 이상으로 증가시킬 수 없다.

예제 8.5 그림 8.27의 페이저도를 이용하여 동기전동기의 누설 성분을 제외한 공극자속 $\dot{\Phi}'_{total}$을 이용하여 토크식을 유도하시오.

풀이 << 누설성분을 제외하고 그림 8.27의 페이저도를 나타내면

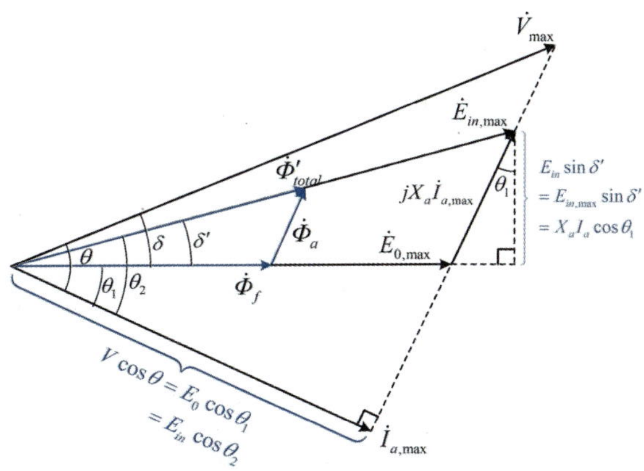

그림. 누설을 제외한 동기전동기의 벡터도

페이저도를 이용해 누설을 제외한 전동기의 출력식을 역기전력 식으로 나타내면

$$E_{\in} I_a \cos\theta_2 = E_{\in,\max} I_{a,\max} \cos\theta_2 = VI_a \cos\theta = E_0 I_a \cos\theta_1 \ \ [\mathrm{W}] \quad (1)$$

위의 그림의 페이저도에서 아래의 식 (2)를 유도할 수 있으며, 이를 정리하면 $I_a\cos\theta_1$을 식 (3)으로 나타낼 수 있다.

$$E_{in}\sin\delta' = E_{in,\max}\sin\delta' = X_a I_{a,\max}\cos\theta_1 = X_a I_a \cos\theta_1 \ \text{[V]} \tag{2}$$

$$I_a\cos\theta_1 = \frac{E_{in}\sin\delta'}{X_a} \ \text{[A]} \tag{3}$$

식 (3)을 식 (1)에 대입하면 한 상의 출력식을 얻을 수 있다. 식 (8.46), 식 (8.47)을 고려하여 m상의 출력식으로 나타내면 식 (4)와 같고, 이 때의 토크는 식 (5)와 같다.

$$P_2 = m\frac{E_{in}E_0}{X_a}\sin\delta' = m\frac{VE_0}{X_s}\sin\delta \ \text{[W]} \tag{4}$$

$$T = \frac{m}{\omega}\frac{E_{in}E_0}{X_a}\sin\delta' = \frac{m}{\omega}\frac{VE_0}{X_s}\sin\delta \ \text{[Nm]} \tag{5}$$

식 (5)의 토크식을 자속의 식으로 표현하면 식 (6)과 같다.

$$T = K_2\phi_f\phi'_{total}\sin\delta' = K_1\phi_f\phi_{total}\sin\delta \ \text{[Nm]} \tag{6}$$

식 (6)에서 알 수 있는 바와 같이 권선저항을 무시하면 ϕ_f와 ϕ'_{total}의 크기와 두벡터의 사이각의 sin으로 구한 식이나 ϕ_f와 ϕ_{total}의 크기와 사이각의 sin으로 구한 식이 일치함을 알 수 있다.

8.7.2 회전자속(전기자 반작용 자속)과 공극자속

동기전동기에서 전기자에 흐르는 전류에 대해 알아보자. 동기전동기에서 입력전압 $\dot{V}$와 전동기 회로 파라미터가 일정하다고 하면 전기자에 흐르는 전류 $\dot{I}_a$는 능동소자로 작용하는 역기전력 $\dot{E}_0$에 의해 결정된다. $\dot{E}_0$와 $\dot{V}$ 사이의 벡터관계에 의해 $\dot{I}_a$가 어떻게 결정되는지를 알아보고 $\dot{I}_a$에 의해 토크 및 출력이 어떻게 변하는가를 알아보면 동기전동기의 특성을 알 수 있다.

동기전동기에서 토크의 크기는 회전자속 $\dot{\Phi}_a$와 계자자속 $\dot{\Phi}_f$의 크기와 두 자속이 이루는 각에 의해 정해진다. 동기전동기에서 부하가 걸리지 않은 무부하 상태를 고찰하여 보자. 이상적인 무부하 상태에서는 토크가 필요하지 않으므로(실제로는 기계손만큼 필요함) 그림 8.29에서와 같이 $\dot{\Phi}_a$와 $\dot{\Phi}_f$가 이루는 각이 0° 또는 180°가 되어 $\dot{\Phi}_{total}$과 $\dot{\Phi}_f$, 즉 $\dot{V}_{\max}$와 $\dot{E}_{0,\max}$가 이루는 각이 0° 또는 180°이 된다. 특히 $\dot{V}_{\max}$와 $\dot{E}_{0,\max}$의 크기가 같고 두벡터의 사이 각이 0°이면 그림 8.29(a)와 같은 벡터관계가 성립되어 $\dot{I}_a = 0$이 된다. 또한 $\dot{\Phi}_a$와 $\dot{\Phi}_f$의 사이각, 즉 $\dot{V}_{\max}$와 $\dot{E}_{0,\max}$의 사이각은 두 벡터의 크기에 따라 0° 또는 180°가 된다. 그림 8.29(b)에서와 같이 $\dot{V}_{\max}$ 비해 $\dot{E}_{0,\max}$가 작으면 $\dot{V}_{\max} - \dot{E}_{0,\max}$가 (+)값이 된다. 이 경우 권선저항을 무시하면 식 (8.41)에서 $\dot{I}_{a,\max}$의 방향은 −90°에 형성되고 $\dot{I}_{a,\max}$에 의한 자속 $\dot{\Phi}_a$는 90° 앞서므로 계자자속 $\dot{\Phi}_f$와 같은 방향이

된다. 따라서 회전자속방향(전류의 벡터방향)주1)은 계자자속과 같은 방향이므로 전기자 반작용은 자화작용을 한다.

다음은 단자전압 $\dot{V}_{max}$에 비해 유도기전력 $\dot{E}_{0,max}$가 큰 경우를 살펴보자. 그림 8.29(c)에서와 같이 $\dot{V}_{max} - \dot{E}_{0,max}$가 (−)값이 되므로 $\dot{I}_{a,max}$ 방향은 90°이고 이 전류에 의한 $\dot{\Phi}_a$는 $\dot{\Phi}_f$와 반대방향이 되어 전기자 반작용은 감자작용을 한다.

여기서 한 가지 주의해야 할 것은 어떠한 경우라도 누설자속을 포함한 공극자속의 크기 Φ_{total}이 같다는 것이다. 즉 동기전동기의 등가회로에서 권선저항을 무시하면 $\dot{\Phi}_{total}$의 시간에 대한 미분값인 전기자 반작용 전압강하와 역기전력의 합은 단자전압과 같아야 한다.

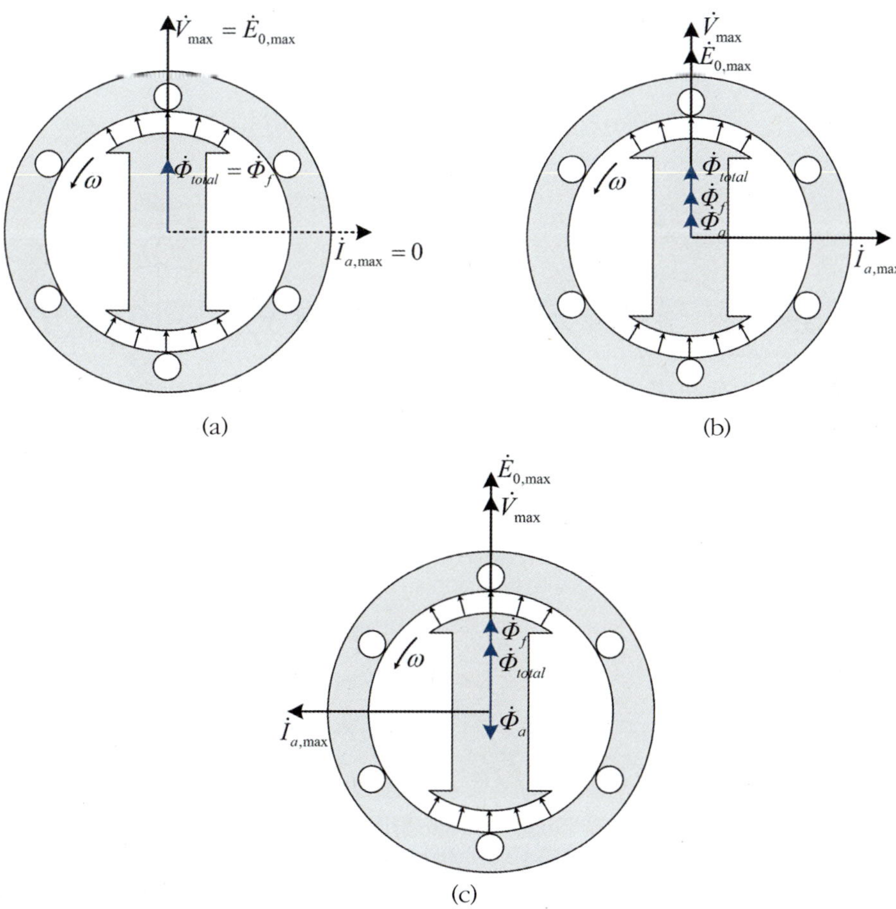

그림 8.29 동기전동기의 무부하 시 벡터도
(a) $V = E_0$, $I_a = 0$ (b) $V > E_0$, I_a : 뒤진 전류 (c) $V < E_0$, I_a : 앞선 전류

주1) 전류의 벡터방향과 전류 최대치 벡터방향은 90°차이가 있음

다음은 부하상태에서 계자자속의 크기에 따라 전기자 전류가 어떻게 변하는지 알아보자. 우선 $\dot{V}_{\max}$와 $\dot{E}_{0,\max}$가 그림 8.30(a)와 같은 벡터 관계를 가지고, $\dot{V}_{\max}$벡터와 동기리액턴스 전압 강하 벡터 $jX_s\dot{I}_{a,\max}$의 위상각이 90° 가 되었을 때 부하전류 $\dot{I}_{a,\max}$의 위상을 살펴보자. 그림 8.30(a)와 같은 벡터 관계에서 권선저항을 무시하면 그림과 같이 $\dot{V}_{\max}$와 $\dot{I}_{a,\max}$는 동상이 되어 역률이 1이 된다. 또한 $\dot{\Phi}_f$가 작아 $\dot{E}_{0,\max}$가 $\dot{V}_{\max}$에 비해 작을 때 그림 8.30(a)와 동일한 토크를 발생시키기 위해서는 계자자속이 작아진 만큼 $\sin\delta$가 커져야 하므로 그림 8.30(a)에 비해 부하각이 커진다. 따라서 $\dot{V}_{\max}-\dot{E}_{0,\max}$가 커지므로 그림 8.30(b)와 같이 그림 8.30(a)에 비해 큰 전류가 흐른다. 그러나 전류의 유효성분은 그림 8.30(a)의 $\dot{I}_{a,\max}$와 같음을 알 수 있다. 다음은 $\dot{\Phi}_f$가 커서 $\dot{E}_{0,\max}$가 큰 경우에 대해서 살펴보자. 그림 8.30(a)와 동일한 토크를 발생시키기 위해서 계자자속이 커진 만큼 $\sin\delta$가 작아져야 하므로 부하각이 작아진다. 따라서 그림 8.30(c)와 같은 벡터관계가 성립되므로 그림과 같이 $\dot{V}_{\max}$에 비해 앞선 전류 $\dot{I}_{a,\max}$가 흐른다. 그러나 $\dot{I}_{a,\max}$의 유효성분의 크기는 그림 8.30(a)의 $\dot{I}_{a,\max}$와 같음을 알 수 있다.

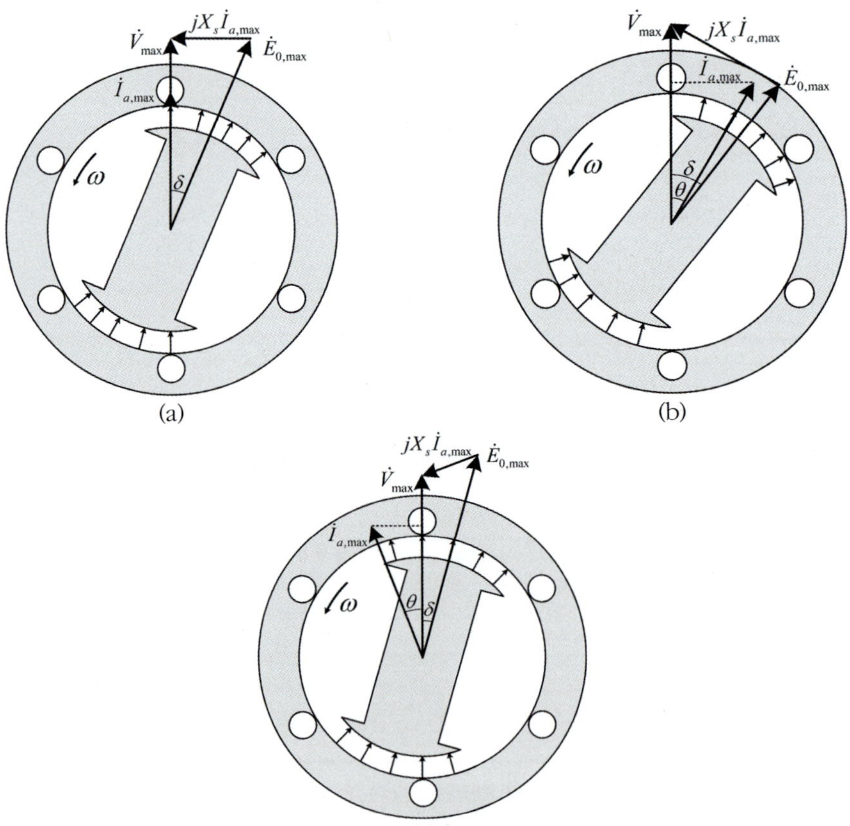

그림 8.30 동기전동기의 부하시 벡터도 (a) 단위 역률 (b) 지상 역률 (c) 진상 역률

8.7.3 동기전동기와 동기발전기의 비교

동기발전기와 동기전동기에서 $\dot{\Phi}_f$와 $\dot{\Phi}_a$의 크기 및 방향에 대해서 검토해보자. 그림 8.31은 임의의 부하에 대한 동기발전기와 동기전동기에서 전기량과 자속량의 벡터 관계로써 파란색은 자속의 벡터, 검은색은 전기적인 양의 최대치 벡터를 나타내고 있다.

동기발전기에서 계자를 일정한 속도로 회전시키면 그림 8.31(a)에서와 같이 $\dot{E}_{0,\max}$가 유도되고 부하를 걸어주면 부하의 종류에 따라 일정한 역률의 $\dot{I}_{a,\max}$가 흐른다.

그림 8.31(a)는 뒤진 역률의 전류가 흐르고 있다고 가정하였을 때 권선저항을 무시한 동기발전기의 벡터도를 나타내고 있다. 그림 8.31(a)에서와 같이 뒤진역률의 전류가 흐르면 전기자 반작용은 감자작용을 하므로 단자전압이 무부하 유도기전력에 비해 작아지는 것을 알 수 있다. 이때 단자전압과 무부하 유도기전력의 차는 동기리액턴스 전압강하이다.

그림 8.31(a)에서 알 수 있는 바와 같이 동기 발전기에서는 누설자속을 포함한 전기자 반작용 자속 $\dot{\Phi}_s$가 계자자속 $\dot{\Phi}_f$에 뒤져 있으므로 $\dot{\Phi}_{total}$도 $\dot{\Phi}_f$에 비해 뒤진다. 따라서 동기발전기에서 계자는 회전방향과 반대방향의 힘을 받는다. $\dot{E}_{0,\max}$와 $\dot{\Phi}_f$는 동일한 방향이고 $\dot{V}_{\max}$와 $\dot{\Phi}_{total}$이 동일한 방향이므로 동기발전기에서는 $\dot{V}_{\max}$가 $\dot{E}_{0,\max}$에 비해 뒤진다.

그림 8.31(b)는 동기전동기의 등가회로와 벡터도로써 동기전동기에서는 $\dot{\Phi}_s$가 $\dot{\Phi}_f$에 비해 앞서 있으므로 $\dot{\Phi}_{total}$도 $\dot{\Phi}_f$에 비해 앞서 있다. 따라서 동기전동기의 계자에는 회전방향과 같은 방향의 토크가 발생한다. 그림 8.31(b)는 임의의 부하각으로 운전하는 동기전동기의 벡터도를 나타내고 있다. 동기전동기에 흐르는 $\dot{I}_{a,\max}$는 역기전력 벡터 $\dot{E}_{0,\max}$와 $\dot{V}_{\max}$의 벡터관계에 의해 결정된다. 즉 $\dot{I}_{a,\max}$는 식 (8.41)과 같이 입력전압 벡터 $\dot{V}_{\max}$와 역기전력 벡터 $\dot{E}_{0,\max}$의 차에 의해 결정된다. 역기전력은 $\dot{\Phi}_f$에 비례하고 입력전압은

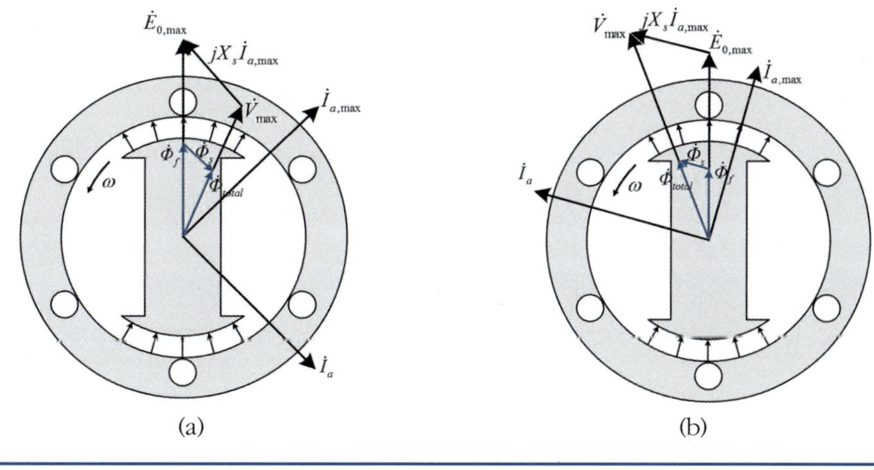

그림 8.31 동기기의 벡터도 (a) 발전기 벡터도 (b) 전동기 벡터도

$\dot{\Phi}_{total}$에 비례하므로 동기전동기의 권선저항을 무시하면 그림 8.31(b)와 같은 $\dot{V}_{\max}$와 $\dot{E}_{0,\max}$의 관계에서는 뒤진 전류가 흐른다. 이때 동기전동기에서는 $\dot{I}_{a,\max}$에 의한 전기자 반작용 리액턴스 전압강하, 누설리액턴스 전압강하가 일어나므로 이러한 전압강하 성분을 입력전압 $\dot{V}_{\max}$에서 빼주면 역기전력성분 $\dot{E}_{0,\max}$가 된다.

동기발전기와 동기전동기의 출력에 대해서 살펴보자. 그림 8.32(a)는 동기발전기의 등가회로를 나타내고 있다. 동기발전기에서는 $\dot{E}_0$가 $\dot{V}$에 비해 앞서 있고, 부하의 종류에 따라 결정되는 부하전류 $\dot{I}_a$가 뒤진 전류라고 하면, 동기발전기의 벡터도는 그림 8.32(c)와 같이 된다. $\dot{V}$는 $\dot{\Phi}_{total}$에 비례하고 $\dot{E}_0$는 $\dot{\Phi}_f$에 비례하므로 동기발전기에서 계자에는 회전방향의 반대방향으로 힘이 발생됨을 알 수 있다.

그림 8.32(c)의 벡터도에서 알 수 있는 바와 같이 발전기의 출력($E_0 I_a \cos\theta_1$)과 부하에서 소비되는 전력($VI\cos\theta$) 사이에는 식 (8.50)이 성립된다.

$$E_0 I_a \cos\theta_1 = V I_a \cos\theta + R_a I_a^2 \ \ [\mathrm{W}] \tag{8.50}$$

따라서 동기발전기에서 발생된 전력 중 일부는 권선저항에서 소비되고 나머지가 부하에서 소비된다.

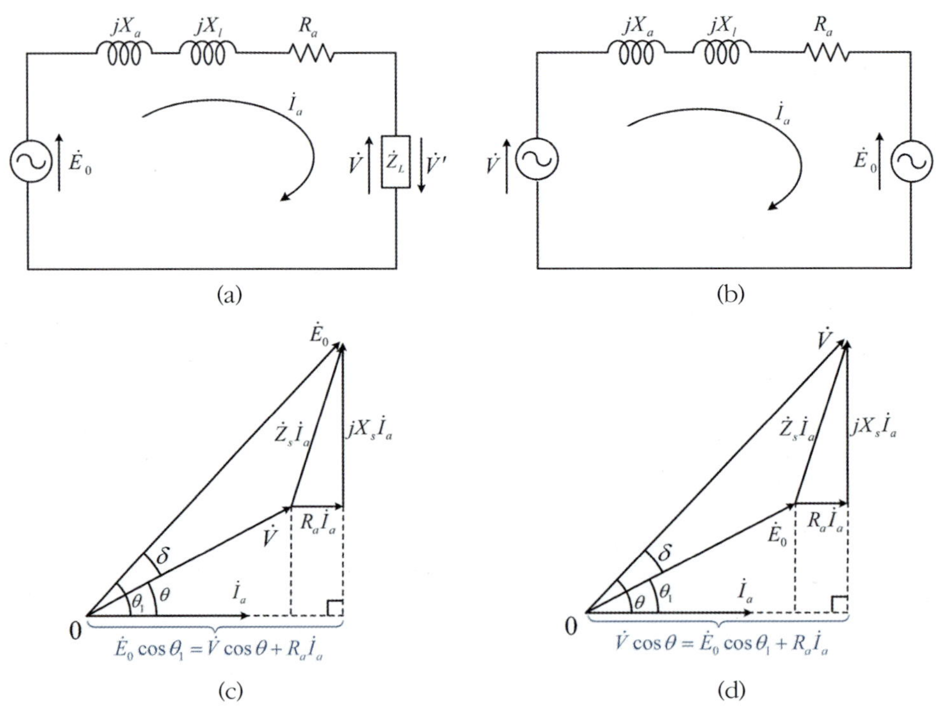

그림 8.32 (a) 동기발전기의 등가회로 (b) 동기전동기의 등가회로
(c) 동기발전기의 페이저도 (d) 동기전동기의 페이저도

그림 8.32(b)는 동기전동기의 등가회로를 나타내고 있다. 그림 8.32(d)에서와 같이 동기전동기에서는 $\dot{V}$ 가 $\dot{E}_0$에 비해 앞서 있고, 그림과 같은 벡터관계에서는 뒤진역률의 전류 $\dot{I}_a$ 가 흐른다. $\dot{V}$ 는 $\dot{\Phi}_{total}$에 비례하고 $\dot{E}_0$는 $\dot{\Phi}_f$에 비례하므로 동기전동기에서 계자는 회전방향으로 힘이 발생됨을 알 수 있다.

이 페이저도에서 전력의 수급관계를 살펴보면 식 (8.51)과 같다.

$$VI_a \cos\theta = E_0 I_a \cos\theta_1 + R_a I_a^2 \ [\mathrm{W}] \tag{8.51}$$

따라서 동기전동기는 입력된 전력 중 일부는 권선저항에서 소비되고 나머지가 전동기의 기계적 출력이 됨을 알 수 있다.

8.8 동기전동기의 운전특성

8.8.1 단자전압과 역기전력 위상차에 따른 전동기의 특성

동기전동기에 흐르는 전류는 입력전압 벡터와 역기전력 벡터에 의해 결정된다. 그림 8.33(a)에서와 같이 권선저항을 무시한 동기전동기 등가회로에서 그림 8.33(b)와 같이 단자전압 $\dot{V}$ 를 일정하게 하고 크기가 같은 역기전력 벡터의 위상이 $\dot{E}_{01} \sim \dot{E}_{08}$로 변할 때 부하전류와 전력 특성을 알아보도록 하자. 무부하 상태에서는 그림 8.34(a)와 같이 단자전압과 역기전력이 동상이면 입력전압과 역기전력의 차는 동기리액턴스 전압강하에 해당한다. 따라서 그림 8.34(a)와 같이 $\dot{V}_{\max}$보다 $\dot{E}_{01,\max}$가 작으면 전류는 동기리액턴스 전압강하에 90° 뒤지므로 전압에 비해 90° 뒤진 전류가 흐르게 된다. 단자전압과 전기자 전류의위상차가 90° 이므로 전원으로부터 전동기에 공급하는 평균전력은 0이다.

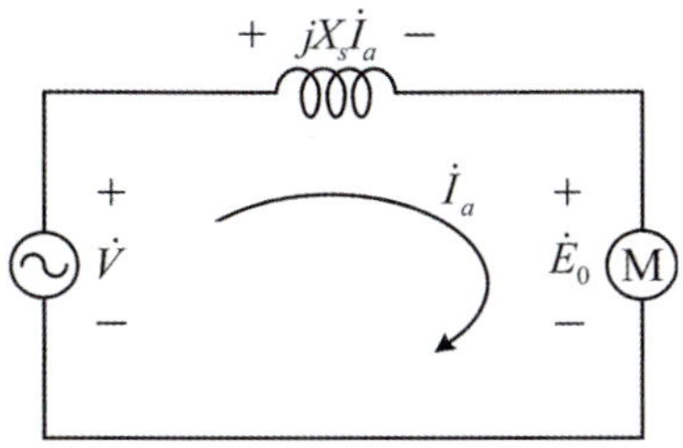

(a)

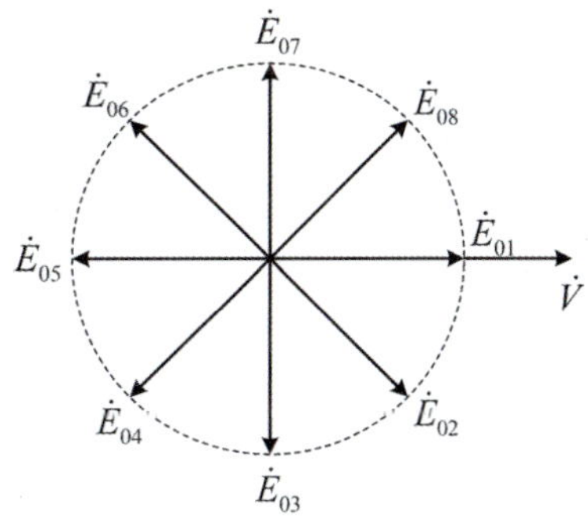

(b)

그림 8.33 (a) 권선저항을 무시한 동기전동기 등가회로 (b) 단자전압과 역기전력의 페이저도

이때 전동기에서 발생하는 힘은 계자자속, 공극자속, 전기자 반작용 자속이 모두 같은 방향이므로 토크가 발생되지 않는 무부하인 상태를 나타낸다.

동기전동기에서 $\dot{E}_{0,\max}$가 $\dot{V}_{\max}$에 비해서 $0° < \delta \le 180°$ 뒤진 경우 전류, 전력 및 발생 토크에 대해서 알아보도록 하자. 그림 8.34(b)에서와 같이 전압 벡터를 기준으로 역기전력 벡터가 $0° < \delta < 180°$에 있을 때 동기리액턴스 전압강하($jX_s\dot{I}_a$)와 부하전류($\dot{I}_a$)는 $90°$의 위상차를 가지고 있으므로 그림 8.34(b)와 같이 전류의 역률각은 $0° \sim 90°$가

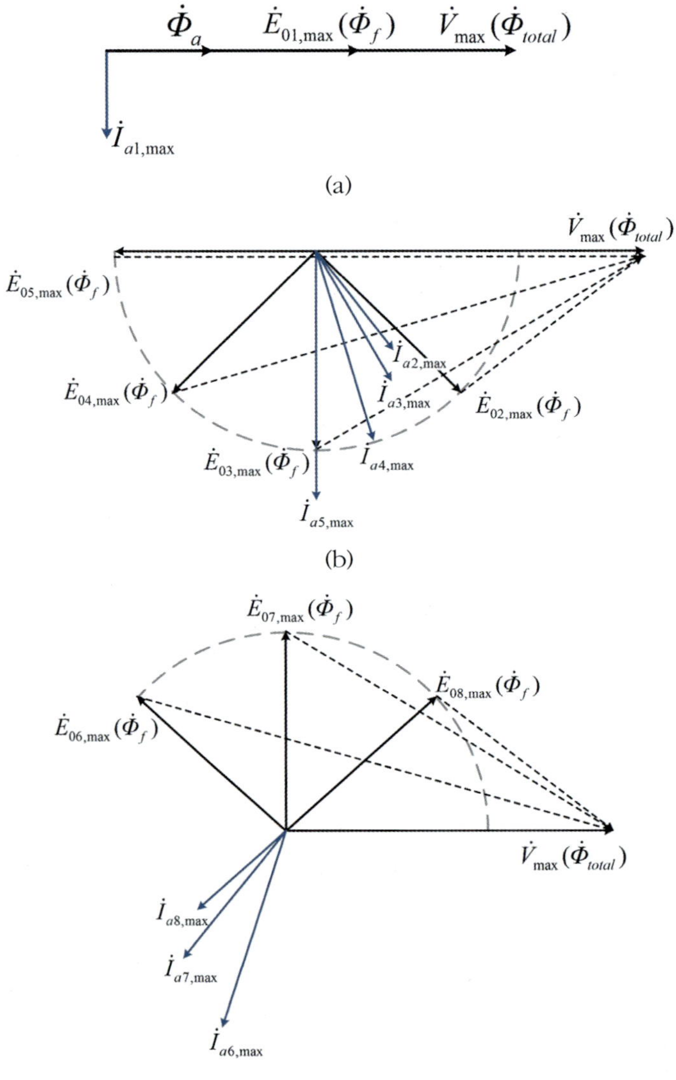

(c)

그림 8.34 단자전압 V와 역기전력 E_0의 위상관계
(a) $0°$ (b) $0° < \delta \le 180°$ (c) $180° < \delta < 360°$

된다. 따라서 평균전력 $VI_a\cos\theta$가 (+)값이므로 전원으로부터 전력이 공급되고 있음을 알 수 있다. 이때 $\dot{\Phi}_{total}$과 $\dot{\Phi}_f$의 벡터관계는 $\dot{V}_{max}$와 $\dot{E}_{0,max}$의 벡터 관계와 같으므로 그림 8.34(b)와 같은 벡터도가 된다. 따라서 공극자속에 대해서 계자자속이 자기배열하려고 하므로 계자에는 회전방향으로 토크가 발생한다.

$\dot{E}_{0,max}$가 $\dot{V}$에 비해 앞서 있는 경우에 해당하는 부하각이 $180° < \delta < 360°$일 때의 특성에 대해서 살펴보자. 이러한 부하각에서는 그림 8.34(c)에서와 같이 전류의 역률각이 $90°$보다 크다. 따라서 평균전력 $VI_a\cos\theta$가 (−)값이 되므로 전동기는 발전기로 작용한다. 또한 이 때 발생되는 힘은 그림 8.34(c)에서와 같이 $\dot{\Phi}_{total}$에 비해서 $\dot{\Phi}_f$가 앞서 있으므로 계자에는 회전방향과 반대방향의 토크가 발생된다. 따라서 외부에서 힘을 가해주지 않으면 감속을 하여 최종적으로는 멈추게 된다. 따라서 발전기로 계속 운전하기 위해서는 외부에서 이 힘을 이길 수 있는 토크를 계속 가해주어야 한다.

8.8.2 부하변동에 따른 동기전동기의 특성 변화

동기전동기가 부하각 δ로 운전하고 있을 때 동기전동기의 전압, 속도기전력, 전류 벡터의 관계가 그림 8.35(a)와 같다고 가정을 하자. 이때 전동기에 걸린 부하의 크기가 커지면 전동기는 현재의 부하각으로 요구 토크를 만족시키지 못하므로 감속하여 부하각이 증가하게 되고 결국 요구 토크와 같은 크기의 토크를 발생시킬 수 있는 부하각에서 운전을 하게 된다. 이 경우 난조라는 현상을 거쳐(8.10.2절 참조) 새로운 부하각을 유지하며 동기속도로 운전된다.

동기전동기에서는 속도가 일정하므로 계자자속이 일정하면 역기전력 $\dot{E}_0$는 일정하고 전압도 일정하므로 출력은 단지 부하각 δ에 의해서 결정된다. 따라서 부하의 증가에 따라 부하각이 증가하면 출력이 증가함을 알 수 있다. 부하각이 증가하면 $I_a\cos\theta$가 커지므로 그림 8.35(b)에서와 같이 전동기에 입력되는 평균전력이 커짐을 알 수 있다. 또한 단자전압과 역기전력이 일정하면 누설자속을 포함한 공극자속 $\dot{\Phi}_{total}$과 계자자속 $\dot{\Phi}_f$가 일정하므로 부하각 δ가 증가하면 자기배열 토크가 커진다. 그림 8.35(b)는 역기전력 $\dot{E}_0$의 크기가 전원전압 $\dot{V}$의 크기에 비해 약간 큰 경우를 예로 든 것으로 경부하시(요구토크가 작은 경우) 앞선전류가 흐르다가 부하가 증가함에 따라 뒤진 전류가 흐른다. 부하의 증가에 따라 유효전류의 성분이 증가하여 부하각이 $90°$가 될 때까지 증가하게 되나 부하각이 $90°$를 넘으면 다시 유효전류가 감소하는 특성이 있다. 따라서 위의 특성을 갖는 3상 동기전동기의 최대출력은 식 (8.52)와 같이 된다.

$$P_{max} = \frac{3VE_0}{X_s}\sin 90° = \frac{3VE_0}{X_s} \ \ [\mathrm{W}] \tag{8.52}$$

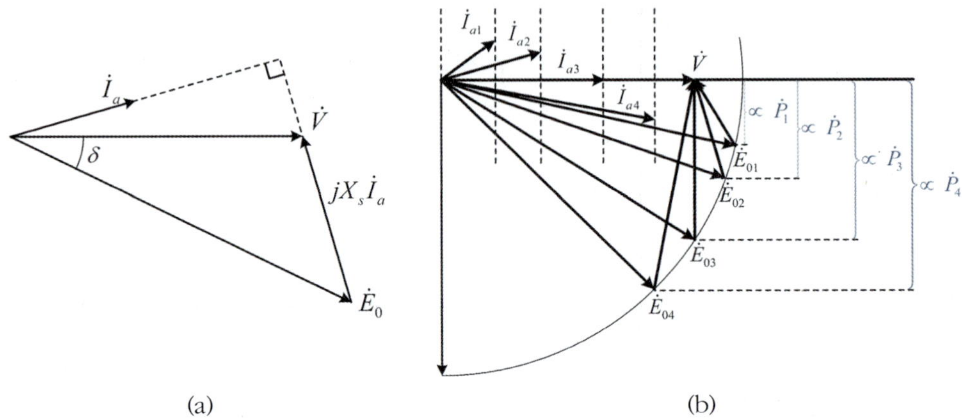

그림 8.35 (a) 동기전동기의 앞선 전류에 대한 페이저도 (b) 부하변동에 따른 특성

8.8.3 계자전류에 따른 전동기 특성 변화

동기전동기의 토크 특성은 역기전력의 크기와 위상에 의해 크게 달라진다. 동기전동기는 정상상태에서 속도가 일정하므로 역기전력은 계자자속의 크기에 비례한다. 따라서 계자전류의 크기에 따른 동기전동기의 특성은 역기전력의 크기에 따른 특성을 나타낸다. 계자전류를 자속포화가 일어나는 점까지 상승시키면 자속포화에 의해 여러 가지 문제가 발생한다. 따라서 그림 8.36에서는 자속이 선형적으로 증가하는 영역에서 계자전류를 증가시킴에 따른 부하전류의 변화를 나타내었다. 전동기가 일정한 출력을 낼 때 $E_0 \sin\delta$가 일정하다. 따라서 동기전동기가 일정한 출력을 발생시킬 때 그림 8.36에서 알 수 있는 바와 같이 역기전력의 증가(계자자속의 증가)에 따라 부하각은 점점 작아지고 전류는 뒤진

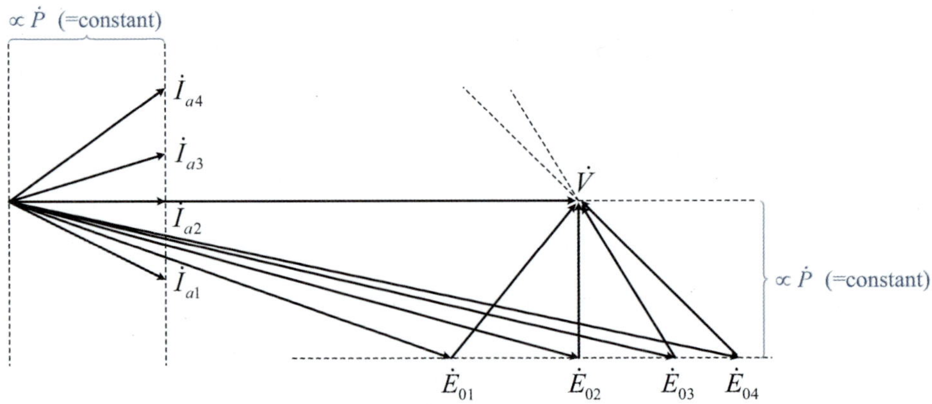

그림 8.36 V가 일정할 때 계자전류(역기전력 E_0)에 따른 특성

전류에서 앞선전류로 바뀌게 된다. 그림에서 전류의 값은 바뀌어도 유효전류인 $I_a\cos\theta$는 일정함을 알 수 있다. 따라서 계자전류 $\dot{I}_f$를 제어하여 역기전력 $\dot{E}_0$을 제어하면 전기자 전류의 역률제어가 가능하다. 그림 8.36에서 알 수 있는 바와 같이 역률이 1일 때 최소의 전류가 흐르고, 계자전류 $\dot{I}_f$가 작으면 뒤진전류가, 크면 앞선전류가 흐른다.

이와 같이 동기전동기에서는 같은 부하에서도 계자전류의 크기에 따라 전류의 위상이 앞서거나 뒤질 수 있다는 것을 알 수 있다. 계자전류가 작아 역기전력이 작으면 전기자에는 뒤진 전류가 흘러 전원측에서 보면 전동기는 유도성 부하(inductive load)가 되고 계자전류를 증가시키면 앞선 역률이 되어 동기전동기는 용량성 부하(capacitive load)로 작용한다. 동기전동기를 앞선 역률로 운전하면 동기전동기는 $-Q$의 무효 전력을 소비하게 되어 전원측에 $+Q$의 무효 전력을 전달하는 특성이 나타난다.

이와 같이 계자전류 $\dot{I}_f$의 크기에 따른 전기자 전류 $\dot{I}_a$의 크기 및 역률특성은 그림 8.37과 같고 이러한 동기전동기의 특성을 계자전류에 대한 동기전동기의 V 특성이라고 한다. 그림 8.37과 같이 동기전동기가 동일한 출력을 발생하더라도 전류의 절대량이 최소가 되는 역률 1운전을 할 수 있는 계자전류 $\dot{I}_f$의 값이 존재한다. 또한 그림 8.37에서와 같이 출력이 P_1, P_2로 커지면 역률 1이 되는 계자전류 값이 커짐을 알 수 있다.

동기전동기의 V 특성을 이용하면 계자전류의 크기를 제어하여 쉽게 역률제어가 가능하므로 전동기의 운전 효율을 높일 수 있다는 장점이 있다. 전동기에서 역률이 나쁘면 여분의 동손을 발생시켜 전동기 효율을 저하시킬 뿐만 아니라 전력변환기기를 사용하는 경우 전력용 소자의 용량은 피상전력으로 결정되므로 전력변환기의 가격상승에 영향을 미치게 된다. 따라서 동기전동기에서 계자자속 제어에 의해 역률제어가 가능하다는 특성은 동기전동기의 장점이 된다.

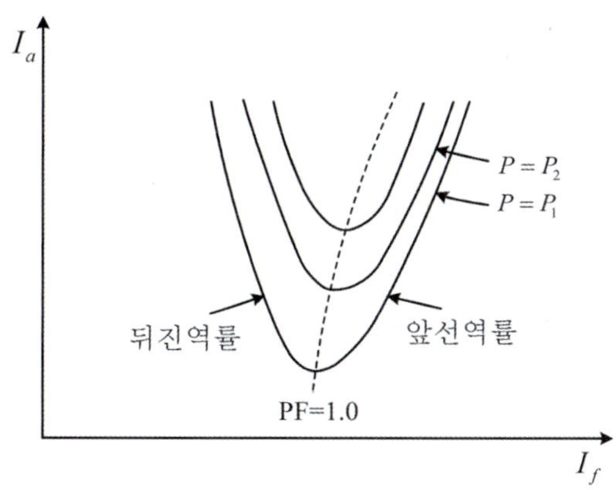

그림 8.37 동기전동기의 V 특성

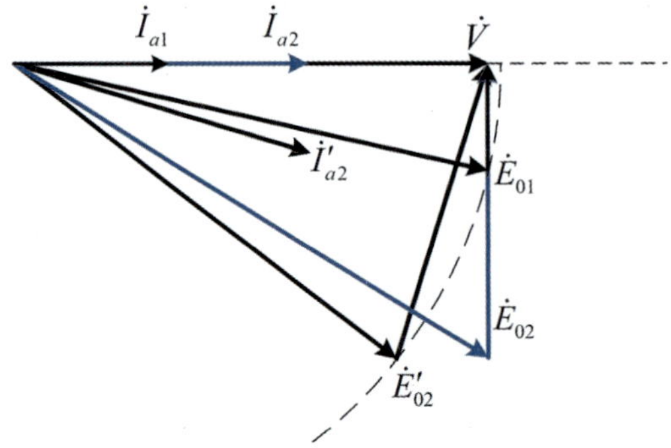

그림 8.38 역률 1 제어를 위한 계자전류제어

동기전동기에서 출력이 커질 때 계자 전류를 이용한 역률 1 제어법에 대해서 고찰하여 보자. 그림 8.38에서와 같이 출력이 P_1일 때 $\dot{E}_{01}$의 유도기전력이 발생되면 동기전동기는 역률 1로 구동된다. 그러나 유도기전력의 크기를 일정하게 유지한 상태에서 출력이 P_2로 증가되면 유도기전력은 $\dot{E}'_{02}$가 되고 부하전류는 $\dot{I}'_{a2}$가 되어 역률이 1이 되지 않는다. 그러나 계자전류 I_f를 제어하여 무부하 유도기전력을 $\dot{E}_{02}$로 제어하면 전류는 $\dot{I}_{a2}$가 흐르고 역률 1로 구동할 수 있다. 이와 같이 출력이 변함에 따라 역률 1로 구동하기 위해서는 계자 전류를 제어하여 E_0의 크기를 제어해야 한다.

8.8.4 동기전동기에 의한 역률 개선

전력계통에서는 일반적으로 사용하는 부하가 유도성 부하이기 때문에 뒤진 전류가 흐른다. 따라서 대수용가에서는 역률보상을 위하여 커패시터를 사용하는 경우가 많다. 그러나 전력용량이 큰 경우에는 가격이 매우 비싼 대용량 커패시터를 사용함으로 설비가격이 크게 증가한다. 동기전동기는 계자전류를 제어하면 앞선 역률, 단위 역률, 뒤진 역률로 동작할 수 있다는 특성을 이용하여 동기전동기를 역률보상용 동적 커패시터(dynamic capacitor)로 사용하는 경우가 종종 있다. 동기전동기에 부하를 연결하지 않고 동손, 철손, 기계손이 없다고 가정하면 식 (8.22)에서와 같이 3상 동기전동기의 평균 전력은 입력전압 V와 역기전력 E_0의 크기와 $\sin\delta$에 비례한다.

$$P = \frac{3VE_0 \sin\delta}{X_s} \ [\mathrm{W}] \tag{8.22}$$

무부하 운전을 하고 있는 동기전동기에서는 손실을 무시하면 부하각이 $0°$가 되므로 그림 8.39(a)와 같이 입력전압 V와 역기전력 E_0는 동상이고 동기리액턴스 전압강하는 역기전력의 크기에 따라 전압과 같은 방향 또는 전압과 반대방향이 된다. 입력전압에 비해

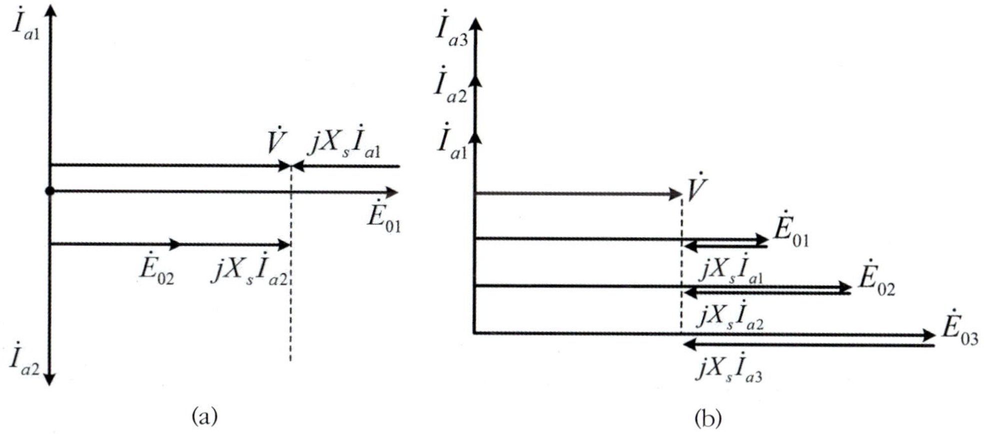

그림 8.39 (a) 지상전류, 진상전류, 전류 0일 때의 페이저도 (b) 동기커패시터의 페이저도

서 역기전력($\dot{E}_{01}$)이 크면 90° 앞선 전류 $\dot{I}_{a1}$이 흐르게 되어 동기전동기는 순수한 커패시턴스로 동작한다. 또한 계자자속을 감소시켜 단자전압에 비해 역기전력($\dot{E}_{02}$)이 작으면 동기전동기에는 90° 뒤진 전류 $\dot{I}_{a2}$가 흘러 인덕터로 동작한다. 앞선 역률의 전류가 흐를 때 전기자에 흐르는 전류의 크기는 그림 8.39(b)와 같이 역기전력의 크기에 따라 달라지고 자기포화를 무시하면 계자전류가 커짐에 따라 등가적인 커패시턴스가 비례해서 커진다.

그림 8.40에서는 계자전류 $\dot{I}_f$에 따른 부하 전류 $\dot{I}_a$의 위상과 크기를 알 수 있다. 그림 8.40에서와 같이 동기전동기를 무부하로 운전할 때 손실을 무시하면 역률이 1인 지점에서 전류는 0이다. 역률이 1일 때 계자전류보다 작은 계자전류를 흘려주면 뒤진 전류가 흘러 동기전동기는 리액터가 되고 역률 1인 지점의 계자전류보다 큰 계자전류를 흘려주면 앞선 전류가 흘러 동기전동기는 커패시터로 동작함을 알 수 있다.

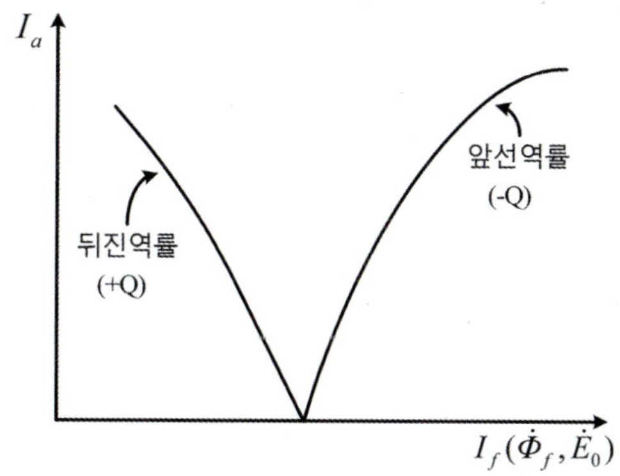

그림 8.40 무부하시 동기전동기의 V곡선

이와 같이 동기전동기는 대용량의 역률 보상형 동기커패시터(power factor correction synchronous capacitor)로 많이 사용되었으나 최근에는 커패시터의 용량이 많이 증가되었고 역률 보상형 전력변환기(power factor correction power converter)도 개발되어 사용되고 있다.

8.9 돌극형 전동기의 특성

지금까지 회전자가 원통형으로 된 원통형 동기기에 대해서 특성을 알아보았다. 그러나 동기기는 그림 8.41에 보인 바와 같이 회전자가 원통형이 아닌 돌극형인 경우가 많다.주1) 원통형 기기에서 자기포화를 무시하면 회전자속의 크기는 전류에 비례하고 전기자 전류의 위상과는 관련이 없다. 그러나 돌극형 동기전동기에서는 그림 8.41과 같이 전기자의 위상에 따라 전기자 반작용 자속의 크기 $\dot{\Phi}_a$가 달라진다. 예를 들면 그림 8.41(a)와 같이 전류벡터 방향이 돌극방향(직축 방향, d축 방향)일 때의 회전자속 $\dot{\Phi}_a$의 크기가 그림 8.41(b)와 같이 전류벡터 방향이 돌극방향의 90°방향(횡축 방향, q축 방향)일 때의 회전자속 $\dot{\Phi}_a$의 크기에 비해 크다. 이와 같이 전기자의 기자력 크기가 같더라도 회전자속이 다른 것은 회전자가 돌극형 구조를 가지므로 기자력 방향에 따라 자기저항이 다르기 때문이다. 따라서 이러한 자기저항(동기 리액턴스의 역에 비례)의 방향의존성을 고려하기 위해서는 돌극형 동기전동기는 원통형 동기전동기와는 다른 특성해석법을 이용해야 한다.

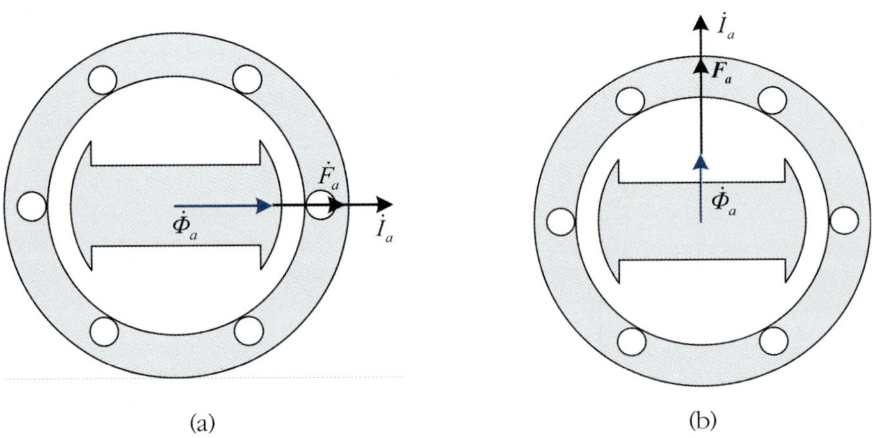

그림 8.41 돌극형 전동기의 (a) d축 전기자 반작용 자속 (b) q축 전기자 반작용 자속

주1) 8.8장까지는 같은 돌극형 그림을 사용하였으나 원통형으로 보고 특성을 알아보았음

전동기의 돌극성을 고려한 특성 계산방법으로는 그림 8.42에서와 같이 모든 전자기적인 성분을 자기저항이 가장 작은 방향의 d축 성분과 d축에 대해 전기적으로 수직방향인 q축 성분으로 분해하는 방법이다. 그림 8.42에서 전류성분을 d축 성분인 $\dot{I}_d$와 q축 성분인 $\dot{I}_q$로 나누면 각 성분은 식 (8.53)과 같이 된다.

$$\begin{aligned} \dot{I}_d &= \dot{I}_a \cos\theta \quad [\mathrm{A}] \\ \dot{I}_q &= \dot{I}_a \sin\theta \quad [\mathrm{A}] \end{aligned} \tag{8.53}$$

따라서 d축전류와 q축 전류의 벡터합은 전기자 전류의 성분인 $\dot{I}_a$가 된다. 또한 기자력 성분은 전류성분과 동상이므로 식 (8.54)로 나타내고 $\dot{F}_d$는 d축 기자력, $\dot{F}_q$는 q축 기자력이라고 정의한다.

$$\begin{aligned} \dot{F}_d &= \dot{F}_a \cos\theta \quad [\mathrm{AT}] \\ \dot{F}_q &= \dot{F}_a \sin\theta \quad [\mathrm{AT}] \end{aligned} \tag{8.54}$$

d축의 퍼미언스 P_{md}와 q축의 퍼미언스 P_{mq}는 공극의 길이에 반비례하므로 P_{md}가 P_{mq}보다 크다. 기자력과 퍼미언스의 곱은 자속이 되므로 d축의 자속과 q축의 자속은 식 (8.55)와 같다.

$$\begin{aligned} \dot{\Phi}_d &= P_{md}\dot{F}_d \quad [\mathrm{Wb}] \\ \dot{\Phi}_q &= P_{mq}\dot{F}_q \quad [\mathrm{Wb}] \end{aligned} \tag{8.55}$$

식 (8.55)에서 알 수 있는 바와 같이 $\dot{I}_d$와 $\dot{I}_q$가 동일하다고 해도 P_{md}가 P_{mq}보다 크므로 자속성분은 d축 성분이 더 크다. d축 자속성분과 q축 자속성분의 벡터 합이 회전자속 $\dot{\Phi}_a$를 나타내므로 그림 8.42와 같이 회전자속벡터 $\dot{\Phi}_a$의 방향은 기자력 방향과 다른 방향이 된다. 이와 같이 돌극형 동기기에서 기자력 방향과 자속 방향은 일치하기 않고 자속 방향이 기자력 방향보다 d축 방향으로 기울어지게 된다.

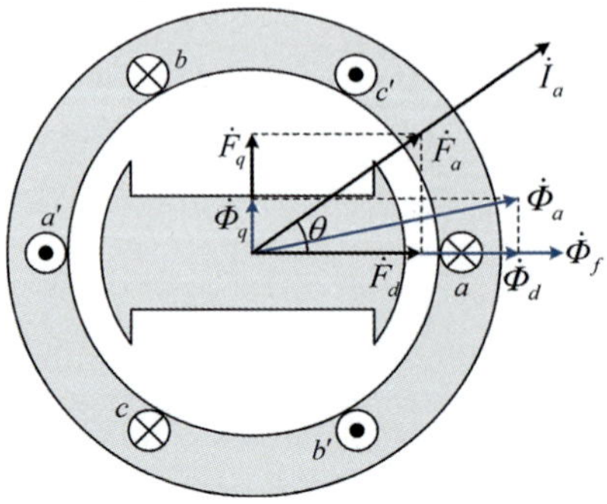

그림 8.42 돌극형 전동기에서의 자속 벡터도

다음은 d, q축 자속에 의해 발생되는 역기전력의 성분을 고찰하여 보자. 각 자속은 공간적으로 정현적인 분포를 하고 동기속도로 회전하므로 각 성분이 유도하는 기전력을 페이저로 나타내면 식 (8.56)과 같다.

$$\begin{aligned} \dot{E}_d &= j\omega N\dot{\Phi}_d = j\omega NP_{md}\dot{F}_d = jX_d\dot{I}_d \ [\mathrm{V}] \\ \dot{E}_q &= j\omega N\dot{\Phi}_q = j\omega NP_{mq}\dot{F}_q = jX_q\dot{I}_q \ [\mathrm{V}] \end{aligned} \tag{8.56}$$

여기서 X_d는 d축 전기자 반작용 리액턴스, X_q는 q축 전기자 반작용 리액턴스라고 한다. X_d와 X_q에 누설리액턴스를 더해주면 d축과 q축의 동기리액턴스가 되고 d축 동기리액턴스와 q축 동기리액턴스는 식 (8.57)로 표현된다.

$$\begin{aligned} X_{ds} &= X_d + X_{dl} \ [\Omega] \\ X_{qs} &= X_q + X_{ql} \ [\Omega] \end{aligned} \tag{8.57}$$

따라서 돌극형 동기전동기에서 전압방정식은 식 (8.58)과 같이 된다.

$$\dot{V} = \dot{E}_0 + jX_{ds}\dot{I}_d + jX_{qs}\dot{I}_q + R_a\dot{I}_a \ [\mathrm{V}] \tag{8.58}$$

그림 8.43은 권선저항을 무시한 돌극형 동기전동기의 벡터도를 나타내고 있다. 그림 8.43에서 3상의 돌극형 동기전동기에서 출력 P_2를 구하면 식 (8.59)와 같다.

$$\begin{aligned} P_2 &= P_d + P_q \\ &= 3V_dI_d + 3V_qI_q \\ &= -3VI_d\sin\delta + 3VI_q\cos\delta \ [\mathrm{W}] \end{aligned} \tag{8.59}$$

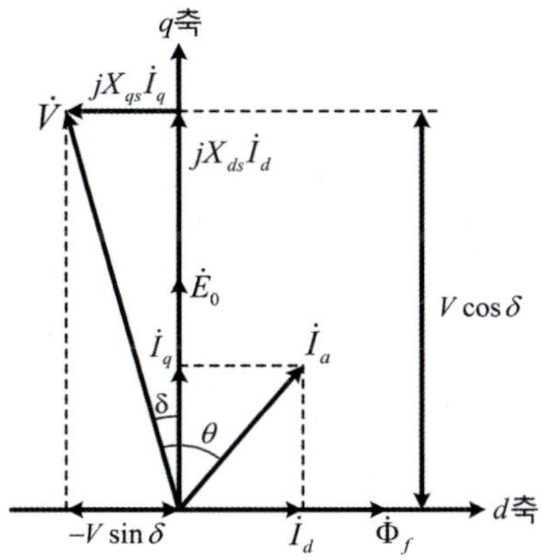

그림 8.43 돌극형 동기전동기의 벡터도

그림 8.43에서 d축 전류와 q축 전류는 식 (8.60)과 같다.

$$I_d = \frac{V\cos\delta - E_0}{X_{ds}} \ [\mathrm{A}]$$
$$I_q = \frac{V\sin\delta}{X_{qs}} \ [\mathrm{A}] \tag{8.60}$$

I_d, I_q식을 출력식인 식 (8.59)에 대입하면 식 (8.61)을 얻을 수 있다.

$$\begin{aligned} P_2 &= -3V\left(\frac{V\cos\delta - E_0}{X_{ds}}\right)\sin\delta + 3V\left(\frac{V\sin\delta}{X_{qs}}\right)\cos\delta \\ &= \frac{3VE_0}{X_{ds}}\sin\delta + 3V^2\left(\frac{1}{X_{qs}} - \frac{1}{X_{ds}}\right)\sin\delta\cos\delta \ [\mathrm{W}] \end{aligned} \tag{8.61}$$

$\sin\delta\cos\delta = \frac{1}{2}\sin 2\delta$이므로 식 (8.61)은 식 (8.62)와 같이 된다.

$$P_2 = \frac{3VE_0}{X_{ds}}\sin\delta + 3V^2\frac{X_{ds} - X_{qs}}{2X_{ds}X_{qs}}\sin 2\delta \ [\mathrm{W}] \tag{8.62}$$

따라서 돌극형 동기전동기에서 발생하는 토크는 출력식 (8.62)를 회전속도로 나누어주면 얻을 수 있으므로 토크식은 다음과 같다.

$$T = \frac{3VE_0}{\omega_s X_{ds}}\sin\delta + \frac{3V^2}{2\omega_s}\left(\frac{X_{ds} - X_{qs}}{X_{ds}X_{qs}}\right)\sin 2\delta \ [\mathrm{Nm}] \tag{8.63}$$

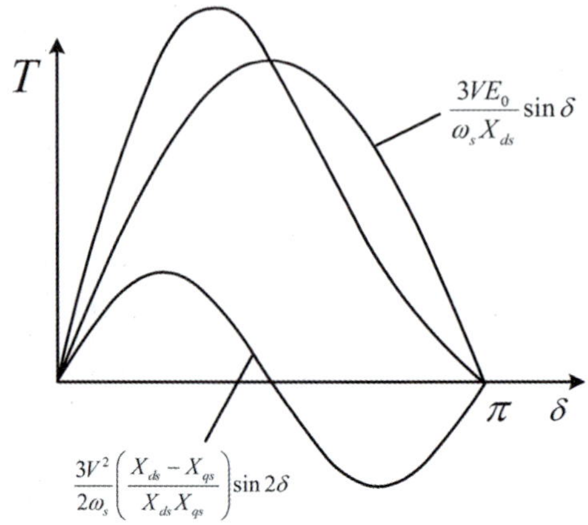

그림 8.44 돌극형 동기전동기의 부하각에 따른 토크 특성

식 (8.63)에서 첫 번째 항은 마그네틱 토크로써 자기배열 토크에 해당하며 두 번째 항은 d축과 q축의 릴럭턴스 차이에 의해 발생하는 토크로 릴럭턴스 토크(reluctance torque)라고 한다. 릴럭턴스 토크는 계자전류가 0이라도 발생하는 토크로 부하각이 $45°$일 때 가장 크다. 순수하게 릴럭턴스 토크만으로 구동하는 전동기는 릴럭턴스 전동기(reluctance motor)라고 한다. 그림 8.44에서는 돌극형 동기전동기에서 발생되는 토크를 나타내었다. 그림 8.44에서 알 수 있는 바와 같이 $X_{ds} > X_{qs}$이면 부하각이 $0° \sim 90°$에서는 릴럭턴스 토크가 마그네틱 토크와 같은 부호가 되어 합성 토크가 커지고 부하각이 $90° \sim 180°$에서는 마그네틱 토크와 릴럭턴스 토크가 반대가 되어 합성 토크가 작아진다. 따라서 원통형 전동기에서는 부하각 $90°$에서 최대토크가 발생되지만 돌극형 전동기에서는 부하각이 $0° \sim 90°$사이의 부하각에서 최대토크가 발생됨을 알 수 있다. 그러나 매입자석형 동기전동기주1)와 같이 $X_{qs} > X_{ds}$이면 $90° \sim 180°$사이의 부하각에서 최대토크가 발생한다.

8.10 동기전동기의 기동 및 난조현상

8.10.1 기동

[1] 동기전동기의 기동시 문제점

동기전동기에서 회전자속의 속도와 전동기의 회전속도가 동일하지 않으면 전동기에서 발생하는 토크는 진동하여 평균 토크가 0이 되므로 전동기로 동작하지 못한다. 따라서

주1) 매입자석형 동기전동기는 회전자 내부에 영구자석을 삽입한 동기전동기로 X_{ds}보다 X_{qs}가 크므로 역돌극성 전기기기라고 한다.

동기전동기의 회전자를 정지상태에서 동기속도로 회전시키기 위해서는 특수한 기동법이 필요하다.

동기전동기에서 회전자속의 속도와 기계적인 속도가 일치하지 않을 경우 어떠한 현상이 일어나는지 알아보자. 동기전동기에 $f[\mathrm{Hz}]$의 주파수를 갖는 전압을 가하면 회전자속은 식 (8.64)의 기계적 속도로 회전한다.

$$\omega_s = \frac{2\pi f}{p} \ [\mathrm{rad/s}] \tag{8.64}$$

여기서 p는 극쌍수를 나타낸다.

기동 초기에 상용 주파수(60 또는 $50[\mathrm{Hz}]$)를 가하면 회전자속은 빠른 속도로 회전하지만 전동기의 회전자는 기계적 시정수가 매우 크기 때문에 회전자속의 속도와 같은 속도로 회전할 수 없다. 그림 8.45(a)와 같이 회전자속의 속도는 매우 빠르므로 회전자가 가속을 하는 초기에 회전자속은 이미 $180°$ 이상을 회전하게 되어 회전자는 초기 토크와 반대방향의 토크가 발생하여 감속하고 다시 $360°$ 이상을 회전하면 회전방향으로 토크가

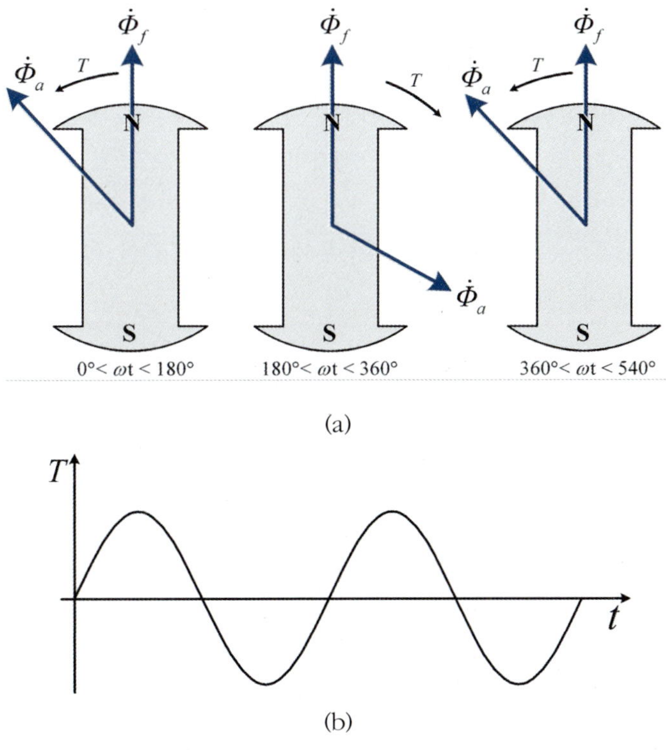

그림 8.45 (a) 동기전동기의 기동 상태 (b) 시간에 따른 기동 토크특성

발생된다. 따라서 동기전동기에서 발생되는 토크는 그림 8.45(b)와 같이 진동하여 평균 토크는 0이 되어 전동기로 동작할 수 없게 된다.

따라서 동기전동기가 전동기의 역할을 하기 위해서는 회전자속의 속도와 회전자의 속도를 동기화 시킬 수 있는 기동법이 필요하다. 고전적인 기동법으로는 유도전동기와 같은 원동기를 사용하여 초기에 강제적으로 동기속도 근처로 운전을 해주거나 회전자에 농형 바를 설치하여 유도전동기의 기동특성을 이용하는 방법 등이 사용되었으며 최근에는 전력변환기를 이용하여 기계적인 회전속도와 전기적 주파수를 일치시키는 주파수제어법 또는 벡터제어법이 이용되고 있다.

[2] 원동기에 의한 기동

그림 8.46에서와 같이 기동시에는 동기전동기의 계자와 전기자에 전압을 가하지 않고 원동기로 거의 동기속도까지 운전을 해주고 동기속도 근처에서 전기자와 계자에 전원을 투입하고 원동기를 분리한다. 이때 동기전동기가 동기속도로 운전하기 위해서는 반드시 전동기의 최대토크가 부하의 요구토크보다 커야 하고 난조현상을 고려할 경우 전동기의 최대토크는 부하토크에 비해서 어느 정도 여유가 있어야 한다.

그림 8.47(a)와 같이 계자의 자속축이 전기자의 자속축에 비해 0° ~ 180° 앞서 있을 때 계자는 회전방향과 반대방향으로 토크를 받아 감속하여 회전자속에 비해 계자자속이 뒤지게 된다. 따라서 그림 8.47(a')의 상태가 되고 회전자속은 계자자속에 비해 앞서게 되어 계자는 회전방향으로 토크를 받는다. 계자가 회전방향으로 토크를 받으면 뒤에서 설명하는 난조현상을 거친 뒤 정상운전을 하게 된다. 또한 그림 8.47(b)와 같이 계자축이 회전자속축에 비해 0° ~ 180° 뒤져 있을 경우에는 다음과 같은 4가지 상태가 되어 동기속도로 운전이 가능해진다.

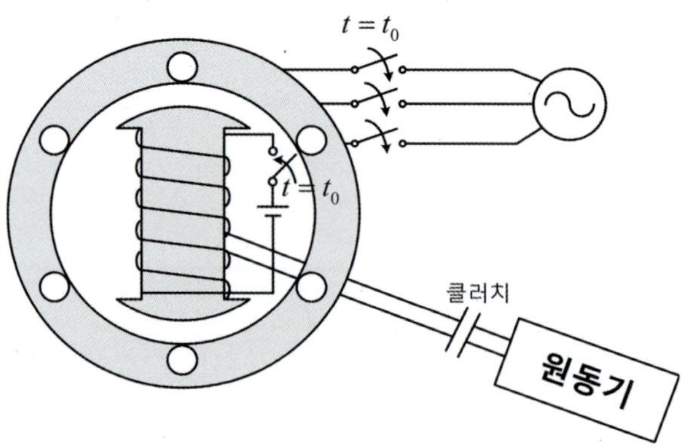

그림 8.46 고전적인 동기전동기 기동법

(1) 부하각이 0° ~ 90° 위치에 있고 전동기의 발생토크가 부하토크보다 작은 경우 : 전동기는 감속하여 부하각이 커지게 되어 전동기에서 발생하는 토크가 커진다. 따라서 난조현상을 거친 후 전동기의 토크와 부하의 요구토크가 같아지는 부하각에서 운전한다.

(2) 부하각이 0° ~ 90° 위치에 있고 전동기의 발생토크가 부하토크보다 큰 경우 : 전동기의 발생토크가 부하토크보다 크므로 전동기는 가속하여 부하각이 작아지고 난조현상을 거친 후 부하토크와 전동기의 발생토크가 같은 부하각에서 동기속도로 운전한다.

(3) 부하각이 90° ~ 180° 위치에 있고 전동기의 발생토크가 부하토크보다 작은 경우 : 부하토크에 비해서 전동기의 발생토크가 작으면 회전자는 감속하여 계자자속이 회전자속에 비해 뒤져 속도가 감소하므로 그림 8.47의 (a)와 (a')의 현상을 거쳐 동기속도로 운전을 한다.

(4) 부하각이 90° ~ 180° 위치에 있고 전동기의 발생토크가 부하토크보다 큰 경우 : 전동기의 발생토크가 부하토크보다 크므로 전동기는 가속하여 부하각이 작아지고 계속 가속하여 결국은 0° ~ 90° 의 부하각에서 부하토크와 전동기토크가 같은 부하각에서 난조현상을 거친 후 동기속도로 운전한다.

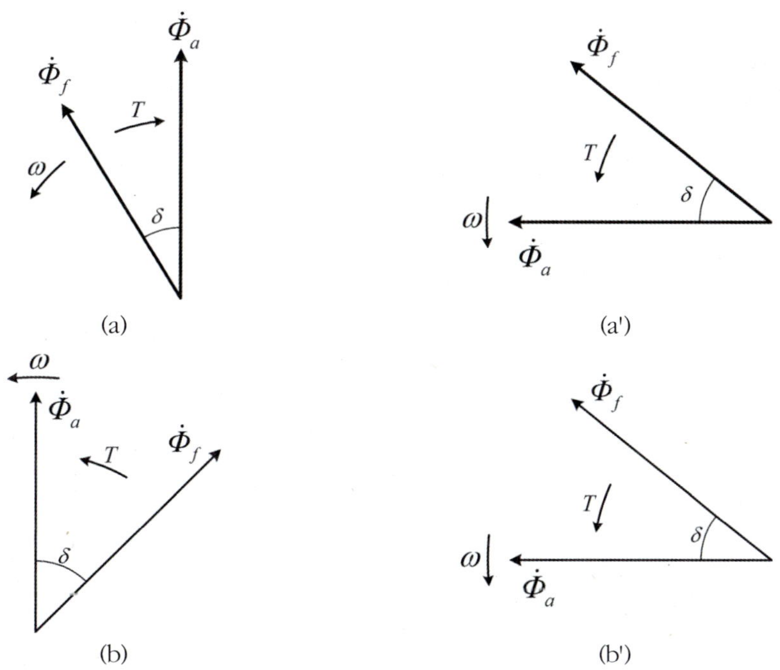

그림 8.47 기동시 계자축 위치에 따른 토크 방향

원동기를 사용하여 동기속도로 회전시킬 경우 기동시의 난조현상 뿐만 아니라 부하변동에 의한 난조현상을 가지고 있으므로 원동기로 기동을 시키더라도 후술하는 댐핑바를 회전자에 설치하여 안정되게 동기속도로 운전을 하는 것이 일반적이다.

[3] 댐핑바(제동권선)를 이용한 기동

일반적으로 많이 사용되는 기동법은 그림 8.48과 같이 회전자에 댐핑바(제동권선)를 설치하여 유도전동기의 원리에 의해 기동토크를 발생시켜 가속하여 동기속도로 운전하는 방식이다. 댐핑바를 이용하여 가속시킬 경우 기동 초기에 계자를 여자시켜 기동하면 그림 8.49(a)와 같이 계자에 의한 토크와 유도전동기에 의한 기동토크가 동시에 발생하게 되어 그림 8.49(b)와 같이 진동하는 토크가 발생하고 전동기에 무리를 줄 수 있다. 따라서 진동 토크를 없애기 위해서 기동 초기에는 계자를 여자시키지 않고 운전을 한다. 그러나 계자를 여자시키지 않은 상태에서 유도전동기로 기동시키면 기동시에 매우 큰 전류가 흐를 수 있으므로 기동 초기에는 계자를 단락시키고 동기속도 근처에서 직류전압을 가해 동기속도로 운전하도록 한다. 이러한 동기전동기를 유도형 동기전동기(LSSM: line power start synchronous motor)라고 한다. 그림 8.48에서 단락된 도체를 댐핑바 또는 제동권선이라고 하는데 이 댐핑바에는 동기속도 이상으로 되면 회전방향과 반대방향으로 힘을 발생시키고 동기속도 이하에서는 회전방향으로 힘이 발생되므로 동기전동기를 안정되게 운전하도록 도와준다. 이러한 유도형 동기전동기는 가변속운전이 불가능하고 갑작스런 부하변동 등에 의해 난조의 현상이 발생될 수 있으며 경우에 따라서는 동기 이탈하여 전동기가 진동을 하고 전동기 동작을 못하는 상황이 발생할 수 있어 고효율 운전이 필수적이고 빈번한 기동 등을 요구하지 않는 대형기에만 사용되었다.

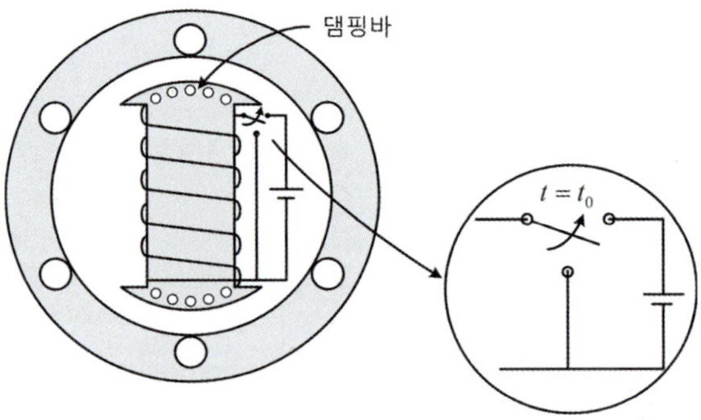

그림 8.48 댐핑바에 의한 동기전동기 기동법

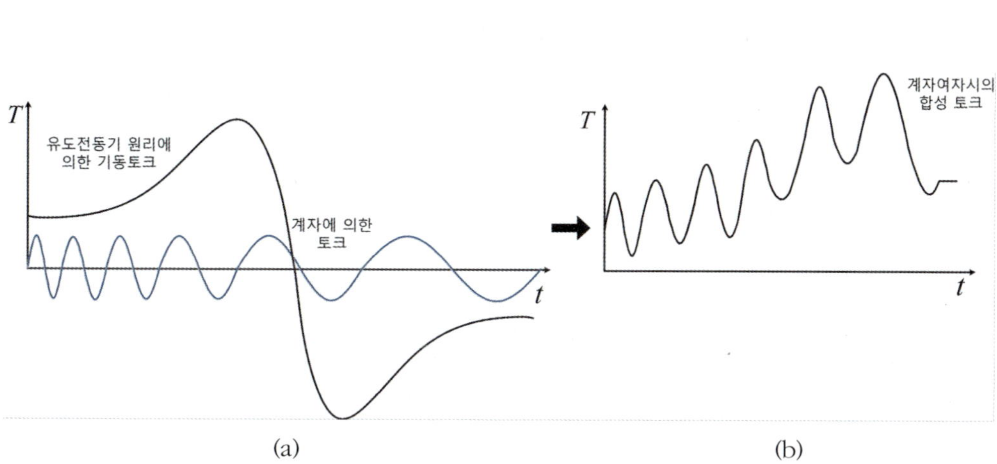

그림 8.49 (a) 댐핑바와 계자에 의한 각각의 토크 (b) 댐핑바와 계자에 의한 합성 기동 토크

[4] 주파수 제어에 의한 기동법

전기적인 회전수에 기계적인 회전수를 동기화 시키는 것은 회전자의 기계적인 시정수가 크기 때문에 외부에서 원동기를 연결하여 기계적인 속도를 제어하지 않으면 거의 불가능하다. 이에 비해서 그림 8.50처럼 전력변환기와 같은 전기제어장치를 이용하면 전기적인 주파수를 쉽게 제어할 수 있으므로 기계적인 회전주파수를 전기적인 주파수에 동기화 시킬 수 있다. 이와 같이 기계의 회전수에 따라 전기의 주파수를 일치시키는 주파수 제어법은 기계의 회전속도에 따라 권선에 인가되는 전력의 주파수를 제어하는 방법이다. 주파수제어법을 이용하기 위해서는 회전자의 회전속도를 정확하게 측정하고 회전속도에 따라 주파수를 제어해야 한다. 따라서 주파수제어에 의한 기동에는 센서, 제어(판단하는 역할을 함), 컨버터(주파수를 변환하는 역할을 함) 장치가 필수적으로 사용되므로 장치가 비싸다는 단점이 있다. 그러나 최근에는 소용량의 전력용 반도체와 제어기의 가격이 싸졌으므로 주파수제어법이 많이 이용되고 있다. 특히 거의 모든 영구자석형 동기전동기는 전력변환기와 제어기를 이용하여 기동 및 속도제어를 하고 있다.

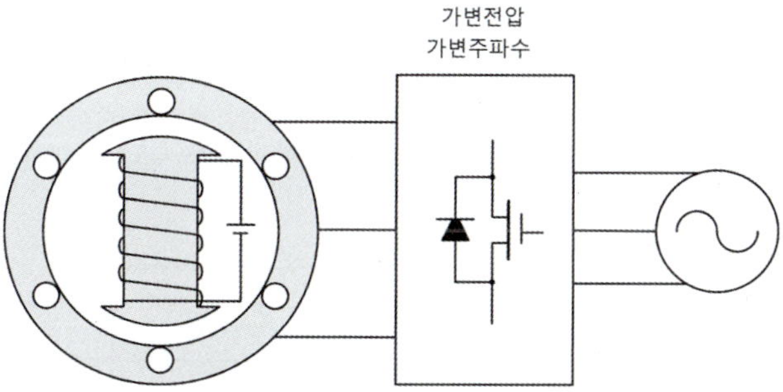

그림 8.50 가변주파수를 이용한 동기전동기의 구동

가변주파수를 이용하여 동기전동기를 기동할 때 기동 초기에 역기전력이 매우 작고 전압주파수가 낮으므로 동기리액턴스가 매우 작아 큰 전류가 흐르게 되어 전동기를 소손시킬 수도 있다. 따라서 동기전동기에 흐르는 전류를 일정한 값으로 제한하면서 기동하고 제어하기 위해서 주파수와 전압의 비를 일정하게 제어하는 V/f 일정제어법이 많이 사용된다.

8.10.2 난조(hunting)

벡터제어를 하지 않는 동기전동기에서는 부하토크의 크기에 따라 부하각 δ가 변한다. 따라서 동기전동기가 초기에 그림 8.51과 같이 부하토크 T_1를 발생하는 부하각 δ_1로 운전하고 있었으나 갑자기 부하토크가 T_2로 증가하면 현재 운전 중인 부하각 δ_1에서의 토크 T_1이 부하토크 T_2보다 작으므로 식 (8.65)에서 좌변항이 (−)가 되어 감속한다.

$$T_m - T_L = J\frac{d\omega_s}{dt} \quad [\mathrm{Nm}] \tag{8.65}$$

따라서 동기속도로 회전하지 못하고 회전자속의 속도가 회전자의 속도에 비해 빠르게 되므로 부하각이 커지게 된다. 부하각이 커짐에 따라 새로운 부하각 δ_2에서 부하토크와 동일한 T_2의 토크를 발생하지만 회전속도가 동기속도보다 작아져 있으므로 갑자기 동기속도로 진입하지 못하고 부하각이 더욱 증가된다. 부하각이 더 증가되면 전동기에서 발생하는 토크는 부하토크보다 커지므로 식 (8.65)에서 좌변 항이 (+)가 되어 가속을 한다. 회전자가 가속하면 어느 순간에는 동기속도 이상이 되어 부하각이 작아진다. 회전자가 가속되어 부하 δ_2가 되었을 때는 동기속도 이상이므로 계속 가속하여 부하각이 δ_2보다 작아진다. 따라서 감속을 하기 시작하여 어느 순간부터는 동기속도 이하가 되고 다시 부하각이 커지게 된다. 이와 같이 기계적인 손실과 철심에 발생되는 와전류에 의한 제동력이 발생되지 않는

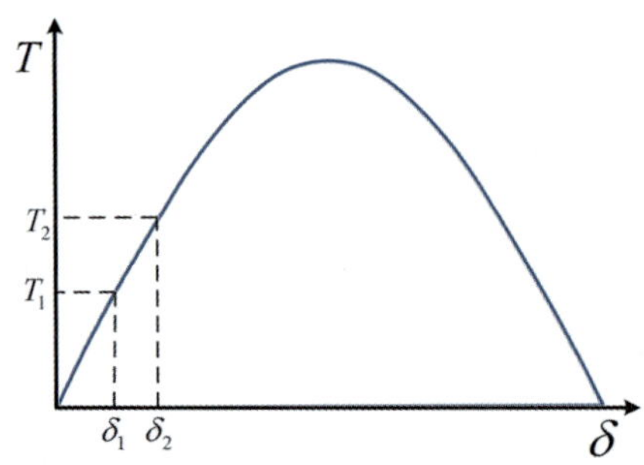

그림 8.51 부하각에 따른 토크 특성

다면 동기전동기는 그림 8.52와 같은 부하각 δ_2을 중심으로 진동하는 토크가 발생되고 속도가 진동하며 운전된다. 그러나 전동기에는 기계적인 손실이 발생되고 또한 철심에 와전류가 발생하여 전동기를 동기속도로 유지하려고 하는 댐핑토크가 발생하므로 실제는 그림 8.52와 같이 진동이 점점 작아져 어느 순간에는 새로운 부하각 δ_2에서 동기속도로 운전한다.

이와 같이 동기전동기가 새로운 부하각으로 운전되기 전에 진동하는 현상을 난조라고 한다. 이러한 난조현상은 부하의 변동뿐만 아니라 전원의 전압이나 주파수가 불안정할 때도 나타난다. 특히 전동기의 고유진동수(natural frequency)와 전동기의 토크리플의 진동수가 일치하면 공진(resonance)현상에 의해 전동기가 심하게 진동할 수 있고 난조현상에 의해 동기이탈이 될 수도 있다.

이와 같은 난조현상은 전동기에 나쁜 영향을 주므로 난조를 방지하기 위해서 플라이휠(fly wheel) 효과를 이용하여 전동기의 고유진동수와 토크의 진동수의 차이가 나도록 하거나 댐핑권선(제동권선)을 사용하여 제동토크를 크게 한다. 특히 제동권선을 사용하면 동기 속도 이외의 속도구간에서 제동권선에 와전류가 흘러 동기속도로 복귀시키려는 토크가 작용하므로 난조현상을 많이 줄일 수 있다. 따라서 일반적인 동기전동기에서는 제동권선을 마련하여 동기전동기가 안정된 운전을 하도록 한다.

8.10.3 동기전동기의 제어

동기전동기는 동기속도로 운전하므로 속도를 제어하기 위해서는 주파수를 제어해야 한다. 권선저항을 무시한 3상 원통형 동기전동기에서 발생되는 토크는 식 (8.66)과 같다.

$$T = \frac{1}{\omega_s} \frac{3 V E_0}{X_s} \sin\delta \ \ [\mathrm{Nm}] \tag{8.66}$$

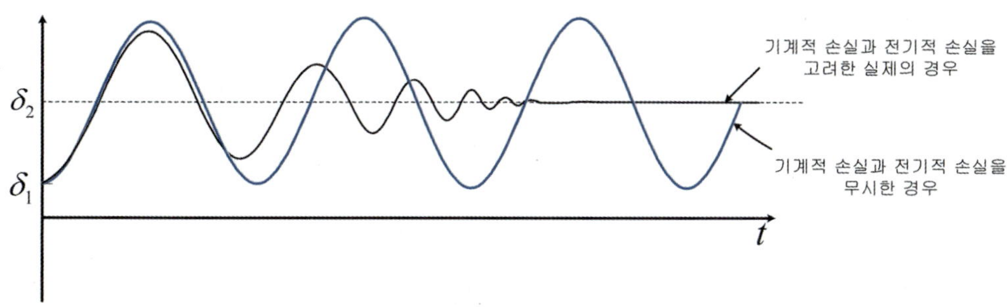

그림 8.52 난조발생시 토크의 시간적 변화 (예)

식 (8.66)에서 알 수 있는 바와 같이 역기전력과 동기리액턴스는 속도에 비례하므로 속도가 변하여도 두 개의 비는 일정하다. 따라서 V가 일정할 경우 토크는 동기속도 ω_s에 반비례하게 된다. 예를 들면 속도 $\omega_s, \omega_s/2, 2\omega_s$로 변했을 때 부하각의 변화에 따른 토크특성은 그림 8.53(a)와 같다. 그림 8.53(a)와 같이 속도가 낮을수록 발생토크가 커지는 것은 속도가 낮을수록 자속이 커지므로 토크가 커지는 것을 의미한다. 그러나 실제로는 주파수가 작아지면 자기포화에 의해 토크가 비례해서 증가되지는 않으므로 주파수가 변동하게 되면 그림 8.53(a)에서와 같이 운전되는 부하각이 달라진다. 예를 들면 부하토크 T_1, 부하각 δ_1에서 운전하고 있을 때 주파수를 2배로 해주면 부하토크는 계속 T_1이 필요하므로 부하각은 δ_2로 운전하게 된다. 그러나 만약 부하토크 T_2, 부하각 δ_3에서 운전하고 있는 동기전동기의 주파수를 2배로 해주면 전동기의 최대토크가 부하토크 T_2보다 작으므로 동기 이탈되어 멈춰버린다. 이와 같이 주파수만을 가변시키면 발생되는 토크 및 전류가 달라지므로 주파수와 전압을 비례해서 제어해주는 V/f 일정제어가 스칼라 제어의 일반적인 방법이다. 만약 V/f 일정제어를 하면 부하각에 대한 토크곡선이 일정하게 되므로 속도가 변하더라도 부하각은 일정하게 된다. V/f 일정제어를 할 때 부하각의 변화에 따른 토크의 변화는 그림 8.53(b)와 같다.

그림 8.53(b)에서 알 수 있듯이 주파수에 비례해서 전압을 제어해 주면 일정한 토크특성을 얻을 수 있으므로 일정 부하각에서 운전하게 된다.

이와 같이 개루프(open loop)로 전원주파수와 전압의 크기만을 제어해주면 속도제어가 가능하지만 난조현상을 피할 수 없으므로 고성능의 제어는 불가능하다. 따라서 고성능의 제어가 필요한 응용기기에서는 폐루프제어법(closed loop control)을 사용하는 것이 일반적이다. 특히 전력변환기를 이용하여 전압, 주파수, 위상을 제어할 수 있으면 벡터제어기법을 이용하여 전류당 최대토크제어, 역률제어, 전압당 최대토크제어 등의 제어를 할 수 있다. 최근에는 이러한 벡터제어기법을 이용한 동기전동기가 광범위하게 이용되고 있다.

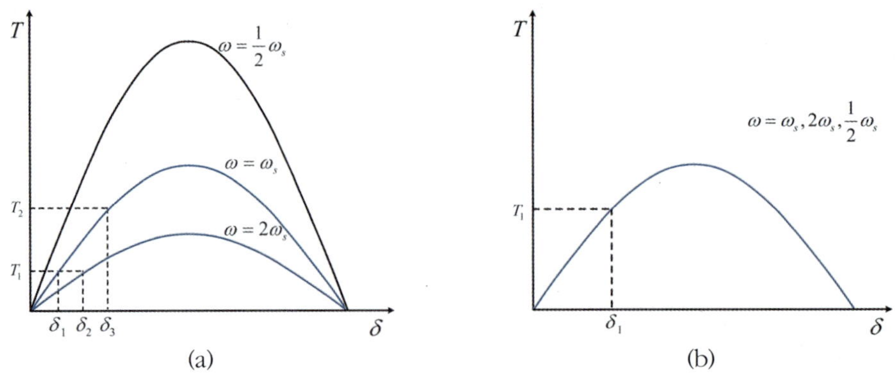

그림 8.53 속도와 부하각에 따른 동기전동기의 토크특성 (a) V 일정, ω_s 가변 (b) V/f 일정

▸▸ 기호정리 ◂◂

기호	의미	기호	의미
α	코일변의 위치	f	주파수
$\boldsymbol{B}$	자속밀도 벡터	$\dot{I}_a$	전기자 전류 벡터
B	자속밀도	$I_{a,\max}$	전기자 전류의 최대치 위치
B_{avg}	평균자속밀도	$\dot{I}_{a,\max}$	전기자 전류의 최대치 벡터
B_m	자속밀도 최대값	I_d	d축(직축)전류
δ	부하각	I_f	계자전류
E	기전력의 실효치	I_q	q축(횡축)전류
E_0	무부하유도기전력	I_s	단락전류
$E_{0,\max}$	무부하시에 발전기의 단자전압의 최대크기	i_a	전기자전류
$\dot{E}_{0,\max}$	무부하시 발전기의 단자전압 최대위치 벡터	i_a, i_b, i_c	3상부하전류
E_a	전기자반작용전압	K	출력상수
$\dot{E}_a$	전기자 반작용 자속에 의한 유도기전력 벡터	k_s	단락비
$E_{a,\max}$	회전자계에 의한 유도기전력의 최대크기	l	길이
$\dot{E}_{a,\max}$	회전자계에 의한 유도기전력 최대위치 벡터	m	상 수
E_d	d축 역기전력	N	턴수
E_m	기전력의 최대치	ν	속도
E_{in}	내부전압	ω_m	회전각속도
$E_{in,\max}$	내부전압의 최대크기 위치	ω_s	동기속도
$\dot{E}_{in,\max}$	내부전압 최대위치 벡터	P	출력
$\dot{E}_l$	누설 자속에 의한 유도기전력 벡터	P_1	동기전동기의 입력전력
E_{la}	누설자속에 의한 유도기전력(누설리액턴스전압)	P_2	동기전동기의 기계적출력

기호	의미	기호	의미
E_q	q축 역기전력	P_d	d축 퍼미언스
e_a	전기자반작용전압	P_e	발전기에서 부하에 전달되는 순수한 전기적 출력
e_{ab}	도체 $a-b$의 유도기전력	P_{loss}	손실전력
$e_{a'b'}$	도체 $a'-b'$의 유도기전력	$P_{\max}$	최대출력
$e_{aa'}$	단자전압	P_q	q축 퍼미언스
F_a	전기자 기자력	p	극쌍수
F_d	d축(직축)기자력	λ_a	전기자반작용 쇄교자속
F_q	q축(횡축)기자력	$\dot{\Phi}_a$	전기자반작용자속 벡터
λ_f	계자의 쇄교자속	θ	역률각
$\dot{\Phi}_f$	계자자속 벡터	V	단자전압
λ_{total}	공극의 쇄교자속	V_n	정격전압
$\dot{\Phi}_{total}$	공극자속 벡터	X_a	전기자반작용리액턴스
ϕ	자속	X_d	d축 전기자반작용 리액턴스
ϕ_a	전기자 반작용 자속	X_{dl}	d축 누설리액턴스
ϕ_d	d축 자속	X_{ds}	d축 동기리액턴스
ϕ_f	계자 자속	X_q	q축 전기자반작용 리액턴스
ϕ_{total}	공극 자속	X_{ql}	q축 누설리액턴스
ϕ_q	q축 자속	X_{qs}	q축 동기리액턴스
R_L	부하저항	X_l	누설리액턴스
R_a	권선저항	X_s	동기리액턴스
T_G	발전기의 토크	Z_L	부하임피던스
T_L	부하토크	Z_Y	Y결선의 임피던스
T_m	전동기의 토크	Z_s	동기임피던스
$T_{\max}$	최대토크	ϕ'_{total}	누설자속을 제외한 공극자속
		$\dot{\Phi}'_{total}$	누설자속을 제외한 공극자속 벡터

연/습/문/제

8.1 60[Hz]의 주파수가 인가되는 12극 동기 발전기의 회전자 직경이 2[m]라 할 때, 회전자의 회전속도 [rad/s]를 [m/s]로 환산하였을 때의 근사적인 값을 구하시오.

① 30 ② 40
③ 50 ④ 60

8.2 6극 60[Hz] Y결선 3상 동기발전기의 극당 자속이 0.16[Wb], 회전수 1200[rpm], 1상의 턴수 186, 권선계수 0.960이면 단자 전압[V]은 얼마인가?

① 13183 ② 12254
③ 26366 ④ 27456

8.3 3상 동기발전기가 있다. 이 발전기의 여자전류 5[A]에 대한 1상의 유도기전력이 600[V]이고 3상 단락전류는 30[A]이다. 이 발전기의 동기 임피던스[Ω]는 얼마인가?

① 2 ② 3
③ 20 ④ 30

8.4 정격 출력 10[MVA], 정격전압이 6600[V], 동기임피던스가 각 상당 3.6[Ω]인 3상 동기 발전기의 단락비는 얼마인가?

① 1.3 ② 1.25
③ 1.21 ④ 1.15

8.5 동기전동기의 전기자 전류가 최소일 때 역률을 구하시오.

① 0 ② 0.707
③ 0.866 ④ 1

8.6 동기전동기의 여자전류를 증가하면 발생하는 현상을 고르시오.

① 전기자 전류의 위상이 앞선다.
② 난조가 생긴다.
③ 토크가 증가한다.
④ 앞선 무효전류가 흐르고 유도 기전력은 높아진다.

8.7 동기전동기의 용도가 아닌 것은?

① 크레인 ② 분쇄기
③ 압축기 ④ 송풍기

8.8 동기전동기의 난조 방지에 가장 유효한 방법을 고르시오.

① 회전자의 관성을 크게 한다.
② 계자면에 제동권선을 설치한다.
③ 동기 리액턴스 X_s를 작게 하고, 동기화력(synchronous power)을 크게 한다.
④ 계자극수를 적게 한다.

8.9 동기전동기에 관한 설명 중 옳지 않은 것을 고르시오.

① 기동토크가 작다. ② 난조가 일어나기 쉽다.
③ 여자기가 필요하다. ④ 역률을 조정할 수 없다.

8.10 동기전동기에서 위상에 관계없이 감자작용을 할 때는 어떤 경우인가?

① 앞선 전류가 흐를 때 ② 뒤진 전류가 흐를 때
③ 동상 전류가 흐를 때 ④ 전류가 흐르면

8.11 동기전동기의 토크는 공급 전압의 변화에 대하여 어떠한가?

① 무관계 ② 정비례
③ 제곱근에 비례 ④ 제곱에 비례

8.12 정격전압 6000[V], 용량 5000[kVA]인 3상 교류발전기에 있어서 여자전류 200[A]에 해당하는 무부하 단자전압은 6000[V]이며, 단락전류는 600[A]라고 한다. 이 발전기의 단락비 및 동기리액턴스[Ω]를 구하시오.

8.13 동기전동기의 계자에 설치한 제동권선의 효용을 설명하시오.

8.14 정격이 10000[V], 500[A]역률 90[%]의 3상 동기발전기에 대해서 다음 물음에 답하시오. 단, 단락비는 1.3으로 하고, 전기자 저항은 무시하는 것으로 한다.

(a) 정격출력[kW]을 구하시오.
(b) 동기리액턴스[Ω]을 구하시오.
(c) 전압변동률[%]을 구하시오.

8.15 돌극형 동기전동기의 출력식은 다음과 같다. 다음의 출력식과 기기정수를 이용하여 돌극형 동기전동기의 부하각에 따른 마그네틱 토크와 릴럭턴스 토크 성분을 구하고 전체 토크 성분을 구하여 그래프로 나타내시오.

- 출력식 : $P_2 = \frac{3VE_0}{X_q}\sin\delta + 3V^2\frac{X_q - X_d}{2X_dX_q}\sin2\delta$
- 기기정수 : $V = 300$, $E_0 = 280$, $X_{ds} = 0.05$, $X_d = 0.02$, $X_q = 0.03$, $\omega_m = 200$

8.16 3상 4극 동기기가 3상 208[V], 60[Hz]전원으로 동작한다. 동기기가 전원으로부터 3[kW]를 공급받고 역률이 1이 되도록 계자 여자를 조정하였고, 동기리액턴스는 8[Ω]이다.

(a) 여자전압과 부하각을 구하시오.
(b) 계자 여자가 일정하게 유지되고 축 부하가 점차 증가할 때 전동기가 구동할 수 있는 최대토크를 구하시오.

제09장 전력전자의 기초

9.1 전력전자 개요

전기기기를 구동하기 위해서는 전기에너지를 공급해야 한다. 전기기기에 전압을 인가하면 전류가 흐르고, 이 전류와 계자의 상호작용으로 발생한 전자기력이 회전력을 발생시킨다. 전동기의 종류에 따라서 직류전원를 인가해야 하는 경우와 교류전원을 인가해야 하는 경우가 있다. 예를 들어서 직류전동기의 경우에는 직류전원을, 단상유도기와 같은 경우는 교류 상용전원을 인가해야 구동할 수 있으며 직류와 교류를 모두 사용 가능한 유니버셜 전동기(universal motor)도 있다. 직류전동기를 구동할 때는 220[V], 60[Hz]의 상용 교류전원을 바로 인가할 수 없으므로 이를 직류로 변환시켜주는 전력변환 장치가 필요하다. 또한 전기자동차 구동용 동기전동기, 유도전동기의 경우 베터리 전압이 직류전원이기 때문에 이를 이용하여 바로 구동할 수 없으므로 직류를 교류로 변환시켜주는 전력변환 장치가 필요하다. 직류전원을 사용하여 직류전동기를 구동하는 경우에도 전압의 크기 변경이 필요할 수 있다. 교류전원을 사용하여 교류전동기를 사용하는 경우에도 주파수 및 전압의 크기 변경이 필요할 수 있다. 따라서 이러한 전원 간의 변환에 전력변환 장치를 사용하는데, 넓은 의미로 모두 컨버터이며, 전원관계에 따라서 그림 9.1과 같이 크게 4가지로 분류한다. 대표적인 명칭을 정리하면 다음과 같다.

- AC / DC 컨버터 : 정류기(rectifier)
- DC / DC 컨버터 : DC−DC 컨버터(DC−DC converter)
- DC / AC 컨버터 : 인버터(inverter)
- AC / AC 컨버터 : AC−AC 컨버터(AC−AC converter)

이러한 전력변환 장치를 구성하기 위해서는 RLC 수동소자 외에도 다이오드(diode), 사이리스터(thyristor), GTO, BJT, FET, IGBT 등의 반도체 소자를 목적에 맞게 사용해야 한다. 다이오드는 ON/OFF 제어가 불가능한 소자이므로 전압가변이 필요하지 않는 정류기에서 주로 사용하며 나머지 소자들의 경우 제어신호를 이용하여 회로를 ON/OFF 할 수 있는 전기적인 스위치의 역할로 사용한다. 본 장에서는 그림 9.1에서 언급한 4가지 큰 분류와 함께 세부적인 전력변환 회로들에 대해서 살펴본다.

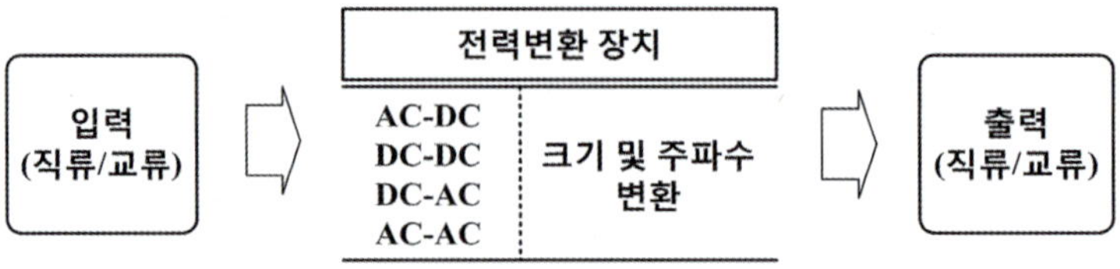

입력	AC	DC	DC	AC
기본 명칭	정류기	DC-DC 컨버터	인버터	AC-AC 컨버터
종류	다이오드 정류기 위상제어 정류기	DC 쵸퍼 Buck 컨버터 Forward 컨버터 Boost 컨버터 Buck-Boost 컨버터 Flyback 컨버터 Cuk 컨버터 Full-Bridge 컨버터	전류형 인버터 - PWM - 위상제어 전압형 인버터 - 6-Step - SPWM - SVPWM	변압기 사이클로 컨버터
출력	DC		AC	

그림 9.1 전력변환 장치의 종류

9.2 반도체 소자

전력변환 회로를 살펴보기 전에 회로에 사용되는 소자별 특성에 대하여 살펴보자. 회로망은 전력용 반도체 소자의 발전으로 ON/OFF 제어를 통하여 회로의 연결과 분리가 가능하다. 제어없이 정방향 전류만 흐를 수 있는 다이오드부터 전류와 전압을 제어신호로 이용하는 IGBT까지 다양한 소자의 개발이 진행되고 있다.

9.2.1 다이오드(diode)

다이오드는 가장 먼저 개발된 PN 접합 전력용 반도체 소자이다. 기호는 그림 9.2(a)에 있으며 표식 A는 Anode, K는 Cathode를 의미한다. A핀으로 들어오는 전류 i_A와 A핀과 K핀 사이에 걸리는 전압 v_{AK}를 이용하여 다이오드의 $v-i$ 특성을 살펴보면 그림 9.2(b)와 같다. 음의 i_A가 흐르면 음의 v_{AK}의 전압강하가 소자에 발생하여 V_{BR} 이내에서 다이오드는 역방향 전압저지 특성을 갖는 OFF 상태를 유지하며, 수 [mA] 이내의 역방향 누설전류가 흐른다. 음의 v_{AK}가 역방향 항복전압 V_{BR}보다 커지면 소자가 파괴된다. 보통 다이오드 도통 시 전압강하 v_{AK}는 약 1[V] 이내로 작다.

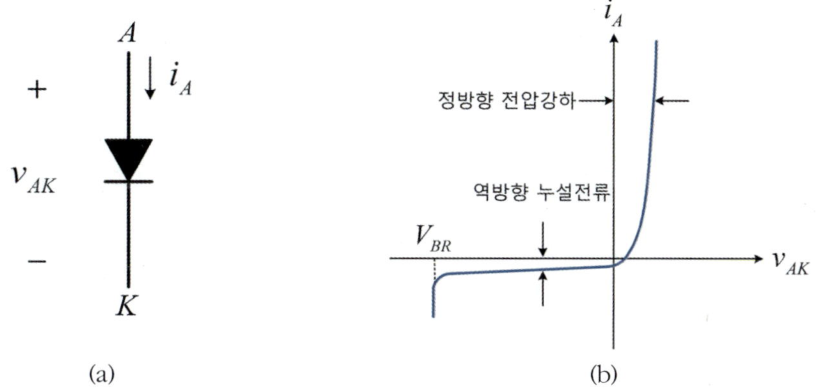

그림 9.2 다이오드의 특성 (a) 기호 (b) $v-i$ 특성

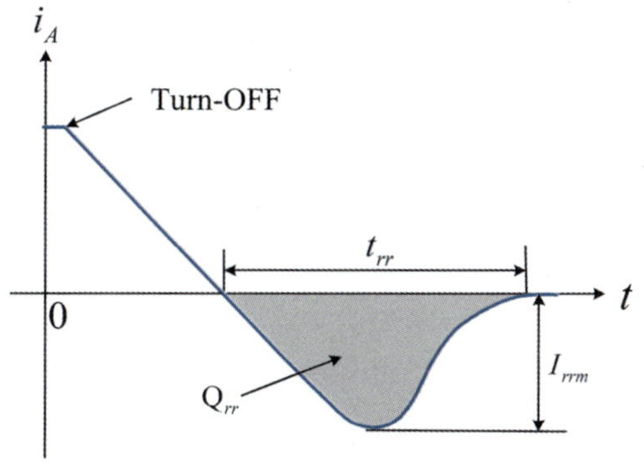

그림 9.3 다이오드의 역회복 특성

역방향 회복(reverse recovery)특성은 다이오드를 분류하는 중요한 특성이다. 이를 살펴보면 순바이어스에서 다이오드의 양쪽에는 과잉 소수캐리어 전하가 축적된다. 이 때 역바이어스로 스위칭하면 공간전하 영역 끝에 과잉 소수캐리어 농도가 줄어들어 농도 기울기를 크게 만들기 때문에 역바이어스 방향으로 확산전류를 흐르게 한다. 그림 9.3은 역방향 회복 특성을 나타내고 있다. 외부 전압 조건에 의하여 Turn-OFF되는 시점에서 i_A를 시간에 따라 살펴보면, 음의 전류가 t_{rr}의 시간 동안 흐르다가 0[A]가 된다. Turn-OFF시 역방향 전류의 최대치 I_{rrm}과 전하량 Q_{rr}은 다이오드의 중요한 특성으로 역방향 회복 특성이 나쁘면 고속의 ON/OFF 전환이 이루어지기 힘들다. 회복특성에 따라 50/60[Hz]의 정류기에 주로 사용되는 저회복성 다이오드와 컨버터의 Freewheeling 및 스너버용으로 사용되는 고회복성 다이오드, 매우 높은 주파수의 컨버터에 사용되는 쇼트키(schottky) 다이오드로 분류한다.

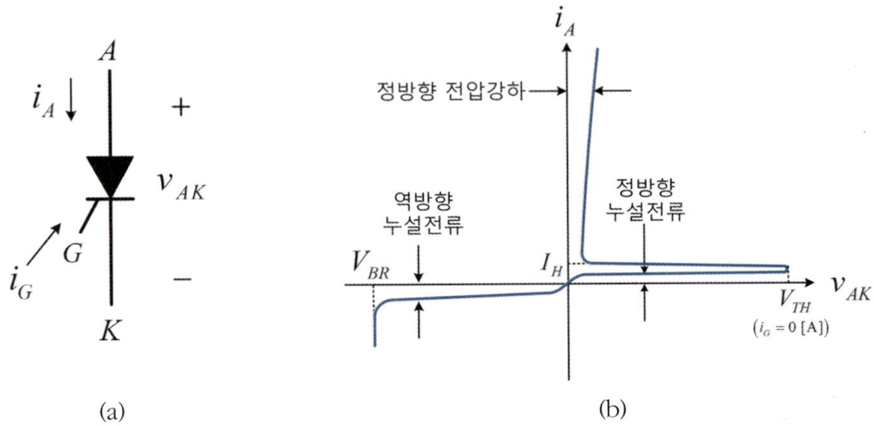

그림 9.4 사이리스터의 특성 (a) 기호 (b) $v-i$ 특성($i_G = 0[A]$)

9.2.2 사이리스터(thyristor)

그림 9.4(a)와 같이 사이리스터는 다이오드의 2핀 구조에서 Turn-ON 제어를 위한 Gate용 G핀이 추가된 3핀 구조를 갖는다. 역방향 특성은 다이오드와 동일하며, 정방향 특성의 경우 문턱전압(threshold voltage) V_{TH} 이상의 v_{AK}가 인가되어야 Turn-ON 된다. 사이리스터는 Gate에 전류 펄스 i_G를 인가하여 V_{TH}를 조절할 수 있다. $i_G = 0$ [A]인 상태의 V_{TH}가 가장 크며 그림 9.4(b)와 같다. V_{TH}가 작아지면 낮은 v_{AK}로 Turn-ON 될 수 있으므로 Turn-ON시키기 위해서는 i_G를 증가시킨다.

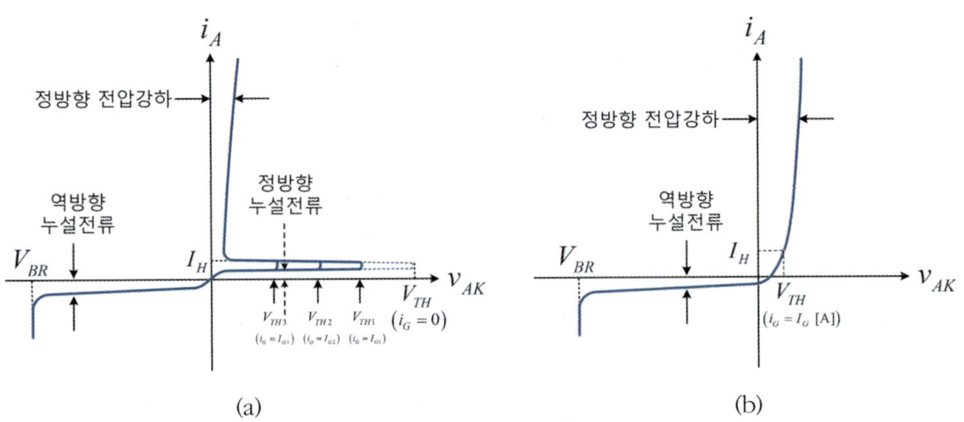

그림 9.5 사이리스터의 $v-i$ 특성 (a) $i_G = I_{G1},\ I_{G2},\ I_{G3}[A]$ (b) $i_G = I_G[A]$

그림 9.5 (a)는 $I_{G1} < I_{G2} < I_{G3}$ 관계가 성립하는 크기의 i_G[A]를 순차적으로 인가했을 경우 V_{TH}가 $V_{TH1} > V_{TH2} > V_{TH3}$으로 감소하는 것을 나타낸다. V_{TH}를 최소로 하는 i_G의 크기가 I_G라면 그림 9.5(b)와 같은 $v-i$ 특성을 갖는다. 사이리스터가 ON 상태에 들어서면 작은 i_G로도 ON 상태를 유지할 수 있다. ON 상태에서 i_G가 $0[A]$이면 V_{TH}가 최대값이 되며 인가전압이 줄어서 사이리스터의 전류 i_A가 감소하여 홀딩전류 I_H보다 낮아지면 V_{AK}가 V_{TH}로 갑자기 증가하여 OFF 상태가 되므로 다시 Turn-ON하기 위해서는 i_G를 조절하여 V_{TH}를 낮춰야 한다. Thyristor 소자에서 발생하는 ON 상태의 전압강하는 $1 \sim 3$[V]이다.

9.2.3 TRIAC(triode for alternating current)

그림 9.6(a)와 같이 단방향 전류 특성을 갖는 사이리스터 2개를 서로 반대방향으로 병렬 연결하면 양방향 전류제어기 기능하다. TRIAC은 하나의 소자로 이러한 특성을 가지며 하나의 G핀을 이용하여 정/역방향에 대한 Turn-ON 제어가 가능하다. 사이리스터 2개를 조합하는 것보다 경제적이지만 i_G에 대한 정밀도가 낮아서 Turn-OFF 시간이 사이리스터보다 길며 급격한 전압변동에 취약하여 유도성 부하에 적용하기는 어려움이 있다. 주로 전구의 밝기나 온도 제어용으로 많이 사용되며 특수한 2방향성 다이오드인 DIAC을 G핀에 연결하여 사용하기도 한다. 그림 9.6(b)는 TRIAC의 $v-i$ 특성이다.

9.2.4 GTO(gate turn-off thyristor)

GTO는 사이리스터와 동일한 ON/OFF 시 $v-i$ 특성을 갖는다. 다만 강제적인 Turn-OFF가 불가능한 사이리스터에 비하여 GTO는 Turn-ON, Turn-OFF 모두 i_G를 조절하여 제어

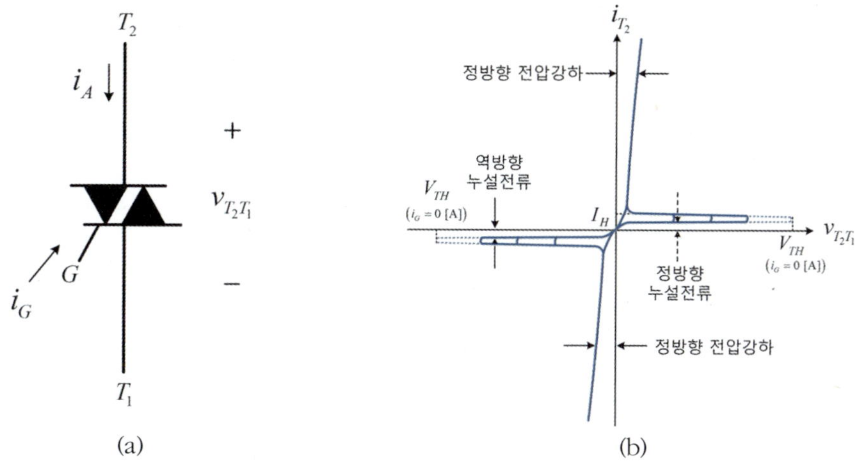

그림 9.6 TRIAC의 특성 (a) 기호 (b) i_G에 따른 $v-i$ 특성

할 수 있다는 장점이 있다. 사이리스터와 같이 ON 상태를 유지하는 동안 V_{TH}를 감소시키기 위하여 지속적으로 i_G를 인가할 필요가 없으며 음의 i_G를 흘리면 Turn-OFF 동작이 수행된다. GTO 소자에서 발생하는 ON 상태의 전압강하는 사이리스터보다 약간 높은 2~3[V]이며 사이리스터보다는 높은 스위칭 주파수가 요구되는 영역에서 사용이 가능하다. 주로 수 [kHz] 이내의 영역에서 사용되며 대용량의 전력제어용으로 사용된다.

9.2.5 BJT(bipolar junction transistor)

BJT 소자는 그림 9.7(a)와 같이 B, C, E 3핀으로 구성되며 각각 Base, Collector, Emitter를 의미한다. i_B가 증가할수록 i_C의 최대치가 증가하며 i_B에 의하여 i_C가 제한되므로 과전류가 흐르는 것을 방지할 수 있다. v_{CE}가 증가해도 i_C가 거의 증가하지 않는 포화영역(saturation region)이 있으며 주로 포화영역에서 동작이 수행된다. NPN 타입 BJT의 기호와 i_B의 증가에 따른 $v-i$특성은 그림 9.7에 나타나 있다. 여기서 $I_{B1} < I_{B2} < I_{B3} < I_{B4} < I_{B5}$의 관계가 성립한다. ON 상태에서도 지속적인 i_B를 인가해야 하기 때문에 제어용 전력소모가 큰 편이다.

9.2.6 MOSFET(metal-oxide-semiconductor field-effect transistor)

MOSFET 소자는 그림 9.8(a)와 같이 D, S, G 3핀 구조이며 각각 Drain, Source 그리고 Gate를 의미한다. G핀과 S핀 사이에 v_{GS}를 인가하여 발생하는 전계에 의하여 D핀과

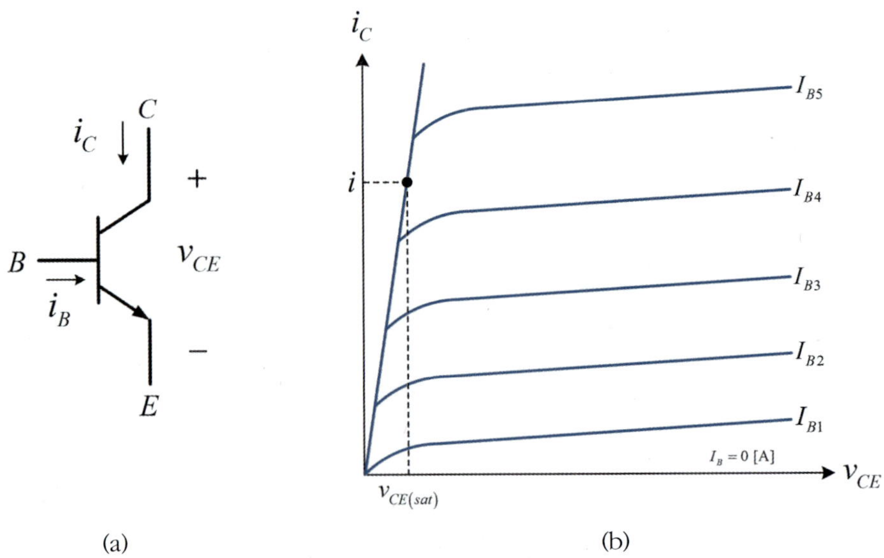

그림 9.7 BJT의 특성(NPN타입) (a) 기호 (b) $v-i$ 특성($i_B = I_{B1}, I_{B2}, I_{B3}, I_{B4}, I_{B5}[A]$)

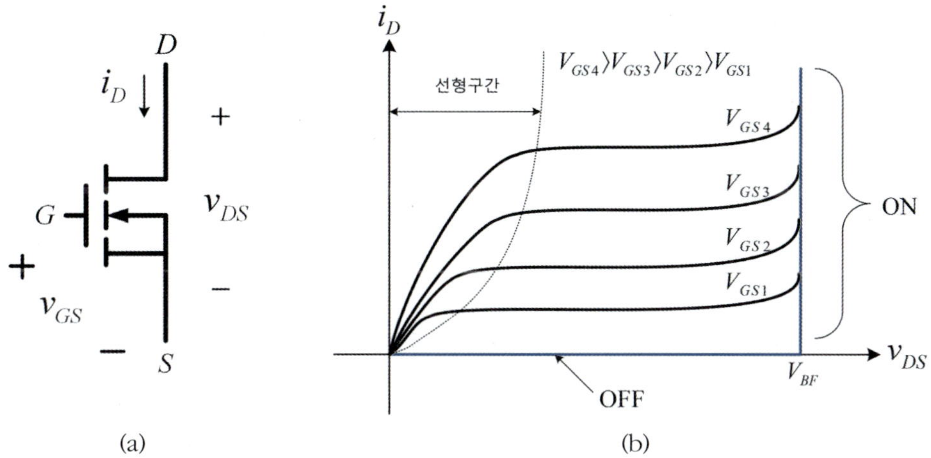

그림 9.8 MOSFET의 특성 (a) 기호 (b) $v-i$ 특성($v_{GS}=V_{GS1}, V_{GS2}, V_{GS3}, V_{GS4}[V]$)

S핀 사이에 집중된 캐리어가 전류가 흐를 수 있는 채널(channel)을 형성한다. 앞에 소개된 소자들과 달리 회로의 ON/OFF는 전압신호 v_{GS}에 의해 결정되고 높은 임피던스에 의한 낮은 구동 전류 때문에 제어 시 요구되는 전력 소모가 작으며 반응성이 좋아서 고속 스위칭 동작이 요구되는 곳에 적용가능하다. 다만 ON 상태에서 채널이 저항성분으로 작용하므로 용량이 작은 분야에 사용된다. v_{GS}의 크기에 따라서 형성되는 채널의 두께가 달라지므로 i_D의 최대치가 결정된다. 낮은 v_{GS}에서도 v_{DS}가 정방향 항복전압 V_{BF}보다 높아지면 소자가 파괴된다.

MOSFET가 제작되면 D와 S 사이의 거리가 고정되므로 v_{GS}의 크기에 상관없이 V_{BF}는 거의 일정하다. v_{GS}를 채널을 형성할 수 없는 전압 이하로 인가하게 되면 채널이 사라져서 Turn-OFF 동작이 수행된다. power MOSFET은 전력용 MOSFET를 말하며 역방향으로 병렬 연결된 다이오드가 내장된 형태이므로 양방향 전류, 단방향 전압저지 특성을 갖는다. 일반적인 N채널 MOSFET의 v_{GS}에 따른 i_D-v_{DS} 특성은 그림 9.8(b)와 같다. v_{GS}의 증가에 따른 최대 i_D의 증가를 확인할 수 있다. MOSFET과 BJT는 $v-i$ 특성이 유사하지만 제어신호와 구조에서 차이가 나타난다.

9.2.7 IGBT(insulated gate bipolar transistor)

IGBT는 ON시 전력 손실이 적고 높은 전압저지(voltage blocking) 특성을 갖는 BJT의 특성과 전압 제어신호를 이용하므로 고속 스위칭에 유리한 MOSFET의 특성을 동시에 만족하고 역방향 전압저지가 가능한 GTO의 특성도 갖추고 있다. 그림 9.9(a)와 같이 C, E, G의 3핀으로 이루어지며 각각 Collector, Emitter, 그리고 Gate를 의미한다. v_{GE}를 이용하여 ON/OFF를 결정하며 v_{GE}의 크기에 따라서 최대 도통전류 I_C가 결정된다.

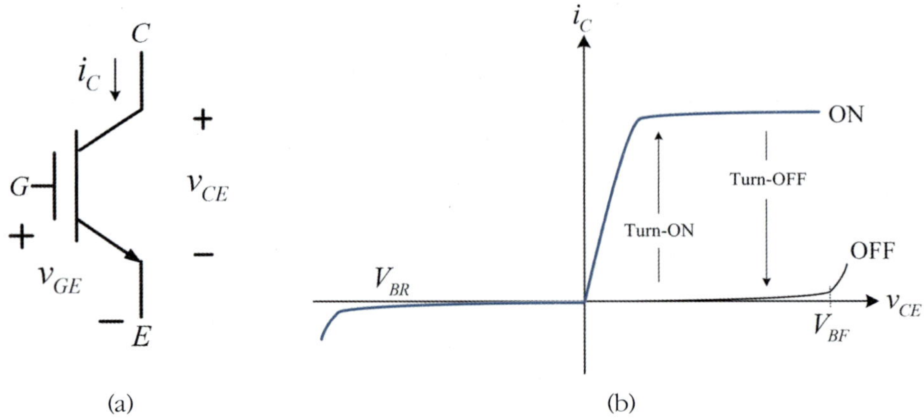

그림 9.9 IGBT의 특성 (a) 기호 (b) $v-i$ 특성

그림 9.9(b)는 IGBT의 $v-i$ 특성을 나타내며 ON 상태의 단방향 전류 특성과 OFF 상태의 양방향 전압저지 특성을 확인할 수 있다.

IGBT 소자를 이용하여 Turn−ON, Turn−OFF를 했을 때 시간에 따른 v_{CE}, i_C의 파형과 그 때의 손실을 살펴보면 그림 9.10과 같다. ON 상태보다 ON/OFF 절환(switching)이 이루어지는 스위칭 구간에서 큰 손실이 발생하기 때문에 고속 스위칭을 하게 되면 스위칭 손실이 증가하게 된다. 따라서 전동기를 제어할 때 공간벡터(space vector) 제어기법 등을 이용하여 스위칭 상태의 변화가 최소가 되도록 스위칭 순서를 결정한다.

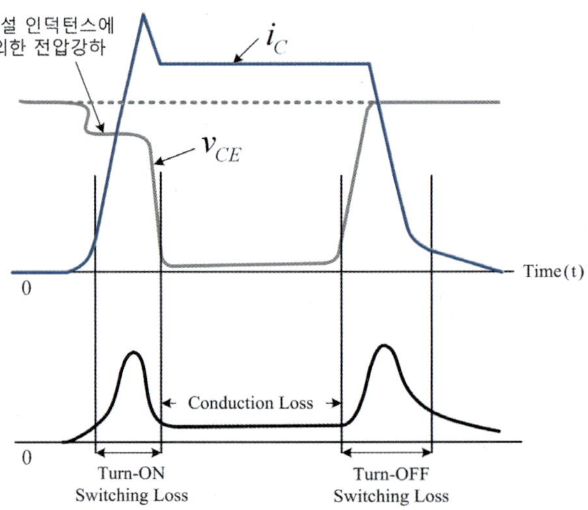

그림 9.10 IGBT의 스위칭 특성

9.2.8 IGCT(integrated gate-commutated thyristor)

IGCT는 전류구동형 소자이나 IGBT보다 ON시 발생하는 전압강하가 낮은 특성을 가지고 있다. 다만 OFF시키기 위해서는 도통전류와 크기는 같지만 음의 전류가 Gate에 인가되어야 하므로 이를 고려해야 한다. GTO와 비슷한 용도로 사용된다.

이러한 반도체 소자들의 발전과정과 기호, ON/OFF 상태에 따른 동작극성, 그리고 간단한 특성을 정리하면 그림 9.11과 같다.

명칭	기호	이상적인 동작극성	특성
Diode (1955)		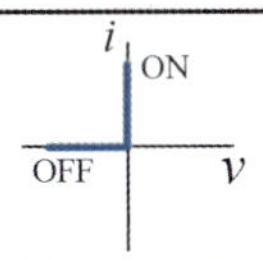	ON/OFF 제어 불가 매우 작은 ON 방향 전압 강하 단방향 전압 저지, 단방향 전류 소자
Thyristor (1958)		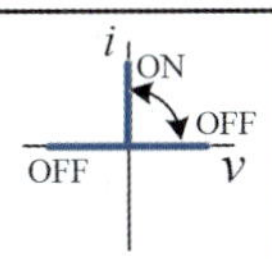	OFF 제어 불가 Gate의 전류펄스에 의하여 ON 제어 양방향 전압 저지, 단방향 전류 소자
TRIAC (1958)	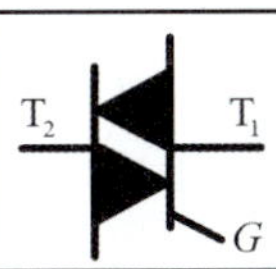	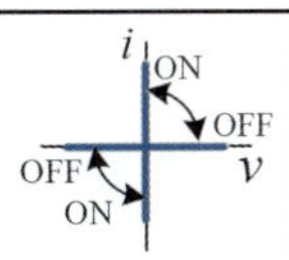	OFF 제어 불가 SCR보다 Gate 전류에 대한 민감도가 떨어져서 OFF 시간이 길다. 양방향 전압 저지, 양방향 전류 소자
GTO (1980)	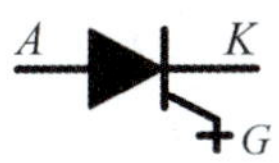	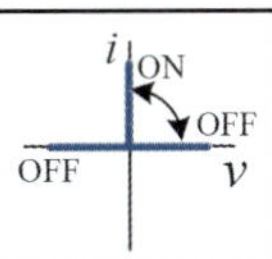	ON/OFF 제어 가능 ON 유지를 위한 Gate 전류가 낮음 음의 Gate 전류로 OFF 가능 양방향 전압 저지, 단방향 전류 소자
BJT (1975)	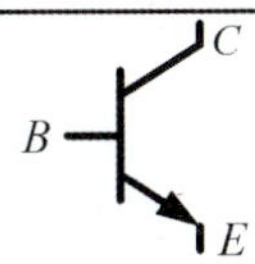	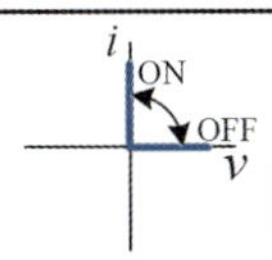	Base 전류에 의하여 ON 결정 Base 전류 크기에 따라 도통 전류 최대치 결정 단방향 전압 저지, 단방향 전류 소자
MOSFET (1975)	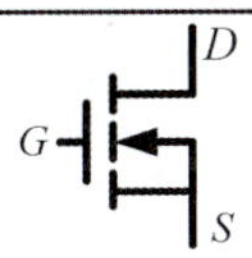	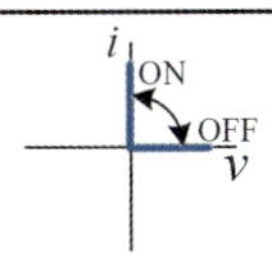	Gate와 Source 사이에 전압을 인가하여 ON/OFF 결정 ON시 도통전류에 따라 전압강하 변동 단방향 전압 저지, 단방향 전류 소자
IGBT (1985)	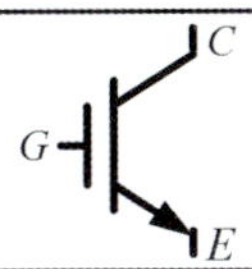	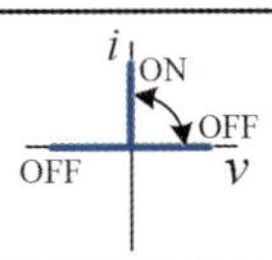	Gate와 Emitter 사이에 전압을 인가하여 구동하는 전압구동형 ON시 전압강하는 거의 일정 양방향 전압 저지, 단방향 전류 소자
IGCT (1996)	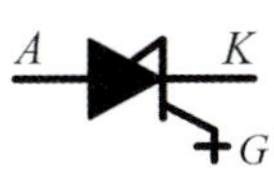	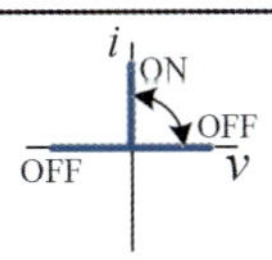	Gate에 도통 전류와 크기가 갖고 음의 전류를 흘려서 빠른 OFF 가능 IGBT보다 도통 시 전압강하가 낮다 양방향 전압 저지, 단방향 전류 소자

그림 9.11 전력용 반도체 소자의 분류

9.2.9 적용 범위

이러한 스위칭 소자들을 사용하는 용량과 스위칭 주파수대역을 그림으로 표현하면 그림 9.12와 같다. 전동기의 벡터제어 용도로는 보통 수[kHz]~수십[kHz]의 주파수영역이 요구되기 때문에 저전압 구동에는 MOSFET이 사용되며 보다 높은 전압 구동이 요구되는 전동기에서는 IGBT를 주로 이용한다. 여기서 IPM(intelligent power module)은 IGBT 소자 6개와 기타 구동회로 등을 패키지 형태로 제작한 소자이다. 이러한 소자들은 기술 발전에 따라서 용량 개선이 지속적으로 이루어지고 있다.

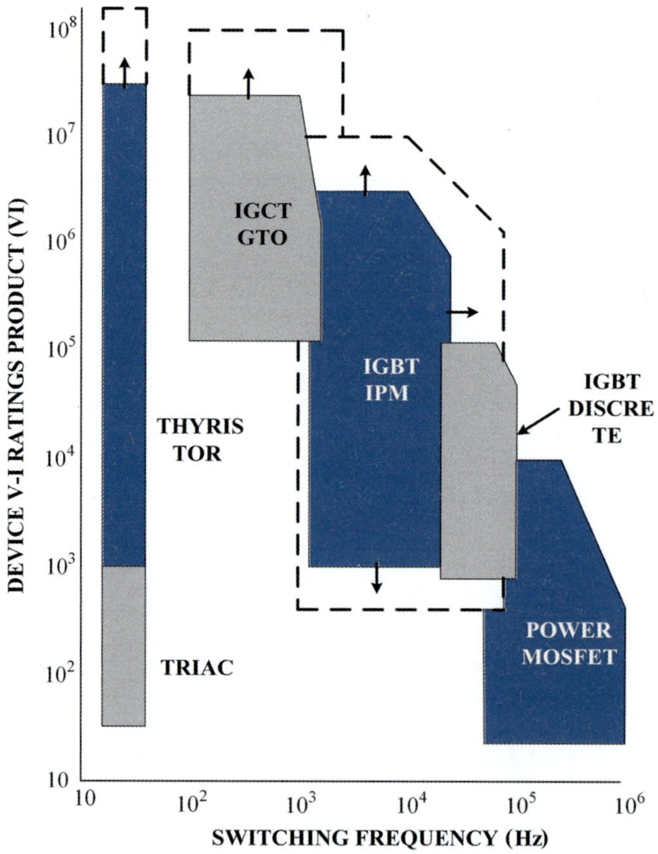

그림 9.12 스위칭 소자들의 주 사용영역

9.3 AC-DC 컨버터

AC-DC 컨버터로 쓰이는 회로는 일반적으로 정류기라고 부른다. 정류기는 교류전원을 정류하여 직류로 변환하는 컨버터로서 보통 다이오드를 사용한다. 다이오드를 이용하여 한쪽 극성(polarity)으로 변환한 다음에 DC Link 커패시터를 이용하여 평활하게 하여 직류출력을 얻는다. 다만 다이오드 정류기를 사용할 경우 전원전압의 최대값에 의하여 출력전압의 크기가 고정되는 단점이 있으며, 사이리스터를 이용하여 지연각을 제어할 경우 출력전압을 변화시킬 수 있다. AC-DC 컨버터를 직접적으로 이용하여 직류전동기를 가변속(variable speed) 구동할 경우에는 사이리스터를 이용한 위상제어 정류회로가 필수적이며 그렇지 않을 경우 다이오드 정류회로와 DC-DC 컨버터를 이용하여 출력전압을 가변할 수 있다. 본 절에서는 기본적인 단상 다이오드 정류회로, 단상 위상제어 정류회로, 3상 다이오드 정류회로, 그리고 3상 위상제어 정류회로에 대하여 살펴본다.

9.3.1 단상 다이오드 정류회로

단상 다이오드 정류회로는 AC의 한쪽 극성 전압만 통과시키는 반파(half wave) 다이오드 정류회로와 양쪽 극성 모두 정류하는 전파(full wave) 다이오드 정류회로로 나눌 수 있다. 단상 전파 다이오드 정류회로는 다이오드 4개를 사용하여 구성하며 회로 구성은 그림 9.13과 같다. 또한 단상 전파 다이오드 정류회로의 입출력 및 다이오드 D_1에서의 전압, 전류 파형은 그림 9.14에 나타나 있다.

입력전압 v_{in}은 교류이며 정류회로 상단 다이오드의 캐소드(cathode)는 같은 전위값을 갖고 있으므로 애노드(anode)에 높은 전압이 걸리는 다이오드가 도통된다. 입력전압 v_{in}이 양의 극성을 나타내는 동안은 D_1의 애노드측 전위가 D_2보다 높으므로 D_1이 도통된다. 정류

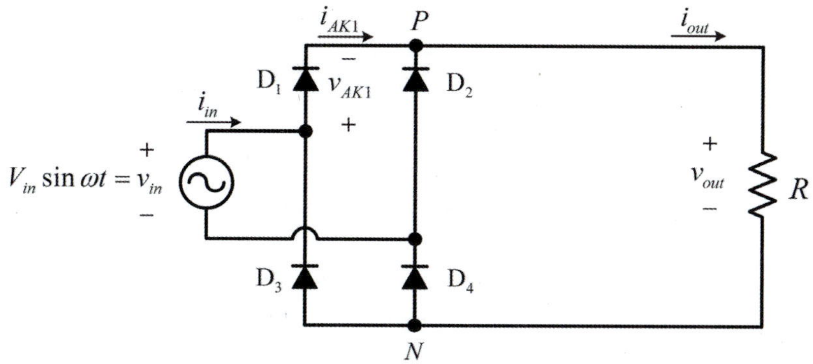

그림 9.13 단상 전파 다이오드 정류회로

회로 하단의 다이오드에서는 애노드가 공통의 전위로 연결되어 있으므로 캐소드의 전위가 낮은 다이오드로 도통된다. 마찬가지로 입력전압 v_{in}이 양의 극성을 나타내는 동안에는 D_4의 캐소드측 전위가 낮으므로 전류는 D_4를 따라 흐르게 된다. 따라서 v_{in}이 양의 극성인 동안에는 D_1, D_4와 부하를 연결하는 폐회로가 형성된다. 이 경우 노드 N의 전위를 0이라고 하면 P 점의 전위는 입력전원의 전위와 동일하게 된다. 입력전원 v_{in}이 음의 극성을 나타내는 동안에는 D_2, D_3와 부하를 연결하는 폐회로를 형성하게 된다. 그 결과 입력전원은 음의 값을 가지지만 노드 N의 전위를 기준으로 살펴보면 노드 P의 전위는 양의 값을 가지게 된다. 이와 같이 입력전원이 교류지만 출력전압 v_{out}은 항상 양의 값을 가지게 되므로 이를 단상 전파 다이오드 정류회로라고 한다. 즉, 다이오드 D_1에 걸리는 전압을 살펴보면 입력전원 v_{in}이 양의 극성을 가지는 동안에는 순방향 전압강하만 발생하게 되며, v_{in}이 음이 되면 D_2가 도통되면서 D_1에는 역방향 바이어스(bias)가

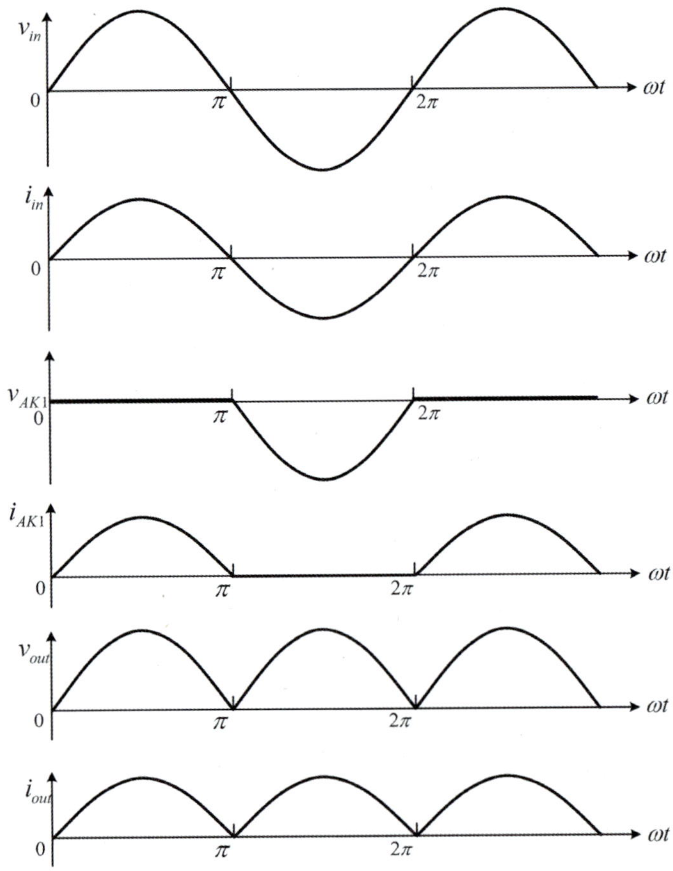

그림 9.14 단상 다이오드 정류회로의 정류 파형

걸리게 되고, 크기는 v_{in}과 동일하게 된다. 저항 부하가 연결된 상태이므로 전압과 전류의 위상변화는 없으며 입력측의 전압과 전류 v_{in}, i_{in}은 극성이 변화하는 일반적인 형태의 교류로써 나타나게 되지만 출력측의 전압과 전류 v_{out}, i_{out}은 전파 정류된 형태로써 양의 극성만을 가지는 형태가 나타나게 된다. 하지만 R과 L이 결합된 전기기기의 경우에는 출력 전류 파형이 다르게 나타난다. 변화하는 v_{out}과 i_{out}을 이용하여 주기에 따라서 평균 전압, 실효 전류를 구할 수 있는데 전원전압의 최대치를 V_{in}이라 하고 평균 전압을 구하면 식 (9.1)과 같이 나타난다.

$$\langle v_{out} \rangle = \frac{1}{\pi}\int_0^{\pi} v_{out} d(\omega t) = \frac{1}{\pi}\int_0^{\pi} V_{in}\sin\omega t\, d(\omega t) = \frac{2}{\pi}V_{in} \quad [\mathrm{V}] \tag{9.1}$$

이 때 평균 전류는 식 (9.2), 실효 전류는 식 (9.3)과 같다.

$$\langle i_{out} \rangle = \frac{\langle v_{out} \rangle}{R} = \frac{2}{\pi R}V_{in} \quad [\mathrm{A}] \tag{9.2}$$

$$\begin{aligned} I_o &= \sqrt{\frac{1}{\pi}\int_0^{\pi} i_{out}^2\, d(\omega t)} \\ &= \sqrt{\frac{1}{\pi}\int_0^{\pi}\left(\frac{V_{in}\sin\omega t}{R}\right)^2 d(\omega t)} \\ &= \frac{V_{in}}{\sqrt{2}R} \end{aligned} \tag{9.3}$$

9.3.2 단상 위상제어 정류회로

앞의 절에서 살펴본 다이오드 정류기의 경우 입력전압에 따라서 다이오드의 도통상태가 결정되고 평균 출력전압 $\langle v_{out} \rangle$은 변하지 않게 된다. 사이리스터를 사용할 경우 사이리스터 소자의 도통 시점(conduction point)을 결정할 수 있다. 다만 OFF 시점은 전류에 의해 결정되기 때문에 조절할 수 없다. 이와같이 사이리스터를 이용하면 출력전압을 변경할 수 있으나 다이오드보다 복잡한 동작 구성을 나타내므로 반파 위상제어 정류회로부터 살펴보자. 사이리스터 T를 사용한 단상 반파 위상제어 정류회로는 그림 9.15에 나타나 있으며 교류 입력전원은 v_{in}, 출력전압은 v_{out}, 그리고 사이리스터 T에서의 전압강하는 v_T로 표현하며 극성을 나타내었다. 부하는 저항과 인덕터로 구성되어 전압과 전류의 위상 차이가 존재하게 된다. 사이리스터를 이용한 위상제어 정류회로는 위상 제어각 혹은 점호각(firing angle) α를 조절하여 정류되는 전압을 가변할 수 있다. $\alpha = 0°$인 경우라면 단상 반파 다이오드 정류회로와 동일한 특성을 갖게 된다.

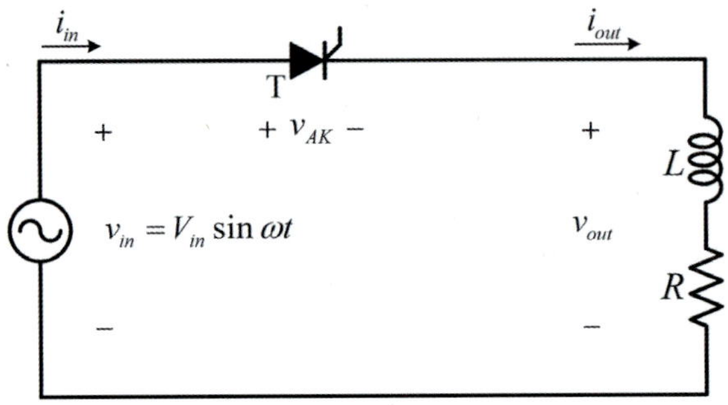

그림 9.15 단상 반파 위상제어 정류회로

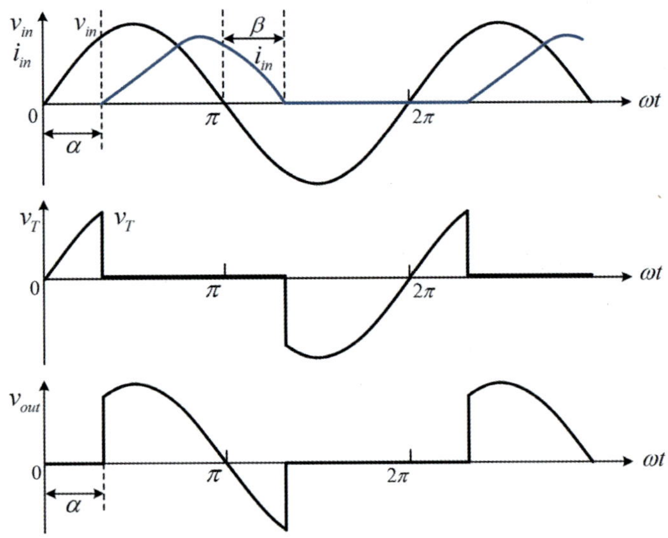

그림 9.16 단상 반파 위상제어 정류회로 전압 전류 파형

그림 9.16은 임의의 지연각 α가 주어진 경우의 입력전압 v_{in}과 입력전류 i_{in}, 사이리스터 T에서의 전압 v_T, 그리고 출력전압 v_{out}을 나타낸다. $\alpha = \omega\tau$ [rad]라 정의하면, 시간 t가 τ가 될 때까지는 사이리스터가 OFF 상태가 유지되며 v_{in}이 모두 사이리스터에 걸리고, 부하전류 i_{out}은 0을 유지한다. 이 후 사이리스터가 ON이 되면 v_{out}은 v_{in}과 같아진다. 이 과정을 식으로 나타내며 식 (9.4)와 같다.

$$Ri_{out} + L\frac{di_{out}}{dt} = V_{in} \sin \omega t \cdot u(t-\tau) \quad [\text{V}] \tag{9.4}$$

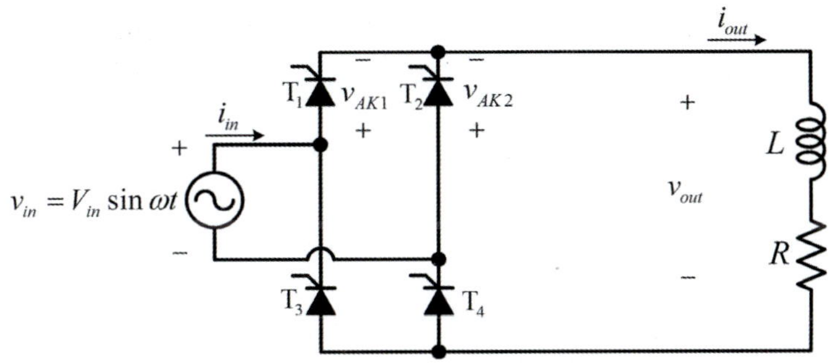

그림 9.17 단상 전파 위상제어 정류회로

이 때 i_{out}은 반파형태로 나타나며 식 (9.4)를 라플라스 변환을 이용해 계산하면 식 (9.5)과 같은 전류를 얻을 수 있다. 전류가 다시 0이 되는 시점에서 사이리스터는 OFF 상태가 되며 여기서 β는 저항 성분과 인덕턴스 성분 및 전원 주파수에 의하여 결정된다.

$$\begin{aligned} i_{out} &= \frac{V_{in}}{\sqrt{R^2+\omega^2 L^2}} \left[\sin(\omega t-\beta) - e^{-\frac{R}{\omega L}(\omega t-\beta)} \sin(\alpha-\beta)\right] \quad [\mathrm{A}] \\ \beta &= \tan^{-1}\frac{\omega L}{R} \quad [\mathrm{rad}] \end{aligned} \tag{9.5}$$

사이리스터를 이용한 전파 위상제어 정류회로(fullwave phase controlled rectifier circuit)는 그림 9.17에 나타나 있다. 앞 절에서 살펴보았던 다이오드를 이용한 전파 정류회로와 같이 전파 위상제어 정류회로를 구성하기 위해서는 4개의 사이리스터가 필요하다. 또한 동작을 살펴보면 사이리스터 T_1, T_4가 동시에 동작하게 되며, T_2, T_3가 동시에 동작하게 되므로 하단의 사이리스터 T_3, T_4는 다이오드로 대체할 수도 있다. 전파 다이오드 정류회로와 다른 점은 제어 지연각 α 뒤에 사이리스터 T_1, T_4가 동작한다는 것으로 반파 정류가 시작되고 이로부터 위상각 π만큼이 더 지난 $\pi+\alpha$의 위상각에서 사이리스터 T_2와 T_3가 동작하며 다시 반파 정류가 이루어지게 된다.

이 때 제어 지연각 α가 부하의 시정수에 의해서 결정된 β보다 작을 경우 사이리스터가 ON 되더라도 전류가 0[A]으로 떨어지지 않기 때문에 부하전류가 연속적으로 흐르게 되며 이와 같은 특성을 그림 9.18에 나타내었다.

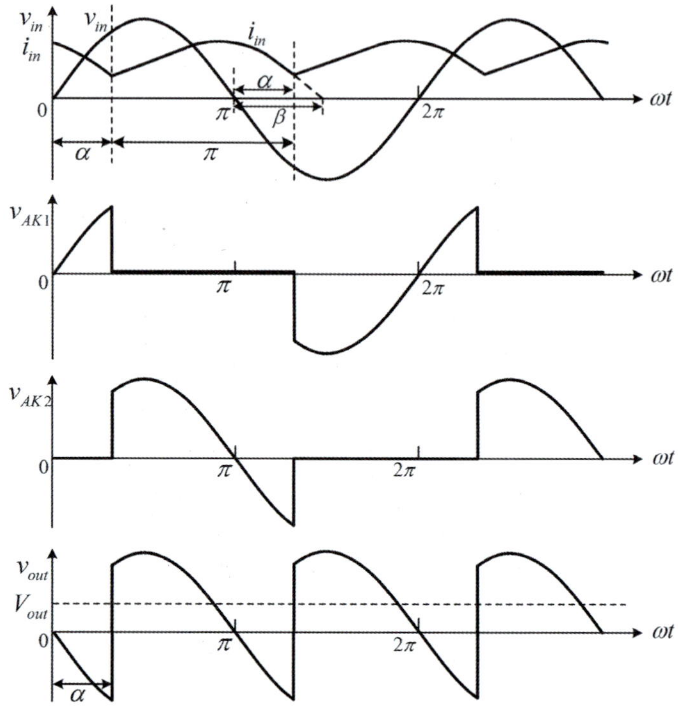

그림 9.18 단상 전파 위상제어 정류회로 전압 전류 파형

하지만 시정수에 의한 β보다 제어 지연각(delay angle) α가 더 크다면 전류가 불연속이 되는 과도상태가 반복되어 나타난다. 따라서 정상상태에서의 특성을 살펴보기 위하여 인덕턴스 성분을 높이는 방법으로 인덕터를 출력단에 직렬로 연결하게 되면 전류가 연속적이라고 가정할 수 있다. 이 때 정류기의 평균출력전압을 식 (9.6)과 같이 구할 수 있다.

$$\langle v_{out} \rangle = \frac{1}{\pi}\int_{\alpha}^{\pi+\alpha} V_{in}\sin\omega t\ d(\omega t) = \frac{2}{\pi}V_{in}\cos\alpha = V_{out,\max}\cos\alpha \quad [\mathrm{V}]$$
$$V_{out,\max} = \frac{2}{\pi}V_{in} \quad [\mathrm{V}] \tag{9.6}$$

여기서 제어 지연각 α가 0[rad]이라면 출력 평균전압의 최대치 식 (9.7)과 같이 단상 다이오드 정류회로의 출력 전압과 같게 된다.

$$\langle v_{out} \rangle_{\max} = V_{out,\max} = \frac{2}{\pi}V_{in} \quad [\mathrm{V}] \tag{9.7}$$

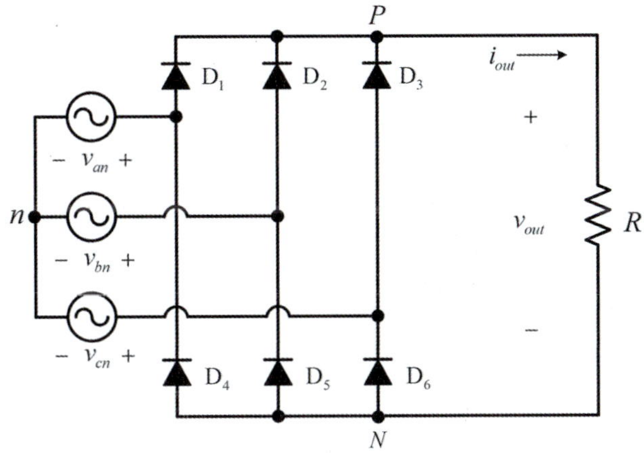

그림 9.19 3상 전파 다이오드 정류회로

9.3.3 3상 다이오드 정류회로

산업계에서는 3상 AC 전압을 직접 이용하는 경우가 많다. 3상 다이오드 정류회로를 이용할 경우 단상에 비하여 정류된 파형의 리플이 작으며 보다 안정적으로 전력을 공급할 수 있다. 3상 다이오드 정류회로의 기본 회로도는 그림 9.19와 같다.

3상 평형 교류가 인가될 경우 상전압 v_{an}, v_{bn}, v_{cn}을 비교하면 그림 9.19의 P점과 N점에서의 중성점 n 기준의 전위를 알 수 있다. 출력전압은 P점과 N점의 전위차이 v_{out}으로 나타나며 비교 파형은 그림 9.20과 같다. P점의 전위 v_{Pn}은 3상의 상전압 중에서 최대치로 나타나며 N점의 전위 v_{Nn}은 음의 최대치로 나타난다. 따라서 출력전압 v_{out}은 선간 전압의 형태로 나타나며 선간전압의 최대치를 기준으로 전원주파수 한 주기 동안에 총 6주기가 나타난다. 그림 9.19의 3상 다이오드 정류회로의 출력단에 충분한 용량의 DC Link 커패시터를 사용할 경우 출력전압은 평활해지며 직류에 가깝게 된다. 이러한 DC Link 커패시터는 단상 다이오드 정류회로에서와 마찬가지로 다상의 출력 파형을 직류에 가깝게 만든다.

이 때 상전압의 최대치를 단상 다이오드 정류회로와 동일하게 V_{in}로 정의하면 상전압은 식 (9.8)과 같다. 여기서 3상의 상전압은 크기가 동일하고 위상이 120°인 3상 평형 전압이 인가되고 있는 것으로 가정한다.

$$\begin{aligned} v_{an} &= V_{in}\sin\omega t && [\mathrm{V}] \\ v_{bn} &= V_{in}\sin\left(\omega t-\frac{2\pi}{3}\right) && [\mathrm{V}] \\ v_{cn} &= V_{in}\sin\left(\omega t-\frac{4\pi}{3}\right) && [\mathrm{V}] \end{aligned} \tag{9.8}$$

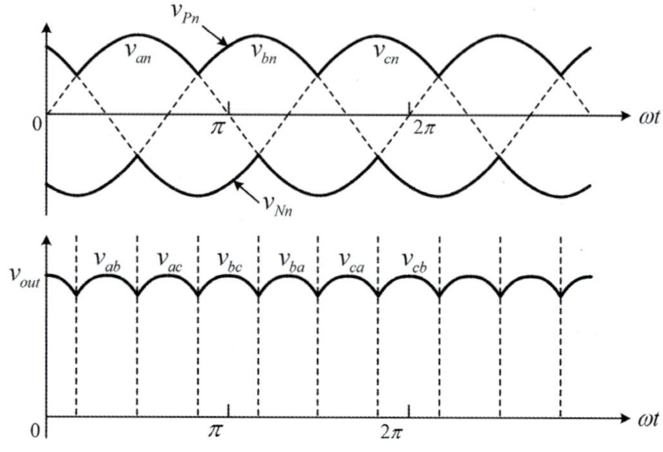

그림 9.20 3상 전파 다이오드 정류회로의 전압 파형

출력전압의 평균값을 구하기 위해서 선간전압을 구한다. a상과 b상의 선간전압 v_{ab}는 30°부터 90°까지 출력으로 유지되므로 이 구간에 대해서 평균을 구하면 전체 출력의 평균전압으로 생각할 수 있다. 이는 다음 구간에는 다른 선간전압에 의해 동일하게 출력되기 때문이다. a상과 b상의 선간전압은 식 (9.9)와 같다.

$$\begin{aligned} v_{ab} &= V_{in}\left[\sin\omega t - \sin\left(\omega t - \frac{2\pi}{3}\right)\right] \\ &= \sqrt{3}\, V_{in}\sin\left(\omega t + \frac{\pi}{6}\right) \qquad [\mathrm{V}] \end{aligned} \tag{9.9}$$

평균전압을 구하기 위하여 적분 구간을 v_{ab}가 출력되는 구간으로 정하고 주기로 나누어 주면 식 (9.10)과 같다.

$$\begin{aligned} \langle v_{out} \rangle &= \frac{3}{\pi}\int_{\pi/6}^{\pi/2} v_{ab}\, d(\omega t) \\ &= \frac{3}{\pi}\int_{\pi/6}^{\pi/2} \sqrt{3}\, V_{in}\sin\left(\omega t + \frac{\pi}{6}\right) d(\omega t) = \frac{3\sqrt{3}}{\pi} V_{in} \quad [\mathrm{V}] \end{aligned} \tag{9.10}$$

또한 부하가 저항부하이므로 평균전류를 구하면 식 (9.11)과 같게 된다. 부하가 저항과 인덕턴스 성분을 모두 포함하고 있을 경우, 임피던스로 나누어서 구할 수 있다.

$$\langle i_{out} \rangle = \frac{\langle v_{out} \rangle}{R} = \frac{3\sqrt{3}}{\pi R} V_{in} \quad [\mathrm{A}] \tag{9.11}$$

따라서 단상 정류회로에 비하여 평균전압과 평균전류가 동일한 저항 부하조건에서 모두 $\frac{3\sqrt{3}}{2}$배 만큼 증가하는 것을 확인할 수 있다.

9.3.4 3상 위상제어 정류회로

단상 위상제어 정류회로에서 살펴본 바와 같이 위상제어 정류회로의 경우는 지연각 α를 조절하여 출력전압을 가변할 수 있다. 3상 위상제어 정류회로를 살펴보기에 앞서서 그림 9.21과 같은 다상 위상제어 정류회로의 구조에서 발생하는 중복각에 대하여 살펴보자. 중복각은 출력전류를 평활하게 하기 위하여 평활 인덕터 L_s가 출력단에 직렬연결된 상태에서 사이리스터 2개가 동시에 도통이 되는 각이다. 이 때 출력전압이 변화하는 중복구간이 발생하며 각 전압, 전류 파형은 그림 9.22와 같다.

전원이 2상일 경우 0전위 기준 a상과 b상으로 정의하며 v_{a0}, v_{b0}로 표현한다. 이 때 두 전압의 위상차이는 180°이며 3상일 경우는 v_{a0}, v_{b0}, v_{c0}로 표현하며 위상차이는 120°가 된다. 따라서 v_{a0}가 최대값을 가진 후에 v_{b0}와 전위가 같아지는 구간의 각도는 2상일 경우 90°가 지난 후에 같아지며 그 크기는 0[V]가 되며 3상의 경우는 60°일 때 전위가 같아지고 이때 크기는 최대값의 1/2이다. 따라서 이 구간을 π/m로써 상수 m을 이용하여 표현할 수 있다. 이렇게 π/m로써 표현한 이유는 한 전압이 최대값을 가진 후에 π/m만큼의 각도가 지난 후 다음 번 사이리스터가 Turn-ON 되기 때문이다. 그림 9.21의 회로에서 L_l은 전원단의 누설 인덕턴스를 표현하기 위하여 사용되었으며 출력전류 i_{out}은 평활 인덕터 L_s에 의해 I_{out}의 일정한 직류성분을 갖는 것으로 가정한다. 제어 지연각이 0°인 상태에서 발생하는 중복각에 대하여 살펴보자.

다상 중 인접한 두 상의 전압의 최대치가 V_{in}로 동일하다고 가정하면 식 (9.12)와 같다.

$$v_{a0} = V_{in}\cos\left(\omega t + \frac{\pi}{m}\right) \quad [\mathrm{V}]$$
$$v_{b0} = V_{in}\cos\left(\omega t - \frac{\pi}{m}\right) \quad [\mathrm{V}] \tag{9.12}$$

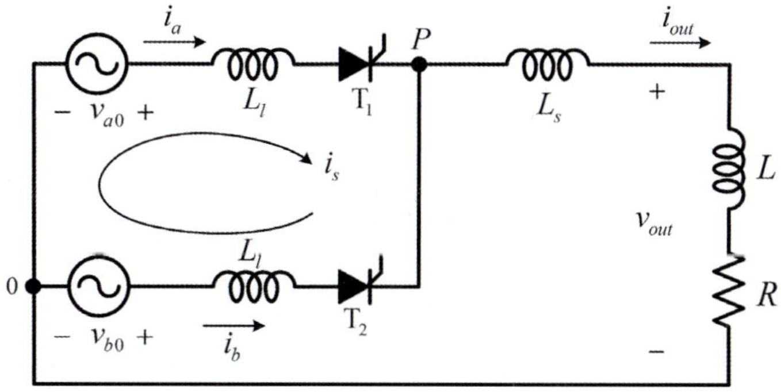

그림 9.21 다상 위상제어 정류회로

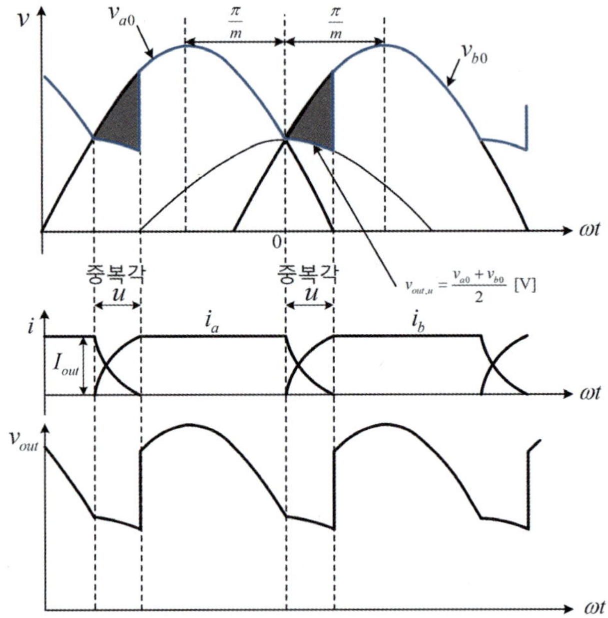

그림 9.22 다상 위상제어 정류회로 파형

또한 출력전류 i_{out}은 식 (9.13)과 같다.

$$i_{out} = I_{out} = i_a + i_b \qquad [\mathrm{A}] \tag{9.13}$$

v_{a0}와 v_{b0}가 동일한 ωt가 0[rad]인 지점에서의 내부전류 i_s에 따른 폐회로에서 KVL을 적용시키면 식 (9.14)와 같은 전압방정식을 구할 수 있다.

$$v_{a0} - L_l\frac{di_a}{dt} + L_l\frac{di_b}{dt} - v_{b0} = 0 \qquad [\mathrm{V}] \tag{9.14}$$

출력전류의 크기는 I_{out}으로 일정하게 유지되므로 i_a, i_b를 식 (9.15)와 같이 정의할 수 있다.

$$i_a = \frac{I_{out}}{2} - i_s \ [\mathrm{A}],\ \ i_b = \frac{I_{out}}{2} + i_s \ [\mathrm{A}] \tag{9.15}$$

식 (9.15)를 이용하여 교차 지점에서의 전압방정식을 식 (9.16)과 같이 풀 수 있다.

$$v_{b0} - v_{a0} = L_l\frac{d}{dt}(i_b - i_a) = 2L_l\frac{di_s}{dt} \qquad [\mathrm{V}] \tag{9.16}$$

식 (9.16)에 (9.12)를 대입하여 i_s를 구할 수 있으며 식 (9.17)과 같다.

$$i_s = \frac{1}{2L_l}\int (v_{b0} - v_{a0})dt = -\frac{V_{in}}{\omega L_l}\sin\frac{\pi}{m}\cos\omega t + K \quad [\mathrm{A}] \tag{9.17}$$

여기서 K는 적분상수이다.

그림 9.22의 ωt가 0[rad]인 지점에서 i_s는 $-I_{out}/2$으로 나타나며 그 구간 이후로는 $v_{a0} < v_{b0}$인 상황이 되므로 i_a가 0으로 감소하고 i_b가 I_{out}으로 증가하게 되며 두 사이리스터가 모두 도통(conduction)되는 상황이 유지되고 이러한 구간은 i_a가 0[A]이 될 때까지 유지된다. 이 때의 출력단에 나타나는 전압 v_{out}은 $v_{out,u}$로 정의하며 식 (9.18)과 같이 구할 수 있다.

$$v_{out,u} = v_{a0} - L_l\frac{di_a}{dt} = v_{a0} + L_l\frac{di_s}{dt} = v_{a0} + \frac{v_{b0} - v_{a0}}{2} = \frac{v_{a0} + v_{b0}}{2} \quad [\mathrm{V}] \tag{9.18}$$

따라서 중복각에서 예상할 수 있는 바와 같이 출력전압이 두 상의 평균 전압값으로 나타나는 것을 알 수 있다. 이러한 출력전압 관계에 따라서 전류의 감소 및 증가가 결정되므로 중복구간의 범위를 구할 수 있다. 인덕터의 값이 충분히 크다고 가정하면 식 (9.17)의 중복각이 발생하는 시점의 i_s 크기를 일정한 값인 I_s라고 가정할 수 있으므로, $\omega t = 0$[rad]일 때 $i_a = I_{out}$, $i_b = 0$이 되어 a상 및 b상의 전류를 식 (9.19)과 같이 정의할 수 있다.

$$\begin{aligned} i_a &= I_{out} - I_s(1-\cos\omega t) \quad [\mathrm{A}] \\ i_b &= I_s(1-\cos\omega t) \quad [\mathrm{A}] \end{aligned} \tag{9.19}$$

위의 경우는 제어 지연각이 0[rad]인 경우로 통전과 동시에 중복구간이 발생하였다. 하지만 위상제어를 수행하는 정류회로에서는 제어 지연각 α[rad]에 대하여 ωt가 α[rad]이 될 때까지는 전류의 변화가 발생하지 않으며 따라서 중복구간이 발생하지 않는다. 중복구간이 발생하는 시점은 $\omega t = \alpha$[rad]이다. 따라서 i_a는 ωt가 α가 되는 시점부터 감소하여 0[A]가 되며 이 순간에서의 i_a, i_b의 관계를 표현하면 식 (9.20)과 같다.

$$\begin{aligned} i_a &= I_{out} - I_s(\cos\alpha - \cos\omega t) \quad [\mathrm{A}] \\ i_b &= I_s(\cos\alpha - \cos\omega t) \quad [\mathrm{A}] \end{aligned} \tag{9.20}$$

이 때 중복각을 u라고 하면 중복각이 끝나는 시점의 ωt는 $\alpha + u$가 되며 i_a는 0[A]가 되고 i_b는 I_{out}[A]가 된다. 따라서 다음의 식 (9.21)과 같은 2가지 조건을 정의할 수 있다.

$$\begin{aligned} (\omega t = \alpha) &: \quad i_a = I_{out}, \quad i_b = 0 \\ (\omega t = \alpha + u) &: \quad i_a = 0, \quad i_b = I_{out} \end{aligned} \tag{9.21}$$

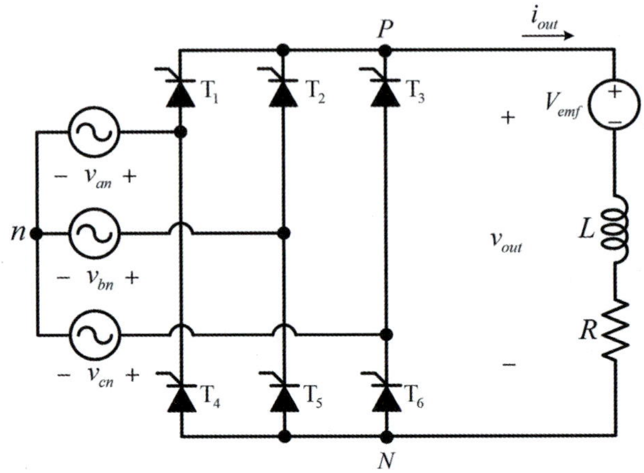

그림 9.23 3상 위상제어 정류회로

식 (9.21)의 조건 중에서 중복각이 끝난 시점 $\omega t = a + u$[rad]의 i_b전류의 조건을 식 (9.20)의 i_b에 대입하고 앞의 식 (9.17)에서 결정한 i_s의 크기 I_s를 대입하면 식 (9.22)와 같은 관계식을 얻을 수 있다. 이 식을 풀어서 중복각 u를 구할 수 있다.

$$\cos\alpha - \cos(\alpha + u) = \frac{I_{out}}{I_s} = \frac{\omega L_l I_{out}}{V_{\text{in}} \sin(\pi/m)} \tag{9.22}$$

3상 위상제어 정류회로의 회로도를 그림 9.23에 나타내었다. 직류전동기를 모델링하기 위하여 회로 상에서의 부하를 코일에 의한 인덕턴스 L, 저항성분 R, 그리고 직류전동기가 회전할 때 발생하는 역기전력 성분 V_{emf}로 구성하여 3상 사이리스터 위상제어 정류회로를 표현하였다.

위상제어를 수행할 경우 위상제어각 α와 중복각 u를 모두 포함하는 파형을 나타내면 그림 9.24와 같다. 3상의 상전압은 얇은 실선으로 표시되어 있으며, 위상각 제어를 수행하였으므로 상전압이 중복되는 지점보다 α[rad]만큼 기존 출력전압이 유지된다. 기준이 n 점이므로 0[V]로 정의하고 α각 이후 다음 사이리스터가 ON되는데, 기존 사이리스터에 흐르던 전류가 0[A]으로 떨어질 때까지 중복각이 발생하게 된다. 이 때 도통되는 두 상의 평균 전압은 점선으로 표시한 것과 같이 출력된다. 굵은 실선으로 표시한 부분은 중성점 n 기준으로 P점과 N점의 전위인 v_{Pn}, v_{Nn}을 나타낸다. 위상제어각 α가 0[rad]이 되면 상전압의 크기가 동일한 지점에서 통전 사이리스터가 바뀌어 중복각 u동안만 평균전압이 출력되고 나머지 구간에서는 최고전압이 항상 출력된다.

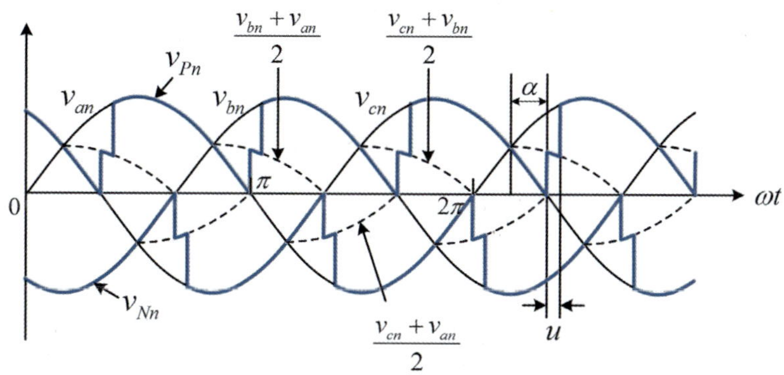

그림 9.24 3상 위상제어 정류회로 파형

출력되는 부하전압 v_{out}은 P점과 N점에서의 전위 v_{Pn}, v_{Nn}을 이용하여 식 (9.23)과 같이 구할 수 있다.

$$v_{out} = v_{Pn} - v_{Nn} \quad [\mathrm{V}] \tag{9.23}$$

이 경우 출력전류 i_{out}은 일정한 직류 I_{out}[A]가 흐르고 이러한 이유로 사이리스터의 통전 위치가 변화하는 동안에 중복각이 발생한다. 출력전류가 직류로 유지되기 위해서는 용량이 큰 인덕터가 필요한데 정류회로의 전체 부피 및 가격적인 문제가 발생할 수 있다. 평활 전류를 만들기 위한 용도로 사용되는 인덕터의 용량이 작다면 이는 출력전류의 리플로 나타나게 된다. 따라서 전류를 연속적으로 흘려야 하는 용도로 사용하기 위해서는 필요한 평활 인덕터(equalization inductor)의 용량을 산정하여 해당 수준으로 정류회로를 제작하는 것이 가격적인 부분과 소자의 사용률에서 이점을 갖는다.

9.4 DC-DC 컨버터

DC-DC 컨버터는 직류전원을 반도체 소자와 선형소자들을 이용하여 출력전압을 낮추거나 높이는 장치이다. 기본적인 원리는 스위칭 소자를 이용한 DC 쵸퍼로 ON 상태에서 전력을 전달하고 OFF 상태에서는 전력공급을 끊어주는 형태로 출력을 조절하는 것이다. 다만 쵸퍼는 출력전압이 급변하게 되므로 이를 보완하기 위해 일정한 직류전압을 출력하는 컨버터가 요구된다. 이러한 컨버터의 종류로는 출력전압을 낮추는 형태의 Buck 컨버터(강압형 컨버터), 출력전압을 상승시키는 Boost 컨버터(승압형 컨버터), 승강압이 모두 가능한 Buck-Boost 컨버터, Cuk 컨버터가 있다. 또한 Buck 컨버터 회로에 변압기를 추가한 Forward 컨버터와 Buck-Boost 컨버터에 변압기를 추가한 Flyback 컨버터가 있다.

변압기를 이용하면 변압기의 1차측과 2차측 부분이 자기적으로 결합되지만 전기적으로는 절연이 되며 변압비를 조절하여 전압 가변이 가능한 장점이 있으나 이 절에서는 다루지 않는다. 또한 Full-Bridge 컨버터의 경우는 진폭변조 방식(PWM : pulse width modulation)을 이용하여 원하는 출력에 대해 스위칭 소자의 ON/OFF를 결정하는 방식으로 원하는 출력이 직류일 경우 DC-DC 컨버터로 이용할 수 있으며, 원하는 출력이 교류일 경우 인버터로 이용할 수 있으므로 9.5절에서 다루도록 한다. 본 절에서는 기본적인 DC 쵸퍼 회로, Buck 컨버터, Boost 컨버터, Buck-Boost 컨버터, 그리고 Cuk 컨버터에 대하여 살펴본다.

9.4.1 DC 쵸퍼

쵸핑(chopping)이란 잘라준다는 의미를 가지고 있다. DC 쵸퍼란 직류가 인가되는 상태에서 스위칭 소자를 이용하여 일정한 간격으로 인가전압을 끊어줌으로써 출력단에 전달되는 평균 전압을 조절하는 컨버터를 말하며 기본 회로는 그림 9.25와 같다.

그림 9.25(a)와 같이 스위치가 ON된 경우 출력전압은 입력전압 V_{in}과 동일한 크기를 가지며, 그림 9.25(b)와 같이 스위치가 OFF된 경우 출력전압은 0[V]가 된다. 이러한

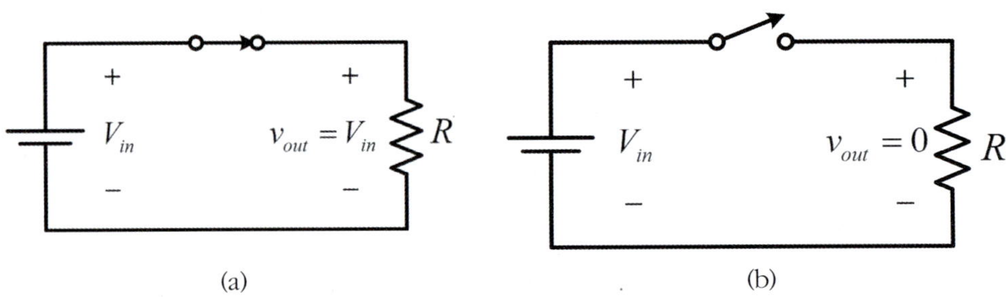

그림 9.25 DC 쵸퍼 회로 동작 (a) ON (b) OFF

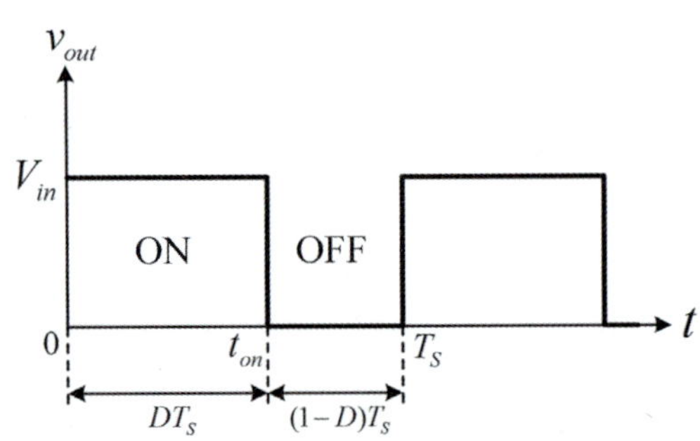

그림 9.26 DC 쵸퍼 출력 파형

ON/OFF가 일정한 주기 T_s마다 반복적으로 일어나며 ON 시간이 t_{on}일 경우 t_{on}/T_s를 듀티비 D로 정의하고, 출력전압은 그림 9.26과 같다. 그림 9.26에서 나타나는 듀티비 D는 약 0.6이다. 즉, 한 주기 T_s에서 60% 시간인 DT_s 동안 스위칭 동작이 ON이 되며, 이때 출력전압 v_{out}은 입력전압 V_{in}[V]가 되며 OFF인 40%의 시간인 $(1-D)T_s$ 동안 출력전압은 0이 되므로 평균 출력전압을 V_{out}이라 하면 식 (9.24)와 같은 관계가 성립한다.

$$V_{out} = \langle v_{out} \rangle = \frac{V_{in} \times DT_s + 0 \times (1 - DT_s)}{T_s} = DV_{in} \quad [\mathrm{V}] \qquad (9.24)$$

듀티비 D는 0부터 1까지의 값을 가질 수 있으므로 출력 평균전압 V_{out}은 입력전압보다 같거나 작게 된다.

9.4.2 Buck 컨버터

강압형 컨버터인 Buck 컨버터의 기본 회로는 그림 9.27과 같다. 입력전원은 V_{in}으로 일정한 직류값을 가지며 출력은 커패시터 C와 병렬연결된 저항을 부하로 설정하고 출력단을 살펴보았다. 스위칭 소자의 우측에 전원과 병렬형태로 연결된 역방향 다이오드에서는 DC 쵸퍼에서와 같은 펄스 형태의 전압 v_D가 걸린다. 그리고 인덕터 L과 커패시터 C에 의하여 구성된 저주파 통과 필터(low pass filter)를 거친 출력단 전압 v_{out}은 일정한

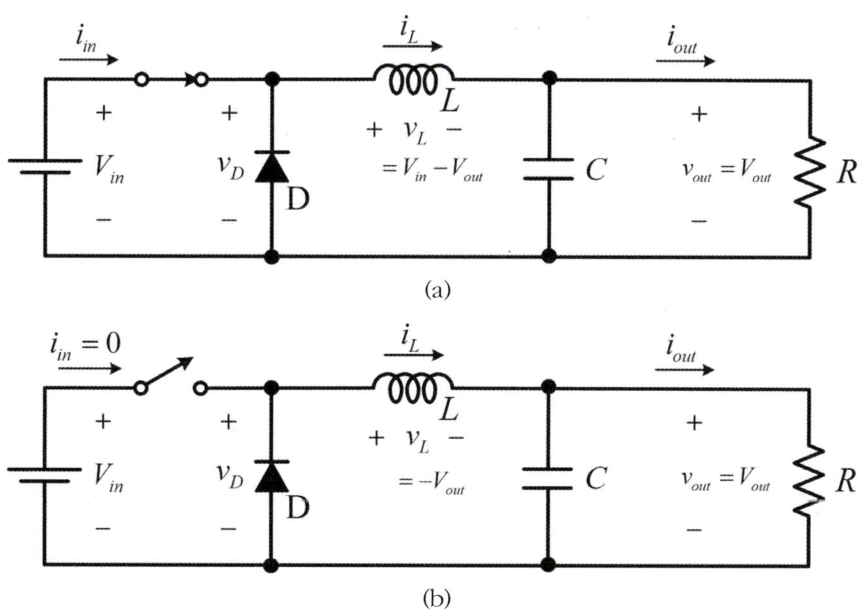

그림 9.27 Buck 컨버터의 기본 회로 동작 (a) ON (b) OFF

직류성분만 남게 되며 정상상태에서 그 크기는 V_{out}[V]가 된다. 초기 커패시터가 충전되기 전 스위칭이 가해지는 순간에는 과도상태로서 커패시터의 전압과 출력전압은 지속적으로 변동하지만 과도상태를 거친 후에는 일정한 직류 출력을 유지하게 된다. $V_{out} = DV_{in}$[V]이므로 입력 직류전원의 크기가 V_{in}[V]로 일정하더라도 출력전압의 크기 V_{out}[V]는 스위칭의 듀티비(duty ratio) D에 따라 변화하게 된다. 듀티비와 출력전압의 관계와 스위칭에 따른 전류 및 전압 파형을 살펴보자.

전원전류 i_{in}은 스위칭 소자가 ON일 때 흐르게 되며, OFF일 때는 0[A]가 된다. 그리고 인덕터의 전류 i_L은 정상상태에서 일정한 옵셋을 포함하게 되며 스위칭 소자가 ON일 때 증가, OFF일 때 감소하게 되며 출력전압이 V_{out}으로 일정할 경우 커패시터에서의 전압변동은 매우 작다. 인덕턴에 흐르는 전류는 직류성분과 맥동성분이 동시에 존재하는데, 직류성분은 모두 부하저항 R을 통해 흐르며 맥동성분은 커패시터쪽으로 흐른다. 스위칭 소자가 ON일 때 인덕터 양단에 걸리는 전압은 입력전압에서 출력전압을 뺀 형태로 결정되며 이로 인하여 전류가 상승하고, 스위칭 소자가 OFF일 때 전원과의 연결은 끊어지게 된다. 따라서 다이오드 환류를 통하여 전류가 하강하게 된다. ON/OFF에 따른 인덕터의 전압 및 전류 파형은 그림 9.28에 나타나 있다.

인덕터 전류 i_L의 증가와 감소 크기가 동일하게 주기적으로 반복되면 정상상태가 된다. 인덕터에서 전류의 증감을 결정하는 것은 인가 전압의 크기와 시간이다. ON/OFF 구간에서 전류의 증가와 감소 크기가 같은 정상상태라면 ON구간과 OFF구간의 인덕터전압 V_L을 시간에 대하여 적분하면 0이 되며 식 (9.25)와 같이 정의할 수 있다.

$$\frac{1}{L}\int_0^{t_{ON}} V_L(t)dt + \frac{1}{L}\int_{t_{ON}}^{T_s} V_L(t)dt = 0 \qquad [\mathrm{A}] \tag{9.25}$$

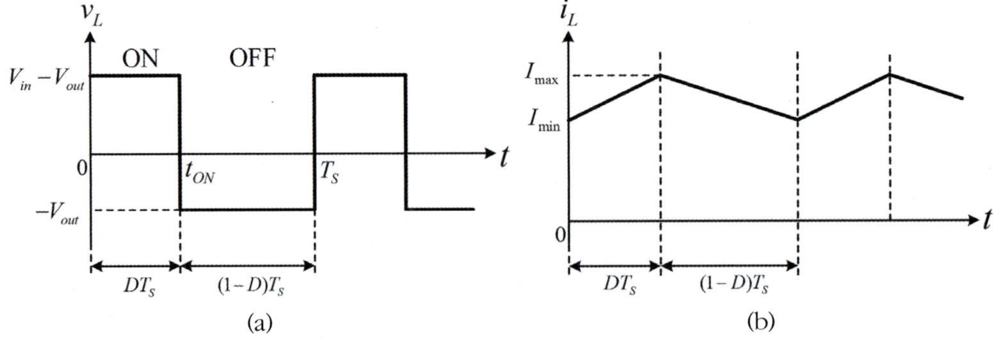

그림 9.28 Buck 컨버터의 인덕터의 파형 (a) 전압 (b) 전류

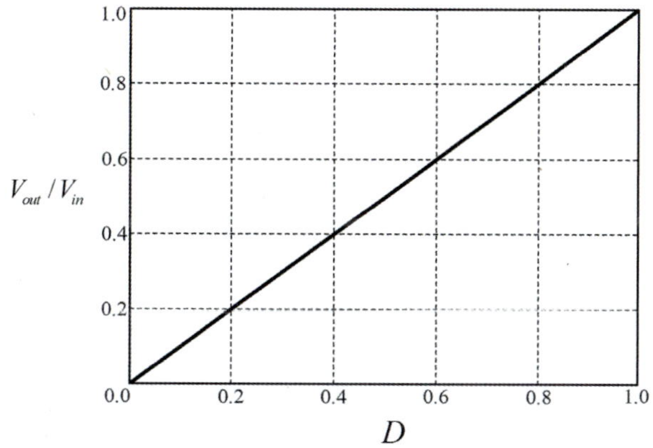

그림 9.29 Buck 컨버터의 듀티비에 따른 출력 범위

따라서 정상상태에서 전류의 변동은 ON/OFF 구간마다 I_{min}부터 I_{max}까지, I_{max}부터 I_{min}까지 변화하고 ON/OFF 구간별 시간에 따라서 적분한 전압 크기는 정상상태에서 서로 동일하므로 구간별 전류관계를 이용하여 대수식으로 표현하면 식 (9.26), (9.27)과 같다.

$$I_{max} - I_{min} = \frac{1}{L}(V_{in} - V_{out}) \times DT_s \qquad [\text{A}] \tag{9.26}$$

$$I_{min} - I_{max} = \frac{1}{L}(-V_{out}) \times (1-D)T_s \qquad [\text{A}] \tag{9.27}$$

따라서 입력전압과 출력전압의 관계는 식 (9.28)과 같이 나타난다.

$$V_{out} = D\,V_{in} \qquad [\text{V}] \tag{9.28}$$

따라서 듀티비가 0.5일 경우 출력전압은 입력전압의 1/2이 된다. 듀티비에 따른 출력전압과 입력전압의 비 V_{out}/V_{in}은 그림 9.29와 같다.

다만 듀티비에 따른 입력전압대비 출력전압의 관계는 인덕터 전류 i_L이 항상 연속인 상태에서만 성립한다. 만약 듀티비가 매우 작아서 OFF 구간 내에서 인덕터 전류 i_L가 0[A]로 떨어진 상태로 일정시간 유지된다면 입출력 관계는 달라질 것이다. 이 경우에는 ON 구간에서 인덕터 전류 i_L의 크기는 0[A]에서 I_{max}[A]까지 상승하고 OFF인 구간에서 0[A]로 떨어져 일정시간 동안 0[A]를 유지한다. 전류가 0[A]로 떨어지는 시점을 D_0으로 정의하면 전류는 그림 9.30과 같은 파형을 가진다.

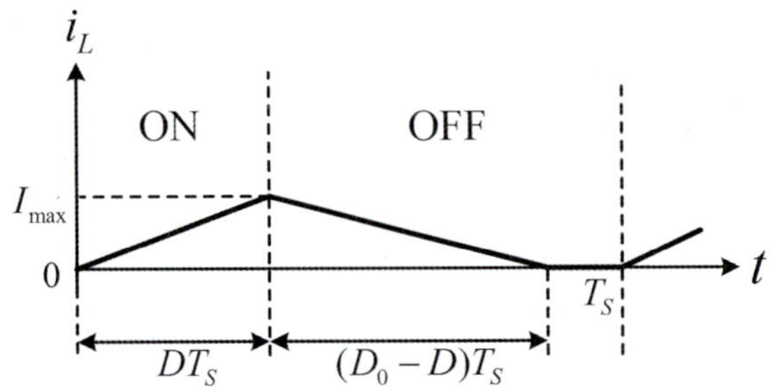

그림 9.30 Buck 컨버터의 불연속 전류 상황에서 인덕터 전류

이 때의 출력전압과 입력전압의 관계는 듀티비 D와 불연속 시점 D_0를 이용하여 표현하면 식 (9.29)와 같다.

$$V_{out} = \frac{D}{D_0} V_{in} \qquad [\mathrm{V}] \tag{9.29}$$

출력전압은 불연속 시점 D_0와 듀티비 D에 따라 변화하므로 불연속 시점을 찾아야만 계산할 수 있기 때문에 예측하기 복잡하다.

9.4.3 Boost 컨버터

승압형 컨버터인 Boost 컨버터의 기본 회로는 그림 9.31에 나타나 있다. 스위칭 소자가 ON이 되면 입력전원은 인덕터와 직렬 연결되면서 인덕터의 전압 v_L은 입력전압 V_{in}이 되며 전류가 상승하게 된다. 스위칭 소자가 OFF가 되면 인덕터는 부하회로와 연결되면서 전류가 감소하게 되고 인덕터에 저장된 에너지가 전달된다. 이러한 과정이 반복되어 정상상태에 도달하면 부하 저항 R에 걸리는 출력전압 v_{out}은 커패시터 C의 값이 매우 크다면 V_{out}으로 일정한 직류값을 가지게 된다. 출력전압 V_{out}은 듀티비에 의해서 결정되며 정상상태에 도달했을 때 스위칭 ON/OFF 상태에 따른 인덕터 전압과 전류관계를 이용하여 듀티비와 출력전압 및 입력전압의 관계를 정의할 수 있다. 스위칭이 지속되는 동안 인덕터의 전류 i_L이 0[A]로 떨어지지 않는 연속 도통상태가 유지된다면 정상상태에서 전류의 최소값과 최대값은 동일하게 유지되므로 식 (9.30), (9.31)과 같은 관계식을 얻을 수 있다.

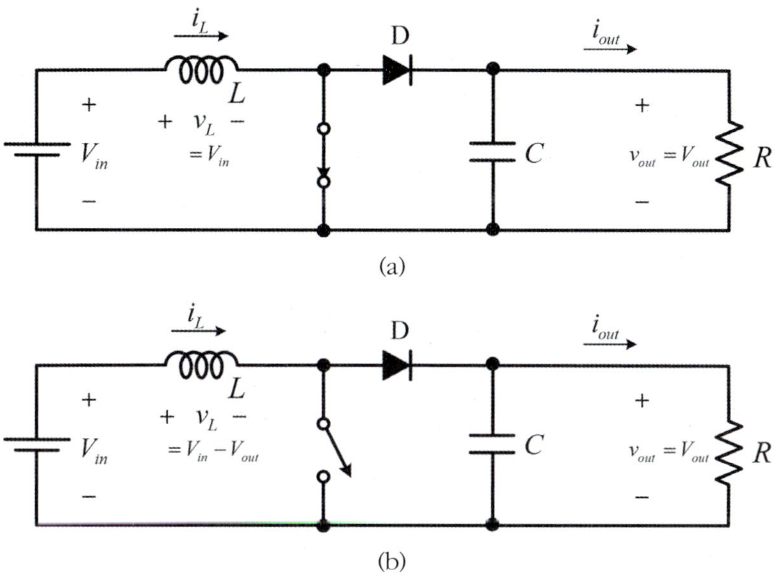

그림 9.31 Boost 컨버터의 기본 회로 및 동작원리 (a) ON (b) OFF

$$I_{\max} - I_{\min} = \frac{1}{L}(V_{in}) \times DT_s \qquad [\mathrm{A}] \tag{9.30}$$

$$I_{\min} - I_{\max} = \frac{1}{L}(V_{in} - V_{out}) \times (1-D)T_s \qquad [\mathrm{A}] \tag{9.31}$$

이 때 스위칭에 따른 전류 및 전압 파형은 그림 9.32와 같다. 따라서 듀티비를 이용하여 출력전압을 표현하면 식 (9.32)와 같다.

$$V_{out} = \frac{1}{1-D} V_{in} \qquad [\mathrm{V}] \tag{9.32}$$

따라서 출력전압 V_{out}은 듀티비가 0일 때 입력전압 V_{in}과 동일해지며 듀티비가 커질수록 식 (9.32)의 분모항이 작아지면서 증가한다. 이상적으로는 듀티비가 1에 가까워질수록 출력전압이 급격히 증가하지만 듀티비가 커지게 되면 전류의 증감폭이 커져서 인덕터에서 자기포화가 발생할 수 있으므로 실제로는 무한대의 출력전압은 발생하지는 않는다. 듀티비와 입/출력 전압의 관계는 그림 9.33에 나타나 있다.

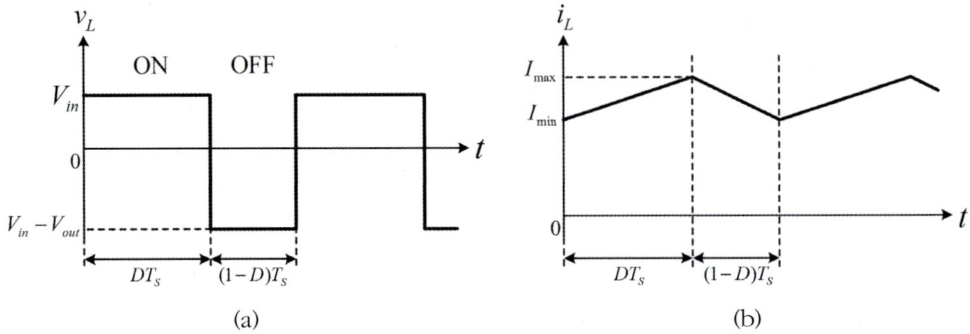

그림 9.32 Boost 컨버터의 인덕터 파형 (a) 전압 (b) 전류

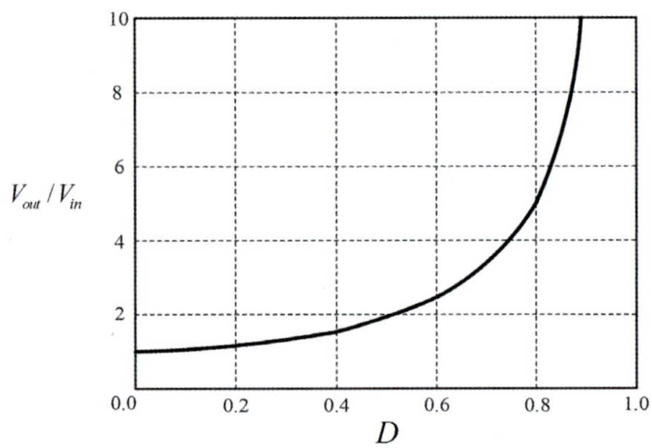

그림 9.33 Boost 컨버터의 듀티비에 따른 입/출력 전압의 관계

듀티비에 따른 입력전압대비 출력전압의 관계는 인덕터의 전류 i_L이 항상 연속인 상태에서만 성립한다. 듀티비가 커질수록 출력전압이 증가하므로 OFF시 전류가 급격히 감소한다. 따라서 전류가 불연속인 구간이 발생하게 되며 입출력 관계는 식 (9.32)가 성립하지 않게 된다. 앞의 Buck 컨버터에서와 같이 전류가 0[A]로 떨어지는 시점을 D_0로 정의한다면 전류는 그림 9.34와 같은 파형을 가진다.

그리고 이 때의 출력전압과 입력전압의 관계는 듀티비 D와 불연속 시점 D_0를 이용하여 표현하면 식 (9.33)과 같다.

$$V_{out} = \frac{D_0}{(D_0 - D)} V_{in} \qquad [\mathrm{V}] \tag{9.33}$$

앞의 Buck 컨버터와 같이 출력전압은 불연속 시점 D_0와 듀티비 D는 동시에 변하므로 불연속 시점을 찾으면 구할 수 있다.

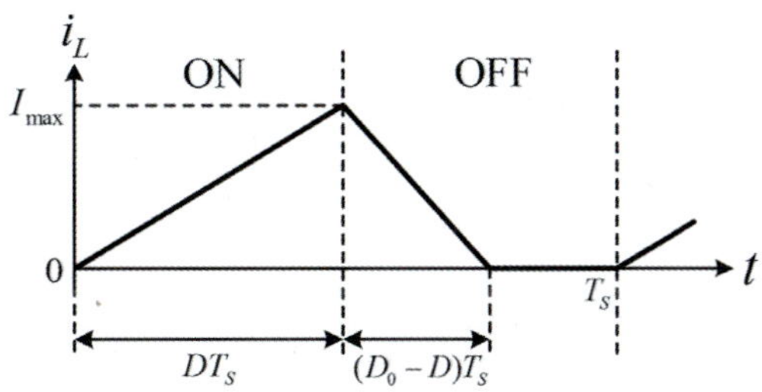

그림 9.34 Boost 컨버터의 불연속 전류 상황에서 인덕터 전류

9.4.4 Buck-Boost 컨버터

Buck 컨버터의 경우는 출력전압이 입력전압보다 높을 수 없으며 Boost 컨버터의 경우는 출력전압이 입력전압보다 낮을 수 없으므로 용도가 고정되는 형태의 컨버터이다. Buck-Boost 컨버터는 앞 두 컨버터의 특성을 모두 가진 승강압(step up and step down) 형태의 컨버터로서 출력전압의 극성이 앞의 컨버터들과는 다르게 역방향으로 나타난다. 기본 회로는 그림 9.35와 같다.

전체적인 동작은 스위칭 소자가 ON이 될 경우 입력전원에 의하여 인덕터에 에너지를 축적시키며 부하에는 에너지를 전달하지 않는다. 스위칭 소자가 OFF가 되면서 입력측 회로는 끊어지며, 인덕터에 저장된 에너지가 부하로 전달되게 된다. 또한 이 때의 전류 감소는 출력전압 V_{out}에 의하여 결정되게 된다. 즉, 인덕터 전류 i_L의 상승은 입력전압과 인덕턴스 값에 의해 결정되며, 인덕터 전류 i_L의 감소는 출력전압과 인덕턴스 값에 의해 결정된다.

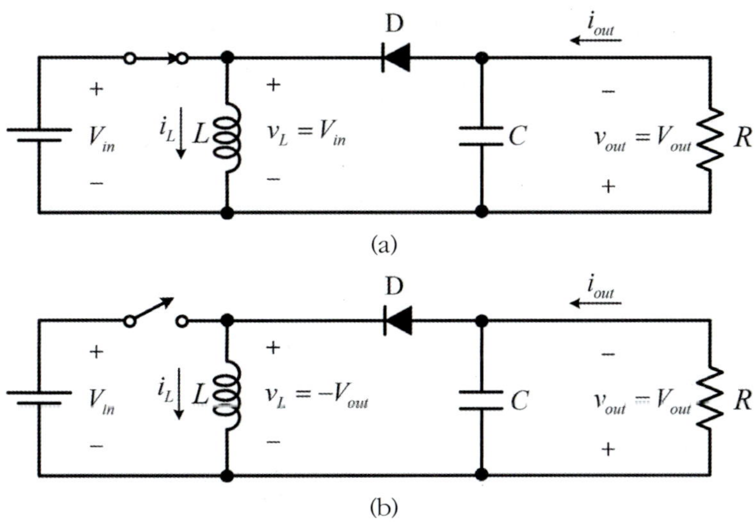

그림 9.35 Buck-Boost 컨버터의 기본 회로 및 동작원리 (a) ON (b) OFF

정상상태에 도달하였을 때, 인덕터의 전류가 $I_{\min}$부터 $I_{\max}$까지 변하고 그 때의 스위칭에 따른 인가전압을 고려하면 전압 관계식을 식 (9.34), (9.35)와 같이 정의할 수 있다. 또한 듀티비를 이용한 출력전압을 표현하면 식 (9.36)과 같다.

$$I_{\max} - I_{\min} = \frac{1}{L}(V_{in}) \times DT_s \qquad [\mathrm{A}] \tag{9.34}$$

$$I_{\min} - I_{\max} = \frac{1}{L}(-V_{out}) \times (1-D)T_s \qquad [\mathrm{A}] \tag{9.35}$$

$$V_{out} = \frac{D}{1-D} V_{in} \qquad [\mathrm{V}] \tag{9.36}$$

이 때 스위칭에 따른 전류 및 전압 파형은 그림 9.36과 같다.

따라서 출력전압 V_{out}은 듀티비가 0.5일 때 입력전압 V_{in}과 동일해지며 듀티비가 커질수록 식 (9.36)의 분모항이 작아지면서 커지게 된다. 즉, 듀티비가 0.5보다 커질수록 인덕터에 저장되는 에너지가 더욱 높아지게 되는 것으로 승압이 이루어지게 된다. 출력전압이 입력전압보다 크게 되므로 인덕터 전류 i_L은 스위칭 소자가 ON 때보다 OFF일 때 변화가 크게 된다. 듀티비에 따른 입/출력 전압의 관계는 그림 9.37에 나타나 있다.

앞의 Buck 컨버터, Boost 컨버터와 마찬가지로 인덕터의 전류 i_L이 불연속인 경우가 존재할 수 있으며, 불연속이 되는 시점의 듀티비를 D_0로 정의할 경우 입출력 관계는 식 (9.37)와 같다.

$$V_{out} = \frac{D}{(D_0 - D)} V_{in} \qquad [\mathrm{V}] \tag{9.37}$$

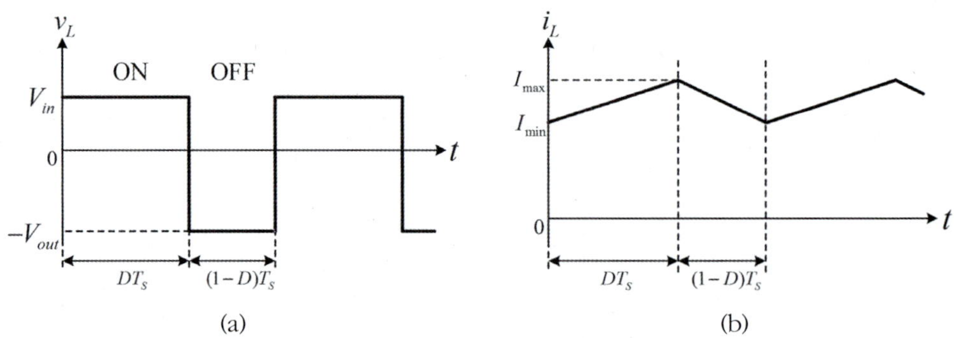

그림 9.36 Buck-Boost 컨버터의 연속 도통 상태에서 인덕터 파형 (a) 전압 (b) 전류

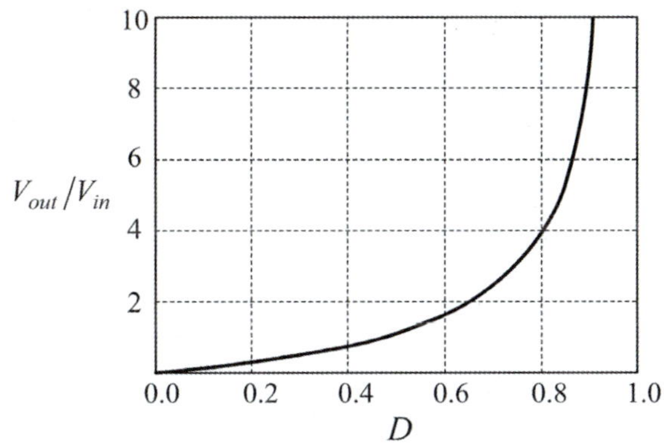

그림 9.37 Buck-Boost 컨버터의 듀티비에 따른 입/출력 전압의 관계

9.4.5 Cuk 컨버터

Cuk 컨버터의 경우 입출력 관계만 보았을 때 Buck-Boost 컨버터와 동일하지만 구성회로가 다르다. 이러한 구성은 S.Cuk이 개발한 회로로서 인덕터 L_1과 L_2 및 커패시터 C_1,

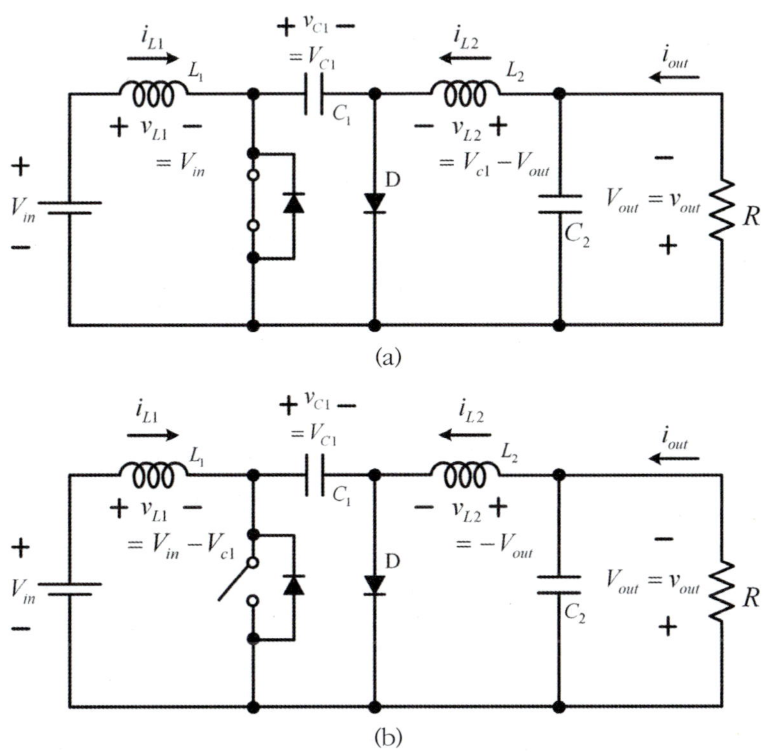

그림 9.38 Cuk 컨버터의 기본 회로 및 동작 원리 (a) ON (b) OFF

C_2를 이용한다. 앞의 Buck, Boost, Buck-Boost 컨버터에서 전류의 불연속영역이 존재하는 것과 다르게 Cuk 컨버터에는 인덕터와 커패시터 간의 에너지 교환이 지속적으로 이루어지므로 Cuk 컨버터의 경우 전류의 불연속 구간이 발생하지 않도록 설계할 수 있다. 이는 전류가 불연속인 경우 고려해야 했던 듀티비인 D_0를 고려하지 않아도 되는 장점이 있다.

Cuk 컨버터의 기본 회로는 그림 9.38과 같다. 인덕터 L_1의 전압 v_{L1}은 입력전원 V_{in}과 커패시터 C_1의 전압 V_{C1}의 영향을 받으며 인덕터 L_2의 전압 v_{L2}는 v_{L1}과 출력전압 V_{out}의 영향을 받는다. 출력전압과 커패시터 C_2의 전압은 동일하다. 정상상태에서 스위칭 소자가 ON이 되면 입력전원, 인덕터 L_1의 폐회로가 좌측에 형성되어 인덕터 L_1의 전류 i_{L1}은 상승하게 되며, 커패시터 C_1의 전압 V_{C1}은 입/출력 전압보다 큰 상태가 유지되면서 인덕터 L_2의 전류 i_{L2}는 V_{C1}과 출력전압 V_{out}의 차이에 의하여 상승하게 된다. 또한 스위칭 소자가 OFF가 되면 입력전원, 인덕터 L_1, 커패시터 C_1 사이에 직렬연결 구조가 성립하며 인덕터 L_1에 저장된 에너지는 커패시터 C_1으로 전달되며 인덕터 전류 i_{L1}은 감소하게 된다. 또한 인덕터 L_2는 다이오드 D를 통하여 부하와 직렬연결되어 전류 i_{L2}는 출력전압 $-V_{out}$에 의하여 감소하게 된다.

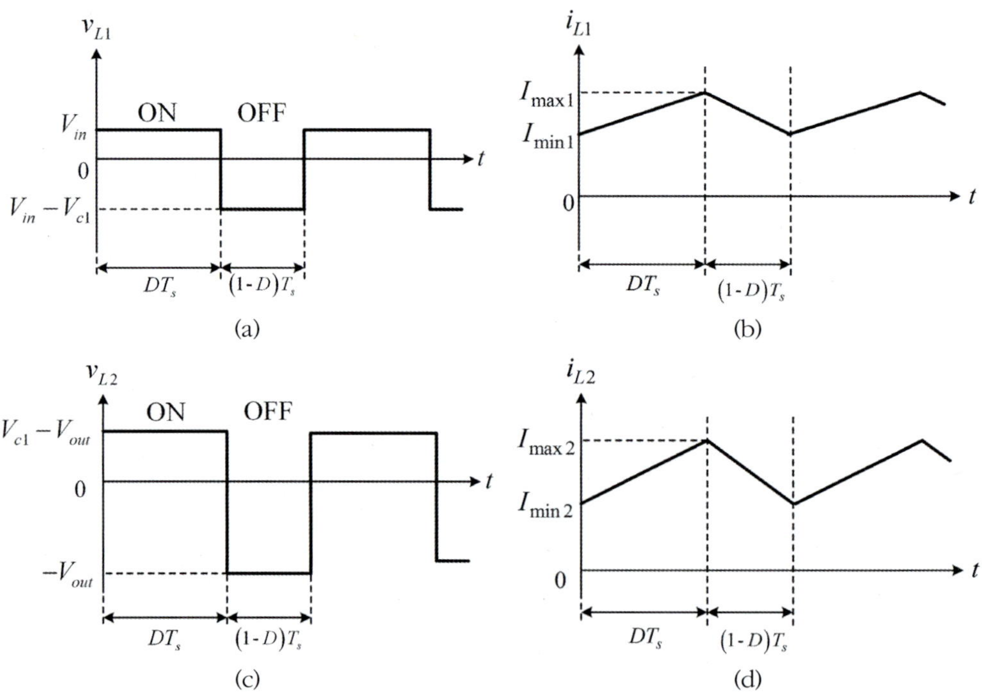

그림 9.39 Cuk 컨버터의 인덕터 파형 (a) L_1전압 (b) L_1전류 (c) L_2전압 (d) L_2전류

인덕터 L_1, L_2에서의 전압, 전류 관계는 그림 9.39와 같다. i_{L1}, i_{L2}는 정상상태에서 각각 $I_{\max1}$, $I_{\min1}$과 $I_{\max2}$, $I_{\min2}$ 사이에서 증감이 이루어지며, L_1의 전류변화 관계식은 식 (9.38), (9.39)에 인덕터 L_2의 전류변화 관계식은 식 (9.40), (9.41)에 나타나 있다.

$$I_{\max1} - I_{\min1} = \frac{1}{L_1}(V_{in}) \times DT_s \qquad [\mathrm{A}] \tag{9.38}$$

$$I_{\min1} - I_{\max1} = \frac{1}{L_1}(V_{in} - V_{c1}) \times (1-D)T_s \qquad [\mathrm{A}] \tag{9.39}$$

$$I_{\max2} - I_{\min2} = \frac{1}{L_2}(V_{c1} - V_{out}) \times DT_s \qquad [\mathrm{A}] \tag{9.40}$$

$$I_{\min2} - I_{\max2} = \frac{1}{L_2}(-V_{out}) \times (1-D)T_s \qquad [\mathrm{A}] \tag{9.41}$$

식 (9.38), (9.39)를 이용하여 입력전압 V_{in}과 V_{c1}의 관계를, 식 (9.40), (9.41)을 이용하여 V_{c1}과 V_{out}의 관계를 식 (9.42), (9.43)과 같이 정의할 수 있으며, 이를 이용하여 최종 입력전압과 출력전압 관계를 듀티비를 이용하여 표현하면 식 (9.44)와 같다.

$$V_{c1} = \frac{1}{(1-D)} V_{in} \qquad [\mathrm{V}] \tag{9.42}$$

$$V_{out} = DV_{c1} \qquad [\mathrm{V}] \tag{9.43}$$

$$V_{out} = \frac{D}{(1-D)} V_{in} \qquad [\mathrm{V}] \tag{9.44}$$

따라서 듀티비 D에 따른 입출력 관계는 Buck–Boost 컨버터와 동일하며 승강압이 가능한 형태의 컨버터임을 알 수 있으며 그림 9.40과 같다.

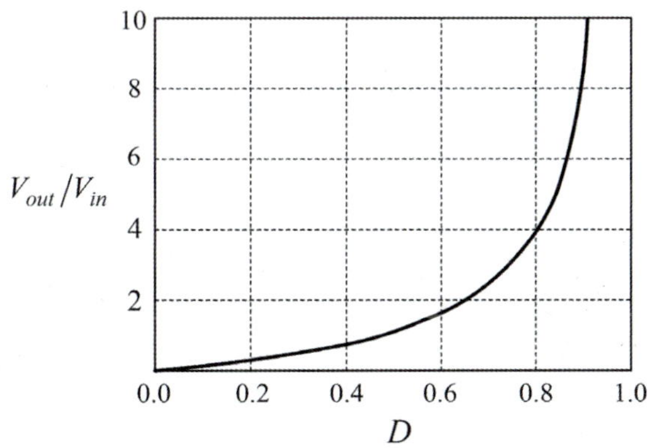

그림 9.40 Cuk 컨버터의 듀티비에 따른 입/출력 전압의 관계

9.5 DC-AC 컨버터

AC 전력으로 변환하는 기법 중에서 DC를 이용하여 변환하는 기법에 대하여 살펴보자. 먼저 DC를 얻는 경우는 정류기 혹은 위상제어 정류기를 사용하여 AC를 DC로 변환하는 방법과 베터리 및 직류전원 공급기 등을 이용하는 경우가 있다. DC를 이용하여 AC로 변환하면 교류의 크기와 주파수를 임의로 조절할 수 있다는 장점이 있기 때문에 가변속 구동이 필요한 교류전동기에서 널리 사용된다.

AC를 AC로 변환하는 것은 그림 9.41과 같이 직접식과 간접식이 있다. 직접식은 전원 주파수보다 높은 주파수로 변환시킬 수 없으므로 이러한 경우는 정류기와 인버터를 조합하여 사용하는 간접식을 사용한다. 간접식은 스위칭 소자의 특성에 따라서 다양한 주파수영역을 출력시킬 수 있으며 이 절에서는 간접식의 한 부분이 되는 인버터에 대해 살펴본다.

인버터의 분류는 다양한데 일반적으로 일정한 입력전원의 성질에 따라 전압형 인버터와 전류형 인버터로 분류한다. 전압형 인버터는 2상 통전인 120° 통전형과 3상 통전인 180° 통전형으로 구분하며 주파수 가변이 가능하다. 그리고 크기 가변을 위하여 앞단에 위상제어 정류회로를 이용한다. 이러한 전압형 인버터를 6-Step 인버터로 구분한다. 또한 일정한 직류입력으로 크기와 주파수 모두 가변가능한 PWM(Pulse Width Modulation) 기법을 적용한 전압형 인버터가 있다. 이러한 PWM 기법은 매우 다양하나 가장 많이 사용되는 SPWM, SVPWM 기법에 대하여 후에 살펴보도록 한다. 전류원 인버터 분류는 전류원을 외부 전원의 의존여부에 따라 자려식(self excitation)과 타려식(separate excitation)으로도 나눌 수 있으며 같은 인버터라도 사용하는 목적이나 표현상에 있어서 다양한 표현이 가능하다. 기본적인 전압형/전류형 인버터의 분류에 따른 기본 구성이 그림 9.42에 나타나 있다.

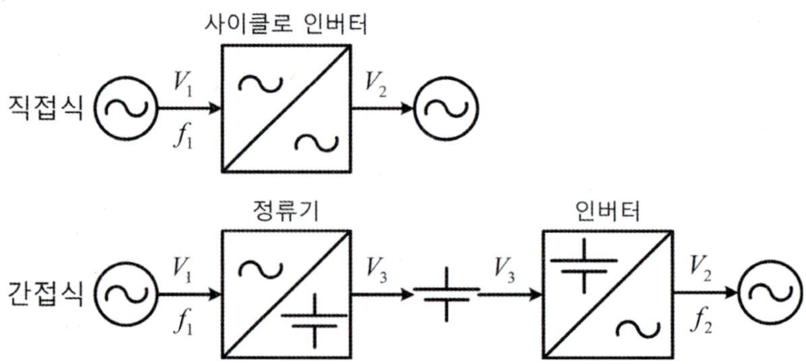

그림 9.41 교류전원을 이용한 주파수변환 방식

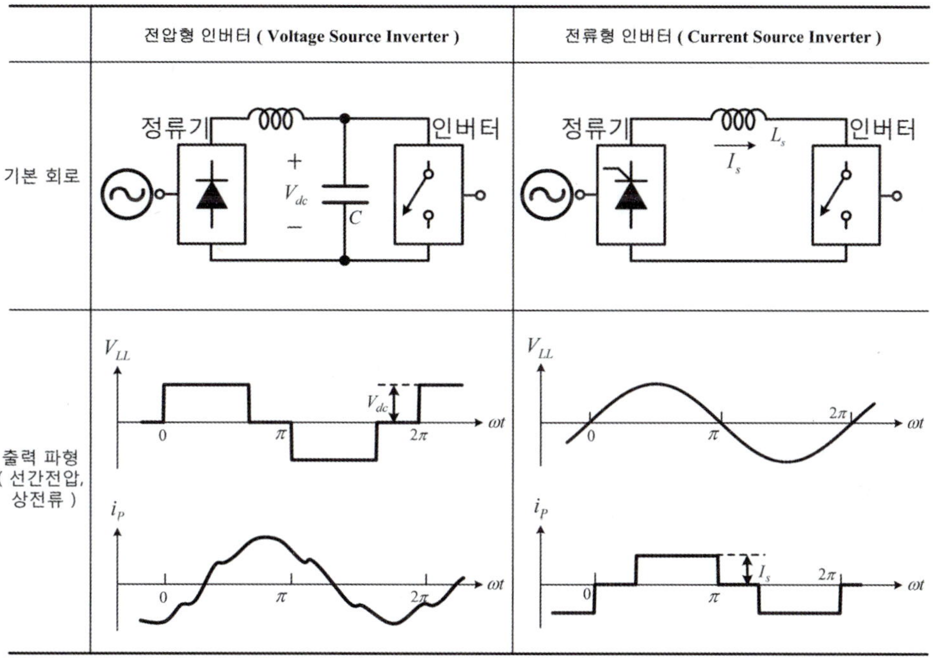

그림 9.42 전압형 인버터와 전류형 인버터의 비교

전압형 인버터는 정류회로와 저주파 LC 필터를 이용하여 변환된 직류를 이용하며 일정한 DC 전원의 스위칭을 통하여 교류로 변환한다. 따라서 전압형 인버터의 경우는 180° 통전을 수행했을 경우 선간전압은 120°의 구형파로 발생하며 전류는 정현파에 가깝게 발생한다. 대용량에서 주로 사용되는 전류형 인버터는 인덕터 L_s에 의하여 일정한 출력전류 I_s를 유지하며 부하 변동을 감당하기 위하여 정류회로의 정류전압을 가변시킨다. 전류형 인버터의 경우는 120° 도통구조를 사용하여 상전류가 120° 구형파가 되지만 선간전압은 정현적이다. 위상제어각을 90°~180°로 조절하면 회생이 가능하며 전압형 인버터에서는 회생을 위한 별도의 회로가 필요하다.

9.5.1 전압형 인버터(6-Step 인버터)

전압형 인버터는 정류회로와 전압을 일정하게 하기 위한 커패시터와 인버터로 구성된다. 반도체 소자의 스위칭 작용에 의해서 직류를 교류로 변환하려면, 지령 전압의 크기, 주파수, 스위칭 순서, 출력 고조파 억제 대책 등이 필요하다. 그림 9.43은 3상 전압형 인버터의 기본 회로로, 스위칭 소자 Q_1, Q_2, …, Q_6는 사이리스터나 BJT, MOSFET, IGBT 등을 사용하여 구성한다.

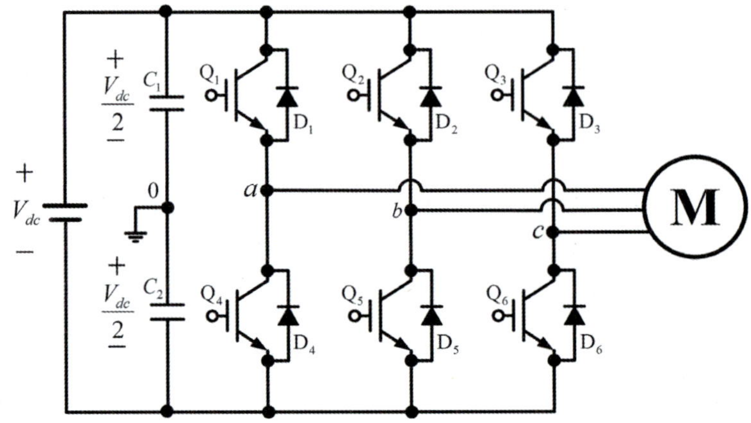

그림 9.43 전압형 인버터의 회로 구성

그림에서 인버터 입력단의 DC Link 커패시터는 가상중성점을 고려하기 위하여 2개를 사용하였다. a상의 스위칭 소자인 Q_1, Q_4는 상보적(complementary)으로 동작하며 a, b, c상은 서로 120°의 위상차이를 갖는 180° 통전방식으로 보통 제어된다. 각각의 스위칭 소자에 환류를 위한 다이오드를 병렬로 부착하였다.

가상중성점 0에 대하여 a, b, c 노드의 전압을 정의할 수 있으며 보통은 폴전압(pole voltage) 혹은 암전압(arm voltage)이라고 하며 v_{a0}, v_{b0}, v_{c0}로써 정의한다. a, b, c 폴전압은 각각 Q_1, Q_2, Q_3가 ON이고 Q_4, Q_5, Q_6가 OFF일 때 $V_{dc}/2$가 된다. 한 상의 위아래 스위칭 소자가 동시에 ON이 되면 단락회로가 형성되어 임피던스가 매우 작기 때문에 과전류에 의하여 스위칭 소자가 파괴된다. 선간전압 v_{ab}, v_{bc}, v_{ca}는 폴전압 간의 차이에 의하여 구해진다. 즉 a상과 b상의 선간전압 v_{ab}는 식 (9.45)와 같이 정의할 수 있다.

$$v_{ab} = -v_{ba} = v_{a0} - v_{b0} \qquad [\mathrm{V}] \tag{9.45}$$

폴전압과 선간전압의 파형을 살펴보면 180° 통전상태일 경우 그림 9.44와 같다. 선간전압은 120°의 구형파 형태로 나타남을 확인할 수 있다. 그림 9.44에서 ON되는 스위칭 소자를 표시하였다.

그림 9.43의 회로에서 부하는 Y결선의 3상 전동기이다. 스위칭 상태에 따른 전동기의 중성점 전압을 구하고 이를 이용하여 부하 상전압을 계산할 수 있다. 스위칭 상태에 따라서 최종적으로 2가지 형태의 중성점 전압의 변동이 발생하며 이를 그림 9.45에 나타내었다.

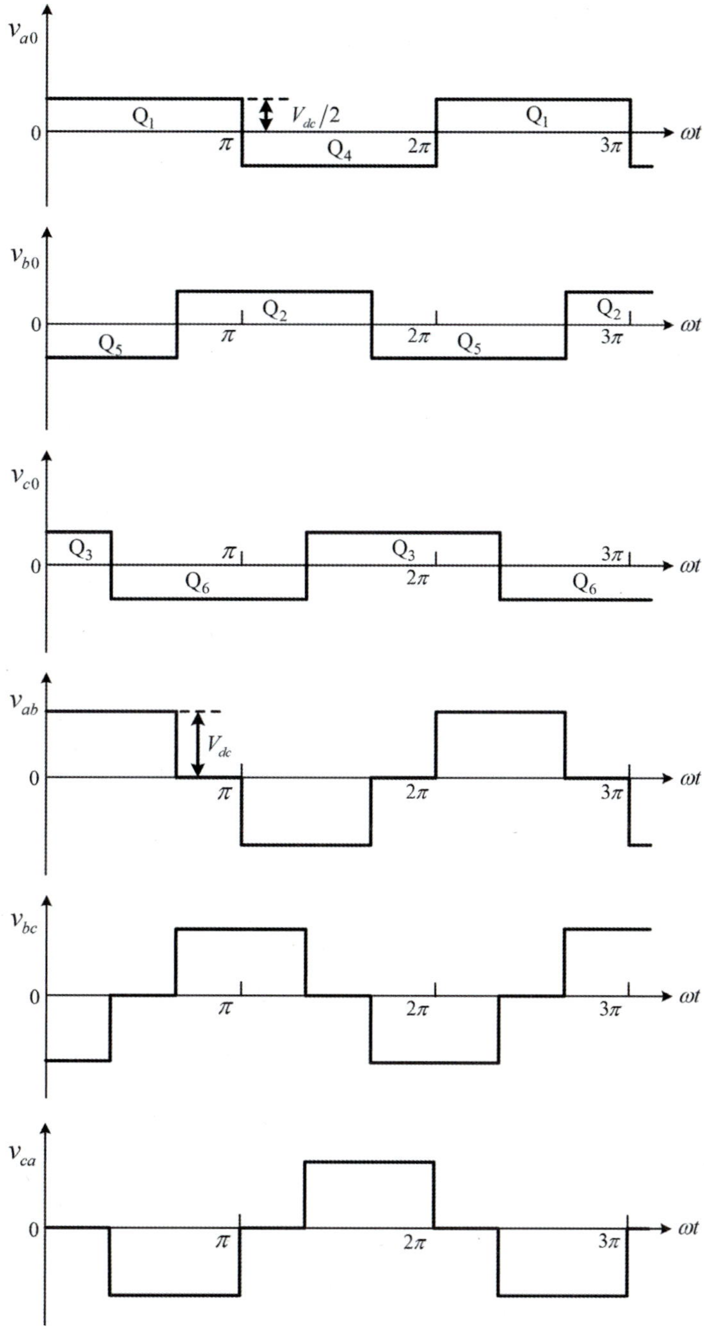

그림 9.44 3상 전압형 인버터의 폴전압과 선간전압

여기서 위쪽 3개의 스위칭 소자가 모두 ON되거나 아래쪽 3개의 스위칭 소자가 ON이 되는 경우는 제외하였다. a, b, c 상의 위쪽 스위치가 ON일 경우 각각 $a+$, $b+$, $c+$로 표시하고 해당 스위칭 소자의 명칭을 표현하였으며, 아래쪽 스위치가 ON일 경우 각각 $a-$, $b-$, $c-$로 표현하였다. 위쪽 스위칭 소자가 ON일 때는 1, 아래쪽 스위칭 소자가 ON일 경우를 0이라 하고 각 상의 스위칭 상태 Q_a, Q_b, Q_c를 정의하면 중성점 전압은 식 (9.46)과 같이 표현된다.

	$a+$ $b-$ $c-$	$a-$ $b+$ $c-$	$a-$ $b-$ $c+$
ON	Q_1 Q_5 Q_6	Q_4 Q_2 Q_6	Q_4 Q_5 Q_3

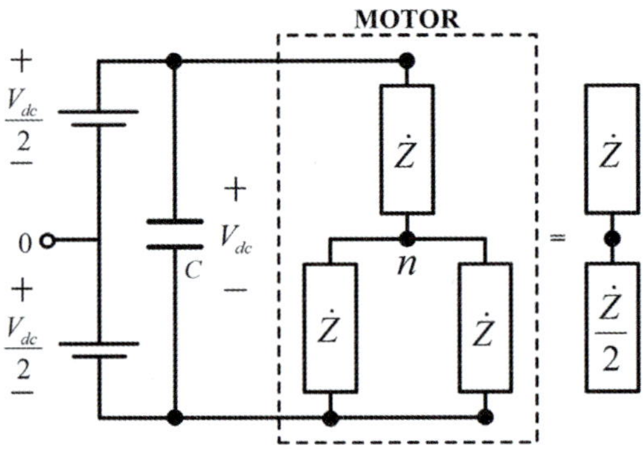

$$V_{n0} = -\frac{V_{dc}}{2} + \frac{1}{3}V_{dc} = -\frac{V_{dc}}{6}$$

(a)

	$a+$ $b+$ $c-$	$a-$ $b+$ $c+$	$a+$ $b-$ $c+$
ON	Q_1 Q_2 Q_6	Q_4 Q_2 Q_3	Q_1 Q_5 Q_3

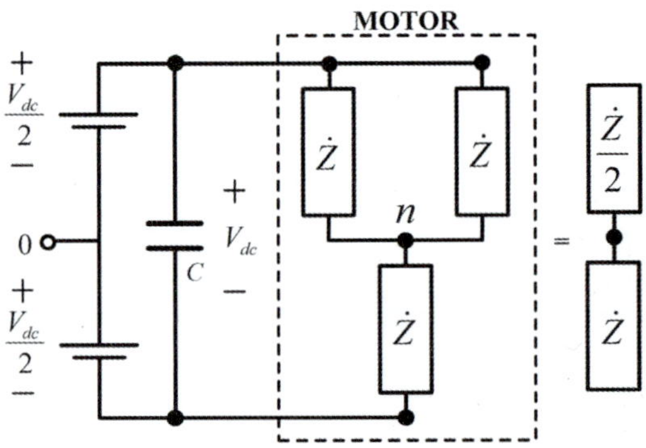

$$V_{n0} = -\frac{V_{dc}}{2} + \frac{2}{3}V_{dc} = +\frac{V_{dc}}{6}$$

(b)

그림 9.45 스위칭에 따른 전동기 중성점 전압의 관계 (a) $-V_{dc}/6$ (b) $V_{dc}/6$

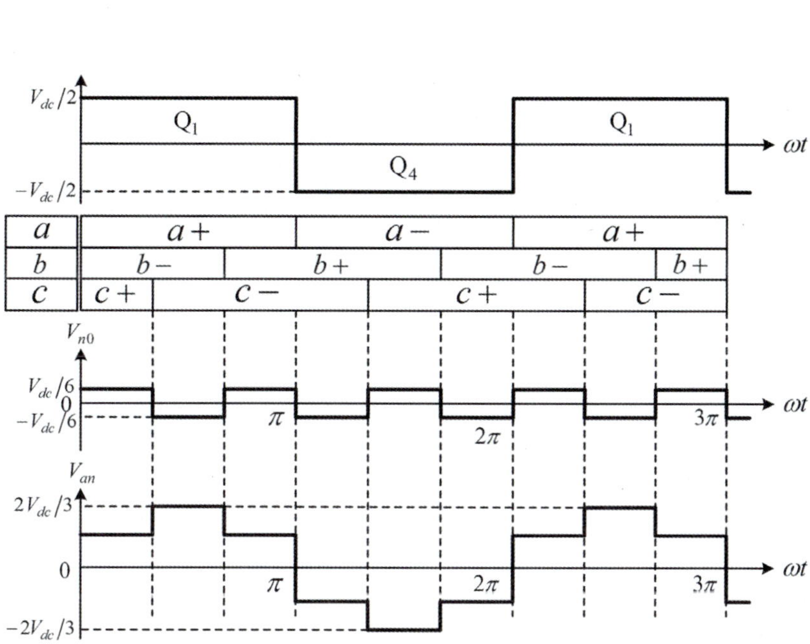

그림 9.46 스위칭에 따른 전동기 상전압, 중성점 전압, 부하상 전압

$$v_{n0} = -\frac{1}{2}V_{dc} + \frac{(Q_a + Q_b + Q_c)}{3}V_{dc} \quad [V] \tag{9.46}$$

따라서 폴전압 v_{a0}, v_{b0}, v_{c0}와 중성점 전압 v_{n0}를 이용하여 부하 상전압을 구하면 식 (9.47)과 같은 관계가 성립한다.

$$v_{an} = v_{a0} - v_{n0}, \ v_{bn} = v_{b0} - v_{n0}, \ v_{cn} = v_{c0} - v_{n0} \quad [V] \tag{9.47}$$

a상의 폴전압 v_{a0}와 부하 상전압 v_{an} 그리고 스위칭 상태를 표현하면 그림 9.46과 같다. $a+$는 a상의 위쪽 스위치가 ON된 경우를 의미하며 위쪽 스위치 2개가 ON됐을 경우 중성점 전압 $v_{n0} = \pm V_{dc}/6$의 관계가 성립하며 부하 상전압 v_{an}은 $\pm 2V_{dc}/3$, $\pm V_{dc}/3$의 4가지 경우가 발생하는 것을 확인할 수 있다.

9.5.2 전류형 인버터

그림 9.47은 전류형 인버터의 구성을 설명한 것으로 전류원을 부하측 전압에 의존하기 때문에 타러식 인버터(separate excitation inverter)라고 부른다. 진동기에서 발생하는 각 상의 역기전력을 e_a, e_b, e_c로 표현하였으며 임피던스가 실제로는 존재하지만 생략하였다. 이 기본 회로는 3상 위상제어 정류기의 소자 구성과 비슷하지만 직류를 교류로 변환하는 부분에서 차이가 있으며 인버터에 입력되는 직류성분은 정류회로에서 입력받는 것으로 생략한다.

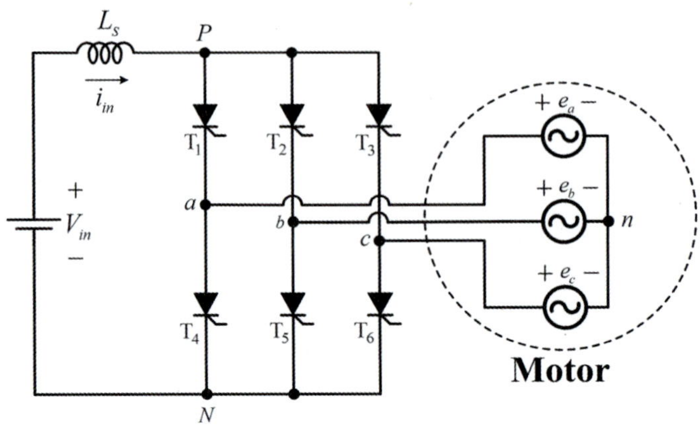

그림 9.47 전류형 인버터의 기본 회로

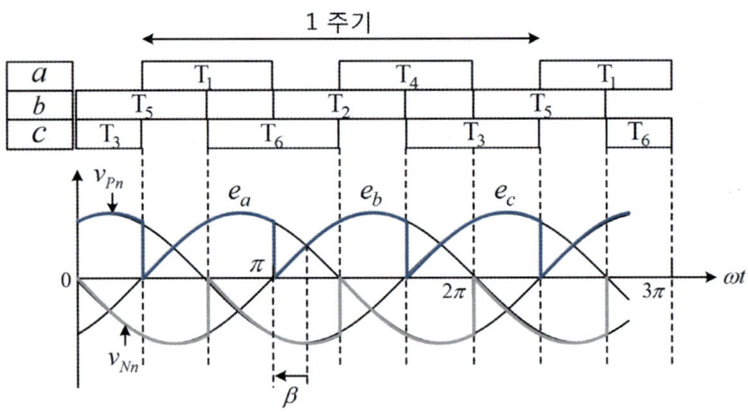

그림 9.48 전류형 타려식 인버터의 부하 역기전력에 의한 인가전압

사이리스터 T_1, T_2, …, T_6는 부하의 전압 e_a, e_b, e_c의 위상에 동기해서 전기각 120° 동안 도통되어 사이리스터의 통전 절환이 일어난다. 그림 9.48에서 β를 표시한 시점에서는 위쪽 사이리스터 T_1과 T_2간의 절환(switching)이 일어나면 중복각이 발생하며 여기서 β는 두 상의 역기전력이 동일하게 되는 시점보다 β각만큼 일찍 도통시키는 것을 의미한다. 역기전력이 동일한 상태보다 절환이 일찍 되었기 때문에 e_b가 e_a보다 작게되고, 이로 인해 b상의 전류가 증가하게 되며 통전이 정상적이지만 β각을 작게 하여 a상의 전류가 흐르고 있는 상황에서 e_a보다 e_b가 높아지게 되면 절환이 이루어지지 않으므로 전동기 부하의 시정수를 감안하여 β를 충분히 크게 정해야 한다. 중복각이 나타나는 동안은 통전 과정에서 T_1과 T_2가 동시 도통되므로 e_a와 e_b의 평균전압이 나타나게 된다. 다른 상과의 절환이 있을 경우에도 동시 통전되는 두 상의 역기전력의 평균값이 나타난다.

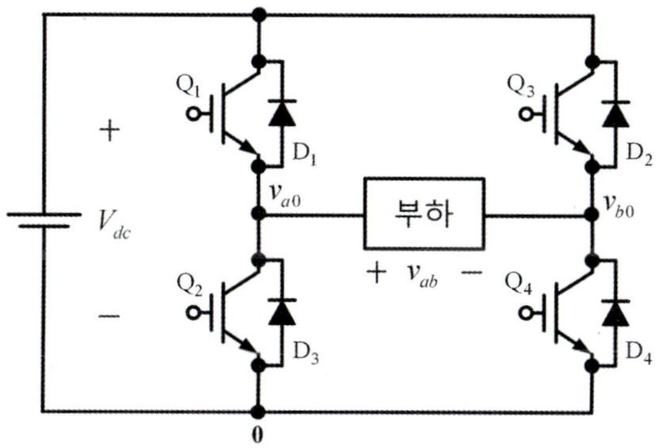

그림 9.49 단상 PWM 인버터의 구성

9.5.3 SPWM 기법

반도체 소자를 이용하는 전력변환 장치는 최근 대용량화, 설치 대수의 증가와 함께 무효 전력의 전력 계통으로의 영향 때문에 중요한 요소가 되었다. 여기에서는 고조파가 적은 출력전압을 얻는 펄스 폭 변조(PWM) 인버터의 제어법 중에서 정현파 PWM(SPWM: sinusoidal PWM) 기법을 전압형 인버터에 적용하는 방법에 대해 설명한다. 이러한 PWM 기법을 적용한 PWM 인버터는 단상/3상 모두 가능한 구조이며 전력용 반도체 소자의 대용량화와 특성의 향상, DSP 등의 고속 마이크로컨트롤러(high speed microcontroller)를 포함한 IC 소자의 진보에 의하여 각 방면으로 사용되고 있다. 직접적인 교류전압을 출력할 수는 없지만 주기별 평균전압이 정현파가 되도록 하는 것이 SPWM 기법이다.

그림 9.49는 직류입력에 대한 PWM 인버터의 기본 동작을 살펴볼 수 있는 단상 풀 브릿지(single phase full bridge) 인버터에 단상 부하를 연결한 구성이다. 부하의 왼쪽을 a 단자, 오른쪽을 b 단자로 정의한다. 한쪽 단자에 연결된 상하의 스위치가 동시에 켜지게 되면 회로가 단락되어 높은 단락전류에 의하여 스위칭 소자가 파괴되므로 상보적인 관계로 구동된다. 입력을 V_{dc}로 설정하고 출력을 폴 전압 v_{a0}, v_{b0}를 이용해서 정의하면 부하에 인가되는 전압은 두 폴전압 간의 선간전압이 되며 v_{ab}로 나타낸다.

부하에 인가를 원하는 직류 입력전압을 V_{ref}로 정한다. $+V_{dc}$, 0, $-V_{dc}$의 형태로 부하에 전압을 인가하여 스위칭 변환에 따른 전압의 변화를 줄이는 유니폴라(unipolar) 스위칭 방식을 사용하여 평균전압이 V_{ref}가 되도록 한다. 동작원리는 삼각파 형태의 v_X 비교파와 v_X의 부호를 반전한 v_Y 비교파를 이용하여 2개의 비교파와 지령전압의 비교를 통해 스위칭을 결정하는 것이다. 스위칭 동작과 폴전압의 관계를 정리하면 다음과 같으며, 이 스위칭 파형은 그림 9.50에 나타내었다.

a : $V_{ref} > v_X$: Q_1ON, Q_2OFF v_{a0} : $+V_{dc}$

a : $V_{ref} < v_X$: Q_1OFF, Q_2ON v_{a0} : 0

b : $V_{ref} > v_Y$: Q_3OFF, Q_4ON v_{b0} : 0

b : $V_{ref} < v_Y$: Q_3ON, Q_4OF v_{b0} : $+V_{dc}$

파형관계에 따라서 선간전압 v_{ab}는 펄스 형태의 파형을 보이고 식 (9.48)과 같이 구할 수 있으며 이것의 평균전압 V_{out}은 지령전압 V_{ref}와 동일하게 된다. 또한 반송파(carrier wave)를 역전하지 않고 지령전압을 역전하여 스위칭을 결정하는 경우도 있다.

$$v_{ab} = v_{a0} - v_{b0} \qquad [\mathrm{V}] \tag{9.48}$$

교류입력에 대한 출력전압에 대하여 살펴보면 그림 9.51과 같다. 비교파와 지령전압에 따른 스위칭 조건은 동일하게 유지되며 차이점은 지령전압이 교류로써 식 (9.49)와 같다.

$$v_{ref} = V_{dc} \sin(\omega_s t + \theta) \qquad [\mathrm{V}] \tag{9.49}$$

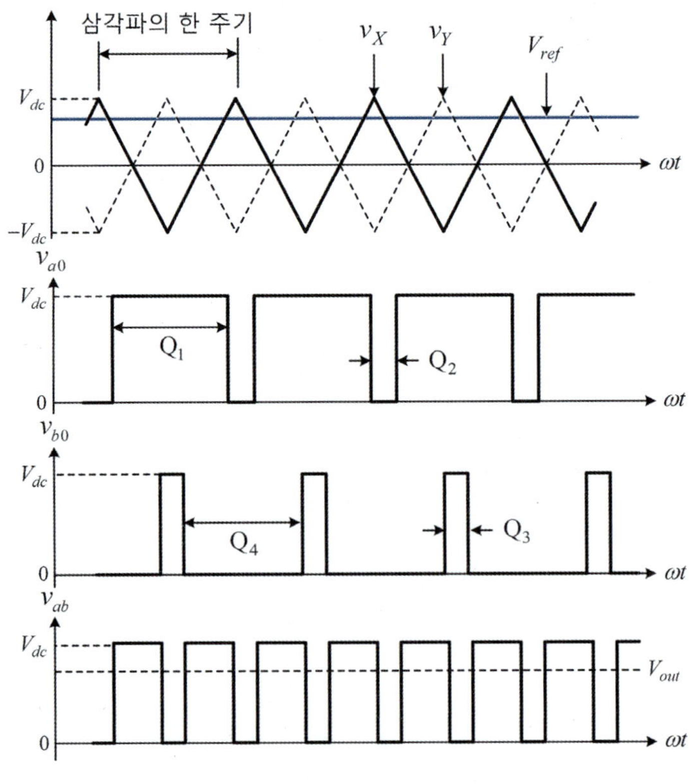

그림 9.50 단상 PWM 인버터의 직류 지령전압에 대한 스위칭 파형

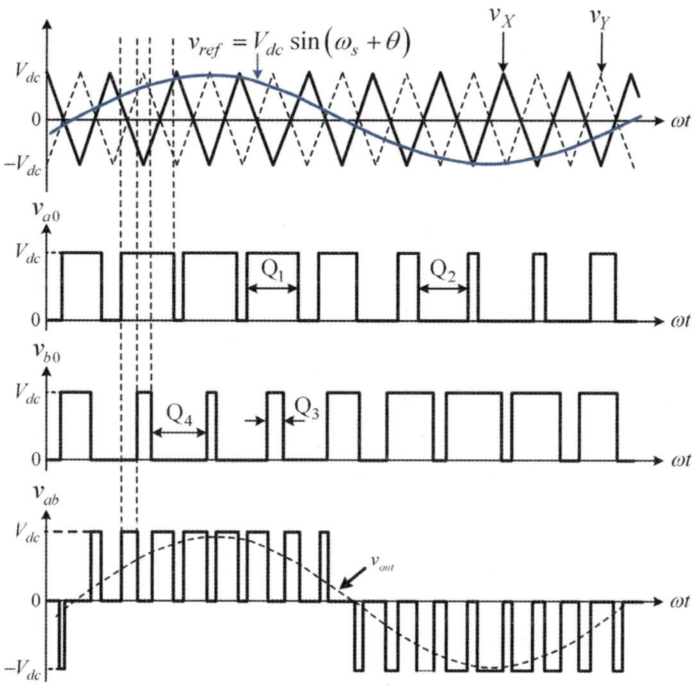

그림 9.51 단상 PWM 인버터의 교류 지령전압에 대한 스위칭 파형

지령전압 v_{ref}가 양인 구간에서 부하에 인가되는 선간전압 v_{ab}는 $+V_{dc}$, 0이 되며 음인 구간에서는 0, $-V_{dc}$가 되며 이는 유니폴라 스위칭 방식으로 스위칭 신호를 결정했기 때문이다. 비교파(comparison wave)로 사용하는 v_X, v_Y는 삼각파로써 주기가 일정하고 주기에 따라서 평균전압을 구하여 기본파 성분을 구하면 지령전압과 같은 형태의 교류 v_{out}을 얻을 수 있다.

3상 PWM 인버터의 경우 총 3개의 폴이 존재하게 되며 v_{a0}, v_{b0}, v_{c0}로 폴 전압을 표현할 수 있다. 각 폴에서 120° 위상차이의 지령전압 크기와 주파수를 고려하여 v_{aref}, v_{bref}, v_{cref}를 생성하고 공통되는 삼각 비교파와 비교하여 지령이 더 큰 경우 각 상의 위쪽 스위칭 소자를 ON, 아래쪽 스위칭 소자를 OFF하도록 지령신호를 결정한다. 스위칭 주파수는 보통 고조파를 줄이기 위해 정현파 주파수의 15배 이상으로 결정한다.

9.5.4 SVPWM 기법

각 상의 권선에서 나타나는 기자력축 방향을 고려한 전압 벡터를 합성한 합성 전압벡터가 공간상에서 일정한 크기를 가지고 회전하도록 스위칭 신호를 결정하는 것이 공간벡터(space vector) PWM 제어기법이다. 먼저 3상 전압의 권선에 전압을 인가했을 때 발생하는 기자력 방향을 기준으로 3상 전압벡터와 합성벡터를 구해야 한다.

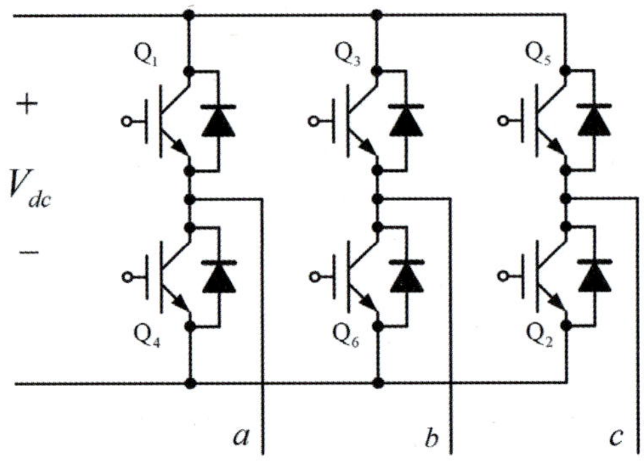

(a)

state	On devices	V_{an}	V_{bn}	V_{cn}	space voltage vector
0	$Q_4Q_6Q_2$	0	0	0	$\mathbf{V}_0(0,0,0)$
1	$Q_1Q_6Q_2$	$2V_{dc}/3$	$-V_{dc}/3$	$-V_{dc}/3$	$\mathbf{V}_1(1,0,0)$
2	$Q_1Q_3Q_2$	$V_{dc}/3$	$V_{dc}/3$	$-2V_{dc}/3$	$\mathbf{V}_2(1,1,0)$
3	$Q_4Q_3Q_2$	$-V_{dc}/3$	$2V_{dc}/3$	$-V_{dc}/3$	$\mathbf{V}_3(0,1,0)$
4	$Q_4Q_3Q_5$	$-2V_{dc}/3$	$V_{dc}/3$	$V_{dc}/3$	$\mathbf{V}_4(0,1,1)$
5	$Q_4Q_6Q_5$	$-V_{dc}/3$	$-V_{dc}/3$	$2V_{dc}/3$	$\mathbf{V}_5(0,0,1)$
6	$Q_1Q_6Q_5$	$V_{dc}/3$	$-2V_{dc}/3$	$V_{dc}/3$	$\mathbf{V}_6(1,0,1)$
7	$Q_1Q_3Q_5$	0	0	0	$\mathbf{V}_7(1,1,1)$

(b)

그림 9.52 전압형 인버터와 공간 전압벡터 (a) 인버터 구조 (b) 스위칭에 따른 공간벡터

그림 9.52(a)는 공간벡터를 살펴보기 위한 전압형 인버터의 구성을 나타내며 DC Link 전압은 V_{dc}로 가정한다. IGBT 소자의 번호를 Q_1부터 Q_6까지 정의하였다. 그림 9.52(b)에 8가지 스위칭 조합에 대한 ON되는 스위칭의 조합, 상전압 그리고 공간벡터가 나타나 있다. 여기서 $V_1(1,0,0)$은 a, b, c상 순서로 Q_1, Q_6, Q_2 스위칭 소자만 ON되며 공간벡터 번호로는 1번을 의미한다. 각 스위칭 상태에 따른 공간벡터를 평면 공간에 표현하기 위해서는 합성 전압벡터를 구해야 하며 복소수 평면상에 위치시키는 것이 편리하다. 각 상의 기자력 축의 기준을 정하기 위하여 a상의 기자력축 방향을 실수축으로 정하면 공간벡터 V_{an}은 항상 실수축 성분만 가지게 된다. 그리고 b상의 전압 크기 V_{bn}에 의한

공간벡터는 실수축으로부터 120° 회전한 방향으로 크기가 V_{bn}인 공간벡터 V_{bn}를 갖게 된다. 크기를 모두 알고 각 상의 기자력 축방향을 모두 알고 있는 3상의 공간벡터를 모두 합하여 복소수 벡터로 합성 공간벡터 V를 표현하면 식 (9.50)과 같다.

$$\mathrm{V} = \frac{2}{3}(V_{an} + \mathrm{a}\,V_{bn} + \mathrm{a}^2\,V_{cn}) \qquad [\mathrm{V}] \tag{9.50}$$

여기서 $\mathrm{a}=e^{j2\pi/3}$, $\mathrm{a}^2 = e^{j4\pi/3} = e^{-j2\pi/3}$이며 식 앞의 2/3는 한 상의 전압벡터 최대치와 합성 벡터의 크기를 동일하게 하기 위함이다.

앞의 관계를 이용하여 V_0부터 V_7까지 8개의 공간벡터 중에서 V_2를 구하면 그림 9.53과 같다. $V_{an} = V_{bn} = V_{dc}/3$이고 $V_{cn} = -2V_{dc}/3$이 된다. 이를 식 (9.50)에 대입하면 식 (9.51)를 구할 수 있다.

$$\begin{aligned}\mathrm{V}_2 &= \frac{2}{3}(\frac{V_{dc}}{3} + \mathrm{a}\frac{V_{dc}}{3} - \mathrm{a}^2\frac{2V_{dc}}{3}) \\ &= \frac{2}{3}(\frac{V_{dc}}{2} + j\frac{\sqrt{3}\,V_{dc}}{2}) = \frac{2V_{dc}}{3}\angle 60° \qquad [\mathrm{V}]\end{aligned} \tag{9.51}$$

즉 단순 크기 합성에서 2/3배가 되기 때문에 V_2 벡터는 그림 9.53(a)와 같게 되며 8개의 공간벡터를 모두 표현하면 그림 9.53(b)와 같다.

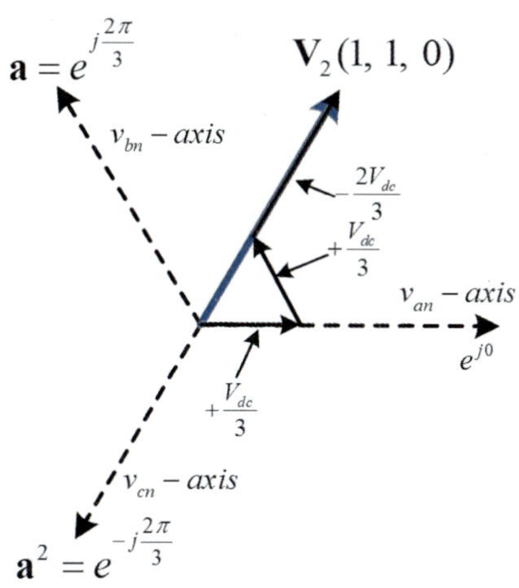

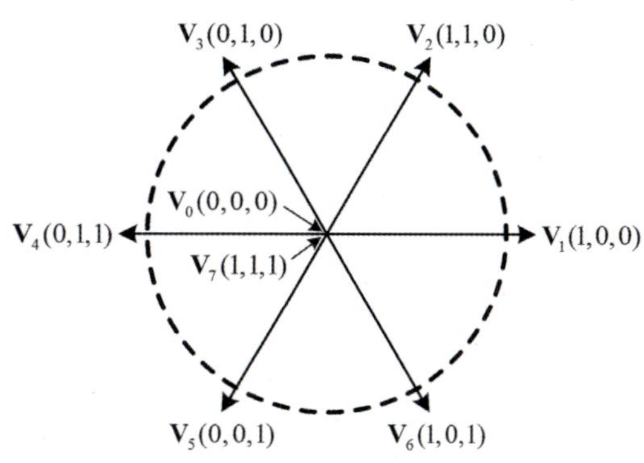

그림 9.53 공간벡터 V_2의 벡터도 (a) 공간벡터 계산 (b) 공간벡터 분포

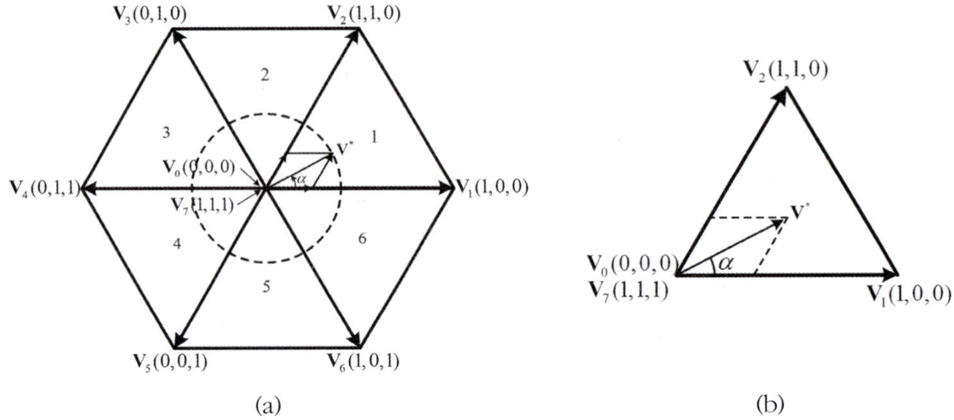

그림 9.54 특정 공간벡터 V*의 구현 (a) 공간벡터 분포 (b) 1영역의 공간벡터 구성

해당 스위칭 조합에 의하여 영벡터인 V_0, V_7만 동일하게 원점위치를 유지하고 나머지 공간벡터들은 60° 간격으로 배치되며, 그 크기는 $2V_{dc}/3$으로 동일하다. 전동기가 회전함에 따라서 V_1부터 V_6까지 지속적으로 동일한 시간마다 반복되면 이는 앞에서 설명한 6-Step 인버터의 스위칭 상태와 동일하게 된다. 다만 더 작은 전압벡터를 시간에 따라서 공간상에서 회전시킬 경우에는 다음의 고려가 필요하다.

그림 9.54는 특정 공간벡터 V*를 정의된 8개의 공간벡터를 이용하여 구현하는 방법을 도식화 한 것이다. 그림 9.54(a)에서 구현하고자 하는 공간벡터는 시간에 따라서 내부의 원을 따라서 회전하는 공간벡터이며, 현 시점에서 육각형 내부의 1로 표시된 삼각형 내부에 위치하고 있다. 한 번의 스위칭 조합에서는 무조건 8개의 공간벡터 중 하나로 결정되므로 정확하게 원하는 특정 공간벡터를 만들 수는 없다. 따라서 일정한 시간에 평균적으로 원하는 공간벡터 V*를 구현하는 방법을 사용한다. 1영역 내부에 목표 공간벡터가 있을 경우 그 영역을 구성하는 공간벡터 V_0, V_1, V_2, V_7를 이용한다.

한 주기동안 V_1만 유지하게 되면 평균 공간벡터는 V_1이 되고, 반의 시간은 V_1공간벡터를 유지하고 나머지 시간은 V_2 공간벡터를 유지한다면 구현되는 평균 공간벡터는 30°의 위상각을 가지고 크기는 육각형의 변에 닿게 된다. 그리고 V*는 크기가 작으므로 적정한 시간동안 V_1을 유지하고 이어서 적정한 시간동안 V_2를 유지하며 나머지 시간동안 영벡터인 V_0 혹은 V_7을 유지하여 구현할 수 있다. 먼저 V*를 V_1 성분과 V_2 성분으로 분리한다. V_1 성분과 V_2 성분을 알면 V_1, V_2 공간벡터의 최대 크기를 이용하여 그 비율을 구할 수 있다. 한 주기가 t_c일 때 V_1 공간벡터를 유지하는 시간이 t_a, V_2 공간벡터를 유지하는 시간이 t_b라면 그 비율은 각각 t_a/t_c, t_b/t_c로 정의할 수 있으며 구현되는 V*를 식으로 표현하면 식 (9.52)과 같다.

$$\begin{aligned} \mathrm{V}^* &= \frac{\mathrm{t_a}}{\mathrm{t_c}}\mathrm{V}_1 + \frac{\mathrm{t_b}}{\mathrm{t_c}}\mathrm{V}_2 \qquad [\mathrm{V}] \\ t_c\mathrm{V}^* &= \mathrm{t_a}\mathrm{V}_1 + \mathrm{t_b}\mathrm{V}_2 \qquad [\mathrm{V \cdot sec}] \end{aligned} \tag{9.52}$$

여기서 $\mathrm{V}_1 = \frac{2V_{dc}}{3} + j0$이고, $\mathrm{V}_2 = \frac{2}{3}V_{dc}\cos(\pi/3) + j\frac{2}{3}V_{dc}\sin(\pi/3)$이 된다.

주기 t_c 동안 V_1을 인가할 시간 t_a와 V_2를 인가할 시간 t_b를 구해야 한다. V^*의 크기는 V^*이고 위상각이 α라면 식 (9.53)과 같이 복소수 벡터로 표현할 수 있다.

$$\mathrm{V}^* = V^*\cos\alpha + jV^*\sin\alpha \qquad [\mathrm{V}] \tag{9.53}$$

식 (9.53)을 식 (9.52)에 대입하면 식 (9.54)와 같은 복소수 방정식이 성립한다.

$$t_cV^*\cos\alpha + jt_cV^*\sin\alpha = t_a\frac{2V_{dc}}{3} + t_b\frac{2}{3}V_{dc}\cos(\pi/3) + jt_b\frac{2}{3}V_{dc}\sin(\pi/3) \qquad [\mathrm{V \cdot sec}] \tag{9.54}$$

실수축과 허수축 성분의 등식을 세워서 t_a, t_b를 t_c에 관한 식으로 정리하여 연립방정식을 풀면 식 (9.55)와 같이 해를 구할 수 있다.

$$t_a = t_c\frac{V^*}{2V_{dc}/3}\frac{\sin(\pi/3-\alpha)}{\sin(\pi/3)}\ [\mathrm{sec}], \qquad t_b = t_c\frac{V^*}{2V_{dc}/3}\frac{\sin\alpha}{\sin(\pi/3)}\ [\mathrm{sec}] \tag{9.55}$$

도통시간 t_a, t_b를 구했으므로 주기 t_c에서 식 (9.56)과 같이 영벡터의 인가시간 t_o를 결정한다. 만약 목표 공간벡터 V^*가 육각형의 변을 벗어나게 될 경우 t_a와 t_b를 더한 시간이 t_c보다 커지기 때문에 해를 구할 수 없다.

$$t_0 = t_c - (t_a + t_b) \qquad [\mathrm{sec}] \tag{9.56}$$

그림 9.55는 위에서 계산된 시간을 이용하여 2주기 동안의 스위칭 과정을 시간에 따라서 표현한 것이다.

처음에 V_0 벡터를 $t_0/2$ 시간동안 구현하고 V_1 벡터를 t_a 시간동안 도통, V_2 벡터를 t_b시간동안 도통 후 V_7 벡터를 나머지 $t_0/2$ 시간동안 도통하고 다음 주기에서는 역순서로 스위칭한다. 영벡터 V_0와 V_7을 모두 이용하고 정방향/역방향 순서가 되도록 하는 것은 공간벡터가 변경될 때 한 상의 스위칭 소자만 ON/OFF 관계를 변화시켜서 반도체 소자의 스위칭 손실을 최소화하기 위한 것이다. 1영역 외의 다른 영역에서도 영역을 구성하는 공간벡터의 도통 시간을 결정하여 스위칭 순서를 정할 수 있다. V_1 벡터의 경우는 a상 한 상만 위쪽 스위칭 소자가 ON되고 V_2의 경우는 a, b상 2개의 위쪽 스위칭 소자가 ON되기 때문에 1영역에 V^*가 존재할 경우 스위칭 과정이 $\mathrm{V}_0 \rightarrow \mathrm{V}_1 \rightarrow \mathrm{V}_2 \rightarrow \mathrm{V}_7$의

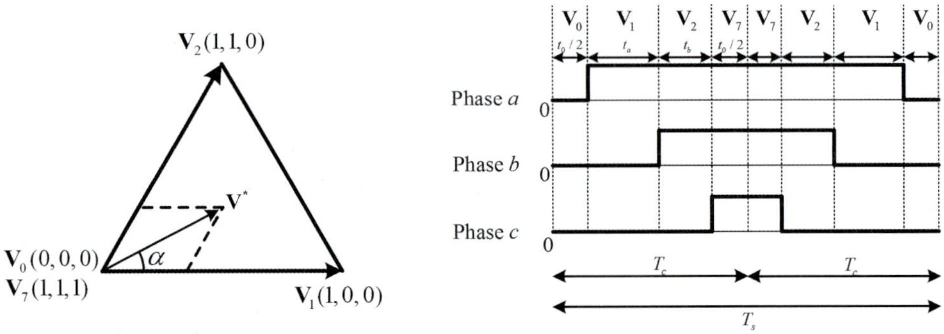

(a) (b)

그림 9.55 특정 공간벡터 V*의 구현 (a) 공간벡터 (b) 시간에 따른 스위칭 순서

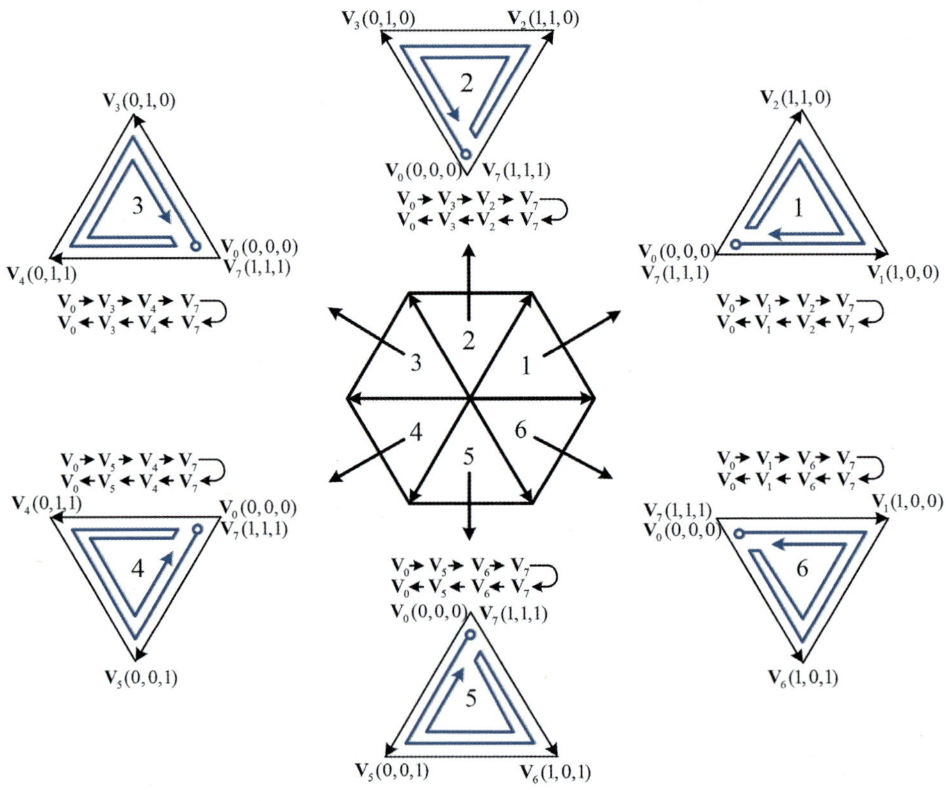

그림 9.56 영역별 공간벡터 순서

한 주기와 $V_7 \to V_2 \to V_1 \to V_0$의 한 주기의 순서로 진행되는 것이 손실을 최소화 할 수 있다. 2영역을 구성하는 전압벡터는 V_0, V_2, V_3, V_7인데 V_2는 a, b상 2개의 위쪽

스위칭 소자가 ON되며 V_3는 b상 하나만 위쪽 스위칭 소자만 ON이 되므로 스위칭 순서는 $V_0 \rightarrow V_3 \rightarrow V_2 \rightarrow V_7$의 한 주기와 역방향의 한 주기로 결정한다. 그림 9.56에 영역별 스위칭 순서가 나타나 있다. 각 영역을 구성하는 공간벡터를 이용하여 영역을 판단하고 공간벡터별 적용시간과 순서를 정하면 된다.

식 (9.55), (9.56)을 이용하여 공간벡터의 적용시간을 계산하는 것은 공간 벡터 V^*의 크기가 육각형에 내접할 때 까지이다. V_1 벡터의 크기가 $2V_{dc}/3$이므로 육각형에 내접할 경우의 전압벡터 크기는 정삼각형의 높이를 이용하여 구하면 $0.577V_{dc} = V_{dc}/\sqrt{3}$가 된다. 따라서 V^*의 크기를 변화시키지 않고 공간상에서 회전시킬 수 있는 최대 크기는 $V_{dc}/\sqrt{3}$가 된다. 변조비를 살펴보면, DC Link 전압이 V_{dc}일 때 인버터의 출력 기본파 전압성분의 크기의 비를 변조비로 정의하기도 한다. 하지만 여기서는 앞 절에서 살펴본 전압형 인버터의 6-Step 구동방식이 인버터 구현 시 나타낼 수 있는 최대 전압이므로, 이 때의 기본파 성분의 크기를 기준으로 변조비를 정의하겠다. 상 별 통전이 180°가 되는 6-Step 구동 시 기본파 성분의 크기는 $(2/\pi)V_{dc}$이므로 변조비를 구하면 식 (9.57)과 같다.

$$m = \frac{|V^*|}{V_{1,6-step}} = \frac{V_{dc}/\sqrt{3}}{(2/\pi)V_{dc}} = 0.907 \tag{9.57}$$

목표로 하는 V^*가 육각형에 내접하는, 변조비가 0.907보다 낮은 영역을 선형 변조영역이라 하며, 이 이상의 V^*를 인가하는 경우를 과변조(overmodulation)라 하고 과변조는 과변조 I, 과변조 II의 2가지 영역으로 분류할 수 있다. 이러한 분류는 변조비에 따르며, 3가지 변조영역에 대한 개념도가 그림 9.57에 나타나 있다. 그림 9.57(a)는 선형 변조영역으로 변조비는 0에서 0.907까지이고, 그림 9.57(b)는 과변조 I영역에 해당하는 그림이며 변조비는 0.907에서 0.952까지이다. 그림 9.57(c)는 과변조 II영역에서의 개념도이며 변조비는 0.952부터 6-Step 구동과 동일한 1까지에 해당한다.

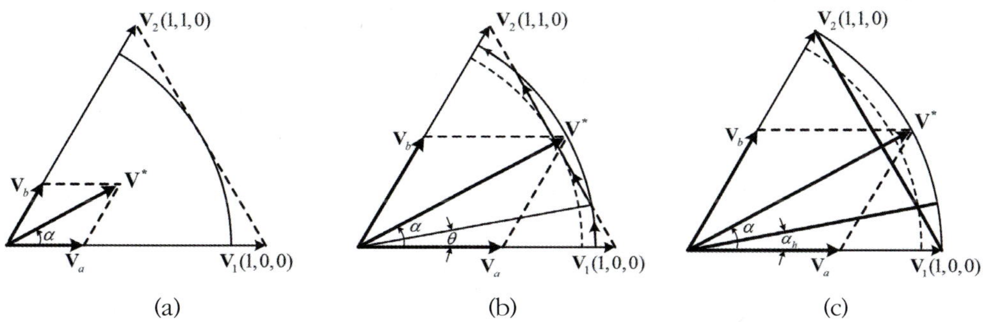

그림 9.57 공간벡터 방식의 변조영역 (a) 선형변조 (b) 과변조 I (c) 과변조 II

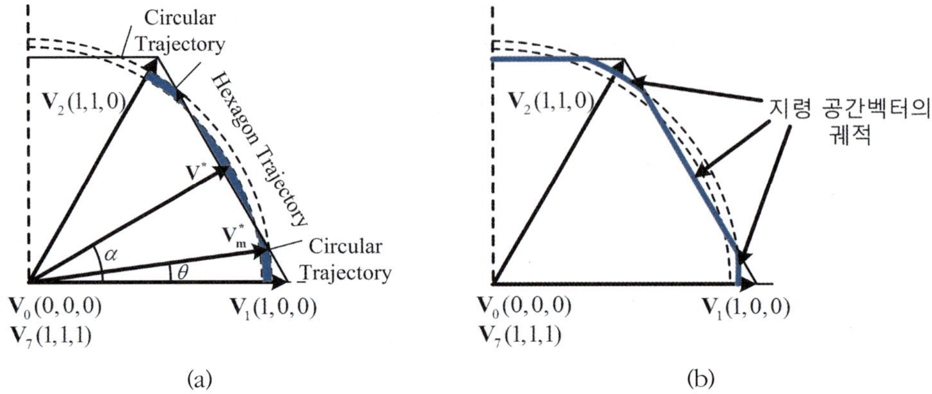

그림 9.58 공간벡터 방식의 과변조 I (a) V_m*의 개념 (b) 수정된 지령 공간벡터의 궤적

육각형을 넘어서는 V* 공간벡터를 구현할 수 없지만 공간벡터의 회전에 따라서 V*가 육각형 내부를 지나는 경우와 외부를 지나는 경우가 발생하므로 육각형을 벗어나서 구현하지 못하는 부분만큼 내부를 지나는 영역에서 보상해주는 방법이 과변조 I 기법이다. 보다 자세한 방법은 그림 9.58에 나타나 있다.

V*이 육각형의 변을 벗어나는 구간의 면적을 계산할 수 있다. 좀 더 큰 공간벡터 V_m*를 가정하고 육각형 내부에서 V*의 궤적과 V_m*의 궤적 차이에 의해서 늘어나는 면적이 육각형의 변을 벗어나는 구간의 면적과 동일해지는 V_m* 벡터와 V_m* 벡터의 육각형 변과 만나는 각도 θ를 구한다. 그리고 V_m*가 육각형 내부를 지날 경우에는 V_m*를 지령으로 이용하고 육각형을 벗어나는 구간에서는 육각형 변을 따라서 지령 공간벡터를 변경한다. 그림 9.58(b)는 수정된 지령 전압벡터의 궤적을 굵게 표시한 것이다. V*가 커질수록 V_m*이 육각형 내부에 존재하는 각도 θ가 줄어든다. 그리고 $|V_m*| = 2V_{dc}/3$의 관계가 성립하는 순간 더 이상 안쪽 내부 영역의 확장으로 보상할 수 없게 된다. 이 시점은 V*이 공간상에서 회전하며 만드는 원의 면적과 육각형의 면적이 동일하게 되는 조건을 이용하여 구한다. 두 면적이 동일하면 원의 일부가 육각형보다 큰 부분과 작은 부분이 모두 존재하게 되는데, 육각형을 벗어나는 부분의 면적과 육각형 내부의 면적이 동일하기 때문이다. 이 때 V*의 크기는 식 (9.58)과 같다.

$$\begin{aligned} \pi(V^*)^2 &= 6 \cdot \frac{1}{2} \cdot \frac{2V_{dc}}{3} \cdot \frac{V_{dc}}{\sqrt{3}} \\ V^* &= \sqrt{\frac{2}{\sqrt{3}\pi}}\, V_{dc} \quad [V] \end{aligned} \tag{9.58}$$

여기서 육각형의 면적은 정삼각형의 면적을 구하고 이를 6배 하여 구한다.
따라서 변조비를 계산하면 식 (9.59)과 같다.

$$m = \frac{V^*}{V_{1,6-step}} = \frac{\sqrt{\frac{2}{\sqrt{3}\pi}}V_{dc}}{(2/\pi)V_{dc}} = 0.952 \tag{9.59}$$

위의 변조비 0.952를 넘어서는 크기의 V^*를 구현하기 위해서는 과변조 II기법을 이용해야 한다. 더 이상 내부의 영역에서 보상할 수 없으므로 최대 전압이 발생하는 V_1, V_2, ⋯, V_6 공간벡터를 일정한 시간동안 유지함으로써 보상하게 된다. 따라서 과변조 II기법의 경우 더 이상 앞의 방법으로 구현할 수 없기 때문에 최대 전압을 발생시키는 공간벡터를 조금씩 오래 유지해 가면서 변조비가 0.952를 넘어서는 공간벡터를 구현할 수 있다. 간단한 개념과 시간에 따른 상전압 파형은 그림 9.59와 같다.

과변조 II 구간에서 1영역을 예로 들면, 최대 전압이 발생하는 공간벡터 V_1을 일정한 각도 α_h만큼 유지하고 그 각도를 벗어나면 육각형의 변을 따라서 이동하게 된다. 다시 V^*가 V_2보다 α_h 이내에 들어서게 되면 V_2를 $2\alpha_h$동안 유지하면 된다. 그림 9.59(b)에는 $\alpha_h = 10°$, $30°$의 두 가지 경우에 대한 상전압의 주기별 평균값을 기준으로 파형을 나타낸다. α_h의 최대 증가치는 $30°$가 한계이며 각 공간벡터 V_1, ⋯, V_6를 기준으로 $\pm 30°$ 구간만큼 해당 공간벡터를 유지하기 때문에 총 60° 간격으로 공간벡터의 절환이 발생하며 이는 전압형 인버터에서 다뤘던 6−Step 구조와 동일하다. 이 때 변조가 가능한 최대 변조비는 식 (9.60)과 같다.

$$m = \frac{|V^*|}{V_{1,6-step}} = \frac{(2/\pi)V_{dc}}{(2/\pi)V_{dc}} = 1 \tag{9.60}$$

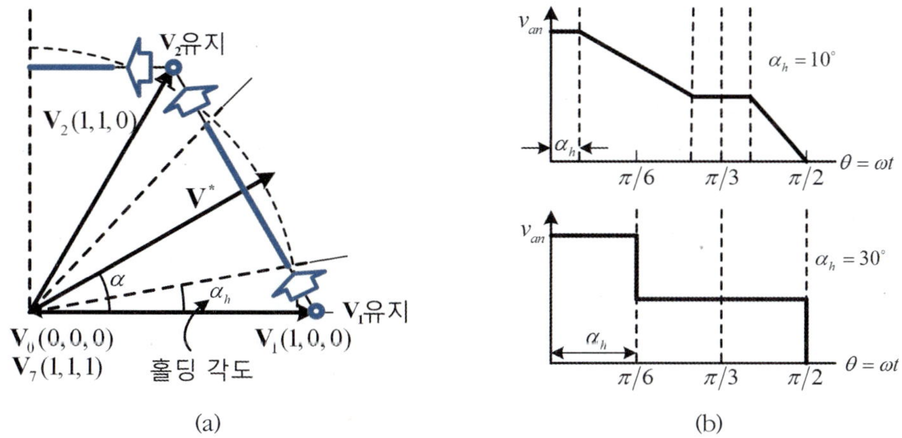

그림 9.59 공간벡터 방식의 과변조 II
(a) 수정된 공간벡터의 궤적 (b) 시간에 따른 주기별 평균 전압의 변화

공간벡터 제어방식은 전압벡터의 크기와 방향을 공간 상에 위치시키고 이를 구현하기 위하여 6개의 영역으로 나누고 해당 영역을 구성하는 기준 공간벡터의 도통시간을 조절하여 한 주기에서 평균 전압벡터가 목표로 하는 공간벡터 V*가 되도록 하는 것이다. 또한 V*가 육각형 영역을 벗어나서 과변조가 발생할 경우 과변조 I, 과변조 II 방법을 기준으로 살펴보았다. 앞에서 살펴본 연산을 수행하는 것은 많은 연산량이 필요하기 때문에 간이적인 방법으로 이를 구현하는 경우도 많다.

9.6 AC-AC 컨버터

AC-DC 컨버터인 정류기와 DC-AC 컨버터인 인버터를 결합하여 간접식으로 AC를 AC로 변환할 수 있다. 직접적으로 AC를 AC로 변환하는 컨버터는 주파수를 변경할 수 없는 변압기도 있지만 주파수변환이 필요할 경우에는 사이클로 컨버터(cyclro converter)를 사용한다. 이러한 사이클로 컨버터는 회생가능한 두쌍의 위상제어 정류회로를 역병렬로 접속하여 구현한다. 교류의 출력전류를 흘리기 위해 한 쪽을 정방향 컨버터, 다른 쪽을 역방향 컨버터라고 부르며 그림 9.60에 3상 전원 v_{an}, v_{bn}, v_{cn}에서 단상 부하 $\dot{Z}_L$에 교류를 공급하기 위한 3펄스식 사이클로 컨버터의 기본회로가 있다. 이 회로는 3상 반파로 120°마다 통전이 일어난다.

3펄스식 사이클로 컨버터의 경우 전원의 상별 교류전압의 극성이 양일 때 사용하는 사이리스터 T_1, T_2, T_3를 정방향 컨버터라고 부르고, 음의 극성일 때 사용하는 사이리스터

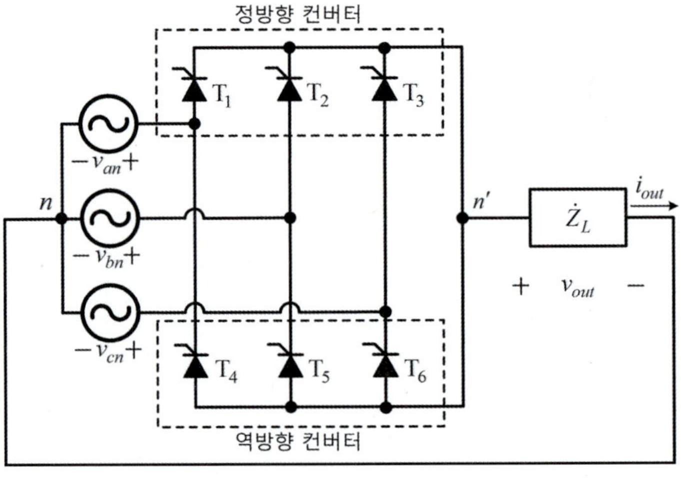

그림 9.60 3펄스식 사이클로 컨버터 회로

T_4, T_5, T_6를 역방향 컨버터라고 부른다. 부하는 전원의 중성점 n과 정방향 컨버터와 역방향 컨버터의 공통 노드인 n' 사이에 접속된다. 변환이 수행된 출력전압은 전원 주파수보다 높을 수 없으며, 출력전압이 양의 극성을 나타내는 동안에는 정방향 컨버터들에 의하여 동작하며 사이리스터를 이용한 위상제어법에서 제어 지연각을 조절하여 반파 전압의 평균 전압을 변화시키면서 교류로 변환한다. 따라서 전압 위상과 전류 위상의 차이가 발생할 수 있는 구조이며 전압 및 전류 위상관계에 따라 부하 $\dot{Z}_L$에 전력을 공급하거나 전력을 회생할 수 있다. 전력공급은 전압과 정방향 컨버터를 이용하여 양의 전류가 흐름으로써 혹은 역방향 컨버터를 이용하여 음의 전류가 흐름으로써 가능하고, 전력의 회생은 전류의 극성과 반대되는 방향의 컨버터를 제어하여 무효전력의 회생(regeneration)이 가능하게 된다. 사이리스터는 모두 전원전류로 수행되어 정류 동작 때는 제어 지연각 α를 $0° < \alpha < 90°$의 범위로 설정하고, 인버터 동작 때는 $90° < \alpha < 180°$ 사이로 연속적으로 제어한다. 자세한 특성은 6펄스식 진파 형태의 사이클로 컨버터를 통하여 살펴보도록 하자.

6펄스식 사이클로 컨버터의 회로는 그림 9.61에 있다. 60°마다 통전이 발생하여 6펄스식으로 부르며 3상 전파 위상제어 정류회로를 2개 가지고 있고, T_1, T_2, ..., T_6가 정방향 컨버터 T_7, T_8, ..., T_{12}가 역방향 컨버터이다. 부하 $\dot{Z}_L$는 두 개의 컨버터의 접속 모선 사이에 연결된다.

6펄스 사이클로 컨버터의 위상제어법은 그림 9.21에서 살펴본 다상 구조의 위상제어 정류회로의 동작과 유사하며 그림 9.62에 있다. 선간전압으로 출력되기 때문에 특정 순간의 v_{cb}, v_{ab}를 기준으로 살펴본다. v_{ab}를 이용하여 최대값을 갖는 지점이 두 선간전압의

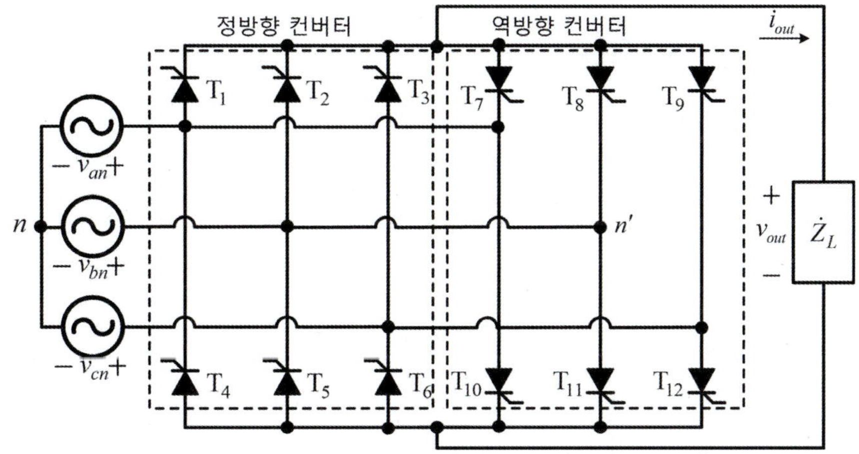

그림 9.61 6펄스식 사이클로 컨버터 회로

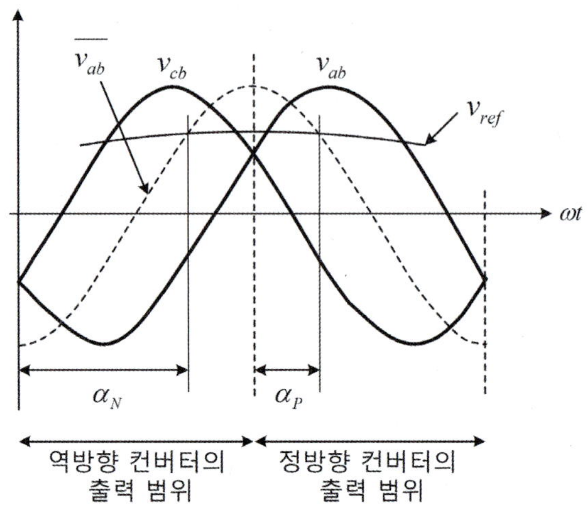

그림 9.62 6펄스식 사이클로 컨버터의 위상 결정 기법

교차지점이 되는 기준전압 $\overline{v_{ab}}$를 생성한다. 생성된 $\overline{v_{ab}}$와 지령전압 v_{ref}의 관계를 이용하여 정방향 컨버터의 위상제어각도 α_P와 역방향 컨버터의 위상제어각도 α_N을 결정한다. 두 컨버터의 출력 방향성이 다르기 때문에 기준 시점도 달라지며 중복각은 고려하지 않았다.

정방향 컨버터의 평균 출력전압 V_P는 3상 전원이므로 식 (9.61)과 같다.

$$V_P = \frac{\sqrt{3}\,V_{an}}{\pi}\cos\alpha_P \qquad [\mathrm{V}] \tag{9.61}$$

여기서 V_{an}은 a상 상전압의 최대치이며, 3상 평형 교류가 인가될 경우에도 상전압의 최대치는 동일한 크기를 갖는다. α_P는 선간전압 v_{cb}, v_{ab}의 양의 주기에서 나타나는 교점부터 $\overline{v_{ab}}$와 지령전압 v_{ref}의 교점까지의 각도를 의미한다. 정방향 컨버터를 이용하여 양의 전압을 부하에 인가하기 위해서 α_P는 0°부터 90°의 범위 안에 존재해야 한다. 또한 역방향 컨버터의 평균 출력전압 V_N은 정방향 컨버터와 극성이 반대가 되므로 식 (9.62)와 같이 구할 수 있다.

$$V_N = -\frac{\sqrt{3}\,V_{an}}{\pi}\cos\alpha_N \qquad [\mathrm{V}] \tag{9.62}$$

α_N는 선간전압 v_{cb}, v_{ab}의 음의 주기에서 나타나는 교점으로부터 $\overline{v_{ab}}$와 지령전압 v_{ref}의 최초 교점까지의 각도를 의미한다. 출력을 원하는 교류의 주파수가 전원 주파수에 비하여

매우 느리다면 지령전압 v_{ref}는 정방향 컨버터와 역방향 컨버터의 제어 지연각을 결정하는 과정에서 변하지 않는다고 볼 수 있으며 이 경우 결정된 두 각도의 관계는 식 (9.63)과 같다.

$$\alpha_P + \alpha_N = \pi \quad [\mathrm{rad}] \tag{9.63}$$

정방향 컨버터와 역방향 컨버터를 사용하는 구간을 정해 놓을 경우 정방향 컨버터를 사용하여 전원을 변환하는 기간에는 정방향 위상제어 지연각 α_P를 이용하고 역방향 컨버터를 이용하는 구간에서는 역방향 위상제어 지연각 α_N을 사용하면 된다. 또한 모든 구간에서 정방향 컨버터와 역방향 컨버터를 동시에 사용할 경우에는 α_P, α_N을 모두 구하여 적용하면 된다. 다만 동시에 두 컨버터를 모두 사용할 경우 각도를 판단하는 기준 위치가 다르다. 이를 해결하기 위하여 정방향 컨버터의 기준을 역방향 컨버터 제어각도가 따라가도록 한다. 이 때 정방향 컨버터의 제어 지연각 α_p 대신에 제어 선행각 β_N을 이용하는 것이 더욱 편리하다. 제어 지연각 α_p과 제어 선행각(angle of advance) β_N의 관계는 식 (9.64)와 같다.

$$\beta_N = -\alpha_P \quad [\mathrm{rad}] \tag{9.64}$$

위의 각도를 이용하여 6펄스식 사이클로 컨버터에서 정방향 컨버터와 역방향 컨버터를 동시에 이용하는 경우 출력전압의 크기를 보다 단순하게 고려할 수 있다. 교류로 변환하기 위해서는 제어 지연각 α_P를 구해야 한다. 지령전압 v_{ref}를 주파수가 ω_{out}인 교류로, 사이클로 컨버터에서 최대출력 대비 비율을 k로 정의하면 식 (9.65)를 이용하여 제어 위상각 α_P를 구할 수 있으며 전류는 역률에 따라서 위상이 달라진다.

$$\cos(\alpha_P) = k\frac{\sqrt{3}\,V_{an}}{\pi}\cos(\omega_{out}t) \tag{9.65}$$

정방향 컨버터는 인접한 선간전압 2개가 같아진 후에 α_P 만큼의 지연각 후까지 증가하는 선간전압이 출력되지 않도록 지연시킴으로써 평균 출력전압을 조절하며 역방향 컨버터는 인접한 선간전압 2개가 같아지는 것보다 β_N 만큼의 선행각 전에 이전의 선간전압이 출력되지 않도록 하여 출력전압을 조절한다. 이러한 정방향 컨버터와 역방향 컨버터의 동작에 따른 출력전압의 특성은 그림 9.63과 같다.

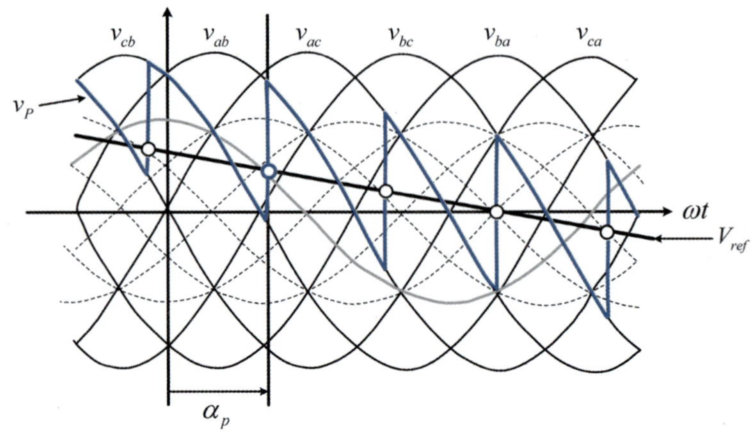

(a)

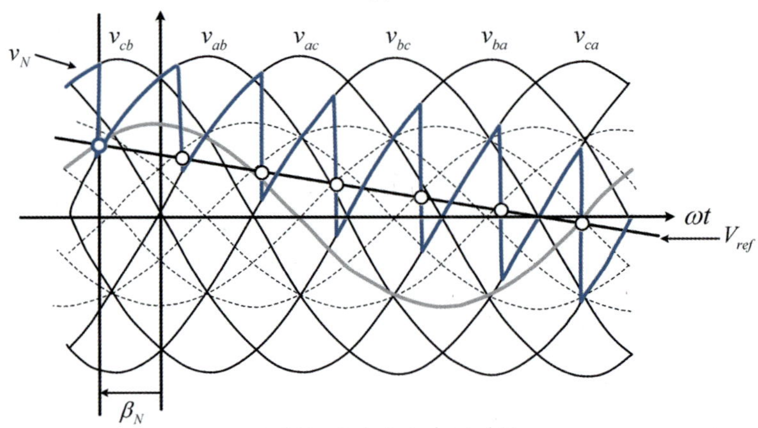

(b)

그림 9.63 6펄스 사이클로 컨버터의 점호 제어
(a) 정방향 컨버터의 출력전압 (b) 역방향 컨버터의 출력전압

그림 9.63에서 제어 지연각 α_P와 제어 선행각 β_N를 결정하는 시점을 결정하기 위해서 v_{cb}와 v_{ab}가 동일한 시점을 택했으며 그 시점에 수직 화살표가 그어져 있다. 그리고 각도를 판단하기 위해서는 지령전압 v_{ref}를 감소하는 형태로 결정하였으며 각 선간전압을 이용하여 기준전압들을 점선으로 표시했고 그 중에서 v_{cb}와 v_{ab}의 교차점에서 최대값을 가지는 기준전압 $\overline{v_{ab}}$를 실선으로 표시하였다. $\overline{v_{ab}}$와 지령전압 v_{ref}의 교점을 기준으로 정방향 컨버터의 경우는 제어 지연각 α_P를 결정하고 역방향 컨버터의 경우는 제어 선행각 β_N을 결정하였으며 결정된 포인트마다 동그라미를 이용하여 표식하였다. 이렇게 지령전압이 식 (9.65)와 같이 교류인 경우에도 제어 지연각을 결정하고 이를 이용하여 제어 선행각을 결정하여 6펄스식 사이클로 컨버터를 구동하여 원하는 출력 교류를 얻을 수 있다.

▸▸ 기호정리 ◂◂

기호	의미	기호	의미
A	애노드	i_A	Anode의 전류
α	제어지연각	i_B	베이스의 전류
α_h	홀딩각도	i_C	컬렉터의 전류
α_N	역방향 위상제어지연각	i_G	게이트의 전류
α_P	정방향 위상제어지연각	i_L	인덕터전류
B	베이스	i_{in}	교류입력전류
β	도통각	i_{out}	교류출력전류
β_N	선행각도	i_s	내부전류
C	커패시터	K	캐소드
C	컬렉터	L	인덕터
D	다이오드	L_l	누설인덕턴스
D	듀티비	L_s	평활인덕터
D	드레인	m	변조비
E	에미터	n	중성점
e_a, e_b, e_c	3상의 역기전력	Q	스위칭소자
G	게이트	Q_{rr}	역방향 회복 전하량
I_C	컬렉터 도통전류	R	저항
I_H	홀딩전류	S	소스
I_{in}	직류입력전류	T	사이리스터
$I_{\max}$	최대전류	t_{ON}	스위치 온 시간
$I_{\min}$	최소전류	t_{rr}	역방향 회복시간
I_{out}	인턱터에 의한 직류출력 전류	T_s	주기
I_o	실효전류	V*	공간벡터 지령
I_{rrm}	역방향전류의 최대치	$V_{1,6-\text{step}}$	6-step 구동시 기본파 성분의 크기
i_1, i_2, i_3	3상의 전류	V_{BF}	정방향 항복전압

기호	의미	기호	의미
V_{BR}	역방향 항복전압	v_{GE}	게이트와 에미터 사이의 전압
V_c	커패시터 전압	v_{GS}	게이트와 소스 사이의 전압
V_N	역방향 컨버터의 평균출력전압	v_{Nn}	N점의 전위
V_P	정방향 컨버터의 평균출력전압	v_{Pn}	P점의 전위
V_{TH}	문턱전압	v_X, v_Y	비교파
V_{dc}	dc링크전압	v_{a0}, v_{b0}, v_{c0}	3상의 폴전압
V_{emf}	역기전력성분	v_{DS}	드레인과 소스 사이의 전압
V_{in}	직류입력전압의 크기	v_{ab}, v_{bc}, v_{ca}	3상의 선간전압
V_m	전압의 최대치	v_{an}, v_{bn}, v_{cn}	3상의 부하상전압
V_{out}	평균출력전압	v_{in}	교류입력전압
V_{ref}	지령전압	v_{n0}	중성점 전압
v_{AK}	A핀과 K핀 사이에 걸리는 전압	v_{out}	교류출력전압
v_{CE}	컬렉터와 에미터 사이의 전압	u	중복각
i_D	드레인전류	$\dot{Z}_L$	부하임피던스

연/습/문/제

9.1 그림 9.13와 같은 전파 다이오드 정류회로에서 부하저항이 $25[\Omega]$이다. 전원전압 v_{in}이 $220[\mathrm{V}]$, $60[\mathrm{Hz}]$일 때 다음을 구하시오.

① 출력전압 평균값 ② 출력전류 평균값
③ 출력전류 실효값 ④ 부하에 공급되는 전력

9.2 그림 9.19의 3상 전파 정류회로에서 3상 전원의 선간전압은 $220[\mathrm{V}]$, $60[\mathrm{Hz}]$이고 부하저항 R은 $5[\Omega]$이다. 다음을 구하시오.

① 출력전압 평균값 ② 출력전류 평균값
③ 출력전류 실효값 ④ 각 다이오드 전류의 평균값

9.3 그림 9.27의 Buck 컨버터 회로에서 입력전압이 $36[\mathrm{V}]$이고, 컨버터의 스위칭 주파수는 $20[\mathrm{kHz}]$이며 듀티비 0.8로 스위칭될 때 다음을 구하시오. 이 때 저항R은 $10[\Omega]$, 필터 인덕터 L은 $50[\mu\mathrm{H}]$, 커패시터 C는 $100[\mu\mathrm{F}]$이다.

(a) 평균 출력전압 V_0와 평균 부하전류 I_0
(b) 인덕터에 흐르는 전류의 평균값, 최대값과 최소값

9.4 그림 9.31의 회로에서 입력전압이 $48[\mathrm{V}]$로 일정할 때, 스위치 Q의 스위칭 주기가 $100[\mu\mathrm{sec}]$이고 듀티비 0.8이다. 부하저항이 $20[\Omega]$일 때 다음을 구하시오. 단, 인덕터 전류 i_L은 일정하고, 커패시터의 커패시턴스 C는 출력전압의 리플성분을 무시할 수 있을 정도로 매우 크다.

(a) 출력전압
(b) 부하전류
(c) 부하전력

9.5 그림 9.35의 회로에서 입력전압은 $48[\mathrm{V}]$로 일정하다. 스위치 Q의 스위칭 주기가 $40[\mu\mathrm{sec}]$일 때 출력전압을 $96[\mathrm{V}]$로 제어하려고 한다. 그림에서 부하저항은 $10[\Omega]$이다. 이 때 다음을 구하시오. 단 인덕터 L에는 일정한 전류가 흐르고 커패시터의 출력전압의 리플성분을 무시할 수 있다고 가정한다.

(a) 듀티비 D
(b) 부하전류
(c) 부하전력

9.6 그림 9.54의 공간벡터 PWM 제어되는 3상 인버터에서 기준 부하상 전압은 평형 3상의 정현파이다. 여기서 $V^* = 8[\mathrm{V}]$, $V_{dc} = 15[\mathrm{V}]$, $t_c = 10[\mathrm{msec}]$이다. $\omega t = 45°$일 때 다음을 구하시오. 단, 스위칭 사이클 동안 기준 부하 상전압은 일정하다고 가정한다.

(a) 스위칭 사이클 동안 선택되는 공간벡터
(b) 선택된 각 공간벡터의 지속시간
(c) 선택된 각 공간벡터의 순서

제 10 장

영구자석 전동기와 릴럭턴스 전동기

10.1 영구자석 전동기와 릴럭턴스 전동기의 종류와 특징

브러시형 직류기(brushed DC electric machine)와 권선형 동기기(wound field synchronous electric machine)는 회전자에 전력을 공급하기 위해서 브러시와 정류자 또는 브러시와 슬립링 구조를 갖는다. 브러시는 직류기와 권선형 동기기의 회전자에 전력을 공급하기 위해서 반드시 필요한 구조이다. 브러시를 갖는 전기기기는 기계적 접촉에 의해 전력을 전달하므로 브러시가 마모될 뿐만 아니라 접촉저항에 의해 성능 및 효율이 떨어진다. 특히 직류기에서 브러시와 정류자는 회전하고 있는 권선의 전류방향을 반전시키는 역할을 하므로 리액턴스 전압(reactance voltage)에 의한 과도한 역기전력이 발생하여 브러시와 정류자편에 불꽃이 발생할 수 있다. 따라서 브러시 구조를 없애고 구동할 수 있다면 브러시와 관련된 단점이 없어지는데 이러한 전동기를 브러시리스 전동기(brushless motor)라고 한다.

유도전동기는 유도작용에 의해 회전자에 전력을 공급하는 전형적인 브러시리스 전동기로서 회전자계의 속도와 회전자의 속도가 같지 않다. 반면 직류전동기와 동기전동기의 계자를 영구자석으로 사용하면 브러시리스 전동기가 될 수 있는데[주1)] 이러한 전동기를 영구자석 전동기(PM motor: permanent magnet motor)라고 한다. 또한 릴럭턴스 토크를 이용할 경우 브러시는 사용하지 않을 수 있는데 이와 같이 릴럭턴스 토크를 이용하는 전동기를 릴럭턴스 전동기(reluctance motor)라고 한다. 영구자석 전동기와 릴럭턴스 전동기는 유도전동기와 달리 회전자계 또는 후에 기술할 점핑자계(jumping field)에 회전자의 속도가 동기되는 전동기이다. 영구자석 전동기와 릴럭턴스 전동기는 브러시가 있는 직류전동기와 권선형 동기전동기에 비해 효율과 성능이 좋아지는 것이 일반적이다.

영구자석 전동기와 릴럭턴스 전동기는 구동방법에 따라 몇 가지 종류가 있다. 그림 10.1은 일반적인 영구자석 전동기와 릴럭턴스 전동기의 종류와 발생하는 토크의 성분을 나타낸 것이다.

그림 10.1에서 알 수 있는 바와 같이 표면부착형 영구자석 전동기는 순수하게 마그네틱 토크만을 이용하는 전동기이고, 릴럭턴스 동기전동기(SynRM: synchronous reluctance motor)와 스위치드 릴럭턴스 전동기(SRM: switched reluctance motor)는 순수하게 릴럭턴스 토크만을 이용하는 전동기이다.

마그네틱 토크와 릴럭턴스 토크를 모두 사용하는 전동기는 전체 토크 중에서 마그네틱 토크와 릴럭턴스 토크의 크기 비중에 따라 표면삽입형 영구자석 전동기, 매입형 영구자석 전동기, 영구자석 보조형 릴럭턴스 동기전동기로 나눌 수 있다. 그림 10.1에서와 같이 영구자석 전동기와 릴럭턴스 전동기는 종류에 따라 전체 발생 토크 중에 마그네틱 토크와 릴럭턴스 토크의 발생 비율이 다르다.

주1) 직류전동기 중 소형으로 사용되는 PMDC(permanent magnet direct current) 전동기는 브러시형 전동기이다.

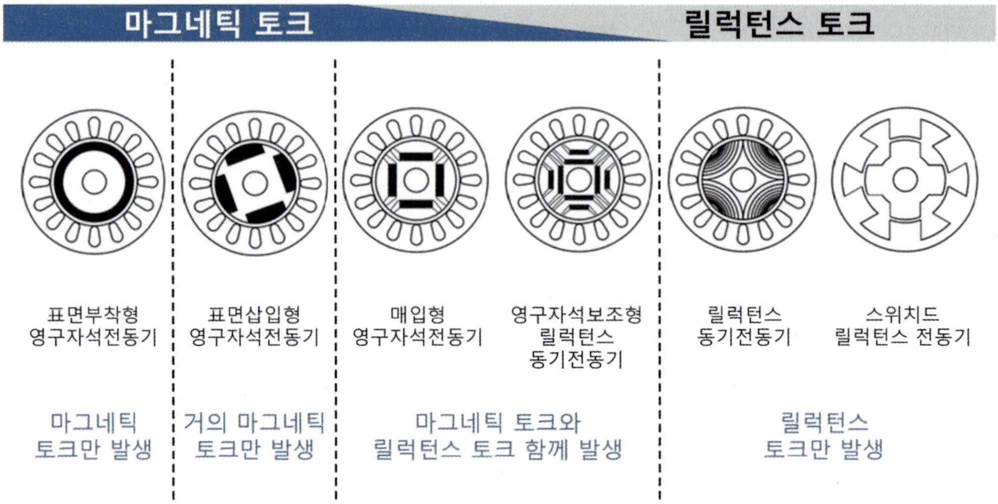

그림 10.1 마그네틱 토크와 릴럭턴스 토크의 이용률에 따른 전동기 분류

영구자석 전동기와 릴럭턴스 전동기는 모두 직류전류(구형파 전류)와 교류전류(정현파 전류)로 구동할 수 있으며 영구자석 또는 돌극형 회전자가 회전을 한다. 두 전동기는 구형파 또는 정현파 구동과 상관없이 전동기의 회전에 동기되어 전기자전류가 발생시키는 회전자속이 회전해야 하므로 회전자의 위치를 검출하기 위한 위치센서와 전류의 방향을 바꾸어 줄 수 있는 구동회로가 필요하다. 또한 일반적으로 영구자석 전동기와 릴럭턴스 전동기는 속도와 위치제어를 하는 제어용 전동기로 사용되므로 제어연산이 가능한 프로세서가 필요하다. 따라서 영구자석 전동기와 릴럭턴스 전동기는 그림 10.2와 같이 전동기, 센서, 프로세서를 포함한 제어기, 전력변환기의 구성이 필수적이다.

영구자석 전동기와 릴럭턴스 전동기는 브러시형 직류전동기와 유도전동기와 비교하여 표 10.1과 같은 특성을 갖는다. 표 10.1에서 알 수 있는 바와 같이 영구자석 전동기와 릴럭턴스 전동기는 유도전동기와 직류전동기에 비해 효율과 출력밀도가 높으나 센서와

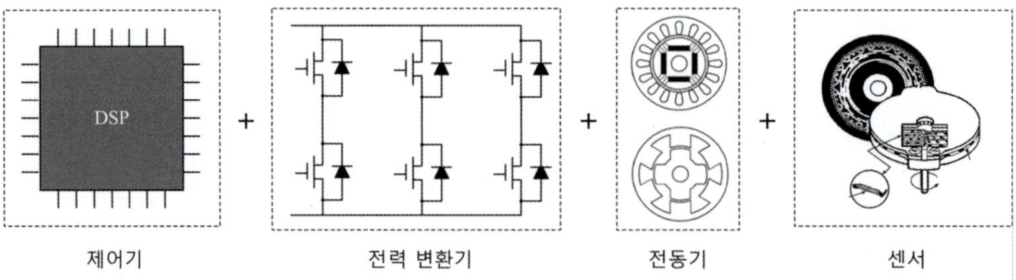

그림 10.2 영구자석 전동기 및 릴럭턴스 전동기의 필수 구성요소

표 10.1 각 전동기의 특성 비교

항목	직류전동기		유도전동기		영구자석 전동기	릴럭턴스 전동기
구조	복잡		간단		보통	간단
효율	보통		보통		높음	높음
출력밀도	낮음		보통		높음	약간 높음
가격	중 · 저가		저가		고가	중 · 고가
제어	쉬움		보통		보통	어려움
내구성	보통		좋음		보통	좋음
내환경성	보통		좋음		보통	좋음
유지, 보수	필요		불필요		불필요	불필요
센서	구동용	불필요	구동용	불필요	필요	필요
	제어용	필요	제어용	필요		

구동회로가 반드시 필요하므로 가격이 높아지는 단점이 있다. 특히 영구자석 전동기는 출력밀도를 높이기 위해서 네오디움과 같은 고가의 희토류자석을 사용하므로 고성능, 고효율의 응용분야에 주로 사용된다.

10.2 영구자석 전동기의 종류

영구자석 전동기는 구동전원의 파형, 상수, 착자방향, 영구자석의 배치모양, 코어의 사용 유무 등 여러 가지 기준으로 분류할 수 있다. 영구자석 전동기의 분류법을 표 10.2에 나타내었다.

[1] 브러시리스 직류전동기와 브러시리스 교류전동기

영구자석 전동기의 분류방법 중 가장 중요한 분류법은 구동전원의 파형에 의한 분류 방법으로 직류전류(구형파전류)에 의해 구동하는 전동기를 브러시리스 직류전동기(BLDC motor: brushless DC motor)라 하고 교류전류(정현파전류)에 의해 구동하는 전동기를 브러시리스 교류전동기(BLAC motor: brushless AC motor)라 한다. 영구자석 직류전동기는 브러시리스 직류전동기 또는 BLDC(brushless direct current) 전동기라는 용어로 많이 사용되고 영구자석 교류전동기는 영구자석형 동기전동기(PMSM: permanent magnet synchronous motor), 브러시리스 동기전동기, BLAC(brushless alternating current) 전동기

표 10.2 영구자석 전동기의 분류법

분류기준	종류	응용분야
구동전원의 파형에 의한 분류	브러시리스 직류전동기	산업용 냉장고, 자동조립 및 가공라인, 복사기, 프린터
	브러시리스 교류전동기	소형 로봇, 반도체 장비, 실장기
상수에 의한 분류	단상 영구자석 전동기	컴퓨터 팬용
	3상 영구자석 전동기	승강기, 견인용
	다상 영구자석 전동기	산업용 기기, 각종 추진기, 의료기기
회전자의 위치에 의한 분류	내전형	냉장고, 팬 전동기
	외전형	환기 시스템용, 공기조화, 급·배기용
착자방향에 의한 분류	경방향 영구자석 전동기	가전용, 산업용 대부분
	축방향 영구자석 전동기	VTR, 실린더, FDD
	횡방향 영구자석 전동기	견인용, 직구동(DD : direct drive)용 풍력 터빈
코어 유무에 의한 분류	코어형	가전용, 산업용 대부분
	코어리스형	소형 풍력발전기
영구자석의 형상에 의한 분류	표면자석형 영구자석 전동기	전기식 파워핸들(EPS : Elctric Power Steering), 반도체 장비, 의료기기
	매입자석형 영구자석 전동기	견인용, 각종 추진기, 승강기
	삽입형 영구자석 전동기	견인용, 전기식 파워핸들
	스포크형 영구자석 전동기	세탁기, 견인용, 발전기

등의 용어로도 많이 사용된다. 이후의 설명에서는 영구자석 직류전동기는 브러시리스 직류전동기, 영구자석 교류전동기는 브러시리스 교류전동기로 통일하여 설명하도록 한다.

브러시리스 직류전동기와 브러시리스 교류전동기의 근본적인 차이점은 고정자 권선에서 발생하는 자속의 회전이 "연속적인가" 또는 "불연속적인가"라는 것이다. 브러시리스 직류전동기의 구동전류는 구형파이고 계자가 회전함에 따라 전기각으로 1회전할 때 한 상당 두 번 전류의 방향이 바뀌므로 자속이 불연속적으로 회전한다. 반면 브러시리스 교류전동기의 고정자 권선은 유도기 또는 권선형 동기전동기와 동일하고 교류를 인가하므로 권선형 동기전동기와 마찬가지로 연속적인 회전자계가 발생하고 영구자석의 회전자는 회전자계와 동기되어 회전하는 동기전동기이다.

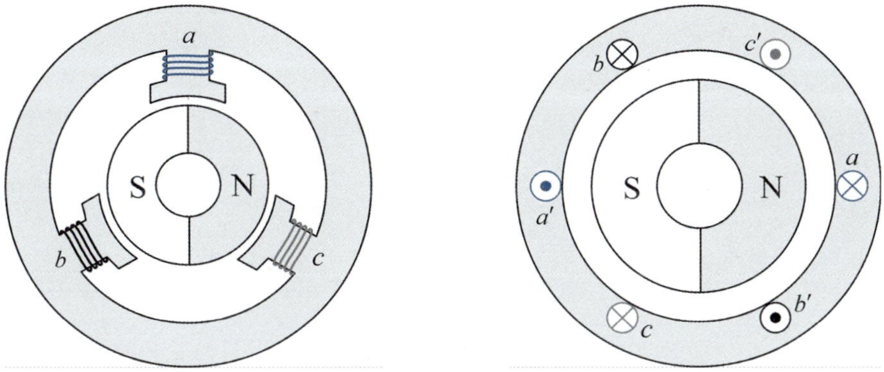

(a) (b)

그림 10.3 3상 영구자석 전동기의 권선구조 예 (a) 치 집중권 (b) 슬롯 집중권

3상 영구자석 전동기 고정자의 기본적인 권선구조를 그림 10.3에 나타내고 있다. 그림 10.3(a)는 치 집중권의 권선구조를 갖는 영구자석 전동기를 나타내고 그림 10.3(b)는 슬롯 집중권의 권선을 갖는 영구자석 전동기를 나타낸다. 두 전동기 설계 시 직류구동과 교류구동에 따라 영구자석의 착자패턴을 다르게 하는 차이점은 있으나 모두 직류 구동과 교류 구동이 가능하다.

[2] 단상, 3상, 다상

영구자석 전동기는 단상, 3상, 다상 구성이 가능하며 각각의 구성은 전동기의 특성과 가격에 영향을 준다. 특히 브러시리스 직류전동기는 단상, 3상, 다상 모두 가능하지만 가격적인 면이 우선시되면 단상을, 성능측면이 우선시 되면 3상을 주로 사용한다. 브러시리스 직류전동기는 상수가 많을수록 직류기에 가까운 특성을 낼 수 있으나 스위칭 소자의 개수가 증가하고 1회전할 때 스위칭이 많아지므로 스위칭 손실이 많아질 수 있다. 단상을 사용하면 스위칭 소자를 2개만 사용해도 되나 토크리플(torque ripple)이 크고 전자력이 발생되지 않는 데드존(dead zone)이 존재하며 권선 이용률이 떨어져 토크밀도가 낮다. 따라서 단상 브러시리스 직류전동기는 저가의 응용분야에 한정되어 사용된다. 반면 3상 브러시리스 직류전동기는 단상과 2상 브러시리스 직류전동기에 비하여 스위칭 횟수는 많으나 토크리플이 작고 권선 이용률이 높으며 이상적인 경우 토크리플을 완전히 제거할 수 있고 권선 이용률도 100%로 할 수 있다. 따라서 2상 또는 4상 이상의 브러시리스 직류전동기에 비해 경제성이나 토크리플 및 출력밀도 면에서 가장 적절하여 보통 3상의 브러시리스 직류전동기가 많이 사용된다. 그림 10.4는 대표적인 단상 브러시리스 직류전동기와 3상 브러시리스 직류전동기의 구조 및 구동회로를 나타내고 있다.

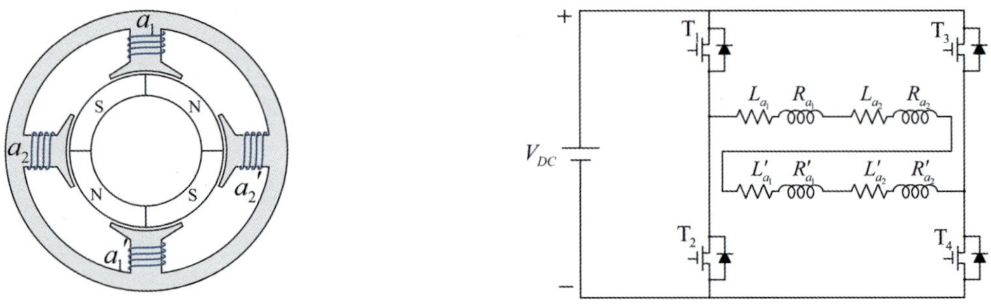

(a)

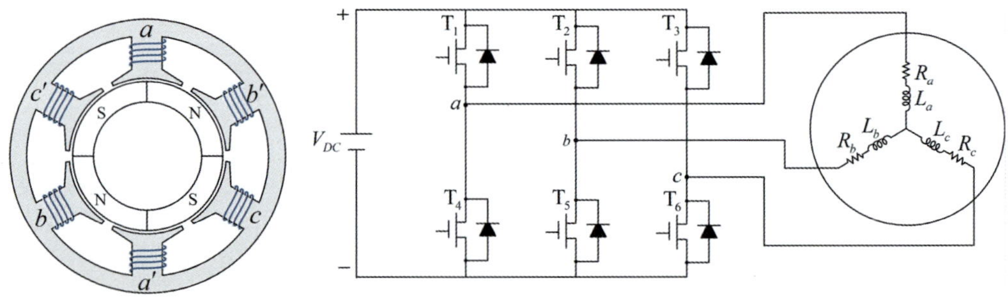

(b)

그림 10.4 브러시리스 직류전동기의 구조 및 구동회로
(a) 단상 영구자석 전동기 (b) 3상 영구자석 전동기

브러시리스 직류전동기는 단상으로 하면 회전자계가 발생되지 않고 토크리플이 크기 때문에 저가용에 한정되어 사용된다. 또한 3상이 다른 다상에 비해서 공간의 자속분포 모양, 토크리플, 토크밀도, 스위칭 소자의 수 등에서 장점을 갖기 때문에 다상으로는 주로 3상을 이용한다.

[3] 내전형(inner rotor type), 외전형(outer rotor type)

영구자석 전동기의 회전자는 전동기의 내부, 외부에 있을 수 있다. 이와 같은 영구자석 회전자의 위치에 따라 영구자석 전동기는 그림 10.5와 같이 내전형, 외전형으로 나눌 수 있다.

내전형 전동기는 영구자석 회전자가 내부에 존재하기 때문에 관성이 작아 가감속이 쉬워 제어용 전동기로 많이 사용된다. 그러나 영구자석에 큰 원심력이 가해지므로 고속기에서는 영구자석이 비산할 수 있으므로 비산 방지 보호관을 장착하거나 링형 자석을 이용해야 한다.

외전형 전동기는 그림 10.5(b)에서와 같이 영구자석의 회전자가 전동기 외부에서 회전하므로 회전자의 관성이 커 제어용으로는 거의 사용되지 않는다. 그러나 회전자의 관성이

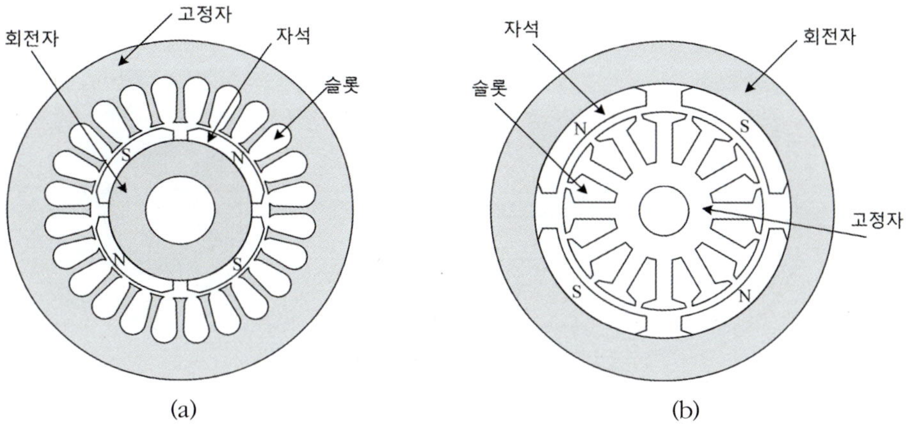

그림 10.5 회전자 형상에 따른 브러시리스 직류전동기의 분류
(a) 내전형 (b) 외전형

크므로 토크가 변동하거나 부하토크가 변동하여도 회전속도의 변동이 매우 작으므로 정속운전을 필요로 하는 팬이나 송풍기에 많이 사용된다. 또한 고속 운전시에 영구자석의 비산문제는 없으나 권선이 내부에 존재하므로 방열에는 불리하다.

[4] 착자방향에 따른 영구자석 전동기의 분류

영구자석의 착자방향에 따라서는 경방향 영구자석 전동기(RFM: radial flux machine), 축방향 영구자석 전동기(AFM: axial flux machine)와 횡자속형 영구자석 전동기(TFM: transverse flux machine)로 구분할 수 있다. 현재 대부분의 응용기기에 사용되는 영구자석 전동기는 구조적으로 가장 간단하고 고정자의 구조가 유도전동기와 동일한 경방향 영구자석 전동기를 사용하고 있으며 그림 10.5의 내전형, 외전형 전동기는 경방향 전동기의 전형적인 형태이다.

축방향 영구자석 전동기는 그림 10.6(a)에서와 같이 영구자석을 갖는 회전자가 종축방향으로 부착되어 있고, 권선이 감겨져 있는 고정자가 그에 대응하여 종축방향으로되어 종축방향 공극을 가지고 있는 전동기다. 일반적으로 축방향 영구자석 전동기는 코어를 사용하지 않으므로 코깅토크를 거의 0으로 할 수 있고 영구자석의 비산문제가 없으므로 고속운전이 가능하여 HDD나 CD Player의 스핀들 전동기로 많이 이용되었다. 종축형 전동기는 제작이 어렵고 출력밀도가 낮은 단점을 갖는다. 그림 10.6(b)는 횡축형 전동기를 나타내고 있다. 횡축형 전동기는 토크밀도를 높일 수 있는 장점이 있으나 제작이 어렵고 역률이 떨어지는 단점을 가지고 있다.

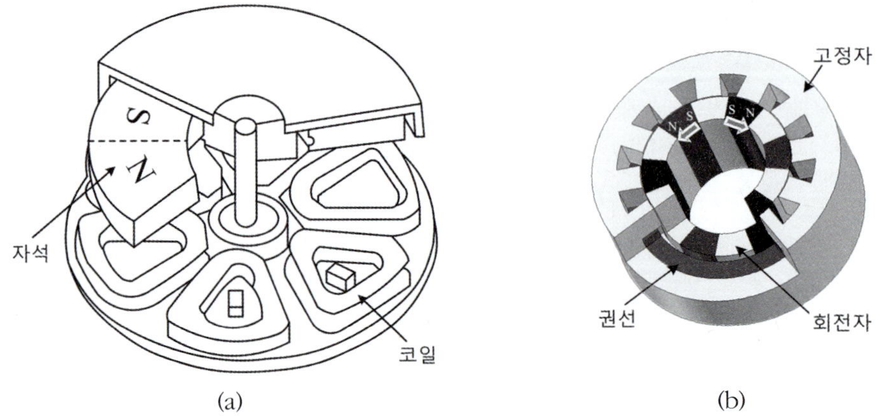

그림 10.6 착자방향에 따른 영구자석 전동기의 분류
(a) 축방향 영구자석 전동기 (b) 횡축형 영구자석 전동기

[5] 코어형(core type), 코어리스형(coreless type)

브러시리스 직류전동기는 코어 및 슬롯의 유무에 따라 코어가 있는 코어형과 코어가 없는 코어리스형으로 분류된다. 권선을 감기 위해서 코어에 슬롯을 두어 권선을 하는 코어형 영구자석 전동기가 일반적이다. 하지만 영구자석 전동기에서는 슬롯구조와 영구자석에 의해 코깅 토크가 발생하여 특성을 저하시킨다. 따라서 이러한 코깅 토크를 없애고 권선을 많이 감기 위해서 코어리스형으로 영구자석 전동기를 만들 수 있다. 그림 10.6(a)는 코어리스형의 축방향 영구자석 전동기의 대표적인 형태이다. 코어리스 전동기는 권선법이 매우 어려워 양산성이 떨어지는 단점을 가지고 있으므로 특수한 용도에서만 사용된다.

[6] 표면부착형, 매입형

경방향 영구자석 전동기의 영구자석 배열형상은 아주 다양하며, 그림 10.7과 같이 표면에 영구자석이 있는 형태(그림 10.7(a), (b))와 코어 내에 영구자석이 있는 형태(그림 10.7(c), (d)) 등으로 구분된다. 영구자석 배열형상에 따라 각각의 장·단점을 가지고 있으며, 응용분야에 따라 적절한 형태를 선택해야한다. 토크리플과 코깅 토크를 최소화하기 위해서는 표면부착형 영구자석 전동기(SPM motor: surface permanent magnet motor)가 일반적으로 사용된다. 그림 10.7(a)는 표면부착형 영구자석 전동기의 대표적인 구조로 비돌극 특성을 가지므로 d축(계자자속축)과 q축(계자자속축과 전기적으로 수직인 축)의 인덕턴스가 거의 비슷하다. 따라서 전류를 q축에 일치하도록 제어하면 계자자속과 전기자 전류가 90°가 되므로 최대 토크를 얻을 수 있다. 표면부착형 영구자석 전동기는 비교적 제어가 간단하고, 자극면을 깎아서 공극 자속밀도 또는 역기전력을 정현파로 설계할 수 있어 토크리플을 최소화시킬 수 있으므로 정밀제어용 전동기로 많이 사용된다. 그러나 고속기에 적용시 영구자석 비산을 방지하기 위하여 스테인리스 캔이나 화이버 글라스 등으로 영구자석표면을 감싸주어야 하는 구조적인 불리함을 가지고 있으므로 공극이 커진다. 또한 영구자석의 투자율은 거의 공기와 같으므로 공극과 영구자석 폭의 합이 전기적인 공극이 되므로 전기적인 공극이 증가하면 인덕턴스가 작아져서 약계자 제어영역이 작다. 그림 10.7(b)는 표면삽입형 영구자석 전동기(inset type permanene magnet motor)의 구조를 나타내고 있다. 삽입형 영구자석 전동기는 표면부착형 영구자석 전동기에 비해 영구자석의 보호와 고정측면에서 유리하여 강건한 회전자 구조를 가질 수 있으나, 회전자 코어의 돌출부가 누설자속의 통로가 되는 단점이 있다. 또한 q축 인덕턴스가 증가하게 되므로 전기자 반작용의 영향이 증가하고, 최대토크를 발생하는 전류위상각이 q축상에 존재하지 않으며 릴럭턴스 토크가 전자기적 토크에 반대로 작용하여 전동기 토크를 감소시키는 단점도 가지고 있다. 그림 10.7(c)는 매입형 영구자석 전동기(IPM motor: interior permanent magnet motor)의 전형적인 모양을 나타내고 있다. 매입형 영구자석 전동기는 돌극성을 가지고 있으므로 릴럭턴스 토크가 발생하며, 전자기적 토크를 상승시키는 작용을 한다. 따라서 출력밀도를 높일 수 있으며 영구자석의 비산방지를 위한 기계적

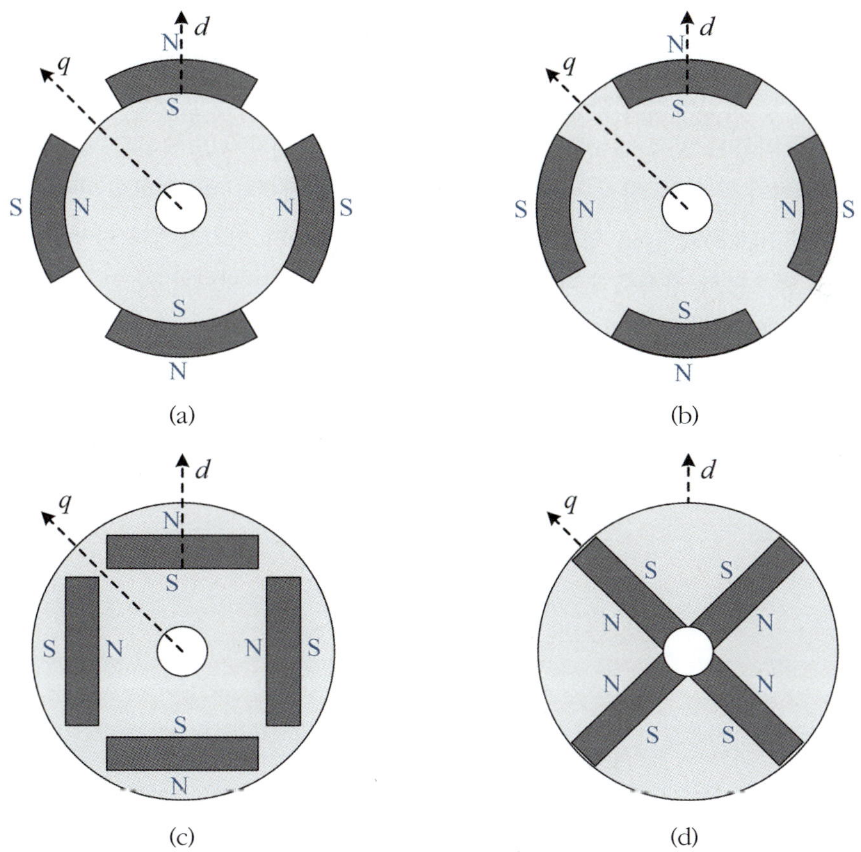

그림 10.7 경방향 전동기의 영구자석 배열형상
(a) 표면부착형 (b) 표면삽입형 (c) 매입형 (d) 스포크형

인 안정성이 확보된 구조이다. 그림 10.7(d)는 매입형 영구자석 전동기의 한 형태로 스포크형 영구자석 전동기라고 한다. 스포크형 영구자석 전동기(spoke type permanent magnet motor)는 공극의 면적보다 영구자석의 면적이 큰 자속 집중형 영구자석 전동기의 하나이다. 이 전동기는 자속 양을 많이 확보할 수 있고 릴럭턴스 토크를 이용할 수 있으나 제작이 어렵다는 단점이 있다.

10.3 브러시리스 직류전동기

브러시형 직류전동기는 회전자인 전기자가 회전하면서 브러시를 통과할 때 전류의 방향이 바뀌므로 항상 회전자에는 그림 10.8과 같은 방향의 전류가 흐른다. 따라서 계자가 발생하는 자속벡터와 전기자가 발생하는 자속벡터는 항상 그림 10.8과 같이 90°를 유지한다. 따라서 전기자에는 회전방향으로 일정한 토크가 발생하게 된다.

브러시리스 직류전동기의 원리를 설명하기 위해 그림 10.9와 같이 영구자석이 시계방향으로 회전하면서 발생하는 토크에 대해서 알아보자. 그림 10.9(a)에서와 같이 영구자석이 0°의 위치에 있을 때 전기자가 발생하는 자속과 계자가 발생하는 자속이 90°가 된다. 이때 전기자가 받는 힘의 방향은 반시계방향이고 계자가 받는 힘의 방향은 시계방향이다. 그림 10.9(b)와 같이 영구자석 계자가 90° 회전하면 전기자에서 발생하는 전류방향은 변하지 않으므로 자속축과 계자축이 일치하여 토크가 발생되지 않는다. 다음은 영구자석 계자가 180° 회전하면 전기자가 발생하는 자속방향과 계자가 발생하는 자속방향이 그림 10.9(c)와 같이 되므로 전기자는 시계방향으로 힘을 받고 계자는 반시계방향으로 힘을 받는다. 따라서 영구자석이 회전함에 따라 전동기에서 발생하는 토크는 180°마다 반전하여

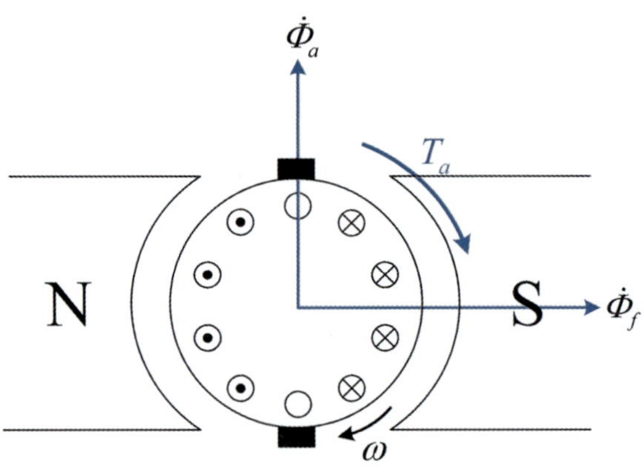

그림 10.8 브러시형 직류전동기의 기본구조와 자기배열 토크

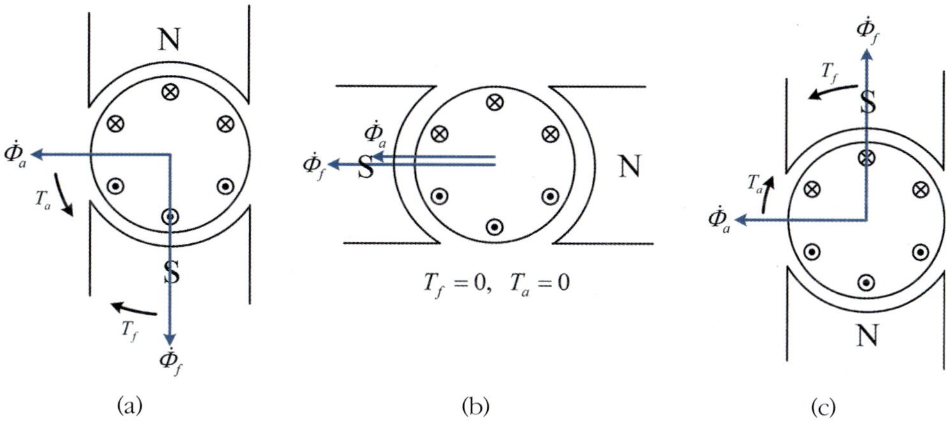

그림 10.9 브러시리스 직류전동기의 원리(전기자 자속을 동기화 시키지 않을 때의 상태)
(a) 0° (b) 90° (c) 180°

한 주기당 발생하는 토크 평균이 0이 된다. 따라서 이와 같은 구조로는 전동기의 역할을 할 수 없다.

반면 전기자에서 발생하는 전기자 자속의 방향을 영구자석 회전자가 회전함에 따라 적당하게 바꾸어 주면 토크방향을 일정하게 할 수 있다. 계자가 발생하는 자속과 회전자가 발생하는 자속이 그림 10.10(a)와 같을 때 0°라고 정의하고 이때 영구자석에는 시계방향의 토크가 발생한다. 영구자석이 90°회전했을 때 그림 10.10(b)와 같이 전류방향을 바꾸어 주면 영구자석은 그림 10.10(a)와 동일하게 시계방향으로 힘을 받는다. 또한 영구자석이 180°회전했을 때 전류방향을 그림 10.10(c)와 같이 바꾸어주면 영구자석은 여전히 시계방향으로 힘을 받는다. 영구자석의 자속벡터는 회전자의 회전에 따라 자속의 벡터가 회전하는 것이고 전기자의 자속벡터는 전류방향을 바꾸어 줌에 따라 시계방향으로 회전하는 것이다. 이와 같은 개념은 교류전동기에서 회전자계 현상과 유사한 현상이다. 단 교류전동기에서는 다상으로 권선된 전기자에 교류를 인가하여 자속이 연속적으로 회전하는 회전자계를 만들어 이용하는 것이고, 브러시리스 직류전동기에서는 구형파 전류의 방향을 영구자석 회전자의 위치에 따라 적당히 바꾸어 주는 것이다. 이때 브러시리스 직류전동기에서 발생하는 자속은 교류전동기와 같은 회전자계가 아니고 불연속적으로 회전하는 자속으로써 점핑자계라고도 한다.[주1)]

이와 같이 직류를 사용하여 회전자 자속과 동기화시켜 전기자 자속의 방향을 바꾸어 주면 전동기로 동작하고 그 특성은 일반 브러시형 직류전동기와 동일하다.

주1) 점핑자계는 공식적인 명칭이 아니지만 몇몇 문헌에서는 이 용어를 사용한다.

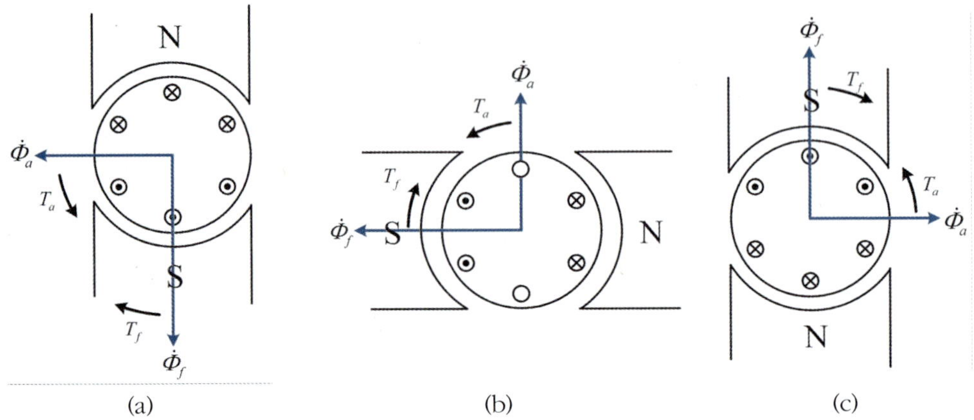

그림 10.10 브러시리스 직류전동기의 원리(전기자 자속을 동기화 시킬 때의 상태)
(a) 0° (b) 90° (c) 180°

그림 10.11(a)와 같은 3상의 브러시리스 전동기의 구동원리를 알아보도록 하자. 코일 a에서 발생하는 자속방향($\dot{\Phi}_a$, $\dot{\Phi}'_a$)은 전류의 방향따라 그림 10.11(b)의 ① 또는 ④ 방향으로 발생된다. 또한 코일 b에서 발생하는 자속방향($\dot{\Phi}_b$, $\dot{\Phi}'_b$)은 코일 a에서 발생하는 자속방향과 120° 위상차를 가지므로 그림 10.11(b)에서 ③ 또는 ⑥ 방향으로 발생된다. 코일 c에서 발생하는 자속방향($\dot{\Phi}_c$, $\dot{\Phi}'_c$)도 코일 b에서 발생하는 자속방향과 120° 위상차를 가지므로 전류의 방향따라 그림 10.11(b)에서 ⑤ 또는 ② 방향으로 발생된다.

따라서 그림 10.11(b)에서 $a, -c, b, -a, c, -b$순으로 통전하면 전기자가 발생하는 자속은 그림 10.11(b)에서 ①⇒②⇒③⇒④⇒⑤⇒⑥ 방향으로 발생하여 전기자 자속이 불연속적으로 회전한다. 이와 같은 단상 통전방식의 구동회로를 그림 10.12(a)에 나타내었다. 한 상씩을 통전하게 되면 60°마다 통전하므로 a, b, c상에 흐르는 전류의 방향은 그림 10.12(b)와 같이 된다. 이때 발생하는 토크는 그림 10.12(b)와 같이 일정한 토크가 발생된다. 단상 통전방식은 토크를 발생시키는 권선이 3상 권선 중 오직 한 상뿐이므로 권선의 이용률이 낮기 때문에 이용되지 않으나 원리상으로는 이해하기 쉽다.

다음은 2상 통전방식에 대해서 살펴보도록 하자. 그림 10.11(b)에서와 같이 $(a,-c)$, $(-c, b)$, $(b,-a)$, $(-a, c)$, $(c,-b)$, $(a,-b)$순으로 2상씩 통전하면 전기자가 발생하는 자속은 그림 10.11(b)에서 나타난 바와 같이 (1)⇒(2)⇒(3)⇒(4)⇒(5)⇒(6) 방향으로 회전한다. 이와 같이 2상 통전방식에서 전기자가 발생하는 자속은 단상 통전방식의 $\sqrt{3}$ 배가 되므로 전동기에서 발생하는 토크가 크다. 또한 항상 2개의 코일이 토크를 발생시키므로 권선의 이용률이 단상 통전방식에 비해 높다. 이와 같은 2상 통전방식을 120° 통전방식이라고 하며 가장 일반적으로 사용되는 통전방식이다. 그림 10.13(a)에 2상 통전방식의 구동회로를 나타내었다. 2상씩 통전하게 되면 120° 위상차이를 갖는 각 상이 120° 동안 통전하므로 각상에 흐르는 전류와 이 때 발생하는 토크는 그림 10.13(b)와 같다.

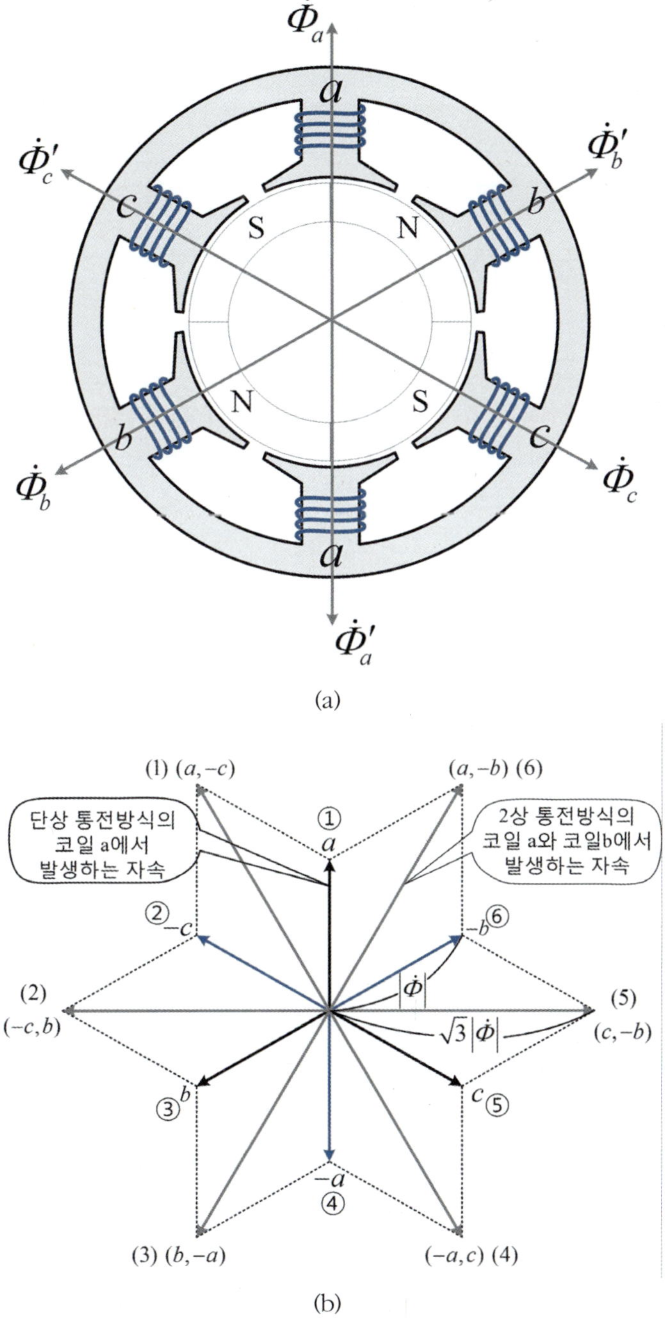

그림 10.11 3상 브러시리스 전동기와 통전방식에 따른 자속의 변화
(a) 3상 브러시리스 전동기 (b) 통전방식에 따른 자속 분포

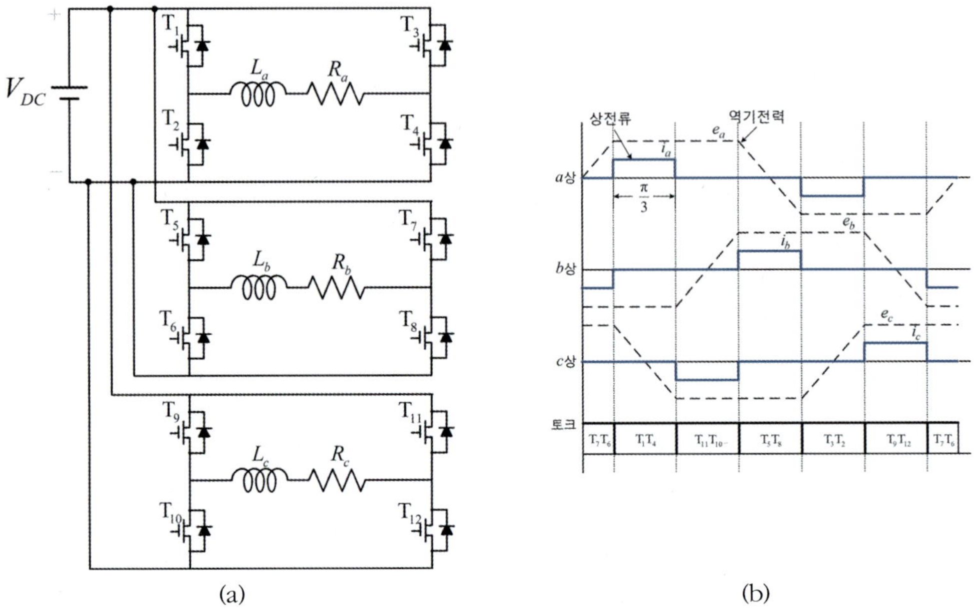

그림 10.12 단상 통전방식(60°통전방식) 구동회로 및 스위칭 순서
(a) 단상 통전방식의 구동회로 (b) 단상 통전방식의 각 상의 전류변화

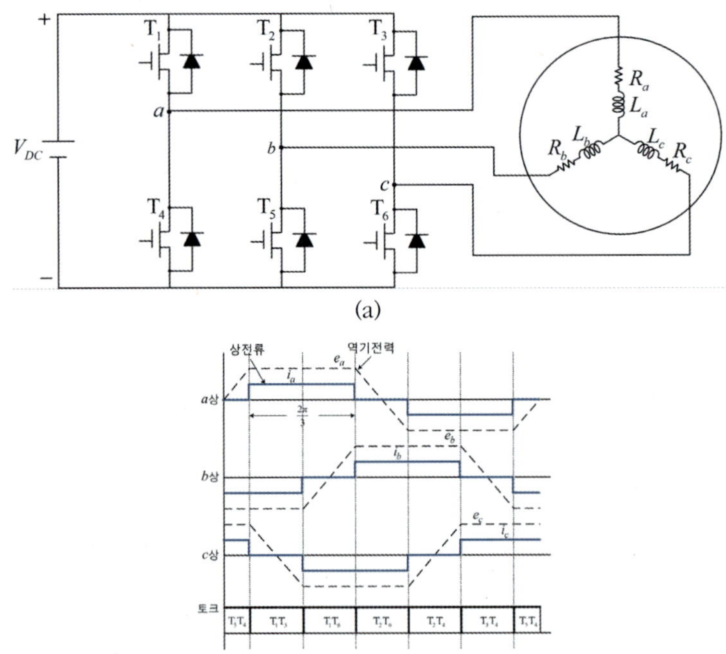

그림 10.13 2상 통전방식(120°통전방식) 구동회로 및 스위칭 순서
(a) 2상 통전방식의 구동회로 (b) 2상 통전방식의 각 상의 전류변화

브러시리스 직류전동기는 120° 통전방식 이외에 3상을 동시에 통전하는 180° 통전방식도 있다. 영구자석의 폭이 180° 이고 180° 통전하면 통전사이에 마그네틱 토크의 크기가 변하므로 토크리플이 크다. 토크리플을 줄이기 위해서 영구자석의 폭을 120° 로 하면 이상적인 경우 토크리플을 0으로 할 수 있으나 평균 토크는 120° 통전과 거의 같다. 따라서 180° 통전은 거의 사용되지 않는다. 또한 토크리플을 줄이기 위해 150° 통전방식도 제안되어 일부 사용되는 경우도 있다.

브러시리스 직류전동기의 가장 큰 특징은 역기전력과 구동전류가 구형파나 사다리꼴 형태를 가지는 것이다. 3상 브러시리스 전동기에서 역기전력이 사다리꼴 형태이고 전기자를 120° 동안 통전시키면 이상적인 경우 그림 10.13(b)와 같이 일정한 토크를 발생시킬 수 있다. 3상 역기전력이 사다리꼴 형태임으로 회전자 위치를 검출하는 피드백 디바이스(feed back device)는 1주기당 6번의 정류(commutation) 순간을 검출하면 되므로 간단한 홀센서(hall sensor)가 사용된다. 120° 통전방식은 2상씩 구동되므로 드라이브의 DC 링크단도 1개의 전류센서만 필요하다. 이와 같이 브러시리스 직류전동기는 드라이브(motor drive)의 제어가 간단하지만 토크리플 측면에서는 불리하다. 구형파 전류가 인가(turn-on)되고 차단(turn-off)될 때 발생하는 토크리플과 전류지연에 따른 토크리플이 존재하며, 이것은 영구자석 전동기에서 고유하게 존재하는 코깅 토크에 더해져 토크리플로 작용한다. 따라서 브러시리스 직류전동기는 토크리플의 영향을 많이 받지 않는 분야에 많이 적용된다.

브러시리스 직류전동기는 브러시와 정류자의 기능을 전자적으로 구현하므로 브러시와 정류자에 의한 직류전동기의 단점을 없앨 수 있어 응용분야가 넓다. 브러시리스 직류전

표 10.3 브러시형 직류전동기와 브러시리스 직류전동기의 특징 비교

항 목	브러시형 직류전동기	브러시리스 직류전동기
기본 구조	회전 전기자형	회전 계자형
권선법	중권, 파권 등 복잡한 권선	3상 집중권
회전자 위치 검출센서	필요없음	홀 소자 및 논리회로
정류(轉流)	브러시와 정류자	전기적 스위칭
회전방향 변경	단자전압의 극성변환	스위칭 시퀀스 변환
특징	제어성이 우수 정기적인 유지보수 필요 선기 기계석 삽음 발생 고속운전 불가능 출력밀도가 낮음 박형화 어려움 수명이 상대적으로 짧음	제어성이 우수 보수 불필요 선기 기계석 삽음 없음 고속운전 가능 출력밀도가 높음 박형화 가능 긴 수명성, 내구성

동기가 브러시리스 교류전동기에 비해서 우수한 점은 6개의 통전 위치만을 알면 되므로 가격이 저렴한 홀센서를 사용할 수 있고 센서리스(sensorless) 구현이 브러시리스 교류전동기에 비해서 쉽고 신뢰성이 높다는 것이다. 또한 브러시리스 교류전동기에서는 부하각을 제어하기 위해 $d-q$ 변환 등에 의한 벡터제어를 수행하므로 고성능의 마이크로프로세서(μ-processor)가 필요하지만 브러시리스 직류전동기는 저성능의 마이크로프로세서로도 제어가 가능하다. 이와 같이 브러시리스 직류전동기는 브러시형 직류기의 단점을 보완한 전동기로 표 10.3에 브러시형 직류기와 브러시리스 직류전동기의 특징을 요약 비교하였다.

10.4 영구자석형 동기전동기(브러시리스 교류전동기)

10.4.1 개요

권선형 동기전동기는 그림 10.14(a)에서와 같이 회전하는 계자에 브러시와 슬립링을 이용하여 직류의 전력을 공급한다. 이와 같이 권선형 동기전동기는 별도의 직류전원을 이용하거나 교류전력을 정류하여 브러시의 접촉에 의해 직류를 계자에 공급하여야 하기 때문에 브러시에 의한 많은 단점을 갖는다. 반면 영구자석형 동기전동기는 그림 10.14(b)에서와 같이 계자를 영구자석으로 바꾸어 준 동기전동기이므로 계자를 여자시키기 위한 별도의 전력공급이 필요 없다. 권선형 동기전동기에서는 계자전류를 직접 제어할 수 있으나 영구자석형 동기전동기에서는 계자전류에 의해 계자자속을 직접 제어할 수 없다.

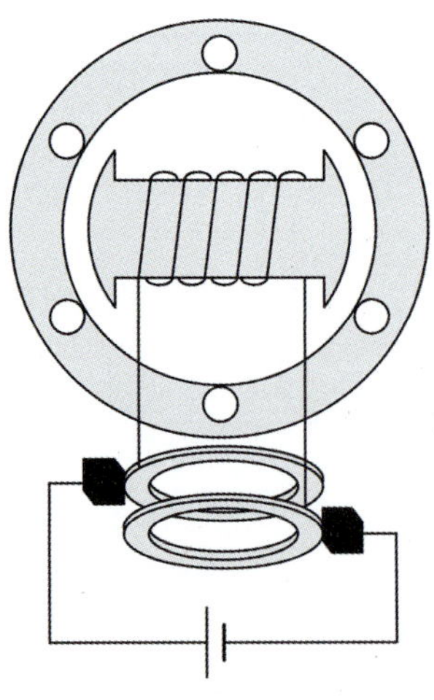

(a)

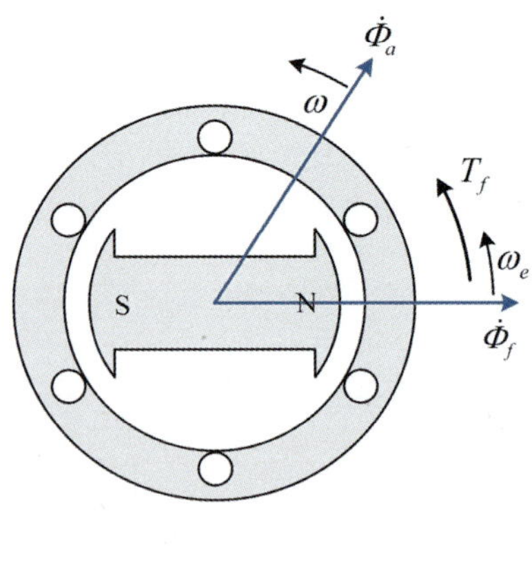

(b)

그림 10.14 권선형 동기전동기와 영구자석형 동기전동기 비교
(a) 권선형 동기전동기의 구조 (b) 영구자석형 동기전동기의 구조

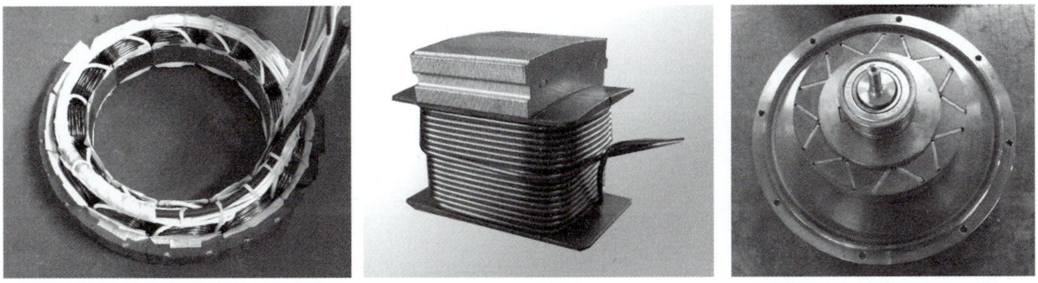

(a) (b) (c)

그림 10.15 치 집중권의 매입자석형 동기전동기의 구조(한양대학교 에너지변환연구실)
(a) 치 집중권선 (b) 분할 코어 (c) 'V'자형 회전자

계자전류에 의해 계자를 제어할 수 없다는 것 이외에 영구자석형 동기전동기의 특성과 권선형 동기전동기의 특성은 거의 동일하다.

권선형 동기전동기에서 공극 자속밀도는 계자전류에 의해 제어가 가능하므로 거의 포화에 가까운 공극 자속을 만든다. 한편 영구자석형 동기전동기에서는 페라이트와 같이 에너지적이 작은 영구자석을 이용하면 공극 자속밀도가 낮아 출력밀도가 매우 낮다. 그러나 에너지적이 높은 희토류 자석을 사용하면 에너지적이 커 효율과 출력밀도 면에서 권선형 동기전동기보다 우수한 영구자석형 동기전동기의 설계도 가능하며 현재는 수 메가와트[MW]까지 개발되어 있다. 영구자석형 동기전동기의 고정자는 치 집중권, 슬롯 집중권, 분포권으로 할 수 있다. 또한 회전자는 영구자석의 모양에 따라 표면자석형, 매입형 등으로 구성할 수 있고 각각은 여러 가지 형상을 가질 수 있다. 그림 10.15는 전기 스쿠터용으로 설계된 치 집중권을 한 매입형 동기전동기의 구조를 나타내고 있다. 그림 10.15(a)는 8극 12슬롯의 치 집중권선(concentrating winding)을 나타내고 있으며 그림 10.15(b)는 권선 점적률을 높이기 위해서 분할코어(segmented core)로 제작된 한 하나의 치를 나타내고 있다. 그림 10.15(c)는 매입자석형 동기전동기의 회전자 형상 중에 하나인 'V' 형상의 영구자석 회전자를 나타내고 있다.

10.4.2 영구자석형 동기전동기의 토크 특성

영구자석형 동기전동기는 권선형 동기전동기와 동일한 특성을 갖는다. 그림 10.14(b)에서와 같이 3상으로 결선된 영구자석형 동기전동기에 대해서 원리를 알아보자. 그림 10.14(b)에서와 같이 3상 권선에 평형한 3상 전류가 흐르면 전원주파수와 동일한 속도의 회전자계가 발생한다. 이때 영구자석에는 회전자계 방향으로 자기배열 토크가 발생하여 영구자석 회전자는 반시계방향으로 회전한다. 이때 회전자가 회전자계와 같은 속도로 돌고 있는 정상상태라고 가정하면 부하각이 일정하므로 일정한 크기의 토크가 발생된다. 이때 영구자석의 회전자가 회전자계와 동일한 속도로 회전하는 것은 영구자석의 회전속도에 동기시켜 전기자에 흐르는 전류의 주파수를 제어하기 때문이다. 이와 같이 돌극 구조를 갖는 영구자석형 동기전동기가 정상상태에 있을 때 돌극형 권선형 동기전동기와 완전히 동일한 식 (10.1)의 토크가 발생한다.주1)

$$T=\frac{1}{\omega_s}\left[\frac{VE_0}{X_{ds}}\sin\delta+\frac{V^2}{2}\frac{(X_{ds}-X_{qs})}{X_{ds}X_{qs}}\sin 2\delta\right] \tag{10.1}$$

여기서 E_0는 영구자석의 회전에 의해 권선에 유도되는 기전력을 나타내고 X_{ds}, X_{qs}는 각각 d축과 q축의 리액턴스를 나타낸다. 식 (10.1)에서 알 수 있는 것과 같이 영구자석형 동기전동기의 부하각에 따른 토크특성은 권선형 동기전동기와 같다.

식 (10.1)에서 우측 첫 번째 항은 마그네틱 토크를 나타내며 우측 2번째 항은 릴럭턴스 토크를 나타낸다. 표면부착형 영구자석 전동기는 d축과 q축의 리액턴스는 동일하므로 릴럭턴스 토크는 발생되지 않는다. 그러나 그림 10.7에서와 같은 표면삽입형과 매입형, 스포크형 영구자석 전동기는 d축과 q축의 리액턴스가 다르므로 릴럭턴스 토크가 존재한다. 식 (10.1)의 토크를 인덕턴스와 전류의 식으로 나타내면 식 (10.2)와 같다.

$$\begin{aligned} T &= P\left\{\lambda_a I_a \sin\delta_s+\frac{1}{2}(L_d-L_q)I_a^2\sin 2\delta_s\right\} \\ &= T_m+T_r \end{aligned} \tag{10.2}$$

여기서 λ_a, I_a, δ_s, L_d, L_q는 각각 전기자 쇄교자속, 전기자전류, 계자자속과 전기자 자속 사이의 각, d축 인덕턴스, q축 인덕턴스를 나타내고, $T_m=P\lambda_a I_a\sin\delta_s$, $T_r=\frac{P}{2}(L_d-L_q)I_a^2\sin 2\delta_s$는 각각 마그네틱 토크와 릴럭턴스 토크를 나타낸다. 식 (10.1)과 식 (10.2)는 완전히 동일한 식으로 식 (10.1)은 토크식을 전압과 역기전력으로 나타낸 것이고 식 (10.2)는 토크식을 자속, 인덕턴스, 전류의 식으로 나타낸 것이다. 이와 같은 영구자석형 동기전동기에서 발생되는 토크특성을 부하각에 따라 나타내면 그림 10.16과 같다.

10.4.3 영구자석형 동기전동기의 제어

영구자석형 동기전동기는 상용 전원을 이용하여 구동하는 경우는 거의 없고 속도제어(speed control)나 위치제어(position control)를 하는 제어용 전동기로 사용한다. 그림 10.17은 속도제어용으로 사용되는 영구자석형 동기전동기의 제어 블록도를 나타내고 있다. 그림 10.17에서 속도제어기는 보통 PI 제어기를 사용하며 이때 속도제어기의 출력은 d축과 q축의 지령전류가 된다. 지령전류와 전동기에 흐르는 전류의 값을 궤환시키면 전류제어기

주1) 돌극형 동기전동기, 돌극형 영구자석형 동기전동기의 회로방정식 유도는 부록 A.7에 수록하였음

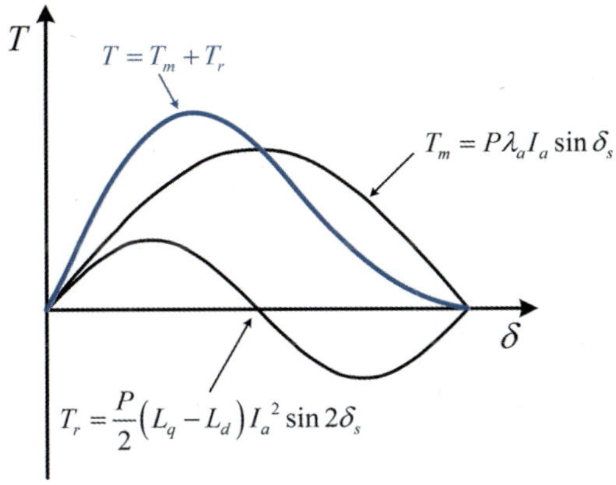

그림 10.16 영구자석형 동기전동기의 부하각에 따른 토크 특성

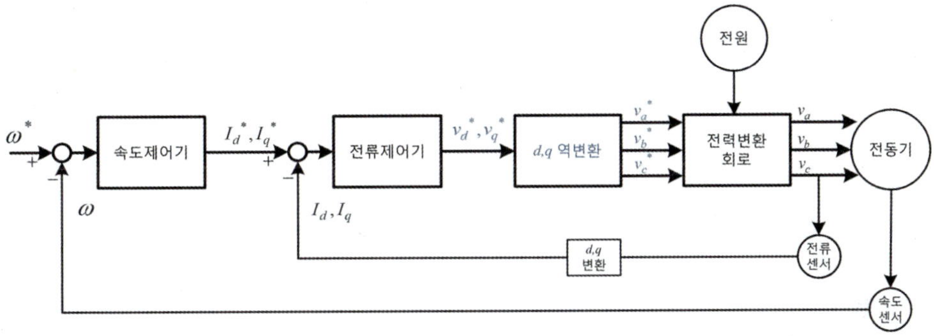

그림 10.17 영구자석형 동기전동기의 제어 블록도

에서는 d축, q축의 전압지령이 출력된다. d축, q축 지령전압을 d, q 역변환하여 a, b, c상의 전압 크기 및 주파수를 구하여 지령전압을 전력변환기에 출력한다. 지령전압을 입력으로 한 전력변환기에서는 전동기에 3상의 전압을 인가한다. 이와 같은 제어법을 벡터제어법이라 한다.[주1)]

10.5 릴럭턴스 전동기(reluctance motor)

릴럭턴스 전동기는 회전자의 위치에 따라 자기저항이 다르기 때문에 발생하는 릴럭턴스 토크를 이용한 전동기이다. 따라서 회전자는 돌극 구조 또는 매입자석형 동기전동기

주1) 벡터제어의 원리는 부록 A9에 수록하였음

(a) (b)

그림 10.18 스위치드 릴럭턴스 전동기의 토크 발생원리
(a) a상에 전류를 인가 (b) b상에 전류를 인가

와 같이 역돌극 구조를 가져야 한다. 릴럭턴스 전동기는 영구자석형 동기전동기와 마찬가지로 구형파로 구동할 수도 있고 정현파로도 구동할 수 있다. 구형파 직류전류로 구동하는 전동기는 스위치드 릴럭턴스 전동기라고 하고 정현파 전류로 구동하는 릴럭턴스 전동기는 동기 릴럭턴스 전동기라고 한다.

10.5.1 스위치드 릴럭턴스 전동기(SRM: switched reluctance motor)

스위치드 릴럭턴스 전동기는 한 상만 통전되는 방식을 사용하고 회전자 구조가 간단하여 기계적으로 강건하고 제작도 용이할 뿐만 아니라 영구자석을 사용하지 않기 때문에 제작비를 대폭 줄일 수 있다. 그러나 회전자와 고정자가 모두 돌극 구조인 이중 돌극 구조를 가지고 있어 토크리플이 크고 진동 및 소음이 크다는 단점이 있다. 스위치드 릴럭턴스 전동기에서는 한 상만 통전되는 방식으로 제어되므로 전력변환기의 회로형식이 유도기 등과는 다르기 때문에 제어면에서 불명확점이 많아 상당히 복잡하다. 또한 제어기법은 전동기 각각의 구조에 크게 의존하는 경향이 있어 여러 가지 다양성이 존재한다.

그림 10.18은 스위치드 릴럭턴스 전동기에서 발생되는 릴럭턴스 토크의 발생원리를 나타내고 있다. 그림 10.18(a)에서와 같이 회전자가 a상과 b상 사이에 위치해 있고 c상과 마주보고 있는 위치에서 a상에 전류를 흘려주면 a상에서 발생된 자계에 의해 토크가 발생하고 돌극 구조를 갖는 회전자는 반시계방향으로 $30°$ 회전하면 그림 10.18(b)의 위치가 된다. 이때 a상을 그대로 여자시키고 있으면 더 이상 회전하지 못하고 정지한다. 따라서 $30°$ 위치에서 a상의 전류를 끊고 b상을 여자시키면 회전자는 다시 반시계방향으로 토크가 발생하므로 돌극구조의 회전자는 연속해서 회전하게 된다.

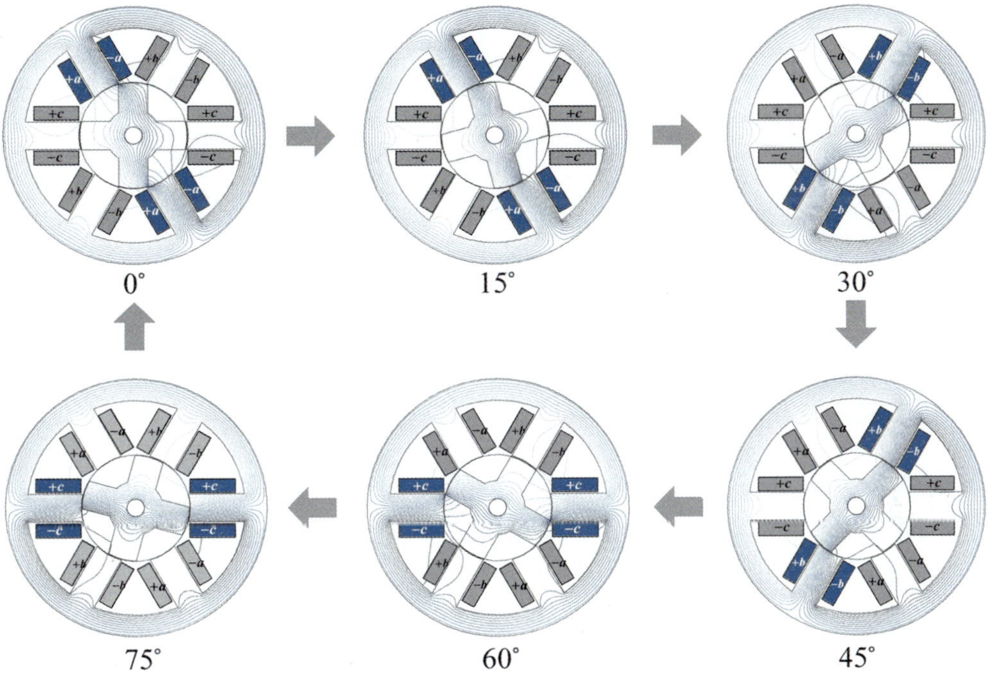

그림 10.19 스위치드 릴럭턴스 전동기의 스위칭 상태에 따른 회전

스위치드 릴럭턴스 전동기에서 전동기를 연속해서 회전시키기 위해서는 회전자의 위치를 검출하여 그림 10.19에서 나타나있듯이 a상 b상, c상을 순차적으로 통전시켜 나가야 한다. 따라서 스위치드 릴럭턴스 전동기에서는 회전자의 위치를 검출하는 센서와 전류를 통전하기 위한 구동회로를 필수적으로 갖는다.

스위치드 릴럭턴스 전동기에서 발생되는 토크에 대해서 알아보자. 5장에서 언급한 바와 같이 전기자와 계자권선을 1개씩 가지고 있는 시스템에서 발생하는 토크는 식 (10.3)과 같다.

$$T = \frac{\partial W'_{fm}}{\partial \theta} = \frac{1}{2} i_1^2 \frac{\partial L_{11}}{\partial \theta} + \frac{1}{2} i_2^2 \frac{\partial L_{22}}{\partial \theta} + i_1 i_2 \frac{\partial L_{12}}{\partial \theta} \qquad (10.3)$$ 주1)

식 (10.3)에서 우변 세 번째 항은 마그네틱 토크로써 계자와 전기자에 전류가 흘러야 발생하는 토크이다. 스위치드 릴럭턴스 전동기에서는 전기자의 코일만 여자되므로 마그네틱 토크는 발생하지 않는다. 식 (10.3)에서 첫 번째 항과 두 번째 항에 대해서 알아보자. 첫 번째 항은 고정자 권선을 통전할 때 발생하는 토크로써 토크가 발생 하기 위해서는 자기인덕턴스가 위치에 따라 변해야 한다. 따라서 원통형 회전자에서는 회전자가 회전하여도 고정자 권선의 자기인덕턴스가 변하지 않으므로 토크가 발생되지 않는다. 그러나 그림

주1) 5장의 식 (5.26)과 동일한 식으로 5장 참조

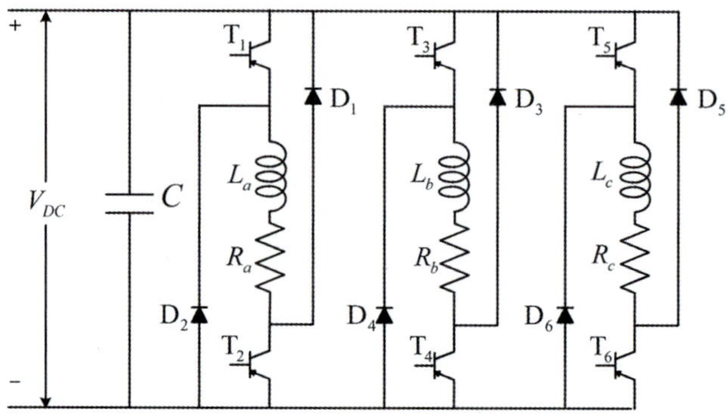

그림 10.20 스위치드 릴럭턴스 전동기의 스위칭 회로

10.19에서와 같은 돌극형 구조에서는 회전자가 회전함에 따라 자기인덕턴스가 변하므로 릴럭턴스 토크가 발생한다. 두 번째 항은 회전자에 권선이 있을 때 회전자 권선에 전류가 흘러 발생되는 토크를 나타내는 것으로 스위치드 릴럭턴스 전동기에서는 회전자에는 권선이 감기지 않으므로 발생하지 않는다.

그림 10.20은 가장 간단한 스위치드 릴럭턴스 전동기의 스위칭 회로를 나타내고 있다. 그림 10.20에서와 같이 각 상에는 스위치와 환류 다이오드가 있고 스위치가 꺼질 때 내부의 자기에너지는 환류에너지를 통하여 흐르게 된다. 이때 전류의 상승시간이나 하강시간은 전기적인 시정수에 의해 결정된다.

릴럭턴스 전동기에서 발생되는 힘의 크기에 대해서 더욱 자세히 알아보도록 하자. 그림 10.21(a)의 상태는 그림 10.21(b)의 ①번 위치 상태를 나타내고 있다. ①번 위치에서 c상의 자기인덕턴스는 최대가 되고 a상과 b상의 인덕턴스는 최소가 된다. 회전자가 반시계 방향으로 회전하면 a상의 인덕턴스는 점점 증가하고 b상의 자기인덕턴스는 최소를 유지한다. 따라서 a상을 30° 구간동안 이상적인 구형파로 통전하면 이 구간에서 a상 자기인덕턴스의 변화분이 일정하므로 발생하는 토크는 일정하다. 또한 회전자가 30° 회전하면 b상의 인덕턴스는 최소값을 유지하다가 30°가 넘으면서 인덕턴스가 증가된다. 이때 a상의 인덕턴스는 감소하게 되므로 a상 전류를 끊고 b상에 전류를 흘리면 그림 10.21(b)와 같은 토크리플이 없는 일정한 토크가 발생한다.

그러나 이상적인 경우에는 전류가 그림 10.21(b)와 같이 계단형으로 변하지만 권선에는 인덕턴스 성분이 있으므로 전류가 상승하는데 시간이 걸리며, 이때 발생하는 토크가 작기 때문에 토크리플이 발생된다. 따라서 통전하고자 하는 상전압을 인덕턴스 상승구간 전에 통전을 해주고 인덕턴스가 최고치에 도달하기 전에 꺼주어 자기인덕턴스가 줄어드는 구간에서는 전류가 흐르지 않도록 하여야 역 토크가 발생하지 않는다. 인덕턴스가 줄어드는 구간에서 전류가 흐르면 상전류에 의한 토크는 회전방향과 반대방향의 토크가

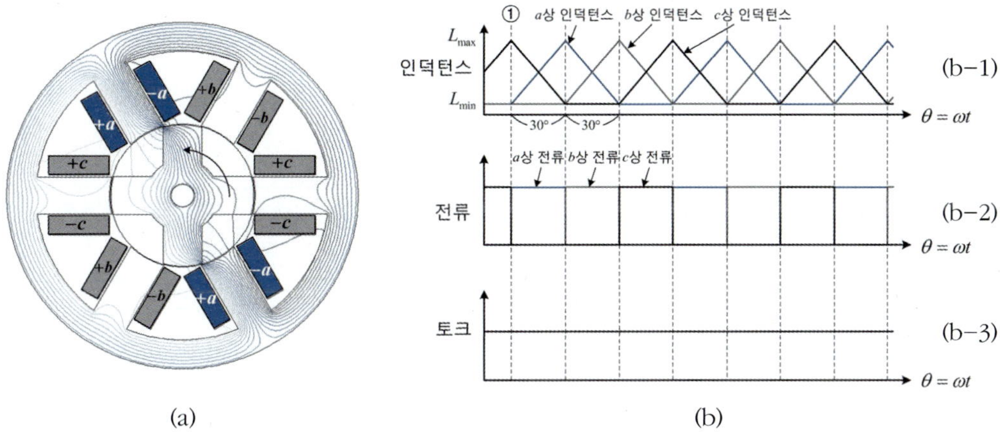

그림 10.21 스위치드 릴럭턴스 전동기의 힘 발생 원리
(a) ①번 위치에서 자속 분포
(b) 인덕턴스, 상전류, 토크파형
(b−1) 회전 위치에 따른 a, b, c상의 인덕턴스 변화
(b−2) 회전 위치에 따른 a, b, c상의 상전류
(b−3) 회전 위치에 따른 토크

발생한다. 따라서 역토크가 발생되지 않고 토크리플도 작게 하기 위해서는 적절한 스위칭 방법이 필요하다.

10.5.2 동기형 릴럭턴스 전동기(SynRM: synchronous reluctance motor)

[1] 원리

스위치드 릴럭턴스 전동기에서 회전자의 위치에 따라 상권선을 적절하게 통전하면 구형파 전류에 의해 점핑하는 자계가 발생하여 돌극(saliency) 구조의 회전자가 회전한다. 릴럭턴스 전동기에 다상권선을 시행하여 교류를 인가하면 회전자계가 발생되고 이 회전자계에 돌극 구조의 회전자가 배열하려고 하는 릴럭턴스 토크를 이용할 수도 있다. 이와 같이 교류구동에 의해 회전자계를 발생시켜 릴럭턴스 토크를 이용하는 전동기를 동기형 릴럭턴스 전동기라고 한다. 스위치드 릴럭턴스 전동기는 직류여자에 의해 불연속적인 회전자계(점핑자계)를 이용하여 전동기를 회전시키지만 동기형 릴럭턴스 전동기는 교류여자에 의해 연속적인 회전자계를 이용하여 전동기를 회전시킨다. 따라서 스위치드 릴럭턴스 전동기는 브러시리스 직류전동기와 비슷한 원리를 가지고 있으며 동기형 릴럭턴스 전동기는 영구자석형 동기전동기와 비슷한 원리를 갖는다.

그림 10.22(a)는 동기형 릴럭턴스 전동기의 일반적인 구조를 나타내고 있다. 동기형 릴럭턴스 전동기의 고정자 권선은 일반적인 유도전동기의 고정자 권선과 동일하다. 따라서 고정자는 3상 권선을 가지고 있으며 이 권선에 평형 3상 전류를 흘려 회전자계를 발생

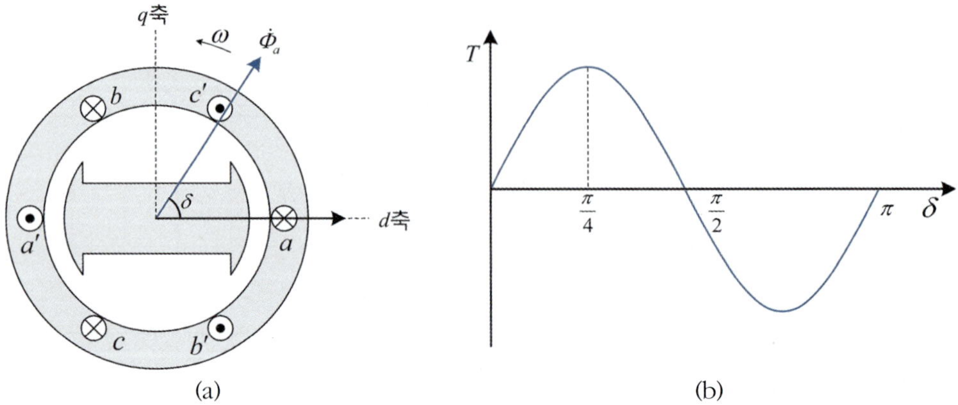

그림 10.22 동기형 릴럭턴스 전동기의 구조와 토크
(a) 동기형 릴럭턴스 전동기 기본 구조 (b) 부하각에 따른 토크특성

시키는 구조이다. 그림 10.22(a)에서 돌극 방향을 d축이라고 정의하고 돌극 방향에 수직방향을 q축이라고 정의하면 d축과 q축의 인덕턴스 차가 발생한다. 그림 10.22(a)에서 회전자계가 돌극과 δ만큼 앞서서 발생되고 있으면 돌극 구조의 회전자는 회전자계의 방향으로 배열하려고 하는 릴럭턴스 토크가 발생한다. 이때 전기자의 주파수를 제어하여 회전자계의 속도와 회전자의 속도가 같은 정상적인 상태에서는 식 (10.4)와 같은 토크가 발생한다.

$$T = \frac{P}{2}(L_d - L_q)I_a^2 \sin 2\delta_s \tag{10.4}$$

식 (10.4)에서 알 수 있는 바와 같이 동기형 릴럭턴스 전동기에서 발생되는 토크를 최대로 하기 위해서는 부하각 45°로 운전해야 하고 d축 인덕턴스와 q축 인덕턴스의 차가 가능한 많이 나야 된다. 그림 10.22(b)는 부하각에 따른 동기형 릴럭턴스 전동기의 토크 특성을 나타낸 것이다. 동기형 릴럭턴스 전동기는 영구자석형 동기전동기와 마찬가지로 속도제어기와 전력변환기를 갖는 전동기 드라이브를 가지고 최대토크 제어를 하여 동기형 릴럭턴스 전동기가 낼 수 있는 최대 토크를 발생하도록 제어한다.

[2] 구조적 특징

동기형 릴럭턴스 전동기의 발생 토크는 인덕턴스차(또는 돌극차)에 비례하므로 인덕턴스비(돌극비, saliency ratio)를 크게 하기 위해 여러 가지 회전자의 구조가 제안되었다. 그림 10.23에 여러 가지 형태의 동기형 릴럭턴스 전동기의 회전자 구조를 나타내었다. 그림 10.23(a)는 1세대 동기형 릴럭턴스 전동기의 회전자 형태로서 1950년대 말에서 1960년대 초까지 교류전동기를 사용한 가변속 구동시스템 응용분야인 권사기(fiber spinning machine) 시스템에 채용되었다. 이 시스템은 매우 정확한 속도제어를 요구하였으므로 동기형 릴럭턴스 전동기를 이용한 가변주파수 구동시스템이 사용되었다. 1세대 동기형 릴럭턴스

전동기의 특징은 그 당시의 전력전자 기술의 미비로 인해 초기 기동 주파수가 10[Hz] 이상이었으며, 이러한 높은 주파수에서의 기동을 위해서 회전자에 댐퍼 권선을 설치하였다. 이 댐퍼 권선 때문에 위치에 따른 릴럭턴스의 차이를 크게 하는 데에는 한계가 있었다.

그림 10.23(b)는 그림 10.23(a)를 개선한 2세대 형태로 개발된 동기형 릴럭턴스 전동기다. 이 전동기는 세그먼트 형태를 가지고 있고 회전자에는 기동을 위한 댐퍼 권선이 없으며, 인버터의 주파수와 동기시켜 기동하였다. 돌극비는 5 이상으로 같은 용량의 유도전동기와 출력대비 크기에 있어서 거의 같은 성능을 가지게 되었을 정도로 성능이 개선되었지만, 역률과 효율이 좋지 않아 널리 사용되지 못하였다.

그림 10.23(c)는 그 이후 개발된 좀 더 현대적인 3세대 형태의 회전자를 나타내고 있다. 축 방향 성층형(ALA: axially laminated anisotropic)이라 불리는 형태로 여러 장의 규소 강판을 구부려서 축방향으로 쌓은 후 회전자에 볼트로 고정하였고, 각각의 적층 사이에 절연물을 넣었다. 이러한 구조에서 돌극비는 7 또는 그 이상이 보고되었고 유도전동기와 충분히 경쟁할 만한 정도가 되었다. 이러한 형태에서의 가장 큰 문제점은 제작이 어려워 회전자의 제작 단가가 높다는 것이다.

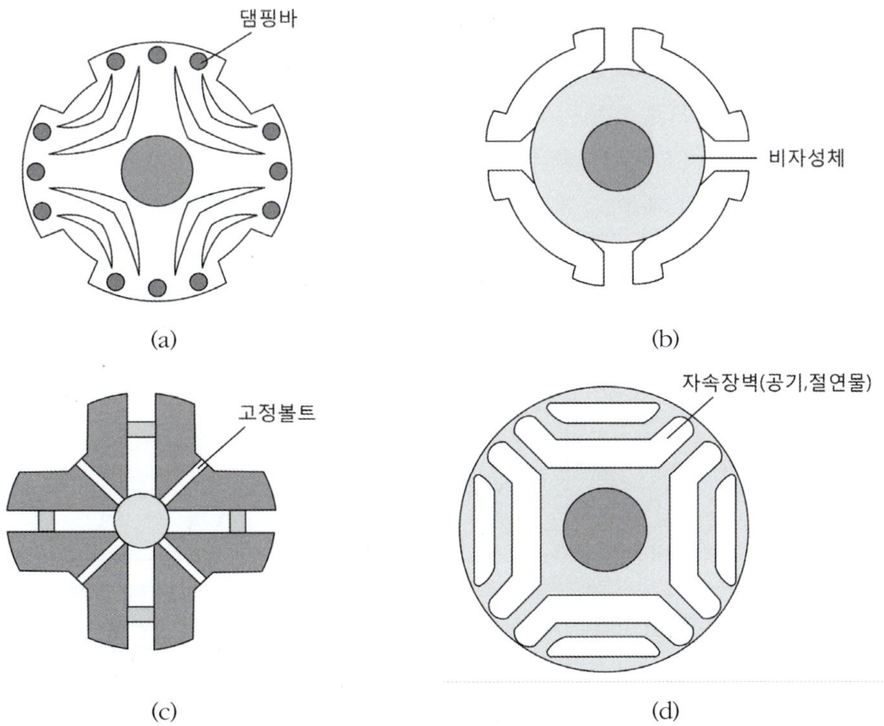

그림 10.23 여러 가지 형태의 동기 릴럭턴스 전동기의 구조
(a) 1세대 (b) 2세대 (c) 축방향 성층형 (d) 세그먼트형

그림 10.23(c)형태에서 제작 단가를 줄이기 위해 개발된 회전자 형태가 그림 10.23(d)이다. 그림 10.23(d)는 얇은 규소강판을 적층한 형태로 제작한 것으로서 세그먼트형(segment type)으로 부른다. 세그먼트형의 경우 각각의 규소강판을 금형 등으로 펀칭(punching)하여 제작한 후 회전자 축에 적층하는 형태로 제작하기 때문에 제작이 용이한 잇점이 있으며 영구자석을 삽입하여 쉽게 성능을 높일 수 있기 때문에 현재 가장 일반적으로 사용되고 있는 형태이다.

회전자에는 자기적 돌극을 위한 자속장벽이 있으며 공기 또는 절연물로 채워져 있다. 자기장벽 내부를 공기로만 둘 경우 유도전동기의 회전자에서와 같이 캐스팅(casting)공정이 필요가 없게 되어 제조공정이 훨씬 간단해지는 반면 기계적 강성이 떨어지는 단점이 있다. 반면 자속장벽 내에 절연물질이나 비자성 재질로 채울 경우 기계적 강성이 올라가고, 자속장벽을 가로지르는 누설자속을 막아 자속밀도를 높일 수 있으나 제조공정이 복잡해지므로 가격상승의 문제점을 갖는다. 또한, 자속장벽 내에 회전자 중심의 방사방향으로 착자된 영구자석을 삽입할 경우 q축으로 쇄교하는 자속의 흐름을 방해하여 돌극차를 크게 할 수 있으나, 제조원가 상승의 원인이 된다.

세그멘트형에서 d축과 q축의 인덕턴스에 대해서 알아보자. 그림 10.24에서 d축은 고정자 자속이 최대로 흐를 수 있어 인덕턴스가 최대로 되는 위치이며, q축은 d축과 전기각으로 90°(그림 10.24의 경우는 4극기이므로 기계각으로 45°)에 위치하고 고정자 자속이 최소로 흐르므로 인덕턴스가 최소로 된다. d축의 자로(magnetic flux path)를 보면 등가적인 공극은 기계적인 공극밖에 존재하지 않지만 q축에서의 자로는 자속장벽 때문에 등가적인 공극이 매우 크게 된다. 특히 세그먼트형은 단편간의 기계적인 유지를 위하여 립(rib)이 존재하게 되고, 그림 10.24와 같이 립을 통하여 q축자속의 경로가 존재하여 돌극비가 낮아지고 토크 성능이 낮아진다. 립에서의 누설을 억제하기 위해 가능한 립을 작

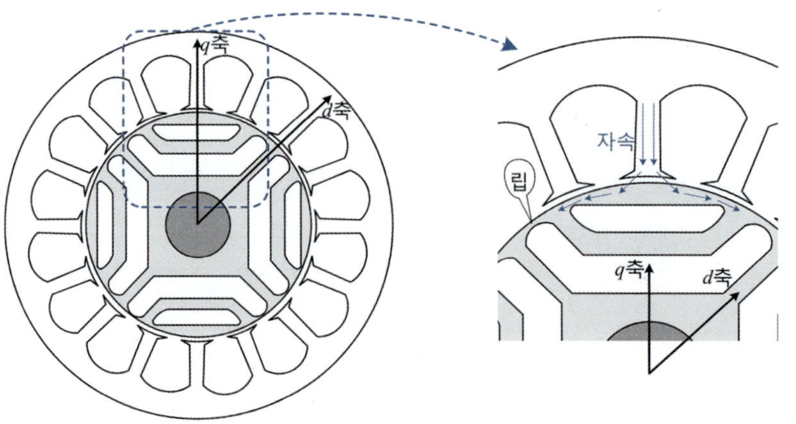

그림 10.24 립을 통한 q축 자속의 경로

게 설계하여 약간의 자속에도 포화되어 토크 성능을 높일 수 있다. 자속장벽을 비자성체인 적절한 물질(플라스틱 등)로 캐스팅을 하여 최종적으로 립을 없애는 방법도 있다. 이때 적층 사이에 비자성체인 일종의 디스크를 삽입하여 회전자의 형태를 유지한다. 이 경우에는 회전자의 유효길이(active length)가 작아지므로 약간의 성능 저하가 있다.

▶▶ 기호정리 ◀◀

기호	의미	기호	의미
D	다이오드	$\dot{\Phi}_f$	계자자속 벡터
δ	부하각	R_a, R_b, R_c	a, b, c상 권선저항
$\dot{E}_a$	유도기전력 벡터	T	스위치 소자
L_{11}, L_{22}	자기인덕턴스	T	토크
L_{12}, L_{21}	상호인덕턴스	T_m	마그네틱 토크
L_a, L_b, L_c	a, b, c상 인덕턴스	T_r	릴럭턴스 토크
L_d	d축 인덕턴스	W_{fm}'	자기수반에너지
L_q	q축 인덕턴스	ω	회전자계의 전기적 동기각속도
P	극수	X_d	d축 리액턴스
p	극쌍수	X_q	q축 리액턴스
$\dot{\Phi}_a$	전기자 반작용 자속 벡터		

부록

Appendix

A.1 전기-기계에너지 변환의 종류와 특징

[1] 전기-기계에너지 변환의 종류

전기에너지와 기계에너지 사이에는 전계 또는 자계를 매체로 에너지변환이 일어난다. 에너지변환에 전계를 이용하는 것은 ① 전계의 로렌츠 힘(lorentz force)이라고 하는 쿨롱력(coulomb force)을 이용하는 방법과 ② 압전효과(piezo electronic effect)를 이용하는 방법으로 2가지가 있다. 자계를 이용하는 방법으로는 ③ 자계의 로렌츠 힘인 마그네틱 힘(magnetic force)을 이용하는 방법, ④ 릴럭턴스 힘(reluctance force)을 이용하는 방법, ⑤ 자기왜곡을 이용하는 방법으로 3가지가 있다. 이와 같이 전기에너지와 자기에너지의 에너지변환의 방법은 5가지가 있으며 각각 고유의 특성을 갖는다.

① 쿨롱력 : '정전하 사이에는 힘이 작용한다'는 쿨롱의 법칙을 사용하는 방법으로, 그림 A1.1과 같이 도체판 사이에 전압을 걸면 두 도체판은 서로 당기는 흡인력이 작용한다. 이 방법은 출력밀도가 극히 낮기 때문에 에너지변환에는 거의 이용되지 않는다.

② 압전효과 : 수정, 로셸염과 같은 압전소자(piezo electric element)에 전계를 가하면 그림 A1.2와 같이 전계의 방향에 따라 압전재료가 수축, 팽창을 하여 기계적인 출력을 발생한다. 반대로 압전소자를 수축, 팽창시키면 전계가 발생되어 발전이 된다. 이와 같은 현상을 압전효과라고 하며 수정발진기, 압전형 진동계, 토크 메터 등에 응용된다. 회전기로는 초음파 모터가 압전현상에 의해 동작한다.

③ 자기왜곡 : 니켈, 페라이트와 같은 재료에 그림 A1.3와 같이 코일을 감고 교류를 흘려주면 이 재료는 전류방향(자계방향)에 따라 팽창과 수축을 한다. 이와 같은 현상을 자기왜곡이라고 하며 이 현상을 이용한 것은 초음파 발전기, 토크 메터가 있다. 자기왜곡은 강자성체에서도 발생하므로 변압기 등의 전기기기의 소음원이 되기도 한다.

④ 자계의 로렌츠의 힘(마그네틱 토크) : 자계의 로렌츠 힘을 이용하는 에너지변환은 가장 일반적인 에너지변환 방법으로 직류기, 동기기, 유도기 모두 이 방법을 이용한 것이다. 그림 A1.4와 같이 자속을 발생시키는 계자 내에 있는 도체에 전류를 흘리면 자계와 도체에 수직방향으로 힘이 발생된다.

⑤ 릴럭턴스 힘(디텐트 힘(detent force)) : 릴럭턴스 토크, 디텐트 토크라고 하는 자기적인 힘으로, 일반 물리법칙인 '모든 물체는 포텐샬 에너지가 최소인 방향으로 움직인다'는 원리를 이용한 것이다. 그림 A1.5는 릴럭턴스 힘을 이용한 릴럭턴스 전동기를 예로 든 것이다. 고정자에서 자계를 발생시키면 회전자는 자기축적에너지가 최소인 방향으로 토크가 발생된다. 이와 같은 원리를 사용한 것은 릴럭턴스 전동기, 자기부상 등이 있다.

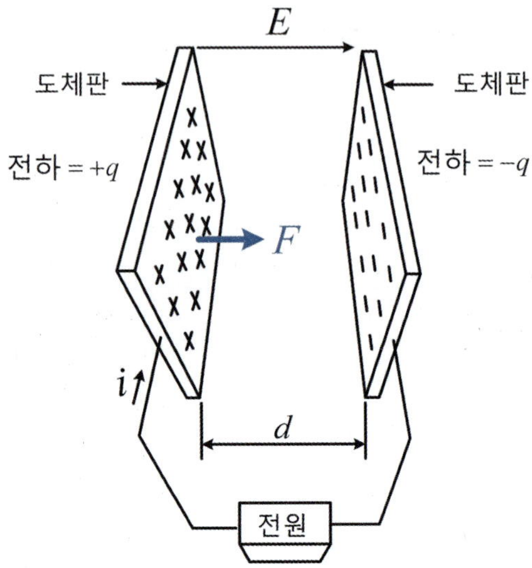

그림 A1.1 쿨롱력에 의한 에너지변환

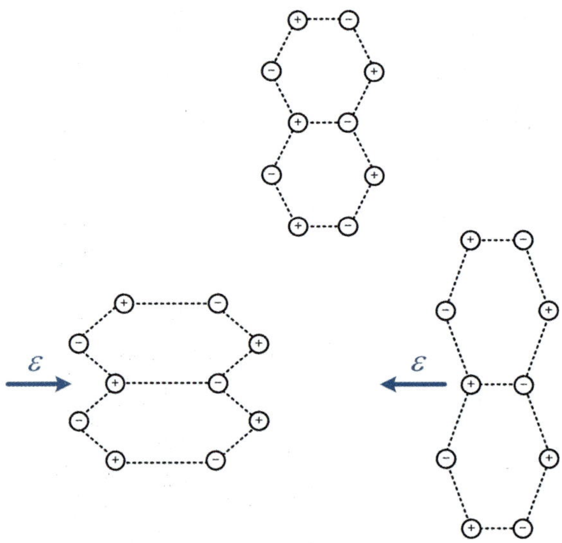

그림 A1.2 압전효과에 의한 에너지변환

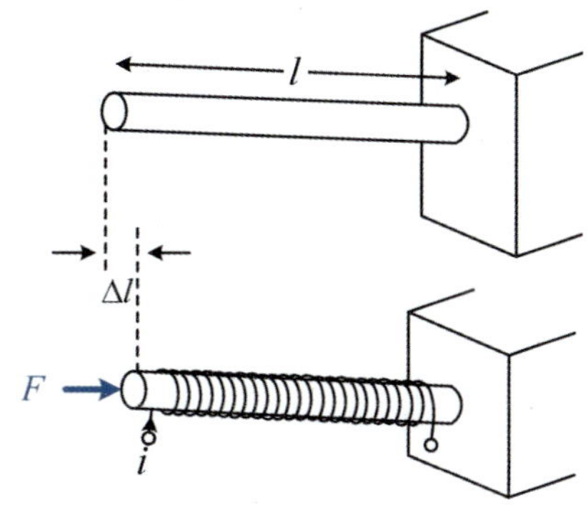

그림 A1.3 자기왜곡에 의한 에너지변환

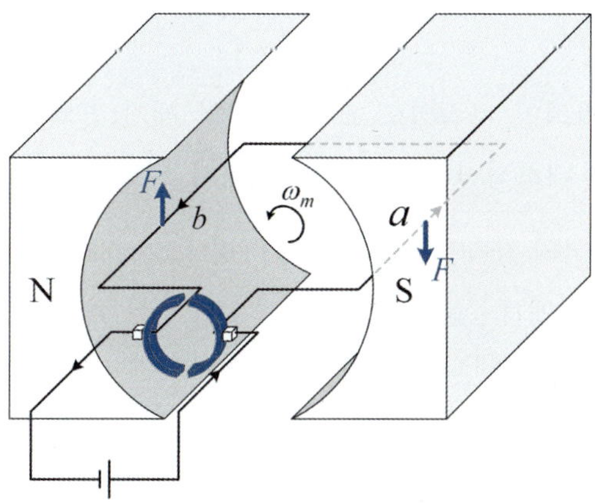

그림 A1.4 로렌츠 힘에 의한 에너지변환

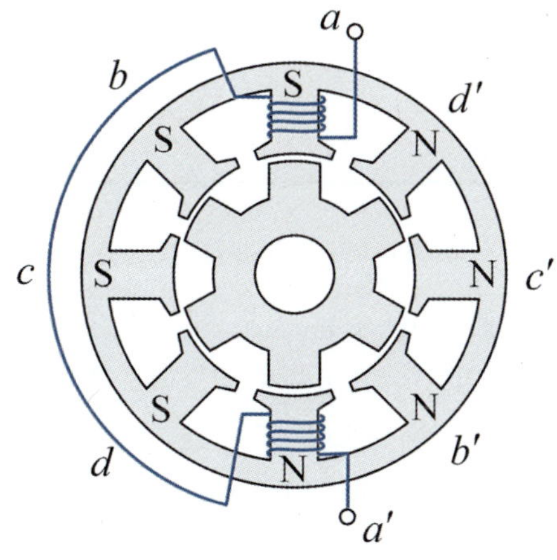

그림 A1.5 릴럭턴스 힘에 의한 에너지변환

[2] 전계에너지 밀도와 자계에너지 밀도

전기기기에서 발생하는 로렌츠 힘은 고정자 자속과 회전자 자속의 상대 위치에 따른 축적에너지 차이에 의해서 발생된다. 따라서 축적에너지 밀도는 전기기기의 출력밀도에 직접적으로 관련된다. 일반적인 전기기기에서는 자계에너지 밀도가 전계에너지 밀도에 비해 매우 크기 때문에 자계를 에너지변환의 매체로 사용한다. 대부분의 전자계 에너지는 공극에 축적되므로 자계에서의 에너지 밀도와 전계에서의 에너지 밀도는 각각 식 (A1.1), 식 (A1.2)으로 표현할 수 있다.

$$W_{Fm} = \frac{B^2}{2\mu_0} \ \ [\mathrm{J/m^3}] \tag{A1.1}$$

$$W_E = \epsilon_0 \frac{E^2}{2} \ \ [\mathrm{J/m^3}] \tag{A1.2}$$

공극에서의 일반적인 자속밀도 B와 전계의 세기 E의 크기 및 투자율 μ_0와 유전율 ϵ_0 값을 대입하면 대략적인 전기기기의 에너지 밀도값을 알 수 있다.

전기기기에서 공극의 자속밀도는 약 $0.7[\mathrm{T}]$ 정도로 설계하고 전계세기는 약 $3\times10^6[\mathrm{V/m}]$가 된다. 또한 공기에서 투자율 $\mu_0 = 4\pi\times10^{-7}[\mathrm{H/m}]$이고 유전율 $\epsilon_0 = 8.85\times10^{-12}[\mathrm{F/m}]$이므로 이 값을 대입하면 자계에너지 밀도와 전계에너지 밀도는 대략 $W_{Fm} = 1.95\times10^5[\mathrm{J/m^3}]$, $W_E = 39.8[\mathrm{J/m^3}]$이 된다.

이 값에서 알 수 있듯이 자계 에너지 밀도가 전계 에너지 밀도에 비해 약 5000배 정도 크기 때문에 일정한 힘을 발생시키는 기계를 설계할 때 에너지변환 매체로 전계를 이용하면 기계의 크기가 매우 커지게 되므로 대부분의 전기기기는 자계를 에너지변환의 매체로 사용한다.

A.2 영구자석 재료

직류전동기와 권선형 동기전동기는 브러시라는 구조적 단점을 가진다. 브러시 구조를 없애기 위해서 가장 쉽게 할 수 있는 것은 계자를 영구자석으로 대체하는 것이다. 이로 인해 계자를 여자시키기 위한 여자전류가 필요없으므로 효율을 높일 수 있다. 그러나 영구자석을 사용하면 계자자속을 제어할 수 없고 고성능의 자석을 이용하지 않으면 자계가 약하므로 전기기기가 커지는 단점이 있어 약 십수 년 전까지 영구자석형 전기기기는 소형으로만 사용되었다. 그러나 최근에는 성능이 좋은 희토류자석이 개발되어 수 MW까지도 영구자석을 사용한 전기기기가 사용되고 있다.

영구자석의 성능은 “영구자석을 적게 쓰고도 공극에 얼마나 큰 자속을 만들 수 있느냐”와 “열과 역자계 등에 의해 자석의 성능이 떨어지지 않을 정도로 신뢰성이 있느냐”에 의해 결정된다. 이러한 영구자석의 성능을 알기 위해서는 영구자석을 포함하는 자계를 풀어야 한다.

[1] 영구자석을 포함하는 자기회로

그림 A2.1과 같이 영구자석을 포함하는 모델의 자기회로를 풀어보자. 이 모델에서 자속이 그림 A2.1과 같이 흐른다고 가정하여 암페어 주회법칙을 적용하면 식 (A2.1)을 얻을 수 있다.

$$\oint \boldsymbol{H} \cdot dl = H_m l_m + H_{c1} l_{c1} + H_{c2} l_{c2} + H_{c3} l_{c3} + 2H_g l_g = 0 \ [\mathrm{A}] \tag{A2.1}$$

여기서 H_m, H_{c1}, H_{c2}, H_{c3}, H_g는 각각 영구자석 내부 자계의 세기와 코어 내부 자계의 세기, 공극 자계의 세기를 나타내고 l_m, l_{c1}, l_{c2}, l_{c3}, l_g은 각각 영구자석의 길이, 코어의 길이 및 공극의 길이를 나타낸다.

코어의 투자율이 매우 크다고 가정하면 H_{c1}, H_{c2}, H_{c3}는 상대적으로 무시할 수 있을 만큼 작으므로 식 (A2.1)은 식 (A2.2)과 같이 간단하게 된다.

$$H_m l_m \approx -2H_g l_g \ [\mathrm{A}] \tag{A2.2}$$

또한 누설을 무시한다면 공극의 총 자속과 영구자석에서의 총 자속이 같으므로 공극에서의 자속밀도 B_g와 영구자석 내부의 자속밀도 B_m의 관계는 식 (A2.3)과 같다.

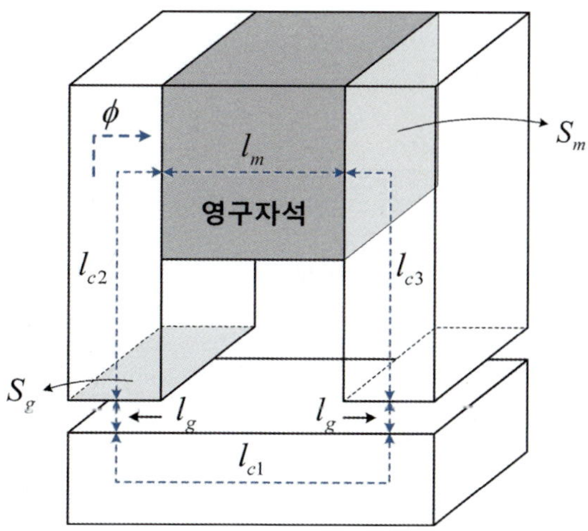

그림 A2.1 영구자석을 포함하는 자기회로

$$B_g = \frac{S_m}{S_g} B_m \ \ [\mathrm{T}] \tag{A2.3}$$

여기서 B_m, B_g은 각각 영구자석 내부의 자속밀도와 공극의 자속밀도를 나타내고 S_m, S_g은 영구자석의 단면적과 공극의 단면적을 나타낸다.

식 (A2.3)을 식 (A2.2)에 대입하여 H_m과 B_m의 관계를 구하면 식 (A2.4)와 같이 된다.

$$H_m \approx -2 \frac{B_m}{\mu_0} \frac{S_m}{S_g} \frac{l_g}{l_m} \ \ [\mathrm{A/m}] \tag{A2.4}$$

식 (A2.4)의 B_m과 H_m의 관계 곡선을 퍼미언스 선이라고 하며 음의 기울기를 갖고 원점을 통과하는 직선으로 기울기는 공극과 영구자석의 길이와 면적에 의해 결정된다.

영구자석이 공극을 가지고 있을 때 영구자석의 자계의 세기와 자속밀도와의 관계는 퍼미언스 선에 의해 결정된다. 퍼미언스 선은 음의 기울기를 가지고 있으므로 그림 A2.2(a)와 같이 2사분면과 4사분면이 영구자석의 특성영역이 된다. 2사분면과 4사분면은 대칭이고 단지 영구자석의 N극과 S극의 차이만을 나타내므로 영구자석의 특성을 이야기할 때는 2사분면만을 이용한다. 2사분면에서는 그림 A2.2(b)와 같이 자속밀도 B는 양의 값을 가지고 자계의 세기 H는 음의 값을 가지는 특성곡선으로 정의되며 영구자석 내에서 H는 자계를 감자시키는 방향으로 형성되어 있으므로 이 곡선을 감자 특성이라고 한다.

영구자석이 발생하는 자계의 세기와 자속밀도는 영구자석 재료의 $B-H$ 특성과 자기회로의 퍼미언스의 크기에 의해 결정된다. 그림 A2.2(b)에서 감자 특성곡선과 퍼미언스 선이 만나는 점의 H와 B값이 그 자기회로에서의 영구자석이 발생하는 자속밀도(B_m)와

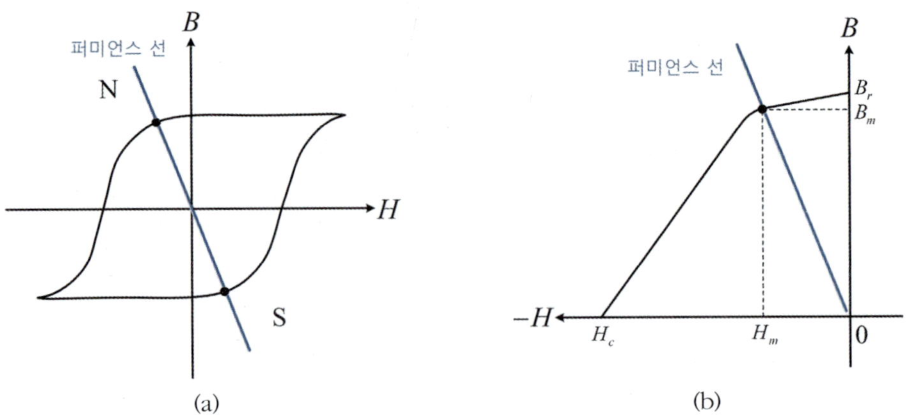

그림 A2.2 (a) 영구자석 자기회로에서의 동작점 (b) 감자특성

자계의 세기(H_m)를 나타낸다. 식 (A2.4)에서 보면 이 직선의 기울기는 공극의 길이에 반비례해서 커지는 것을 알 수 있는데, 이것이 의미하는 바는 공극이 클수록 직선의 기울기는 아래로 누운 형태가 되어 영구자석이 발생하는 자속밀도 B_m은 작아지고, 반대로 공극이 매우 작다면, 직선은 거의 수직으로 선 상태가 되어, 영구자석이 발생하는 자속밀도 B_m은 영구자석의 잔류자속밀도 B_r에 가까운 값이 된다.

[2] 영구자석의 성질

(1) 고유 자화곡선과 $B-H$곡선

영구자석에서는 내부 자화밀도(M_i)와 외부의 자계세기에 의해 자속이 형성되며 식 (A2.5)가 성립한다.

$$\mathrm{B} = \mu_0 \mathrm{H} + \mathrm{M}_i \ \ [\mathrm{T}] \tag{A2.5}$$

여기서 자화밀도 M_i은 자성체 내의 자구에 의해서 형성되는 자속으로 어떤 자계 이하에서는 일정한 값을 갖지만 그 이상의 역자계가 걸리면 급격하게 감소하는 특성을 갖는다. 이와 같은 자계의 세기와 자화밀도와의 관계곡선을 자계의 고유자화곡선이라고 한다. 따라서 영구자석의 $B-H$곡선은 외부 자계의 세기와 자속밀도와의 곡선과 고유 자화곡선의 합이 된다. 그림 A2.3은 영구자석의 고유 자화곡선과 $B-H$곡선을 나타낸 것이다. 그림 A2.3에서 영구자석의 $B-H$곡선의 기울기가 갑자기 변하는 점이 존재하는데 이 점을 무릎점(knee point)이라고 한다.

자기회로에서 어떤 이유에 의해 공극이 증가한 경우를 가정해 보면, 그림 A2.3에서 동작점이 P_1에서 P_2로 이동한 상황으로 생각해 볼 수 있다. 다시 공극이 원래의 길이로 줄어들었다면 동작점은 P_1에서 P_2로 되었을 때 이동한 경로가 아닌 새로운 경로를 따라 동작점이 P_3로 되어 새로운 자화곡선이 형성된다. 이 새로운 곡선을 리코일선이라고 하며, 영구자석은 처음에 비해 감자가 된 상태가 된다. 이와 같은 감자는 영구적으로 영구자석의 성능을 떨어뜨리는 감자로 영구감자라고 한다.

리코일선은 원래의 영구자석의 감자곡선보다 아래에 형성되므로 영구자석의 성능이 떨어진다. 따라서 영구자석을 동작시킬 때 동작점이 무릎점 이하에 형성되지 않도록 주의해야 한다.

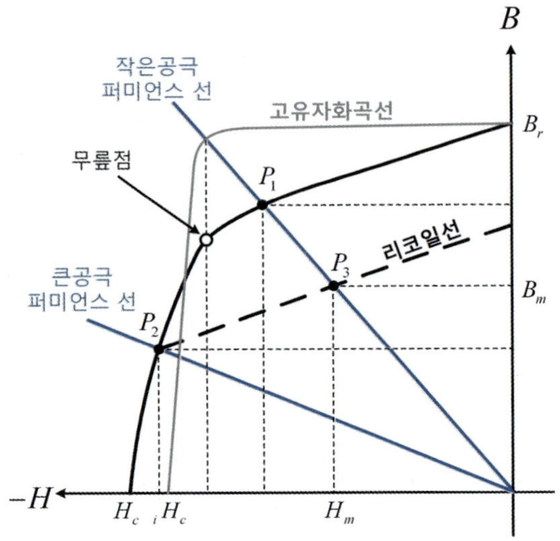

그림 A2.3 영구자석의 고유 자화곡선과 $B-H$ 곡선

(2) 잔류자속과 보자력

그림 A2.4에서 투자율이 무한대인 공간에서 외부자계가 가해지지 않은 상태인 ①점에서 영구자석이 발생하는 자속밀도인 B_r을 잔류자속이라고 한다. 또한 영구자석이 발생하는 자속 양을 0으로 하기 위해 역으로 가해주어야 하는 ②점에서 자계의 세기(H_c)를 보자력이라고 한다. 잔류자속과 보자력은 영구자석이 단위체적당 낼 수 있는 자계의 양을 결정하는 중요한 물리량이다. 특히 보자력이 작은 영구자석을 전기기기에 사용하면 전기자 반작용에 의해 탈자가 될 수 있으므로 전기기기에 사용되는 영구자석은 가능한 보자력이 커야 한다.

(3) 에너지적과 최대 에너지적

그림 A2.1에서 철심에서 자계의 세기를 무시하고 누설자속이 없다고 가정하자. 영구자석 동작점에서의 자속밀도와 자계의 세기를 각각 B_m, H_m이라 정의하고 암페어 주회법칙과 자속의 연속법칙을 적용하면 식 (A2.2), 식 (A2.3)이 얻어진다.

식 (A2.2)과 식 (A2.3)을 곱하면 식 (A2.6)과 같이 된다.

$$V_m H_m B_m = -2\,V_g B_g H_g = -2\mu_0\,V_g H_g^2 \ \ [\mathrm{J}] \tag{A2.6}$$

식 (A2.6)으로부터 공극 자계의 세기를 구하면 식 (A2.7)과 같이 된다.

$$H_g = \sqrt{-\left(\frac{1}{2\mu_0}\frac{V_m}{V_g}H_m B_m\right)} \ \ [\mathrm{A/m}] \tag{A2.7}$$

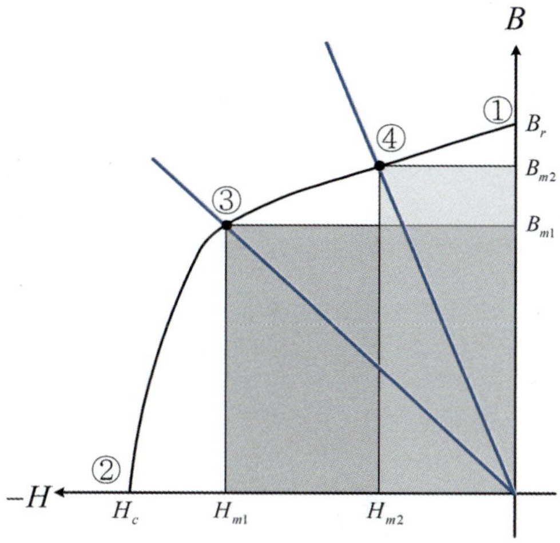

그림 A2.4 동작점에 따른 에너지적

식 (A2.7)에서 알 수 있듯이 공극의 자속은 영구자석 동작점의 H_m과 B_m의 제곱근에 비례함을 알 수 있으며 H_m과 B_m의 곱을 에너지적이라고 한다. 에너지적이 높을수록 공극의 자속밀도가 높음을 알 수 있다. 또한 에너지적이 일정하다고 하면 공극을 작게 하거나 영구자석의 체적을 크게 하면 공극의 자속밀도가 높아짐을 알 수 있다.

영구자석의 에너지적은 영구자석의 동작점에 따라 다르다. 즉, 그림 A2.4와 같이 동작점이 B_{m1}, H_{m1}인 ③의 에너지적과 동작점이 B_{m2}, H_{m2}인 ④의 에너지적은 크기가 다르다. 따라서 에너지적이 가장 큰 동작점이 있는데 이 점에서의 에너지적을 최대 에너지적$(BH)_{max}$이라고 한다. 최대 에너지적은 잔류자속밀도 B_r과 보자력 H_c가 클수록 크다. 따라서 잔류자속밀도와 보자력이 클수록 성능이 우수한 영구자석이 된다.

[3] 영구자석의 종류

앞에서 언급한 바와 같이 영구자석의 성능은 에너지적에 의해 결정된다.

영구자석 재료는 분류법에 따라 여러 가지로 분류할 수 있으나 제조법에 의한 분류와 주재료에 의한 분류가 일반적으로 사용된다. 우선 제조법에 의한 분류는 영구자석 재료를 소결(sintered)하여 만드는 소결자석(sintered magnet)과 영구자석 재료에 플라스틱 재료를 혼합하여 만드는 고무자석 또는 본드자석(bonded magnet)이 있다. 소결자석은 만들 수 있는 형상이 제한적이지만 잔류자속밀도와 보자력이 큰 특성이 있다. 이와 반대로 본드자속은 형상을 자유롭게 만들 수 있으나 잔류자속밀도와 보자력이 작아지므로 에너지적이 작다.

영구자석 분류법 중 또 하나는 주재료에 의한 분류법으로 알니코자석, 페라이트자석(실리콘 자석), 희토류자석으로 나눈다. 희토류자석은 다시 사마륨코발트자석과 네오디움

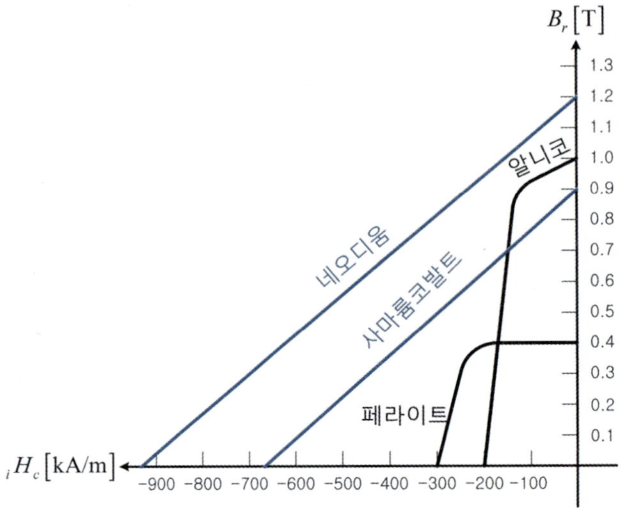

그림 A2.5 자석의 종류에 따른 감자곡선

자석으로 나눈다. 이와 같은 4종류 자석의 일반적인 감자곡선을 그림 A2.5에 나타내었다. 그림에서 알 수 있듯이 알니코계의 자석은 잔류자속밀도는 중간 정도의 값이나 보자력이 작다. 또한 페라이트자석은 잔류자속은 작으나 알니코계 자석에 비해 보자력이 크다. 이에 비해서 희토류자석은 잔류자속과 보자력이 큰 장점이 있으나 가격이 매우 비싸다. 따라서 성능과 가격을 고려하여 적당한 영구자석재료를 사용하게 된다. 다음 표 A2.1은 대표적인 영구자석의 종류와 각각의 성능 특성을 나타내고 있다.

[4] 감자현상

영구자석이 자석의 성질을 잃어버리는 것을 탈자라 하고 영구자석이 발생하는 자속이 약해지는 것을 감자라고 한다. 감자는 일시적으로 동작점이 변해서 나타나는 감자와

표 A2.1 영구자석의 종류와 각각의 성능 특성

영구자석	B_r [T]	$_iH_c$ [kA/m]	$(BH)_{max}$ [kJ/m^3]
네오디움자석1 $Nd_2Fe_{14}B$(본드)	0.6~0.7	600~1200	60~100
네오디움자석2 $Nd_2Fe_{14}B$(소결)	1.0~1.4	750~2000	200~440
사마륨코발트자석1 $SmCo_5$(소결)	0.8~1.1	600~2000	120~200
사마륨코발트자석2 $Sm(Co,Fe,Cu,Zr)_7$(소결)	0.9~1.15	450~1300	150~240
알니코자석 Alnico(소결)	0.6~1.4	275	10~88
페라이트자석 Sr-ferrite(소결)	0.2~0.4	100~300	10-40

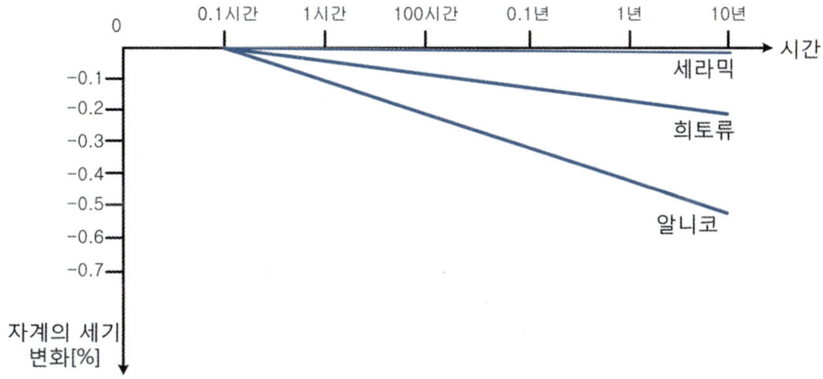

그림 A2.6 대표적인 자석의 갱년감자 특성(24°C)

영구자석의 성질이 변하여 영구적으로 나타나는 영구감자(불가역감자)가 있다. 영구감자는 여러 가지 요인에 의해서 일어날 수 있으며 ① 동작점의 변화에 의한 감자, ② 갱년감자, ③ 열감자, ④ 역자계에 의한 감자와 같은 4가지가 대표적이다.

① 동작점(퍼미언스 선)의 변화에 의한 감자

앞에서 설명한 바와 같이 자기회로의 퍼미언스 선이 변하게 되면 동작점이 변하는데 이때 동작점이 감자곡선의 무릎점 이하에서 형성되면 영구자석의 $B-H$곡선은 리코일선으로 되므로 영구감자가 일어난다.

② 갱년감자

"영구자석을 상온에서 수십 년간 방치해 두면 어떻게 될까?"라는 질문에 영구자석의 세기가 시간이 지남에 따라 작아진다고 답할 수 있으며 이와 같은 감자발생 요인을 갱년감자라고 한다. 대표적으로 페라이트, 코발트계 희토류 및 알리코 자석의 갱년감자를 그림 A2.6에 나타내었다. 그림 A2.6 에서와 같이 갱년감자는 아주 미미한데, 예를 들면 세라믹 계통의 페라이트는 10년이 지나도 자계 세기는 0.01% 이하의 변화만 있다. 가장 갱년 변화가 큰 알리코계 자석도 10년이 지나면 약 0.5% 정도의 감자만 일어난다. 따라서 영구자석은 용어가 나타내는 바와 같이 영구적으로 자속을 발생시킬 수 있는 자석이다.

③ 열감자

영구자석은 열에 의해 그 특성이 변한다. 예를 들면 페라이트 자석은 그림 A2.7(a)와 같이 온도가 낮아질수록 잔류자속은 커지고 보자력은 작아진다. 온도가 20℃ 에서 −60℃로 낮아지면 잔류자속은 B_{r1}에서 B_{r2}로, 보자력은 H_{c1}에서 H_{c2}로 이동하여 퍼미언스 선이 일정하더라도 영구자석 동작점이 무릎점 이하(P_2)가 된다. 이때 리코일선으로 형성된 감자곡선이 영구자석의 새로운 감자곡선이 되어 영구적인 감자가 일어난다. 무릎점 이하에서 동작된 뒤 다시 20℃ 로 돌아오면 영구감자에 의해 잔류자속은 B_{r1}이 아닌 B'_{r1}가

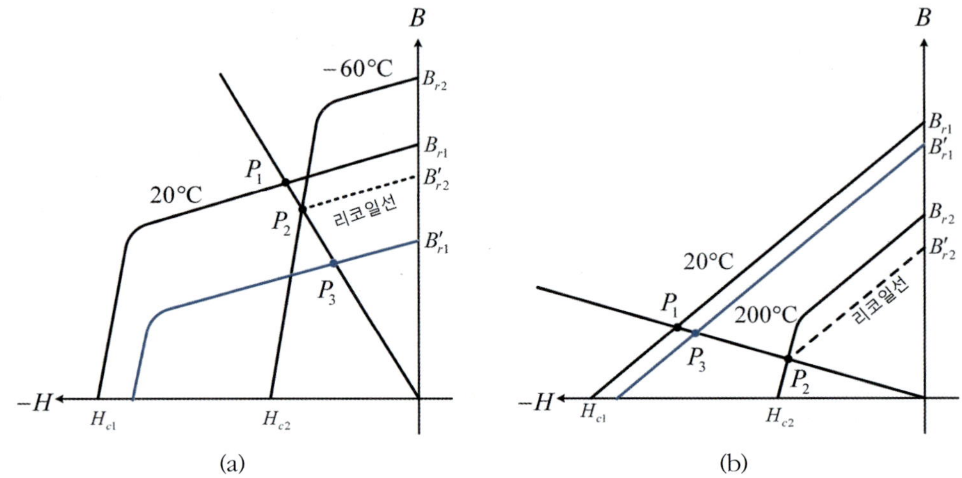

그림 A2.7 열감자 특성 (a) 페라이트의 저온감자 (b) 희토류계의 고온감자

되며 동작점은 P_3가 된다. 이와 같이 페라이트에서는 온도가 낮아지면 감자가 일어날 수 있는데, 이를 저온감자라고 한다.

희토류의 온도특성은 페라이트의 온도특성과는 다르다. 그림 A2.7(b)과 같이 온도가 상승하면 잔류자속밀도와 보자력이 동시에 작아진다. 20℃ 에서는 무릎점이 3상한에 존재하지만 온도가 200℃ 로 높아지면 2상한에 무릎점이 존재하여 퍼미언스 선이 일정하더라도 동작점이 무릎점 이하(P_2)가 된다. 페라이트 자석과 마찬가지로 리코일선으로 형성된 감자곡선이 영구자석의 새로운 감자곡선이 되어 영구적인 감자가 일어난다. 무릎점 이하에서 동작점이 결정된 후 영구자석의 온도가 낮아져도 영구감자에 의해 동작점이 P_1이 아닌 P_3가 된다. 이와 같이 희토류계는 고온에서 감자가 일어날 수 있으므로 고온감자라고 한다.

이와 같은 감자현상을 도식적으로 나타내면 그림 A2.8과 같다. 그림 A2.8에서와 같이 일정 퍼미언스 선에서 온도 변화에 따라 동작점이 a에서 b로 이동하여 무릎점 이하였다가 다시 정상 온도로 복귀하면 잔류자속밀도가 A에서 A'로 새로운 감자곡선이 형성되어 그림과 같이 ΔB_m만큼 영구감자가 일어나며 동작점이 a가 아닌 a'가 된다. 이와 같은 현상을 열감자라고 한다.

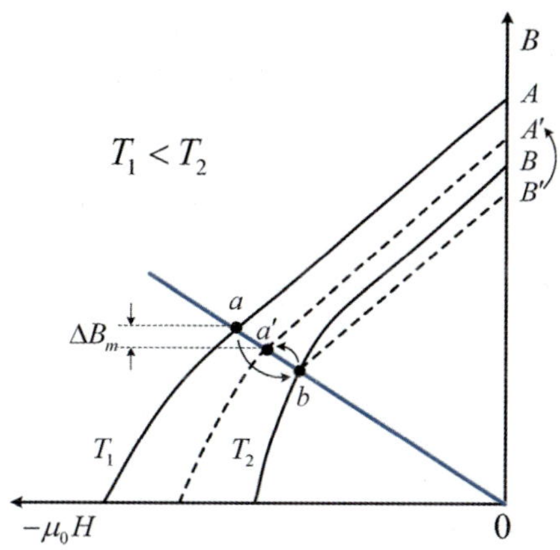

그림 A2.8 열감자 현상의 도식도

④ 역자계에 의한 감자

영구자석형 전기기기와 같이 전기자 권선에 전류가 흐르면 자계가 형성되고 이 자계는 영구자석의 자계를 방해하는 방향 또는 더해주는 방향으로 형성된다. 이와 같은 전기자 자계의 영향을 전기자 반작용 자계라고 한다. 전기자 반작용 자계가 존재하면 영구자석의 동작점이 변한다. 예를 들면 그림 A2.1의 영구자석을 포함한 자기회로에서 코일을 감은 모델이 그림 A2.9(a)와 같다고 하자. 이 자기회로에서 철심의 투자율이 무한대라고 가정하고 암페어의 주회법칙을 적용하면 식 (A2.2)와는 달리 코일의 기자력을 포함한 식 (A2.8)과 같이 된다.

$$H_m l_m + NI = -2\mathrm{H}_g l_g \ \ [\mathrm{A}] \tag{A2.8}$$

여기서 NI는 코일에 의한 기자력이고 식 (A2.8)과 식 (A2.3)을 이용하면 H_m과 B_m의 관계식 식 (A2.9)와 같이 된다.

$$H_m + \frac{NI}{l_m} = -2\frac{B_m}{\mu_0}\frac{S_m}{S_g}\frac{l_g}{l_m} \ \ [\mathrm{A/m}] \tag{A2.9}$$

따라서 일정한 퍼미언스선을 가지고 있는 자기회로에서 영구자석의 기자력 방향과 반대 방향의 기자력 방향으로 전류가 흐르면 영구자석 자기방향과 반대인 역자계가 형성되어 퍼미언스 선이 이동하게 되고, 동작점이 무릎점 이하에 형성될 수 있다. 따라서 역자계가 0, $H_1\left(=\dfrac{NI_1}{l_m}\right)$일 때는 영구감자가 일어나지 않으나 $H_2\left(=\dfrac{NI_2}{l_m}\right)$일 때는 동작점이 무릎점 아래가 되므로 영구적으로 감자되는 현상이 나타난다. 이와 같은 감자현상을 영구자석의 역자계에 의한 감자라고 한다.

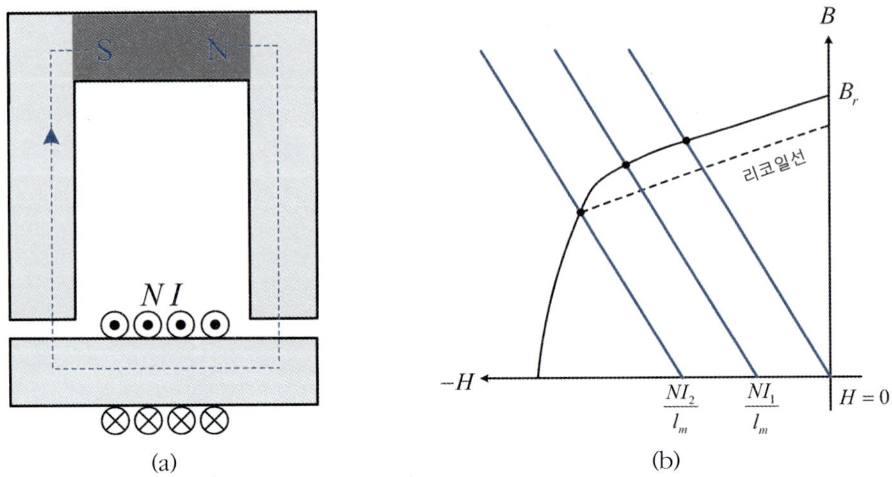

그림 A2.9 (a) 코일과 영구자석을 포함한 자기회로 (b) 영구자석의 역자계에 의한 감자

[5] 영구자석 카타로그 보는 법

영구자석의 성질은 감자곡선 상에서 B_r, H_c, ${}_iH_c$, $(BH)_{\max}$를 알면 그 특성을 알 수 있으며 영구자석 카타로그에 반드시 그 값이 나와 있다. 또 하나의 중요한 특성 중에 하나는 리코일 투자율 μ_r로써 이것은 감자곡선 $H=0$의 포인트에서 접선기울기를 나타낸다. 리코일 투자율은 일정한 값이 아니라 열 등에 의해 변하는 양이다.

그림 A2.10(a)는 페라이트, 그림 A2.10(b)는 네오디움의 특성을 나타내고 있다. 그림 A2.10(a)에서 Ⓐ부는 온도에 따른 $B-H$곡선을 나타내고 있다. 그림 A2.10(a)에서 알 수 있는 바와 같이 페라이트는 저온이 되면 자속밀도가 높아지고 보자력은 반대로 감소한다. 이 때문에 상온에서 설계한 자기회로에서는 주위 온도가 낮아지면 무릎점 이하에서 동작할 수 있으며 이때 불가역감자를 일으킬 수 있다.

다음으로 Ⓑ부로써 이것은 고유 자화곡선으로 $4\pi I-H$ 곡선 또는 $J-H$곡선이라고도 한다. 이 곡선은 모터 등의 여자전류에 의한 감자계를 고려한 일종의 $B-H$곡선으로 주위온도에 의해 크게 변화함을 보여주고 있다.

Ⓒ부는 $(BH)_{\max}$곡선을 나타내고 있다.

Ⓓ부는 퍼미언스 계수를 나타내고 있다. 축 상의 수치와 좌표의 원점을 직선으로 연결하면 얻어낼 수 있다. 퍼미언스 계수가 1이면 그림 A2.10(a)와 같이 퍼미언스 1의 지점과 원점을 이으면 퍼미언스 선을 그릴 수 있다.

여기서 이방성 페라이트는 2사분면에 무릎점이 있기 때문에 자기회로를 설계할 경우 사용 온도범위에 의해 동작점이 무릎점보다 낮게 되지 않도록 조심해야 한다.

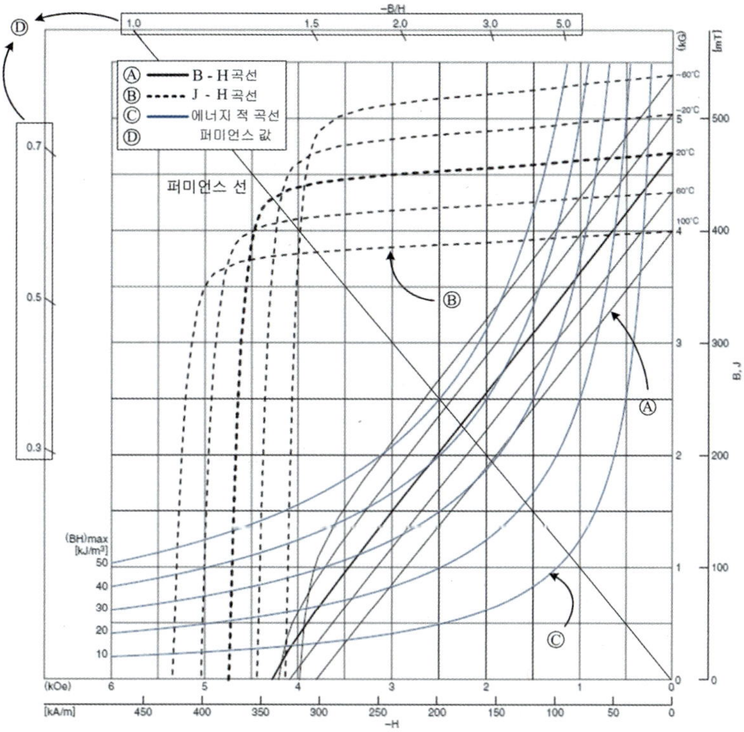

(a)

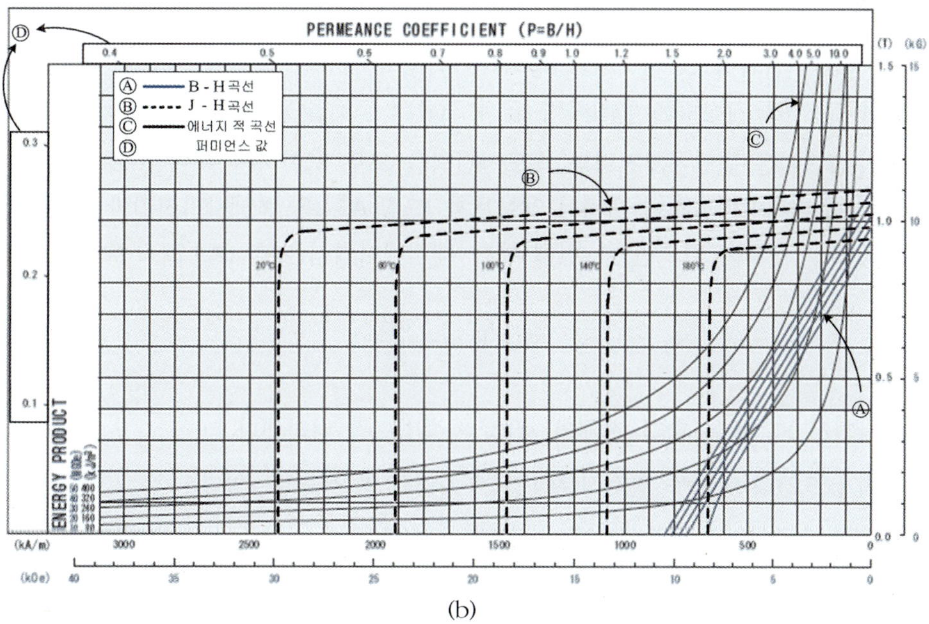

(b)

그림 A2.10 (a) 페라이트의 감자곡선 (b) 네오디움의 감자곡선 그림 A2.10(b)는 전형적인 네오디움자석의 감자곡선의 카타로그를 나타내고 있다. 그림 A2.10(b)에서 각 부호가 나타내는 것은 페라이트의 카타로그와 동일하다. 단, 네오디움자석은 온도가 높아짐에 따라 잔류자속과 보자력이 동시에 떨어지는 특성을 가지고 있다. 따라서 네오디움자석은 고온감자가 될 수 있음을 카타로그로부터 확인할 수 있다.

일반적으로 자석의 카타로그에는 이 정도의 특성이 제공된다. 이것은 반드시 일률적이지는 않고 각 제조사에 따라 내용이 다르다.

A.3 패러데이 법칙

[1] 패러데이의 일반식

2장에서 알아본 바와 같이 페러데이법칙의 미분형은 식 (A3.1)과 같다.

$$\nabla \times \mathrm{E} = -\frac{\partial \mathrm{B}}{\partial \mathrm{t}} + \nabla \times (\boldsymbol{\nu} \times \mathrm{B}) \tag{A3.1}$$

식 (A3.1)에서 첫째 항은 정지되어 있는 재료에 쇄교하는 자속이 시간적으로 변하여 재료에 유도되는 기전력으로, 이 유도기전력을 변압기기전력이라고 한다. 또한 식 (A3.1)의 둘째 항은 자계 내에서 어떤 재료가 운동을 하면서 재료에 유도되는 기전력으로, 이 유도기전력을 속도기전력이라고 한다. 여기서 재료라고 표현한 것은 모든 물체에는 동일한 기전력이 발생된다는 것을 강조하기 위해서 사용한 것이다. 재료와 상관없이 변압기기전력과 속도기전력은 동일하며 단지 재료의 도전율에 따라 전류의 크기가 달라진다.

식 (A3.1)은 변압기기전력과 속도기전력을 모두 포함하는 식이다. 우선 속도기전력이 없을 때 페러데이법칙에 대해서 알아보자. 그림 A3.1은 변압기기전력만 나타내는 그림으로, 속도기전력이 없으면 한 턴에 대한 페러데이법칙은 식 (A3.2)로 표현된다.

$$\nabla \times \mathrm{E} = -\frac{\partial \mathrm{B}}{\partial \mathrm{t}} \tag{A3.2}$$

여기서 E, B는 각각 전계의 세기, 자속밀도를 나타낸다.

식 (A3.2)의 양변을 면적적분하면 식 (A3.3)을 얻을 수 있다.

$$e = \oint_C \mathrm{E} \cdot dl = -\int_S \frac{\partial \mathrm{B}}{\partial t} \cdot d\mathrm{S} = -\frac{d\phi}{dt} \ [\mathrm{V}] \tag{A3.3}$$

여기서 ϕ는 자속을 나타낸다.

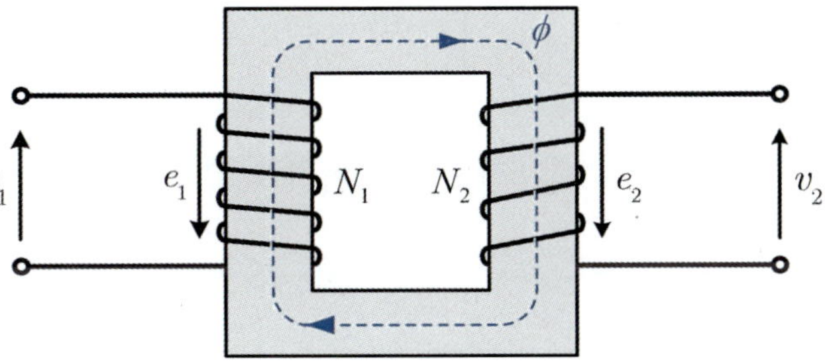

그림 A3.1 변압기기전력

다음은 그림 A3.2와 같이 운동계를 포함하는 경우의 패러데이법칙에 대해서 검토해 보자. 운동을 하고 있는 계에서 패러데이법칙은 식 (A3.1)로 표현된다. 식 (A3.1)의 양변을 면적에 대해서 적분을 하면 식 (A3.4)가 얻어진다.

$$
\begin{aligned}
e &= \oint_C \mathrm{E} \cdot dl = -\int_S \frac{\partial \mathrm{B}}{\partial t} \cdot d\mathrm{S} + \int_S \nabla \times (\nu \times \mathrm{B}) \cdot d\mathrm{S} \\
&= -\int_S \frac{\partial \mathrm{B}}{\partial t} \cdot d\mathrm{S} - \int_S \nabla \times (\mathrm{B} \times \nu) \cdot d\mathrm{S} \ \ [\mathrm{V}]
\end{aligned}
\qquad \text{(A3.4)}
$$

여기서 속도 ν로 운동하고 있는 운동좌표계에서 임의의 벡터를 U 라고 하면, 임의의 벡터 U 에 대해서는 식 (A3.5)의 적분 정리가 존재한다.

$$
\frac{d}{dt}\int_S \mathrm{U} \cdot d\mathrm{S} = \int_S \left[\frac{\partial \mathrm{U}}{\partial t} + \nu \nabla \cdot \mathrm{U} + \nabla \times (\mathrm{U} \times \nu)\right] \cdot d\mathrm{S} \qquad \text{(A3.5)}
$$

여기서 임의의 벡터 U 대신에 물리적으로 자속밀도의 의미를 갖는 B를 대입하면 $\nabla \cdot \mathrm{B} = 0$ 이므로 식 (A3.5)는 식 (A3.6)과 같이 간단하게 된다.

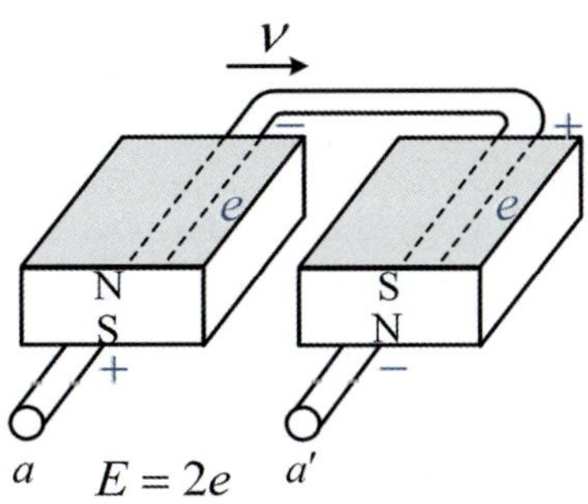

그림 A3.2 속도기전력

$$\frac{d}{dt}\int_S \mathrm{B} \cdot d\mathrm{S} = \int_S [\frac{\partial \mathrm{B}}{\partial t} + \nabla \times (\mathrm{B} \times \nu)] \cdot d\mathrm{S} \tag{A3.6}$$

식 (A3.6)을 식 (A3.4)에 대입하면 식 (A3.7)을 얻을 수 있다.

$$e = \oint_C \mathrm{E} \cdot dl = -\frac{d}{dt}\int_S \mathrm{B} \cdot d\mathrm{S} = -\frac{d\phi}{dt} \ [\mathrm{V}] \tag{A3.7}$$

식 (A3.7)로부터 코일이 자계 내에서 운동하는 경우 기전력의 식은 코일이 정지하고 있을 때 유도기전력의 식 (A3.3)과 동일함을 알 수 있다. 따라서 다음 식 (A3.8)은 운동계와 정지계를 모두 포함하는 패러데이법칙임을 알 수 있다.

$$e = -\frac{d\phi}{dt} \ [\mathrm{V}] \tag{A3.8}$$

식 (A3.8)은 임의의 면에서 발생하는 유도기전력으로 그림 A3.1과 같이 $N\,[\mathrm{turn}]$으로 구성된 코일에서는 각 도체가 기전력을 유도하고 이 도체들이 직렬로 연결되어 있으므로 식 (A3.3), (A3.8)의 ϕ는 $\lambda = N\phi$로 치환되어 식 (A3.9)와 같은 일반식을 얻을 수 있다.

$$e = -\frac{d\lambda}{dt} \ [\mathrm{V}] \tag{A3.9}$$

식 (A3.9)를 이용하여 유도기전력을 구하기 위해서는 쇄교자속 λ의 시간변화를 구해야 한다. 자속밀도 B의 분포가 시간과 공간의 함수로 주어지고, 권선의 공간위치를 좌표 x로 나타낸다면 쇄교자속 λ는 일반적으로 식 (A3.10)과 같이 시간 t와 좌표 x의 함수가 된다.

$$\lambda = \lambda(t, x) \ [\mathrm{Wb}] \tag{A3.10}$$

식 (A3.10)을 유도기전력의 식 (A3.9)에 대입하면 식 (A3.11)과 같이 된다.

$$e = -\frac{d\lambda}{dt} = -\left(\frac{\partial \lambda}{\partial t}\right) - \left(\frac{\partial \lambda}{\partial x}\right)\frac{dx}{dt} \ [\mathrm{V}] \tag{A3.11}$$

식 (A3.11)의 우변 첫째 항은 권선이 정지하고 있을 때 유도되는 기전력으로 변압기기전력을 나타낸다. 또한 우변 둘째 항은 권선이 운동할 경우에만 나타나는 항으로 속도기전력을 나타낸다. 식 (A3.11)은 쇄교자속 λ를 t 또는 x의 함수로 놓고 유도한 것이지만 자속의 독립변수를 시간 t 대신 전류 $i(t)$로 하면 자속은 식 (A3.12)와 같이 전류와 위치의 함수로 나타낼 수 있다.

$$\lambda = \lambda(i, x) \ [\mathrm{Wb}] \tag{A3.12}$$

식 (A3.12)를 식 (A3.9)에 대입하면 식 (A3.13)을 얻을 수 있다.

$$e = -\frac{d\lambda}{dt} = -\left(\frac{\partial \lambda}{\partial i}\right)\frac{di}{dt} - \left(\frac{\partial \lambda}{\partial x}\right)\frac{dx}{dt} \tag{A3.13}$$

식 (A3.13)에서 첫째 항은 변압기기전력을 나타내는 항으로 식 (A3.11)의 첫째 항과 동일한 식이다. 또한 식 (A3.13)의 둘째 항은 속도기전력을 나타내는 것으로 식 (A3.11)의 둘째 항과 동일하다. 이와 같이 유도기전력은 식 (A3.9)가 가장 일반적인 식이지만 자속의 독립변수를 어떻게 잡느냐에 따라 식 (A3.11)과 식 (A3.13)과 같이 여러 가지 형태로 나타낼 수 있다.

[2] 패러데이법칙의 전기적 표현식

식 (A3.11)과 식 (A3.13)을 이용하여 유도기전력을 구하기 위해서는 시간, 전류, 위치에 따른 쇄교자속을 구해야 한다. 그러나 공간적, 시간적으로 변하는 자속을 해석적으로 구하는 것은 매우 어렵다. 따라서 이와 같이 자속의 양으로 유도기전력을 표현하지 않고 자속의 양을 대표하는 인덕턴스와 전류를 사용하여 자계를 전기계로 취급하는 방법이 있다. 즉 인덕턴스 L에 의해 자계의 성질을 나타내는 방법으로 그림 A3.1에서 코일에 쇄교하는 자속을 집중회로적으로 나타내면 식 (A3.14)와 같다.

$$\lambda = N\phi = Li \quad [\mathrm{Wb}] \tag{A3.14}$$

식 (A3.14)를 유도기전력의 식 (A3.9)에 대입하면 전기회로적으로 표현된 유도기전력 식 (A3.15)를 얻을 수 있다.

$$e = -\frac{d}{dt}(Li) \quad [\mathrm{V}] \tag{A3.15}$$

식 (A3.15)는 자계를 집중형의 전기회로로 표현한 식이다. 인덕턴스가 시간에 대해서 일정한 모델에서는 식 (A3.15)는 식 (A3.16)과 같이 된다.

$$e = -L\frac{di}{dt} \quad [\mathrm{V}] \tag{A3.16}$$

식 (A3.16)은 정지기에서 발생하는 기전력으로 변압기기전력을 나타내며 식 (A3.11)과 식 (A3.13)의 첫째 항과 같다. 또한 운동을 하고 있는 전기기기에서는 인덕턴스를 권선의 위치 x의 함수 $L(x)$로 나타낼 수 있다. 따라서 그림 A3.1에서 쇄교자속은 식 (A3.17)의 형태가 된다.

$$\lambda = L(x)i(t) \quad [\mathrm{Wb}] \tag{A3.17}$$

식 (A3.17)을 유도기전력의 식 (A3.9)에 대입하면 식 (A3.18)과 같이 된다.

$$e = - L(x)\frac{di(t)}{dt} - i(t)\frac{\partial L(x)}{\partial x} \cdot \frac{dx}{dt} \tag{A3.18}$$

식 (A3.18)의 첫째 항은 변압기기전력을 나타내고 식 (A3.11)과 식 (A3.13)의 첫째 항과 동일한 식이다. 또한 둘째 항은 속도기전력을 나타내는 항으로 식 (A3.11)과 식 (A3.13)의 둘째 항과 동일하다.

일반적인 전기기기에서는 권선과 기계적 가동부분이 여러 개가 존재하는 경우에 유도기전력을 구하기 위해서는 식 (A3.9)를 이용하면 된다. 예를 들면 N개의 권선에 전류 $(i_1, i_2, \cdots\cdots, i_N)$가 흐르고 M개의 기계적 변위$(x_1, x_2, \cdots\cdots, x_M)$가 있다고 하면 전류와 기계적 변위를 독립변수로 하는 일반적인 자계에 대해서 생각해보자. 이와 같이 다권선으로 되어 있고 다자유도의 운동을 하는 기계에서 k번째 권선에 쇄교하는 자속을 λ_k로 하면 식 (A3.19)이 성립한다.

$$\lambda_k = \lambda_k(i_1, i_2, \cdots\cdots, i_N ; x_1, x_2, \cdots\cdots, x_M) \ \ [\mathrm{Wb}] \tag{A3.19}$$

따라서 식 (A3.19)를 식 (A3.9)에 대입하면 식 (A3.20)을 얻을 수 있고, 식 (A3.20)의 첫째 항은 변압기기전력의 일반형이고 둘째 항은 속도기전력의 일반형을 나타낸다.

$$e_k = - \frac{d\lambda_k}{dt} = - \left(\sum_{j=1}^{N} \frac{\partial \lambda_k}{\partial i_j}\frac{di_j}{dt}\right) - \left(\sum_{j=1}^{M} \frac{\partial \lambda_k}{\partial x_j}\frac{dx_j}{dt}\right) \tag{A3.20}$$

A.4 자기에너지, 자기축적에너지, 기계에너지, 힘

[1] 자기에너지

(1) 1권선 자기회로에서 자기에너지와 자기수반에너지의 일반식

자계를 이용하여 전기-기계에너지 변환을 할 때 발생하는 힘은 자기에너지 또는 자기수반에너지라고 하는 물리량의 위치에 대한 변화율에 비례한다. 따라서 전기기기에서 발생하는 힘을 알기 위해서는 자기에너지(magnetic energy) 또는 자기수반에너지(magnetic coenrgy)라고 하는 물리량을 먼저 구해야 한다.

자기에너지의 일반식을 얻기 위하여 그림 A4.1 같이 공극이 있는 자성체에 N턴의 권선을 감고 전류를 흘렸을 때 축적되는 자기에너지를 구해보자. 그림 A4.1의 모델에서 전원에서 공급하는 에너지를 W_E, 계에 축적되는 자기에너지를 W_{Fm}, 기계적 일을 W_M로 하고, 손실이 없는 보존계라고 하면, 에너지 보존법칙에 의해 식 (A4.1)이 성립된다.

$$dW_E = dW_{Fm} + dW_M \tag{A4.1}$$

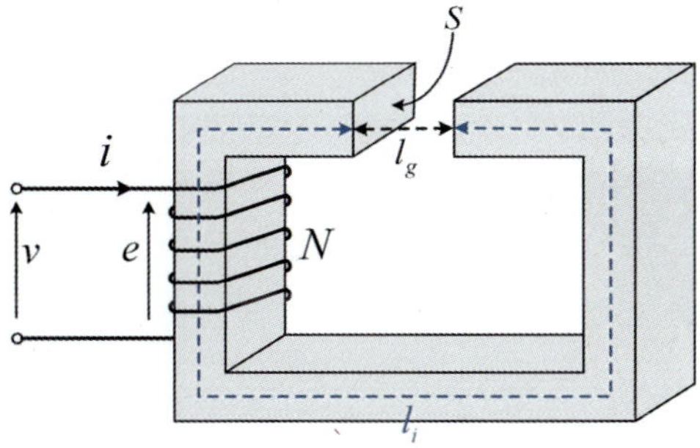

그림 A4.1 가동부가 없는 1권선 전기-기계 시스템

그림 A4.1과 같이 가동부분이 없는 모델에서는 기계적인 일이 $0(dW_M = 0)$이므로 식 (A4.1)은 식 (A4.2)와 같이 나타낼 수 있다.

$$dW_E = dW_{Fm} \ \ [\mathrm{J}] \tag{A4.2}$$

그림 A4.1에서 권선저항을 무시하면 입력전압 v와 역기전력 e는 같으므로 전류가 정상상태에 도달하기까지 입력된 전기에너지는 식 (A4.3)과 같다.

$$dW_E = eidt = i\frac{d\lambda}{dt}dt = id\lambda = Nid\phi = dW_{Fm} \ \ [\mathrm{J}] \tag{A4.3}$$

여기서 λ, ϕ, e, i는 각각 쇄교자속, 자속, 역기전력, 전류를 나타낸다.

따라서 자기회로가 자기에너지를 축적할 때는 그림 A4.2와 같이 기자력이 0에서 Ni_1까지 증가할 때 자속은 0에서 ϕ_1까지 증가하므로 자기에너지는 식 (A4.4)와 같이 된다.

$$W_{Fm} = \int_0^{\phi_1} Ni \cdot d\phi \ \ [\mathrm{J}] \tag{A4.4}$$

식 (A4.4)의 우변적분의 기자력 Ni와 자속 ϕ의 관계는 일반적으로 그림 A4.2(a)와 같은 비선형 특성을 가지므로 간단하게 구할 수 없다. 그러나 도식적으로 구한다면 그림 A4.2(a)의 파란색 부분(면적$oabo$)으로 전류가 0에서 i_1까지 증가할 때 자기회로에 축적된 자기에너지를 나타낸다.

그림 A4.1의 자기회로에서 공극이 일정하고 철심의 투자율이 전류값에 관계없이 그림 A4.2(b)와 같이 일정하다고 가정하면(선형특성) 기자력 Ni와 자속 ϕ에는 식 (A4.5)의 관계가 성립된다.

$$Ni = R_m\phi \ \ [\mathrm{A}] \tag{A4.5}$$

여기서 R_m은 자기저항을 나타낸다.

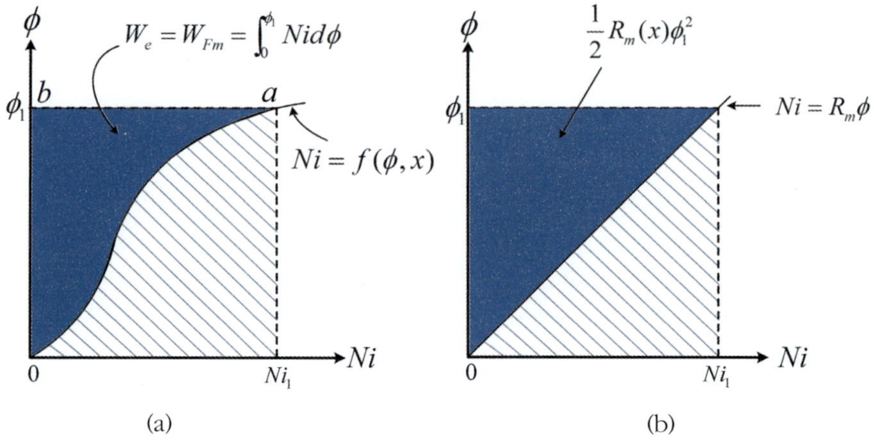

그림 A4.2 기자력 Ni와 자속 ϕ의 관계 (a) 비선형 시스템 (b) 선형 시스템

따라서 식 (A4.5)을 식 (A4.4)에 대입하면 선형자기회로에서 자기축적에너지는 식 (A4.6)과 같다.

$$W_{Fm} = \frac{1}{2}R_m\phi_1^2 \ [\mathrm{J}] \tag{A4.6}$$

다음은 자기수반에너지의 정의에 대해서 알아보자. 그림 A4.3에서 파란색 면적은 자기에너지를 나타내며 반대편의 사선면적은 자기수반에너지(coenergy)라고 정의한다. 따라서 자기수반에너지를 식으로 나타내면 식 (A4.7)과 같다.

$$W'_{Fm} = \int_0^{i_1} \lambda di = \int_0^{Ni_1} \phi d(Ni) \ [\mathrm{J}] \tag{A4.7}$$

자기회로가 선형이면 쇄교자속과 전류는 인덕턴스가 일정하다고 하면 식 (A4.8)과 같이 나타낼 수 있다.

$$Li = \lambda = N\phi \ [\mathrm{Wb}] \tag{A4.8}$$

식 (A4.8)을 식 (A4.7)에 대입하면 자기수반에너지는 식 (A4.9)와 같이 정의된다.

$$W'_{Fm} = \frac{1}{2}Li_1^2 \ [\mathrm{J}] \tag{A4.9}$$

그림 A4.3(b)에서 알 수 있는 바와 같이 자기회로가 선형인 경우 자기에너지와 자기수반에너지는 동일하며 식 (A4.10)과 같이 표현된다.

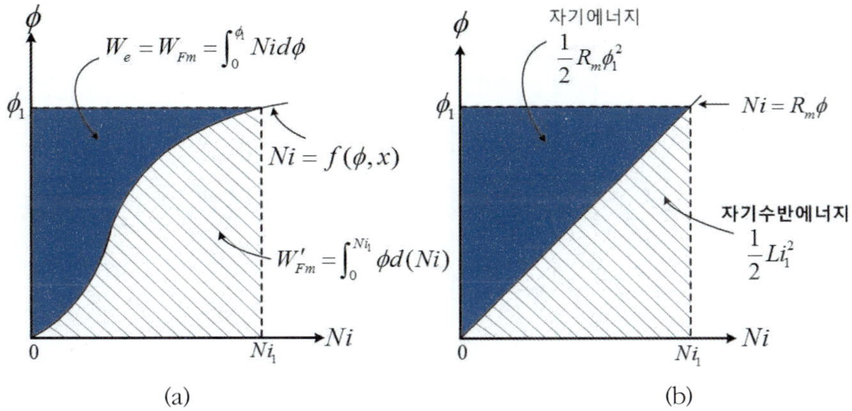

그림 A4.3 자기에너지와 자기수반에너지 (a) 비선형 시스템 (b) 선형 시스템

$$W_{Fm} = W'_{Fm} = \frac{1}{2}R_m\phi_1^2 = \frac{1}{2}Li_1^2 = \frac{1}{2}i_1\lambda_1 \ \ [\mathrm{J}] \tag{A4.10}$$

자기회로의 성질이 비선형인 경우에는 W_{Fm}, W_{Fm}'를 구하는 것은 일반적으로 곤란하지만, 식 (A4.10)에서 알 수 있는 바와 같이 자기특성이 선형인 경우에는 용이하게 구할 수 있다.

(2) 2권선과 다권선 자기회로에서 자기에너지와 자기수반에너지의 일반식

그림 A4.4(a)와 같이 2권선으로 여자되고 자기회로에서 누설이 없다고 가정하면 등가 자기회로는 그림 A4.4(b)와 같이 된다. 이 자기회로에 2개의 권선에서 공급되는 기자력 대해서 자기회로방정식을 유도하면 식 (A4.11)과 같이 된다.

$$\begin{aligned} N_1 i_1 &= R_{m11}\phi_1 + R_{m12}\phi_2 \\ N_2 i_2 &= R_{m21}\phi_1 + R_{m22}\phi_2 \end{aligned} \tag{A4.11}$$

단, $R_{m11} = R_{m1} + R_{m3}$, $R_{m22} = R_{m2} + R_{m3}$, $R_{m12} = R_{m21} =- R_{m3}$이다.

자기회로는 선형이라고 가정하면 자기저항은 상수이므로 식 (A4.11)을 식 (A4.4)에 대입면 식 (A4.12)와 같은 자기에너지 W_{Fm}을 구할 수 있다.

$$\begin{aligned} W_{Fm} &= \int_0^{\phi_1} N_1 i_1 \cdot d\phi_1 + \int_0^{\phi_2} N_2 i_2 \cdot d\phi_2 \\ &= \frac{1}{2}R_{m11}\phi_1^2 + R_{m12}\phi_1\phi_2 + \frac{1}{2}R_{m22}\phi_2^2 \\ &= \frac{1}{2}R_{m1}\phi_1^2 + \frac{1}{2}R_{m3}(\phi_1 - \phi_2)^2 + \frac{1}{2}R_{m2}\phi_2^2 \end{aligned} \tag{A4.12}$$

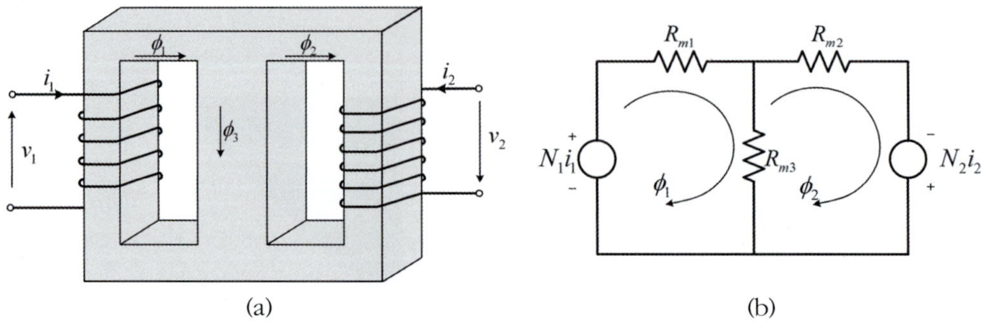

그림 A4.4 2권선 자기 시스템 (a) 2권선 시스템 (b) 등가회로

식 (A4.12)에서 우변 제 1항은 가장 왼쪽의 철심에 축적되는 에너지, 제 2항은 중앙철심에 축적되는 에너지를 나타내고, 제 3항은 오른쪽 철심에 축적되는 에너지를 나타낸다.

그림 A4.4의 자기회로에서 쇄교자속을 인덕턴스로 나타내면 식 (A4.13)이 성립한다.

$$\begin{aligned} \lambda_1 &= N_1\phi_1 = L_{11}i_1 + L_{12}i_2 \\ \lambda_2 &= N_2\phi_2 = L_{21}i_1 + L_{22}i_2 \end{aligned} \tag{A4.13}$$

식 (A4.13)을 식 (A4.7)에 대입하면 자기수반에너지 W'_{Fm}는 식 (A4.14)와 같이 표현된다.

$$W'_{Fm} = \int_0^{i_1} N_1\phi_1 \cdot di_1 + \int_0^{i_2} N_2\phi_2 \cdot di_2 = \frac{1}{2}L_{11}i_1^2 + L_{12}i_1i_2 + \frac{1}{2}L_{22}i_2^2 \tag{A4.14}$$

이와 같이 자속과 자기저항으로 표현된 자기에너지와 전류와 인덕턴스로 표현된 자기수반에너지가 자기적인 에너지의 표현식으로 주로 사용된다.

[2] 자기에너지와 기계에너지의 관계

전기기기에서 자계를 전기-기계에너지 사이의 에너지변환 매개로 사용하면 자계의 로렌츠의 힘과 릴럭턴스 힘이 발생된다. 자계의 로렌츠 힘은 자속을 발생시키는 구조와 전류가 흐르는 회로 부분이 있어야 힘이 발생되지만 릴럭턴스 힘은 최소한 1개의 자계만 있으면 발생될 수 있다.

그림 A4.5와 같이 권선이 1개인 전기기기에서 권선에 전류를 흘리면 철은 공극이 작아지는 방향으로 힘을 받아 점선으로 표시된 방향으로 이동할 것이다. 이 모델에서는 권선 1개만 여자되었으므로 이때 발생되는 힘은 릴럭턴스의 힘이다. 이와 같이 가동부분이 운동을 하면 전원에서 공급되는 에너지의 일부분은 자기회로의 자기에너지로서 축적되지만, 일부분은 기계적인 일로 변환되어 가동부분이 운동한다. 그림 A4.5의 모델에서 전기입력에 의해 가동부분의 위치가 x_0에서 x_1로 변했을 때 나타나는 현상을 에너지 보존 법칙을 기초로 고찰해 보자.

그림 A4.5에서 임의의 시간 $t = t_0$ 일 때 가동자의 위치가 x_0, 전류는 i_0이고 자속은 ϕ_0라고 하면 $a(\phi_0, x_0, i_0)$가 동작점이 된다. 가동자가 힘을 받아 움직이기 시작하여 $t = t_1$인 시점에 가동자의 위치는 x_1, 전류는 i_1이고 자속이 ϕ_1로 증가되어 동작점이 $b(\phi_1, x_1, i_1)$가 되었다고 하자. 이와 같은 운동이 일어난 시간은 $\Delta t = t_1 - t_0$이고 이때 입력된 전기에너지는 식 (A4.15)와 같다.

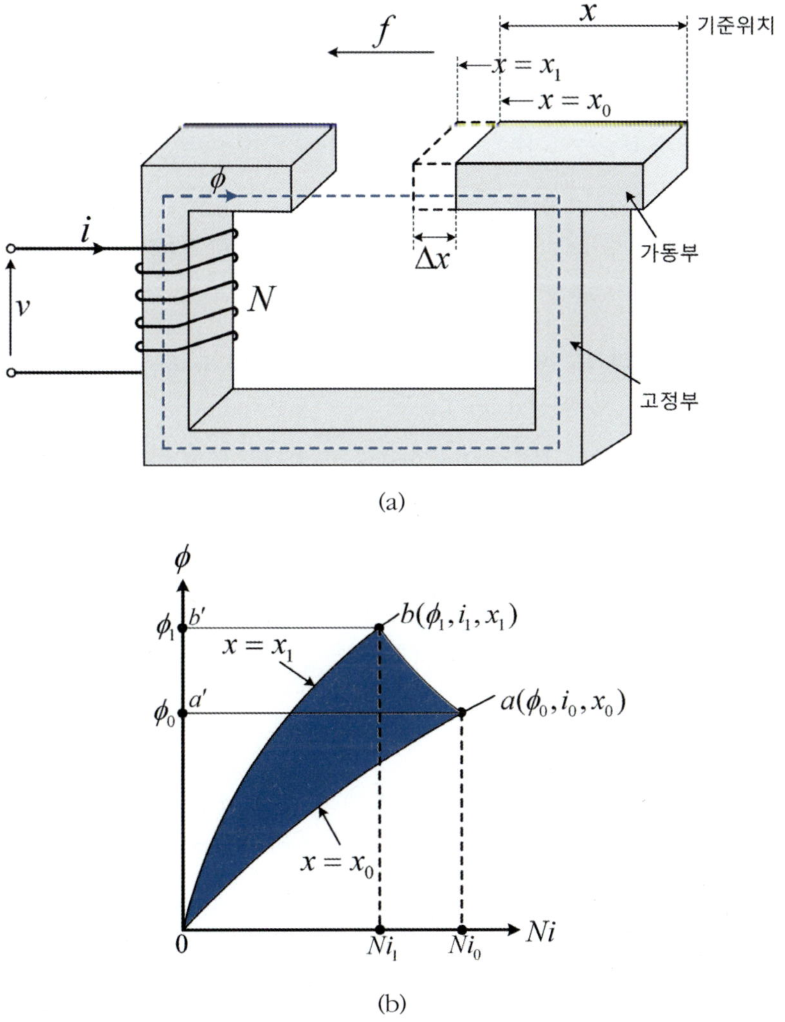

그림 A4.5 가동부가 있는 1권선 자기 시스템 (a) 자기시스템 (b) Δt시간에 발생된 기계에너지

$$\triangle W_E = \int_{t_0}^{t_1} ei dt = \int_{\phi_0}^{\phi_1} (Ni) d\phi = \text{면적}\, abb'a'a \tag{A4.15}$$

또한, $\triangle t$의 사이에 자기에너지의 변화, 즉 가동부분의 위치가 x_0에서 x_1로 변환됨으로써 변화된 자기에너지의 변화는 식 (A4.16)과 같이 된다.

$$\begin{aligned}\triangle W_{Fm} &= [\, x_1 \text{ 위치에서의 자기에너지 } W_{Fm}(\phi_1,\ x_1, i_1)] \\ &\quad - [\, x_0 \text{ 위치에서의 자기에너지 } W_{Fm}(\phi_0,\ x_0, i_0)] \\ &= \text{면적}\, 0bb'0 - \text{면적}\, 0aa'0\end{aligned} \tag{A4.16}$$

기계에너지가 발생되는 경우 에너지 보존법칙은 식 (A4.17)로 나타낼 수 있으므로 기계적인 에너지는 식 (A4.18)과 같이 된다.

$$\triangle W_E = \triangle W_{Fm} + \triangle W_M \tag{A4.17}$$

$$\begin{aligned}\triangle W_M &= \triangle W_E - \triangle W_{Fm} \\ &= \text{면적}\, abb'a'a - (\text{면적}\, 0bb'0 - \text{면적}\, 0aa'0) \\ &= \text{면적}\, 0ab0\end{aligned} \tag{A4.18}$$

식 (A4.18)에서 알 수 있는 바와 같이 그림 A4.5(b)의 파란색 부분의 면적이 $\triangle t$시간에 발생된 기계적인 에너지가 된다.

이와 같이 가동자의 위치를 임의로 옮기고 각 점에서의 자기에너지를 구해 힘을 얻어내는 방법을 가상변위의 원리라고 하며 힘을 구하는 일반적인 방법이다. 그림 A4.5(a)에서 $\triangle t$ 시간에 가동자의 위치가 $\triangle x$ 변하면, 자속과 전류의 특성은 그림 A4.5(b)의 점 a에서 점 b로 움직이게 된다. 가상 일 $\triangle W_M$와 이때 발생한 힘 f 사이에는 식 (A4.19)가 성립된다.

$$\triangle W_M = f \cdot \triangle x = \text{면적}\, 0ab0 \tag{A4.19}$$

[3] 힘의 일반식

그림 A4.5에서 가동자가 움직이면서 그리는 궤적 $\widehat{ab}$는 여자회로의 성질에 따라 변한다. 이상적인 조건으로 가동자가 움직일 때 자속의 변화가 없다고 가정한 경우와 전류의 변화가 없다고 가정한 두 가지 경우에 힘의 일반식이 어떻게 되는지 살펴보자.

(1) 가동자가 움직이고 있을 때 자속 ϕ가 일정한 경우

가동자가 움직이고 있는 사이에 자속 ϕ가 일정한 경우에 자속과 전류와는 그림 A4.6(a)와 같은 관계가 있다. 여기서 전기적인 입력은 식 (A4.3)과 같으나 역기전력 e가 0(자속의 변화가 없으므로)이므로 전기적인 입력은 없다. 따라서 에너지 보존법칙에 의해 식 (A4.20)이 성립된다.

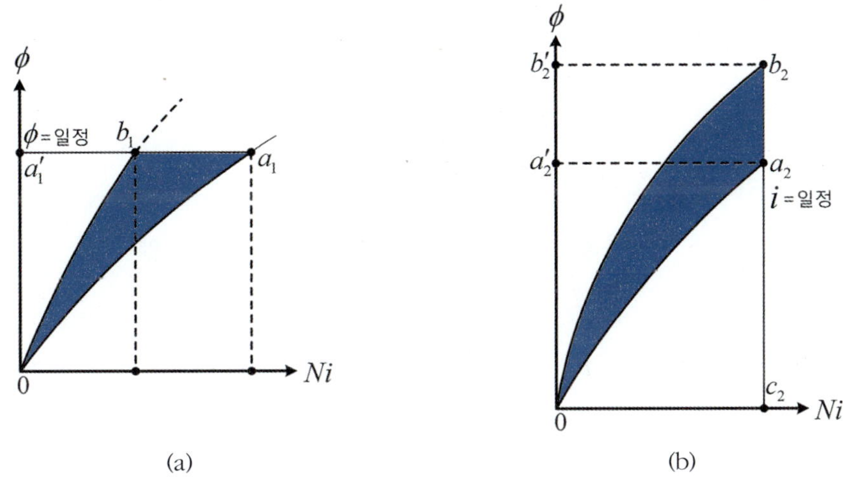

그림 A4.6 계에 축적되는 자기에너지의 변화 (a) ϕ가 일정한 경우 (b) i가 일정한 경우

$$-\triangle W_{Fm} = \triangle W_M \ [\mathrm{J}] \tag{A4.20}$$

또한 계에 축적되는 자기에너지의 변화는 식 (A4.21)과 같다.

$$\triangle W_{Fm} = \text{면적}0b_1a_1'0 - \text{면적}0a_1a_1'0 = -(\text{면적}0a_1b_10) \tag{A4.21}$$

기계적 에너지는 식 (A4.20)에서 자기축적에너지의 (−)로 되므로 그림 A4.6(a)의 파란색 부분이 되고 이것을 식으로 나타내면 식 (A4.22)와 같다.

$$\triangle W_M = f\triangle x = \text{면적}0a_1b_10 = -\triangle W_{Fm} \tag{A4.22}$$

따라서 식 (A4.22)로부터 평균적인 힘을 구하면 식 (A4.23)이 된다.

$$f = -\left[\frac{\triangle W_{Fm}(\phi,\ x)}{\triangle x}\right]_{\phi=\text{일정}} \ [\mathrm{N}] \tag{A4.23}$$

식 (A4.23)에서 알 수 있는 바와 같이 자속이 일정할 때 힘은 자기에너지가 작아지는 방향으로 작용한다.

(2) 가동자가 움직일 때 전류 i가 일정한 경우

가동자가 움직이고 있는 사이에 전류가 변하지 않을 경우 힘의 일반식을 구해보자. 이 때 계가 발생하는 기계적인 일은 식 (A4.19)와 그림 A4.5(b)의 특별한 경우로 그림 A4.6(b)의 파란색 부분이 되므로 식 (A4.24)가 성립한다.

$$\triangle W_M = f \triangle x = \text{면적}0a_2b_20 \tag{A4.24}$$

그림 A4.6(b)에서 음영부분의 면적은 식 (A4.25)와 같다.

$$\text{면적}0a_2b_20 = \text{면적}0c_2b_20 - \text{면적}0c_2a_20 \tag{A4.25}$$

여기서 우변의 각 면적은 각각 x_0와 x_1일 때의 자기수반에너지를 나타내므로 식 (A4.26)이 성립한다.

$$\text{면적}0c_2a_20 = W'_{Fm}(i,\ x_0),\ \ \text{면적}0c_2b_20 = W'_{Fm}(i,\ x_1) \tag{A4.26}$$

따라서 면적$0a_2b_20$는 자기수반에너지의 변화분과 같으므로 식 (A4.27)이 성립한다.

$$\text{면적}0a_2b_20 = \Delta W'_{Fm}(i,\ x) \tag{A4.27}$$

따라서 전류가 일정할 때 기계적인 일은 식 (A4.24)로부터 식 (A4.28)로 표현할 수 있다.

$$\triangle W_M = f \cdot \triangle x = \Delta W'_{Fm}(i,\ x)\ \ [\mathrm{J}] \tag{A4.28}$$

즉, 가동자가 운동하고 있을 때 전류가 일정한 경우에, 기계적인 일은 자기수반에너지의 증가분과 같다. 식 (A4.28)에서 가동부분에 작용하는 평균적인 기계력 f를 구하면 식 (A4.29)와 같이 된다.

$$f = \left[\frac{\triangle W'_{Fm}(i,\ x)}{\triangle x}\right]_{i=\text{일정}}\ \ [\mathrm{N}] \tag{A4.29}$$

앞에서 구한 것과 같이 계에 작용하는 기계력을 구하는 데는 자기에너지 $W_{Fm}(\phi,\ x)$와 자기수반에너지 $W'_{Fm}(i,\ x)$를 사용하는 두 가지 방법이 있다.

(3) 자기회로의 성질이 선형인 경우

그림 A4.5(a)에서와 같이 가동자가 운동을 하는 경우 자기저항 R_m 또는 인덕턴스 L은 위치 x의 함수가 되므로 자기저항과 인덕턴스는 $R_m(x)$, $L(x)$로 나타낼 수 있다. 이때 자기에너지와 자기수반에너지, $W_{Fm}(\phi, x)$, $W'_{Fm}(i, x)$는 식 (A4.30), (A4.31)과 같이 된다.

$$W_{Fm}(\phi,\ x) = \frac{1}{2}R_m(x)\phi^2\ \ [\mathrm{J}] \tag{A4.30}$$

$$W_{Fm}'(i,\ x) = \frac{1}{2}L(x)i^2\ \ [\mathrm{J}] \tag{A4.31}$$

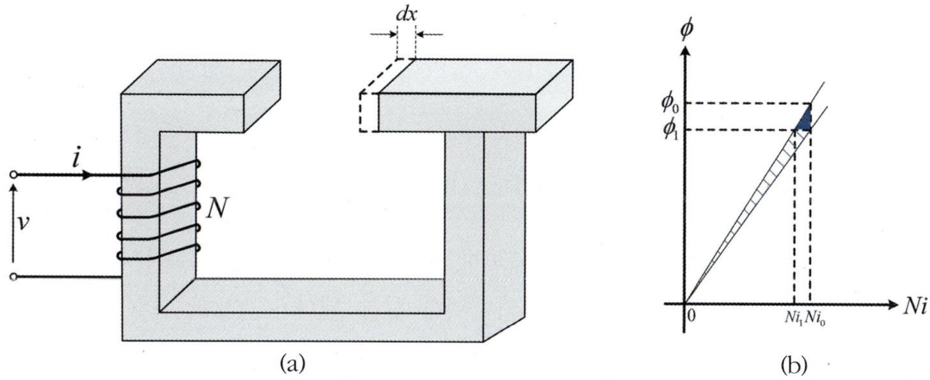

그림 A4.7 가동부가 약간 이동한 경우 자기에너지와 자기수반 에너지

식 (A4.30)을 식 (A4.23)에 대입하고 식 (A4.31)을 식 (A4.29)에 대입하면 기계력은 식 (A4.32), (A4.33)이 된다.

$$f = -\left[\frac{\Delta W_{Fm}(\phi,\ x)}{\Delta x}\right]_{\phi = \text{일정}} = -\frac{1}{2}\phi^2 \frac{\Delta R_m(x)}{\Delta x} \quad [\mathrm{N}] \tag{A4.32}$$

$$f = \left[\frac{\Delta W'_{Fm}(i,\ x)}{\Delta x}\right]_{i = \text{일정}} = \frac{1}{2} i^2 \frac{\Delta L(x)}{\Delta x} \quad [\mathrm{N}] \tag{A4.33}$$

그림 A4.7에서와 같이 가동자가 약간 움직일 때 자속이 일정한 경우와 전류가 일정한 경우의 기계력은 그림 A4.7(b)에서 파란색 부분과 같이 차이가 나지만, 미소변위(dx)를 고려하면 거의 같은 결과라고 볼 수 있다. 따라서 가동자의 미소변위에 대한 힘의 식은 식 (A4.34), (A4.35)와 같다.

$$\begin{aligned} f &= -\left[\lim_{\Delta x \to 0} \frac{\Delta W_{Fm}(\phi, x)}{\Delta x}\right]_{\phi = \text{일정}} \\ &= -\left[\frac{\partial W_{Fm}(\phi, x)}{\partial x}\right]_{\phi = \text{일정}} \\ &= -\frac{1}{2}\phi^2 \frac{dR_m(x)}{dx} \quad [\mathrm{N}] \end{aligned} \tag{A4.34}$$

$$\begin{aligned} f &= \left[\lim_{\Delta x \to 0} \frac{\Delta W'_{Fm}(\phi, x)}{\Delta x}\right]_{i = \text{일정}} \\ &= \left[\frac{\partial W'_{Fm}(\phi, x)}{\partial x}\right]_{i = \text{일정}} \\ &= \frac{1}{2} i^2 \frac{dL(x)}{dx} \quad [\mathrm{N}] \end{aligned} \tag{A4.35}$$

이와 같이 자계의 성질이 선형일 때 식 (A4.35)를, $L(x)=N^2/R_m(x)$, $\phi=Ni/R_m(x)$의 관계를 사용하여 고쳐 쓰면 식 (A4.36)의 결과를 얻을 수 있다.

$$f=\frac{1}{2}i^2\frac{dL}{dx}=\frac{1}{2}(Ni)^2\frac{d}{dx}(\frac{1}{R_m})=-\frac{1}{2}\frac{(Ni)^2}{R_m^2}\frac{dR_m}{dx}=-\frac{1}{2}\phi^2\frac{dR_m}{dx} \tag{A4.36}$$

식에서 알 수 있는 바와 같이 자기회로가 선형일 경우 힘을 구하기 위해 W_{Fm}, W'_{Fm}의 어떤 것을 사용해도 결과는 동일하다는 것을 알게 된다.

(4) 2권선으로 여자된 회전기의 토크

일반적인 회전기기는 여러 개의 권선으로 구성되어 있다. 이러한 다권선 회전기기에서 회전자 위치따라 공극에 축적되는 자기에너지 또는 공극에 축적되는 자기수반에너지를 구해 식 (A4.34) 또는 식 (A4.35)에 대입하면 힘을 구할 수 있다. 예를 들면 그림 A4.8과 같은 2권선계 모델에서 권선 N_1, N_2의 자기인덕턴스를 각각 $L_{11}(\theta)$, $L_{22}(\theta)$라고 하고 상호인덕턴스를 $L_{12}(\theta)$라고 하면 자기수반에너지는 식 (A4.37)과 같이 된다.

$$W'_{Fm}=\frac{1}{2}L_{11}i_1^2+L_{12}i_1i_2+\frac{1}{2}L_{22}i_2^2 \tag{A4.37}$$

식 (A4.35)를 식 (A4.29)에 대입하면 회전자에 작용하는 토크는 식 (A4.38)로 나타낼 수 있다.

$$T=\frac{\partial W'_{Fm}}{\partial\theta}=\frac{1}{2}i_1^2\frac{dL_{11}}{d\theta}+\frac{1}{2}i_2^2\frac{dL_{22}}{d\theta}+i_1i_2\frac{dL_{12}}{d\theta} \tag{A4.38}$$

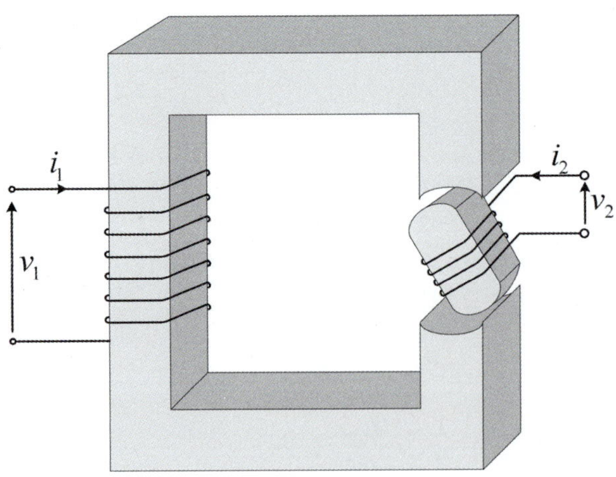

그림 A4.8 2권선 시스템

여기서 첫 번째 항은 권선 1에 전류가 흐를 때 발생하는 릴럭턴스 토크를 나타내면 두 번째 항은 권선 2에 전류가 흐를 때 발생하는 릴럭턴스 토크를 나타낸다. 또한 세 번째 항은 전류 1과 전류 2에 전류가 동시에 흐를 때 발생하는 마그네틱 토크를 나타낸다. 따라서 식 (A4.38)은 2권선기기에서 발생하는 릴럭턴스 토크와 마그네틱 토크를 모두 나타내는 식이다.

2권선 이외에 다권선으로 되어 있는 전기기기에서 발생되는 힘을 구할 때는 지금까지의 예에서와 같이 자기에너지 또는 자기축적에너지를 각각 식 (A4.4), 식 (A4.7)으로 구해내어 식 (A4.34) 또는 식 (A4.35)에 대입하면 얻어낼 수 있다.

A.5 대칭좌표법

[1] 대칭좌표법의 개요

본 교재에서는 3상 교류전기기기가 평형하고 정상상태라고 가정하여 3상 중 1상만을 페이저해석하였다. 여기서 페이저해석을 한다는 것은 정상상태를 해석하다는 의미이며 3상 중 1상만을 해석한다는 것은 3상 평형회로를 해석한다는 의미이다. 그러나 발전기에서 각 상에 독립적인 단상부하를 걸거나 불평형 3상 부하를 걸었다고 하면 3상은 불평형하게 된다. 불평형 3상 정상상태 회로를 해석하기 위해서는 3상 회로에 절점해석법 또는 망로해석법을 적용하여 전압 또는 전류방정식을 유도하고 풀어야 하나 회로방정식이 복소수 연립방정식이 되므로 풀기가 어려워진다. 그러나 대칭좌표법이라고 하는 방법을 사용하면 불평형 전압, 전류, 임피던스를 정상분(positive phase sequence), 역상분(negative phase sequence), 영상분(zero phase sequence)이라고 하는 평형한 성분으로 나누어 해석할 수 있다. 또한 대칭좌표법을 사용하면 불평형한 성분의 물리적 의미를 쉽게 알 수 있고 수학적으로도 간단해진다. 대칭좌표법으로 많이 사용되는 것은 3상 대칭좌표법과 2상 대칭좌표법이 있다.

[2] 3상 대칭좌표법

각 상의 전압, 전류의 크기가 같고 위상이 120°씩 차이나는 회로를 3상 평형회로라고 한다. 따라서 각 상의 전압, 전류의 크기가 같지 않거나 각 상의 위상차가 120°가 나지 않은 회로는 불평형 3상 회로이다. 이러한 불평형 3상을 정상분, 역상분, 영상분이라고 하는 3개의 평형성분으로 분해하는 방법에 대해서 알아보자. 우선 정상분과 역상분, 영상분의 의미에 대해 알아보면, 그림 A5.1(a)와 같이 전압, 전류 등의 물리량의 크기가 같고 a, b, c상이 시계방향으로 120°씩 차이나는 성분을 정상분이라고 한다. 그림 A5.1(b)와 같이 물리량이 크기가 같고 a, b, c상이 반시계방향으로 120°씩 차이나는 성분을 역상분이라고 한다. 그림 A5.1(c)와 같이 영상분은 위상차가 없고 일정한 크기를 갖는 성분이다.

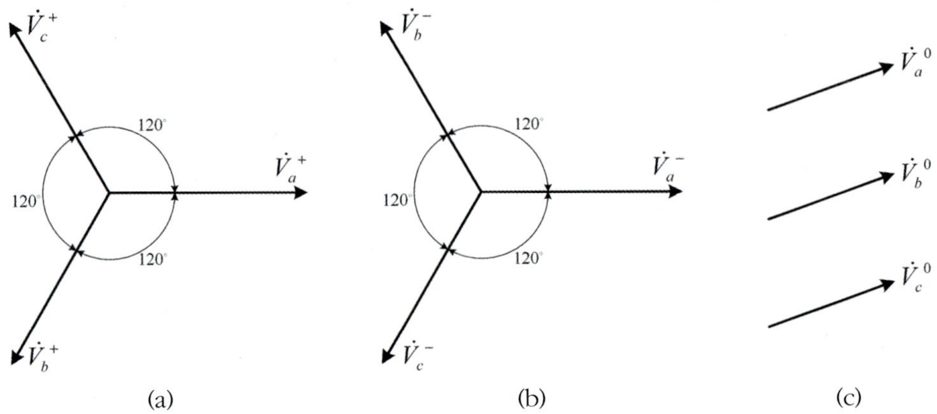

그림 A5.1 3상 대칭좌표계에서의 정상분과 역상분, 영상분
(a) 정상분 (b) 역상분 (c) 영상분

정상분, 역상분을 복소수를 사용하여 나타내보도록 하자. 단위크기를 갖고 위상이 120° 차이나는 복소벡터 a는 식 (A5.1)과 같이 극좌표형식, 직각좌표형식, 지수형식 등 어떠한 형식으로도 나타낼 수 있다. 또한 식 (A5.2)에서와 같이 단위크기를 갖고 240° 차이나는 복소벡터는 a^2으로 나타낼 수 있다. 또한 식 (A5.3)에서와 같이 a^3은 단위크기를 갖고 위상이 0인 벡터 즉, 1을 나타낸다. 이러한 3개 벡터의 합은 식 (A5.4)와 같이 0이 된다.

$$a = 1\angle 120° = -\frac{1}{2} + j\frac{\sqrt{3}}{2} = e^{j\frac{2}{3}\pi} \quad \text{(A5.1)}$$

$$a^2 = 1\angle 240° = 1\angle -120° = -\frac{1}{2} - j\frac{\sqrt{3}}{2} = e^{j\frac{4}{3}\pi} \quad \text{(A5.2)}$$

$$a^3 = 1 \quad \text{(A5.3)}$$

$$1 + a + a^2 = 0 \quad \text{(A5.4)}$$

따라서 정상분 b상 전압(V_b^+)과 정상분 c상 전압(V_c^+)은 정상분 a상 전압(V_a^+)을 이용하여 각각 식 (A5.5), 식 (A5.6)으로 나타낼 수 있다. 또한 역상분 b상 전압과 (V_b^-)과 역상분 c상 전압(V_c^-)은 역상분 a상 전압(V_a^-)을 이용하여 각각 식 (A5.7), 식 (A5.8)로 나타낼 수 있다.

$$\dot{V}_b^+ = a^2\,\dot{V}_a^+ \quad \text{(A5.5)}$$

$$\dot{V}_c^+ = a\,\dot{V}_a^+ \quad \text{(A5.6)}$$

$$\dot{V}_b^- = a\,\dot{V}_a^- \quad \text{(A5.7)}$$

$$\dot{V}_c^- = a^2\,\dot{V}_a^- \quad \text{(A5.8)}$$

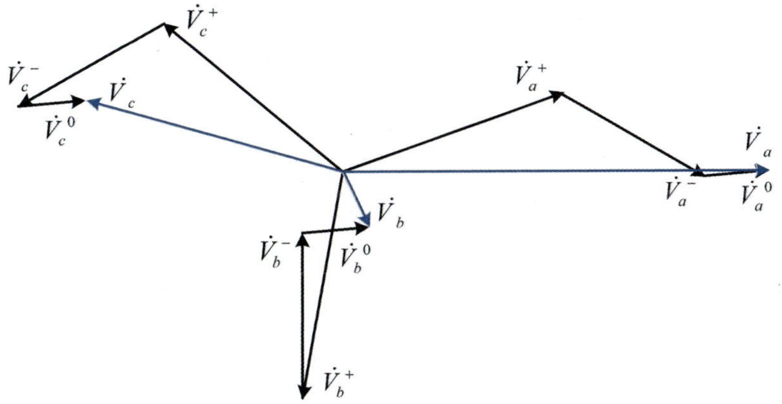

그림 A5.2 불평형 3상 회로 전압

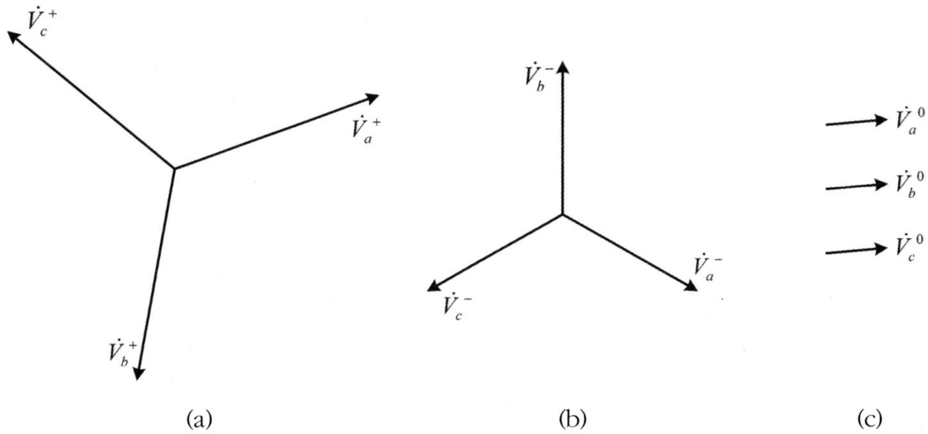

그림 A5.3 그림 A5.2의 불평형 3상의 정상분, 역상분, 영상분성분
(a) 정상분 (b) 역상분 (c) 영상분

그림 A5.2에서와 같이 각 상의 전압크기가 서로 다르고 위상차가 120°가 나지 않는 파란색으로 나타낸 불평형 3상 회로의 전압에 대해서 3상 대칭좌표법을 적용해 보자. 그림 A5.2의 불평형 3상은 그림 A5.3과 같이 정상분, 역상분, 영상분의 합으로 나타낼 수 있다. 마찬가지로 불평형한 각 상의 전압은 각 상에 대한 정상분, 역상분, 영상분의 합이 되므로 식 (A5.9)~(A5.11)로 나타낼 수 있다.

$$\dot{V}_a = \dot{V}_a^0 + \dot{V}_a^+ + \dot{V}_a^- \tag{A5.9}$$

$$\dot{V}_b = \dot{V}_b^0 + \dot{V}_b^+ + \dot{V}_b^- = \dot{V}_a^0 + a^2\dot{V}_a^+ + a\dot{V}_a^- \tag{A5.10}$$

$$\dot{V}_c = \dot{V}_c^0 + \dot{V}_c^+ + \dot{V}_c^- = \dot{V}_a^0 + a\dot{V}_a^+ + a^2\dot{V}_a^- \tag{A5.11}$$

따라서 불평형 3상 전압과 a상 대칭성분과의 관계를 행렬식으로 나타내면 식 (A5.12)와 같다.

$$\begin{bmatrix} \dot{V}_a \\ \dot{V}_b \\ \dot{V}_c \end{bmatrix} = \begin{bmatrix} 1 & 1 & 1 \\ 1 & a^2 & a \\ 1 & a & a^2 \end{bmatrix} \begin{bmatrix} \dot{V}_a^0 \\ \dot{V}_a^+ \\ \dot{V}_a^- \end{bmatrix} \tag{A5.12}$$

식 (A5.12)는 식 (A5.13)과 같이 나타낼 수 있다.

$$[V_{abc}] = [C_{abc}^{0pn}][V_{0pn}] \tag{A5.13}$$

여기서 C_{abc}^{0pn}의 위첨자와 아래첨자의 의미는 정상분, 역상분, 영상분에 대한 3상 대칭 좌표계로부터 기존의 불평형 3상 좌표계로 변환하는 행렬이라는 것이다. V_{abc}, C_{abc}^{0pn}, V_{0pn}는 식 (A5.14)와 같다. 주1)

$$[V_{abc}] = \begin{bmatrix} \dot{V}_a \\ \dot{V}_b \\ \dot{V}_c \end{bmatrix}, \quad [C_{abc}^{0pn}] = \begin{bmatrix} 1 & 1 & 1 \\ 1 & a^2 & a \\ 1 & a & a^2 \end{bmatrix}, \quad [V_{0pn}] = \begin{bmatrix} \dot{V}_a^0 \\ \dot{V}_a^+ \\ \dot{V}_a^- \end{bmatrix} \tag{A5.14}$$

상전압으로부터 a상 대칭성분은 식 (A5.15)로 구할 수 있다.

$$[V_{0pn}] = [C_{abc}^{0pn}]^{-1}[V_{abc}] \tag{A5.15}$$

b상, c상의 대칭성분은 a상 대칭성분으로부터 식 (A5.5)~식 (A5.8)로 구할 수 있으므로 별도로 구할 필요가 없다.

식 (A5.15)에서 변환행렬의 역수 $[C_{abc}^{0pn}]^{-1}$는 식 (A5.16)과 같이 정의된다.

$$[C_{abc}^{0pn}]^{-1} = \frac{1}{3}[C_{abc}^{0pn}]_t^* = \frac{1}{3}\begin{bmatrix} 1 & 1 & 1 \\ 1 & a & a^2 \\ 1 & a^2 & a \end{bmatrix} \tag{A5.16}$$

불평형 3상 전류으로부터 3상 대칭전류성분을 구하기 위해서는 불평형 3상 전압으로부터 3상 대칭전압성분을 구해내는 것과 같은 과정을 이용한다. 불평형 3상 전류를 3상 대칭전류성분으로 나타내면 식 (A5.17)과 같다.

$$[I_{abc}] = [C_{abc}^{0pn}][I_{0pn}] \tag{A5.17}$$

주1) $[C_{abc}^{0pn}]$의 변환행렬 대신 $\sqrt{\frac{1}{3}}[C_{abc}^{0pn}]$을 사용하면 abc 좌표계에서 구한 전력과 opn 좌표계에서 구한 전력이 동일하므로 전력계산시 전력을 환산할 필요가 없으며 이러한 변환은 특히 직교좌표변환이라고 한다.

따라서 불평형 3상 상전류로부터 식 (A5.18)을 이용하여 대칭전류성분을 구할 수 있다.

$$[I_{0pn}] = [C_{abc}^{0pn}]^{-1}[I_{abc}] \tag{A5.18}$$

식 (A5.18)은 불평형 3상 전류로부터 대칭 3상 전류를 구하는 식으로 각 행렬성분을 쓰면 식 (A5.19)와 같다.

$$\begin{bmatrix} \dot{I}_a^0 \\ \dot{I}_a^+ \\ \dot{I}_a^- \end{bmatrix} = \frac{1}{3}\begin{bmatrix} 1 & 1 & 1 \\ 1 & a & a^2 \\ 1 & a^2 & a \end{bmatrix}\begin{bmatrix} \dot{I}_a \\ \dot{I}_b \\ \dot{I}_c \end{bmatrix} \tag{A5.19}$$

불평형 3상 회로의 회로방정식으로부터 3상 대칭좌표계의 a상의 회로방정식을 구해보자. 불평형 3상 회로의 회로방정식은 식 (A5.20)과 같다.

$$[V_{abc}] = [Z_{abc}][I_{abc}] \tag{A5.20}$$

여기서 불평형성분을 평형성분으로 변환한 행렬을 적용하면 식 (A5.21)과 같이 된다.

$$[C_{abc}^{0pn}][V_{0pn}] = [Z_{abc}][C_{abc}^{0pn}][I_{0pn}] \tag{A5.21}$$

식 (A5.21)에 대해서 양변에 역행렬을 취해주면 대칭성분으로 표현된 회로방정식은 식 (A5.22)와 같다.

$$[V_{0pn}] = [C_{abc}^{0pn}]^{-1}[Z_{abc}][C_{abc}^{0pn}][I_{0pn}] \tag{A5.22}$$

따라서 식 (A5.22)은 식 (A5.23)과 같이 나타낼 수 있다.

$$[V_{0pn}] = [Z_{0pn}][I_{0pn}] \tag{A5.23}$$

여기서 새로운 임피던스 행렬은 식 (A5.24)와 같이 된다.

$$[Z_{0pn}] = [C_{abc}^{0pn}]^{-1}[Z_{abc}][C_{abc}^{0pn}] \tag{A5.24}$$

따라서 3상 대칭좌표계에서 임피던스 행렬을 식 (A5.24)로 변환된다.

[3] 2상 대칭좌표법

불평형 3상 회로와 마찬가지로 불평형 2상 회로는 u상과 v상의 전압, 전류와 같은 물리량의 크기가 같지 않거나 위상차가 90° 차이 나지 않으면 불평형 2상 회로라고 한다. 그림 A5.4에서 파란색으로 표시된 불평형 2상 회로의 전압은 정상분과 역상분의 합으로 나타낼 수 있다. 이 때 2상 회로의 정상상태 해석에서 불평형 2상 회로의 물리량($\dot{V}_u$, $\dot{V}_v$)은 2상 대칭좌표법을 이용하면 2상 대칭성분($\dot{V}_u^+$, $\dot{V}_u^-$, $\dot{V}_v^+$, $\dot{V}_v^-$)로 나타낼 수 있다.

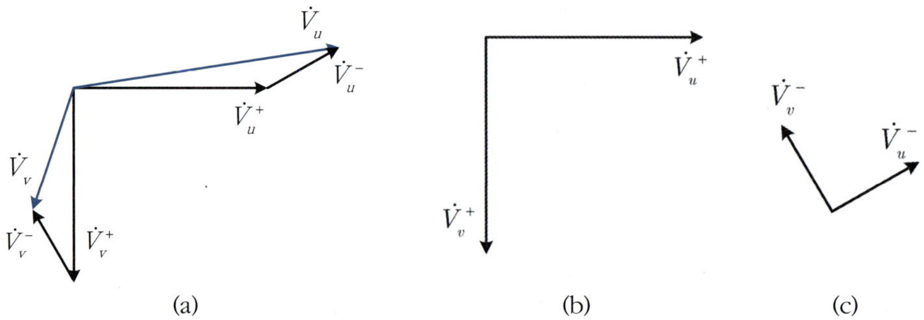

그림 A5.4 2상 불평형 전압과 정상분, 역상분 성분
(a) 2상 불평형 전압 (b) 정상분 성분 (c) 역상분 성분

정상분 v상 전압($\dot{V}_v^+$)과 정상분 u상 전압($\dot{V}_u^+$) 사이의 관계는 직각좌표 형식으로 나타내면 식 (A5.25)와 같다. 또한 역상분 b상 전압($\dot{V}_v^-$)과 역상분 a상 전압($\dot{V}_u^-$)의 관계는 식 (A5.26)와 같다.

$$\dot{V}_v^+ = -j\dot{V}_u^+ \tag{A5.25}$$

$$\dot{V}_v^- = j\dot{V}_u^- \tag{A5.26}$$

그림 A5.4에서와 같이 u상 전압은 u상의 정상분과 역상분의 합으로, v상 전압도 v상의 정상분과 역상분의 합으로 나타낼 수 있으므로 식 (A5.27), 식 (A5.28)이 성립한다.

$$\dot{V}_u = \dot{V}_u^+ + \dot{V}_u^- \tag{A5.27}$$

$$\dot{V}_v = \dot{V}_v^+ + \dot{V}_v^- = -jV_u^+ + jV_u^- \tag{A5.28}$$

따라서 불평형 2상 전압과 u상 대칭성분 사이에는 식 (A5.29)가 성립한다.

$$\begin{bmatrix} \dot{V}_u \\ \dot{V}_v \end{bmatrix} = \begin{bmatrix} 1 & 1 \\ -j & j \end{bmatrix} \begin{bmatrix} \dot{V}_u^+ \\ \dot{V}_u^- \end{bmatrix} \tag{A5.29}$$

식 (A5.29)는 식 (A5.30)과 같이 간단히 나타낼 수 있다.

$$[V_{uv}] = [C_{uv}^{pn}][V_{pn}] \tag{A5.30}$$

여기서 $[V_{uv}]$, $[C_{uv}^{pn}]$, $[V_{pn}]$는 식 (A5.31)과 같다.[주1)]

주1) $\sqrt{\frac{1}{2}}[C_{uv}^{pn}]$은 절대좌표변환이다.

$$[V_{uv}] = \begin{bmatrix} \dot{V}_u \\ \dot{V}_v \end{bmatrix}, \quad [C_{uv}^{pn}] = \begin{bmatrix} 1 & 1 \\ -j & j \end{bmatrix}, \quad [V_{pn}] = \begin{bmatrix} \dot{V}_u^+ \\ \dot{V}_u^- \end{bmatrix} \tag{A5.31}$$

따라서 상전압으로부터 대칭성분은 식 (A5.32)로 구할 수 있다.

$$[V_{pn}] = [C_{uv}^{pn}]^{-1}[V_{uv}] \tag{A5.32}$$

식 (A5.32)에서 변환행렬의 역행렬 $[C_{uv}^{pn}]^{-1}$은 식 (A5.33)과 같다.

$$[C_{uv}^{pn}]^{-1} = \frac{1}{2}[C_{uv}^{pn}]_t^* = \frac{1}{2}\begin{bmatrix} 1 & j \\ 1 & -j \end{bmatrix} \tag{A5.33}$$

불평형 2상 전류으로부터 2상 대칭전류성분을 구하기 위해서는 불평형 2상 전압으로부터 2상 대칭전압성분을 구해내는 것과 같은 과정을 이용한다. 불평형 2상 전류를 대칭성분으로 나타내면 식 (A5.34)와 같다.

$$[I_{uv}] = [C_{uv}^{pn}][I_{pn}] \tag{A5.34}$$

따라서 불평형 2상 전류로부터 식 (A5.35)를 이용하여 대칭 전류성분을 구할 수 있다.

$$[I_{pn}] = \left[C_{uv}^{pn}\right]^{-1}[I_{uv}] \tag{A5.35}$$

식 (A 5.35)는 불평형 2상 전류에서 대칭 2상 전류를 구하는 식으로 각 행렬 성분을 쓰면 식 (A5.36)과 같다.

$$\begin{bmatrix} \dot{I}_u^+ \\ \dot{I}_u^- \end{bmatrix} = \frac{1}{2}\begin{bmatrix} 1 & j \\ 1 & -j \end{bmatrix}\begin{bmatrix} \dot{I}_u \\ \dot{I}_v \end{bmatrix} \tag{A5.36}$$

또한 2상 대칭좌표계에서 대칭성분으로 표현된 회로방정식은 식 (A5.37)~(A5.38) 과정을 거쳐 식 (A5.39)를 얻을 수 있다.

$$[V_{uv}] = [Z_{uv}][I_{uv}] \tag{A5.37}$$

$$[C_{uv}^{pn}][V_{pn}] = [Z_{uv}][C_{uv}^{pn}][I_{pn}] \tag{A5.38}$$

$$[V_{pn}] = [C_{uv}^{pn}]^{-1}[Z_{uv}][C_{uv}^{pn}][I_{pn}] \tag{A5.39}$$

식 (A5.39)는 식 (A5.40)과 같이 간단히 나타낼 수 있다.

$$[V_{pn}] = [Z_{pn}][I_{pn}] \tag{A5.40}$$

여기서 2상 대칭좌표계에서의 새로운 임피던스 행렬$[Z_{pn}]$은 식 (A5.41)과 같이 된다.

$$[Z_{pn}] = [C_{uv}^{pn}]^{-1}[Z_{uv}][C_{uv}^{pn}] \tag{A5.41}$$

A.6 좌표 변환

[1] dq 변환의 개요

풀고자 하는 방정식이 실제의 좌표계에서는 풀기 힘든 방정식이 될 때 좌표계를 변환하면 간단한 방정식이 되는 경우가 있다. 이러한 경우에 좌표변환은 수학적으로나 물리적으로 매우 유용한 수단이 된다. 전기기기에서 대표적인 좌표변환에는 대칭좌표변환과 dq 변환이 있다. 대칭좌표변환은 불평형 다상회로를 해석하는데 사용되고, dq 변환은 비선형 미분방정식을 선형방정식으로 변환하는데 편리하게 사용된다. 전기기기에서 가장 일반적인 기계인 그림 A6.1과 같은 3상 유도전동기에서 과도상태를 해석하기 위해서는 페이저해석을 할 수 없고 시간영역에서 해석해야 한다. 3상 유도전동기의 고정자의 회로방정식은 식 (A6.1)~(A6.3)과 같고 회전자의 회로방정식은 식 (A6.4)~(A6.6)과 같다.

$$v_{as} = R_s i_{as} + \frac{d\lambda_{as}}{dt} \tag{A6.1}$$

$$v_{bs} = R_s i_{bs} + \frac{d\lambda_{bs}}{dt} \tag{A6.2}$$

$$v_{cs} = R_s i_{cs} + \frac{d\lambda_{cs}}{dt} \tag{A6.3}$$

$$v_{ar} = R_r i_{ar} + \frac{d\lambda_{ar}}{dt} \tag{A6.4}$$

$$v_{br} = R_r i_{br} + \frac{d\lambda_{br}}{dt} \tag{A6.5}$$

$$v_{cr} = R_r i_{cr} + \frac{d\lambda_{cr}}{dt} \tag{A6.6}$$

여기서 v_{as}, v_{bs}, v_{cs}, i_{as}, i_{bs}, i_{cs} 는 각각 고정자 a, b, c상의 전압과 전류를 나타낸다. 또한 λ_{as}, λ_{bs}, λ_{cs}는 고정자 a, b, c상의 권선에 쇄교하는 자속을 나타내며 R_s는 고정자의 권선저항을 나타낸다. 또한 v_{ar}, v_{br}, v_{cr}, i_{ar}, i_{br}, i_{cr}은 각각 회전자 a, b, c상의 전압과 전류를 나타낸다. 또한 λ_{ar}, λ_{br}, λ_{cr}는 회전자 a, b, c상 권선에 쇄교하는 자속을 나타내며 R_r는 회전자의 권선저항을 나타낸다.

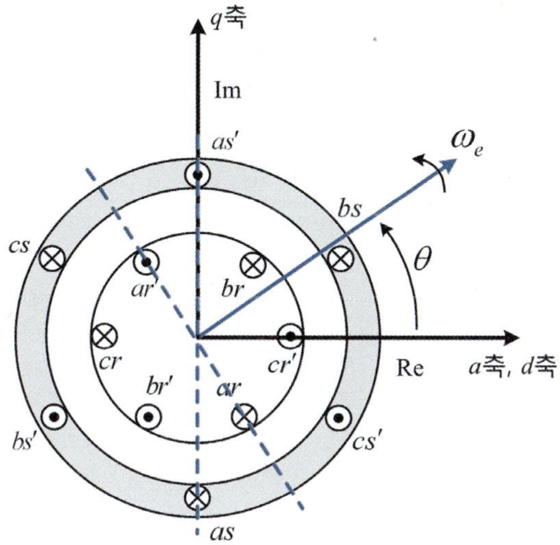

그림 A6.1 3상 유도 전동기의 고정자와 회전자의 권선관계

그림 A6.1과 같은 3상 유도전동기에서 고정자 a상 권선에 쇄교하는 자속을 구해보면 식 (A6.7)과 같다.

$$\lambda_{as} = L_s i_{as} + M_s i_{bs} + M_s i_{cs} + M_{sr}\cos\theta i_{ar} + M_{sr}\cos\theta_1 i_{br} + M_{sr}\cos\theta_2 i_{cr} \tag{A6.7}$$

여기서 L_s, M_s는 고정자 권선의 자기인덕턴스와 고정자 각 상 권선 사이의 상호인덕턴스를 나타낸다. 또한 M_{sr}은 회전자 권선과 고정자 권선의 최대 상호인덕턴스를 나타내고 고정자와 회전자 사이의 각도인 θ는 고정자 a상 권선과 회전자 a상 권선 사이의 각을 나타낸다. 또한 θ_1, θ_2는 각각 고정자 a상 권선과 회전자 b상 권선 사이의 각도와 고정자 a상 권선과 고정자 c상 권선 사이의 각도를 나타내므로 회전자가 ω_e의 속도로 돌고 초기위치를 0이라고 하면 θ, θ_1, θ_2는 식 (A6.8)과 같이 정의된다.

$$\begin{aligned} \theta &= \omega_e t \\ \theta_1 &= \omega_e t + 120° \\ \theta_2 &= \omega_e t + 240° \end{aligned} \tag{A6.8}$$

식 (A6.7)에서 앞의 3항은 고정자의 a, b, c상 권선에서 만들어진 자속이 고정자 a상에 쇄교하는 자속을 나타내고 뒤의 3항은 회전자의 a, b, c상 권선에서 만들어진 자속이 고정자 a상에 쇄교하는 자속을 나타낸다.

식 (A6.7)을 식 (A6.1)에 대입하면 고정자 a상의 전압 방정식은 식 (A6.9)와 같이 된다.

$$v_{as}=R_a i_{as}+\frac{d}{dt}(L_s i_{as}+M_s i_{bs}+M_s i_{cs}+M_{sr}\cos\theta i_{ar}+M_{sr}\cos\theta_1 i_{br}+M_{sr}\cos\theta_2 i_{cr}) \quad \text{(A6.9)}$$

고정자의 b, c상과 회전자의 a, b, c상에 대해서도 쇄교자속을 구하고 식 (A6.2)~(A6.6)에 대입하면 다음의 식 (A6.10)과 같은 고정자, 회전자의 각 a, b, c상의 전압 방정식을 유도할 수 있다.

$$\begin{bmatrix} v_{as} \\ v_{bs} \\ v_{cs} \\ v_{ar} \\ v_{br} \\ v_{cr} \end{bmatrix}=\begin{bmatrix} R_s+pL_s & pM_s & pM_s & pM_{sr}\cos\theta & pM_{sr}\cos\theta_1 & pM_{sr}\cos\theta_2 \\ pM_s & R_s+pL_s & pM_s & pM_{sr}\cos\theta_2 & pM_{sr}\cos\theta & pM_{sr}\cos\theta_1 \\ pM_s & pM_s & R_s+pL_s & pM_{sr}\cos\theta_1 & pM_{sr}\cos\theta_2 & pM_{sr}\cos\theta \\ pM_{sr}\cos\theta & pM_{sr}\cos\theta_2 & pM_{sr}\cos\theta_1 & R_r+pL_r & pM_r & pM_r \\ pM_{sr}\cos\theta_1 & pM_{sr}\cos\theta & pM_{sr}\cos\theta_2 & pM_r & R_r+pL_r & pM_r \\ pM_{sr}\cos\theta_2 & pM_{sr}\cos\theta_1 & pM_{sr}\cos\theta & pM_r & pM_r & R_r+pL_r \end{bmatrix}\begin{bmatrix} i_{as} \\ i_{bs} \\ i_{cs} \\ i_{ar} \\ i_{br} \\ i \end{bmatrix} \quad \text{(A6.10)}$$

여기서 p는 미분연산자 $\frac{d}{dt}$를 나타낸다.

고정자 전압방정식을 고정자 전류와 회전자 전류로 분해해서 나타내면 식 (A6.11)과 같고, 회전자 전압방정식은 식 (A6.12)와 같다.

$$\begin{bmatrix} v_{as} \\ v_{bs} \\ v_{cs} \end{bmatrix}=\begin{bmatrix} R_s+pL_s & pM_s & pM_s \\ pM_s & R_s+pL_s & pM_s \\ pM_s & pM_s & R_s+pL_s \end{bmatrix}\begin{bmatrix} i_{as} \\ i_{bs} \\ i_{cs} \end{bmatrix}+\begin{bmatrix} pM_{sr}\cos\theta & pM_{sr}\cos\theta_1 & pM_{sr}\cos\theta_2 \\ pM_{sr}\cos\theta_2 & pM_{sr}\cos\theta & pM_{sr}\cos\theta_1 \\ pM_{sr}\cos\theta_1 & pM_{sr}\cos\theta_2 & pM_{sr}\cos\theta \end{bmatrix}\begin{bmatrix} i_{ar} \\ i_{br} \\ i_{cr} \end{bmatrix} \quad \text{(A6.11)}$$

$$\begin{bmatrix} v_{ar} \\ v_{br} \\ v_{cr} \end{bmatrix}=\begin{bmatrix} pM_{sr}\cos\theta & pM_{sr}\cos\theta_2 & pM_{sr}\cos\theta_1 \\ pM_{sr}\cos\theta_1 & pM_{sr}\cos\theta & pM_{sr}\cos\theta_2 \\ pM_{sr}\cos\theta_2 & pM_{sr}\cos\theta_1 & pM_{sr}\cos\theta \end{bmatrix}\begin{bmatrix} i_{as} \\ i_{bs} \\ i_{cs} \end{bmatrix}+\begin{bmatrix} R_r+pL_r & pM_r & pM_r \\ pM_2 & R_r+pL_r & pM_r \\ pM_r & pM_r & R_r+pL_r \end{bmatrix}\begin{bmatrix} i_{ar} \\ i_{br} \\ i_{cr} \end{bmatrix} \quad \text{(A6.12)}$$

식 (A6.10)에서 알 수 있는 바와 같이 3상 유도전동기의 회로방정식은 비선형미분 연립방정식이 되어 해석적으로 풀 수 없다. 그러나 적절한 좌표변환을 하면 식 (A6.10)과 같은 비선형 미분방정식은 보다 쉬운 선형 미분방정식으로 변환할 수 있다. 좌표변환은 우리가 잘 알고 있는 페이저해석이나 라플라스변환과 비슷한 개념이라고 할 수 있다. 즉, 페이저해석의 기본 개념은 교류시스템에서 시간영역해석을 하면 전압방정식이 복잡한 미분방정식이 되지만 주파수영역, 또는 복소주파수 영역에서는 간단한 복소수 대수방정식이 되므로 영역을 바꾸어 해석하고 해석된 결과를 다시 역변환하면 원래 영역에서의 해를 구하는 것이다. 좌표변환도 이와 유사한 개념으로 생각할 수 있는데 현재의 좌표계에서는 해석하기 곤란한 방정식이지만 적절한 좌표변환을 통하여 다른 좌표계로 변환시키면 간단한 방정식이 될 수 있다. 이와 같은 좌표변환법은 공학 전반에서 많이 사용되는 방법이다. 전기기기에서 주로 사용하는 좌표변환은 다음과 같은 것이 있다.

① 3상-2상 변환 : $\alpha\beta$ 좌표변환이라 하며 3상의 전기기기를 2상의 전기기기로 변환하는 방법

② 고정자 좌표 기준 dq 변환 : $\alpha\beta$ 좌표변환된 2상 전기기기에서 고정자 α상을 d축, 고정자 β상을 q축으로 하여 회전자의 α상과 β상을 고정자의 d, q축으로 변환하는 방법

③ 회전자 좌표 기준 dq 변환 : $\alpha\beta$ 좌표변환된 2상 전기기기에서 회전자 α상을 d축, 회전자 β상을 q축으로 하여 고정자의 α상과 β상을 회전자의 d, q축으로 변환하는 방법

④ 임의의 회전좌표 기준 dq 변환 : 고정자와 회전자의 $\alpha\beta$ 좌표를 임의의 속도로 회전하는 좌표의 dq축 기준으로 변환하는 방법

⑤ 동기좌표 기준 dq 변환 : $\alpha\beta$ 좌표를 동기속도로 회전하는 좌표의 dq축으로 변환하는 방법으로 d축의 기준을 어떻게 잡을 것인가에 따라 고정자자속 기준 dq 변환, 회전자자속 기준 dq 변환과 공극자속기준 dq 변환으로 나눌 수 있음

[2] 유도전동기에서 3상-2상 변환 ($\alpha\beta$ 좌표변환)

3상 유도전동기를 등가의 2상 유도전동기로 변환하는 좌표변환을 유도전동기의 $\alpha\beta$ 좌표변환이라고 한다. 2상 유도전동기는 α상과 β상이 공간적으로 90°의 위상차가 있으므로 α상과 β상이 자기적으로 연결되지 않아 전압방정식이 간단해지는 장점이 있다. 그림 A6.2와 같은 3상 유도전동기의 $\alpha\beta$ 좌표변환에 대해 알아보자. 그림 A6.2와 같이 2상 유도전동기의 고정자의 α축은 3상 유도전동기의 고정자 a상의 기자력 축으로 잡고 고정자의 β축은 고정자 a상 기자력 축에 수직한 축으로 잡자. 따라서 고정자의 a, b, c상의 전압과 전류를 고정자의 $\alpha\beta$축의 전압과 전류로 변환하는 관계식은 식 (A6.13), (A6.14)와 같이 된다.

$$[v_{abcs}] = \left[C_{abc}^{\alpha\beta}\right][v_{\alpha\beta s}] \tag{A6.13}$$

$$[i_{abcs}] = \left[C_{abc}^{\alpha\beta}\right][i_{\alpha\beta s}] \tag{A6.14}$$

여기서 $[v_{\alpha\beta s}]$, $[v_{abcs}]$, $[i_{\alpha\beta s}]$, $[i_{abcs}]$는 식 (A6.15)를 나타낸다.

$$[v_{\alpha\beta s}] = \begin{bmatrix} v_{\alpha s} \\ v_{\beta s} \end{bmatrix},\ [v_{abcs}] = \begin{bmatrix} v_{as} \\ v_{bs} \\ v_{cs} \end{bmatrix},\ [i_{\alpha\beta s}] = \begin{bmatrix} i_{\alpha s} \\ i_{\beta s} \end{bmatrix},\ [i_{abcs}] = \begin{bmatrix} i_{as} \\ i_{bs} \\ i_{cs} \end{bmatrix} \tag{A6.15}$$

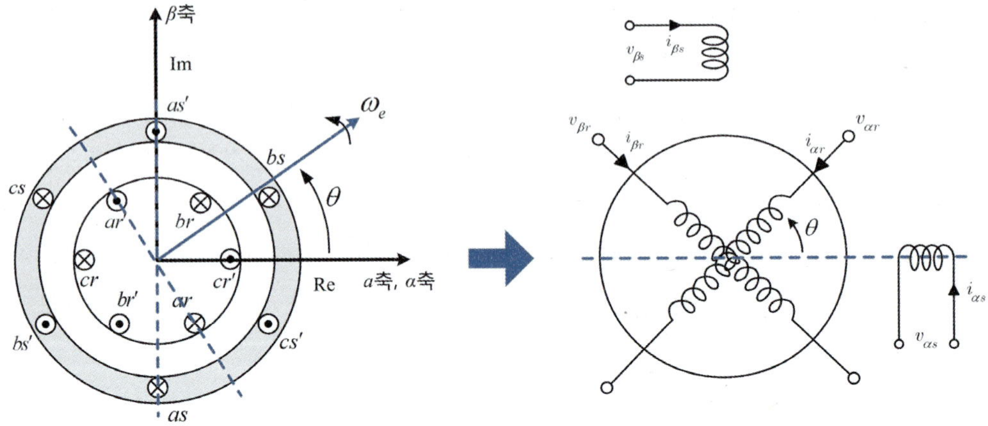

그림 A6.2 3상 유도전동기의 $\alpha\beta$ 좌표변환 기법

또한 회전자 a, b, c 상의 전압과 전류를 회전자의 $\alpha\beta$축의 전압과 전류로 변환하면 식(A6.16), (A6.17)과 같이 된다.

$$[v_{abcr}] = [C_{abc}^{\alpha\beta}][v_{\alpha\beta r}] \tag{A6.16}$$

$$[i_{abcr}] = [C_{abc}^{\alpha\beta}][i_{\alpha\beta r}] \tag{A6.17}$$

여기서 $[v_{\alpha\beta r}]$, $[v_{abcr}]$, $[i_{\alpha\beta r}]$, $[i_{abcr}]$는 다음의 식 (A6.18)을 나타낸다.

$$[v_{\alpha\beta r}] = \begin{bmatrix} v_{\alpha r} \\ v_{\beta r} \end{bmatrix}, \quad [v_{abcr}] = \begin{bmatrix} v_{ar} \\ v_{br} \\ v_{cr} \end{bmatrix}, \quad [i_{\alpha\beta r}] = \begin{bmatrix} i_{\alpha r} \\ i_{\beta r} \end{bmatrix}, \quad [i_{abcr}] = \begin{bmatrix} i_{ar} \\ i_{br} \\ i_{cr} \end{bmatrix} \tag{A6.18}$$

식 (A6.13), (A6.14)와 (A6.16), (A6.17)에서 변환행렬 $[C_{abc}^{\alpha\beta}]$는 변환 전과 변환 후의 전력이 동일한 절대변환 행렬을 이용할 경우 식 (A6.19)과 같이 정의 된다.

$$[C_{abc}^{\alpha\beta}] = \sqrt{\frac{2}{3}} \begin{bmatrix} 1 & 0 \\ -\frac{1}{2} & \frac{\sqrt{3}}{2} \\ -\frac{1}{2} & -\frac{\sqrt{3}}{2} \end{bmatrix} \tag{A6.19}$$

고정자 각상의 전압방정식인 식 (A6.11)을 간단하게 표현하면 식 (A6.20)과 같다.

$$[v_{abcs}] = [Z_{ss}][i_{abcs}] + [Z_{sr}][i_{abcr}] \tag{A6.20}$$

$[i_{abcs}]$에 대한 임피던스 행렬 $[Z_{ss}]$와 $[i_{abcr}]$에 대한 임피던스 행렬 $[Z_{sr}]$은 식 (A6.21)과 같다.

$$[Z_{ss}] = \begin{bmatrix} R_s+pL_s & pM_s & pM_s \\ pM_s & R_s+pL_s & pM_s \\ pM_s & pM_s & R_s+pL_s \end{bmatrix}, \quad [Z_{sr}] = \begin{bmatrix} pM_{sr}\cos\theta & pM_{sr}\cos\theta_1 & pM_{sr}\cos\theta_2 \\ pM_{sr}\cos\theta_2 & pM_{sr}\cos\theta & pM_{sr}\cos\theta_1 \\ pM_{sr}\cos\theta_1 & pM_{sr}\cos\theta_2 & pM_{sr}\cos\theta \end{bmatrix} \tag{A6.21}$$

식 (A6.20)에 나타난 전압방정식에 식 (A6.13), (A6.14), (A6.17)을 대입하면 식 (A6.22)과 같이 표현할 수 있다.

$$\left[C_{abc}^{\alpha\beta}\right][v_{\alpha\beta s}] = [Z_{ss}]\left[C_{abc}^{\alpha\beta}\right][i_{\alpha\beta s}] + [Z_{sr}]\left[C_{abc}^{\alpha\beta}\right][i_{\alpha\beta r}] \tag{A6.22}$$

식 (A6.19)의 변환행렬 식 (A6.23)의 관계를 만족한다.

$$\left[C_{abc}^{\alpha\beta}\right]^T\left[C_{abc}^{\alpha\beta}\right] = \sqrt{\frac{2}{3}}\begin{bmatrix} 1 & -\frac{1}{2} & -\frac{1}{2} \\ 0 & \frac{\sqrt{3}}{2} & -\frac{\sqrt{3}}{2} \end{bmatrix}\sqrt{\frac{2}{3}}\begin{bmatrix} 1 & 0 \\ -\frac{1}{2} & \frac{\sqrt{3}}{2} \\ -\frac{1}{2} & -\frac{\sqrt{3}}{2} \end{bmatrix} = \begin{bmatrix} 1 & 0 \\ 0 & 1 \end{bmatrix} = I \tag{A6.23}$$

따라서 식 (A6.22)의 양변에 $\left[C_{abc}^{\alpha\beta}\right]^T$를 곱해주면 식 (A6.24)와 같고 식 (6.23)의 관계로부터 식 (A6.25)를 얻을 수 있다.

$$\left[C_{abc}^{\alpha\beta}\right]^T\left[C_{abc}^{\alpha\beta}\right][v_{\alpha\beta s}] = \left[C_{abc}^{\alpha\beta}\right]^T[Z_{ss}]\left[C_{abc}^{\alpha\beta}\right][i_{\alpha\beta s}] + \left[C_{abc}^{\alpha\beta}\right]^T[Z_{sr}]\left[C_{abc}^{\alpha\beta}\right][i_{\alpha\beta r}] \tag{A6.24}$$

$$[v_{\alpha\beta s}] = [Z_{\alpha\beta ss}][i_{\alpha\beta s}] + [Z_{\alpha\beta sr}][i_{\alpha\beta r}] \tag{A6.25}$$

여기서 $[Z_{\alpha\beta ss}] = \left[C_{abc}^{\alpha\beta}\right]^T[Z_{ss}]\left[C_{abc}^{\alpha\beta}\right]$, $[Z_{\alpha\beta sr}] = \left[C_{abc}^{\alpha\beta}\right]^T[Z_{sr}]\left[C_{abc}^{\alpha\beta}\right]$를 나타낸다. $[Z_{\alpha\beta ss}]$와 $[Z_{\alpha\beta sr}]$은 $\alpha\beta$ 좌표로 변환된 고정자 전압방정식의 임피던스 행렬을 나타낸다.

$\alpha\beta$ 좌표변환에 의한 $\alpha\beta$ 좌표계의 고정자 전압방정식에서 $[Z_{\alpha\beta ss}]$를 유도하면 식 (A6.26)과 같이 된다.

$$\begin{aligned}
[Z_{\alpha\beta ss}] &= \left[C_{abc}^{\alpha\beta}\right]^T[Z_{ss}]\left[C_{abc}^{\alpha\beta}\right] \\
&= \sqrt{\frac{2}{3}}\begin{bmatrix} 1 & -\frac{1}{2} & -\frac{1}{2} \\ 0 & \frac{\sqrt{3}}{2} & -\frac{\sqrt{3}}{2} \end{bmatrix}\begin{bmatrix} R_s+pL_s & pM_s & pM_s \\ pM_s & R_s+pL_s & pM_s \\ pM_s & pM_s & R_s+pL_s \end{bmatrix}\sqrt{\frac{2}{3}}\begin{bmatrix} 1 & 0 \\ -\frac{1}{2} & \frac{\sqrt{3}}{2} \\ -\frac{1}{2} & -\frac{\sqrt{3}}{2} \end{bmatrix} \\
&= \frac{2}{3}\begin{bmatrix} \frac{3}{2}(R_s+pL_s-pM_s) & 0 \\ 0 & \frac{3}{2}(R_s+pL_s-pM_s) \end{bmatrix} = \begin{bmatrix} R_s+p\left(\frac{3}{2}L_s\right) & 0 \\ 0 & R_s+p\left(\frac{3}{2}L_s\right) \end{bmatrix} \\
&= \begin{bmatrix} R_s+pL'_s & 0 \\ 0 & R_s+pL'_s \end{bmatrix}
\end{aligned} \tag{A6.26}$$

여기서 전동기의 권선이 전기적으로 120° 간격으로 배치되어 있다면 상호인덕턴스의 크기는 자기인덕턴스에 대하여 $M_s = -\frac{1}{2}L_s$의 관계가 성립하므로 L'_s를 이용하여 식을 간소화할 수 있으며 $L'_s = \frac{3}{2}L_s$의 관계가 성립한다. $\alpha\beta$ 고정자 전압방정식에서 회전자 전류에 의한 임피던스 $[Z_{\alpha\beta sr}]$을 유도하면 다음 식 (A6.27)과 같이 된다.

$$
\begin{aligned}
[Z_{\alpha\beta sr}] &= \left[C_{abc}^{\alpha\beta}\right]^T [Z_{sr}] \left[C_{abc}^{\alpha\beta}\right] \\
&= \sqrt{\frac{2}{3}} \begin{bmatrix} 1 & -\frac{1}{2} & -\frac{1}{2} \\ 0 & \frac{\sqrt{3}}{2} & -\frac{\sqrt{3}}{2} \end{bmatrix} \begin{bmatrix} pM_{sr}\cos\theta & pM_{sr}\cos\theta_1 & pM_{sr}\cos\theta_2 \\ pM_{sr}\cos\theta_2 & pM_{sr}\cos\theta & pM_{sr}\cos\theta_1 \\ pM_{sr}\cos\theta_1 & pM_{sr}\cos\theta_2 & pM_{sr}\cos\theta \end{bmatrix} \sqrt{\frac{2}{3}} \begin{bmatrix} 1 & 0 \\ -\frac{1}{2} & \frac{\sqrt{3}}{2} \\ -\frac{1}{2} & -\frac{\sqrt{3}}{2} \end{bmatrix} \\
&= \begin{bmatrix} pM_{sr}\left(\cos\theta - \frac{1}{2}\cos\theta_1 - \frac{1}{2}\cos\theta_2\right) & \frac{\sqrt{3}}{2} pM_{sr}(\cos\theta_1 - \cos\theta_2) \\ \frac{\sqrt{3}}{2} pM_{sr}(\cos\theta_2 - \cos\theta_1) & pM_{sr}\left(\cos\theta - \frac{1}{2}\cos\theta_1 - \frac{1}{2}\cos\theta_2\right) \end{bmatrix} \\
&= \frac{3}{2} \begin{bmatrix} pM_{sr}\cos\theta & -pM_{sr}\sin\theta \\ pM_{sr}\sin\theta & pM_{sr}\cos\theta \end{bmatrix}
\end{aligned} \tag{A6.27}
$$

회전자의 전압방정식 또한 같은 방법으로 구할 수 있으며, 고정자와 회전자의 전압방정식의 임피던스를 모두 구하여 정리하면 식 (A6.28)과 같다.

$$
\begin{bmatrix} v_{\alpha s} \\ v_{\beta s} \\ v_{\alpha r} \\ v_{\beta r} \end{bmatrix} = \begin{bmatrix} R_s + pL'_s & 0 & pM'_{sr}\cos\theta & -pM'_{sr}\sin\theta \\ 0 & R_s + pL'_s & pM'_{sr}\sin\theta & pM'_{sr}\cos\theta \\ pM'_{sr}\cos\theta & pM'_{sr}\sin\theta & R_r + pL'_r & 0 \\ -pM'_{sr}\sin\theta & pM'_{sr}\cos\theta & 0 & R_r + pL'_r \end{bmatrix} \begin{bmatrix} i_{\alpha s} \\ i_{\beta s} \\ i_{\alpha r} \\ i_{\beta r} \end{bmatrix} \tag{A6.28}
$$

여기서 L'_s와 L'_r는 $L'_s = \frac{3}{2}L_s$, $L'_r = \frac{3}{2}L_r$, $M'_{sr} = \frac{3}{2}M_{sr}$를 나타낸다.

고정자와 회전자 전압방정식을 모두 합친 식 (A6.28)을 간략하게 표현하면 식 (A6.29)와 같다.

$$
[v_{\alpha\beta}] = [Z_{\alpha\beta}][i_{\alpha\beta}] \tag{A6.29}
$$

식 (A6.28)은 3상 유도전동기와 등가인 2상 유도전동기의 전압방정식으로 고정자 α, β상의 상호임피던스와 회전자의 α상과 β상의 상호임피던스가 0이 되므로 식 (A6.10)에 비해 매우 간결하게 된다. 그러나 식 (A6.28)에 포함되어 있는 θ는 $\theta = \omega_e t$의 관계가 있으므로 여전히 비선형 연립미분방정식이 된다. 따라서 식 (A6.28)도 수기계산(해석적)으로 푸는 것이 거의 불가능한 식이다.

[3] 고정자 좌표 기준 dq 변환

$\alpha\beta$ 좌표변환에서 구해진 전압방정식인 식 (A6.28)은 여전히 비선형 연립미분방정식이 되므로 수기계산이 어려운 방정식이다. 따라서 수학적으로 간단한 전압방정식을 얻기 위해 그림 A6.3과 같이 회전자의 $\alpha\beta$축을 고정자의 $\alpha\beta$축으로 변환하는 변환에 대해서 알아보자. 이 때 고정자의 $\alpha\beta$축을 dq축으로 정의하면 회전자의 전압, 전류는 고정자의 dq축으로 변환되는데 이러한 변환을 고정자 좌표 기준 dq 변환이라고 한다. 이때 변환 행렬을 정의하면 식 (A6.30)과 같이 된다. dq축 상에서는 좌표계의 성질이 중요하므로 고정자의 고정좌표계의 물리량을 나타내기 위하여 윗 첨자를 s로 표시하였다.

$$\left[v_{\alpha\beta}\right]=\left[C_{\alpha\beta}^{dq}\right]\left[v_{dq}^{s}\right]$$
$$\left[C_{\alpha\beta}^{dq}\right]=\begin{bmatrix}1 & 0 & 0 & 0\\ 0 & 1 & 0 & 0\\ 0 & 0 & \cos\theta & \sin\theta\\ 0 & 0 & -\sin\theta & \cos\theta\end{bmatrix} \tag{A6.30}$$

식 (A6.30)에서 알 수 있는 바와 같이 이 변환행렬은 고정자의 좌표는 변환하지 않고 회전자의 좌표만 고정자로 변환하는 행렬이다.

식 (A6.29)에 변환행렬 $\left[C_{\alpha\beta}^{dq}\right]$를 이용하여 고정좌표계에서 유도전동기의 전압방정식을 유도하면 식 (A6.31)과 같이 된다.

$$\left[C_{\alpha\beta}^{dq}\right]\left[v_{dq}^{s}\right]=\left[Z_{\alpha\beta}\right]\left[C_{\alpha\beta}^{dq}\right]\left[i_{dq}^{s}\right] \tag{A6.31}$$

따라서 $\left[C_{\alpha\beta}^{dq}\right]^{-1}\left[C_{\alpha\beta}^{dq}\right]=I$ 관계를 이용하면 dq축 상에서 전압방정식은 식 (A6.32)와 같이 된다.

$$\left[v_{dq}^{s}\right]=\left[Z_{dq}^{s}\right]\left[i_{dq}^{s}\right] \tag{A6.32}$$

여기서 $\left[Z_{dq}^{s}\right]=\left[C_{\alpha\beta}^{dq}\right]^{-1}\left[Z_{\alpha\beta}\right]\left[C_{\alpha\beta}^{dq}\right]$의 관계가 성립한다.

따라서 식 (A6.32)에 식 (A6.28)의 임피던스 행렬 $\left[Z_{\alpha\beta}\right]$를 대입하고 풀면 식 (A6.33)을 얻을 수 있다.

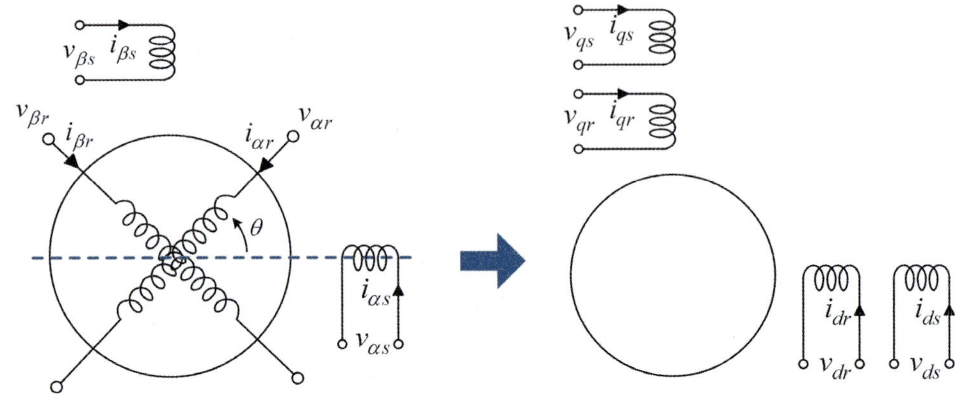

그림 A6.3 고정자 좌표 기준 dq 변환

$$\begin{bmatrix} v_{ds}^s \\ v_{qs}^s \\ v_{dr}^s \\ v_{qr}^s \end{bmatrix} = \begin{bmatrix} R_s + pL'_s & 0 & pM'_{sr} & 0 \\ 0 & R_s + pL'_s & 0 & pM'_{sr} \\ pM'_{sr} & \omega_e M'_{sr} & R_r + pL'_r & \omega_e L'_r \\ -\omega_e M'_{sr} & pM'_{sr} & -\omega_e L'_r & R_r + pL'_r \end{bmatrix} \begin{bmatrix} i_{ds}^s \\ i_{qs}^s \\ i_{dr}^s \\ i_{qr}^s \end{bmatrix} \tag{A6.33}$$

식 (A6.33)의 회전자의 전기적 속도 ω_e와 회전자계의 속도 ω는 $\omega_e = (1-s)\omega$의 관계가 있다.

식 (A6.33)을 식 (A6.34)와 같이 간략히 쓸 수 있다.

$$\left[v_{dq}^s\right] = \left[Z_{dq}^s\right]\left[i_{dq}^s\right] \tag{A6.34}$$

식 (A6.33)에서 임피던스 행렬에서는 θ항이 없어짐으로써 임피던스 행렬은 시간에 관계없이 일정하게 되어 전압방정식이 선형미분방정식이 된다. 이와 같이 고정자 좌표 기준 dq 변환을 하면 전압방정식이 선형연립방정식이 되므로 해석적으로 풀 수 있다.

고정자 좌표 기준 dq 변환을 하였을 때, dq축 상에서 전압과 전류의 성질에 대해서 알아보자. $\alpha\beta$축 상에서 회전자 전압, 전류는 식 (A6.35)과 같이 $s\omega$의 각주파수를 갖는 교류이다.

$$\begin{aligned} i_{\alpha r} &= \sqrt{2}\, I\cos(s\omega t) \ \ [\mathrm{A}] \\ i_{\beta r} &= \sqrt{2}\, I\sin(s\omega t) \ \ [\mathrm{A}] \end{aligned} \tag{A6.35}$$

식 (A6.35)을 이용하면 고정자 좌표 기준 dq축 상의 회전자의 전류를 식 (A6.36)과 같이 구할 수 있다.

$$\begin{bmatrix} i_{dr}^{s} \\ i_{qr}^{s} \end{bmatrix} = \begin{bmatrix} \cos\theta & -\sin\theta \\ \sin\theta & \cos\theta \end{bmatrix} \begin{bmatrix} \sqrt{2}\, I\cos(s\omega t) \\ \sqrt{2}\, I\sin(s\omega t) \end{bmatrix} \tag{A6.36}$$

여기서 θ는 회전자의 회전각도를 의미하며 $\theta = (1-s)\omega t$를 나타낸다.

따라서 회전자의 d축 전류와 q축 전류는 식 (A6.37)과 같이 된다.

$$\begin{aligned} i_{dr}^{s} &= \sqrt{2}\, I\cos\omega t \ \ [\mathrm{A}] \\ i_{qr}^{s} &= \sqrt{2}\, I\sin\omega t \ \ [\mathrm{A}] \end{aligned} \tag{A6.37}$$

또한 고정자의 전압, 전류는 변환하지 않았으므로 ω의 각주파수를 갖는 교류가 된다. 따라서 회전자 전류와 전압은 고정자의 전류와 전압의 각주파수와 동일한 각주파수가 됨을 알 수 있다.

[4] 임의의 회전좌표 기준 dq 변환

가장 일반적인 좌표변환은 임의로 회전하는 dq축을 기준으로 하는 임의의 회전좌표 기준 dq 변환이다. 그림 A6.4는 임의의 회전좌표 기준 dq 변환의 원리를 나타내고 있다. 그림 A6.4에서와 같이 임의의 전기적 속도 ω_c로 회전하고 있는 dq 좌표축에 고정자 좌표 기준 dq축의 회로량을 변환하는 것을 임의의 회전좌표 기준 dq 변환이라고 한다. 이와 같이 임의로 회전하는 좌표계로 변환하는 것은 가장 일반적인 좌표변환법으로 고정자 좌표계나 회전좌표계 또는 동기좌표계는 임의의 회전좌표계의 특수한 경우라고 볼 수 있다.

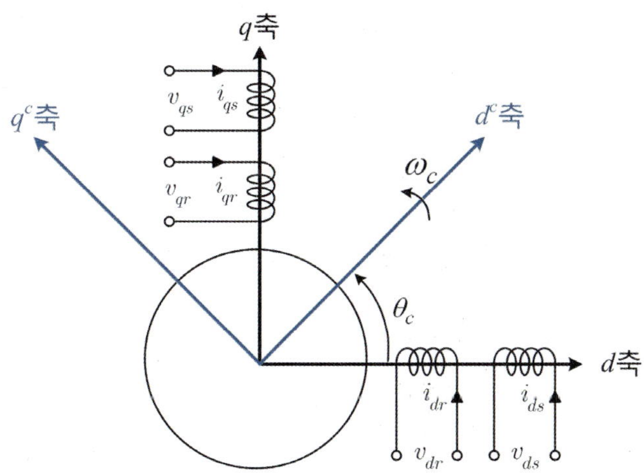

그림 A6.4 임의의 회전좌표 기준 dq 변환

고정자 좌표계의 모든 회로량을 임의의 회전좌표계로 변환할 때 변환행렬은 식 (A6.38)과 같다.

$$[v_{dq}^s] = [C^c][v_{dq}^c]$$

$$[C^c] = \begin{bmatrix} \cos\theta_c & -\sin\theta_c & 0 & 0 \\ \sin\theta_c & \cos\theta_c & 0 & 0 \\ 0 & 0 & \cos\theta_c & -\sin\theta_c \\ 0 & 0 & \sin\theta_c & \cos\theta_c \end{bmatrix} \quad \text{(A6.38)}$$

식 (A6.34)에 식 (A6.38)의 변환행렬을 대입하여 임의의 회전좌표계에서 전압방정식을 유도하면 식 (A6.39)와 같이 된다.

$$[C^c][v_{dq}^c] = [Z_{dq}^s][C^c][i_{dq}^c] \quad \text{(A6.39)}$$

따라서 다음의 식 (A6.40)과 같이 표현할 수 있다.

$$[v_{dq}^c] = [C^c]^{-1}[Z_{dq}^s][C^c][i_{dq}^c] \quad \text{(A6.40)}$$

여기서 $[C^c]^{-1}[Z_{dq}^s][C^c]$는 임의의 회전좌표계에서의 임피던스 $[Z_{dq}^c]$를 의미한다.

따라서 식 (A6.33)의 임피던스 행렬 $[Z_{dq}^s]$를 식 (A6.40)에 대입하여 전압방정식을 유도하면 식 (A6.41)과 같이 된다.

$$\begin{bmatrix} v_{ds}^c \\ v_{qs}^c \\ v_{dr}^c \\ v_{qr}^c \end{bmatrix} = \begin{bmatrix} R_s + pL'_s & -\omega_c L'_s & pM'_{sr} & -\omega_c M'_{sr} \\ \omega_c L'_s & R_s + pL'_s & \omega_c M'_{sr} & pM'_{sr} \\ pM'_{sr} & -(\omega_c - \omega_e)M'_{sr} & R_r + pL'_r & -(\omega_c - \omega_e)L'_r \\ (\omega_c - \omega_e)M'_{sr} & pM'_{sr} & (\omega_c - \omega_e)L'_r & R_r + L'_r p \end{bmatrix} \begin{bmatrix} i_{ds}^c \\ i_{qs}^c \\ i_{dr}^c \\ i_{qr}^c \end{bmatrix} \quad \text{(A6.41)}$$

식 (A6.41)에서 알 수 있는 바와 같이 임의의 속도 ω_c로 회전하는 dq 좌표계의 회로방정식은 속도 ω_c를 포함하고 있음을 알 수 있다. 이와 같이 임의의 속도 ω_c로 회전하는 회전좌표계에서 고정자전류와 회전자전류는 식 (A6.42)로 구할 수 있다.

$$\begin{bmatrix} i_{ds}^c \\ i_{qs}^c \\ i_{dr}^c \\ i_{qr}^c \end{bmatrix} = \begin{bmatrix} \cos\theta_c & \sin\theta_c & 0 & 0 \\ -\sin\theta_c & \cos\theta_c & 0 & 0 \\ 0 & 0 & \cos\theta_c & \sin\theta_c \\ 0 & 0 & -\sin\theta_c & \cos\theta_c \end{bmatrix} \begin{bmatrix} \sqrt{2}\, I_1 \cos(\omega t) \\ \sqrt{2}\, I_1 \sin(\omega t) \\ \sqrt{2}\, I_2 \cos(\omega t) \\ \sqrt{2}\, I_2 \sin(\omega t) \end{bmatrix} \quad \text{(A6.42)}$$

따라서 임의의 회전좌표계에서 고정자전류와 회전자전류는 식 (A6.43)과 같이 된다.

$$
\begin{aligned}
i_{ds}^c &= \sqrt{2}\, I_1 \cos(\omega - \omega_c)t \ \ [\mathrm{A}] \\
i_{qs}^c &= \sqrt{2}\, I_1 \sin(\omega - \omega_c)t \ \ [\mathrm{A}] \\
i_{dr}^c &= \sqrt{2}\, I_2 \cos(\omega - \omega_c)t \ \ [\mathrm{A}] \\
i_{qr}^c &= \sqrt{2}\, I_2 \sin(\omega - \omega_c)t \ \ [\mathrm{A}]
\end{aligned} \tag{A6.43}
$$

식 (A6.44)에서 알 수 있듯이 임의의 회전좌표계에서는 고정자와 회전자의 전류는 각속도가 $\omega - \omega_c$인 교류임을 알 수 있다.

임의의 회전좌표 기준 dq 변환은 가장 일반성이 있는 좌표변환으로, 회전좌표계의 임의의 속도 ω_c가 0인 경우는 고정자 좌표 기준 dq 변환이 되고 또한 $\omega_c = \omega_e$를 대입하면 회전자좌표 기준 dq 변환이 된다. 또한 $\omega_c = \omega$를 대입하면 동기좌표 기준 dq 변환이 된다. 예를 들면 식 (A6.41)의 회로방정식에 $\omega_c = 0$를 대입하면 고정자 좌표 기준 dq 변환 회로방정식인 식 (A6.33)과 같은 결과를 얻을 수 있고, 또한 전류의 식 (A6.43)에 대입하면 전류는 고정자 좌표 기준 dq 변환에서 얻어진 결과와 동일하게 ω의 각주파수를 갖는다.

[5] 동기좌표 기준 dq 변환

동기좌표 기준 dq 변환은 가장 많이 사용되는 변환으로 특히 벡터제어에서 중요한 의미를 갖는다. 동기좌표 기준 dq 좌표계에서 회로방정식을 구하기 위해서는 임의의 회전 좌표계의 회로방정식인 식 (A6.41)에서 $\omega_c = \omega$를 대입하면 식 (A6.44)와 같은 결과를 얻을 수 있다.

$$
\begin{bmatrix} v_{ds}^e \\ v_{qs}^e \\ v_{dr}^e \\ v_{qr}^e \end{bmatrix} =
\begin{bmatrix}
R_s + pL'_s & -\omega L'_s & pM'_{sr} & -\omega M'_{sr} \\
\omega L'_s & R_s + pL'_s & \omega M'_{sr} & pM'_{sr} \\
pM'_{sr} & -(\omega - \omega_e)M'_{sr} & R_r + pL'_r & -(\omega - \omega_e)L'_r \\
(\omega - \omega_e)M'_{sr} & pM'_{sr} & (\omega - \omega_e)L'_r & R_r + pL'_r
\end{bmatrix}
\begin{bmatrix} i_{ds}^e \\ i_{qs}^e \\ i_{dr}^e \\ i_{qr}^e \end{bmatrix} \tag{A6.44}
$$

또한 동기좌표계에서 전류의 식을 구하기 위해 동기좌표의 위치를 식 (A6.45)로 정의하자.

$$
\omega_c t = \omega t - \alpha_0 \ \ [\mathrm{rad}] \tag{A6.45}
$$

여기서 α_0는 임의의 초기 위치를 나타낸다. 따라서 식 (A6.45)를 ,식 (A6.43)에 대입하면 전류는 식 (A6.46)과 같이 직류가 된다.

$$
\begin{aligned}
i_{ds}^e &= \sqrt{2}\, I_1 \cos\alpha_0 \ \ [\mathrm{A}], \ \ i_{qs}^e = \sqrt{2}\, I_1 \sin\alpha_0 \ \ [\mathrm{A}], \\
i_{dr}^e &= \sqrt{2}\, I_2 \cos\alpha_0 \ \ [\mathrm{A}], \ \ i_{qr}^e = \sqrt{2}\, I_2 \sin\alpha_0 \ \ [\mathrm{A}]
\end{aligned} \tag{A6.46}
$$

따라서 전류가 직류인 것을 고려하면 정상상태에서 회로방정식인 식 (A6.44)는 식 (A6.47)과 같이 된다.

$$\begin{bmatrix} v_{ds}^e \\ v_{qs}^e \\ v_{dr}^e \\ v_{qr}^e \end{bmatrix} = \begin{bmatrix} R_s & -\omega L'_s & 0 & -\omega M'_{sr} \\ \omega L'_s & R_s & \omega M'_{sr} & 0 \\ 0 & -(\omega-\omega_e)M'_{sr} & R_r & -(\omega-\omega_e)L'_r \\ (\omega-\omega_e)M'_{sr} & 0 & (\omega-\omega_e)L'_r & R_r \end{bmatrix} \begin{bmatrix} i_{ds}^e \\ i_{qs}^e \\ i_{dr}^e \\ i_{qr}^e \end{bmatrix} \qquad \text{(A6.47)}$$

이와 같이 여러 가지의 좌표변환법 중에서 유도전동기를 동기좌표 기준 dq 변환을 하면 고정자와 회전자의 전압, 전류가 직류로 되기 때문에 회로방정식이 간단해지고 동기좌표계에서는 유도전동기가 직류전동기와 동일한 특성을 갖는다. 유도전동기의 특성이 직류전동기와 동일하게 된다는 것은 해석이 쉬워진다는 의미 이외에 동기좌표계에서 유도전동기를 제어하는 것은 직류전동기를 제어하는 것과 같다는 의미를 갖는다.

A.7 돌극형 동기전동기의 회로방정식과 동기좌표 기준 dq 변환

[1] 동기기의 회로방정식

원통형 회전자 구조를 갖는 유도기에서는 부록 A6의 식 (A6.9)에서와 같이 고정자 권선의 자기인덕턴스와 고정자 권선 간의 상호인덕턴스가 일정한 값이었으나 회전자가 돌극구조이면 고정자의 자기인덕턴스와 고정자 권선 간의 상호인덕턴스가 회전자의 위치에 따라 변하는 위치의 함수가 된다. 유도전동기에서는 돌극구조를 갖지 않지만 동기전동기에서는 돌극구조를 갖는 경우가 많다. 그림 A7.1과 같은 2상의 돌극형 동기전동기에서 직류로 여자되는 계자권선과 고정자의 a, b상의 권선에서의 전압방정식은 식 (A7.1)과 같다.

$$\begin{aligned} v_f &= R_f i_f + \frac{d\lambda_f}{dt} = R_f i_f + \frac{d}{dt}(L_{ff} i_f + L_{fa} i_a + L_{fb} i_b) \\ v_a &= R_a i_a + \frac{d\lambda_a}{dt} = R_a i_a + \frac{d}{dt}(L_{af} i_f + L_{aa} i_a + L_{ab} i_b) \\ v_b &= R_b i_b + \frac{d\lambda_b}{dt} = R_b i_b + \frac{d}{dt}(L_{bf} i_f + L_{ba} i_a + L_{bb} i_b) \end{aligned} \qquad \text{(A7.1)}$$

여기서 R_f, R_a, R_b는 각각 계자 권선저항, 전기자 권선저항을 나타낸다. 또한 λ_f, λ_a, λ_b는 계자권선에 쇄교하는 자속과 고정자 a상, b상 권선에 쇄교하는 자속을 나타낸다. 또한 L_{ff}, L_{fa}, L_{fb}, L_{af}, L_{aa}, L_{ab}, L_{bf}, L_{ba}, L_{bb}는 각각 다음을 나타낸다.

- L_{ff} : 계자권선의 자기인덕턴스
- L_{fa} : 고정자 a상 권선과 계자권선 사이의 상호인덕턴스
- L_{fb} : 고정자 b상 권선과 계자권선 사이의 상호인덕턴스
- L_{af} : 계자권선과 고정자 a상 권선 사이의 상호인덕턴스

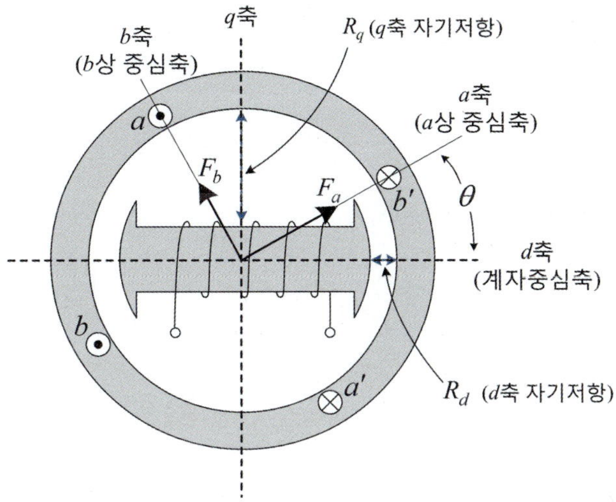

그림 A7.1 2상의 돌극형 권선형 전동기

- L_{aa} : 고정자 a상 권선의 자기인덕턴스
- L_{ab} : 고정자 b상 권선과 고정자 a상 권선 사이의 상호인덕턴스
- L_{bf} : 계자권선과 고정자 b상 권선 사이의 상호인덕턴스
- L_{ba} : 고정자 a상 권선과 고정자 b상 권선 사이의 상호인덕턴스
- L_{bb} : 고정자 b상 권선의 자기인덕턴스

회전자가 원통형인 경우는 자기인덕턴스와 상호인덕턴스를 간편하게 구할 수 있다. 그러나 돌극기에서는 자기인덕턴스와 상호인덕턴스는 다음의 ①, ②, ③과 같다.

① 계자의 자기인덕턴스(L_{ff})와 상호인덕턴스(L_{fa}, L_{fb})

그림 A7.1에서 d축의 자기저항과 q축의 자기저항을 각각 R_d, R_q로 정의하자. 또한 a상과 b상의 권선수는 동일하므로 $N_a = N_b = N$이라고 하고 계자의 권선수를 N_f라고 하자. 그림 A7.1에서와 같이 계자권선에서 발생하는 자속의 방향을 d축으로 정하면 계자 자속은 식 (A7.2)와 같다.

$$\phi_f = \frac{N_f i_f}{R_d} \quad [\mathrm{Wb}] \tag{A7.2}$$

고정자의 a상, b상 권선에서 발생한 자속이 계자권선에 쇄교하는 자속을 구하기 위해서는 a, b상 권선에서 발생하는 자속을 구해야 한다. 먼저 그림 A7.1의 a상 권선에서 발생한 기자력 F_a가 d축과 θ만큼의 차이가 있을 경우 F_a를 d축과 q축 성분으로 분해하면 식 (A7.3)과 같다.

$$F_{ad} = N_a i_a \cos\theta \ [\mathrm{AT}]$$
$$F_{aq} = N_a i_a \sin\theta \ [\mathrm{AT}] \tag{A7.3}$$

따라서 a상 권선에서 발생하는 자속의 d, q 성분은 식 (A7.4)와 같다.

$$\phi_{ad} = \frac{F_{ad}}{R_d} = \frac{N_a i_a}{R_d}\cos\theta \ [\mathrm{Wb}]$$
$$\phi_{aq} = \frac{F_{aq}}{R_q} = \frac{N_a i_a}{R_q}\sin\theta \ [\mathrm{Wb}] \tag{A7.4}$$

또한 b상 권선의 기자력 F_b를 d축과 q축으로 분해하면 식 (A7.5)와 같다.

$$F_{bd} = N_b i_b \cos\left(\frac{\pi}{2}+\theta\right) = -N_b i_b \sin\theta \ [\mathrm{AT}]$$
$$F_{bq} = N_b i_b \sin\left(\frac{\pi}{2}+\theta\right) = N_b i_b \cos\theta \ [\mathrm{AT}] \tag{A7.5}$$

따라서 b상에서 발생하는 자속의 dq축 성분은 식 (A7.6)과 같다.

$$\phi_{bd} = \frac{F_{bd}}{R_d} = -\frac{N_b i_b}{R_d}\sin\theta \ [\mathrm{Wb}]$$
$$\phi_{bq} = \frac{F_{bq}}{R_q} = \frac{N_b i_b}{R_q}\cos\theta \ [\mathrm{Wb}] \tag{A7.6}$$

q축 자속은 계자권선에 쇄교하지 않으므로 계자권선에 쇄교하는 자속은 식 (A7.7)과 같다.

$$\begin{aligned}\lambda_f &= N_f\phi_f + N_f\phi_{ad} + N_f\phi_{bd} \\ &= \frac{N_f^2}{R_d}i_f + \left(\frac{N_f N_a}{R_d}\cos\theta\right)i_a - \left(\frac{N_f N_b}{R_d}\sin\theta\right)i_b\end{aligned} \tag{A7.7}$$

여기서 a상 권선수와 b상 권선수가 같은 것을 고려해서 식 (A7.7)을 인덕턴스를 이용해서 나타내면 식 (A7.8)과 같다.

$$\lambda_f = L_{ff}i_f + M\cos\theta i_a - M\sin\theta i_b \tag{A7.8}$$

여기서 각 인덕턴스의 정의식은 식 (A7.9)와 같다.

$$L_{ff} = \frac{N_f^2}{R_d}, \ M = \frac{N_f N_a}{R_d} = \frac{N_f N_b}{R_d} \tag{A7.9}$$

② a상 권선의 자기인덕턴스(L_{aa})와 상호인덕턴스(L_{af}, L_{ab})

a상 권선에 쇄교하는 자속 λ_a를 구해보자. 먼저 그림 A7.1의 a상 권선에서 발생하여 a상 권선에 쇄교하는 자속을 구하면 식 (A7.10)과 같다.

$$\lambda_{aa} = N_a\phi_{ad}\cos\theta + N_a\phi_{aq}\sin\theta = \frac{N_a^2 i_a}{R_d}\cos^2\theta + \frac{N_a^2 i_a}{R_q}\sin^2\theta \tag{A7.10}$$

따라서 삼각함수 공식을 사용하면 식 (A7.10)은 식 (A7.11)이 된다.

$$\lambda_{aa} = \frac{N_a^2 i_a}{2}\left[\left(\frac{1}{R_d}+\frac{1}{R_q}\right)+\left(\frac{1}{R_d}-\frac{1}{R_q}\right)\cos 2\theta\right] \tag{A7.11}$$

그림 A7.1에서 계자에서 발생한 자속이 a 권선에 쇄교하는 자속은 식 (A7.12)와 같다.

$$\lambda_{af} = N_a\phi_f\cos\theta = \frac{N_a N_f}{R_d}\cos\theta\, i_f \tag{A7.12}$$

또한 그림 A7.1에서 b상에서 발생하여 a상에 쇄교하는 자속을 구해보면 식 (A7.13)과 같다.

$$\begin{aligned}\lambda_{ab} &= N_a\phi_{bd}\cos\theta + N_a\phi_{bq}\sin\theta \\ &= -\frac{N_a N_b}{R_d}\cos\theta\sin\theta i_b + \frac{N_a N_b}{R_q}\sin\theta\cos\theta i_b \\ &= -\frac{N_a N_b}{2}\left(\frac{1}{R_d}-\frac{1}{R_q}\right)\sin 2\theta\, i_b\end{aligned} \tag{A7.13}$$

따라서 a상에 쇄교하는 총 쇄교자속은 식 (A7.14)과 같다.

$$\begin{aligned}\lambda_a &= \lambda_{aa} + \lambda_{af} + \lambda_{ab} \\ &= \frac{N_a^2}{2}\left[\left(\frac{1}{R_d}+\frac{1}{R_q}\right)+\left(\frac{1}{R_d}-\frac{1}{R_q}\right)\cos 2\theta\right] i_a \\ &\quad + \frac{N_a N_f}{R_d}\cos\theta i_f - \frac{N_a N_b}{2}\left(\frac{1}{R_d}-\frac{1}{R_q}\right)\sin 2\theta i_b\end{aligned} \tag{A7.14}$$

따라서 a상 권선의 자기인덕턴스는 식 (A7.15)과 같이 정의된다.

$$\begin{aligned}L_{aa} &= \frac{N_a^2}{2}\left[\left(\frac{1}{R_d}+\frac{1}{R_q}\right)+\left(\frac{1}{R_d}-\frac{1}{R_q}\right)\cos 2\theta\right] \\ &= L_A + L_{A0}\cos 2\theta\end{aligned} \tag{A7.15}$$

여기서 L_A와 L_{A0}는 식 (A7.16)과 같이 정의한다.

$$L_A = \frac{N_a^2}{2}\left(\frac{1}{R_d} + \frac{1}{R_q}\right)$$
$$L_{A0} = \frac{N_a^2}{2}\left(\frac{1}{R_d} - \frac{1}{R_q}\right) \tag{A7.16}$$

따라서, a상의 자기 인덕턴스는 그림 A7.2와 같이 위치에 따른 함수가 된다.

또한 계자권선과 고정자 a상과의 상호인덕턴스는 다음의 식 (A7.17)로 정의된다.

$$L_{af} = L_{fa} = \frac{N_a N_f}{R_d}\cos\theta = M\cos\theta \tag{A7.17}$$

마지막으로 a상과 b상의 상호인덕턴스는 N_a와 N_b가 같은 것을 고려하면 식 (A7.18)와 같이 정의된다.

$$\begin{aligned} L_{ab} &= -\frac{N_a N_b}{2}\left[\left(\frac{1}{R_d} - \frac{1}{R_q}\right)\sin 2\theta\right] \\ &= -L_{A0}\sin 2\theta \end{aligned} \tag{A7.18}$$

식 (A7.14)를 인덕턴스 항으로 나타내면 식 (A7.19)와 같다.

$$\begin{aligned} \lambda_a &= L_{aa} i_a + L_{ab} i_b + L_{af} i_f \\ &= (L_A + L_{A0}) i_a + M\cos\theta i_f - L_{A0}\sin 2\theta i_b \end{aligned} \tag{A7.19}$$

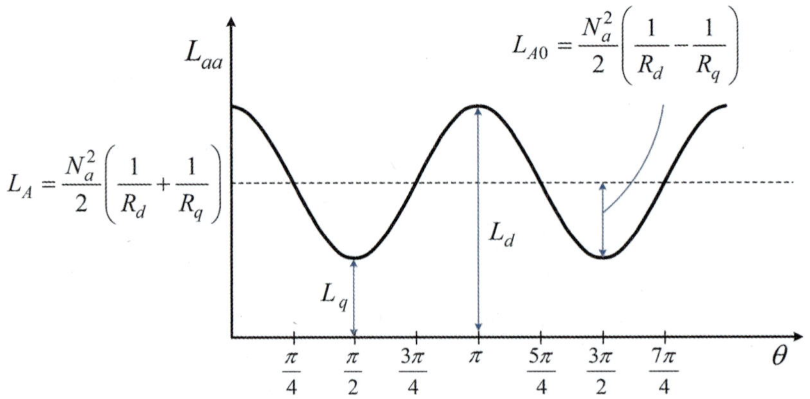

그림 A7.2 a상의 자기인덕턴스

③ b상 권선의 자기인덕턴스(L_{bb})와 상호인덕턴스(L_{bf}, L_{ba})

다음은 b상에 쇄교하는 자속 λ_b를 구해보자.

b상에서 발생하는 자속이 b상에 쇄교하는 자속은 식 (A7.20)과 같다.

$$\begin{aligned}\lambda_{bb} &= N_b\phi_{bb} = -N_b\phi_{bd}\sin\theta + N_b\phi_{bq}\cos\theta \\ &= \frac{N_b^2 i_b}{R_d}\sin^2\theta + \frac{N_b^2 i_b}{R_q}\cos^2\theta \\ &= \frac{N_b^2}{2}\left[\left(\frac{1}{R_d}+\frac{1}{R_q}\right)-\left(\frac{1}{R_d}-\frac{1}{R_q}\right)\cos 2\theta\right] i_b\end{aligned} \tag{A7.20}$$

또한 계자에서 발생한 자속이 b상에 쇄교하는 것은 다음의 식 (A7.21)과 같다.

$$\begin{aligned}\lambda_{bf} &= N_b\phi_f\cos\left(\theta+\frac{\pi}{2}\right) = -N_b\phi_f\sin\theta \\ &= \left(-\frac{N_f N_b}{R_d}\sin\theta\right) i_f\end{aligned} \tag{A7.21}$$

마지막으로 a상에서 발생하여 b상에 쇄교하는 자속을 구해보면 식 (A7.22)와 같다.

$$\begin{aligned}\lambda_{ba} &= N_b\phi_{ad}\cos\left(\frac{\pi}{2}+\theta\right) + N_b\phi_{aq}\sin\left(\frac{\pi}{2}+\theta\right) \\ &= -\frac{N_a N_b}{R_d}\sin\theta\cos\theta\, i_a + \frac{N_a N_b}{R_q}\sin\theta\cos\theta\, i_a \\ &= -\frac{N_a N_b}{2}\left(\frac{1}{R_d}-\frac{1}{R_q}\right)\sin 2\theta\, i_a\end{aligned} \tag{A7.22}$$

따라서 b상에 쇄교하는 총 자속 λ_b는 식 (A7.23)과 같이 나타낼 수 있다.

$$\begin{aligned}\lambda_b &= \lambda_{bb} + \lambda_{bf} + \lambda_{ba} \\ &= \frac{N_b^2}{2}\left[\left(\frac{1}{R_d}+\frac{1}{R_q}\right)-\left(\frac{1}{R_d}-\frac{1}{R_q}\right)\cos 2\theta\right] i_b \\ &\quad + \left(-\frac{N_f N_a}{R_d}\sin\theta\right) i_f \\ &\quad - \frac{N_a N_b}{2}\left(\frac{1}{R_d}-\frac{1}{R_q}\right)\sin 2\theta\, i_a\end{aligned} \tag{A7.23}$$

여기서 인덕턴스를 사용하여 쇄교자속을 나타내면 식 (A7.24)와 같다.

$$\lambda_b = L_{bb} i_b + L_{bf} i_f + L_{ba} i_a \tag{A7.24}$$

따라서 각 인덕턴스의 정의식은 식 (A7.25)와 같다.

$$\begin{aligned} L_{bb} &= L_A - L_{A0}\cos 2\theta \\ L_{bf} &= L_{fb} = -M\sin\theta \\ L_{ba} &= -L_{A0}\sin 2\theta \end{aligned} \tag{A7.25}$$

여기서 L_A, L_{A0}, M은 식 (A7.16), (A7.17)과 같다.

식 (A7.9), (A7.15), (A7.17), (A7.18), (A7.25)에서 구한 인덕턴스를 식 (A7.1)의 전압 방정식에 대입하고 $R_a = R_b$ 의 조건을 적용하면 식 (A7.26)을 얻을 수 있다.

$$\begin{bmatrix} v_f \\ v_a \\ v_b \end{bmatrix} = \begin{bmatrix} R_f + L_{ff}p & p(M\cos\theta) & p(-M\sin\theta) \\ p(M\cos\theta) & R_a + p(L_A + L_{A0}\cos 2\theta) & p(-L_{A0}\sin 2\theta) \\ p(-M\sin\theta) & p(-L_{A0}\sin 2\theta) & R_a + p(L_A - L_{A0}\cos 2\theta) \end{bmatrix} \begin{bmatrix} i_f \\ i_a \\ i_b \end{bmatrix} \tag{A7.26}$$

여기서 $\theta = \omega t$ 임을 나타낸다. 따라서 식 (A7.26)은 비선형 미분방정식이 된다.

[2] 동기좌표계에서 돌극형 동기전동기의 회로방정식

식 (A7.26)의 전압방정식은 비선형 미분방정식이 되어 수기 계산으로 풀 수 없다. 따라서 유도전동기의 좌표변환에서 알아본 바와 같이 회전자 기준 동기좌표계로 좌표를 변환하기 위해서 동기회전좌표계의 기준 좌표인 d축을 그림 A7.1에서와 같이 회전자의 돌극 부분을 잡고 동기속도로 회전하는 회전자를 기준으로 동기좌표계로 변환을 하면 변환행렬은 다음 식 (A7.27)과 같다.

$$\left[C_{fdq}^{fab} \right] = \begin{bmatrix} 1 & 0 & 0 \\ 0 & \cos\theta & \sin\theta \\ 0 & -\sin\theta & \cos\theta \end{bmatrix} \tag{A7.27}$$

이 변환행렬을 이용하여 동기 좌표계에서 새로운 전압방정식을 유도하면 식 (A7.28)과 같이 된다.

$$\begin{bmatrix} v_f \\ v_d^e \\ v_q^e \end{bmatrix} = \begin{bmatrix} R_f + L_{ff}p & Mp & 0 \\ Mp & R_a + (L_A + L_{A0})p & -(L_A - L_{A0})\omega \\ M\omega & (L_A + L_{A0})\omega & R_a + (L_A - L_{A0})p \end{bmatrix} \begin{bmatrix} i_f \\ i_d^e \\ i_q^e \end{bmatrix} \tag{A7.28}$$

또한 식 (A7.29)와 같이 d축과 q축의 인덕턴스를 정의하면 식 (A7.28)은 식 (A7.30)과 같이 표현할 수 있다.

$$L_d = L_A + L_{A0}, \quad L_q = L_A - L_{A0} \tag{A7.29}$$

$$\begin{bmatrix} v_f \\ v_d^e \\ v_q^e \end{bmatrix} = \begin{bmatrix} R_f & Mp & 0 \\ Mp & R_a + L_d p & -L_q\omega \\ M\omega & L_d\omega & R_a + L_q p \end{bmatrix} \begin{bmatrix} i_f \\ i_d^e \\ i_q^e \end{bmatrix} \tag{A7.30}$$

식 (A7.30)에서 계자전류는 일정하다고 가정하고 전기자 전류는 시간의 함수라고 한다면 식 (A7.30)은 식 (A7.31)과 같이 간단하게 쓸 수 있다.

$$\begin{bmatrix} V_f \\ v_d^e \\ v_q^e \end{bmatrix} = \begin{bmatrix} R_f & Mp & 0 \\ 0 & R_a + L_d p & -L_q\omega \\ M\omega & L_d\omega & R_a + L_q p \end{bmatrix} \begin{bmatrix} I_f \\ i_d^e \\ i_q^e \end{bmatrix} \tag{A7.31}$$

만약 영구자석형 동기전동기라고 하면 계자의 전압 방정식은 필요없고 ($V_f = 0$, $I_f = 0$) 계자자속은 q축에만 $MI_f\omega = \lambda_0\omega$인 기전력을 유도하므로 식 (A7.31)은 다시 다음의 식 (A7.32)와 같이 쓸 수 있다.

$$\begin{bmatrix} v_d^e \\ v_q^e \end{bmatrix} = \begin{bmatrix} R_a + L_d p & -L_q\omega \\ L_d\omega & R_a + L_q p \end{bmatrix} \begin{bmatrix} i_d^e \\ i_q^e \end{bmatrix} + \begin{bmatrix} 0 \\ \omega\lambda_0 \end{bmatrix} \tag{A7.32}$$

여기서 $\omega\lambda_0$는 영구자석이 q축 권선에 유도하는 기전력을 나타낸다.

식 (A7.32)를 일반 회로방정식으로 나타내면 식 (A7.33)과 같다.

$$\begin{aligned} v_d^e &= R_a i_d^e + L_d \frac{di_d^e}{dt} - \omega L_q i_q^e \\ v_q^e &= \omega L_d i_d^e + R_a i_q^e + L_q \frac{di_q^e}{dt} + \omega\lambda_0 \end{aligned} \tag{A7.33}$$

식 (A7.33)은 영구자석형 동기전동기 벡터제어에 많이 사용되는 식으로 식 (A7.33)의 d축, q축의 회로를 각각 그림으로 나타내면 그림 A7.3과 같다.

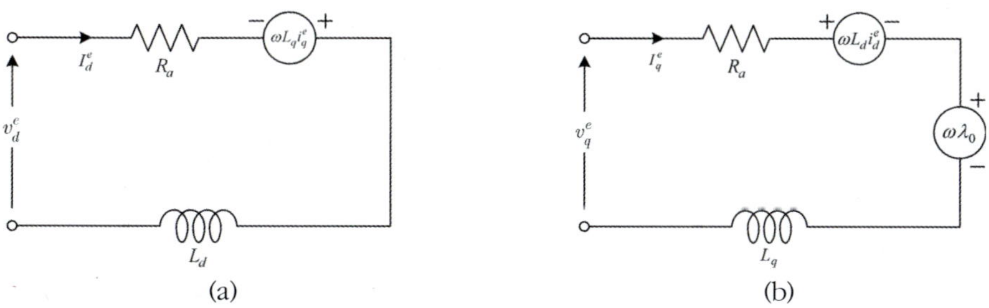

그림 A7.3 회전자자속기준 동기좌표계에서의 영구자석형 동기전동기 과도상태 등가회로
(a) d축 등가회로 (b) q축 등가회로

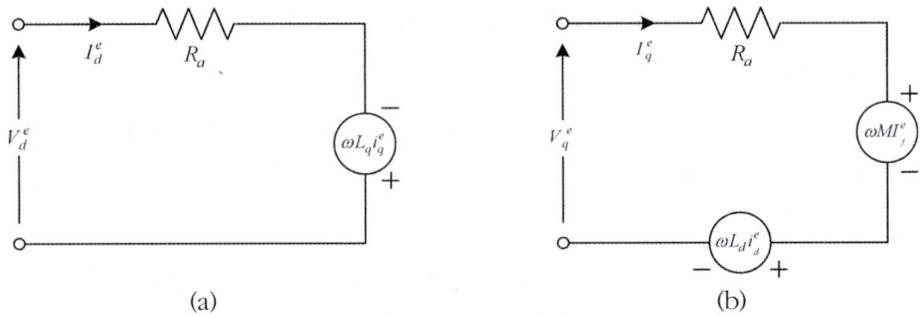

그림 A7.4 회전자기준 동기좌표계에서의 돌극형 동기전동기 정상상태 등가회로
(a) d축 등가회로 (b) q축 등가회로

동기좌표계에서는 권선형 동기전동기의 전기자와 계자의 전압과 전류가 정상상태에서는 직류가 되는 것을 고려하면 권선형 동기전동기의 정상상태 전압방정식은 식 (A7.34)과 같다.

$$\begin{bmatrix} V_f^e \\ V_d^e \\ V_q^e \end{bmatrix} = \begin{bmatrix} R_f & 0 & 0 \\ 0 & R_a & -\omega L_q \\ \omega M & \omega L_d & R_a \end{bmatrix} \begin{bmatrix} I_f^e \\ I_d^e \\ I_q^e \end{bmatrix} \tag{A7.34}$$

식 (A7.34)을 일반 회로 방정식으로 나타내면 식 (A7.35)와 같이 된다.

$$\begin{aligned} V_f^e &= R_f I_f^e \\ V_d^e &= R_a I_d^e - \omega L_q I_q^e \\ V_q^e &= R_a I_q^e + \omega L_d I_d^e + \omega M I_f^e \end{aligned} \tag{A7.35}$$

식 (A7.35)를 등가회로로 나타내면 그림 A7.4와 같이 된다.

영구자석 동기전동기인 경우는 그림 A7.4의 ωMI_f^e는 $\omega\lambda_0$로 치환하면 영구자석동기전동기의 정상상태 등가회로가 된다.

A.8 유도전동기의 2상 대칭좌표법 특성 및 단상 유도전동기의 등가회로

단상 유도전동기의 등가회로는 3상 유도전동기의 등가회로와 같이 평형한 상태를 가정하여 직관적으로 구해내기 어렵다. 따라서 단상 유도전동기를 불평형 2상 유도전동기라 가정하고 2상 대칭좌표법을 적용하여 정상분과 역상분으로 나눈 후 단상 유도전동기의 특수한 조건을 대입하면 단상 유도전동기의 등가회로를 얻을 수 있다.

[1] 유도전동기의 2상 대칭변환

일반적인 2상유도전동기의 회로방정식은 농형 회전자라 가정하면, 회전자 전압은 0이 되어 식 (A8.1)과 같다.

$$\begin{bmatrix} v_{\alpha s} \\ v_{\beta s} \\ 0 \\ 0 \end{bmatrix} = \begin{bmatrix} R_s + pL_s & 0 & pM_{sr}\cos\theta & -pM_{sr}\sin\theta \\ 0 & R_s + pL_s & pM_{sr}\sin\theta & pM_{sr}\cos\theta \\ pM_{sr}\cos\theta & pM_{sr}\sin\theta & R_r + pL_r & 0 \\ -pM_{sr}\sin\theta & pM_{sr}\cos\theta & 0 & R_r + pL_r \end{bmatrix} \begin{bmatrix} i_{\alpha s} \\ i_{\beta s} \\ i_{\alpha r} \\ i_{\beta r} \end{bmatrix} \tag{A8.1}$$

부록 A6의 좌표변환에서 다루었던 고정자기준 좌표계의 변환행렬을 사용하면 식 (A8.2)와 같은 고정자 기준 dq 좌표계에서의 2상 유도전동기의 dq 회로방정식을 얻을 수 있다.

$$\begin{bmatrix} v_{ds}^s \\ v_{qs}^s \\ 0 \\ 0 \end{bmatrix} = \begin{bmatrix} R_s + pL_s & 0 & pM_{sr} & 0 \\ 0 & R_s + pL_s & 0 & pM_{sr} \\ pM_{sr} & \omega_e M_{sr} & R_r + pL_r & \omega_e L_r \\ -\omega_e M_{sr} & pM_{sr} & -\omega_e L_r & R_r + pL_r \end{bmatrix} \begin{bmatrix} i_{ds}^0 \\ i_{qs}^s \\ i_{dr}^s \\ i_{qr}^s \end{bmatrix} \tag{A8.2}$$

식 (A8.2)를 식 (A8.3)과 같이 간단하게 나타낼 수 있다.

$$[v_{dq}^s] = [Z_{dq}^s][i_{dq}^s] \tag{A8.3}$$

유도전동기의 회로방정식을 간편하게 해석하기 위해서 부록 A5에서 다루었던 2상 대칭좌표법을 이용하면 회로성분을 정상분과 역상분으로 나누어 회로식을 유도할 수 있다. 이 때 사용되는 2상 대칭좌표법의 변환행렬식과 변환행렬의 역행렬식은 식 (A8.4)와 같다. 부록 A5에서 전개했던 변환행렬과 계수값이 다른 이유는 유니터리(unitary) 변환(절대변환)의 형태로 나타내었기 때문이다.주1)

$$[C_{dq}^{pn}]^{-1} = \frac{1}{\sqrt{2}} \begin{bmatrix} 1 & j & 0 & 0 \\ 1 & -j & 0 & 0 \\ 0 & 0 & 1 & j \\ 0 & 0 & 1 & -j \end{bmatrix}, \quad [C_{dq}^{pn}] = \frac{1}{\sqrt{2}} \begin{bmatrix} 1 & 1 & 0 & 0 \\ -j & j & 0 & 0 \\ 0 & 0 & 1 & 1 \\ 0 & 0 & -j & j \end{bmatrix} \tag{A8.4}$$

따라서 2상 대칭좌표법을 이용한 새로운 회로방정식은 식 (A8.6)에 의해 구할 수 있다.

$$[C_{dq}^{pn}][v_{pn}^s] = [Z_{dq}^s][C_{dq}^{pn}][i_{pn}^s] \tag{A8.5}$$

$$[v_{pn}^s] = [C_{dq}^{pn}]^{-1}[Z_{dq}^s][C_{dq}^{pn}][i_{pn}^s] \tag{A8.6}$$

주1) 유니터리 변환이란 좌표변환 전과 좌표변환 후의 전력이 동일한 변환으로 전력계산 시 전력관계를 생각하지 않아도 되는 변환이다. 유니터리 변환 중 계수가 실수인 경우 특히 절대변환이라고 한다.

식 (A8.6)에서 $\omega_e = (1-s)\omega$를 대입하고 새로운 임피던스 행렬 $\left[C_{dq}^{pn}\right]^{-1}\left[Z_{dq}^{s}\right]\left[C_{dq}^{pn}\right]$을 구하면 2상 대칭좌표계에서 회로방정식을 구할 수 있다. 또한 정상상태 해석인 것을 고려하여 미분연산자 $p = j\omega$로 치환하면 2상 대칭좌표계에서 정상상태 페이저 회로방정식은 식 (A8.7)과 같다.

$$\begin{bmatrix} \dot{V}_p^s \\ \dot{V}_n^s \\ 0 \\ 0 \end{bmatrix} = \begin{bmatrix} R_s + j\omega L_s & 0 & j\omega M_{sr} & 0 \\ 0 & R_s + j\omega L_s & 0 & j\omega M_{sr} \\ js\omega M_{sr} & 0 & R_r + js\omega L_r & 0 \\ 0 & j(2-s)\omega M_{sr} & 0 & R_r + j(2-s)\omega L_r \end{bmatrix} \begin{bmatrix} \dot{I}_p^s \\ \dot{I}_n^s \\ \dot{I}_p^r \\ \dot{I}_n^r \end{bmatrix} \tag{A8.7}$$

식 (A8.7)에서 1행과 3행은 정상분에 대해 서로 연관된 회로방정식이고 2행과 4행은 역상분에 대해 서로 연관된 회로방정식이다. 따라서 1행, 3행의 전압방정식과 2행, 4행의 회로방정식은 서로 독립된 회로방정식이다. 따라서 이 회로방정식을 정상분과 역상분으로 분리해서 나타내면 정상분과 역상분 회로방정식은 각각 식 (A8.8)과 식 (A8.9)가 된다.

$$\text{정상분 : } \begin{bmatrix} \dot{V}_p^s \\ 0 \end{bmatrix} = \begin{bmatrix} R_s + j\omega L_s & j\omega M_{sr} \\ js\omega M_{sr} & R_r + js\omega L_r \end{bmatrix} \begin{bmatrix} \dot{I}_p^s \\ \dot{I}_p^r \end{bmatrix} \tag{A8.8}$$

$$\text{역상분 : } \begin{bmatrix} \dot{V}_n^s \\ 0 \end{bmatrix} = \begin{bmatrix} R_s + j\omega L_s & j\omega M_{sr} \\ j(2-s)\omega M_{sr} & R_r + j(2-s)\omega L_r \end{bmatrix} \begin{bmatrix} \dot{I}_n^s \\ \dot{I}_n^r \end{bmatrix} \tag{A8.9}$$

식 (A8.8) 및 식 (A8.9)을 다시 쓰면 식 (A8.10), (A8.11)과 같다.

$$\text{정상분 : } \begin{aligned} \dot{V}_p^s &= (R_s + j\omega L_s)\dot{I}_p^s + j\omega M_{sr}\dot{I}_p^r \\ 0 &= j\omega M_{sr}\dot{I}_p^s + \left(\frac{R_r}{s} + j\omega L_r\right)\dot{I}_p^r \end{aligned} \tag{A8.10}$$

$$\text{역상분 : } \begin{aligned} \dot{V}_n^s &= (R_s + j\omega L_s)\dot{I}_n^s + j\omega M_{sr}\dot{I}_n^r \\ 0 &= j\omega M_{sr}\dot{I}_n^s + \left(\frac{R_r}{2-s} + j\omega L_r\right)\dot{I}_n^r \end{aligned} \tag{A8.11}$$

식 (A8.10)과 식 (A8.11)의 회로방정식을 회로로 표현할 수 있으나 이 때 나타나는 회로파라메터가 물리적인 의미를 갖기 위해서 식 (A8.10), 식(A8.11)에서의 회전자의 회로파라메터를 고정자로 환산하기 위해 다음 식 (A8.12)와 같이 변환하자.

여기서 M'_{sr}, L'_r은 3상-2상 변환($\alpha\beta$ 변환)에서 $M'_{sr} = \frac{3}{2}M_{sr}$, $L'_r = \frac{3}{2}L_r$의 관계가 아닌, 권선계수를 고려하여 2차측을 1차측으로 환산한 값이다.

$$M'_{sr} = aM_{sr}$$
$$R'_r = a^2 R_r$$
$$L'_r = a^2 L_r \qquad \text{(A8.12)}$$
$$\dot{I'}^r_p = \frac{\dot{I}^r_p}{a}$$
$$\dot{I'}^r_n = \frac{\dot{I}^r_n}{a}$$

여기서 권선계수를 고려한 고정자와 회전자의 유효권선을 각각 N_s, N_r라고 하면, $a = \dfrac{N_s}{N_r}$로 회전자 권선수와 고정자 권선수의 비를 나타낸다. 식 (A8.12)의 치환식을 사용하여 식 (A8.10), (A8.11)의 회로방정식을 물리적인 의미가 있는 회로망을 꾸밀 수 있게 변형하면 정상분과 역상분에 대한 회로방정식은 식 (A8.13)과 (A8.14)와 같이 된다.

$$\text{정상분 :}\quad \dot{V}^s_p = R_s \dot{I}^s_p + j\omega(L_s - M'_{sr})\dot{I}^s_p + j\omega M'_{sr}(\dot{I}^s_p + \dot{I'}^r_p)$$
$$0 = j\omega M'_{sr}(\dot{I}^s_p + \dot{I'}^r_p) + \frac{R'_r}{s}\dot{I'}^r_p + j\omega(L'_r - M'_{sr})\dot{I'}^r_p \qquad \text{(A8.13)}$$

$$\text{역상분 :}\quad \dot{V}^s_n = R_s \dot{I}^s_n + j\omega(L_s - M'_{sr})\dot{I}^s_n + j\omega M'_{sr}(\dot{I}^s_n + \dot{I'}^r_n)$$
$$0 = \frac{R'_r}{(2-s)}\dot{I'}^r_n + j\omega(L'_r - M'_{sr})\dot{I'}^r_n + j\omega M'_{sr}(\dot{I}^s_n + \dot{I'}^r_n) \qquad \text{(A8.14)}$$

식 (A8.13)의 정상분에 대한 회로를 그리면 그림 A8.1(a)와 같다. 식 (A8.13)과 식 (A8.14)에서 알 수 있는 바와 같이 역상분 회로방정식은 정상분 회로방정식의 R'_r/s를 $R'_r/(2-s)$로 치환한 것이다. 따라서 정상분 회로에서 역상분 회로를 유도하면 그림 A8.1(b)와 같다. 비대칭 2상전압으로 동작하는 2상 유도전동기의 대칭좌표법에 의해 구한 등가회로는 정상분 성분과 역상분 성분이 독립적이고 두 회로를 동시에 나타내면 그림 A8.1(c)와 같이 된다.

식 (A8.1)에서와 같이 유도전동기의 회로방정식은 α상과 β상이 독립적이지 않고 연결되어 있으나 대칭변환된 유도전동기의 회로방정식은 식 (A8.7)에서와 같이 정상분과 역상분이 독립적인 관계가 된다. 따라서 대칭좌표 내에서는 유도전동기의 특성을 정상분, 역상분으로 분해하여 각각 독립적으로 특성을 파악할 수 있으며 두 성분의 결과를 더하면 2상 유도전동기의 특성을 알 수 있다.

정상분 회로와 역상분 회로에서 나타나는 $(L_s - M'_{sr})$의 의미에 대해 알아보자. $(L_s - M'_{sr})\dot{I}^s_p$를 다시 쓰면 식 (A8.15)와 같다.

$$(L_s - aM_{sr})\dot{I}^s_p = N_s\phi_s - aN_r\phi_{sr} \qquad \text{(A8.15)}$$

여기서 N_s, N_r, ϕ_s, ϕ_{sr}은 각각 고정자의 턴수, 회전자의 턴수, 고정자의 자기자속, 고정자와 회전자 사이의 상호자속을 나타낸다. 식 (A8.15)를 다시 쓰면 식 (A8.16)과 같다.

$$\begin{aligned} N_s\phi_s - aN_r\phi_{sr} &= N_s\phi_{ls} + N_s\phi_{sr} - aN_r\phi_{sr} \\ &= N_s\phi_{ls} = L_{ls}\dot{I}_p^s \end{aligned} \tag{A8.16}$$

여기서 ϕ_{ls}, L_{ls}는 각각 고정자의 누설자속, 누설인덕턴스를 나타낸다. 따라서 $(L_s - M'_{sr})$는 고정자의 누설인덕턴스를 나타냄을 알 수 있다. 다음은 $(L'_r - M'_{sr})$의 의미에 대해 알아보자. $(L'_r - M'_{sr})$를 다시 쓰면 식 (A8.17)과 같다.

$$\begin{aligned} (L'_r - M'_{sr})\dot{I}'^r_p &= a^2L_r\dot{I}'^r_p - aM_{sr}\dot{I}'^r_p \\ &= a^2N_r\phi'_r - aN_s\phi'_{sr} \end{aligned} \tag{A8.17}$$

여기서 ϕ'_r, ϕ'_{sr}는 각각 $\dot{I}'^r_p$에 의한 회전자 자속과 회전자와 고정자 사이의 상호자속을 나타낸다. 식 (A8.17)을 다시 쓰면 식 (A.8.18)과 같다.

$$\begin{aligned} a^2N_r\phi'_r - aN_s\phi'_{sr} &= a^2N_r\phi'_{lr} + a^2N_r\phi'_{sr} - aN_s\phi'_{sr} \\ &= a^2N_r\phi'_{lr} = a^2L_{lr}\dot{I}'^r_p = L'_{lr}\dot{I}'^r_p \end{aligned} \tag{A8.18}$$

여기서 ϕ'_{lr}, L'_{lr}은 각각 $\dot{I}'^r_p$에 의한 회전자의 누설자속과 누설인덕턴스를 나타낸다. 따라서 $(L'_r - M'_{sr})$는 회전자를 고정자로 환산한 회전자의 누설인덕턴스를 나타냄을 알 수 있다.

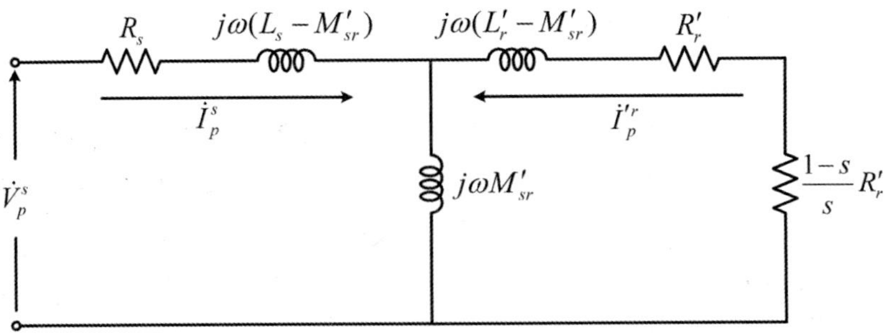

(a)

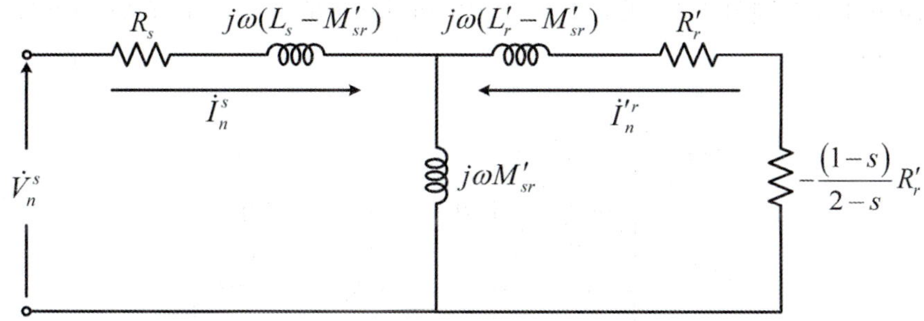

(b)

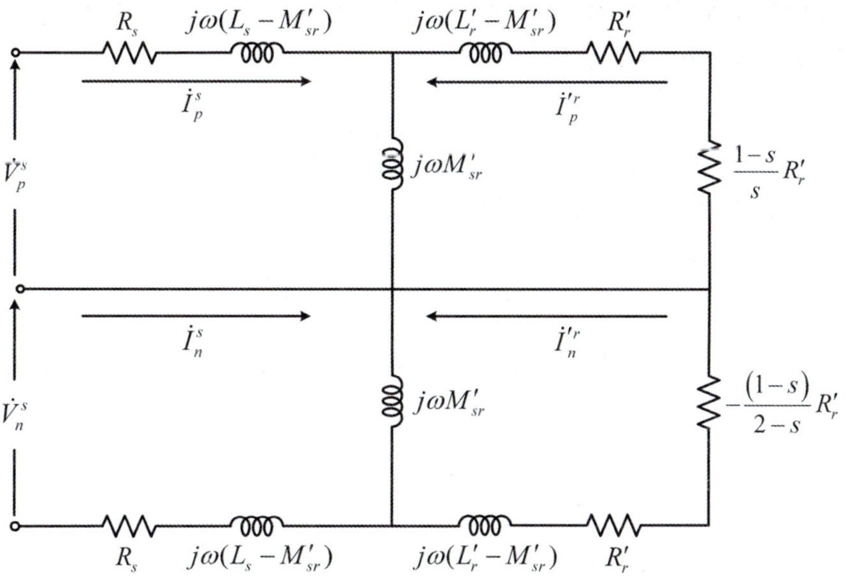

(c)

그림 A8.1 비대칭 2상 전압 하에서 동작하는 2상 유도전동기 등가회로
(a) 정상분 회로 (b) 역상분 회로 (c) 정상분과 역상분을 함께 그린 회로

[2] 단상 유도전동기의 등가회로

dq 변환된 단상 유도전동기의 등가회로는 그림 A8.2와 같이 고정자의 한 상이 0인 극단적인 불평형 2상 유도전동기라고 볼 수 있다. 따라서 식 (A8.2)에서 단상 유도전동기만의 특수한 조건을 대입하면 단상 유도전동기의 회로방정식을 얻을 수 있다. 단상 유도전동기는 q축 전압과 전류가 0이고 d축 전압과 전류가 입력전압, 전류와 같으므로 식 (A8.19)가 성립한다.

$$\dot{V}_q^s = 0 \ [\mathrm{V}], \quad \dot{I}_q^s = 0 \ [\mathrm{A}], \quad \dot{V}_d^s = \dot{V}_1 \ [\mathrm{V}], \quad \dot{I}_d^s = \dot{I}_1 \ [\mathrm{A}] \tag{A8.19}$$

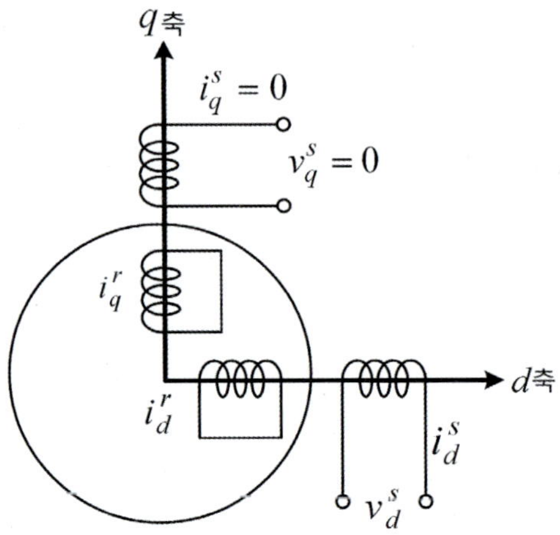

그림 A8.2 고정자 한상이 0인 극단적인 불평형 2상 유도전동기

따라서 변환행렬 (A8.4)를 이용하여 정상분 전류와 역상분 전류를 구하면 식 (A8.20), 식 (A8.21)과 같다.

$$\dot{I}_p^s = \frac{1}{\sqrt{2}}(\dot{I}_d^s + j\dot{I}_q^s) = \frac{1}{\sqrt{2}}\dot{I}_d^s = \frac{1}{\sqrt{2}}\dot{I}_1 \ [\mathrm{A}] \tag{A8.20}$$

$$\dot{I}_n^s = \frac{1}{\sqrt{2}}(\dot{I}_d^s - j\dot{I}_q^s) = \frac{1}{\sqrt{2}}\dot{I}_d^s = \frac{1}{\sqrt{2}}\dot{I}_1 \ [\mathrm{A}] \tag{A8.21}$$

또한 변환행렬 (A8.4)를 이용하여 정상분 전압과 역상분 전압을 구하면 식 (A8.22), 식 (A8.23)과 같다.

$$\dot{V}_p^s = \frac{1}{\sqrt{2}}(\dot{V}_d^s + j\dot{V}_q^s) = \frac{1}{\sqrt{2}}\dot{V}_d^s = \frac{1}{\sqrt{2}}\dot{V}_1 \ [\mathrm{V}] \tag{A8.22}$$

$$\dot{V}_n^s = \frac{1}{\sqrt{2}}(\dot{V}_d^s - j\dot{V}_q^s) = \frac{1}{\sqrt{2}}\dot{V}_d^s = \frac{1}{\sqrt{2}}\dot{V}_1 \ [\mathrm{V}] \tag{A8.23}$$

식 (A8.20)~(A8.23)에서 알 수 있는 바와 같이 단상 유도전동기에서는 역상분 전압, 전류와 정상분 전압, 전류의 값이 동일하기 때문에 정회전하는 회전자계와 역회전하는 회전자계의 크기는 같고 방향만 반대가 된다.

등가회로를 좀 더 간단히 하기 위해서 정상분 전압과 역상분 전압의 합을 구해보면 식 (A8.24)와 같다.

$$\dot{V}_p^s + \dot{V}_n^s = \sqrt{2}\,\dot{V}_d^s = \sqrt{2}\,\dot{V}_1 \ [\mathrm{V}] \tag{A8.24}$$

따라서 식 (A8.20), (A8.21), (A8.24)를 이용하여 단상 유도전동기의 등가회로를 그리면 그림 A8.3과 같이 된다. 그림 A8.3의 등가회로의 전압과 전류는 전원전압과 다르므로 전원전압으로 표현하기 위해서 권선비 $a = 1/\sqrt{2}$ 를 환산 계수로 이용하면 그림 A8.4와 같은 등가회로를 얻을 수 있다. 그림 A8.4의 등가회로에서 $\dot{E}'^{s}_{p}$, $\dot{I}'^{r}_{p}$는 정상분 역기전력과 전류를 나타내며, $\dot{E}'^{s}_{n}$, $\dot{I}'^{r}_{n}$는 역상분 역기전력과 전류를 나타낸다.

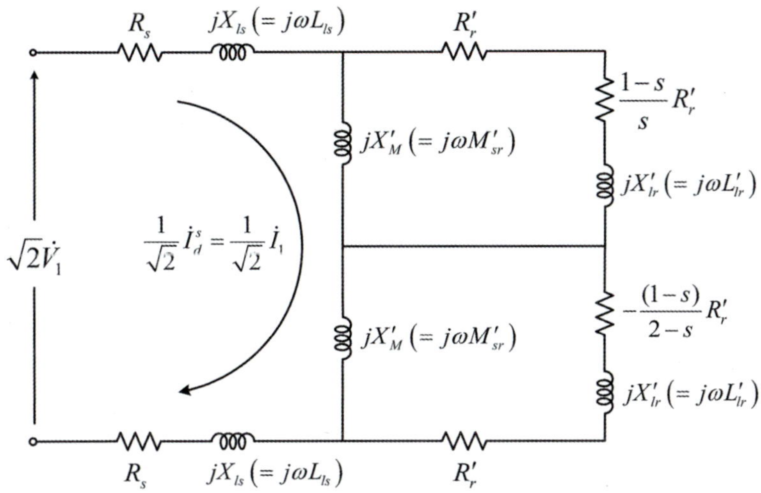

그림 A8.3 정상분과 역상분의 관계식을 이용하여 간략화한 등가회로

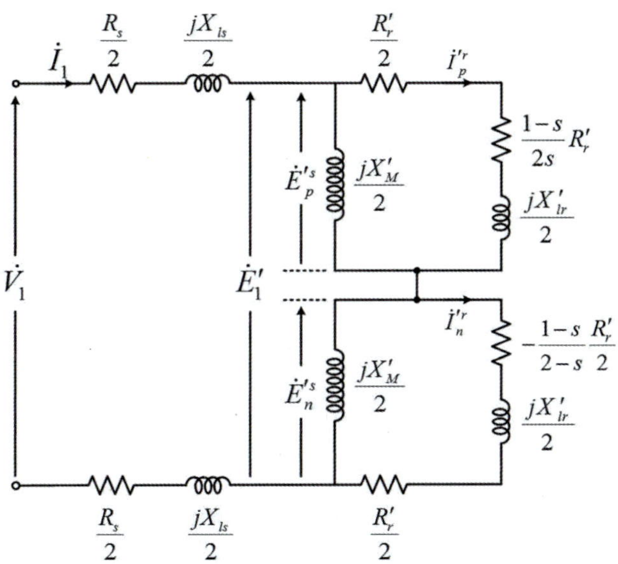

그림 A8.4 일반적인 단상 유도전동기의 등가회로

A.9 스칼라제어와 벡터제어의 원리

[1] 개요

벡터제어는 스칼라제어와 대칭되는 개념으로 교류전동기에서 발생되는 계자자속과 전기자자속의 공간적인 위치와 크기를 제어한다는 개념이다. 브러시형 직류전동기에서는 계자자속과 전기자 자속의 공간적인 위치관계가 정류자와 브러시의 위치에 의해 정해지므로 전기적으로 전기자의 자속과 계자자속의 위치를 제어할 수 없으므로 브러시형 직류전동기에서는 벡터제어라는 용어를 사용하지 않는다. 최근에 교류기에서 벡터제어가 많이 이용되고 있는 것은 벡터제어가 스칼라제어에 비하여 응답성이 빠르고 속도 및 위치 오차가 작기 때문이다. 유도전동기의 속도제어에서 스칼라제어와 벡터제어를 비교하면 표 A9.1과 같다. 표 A9.1에서 알 수 있는 바와 같이 벡터제어는 순시토크를 제어하여 속도를 제어하는 방법이고 스칼라제어는 속도제어를 위해 주파수를 제어하므로 단지 평균토크를 제어할 수 있는 방법이다. 벡터제어에서는 속도오차를 줄이기 위해 계자자속과 전기자 자속의 벡터를 제어하여 토크를 제어하기 때문에 직류전동기의 속도제어와 마찬가지로 토크가 직접 제어대상이 되지만 스칼라제어에서는 속도의 오차를 줄이기 위해서 단지 주파수와 전압의 크기를 제어하기 때문에 평균토크만을 제어할 수 있다.

벡터제어에서는 계자 자속과 전기자 자속의 벡터를 순시적으로 제어하기 위해서 각 자속의 순시위치를 알아야 한다. 또한 계자자속과 전기자 자속을 분리하여 두 자속을 독립적으로 제어하기 위해 부록 A6에서 설명한 dq변환을 이용한다. dq변환에 의해 abc좌표계가 아닌 dq라고 하는 가상의 좌표계에서 제어하면 계자 자속과 전기자 자속을 독립적으로 제어할 수 있으므로 스칼라제어에서는 어려운 최대토크제어가 가능하다.

표 A9.1 스칼라제어와 벡터제어의 비교

	벡터제어 (순시토크제어)	스칼라 제어 (평균토크제어)
대표적방법	전압, 전류의 크기와 위상(벡터) 제어	V/f일정제어
센서	속도센서 또는 위치센서필요	위치센서 불필요
변환	dq변환	–
제어대상	토크가 제어대상	속도가 제어대상
제어방법	최대토크제어(예: 부하각=90°)	평균토크만 제어(부하각은 변함)

[2] 유도전동기의 스칼라 제어

(1) 개루프 스칼라제어

7장의 유도전동기에서 다상 유도전동기의 속도제어법으로 저항제어, 전압제어, 주파수제어, V/f 일정제어를 소개하였다. 이러한 제어법은 단지 크기만을 제어하므로 스칼라제어라고 한다. 스칼라제어법 중에서 V/f 일정제어는 정격속도보다 낮은 속도로 제어하기 위해 사용되는 방법이다. V/f 일정제어는 속도제어범위가 넓고 효율이 좋기 때문에 스칼라제어법 중에서 가장 광범위하게 이용되고 있다.

V/f 일정제어는 개루프 제어와 폐루프 제어 모두 가능하다. 개루프 제어는 그림 A9.1과 같이 일정 부하토크에 대하여 유도전동기가 낮은 슬립에서 운전을 하고 있을 때 주파수를 낮추면 회전자 속도는 주파수에 거의 비례하여 느려진다는 점을 이용한다. 이러한 개루프 V/f 일정제어의 블록선도을 그림 A9.2에 나타내었다. 그림 A9.2에서와 같이 속도지령 ω_s^*가 주어지면 속도지령 ω_s^*에 비례하여 전압지령 V_s^*가 생성된다. 전압지령 테이블에서 V_0는 전동기의 권선저항과 누설리액턴스를 고려한 일종의 Boost 전압이다. 주파수지령과 전압지령에 의해 v_a^*, v_b^*, v_c^*가 인버터의 전압지령으로 입력되어 유도전동기를 제어한다.

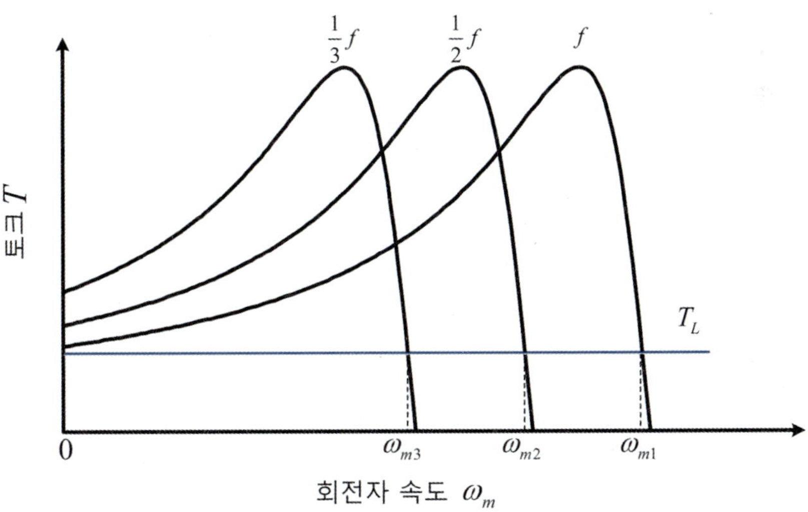

그림 A9.1 일정 부하토크에 대한 개루프 V/f 일정제어 시 유도전동기 속도-토크 특성

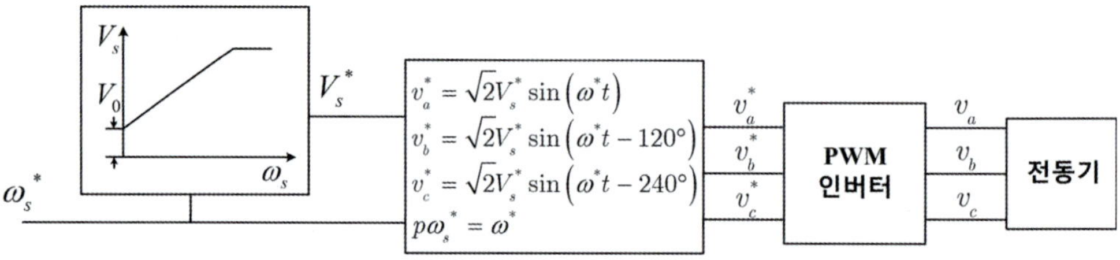

그림 A9.2 개루프 V/f 일정제어의 블록선도

개루프 V/f 일정제어는 부하변동이나 전압변동에 따라 속도의 변동이 발생한다. 예를 들면 그림 A9.3에서와 같이 외란 등의 요인으로 부하토크가 T_{L1}에서 T_{L2}로 변동되었을 때 개루프 제어에서는 속도의 변동을 검출할 수 없으므로 속도지령과 실제속도의 차를 보정할 수 없다. 따라서 그림 A9.3에서와 같은 속도지령이 ω_{m1} 또는 ω_{m2}일 때 부하가 T_{L1}에서 T_{L2}로 바뀌면 실제속도는 ω'_{m1} 또는 ω'_{m2}가 되어 속도오차가 발생한다. 또한 개루프 제어에서는 입력전압의 변동에 따라서도 속도변동이 일어날 수 있다. 그림 A9.4에서와 같이 원래의 전압이 단위계로 100[V]였으나 75[V]로 낮아지면 속도 토크 곡선은 T_{m1}에서 T_{m2}로 변한다. 이와 같이 전동기의 속도-토크특성이 변하게 되어 정상적인 전압에서 구동속도가 ω_{m1}이었으나 실제로 운전되는 속도는 ω'_{m1}가 된다. 개루프 제어에서는 속도의 궤환이 없기 때문에 부하변동이나 전압변동에 의한 속도오차를 보정할 수 없다.

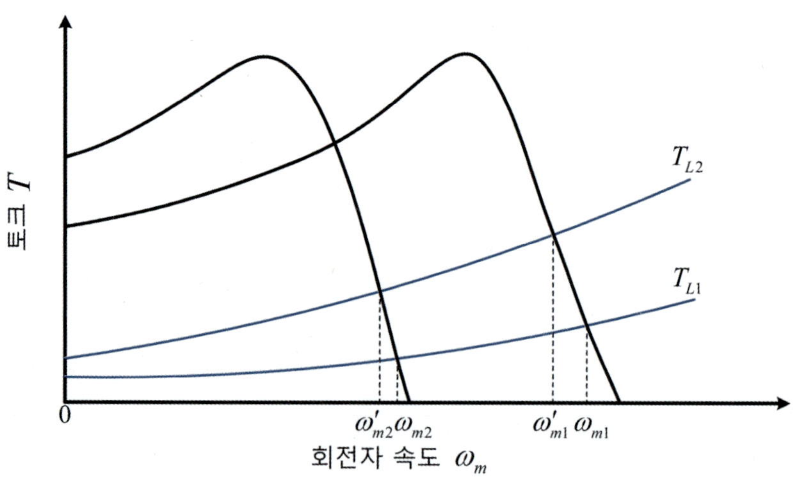

그림 A9.3 부하토크의 변동에 의한 속도오차

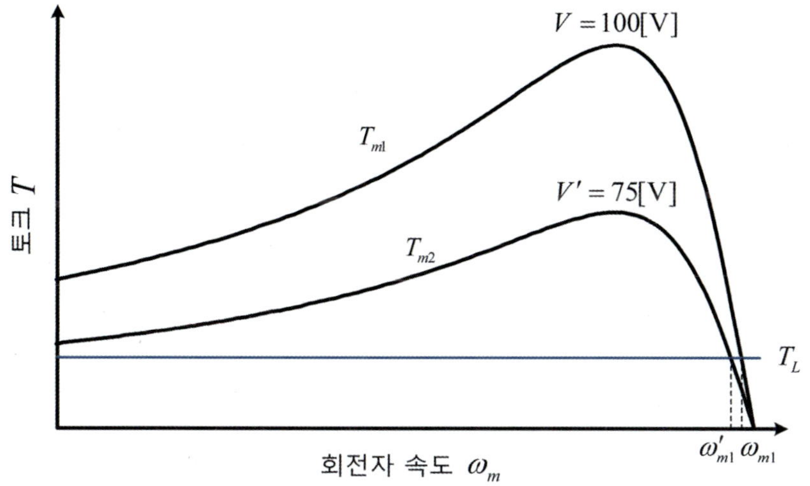

그림 A9.4 전압변동에 의한 속도오차

(2) 폐루프 스칼라제어

개루프 V/f 일정제어에서는 속도오차가 발생되어도 보정할 수 없기 때문에 정밀한 속도제어가 불가능하다 따라서 속도오차를 보정하기 위해서 속도 궤환을 이용한 폐루프 속도제어가 필요하다. 7장에서 서술한 3상 유도전동기의 간이등가회로에서 토크식은 식 (7.118)으로 정의되었다.

$$T = \frac{P_2}{\omega_s} = \frac{P}{2\omega} m_1 V_1^2 \frac{r'_2/s}{(r_1 + \frac{r'_2}{s})^2 + (x_1 + x'_2)^2} \ [\text{Nm}] \tag{7.118}$$

토크식 (7.118)에서 1차측 권선저항과 1차측 누설리액턴스를 무시하면 식 (A9.1)과 같은 토크식을 얻을 수 있다.

$$T = \frac{P}{2} m_1 \left(\frac{V_1}{\omega} \right)^2 \frac{s\omega r'_2}{(r'_2)^2 + (sx'_2)^2} \ [\text{Nm}] \tag{A9.1}$$

운전영역에서는 슬립이 작으므로 2차측의 슬립각주파수 $s\omega$ 역시 작은 값이 된다. 따라서 $r'_2 \gg sx'_2 (= s\omega L_{2l})$의 조건이 성립하므로 식 (A9.2)로 표현된다.

$$T \approx \frac{P}{2} m_1 \left(\frac{V_1}{\omega} \right)^2 \frac{s\omega}{r'_2} \ [\text{Nm}] \tag{A9.2}$$

식 (A9.2)에서 V/f를 일정하게 하면 토크는 슬립각주파수 $s\omega$에 비례함을 알 수 있다. 따라서 슬립각주파수 $s\omega$를 제어하면 토크제어가 가능하므로 슬립각주파수 제어를 속도제어에 이용할 수 있다.

그림 A9.1에서와 같이 V/f 일정제어시 유도전동기가 일정 부하토크에 대해서 저슬립으로 운전되면 슬립각주파수 $s\omega$가 일정하다. 식 (7.74)을 보게 되면 슬립각주파수가 일정하고 E_2/ω 역시 일정하므로 $r_2 \gg SX_2$인 조건을 고려하면 2차측 전류는 일정하다. 또한 V/f를 일정하게 제어하면 공극자속이 일정하기 때문에 여자전류 역시 일정하게 되어 1차 전류도 일정해진다.

$$I_2 = \frac{E_2}{\sqrt{\left(\frac{r_2}{s}\right)^2 + x_2^2}} = \frac{sE_2}{\sqrt{r_2^2 + (sx_2)^2}} = \frac{E_2}{\omega}\frac{s\omega}{\sqrt{r_2^2 + (sx_2)^2}} \ \ [\mathrm{A}] \tag{7.74}$$

따라서 슬립각주파수를 일정하게 제어하면 토크와 전류를 일정하게 제어할 수 있고 저항제어와 같이 슬립각주파수가 변하지 않으므로 효율 좋은 속도제어가 가능하다.

그림 A9.5에서와 같이 전동기의 속도 $\omega_e(=(1-s)\omega)$를 검출하여 폐루프를 구성하면 속도제어기에서는 속도오차를 0으로 하기 위한 토크지령이 생성된다. 토크는 슬립각주파수 $s\omega(=2\pi f_2)$에 비례하므로 속도제어기의 토크지령으로부터 슬립각주파수지령$(s\omega)^*$를 구할 수 있다. 실제속도가 속도지령보다 느리면 큰 슬립각주파수를 슬립각주파수지령으로 출력한다. 반대로 실제속도가 속도지령보다 빠르면 작은 슬립각주파수가 슬립각주파수지령으로 출력된다. 이때 슬립각주파수의 변동범위는 안정운전을 위해 최대토크를 발생하는 슬립각주파수 이하로 제한한다. 따라서 각주파수지령 ω^*는 슬립각주파수지령 $(s\omega)^*$와 회전자의 각속도 $(1-s)\omega$에 의해 다음 식 (A9.3)과 같이 정의된다.

$$\omega^* = (1-s)\omega + (s\omega)^* \ \ [\mathrm{rad/s}] \tag{A9.3}$$

또한 V/f일정제어에 의해서 주파수에 비례한 전압지령 V_s^*이 생성된다. 생성된 각주파수지령 ω^*와 전압지령 V_s^*을 추종하는 전압은 PWM 인버터을 이용하여 발생시킨다. 이러한 용도로 사용되는 PWM 인버터를 VVVF 인버터라고 한다. VVVF 인버터에 의해 발생된 abc상 전압이 인가되어 유도전동기를 구동시킨다.

유도전동기의 폐루프 스칼라제어(슬립각주파수 조절에 의한 속도제어방법)는 속도의 정밀도는 낮으나 제어기의 가격이 낮고 제어가 복잡하지 않으며 견실하다는 장점이 있다. 따라서 빠른 응답이 요구되지 않고 속도정밀도가 높지 않은 응용분야에서 유도전동기의 범용적인 구동을 위해 사용된다.

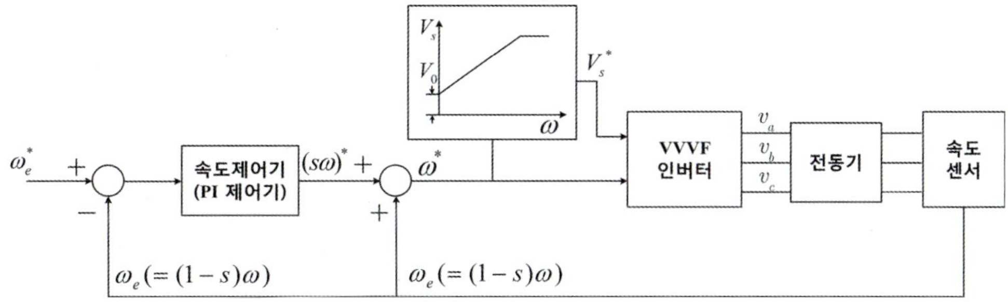

그림 A9.5 폐루프 V/f 일정제어의 블록선도

[3] 유도전동기의 벡터제어

(1) 벡터제어의 원리

벡터제어는 교류전동기를 타여자 직류전동기와 동일한 방법으로 제어하는 제어법이다. 타여자 직류전동기는 계자 권선과 전기자 권선이 독립이고 각 권선에 흐르는 전류가 직류이다. 또한 계자 자속과 전기자 자속이 이루는 각도가 90도로 되어 있어 최대토크를 발생시킨다. 따라서 교류전동기를 타여자 직류전동기와 같은 방법으로 제어한다는 것은 다음의 성질을 가지고 있는 것이 일반적이다.

① 전기자 전류와 계자 전류의 성분이 가능하면 직류여야 한다.

② 계자 자속성분과 전기자 전류성분을 독립적으로 제어할 수 있어야 한다.

③ 계자 자속성분과 전기자 전류성분이 90°를 유지하여 서로 간섭이 없어야 한다.

유도전동기에서 입력은 교류이고 고정자에서 계자 자속과 전기자 자속을 모두 발생시키므로 abc좌표 상에서는 ①, ②의 조건을 만족시킬 수 없다. 또한 계자 자속성분과 전기자 전류성분을 90°로 유지하기 위해서는 각상의 위상각을 제어하여야 하나 abc좌표 상에서 위상각을 제어할 수 없다. 따라서 abc좌표 상에서 유도전동기 벡터제어는 불가능하다. 그러나 부록 A6에서 설명한 좌표변환을 이용하여 가상의 좌표계 상에서 위의 ①, ②, ③의 조건을 만족시키면 벡터제어가 가능해진다. 동기좌표 기준 dq좌표변환을 하면 고정자와 회전자의 전류가 직류가 되므로 ①번의 조건을 만족할 수 있다.

다음은 계자 자속성분과 전기자 전류성분을 분해하는 방법에 대해서 알아보자. 계자 자속성분은 회전자 자속, 고정자 자속, 공극 자속 모두 기준자속으로 선정가능하다. 즉 5장 전기기기 일반에서 설명한 바와 같이 각 자속 성분을 이용하여 토크를 구할 수 있다. 기준자속의 선정에 의해 벡터제어는 다음의 3가지로 나눌 수 있다.

- 회전자 자속기준 벡터제어 (RFO : Rotor Flux Oriented Control)
- 고정자 자속기준 벡터제어 (SFO : Stator Flux Oriented Control)
- 공극 자속기준 벡터제어 (AFO : Airgap Flux Oriented Control)

이러한 3가지 제어법에서 고정자 자속기준 벡터제어는 토크성분 전류와 고정자 쇄교 자속 간에 간섭이 발생하여 제어가 복잡하고 공극 자속기준 벡터제어도 슬립식과 자속식 간에 간섭이 발생하여 제어가 복잡하다. 반면 회전자 자속을 기준으로 하면 수식전개가 간단하고 간섭이 발생하지 않으므로 일반적으로 가장 많이 사용되는 방법이다.

회전자 자속기준 벡터제어를 하면 자속성분과 토크성분이 90°로 제어될 수 있고 서로 간섭이 일어나지 않으므로 각 성분을 독립적으로 제어 할 수 있어 ②, ③의 조건을 만족한다. 이러한 벡터제어 기법을 도식적으로 나타내면 그림 A9.6과 같다. 그림 A9.6에서와 같이 유도전동기를 좌표변환하여 가상좌표계인 회전자 자속기준 동기좌표계 상에서 타여자 직류전동기와 동일한 속도제어를 수행하면 가상의 직류전압지령 v_{ds}^{e*}, v_{qs}^{e*}를 생성시킨다. 그러나 실제 전동기는 유도전동기이기 때문에 직류전압지령 v_{ds}^{e*}, v_{qs}^{e*}를 실제 인가 가능한 3상 교류전압지령 v_a^*, v_b^*, v_c^*로 역변환하여 구해낸 후 인버터의 전압지령으로 사용한다.

따라서 벡터제어란 벡터제어의 조건 ①, ②, ③을 만족할 수 있는 가상의 좌표계로 변환하여 교류전동기를 타여자 직류전동기라고 생각하고 제어하는 방법으로 속도제어에 의해 직류의 전압지령을 생성하고 역변환함으로써 실제의 인가 가능한 3상 교류전압지령를 얻어내는 방법이라고 할 수 있다.

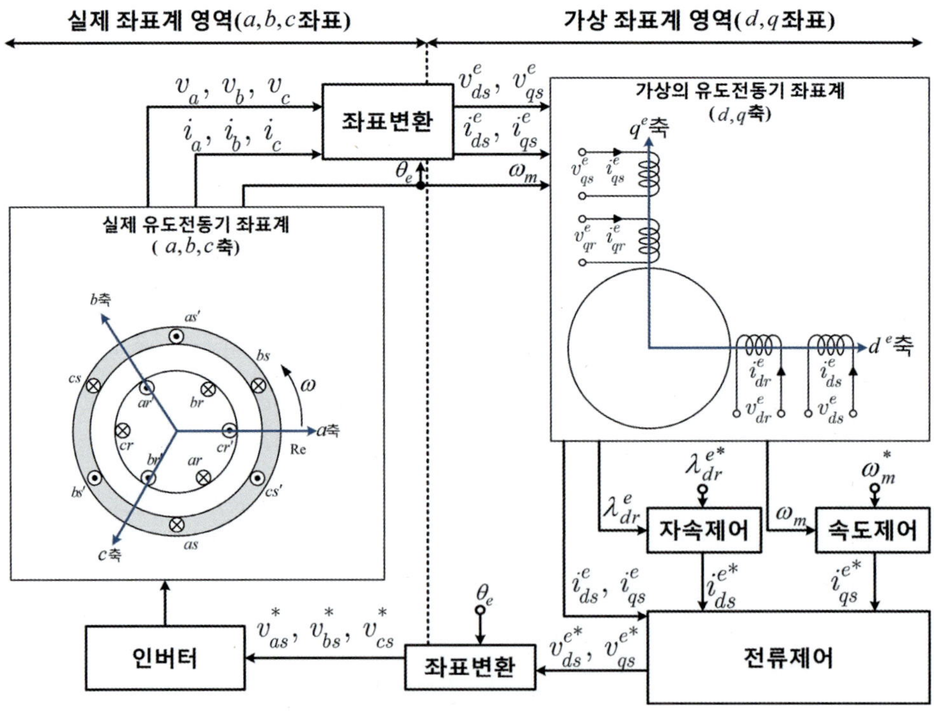

그림 A9.6 유도전동기의 회전자 자속기준 벡터제어 기법

이와 같이 적절한 좌표변환을 사용하면 모든 교류전동기를 직류전동기로 취급할 수 있어 제어가 용이하고 원리적으로 이해하기 쉽다. 그러나 교류전동기의 특성을 직류전동기로 이해하는 것은 제어적인 측면에서는 유리하지만 실제 전동기를 설계하고 특성을 알기 위해서는 abc좌표계 상에서도 생각할 수 있어야 한다.

(2) 회전자 자속기준 동기좌표계에서 회전자 자속축과 d^e축의 관계

회전자 자속기준 동기좌표계에서 그림 A9.7(a)와 같이 회전자 자속축과 고정자 d^e축이 임의의 위치에 있을 때 발생되는 2극기의 토크를 구해보면 식 (A9.4)과 같다.[주1)]

$$T = \frac{L_m}{L_r}\left(\lambda_{dr}^e i_{qs}^e - \lambda_{qr}^e i_{ds}^e\right) \ [\mathrm{Nm}] \qquad \text{(A9.4)}$$

여기서 λ_{dr}^e, λ_{qr}^e 는 각각 동기좌표계에서 회전자의 d^e축 쇄교자속과 q^e축 쇄교자속을 나타낸다. 식 (A9.4)에서 알 수 있는 바와 같이 자속성분과 전류성분이 분리되어 있지 않으므로 벡터제어를 적용할 수 없다. 그러나 그림 A9.7(b)과 같이 고정자 d^e축을 회전자 자속축에 일치시키면 $\lambda_{qr}^e = 0$ 이기 때문에 토크식은 다음 식 (A9.5)과 같이 간단하게 된다.

$$T = \frac{L_m}{L_r}\left(\lambda_{dr}^e i_{qs}^e\right) = K i_{qs}^e \ [\mathrm{Nm}] \qquad \text{(A9.5)}$$

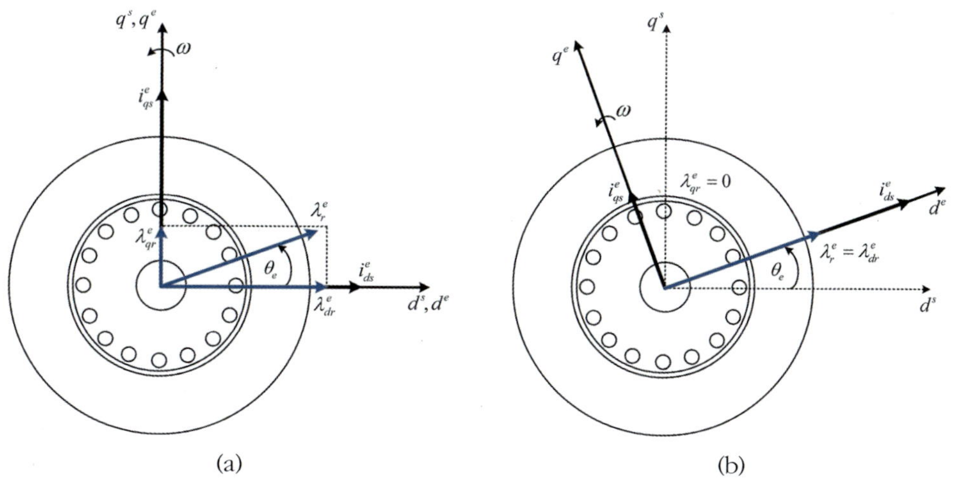

그림 A9.7 유도전동기에서의 회전사 자속축과 고정자 d^e축의 관계
(a) 회전자 자속축과 고정자 d^e축이 임의의 위치에 있을 때
(b) 회전자 자속축과 고정자 d^e축이 일치할 때

주1) P극기이면서 상대 변환을 한 경우 토크식은 $T = \frac{p}{2} \cdot \frac{3}{2} \frac{L_m}{L_r}\left(\lambda_{dr}^e i_{qs}^e - \lambda_{qr}^e i_{ds}^e\right)$가 된다.

여기서 i_{qs}^{e}를 토크분 전류라고 한다. 또한 회전자 자속 λ_{dr}^{e}과 i_{ds}^{e}에는 다음 식 (A9.6)의 관계가 있다.

$$\lambda_{dr}^{e} = L_m i_{ds}^{e} \quad [\mathrm{Wb}] \tag{A9.6}$$

식 (A9.6)과 같이 i_{ds}^{e}를 제어하면 λ_{dr}^{e}를 제어할 수 있으므로 i_{ds}^{e}를 자속분 전류라고 한다. 자속분 전류 i_{ds}^{e}와 토크분 전류 i_{qs}^{e}는 서로 직교하므로 간섭이 없다. 따라서 자속분 전류 i_{ds}^{e}를 일정하게 유지하고 토크분 전류 i_{qs}^{e}를 제어하면 식 (A9.5)에서와 같이 토크는 i_{qs}^{e}에 의해서만 변하므로 순시적인 토크제어가 가능해진다. 따라서 회전자 자속 기준 dq 변환을 이용해 고정자 전류를 자속분 전류 i_{ds}^{e}와 토크분 전류 i_{qs}^{e}로 분해하면 타여자 직류전동기와 동일한 제어를 할 수 있다.

(3) 회전자 자속의 위치 추정

앞에서 설명한 바와 같이 회전자 자속기준 동기좌표변환에 의해 변환된 가상의 $d^e q^e$ 좌표계에서는 유도전동기를 타여자 직류전동기와 같은 방법으로 제어 할 수 있다. 그러나 제어대상은 교류전동기인 유도전동기이므로 전압지령 v_{ds}^{e*}, v_{qs}^{e*}에 대해서 등가인 3상 교류전압지령 v_a^*, v_b^*, v_c^*를 가해야 한다. 따라서 전압지령 v_{ds}^{e*}, v_{qs}^{e*}로부터 3상 교류전압지령 v_a^*, v_b^*, v_c^*를 구하기 위한 그림 A9.8의 좌표변환기가 필요하다.

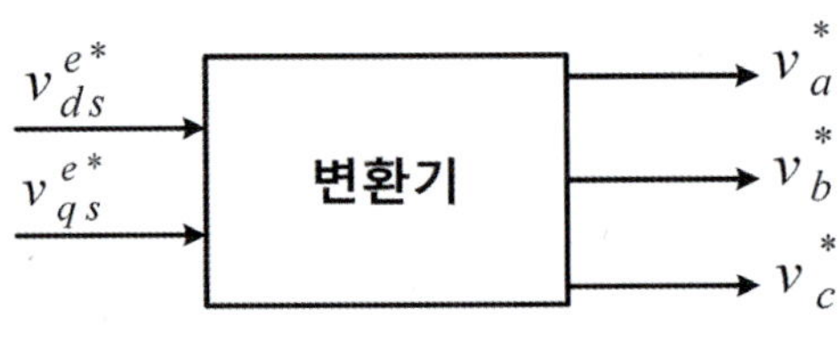

그림 A9.8 전압지령 v_{ds}^{e*}, v_{qs}^{e*}를 3상 교류전압지령 v_a^*, v_b^*, v_c^*로 변환하는 좌표변환기

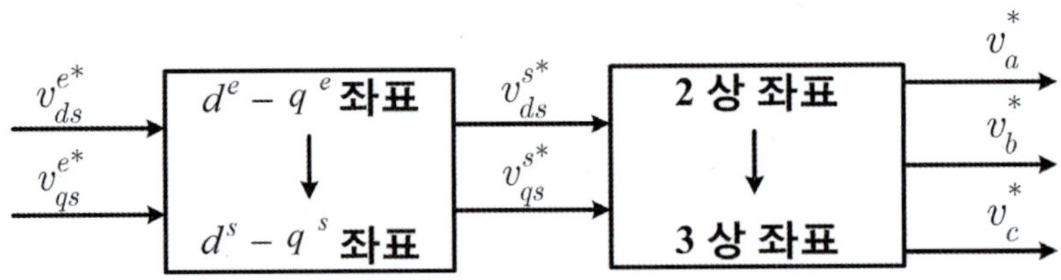

그림 A9.9 2단계로 나눠진 dq좌표계－abc좌표계 변환기

v_{ds}^{e*}, v_{qs}^{e*} 로부터 v_a^*, v_b^*, v_c^*를 얻기 위한 좌표변환기는 그림 A9.7에서와 같이 d^e축과 q^e축이 회전을 하고 있으므로 동기속도로 회전하는 $d^e q^e$좌표계 상의 직류전압지령으로부터 정지된 abc좌표계 상의 교류전압지령를 구하는 과정은 그림 A9.9와 같이 2단계로 나누어 생각할 수 있다.

먼저 정지좌표계의 $d^s q^s$축과 동기회전좌표계의 $d^e q^e$축 사이의 각도 θ_e를 알 수 있다면 정지좌표계와 동기회전좌표계 간의 관계식인 식 (A9.7)로부터 정지좌표계의 값을 구할 수 있다.

$$\begin{bmatrix} v_{ds}^{s*} \\ v_{qs}^{s*} \end{bmatrix} = \begin{bmatrix} \cos\theta_e & -\sin\theta_e \\ \sin\theta_e & \cos\theta_e \end{bmatrix} \begin{bmatrix} v_{ds}^{e*} \\ v_{qs}^{e*} \end{bmatrix} \tag{A9.7}$$

또한 2상 정지좌표계에서 3상 abc좌표계로의 변환은 식 (A9.8)에 의해 구할 수 있다.

$$[v_{abc}^*] = [C_{abc}^{dqs}][v_{dq}^{s*}] \tag{A9.8}$$

여기서 변환행렬 $[C_{abc}^{dqs}]$는 식 (A9.9)와 같이 정의된다.

$$[C_{abc}^{dqs}] = \sqrt{\frac{2}{3}} \begin{bmatrix} 1 & 0 \\ -\frac{1}{2} & \frac{\sqrt{3}}{2} \\ -\frac{1}{2} & -\frac{\sqrt{3}}{2} \end{bmatrix} \tag{A9.9}$$

이와 같은 변환을 2상좌표계–3상좌표계 변환이라고 한다. 따라서 식 (A9.7)과 식 (A9.9)을 이용한 변환에 의해 v_{ds}^{e*}, v_{qs}^{e*}로부터 v_a^*, v_b^*, v_c^*를 구할 수 있다. 여기서 식 (A9.7)의 변환행렬은 동기좌표계의 d^e축과 고정자좌표계의 d^s축 사이의 각도 θ_e를 필요로 한다.

유도전동기 벡터제어의 경우, 각도 θ_e에 대한 정보를 얻는 방법에 따라 직접벡터제어와 간접벡터로 나눌 수 있다. 회전자 쇄교자속벡터는 정지좌표계의 d^s축 자속성분 λ_{dr}^s와 q^s축 자속성분 λ_{qr}^s의 정보를 알면 구할 수 있다. 이와 같이 정지좌표계 상에서 $d^s q^s$축 쇄교자속을 측정 또는 계산함으로써 각도 θ_e을 직접 구해내는 경우를 직접벡터제어라고 한다. 직접벡터제어 중 자속을 직접 검출하는 경우 홀센서 또는 서치 코일와 같은 자속센서를 사용하여 자속을 측정해야 하지만 센서에는 측정오차가 있으므로 정확하게 위치를 구해내지 못한다는 단점을 가지고 있다. 또한, 유도전동기의 전압모델 또는 전류모델로부터 자속을 계산할 수 있으나, 전압모델은 저속에서 정밀도가 떨어지고 전류모델은 고속에서 정밀도가 떨어지므로 적절히 혼합해서 사용하는 경우가 많다.

간접벡터제어는 회전자 자속기준 동기좌표계의 전압방정식으로부터 슬립각주파수와

$d^e q^e$축 전류의 관계를 유도하여 회전자자속의 위상각(θ_e)을 간접적으로 계산하는 방법이다. d^e축과 q^e축 회전자의 전압방정식을 유도하면 식 (A9.10), (A9.11)과 같다.

$$v_{dr}^e = R_r i_{dr}^e + p\lambda_{dr}^e - (\omega - \omega_e)\lambda_{qr}^e = 0 \quad \text{(A9.10)}$$

$$v_{qr}^e = R_r i_{qr}^e + p\lambda_{qr}^e + (\omega - \omega_e)\lambda_{dr}^e = 0 \quad \text{(A9.11)}$$

식(A9.10), (A9.11)를 이용하여 슬립각주파수 $s\omega$와 d^e축, q^e축 전류의 관계를 유도하면 식 (A9.12)와 같다.

$$s\omega = k_s \frac{i_{qs}^e}{i_{ds}^e} \ \ [\text{rad/s}] \quad \text{(A9.12)}$$

여기서 $k_s = \dfrac{R_r}{L'_r}$로 유도전동기 회전자 시정수의 역수를 나타낸다. 따라서 간접벡터제어에서는 토크분 전류지령 i_{qs}^{e*}와 자속분 전류지령 i_{ds}^{e*}로부터의 슬립각주파수지령 $(s\omega)^*$를 구할 수 있다. 슬립각주파수지령 $(s\omega)^*$과 속도센서로부터 얻은 회전자의 전기적 각속도 ω_e을 이용하면 식 (A9.13)로부터 회전자 자속의 위상각 θ_e를 얻을 수 있다.

$$\theta_e = \int \omega dt = \int \left(\omega_e + (s\omega)^*\right) dt \ \ [\text{rad}] \quad \text{(A9.13)}$$

간접벡터제어는 회전자의 속도정보를 필요로 하므로 속도센서가 있어야 한다는 점과 슬립각주파수에 대한 관계식의 정확도가 회전자 저항 R_r과 자기 인덕턴스 L'_r에 의존하는 단점을 가진다. 그러나 회전자 자속에 대한 측정이 필요하지 않기 때문에 간단하게 구현이 가능하다는 장점을 가지므로 일반적으로 사용되는 벡터제어법이다.

(4) 유도전동기 벡터제어의 블록선도

그림 A9.10은 유도전동기 벡터제어의 블록선도를 나타내고 있다. 그림 A9.10에서와 같이 자속제어기는 자속지령 λ_{dr}^{e*}을 입력으로 받아 자속분 전류지령 i_{ds}^{e*}를 출력한다. 또한 속도제어기는 속도지령 ω_e^*를 입력으로 받아 토크분 전류지령 i_{qs}^{e*}를 출력한다. 자속분 전류지령 i_{ds}^{e*}와 토크분 전류지령 i_{qs}^{e*}는 전류제어기를 통해서 직류전압지령 v_{ds}^{e*}, v_{qs}^{e*}를 발생시킨다. d^e축 전압지령 v_{ds}^{e*}은 원하는 자속 λ_{dr}^{e*}을 발생시키기 위한 전압이며, q^e축 전압지령 v_{qs}^{e*}은 원하는 속도 ω_e^*에 도달하기 위해 필요한 토크를 발생시키기 위한 전압이 된다. 이러한 전압지령에 대해서 등가인 3상 교류전압지령 v_a^*, v_b^*, v_c^*을 그림 A9.9에서와 같이 동기좌표계-고정좌표계 변환과 2상좌표계-3상좌표계 변환을 통해 구한다. 변환된 3상 교류전압지령 v_a^*, v_b^*, v_c^*은 PWM 인버터를 통해 3상 전압 v_a, v_b, v_c로 유도전동기에 인가된다.

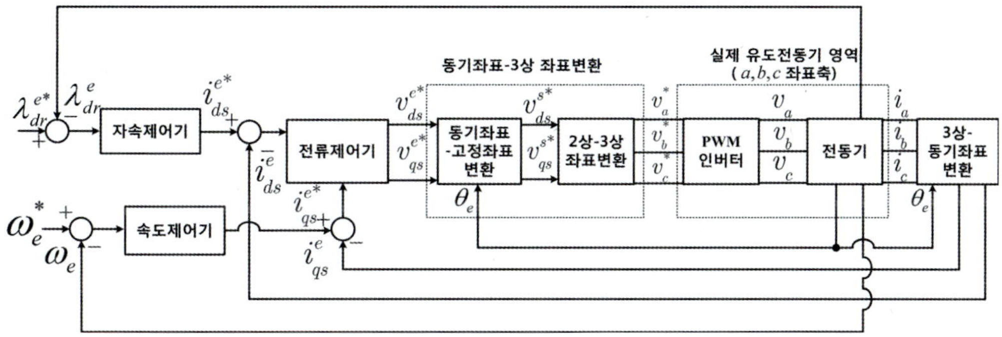

그림 A9.10 유도전동기 벡터제어의 블록선도

자속제어기, 전류제어기, 속도제어기는 각각의 제어기에 맞는 궤환값을 요구한다. 자속제어기는 회전자 자속정보를, 속도제어기는 회전자의 속도정보를 필요로 한다. 전류제어기의 경우, 궤환값으로 동기회전좌표계의 d^e축 전류 i_{ds}^e와 q^e축 전류 i_{qs}^e를 이용하므로 3상 교류전류 i_a, i_b, i_c로부터 동기회전좌표계로 변환하는 변환기를 사용하여야 한다. 동기좌표계-고정좌표계 변환과 마찬가지로 고정좌표계-동기좌표계 변환 역시 회전자 자속의 위치정보 θ_e가 필요하다.

[4] 영구자석 동기전동기의 벡터제어

영구자석 동기전동기는 유도전동기와는 달리 특별한 기동법을 사용하지 않으면 기동이 안되며 스칼라제어를 할 경우 난조현상을 가지고 있으므로 속도제어가 불안정하다. 따라서 영구자석 동기전동기는 유도전동기와 같은 스칼라제어는 거의 하지 않고 벡터제어를 주로 한다. 영구자석 동기전동기의 벡터제어는 유도전동기의 벡터제어의 특수한 경우

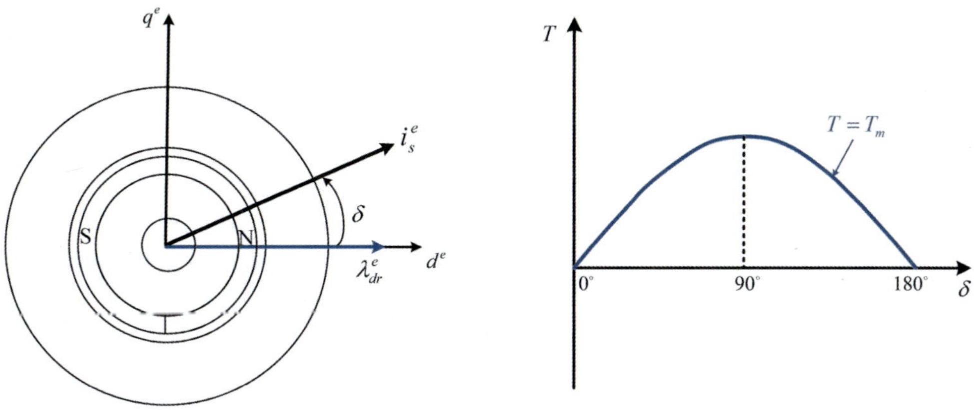

그림 A9.11 표면부착형 영구자석 전동기의 부하각에 따른 토크특성

라고 볼 수 있다. 즉 유도전동기에서는 회전자의 자속성분을 고정자 전류가 발생시키지만 영구자석 동기전동기에는 계자의 자속이 영구자석 회전자에 의해 독립적으로 발생한다.

그림 A9.11는 표면부착형 영구자석 전동기(SPM motor)의 부하각에 따른 토크특성을 나타내고 있다. 그림 A9.11에서와 같이 표면부착형 영구자석 전동기는 부하각 90°일 때 최대토크를 발생시키므로 단위전류당 최대토크(MTPA : maximum torque per ampere)로 제어하기 위해서는 부하각 90°로 제어해야 한다. 따라서 그림 9.12에서와 같이 전기자 전류를 q^e축 상에 일치시키면 전기자 전류의 d^e축 성분은 0이 되고 전기자 전류는 q^e축 성분만 갖게 된다. 따라서 MTPA제어 시 q^e축 성분만을 제어하면 토크제어를 할 수 있다. 그림 9.12의 표면부착형 영구자석 전동기의 계자 자속축을 동기회전좌표계의 d^e축이라고 하면 토크는 식 (A9.14)와 같다.

$$T = \lambda_{dr}^{e} i_{qs}^{e} \quad [\mathrm{Nm}] \tag{A9.14}$$

따라서 속도제어기에서 발생한 토크지령 T^*으로부터 전류지령 i_{ds}^{e*}, i_{qs}^{e*}는 식 (A9.15)로부터 구할 수 있다.

$$i_{ds}^{e*} = 0 \ [\mathrm{A}], \quad i_{qs}^{e*} = \frac{T^*}{\lambda_{dr}^{e}} \ [\mathrm{A}] \tag{A9.15}$$

식 (A9.15)에서 계자 자속이 일정하므로 d^e축 전류는 0으로 유지하고, q^e축 전류만을 제어하면 된다. 이 때 유도전동기와 마찬가지로 표면부착형 영구자석 전동기에 입력되는 전류는 3상의 교류이므로 동기좌표계의 d^e축과 고정좌표계 d^s축 사이의 각도 θ_e를 정확하게 알아야 한다.

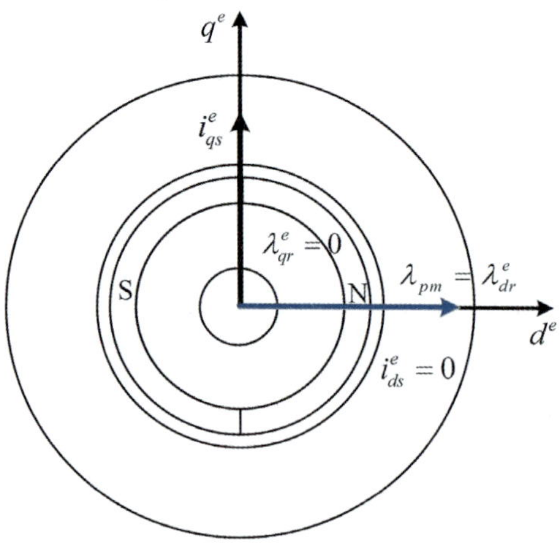

그림 A9.12 표면부착형 영구자석 동기전동기에서의 계자 자속축과 고정자 d^e축의 관계

각도 θ_e를 알게 되면 식 (A9.7), 식 (A9.9)로부터 고정자의 3상 전류를 알 수 있다. 유도전동기에서는 회전자 자속의 위치를 측정에 의해 구하거나 슬립각주파수의 관계식으로부터 간접적으로 구할 수 있었다. 그러나 표면부착형 영구자석 전동기에서는 회전자 자속의 위치는 회전자의 위치와 동일하므로 레졸버나 엔코더로 구할 수 있다.

매입형 영구자석 전동기(IPM motor)는 릴럭턴스 토크가 추가적으로 발생되기 때문에 그림 A9.13에서와 같이 최대토크가 발생되는 부하각이 90°가 아니다. 따라서 MTPA제어 시 부하각을 그림 A9.13과 같이 90°보다 크도록 제어하여야 한다. 이때 최대토크가 발생하는 부하각은 동기좌표계 상에서의 전동기의 회로정수와 전압, 전류를 이용하여 구해 낼 수 있다. 매입형 영구자석 전동기도 $d^e q^e$좌표계 상에서 속도제어를 하므로 $d^e q^e$좌표계와 abc좌표계 사이의 좌표변환이 필요하다. 따라서 매입형 영구자석 전동기에서도 엔코더 또는 레졸버와 같은 위치센서가 필요하지만 위치센서를 사용하지 않는 센서리스 속도제어도 가능하다.

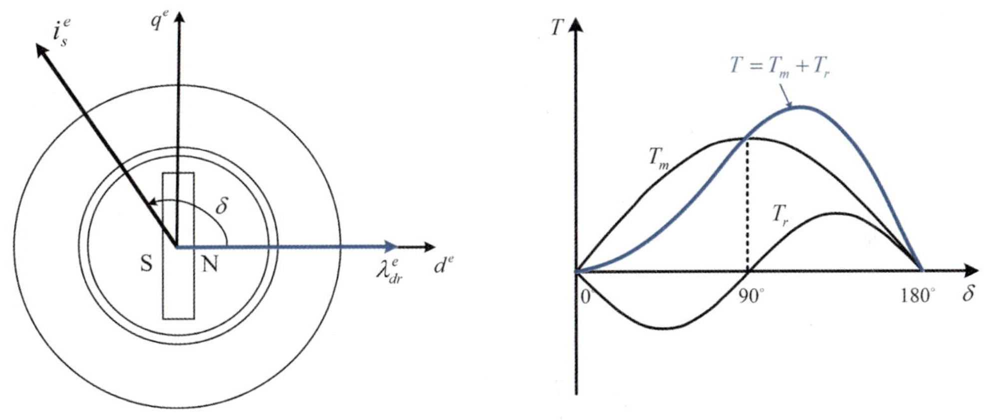

그림 A9.13 매입형 영구자석 동기전동기의 부하각에 따른 토크특성

A.10 NEMA class 유도 전동기의 분류법과 특성

유도전동기는 회전자의 형상을 바꾸어 주면 토크-속도 곡선이 크게 변한다. 산업체가 정수마력 범위에서 다양한 응용에 적절한 전동기를 선택하는 것을 돕기 위해서 미국의 NEMA와 유렵의 IEC(International Electrotechnical Commission)는 여러 가지 토크-속도 곡선을 가지고 일련의 표준설계를 정의하였다. 이 표준설계는 그림 A11.1과 같이 4개(A, B, C, D형)로 정의되고 각각의 속도-토크 특성을 나타낸다.

[1] A형

A형 전동기는 표준적인 기동토크와 일반적 기동전류, 저슬립을 가진 표준전동기이다. 이 전동기의 전부하 슬립은 B형 전동기와 마찬가지로 정격부하에서 0.05 이하이다. 이 전동기의 최대토크(탈출토크)는 전부하 토크의 200~300[%]이고 저슬립에서 발생한다. A형 전동기는 기동시 기동전류가 매우 커서 500~800[%]정도가 된다. 전동기와 연결된 전력시스템에서 기동시 전압 급강하 문제를 막아 주기 위해, 약 7.5[HP] 이상의 크기에서는 낮은 전압으로 기동하는 방법을 이용해야한다. A형 전동기는 7.5[HP]이하 그리고 약 200[HP]이상 대부분의 응용에서 표준 모델로 사용하였으나 최근에 B형 전동기로 대체되고 있다. 이 전동기는 선풍기, 송풍기, 펌프, 선반과 다른 기계장치에 일반적으로 응용되고 있다.

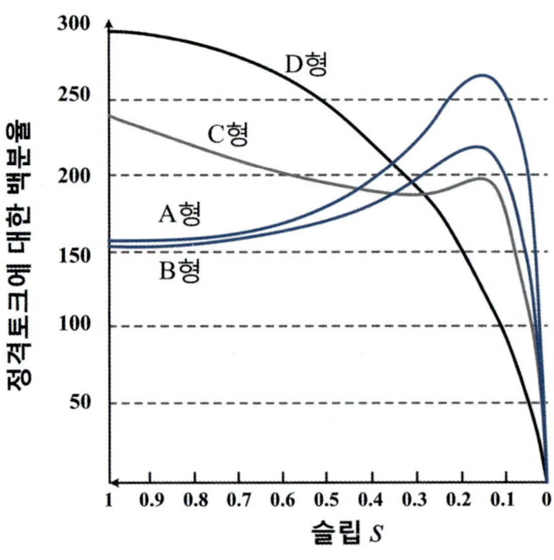

그림A10.1 NEMA 유형별 유도전동기의 토크-속도 특성

[2] B형

B형 전동기는 표준적인 기동토크를 갖고 기동전류가 작으며 저슬립에서 운전한다. 이 전동기는 A형 전동기보다 약 25[%]정도 작은 기동전류로서 거의 동일한 기동토크를 만든다. 최대토크는 정격부하 토크의 200[%]이상이지만 회전자 리액턴스가 커서 등급 A보다 최대토크가 작으나 회전자 슬립은 0.05 이하이다. 응용은 A형과 유사하지만, 낮은 기동전류 때문에 B형을 더 선호하게 된다. B형 전동기는 새로운 장치설비에서 A형 전동기를 많이 대체하고 있다.

[3] C형

C형 전동기는 기동토크가 크고 기동전류가 작다. 또한 운전 슬립도 0.05 이하로 작다. 최대토크는 등급 A전동기에서보다 다소 작지만 기동토크는 전부하 토크의 250[%]까지 올라간다. 이 전동기는 2중 농형 회전자로 만들어지므로 다른 등급의 전동기보다 상당히 비싸다. C형은 높은 기동토크를 요구하는 펌프, 압축기, 컨베이어 등에 이용된다.

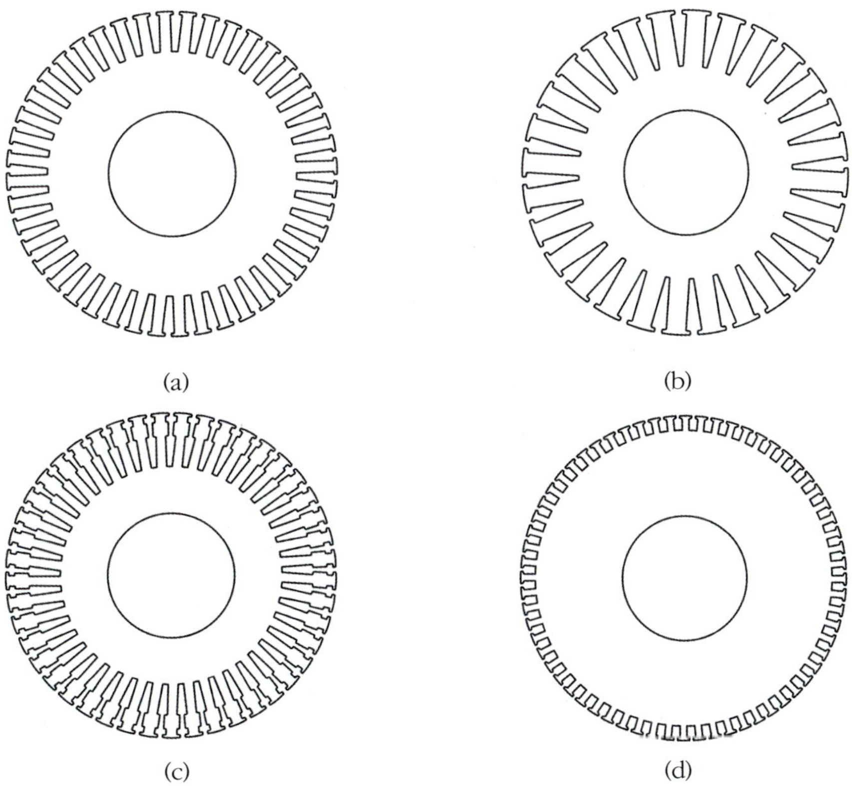

(a) (b) (c) (d)

그림A10.2 NEMA 농형 유도전동기 회전자 형상 (a) A형 (b) B형 (c) C형 (d) D형

[4] D형

D형 전동기는 매우 높은 기동토크(정격토크에 비해 275[%] 이상 높은)와 낮은 기동 전류를 가지지만 정격부하에서 슬립이 높다. 형상은 보통의 A형 유도전동기와 비슷하지만 회전자 바를 작게 만들고 높은 저항재료를 사용하여 기동토크를 크게 한 것이다. 따라서 고슬립에서 최대토크가 발생하므로 속도 0(100[%] 슬립)에서 최대토크를 발생시킬 수 있다. 회전자의 저항이 높기 때문에 전동기의 정격 부하 슬립이 상당히 높다. 전부하 슬립은 일반적으로 0.07~0.11이지만, 0.17 이상될 수도 있다. 이 전동기는 특히 큰 플라이휠 같은 아주 높은 관성의 부하를 가속할 때 이용된다.

A.11 유도전동기의 손실분리 시험(Losses Segregation Test)

유도전동기의 효율을 측정하는 시험법으로는 국제규격인 IEC 규격이 있다. 또한 IEEE, JEC, CSA, KS와 같이 각 나라 또는 단체는 고유의 효율 측정법을 갖는 경우도 있다.[주1] 각 나라 고유의 시험규격은 대부분 IEC 60034-2-1[주2]에서 제시한 손실분리 시험을 기반으로 한다. 이 시험법에서는 고정자의 권선저항 손실, 회전자의 권선저항 손실과 철손, 기계손(풍손과 마찰손), 표류부하손을 측정하는 시험법에 대해서 규정하고 있다. 이러한 시험법을 손실분리 시험이라고 하며 크게 부하 시험과 무부하 시험을 실시하여 계산에 의해 각 손실을 구해낸다.

[1] 무부하 시험

무부하 시험(no-load test)은 시험하고자 하는 유도전동기에 부하를 연결하지 않고 정격전압과 정격주파수를 인가하여 전동기를 회전시켜 철손과 기계손을 구하는 시험이다.

기계손을 측정하기 위해서 측정모터에 정격전압보다 조금 높은 전압을 인가하여 무부하로 회전시키면서 전압을 서서히 감소시키면서 시험한다. 이때 거의 동기속도를 유지할 수 있는 최저전압까지 전압을 감소시키면서 각 전압에서의 전류 및 입력전력을 측정한다. 이렇게 측정된 입력전력(P_{10})에서 고정자 동손(P_{c10})을 뺀 기계손과 철손 합의 관계를 그림 A11.1에 나타내었다. 전압이 거의 0이 될 때 철손이 거의 없고(철손은 거의 전압의 제곱에 비례한다) 전류도 거의 흐르지 않으므로 표류부하손도 무시할 수 있다.

주1) IEEE : 전기전자기술자협회(Institute of Electrical and Electronics Engineers)
JEC : 일본전기규격조사회(Japanese Electrotechnical Committee)
CSA : 캐나다 표준 규격협회(Canadian Standards Association)
KS : 한국산업규격(Korean Industrial Standards)
주2) 회전기기-제2-1부 : 손실 및 효율을 측정하는 표준 시험방법(견인용 모터 제외)

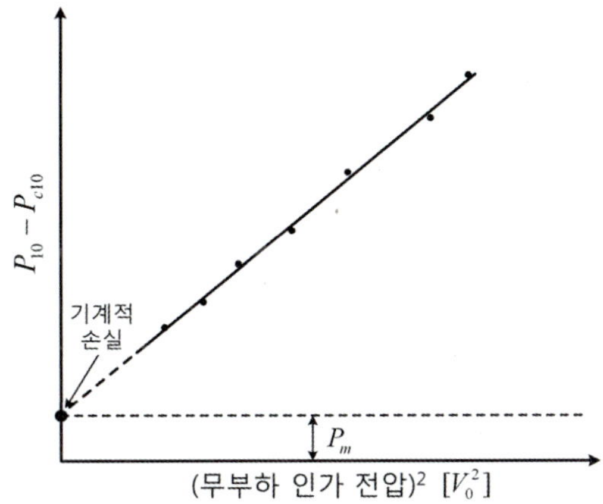

그림 A11.1 무부하시 전압과 입력전력과의 관계

따라서 이때 소비되는 전력은 기계손이라고 할 수 있으므로 근사적인 $P_{10} - P_{c10}$의 직선이 y축과 만나는 점은 기계손 P_m이라고 정의할 수 있다.

정격전압을 가한 무부하 시험에서 기계적 출력이 0이므로 입력전력이 모두 손실이 된다. 이때, 무부하 시에는 슬립이 거의 0이기 때문에 회전자에는 기전력이 유도되지 않으므로 회전자에서 발생되는 동손은 0이다. 또한 무부하 고정자 동손(P_{c10})은 권선저항과 전류를 측정하여 쉽게 구할 수 있다. 따라서 입력전력(P_{10})은 고정자 동손과 철손(P_i) 그리고 기계손(P_m)과 같다고 하면 식 (A11.1)이 성립된다.

$$P_{10} = P_{c10} + P_i + P_m \quad [\text{W}] \tag{A11.1}$$

입력전력과 기계손, 동손을 측정할 수 있었으므로 철손은 식 (A11.2)로부터 계산할 수 있다.

$$P_i = P_{10} - P_{c10} - P_m \quad [\text{W}] \tag{A11.2}$$

[2] 부하 시험

부하 시험(load test)은 모터에 부하를 인가한 상태에서 전압, 전류와 같은 전기적인 양과 토크, 속도와 같은 기계적인 양을 측정하는 시험이다. 이 시험은 모터를 회전시키면서 토크를 구해내야 하므로 다이나모미터라는 특수한 부하장치가 필요하다.[주1)] 시험하고자 하는 전동기를 다이나모미터에 연결하고 부하모터로 정격토크를 가한 상태에서 시험하고자 하는 전동기에 정격전압, 정격주파수를 공급하여 전동기의 입력전력 P_1과 상전류

주1) 다이나모미터는 직류기 6.11.2에서 설명하였음.

I_1, 토크 T, 속도 n, 고정자의 상저항 r_1을 측정한다. 측정된 토크와 속도를 이용하여 기계적 출력 P_o는 식 (A11.3)과 같이 계산할 수 있다.

$$P_o = T[\mathrm{Nm}] \times n[\mathrm{rpm}] \times \frac{2\pi}{60} = T \cdot \omega_m \ [\mathrm{W}] \tag{A11.3}$$

또한 고정자 동손은 식 (A11.4)와 같이 계산할 수 있다.

$$P_{c1} = 3I_1^2 r_1 \ [\mathrm{W}] \tag{A11.4}$$

여기서 고정자의 상저항은 간단하게 직류저항 시험법을 통하여 측정할 수 있다.

또한, 회전자 동손의 경우는 식 (A11.5)와 같이 회전자로 입력되는 전력(P_2)에 슬립을 곱하여 계산할 수 있다.

$$P_{c2} = sP_2 = s \times (P_1 - P_{c1} - P_i) \ [\mathrm{W}] \tag{A11.5}$$ 주1)

철손 P_i 및 기계손 P_m은 무부하 시험을 통하여 계산하였다면 표류부하손을 식 (A11.6)로 계산할 수 있다.주2)

$$P_{stray} = P_1 - (P_o + P_{c1} + P_{c2} + P_i + P_m) \ [\mathrm{W}] \tag{A11.6}$$

따라서 유도전동기에서 발생하는 모든 손실을 구해내었으므로 유도전동기의 효율 η을 식 (A11.7)과 같이 구할 수 있다.

$$\eta = \frac{P_o}{P_1} = \frac{P_1 - (P_{c1} + P_{c2} + P_i + P_m + P_{stray})}{P_1} \tag{A11.7}$$

주1) 7.6절의 식 (7.106) 참조

주2) 실제 IEC 규격에서는 표류부하손 측정시 25~150% 부하 사이에서 같은 간격으로 6점의 부하에 대해 위와 같은 부하 시험을 수행한 뒤 회귀분석을 통해 각 점에서의 표류부하손을 계산한다.

예제 A11.1 800[W], 460[V], 4극, 60[Hz], A타입의 3상 유도전동기로부터 다음과 같은 시험 결과를 얻었다.

(1) 고정자 저항 측정- 상저항 r_1 : 12.1[Ω]

(2) 부하 시험

전원주파수	60	Hz
상전압	265.2	V_{rms}
상전류	1.87	A_{rms}
입력전력	1085	W
토크	4.47	Nm
속도	1710	rpm

(3) 무부하 시험

	상전압[V_{rms}]	입력전력[W]	상전류[A_{rms}]
1	270.4	193.1	1.48
2	266.3	182.7	1.42
3	250.3	148.9	1.22
4	180.2	76.8	0.74
5	120.2	43.7	0.47
6	100.1	35.4	0.40
7	80.1	28.52	0.32
8	60.1	23.53	0.26
9	50.1	20.33	0.23
10	45.1	20.0	0.22
11	40.1	19.93	0.23

(4) 구속 시험

전원주파수	16	Hz
상전압	25	V_{rms}
상전류	1.8	A_{rms}
입력전력	130	W

(a) 위 전동기의 손실분리를 수행하고, 효율을 계산하여라.

(b) 위 전동기의 등가회로 정수를 구하시오.

풀이 <<

(a) 먼저, 무부하 시험에서 전류가 증가하는 마지막 점(점 11)을 제외하고, 그래프를 그리고 전압이 0인 점까지 연장하여 기계손을 구한다.

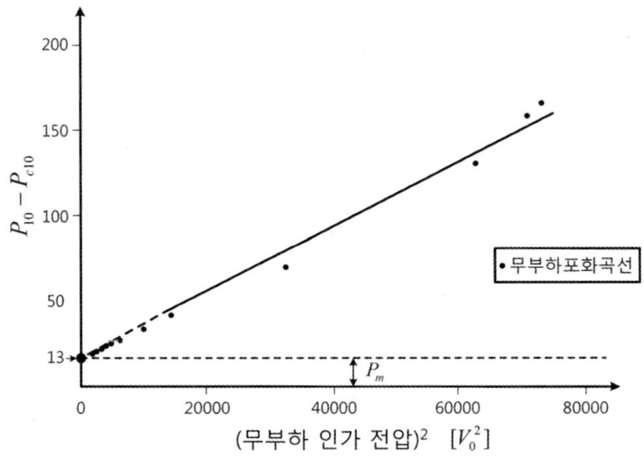

무부하 시험을 통한 전압과 입력전력 곡선

$$P_{mech} = 13[\mathrm{W}]$$

또한 철손은 무부하 시 입력전력(정격전압–점2)에서 식 (A11.2)을 이용하면 다음과 같이 계산하여 얻을 수 있다.

$$P_i = 182.7 - (3 \times 1.42^2 \times 12.1) - 13 \approx 96.5[\mathrm{W}]$$

정격부하를 걸어준 부하 시험에서 기계적인 출력과 슬립은 다음과 같다.

$$P_o = 4.47 \times 1710 \times \frac{2\pi}{60} = 800.45[\mathrm{W}]$$

$$s = \frac{1800 - 1710}{1800} = 0.05$$

또한 전부하시 고정자 손실, 회전자 손실을 계산하면 다음 식과 같다.

$$P_{c1} = 3 \times 1.87^2 \times 12.1 = 126.94[\mathrm{W}]$$

$$P_{c2} = (1085 - 126.94 - 96.5) \times 0.05 = 43.08[\mathrm{W}]$$

다음 표류부하손은 식 (A11.6)로부터 구할 수 있다.

$$P_{stray} = 1085 - (800.45 + 126.94 + 43.08 + 96.5 + 13) = 5.03[\mathrm{W}]$$

따라서 효율은 식 (A11.7)에 의해 구할 수 있다.

$$\eta = \frac{800.45}{1085} \times 100 = 73.77[\%]$$

(b) 회전자 구속 시험으로부터, 식 (A11.8)과 (A11.9)를 이용하여 고정자와 회전자의 합성저항을 얻을 수 있다.

$$R_{LR} = \frac{130}{3 \times 1.8^2} = 13.37[\Omega]$$

고정자의 저항은 직류시험법으로부터 구했으므로 2차측 저항은 다음과 같다.

$$r_2{}' = 13.37 - 12.1 = 1.27[\Omega]$$

$$x_1 + x_2{}' = \frac{60}{16} \times \sqrt{\left(\frac{25}{1.8}\right)^2 - 13.37^2} = 14.12[\Omega]$$

여기서 유도전동기는 A타입의 모터이기 때문에 1차측과 2차측 누설리액턴스는 다음과 같다.

$$x_1 = x_2{}' = 7.06[\Omega]$$

또, 무부하 시험(시험 2)으로부터, 자화리액턴스와 철손 저항을 계산할 수 있다.

$$Q_{10} = \sqrt{(3 \times 266.3 \times 1.42)^2 - (182.7)^2} = 1119.63[\mathrm{VAR}]$$

$$x_1 + x_m = \frac{1119.63}{3 \times 1.42^2} = 185.09[\Omega]$$

$$x_m = 185.09 - 7.06 = 178.03[\Omega]$$

$$r_{fe} = \frac{3 \times \left(266.3 \times \frac{178.03}{178.03 + 7.06}\right)^2}{96.5} = 2039.66[\Omega]$$

A.12 삼각함수 공식 및 단위계, 물질상수

1. 삼각함수 공식

1.1 기본 항등식

$$\sin^2\alpha + \cos^2\alpha = 1$$

$$\tan\alpha \cdot \cot\alpha = 1$$

$$1 + \tan^2\alpha = \frac{1}{\cos^2\alpha}$$

$$1 + \cot^2\alpha = \frac{1}{\sin^2\alpha}$$

1.2 각도의 합과 차

$$\sin(\alpha \pm \beta) = \sin\alpha \cdot \cos\beta \pm \cos\alpha \cdot \sin\beta$$

$$\cos(\alpha \pm \beta) = \cos\alpha \cdot \cos\beta \mp \sin\alpha \cdot \sin\beta$$

$$\tan(\alpha \pm \beta) = \frac{\tan\alpha \pm \tan\beta}{1 \mp \tan\alpha \cdot \tan\beta}$$

$$\cot(\alpha \pm \beta) = \frac{\cot\alpha \cdot \cot\beta \mp 1}{\pm\cot\alpha + \cot\beta}$$

1.3 함수의 합과 차

$$\sin\alpha + \sin\beta = 2 \cdot \sin\frac{\alpha+\beta}{2} \cdot \cos\frac{\alpha-\beta}{2}$$

$$\sin\alpha - \sin\beta = 2 \cdot \cos\frac{\alpha+\beta}{2} \cdot \sin\frac{\alpha-\beta}{2}$$

$$\cos\alpha + \cos\beta = 2 \cdot \cos\frac{\alpha+\beta}{2} \cdot \cos\frac{\alpha-\beta}{2}$$

$$\cos\alpha - \cos\beta = -2 \cdot \sin\frac{\alpha+\beta}{2} \cdot \sin\frac{\alpha-\beta}{2}$$

$$\tan\alpha \pm \tan\beta = \frac{\sin(\alpha \pm \beta)}{\cos\alpha \cdot \cos\beta}$$

$$\cot\alpha \pm \cot\beta = \frac{\sin(\beta \pm \alpha)}{\sin\alpha \cdot \sin\beta}$$

$$\sin\alpha \cdot \cos\beta = \frac{1}{2}\sin(\alpha+\beta) + \frac{1}{2}\sin(\alpha-\beta)$$

$$\cos\alpha \cdot \sin\beta = \frac{1}{2}\sin(\alpha+\beta) - \frac{1}{2}\sin(\alpha-\beta)$$

$$\cos\alpha \cdot \cos\beta = \frac{1}{2}\cos(\alpha+\beta) + \frac{1}{2}\cos(\alpha-\beta)$$

$$\sin\alpha \cdot \sin\beta = -\frac{1}{2}\cos(\alpha+\beta) + \frac{1}{2}\cos(\alpha-\beta)$$

$$\tan\alpha \cdot \tan\beta = \frac{\tan\alpha+\tan\beta}{\cot\alpha+\cot\beta} = -\frac{\tan\alpha-\tan\beta}{\cot\alpha-\cot\beta}$$

$$\cot\alpha \cdot \cot\beta = \frac{\cot\alpha+\cot\beta}{\tan\alpha+\tan\beta} = -\frac{\cot\alpha-\cot\beta}{\tan\alpha-\tan\beta}$$

$$\cot\alpha \cdot \tan\beta = \frac{\cot\alpha+\tan\beta}{\tan\alpha+\cot\beta} = -\frac{\cot\alpha-\tan\beta}{\tan\alpha-\cot\beta}$$

1.4 동일 주파수의 정현함수의 합

$$a\sin(\omega t+\phi_1) + b\cos(\omega t+\phi_2) = \sqrt{c^2+d^2} \cdot \sin(\omega t+\phi)$$

$$c = a\sin\phi_1 + b\cos\phi_2$$

$$d = a\cos\phi_1 - b\sin\phi_2$$

$\phi = \arctan\frac{c}{d}$, $\phi = \arcsin\frac{c}{\sqrt{c^2+d^2}}$: 두 값을 모두 만족해야함

1.5 예각, 배각, 반각공식

$\sin\alpha=$	$\cos\alpha=$	$\tan\alpha=$	$\cot\alpha=$
$\cos(90°-\alpha)$	$\sin(90°-\alpha)$	$\cot(90°-\alpha)$	$\tan(90°-\alpha)$
$\sqrt{1-\cos^2\alpha}$	$\sqrt{1-\sin^2\alpha}$	$\frac{1}{\cot\alpha}$	$\frac{1}{\tan\alpha}$
$2\sin\frac{\alpha}{2}cos\frac{\alpha}{2}$	$\cos^2\frac{\alpha}{2}-\sin^2\frac{\alpha}{2}$	$\frac{\sin\alpha}{\cos\alpha}$	$\frac{\cos\alpha}{\sin\alpha}$
$\frac{\tan\alpha}{\sqrt{1+\tan^2\alpha}}$	$\frac{\cot\alpha}{\sqrt{1+\cot^2\alpha}}$	$\frac{\sin\alpha}{\sqrt{1-\sin^2\alpha}}$	$\frac{\cos\alpha}{\sqrt{1-\cos^2\alpha}}$
$\sqrt{\cos^2\alpha-\cos 2\alpha}$	$1-2\sin^2\frac{\alpha}{2}$	$\sqrt{\frac{1}{\cos^2\alpha}-1}$	$\sqrt{\frac{1}{\sin^2\alpha}-1}$

〈계속〉

$\sin\alpha=$	$\cos\alpha=$	$\tan\alpha=$	$\cot\alpha=$
$\sqrt{\dfrac{1-\cos2\alpha}{2}}$	$\sqrt{\dfrac{1+\cos2\alpha}{2}}$	$\dfrac{\sqrt{1-\cos^2\alpha}}{\cos\alpha}$	$\dfrac{\sqrt{1-\sin^2\alpha}}{\sin\alpha}$
$\dfrac{1}{\sqrt{1+\cot^2\alpha}}$	$\dfrac{1}{\sqrt{1+\tan^2\alpha}}$		
$\dfrac{2\tan\frac{\alpha}{2}}{1+\tan^2\frac{\alpha}{2}}$	$\dfrac{1-\tan^2\frac{\alpha}{2}}{1+\tan^2\frac{\alpha}{2}}$	$\dfrac{2\tan\frac{\alpha}{2}}{1-\tan^2\frac{\alpha}{2}}$	$\dfrac{\cot^2\frac{\alpha}{2}-1}{2\cot\frac{\alpha}{2}}$

$\sin2\alpha=$	$\cos2\alpha=$	$\tan2\alpha=$	$\cot2\alpha=$
$2\sin\alpha\cos\alpha$	$\cos^2\alpha-\sin^2\alpha$	$\dfrac{2\tan\alpha}{1-\tan^2\alpha}$	$\dfrac{\cot^2\alpha-1}{2\cot\alpha}$
	$2\cos^2\alpha-1$	$\dfrac{2}{\cos\alpha-\tan\alpha}$	$\dfrac{1}{2}\cot\alpha-\dfrac{1}{2}\tan\alpha$
	$1-2\sin^2\alpha$		

$\sin\dfrac{\alpha}{2}=$	$\cos\dfrac{\alpha}{2}=$	$\tan\dfrac{\alpha}{2}=$	$\cot\dfrac{\alpha}{2}=$
$\sqrt{\dfrac{1-\cos\alpha}{2}}$	$\sqrt{\dfrac{1+\cos\alpha}{2}}$	$\dfrac{\sin\alpha}{1+\cos\alpha}$	$\dfrac{\sin\alpha}{1-\cos\alpha}$
		$\dfrac{1-\cos\alpha}{\sin\alpha}$	$\dfrac{1+\cos\alpha}{\sin\alpha}$
		$\sqrt{\dfrac{1-\cos\alpha}{1+\cos\alpha}}$	$\sqrt{\dfrac{1+\cos\alpha}{1-\cos\alpha}}$

2. 단위계

2.1 국제단위계에서 전기량 및 자기량의 용어와 단위

기호	이름		단위	약어
ν	속도	Velocity	meter/second	m/s
F	힘	Force	newton	N
Q	전하	Charge	coulomb	C
r, R	거리	Distance	meter	m
ϵ_0, ϵ	유전율	Permittivity	farad/meter	F/m

〈계속〉

기호	이름		단위	약어
E	전계 강도	Electric field intensity	volt/meter	V/m
ρ_v	체적 전하 밀도	Volume charge density	coulomb/meter^3	C/m^3
v	체적	Volume	meter^3	m^3
ρ_L	선 전하 밀도	Linear charge density	coulomb/meter	C/m
ρ_S	면 전하 밀도	Surface charge density	coulomb/meter^2	C/m^2
Ψ	전속	Electric flux	coulomb	C
D	전속 밀도	Electric flux density	coulomb/meter^2	C/m^2
S	면적	Area	meter^2	m^2
W	일, 에너지	Work, energy	joule	J
L	길이	Length	meter	m
V	포텐셜	Potential	volt	V
p	쌍극자 모멘트	Dipole moment	coulomb-meter	C · m
I	전류	Current	ampere	A
J	전류 밀도	Current density	ampere/meter^2	A/m^2
μ_e, μ_h	유동성	Mobility	meter^2/volt-second	m^2/V · s
e	전자전하	Electronic charge	coulomb	C
σ	도전율	Conductivity	siemens/meter	S/m
R	저항	Resistance	ohm	Ω
P	분극	Polarization	coulomb/meter^2	C/m^2
$\chi_{e,m}$	자화율	Susceptibility		
C	캐패시턴스	Capacitance	farad	F
R_s	표면 저항	Sheet resistance	ohm per square	Ω
H	자계 강도	Magnetic field intensity	ampere/meter	A/m
K	면전류 밀도	Surface current density	ampere/meter	A/m
B	자속 밀도	Magnetic flux density	tesla(weber/meter^2)	T(Wb/m^2)
μ_0, μ	투자율	Permeability	henry/meter	H/m
ϕ	자속	Magnetic flux	weber	Wb

〈계속〉

기호	이름		단위	약어
V_m	자기 스칼라 포텐셜	Magnetic scalar potential	ampere	A
A	벡터 자기 포텐셜	Magnetic vector potential	weber/meter	Wb/m
T	토크	Torque	newton-meter	N · m
m	자기 모멘트	Magnetic moment	ampere-meter^2	A · m^2
M	자화	Magnetization	ampere/meter	A/m
R_m	자기저항	Reluctance	ampere-turn/weber	A · t/Wb
L	인덕턴스	Inductance	henry	H
M	상호 인덕턴스	Mutual inductance	henry	H
ω	각주파수	Radian frequency	radian/second	rad/s
c	광속도	Velocity of light	meter/second	m/s
λ	파장	Wavelength	meter	m
η	고유 임피던스	Intrinsic impedance	ohm	Ω
α	감쇠 상수	Attenuation constant	neper/meter	Np/m
β	위상 상수	Phase constant	radian/meter	rad/m
f	주파수	Frequency	hertz	Hz
S	포인팅 벡터	Poynting vector	watt/meter^2	W/m^2
P	전력	Power	watt	W
δ	표피 두께	Skin depth	meter	m
Γ	반사 계수	Reflection coefficient		
s	정재파 비	Standing wave ratio		
γ	전파 상수	Propagation constant	meter^{-1}	m^{-1}
G	컨덕턴스	Conductance	siemen	S
Z	임피던스	Impedance	ohm	Ω
Y	어드미턴스	Admittance	siemen	S
Q	양호도	Quality factor		

2.2 국제단위계에서 가우스 단위계 또는 기타 단위계로의 변환계수

양	MKS 단위	가우스 단위	기타 단위
d	1m	10^2cm	39.37 in
F	1N	10^5dyne	$0.2248\,lb_f$
W	1J	10^7erg	$0.7376\,ft-lb_f$
Q	1C	$10c$ statC	0.1 abC
ρ_v	$1C/m^3$	$10^{-5}c\,statC/cm^3$	$10^{-7}\,abC/cm^3$
D	$1C/m^2$	$4\pi 10^{-3}c$(esu)	$4\pi 10^{-5}$(emu)
E	1V/m	$10^4/c$ statV/cm	10^6 abV/cm
V	1V	10^6c statV	10^8 abV
I	1A	0.1 abA	$10c$ statA
H	1A/m	$4\pi 10^{-3}$oersted	$0.4\pi c$(esu)
V_m	1A · t	0.4π gilbert	$40\pi c$(esu)
B	1T	10^4gauss	$100/c$(esu)
ϕ	1Wb	10^8maxwell	$10^6/c$(esu)
A	1Wb/m	10^6maxwell/cm	
R	1Ω	10^9abΩ	$10^5/c^2$ statΩ
L	1H	10^9abH	$10^5/c^2$ statH
C	1F	$10^{-5}c^2$ statF	10^{-9} abF
σ	1S/m	10^{-11} abS/cm	$10^{-7}c^2$ statS/cm
μ	1H/m	$10^7/4\pi$(emu)	$10^3/4\pi c^2$(esu)
ϵ	1F/m	$4\pi 10^{-7}c^2$(esu)	$4\pi 10^{-11}$(emu)

2.3 국제단위계에서 사용하는 접두어

접두어	약어	의미	접두어	약어	의미
atto−	a−	10^{-18}	deka−	da−	10^{1}
femto−	f−	10^{-15}	hecto−	h−	10^{2}
pico−	p−	10^{-12}	kilo−	k−	10^{3}
nano−	n−	10^{-9}	mega−	M−	10^{6}
micro−	μ−	10^{-6}	giga−	G−	10^{9}
milli−	m−	10^{-3}	tera−	T−	10^{12}
centi−	c−	10^{-2}	peta−	P−	10^{15}
deci−	d−	10^{-1}	exa−	E−	10^{18}

3. 물질상수

3.1 비유전율 ϵ_r'과 전손실 ϵ''/ϵ'

물질	ϵ_r'	ϵ''/ϵ'
공기	1.0005	
알코올, 에틸	25	0.1
산화알루미늄	8.8	0.0006
호박	2.7	0.002
베이클라이트	4.74	0.022
티이타늄산바륨	1200	0.013
이산화탄소	1.001	
페라이트(NiZn)	12.4	0.00025
게르마늄	16	
유리	4−7	0.002
얼음	4.2	0.05
운모	5.4	0.0006
네오프렌	6.6	0.011
나일론	3.5	0.02

〈계속〉

물질	ϵ_r'	ϵ''/ϵ'
종이	3	0.008
플렉시 유리	3.45	0.03
폴리에틸렌	2.26	0.0002
폴리프로필렌	2.25	0.0003
폴리스티렌	2.56	0.00005
포슬린 (dry process)	6	0.014
피라놀	4.4	0.0005
파이렉스 유리	4	0.0006
수성	3.8	0.00075
고무	2.5 − 3	0.002
실리카 또는 SiO_2	3.8	0.00075
실리콘	11.8	
눈	3.3	0.5
염화나트륨	5.9	0.0001
흙 (건조)	2.8	0.05
동석	5.8	0.003
스티로폼	1.03	0.0001
테프론	2.1	0.0003
산화타이타늄	100	0.0015
증류수	80	0.04
바닷물		4
탈수된 물	1	0
분말수	1.5 − 4	0.01

3.2 도전율 σ

물질	σ, S/m
은	6.17×10^7
동	5.80×10^7
금	4.10×10^7
알루미늄	3.82×10^7
텅스텐	1.82×10^7
아연	1.67×10^7
황동	1.5×10^7
니켈	1.45×10^7
철	1.03×10^7
청동	1×10^7
납	0.7×10^7
탄소강	0.6×10^7
양은	0.3×10^7
망가닌	0.227×10^7
콘스탄탄	0.226×10^7
게르마늄	0.22×10^7
스테인레스강	0.11×10^7
니크롬	0.1×10^7

물질	σ, S/m
흑연	7×10^4
실리콘	2300
페라이트 (typical)	100
바닷물	5
석화암	10^{-2}
점토	5×10^{-3}
담수	10^{-3}
증류수	10^{-4}
모래	10^{-5}
화강암	10^{-6}
대리석	10^{-8}
베이클라이트	10^{-9}
포슬린 (dry process)	10^{-10}
다이아몬드	2×10^{-13}
폴리스티렌	10^{-16}
수정	10^{-17}

3.3 비투자율 μ_r

물질	μ_r	물질	μ_r
비스무트	0.9999986	분말철	100
파라핀	0.99999942	기기철	300
나무	0.9999995	페라이트 (typical)	1000
은	0.99999981	퍼멀로이 45	2500
알루미늄	1.00000065	변압기강판	3000
베릴륨	1.00000079	규소강판	3500
염화니켈	1.00004	순철	4000
황산망간	1.0001	뮤메탈	20000
니켈	50	센더스트	30000
주철	60	슈퍼멀로이	100000
코발트	60		

3.4 물리량 상수

전자의 전하량	$e = (1.60217733 \pm 0.00000046) \times 10^{-19}\,\mathrm{C}$
전자의 질량	$m = (9.1093897 \pm 0.0000054) \times 10^{-31}\,\mathrm{kg}$
자유공간의 유전율	$\epsilon_0 = 8.854187817 \times 10^{-12}\,\mathrm{F/m}$
자유공간의 투자율	$\mu_0 = 4\pi \times 10^{-7}\,\mathrm{H/m}$
빛의 속도	$c = 2.99792458 \times 10^{8}\,\mathrm{m/s}$

►► 참고문헌 ◄◄

[1] A. Fitzgerald, et al., Electric machinery: Tata McGraw-Hill, 2002.

[2] Bimal K. Bose, "Power Electronics and Motor Drives", Academic press, 2006.

[3] C. G. Veinott, Theory and design of small induction motors. New York,: McGraw-Hill, 1959.

[4] D. C. Hanselman, Brushless permanent-magnet motor design. New York: McGraw-Hill, 1994.

[5] D. C. Hanselman, Brushless permanent magnet motor design, 2nd ed. Cranston, R.I.: The Writers' Collective, 2003.

[6] E. S. Hamdi, Design of small electrical machines. Chichester ; New York: Wiley, 1994.

[7] G. Slemon and A. Straughen, Electric machines: Addison Wesley Publishing Company, 1980.

[8] I. Boldea and S. A. Nasar, The induction machines design handbook, 2nd ed. Boca Raton: Taylor & Francis, 2010.

[9] I. Husain, Electric and hybrid vehicles : design fundamentals. Boca Raton, Fla.: CRC Press, 2003.

[10] J. R. Hendershot and T. J. E. Miller, Design of brushless permanent-magnet motors. Hillsboro, OH: Oxford: Magna Physics Pub. ;Clarendon Press, 1994.

[11] Jimmie J. Cathey, “Electric Machines”, McGraw-Hill, 2001.

[12] M. Sarma, Electric machines: West Pub. Co., 1992.

[13] R. Krishnan , “Electric Motor Drives”, Prentice Hall, 2001.

[14] Raymond A. Decarlo, et al., “Linear Circuit Analysis”, OXFORD, 2001.

[15] S. Chapman, “Electric Machinery Fundamentals,” 2004.

[16] W. H. Yeadon and A. W. Yeadon, Handbook of small electric motors. New York: McGraw-Hill, 2001.

[17] William H. Hayt, Jr. John A. Buck, “Engineering Electromagnetics”, McGraw-Hill, 2007.

[18] William H. Hayt, et al., “Engineering Circuit Analysis”, McGraw-Hill, 2008.

[19] 穴山　武´ エネルギー変換工學基礎論´ 丸善株式會社´ 1977.

[20] 柴田岩夫と三澤　茂´ エネルギー変換工學´ 森北出版株式會社´ 1992.

[21] 竹内壽太郎´ 新版電氣機器設計學´ オー　ム社´ 1961.

[22] 竹生修己´ パワーエレクトロニクス回路´ オーム社´ 2009.

[23] 多田隈　進と石川芳博と常廣　讓´ 電氣機器學基礎論´ 電氣學會´ 2007.

[24] 多田隈 進´ 電氣機器工學Ⅱ「2版改訂」´ 電氣學會´ 2008.

[25] 年野治文´ 電氣機器工學Ⅱ改訂版´ 電氣學會´ 1997.

[26] 野中作太郎´ 電氣機器(I)´ 森北出版株式會社´ 1986.

[27] 野中作太郎´ 電氣機器(Ⅱ)´ 森北出版株式會社´ 1983.

[28] 廣瀨敬一と炭谷英夫´ 電氣設計概論「4版改訂」´ 電氣學會´ 2007.

[29] 松瀨貢規´ 電動機制御工學´ 電氣學會´ 2007.

[30] 宮入庄太´ 電氣·機械エネルギー変換工學´ 大學工學´ 1976.

[31] 김상훈, "DC AC BLDC 모터제어", 복두출판사, 2010.

[32] 설승기, "전기기기 제어론", 홍릉과학출판사, 2007.

[33] 임달호, 전기계의 유한요소법, 동명사, 1986.

[34] 한양대학교 에너지변환연구실 譯, 매입자석 동기모터의 설계 및 제어, 교보문고, 2007.

[35] R. Ramarathnam and B. Desai, "Optimization Of Polyphase Induction Motor Design: A Nonlinear Programming Approach," Power Apparatus and Systems, IEEE Transactions on, pp. 570-578, 1971.

[36] 전연도, et al., "고효율 유도전동기 최저효율제 기술동향," 전력전자학회지 vol. 11, p. 32~39, 2006.

[37] 한필완, et al., "프리미엄급 고효율 유도전동기 기술동향," 전력전자학회지 vol. 11, p. 27~31, 2006.

[38] 김솔, "동기형 릴럭턴스 전동기의 단순구조형 센서리스 제어에 관한 연구", 박사학위논문, 한양대학교 대학원, 서울, 2004.

[39] 이갑재, "HEV용 영구자석 매입형 동기전동기의 설계에 관한 연구," 박사학위논문, 한양대학교 대학원, 서울, 2004.

[40] 안준선, "저전압 대전류 동기형 릴럭턴스 전동기의 약계자 제어", 박사학위논문, 한양대학교 대학원, 서울, 2006.

[41] 김기찬, "EV/HEV용 매입형 영구자석 동기전동기의 최적 설계 및 제어 특성 연구,"박사학위논문, 한양대학교 대학원, 서울, 2008.

[42] 김승주, "저전압 대전류 매입형 영구자석 동기전동기의 뉴튼-랩슨법을 이용한 약계자 제어", 박사학위논문, 한양대학교 대학원, 서울, 2010.

[43] 배재남, "비장하 자동 선정을 통한 연구자석 동기전동기의 설계기법에 관한 연구," 박사학위논문, 한양대학교 대학원, 서울, 2010.

[44] 김광수, "유도전동기의 MEPS에 부합하는 고효율화 설계 기법 도출 및 실증연구", 박사학위논문, 한양대학교 대학원, 서울, 2011.

[45] 진창성, "견인용 BLDC 구동 전동기 설계 및 제어 성능 향상에 관한 연구", 박사학위논문, 한양대학교 대학원, 서울, 2011.

▸▸ 찾아보기 ◂◂

(숫자)

(A)

(B)

(D)

(G)

(I)

(M)

(P)

(V)

(Y)

(ㄱ)

(ㄴ)

(ㄷ)

(ㄹ)

(ㅁ)

(ㅂ)

(ㅅ)

(ㅇ)

(ㅈ)

(ㅊ)

(ㅋ)

(ㅌ)

(ㅎ)

▸▸ 전기기기용어 ◂◂

(A)

AC electromagnet	교류 전자석
AC motor	교류전동기
AC steady state	교류정상상태
AC steady state analysis	교류정상해석
active element	능동소자
actual efficiency	실측 효율
additive polarity	가극성
adjustable speed control	가변속제어
AFM : axial flux machine	축방향 영구자석 전동기
air gap	공극
air gap field curve	공극계자 곡선
air gap flux	공극자속
all-day efficiency	전일 효율
alternating magnetic field	교번자계
amorphous alloy	아몰퍼스 합금
Ampere's circuital law	암페어의 주회법칙
amplitude modulation ratio	변조비
analytic	수기계산
analytical calculation	해석적계산
angle of advance	제어 선행각
angle of delay	제어 지연각
angle of overlap	중복각
angle of phase control	위상제어각
antiferromagnetic substance	반강자성체
apparent electric power	피상전력
approximate equivalent circuit	간이 등가회로
Arago's disc	아라고 원판
armature	전기자
armature core	전기자 철심
armature reaction	전기자 반작용
armature reaction flux	전기자 반작용 자속
armature reaction reactance	전기자 반작용 리액턴스

armature slot	전기자 슬롯
armature winding	전기자 권선
asymmetrical circuit	비대칭회로
autotransformer	단권 변압기
auxiliary winding	보조권선
average power	평균전력

(B)

back electromotive force	역기전력
back iron	백아이언
back pitch	뒤피치
backward winding	역진권
balanced current	평형전류
balanced load	평형부하
balanced state	평형상태
balanced three phase circuit	평형 3상 회로
balanced three phase source	평형 3상 전원
bearing	베어링
B-H curve	B-H 곡선
BLAC motor	브러시리스 교류 전동기
BLDC motor	브러시리스 직류 전동기
boost converter	Boost 컨버터
boost voltage	Boost 전압
bound current	속박전류
bracket	브라켓
brush	브러시
brush holder	브러시홀더
brushed DC electric machine	브러시형 직류기
brushless motor	브러시리스전동기
Buck converter	Buck 컨버터
Buck-Boost converter	Buck-Boost 컨버터

(C)

capacitance	커패시턴스
capacitor single phase induction motor	커패시터형 단상 유도전동기
carrier wave	반송파
chopping	쵸핑
circuit analysis	회로해석
circuit constant	회로정수
circulating current	순환전류
close circuit winding	폐로권
closed loop control	폐루프제어
coercivity	보자력
cogging torque	코깅 토크
coil pitch	코일피치
coil side	코일변
coil span	코일스팬
cold rolled	냉간압연
commercial efficiency	규약 효율
commutating electromotive force	정류전압
commutating pole	보극
commutation characteristic curve	정류 특성곡선
commutation curve	정류곡선
commutation fault	정류 불량
commutation phenomenon	정류현상
commutation time	정류시간
commutation or rectification	정류
commutator	정류자
commutator segment	정류자편
commutator structure	정류자 구조
comparison wave	비교파
compensating winding	보상권선
complex power	복소전력
compound filled bushing	컴파운드 부싱
compound wound	복권
compound wound DC electric machine	복권형 직류기
compound wound motor	복권전동기
compressor motor	컴프레서전동기

concentrating winding	집중권
condenser bushing or capacitor bushing	콘덴서 부싱
conductance	컨덕턴스
conductivity	도전율
conductor	도체
connection method of three phase transformer	3상 변압기 결선법
conservative law of electric field	전계의 보존법칙
conservator	콘서베이터
constant current transformer	정전류 변압기
constant horsepower range	정출력영역
constant power load	정출력부하
constant speed control	일정 속도제어
constant torque load	정토크부하
constant torque region	정토크영역
continuity equation of magnetic flux	자속의 연속식
control method of secondary resistance	2차 저항제어법
cooling method	냉각방식
copper loss	동손
core	코어, 철심
core loss current or iron loss current	철손분 전류
core loss or iron loss	철손
core loss resistance or iron loss resistance	철손저항
casing	외함
coulomb force	쿨롱력
crawling phenomenon	크롤링 현상
cumulativecompound	화동복권
current source inverter	전류형 인버터
cyclro converter	사이클로 컨버터
cylindrical synchronous motor	원통형 동기기

(D)

damping bar	댐핑바
damping torque	제동토크
damping winding or amortisseur winding	제동권선
DC machine(direct current machine)	직류기
DC–DC converter	DC–DC 컨버터

degradation	열화
Δ connection	델타결선
Δ Δ connection	델타 델타결선
Δ Y connection	델타 와이결선
demagnetization effect	감자현상
diamagnetic substance	반자성체
diecasting	다이캐스팅
dielectric strength	절연 내력
differentialcompound	차동복권
diode	다이오드
dipole moment	쌍극자모멘트
direct current generator	직류발전기
direct current motor	직류전동기
direct current steady state analysis	직류정상해석
direct current transient state analysis	직류과도해석
displacement current equation	변위 전류식
distortion waveform	왜형파
distributed circuit method	분포회로정수법
distributed winding	분포권
distribution factor	분포계수
distribution transformer	배전용 변압기
double layer winding	이층권
dq transformation	*dq* 변환
drum winding	고상권
dry type transformer	건식변압기
duty ratio	듀티비
dynamic braking	발전제동
dynamometer	다이나모미터

(E)

eddy current	와전류
eddy current loss	와전류손
effective current	유효전류
effective power	유효전력
efficiency	효율
electric flux density	전속밀도

electric power transfer device	전력변환 장치
electric scalar potential	전기스칼라 포텐셜
electrical steel	전기강판
electromagnet	전자석
electromotive force constant	기전력 상수
electron spin moment	전자스핀모멘트
electrostatic field	정전계
encoder	엔코더
end coil	엔드코일
equalizing connection	균압결선
equalizing ring	균압환
equalizing winding	균압권선
equivalent circuit of induction motor	유도전동기의 등가회로
excitation admittance	여자 어드미턴스
exciter	여자기
exciting admittance	여자어드미턴스
exciting impedance	여자임피던스
exciting susceptance	여자서셉턴스
excitation current	여자전류
external characteristic curve	외부 특성곡선

(F)

Faraday's law	패러데이법칙
ferrimagnetic	페리자성
ferrite	페라이트
ferromagnetic substance	강자성체
field	계자
field control method	계자제어법
field magnetic flux	계자자속
field pole	계자극
field weaking control	약계자제어
field winding	계자권선
fill factor	점적률
finite differential method	유한차분법
finite element method	유한요소법
fixed speed control	정속제어

flashover	섬락현상
flat compounded	평복권
Fleming's left hand rule	플레밍의 왼손법칙
Fleming's right hand rule	플레밍의 오른손법칙
flux linkage	쇄교자속
fly wheel effect	플라이 휠 효과
forward pitch	앞피치
four quadrant operation	4상한 운전
frequency control	주파수제어
frequency domain	주파수영역
frequency domain analysis	주파수영역해석
full load	전부하
full pitch winding	전절권
full voltage starting	전전압기동
fundamental wave	기본파

(G)

gate turn off thyristor	GTO
Gauss's law	가우스법칙
gear	기어
governing equations	지배방정식

(H)

hard magnet	경자성체
harmonics	고조파
high voltage distribution line	고압 배전선
high voltage winding	고압권선
hot rolled steel	열간압연강판
housing	하우징
hunting	난조
hysteresis	히스테리시스
hysteresis loop	히스테리시스 루프
hysteresis loss	히스테리시스 손실

(I)

ideal transformer	이상 변압기
impulse voltage	임펄스전압
induced electromotive force	유도기전력
inductance	인덕턴스
induction motor with deep bar rotor	심구 농형 유도전동기
induction voltage regulator	유도전압 조정기
inductive interference	유도장해
infinite bus	무한대 모선
infinitesimaly small permeability	미소 투자율
ingress protection classification	IP 등급
initial magnetization curve	초기자화곡선
instantaneous power	순시전력
insulated gate bipolar transistor	IGBT
insulating oil	절연유
insulation	절연
insulation breakdown	절연파괴
insulation level	절연레벨
insulation type	절연방식
inverter	인버터

(K)

Kirchhoff's current law	키르히호프의 전류법칙
Kirchhoff's voltage law	키르히호프의 전압법칙

(L)

lagging power factor	지상역률
lamination	적층
lap winding	중권
leading power factor	진상역률
leakage current	누설전류
leakage flux	누설자속
leakage inductance	누설인덕턴스

leakage reluctance	누설자기저항
leakage transformer	누설 변압기
Lenz's law	렌츠의 법칙
line current	선전류
line power start synchronous motor	유도형 동기전동기
line voltage	선간전압
linear motor	선형전동기
load	부하
load angle	부하각
load capacity	부하용량
load characteristic curve	부하특성곡선
load current	부하전류
load loss	부하손
load power factor	부하의 역률
load test	부하시험
locked rotor test	구속 시험
long shunt	외분권
Lorentz force	로렌츠 힘
loss	손실
losses segregation test	손실분리 시험
low voltage winding	저압권선
lumped circuit method	집중회로정수법

(M)

magnetic (electric) neutral point	자기적(전기적) 중성점
magnetic alignment torque	자기배열 토크
magnetic circuit	자기회로
magnetic circuit method	자기회로법
magnetic coenergy	자기수반에너지
magnetic dipole moment	자기쌍극자 모멘트
magnetic domain	자구
magnetic domain wall	자벽
magnetic energy	자기축적에너지
magnetic flux density	자속밀도
magnetic flux distortion	자속의 왜곡
magnetic force	마그네틱 힘

magnetic moment	자기모멘트
magnetic saturation	자기포화현상
magnetic torque	마그네틱 토크
magnetization	자화
magnetization current	자화분 전류
magnetization curve(B−H curve)	자화곡선
magnetization inductance	자화인덕턴스
magnetizing current	자화전류
magnetomotive force vector	기자력벡터
magnetomotive force(mmf)	기자력
magnetostatic field	정지계
magnetostriction	자기왜곡
maximum efficiency	최대 효율
maximum energy product	최대 에너지적
maximum modulus of vector	최대치 벡터
mechanical loss	기계손
mechanical neutral point	기계적인 중성점
metal oxide semiconductor field effect transistor	MOSFET
method of symmetrical coordinates for three phase	3상 대칭좌표법
method of symmetrical coordinates for two phase	2상 대칭좌표법
moment of inertia	관성모멘트
multiplex wave winding	다중파권
multiplex winding	다중권
mutual flux	상호자속
mutual flux linkage	상호쇄교자속
mutual inductance	상호인덕턴스

(N)

negative sequence	역상분
neutral point	중성점
no load characteristic	무부하 특성
no load characteristic curve	무부하 특성곡선
no load electromotive force	무부하 기전력
no load loss	무부하손
no load saturation curve	무부하 포화특성곡선
no load test	무부하 시험

nonlinear	비선형
number of conductors	도체수
number of parallel circuit	병렬회로수
number of series circuit	직렬회로수
numerical analysis	수치해석적기법

(O)

Ohm's law	옴의 법칙
oil filled bushing	유입 부싱
oil filled transformer	유입변압기
open circuit winding	개로권
open loop control	개루프제어
operation region	운전영역
orbital motion	궤도운동
overmodulation	과변조

(P)

parallel circuit	병렬회로
parallel operation	병렬운전
parallel operation of three phase bank	3상 뱅크의 병렬운전
paramagnetic material	상자성체
percent impedance	백분율 임피던스
permanent magnet	영구자석
permanent magnet motor	영구자석 기기
permanent magnet synchronous motor	영구자석동기기
permeability	투자율
permeance	퍼미언스
permeance line	퍼미언스 선
permittivity	유전율
phase current	상전류
phase modifier	조상기
phase rotation	상회전
phase voltage	상전압
phasor	페이저

phaor analysis	페이저해석
phasor diagram	페이저도
plugging	역상제동
polarity test	극성 시험법
pole changing	극수절환
pole pitch	극간격
pole transformer	주상 변압기
position control	위치제어
position control motor	위치제어전동기
positive sequence	정상분
potential transformer	계기용 변압기
power factor	역률
power factor angle	역률각
power factor compensation	역률보상
power semiconductor	전력용반도체
power transformer	전력용 변압기
progressive winding	진권
proportional shifting	비례추이
pullout torque	탈출토크
PWM(pulse width modulation)	진폭변조 방식

(R)

radian frequency	슬립각주파수
rated current	정격전류
rated load	정격부하
rated power	정격용량
rated voltage	정격전압
rating	정격
reactance	리액턴스
reactance voltage	리액턴스 전압
reactive power	무효전력
rectifier circuit	정류회로
regenerative region	회생영역
relative permeability	비투자율
relative permeance	비퍼미언스
reluctance	자기저항

reluctance force	릴럭턴스 힘
reluctance torque	릴럭턴스 토크
residual flux	잔류자속
residual flux density	잔류자속밀도
residual voltage	잔류전압
resistance start	저항기동
resistance starting method	저항 기동법
resultant pitch	합성피치
reverse magnetic field	역자계
revolving armature type	회전전기자형
revolving field magnet	회전계자
revolving field type	계자 회전형
RFM(radial flux machine)	경방향 영구자석 전동기
ring winding	환상권
rolling resistance load	구름부하
root mean square value(RMS)	실효치
rotating field	회전자계
rotor	회전자

(S)

saliency ratio	돌극비
salient pole synchronous machine	돌극형 동기기
salient pole synchronous motor	돌극형 전동기
saturation	포화
scalar control	스칼라 제어
self excited	자여자
self inductance	자기인덕턴스
self magnetic flux	자기자속
separately excited generator	타여자 발전기
series direct current machine	직권형 직류기
series electromagnet	직류 전자석
series motor	직권전동기
servomotor	서보전동기
shading coil type single phase induction motor	쉐이딩 코일형 단상유도 전동기
shaft	샤프트
shell type transformer	외철형 변압기

shoe	슈
short circuit current	단락전류
short circuit ratio	단락비
short circuit test	단락 시험
short pitch factor	단절계수
short pitch winding	단절권
short shunt	내분권
shunt wound	분권
shunt wound DC motor	분권형 직류전동기
shunt wound generator	분권발전기
silicon steel	규소강판
simplex lap winding	단중 중권
simplex wave winding	단중 파권
simplex winding	단중권
single layer winding	단층권
single phase transformer	단상 변압기
skew	스큐
slip	슬립
slip angular velocity	슬립각속도
slip ring	슬립링
slip ring structure	슬립링 구조
slot	슬롯
soft magnet	연자성체
space vector PWM	공간벡터 PWM
speed control	속도제어
speed controller	속도제어기
speed electromotive force	속도기전력
speed torque characteristic	속도 토크 특성
spin motion	스핀운동
spindle motor	스핀들전동기
split phase start	분상 기동형
split phase start single phase induction motor	분상 기동형 단상유도 전동기
SPWM(sinusoidal pulse width modulation)	정현파 PWM
square wave	구형파
squirrel cage induction motor	농형 유도전동기
starting	기동
starting compensator	기동 보상기

starting current	기동전류
starting torque	기동토크
static device	정지기
stator	고정자
steady state	정상상태
steady state analysis method	정상상태해석법
Steinmetz's index	스타인메츠 지수
step down transformer	강압변압기
step out	동기이탈
step up	승압
step up transformer	승압변압기
step down	강압
stray load loss	표류부하손
subtractive polarity	감극성
super paramagnetic material	초상자성체
susceptance	서셉턴스
susceptibility	자화율
symmetrical 3 phase source	대칭 3상 전원
symmetrical circuit	대칭회로
symmetrical coordinates method	대칭좌표법
synchronous capacitor	동기커패시터
synchronous generator	동기발전기
synchronous motor	동기전동기
synchronous reactance	동기리액턴스
synchronous speed	동기속도
synchroscope	동기검정기

(T)

tachometer	타코미터
tap voltage transformer	탭전압 변압기
teeth	치
TFM(transverse flux machine)	횡사속형 영구사석 선동기
third harmonics	3고조파
third harmonics circulating current	3고조파 순환 전류
third harmonics magnetic flux	3고조파 자속
three phase − two phase transformation	3상 2상 변환

three phase circuit	3상 회로
three phase circuit analysis method	3상 회로 해석법
three phase connection	3상 결선
three phase transformer	3상변압기
three winding transformer	3권선 변압기
thyristor	사이리스터
time constant	시정수
time domain	시간영역
time domain analysis	시간영역해석
time domain response	시간영역응답
time varying field	시변계
torque angle	토크각
torque constant	토크상수
torque ripple	토크리플
trailing load	견인부하
transformer	변압기
transformer electromotive force	변압기기전력
transformer equivalent circuit	변압기 등가회로
transformer oil	변압기유
transient state	과도상태
transmission line	송전선
turns	턴수
turns ratio	권선비
two phase symmetric transformation	2상 대칭변환

(U)

unbalance	불평형
unity power factor	단위역률
universal motor	유니버셜 전동기

(V)

V/f constant control	V/f 일정제어
variable torque load	증가토크부하
Variable Voltage and Variable Frequency Inverter	VVVF 인버터

V connection	브이결선
vector control	벡터제어
voltage control	전압제어
voltage control method	전압제어법
voltage equation	전압방정식
voltage regulation	전압변동률
voltage start	전압기동
voltage starting method	전압기동법
voltage fed inverter	전압형 인버터

(W)

wave winding	파권
windage loss	풍손
winding diagram	권선도
winding factor	권선계수
winding method	권선법
winding pitch	권선피치
wound field synchronous machine	권선형 동기기
wound rotor induction motor	권선형 유도전동기
$Y-\Delta-Y$ connection	와이 델타 와이결선
$Y-\Delta$ connection	와이 델타결선
$Y-\Delta$ equivalent transformation	와이 델타 등가 변환
$Y-Y$ connection	와이 와이결선
Y connection	와이결선

(Z)

zero sequence	영상분
zero sequence flux	영상 자속

대표저자 ▎ 이주 Lee Ju

한양대학교 공과대학 전기공학과를 졸업하고 동대학원에서 공학석사, 1997년 일본 큐슈대학(九州大學)에서 전기전자시스템공학을 전공하여 공학박사 학위를 받았다. 국방과학연구소 연구원, 한국철도기술연구원 선임연구원을 지내고 1997년부터 현재까지 한양대학교 공과대학 전기공학전공 교수로 재직 중이다. 주요 수상경력으로는 교육 분야에서 2009년, 2010년 '한양대학교 강의 우수교수상' 을 수상, 2010년 '산학협력 우수교수상' 을 수상하였고 연구분야에서는 1995년 일본전기학회 '우수논문상' , 2009년, 2010년 대한전기학회 '우수논문상' 을 수상하였다.

주요 사회활동으로는 대한전기학회 국제이사, 재무이사, IEC-TC2 분야 Korea Chairman of National Committee 등을 역임하였으며 현재는 대한전기학회 재무이사, 전기기산업 인력양성센터 소장, IEEE Senior Member 등으로 활동하고 있다. 역서로는 「매입자석동기모터의 설계 및 제어」, 「인증」 등이 있다.

교재 관련 Web-site : cafe.naver.com/eclgo

정가 32,000원

전기기기

2011년 2월 25일 초판 인쇄
2011년 10월 10일 2 판 발행
2012년 2월 27일 개정판 발행
2015년 3월 3일 개정판 수정
2015년 8월 30일 개정2판 발행

저자와의 협의하에 인지생략

저 자 : 한양대학교 에너지변환연구실
발행자 : 우명찬 · 송 준
발행처 : 홍릉과학출판사
주 소 : 서울시 강북구 인수봉로 50길 10
01093
등 록 : 1976년 10월 21일 제5-66호
전 화 : (02) 999-2274~5, 903-7037
팩 스 : (02) 905-6729
e-mail: hongpub@hongpub.co.kr
http://www.hongpub.co.kr
ISBN: 978-89-7283-925-5